플렉시블 평판디스플레이
Flexible Flat Panel Displays

Gregory P. Crawford 저
이신두 · 김재훈 · 최병덕 공역

청범출판사

Flexible Flat Panel Displays

Gregory P. Crawford

ISBN : 0-470-87048-6

서 문

미래에 어떤 산업이 주력이 될지 어느 누구도 확신할 수는 없지만, 평판 디스플레이 산업의 연구원들은 머지않아 플렉시블 디스플레이가 상업적인 가치를 가지고 시장에 나타날 것이라 확신한다. 플렉시블 디스플레이 기술의 발전은 세계적으로 평판 디스플레이 산업계의 지각 변동을 가져올 것이고 현재에는 존재하지 않는 놀라운 디스플레이 응용장치로의 새로운 길을 열 것이다. 플렉시블 평판 디스플레이는 기존의 평판 디스플레이 기술을 개선한 것처럼 보이지만, 여러 측면에서 분명히 서로 다르다. 이러한 차이점들은 이들이 현존하는 디스플레이 응용 제품에 적용됨은 물론, 플렉시블 디스플레이 특유의 유연성과 튼튼함은 독창적인 응용을 가능하게 함으로써 새로운 시장의 형성을 가능케 할 것이다. 플렉시블 디스플레이가 실현되기 위해서는 산업 전반에 광범위한 변화가 필요할 것이다. 특히 Roll-to-Roll 공정이 실현 된다면 생산, 공정, 조립 기술 등의 기초구조가 완전히 새롭게 바뀔 것이다.

최근에 많은 기술(기판, 전도층, 장벽층, 전기광학 재료, TFT기술, 생산 기술)의 진보가 플렉시블 디스플레이의 상업화 실현을 더욱 가속화 시키고 있으며 많은 플렉시블 디스플레이 시제품들이 세계의 몇몇 회사에서 개발 되고 있다. 디스플레이 구성요소들에 관심을 가진 많은 작은 기업들이 플렉시블 디스플레이와 함께 성장하고 있고 미래에 투자하고 있다. 이 분야는 실제로 많은 공학과 과학의 원리들을 응용한 융합기술이다. 순수하게 과학적, 기술적 측면에서 보면 플렉시블 평판 디스플레이에 대한 열망은 많은 새로운 연구개발의 기회를 제공할 것이고 많은 공학자, 물리학자, 화학자, 재료공학자들에게 도전 의지를 가지게 할 것이다. 플렉시블 디스플레이의 상업화를 가로막는 많은 장애물과 도전들은 개발 연구원들과 회사들에 있어서는 귀중한 기회라고 말할 수 있다.

이 책의 최우선 목표는 급격히 발전하는 플렉시블 디스플레이와 연관된 다양한 기술들을 이해하기 위한 기본지식들을 한권의 책으로 응축하는 것이다. 이 책은 플렉시블 평판 디스플레이 각 영역의 권위 있는 연구자들에 의해 쓰여진 기초지식과 응용에 중점을 맞춘 내용들이 여러 장(章)에 걸쳐 실려 있다. 또한 산업계와 학계에 계신 다양한 저자들을 통해 기초 과학, 공학, 하이테크의 균형을 맞추었다. 각각의 장(章)들은 각기 독자적으로 집필되었고 요소 기술 수준에서부터 디스플레이 시스템과 조립, 그리고 생산 공정 등으로 구성되어있다. 저자는 플렉시블 평판 디스플레이 기술의 세계적인 전문가들의 노력의 결실인 본서가 이 흥미로운 분야의 발전을 북돋우고 더욱 가속화 시킬 것이라 믿는다.

마지막으로 이 책을 준비함에 있어서 자신의 시간을 바쳐 친절하게 도와준 존경하는 동료들에게 감사의 뜻을 전한다. 그들의 훌륭한 도움이 없었다면 빠르게 커나가는 이 분야에 대한 최신 기술을 모아서 집필하는 것은 불가능 했을 것이다. 그들의 헌신적인 노력과 시간은 나중에 꼭 성과가 있을 것으로 확신한다. 또한 플렉시블 디스플레이 연구를 수년간 지원해주신 브라운 대학교의 National Science Foundation's Materials Research Science and Engineering Center on Micro- and Nanomechanics of Structural and Electronic Material(DMR 0079964)에 감사드린다. 아울러 이 책을 준비하는 전반에 걸쳐 조언을 주신 John Wiley에게 감사드린다.

Gregory P. Crawford

Brown University, Providence, RI

역자서문

최근 디스플레이는 '21세기 미래 기술'로 불리며 반도체에 이어 또 하나의 신화를 창조하고 있다. 그 중에서도 특히 평판디스플레이(flat panel display: FPD)는 예전에는 상상도 할 수 없었던 많은 양의 정보가 홍수를 이루는 현재의 정보화 사회에 살면서 휴대전화에서 컴퓨터, 고선명(high definition: HD) TV에 이르기까지 모든 생활 수단에 빠짐없이 들어가고 있다. 삶의 질이 점점 높아진 2000년대 들어와서 구체적인 응용 분야로 초기 노트북 컴퓨터와 소형 전자기기에서 모니터, 벽걸이 TV, IMT2000 화상정보 단말기, 전자종이(e-paper) 등 그 범위를 급격히 넓혀가기 시작하여 최근에는 두루마리 디스플레이나 입체 TV로까지 그 영역을 더 확장해 나갈 조짐을 보이고 있다. 다시 말해 누구라도(any one), 언제(any time), 어디서나(any place) 인간의 시각을 통해 필요한 정보를 보다 빠르고 간편하게 알기 쉬운 형태로 받아 볼 수 있도록 발전하고 있다. 이러한 발전 추세에서 현재의 디스플레이에 사용하는 유리기판을 플라스틱 기판으로 대체함으로써 가볍고 견고한 flexible 디스플레이는 차세대 기술로서 주목을 받고 있으며 그 응용범위가 입는 컴퓨터와 rollable 디스플레이 등의 새로운 정보기기 전반에 걸쳐 다양하게 이용될 것으로 예상된다.

본 역서는 flexible 디스플레이 분야에서 세계적으로 학계와 산업체의 권위자들이 집필한 교재를 번역한 것으로 flexible 디스플레이에 대한 기본원리, 관련 재료와 부품, 제조 공정에 대한 내용을 담고 있다. 디스플레이공학개론(청범출판사)의 전반적인 지식을 습득하고 이 분야를 전공하고자 하는 대학원 과정 또는 산업체 현장 인력의 연구와 교육에 적합할 것이다.

끝으로 번역 과정 동안 내내 수고해 준 서울대의 '분자집적물리 및 소자연구실'의 연구원들과 한양대의 '디스플레이소자 연구실'의 연구원 일동에게 감사하며, 이 책이 나오기까지 많은 관심과 격려를 아끼지 않은 청범출판사의 연규산 사장님께 고마움을 전합니다.

아울러 우리 한국의 첨단디스플레이 산업이 새로운 도약기를 맞이하는데 보탬이 되기를 기대한다.

2008년 5월

이신두 · 김재훈 · 최병덕 공역

차 례

Chapter

개 요

1.1 개 요 ········· 1

1.2 제 조 ········· 5

1.3 연구 기술들 ········· 6

1.3.1 플렉시블 기판 ········· 6
1.3.2 불투과 층(barrier layer) ········· 7
1.3.3 무기 전도성 층과 기계적 특성 ········· 7
1.3.4 유기 전도성 층과 기계적 특성 ········· 7
1.3.5 전기 광학 소자 ········· 7
1.3.6 TFT(Thin Film Transistor) ········· 8
1.3.7 전기광학 소자 ········· 8
1.3.8 플렉시블 디스플레이 시제품 ········· 9
1.3.9 시장전망 ········· 9

1.4 결 론 ········· 9

Chapter

디스플레이 기술을 위한 기능성 필름

2.1 개 요 ········· 11

2.2 고분자 기판 ········· 12

2.3 성 질 ········· 14

2.3.1 광학적 성질 ········· 14
2.3.2 복굴절 ········· 15
2.3.3 온도에 대한 성질 ········· 15
2.3.4 수분과 용매에 대한 저항성 ········· 20
2.3.5 표면처리 ········· 21
2.3.6 차단막 ········· 24
2.3.7 복합 구조의 역학적 특성 ········· 26

2.4 Polyester 필름의 응용 ··· 29
2.4.1 실리콘을 기초로한 TFT를 만드는 낮은 온도의 새로운 공법 ··· 30
2.4.2 합리적인 저온 공정을 기존의 실리콘 공정에 적용 ··· 32
2.4.3 220℃ 이하의 공정온도를 가진 유기물을 기초로 한 TFTs ··· 32
2.4.4 플렉시블 디스플레이에서 Teonex의 사용 ··· 33
2.5 결 론 ··· 33

Chapter 03

휠 수 있는 유리 기판

3.1 서 론 ··· 38
3.2 디스플레이 유리의 특성 ··· 39
3.2.1 디스플레이 유리의 종류 ··· 39
3.2.2 유리의 특성 ··· 40
3.3 "휠 수 있는" 얇은 유리의 제조 ··· 44
3.3.1 특별한 유리를 위한 Float 과 Downdraw 기술 ··· 44
3.3.2 한계 ··· 45
3.4 기계적 특성 ··· 48
3.4.1 얇은 유리와 유리/플라스틱 기판 ··· 48
3.4.2 휠 수 있는 유리의 기계적 특성을 알아보는 방법 ··· 48
3.5 유리의 기계적 특성 개선 ··· 52
3.5.1 유리 기판의 강화 ··· 52
3.6 플렉시블 유리의 가공 ··· 54
3.6.1 세 척 ··· 55
3.6.2 분 리 ··· 56
3.7 현재 얇은 유리 기판의 응용과 추세 ··· 57
3.7.1 디스플레이 ··· 57
3.7.2 터치 패널 ··· 58

3.7.3 센 서 ··· 59
3.7.4 웨이퍼에서의 칩 패키징 ··· 59

Chapter 04 플렉시블 디스플레이를 위한 보호막 기술

4.1 서 론 ··· 61
4.2 박막 증기 보호막 시스템의 발전 ··· 62
4.2.1 유기 전자 소자 : 패키징의 필요성 ··· 63
4.2.2 고분자 기판 위에 형성된 단층 가스 보호막 ··· 63
4.2.3 OLED 소자에 사용되는 다층 박막 가스 보호층 ··· 64
4.3 측정 기술 ··· 66
4.3.1 정상 상태 투과 테스트(Steady-State Transmission Test) ··· 66
4.3.2 칼슘 테스트(The Calcium Test) ··· 67
4.3.3 결점(defect) 분석 ··· 67
4.4 증기 투과 보호막의 이론 ··· 68
4.5 실험 데이터의 추출/분석 ··· 69
4.5.1 과도(transient) 상태, 정상(steady-state) 상태의 투과 모델 ··· 70
4.5.2 In Situ 특성을 결정하기 위한 방법 ··· 72
4.5.3 다층 보호막 시스템의 의미 ··· 77
4.6 토 의 ··· 78
4.7 결 론 ··· 80

Chapter 05 투명 전도성 산화물 재료 및 기술

5.1 서 론 ··· 85
5.2 물질 선택 및 특성화 ··· 87

5.2.1 투명 전도성 전극 분류: 왜 산화물인가? ··· 87
5.2.2 투명 전도성 산화물: 일반적인 고려 사항들 ··· 88

5.3 인듐-기반 2원소 산화물 ··· 91

5.3.1 배 경 ··· 91
5.3.2 결정성 인듐 주석 산화물 ··· 94
5.3.3 비정질 인듐 주석 산화물 ··· 98
5.3.4 비정질 인듐 아연 산화물 ··· 100

5.4 투명 전도성 산화물에 대한 미래 방향 ··· 102

5.4.1 새로운 물질 ··· 102
5.4.2 제조시 고려사항 ··· 104

5.5 결 론 ··· 105

Chapter 06 플렉시블 디스플레이를 위한 플라스틱 기판위의 ITO 역학

6.1 서 론 ··· 109

6.1.1 얇고 깨지기 쉬운 층을 포함한 플라스틱 기판 ··· 109
6.1.2 박막의 열가소성 성질 ··· 110
6.1.3 물리적인 힘의 인가와 내부 응력 ··· 111
6.1.4 얇고 깨지기 쉬운 필름의 결함(failure) 모드(mode) ··· 113

6.2 장력 하에서 깨지기 쉬운 층의 결함(Failure) ··· 113

6.2.1 물리적인 테스트 방법 ··· 113
6.2.2 결함 모드의 특징 ··· 114
6.2.3 균질한 층들의 실험적인 분석 ··· 116
6.2.4 패턴된 층의 실험적 분석 ··· 118
6.2.5 결함 메커니즘에 관한 논의 ··· 119

6.3 압축 응력하에서 깨지기 쉬운 층의 결함 ··· 123

6.3.1 특성화된 결함상태에서의 그림들 ··· 123
6.3.2 버클링 결함(failure)의 메커니즘 ··· 124
6.3.3 버클링 변형률(strain) ··· 126
6.3.4 토 론 ··· 127

6.4 디스플레이에서 결함(failure) 상태 ······ 128
6.4.1 결함의 결과의 요약 ······ 128
6.4.2 좀 더 복잡한 상황의 분석 ······ 129
6.4.3 상품화를 위해서 그것은 무엇을 의미하는가? ······ 130
6.5 결 론 ······ 131
〈감사의 글〉 ······ 132

Chapter 07 외부변형에 대한 ITO 박막의 안정성

7.1 서 론 ······ 135
7.2 박막의 기계적 특성 ······ 136
7.2.1 휨에 의한 기계적 변형의 수치적 해석: 이중-층 구조 ······ 137
7.2.2 휨에 의해 유도된 기계적 변형의 실험 결과 ······ 141
7.3 결 론 ······ 147

Chapter 08 전도성 고분자

8.1 서 론 ······ 150
8.2 역사적 개관 ······ 153
8.3 전도성 고분자의 중합법 ······ 155
8.3.1 화학적 산화중합 ······ 155
8.3.2 화학적 환원중합 ······ 155
8.3.3 유기 금속 교차 결합 반응을 기반으로 하는 중합 ······ 156
8.3.4 전기 화학적 중합 ······ 160
8.4 전도성 고분자의 종류 ······ 161
8.4.1 폴리아세틸렌과 그 유도체 ······ 161
8.4.2 폴리아닐린과 그 유도체 ······ 164

8.4.3 폴리피롤과 그 유도체 ···· 168
8.4.4 폴리티오펜과 그 유도체 ···· 169
8.4.5 그 밖의 전도성 고분자 ···· 173
8.5 전도성 고분자의 응용 ···· 174
8.6 전 망 ···· 176

Chapter 09 말 수 있는 디스플레이 응용을 위한 전도성 고분자의 역학적 신뢰도

9.1 서 론 ···· 181
9.2 투명 음극들의 전기 기계적 특성들 ···· 184
9.2.1 인장력이 가해질 때의 PET에 코팅된 ITO ···· 185
9.2.2 인장력이 가해질 때의 PEDOT:PSS ···· 188
9.2.3 인장력이 가해질 때의 반복재하 ···· 189
9.3 PEDOT:PSS의 환경적인 열화 ···· 190
9.4 플렉시블 음극의 반복재하(Cycle Mandrel Loading) ··· 191
9.5 결 론 ···· 194

Chapter 10 플렉시블 디스플레이를 위한 광학 코팅 및 기능성 코팅 기술

10.1 서 론 ···· 200
10.2 박막 필름 편광자 ···· 200
10.2.1 박막 결정 필름 편광자 ···· 201
10.2.2 콜레스테릭 필름 편광자 ···· 203
10.3 박막 위상 지연자(Thin film retarders) ···· 205
10.3.1 박막 결정 필름 위상 지연자 ···· 205
10.3.2 반응성 메조겐의 위상 지연판(Reactive mesogen retarders) ···· 206

10.4 컬러 필터 ········ 208
10.5 배향막 ········ 210
10.5.1 선형 중합된 광반응성 고분자 배향막 ········ 210
10.5.2 다중배향 선형 중합 광반응성 고분자 배향막 ········ 210
10.6 반사방지 코팅 ········ 212
10.7 결 론 ········ 213

Chapter 11

패터닝 기술과 플렉시블 전자 소자를 위한 반도체 물질

11.1 개 요 ········ 217
11.2 대면적 패턴 기술 ········ 219
11.2.1 고해상도 도장의 접촉 프린팅 ········ 219
11.2.2 열전사 프린팅 ········ 224
11.2.3 접촉과 열전사 프린팅의 결합 ········ 227
11.3 프린트 가능한 반도체와 소자 ········ 228
11.3.1 종래의 유기 반도체 ········ 228
11.3.2 플렉시블 회로를 위한 새로운 인쇄 가능한 반도체 ········ 232
11.4 시제품 회로 & 시스템 ········ 235
11.5 결 론 ········ 237

Chapter 12

프린트 가능한 유기 전자소자

12.1 서 론 ········ 243
12.2 시스템 요구사항 ········ 244
12.3 트랜지스터의 요구 조건 ········ 247
12.3.1 제조 방법 ········ 249
12.3.2 접촉저항 ········ 249

12.3.3 단 채널 효과(Short Channel Effect) ······ 251
12.3.4 바이어스 스트레스(Bias stress)와 화학적 안정성 ······ 251
12.4 유기 반도체 ······ 254
12.4.1 고성능 polythiophene 설계 ······ 256
12.4.2 Poly(dialkylterthiophene) ······ 257
12.4.3 poly(dialkylquaterthiophene) ······ 260
12.5 디지털 리소그래피 ······ 263
12.5.1 서브트랙티브 프린팅(Subtractive Printing) ······ 263
12.5.2 애디티브 프린팅(additive printing) ······ 264
12.6 향후 전망 ······ 266
〈감사의 글〉 ······ 266

Chapter 13

유기전자소자를 이용한 구부릴 수 있는 능동 매트릭스 디스플레이

13.1 서 론 ······ 271
13.2 플렉시블 디스플레이의 개관 ······ 272
13.3 유기전자 기술 ······ 274
13.4 디스플레이 디자인과 공정 ······ 275
13.5 트랜지스터 요구조건 ······ 276
13.5.1 전계 효과 이동도 영향 ······ 277
13.5.2 누설전류 영향 ······ 279
13.6 트랜지스터 특성 ······ 280
13.7 기능성 디스플레이 ······ 282
13.8 드라이버 집적화 ······ 284
13.8.1 32-스테이지 시프트 레지스터 ······ 285
13.8.2 120-스테이지 시프트 레지스터 ······ 286
〈감사의 글〉 ······ 288

Chapter 14

유연한 기판에서의 TFT 메커니즘

14.1 개 요 ······ 292

14.2 TFT 기판(backplane)의 변형 ······ 293

14.2.1 형상화 과정에서 발생되는 기계적 스트레스 ······ 293

14.2.2 제조 시 발생되는 기계적 stress ······ 294

14.3 스트레스, 변형 그리고 필름과 기판의 조합 곡률 ······ 296

14.3.1 견고한 기판 ······ 296

14.3.2 유연한 기판 ······ 297

14.3.3 외부 모멘트에 의한 휘어짐 ······ 299

14.4 a-Si TFT상에서 기계적 변형 현상 ······ 300

14.5 플라스틱 변형에 의한 TFT기판의 모양 ······ 302

14.6 유기 중합체 기판 위의 단단한 TFT 필름의 경우대한 연구 ······ 305

14.6.1 장치필름 안에서의 생성 스트레스 계산 ······ 305

14.6.2 적당한 고유의 스트레스에 의한 마스크 정렬 ······ 309

14.6.3 구부린 후의 a-Si TFT의 전기적 실패 결정 ······ 311

14.7 요약 및 전망 ······ 312

Chapter 15

플라스틱 OLED 디스플레이

15.1 서 론 ······ 315

15.2 고분자 OLED(PLED) 기초 ······ 317

15.2.1 공액 고분자 ······ 317

15.2.2 발광 다이오드 ······ 317

15.2.3 OLED 디스플레이 종류 ······ 319

15.3 OLED용 플라스틱 기판 ······ 320
15.3.1 기판 요구 사항 ······ 320
15.3.2 플라스틱 기반 필름 ······ 321
15.3.3 보호층(Barrier) ······ 322
15.3.4 기판 복합체 ······ 323
15.4 기판 공정 이슈 ······ 325
15.4.1 공정 이슈 ······ 325
15.4.2 필름 스트레스 ······ 326
15.4.3 치수 안정성(Dimensional Stability) ······ 327
15.4.4 기판 고정 ······ 330
15.5 Passive Matrix 디스플레이 제조 ······ 331
15.5.1 PMOLED 구조 ······ 331
15.5.2 기판 패터닝 ······ 332
15.5.3 Active 재료 응용 ······ 335
15.5.4 Cathode 전극과 밀봉(Encapsulation) ······ 337
15.5.5 소자 구동 ······ 338
15.6 플라스틱 기판상의 OLED 용 Active Matrix ······ 339
15.6.1 구 조 ······ 339
15.6.2 TFT 요구사항 ······ 339
15.7 결 론 ······ 343

Chapter 16 **플렉시블 디스플레이 적용을 위한 캡슐화된 액정 물질**

16.1 개 요 ······ 351
16.2 캡슐화 된 액정의 변천사 ······ 352
16.3 캡슐화 기술 ······ 357
16.4 변형시킨 고분자 분산 액정 ······ 358
16.5 홀로그래픽 고분자 분산 액정 ······ 361

16.6 미리 제작된 형판에 액정을 채우는 방법 ······ 364

16.7 결 론 ······ 365

Chapter

콜레스테릭 액정을 이용한 플렉시블 디스플레이 기술

17.1 개 요 ······ 373

17.2 콜레스테릭 디스플레이의 기본 특성 ······ 375

17.2.1 콜레스테릭 도메인 ······ 376
17.2.2 디스플레이의 휘도와 시야각 ······ 377
17.2.3 원 편광의 정도(degree)와 휘도 ······ 378
17.2.4 셀의 두께 효과: 휘도 대 대비 ······ 381
17.2.5 문턱 전압과 멀티플렉싱 ······ 382

17.3 구동 방식, 칩, 회로 ······ 384

17.3.1 기본 구동 방식 ······ 384
17.3.2 동적 구동 방식 ······ 384
17.3.3 누적(Cumulative) 구동 방식 ······ 385
17.3.4 능동 매트릭스 구동 ······ 385

17.4 전력 소모 ······ 386

17.5 풀 컬러 구현 ······ 387

17.5.1 적층 컬러 디스플레이 ······ 387
17.5.2 컬러 패터닝 방식 ······ 388
17.5.3 흑백 구현 ······ 389

17.6 플렉시블 디스플레이를 위한 분산된 방울구조 ······ 389

17.6.1 에멀전화 ······ 390
17.6.2 방울 구조 ······ 390
17.6.3 상분리 ······ 391

17.7 플렉시블 디스플레이를 위하여 ······ 394

17.7.1 에멀전을 이용한 디스플레이 ······ 394
17.7.2 PIPS 공정을 사용한 디스플레이 ······ 395

17.7.3 전도성 고분자 전극 ···· 395
17.8 결 론 ···· 397

Chapter 18

Paintable LCD: 광 유도 성층화 과정을 통한 단일기판

18.1 개 요 ···· 401
18.2 광 유도 성층화(Photoenforced Stratification) ···· 402
18.3 실험 과정 ···· 404
18.4 단일 UV 조사과정 ···· 405
18.5 이 단계 UV 조사 ···· 407
18.6 Paintable 디스플레이들 ···· 409
18.7 Paintable LCD 기술의 개선 ···· 411
18.8 결 론 ···· 414
〈감사의 글〉 ···· 414

Chapter 19

전자 종이 디스플레이를 위한 전기영동 영상 필름

19.1 소 개 ···· 417
19.2 디스플레이 적용을 위한 산란 영상 필름 ···· 418
19.3 전기영동법과 전기영동 영상 ···· 420
19.3.1 전기영동의 스위칭 속도 ···· 421
19.3.2 영상 안정성과 구동 파형 ···· 422
19.3.3 디스플레이를 위한 필름의 집적기술 ···· 423
19.3.4 실패한 모드들과 교훈 ···· 426
19.4 현재의 전기영동 디스플레이 개발 기술들 ···· 427
19.4.1 미소 캡슐 전기영동 디스플레이 ···· 427

19.4.2 미소 세포의 Air-Gap 전기영동 디스플레이 …… 433
19.4.3 In-plane형 전기영동 디스플레이 …… 435
19.5 플렉시블 EPID 디스플레이 …… 437

Chapter 20

플렉시블 디스플레이를 위한 Gyricon 물질

20.1 서 론 …… 443
20.2 전기광학 응답 특성 …… 444
20.3 영상 저장 …… 447
20.4 밝기와 대비비 …… 449
20.5 동작 방법 …… 452
20.5.1 프린트된 회로로 지정된 고정 이미지 구현법 …… 453
20.5.2 선형 전극 배열 구동 …… 454
20.6 제작 방법 …… 456
20.7 결 론 …… 458

Chapter 21

플렉시블(flexible) 디스플레이의 Roll-to-Roll 제조법

21.1 배경 지식 …… 460
21.1.1 여러 도전들 …… 461
21.2 목 표 …… 462
21.3 소자 개요 …… 462
21.4 제품 설계 …… 463
21.4.1 공정과 장비 목록 …… 464
21.5 장비들 …… 465
21.5.1 Roll-to-roll 공정을 위한 장비들 …… 465

21.5.2 Develop, Etch, Strip ········ 467

21.6 소자 정밀검사 ········ 468

21.6.1 Darkfield Technologies ········ 468

21.6.2 EB 증착을 위한 웹 묶음 코팅기 ········ 469

21.7 정렬과 표시를 위한 금형 펀치 ········ 470

21.8 증착기: LEP 소자를 위한 열 캐소드 ········ 470

21.9 증착기: OLED ········ 470

21.10 노출: 근접 ········ 471

21.11 노출: 단계와 반복 ········ 472

21.12 잉크젯 증착 ········ 473

21.12.1 Litrex 140L 잉크젯 시스템 ········ 473

21.13 적층 구조물 ········ 473

21.13.1 Preco 2430 P ········ 473

21.13.2 Schmid CSL 4000 ········ 473

21.14 레이저 공정 ········ 474

21.15 롤 코팅기:포토레지스트 ········ 474

21.15.1 Toray Model 1-2 ········ 474

21.15.2 Systronic RC 4000 ········ 474

21.16 스크린 프린터 ········ 475

21.16.1 Preco ········ 475

21.17 낮은 온도 경화를 위한 오븐 ········ 475

21.17.1 Gruenberg Model 4/MM6H100.83M ········ 475

21.18 스퍼터링 ········ 476

21.19 재료 토론 ········ 477

21.19.1 PET 기판 ········ 477

21.20 플라스틱 기판을 위한 열 공급 ········ 477

21.21 간지(interleaf 또는 Slip Sheet) ········ 478

21.22 재료 목록 ···································· 478

21.23 공정 이슈 ···································· 478

21.23.1 습기 그리고 산화 방지 ···································· 478
21.23.2 청정과 미립자 ···································· 479
21.23.3 결점과 양산률 ···································· 479

21.24 Roll-to-roll 공정에서의 재료 제어 ···································· 480

21.24.1 리프트 장비 ···································· 480
21.24.2 선도 재료 ···································· 481
21.24.3 새 재료 롤의 장착 ···································· 482
21.24.4 저항 코팅기 ···································· 483
21.24.5 포토공정에서의 두루마리 경계 ···································· 483
21.24.6 청 결 ···································· 483
21.24.7 제어 장비의 작업 처리량 ···································· 483
21.24.8 팽창 제어 ···································· 483
21.24.9 간헐적인 공정과 정렬 ···································· 484
21.24.10 Punch ···································· 485
21.24.11 Roll-to-roll 광학 정렬 ···································· 485
21.24.12 간지 처리의 가격 ···································· 486
21.24.13 부식 방지: 수분 공정 ···································· 487
21.24.14 미리 펀치된 윈도우와 관련된 적층 ···································· 487
21.24.15 정렬을 위한 시각 시스템의 완성 ···································· 488
21.24.16 미세환경 동봉 ···································· 489
21.24.17 웹 처리 ···································· 489
21.24.18 장력 조절 시스템 ···································· 490
21.24.19 웹 이동 시스템 ···································· 491
21.24.20 향상된 roll-to-roll 공정 ···································· 492

21.25 비용 모델에서의 결과 ···································· 492

21.25.1 만든 용어의 용어집 ···································· 493
21.25.2 양산률 ···································· 495
21.25.3 비용 결과 ···································· 496
21.25.4 비용 구성요소 ···································· 496
21.25.5 부분 가격 ···································· 497
21.25.6 공장 크기 이슈 ···································· 497

21.25.7 장비 공간 제한 ··· 497
21.25.8 최소의 실질적인 자본 투자 ··· 498
21.25.9 결과 요약 ··· 498
21.25.10 장애물, 기술적 이슈 그리고 관심 ··· 499

Chapter 22 비정질 실리콘을 이용한 고정세 풀컬러 플렉시블 TFT LCD

22.1 서 론 ··· 501
22.2 SiNx 증착시 He 희석 가스의 영향 ··· 504
22.3 플라스틱 기판 위에 유기 절연막이 적용된 a-Si:H TFT의 특성 ··· 507
22.4 플라스틱 기판위에 a-Si:H TFT 어레이 소자 제작 ··· 512
22.5 플라스틱 기판을 이용한 a-Si:H TFT LCD ··· 515
22.5.1 플라스틱 기판 위의 컬러 필터 ··· 516
22.5.2 액정 시편 ··· 517
22.5.3 구동회로의 결합 및 구동 ··· 518

Chapter 23 저온 폴리실리콘을 이용한 플라스틱 컬러 TFT LCDs

23.1 서 론 ··· 521
23.2 공정 개괄 ··· 523
23.2.1 TFT 소자 공정 ··· 523
23.2.2 전사 공정 ··· 524
23.2.3 셀 제조 공정(Cell Process) ··· 525
23.3 전사공정의 결과 ··· 526
23.3.1 전사된 소자 패턴 ··· 526
23.3.2 TFT의 특성에 미치는 영향 ··· 527
23.4 기판의 구부림에 의한 TFT 특성의 변화 ··· 528

23.5 플라스틱 LCDs의 표시 특성 ······ 532

23.5.1 세부내역과 구조 ······ 532

23.5.2 표시 성능 ······ 533

23.5.3 곡면 LCD에서의 표시 화면 ······ 534

23.6 풀어야 할 문제점들 ······ 535

23.7 요약 및 앞으로의 전망 ······ 536

Chapter 24

TFT 전사 기술

24.1 서 론 ······ 538

24.2 TFT 전이 공정 순서 ······ 540

24.3 전이 메커니즘 ······ 542

24.4 TFT 성능 ······ 545

24.5 응 용 ······ 547

24.5.1 SUFTLA TFT LCD ······ 547

24.5.2 SUFTLA TFT OLED ······ 549

24.6 결 론 ······ 553

Chapter 25

플렉시블 디스플레이의 응용 분야 및 시장 전망

25.1 서론 ······ 556

25.2 왜 플렉시블 디스플레이로 가야 하는가? ······ 557

25.2.1 초경량 디스플레이 ······ 558

25.2.2 물리적 내구성이 향상된 디스플레이 ······ 558

25.2.3 곡면 디스플레이 ······ 558

25.2.4 말 수 있는 디스플레이(일명 두루마리 디스플레이) ······ 559

25.2.5 Roll-to-Roll 제작 공정 ······ 559

25.3 플렉시블 디스플레이를 위한 요소 기술 559
25.3.1 기판 재료 559
25.3.2 반도체 물질 561
25.3.3 플라스틱 기판 위에 트랜지스터 소자를 형성하는 방법 .. 562
25.3.4 플렉시블 디스플레이 제작 공정 564
25.4 플렉시블 디스플레이 기술 565
25.4.1 액정 디스플레이 565
25.4.2 유기발광 다이오드 디스플레이 565
25.4.3 전기영동 방식 디스플레이 566
25.4.4 그 외의 기술들 567
25.5 플렉시블 디스플레이 시장 전망 567
25.5.1 디스플레이 기술에 따른 시장 전망 567
25.5.2 응용 분야에 다른 시장 전망 568
25.6 무엇을 취할 것인가? 572
25.6.1 새로운 기판 재료 572
25.6.2 Full-color 공정 573
25.6.3 '챔피언'이 이끈 충분한 힘 573
25.6.4 다양한 응용 574
25.6.5 초저가 상품 575
25.7 결 론 575
찾아보기 577

개 요

Gregory P. Crawford

Division of Engineering, Brown University, Providence RI

1.1 개 요

평판 디스플레이(Flat panel display)는 디스플레이 관련 과학자들과 엔지니어들의 지속적인 연구 개발에 의하여 빠른 기술적인 발전을 이루었고, 대량 생산을 통하여 산업의 규모적 발전을 이루어왔다. 그 중 휴대용 전자기기들은 가볍고 값싼 디스플레이 소자의 특성에 초점을 맞추어 개발되고 있으며, 특히 플렉시블(flexible) 디스플레이 기술은 비약적인 발전을 이루고 있다. [그림 1.1]은 모니터 분야에서 두꺼운 CRT로부터 얇은 능동형 LCD와 종이와 비슷한 미래의 플렉시블 평판 디스플레이로의 변화 과정을 보여주고 있다. 플렉시블 평판 디스플레이가 가능하기 위해서는 플라스틱이나 아주 얇은 유리 기판과 같은 플렉시블 기판이 기존의 유리 기판을 대체하여야만 한다. 플렉시블 평판 디스플레이 기술은 [그림 1.2(a)]에서 보여주는 바와 같이 휴대성의 극대화, 고 생산성, 의류에 직접 적용이 가능하도록 하는 입는(wearable) 디스플레이, 디자인의 자율성을 위하여 휘고(flex), 구부리고(curve), 단단하면서도(conform) 말 수 있고(roll), 접을(fold) 수 있게 하는 등의 장점을 가지고 있다. 이러한 많은 장점들은 플렉시블 평판 디스플레이의 발전을 위한 투자의 원동력이 되고 있다.

플렉시블 디스플레이 기술은 많은 새로운 제품군의 형성을 유도하고 있다. 예를 들어 전자 신문은 하루 종일 사건이 발생했을 때마다 기사를 업데이트 할 수 있다. 만약 텔레비전과 컴퓨터에 플렉시블 디스플레이를 종이나 직물처럼 적용할 수 있다면 사용하지 않을 때는 보이지 않게 할 수 있으므로, 현재의 미(美), 즉 디자인의 기준은 급격히 변화하게 될 것이다. 예를 들어 텔레비전을 그림이나 태피스트리 안으로 간단하게 숨길 수 있다.

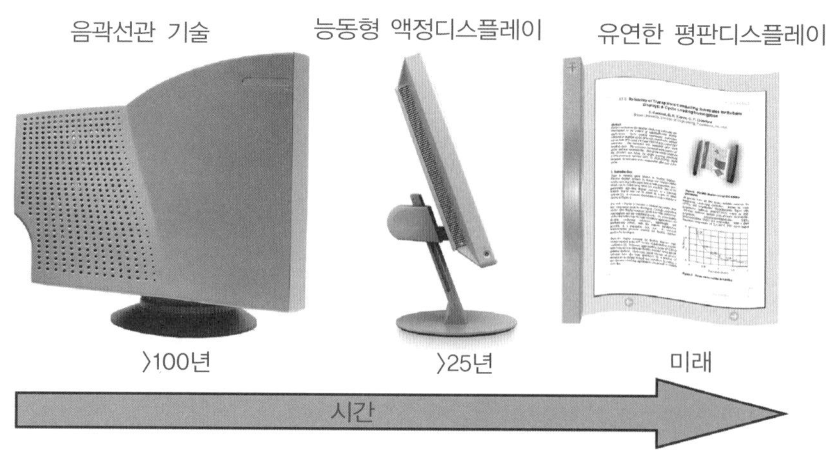

[그림 1.1] 디스플레이 기술 혁명

또한 PDA는 펜에 감아서 셔츠 주머니에 넣을 수 있다. 즉, 우리의 미적 감각을 기술에 맞추는 대신에, 기술이 우리의 상상력이나 창의력을 그대로 반영할 수 있게 된다.

광의의 플렉시블 평판 디스플레이의 정의는 다음과 같다(Slikkerveer 2003) :

구부릴 수 있고, 휠 수 있으며, 어떠한 기능도 손상되지 않으면서도 아주 작은 반경으로 감을 수 있는 평판 디스플레이

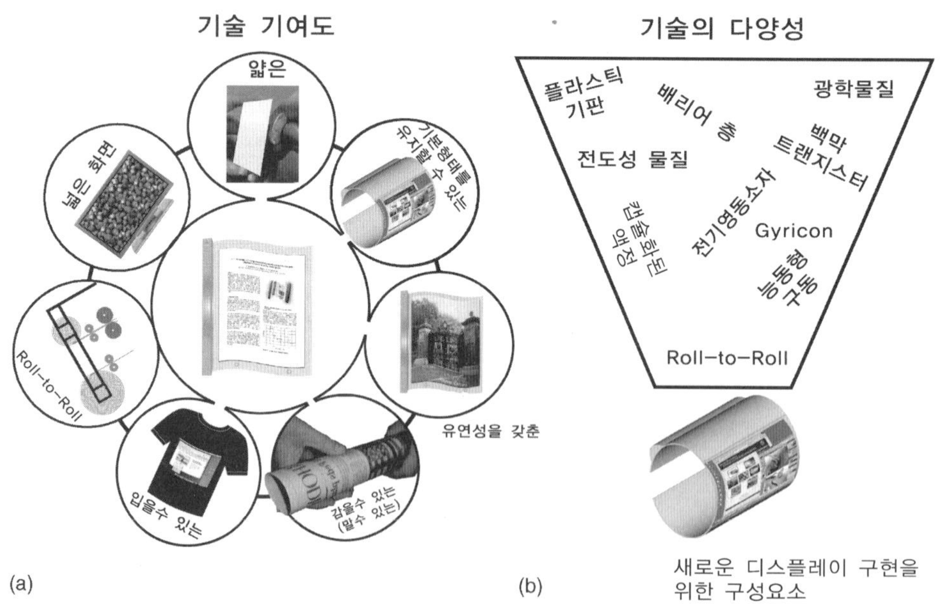

[그림 1.2] (a) 플렉시블 디스플레이의 기술 기여도
(b) 플렉시블 평판 디스플레이의 가능성이 보여주는 다양한 기술

플렉시블 디스플레이를 정의하는 것은 현대 예술을 정의하는 것과 같다(Slikkerveer 2003). 플렉시블 디스플레이의 기술은 다양한 응용분야에서 적용되기 때문에 모든 분야를 아우르는 정의를 하기는 매우 어렵다. "플렉시블 디스플레이"의 정의는 모든 사람마다 각기 다 다르다. 어떤 플렉시블 디스플레이는 한 번 정형화된 형태로 만들어지고 나면 휘어진 상태로 그대로 유지되게 된다. 그러나 말 수 있는 디스플레이의 응용제품은 하루에 100번도 넘게 감았다 폈다 할 수 있는 것이다.

플렉시블 디스플레이는 그 동안 많은 연구원들의 연구를 통해, 오늘날에는 많은 응용제품에 적용을 시도하고 있고, 시장에 접근해 가고 있는 실정이다(Howard 2004; Ong 2004; Kinkade 2004; Hogan 2003; Hellemans 2000; Savage 1999). 이러한 관심의 가장 큰 이유 중의 하나는 많은 연구원들과 연구기관에 의하여 시제품들이 제작되어 플렉시블 디스플레이를 위한 필요 기술들이 점점 성숙되고 있다는 것이다. [그림 1.2(b)]에 표현된 바와 같이, 플렉시블 기판, 배리어 층(barrier layers), 전도성 물질(conducting layers), 전기광학 물질(electro-optic materials), 광 기능성 필름(optical and functional thin film materials), 그리고 TFT(Thin Film Transistor) 기술의 집중과 발전은 새로운 플렉시블 디스플레이의 구현을 가능하게 하고 있다.

플렉시블 디스플레이 기술은 기존의 딱딱한 유리 기판 기반의 디스플레이가 만족시키지 못하는 많은 응용 제품 분야를 만들어낼 수 있다. [그림 1.3]은 (a) 회의장에 필요한 벽면에 가득한 큰 크기의 반사형 스크린 대신에 사용하지 않을 때 감아 놓을 수 있는 디스플레이, (b) 말 수 있는 작은 휴대용 디스플레이, (c) 자동차에 사용될 수 있는 다양한 모양의 디스플레이, (d) 운전석에 집적된 여러 계기판, (e) 모양이 고정된 팔찌모양의 디스플레이, 아이들을 위한 표정이 바뀌는 마스크 등 플렉시블 디스플레이 제품의 몇몇 예를 그림으로 보여주고 있다. 이러한 예들은 많은 다른 응용제품에 있어서 기존의 유리 기반의 디스플레이를 대체할 수 있다는 확신을 줄 수 있다. 이러한 응용 가능성은 미래에는 가능할 수 있지만, 당장 플렉시블 디스플레이가 값싸고, 작은 디스플레이 모듈 시장(예 : STN 디스플레이)이나 고품질, 고사양의 컴퓨터 모니터 등을 대체하기는 쉽지 않은 일이다. 당분간 플렉시블 디스플레이는 자신의 강점을 부각시킬 수 있는 제품군으로 시장에 진입할 것이다. 플렉시블 디스플레이에 대한 시장 전망은 25장에서 다룰 것이다. 결론적으로 플렉시블 평판 디스플레이 기술은 미래에 다양한 연구분야와 잠재적으로 큰 산업분야를 형성할 것이며, 이와 연관된 학문분야는 물리, 화학, 기술 및 생산분야에 넓게 연관되어 있다. 다음 장에서는 여러 전문 분야 등 포괄적인 개요를 다루기로 하겠다.

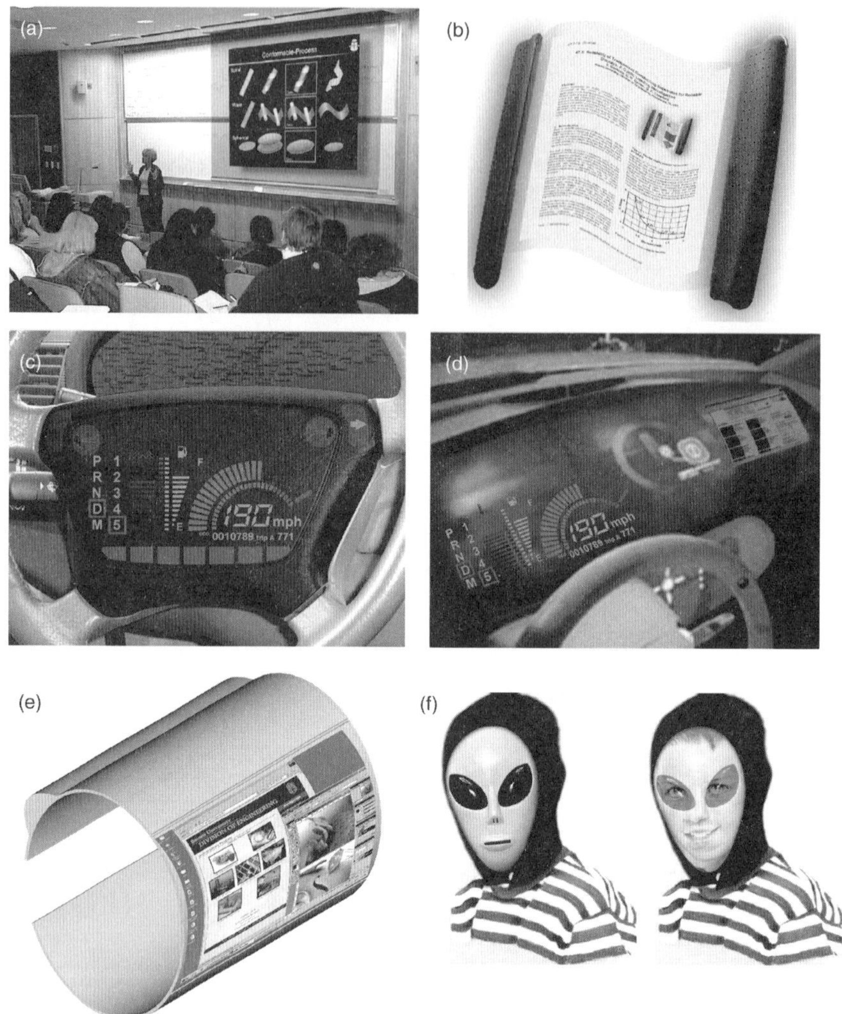

[그림 1.3] 다양한 플렉시블 평판 디스플레이
(a) 회의장에 필요한 벽면에 가득한 큰 크기의 반사형 스크린 대신에 사용하지 않을 때 감아 놓을 수 있는 디스플레이
(b) 말 수 있는 작은 휴대용 디스플레이
(c) 자동차에 사용될 수 있는 다양한 모양의 디스플레이
(d) 운전석에 집적된 여러 디스플레이
(e) 모양이 고정된 팔찌모양의 디스플레이
(f) 아이들을 위한 표정이 바뀌는 마스크

〈그림 출처 : Suraj Gorkhali, Brown University〉

1.2 제 조

다소 과장되기는 하지만, “거룩한 성배(holy grail)”이라는 표현은 평판 디스플레이 산업이 플렉시블 디스플레이 기술의 상용화를 고대하고 있다는 표현으로 종종 인용되어 왔다(Kincade 2004). 이러한 단어의 사용이 가능한 이유는 실질적으로 플렉시블 디스플레이는 기존의 배치(batch) 타입의 공정 과정으로부터 혁신적인 roll-to-roll 방식으로 제조 공정을 변화시킬 수 있기 때문이다(21장). [그림 1.4]는 ITO(indium-tin-oxide)가 코팅되어 있는 플라스틱 기판 위에 디스플레이 물질들이 roller의 진행 방법으로 형성되는 roll-to-roll 방식을 도식적으로 나타낸 그림이다.

한 번에 하나의 부품(component)을 다루는 배치 타입의 공정과 비교하여 볼 때, roll-to-roll 공정은 기존의 제조 공정과는 현저한 차별성을 가진다. 만약에 roll-to-roll 방식이 제조 공정에 적용이 될 만큼 성숙되면, 설비가격이나 제조단가를 낮추고 생산량을 증대시킬 수 있을 것이며, 모든 공정이 roll-to-roll 기술로 이루어진다면 현재 이슈화된 부품 공급 체인(chain) 문제를 해결할 수 있을 것이다. 비록 현재는 플렉시블 평판 디스플레이가 배치 타입으로 제조되고 있지만, 많은 연구원들과 엔지니어들은 결국 roll-to-roll 방식으로 제조될 것이라고 믿고 있다.

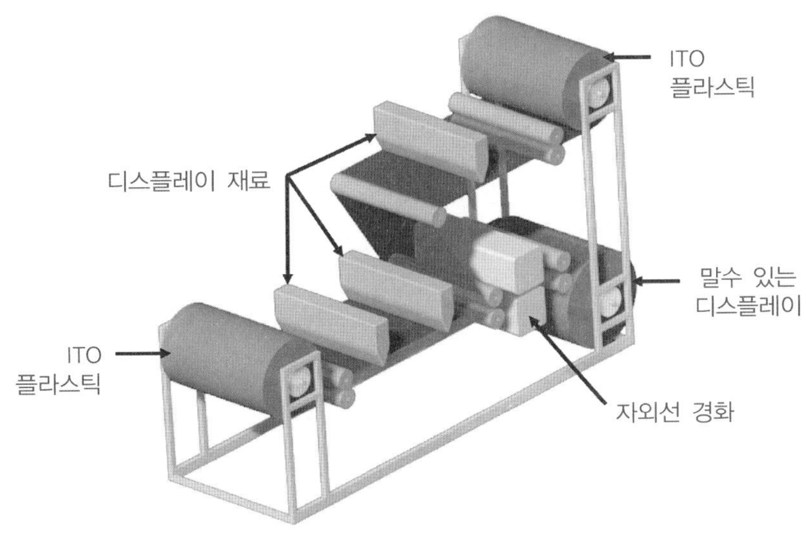

[그림 1.4] Roll-to-Roll 제조공정의 모식도

1.3 연구 기술들

플렉시블 디스플레이는 많은 물질들과 새로운 기술들을 필요로 하고 있고, 디스플레이 산업은 플렉시블 평판 디스플레이에 적합한 디스플레이용 물질의 개발에 집중하고 있다. 이에 필요한 기술은 단단한 플렉시블 기판, 투명 전도성 산화물질과 고분자들, 전기광학물질 및 소자, 무기와 유기 전자부품들 그리고 패키징 기술등 이다. 게다가, roll-to-roll 제조방식, 코팅기술, 프린팅 기술과 같은 많은 공정기술이 물질 개발과 함께 발전되어야만 한다. 실제로 이러한 요소들과 공정들의 기능들은 연결된 요소들이 너무 복합적으로 연결되어 있기 때문에 독자적으로 최적화 될 수는 없다. 이 책에서 다룰 기술들이 플렉시블 평판 디스플레이에 필요한 모든 것은 아니다. 이 분야는 빠르게 상용화를 향하여 질주하고 있기 때문에 어떤 기술들이 상용화에 성공할지는 아직 미지수이기 때문이다. 이 책에서는 현재 플렉시블 디스플레이 분야의 대부분의 경쟁 기술에 대하여 다룰 것이고, 각각의 주제에서는 플렉시블 평판 디스플레이에 필요한 특별한 요구에 대한 몇 가지 해결책을 제시할 것이다.

1.3.1 플렉시블 기판

플렉시블 기판으로는 고분자를 사용한 것과 아주 얇은 유리를 사용하는 두 가지의 경우가 있다. 디스플레이를 구현하기 위해서는 플렉시블 기판을 무엇으로 선택하느냐가 시작점이 되기 때문에, 기판 위에 형성되는 여러 물질의 선택을 위해서도 기판의 선택은 큰 문제가 된다. 2장에서는 플렉시블 디스플레이를 위한 고분자 필름에 대하여 다룰 것이다. 고분자 종류에 따른 공정 온도의 한계, 광학적 특성, 열적 특성, 표면의 거칠기 등 여러 가지 분야를 다룰 것이다. 고분자 기판을 사용하게 되면 부가적인 디스플레이 층을 형성하기 위한 공정 온도가 가장 큰 문제가 된다(Lueder 2002). 그래서 가까운 미래의 플렉시블 디스플레이는 완전한 유기물질로 구성되지 못하고, 무기물과 유기물의 하이브리드(hybrid) 타입으로 구현될 것으로 예측된다. 그러나 무기물의 공정온도는 점점 내려가고(5장), 고분자 기판의 온도 안정성은 점점 증대되고 있다(2장). 이것은 기술의 발전 방향이 점점 플렉시블 디스플레이가 가능하게 하도록 최적화 하는 방향으로 진행되고 있다는 것을 의미한다.

또 다른 해결책은 유기물질을 이용하는 것이다. 유리는 불투과성(barrier property)의 특성이 아주 좋고, 디스플레이 공정상의 온도나 화학물질로부터 매우 강하지만 유연성(flexibility)이 부족하고, 고분자 기판보다 취급이 어렵다. 3장에서는 30μm 두께 이하의 얇은 유리 기판의 제조 공정에 대하여 설명할 것이다. 공정상의 물리적 안정성과 기판의 유연성의 확보를 위하여 고분자 층을 유리 위에 형성한다. 이러한 복합적인 해결책은 좀 더 유연하면서도 공정상의 취급을 손쉽게 하여 기존의 유리 기판을 대체할 수 있도록 할 것이다.

1.3.2 불투과 층(barrier layer)

고분자 기판이 플렉시블 디스플레이 응용제품에 적용될 때, 디스플레이 소자는 불투과 층에 의하여 산소나 습기 그리고 다른 물질로부터 보호받아야 할 필요가 있다(4장). 산소나 습기에 대한 안정성은 유기발광 다이오드(OLED; organic light emitting diode) 소자에 있어서 매우 중요한 요소이다(15장). 비록 단층의 불투과층이 몇몇 물질로부터 보호를 할 수 있다고 해도, 장기적인 안정성을 위해서는 다층 막이 필요하게 된다. 4장은 OLED가 필요로 하는 안정성을 확보하기 위하여 무기/유기 다층 막의 형성에 대하여 다룰 것이다.

1.3.3 무기 전도성 층과 기계적 특성

ITO(indium tin oxide)는 디스플레이에 사용되어 온 전통적인 전도성 물질이다. 그러나 낮은 저항 값과 높은 광학 특성을 위하여 유리 위에 ITO를 형성하는 공정 온도는 플라스틱 기판에는 적합하지 않다. 따라서 플렉시블 디스플레이 제품을 구현하기 위해서는 ITO의 저온 공정이 개발되어야 한다(5장). ITO가 면 저항 값이나 광학 특성이 매우 우수하다고 해도 이는 플렉시블 디스플레이 분야에서는 큰 단점이다. ITO가 고분자 기판 위에 형성되었을 때, 당기거나 수축시키면 균열이나 비틀림이 생기게 된다. 플렉시블 디스플레이에서 ITO의 균열은 엄청난 문제이다(6장). 디스플레이 제품에 있어서 ITO의 중요성 때문에 이 책에서는 ITO의 역학적인 문제를 중요하게 다루었다(6, 7장). ITO의 역학 문제는 플렉시블 디스플레이에서 더 잘 이해될 수 있다. 게다가 고분자 기판에서 ITO의 기본적인 역학문제에 대하여 연구하게 되면 플라스틱 위에서의 무기 TFT를 형성하는 데에도 적용이 가능하게 된다.

1.3.4 유기 전도성 층과 기계적 특성

플렉시블 디스플레이 제품을 위한 전도성 고분자에 대하여도 다룰 것이다(8장). 비록 이것들이 ITO에 비하여 면 저항 값이나 광학 특성이 좋지 못하다고 하여도, 이들은 저온공정으로 형성가능하고 또한 물리적 특성(9장)도 주목할 만하다. 8장에서는 전도성 고분자의 화학적인 특성을 다룰 것이고, 9장에서는 전도성 고분자의 물리적 특성을 ITO와 비교하여 설명할 것이다. 기판의 전도성 확보에 있어서, ITO와 전도성 고분자가 경쟁적인 관계에 있고, 나노 기술에 바탕을 둔 새로운 전도성 기판 기술도 소개되었다. 유연하며 투명한 전극으로는 프린팅과 코팅 공정이 결합된 탄소 나노 튜브(carbon nano tube)의 이용도 고려되고 있다.

1.3.5 전기 광학 소자

플렉시블 평판 디스플레이에 있어서 광학소자의 코팅은 매우 중요한 역할을 한다. 전통적인 유리 기판의 디스플레이에서 사용된 많은 광학 필름들은 플렉시블 디스플레이에 적용이 가능할 것이다. 편광판(polarizers), 위상지연 판(retarders), 컬러 필터(color filters), 비반사 필름(antireflective films) 그리고 액정의 배향(alignment)을 위한 물질들이 10장에서 논의될 것이다. 이것들에 대한 연구와 개발은 플렉시블 디스플레이에 한정된 것은 아니지만, 그것은 어떤 플렉시블 디스플레이 분야에서는 중요한 역할을 하게 된다. 예를 들어 18장에서 소개될 인쇄가 가능한 LCD(액정디스플레이;Liquid Crystal Display)는 아주 얇은 편광판을 필요로 하게 된다. 게다가, STN 디스플레이를 플렉시블 영역에 적용하려면 얇은 편광판, 위상지연, 컬러필터 그리고 백라이트(backlight)를 필요로 하게 된다(Slikkerveer *et al*. 2004).

1.3.6 TFT(Thin Film Transistor)

OLEDs(15장), 고분자 분산형 액정(polymer-dispersed liquid crystal, 16장), paintable LCDs(18장), 전기 영동(electrophoretic, 19장), 자이리콘(Gyricon, 20장)과 같은 전기 광학 소자들의 경우 고해상도를 구현하기 위해서는 능동 소자형 기판이 필요하다. 고분자형 기판 위에 유기 전자 물질을 프린트하거나 패터닝(patterning) 하는 공정이 상당히 많이 개발되어 있다(11,12,13장). 또한 포일(foil)이나 고분자 기판 위에 무기 TFT를 형성하는 공정 역시 상당한 연구 개발이 이루어져 있다. 플렉시블 기판 위에 TFT를 형성하는데 있어서 실패가 생기는 메커니즘에 대한 연구는 미래의 플렉시블 디스플레이의 성공을 위한 핵심 사항이며, 이는 14장에서 다룰 것이다. 플라스틱 기판에서의 성공적인 TFT 구현은 플렉시블 평판 디스플레이를 가능하게 하며, 매우 흥미로운 주제이다. 이것은 고해상도 시제품의 개발을 가능하게 해 준다.

1.3.7 전기광학 소자

플렉시블 디스플레이 제품을 위한 전기 광학 소자들은 유리 기판 기반의 디스플레이에서와 같이 발광, 반사, 투과형의 세 범주로 나눌 수 있다. 발광형 소자로는 저분자 혹은 고분자 OLED 소자가 개발되고 있다(15장). 저전력 디스플레이를 실현하기 위해서는 플렉시블 기판 위에서 제작된 반사형 모드가 구현되어야 할 것이다. 반사형 모드에 있어서는 고분자 분산형 액정(polymer-dispersed liquid crystal, 16장), 분산형 카이랄 액정(chiral liquid crystal dispersions, 17장), 캡슐화된 전기 영동 방법(capsulated electrophoretics, 19장), 그리고 두 가지 색의 볼을 이용하는 방법(bichromic ball, 20장)이 사용된다. 전자 책이나 대체 종이등의 응용분야에서, 백라이트의 전력 소비는 반사 모드 디스플레이의 효과로 극복할 수 있다. 19장은 플렉시블 기판 위에 액정을 프린트할 수 있는 독창적인 방법을 소개하고 있다. 비록 이 방법이 현재에는 투과형 디스플레이 모드에 적용되고 있지만, 반사형 응용제품에도 적용 가능하다.

1.3.8 플렉시블 디스플레이 시제품

플렉시블 디스플레이가 관심을 받게 된 가장 큰 이유는 일찍부터 많은 그룹에서 시제품을 성공적으로 발표하였기 때문이다. 비정질 실리콘(amorphous silicon) 기판의 고해상도 LCD(22장), 저온 폴리실리콘(low temperature poly silicon) 기반의 컬러 LCD(23장), 그리고 TFT 공정을 사용한 OLED(24장) 등의 많은 디스플레이 시스템이 논문에 발표되었다. 고품질의 플렉시블 디스플레이 시작품을 시 제작 할 수 있었다는 가능성이 플렉시블 디스플레이 분야에 많은 관심과 투자를 가져오고 있다. 시제품들은 이 분야의 산업화가 가능함을 보여준다.

1.3.9 시장전망

미래를 예측하기 어렵기는 하지만, 이 책에서는 플렉시블 평판 디스플레이 시장을 분석하는 챕터(chapter)를 소개하였다. 현재 많은 플렉시블 평판 디스플레이 제품들이 시장에 적합하다고 말하지만, 어떤 제품이 플렉시블 평판 디스플레이를 본격적으로 시장에 진입시킬 수 있고, 새로운 기술들을 제품에 접목시킬 수 있을지는 아직 미지수이다.

1.4 결 론

최근 기판, 전도성 층, 배리어 층, 전기 광학 물질, TFT 기술 그리고 제조 공정 기술 등과 같은 플렉시블 디스플레이에 필요한 많은 물질들과 기술들의 개발은 플렉시블 평판 디스플레이의 시장 진입을 가속화 시키고 있다. 매우 인상적인 플렉시블 평판 디스플레이 시제품이 디스플레이를 연구하는 몇몇 그룹에 의하여 발표되었고, 이에 대한 흥미를 더욱 유도하고 있다. 이 책의 기본 목적은 플렉시블 평판 디스플레이의 다양한 연관 기술들을 이해할 수 있는 포괄적인 지식을 제공하고자 한다. 이 책에서는 각 장 별로 현장에서 활발히 연구를 진행하고 있는 연구원들이 직접 플렉시블 평판 디스플레이의 기초와 응용에 초점을 맞추어 설명하였다. 산업현장과 학계에 계신 저자들이 기초 과학, 기술 및 플렉시블 디스플레이의 예술적인 면까지 잘 균형을 맞추어 다루었다고 확신한다.

참고문헌

Authur, D., Glatkowski, Pl, Wallis, Pl and Trottier, M.(2004) Flexible transparent circuits from carbon nanotubes. *SID Digest of Technical Papers* XXXV, 582–585.

Hellemans. A. (2000) Polymer matrix augurs flexible displays. *IEEE Spectrum* 37, 18–21.

Hogan, H. (2003) Never too thin. *Photonics Spectra* 37, 66–72.

Howard, W. E. (2004) Better displays with organic films. *Scientific American*, 76–81.

Kincade, K. (2004) Flexible displays open new windows of opportunity. *Laser Focus World* 40, 65–69.

Lueder, E. (2002) Plastic substrates for flat panel dsplays. Proceedings of the *7th Asian Symposium on Information Display*, 13–14.

Ong, B. (2004) Flat–panel displays – semiconductor ink advances flexible displays. *Laser Focus World* 40, 85–88.

Savage, N. (1999) Flexible displays – electronic paper coming to market. *Laser Focus World* 35, 42–46.

Slikkerveer, P. J. (2003) Bending the rules. *Information Display* 3, 20–24.

Slikkerveer, P., Bouten, P., Cirkel, P., de Goede J., Jagt, H., Kooyman, N.,Nisato, G.,van Fijswijk, R. And Duineveld (2004) A fully flexible color display. *SID Digest of Technical Papers* XXXV, 770–774.

디스플레이 기술을 위한 기능성 필름

Bill A. MacDonald, Keith Rollins, Duncan MacKerron, Karl Rakos, Robert Eveson, Katsuyuki Hashimoto, and Bob Rustin

DuPont Teijin Film

2.1 개 요

최근 크게 성장한 디스플레이 산업 중 LCD분야는 유리 기판을 사용하고 있으며 이는 휠 수 없는 소재이나 향후 10년 내에 지속적으로 주도권을 형성할 것으로 예측되며(Allen and Mentley 2003), OLED, e-paper 그리고 LCD 디스플레이 기술을 개발하는 기회를 가져다 줄 것으로 예상되는 플렉시블 디스플레이 산업이 부흥 중이다. 플렉시블 디스플레이의 대한 개념을 일반 사용자에게 직접 인식시키려면 플렉시블 디스플레이에서 중요한 여러 방면의 교육이 있어야 할 것이다. 전체적으로 사용자의 승인, 공급 연쇄 투자, 디스플레이 기술 개발(OLED, e-paper, 플렉시블 기판 등)이 포함되어야 할 것이다. 디스플레이 기판으로는 대부분 유리 기판이 이용되고 있으며, 이 유리 기판에 박막트랜지스터(TFT) 배열을 형성하고 컬러필터에 의해 각 화소의 색을 조절하여 디스플레이 기능을 수행하고 있다. 그러나 유리 기판은 그 특성상 무게가 무겁고, 잘 깨지고 제작비용이 비싼 단점이 있다. 그래서 디스플레이 제품의 경량 및 박형화를 위해 유리 기판의 두께를 줄이려는 연구가 많이 진행되고 있으나, 유리는 얇아질수록 쉽게 깨지기 때문에 공정이 복잡하게 되고 이에 따른 생산수율이 감소하게 된다. 그래서 최근에는 디스플레이 기판으로서 유리 기판을 대체할 수 있는 플라스틱 기판이 개발되고 있다. 이러한 연구들의 주된 목표는 플렉시블 디스플레이 산업의 주요 플랫폼인 "기능성 기판(engineered substrate)"을 정의하는 것이다. 플렉시블 디스플레이에서 기능성 기판에 관해 집중적인 연구가 진행되고 있으며(Slikkerveer 2002, 2003), 기존의 전자 회사 및 새로운 회사들이 액정 디스플레이(LCD)(Kim *et al* 2003), 유기 전기발광 디스플레이(OLEDs)(Heeks and Hough

2003;Innocenzo *et al* 2003) 그리고 전기영동 디스플레이(Chen *et al*, 2003)를 기초로 최근 활발히 연구를 진행 중이다.

플렉시블 디스플레이는 얇고, 가볍고, 튼튼하고, 사용하지 않을 때 말수 있는 디스플레이로 개발할 수 있어서 실질적인 편리성을 제공한다. 게다가 플라스틱을 기반으로 한 기판의 최근 연구들은 OLED 재료(Mac Pherson *et al*, 2003), 능동형 TFT 어레이(Sirringhaus *et al*, 2003)를 삽입하기 위한 증착과 잉크젯 프린팅의 roll-to-roll 공정(van den Berg 2001)의 사용으로 효율적인 가격의 가능성을 여는 것과 연관되어 있다. 플렉시블 디스플레이는 금속 조각, 폴리머를 코팅한 매우 얇은 유리, 그리고 다양한 플라스틱 위에 만들 수 있다; 특히, 이방성을 지닌 질 좋은 폴리에스테르 필름과 플라스틱 필름이 주목 받고 있다. 유리를 대체하기 위해 플라스틱 기판은 유리가 가진 투명성, 범위 안정성, 열 안정성, 차단 및 변형에 대한 저항성, 평평한 표면과 관련된 열에 대한 낮은 팽창계수를 가질 필요가 있다. 디스플레이용 기판으로 적용되기 위해서 플라스틱 필름은 상기한 특성 모두를 수용해야 한다. 따라서 플라스틱을 기반으로 한 기판은 여러 층의 복합 구조를 가져야 할 것이다. 이 장에서는 플렉시블 기판으로 사용할 플라스틱을 기반 기판들에 대해 논하고 지금 사용중인 폴리에스테르 필름과 비교 대조해 볼 것이다. 현재 이 분야는 빠르게 발전하고 있기 때문에 이 책에서 논의될 결과들이 실제 플렉시블 기판을 만드는 이들이 바로 적용할 수 있는 것은 아닐 수도 있다. 이 장에서는 현재 소개된 기판들의 내용을 살펴볼 것이다.

2.2 고분자 기판

이 장에서는 플렉시블 전자재료용 기판으로써 많은 관심을 받고 있는 플라스틱 필름에 초점을 둘 것이다. 디스플레이에 적합한 광학용 플라스틱 소재는 그 사용 온도 범위에 따라 다양하지만 현재 생산되고 사용되는 소재는 대표적인 몇 가지 종류의 재료로 나눌 수 있다. 먼저 소재의 내열 특성(주로 T_g)으로 그 구분이 가능한데, [그림 2.1]에 주요 기판들을 유리 상전이 온도인 T_g가 증가하는 순서로 나열하여 나타내었다(MacDonald 2004; MacDonald *et al*. 2003).

상기 고분자들은 준정질(semicrystalline), 비정질(amorphous), 열가소성(thermoplastic), 그리고 용해할 수 있는 비정질 필름으로 분류할 수 있다. 먼저, 열가소성 준정질 고분자들로는 PET(polyethylene terephthlate, Dupant Tijin Films Melinex polyester film(Melinex)), PEN(polyethylene naphthalate, 예 : Dupont Teijin Films Feonex polyester film(Melinex)); 그리고 polyetheretherketone(예 : Victrex PEEK,PEEK)이 있고, 용융 공정을 할 수 있는 준정

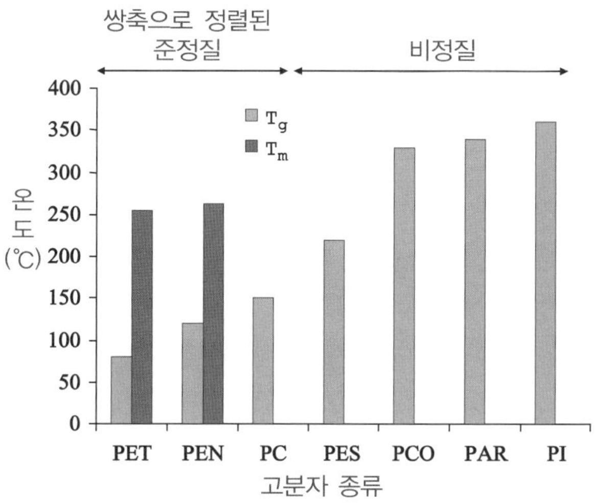

[그림 2.1] 유리 상전이 온도에 따른 플라스틱의 비교

질 열가소성 고분자의 온도 범위는 ~140℃ 이하의 T_g와 340℃의 T_m을 가진 고분자들이다. olyethylene terephthlate와 polyethylene naphthalate 필름은 비정질 주형의 세로 방향과 가로 방향으로 만들어지는 공정에 의해 준비된다. 광학 이방성 필름은 그때의 온도로 필름을 결정화 시킨다. PEEK 필름은 광학 이방성 없이 분출 공정에 의해 만들어 진다. T_g값이 140℃ 이상인 고분자들은 준정질이 되는데 일반적으로 준정질 고분자들은 용융점이 너무 높아서 중요한 부분의 손실 없이는 용융 공정을 할 수 없다. 다음으로는 결정 구조가 없는 열가소성 고분자이다.(이 종류는 PC(Polycarbonate; 150℃ 미만의 T_g를 가진 Teijin PURE-ACE and GE Lexon(PURE-ACE))으로부터 PES(polyethersulphone; 220℃미만의 T_g를 가진 Sumitomo Bakelite Sumilite(Sumilite))등이 있다. 비록 열 가소성이기는 하지만 이 고분자들은 높은 광학적 투명성을 주기 위해 용매를 첨가해야만 한다. 세 번째 종류로는 용융 공정을 할 수 없는 높은 T_g를 가진 물질이다. 여기에는 형광성을 가진 방향족 화합물인 PAR(polyarylates, 예 : Ferranias Arylite(Arylite)); PCO(polycryclie olefin), polymorbornene로 알려진 Promeus Appear(Appear); 그리고 polyimide(PI, 예 : Dupont kapton(kapton))등이 있다.

본 장에서는 결정 이방성 필름과 비정질 필름(용융 및 용액 공정)을 서로 비교하여 다른 성질을 가지는 필름의 광학 이방성에 초점을 맞춰서 논할 것이며, 각각의 필름 종류에 이 두 가지 필름을 비교, 대조할 것이다.

2.3 성 질

2.3.1 광학적 성질

디스플레이 기판의 광학 특성은 디스플레이의 특성을 결정하는 매우 중요한 항목이라 할 수 있다. 기판의 광학 특성은 광 투과도, 광학 이방성, 색도 등이 중요한 항목이며, 필름의 투명도는 bottom-발광형 디스플레이에서 매우 중요하다. Bottom-발광형 디스플레이에 적용 시키기 위해서는 400~800 nm에서 85%이상의 전체 투과도(TLT)를 보여줘야 한다. 노란색을 띠는 polyimide를 제외하고는 모든 기본적인 필름은 이 기준점을 지켜야 한다. 특히 polycabonate는 [표 2.1]에서 보는 거와 같이 다른 필름에 비해 광학적 성질이 우수하다.(MacDonald 2004) Teonex Q65의 퍼센트 투과도는 [그림 2.2]에서 보여준다.

[표 2.1] 기본 기판으로 사용되는 필름의 기본적인 성질

	PET	PEN	PC	PES	PAR	PCO	PI
CTE(-55에서 85℃)ppm/℃	15	13	60−70	54	53	74	17
400~700nm에서 투과도(%)	>85	>85	>90	90	90	91.6	노랑
수분 흡수도(%)	0.14	0.14	0.2-0.4	1.4	0.4	0.03	1.8
영률(Young's modulus)(GPa)	5.3	6.1	1.7	2.2	2.9	1.9	2.5
장력 강도(MPa)	225	275	NA	83	100	50	231

주석 : 이 표의 안의 정보는 다른 데이터 시트로부터 가져왔고 단지 설명이 되는 부분만을 가져왔다.

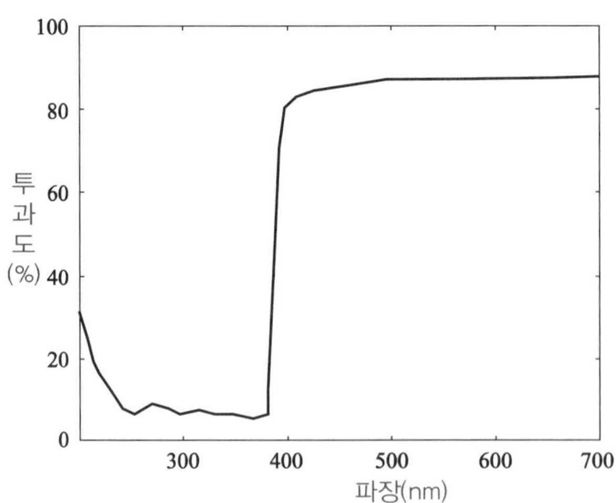

[그림 2.2] Teonex Q65의 퍼센티지 투과도

Top-발광형 디스플레이에서 기판의 투명도는 존재하지 않아서 이것은 기판을 투과하지 않아도 되는 빌딩 등에서의 디스플레이로 사용이 가능할 것이다. 예로 노란 계열의 stainless steel이나 polyimide를 들 수 있다. 하지만 top-발광형 디스플레이는 광학적으로 투명한 보호필름이 외장재로써 요구된다.

2.3.2 복굴절

광학 이방성은 주로 기판 중 플라스틱 필름에 의해 결정되며, Polyethylene terephthalate, polyethylene naphthalate와 같은 이방성을 가진 필름은 복굴절을 띈다. 복굴성을 가진 필름은 편광된 상태를 변화 시키므로 편광된 빛을 사용하는 LCDs에서는 사용하기가 쉽지 않다. 비정질 고분자를 기초로 한 필름은 복굴절이 없어서 LCDs에 더욱 적합하다. 복굴절은 OLED나 전기영동 디스플레이에서는 문제가 되지 않는다.

2.3.3 온도에 대한 성질

디스플레이 제조 공정 중 고온 공정에서의 기판의 내열성은 디스플레이용 플라스틱 기판의 필수적인 조건이다. 열적 안정성은 막의 증착과 ITO 코팅에서 요구하는 높은 온도에 견디고 최종적으로 만들어지는 다중 필름이 그것을 제조하는 중에 온도를 견딜 수 있기 위한 임계점이다. 플라스틱 필름은 유리 전이온도(T_g)범위 안에서 다양하고 예상치 못한 변화에 견뎌야 하고, 분자의 이완 작용 때문에 발생하는 고분자 체인의 이동성 증가와 연관된 '수축'이나 '팽창'은 필름 구조의 회전 부분 내에서의 압력 이완과 연관된다. 이방성을 띈 폴리에스테르는 필름을 제조하는 조건이 중요하다. 하지만, 소자를 제조할 물질을 선택할 시 필요한 성질의 특징이 무엇인지를 고려하는 것이 더욱 중요하다. 유리전이온도(T_g)는 처음으로 초점을 맞춰야 하는 중요한 특징이다.

기판용 고분자는 유리 전이온도인 T_g에서 물리적, 화학적 성질 변화를 견뎌야 한다. 하지만, OLED 혹은 능동형으로 만든 백플레인 제조품은 중요한 기계적 성질의 변화는 없지만, 그 필름의 온도 내에서 수치적 재현성의 조절은 필요하다. 이것은 두 가지 방법이 있는데 처음으로 열을 가한 필름을 냉각을 시작할 때 수축한다. 각각의 온도 공정 과정 이후 수축이 적게 생기게 하는 것은 기판 위의 균일한 배향막을 만드는데 필요하다. 두 번째로는 종종 열팽창계수 CLE(coefficient of thermal expansion)로 불리는 CLTE(coefficient of linear thermal expansion)이다. 이것은 측정되는 온도 과정 내에서의 필름의 팽창 정도를 나타내는 수치이다. 전형적으로 〈20 ppm/℃의 낮은 CLTE는 흔히 증착되는 필름 층의 열에 의한 팽창에 맞는 수치이다. 열에 의한 팽창이 조건에 맞지 않는다는 것은 증착되는 박막이 온도 공정에서 뒤틀리고 균열이 생겼다는 것을 의미한다. 각각 78, 120℃의 T_g값을 가진 polyethylene terephthalate와

polyethylene naphthalate 필름은 OLED 제조과정에서 필요한 알려진 T_g값보다 너무 낮은 온도 값을 가지고 있다. 하지만, polyethylene terephthalate와 polyethylene naphthalate 필름의 수치 안정성은 필름 내부의 변형률이 최소의 선 장력이 가해질 때 높은 온도를 가하여 이완시키는 열 안전 공정에 의해 향상 시킬 수 있다(MacDonald 2004, MacDonald *et al.* 2003). 유리 전이온도(T_g) 이상으로 열을 가할 때 폴리머 필름의 대부분은 선택된 축을 따라서 수축되거나 확장되는 경향을 보인다. 주어진 온도에서 수축성은 주기적인 시간으로 열을 샘플에 가했을 때 나타나는 순간에 측정한다. 퍼센트적인 수축성은 주어진 방향과 분자 축이 열을 가한 전후에 그 필름 수치의 퍼센티지(percentage) 변화로 계산한다. 열에 안정화된 polyethylene naphthalate필름은 30분동안 180℃까지의 온도에 노출하였을 때 〈0.1%이고 전형적으로는 〈0.05% 범위에서 최소의 수축성을 나타낸다. 게다가 한번 열에 안정화 되면 위에서 설명한 T_g에 대한 영향은 실질적으로 무시되고 polyethylene naphtalate필름은 OLED 디스플레이에서의 플렉시블 기판의 목표 온도인 200℃까지 수치적으로 생산할 수 있는 기판으로 남는다. Polyethylene terephthalate 필름은 150℃까지 최소 수축성을 나타낸다.

어느 온도와 시간의 수치적인 변화를 TMA-7 열기계적 분석(Perkin Elmer)을 이용하여 열적 기계적 분석으로 결과를 명확히 설명 하였다. 이 데이터는 열에 안정화된 125μm의 polyethylene naphthalate 필름과 열 안정화가 되지 않은 125μm polyethylene naphthalate 필름을 비교했다(그림 2.4).

실험 결과는 필름들에 열을 가한 후 각각 8℃에서부터 140, 160, 180, 220℃까지 열을 가하고 그 다음 열을 가하는 전에 방 온도까지 냉각하는 동안 수치적으로 어느 퍼센티지가 변화를 하는지 y축에 기록하였다. 이것을 [그림 2.3]에 나타내었다.

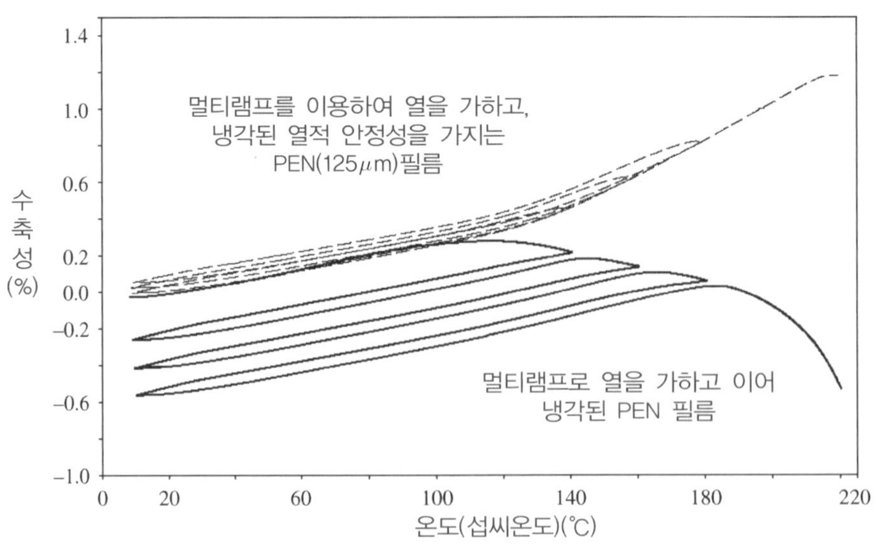

[그림 2.3] 125μm PEN와 열 안정화된 125μm polyethylene naphthalate필름의 열기계분석(TMA)

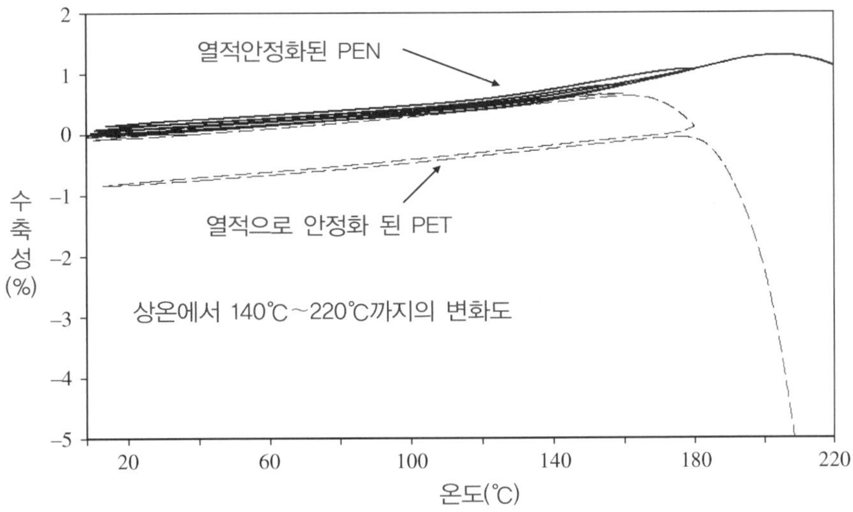

[그림 2.4] 열 안정화된 polyethylene terephthalate와 열 안정화된 polyethylene naphthalate필름의 열 분석

여기서 열에 안정화된 polyethylene naphthalate 필름은 그 샘플에 T_g와 더 높은 온도로 열을 가하고 그때 다시 냉각함으로써 같은 팽창과 응축성을 가졌다. 같은 조건 아래서 열적 안정화가 되지 않은 polyethylene naphthalate 필름은 수치적으로 120℃까지 안정했지만, 그 이상의 온도에서는 수축성을 보였다. 이에 비해 열에 안정화된 polyethylene naphthalate 필름은 150℃까지 안정화를 보였다(그림 2.4).

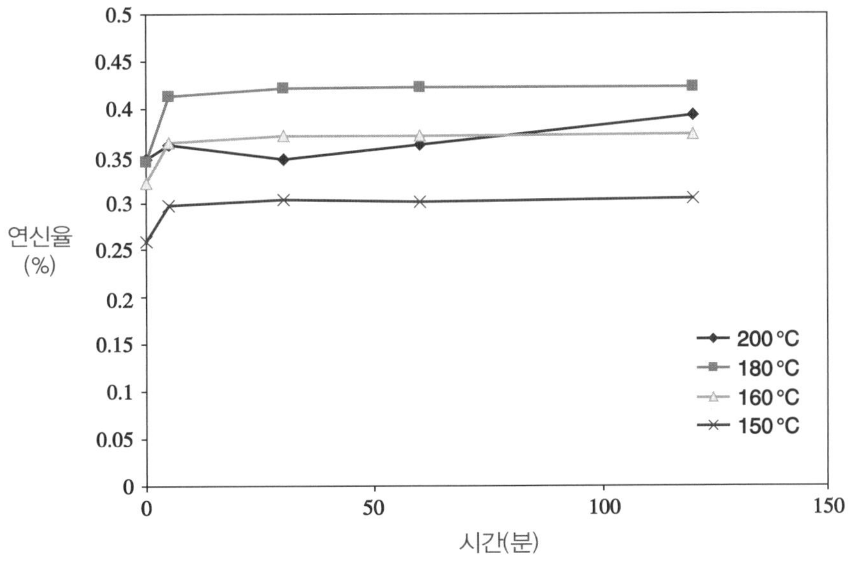

[그림 2.5] Polyethylen naphthalate 필름의 열기계 분석(TMA)

온도에 대한 팽창 비율은 다양하고 연신 비율, 열처리온도 그리고 이후의 열처리 혹은 열적 기계적 과정과 같은 것들에 의존한다고 알려져 왔다.
그 이상의 실험에서, Teonex Q65의 샘플은 20℃부터 20℃/min 속도로 150, 160, 180, 200℃까지 열을 가했고, 2시간 동안 일정온도를 유지하며 실험하였다. 각 샘플들은 팽창 분석 모드에서 Perkin Elmer TMA-7을 사용하여 실험하였다. 각 샘플은 길이 ~12.5mm, 폭 5mm, 두께 0.125mm이고, 공급된 로드는 20mN(tension = ~30,000N/m^2)이다. [그림 2.5]는 단지 대략 5분 동안만 등온 조건에 다가가는 퍼센티지 신장율을 나타낸다(그래프의 첫번째 점). 각 필름들은 열을 가할 시 자연스럽게 팽창하는 것을 보여 주지만, 한번 선택된 온도에 도달하면 2시간 동안은 수치적으로 유지를 한다. 200℃를 가한 필름은 수축할 뿐만 아니라 자연스럽게 팽창도 한다.

비정질 고분자계열은 그들 각각의 T_g 값보다 낮은 온도에서 공정시 매우 낮은 수축성을 보여줬다.

비정질 및 준정질 필름의 수축된 값들은 이후 필름에 온도를 규칙적인 어닐링(annealing)에 의해 올릴 수 있다는 것을 보여준다. Polyarylate 와 polycyclic olefin필름 같은 polyimide는 1300℃에서 10-100h 동안 어닐링시 시간당 〈10 ppm의 수축성을 보였다(Angiolini *et al.* 2003). Polyethersulphone은 비슷한 주기 시간동안 180℃에서 어닐링시 비슷한 수축성을 보였다(Young *et al.*2003). 최근 보고된 바에 따르면 polyethylene naphthalate는 어닐링 공정 후 막 필름 트랜지스터 백플레인 공정 과정에서 25ppm의 수축성을 보였다(Sarma *et al.*2003).

Polyethylene naphthalate에 대한 선형 열팽창 계수 CLTE값(MacDonald 2004; MacDonald *et al.* 2003)들은 일반적으로 대부분 같은 polyethylene terephthalate 기반으로 한 필름(~25%) 보다는 낮다. 그리고 polyethylene naphthalate 필름에 대한 더 높은 유리 상전이 온도, T_g는 분자 이동성이 증가하는 것과 관련있는 이완 작용들은 각각 더 높은 온도에서 일어날 것을 의미한다.

고분자들은 일반적으로 유리 전이 온도(T_g)에서 선형 열팽창 계수(CLTE)는 3배의 증가를 보인다. 하지만 열적 안정화된 polyethylene terephthalate과 polyethylene naphthalate필름에는 단지 자연스러운 팽창 안에서 작게 변화한다는 것을 [그림 2.3]과 [그림 2.4]로부터 볼 수 있다. [그림 2.5] 안에 있는 정보를 사용하면 샘플에 열을 가하는 온도 범위에 대한 CLTE 계산이 가능할 것이고, 여기서 유리 전이(T_g) 과정도 포함할 수 있다.

[표 2.3]은 일정온도 150, 160, 180℃ 에서 각각 Teonex Q65의 선형 열팽창 계수(CLTE)는 대략 25ppm/℃ 임을 보여주고 있다(200℃까지 열을 가한 샘플은 수축 영향이 발생할 때까지 낮은 CLTE를 보인다).

[표 2.2] 열 안정화된 polyethylene naphthalate필름에 대한 선형 열팽창 계수(ppm/℃)

	−50℃~0℃	0℃~50℃	50℃~100℃	100℃~150℃
세로 방향	13	16	18	25
가로 방향	8	11	18	29

[표 2.3] 유리 상전이 온도 및 그 이상의 온도에서 열 안정화된 polyethylene naphthalate 필름의 선형 열팽창 계수(ppm/℃)

온도 범위(℃)	연신율(%)	선형열팽창 계수(ppm/℃)
20~150	0.3	23
20~160	0.37	26
20~180	0.42	26
20~200	0.36	20

유리 전이 온도(T_g) 이하에서 CLTE의 범위는 15~20 ppm/℃이다; T_g 변화는 비교적 작다. 이것은 비정질 고분자의 팽창계수가 전형적으로 T_g 아래에서 50ppm/℃이라는 것과 대조 되지만, T_g 이상으로의 3의 요소에 의해 증가할 수 있다.

낮은 CLTE는 무기물 코팅의 CLTE에 연관되어 반드시 존재하고 준정질이자 두 축으로 정렬된 Teonex Q65 계열의 특수한 특징이다.

수축 및 팽창 효과는(근본적으로 그 구조의 틀어진 부분들 내에서의 잔류 변형력이 없어질 때 까지) 차후의 열 안정화 공정에 의해 제거 되고, 근본적으로 CLTE 값 내에서의 온도의 변화는 예상할 수 있다. 두 개의 중요 축, 세로축 방향(MD) 그리고 가로축 방향(TD)을 따라 측정된 차이는 polyethylene naphthalate 필름의 기판 내에서 각각의 분자 축의 방향 정

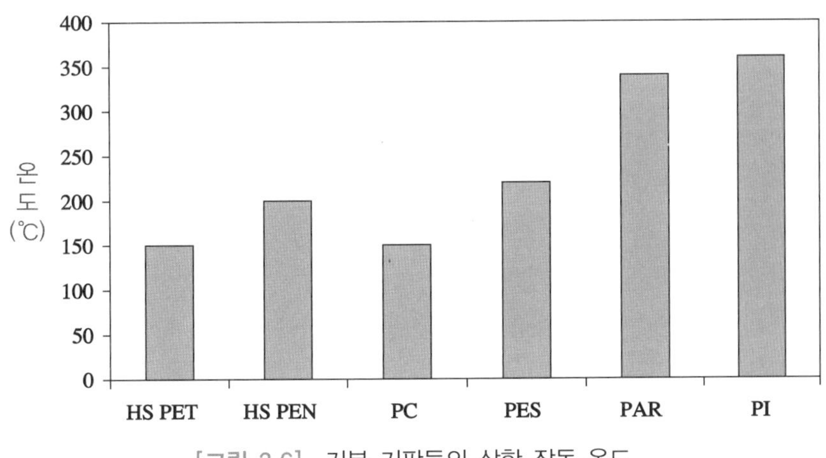

[그림 2.6] 기본 기판들의 상한 작동 온도

도를 반영한다. ; 낮은 CLTE값, 방향의 정도가 더 높다는 것을 의미한다. 비교에 의해 정렬하지 않은 등방성 polyethylene naphthalate에 대한 CLTE값은 ~35 ppm/℃로 측정된다.

CLTE와 수축에 대한 데이터를 함께 다루면, 열적 안정화된 polyethylene terephthalate와 polyethylene naphthalate필름은 열적 안정화온도 범위 내에서 수치적으로 예상할 수 있다. 그것은 OLED와 TFT 제조 과정에서 이용되는 온도의 크기 변화를 제한할 수 있는 기능이고, 둘째로는 변화하는 온도를 예상할 수 있는 기능이다.

게다가 수치적인 안정성의 다른 중요한 요소는 필름을 사용할 수 있는 공정 온도(Tmax)이다. 비록 T_g가 준정질 고분자에 대한 T_{max}를 정의할 수는 없지만 비정질 고분자에 대해서는 정의할 수 있다. [그림 2.6]에서는 만약 열 안정성의 영향을 고려하면서 위 동작 온도를 보여준다. 그러나 amorphous polymer를 기반으로 한 필름들은 용매제에 대한 저항능력을(2.3.5장) 가지기 위해 하드 코팅 되어지고 T_{max}는 하드 코팅의 열적 안정성에 의해서 정의됨으로 [그림 2.6]은 간단하지가 않다. 이것은 solvent-cast 비정질 고분자의 몇몇에 대해 T_{max}를 220℃까지 하락시킬 수 있다.

2.3.4 수분과 용매에 대한 저항성

디스플레이의 공정과정은 여러층을 쌓는 과정을 수반한다. 이때 용매와 화학약품은 근본적으로 사용되어진다. 일반적으로 비정질 고분자는 준정질 고분자 보다 용매에 대한 낮은 저항성을 가진다(표 2.4). 이 낮은 저항성은 비정질 수지를 하드 코팅에 의해 NMP, IPA, acetone, methanal, THF, ethyl acestate, 98% sulphuric acid, glacial acetic acid, 30% hydrogen peroxide 그리고 sodium hydroxide 같은 용매에 대한 안정성을 향상시킴으로써 극복할 수 있게 된다.

고분자들은 수분을 흡수하는 성질을 가지고 있고, 수분을 흡수한 고분자들은 그들의 수치적 안정성에 매우 저해되는 영향을 끼친다. 이 같은 흡습성은 roll-to-roll 공정에 많은 영향을 줄 것이다.

Polyethylene terephthalate와 polyethylene naphthalate 필름은 준정질성과 이방성을 가지고 있고 대략 1400ppm에서 수분을 흡수하는 성질을 가지고 있어서 비정질 고분자보다는 고유의 이점을 가지고 있다(정확한 수치는 온도와 상대습도에 의존한다). Polyethersulphone와 polyimide필름은 각각 문제가 되는 부분이 있고 평형 상태에서 1% 이상의 수분을 흡수할 것이다(Sumilite와 Kapton). Polycyclic olefin 필름은 위와는 달리 300ppm의 매우 낮은 수분 흡수도를 가진다.

비록 신중한 공정 디자인은 이전에 어닐링한 기판은 수축성을 꽤 줄일 수 있고 용매와 수분 때문에 발생하는 팽창에 따른 영향은 줄일 수 있을지 몰라도 배향 장비는 특별한 적응 구

[표 2.4] 용매 저항 표

	단위	Q65	PET	PC	PES
Ketone	Acetone	Good	Good	(Fair)	(NG)
	MEK	Good	Good	(Fair)	(–)
Alcohol	Methanol	Good	Good	(Good)	(–)
	Ethanol	Good	Good	(Good)	(Good)
	Isopropanol	Good	Good	(Good)	(–)
	Butanol	Good	Good	(Good)	(–)
Ester	Ethyl acetate	Good	Good	(Fair)	(Good)
Hydrocarbon	Formalin	Good	Good	(NG)	(–)
	Tetrachroloethane	Good	Good	(–)	(Good)
Acid	10% HCL	Good	Good	(–)	(Good)
	10% HNO_3	Good	Good	(–)	(Good)
	10% H_2SO_4	Good	Good	(–)	(Good)
	Acetic acid	Good	Good	(–)	(–)
Alkali	10% NaOH	Good	Fair	(–)	(Good)

조가 필요할 것으로 보인다. Polyethylene terephthalate와 polyethylene naphthalate필름은 용매제에 대한 저항성을 주기 위해서 하드 코팅은 필요로 하지 않는다.

2.3.5 표면처리

플렉시블 기판 표면의 평평함과 청결함은 차단막과 전도체를 코팅하여 층을 쌓을 때 그 층의 본래의 성분을 유지하게 하는데 중요하다(2. 3. 6장). Polyethylene terephthalate와 polyethylene naphthalate 필름의 표면 질을 향상 시키는 것은 표면 처리 과정과 필름 공정의 조절을 통해 가능하다. 이것은 [그림 2.7]에서 증명하였고 polyethylene naphthalate 필름의 두개의 다른 등급으로 표면 결점 피크(peak)의 실질적인 감소를 강조 하였다(MacDonald 2004; MacDonald *et al* 2003). [그림 2.7(a)]에서 polyethylene naphthalate의 산업적 등급인 2.5mm의 정사각형 지역은 형식적으로 접촉을 통해 측정하지 않고 백색 자연광과 상 이동 간섭 기술을 사용하여 측정하였다(기구는 Wyko NT3300을 사용했다).

여기서 100nm보다 더 높은 피크는 10개가 있고 50nm 이상의 피크는 많이 가지고 있다. 이것과 [그림 2.7(b)]에 있는 광학적 등급의 polyethylene naphthalate(Teonex Q65)와 비교하면 여기서는 같은 지역에 50nm이상의 피크가 단지 5개 존재하고 이것은 단지 표면의 처리와 공정의 최적화에 의해 표면의 질을 향상 시킨 것을 보여준다. Teonex Q65 내에 남아있는 표면의 결점들은 얇은 층을 만드는 데에 유해하다.

[그림 2.7] (a) 산업 등급인 polyethylene naphthalate 표면 거칠기
(b) Teonex Q65의 표면 거칠기

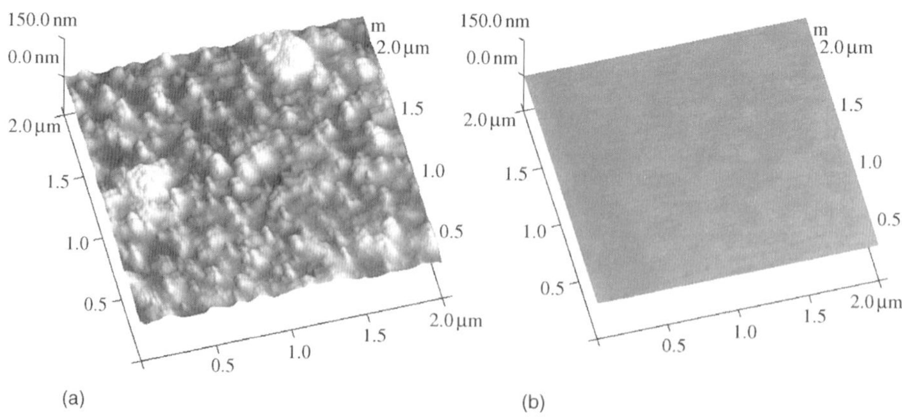

[그림 2.8] 표면 처리 되기 전/후의 polyethylene naphthalate AFM 분석

[그림 2.9] 접착 처리된 Teonex Q65의 표면 거칠기

결점을 전부 제거하기 위해서는 전형적으로 스크래치 저항 물질이 포함된 코팅이 필요하다. 이것은 polyethylene naphthalate 필름의 표면 결점들을 전체적으로 평탄하게 하고 게다가 출하 과정에서의 표면 스크래치로부터 보호해 준다. 코팅된 필름 표면은 차후 층을 증착하기 위해서 현재는 suface engineered이다.

평탄한 Teonex Q65 표면 처리된 필름의 정도는 그것의 이전 처리된 기판과 비교하기 위해 Atomic Force Microscopy(AFM)분석으로 보여준다. [그림 2.8]은 Teonex Q65의 표면 처리된 전후를 비교하여 보여준다.

백색광 간섭(WYKO, PSI모드와 1.6um 근처의 정확도)을 사용하여 더 넓은 지역의(1.2cm) 측정은 평탄적인 것으로 설명 된다. [그림 2.9]는 표면 처리 이전 필름을 보여주고 [그림 2.10]은 표면 처리 후를 보여준다. 5cm × 5cm와 같은 큰 샘플링 지역을 계산하기 위해 많은

[그림 2.10] 표면 처리된 Teonex Q65의 표면 거칠기

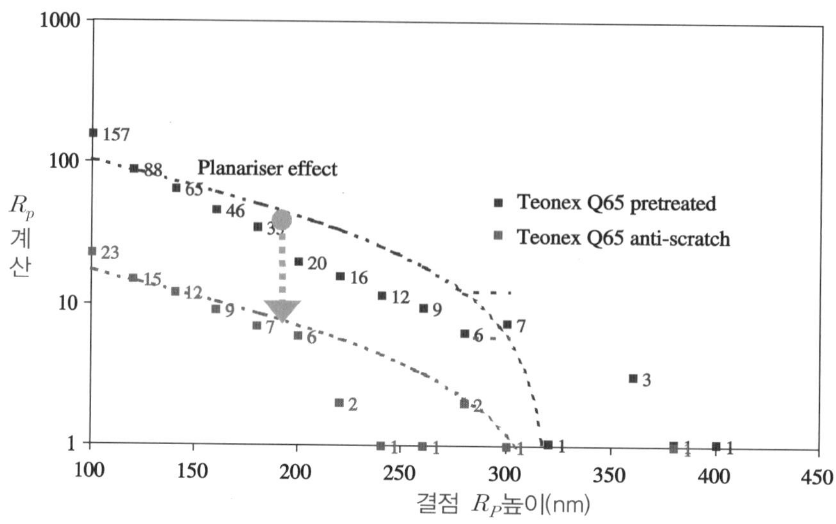

[그림 2.11] 결점 R_P의 표면 피크(가장 높은점) : 표면 처리된 Teonex Q65의 주파수 왜곡. 백생광 빛 간섭 측정, 측면의 해상도로부터 1.6μm, 전체 샘플링 지역은 대략 5cm × 5cm

측정값들을 결합한 것은 1nm 미만의 합성된 Sa (Ra)표면 거칠기 값을 가진 낮은 표면 피크 높이를 나타낸다. 그런 높이의 값들은 차후의 차단막, 전도성 코팅, 픽셀(pixel) 어레이의 해상도를 위해 원래의 상태를 유지하는데 필요할 것이다.

표면 처리된 Teonex Q65는 또한 아주 낮은 표면 결점을 나타낸다. 같은 5cm × 5cm 샘플링 지역에서 최대 높이가 0.2cm~0.3μm인 5개의 결점만이 있었고, 이것은 [그림 2.11]에서 나타냈다. 그리하여 그 필름은 제품제조에 있어서 더욱더 좋은 코팅의 질을 향상시키기 위해 더욱 평탄하고 청결함을 제공했다.

Polyanylate와 polycyclic olefin필름 또한 표면의 질을 향상 시키고 내용매성을 주기 위해 표면 코팅을 한다(Angiolini *et al*. 2000).

2.3.6 차단막

유리를 대체할 플라스틱 기판의 중요한 성질 중 하나는 유리에서와 같은 차단 특성을 제공해야 하는 것이다. 특히 OLED 물질들은 수분과 산소에 대해 LCD보다 10,000배 더 민감하다. 이것은 OLED와 그것을 구성하는 층들이 50nm의 오더(order)를 지녔기 때문이고, 표면으로부터 약 100nm 혹은 그 이상 돌출된 피크들에 의해서 결점이 야기 된다. 게다가 OLED물질은 공기와 수분 내에서 그들 스스로 화학적으로 불안정하다; OLED의 물질들은 이러한 결점들에 의해 생긴 검은 점 때문에 인해 디스플레이로 사용하지 못하게 된다.

플렉시블 기판으로써 고려되는 플라스틱 기판들은 전형적으로 수증기 투과율을 1~10g/m^2 per day의 오디를 가지고 있고 산소에 대한 것은 약 1~10 mL/m^2 per day를 가진다. OLED

디스플레이에서는 수증기 투과율은 〈 10^{-6} g/m^2 per day의 오더가 필요하고 산소에 대한 것으로는 〈 10^{-5}mL/m^2 per day필요하다. 현재까지 개발된 고분자 필름이 이러한 필요 조건들을 만족시키지 못하고 있다.

필름들 위에 차단막을 코팅하는 것은 수년 동안 광범위하게 연구되어 왔다(Prins와 Hermans 1959; Jamieson와 Windle 1983; Philips *et al*. 1993; Rossi와 Nulman 1993; Amberg *et al*. 1998; Moosheimer와 Langowski 1999; Henry *et al*. 2001; Smith *et al*. 2002; Henry *et al*. 2002). 수증기와 산소를 감소시켜 음식을 포장하는 이유는 음식의 수명을 오래하기 위함이고 금속과 유전물에서도 위와 같은 목적으로 일반적으로 고분자를 코팅한다. 하지만 OLED에 적용되는 투과성 스펙들은 음식을 포장하고 광학적으로 적용되어지는 것보다 더 낮은 크기의 오더가 필요하다.

이론적으로는 수 나노미터 두께의 완전한 silica 층은 수분과 산소의 확산을 수용할 만한 수준(마치 실리콘 웨이퍼 위의 자발적인 2~3nm의 oxide 층이 웨이퍼 표면의 추가적인 산화를 막듯이)으로 줄일 수 있다. 실제에서 발생되는 문제는 박막 코팅에서 형성되는 결함(defect)들이 쉽게 수분과 산소 분자를 침투시킨다는 점이다(Rossi and Nulman 1993). 또한 고분자기판 위의 표면 결함들은 마지막 코팅과정에서 핀홀들을 형성하고 차단막 성질을 급격하게 떨어트린다. 그러나 심지어 깨끗한 핀홀 프리 코팅조차도 완벽한 것은 아니다. 박막 차단막 코팅을 진공 증착하는 이유는 이런 필름들을 증착 시 기둥 모양으로 증착이 되고 벌크(bulk) 물질의 밀도보다 더 작은 밀도를 보여주는 경향성을 띄기 때문이다(Henry *et al*. 2001). 물과 산소 분자들은 그 때 기둥들 사이의 나노공간을 통해 확산될 수 있다(Langowski *et al*. 2002). 이러한 영향은 일반적으로 처리된 고분자박막의 표면이 거칠수록 증가한다. 기판에 열을 가하여 온도를 높이면 기둥 형태의 성장을 감소시킬 수 있지만, 이러한 방법 모든 고분자기판에서 가능한 것은 아니다.

박막 확산 차단막을 캡슐화하고 유/무기물을 여러층으로 진공 증착한 기판은 OLED 디스플레이를 위한 투명한 패키징을 가능하게 한다(Langowski *et al*. 2002; Bright 2002; Graff *et al*.2001). 그리고 몇몇 업체에서 현재 플렉시블 기판을 위한 광학적으로 투명한 여러층의 차단막 코팅을 개발하고 있다. 이것은 4장에서 다룰 것이다.

Bottom 발광형 디스플레이들은 현재 금속 캔 안에서 캡슐화되어 있다. 앞으로 더 높은 사양의 디스플레이에서는 능동형 구동이 필요할 것이고, 이를 위해서는 기판 위에 실리콘기반의 TFT가 필요할 것이다. 이들은 빛을 부분적으로 차단하기 때문에 디스플레이 효율을 감소시키고 해상도를 높이는데 장애가 될 것이다. 투명한 차단막 필름의 개발은 Top-발광형 디스플레이를 디자인할 수 있는 가능성을 열어준다(효율을 매우 높여주고 더 높은 해상도를 낼 수 있도록).

OLED에 적용하기 위한 요구조건은 매우 까다롭다. 예를 들어, 차단막의 성능은 수분의 허용도를 10^{-3}g/m^2 per day 정도로 개발해야 할 것이며, 따라서 e-paper와 같이 요구조건이 덜 까다로운 응용범위들도 개발해야 할 것이다.

2.3.7 복합 구조의 역학적 특성

현재 유리를 기반으로 한 디스플레이의 생산 방식은 무빙 배치(moving batches)이다. 이때 단단한 유리와 플렉시블 기판 사이의 기계적 차이점, 특히 강도(stiffness) 때문에 공정과정에서 매우 다른 방법이 필요할 것이다. Polyethylene terephthalate와 polyethylene naphthalate필름은 비정질 필름 보다 영률(Young's modulus)이 3배 높고 준정질과 이방성이 있는 인공물을 가진 비정질 필름보다 원칙적으로 단단하다. 영률은 두께에 독립적이고, 단단함이 두께에 따라 어떻게 변화하는지를 나타내지도 않는다. 단단함의 정도는 아래의 식으로 정의할 수 있다.

$$D = \frac{Et^3}{12(1-n)}$$

여기서 E는 인장력 혹은 영률이고 t는 두께, n은 Poisson 비율이다(0.3~0.4). 비정질 필름의 영률이 2GPa이고 polyethylene naphthalate 필름이 6GPa라고 가정하면 200μm polyethylene naphthalate 필름은 125 polyethylene naphthalate 필름보다 4배 정도 이고, 125μm 비정질 필름보다는 12배 정도로 보일 것이다(표 2.5). 여기서 강도는 현재 배치방식을 기반으로 한 디스플레이 제조 과정에서 이점이 있다는 것을 보여준다.

플렉시블 디스플레이를 위해 최종적으로 처리된 기판은 다층 구조가 될 것이다. 열처리 과정 중에 층들을 붙이고 환경 테스트, 뒤틀림, 습식 특성, 휨 변형에 견디는 능력에서 발생하는 문제점들은 표면의 거칠기에 의존한다. 그러나 플렉시블 디스플레이는 사용시에만 구부리고, 적당한 정도로만 휘는 디스플레이도 포함하고 있다. 각각의 타입을 실행할 조건은 매우 다를 것이고 두루마리처럼 말 수 있는 범위는 특히 많은 것을 요구할 것이다. 지금까지는 말 수 있는 수준의 연구는 매우 드물게 이루어졌고, 이제 테스트 프로토콜(protocols) 및 테스트에서 어떠한 구조를 사용할 것인지를 결정하는 것이 중요하다. 지금까지 출판된 논문들은 구분지는 동안 플렉시블 기판위에 코팅된 투명한 전도체의 성능에 초점을 맞춰 왔다(Gorkhali *et al*. 2003; Bouten 2002);(6장).

Dupont Teijin Films사에서 개발중인 평탄화 코팅은 기판을 끓는 물 안에서 테스트함으로써 최적화 시킨다. 평탄화 코팅을 하기 전에 Tenox Q65위에 사전 처리하는 것은 매우 중요하다.

[표 2.5] 비정질(amorphous)과 준정질(semicrystalline) 필름의 강도 비교

물 질	두 께 (μm)	강성도/ 10^4(Nm)	125μm amorphous 필름에 비교한 강성도
Amorphous	125	5	1
Amorphous	200	20	4
Teonex Q65	125	15	3
Teonex Q65	200	61	12

300도 이상까지 무게 손실 측정을 통해 평탄화 코팅은 중요한 열 감소를 보이지 않는것을 확인하였다(그림 2.12). 제시된 코팅은 250℃이상에서 현저한 열 감소를 보이기 시작하는 아크릴 기반 코팅보다 훨씬 열적으로 안정하다.

플렉시블 디스플레이의 마지막 과제는 어느 정도까지 구부려질 수 있어야 한다는 것이다. 모든 고분자 필름 기판들은 플렉시블 디스플레이의 휨 변형에 따른 영향에도 충분히 견뎌야 한다. 가장 주목되는 분야는 차단막 혹은 전도층의 휨에 따른 영향이다. 이들은 최종적으로 기능하기 위해 매우 중요한 요소이지만, 아직 변형에 대한 안정성이 부족하다. 그 결과로, 간단한 빔(beam) 이론에 기초한 예측 모델을 통해 다중 층구조에 적용되는 내부 압력을 외부의 변형(예를 들어 세 점, 두 점, 순수(pure) 휨 모델을 통해)에 따라 계산할 수 있게 되었다. 이 모델은 전기적인 복합층 내부에서의 특정 물질에 대한 평가와 그들의 실제 디자인에서의 성능을 해석하기 위한 강력한 방법이다.

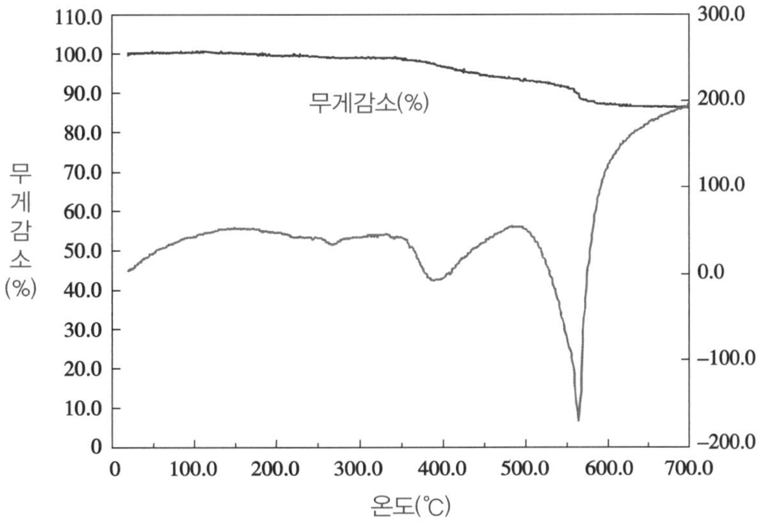

[그림 2.12] 평탄화 코팅 후 그 코팅의 열무게 측정 분석(TGA)

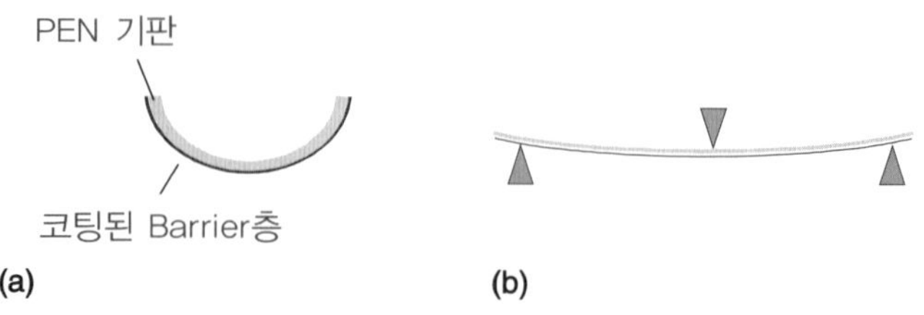

[그림 2.13] 기하학적 휨 변형 구조

[표 2.6] 다른 두께를 가진 필름의 퍼센티지 변형률

적층막	두 께(mm)	변 형	변형율(%)
PEN	125	10mm반경의 순수 휨 변형	0.8*
Hardcoat	2	10mm반경의 순수 휨 변형	0.6
PEN	125	중심의 10mm의 세 점 휨 변형	0.11*
Hardcoat	2	중심의 10mm의 세 점 휨 변형	0.07

[그림 2.13]은 두 개의 휨 변형 모양을 보여주고 있다. Silica를 기반으로 하드코팅한 polyethylene naphthalate필름의 세 점 계산은(여기서 계수는 대략 40GPa와 0.2의 poisson 비율을 사용함) 플렉시블 디스플레이 내에서 휨 변형의 공통 모드를 위한 모델로써 고려된다. 그것은 10mm의 편차 내로 발견되었고 polyethylene naphthalate중 한 장은 (100mm×100mm×125μm두께) 0.07%의 두번째 층 내에서 뒤틀림을 야기했다.

각층의 예상 변형력과 응력은 기하학적인 구조와 물성의 함수로 정의된다. 반면의 polyethylene naphthalate/hardcoat laminate가 말 수 있는(rollable) 디스플레이 수준의 휨 변형을 받을 때, 무기물 층에 대응하는 변형력은 0.6%로 계산되어 졌다.

[표 2.6]에서 요약한 데이터는 각층에 대한 균역 변형(strain)을 고려하여 측정한 것이다. Polyethylene naphthalate/hardcoat 샘플은 50% 이상의 변형력을 가진 polyethylene naphthalate 기판을 완성하기 전에는 낮은 변형력으로 무기물을 코팅하였을 시 균열이 생기는 장력 내에서 만들어졌다. Hardcoat층에 의해 발생한 균열은 대략 1%의 변형력이 생겼고, 이것은 말 수 있는 디스플레이에 적용할 수 있는 최소값이다. 이 모델은 현재 개발 중인 필름 구조를 나타내는 것은 아니지만 polyethylene naphthalate의 몇 가지 간단한 물성 분석과 기계적 이론을 통해서 구조의 이론을 설명한 것이고, 우리는 디자인 강도와 결점에 대해 미리 예상할 수 있을 것이다.

디스플레이용 플라스틱 기판은 roll-to-roll 공정의 가능성을 여는 것이고 그 공정은 경제적 이점들을 가져온다. 이러한 조건들 아래서 구부리는 장력은 현실화 될 것이고 낮은 반경율을 가진 고분자 필름 기판들은 내부 변형이 쉬워질 것이다. 특히 온도를 올리는 과정에서는 더욱 향상될 것이다.

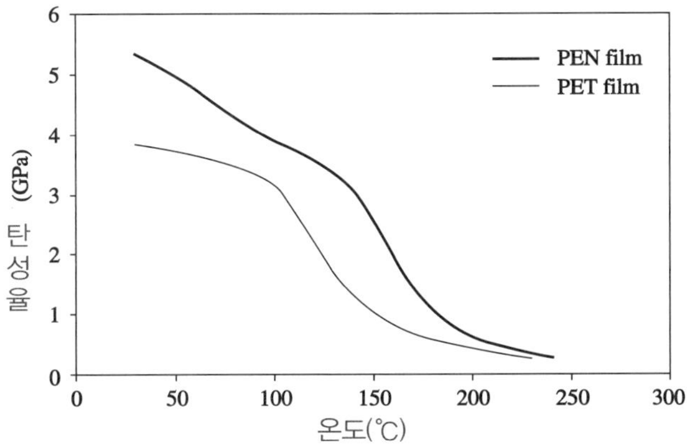

[그림 2.14] Polyethylene terephthalate와 polyethylene naphthlate필름 에서 온도 변화에 따른 탄성율 변화

[그림 2.14]는 polyethylene erephthalate 와 polyethylene naphthalate필름을 비교해서 보여준다. 저장 탄성율 *E'*은 dynamic mechanical/thermal analysis(DMTA)를 사용하여 기록했고, 온도가 증가함으로써 두개의 물질 모두의 응고도가 떨어지는 것을 보였다. 그러나 120~160℃ 범위안에서 polyethylene naphthalate는 거의 두배 정도의 반경을 가진 polyethylene terephthalate 보다 더 응고도가 높았다.

2.4 Polyester 필름의 응용

여기서는 polyester 필름의 활용도를 살펴보았다. 지금까지 2장에서 중요하게 언급된 물리적인 값들이 향상될 것이다. 몇 가지 응용분야에 대해서 우선 예비적인 결과들이 기술될 것이다. 따라서 관련되 회사들의 이름이 언급 될 것이지만 상세한 기술적 내용은 언급되지 않을 것이다.

플렉시블 디스플레이를 제조하는 데는 두 가지 가능한 방법이 있다.

- 기존에 사용된 유리기판 위에 polysilicon TFT 제조 후 고분자 기판으로 어레이 이전
- 고분자기판으로 바로 제조

첫 번째 방법은 여러 연구 기관에 의해 증명이 되었고(Asano and Kinosita 2002; Berge *et al*. 2003), 이 방법은 TFT 어레이를 기존의 생산라인 즉 이전에 설립되어 있던 곳에서 제조 할 수 있는 이점을 제공한다(22장). 공정가격은 버려지는 유리 기판과 추가적인 이전 공정 때문에 유리를 기초로 한 디스플레이 보다 항상 더 많이 들 것으로 예상된다. 하지만 낮

은 온도 플렉시블 기판은 계속해서 사용될 수 있을 것이고, 기판의 선택이 생산단가를 결정하는 요소가 될 것임을 예상할 수 있다.

직접 제조는 더 매력적인 방법들을 가지고 있지만, 거기에는 능동형 기술과 제조 장치에 연관하여 중요한 문제점들이 있다. 거기에는 3가지의 기본적인 접근 방식이 있고 비록 상세한 토론은 이 장의 범위 밖이지만 이 장의 내용을 통해 다양한 방법들의 장단점을 파악할 수 있다(Young *et al*.2003).:

- 실리콘을 기초로 한 TFT를 쌓기 위해 낮은 온도에서(〈220℃)의 공정을 개발하는 것은 더 낮은 온도에서 기판을 쓸 수 있다는 것이다(준정질과 비정질 금속 공정할 수 있는 필름). 이 방법은 낮은 가격의 기판을 사용 할 수 있는 이점을 가졌지만 원하는 이동성을 성취하기 위해서는 실리콘을 기초로 한 TFT에 대해 새로운 공정기술이 요구된다.
- 기존의 실리콘을 적용하기 위해서는 대체로 높은 공정 온도용 고분자 필름(비정질 solvent-cast 필름)을 사용하여 합리적으로 낮은 온도(250~300℃)로 처리해야 한다. 이 방법은 기존의 실리콘 공정 기술을 이용하는 것이지만 아마도 기존의 비정질 cast 필름에는 없는 이상적인 성질이 추가된 새로운 기판 개발이 필요할 것이다.(CLTE 〈 20pp/℃, 300℃의 온도 공정으로 할 수 있는 능력과 좋은 색상)
- 코팅온도 200℃ 이하의 공정시 유기물을 기초로 한 TFT를 이용한다. 유기물을 이용한 TFT의 잉크젯 프린팅 공법은 polyethylene terephthalate 기판으로서 다양하게 쓰이기 시작하였다. 그리고 다른 필름보다 가격에서도 이점을 보유할 수 있는 공정 온도인 120℃ 미만까지 낮아지는 획기적인 기술이다.

본격적인 논의에 앞서, 본 책에 언급된 연구들은 지난 수년간 이루어져 왔으며, 그 당시 사용가능한 필름을 사용하였고 디스플레이 응용을 위한 결과들을 반영한 것은 아니다.

2.4.1 실리콘을 기초로한 TFT를 만드는 낮은 온도의 새로운 공법

FlexICs사는 플라스틱 기술에서 ULTPS(ultra low temperature polysilicon) TFT 기술을 개척해 왔다(Pellingro 2003). FlexICs사는 반도체 CMOS 기술들에 ULTPS 공정 기술을 적용시켜 왔다. 이 TFT는 금속 게이트와 하나의 추가적인 금속 성분을 혼합하여 top-gate 자발 정렬(self-aligred) 방식으로 구현되었다. 업계 표준 LTPS TFT공정은 일반적으로 특수한 디스플레이 유리 기판을 사용하고 온도가 350~400℃까지 상승하는 공정을 한번이나 그 이상 수행한다. FlexICs사가 개발한 공정은 기판의 온도를 100℃ 이상으로 올리지 않게 계획되었다. 이를 위해 표준 polyslicon-on-glass TFT 공정에서와 유사하에 엑시머(exicimer) 레이저 어닐링 기술을 사용하였다. 하지만, FlexICs사는 레이저 어닐링과 같은 공정시 발생하는 데미지로 부터 플라스틱 기판을 보호할 수 있도록 플라스틱 기판과 실리콘 필름 사이에 적절히 두꺼운 유전체(SiO_2)를 사용함으로써 엑시머 레이저 펄스에 의해 실리콘 필름이 1500℃ 이상까지 올라감에도 불구하고 플라스틱 기판의 온도는 250℃를 넘지 않게 하였다. 비록 플라스틱 표면 부분이 250℃가 될지라도 그것은 단지 매우 짧은 시간이고(수 밀리 초 이하), 플라스틱 필름은 피해를 입지 않는다. FlexICs사는 고분자필름 위에 제조시 생기는 유기층과 무기층 사이의 CLTE내에서의 손실과 연관해서 생기는 결함 같은 문제를 극복하고 이를 해결하는데 초점을 맞추고 있다. 이러한 노력들은 수축을 줄이기 위한 열처리, 꼬임과 뒤틀림을 줄이기 위한 필름의 양 측면의 무기물 코팅, 수분 노출 조절, 그리고 증착된 필름의 응력 최소화 등이다. 이 요소들을 조절함으로써, FlexICs사는 polyethylene naphthalate 필름의 변형률을 200ppm에서 20ppm까지 줄일 수 있었다(즉 1500mm 이상에서 3μm). FlexICs사는 polyethylene naphthalate 필름 위에서 NMOS 공정은 〉250$cm^2V^{-1}s$의 전자 이동성과 5V의 문턱 전압 값을 제공할 수 있다고 보고 했고, PMOS 공정은 50$cm^2V^{-1}s$의 홀(hole) 이동성과 -5V의 문턱 전압값을 제공할 수 있다고 보고했다. 이 결과는 유리에 적용되는 기술인 LTPS(low-temperature polysilicon) TFT와 비교될 수 있다.

비정질실리콘 TFT는 잘 설계된 능동 구조 LCD 기술에서 전형적으로 300℃ 온도에서 공정이 이루어진다. 최근 몇 년 동안 주요 공정은 온도를 낮춰서 진행되어 왔고, a-Si TFT는 300℃에서 나온 스펙을 모두 만족하는 150℃ 온도 공정을 사용해서 polyimide위에서 제조되었다. DuPont Displays, DuPont Teijin Films 그리고 Princeton University에서 공동 작업한 Honeywell(Sarma *et al* 2003)은 플라즈마 화학 증기 증착(CCVD: chemical vapor deposition)을 사용하여 평탄화 표면 처리한 열적 안정화된 polyethylene naphthalate 필름 위에 최고 150℃로 a-Si TFT 공정을 개발했다. 제조 이전에 공정 온도 이상의 온도에서 프리(pre) 어닐링 했다. 이것은 수축을 500ppm에서 25ppm으로 감소 시켰다. CLTE의 미스 매치와 연관된 문제점들은 박막 물질들의 선택과 TFT어레이 제조 공정의 최적화로 인해 극복했다. Polyethylene naphthalate 위의 공학적 표면의 표면 결함과 연관된 문제들을 해결했고, 0.7$cm^2V^{-1}s$의 이동성과 2.4V의 문턱전압을 가진 polyethylene naphthalate 위의 TFT로 개발했다. 이 성능은 300℃ 이상의 온도에서 제조한 TFT와 비교될 수 있고 유리 위에서의 150℃ TFT와도 비교될 수 있다. 이 이동성 값은 OLED 디스플레이 구동에 효과적이고 150℃에서 polyethylene naphthalate위에서 제조된 a-Si TFT 백플레인(backplane)를 사용한 64×64 픽셀의 시험용 능동형 OLED 디스플레이에서 증명되었다. 이 기술은 12장에서 의논할 것이다. 이상의 예 들은 polyethylene naphthalate필름의 능동형 백플레인의 플렉시블 디스플레이를 생산하는데 요구되는 것들에 근접할 것이다.

2.4.2 합리적인 저온 공정을 기존의 실리콘 공정에 적용

필립스의 연구자들은 polyimide, polyarylate, polynorbonene, polyethersulphone위에 다결정(polycrystalline) 실리콘 TFTs를 제작하였다고 보고했다(Young *et al*. 2003).
Poly-Si의 사용은 더 높은 공정 온도가 필연적이고 그 기판들에 초점이 맞춰진다. 이전에 사용한 필름들은 polyimide, polynorbonene, polyethersulphone에 대해서 300℃, 그리고 polyethersulpone에 대해서는 180℃를 주기적으로(10~100시간) 어닝링했다. 이 처리 이후 수축은 〈10ppm/h으로 되었다. 하나의 SiO_2 층은 기판에 대해 흡착을 돕고, 열 차단을 제공하며, 이러한 차단 효과를 제공하기 위해 그 필름들 위에 증착되어 진다. 그 차단막은 LCD와 OLED 디스플레이에 충분히 좋은 효과를 가져온다. 비정질 실리콘은 top 위에 증착되어 지고 그때 다른 환경에서 레이저 어닐링한다. 이러한 공정을 사용하면 $100cm^2V^{-1}s$의 이동성과 3.9V의 문턱 전압을 가진 NMOS TFTs와 $52cm^2V^{-1}s$의 이동성과 -6V의 문턱 전압을 가진 PMOS장치를 만들 수 있다. 그것은 단지 최대 공정 온도 한계 때문에 polyethersulphone위에 NMOS poly-Si, TFTs를 만드는 것을 가능하게 하지만, 그 작업은 더 높은 온도 필름과 비교하여 표면의 질이 우수하다. 이것으로부터 기판을 선택할 때 하나 이상의 요소를 고려해야만 한다는 것을 알 수 있다.

2.4.3 220℃ 이하의 공정온도를 가진 유기물을 기초로 한 TFTs

스크린 프린팅(screen printing) 그리고 잉크젯 프린팅(inkjet printing)과 같은 다양한 프린팅은 유리 위의 TFT의 제조에서 그 유용성이 증명되어 왔고 이 기술은 현재 플라스틱에 이전 중 이다. 스크린 프린팅에 대부분 적용되는 최소 해상도는 수십 마이크론이다.

현재 몇 개의 프린팅 방법들은 마이크로 미터 수준의 해상도를 달성할 수 있다. DuPont은 polyethylene terephthalate 위에 건식 열전사 인쇄 방식을 보고했다(Blanchet *et al*. 2003; 10장에서 설명). Dupont의 이 기술은 액정 층의 연속적인 적용에 관련된 문제점을 극복하였다. $0.3cm^2V^{-1}s$의 캐리어(carrier) 이동성뿐만 아니라 플렉시블한 5000-트랜지스터 어레이를 가진 TFT를 만들었다.

Infineon은 고분자 게이트 절연막을 갖는 펜타 pentacene TFT제조를 위한 공정을 개발하였고, polyethylene naphthalate 위에 게이트 전극을 프린팅으로 회로를 집적하였다. Inifineon은 소수성과 친수성 영역을 가진 polyethylene naphthalate필름의 표면을 터닝기 위에 soft lithography 기술을 사용한 마이크로 접촉 프린팅을 사용했다. 그 공정의 해상도는 이론적으로는 1μm보다 크지만, Infineon은 기판의 치수 안정성(dimensional stability)의 한계를 고려하고 5μm 이하의 특성은 큰 부피를 제조하기 위해서는 비현실적으로 생각하여 5μm까지 특성을 제한하였다.

Infineon 공정은 polyvinyphenol 게이트 절연막의 크로스 링킹(cross-linking)에서 잠시 200℃ 온도까지 올라간다. Polyethylene naphthalate 필름은 공정 이전에 200℃의 열을 가하면, 0.5%에서 0.02%까지 수축을 줄일 수 있다. 이러한 기술에 의해 유리 기판에서 제조한 것과 같은 이동성을 가진 TFTs를 얻게 된다(Zschieschang *et al*. 2003).

Plastic Logic 사는 잉크젯 프린팅 공법의 해상도를 향상시키기 위해 유리 위에 포토 리소그래피(photo-lithography)방법으로 polyimide 차단막을 쌓는 방법을 개발하였다(Burns *et al*. 2003). 최근에 이 기술을 polyethylene terephthalate 플렉시블 디스플레이와 능동형 백플레인 개발에 적용하고 있다.

PolyIC사는 또한 다른 프린팅 공정을 사용하여 polyethylene terephthalate 위에 유기물을 기반으로 한 TFT를 보고했다.

2.4.4 플렉시블 디스플레이에서 Teonex의 사용

열적 안정화된 Teonex Q65위에 플렉시블 OLED는 Dupont Displays사에 의해 증명 되어왔고 이것은 13장에서 논할 것이다. Polymer Visio사는 말 수 있는(rollable) 디스플레이의 시제품(prototype)을 연구 개발중 이다. 이것은 25μm Teonex 필름 위에 "electronic ink" 프론트 플레인을 유기물을 기반으로 한 능동 매트릭스 구동회로와 결합한 것이다.

2.5 결 론

차세대 디스플레이 연구는 단 하나의 디스플레이 기술이 모든 응용 분야에 적용 되지는 않을 것이고 몇 개의 기술들이 공존할 것이다. 이 장에서 논의된 기판들 중 몇몇은 사용될 것이고 또, 특별한 분야에서 선택한 기판은 그 분야에서 요구되는 용도로 사용될 것이다. 각 기판들의 중요 진전들은 플렉시블 디스플레이 기판을 개발하는 과정에서 만들어져 왔고 미래의 연구에 영향을 줄 수 있는 경향은 다음과 같다.

- OLED 디스플레의 엄격한 필요조건을 갖추기 위해 차단막 기술을 더욱 진보시켜야 한다.
- 사용중인 복합층 구조와 최종 제품의 요구특성 사이의 관계를 새롭게 이해하고 생산 디자인을 최적화시켜야 한다.
- TFTs의 낮은 온도 공정에서 낮은 온도 기판의 사용을 더 폭넓게 해야 한다.
- 새로운 기판에 대한 공정기술을 발전시켜야 한다.
- roll-to-roll 공정을 위해 기판 구조를 간단하게 해야한다.

플렉시블 디스플레이에 대한 제조 기술은 아직까지 배치(batch)방식을 기반으로 한다; roll-to-roll 공정에 대한 연구는 롤 핸들링(handling)과 연관된 필름을 다루기 위한 새로운 조건과 기판 구조를 간단하게 할 일반적인 조건을 개발해야 할 것이다. 플렉시블 디스플레이는 계속적으로 진보하는 분야이고 물질 공급자와 장치 개발자가 시장에 생산품을 내놓기 위해서는 다 학제간 공동연구가 절실히 필요한 분야이다.

〈감사의 글〉

작가는 ICI의 Philip Willcocks와 Dupont Teigin Films로부터 제공 받았음에 이에 감사 드립니다.

참고문헌

Allen, K. and Mentlley, D. E. (2003) Flexible Displays–Emerging Display Technologies, iSuppli/Stanford Resources.

Amberg, S., Hoffmann, M., Bader, H. and Gessler, M.(1998) Inorganic–organic gybrid polymers with barrier properties for water vapour, oxygen and flavours. *Journal of Sol-Gel Science and Technology* 1/2, 141–146.

Angiolini, S., Avidano, M., Bracco, C., Barlocco, C., Bracco, T., Bacskay, J., Lipian, J.–H., Neal, P. S., Rhodes, L. S., Shick, T. A., Zhao X. M. and Freeman, G. (2000) High performance plastic substrate for flexible flat panel displays. *Society For Information Display, Digest of Technical Papers*, 1–4.

Angiolini, S., Avidano, M., Bracco, R., Barlocco, C., Young, N. G., Trainor, M. and Zhao, X.–M.(2003) High performance plastic substrates for active matrix flexible FPD. *Society For Information Display, Digest of Technical Papers*, 1325–2327.

Asano, A. and Kinoshita, T. (2002) *Society For Information Display, Digest of Technical Papers*, 37–37.

Berg, Van den, R. (2001) *Displays Europe.*, Autumn, 15–19.

Berge, C., Wagner, T., Brendle, W., Craff–Castillo, C., Schubert, M.B. and Werner, J.H. (2003) Flexible monocrystalline Si films for thin film devices from transfer processes. *Materials Research Society Symposium Proceedings* 769, paper H2.7.1, 53–58.

Blanchet, G. B., Loo, Y. L., Rogers, J. A., Gao, F. and Fincher, C. R. (2003) Large area, high resolution, dry printing of conducting polymers for organic electronics. *Applied Physics Letters* 82, 463–465.

Bouten, P. C. T. (2002) Failure test for brittle conductive layers on flexible display substrates, *22nd International Display Research Conference, Conference Proceedings*, 313–316.

Bright, I. C. (2000) US Patent 20020022156A1.

Burns, S. E., Cain, P., Mills, J., Wang, J. and Sirringhaus, H. (2003) Inkjet printing of polymer thin film transistor circuits. *MRS Bulletin* 28, 829–834 and references therein.

Chen, Y., Au, J., Kazlas, P., Ritenour, A., Gates, H. and McCreary, M. (2003) *Nature* 423, 136

Gorkhali S.D.R.Cairns, D. R. and Crawford G. P. (2003) Reliability of transparent conducting substrates for rollable displays: a cyclic loading investigation. *Society for Information Display, Digest of Technical Papers*, 1332–1335.

Graff, G. I., Gross. M. E. Shi, M. K., Hall, M. G., Martin, P. M. and Mast, E. S. (2001) WO 01/82389 A1.

Heeks, K. and Hough S. (2003) *Information Display* 4/5, 14–19.

Henry, B. M., Erlat, A. G., Grovenor, C. R. M., Deng, C. S., Briggs, G. A. D., Mitamoto, T., Noguchi, N., Niijima, T. and Tsukahara, Y. (2001) The permeation of water vapour through gas barrier films. *44th Annual Technical Conference Proceedings of the Society of Vacuum Coaters*, 469–475.

Henry, B. M., Erlat, A. G., Grovenor, C. R. M., Deng, C. S., Briggs, G. A. D., and Tsukahara, Y.(2002) Gas permeation studies of metal oxide/polymer composite films. *45th Annual Technical Conference Proceedings of the Society Vacuum Coaters*, 514–518.

Innocenzo, J. G., Wessel, T. A., O'Regan, M. and Sellars, M. (2003) *Society for Information Display Digest of Technical Papers*, 1329–1335

Jamieson, E. H.H. and. Windle, A. H. (1983) Structure and oxygen–barrier properties of metallized polymer film. *Journal of Material Science* 18, 64–80

Kim, Y. H., Park, S. K., Han, J. I., Moon, D. G. and Kim, W. K. (2003) *Society for Information Display Digest of Technical Papers*, 996–999.

Langowski, H.C., Melzer, A. and Schubert, D. (2002) Ultra high barrier layers for technical applications. *45th Annual Technical Conference Proceedings of the Society Vacuum Coaters*, 471–475.

MacDonald, W. A., Rollins, K., Eveson, R., Rakos, K., Rustin, B. A., and Handa M. (2003) New developments in polyester films for flexible electronics. *Materials Research Society Symposium Proceedings* 769, paper H9.3, 283–290.

MacDonald, W. A.(2004) Engineered films for display technologies. *Journal of Materials Chemistry* 14, 4–10.

MacPherson, C., Anzlowar, M., Innocenzo, J., Kolosov, D., Lehr, W., O'Regan, M., Sant, P., Stainer M., Susavat, S. and Venkatesh, S. (2003) *Society for Information Display Digest of Technical Papers*, 1191–1193.

Maxiner, R. D. (2002) Future trends in permeation measurement. *45th Annual Technical Conference Proceedings of the Society Vacuum Coaters*, 461–464.

Moosheimer, U. and Langowski, H.–C.(1999) Permeation of oxygen and moisture through vacuum web coated films. *42th Annual Technical Conference Proceedings of the Society Vacuum Coaters*, 408.

Nisato, G., Kuilder, M., Bouten, P., Moro, L., Philips, O. and Rutherford, N. (2003) Thn film encapsulation for OLEDs : evaluation of multilayer barriers using the Ca test. *Society for Information Display Digest of Technical Papers*, 550–553.

Pelligrino, P. W. (2003) USDC Flexible Microelectronics and Displays Conference, February 3–4, Phoenix, Arizona.

Philips, R. W., Markantes, T. M. and Legallee, C. (1993) Evaporated dielectric colorless films on PET and OPP exhibiting high barriers towards moisture and oxygen. *36th Annual Technical Conference Proceedings of the Society Vacuum Coaters*, 293–301.

Prins, W. and Hermans, J. (1959) Theory of permeation through metal coated polymer films. *Journal of Physical Chemistry* 63, 716.

Rossi, G. and Nulman, M. (1993) Effect of local flaws in polymeric permeation reducing barriers. *Journal of Applied Physics* 74, 5471.

Sarma, K. R., Chanley, C., Dodd, S., Roush, J., Schmidt, J., Srdanov, G., Stevenson, M., Wessel, R., Innocenzo, J., Yu, G., O'Regan, M., Macdonald, W. A., Eveson, R., Long, K., Gleskova, H., Wagner, S. and Sturm, J. C. (2003) Active matrix OLED using 150oC a-Si THT backplane built on flexible plastic substrate. *Proceedings from SPIE Aerosense, Techologies and Systems for Defense and Security*, 180-191.

Sirringhaus, H. Burns, S. E., Kuhn, T. C., Jacobs, K., MacKenzie, J. D., Etchells, M., Chalmers, K., Devine, P., Murton, N., Stone, N., Wilson, D., Cain, P., Brown, T., Arais, A. C., Mills, J. and Friend, R. H.(2003) *Society for Information Display Digest of Technical Papers*, 1084-1087

Slikkerveer, P. J.(2002) *Conference Proceedings from 22nd International Display Research Conference*, 273-276.

Smith, A. W., Copeland, N., Gerrard, D. and Nicholas D. (2002) PECVD of SiOx barrier films. *45th Annual Technical Conference Proceedings of the Society Vacuum Coaters*, 525.

Young, N. D., Trainor, M. J., Yoon, S.-Y., McCulloch, D. J., Wilks, R. W., Pearson, A., Godfrey, S., Green, P. W., Roosendaal, S. and Hallworth E. (2003) Low temperature poly-Si on flexible polymer substrates for active matrix displays and other applications. *Materials Research Society Symposium proceedings* 769, paper H2.1, 17-28.

Zschieschang, U., Klauk, H., Halik, M., Schmid, G. and Dehm, C.(2003) Flexible organic circuits with printed gate electrodes. *Advanced Materials* 15, 1147-1151.

휠 수 있는 유리 기판

Armin Plichta,[1] Andreas Habeck,[1] Silke Knoche,[1] Anke Kruse,[1] Andreas Weber,[1] and Norbert Hildebrand[2]

[1]Schott AG and [2]Schott North America Inc.

3.1 서 론

디스플레이 기술의 발전과 더불어 유리 기판은 중요한 역할을 하고 있다. 초기 둥근 CRT에서부터 오늘날의 TFT-LCD와 PDP에 이르기까지, 유리 기판의 발전은 디스플레이 기술의 진보와 긴밀하게 연관되어 왔다.

오늘날, LCD 기술은 기존의 CRT 시장에서 경쟁력을 확보하기 위해, 대략 $4m^2$(7 세대) 크기의 유리 기판을 공정할 정도로 발전하였다. 작은 디스플레이에 대한 새로운 추세 또한 논의 중에 있다: 어떻게 하면 디스플레이를 얇게 만들어서 휘어짐(flexibility) 같은 새로운 특성을 추가할 수 있을까? 휘어짐에 대해서 정의를 내리진 않았지만, 응용적인 측면에서 볼 때 다음과 같은 네 개의 등급으로 구분할 수 있다: (a) 매우 얇은(ultra thin) 평판 디스플레이(휴대폰, PDAs, 노트북), (b) 매우 얇고 휘어진 디스플레이(휴대폰, 자동차), (c) 매우 얇고 가볍게 휠 수 있는 디스플레이(스마트카드), (d) 매우 얇고 고도로 휠 수 있는 디스플레이(둘둘 말거나 입을 수 있는 디스플레이). 현재, 기판으로 쓰이는 물질은 유리로 표준화되어 있기 때문에, flexibility를 얻기 위해서는 기판의 두께를 매우 얇게 해야 한다. 이 장에서는 두께가 0.2mm에서 30μm인 차세대 유리 기판에 대해서 자세하게 다룰 것이다.

3.2 디스플레이 유리의 특성

3.2.1 디스플레이 유리의 종류

서로 다른 디스플레이 기술들이 다양한 물질과 제품 특성들을 바탕으로 하고 있기 때문에, 디스플레이 유리도 여러가지 종류가 있다. 유리는 “얼어버린 액체”로 존재하는 물질을 말한다(Scholze 1988). 오늘날 실용적인 관점에서 볼 때, 소다 석회 유리는 유리잔과 창문 유리로 쓰기 위해 많은 양이 생산되고 있다. 소다 석회 유리는 다량의 SiO_2(70~75%)(연결고리 생성자)과 소량의 Na_2O(12~16%), 그리고 CaO(10~15%)(연결고리 변경자) 혼합체가 녹는 동안 적절한 비율로 섞이고, 식히는 과정 동안 결정화되지 않고 새로운 물질인 유리를 형성한다. B_2O_2 나 Al_2O_3 를 SiO_2에 추가적으로 넣으면, 붕규산염(borosilicate) 혹은 알루미노 규산염(aluminosilicates) 등과 같은 새로운 종류의 유리를 만들거나, 두 종류의 산화물을 동시에 넣으면 알루미노 붕규산염(aluminoborosilicates) 같은 유리를 만든다. 이러한 유리 종류들 안에서 연결고리 생성자(network builder)와 변경자(modifier)의 비율은 바뀔 수 있고, 결과적으로 다른 특성을 가진 수많은 종류의 유리를 만들어 낼 수 있다. 평판 디스플레이에 쓰이는 대부분의 유리들은 붕규산염과 알루미노 규산염 계열이다.

오늘날 플라스틱 기판이 다양한 응용분야에 쓰이고 있지만, 고도의 기술이 필요한 응용분야에는 유리가 더 유리하다. 유리는 플라스틱에 비해서 많은 장점들을 가지고 있다:

- **광학 특성:**
  - 가시광선 영역에서 높은 투과도
  - 균일한 굴절율
  - 광학적 위상지연(retardation)이 없음
  - UV에 높은 내성
- **열적 특성:**
  - 고온에서 안정함
  - 큰 치수에서 안정함
  - 낮은 열팽창 계수
  - 내부 기체가 빠지지 않음
- **화학 특성:**
  - 화학 반응에 높은 내성
  - 물과 산소에 대한 훌륭한 장벽 역할

- **기계적 특성:**
  - 흠집이 잘 안남
  - 세척에 높은 내성

3.2.2 유리의 특성

유리가 디스플레이 산업에 중요하게 쓰이는 이유는 일상 생활 속에서 쉽게 익숙해져버린 유리의 몇 가지 특성들에 있다. 유리는 투명해서 유리를 통해서 쉽게 볼 수 있고, 단단하기 때문에 디스플레이의 민감한 부분을 안전하게 보호할 수 있다. 조금 더 자세하게 살펴보면, 유리는 매우 다양한 특성들을 가지고 있기 때문에, 오늘날 모든 디스플레이 기술에 쓰이게 되었음을 알 수 있다.

광학 특성

수세기 동안 광학 부품의 주재료는 유리였다. 1mm 정도 두께의 깨끗한 유리는 전자기 스펙트럼의 가시광선 영역에서 98% 이상의 높은 내부 투과도를 보인다. 디스플레이에 쓰이는 유리는 대개 굴절율이 ~1.5 정도, 투과도가 90%(t=1mm) 이상이다.

[그림 3.1]은 D263의 광학적 투과도를 나타낸다. 특별한 응용을 위해서 광학 필터를 사용하였다. 전형적인 필터로는 광학 밀도 필터나 낮에 보기 쉽게 하기 위한 색 향상 필터가 있다.

광학 유리의 또 다른 주요한 특성은 매우 낮은 복굴절을 보인다는 것이다. 30μm 이하의 얇은 유리판에서도 매우 작은 복굴절을 갖고 있기 때문에 LCD 기술에 쓰이는 기판으로는 매우 이상적이다.

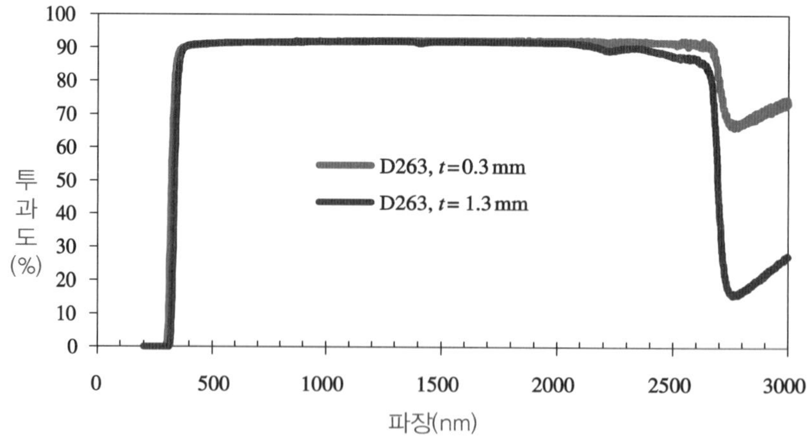

[그림 3.1] D263의 가시광선과 적외선 부근에서의 투과도

화학 특성

디스플레이를 만드는 과정에서는 특정 요소를 만들기 위해 다양한 종류의 화학물질들이 쓰인다. 따라서 디스플레이에 쓰이는 기판은 어떠한 화학물질에도 내성을 가지고 있어야 한다. 붕규산염이나 알루미노 규산염 같은 규산염들은 화학물질들에 매우 높은 내성을 갖는다.

다양한 화학물질들에 대한 유리의 내성은 노출된 면적에 대한 손실량으로(mg/cm^2) 측정할 수 있다. 화학적 침식은 온도, 시간, 그리고 화학물의 농도의 함수이다. 유리의 경우 보통 세 가지 종류의 화학적 침식을 생각해볼 수 있다. 산, 염기, 그리고 물에 의한 침식은 다른 pH 값을 갖는 용액에서 유리의 반응으로 나타낼 수 있다.

예를 들면, [그림 3.2]는 다양한 화학물질에 대한 붕규산염 유리의 화학적 내성을 나타낸다. 유리는 화학적 침식에 대해서 완벽하게 비활성이지는 않지만, 대개 기판 물질에 중대한 질적 저하를 유발하지는 않는다. SiO_2 연결고리를 기본으로 하고 있어서, 유리는 보통 강염기에 뒤이은 불소를 함유하고 있는 화학물질에 대한 내성이 매우 낮다. 다른 종류의 유리는 서로 달리 반응한다.

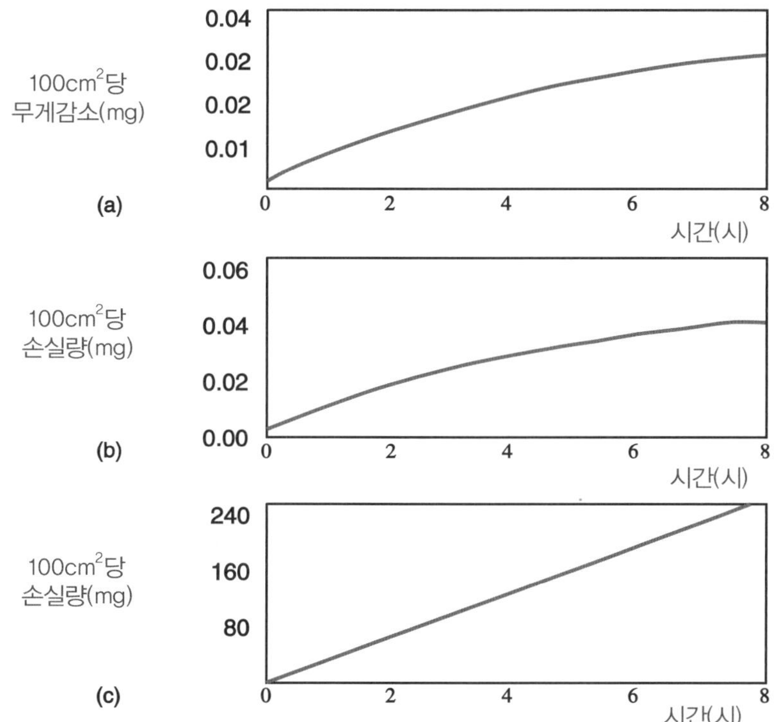

[그림 3.2] 붕규산염
(a) 물
(b) 산
(c) 염기에 대한 내구성

열적 특성

유리는 생산 공정 중에 액체 상태로 녹였다가 순차적으로 실온으로 냉각시킨다. 유리는 다른 물질과 같이 경화되지 않기 때문에 긴 범위의 분자 질서도를 보이지 않는다. 과학적으로 대개 유리는 실온에서 열역학적으로 가장 낮은 에너지 상태가 아니기 때문에, 결과적으로 어떤 특성은 구성 성분비 뿐만 아니라 냉각 속도에 영향을 받는다. 천천히 냉각시킬수록 더욱 밀도있게 된다. 디스플레이 생산의 많은 공정 과정에서 점차 높은 온도가 필요할 수도 있다. 이러한 온도 순환 과정에서 유리는 열적 수축을 통해 치수가 변할 수도 있다. 열적 수축의 정도는 온도, 시간, 유리 종류에 따라 결정된다.

열적 수축을 조절하는 것은 얇은 디스플레이 기술에 매우 중요하다. 만약 열적 수축이 매우 크다면, 광 식각(photolithography; 포토 리소그래피) 공정에서 정렬이 안되기 때문에 다중 마스크 공정을 하기 어려워지고 결과적으로 수율이 낮아진다. 앞 기판과 뒷 기판의 열적 수축 정도가 달라도 같은 결과가 초래된다. 예를 들면, AF37(Schott)은 10ppm 이하의 수축을 보인다.

또 하나의 중요하고 널리 알려진 열적 특성은 열 팽창 계수이다. 고체 유리는 변형 온도인 T_g 까지 선형적인 열 팽창($\triangle l/l$)을 한다. [그림 3.3]과 같이 유리 시편의 길이 변화를 살펴보면 T_g 근처에서의 변화 형태를 알 수 있다. 평판 디스플레이 산업에 사용되는 대부분의 유리는 −50℃에서 450℃까지 선형적인 열 팽창을 한다고 여겨진다.

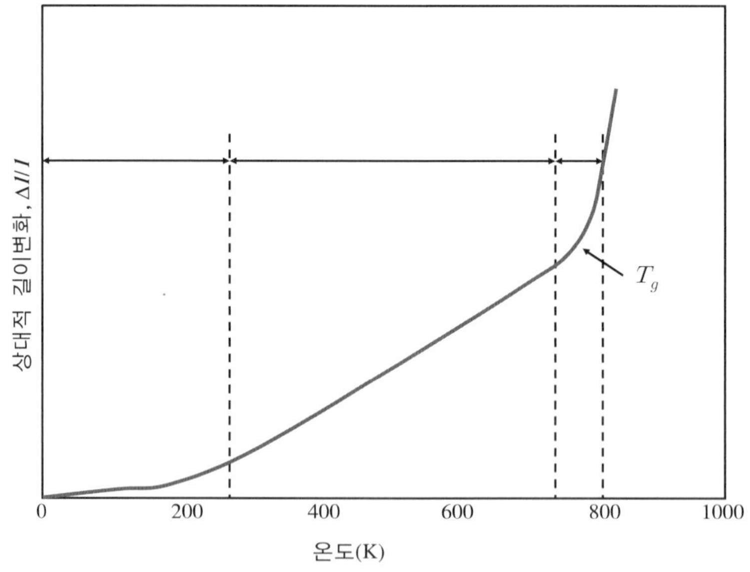

[그림 3.3] 온도의 변화에 따른 유리의 길이 변화

어떤 디스플레이 기술은 높은 온도에서의 공정이 필요하다. 따라서 T_g가 600℃ 이상인 높은 변형점을 갖는 유리의 개발이 필요하다. 열 팽창 계수 값은 유리의 조성비에 따라 달라진다. 평판 디스플레이에서 사용되는 대부분의 붕규산염과 알루미노 규산염 유리는 열 팽창 계수 값이 약 $4\times10^{-6}K^{-1}$(AF45 Schott, 열 팽창 계수 = $4.5\times10^{-6}K^{-1}$)으로 능동형 매트릭스 디스플레이 기술에 쓰이는 실리콘 층과 열 팽창 계수가 잘 맞는다. AF37(Schott), 1737(Corning), AN100(Asahi)와 같은 "TFT용 유리" 유리는 열 팽창 계수가 $3.7\times10^{-6}K^{-1}$으로 값이 대략 비슷하다. 능동 매트릭스 구동회로를 쓰지 않는 디스플레이에는 열 팽창 계수가 $7\times10^{-6}K^{-1}$ 정도의 유리를 쓴다.

표면 특성

유리는 조성비, 구조, 제조 공정에 따라서 결정화되는 동안에 표면 장력이 작용하여 매우 매끄러운 표면을 갖게 된다. 유리는 규산염 구조를 가지고 있어서 필요에 따라서는 매우 작은 표면 거칠기를 갖도록 다듬을 수 있다(float 기술을 이용해서 만든 유리는 반드시 다듬어져야 한다.) 디스플레이 기판의 전형적인 표면 거칠기 값 R(RMS)는 1nm 이하이다.

제조 공정에 따라서 유리 기판은 뒤틀림(warp), 요동(waviness), 미세 두께 변화(thickness deviation) 와 같은 긴 영역에서의 표면 왜곡이 나타날 수 있다. 이러한 현상들은 제조 공정에 따라서 다르게 나타난다; downdraw(DD) 과정에서는 단 방향의 구조물들이 나타나는 반면, float 과정에서는 양방향의 구조물이 나타나기도 한다.

[그림 3.4]는 디스플레이 유리 기판에서 나타나는 특정 현상들과 어떻게 실제 유리에 기여하고 있는지 나타내고 있다.

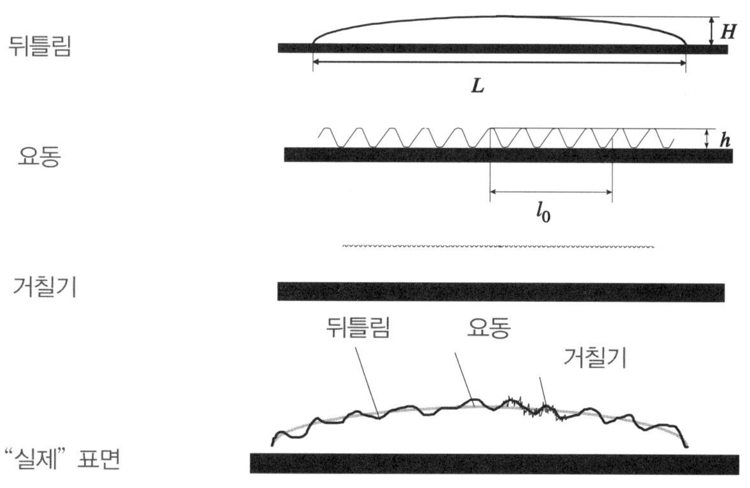

[그림 3.4] 실제 유리 기판에서 나타나는 특정 현상들의 기여도

규산염 구조를 기본으로 하고 있는 유리 표면은 물 분자를 흡수하는 경향이 강하다. 이런 과정은 제조 공정이 끝난 직후부터 시작하여, 시간이 지남에 따라 유리 표면을 변화시켜서 결국에는 박막을 증착하는 과정에 영향을 미칠 수도 있다.

투과성

물과 산소는 모든 종류의 유기 물질을 공격해서 디스플레이 내부의 화학적 변화를 유발하여 수명을 단축시킨다. 그러나 유리는 디스플레이 기술에서 중요한 요소 중의 하나인 공기와 습도에 대한 투과성이 매우 낮다. 규산염 구조는 매우 높은 밀도를 갖고, 산소, 물과 매우 강한 결합을 하기 때문에 낮은 투과율을 보인다. 유리판이 갖는 산소와 물에 대한 투과율 값은 매우 낮아서 측정하기도 힘들다. 따라서 산소와 물은 유리판을 통과하지 못한다고 여겨진다.

3.3 "휠 수 있는" 얇은 유리의 제조

"얇다"의 명확한 정의는 존재하지 않지만, 0.7mm의 "두꺼운" 유리를 사용하는 TFT-LCD의 기술적 진보에 힘입어, 이 두께가 얇은 유리의 상한선으로 여겨진다. 하한선은 두께가 50 μm인 소위 마이크로 판으로 정의된다(Kessler *et al*. 1997).

기본적으로 흔히 생각하기로 "휠 수 있는(flexible)" 유리는 두께가 대략 200μm 이하이다(Plichta *et al*. 2003). 평판 디스플레이 모듈을 위한 얇은 유리의 생산은 크기의 증가와 함께 질적 레벨과도 발을 맞추어야 하기 때문에, 여러 공정의 발전과 크기를 키우는 과정이 진행 중이다. 그러나 오직 두 개의 생산 과정만이 채택되어 사용되고 있다: float 기술과 downdraw(DD) 기술.

Float 기술은 두께가 0.4mm 이하인 유리 기판을 생산할 수 있지만, DD 기술은 50μm 이하 혹은 30μm(현재 기술의 한계)까지도 만들 수 있는 잠재력을 가지고 있다. 두 기술 모두 이번 절에서 다룰 것이다.

3.3.1 특별한 유리를 위한 Float 과 Downdraw 기술

[그림 3.5]는 유리 생산 장비의 주요 흐름을 보여준다. 모든 유리 생산에서의 공통 과정은 원재료의 섞는 과정(Ⅰ), 녹이는 과정(Ⅱ), 정제하는 과정(Ⅲ), 그리고 균일화 과정(Ⅳ); 천천히 식히는 과정(Ⅵ)과 유리판을 자르는 과정(Ⅶ)이다. Float 기술(Ⅴa)은 뜨겁게 형태를 만드는 과정이 액체 주석 용액위에서 수평 방향으로 행해지는 반면, DD 기술은 수직 방향으

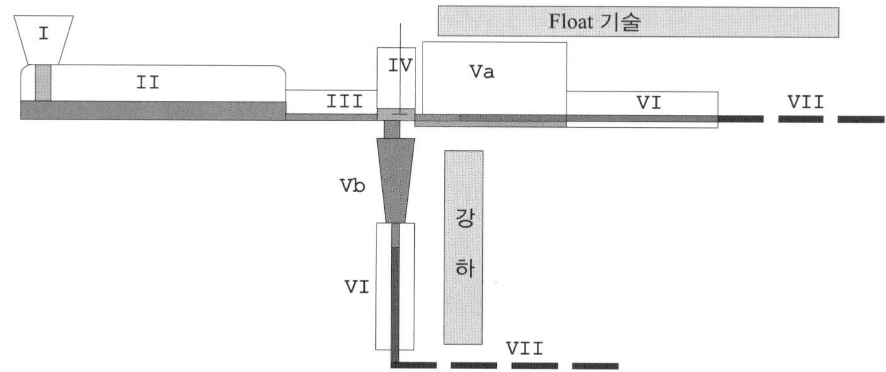

[그림 3.5] 현대 유리 생산의 기본 과정 : Ⅰ= 원재료의 섞는 과정, Ⅱ= 녹이는 과정, Ⅲ= 정제하는 과정, Ⅳ= 균일화 과정, Ⅴa = float 기술, Ⅴb = downdraw(DD) 기술, Ⅵ= 천천히 식히는 과정, Ⅶ= 유리판을 자르는 과정

로 행해진다(Ⅴb). 일반적으로, float 기술은 대개 하루에 500톤의 생산량을 자랑하지만, 현재 DD 기술은 대략 하루에 8톤 밖에 생산하지 못한다.

뜨겁게 형태를 만드는 과정을 거친 후, 그 때 발생한 기계적인 압력을 줄이기 위해 천천히 식히는 과정(Ⅵ)이 필요하다. 정제하는 과정(Ⅲ)은 녹은 유리의 기포를 없애기 위한 과정이다. 유리의 종류에 따라 안티몬 산화물(antimony oxide), 주석 산화물, 혹은 알칼리 할로겐화물 같은 다양한 정제 약품이 사용된다. 균일화 과정은 저어주면서 행해진다. 정제 과정을 거친 후에 모든 관들과 녹은 유리로 뜨겁게 형태를 만드는 장비들은 비싼 금속 합금들로 만들어진다.

특별한 유리를 만드는 DD 과정은 세계의 다른 유리 제조사들에서도 이용하고 있지만 주로 Corning과 Schott에서 개발되었다. Corning은 소위 overflow 융합(fusion) 과정을 사용하고 있다(Lapp *et al*. 1994). Schott은 높은 질의 표면 특성을 위해 특별한 노즐 슬롯을 이용할 뿐 아니라 대면적의 표준 TFT 유리의 생산을 위해 float 기술을 채택하고 있다.

두께 100μm 이하의 매우 얇은 유리의 생산은 이제 현실이 되었다. 매년 DD 기술을 이용해 현미경용 커버 슬라이드, 터치 패널 그리고 웨이퍼 수준의 칩 크기의 패키징(packaging)을 위한 수백톤의 유리들이 생산되고 있다.

3.3.2 한계

디스플레이 유리 기판은 다양한 필요조건을 만족시켜야 한다. LCD에 쓰이려면 표면의 질이 액정의 정확한 제어를 보장할 수 있을 정도로 좋아야 한다. 최종 제품의 질적 특성은 유리 생산 과정으로부터 좌우된다고 말할 수 있다. [표 3.1]은 유리 생산 과정과 디스플레이 기술에 필요한 중요한 질적 변수들의 관계를 요약하고 있다.

[표 3.1] 생산 과정과 그에 따른 질적 특성의 관계

생산과정	질적특성	요구사항
원 재료	광학, 열, 그리고 전기적 특성을 포함한 유기 조성	TFT 디스플레이를 위한 알카리 함유량 < 0.1% 가시광선 영역에서 광학적 투과도 > 90% TFT에 대한 열팽창 계수 < 4ppm/k
용융 정제 균질화 열성형	함유물(석재, 돌) 거품	< 30 µm < 30 µm
	표면특성, 요동, 물질무늬, 표면, 거칠기, 두께	요동 < 100 nm 기복 < 20 nm 표면거칠기 < 1 nm 두께=0.7 mm 한 장의 판에서의 두께 편차 < 10 µm, 판 끼리의 두께 편차 < 40 µm
어닐링	평판(뒤틀림) 수축	뒤틀림<150 µm 수축<100ppm
대형판으로 커팅	크기 허용오차	뒤틀림<150 µm 수축<10ppm ±0.5 mm

두께의 한계

Float 기술은 두께와 표면의 질이라는 관점에서 볼 때 얇은 유리 제조에는 부적합하다.

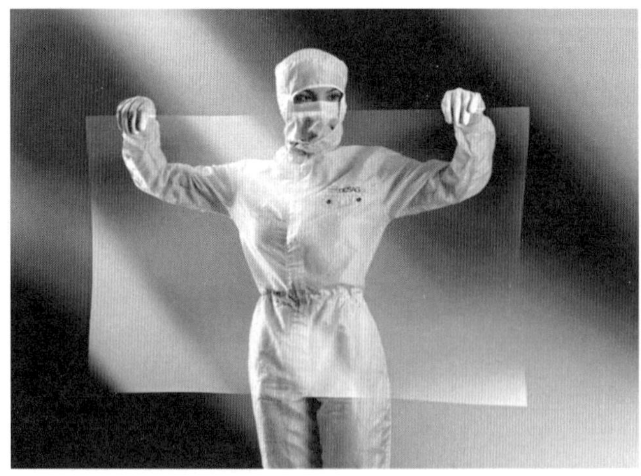

[그림 3.6] DD 기술을 이용한 생산한 50μ m 두께의 넓고 얇은 유리판

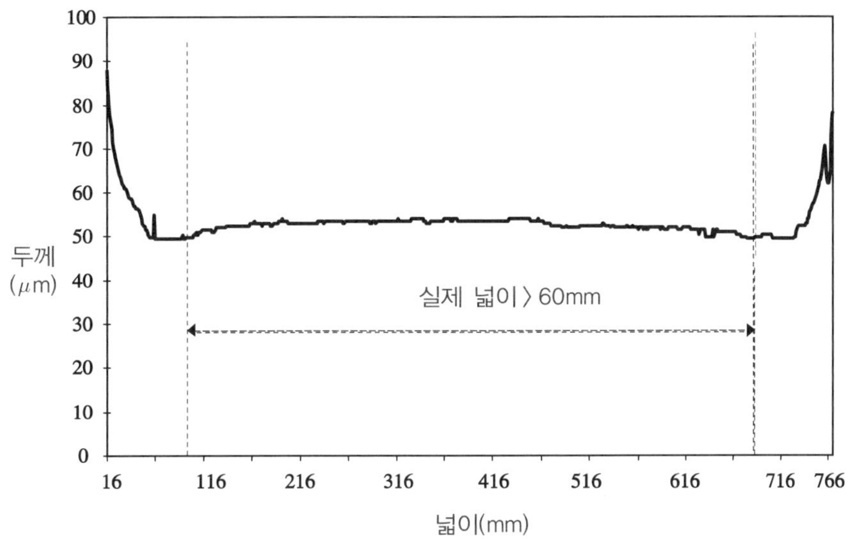

[그림 3.7] DD 기술로 만든 두께 50μ m인 얇은 유리판의 두께 정보

현재 가장 얇게 만든 유리는 0.4mm 정도인 반면, DD 기술은 현재 30μm 혹은 50μm 두께까지 만들 수 있다. 이것은 오직 DD 기술만이 더 얇고 휠 수 있는 디스플레이 추세를 따라갈 수 있는 위치에 있다는 것을 말한다. [그림 3.6]은 DD 기술로 생산된 최첨단의 얇은 유리를 보이고 있다. [그림 3.7]은 DD 기술로 만든 길이 600mm 이상인 50μm 두께의 얇은 유리판의 두께 정보이다.

표면 품질의 한계

Float 기술을 이용해서 만든 유리판은 필요한 표면 품질 특성을 위해서 매끄럽게 윤택을 내야 하는 반면, 현재의 DD 기술을 이용한 유리판은 다른 공정 없이도 훌륭한 표면 특성을 갖는다. LCD에 쓰기 위해서는 표면 굴곡의 변화가 1μm 보다 작아야 한다. [그림 3.8]은 표면의 품질 조건을 자세히 보여주고 있다.

측정 장비의 조사 길이 안에서 evaluation window는 이 경우 20mm로 국한했다. 이 범위 내에서 샘플의 최대 요동(wave)과 경사(slope)는 더 작은 폭으로 결정되었다. LCD에 쓰이는 유리 기판의 전형적인 특성 값들을 여기에 제시해 놓았다:

- 요동(waviness) 20pv(peak-to-valley): 〈 0.100μm
- 굴곡(wave) 20*/4**: 〈 0.020μm
- 경사(slope) 20*/2***: 〈 0.025μm

* 조사 길이(mm), ** 굴곡 길이(mm), *** 경사 길이(mm)

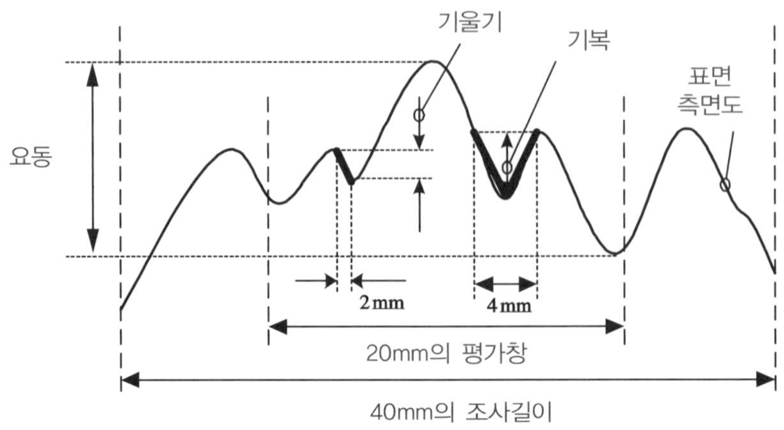

[그림 3.8] LCD 기술에 필요한 표면 품질에 대한 상세한 조건

게다가, 현재 진보한 DD 기술은 거칠기(roughness) 품질 특성이 우수한 유리를 만들 수 있다. 이 경우, 어떤 특별한 조치를 하지 않고도 거칠기의 RMS 값이 1nm 범위를 갖는다. 요약하면, DD 기술은 품질 좋고 휠 수 있는 유리판을 경제적으로 생산할 수 있는 유일한 기술이다.

3.4 기계적 특성

3.4.1 얇은 유리와 유리/플라스틱 기판

시스템 제조자들은 유리의 강도는 다른 항목보다 하위에 있다고 생각하는 경향이 있다. 시스템 디자인과 공정 중의 광학적 투과도, 화학적 내구력, 물질의 전기적 특성 등과 같이 달성하기 "어려운" 제품 특성들에 비하면, 기계적 특성은 그 중요성이 낮다는 것이다. 그럼에도 불구하고, 유리의 강도는 매우 중요한 특성이다. 왜냐하면, 그것이 유리로 된 부분의 안정성을 결정하기 때문이다. 이러한 이유 때문에 공정 중 혹은 사용 중의 유리의 기계적 특색이 여러 곳에서 논의되고 있다(Rawson 1988; ICG 2003). 그러나 휘어진, 휠 수 있는, 말 수 있는 디스플레이를 만들기 위해서는 두께가 100μm 이하인 유리판이 필요하다.

3.4.2 휠 수 있는 유리의 기계적 특성을 알아보는 방법

얇은 유리는 대개 매우 좋은 기계적인 품질을 가지고 있다. 유리를 잘못 다루면 매우 작은 결함(microdefects)이 유리 표면에 생길 수 있다. 그런 것들은 보통 기계적인 손상이나 흠집이다. 제조 과정에서 생길 수도 있고, 구매자가 사용하는 동안에도 생길 수 있다. 간단히 말하면, 유리 부분의 강도는 유리를 만들 때부터 쓰이는 동안까지 유리 표면에 어떤 기계적, 화학적 자극이 가해졌는지에 전적으로 달려있다. 이러한 자극이 강하면 강할수록 유리의 강도와 수명은 줄어들고, 유리 부분이 손실될 확률이 높아진다. 물론 최종 제품에서는 우리가 깨지기 쉬운 물질을 다루고 있다는 것을 염두하고 이를 기본 조건으로 받아들인다.

대부분의 기계적 실험에서, 깨지기 쉬운 표면의 강도는 ring-on-ring(DIN EN 1288)이라는 표준 절차를 통해 검증받는다. 매우 얇은 유리판의 경우, 적당한 크기를 시험 셋업(setup) 업을 선택한 후에 조심스럽게 반복 가능한 장력을 시험 물체에 가한다. 표면 손상에 의한 강도의 저하보다 더 중요한 것은 생산된 유리판을 작게 자르는 과정에서 모서리 부분이 깨지는 것이다. 대부분의 경우 모서리가 깨지면 유리가 제 기능을 하지 못할 수도 있다. 이 책에서는 이런 종류의 실패에 대해서 다룰 것이다.

저비용 공정을 하기 위해서는 대개 대면적의 유리 기판위에 많은 단독 구조물을 병렬적으로 동시에 행하여야 한다. 이러한 단독 구조물(예 : 디스플레이)들을 다이아몬드 스크리빙(diamond scribing), 휠 커팅(wheel cutting), 다이싱(dicing), 레이저 커팅(laser cutting) 등의 표준적인 방법으로 분리해 낼 때, 유리 표면이나 본체에 강도와 관련된 심각한 손상을 입힐 수 있다.

[그림 3.16]은 얇은 유리판(두께 100μm)을 다이아몬드 스크리빙으로 깬 단면을 보여주고 있다. 위를 보면 안개같은 가는 실선 흔적을 뒤따라 미세 균열 같은 형태의 강한 자국과 함께 초기 균열의 가느다란 흔적을 볼 수 있다. 아래 부분을 보면 초기 균열과 반대로 절단면이 대부분 매끄럽다. 억지로 쪼갰다면 이 부분은 균열이 생겼을 것이다. 여기 보여준 각각의 표면 구조에서 부분 장력으로 인한 생긴 균열 때문에 유리가 제 기능을 못할 수도 있다.

상관된 유리판 표면들에 대해서 균열 모양이 불균일하기 때문에 모서리 품질의 완벽한 특성화를 위해서는 서로 다른 기계적 테스트가 필요하다.

표준화된 테스트 과정으로서, 첫째 네 개의 정점에서 구부러짐을 테스트 한다(그림 3.9). 피시험물의 위치에 따라서 모서리의 기계적 품질이 갖는 방향 의존성(광학적으로 관측가능한)까지 고려할 수 있다.

유리의 강도는 금속과 같은 다른 물질과 달리 물질 상수로 정의 되지 않고, 로드(load)가 걸렸을 때나 변화하는 환경 조건에서 균열 가능성 같은 통계적 차원에서 정의된다. 파괴 실험이 행해진 후 얻어진 데이터는 표준화된 다양한 통계적 장치를 이용하여 분석한다(Sachs 2002; DIN 55303). 충분한 수의 유용한 깨짐 실험이 가능할 때, 가정을 증명하는데 필요한 통계적 실험 과정(예 : χ^2 혹은 t-test)이 행해질 수 있다. 이는 매우 중요할 뿐 아니라 최종 장치를 만드는 제조자들에게도 강조되어야 한다.

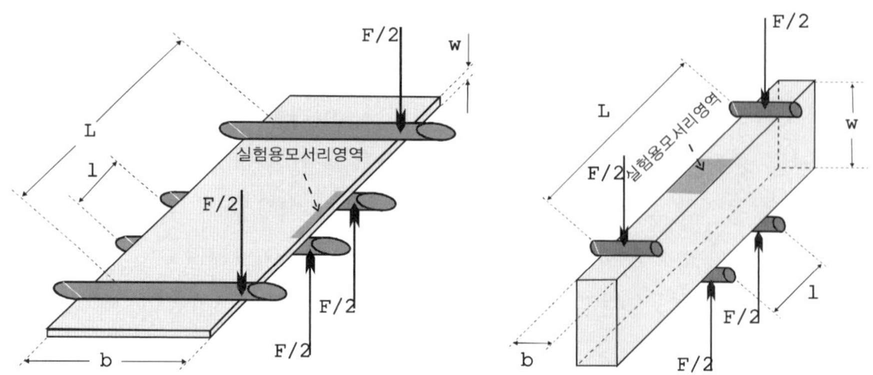

[그림 3.9] 네 점에서의 구부러짐 테스트

위에 언급한 정점 테스트 외에도, PDA를 떨어뜨리는 때나 혹은 생산 라인에서 공정 중에 (예 : 얇은 판을 위치시키기 위한 정지창치의 사용) 짧은 시간 동안 로드를 걸어 충격을 주는 방식으로 강도 조사를 할 수 있다. 주된 초점은 유리 기판의 깨어진 모서리에 있다. 테스트 셋업이 [그림 3.10]에 나와 있다.

금속으로 둘러싸인 봉이 있고, 얇은 유리판이 cantilever 지지대에 놓이면, 생산 라인위에서의 이동과 조립 라인에서의 조건을 시뮬레이션(simulation) 할 수 있다. 또한 마모에 의한 손상도 발생시킬 수 있고, 앞에서 언급한 정점 조사 방식으로 유리의 내구성에 대한 타당함을 조사할 수 있다.

매우 얇은 유리판은 "두꺼운" 유리판보다 자연적으로 작은 로드에도 깨지기 쉽다. 왜냐하면 같은 로드라고 가정했을 때, 기계적 압력이 유리 두께의 제곱에 역비례하기 때문이다.

사실, 얇은 유리판은 적어도 두꺼운 유리판만큼 "강해야" 한다. 그러나 그것들의 크기 때문에 생산 라인에서나 사용자들이 잘못 다루는 것에 아주 민감하다.

결과적으로 기판에 더 많은 압력이 가해져야 하기 때문에, 휠 수 있는 기판에서는 기계적인 안정성이 요구되고 있다. 두 점에서의 휘어짐 과정이 이러한 압력을 테스트하기에 적합하다(그림 3.11). 이러한 시험 과정은 통신용 섬유 연구에서부터 확립되었고(Mattewson 1986) 얇은 유리판에 적용된 것이다.

이러한 테스트에서 얇은 유리판은 두 개의 움직이는 턱 사이에 놓이게 되고 시편이 깨질 때 까지 조이게 된다. [그림 3.11]에서 보다시피, 최근의 커팅 기술과 대응되는 고분자를 코팅 기술은 유리의 휘어진 굴곡이 30mm까지(예상 손실 확률 1% 미만) 가능하게 하였다. 효율적인 모서리 코팅을 통한 질 좋은 모서리 단면을 얻는 과정을 예로 들어 설명한 결과가 3.5.1절에 설명되어 있다.

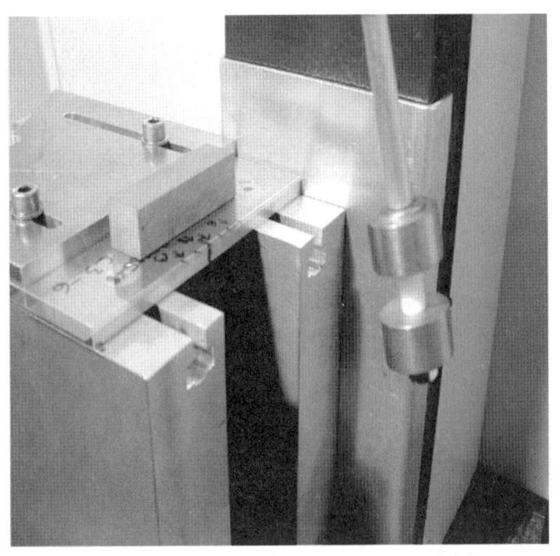

[그림 3.10] 모서리 충격 실험

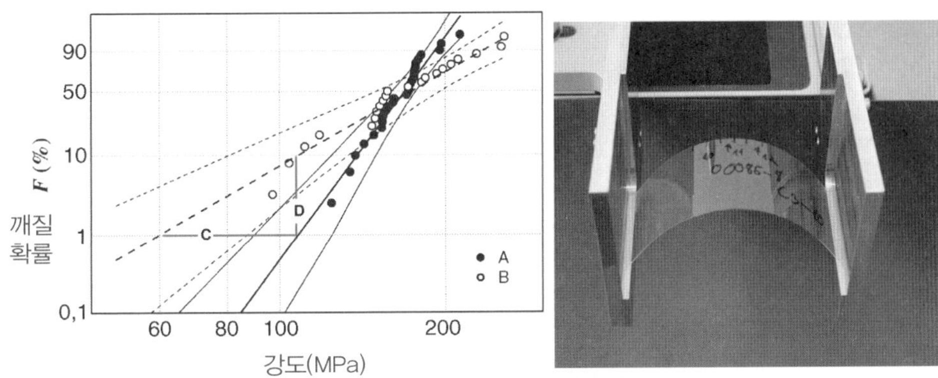

[그림 3.11] 두 점에서의 휘어짐 과정을 위한 셋업과 모서리 위치의 영향

잘라진 모서리의 불균일성(그림 3.16)과 균열 강도에 대한 영향의 예로 써 [그림 3.11]은 위 모서리(A. 처음 스크리빙(scribing)) 와 아래 모서리 (B)의 강도 분포를 보이고 있다. 보이는 바와 같이 얇은 유리판은 매우 높은 강도를 갖는다(Weibull 분포값 $\sigma_0 > 160$MPa). 그러나 위치하는 것에 따라서 강도 σ 는 거의 100% 정도까지(깨질 확률 1%) 차이가 날수 있는가 하면(C), 110MPa 의 로드가 걸릴 때, 모서리 밑부분의 깨질 확률은 윗 부분보다 10배 정도 커진다. 이러한 결과는 매우 얇은 유리판을 구부리고자 할 때 위치에 주의하여야 한다는 것을 보여준다.

3.5 유리의 기계적 특성 개선

3.2.1절의 유리의 특성들은 각기 디스플레이 기술에 매우 중요하다. 플라스틱의 가장 중요한 장점은 깨질 확률이 낮다는 것이다. 하지만 유리판으로도 플라스틱이 가지고 있는 flexibility를 구현 할 수 있다. 두께 100μm인 유리의 경우 구부림 반경이 31mm, 두께 50μm의 경우 12mm로 Schott에 의해 측정되었다(Plichta *et al*. 2002).

유리가 최대한 깨지지 않게 하기 위한 여러 가지 방법들을 나열해 보았다:

- 적합한 장비로 주의 깊게 다룬다.
- 열적 또는 화학적으로 표면 경화를 시킨다.
- 다중층 또는 합성 유리를 쓴다.
- 코팅한다.

이러한 유리를 처리하는 일반적인 가능성들 중에서 코팅은 오직 얇은 유리에만 적용된다. 표면 경화는 두꺼운 유리에만 사용되고 합성 유리는 flexibility를 감소시킨다. 따라서 코팅은 얇은 유리의 flexibility를 유지하면서 깨지는 것을 막는 거의 유일한 방법이다.

3.5.1 유리 기판의 강화

강화 코팅은 유리의 강도에 크게 두 가지 면에서 좋다. 첫째, 코팅막이 수많은 미세 균열 등 유리의 손상을 막을 수 있다. 둘째, 코팅은 유리 표면에 내압 강도를 야기시킨다. 따라서 이미 존재하고 있던 미세 균열들이 더 커지는 것을 줄이거나 막을 수 있다.

강화의 주요 방법들

디스플레이 응용에 쓰이는 유리의 강화는 다음과 같이 달성할 수 있다:

- 플라스틱 막으로 적층물을 만든다.
- 플라즈마로 코팅한 얇은 막
- 고분자 같은 두꺼운 층으로 코팅

이러한 코팅 과정을 할 때, 장점이 큰 두 물질들을 결합해서 쓸 수 있다. 이는 곧 훌륭한 방벽 역할을 하는 특성과 유리의 크기 안정성이 플라스틱의 저항 손실과 결합될 수 있다는 것을 뜻한다.

안정성 테스트를 해보면 유리가 깨지는 확률은 표면의 손상 정도에도 달려있지만, 기판 모서리의 손상에 더 크게 달려 있다는 것을 알 수 있다.

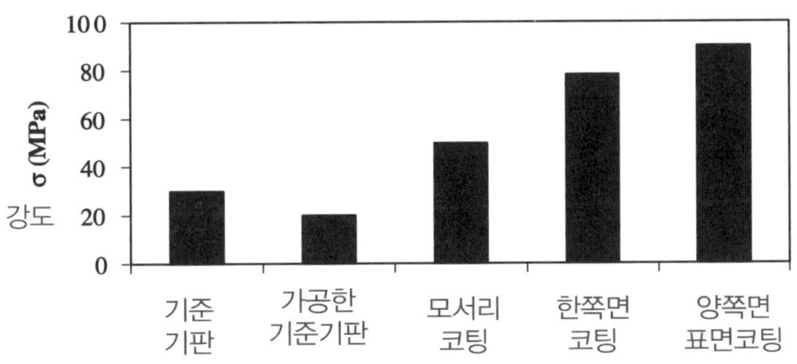

[그림 3.12] 깨질 확률 1% 일 때 모서리와 표면의 코팅(P2 코팅)이 모서리 강도에 미치는 영향

기판 표면의 보호는 중요하지만, 모서리의 보호는 더 중요하다. 왜냐하면 유리가 깨지는 90% 이상이 거의 모서리의 손상에서 야기되기 때문이다.

[그림 3.12]는 모서리와 표면의 코팅이 강도에 미치는 영향을 나타낸 그림이다. 표면이 코팅되면 모서리도 같이 코팅된다. 모서리 코팅은 그렇지 않은 기판에 대해서 더 좋은 영향을 미친다. 그러나 가장 높은 강도를 갖는 것은 모서리뿐만 아니라 표면까지 코팅된 기판이다.

강화 코팅에 쓰는 물질

[그림 3.13]은 코팅 물질이 모서리 강도 σ 에 미치는 영향을 보여주고 있다. 히스토그램에서 코팅되지 않은 유리 기판을 기준(Ref.)로 삼고 고분자가 코팅된 유리 기판(P1, P2, P3) 과 비교하였다. P1, P2, P3는 서로 다른 고분자 물질을 나타낸다. 코팅되지 않고 그대로 가공된 기판의 강도가 기준(가공되지 않음) 보다 낮음을 확인할 수 있다. 여기서 가공된 기판이란 어떠한 고분자도 가하지 않고 그대로 코팅 과정을 겪은 기판을 말한다. 고분자로 코팅된 기판은 코팅되지 않은 기판과 비교했을 때 같은 과정을 거쳤을 때 더 높은 강도를 보였다.

적당한 고분자로 코팅을 하면 유리를 보호할 수 있어서 가공 과정에서의 손상을 줄일 수 있다. 이러한 코팅은 이미 존재하고 있는 결함들의 영향을 줄일 수 있다. [그림 3.14]는 고분자 코팅을 하면 “치료” 효과를 볼 수 있다는 것을 보여준다. 이 테스트에서 기판 표면은 모래를 분사시킨 후 코팅 전과 후의 표면 강도 σ 를 측정하였다. 제조 과정에서 코팅을 하면 유리가 깨지는 정도가 줄어들고, 작은 취급 실수에도 안정적이다. 얇은 유리의 응용에 있어서 이 두 효과는 매우 중요하다.

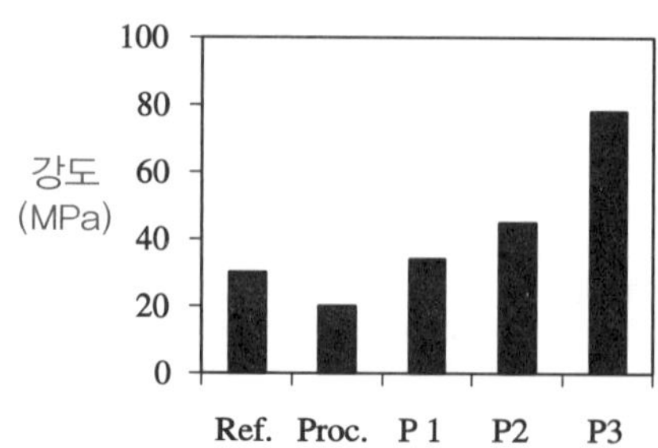

[그림 3.13] 깨질 확률 1%에서 가공된 (코팅된) 기판의 모서리 강도 σ : Ref. = 기준 유리(가공되지 않음); Proc. = 코팅이 되지 않은 채 가공된 유리; P1, P2, P3 = 서로 다른 코팅 재료로 가공된 유리

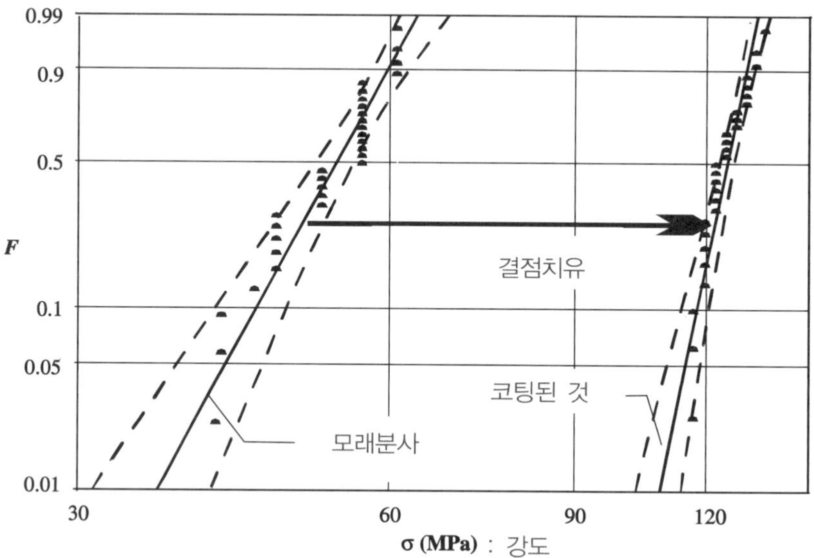

[그림 3.14] 코팅에 의해서 이미 손상된 기판의 증가한 표면 강도

3.6 플렉시블 유리의 가공

디스플레이를 만들 때, 기판 생산자와 디스플레이 생산자, 양쪽 모두에게 중요한 사항이 바로 어떻게 운송하고, 클리닝하고, 분리해 낼 것인가? 이다. 게다가, 대량 생산 공정 과정은 아직 불가능 하다. 이는 유리나 플라스틱 같은 어떤 종류의 플렉시블 기판에도 마찬가지이다. 디스플레이의 대량 생산에 관한 현재 상황은 표준화된 공정 장비를 사용하고 있다. 이는 물질 특성 변화를 최소로 하고 있기 때문에 가격 경쟁력을 확보할 수 있다. 중요한 물질

특성인 처짐(sagging)은 주로 기판의 영률 E에 달려있다. 처짐(sagging)값은 다루는 장비의 특별한 조건하에서 기판이 얼마나 처지도록 허용되는지 측정한 값이다.

처짐 특성과 기판의 flexibility는 서로 반대로 작용한다. 만약 플렉시블 기판이 표준화된 제조 장비로 가공 되려면, 오직 두 가지 선택을 할 수 있다: 자동화된 공정 단계를 수정하거나 기판의 굳은 정도를 두꺼운 표준 기판의 굳은 정도와 비슷하게 수정하는 것이다. 첫 번째 선택은 새로운 생산 라인을 지어야 한다. 이것이 새로운 디스플레이 기술이 플렉시블 디스플레이를 만드는데 더 큰 장점이 있는 이유이다. 왜냐하면 표준화된 장비를 아직 사용할 수 없기 때문이다(예 : OLED).

한편, 진보된 LCD 기술 또한 7세대 유리 기판을 생각한다면 “플렉시블” 기판을 다룰 수 있어야 할 것이다. 더 작은 기판에서는 수 mm까지 괜찮은 반면, 이러한 기판들의 기존의 처짐 값은 거의 1mm 이다. 그럼에도 불구하고 LCD 산업은 이러한 문제를 새로운 접근 개념으로 극복해냈다.

플라스틱 기판의 관점에서 볼 때, roll-to-roll 과정의 아이디어는 값이 싼 장점 때문에 매우 유리하다. 이 개념을 따라가면, 많은 다른 문제들이 해결되어야 하기 때문에 여기에서는 다룰 수 없다. 어느 경우에도, 유리기반의 플렉시블 디스플레이는 일괄 처리 방식(배치방식: batch)을 써야 한다. 유리를 이용해 roll-to-roll 과정이 가능하다 하더라도 깨질 염려가 있어 낮은 생산성 같은 실제적인 문제가 있기 때문이다. 요약하면, 이러한 것들이 왜 현재의 유리 기술이 오직 표준화된 장비를 이용해서 그로부터 가격을 절감하고 제품의 가격 경쟁력을 유지하는지에 대한 이유들이라고 할 수 있다. 이러한 지식을 배경으로 주된 연구의 초점이 플렉시블 유리 기판의 세척, 절단(cutting), 이송에 모아지고 있다.

3.6.1 세 척

모든 기판은 공정을 하기 전에 세척(cleaning) 과정을 거쳐야 한다. 기판의 오염도에 따라서 얼마나 강한 세척을 하는지 결정된다. 이러한 오염의 종류에는 주위 환경에서 나오는 먼지 같은 입자들, 유리를 자를 때 발생하는 유리 가루, 혹은 저장이나 이송 중에 발생할 수 있는 지문이나 종이 자국 같은 유기물 등이 있다. 이러한 오염물을 제거하기 위해서는 다른 세척 기술들이 결합되어야 한다. 기본적인 세척 방법들은 다음과 같다.

- 브러쉬(솔) 세척
- 메가소닉(400kHz to 3MHz) 과 초음파소닉(25-100kHz) 세척
- 수력에 의한 세척(층류와 와류, 끌고 들어올리는 힘, 퍼짐)
- 드라이 아이스 세척

- 자외선/오존 세척
- 레이저 세척

표준 크기의 유리를 세척할 때, 상업적으로 사용 가능한 장비를 사용할 때 세척 결과가 좋다. 그러나 매우 얇거나 7세대 이상처럼 매우 큰 유리를 세척하기 위해서는 새로운 개념(예 : 기판 홀더)이 필요하다. 이러한 기판은 휘어지기 때문에 더 어렵다.

상업적으로 쓰이는 초음파 세척 장비를 쓰면, 두께가 100μm인 코팅된 기판의 세척은 매우 잘 된다. 300mm × 300mm 크기의 기판의 경우 STN LCD에 쓰이기 적합한 품질이 달성되었다.

3.6.2 분 리

유리와 디스플레이를 분리하는 방법은 여러 가지가 있다. 정확도와 모양에 따라서 여러 가지 다음과 같은 방법이 쓰인다:

- 톱질(sawing);
- 재단기(guillotining);
- 자르기(cutting):
  - 물을 분사해서 자르기(water jet cutting, 드물게 사용)
  - 레이저로 자르기(전체 몸을 자름, 레이저 스크리빙)
  - Wheel로 자르기(단단한 금속 wheel 혹은 다이아몬드 wheel)
  - 다이아몬드로 자르기

현재 가장 많이 이용되는 분리 방법은 기존의 wheel 이나 다이아몬드와 레이저를 쓰는 방법이다.

기존에 쓰던 자르기 방법에 대해서 말하자면, 이것은 기계적인 선을 그은 다음에 선대로 깨는 방법이었다. 이런 과정은 [그림 3.15]에 보이는 바와 같이 분열을 야기하고, 유리가루를 발생시킨다. 이러한 유리 가루 발생을 막기 위해서 전체 본체를 레이저로 자르는 방법이 개발되었다. 이 방법은 레이저 빔을 이용해 유리에 열을 가하게 된다. 그 다음 유리를 급속히 냉각시키면 압력차가 발생하여 완전히 분리해낼 수 있다.

두께 200μm 이하의 얇은 유리판의 경우 기존의 자르기 방법이 새롭게 개발한 과정에 쓰이고 있다. 적절히 적용하면, 이러한 기존의 자르기 장비는 레이저로 자른 기판과 비슷한 정도의 모서리 품질과 강도를 제공할 수 있다. [그림 3.16]에서 보다시피, 기판에 다이아몬드로 선을 그은 후 깨는 과정은 높은 모서리 품질을 얻을 수 있다.

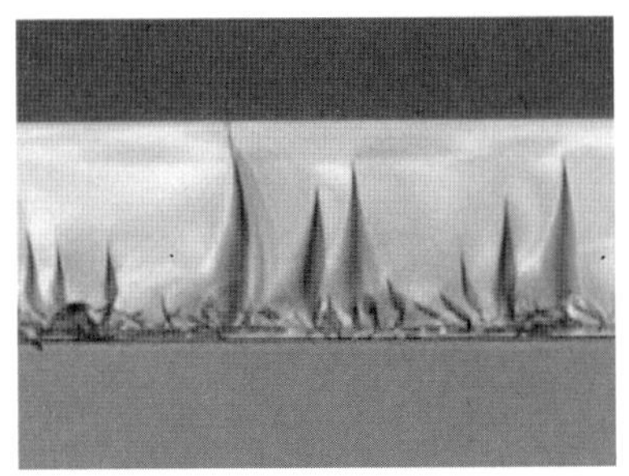

[그림 3.15] 표준 자르기 장비를 썼을 때 모서리 품질 (다이아몬드 휠을 썼을 때)

[그림 3.16] 개선된 자르기 장비를 썼을 때 모서리 품질 (다이아몬드를 썼을 때)

3.7 현재 얇은 유리 기판의 응용과 추세

오늘날, "소형화(miniaturization)", "다기능화(multifunctional)" 같은 수많은 전문 용어들이 등장하고 있다. 이러한 단어들은 대체적인 물질 구성을 찾아보라고 산업체에 압력을 가하고 있다. 휴대 가능하고 에너지를 절약할 수 있는 응용에 있어서 중요한 요소는 두께와 사용되는 물질의 무게이다. 디스플레이 응용과 MEMS(microelectro mechanical systems)에서 기판 물질인 유리는 중요한 역할을 해왔고, 지금도 중요하다. 서로 다른 생산기술(drawing, floating, casting 등)과 서로 다른 화학적 조성비(석회 유리, 붕규산염, 알루미노규산염 등) 덕분에 기판으로 사용되는 유리는 엄청나게 다양한 응용을 가지고 있고, 내부에 유리가 존재하지 않는 제품을 보기 어려울 정도다.

3.7.1 디스플레이

현재 그리고 미래를 이끄는 선도 기술은 TFT(능동 매트릭스)이다. 그리고 두 번째는 TN/STN(수동 매트릭스) 계열이다. 이러한 두 개의 큰 기술 외에도, OLED와 PolyLED, LCOS, ELD, PDP와 같은 작은 시장들이 존재한다. 또 하나의 수요가 있는 분야는 휴대 가능한 통신 시장이다(예: 휴대폰, PDA, 노트북). 이들은 더 높은 기능 수준을 필요로 하고, 다루기 쉬우면서 가벼워야 한다. 휴대폰 시장은 몇 년전에 수동 매트릭스 흑백 디스플레이로 시작했고, 그 때 기판의 두께는 1.10mm와 0.7mm였다. 현재는 어떤 휴대폰도 그 정도로 두꺼운 기판을 쓰고 있지 않다. 주로 보는 디스플레이는 0.5mm와 0.4mm의 두께를 갖는 유리판으로 시장을 형성하였고, 보조 디스플레이는 0.3mm 두께의 유리판이 쓰인다. STN/CSTN 기술을 쓰는 수동 매트릭스 디스플레이 시장의 경우 더 얇은 유리를 쓰면 이러한 요구는 쉽게 해결될 수 있다.

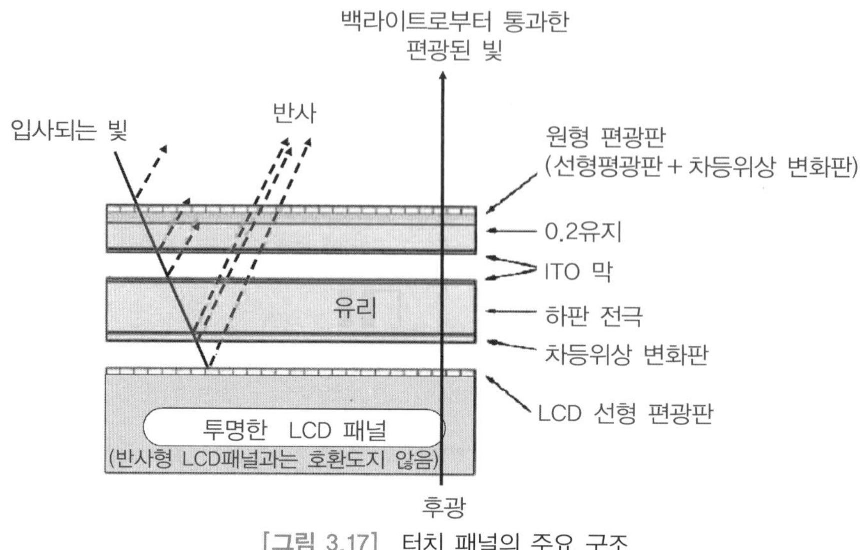

[그림 3.17] 터치 패널의 주요 구조

TFT 제조자들은 TFT 패널을 에칭(etching)하거나 윤을 내는 등 대체 방법을 쓰고 있다(이들의 대부분은 두께가 0.7mm인 유리임). 두 방법 모두 가벼움과 좋은 화질에 대한 요구에 잘 부합하기 때문에 산업체에서 사용 가능하다.

TN 수동 매트릭스 기술의 주된 흐름은 시계의 디스플레이(이미 오랫동안 0.3mm 두께의 기판을 썼음)를 제외하고는 여전히 0.7mm 두께를 쓰고 있다. 미래에 이러한 디스플레이의 두께가 얼마나 얇아질 것인지 누가 알겠는가? TFT 기판을 사용하는 노트북의 경우도 같은 추세를 볼 수 있다. 유기 기판의 두께가 0.30mm 정도로 얇은 혹은 더 얇은(휘어진 디스플레이용) 첫 번째 견본이 대중들에게 이미 제시되었다.

3.7.2 터치 패널

손으로 만지는 것은 인간의 가장 기본적인 행동이다. 따라서 터치(touch) 패널(그림 3.17)은 많은 산업체 환경, 은행, 여행 센터, 학교, 소매상, 자동차 산업에 쓰이고 있다. 터치 스크린을 쓰면, 키보드를 사용하지 않고 정해진 메뉴가 있어서 컴퓨터를 더 쉽게 사용할 수 있다. 반사율이 낮은 얇은 유리로 된 터치 패널은 자동차의 네비게이션 뿐 아니라 다른 응용분야도 있다. 두께가 200μm인 얇은 유리 기판은 장비가 다양한 물체의 “건드림(touching)”을 인식하는데 필요한 flexibility를 제공한다는 장점이 있다.

플렉시블 유리판은 플라스틱보다 스크래치에 대한 저항력이 좋아서 거친 환경에서 유리하다.

3.7.3 센 서

센서(sensor)가 산업체와 일상생활에서 쓰이면서, 센서 시장은 매우 크고 성장하고 있다. 작고(small), 매우 작은(ultra small) 센서들이 나오고 있다. 다시, 이러한 응용에 적합한 물질은 유리라고 할 수 있다. 예를 들어, 자동차 산업에서 에어백이나 온도 조절, 연료 조절 등에 쓰이는 센서들은 이미 작은 부분에 해당한다. 이것들은 더 작고 가벼워야 연료와 에너지 소비를 줄일 수 있고 환경을 깨끗하게 유지할 수 있다.

특히 새로운 휴대폰에 카메라가 달리면서 CCD와 CMOS 이미지 센서들도 가능성 있는 성장을 하고 있다. 디지털 카메라는 특별한 유리 커버(cover) 혹은 두께가 약 0.30mm인 유리를 사용하는 작은 부분이 첨단 기술과 융합될 뿐 아니라 투명하고 가볍고 작아야 한다. 많은 제조업자들이 이 시장에 관계하고 있지만 몇몇 소수만이 실제 시장을 차지하고 있다.

3.7.4 웨이퍼에서의 칩 패키징

Shellcase/Israel에서 개발한 유리/실리콘/유리의 샌드위치 형태를 이용하는 대안적인 기술은 두께가 100μm 정도인 유리 기판을 사용한다. 이는 생산자가 의료 분야 외에도 노트북, 휴대폰, 무선 통신 같은 휴대 통신 기기에 접합한 소형화된 패키지를 생산하도록 도와준다. 전제 패키지는 330μm에서 730μm 정도로, 매우 정밀하고 얇은 유리가 필요하다.

참고문헌

ICG(2003) Advanced course on the strength of glass: basics and test procedures. Research Association of the German Glass Industry (HVG).

Kessler, T. Wegener, H. Togawa, T., Hayashi, M. and KaKizaki, T. (1997) Large microsheet glass for 40-in. class PALC displays. *Proceedings of the 4th International Display Workshops*, 347-349.

Lapp, J. C., Bocko, P. L. and Nelson, J. W. (1994) Advanced glass substrates for flat panel displays. *SPIE Proceedings* **2174**, 129.

Matthewson, M. J., Kurkjian, C. R. and Gulati, S. T. (1986) Strength measurement of optical fiber bending. *Journal of the American Ceramics Society* **69**(11), 815-821.

Plichta, A., Deutschbein, S., Weber, A. and Habeck, A. (2002) Thin glass-polymer systems as substrates for flexible displays. *SID Proceedings*.

Plichta, A., Weber, A. and Habeck, A. (2003) Ultra thin flexible glass substrates. *MRS Proceedings*.

Rawson, H. (1988) Why do we make the glass so weak? A review of research on damage mechanisms. *Glastechnische Berichte* **61**(9), 231-246.

Sachs, L. (2002) *Angewandte Statistik*, Springer Verlag.

Scholze, H. (1988) Glas, Springer Verlag.

플렉시블 디스플레이를 위한 보호막 기술

Gordon L. Graff,[1] Paul E. Burrows,[1] Rick E. Williford,[1] and Robert F. Praino[2]

[1]Pacific Northwest National Laboratory and [2]Vitex Systems Incorporated

4.1 서 론

유기 발광 다이오드(OLED)는 자동차 스테레오, 휴대폰, 전기 면도기, 디지털 카메라 등에 자체 발광 디스플레이로 널리 사용되고 있다. OLED의 박막 구조는 가까운 시일 내에 가벼운 플라스틱 기판을 사용한 플렉시블 풀 컬러 디스플레이가 도입되리라는 전망을 갖게 한다. 하지만 OLED가 수증기 등에 매우 민감하기 때문에 플렉시블한 얇은 보호막(barrier)의 효율 향상이 요구되기도 한다.

이 장에서는 여러 가지 응용 분야에 사용되는 박막 보호층의 발달에 대해 간략하게 다루고, OLED용 증기 보호막의 기술적인 요구조건에 대해서 설명한다(4.2절). 4.3절에서는 박막에 침투하는 가스를 측정할 수 있는 관련 기술을 다루고 각 기술의 장단점에 대해 간략히 설명한다. 4.4절에서는 측정된 분석적 결과를 설명하기 위해 사용되어온 분석적, 모델링 접근법에 대해 알아보고, 각 모델링 개념들이 가지는 단점들에 대해 검토한다. 4.5절에서는 다층 박막 구조에서 기체들의 확산에 대해 알아본다. 과도(transient)상태 투과 측정법은 고분자나 산화물 막의 용해도나 유효 확산률(diffusivity)에서 물리적으로 의미있는 값들을 이끌어 내기 위해 사용되며, 또한 이 변수들과 관련된 공간적 밀도나 결정(defect)의 크기 등을 측정하기 위해서도 사용된다. 4.6절에서는 앞에서 다룬 여러 요인들과 실제적인 OLED의 관계에 대해서 다루며, 개선된 보호막의 개발 필요성에 대해 설명한다. 4.7절에서는 이들에 대한 결론을 맺는다.

4.2 박막 증기 보호막 시스템의 발전

이 절에서는 박막 증기 보호막(thin film vapor barrier)의 대표적인 방법에 대해 간략하게 설명한다. 지난 30여 년 동안 유기 전자기술의 급속한 발전에 따라 보호막에 대한 필요성이 매우 강조되어왔고, 그에 따라 보호막의 구조적, 물질적 설계에 있어서의 급속한 발전도 있어왔다.

가스 확산(gas diffusion) 보호막과 같은 진공 증착 박막은 오늘날 세계적으로 널리 사용되고 있다. 1970년대 초반 이래로, 고분자 기판 위에 증착된 금속 박막은 음식 포장을 위한 가스 보호막 코팅으로 많이 사용되어 왔다(Schiller *et al.* 2001). 2001년에는 알루미늄이 도금된 폴리에스테르(PET)와 폴리프로필렌(OPP)이 스낵, 음료 포장 등을 위해 약 110억 제곱미터가량 생산되었다. 금속을 입힌 플라스틱 또한 집적 회로와 같은 민감한 전자 부품 또는 의료기, 약제품 등을 패키징하는 데에 사용되고 있다. 이러한 제품들을 만들기 위해, 약 10~100 nm 두께의 알루미늄 박막이 큰 진공 챔버 안에서 roll-to-roll 공정(Baxter 1993; Watts 1991)을 이용하여 기판 위에 증착된다. 이러한 얇은 알루미늄 박막은 일반적인 고분자 기판에 비해 대기 중 기체의 확산을 약 1000배 정도 감소시킨다. 예를 들어 1mil(25.4μm)의 PET 필름이 25℃에서 산소 투과율(OTR)이 약 58cm^3(STP)/m^2/day/atm임에 반해, 알루미늄 박막이 입혀진 PET는 약 0.1~10cm^3(STP)/m^2/day/atm의 값을 갖는다(Schwarz Pakaging Systems 2003).

과거 십 여 년 동안, 불투명한 금속 박막과 대등한 특성을 갖는 투명하고 구부릴 수 있는 성질을 갖는 보호막에 대한 필요성이 강조되고 있다. 투명한 보호막 포장은 금속 박막과는 달리 안을 들여다 볼 수 있게 해 주며, 재활용성이 높아 환경적인 문제도 더 적다고 할 수 있다(Krug *et al.* 1993). 이러한 ~~응용을~~ 위해, SiO_x, Si_3N_4, AlO_x, TiO_x, ITO 등과 같은 산화/질화 금속이 널리 연구되고 있다. 이러한 물질들의 높은 녹는점과 유전체적 성질 때문에 빠른 속도의 진공 증착이 본질적인 문제점으로 떠올랐으며, 고분자 기판이 견딜 수 있는 열적 한계 때문에 100℃ 이하에서 무기 박막의 증착이 이루어져야 한다는 문제점이 나타났다. 지금까지 투명한 보호막은 열/전자빔 증착, DC/AC/RF/microwave스퍼터링, CVD, ECR-CVD 등의 방법을 통해 증착되어 왔다. 진공 증착된 박막의 특성에 많은 요인들이 영향을 미치기는 하지만, 대부분의 사람들은 높은 밀도, 적은 결점 수, 작은 결점 크기를 만들 수 있는 공정이 보호용 박막을 만드는데 가장 좋은 공정이라는 점에 동의할 것이다. 보호막의 질에 영향을 미치는 요인에 대해서는 다음 절에서 더 자세히 검토하기로 한다.

4.2.1 유기 전자 소자 : 패키징의 필요성

박막 유기 전자 소자(유기 트랜지스터, 전도성 고분자, OLED)의 발달과 더불어, 플렉시블 전자 소자의 제작이 실현 가능하게 되었다. 고분자 유기 발광층을 이용한 플렉시블 유기 발광 다이오드(OLED)가 Gustaffson 등에 의해 1992년에 개발되었으며, 1997년에는 Gu 등에 의해 저분자 유기물을 이용한 소자가 개발되었다. 전극과 유기 박막 층을 포함한 총 디스플레이 두께가 불과 0.3μm 였으며, 이는 액정 디스플레이에 비해 훨씬 얇은 것이었다. 얇고, 구부릴 수 있으며, 자체 발광형 디스플레이라는 잠재적인 장점에도 불구하고 OLED의 상업화는 수증기에 대한 민감성 때문에 많이 늦춰지고 있다. 전자 주입 전극으로 부터 유기 발광층으로 효율적인 전자의 주입을 위해 칼슘(Ca)이나 리튬(Li)과 같은 낮은 일함수를 가지는 금속들이 요구되고 있다. 보호막이 없는 부분에서는 전극으로 사용되는 금속의 가수분해 등이 이루어지고, 이로 인해 전극에 부도체적 성질을 띠는 부분을 만들게 되어 디스플레이 상에 "검은 점(black spots)" 등의 결점을 만들게 되는 문제가 있다(Burrows *et al.* 1994; Kolosov *et al.* 2001). 수 시간 이상의 OLED 수명을 이끌어내기 위해서는 소자의 밀봉 포장이 요구되고 있다. 디스플레이 제조업체들은 25℃, 40%의 상대습도(RH: Relative Humidity)에서 10^{-5} g/m^2/day 이하의 수증기 투과율(WVTR: water vapor permeation rate)을 가질 수 있는 패키징 기술을 필요로 한다(Weaver *et al.* 2002). 현재 상업적으로 사용되고 있는 박막 포장 물질들은 25℃, 100%의 습도에서 0.5~1.0 g/m^2/day의 수증기 확산율을 보이며, 개발중인 물질 중에는 동일 조건에서 0.01 g/m^2/day의 값을 갖는 물질도 드물게 존재하지만, 이 투과율은 성공적인 OLED 밀봉 포장을 하기 위해 요구되는 수치에 비해 3~4(order) 차수 정도 높은 수준이다. 이와 같은 보호막 포장은 다른 유기 전자 소자들, 특히 전류 주입을 이용하는 소자들에도 요구되고 있다.

4.2.2 고분자 기판 위에 형성된 단층 가스 보호막

PET 기판에 증착된 OLED 소자는 대기 중에 노출되면 고분자 기판을 통한 산소와 수증기의 확산에 의해 수 시간밖에 성능이 유지되지 못한다. 고분자 기판 위에 진공 증착(CVD, PVD)된 무기 박막(단층)은 OLED 소자의 전체적인 보호 성능을 급격히 증가시킬 수 있다. 무기 박막이 기판에 비해 100~1000배 정도 얇다는 점을 감안하면 이는 주목할 만한 시도라 할 수 있다. [표 4.1]은 고분자 기판 위에 증착된 여러 가지 단층 무기 보호막의 산소 투과율(OTR; oxygen permeation rate), 수증기 확산율을 보여준다.

무기 박막을 보호막으로 사용함으로써 낮은 확산율(D), 용해도(S), 그에 따른 투과율(P=DS)을 가지게 되어 기존의 고분자 기판에 비해 10~100배 정도 향상된 보호 성능을 가질 수 있다. 예를 들어 20℃에서 PET나 아크릴 기판의 산소 투과율이 10^{-9}cm^2/s 정도 임에 반해, SiO_2의 경우 1500℃에서 약 $10^{-15}cm^2/s$의 값을 보이며, 다결정질의 Al_2O_3의 경우 2000℃에서 약 $10^{-13}cm^2/s$의 값을 갖는다. 지금까지 보고된 자료에 의하면 박막 상태의 투과율이 벌크(bulk) 상태의 값에 비해 몇 차수 높게 나타나는데 이는 증착된 박막에 존재하는 미세한 결점 등에 의한 것으로 알려져 있다(Chatham 1996; Prins and Herman 1959; Jamieson and Windle 1983; Rossi and Nulman 1993; da Silva Sobrinbo *et al.* 2000; Hanika and Langowski 2003; Roberts *et al.* 2002; Erlat *et al.* 2000, 1999; Henry *et al.* 2001).

[표 4.1] 무기 박막이 증착된 PET, 나일론 기판의 산소 투과율(OTR), 수증기 투과율(WVTR) 비교

1mm의 두께로 표준화	산소투과율(cm^3(STP)/ m^2 per day per atm)	수증기확산율(g/m^2 per day at 90–100% RH)	증착방법
PET/SiO_x a	2.0	1.1	Evaporation
PET/SiO_x c	0.08	0.5	PECVD
PET/AlO_x	1.5	5.0	Evaporation
PET/AlO_x N_y	2.8	4.3	Sputtering
PET/DLC	2	1.5	PECVD
PET/ITO	1.56	0.2	Sputtering
PET/Al	0.31～1.55	0.31～1.55	Evaporation
Nylon/A1	0.8	3.1	Evaporation
PET/7 mm Al foil	0.001	–	Lamination
PET	79	10.7	-

4.2.3 OLED 소자에 사용되는 다층 박막 가스 보호층

다층 유/무기 박막 캡슐화(encapsulation)법은 반도체 산업에서 집적 회로의 보호막 형성(passivation), 밀봉 등을 위한 방법으로 많이 사용되고 있다. 전자 소자들은 실리콘, polyimide, parylene 등과 같은 고분자 물질로 먼저 보호 코팅되고 PECVD의 방법으로 Si_3N_4을 증착한다. 이와 유사한 방법으로 유리나 실리콘 기판 위에 제작된 OLED 소자를 보호 코팅하려는 시도(Harvey *et al.* 1998, 1997; Rogers *et al.* 1998. So *et al.* 1998)가 있어왔으나, 충분한 보호막 성능을 얻지 못했고, 민감한 OLED 소자를 밀봉하기 위해 유리나 금속 덮개의 필요성이 대두되었다.

Shaw와 Langlois는(1994) 아크릴 고분자와 금속 알루미늄 박막으로 코팅된 폴리프로필렌(OPP) 기판을 사용(OPP/acrylate/Al/acrylate)하여 $0.1cm^3(STP)/m^2/day/atm$ 수치까지 약 4 차수 정도 산소 투과율을 낮춘 결과를 이끌어냈다. 이러한 구조에서 사용된 고분자–금속 박막 쌍(pair)은 dyad라고 불린다. Affinito 등(1996b)은 PET 기판 위에 유/무기 다층 박막(PET/1μm acrylate/25nm AlO_x/0.24μm acrylate)을 이용하여 측정 한계보다 낮은(〈0.0155

cm^3(STP)g/m^2/day/atm) 산소 투과율, 수증기 투과율의 값을 얻어냈다. 이들은 후에 표면 거칠기, 미립자, 박막 증착 방법 등의 중요한 요인들과 다층 박막보호 층의 성능 사이의 상관관계에 대해서도 밝혀내었다(Affinito *et al.*, 1997). 최근에 보고된 연구에 따르면 유/무기 다층 박막을 보호 층으로 이용한 OLED의 경우 1000 시간 이상의 수명을 보이는 것으로 나타났다(Weaver *et al.* 2002; Nisato *et al.* 2003; Moro *et al.* 2004). OLED에 사용되는 다층 박막 보호층의 일반적인 구조는 [그림 4.1]과 같다. 밝은 색으로 나타나는 부분은 AlO_x 무기 박막이며, 어두운 층은 무기 고분자 층을 나타낸다.

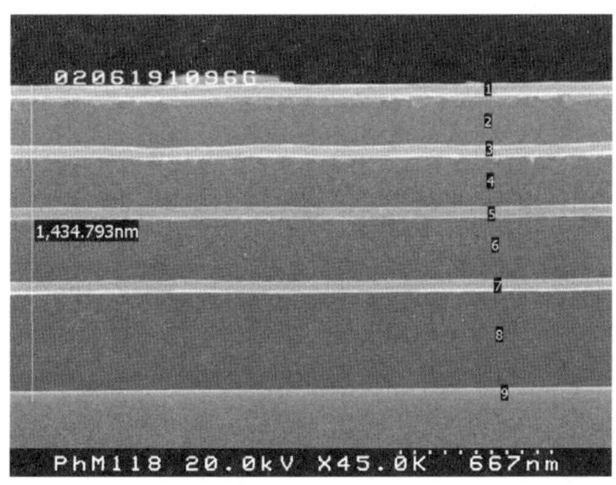

[그림 4.1] 일반적인 다층 유/무기 보호 박막의 SEM 단면도

PET 기판 위에 다섯 쌍(dyad)의 유/무기 박막 층(AlO_x-polyacrylate)을 사용하였을 때 약 $8\times10^{-5}g/m^2$/day의 수증기 투과율을 갖는 기판을 제작할 수 있고(Nisato *et al.* 2001), 이 다층 박막 기판 위에 제작된 OLED 소자의 경우 휘도가 초기 상태에서 50%까지 떨어지는데 3700 시간이 걸리는 것으로 측정되었다. 유리 기판 위에 제작된 동일한 OLED 소자의 경우(Weaver *et al.* 2002) 약 10700 시간의 값을 갖는다. 비활성 픽셀 면적의 비율을 계산하여 40%의 상대습도와 25℃의 온도에서 $2\times10^{-6}g/m^2$/day의 WVTR을 얻을 수 있었고, 이는 칼슘 테스트로 얻어진 결과와 잘 맞아 떨어진다(Nisato *et al.* 2003, Moro *et al.* 2004). 하지만 엄밀히 말하면, 측정 중에도 밀봉된 소자 내부에 습도가 축적되기 때문에 이 값들이 평형 상태의 투과율을 뜻한다고는 할 수 없다. 더구나 수증기 산소 등의 기체가 다층 보호 박막을 투과하는 메커니즘(mechanism)에 대해 정확히 밝혀지지 않은 상태다. 이 메커니즘을 더 정확히 설명하는 것이 이 장의 목표라 할 수 있다.

4.3 측정 기술

앞 절에서는 성능 향상 요구에 따른 박막 보호 시스템의 발전에 대해 간략히 다루었다. 이 절에서는 보호막 구조의 특성을 기술하기 위해 사용되는 여러 기술에 대해 간략히 알아본다. 보호 박막을 개발하는데 있어 직면하게 되는 가장 큰 어려움 중 하나는 가스 투과율(gas permeation) 등을 유기 전자공학에 유용하게 쓰일 수 있을 정도(〈10^{-5} g/m^2/day)의 수준까지 정확하게 측정할 수 없다는 것이다. 또한 증착된 박막의 결점의 크기나 공간적 밀도를 정확히 알 수 없다는 것 역시 또 다른 문제점이라 할 수 있다.

4.3.1 정상 상태 투과 테스트(Steady-State Transmission Test)

중량 측정(gravimetry), 전기 용량식/저항식 습도 센서(capacitive/resistive humidity sensor), 분광학적 방법 등의 간단하고 직접적인 측정 기술들은 OLED 응용에 적용하기에는 민감도가 부족한 문제점이 있다. 가스 투과율을 측정하기 위해 널리 사용되고 있는 대부분의 방법들은 정상 상태의 투과율을 측정하도록 디자인된 ASTM D3985(OTR), ASTM F1249(WVTR)과 같은 테스트 프로토콜을 따른다. 이러한 테스트에서는, 얇은 막을 시편의 위쪽이 일정한 농도의 테스트 기체에 노출되도록 둔다. 테스트 기체가 반대 방향으로 흐르지 않도록 스윕 가스(sweep gas)를 사용하며, 이로 인해 한 방향으로 일정한 테스트 기체의 확산 흐름을 유지할 수 있다. 이 테스트는 보호 박막층의 조합을 하나의 물질로 취급하여 측정하며 결점의 크기나 분포에 대해서는 어떠한 정보도 나타내지 않는다. 상업적으로 사용 가능한 장비(Mocon Corporation, Minneapolis, MN)의 경우 약 0.005cm^3(STP)g/m^2/day/atm의 산소 투과율(OTR)과 0.005g/m^{2}의 수증기 투과율(WVTR)의 수준까지 측정할 수 있으며, 약 10배 정도 향상된 해상도로 실험실에 제공이 가능하다. 하지만 이 정도의 민감도는 근래 연구되고 있는 보호 시스템의 성능, 특히 다층 박막을 포함한 경우의 성능을 평가하기에는 불충분한 실정이다. 그러나 시간에 따른 환산 정보를 분석함으로써 시간과 기체 흐름의 영향에 대한 전체적인 기록을 얻어낼 수는 있다.

최근에는 방사능을 띄는 물(HTO)을 프루브 가스(probe gas)로 사용하는 flow-cell 테스트가 개발되기도 했다(Dunkel 2004). 측정 해상도는 0.1μCi 혹은 $2 \cdot 10^{-7}$g/m^2/day 정도이며 현존하는 상업적 측정 장비보다 3 차수 정도 낮은 수준이다. 또 OLED 소자를 분석하기에 적합한 범위라 할 수 있다. Mocom 장비와 같은 이러한 실험 방법들은 주어진 시편 면적에서의 평균적인 투과 정도를 측정하며, 결점의 크기나 수, 밀도와 같은 정보는 나타내 주지 못한다. 게다가 인가받은 방사능 실험실에서만 수행되어야 한다는 단점도 있다.

4.3.2 칼슘 테스트(The Calcium Test)

OLED 성능 저하의 주요 원인은 수분에 민감한 전자 주입 전극(Ca, Li)의 가수분해라고 알려져 있다(Aziz *et al.* 1988; Kolosov *et al.* 2001; Liew *et al.* 2000). 이러한 점에 기반하여, 반응성이 높은 금속을 수증기 유입(ingress)을 측정하기 위한 테스트 전극으로 사용하기 시작했으며 칼슘 테스트를 개발하기에 이르렀다. 이 측정법은 시험용 기판 위에 얇게 (〈100nm) 진공 증착된 칼슘 박막의 변화 정도를 시각적으로 관찰한다. 얇은 칼슘 박막이 수증기와 화학적 반응을 일으킴에 따라 특정 부분에 투명한 산화/수산화물이 형성되며 빛의 투과를 증가시키게 된다. 60~85℃의 온도, 85~90%의 습도와 같은 가속화된 노화 조건을 이용하면 확산율을 높일 수 있어 분석 시간을 줄일 수 있다. 자세한 측정 방법은 Nisato 등에 의해 (2001, 2003) 보고되었다. 측정 한계는 60℃의 온도, 90%의 습도에서 약 10^{-7}g/m^2/day 수준이다(Nisato *et al.* 2001' Moro *et al.* 2004). 결점의 크기나 수, 밀도 등을 시각적으로 확인할 수 있다는 점은 이 방법의 장점이며, 이는 결점의 존재로 인해 소자 내부에 원치 않는 다크 스팟(dark spots)이 생겨날 수 있는 OLED 디스플레이에서는 매우 중요한 점이라 할 수 있다. 또다른 장점은, 보호막 구조의 표면에서의 확산에 데이터와 가속화 되는 노화조건에 대한 적합성평가, 그리고 transient 수증기 투과율에 대한 데이터를 제공할 수 있다는 점이다(다음 절 참고). 하지만 박막 구조 내부의 변화도를 측정할 수 없다는 점에서 근본적인 물질 특성을 알아내기에는 어려움이 있다. 그렇다 하더라도, 칼슘 테스트는 OLED 소자의 수명과의 상관관계 때문에 OLED 연구에 널리 적용되고 있다.

4.3.3 결점(defect) 분석

소자 설계가 단층에서 다층 박막으로 발전하고, 불투명한 물질에서 투명한 물질로 바뀌어 나감에 따라, 결점의 크기나 공간 밀도 등을 분석하는 것이 점점 더 중요해지고 있다. 불투명하고 금속화된 박막이 사용된 소자는 투과 광학 현미경을 이용하여 결점을 직접적으로 관찰할 수 있다. 이 기술은 알루미늄 처리된 폴리에스테르(polyester) 박막에 형성된 결점의 크기와 공간 밀도를 측정하기 위해 사용되었다(Jamieson andWindle 1683; Chatham 1996). da Silva Sobrinho 등은 유기 박막에 존재하는 결점을 통해 아래 층의 고분자 박막 속의 빈구멍(cavity)을 에칭하기 위해 반응성 산소 플라스마(reactive oxygen plasma)를 사용하였다. 이 방법은 광학 현미경을 사용하여 분석하기에 충분한 명암 대비를 만들어 주는 특징이 있다. 박막의 질이 향상됨에 따라 결점의 직접적인 관찰에 여러 가지 어려움이 발생하고 있다. Robert(2002)와 Erlat(1999, 2004) 등은 TEM(transmission electron microscopy)과 AFM(atomic force microscopy)을 이용하여 나노미터 크기의 박막 결점을 측정한 결과를 보고하기도 하였다. 결점의 크기와 공간적 분리 등은 때로는 직접적인 관찰을 사실상 불가능하게 만들기도 했다.

이는 특히나 불투과성의 산화막이 내부에 포함된 다층 박막의 경우 광학적, 전자적 접근이 차단되었기 때문에 더욱 불가능했다. 칼슘 막 위에 직접 증착된 보호 박막을 이용한 칼슘 테스트는 칼슘 층에 직접 인접한 층만을 보여줄 수 밖에 없지만, 기체가 확산된 영역을 불투명한 박막 위에 밝은 점으로 나타내주기 때문에(그림 4.2) 결점을 분석하는 데에 매우 유용했다. 현재까지 칼슘 테스트를 이용한 직접적인 결점 분석법은 보고되지 않고 있다.

[그림 4.2] 다섯 쌍(dyad)의 PET/보호막 층 위에 증착된 칼슘 막을 1632시간 공기중에 노출시킨 뒤 촬영한 광학 현미경 사진(왼쪽), 흑백으로 변환된 이미지(오른쪽), 하얀색은 반응한 칼슘을 나타냄 (전체 이미지 크기=2.25mm^2)

4.4 증기 투과 보호막의 이론

앞 절에서는 보호막 구조의 발달 과정과 투과율, 결점의 크기와 밀도 등을 측정하기 위한 방법 등을 다루었다. 이 절에서는 박막 보호층 구조에서의 기체 투과/확산을 설명하기 위해 이론적인 모델을 도입한다. 복합 기체 전달의 메커니즘이나 결점의 크기 등이 순전히 경험적인 접근법에 의한 확산/투과 제어 현상의 특성을 분석하는 데에 어려움을 주고 있다. 측정된 실험적 신호들은 실제로는 여러 현상들이 얽혀 나타나는 결과이다. 몇몇 이론들은 이러한 신호들을 풀어나가고, 그로 인해 제어 메커니즘을 이해하는 데에 유용하게 쓰일 수 있다. 이 절에서는 단층 박막의 정상상태 조건에 국한되어 있는 단순한 분석에서부터 다층 박막 시스템을 이해하는데 유용한 시간의 경과에 따른(transient) 분석법까지, 여러 가지 박막 보호층 모델의 개발에 대한 가능성을 간략히 다룬다.

간단한 1차원 직렬 저항 모델은 고분자 기판 위에 증착된 무기 박막의 향상된 보호막 성능을 설명하기 위해 적용되었다(Decker and Henry 2002; Roberts *et al.* 2002). 다층 박막 구조의 투과율(permeability)(P)은 각 벌크 상태의 물질 투과도(P=DS)(여기에서 D는 확산율

(diffusivity), 용해도(solubility)를 나타낸다)를 이용하여 직렬로 연결된 저항체로 모델링 될 수 있고, 전체의 투과율은 다음과 같다.

$$1/P_T = 1/P_1 + 1/P_2 + \Lambda + 1/P_n$$

P_T는 전체의 투과율을 나타내며 P_1, P_2, ⋯, P_n은 각 층의 투과율을 나타낸다. 이 모델에서 계산되는 투과율은 실제에서 관찰되는 값보다 몇 차수 정도 낮은 값을 보이는데, 이는 벌크 상태와 박막 상태의 투과율이 큰 차이를 보이기 때문이다. Chatham(1996)은 박막 상태의 투과율은 이 간단한 모델에서 예측할 수 있는 것처럼 두께 의존성을 따르지 않는다는 것을 보였다.

이러한 결함은 "surface coverage"나 "pinhole/defect model"과 같은 실험적인 관찰 결과와 더욱 일치하는 모델의 개발을 이끌어냈다(Prins and Hermans 1959; Jamieson and Windle 1983; Rossi and Nulman 1993; Decker AND Henry 2002). 이 모델들은 무기 박막의 결점을 통한 확산이 정상 상태의 확산/투과율에 지배적으로 영향을 미친다고 가정하였으며, 결점의 크기나 공간적 밀도와 투과율 사이의 상관 관계를 단층 모델을 이용하여 잘 이끌어 냈다(da Silva Sobrinho *et al.* 2000).

유/무기 박막 층(dyad)에 적용하기 위해, 쌓아 올려진 다층 박막의 투과율은 고분자 층 내부에서의 확산에 의해 지배적으로 영향을 받는다는 이론이 제안되었다(Hanika *et al.* 2002, 2003; Schaepkens *et al.* 2004). 고분자 막의 두께가 결점의 지름 크기보다 작아짐에 따라 확산 기체의 전도성이 현저히 제한되는 것이 확인되었다. 실제로 고분자 박막은 박막의 두께와 유사한 크기의 불순물이나 거친 표면 등을 균일하게 덮을 수 있어, 얇은 무기 박막 위에 불연속성을 만들 수 있는 나노미터 크기의 표면 거칠기나 미립자 등을 감소시킬 수 있다. 박막을 더 얇게 만듦으로써 전도성이 제한할 수 있는 점은 노출된 불순물(debris)이나 거칠기(asperity) 등의 부정적인 결과에 의해 약화될 수 있다(Graff *et al.* 2004).

4.5 실험 데이터의 추출/분석

이 절에서는 단층, 다층 박막 보호 시스템에서 기체 확산의 주도적인 메커니즘을 설명하기 위해 실험적인 데이터를 분석하는 수학적인 모델을 알아본다. 이 방법은 다층 박막 구조에서 각 층의 확산율(D)과 용해도(S)를 이끌어 내기 위해 개발되었다. 이렇게 측정된 물질 특성은 정상 상태, 과도(transient) 상태의 투과에 적용되는 Fick의 모델에 대입될 수 있다.

4.5.1 과도(transient) 상태, 정상(steady-state) 상태의 투과 모델

두께 ℓ 의 단층을 통한 투과를 모델링하기 위해 기체의 농도 분포를 시간과 거리의 함수 (C(x,t))로 표현하는 고전적인 방법을 적용했다(Crank 1975). 전달 기체(carrier gas)는 내부에 일정한 농도의 증기를 충분히 포함하고 있으며, 박막 층의 위 방향으로 흐르게 된다. 또한 반대 방향으로 흐르는 기체 내부에는 증기의 농도를 0으로 유지하여 한 방향으로의 흐름을 형성한다. Fick의 제 2법칙은 다음과 같은 잘 알려진 결과를 보여준다.

$$C(x,t) = C_1(1-\frac{x}{l}) - \frac{2C_1}{\pi}\sum_{n=1}^{\infty}\frac{1}{n}\sin(\frac{n\pi x}{l})\exp(-\frac{Dn^2\pi^2 t}{l^2}) \tag{4.1}$$

D 는 박막층 에서 증기의 확산율을 나타낸다. 유량(Flux) F 는 Fick의 제 1법칙에 따라 거리로 미분하여 얻을 수 있다. 아래 표면($x=l$)에서의 유량을 시간에 대해 적분하여 박막층을 통과하는 총 양을 계산할 수 있다.

$$Q(t) = \int_{t'=0} F(x=l,t)dt' = \frac{DtC_1}{l} - \frac{lC_1}{6} - \frac{2lC_1}{\pi^2}\sum_{n=1}^{\infty}\frac{(-1)^n}{n^2}\exp(-\frac{Dn^2\pi^2 t}{l^2}) \tag{4.2}$$

t 의 값이 커짐에 따라 lag time이라고 불리는 지연 시간을 가지고 선형적으로 증가하는 형태로 식을 단순화 할 수 있다.

$$Q(t\to\infty) = \frac{DC_1}{l}(t - \frac{l^2}{6D}) \tag{4.3}$$

이 직선의 기울기(DC_1/l)은 정상 상태의 유량 F_{ss} 이며, 단층 박막 보호층의 지연 시간은

$$L = \frac{l^2}{6D} \tag{4.4}$$

로 나타난다. 단일 박막을 통한 시간 의존적 확산의 도식적인 표현이 [그림 4.3]에 나타나 있다.

위에서 얻은 L 의 값은 단일 박막 보호층의 용해도를 찾는데 사용될 수 있으며, 투과율 P는 측정된 정상 상태의 유량 F_{ss}와 박막의 두께 l , 그리고 박막 내부의 압력 변화도 ΔP를 이용하여 계산할 수 있다.

$$P = F_{ss}l/\Delta P = DS \tag{4.5}$$

측정된 지연 시간 L 로부터 주어진 D 를 이용하여 유량으로부터 다음과 같이 S 를 계산할 수 있다.

$$S = F_{ss} l / D\Delta P \tag{4.6}$$

n개의 층으로 이루어진 다층 박막 구조에서, 직렬 저항 모델은 다음의 정상 상태 유량 방정식을 구하는 데에 사용되기도 한다.

$$F_{ss} = \frac{P_{H_2o}}{l_1/D_1S_1 + l_2/D_2S_2 + \Lambda + l_n/D_nS_n} \tag{4.7}$$

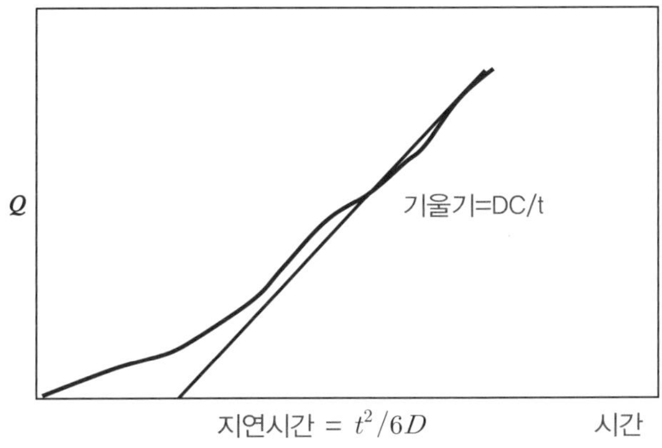

[그림 4.3] 단일 박막 구조에서 지연 시간과 정상 상태 영역을 나타내 주는 축적 투과량 그래프

1, 2, ⋯, n은 각 층의 수를 나타낸다. 1이 제일 위의 층이며, n이 가장 아래 층을 나타낸다. P_{H2O}는 위 층에서의 수증기 압력을 나타낸다. 단일 박막층의 구조와는 대조적으로 다층 박막 구조에서는 지연 시간 방정식에 용해도의 값을 이용한다.

$$L = \frac{\sum_{i=1}^{n}\{\frac{l_i^2}{2D_i}\sum_{m=1}^{n}[\frac{l_m}{D_m}\prod_{j=1}^{m-1}K_j] - \frac{l_i^3}{3D_i^2}\prod_{j=1}^{i-1}K_j\} + \sum_{i=1}^{n}\{\frac{l_i}{D_i}\prod_{j=1}^{i-1}K_j\sum_{\beta=i+1}^{n}[\frac{l_\beta}{\prod_{j=1}^{\beta-1}K_j}\sum_{m=\beta}^{n}[\frac{l_m}{D_m}\prod_{j=1}^{m-1}K_j] - \frac{l_i^3}{2D_\beta}]\}}{\sum_{i=1}^{n}[\frac{l_i}{D_i}\prod_{j=1}^{i-1}K_j]} \tag{4.8}$$

$$K_j = S_j / S_{j+1} \tag{4.9}$$

식 (4.8)은 과도 상태의 데이터를 분석하기에 상대적으로 간단한 방법을 제공한다(Ash *et al.* 1965). 이는 오늘날 박막 시스템에 공통적으로 쓰이고 있는 큰 너비/두께 비율이 유한 요소 분석법과 같은 복잡한 계산 방법에 항상 적합하지는 않기 때문에 유용하게 쓰일 수 있다. 이 점에 대해서는 산화막에 존재하는 결점의 공간 밀도에 대해 다루면서 설명할 것이다.

이 분석법은 다층 박막 구조에서의 투과를 이해하기 위해서는 각 구성 층의 용해도와 확산율에 대한 정보가 요구된다는 것을 보여준다. 이러한 정보를 얻는 데에는 몇 가지 문제점이 따른다. 첫째, 다층 박막 구조에서 각 층의 유효 D, S값과 같은 물질 특성을 실험적으로 측정하는 것은 거의 불가능하다. 박막 상태의 특성, 특히 저온에서 만들어진 박막의 경우에는, 벌크 상태의 물질 특성과 많은 차이를 보일 수 있기 때문에 이는 매우 중요한 점이라 할 수 있다. 둘째, 다층 유/무기 박막 구조는 표면 평탄화 작용을 하여 기판의 결점 등을 줄일 수 있는 것으로 알려져 있다. 따라서 PET에 증착된 단일 산화막의 분석을 통해서는 다층 박막 구조의 내부에 존재하는 각 층의 특성을 정확히 나타낼 수 없는 단점이 있다. 셋째, 결점이 투과/확산에 중요한 역할을 한다고 알려져 있다(Chatham 1996; Prins and Hermans 1959; Jamieson and Windle 1983; Rossi and Nulman 1993; da Silva Sobrinho *et al.* 2000; Hanika and Langowski 2003; Roberts *et al.* 2002). 하지만 다층 박막 구조의 안쪽에 존재하는 층에 대해서는 결점의 크기나 공간 밀도 등을 시각적으로 관찰하는 것이 불가능하다. 다양한 박막 구조의 유효 특성을 유도하는 분석적인 방법이 아래에 설명되어 있다.

4.5.2 In Situ 특성을 결정하기 위한 방법

이 절에서는, [그림 4.4]에서 도식적으로 보여지는 것과 같은 다층 박막에 사용되는 단일 보호층의 D와 S의 값을 추론한다. 증기 보호층은 위쪽에서부터 PET 기판, 아크릴화된 평탄화 층(P1), 산화 알루미늄(AlO_x) 보호층, 또 다른 아크릴화된 평탄화 층(P2)으로 이루어져 있다. 평탄화 층이 더해진 보호층(AlO_x/P_2 dyad) 이 투과율을 낮추기 위해 추가될 수 있으며,

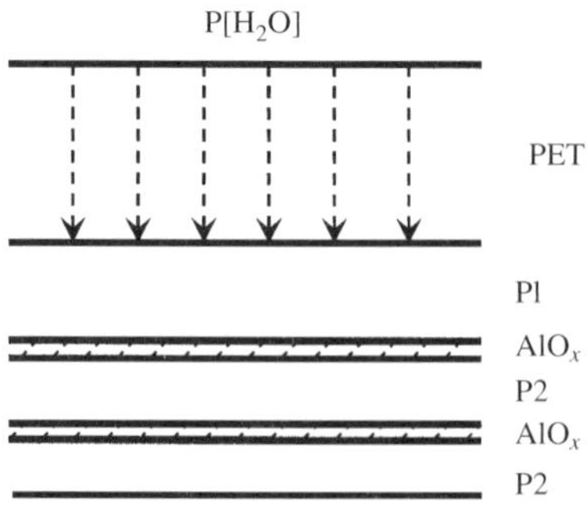

[그림 4.4] 이 실험에 사용된 다층 박막의 구조도. 폴리에스테르(PET) 기판을 사용하였으며 P1/P2는 진공 증착된 아크릴 고분자이다.

이에 따라 일반적인 구조는 (PET/P1/AlO_x/P2/AlO_x/P_2/AlO_x/⋯)와 같다. 두 쌍 이상의 dyad를 포함하고 있는 구조는 매우 낮은 투과율을 갖기 때문에 일반적인 투과율 측정 장비로 측정하기 매우 어렵다. 이 실험에서 사용한(PET/P1/AlO_x/P2) 다층 박막층의 총 두께는 각각 (177.7/0.34 /0.037/0.20)(μm)이다.

샘플은 문헌에 기재된 맞춤제작된 롤 코팅기(roll coater)를 이용하여 준비되었다(Affinito *et al.* 1996b, 1996a, 1995). 투과율을 측정하기 위해 ASTM F1249의 방법을 따라 Mocon 3/31G(Mocon Testing Services, Minneapolis, MN) 장비를 이용하여 분석되었다. 측정 장비의 측정 한계 이하의 투자율을 측정하기 위해서 Nisato에 의해 보고된 비평형 칼슘 테스트를 사용하였다(Nisato *et al.* 2001, 2003; Moro *et al.* 2004).

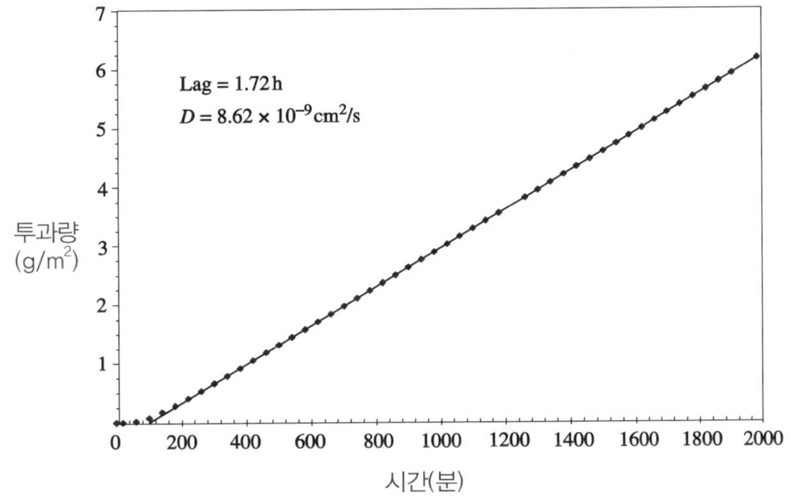

[그림 4.5] (PET/P1) 수증기 확산 실험을 통해 얻어진 결과

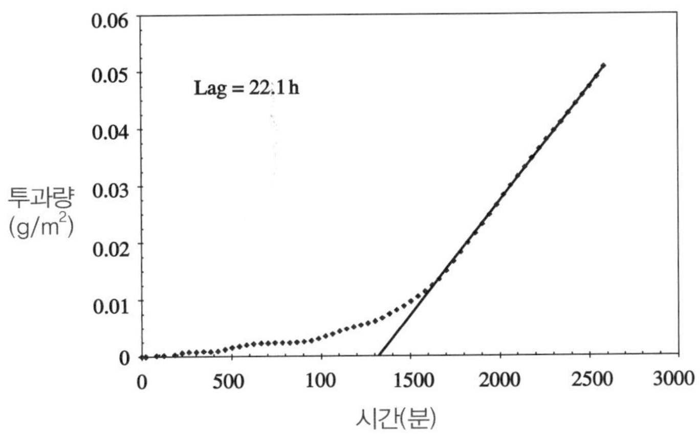

[그림 4.6] 약 22시간의 지연 시간을 갖는 (PET/P1/AlO_x/P2) 4층 구조 수증기 투과 실험 결과

알려진 PET의 D, S값을 이용하여, P1, P2 평탄화 층의 투과율과 용해도를 측정하도록 첫 번째 테스트를 고안하였다. 완전히 건조시킨 후, 수증기 투과율 실험을 100% 습도, 38℃의 온도에서 수행하였다. 일반적인 실험 결과는 [그림 4.5]와 같다. 위에서 다룬 단일 박막, 다층 박막 방정식을 이용하여 분석한 결과 P1, P2 층의 확산율과 용해도는 참고문헌의 값 (PET: $Dp=8.5\times10^{-9}cm^2/s$, $Sp=0.17g/cm^3/atm$)과 일치하는 값을 보인다. P1과 P2의 두께와 부피는 PET 기판과 비교하여 매우 작기 때문에 이 결과는 적당하다고 할 수 있다.

(PET/P1/AlO_x/P2)로 이루어진 4층 박막 구조에서 P1은 기판의 거칠기나 불순물 등으로부터 무기 박막을 분리시키는 역할을 하며, P2는 민감한 산화막 표면을 보호하는 역할을 한다. 수증기 투과에 대한 일반적인 데이터가 [그림 4.6]에 나타나 있다. 여기서 우리는 박막층의 D, S값을 계산하기 위해 식 (4.7)과 식 (4.8)을 사용할 필요가 있다.

올바른 결과를 얻기 위해 몇 번의 급수 계산을 수행하였다. 알루미늄 층의 벌크 상태 D, S의 값을 이용하여 계산한 결과, 지연 시간(L), 정상 상태 유량(F_{ss})과 잘 일치하는 값을 얻을 수 없었다.

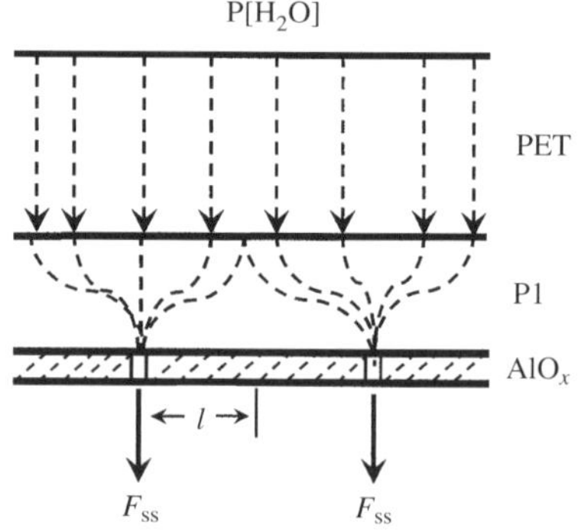

[그림 4.7] AlO_x 박막에 결점(Defect)들이 매우 작고 멀리 떨어져 분포되어 있을 경우 수증기의 투과 확산 경로

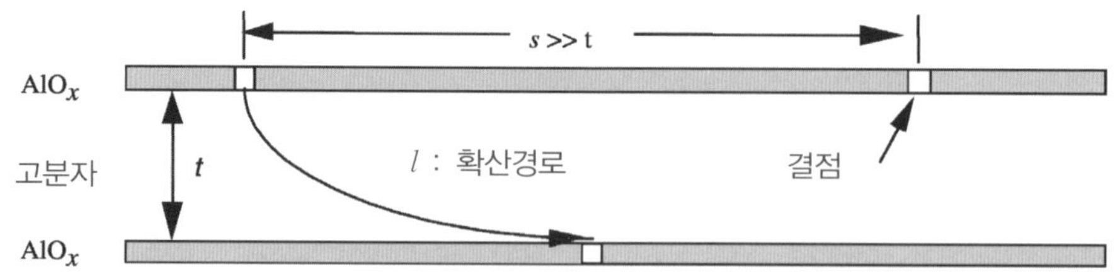

[그림 4.8] 다층 박막 구조에서 인접한 AlO_x 박막층에 결점이 넓게 분포하고 있을 때, 투과/확산 경로는 길어지게 된다. 결점들이 매우 넓게 분포하고 고분자 박막층이 충분히 얇을 경우 투과/확산 경로(l_{eff})는 결점 사이 거리의 약 1/2라고 할 수 있다.

비선형적 요소를 고려하여 계산한 결과 D와 S의 값이 측정된 L, F_{ss}의 값에 근접하는 값을 보였다(Burger and Morgan 1980). 하지만 L이나 F_{ss} 중 한가지 값을 만족시키는 해를 구할 수는 있었으나, 두 값을 동시에 모두 만족시키는 해는 구할 수 없었다.

다층 박막 내부에서 실질적으로 변화할 수 있는 요소인, 확산 경로의 길이의 값을 얻기 위해 또 다른 계산을 수행하였다. 확산 경로는 제한적이지 않으며, 보호 박막에 대해 수직한 방향의 확산에 의해 지배적으로 영향을 받지도 않는 것으로 알려져 있다. 실질적인 확산/투과는 보호 박막 층 내부에서 P1/P2 고분자 박막을 통해 일어나는 것을 다음 [그림 4.7]에서 쉽게 알 수 있다. 물이 물통의 바닥에 넓게 분포되어 있는 구멍을 통해 흘러나가는 것을 통해 유추해 보면, 단일 산화막에서도 이와 같은 현상이 나타나리라는 것을 알 수 있다.

[그림 4.8]은 다층 알루미늄 박막에 동일한 개념을 도입하여 도식적으로 보여준다. 알루미늄 박막의 D, S의 값에 따라 확산 경로 ℓ(P1)에 변화를 주면서 L과 F_{ss}의 값을 동시에 만족시킬 수 있는 해를 얻을 수 있다. 예를 들어, $D(AlO_x)=1.4\times10^{-13}cm^2/s$, $S(AlO_x)=0.02g/cm^3/atm$의 값을 이용하여 100μm의 유효 확산 경로(ℓ_{eff})값을 구할 수 있다(Craff *et al.* 2004). 실험적인 측정값을 만족시키기 위한 알루미늄 박막의 확산율은 벌크 상태의 값($10^{-30}cm^2/s$)보다 몇 차수 정도 큰 값을 가져야 한다. 이것은 알루미늄 박막의 경우 투과/확산을 증가시킬 수 있는 결점을 포함하고 있기 때문이기도 하다.

위의 결과를 통해 결점의 공간 밀도를 계산(결점 간 거리의 역제곱)할 수 있는데, 지금까지 알려진 문헌 자료의 데이터와 거의 일치하는 것으로 보아 위의 결과들은 물리적으로 적합하다고 할 수 있다. 유효 확산율을 계산하는 이론에는 세 가지 요소가 포함된다. 첫 번째는 알루미늄 확산율의 고전적인 유효 근사이며(Crank 1975), 두 번째로 고분자 박막의 확산율이 등방성이라는 가정이다(da Silva Sobrinho *et al.* 2000). 마지막으로 고분자 박막을 통과하는 확산 경로 길이의 근사가 포함된다. 이들에 대한 간략한 설명은 다음 세 문단에서 다루어진다.

결점이 있는 AlO_x의 유효 확산율(D_{eff})은 미소 영역 분리 모델(area fraction model, Crank, 1975)를 이용하여 $A_D=\pi r_e^2$ 넓이(r_e: 결점의 유효반경)의 결점이 고분자로 채워져 있다고 가정함으로써 계산할 수 있다. 결점 사이의 간격을 s라고 할 때, 결점의 미소 영역 $f_D=A_D/s^2$라고 할 수 있으며, 벌크 물질에 대해서는 $f_b=A_b/s^2$라고 할 수 있다. 이 값들을 이용하면, AlO_x 박막의 유효 확산율은

$$D_{eff}(AlO_x)=D_{P1}f_D+D_{AlO_x}f_b \tag{4.10}$$

로 나타낼 수 있으며, 이 때 $D_{P1}=8.5\times10^{-9}cm^2/s$, $D_{AlOx}=10^{-30}cm^2/s$ 이다. 대부분의 투과/확산이 결점을 통해 이루어지기 때문에 벌크상태의 알루미늄의 영향은 무시할 수 있다. D_{AlOx}

의 값을 10 차수 정도 증가시키면(D_{AlOx}=$10^{-20}$$cm^2$/s) 유효 확산율($D_{eff}$)의 값과 거의 동일한 값을 얻어낼 수 있다.

증기가 알루미늄 박막 내의 결점을 통해 확산된 후에는 고분자 박막을 통해 확산되기 시작한다. 산화막의 내부에 넓은 간격으로 결점이 분포할 경우, 고분자 막 내부에서의 확산은 표면에 수직한 방향보다는 평행한 방향으로 진행된다. 이러한 이유로, 이 모델은 고분자 막 내부에서 일어나는 등방적 확산에 의한 결점 크기의 확대를 고려해야할 필요가 있다. da Silve Sobrihno 등(2000)은 유효 반경이 다음과 같음을 보였다.

$$r_e = (2tr + r^2)^{1/2} \tag{4.11}$$

위 식에서 r은 결점의 물리적 반지름이며, t는 기체가 확산되어 들어가는 고분자 막의 물리적 두께를 나타낸다. 0.5μm의 반지름을 갖는 결점, 0.34μm의 두께를 갖는 고분자 막에 대해, 확산의 3차원적 성질을 고려하여 결점의 유효 반지름은 약 0.77μm로 나타난다. 실제로 r과 r_e의 차이는 현재의 실험 수준에서 오차 범위 내에 존재할 것이다.

넓은 결점 간격을 가질 때, 유효 확산 경로의 길이는 간단한 피타고라스의 정리를 통해 예측해 볼 수 있다. 고분자 막의 두께 t가 결점 간격 s보다 매우 작을 때 유효 확산 경로의 길이는 대략적으로

$$l(P1) = [t^2 + (s/2)^2]^{1/2} \sim s/2 \tag{4.12}$$

로 나타낼 수 있으며, [그림 4.8]을 통해 확인할 수 있다.

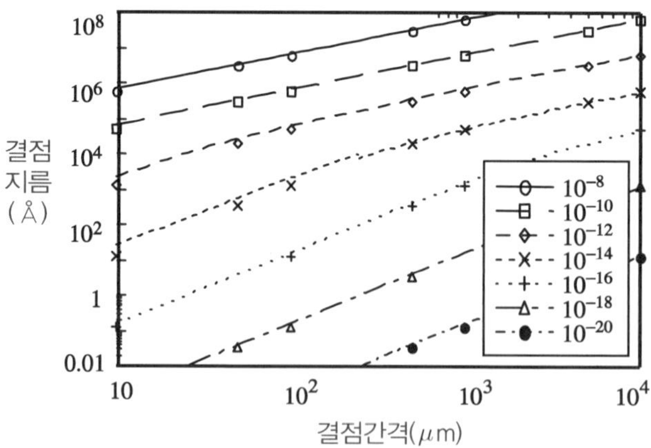

[그림 4.9] Area fraction model을 이용하여 계산된 AlOx 박막 내부에서 유효 확산율 값에 따른 결점의 간격과 크기의 관계

[표 4.2] 고분자 기판에 증착된 여러 가지 무기 단층 박막 내의 결점 크기와 공간 밀도

결점 반지름(μm)	결점밀도 (mm^{-2})	코팅물질	증착 방법	기판	참고문헌
0.6	11~1100	SiO_2	PECVD	PET	da Silva Sobrinho *et al.* (2000)
0.6	5~1000	Si_3N_4	PECVD	PET	da Silva Sobrinho *et al.* (2000)
1.0	25~400	Al	Evaporation	PET	Jamieson and Windle (1983)
1.0	100~300	Al	Evaporation	PET	Chatham (1996)
2~3	200	Al	Sputtering	PET	Hanika *et al.* (2002)
1.5~1.4	600	AlO_xN_y	Sputtering	PET	Erlat *et al.* (2001)
0.4	100~1000	Al	Evaporation	BOPP	Hanika Langowski (2003)
0.5	700	AlO_xN_y	Sputtering	PET	Erlat *et al.* (2004)

위의 세 가지 근사를 통해 알루미늄의 확산 모델을 만들었으며, 결점을 통한 확산율을 [그림 4.9]와 같이 나타낼 수 있다. 결점 간격 s=100μm, 유효 확산율 D_{eff}=1.4×10^{-13}cm^2/s일 때 유효 지름은 약 1μm이다. 이 수치는 [표 4.2]에 나타난 바와 같이 다양한 박막으로부터 얻어진 관찰 결과와 맞는 적합한 결과라 할 수 있다. [그림 4.9]에 의해 확산율에 따른 결점의 간격과 크기에 대한 관계를 알 수 있기 때문에 이를 통해서도 적합한 해를 찾아낼 수 있을 것이다. 결점의 크기나 간격을 측정하고, 적절한 D_{eff}의 특성 곡선을 추정하여 계산된 결과를 검증할 수 있다.

이 분석법에는 주목해야 할 몇 가지 특징이 있다. 첫째, 이 분석에 사용된 모든 식들은 잘 정립된 고전적인 문헌들에 의한 것으로 완전한 이론적 기반을 갖는다. 둘째, 알아내야 하는 변수(D_{eff}, S, l_{eff})의 수와 계산에 사용되는 방정식의 수(L, F_{ss}, D_{eff})의 수가 동일하기 때문에 정확한 해를 얻을 수 있다는 점이다. 이러한 방법이 다층 박막 보호층을 설계하는데에 산업적으로도 유용하게 쓰일 수 있을 것이라 기대된다.

4.5.3 다층 보호막 시스템의 의미

이전의 연구(Graff *et al.* 2004)에서는 다층 박막 직렬 저항 모델이 위에서 얻어진 변수들을 적용하였을 때($D_{PET} = D_{P1} = D_{P2} = 8.5\times10^{-9}$cm^2/s, $S_{PET} = S_{P1} = S_{P2} = 0.17$g/cm^3/atm, $D_{AlOx} = 1.4\times10^{-13}$cm^2/s, $S_{AlOx} = 0.02$g/cm^3/atm, $t_{PET} = 177\mu$m, $t_{AlOx} = 0.037\mu$m), 다층 박막쌍(dyad)의 정상 상태 수증기 투과율(F_{ss})의 극소 향상 정도까지 예측할 수 있다는 것을 보였다. [그림 4.10]은 다섯 겹 박막 쌍(dyad) 구조에 대해 얻어진 F_{ss}값(~10^{-2}g/m^2/day)이 OLED 소자의 캡슐화(encapsulation)에 요구되는 수치(~10^{-6}g/m^2/day)에 비해 몇 차수 정도 높게 나타나는 것을 보여준다. 정상 상태 유량의 계산은 결점이 있는 산화막에 적합하게 수

정된다고 할지라도, 다층 박막 보호막의 성능을 정확하게 예측할 수는 없다. 하지만, 위에서 언급된 동일한 변수들을 사용하여 지연 시간 계산을 통해 얻어진 결과들은 다시 살펴볼 필요가 있다(그림 4.10). 결점 간의 간격이 100에서 1000μm로 증가해 감에 따라, 다섯 겹 박막 쌍(dyad) 구조의 지연 시간은 약 73일에서 2년까지 증가한다. 본질적으로 이 장에서 언급된 다층 결점 spacing 모델은 OLED 소자 안으로의 수증기 진입을 막는(preventing) 것이 아니라 지연 시킴(delaying)으로써 보다 정확한 예측을 가능하게 한다. 이 지연 시간 동안의 증기 유량은 과도적이며, 정상 상태의 값에 비해 매우 작은 값을 갖는다. 이는 과도 상태와 정상 상태의 특성 곡선의 기울기를 비교하여 확인할 수 있다(그림 4.6).

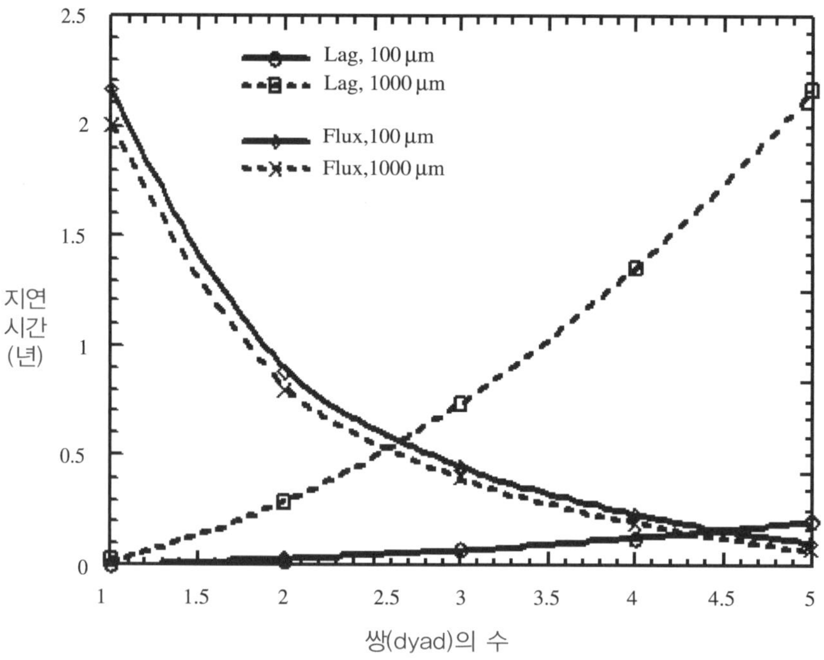

[그림 4.10] 결점 간격의 차수 변화에 따른 정상 상태 유량과 지연 시간의 비교

4.6 토 의

앞 절에서는 OLED 소자에 사용되는 보호 박막의 지배적인 기작(mechanism)을 이해하기 위해 좀 더 발전된 분석법이 요구된다는 것을 알 수 있었다. 이는 더욱 발전된 성능에 대한 요구가 증가함에 따라 자연히 보호막의 구조와 물질에 대한 변화를 시도하면서 발생되고 있다. 일반적인 설계에 모두 신뢰성 있게 적용될 수 있는 10^{-6}g/m^2/day보다 낮은 수준의 수증

기 투과율(WVTR)이 요구되고 있는 실정이다. 이러한 요인들에 따라 연속적인 보호 박막 사이에 존재하는 결점들을 분리해 낼 수 있는 다층 박막 구조 설계가 생겨나게 되었다. 이러한 분리는 결점의 크기가 매우 작고 매우 낮은 결점 밀도를 갖는 양질의 보호 박막을 제작함으로써 가능해진다. 다층 박막 보호층을 이용한 접근법은 완벽하게 결함이 없는 단일 박막을 제작하지 않고도 다층 무기 박막을 이용하여 전례 없이 우수한 성능을 갖는 보호층을 만들 수 있게 한다. 단일 무기 박막을 이용한 OLED 밀봉은 $10^{-8}g/m^2/day$보다 더 낮은 수치를 요구한다. 이 값은 10nm보다 작은 결점의 크기와 10^7nm의 간격을 가질 때 나타나는 수치이며, 이는 저온 진공 증착을 통해서 얻기는 굉장히 어려운 수준이다.

위에서 설명된 모델은 실험적인 데이터를 분석하여 지배적인 기작(낮은 증기 투과율이 아닌 긴 유효 확산 경로 거리에 의한 지연 확산)을 알아내기 위해 개발되었다. 또한 이 과정에서의 실질적인 전달 특성 또한 유추할 필요가 있었다. 이 두 가지의 목표는 간단한 다층 박막 구조(PET/P1/AlO_x/P2)를 통해 해결되었다. 게다가 현재까지 알려져 있는 정보와 예측된 결점의 크기, 공간 밀도 등의 비교를 통해 측정 오차 내에서의 유일한 해를 얻을 수 있다는 특징도 가진다. 이 측정 오차는 앞으로 줄여 나가야 할 것이며 이를 위해 개선된 실험 방법이 요구되고 있다.

박막 구조를 통한, 특히 10nm 이하의 매우 작은 결점을 통한 수증기의 전달이 일어나게 하는 다른 부가적인 기작도 존재한다. 여기에는 흡수, 해리(dissociation), 산화막이나 고분자막에서 물 분자의 재결합 등이 포함된다. 최근의 문헌 자료(Roberts *et al.* 2002; Erlat *et al.* 2004)에 의하면 보호 박막을 통한 산소와 물 분자의 전달에는 차이가 있다고 알려져 있지만, 현재의 이론은 더 심화된 분석에 의해 얻어진 결과와 큰 차이가 없을 것으로 보인다. 여기에 적용된 Fick의 방법은 함축적으로 모든 전달 기작을 포함한다. 또한, 여기에서 계산된 값들과 비교하기 위해 사용한 D, S 등의 문헌 자료 값도 역시 Fick의 가정을 통해 얻어진 결과들이다. 이를 통해 볼 때, 현재 모델의 공학적 기반은 충분히 탄탄하다고 할 수 있다. 심화된 연구를 위해서는 새로운 구조보다는 다층 박막 시스템에 사용될 새로운 물질의 개발을 위한 재료 과학, 물리 화학적 연구가 요구된다.

PET/P1/AlO_x/P2 구조를 이용하여 구한 특성을 n쌍(dyad)의 구조에 확대 적용할 수 있다. 경험적으로 예측해볼 때, 고분자/AlO_x 쌍을 추가하여 만들어진 연속적인 평탄화면은 낮은 D_{eff} 값을 갖는 향상된 산화막을 만들 수 있을 것으로 보인다. 또한 성능에 따라 다층 박막 구조를 최적화하고 경제적인 제작 방법을 확보할 수 있는 기술에 대한 연구가 요구된다.

4.7 결 론

고전적인 Fick의 투과율 분석법은 다층 박막 구조에서 각 박막의 확산율과 용해도를 구하기 위해 발전되어 왔다. 이 물질 특성들은 다층 박막 보호층의 과도 상태, 정상 상태의 투과/확산 특성을 구하기 위해 다시 사용된다. 이러한 분석에 의하면 향상된 보호막의 성능은 정상 상태의 낮은 투과율 보다는 긴 유효 확산 경로 거리에 의한 지연 시간에 영향을 받는 것으로 나타났다. 또한 이 모델을 통해 정상 상태의 투과율은 이미 보고된 바 있는 과도 상태에서 계산된 WVTR의 값보다 커야 한다는 것을 알 수 있다.

다층 박막 구조에 쓰이는, 양질의 무기 박막(작은 결점 크기, 낮은 결점 밀도)을 형성하기 위한 증착법 또한 우수한 보호 박막 특성을 얻기 위해 개발되어야 한다. 많은 결점을 갖는 무기 박막은 다층 박막 구조로 만들어진다고 할지라도 OLED 소자에 요구되는 성능을 만족시킬 수 없을 것이다.

OLED 소자에 사용하기 적합한 정상 상태의 투과율을 얻기 위해서는 완벽에 가까운 단일 무기 박막 증착이 요구된다. OLED 소자에 응용 가능한 F_{ss}값은 1nm 이하의 크기와 1mm 이상의 간격의 결점을 가질 때 나타나는 수준이다. 이러한 특성을 갖는 박막은 PVD, CVD 등의 방법으로는 증착하기 어려우며 특히 저온에서는 거의 불가능하다고 할 수 있다. 이러한 점을 고려해보면 지금까지 단일 박막 보호층을 이용한 OLED의 밀봉 방법이 왜 보고되지 않았는지 알 수 있다.

고분자 막을 통한 확산이 확산의 주요한 경로이기 때문에, 고분자 층의 투과율을 낮추는 것이 다층 박막 구조의 정상 상태 투과율을 낮추는 방법이라 할 수 있다. 플라즈마나 이온빔에 의한 표면 처리나 결정도를 증가시키는 것 또한 한 방법이다.

참고문헌

Affinito, J. D., Martin, P., Gross, M., Coronado, C. and Greenwell, E. (1995) Vacuum deposited polymer/metal multilayer films for optical applications. *Thin Solid Films* 270, 43.

Affinito, J. D., Gross, M. E., Coronado, C. A., Dunham, G. C. and Martin, P. M. (1996a) High rate vacuum deposition of polymer electrolytes. *Journal of Vacuum Science Technology A* 14(3), 733.

Affinito, J. D., Gross, M. E., Coronado, C. A., Graff, G. L., Greenwell, E. N. and Martin, P. M. (1996b) A new method for fabricating transparent barrier layers. *Thin Solid Films* 290/91, 6367.

Affinito, J. D., Eufinger, S., Gross, M. E., Graff, G. L. and Martin, P. M. (1997) PML/oxide/ PML barrier layer performance differences arising from use of UVor electron beam polymerization of the PML layers. *Thin Solid Films* 308/9, 1925.

Anon (1996) *Permeability and other Film Properties*, Plastics Design Library, Norwich, NY.

Ash, R., Barrer, R. M. and Palmer, D. G. (1965) Diffusion in multiple laminates. *British Journal of Applied Physics* 16, 873884.

Aziz, H., Popovic, Z., Tripp, C. P., Hu, N. −H., Hor, A.−M. and Gu, X. (1988) Degradation processes at the cathode/organic interface in organic light emitting devices with Mg:Ag cathodes. *Applied Physics Letters* 72(21), 2642.

Baxter, I. (1993) Advanced resistance deposition technology for productive roll coating. 36th Annual *Technical Conference Proceedings*, *Society of Vacuum Coaters*, 197.

Brandrup, J. and Immergut, E. H. (1989) *Polymer Handbook*, 3rd edn, John Wiley & Sons, Inc., New York.

Burger, L. L. and Morgan, L. G. (1980) *Tritium Safety in Fusion Reactor Designs*, PNNL Report, June.

Burrows, P. E., Bulovic,V., Forrest, S. R., Sapochak, L. S., McCarty, D. M. and Thompson, M. E. (1994)

Reliability and degradation of organic light emitting devices. *Applied Physics Letters* 65(23), 2922.

Chatham, H. (1996) Oxygen diffusion barrier properties of transparent oxide coatings on polymeric substrates. *Surfaces and Coatings Technology* 78, 1.

Crank, J. (1975) *The Mathematics of Diffusion*, Claredon Press, Oxford.

da Silva Sobrinho, A. S., Czeremuszkin, G., Latreche, M. and Wertheimer, M. R. (2000) Defectpermeation correlation for ultrathin transparent barrier coatings on polymers. *Journal of Vacuum Science Technology* A 18(1), 149.

Decker, W. and Henry, B. (2002) Basic principles of thin film barrier coatings. *45th Annual Technical Conference Proceedings, Society of Vacuum Coaters*, 492502.

Dunkel, R. (2004) Method of measuring ultra−low water vapor permeation for OLED displays. *Flexible Displays and Microelectronics Conference*, February, 1012.

Erlat, A. G.,Wang, B. −C., Spontak, R. J., Tropsha, Y., Mar, K. D., Montgomery, D. B. and Vogler, E. A. (2000) Morphology and gas barrier properties of thin SiOx coatings on polycarbonate: correlations with plasma−enhanced chemical vapor deposition conditions. *Journal of Materials Research* 15(3), 704.

Erlat, A. G., Spontak, R. J., Clarke, R. P., Robinson, T. C., Haaland, P. D., Tropsha, Y., Harvey, N. G. and Vogler, E. A. (1999) SiOx gas barrier coatings on polymer substrates: morphology and gas transport considerations. *Journal of Physical Chemistry B* 103, 6047.

Erlat, A. G., Henry, B. M., Ingram, J. J., Mountain, D. B., McGuigan, A., Howson, R. P., Grovenor, C. R. M., Briggs, G. A. D. and Tsukahara, Y. (2001) Characterisation of aluminium oxynitride gas barrier films. *Thin Solid Films* 388, 78.

Erlat, A. G., Henry, B. M., Grovenor, C. R. M., Briggs, A. G. D., Chater R. J. and Tsukahara, Y. (2004) Mechanism of water vapor transport through PET/AlOxNy gas barrier films. *Journal of Physical Chemistry B* 108, 883890.

Graff, G. L., Williford, R. E. and Burrows, P. E. (2004) Mechanisms of vapor permeation through multilayer barrier films: lag time versus equilibrium permeation. *Journal of Applied Physics*, 96(4), 1840.

Gu, G., Burrows, P. E., Venkatesh, S. and Forrest, S. R. (1997) Vacuum−deposited, nonpolymeric flexible organic light−emitting devices. *Optics Letters* 22(3), 172.

Gustaffson, G., Treacy, G. M., Cao, Y., Klavetter, F., Colaneri, N. and Heeger, A. J. (1992) Flexible light−emitting diodes made from soluble conducting polymers. *Nature* 357, 477.

Hanika, H., Langowski, H.−C., and Peukert, W. (2003) Simulation and verification of defect−dominated permeation mechanisms in multiple structures of inorganic and polymeric barrier layers. 46th Annual *Technical Conference Proceedings, Society of Vacuum Coaters*, 592599.

Hanika, H., Langowski, H.−C. and Moosheimer, U. (2002) Layer defects and the synergetic effect between inorganic and organic barrier layers. *45th Annual Technical Conference Proceedings, Society of Vacuum Coaters*, 51924.

Harvey, T. B. III, Shi, S. Q. and So, F. (1997) Passivation of organic devices, US Patent 5,686,360.

Harvey, T. B. III, Shi, S. Q. and So, F. (1998) Passivated organic device having alternating layers of polymer and dielectric, US Patent 5,757,126.

Henry, B. M., Erlat, A. G., McGuigan, A., Grovenor, C. R. M., Briggs, G. A. D., Tsukahara, Y., Miyamoto, T., Noguchi, N. and Niijima, T. (2001) Characterization of transparent aluminium oxide and indium tin oxide layers on polymer substrates. *Thin Solid Films* 382, 194.

Jamieson, E. H. H. and Windle, A. H. (1983) Structure and oxygen−barrier properties of metalized polymer film. *Journal of Materials Science* 18, 64.

Kolosov, D., English, D. S., Bulovic,V., Barbara, P. F., Forrest, S. R. and Thompson, M. E. (2001) Direct observation of structural changes in organic light emitting devices during degradation. *Journal of Applied Physics* 90(7), 3242.

Krug, T., Ludwig, R. and Steiniger, G. (1993) New developments in transparent barrier coatings. *36th Annual Technical Conference Proceedings, Society of Vacuum Coaters*, 302.

Liew, Y. −F., Aziz, H., Hu, N. −X., Chan, H. S., Xu, G. and Popovic, Z. (2000) Investigation of the sites of dark spots in organic light−emitting devices. *Applied Physics Letters* 77 (17), 2650.

Moro, L., Krajewski, T. A., Rutherford, N. M., Philips, O., Visser, R. J., Gross, M. E., Bennett,W. D. and Graff, G. L. (2004) Process and design of a multilayer thin film encapsulation of passive matrix OLED displays. *Proceedings of SPIE* 5214, 8393.

Nisato, G., Bouten, P. C. P., Slikkerveer, P. J., Bennett,W. D., Graff, G. L., Rutherford, N. andWiese, L.(2001) Evaluating high performance diffusion barriers: the calcium test. *21st Annual Asia Display, 8th International Display Workshop, Nagoya, Japan*, 1435.

Nisato, G., Kuilder, M., Bouten, P., Moro, L., Philips, O. and Rutherford, N. (2003) Thin film encapsulation for OLEDs: evaluation of multi−layer barriers using the Ca test. *Society for Information Display, 2003 International Symposium, Digest of Technical Papers*, XXXIV, 88.

Prins,W. and Hermans, J. J. (1959) Theory of permeation through metal coated polymer films. *Journal of Physical Chemistry* 63, 716.

Roberts, A. P., Henry, B. M., Sutton, A. P., Grovenor, C. R. M., Briggs, G. A. D., Miyamoto, T., Kano, M., Tsukahara, Y. and Yanaka, M. (2002) Gas permeation in silicon−oxide/polymer(SiO_x/PET) barrier films: role of the oxide lattice, nano−defects and macro−defects. *Journal of Membrane Science* 208, 7588.

Rogers, S. P., So, F., Shi, S. Q. and Webb, B. A. (1998) Organic electroluminescent device hermetic encapsulation package, US Patent 5,821,692.

Rossi, G. and Nulman, M. (1993) Effect of local flaws in polymeric permeation reducing barriers. *Journal of Applied Physics* 74, 5471.

Schaepkens, M., Erlat, A. G., Kim, T.W., Jan, M., Heller, C. M. and McConnelee, P. (2004) Ultra−high barrier coatings on polymer substrates for flexible optoelectronics: water vapor transport and measurement systems. *47th Annual Technical Conference Proceeding, Society of Vacuum Coaters*, 654.

Schiller, N., Straach, S., Fahland, M. and Charton, C. (2001) Barrier coatings on plastic web. *44th Annual Technical Conference Proceedings, Society of Vacuum Coaters*, 184.

Schwarz Packaging Systems (2003) Film barrier chart, www.schwarzflex.com/film.htm

Shaw, D. G. and Langlois, M. G. (1994) Use of vapor deposited acrylate coatings to improve the barrier properties of metallized film. *37th Annual Technical Conference Proceedings, Society of Vacuum Coaters*, 240.

So, F., Shi, S. Q. and Gorsuch, C. A. (1998) Passivation of electroluminescent organic devices. US Patent 5,731,661.

Watts, I. (1991) 20 years of resistance source development. *34th Annual Technical Conference Proceedings, Society of Vacuum Coaters*, 118.

Weaver, M. S., Michalski, L. A., Rajan, K., Rothman, M. A., Silvernail, J. A., Burrows, P. E., Graff, G. L., Gross, M. E., Martin, P. E., Hall, M., Mast, E., Bonham, C., Bennett, W. and Zumhoff, M. (2002) Organic light-emitting devices with extended operating lifetimes on plastic substrates. *Applied Physics Letters* 81, (16), 2929.

Wong, C. P. (1993) Recent advances in IC passivation and encapsulation: process technologies and materialspolymers for electronic and photonic applications, AT&T Bell Laboratories.

투명 전도성 산화물 재료 및 기술

David C. Paine, Hyo-Young Yeom, and Burag Yaglioglu

Division of Engineering, Brown University, Providence RI

5.1 서 론

가시광 영역에서의 광학적 투명성과 적절한 전기 전도도를 동시에 갖는 물질은 일반적으로 세 부류로 나누어진다: 매우 얇은 순수 금속, 고(high) 도핑 공액(conjugated) 유기 고분자 및 축퇴(degenerately) 도핑된 넓은 밴드갭(band gap)을 가지는 산화물 혹은 질화물 반도체들이다. 투명 전도체의 응용분야로는 대부분의 평판 디스플레이용 전극과 태양 전지에서의 collector 전극, 비행기 조종실 유리창의 결빙 방지 전극, 정적 방열(static dissipation) 및 전자기 차폐 등이 있다. 투명 전극 물질 선택 시의 고려사항에 대한 검토가 섹션 5.2에 나와 있다. 디스플레이 응용에 대해서는, 인듐(Indium) 산화물 물질들이 거의 독점적으로 사용되는데, 이는 환경 안정성과 상대적으로 작은 전기 비저항($1 \sim 3 \times 10^{-4} \Omega cm$) 그리고, 가시광에 대한 매우 높은 투명도(100nm 필름 두께에서 〉90%)로 인해 가능하다. 섹션 5.3 및 이 장의 상당 부분은 현재 이용 가능하며, 열에 민감한 플렉시블 고분자 기판으로 공정 가능한 인듐-기반의 투명 전도성 산화물(TCOs)에 집중되어 있다. 이러한 것들로는 Sn-도핑 In_2O_3(ITO) 및 Zn-안정화 비정질 인듐 산화물(IZO) 등이 있다.

첫번째 투명 전도성 산화물은 1907년에 Baedeker(Baedeker 1907)에 의해 보고되었는데, 그는 광학적으로 투명하고 전기적으로 전도성을 띠는 CdO 박막을 증착하기 위하여 원시적인 증착 시스템을 이용하였다. 주석이 도핑된 투명 전도성 인듐 산화물은 1950년대 중반에 유리창 코팅을 위해 개발되었는데, 그 후 반세기 동안 다양한 종류의 고성능 응용을 위한 물질로 선택되었다. 그러나 원가지향적인 측면에서는, 상대적으로 귀하고 비싼 원소인 인듐에 의존하지 않는 대체 물질을 찾으려는 노력을 해야 한다. ITO가 처음 이용 가능하게 된 이후 30여년 동안 물리적 진공 증착(PVD) 공정의 정교화로 비저항이 한 차수만큼 감소했다. 최근에는 이러한 초기의 빠른 개선율을 따라가지 못하며, 다결정 ITO 성능이 $1\times10^{-4}\Omega cm$ 정도의 비저항 수준의 성능으로 정체된 상황이다. 넓은 파장 대역에서 투명도를 유지하면서 추가적으로 비저항을 개선하는 것은 아마도 새로운 TCO 물질 개발을 통해 이루어질 것이다. d^{10} 양이온: Cd^{2+}, Zn^{2+}, Ga^{3+}, In^{3+}, Sn^{4+} 등의 혼합 2원소 또는 3원소 산화물에 기반한 대체 투명 전도성 산화물들이 현재 개발 중이다.

플렉시블 기판의 기술적 우위점으로는 이 책의 다른 곳에 나열되어 있지만, roll-to-roll web 코팅으로 인한 대량 생산이 가능하다는 것을 들 수 있다. 이 접근법은 매우 넓은 면적에 물질을 저가로 증착하는 것을 가능하게 하고 다중 inline 증착과 패터닝 공정을 가능하게 한다. 고분자 기판을 다중 무기 층으로 roll-to-roll 코팅하는 것이 대형 전자제품 제조에 이용되었는데, 예를 들면, 플렉시블 트랜지스터와 태양전지(Sheats 2000; Jackson 2003)가 시현되었다. 오늘날 roll-to-roll web 코팅은 터치 스크린 응용을 위한 PET 기판에 ITO를 증착하는 데 쓰인다. 이는 너비 2m, 길이 수백 미터에 이르는 플라스틱 롤이 단일 inline 공정코딩에 적용된다.

깨어지기 쉬운 무기물을 최상의 광학적, 전기적 및 기계적 성능을 얻는 동시에 플라스틱에 증착하는 것은 박막 증착 및 공정 업계에 일련의 새로운 도전과제이다. 현재의 고분자 기판 재료들(가령, PET, PEN, 폴리이미드, PMMA, polycarbonate)은 열에 민감하여 만약 가장 낮은 비저항을 가지는 다결정 ITO를 얻을 수 있는 직류 마그네트론(magnetron) 증착에서 사용되는 250~350℃로 가열된다면 무결점 상태를 잃어버릴 것이다. 심지어 적정 기판 온도, 가령 100~150℃에서도 많은 고분자들의 치수 안정성(dimensional stability)은 좋지 않으며 필름 스트레스가 증가하고, 기판으로부터의 떨어짐(debonding) 혹은 균열(cracking)에 의한 파괴에 이를 수도 있다. 낮은(또는 가열되지 않은) 기판 온도에서, ITO는 다양한 범위의 공정 조건 및 기술에 의해 비정질 필름으로 증착된다. 이러한 비정질 물질들의 전기 광학적 특성은 일반적으로 결정 상태에 비해 뒤떨어진다. 다행스럽게도, 상온에서 도핑 증착된 혹은 도핑되지 않은 인듐 산화물의 비정질 박막은 현재의 디스플레이 기술에 적합한 광학적 투과도와 전기적 전도도를 가지고 있다. 그러나 현재 개발 중인 플렉시블 디스플레이 기술에서의 필요 조건을 충족시키기 위하여 새로운 투명 도체와 공정법이 요구될 것이다. 보다 빠른 디스플레이 재생율(refresh rate)를 제공하기 위하여, 이러한 디스플레이에서의 투명 전도성 전극은 높은 광학적 투과도를 유지하면서 낮은 비저항을 필요로 할 것이다. 이러한 전극들은 또한 보다 향상된 구조적, 화학적, 전기적 안정성을 요구할 것이다.

5.2 물질 선택 및 특성화

5.2.1 투명 전도성 전극 분류: 왜 산화물인가?

가용한 투명 전도성 물질들 중에서 초기의 선별은 면저항에 대한 광학적 투과도(주로 550nm 기준으로 하고 10제곱을 한)에 대한 비를 고려하는 figure of merit를 이용하여 수행될 수 있다(Haacke 1976):

$$\phi = T^{10} / R_s \tag{5.1}$$

이러한 목적을 위하여, 광학적 투과도(T)는 T=exp(−αx)로 주어지며, 여기에서 α는 가시광 흡수 계수이고 x 는 필름 두께이다. 면 저항(R_s)은 두께 의존적이나, 기본적인 물질 상수인 비저항(ρ)에 R_s=ρ/s 식으로 관련되어 있다. 이러한 관계를 결합하면 다음과 같다.

$$\phi = (x / \rho)\exp(-10\alpha x) \tag{5.2}$$

얇은 금속, 전도성 고분자 및 축퇴 도핑된 넓은 밴드갭 반도체들의 합리적인 figure of merit를 얻을 수 있다. 가령, 위의 정의를 이용하여, 은의 최대 figure of merit(Φ)는 대략 0.023Ω^{-1}이다. 이 값은 대략 1nm의 필름 최적 두께를 얻기 위한 흡수 계수 α=10^{6} cm^{-1}(550nm 파장에서)와 비저항 1.6×10^{-6}Ωcm을 이용하여 얻어진다. 이러한 최적 두께에서, 광학적 투과도는 90%이고 면저항은 16.3Ω/sq.이다. 1nm 두께로는 등각의(conformal) 근접 필름을 만드는데 실제적인 어려움이 있다. 더구나, 자유 캐리어들의 표면 산란(scattering)은 이러한 초박막에서 유효 전도도를 크게 감소시킨다. 은과 비교하여, ITO는 필름 두께 1000nm에서 10배 정도 높은 figure of merit(Φ)을 가진다(0.22Ω^{-1}과 ρ=1.6×10^{-4}Ωcm, α=10^{3} cm^{-1}). ITO를 은 박막과 비교하면, ITO 박막에 대한 최적 figure of merit는 은 필름 대비 두께가 1000배 정도 두꺼운(1nm 대 1000nm) 두께에서 발생한다는 것을 주목하자. 더욱이, 각각의 최적 두께에서 두 물질은 90%의 광학적 투과도를 가지지만, ITO가 1000배 정도 낮은 면저항을 가진다.

공액(Conjugated) 유기 고분자들은 이러한 물질들이 유기발광 다이오드에 적용되어 처음 시연된 1990년대 이래로 매우 심도있게 개발되어 왔다. Trans-(CH)x 같은 전자용(electronic) 고분자들과 polyaniline의 비저항은 10^{-5}에서 10^{-3}Ωcm 정도로 낮은 것으로 보고(MacDiarmid 2002)되었지만, 이러한 물질들을 실제로 코팅하면 낮은 이동도(〈 1cm^{2}/Vs), 낮은 캐리어 밀도, 그리고 부족한 투과도를 나타내었다. 게다가, 전도성 고분자들에 대한 환경 안정성과 관련된 공학적 난제들이 있다. 가령, 공액 고분자 도체들은 산소와 습기 민감성을 포함하여 환경 불안정성을 나타내며 따라서 강한 봉지 작업(encapsulation)을 필요로 한다는 것은 잘 알려져 있다. 비록 전도성 고분자들이 플렉시블 기판 응용을 위한 자연스런 선택처럼 보이지만, 그것들이 디스플레이 응용에서 요구되는 신뢰성과 결합하여 광학적 전기적 특성들을 가질 수 있기까지 개발해야 할 일들이 많이 남아 있다.

결론적으로, 광학적 투명도와 낮은 면저항을 요구하는 전극 응용을 위한 보편적인 선택은 투명 전도성 산화물 부류의 물질이다. 이러한 부류중에서, 인듐 산화물 물질은 현재 고성능 디스플레이 응용에서 가장 많이 사용되고 있다.

5.2.2 투명 전도성 산화물: 일반적인 고려 사항들

어떠한 종류의 기판에도 사용할 수 있는 투명 도체를 선택하는데 있어서 첫 번째 고려 사항은 적당한 광학적 전기적 특성을 가지는 물질을 증착할 수 있는 능력이다. 고분자 기판은 추가적인 일련의 제약조건을 가지게 만든다. 이러한 물질들은 종종 열에 민감하고 많은 경우에 다양한 용제, 열, 혹은 자외선을 포함한 에너지 방사에 노출되었을 때 차원적, 구조적 불안정성을 나타낸다. 결과적으로, 고분자 기판에 투명 전도성 산화물을 증착하는 것은 비활성 가스 환경, 에너지 방사에 대한 최소 노출 및 무시할 정도의 가열을 사용하는 공정을 요구한다. 결정적인 물질적 요구사항은 넓은 밴드갭 결정성 산화물를 도핑하는 메커니즘이 낮은 공정 온도에서 활성화될 수 있고, 정렬되지 않은(disordered) 비정질 상태에서 동작해야는 것이다.

비저항은 캐리어 밀도(n), 이동도(μ) 및 전자 전하(q)의 곱의 역에 따라 변하는 기본적인 성질이다.

$$\rho = (q\mu n)^{-1} \tag{5.3}$$

전형적인 물질에서의 자유 캐리어들의 이동도는 phonon 산란과 결합된 전하 및 중성 산란 점들의 농도의 역에 비례한다. 의도적으로 첨가된 도핑제(dopant)를 포함하여 증가된 불순물 농도와 결정 경계(grain boundary)와 같은 마이크로 구조 결함의 존재는 불순물과 결함이 추가적인 산란 점들로 작동하기 때문에 자유 캐리어 이동도를 감소시키다. 3eV 혹은 그 이상의 기초 밴드갭을 갖는 산화물은 도핑이 되지 않은 경우 상온에서 절연체이다. 따라서 이러한 물질들은 전도 특성을 갖기 위해서 고농도로 도핑 되어야 한다. 이러한 물질들의 도핑은 Fermi 레벨을 전도대 안으로 이동시키기에 충분하도록 자유 캐리어 밀도를 증가시켜야 한다. 이렇게 높은 도핑 조건은 축퇴(degenerately) 도핑된 상태라고 알려져 있으며 투명 도체 응용을 위한 잠재적 후보 물질들에 대한 심각한 제한요소가 된다. 왜냐하면 점 결함 혹은 불순물 형태로 즉시 이온화되는 전자 원(source)를 필요로 하기 때문이다. 이러한 도너

(donor)들은 상온 활성화를 가능하게 하기 위하여 전도대에 충분히 가까운 이온화 에너지를 가져야 한다. 일부 산화물에서는 특히 인듐 산화물, 아연 산화물, 주석 산화물 및 카드뮴 산화물과 같이 d^{10} 양이온을 가지는 것들에서는 산소 공핍(vacancy)과 같은 자체적 stoichiometric 점 결함은 즉시 이온화되고 그 결과 전자를 제공한다. 추가적인 도핑이 대개 요구되며(가령, ZnO에서 Al, In_2O_3에서 Sn, SnO_2에서 Sb) 이러한 불순물 이온들은 모(parent) 격자에서 대체 site를 찾아야 한다. 열적으로 민감한 폴리머 기판을 사용하는 공정 난제들 중 하나는 저온에서 도핑제(dopant)의 활성화이다. 축퇴 도핑은 이온화된 도핑제(dopant)의 매우 높은 농도를 의미하는데, 이것은 증가된 전자 산란과 캐리어 이동도(μ) 감소를 가져온다.

의도적으로 추가된 불순물 형태의 외부 도핑제(dopant)들은 양이온(가령, In_2O_3에서 3가 In 자리에 대체된 4가 Sn)이 되거나 음이온(SnO_2에서 O 위치에 대체된 F)이 될 수 있다. 위에서 언급된 산소 공핍(vacancy)과 같은 자체적 stoichiometric 점 결함은 상온에서 움직일 수 없으며, 따라서 이온 전도는 상온에서 TCO 물질들의 전도도에는 역할을 하지 못한다는 것을 주목하자. 더욱이, 현재의 모든 실질적인 투명 도체는 의도적으로 추가된 불순물 혹은 자연적 점결함을 가지는 축퇴 도핑된 n-type이다. 캐리어를 생성하기 위해 전자 수용체 상태를 이용한 p-type TCO 물질들에 대한 최근의 발견(Hiramatsu *et al*. 2003; Nagarajan *et al*. 2001; Stauber *et al*. 1999)은 pn 접합에 기초한 투명 전자공학 개념의 흥미를 유발시켰다. 현재에는 이러한 물질들이 디스플레이 전극으로 실제적으로 사용되기에 충분한 전도성을 가지고 있지 못하다.

하나의 TCO가 디스플레이 응용에 관심거리가 되기 위해서는 대략 0.4에서 1.5μm까지의 가시광 스펙트럼에서 자유롭게 빛을 투과해야 한다. 단파장(UV) 컷 오프(cut-off)는 물질의 기본적인 밴드갭에 대응하며, 반면 장파장(IR) 끝부분은 자유 캐리어 플라즈마 공진 주파수에 상응한다. 이러한 결정적인 광학 특징들은 Kostlin *et al*.(1975)에 의해 ITO에 대해 표현된 방식으로 캐리어 밀도와 이동도에 의해 직접적으로 영향을 받는다. 일반적으로, 어떤 물질이 가시광 영역에서 투명하기 위해서는 그것의 밴드갭이 근자외선(0.4μm)까지 투과할 수 있도록 3eV 이상이 되어야 하고, 자유 캐리어 플라즈마 공진 흡수가 근적외선(1.5μm)에 근접하거나 이상이어야 한다.

전형적인 투과 스펙트럼이 [그림 5.1]에 나타나 있다. SnO_2 두 종류의 필름에 대해 투과창을 보여 주는데 하나는 높은 저항(100Ω/sq.)을, 다른 하나는 낮은 저항(5Ω/sq.)을 가진다. 자외선(0.4μm)과 적외선(1.5μm) 파장 사이에서, 이 물질은 스펙트럼 창 내에서 투과 세기를 변경시키는 간섭 효과를 가지면서 절연체에서 전형적인 높은 투과도를 나타낸다.

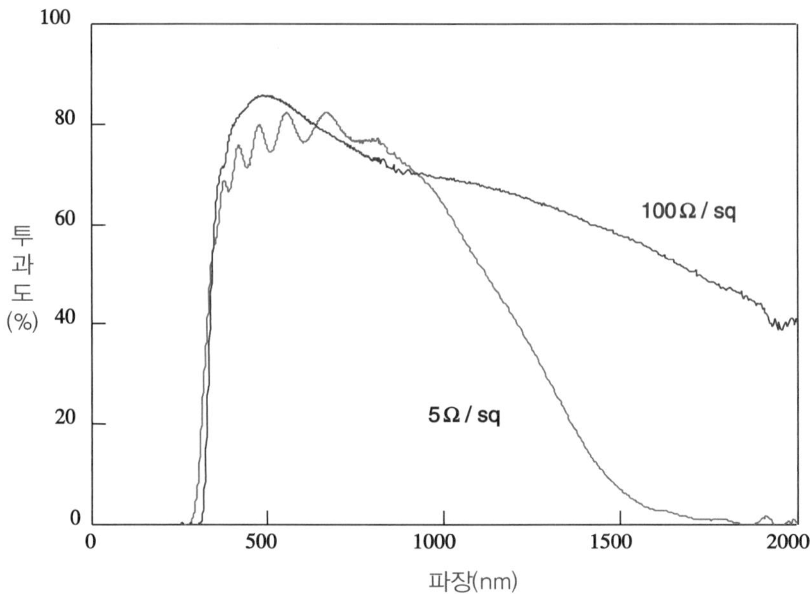

[그림 5.1] 서로 다른 면저항을 가지는 두 종류의 SnO2 TCO 필름에 대한 투과도 곡선. 보다 낮은 비저항을 가지는 물질에 대해 장파장에서 투과도가 감소하는 것을 주목하자. NREL의 D. Ginley 제공

[그림 5.1]에서 낮은 비저항을 가지는 샘플에 대해 스펙트럼의 적외선 끝에서 단파장 쪽으로 이동하는 것을 주목하자. 이는 자유 캐리어 밀도 증가가 물질의 비저항을 감소시킬 뿐만 아니라 적외선 흡수 경계를 단파장 쪽으로 이동시키며 따라서 투과 창을 좁히게 됨을 보여 준다. 스펙트럼의 적외선 경계에서의 이러한 이동은 전도대 내에서 밴드간 전이를 통해 입사 전자기파를 차단하는 자유 캐리어의 플라즈마 진동에 의해 결정된다. Kostlin *et al.*(1975)은 ITO에서의 적외선 반사에 대한 특성 주파수는 Drude 모델에 의해 잘 예측됨을 지적하였다. 스펙트럼의 적외선 경계에서의 투과도 저하의 기원은 파장・의존 유전(dielectric)함수에 의해 나타난다:

$$\varepsilon(\omega) = \varepsilon_{\infty}(1 - \frac{\omega_p^2}{\omega^2 + i\omega/\tau}) \tag{5.4}$$

여기에서 τ는 산란 메커니즘과 관련된 이완(relaxation) 시간이고 ω_P는 플라즈마 공진 주파수이다. 광학적 투과가 플라즈마 공진 주파수 근처에서 가파르게 떨어짐을 주목해야 한다. 플라즈마 공진 주파수는 캐리어 밀도(N)에 의존하고 자유 캐리어의 유효 질량(m*)에 반비례하며 다음과 같이 주어진다.

$$\omega_p^2 = \frac{Ne^2}{\varepsilon_0 \varepsilon_\infty m^*} \tag{5.5}$$

비저항을 줄이기 위해 캐리어 밀도를 증가시키는 어떠한 방법도 플라즈마 경계를 단파장 쪽으로 이동시킨다는 것을 주목해야 한다.

자외선 경계의 위치도 물론 부분적으로 물질 내에서의 자유 캐리어 밀도에 의존한다. 자외선 흡수 경계가 밴드갭을 가로질러 전자들의 밴드-밴드간 전이의 결과임을 고려하자. 축퇴 물질에서, Fermi 레벨은 전도대 내에 놓여 있으며 Fermi 통계학은 이 밴드의 바닥이 캐리어들로 유효하게 채워져 있음을 지적한다. 결과적으로, 광학 밴드갭(및 자외선 경계)은 캐리어 밀도 증가에 따라 보다 높은 에너지(단파장)로 이동하는데 이는 밴드-밴드간 전이에 의한 흡수는 valence 밴드의 꼭대기에서 전도대의 비점유 상태로의 전자 전이를 필요로 하기 때문이다. 이러한 캐리어 밀도 의존 이동은 Burnstein-Moss 효과라고 알려져 있으며 (Kostlin *et al*. 1975) 전도대의 상태 밀도에 대한 직접적인 분석은 자외선 경계가 캐리어 밀도(n)가 증가함에 따라 단파장 쪽으로 이동할 것임을 나타내는데 이는 광 밴드갭 변화(ΔE)가 캐리어 밀도가 증가함에 따라 $\Delta E \sim n^{3/2}$로 증가하기 때문이다.

TCO의 광특성과 전기 특성은 물질의 기본 밴드 구조에 밀접하게 연결되어 있다. 반대로 밴드 구조는 결정 내에서의 포텐셜의 주기적인 분포에 의존한다. 이것은 처음 보기에 결정체 구조의 긴-범위 주기성이 파괴된 비정질 물질들이 매우 다른 광 및 전기 특성을 가지게 될 것임을 의미한다. 인듐 산화물의 결정 및 비정질 상태 두 가지에 대해 아래에서 토의되었다. 이는 둘다 TCO 물질로 쓰일 수 있기 때문이다.

5.3 인듐-기반 2원소 산화물

5.3.1 배 경

능동 매트릭스(Active matrix) 디스플레이 응용에 가장 광범위하게 사용되는 TCO는 결정구조 인듐 주석 산화물(c-ITO), 비정질 인듐 주석 산화물(a-ITO) 및 비정질 인듐 아연 산화물(a-IZO) 이다. 비정질 인듐 산화물(ITO 또는 IZO)은 가열하지 않은 기판상에 세라믹 타켓(target)으로부터의 증착에 의해 일반적으로 형성된다. 다양한 물리적 진공 증착(PVD) 방법들이 인듐 산화물 증착을 위해 이용되었지만, 가장 일반적인 방법은 직류 마그네트론 스퍼터 증착 및 그것의 변형들이다. 이 기술은 RF 스퍼터링에 비해 선호되는데 이는 전도성 타겟이 전하를 흩어버릴 수 있어서 보다 빠른 증착 속도를 제공하기 때문이다.

PVD-증착 박막의 마이크로 구조는 많은 요인들에 의해 결정된다(Chapman 1980). 이러한 요인들 중의 일부는 기판 온도, 원자 흐름, 배경 기체 압력 및 성장 표면에서의 원자 부착 상세와 같은 증착되는 물질들의 사양 등이다(전자빔 증착과 같은 열 진공 증착법과 반대로). 플라즈마 기술을 사용하는 것은 성장 필름에 비저항을 증가시킬 수 있는 이온 손상을 가져올 수 있는 단점이 있다. 이러한 이유 때문에, 스퍼터 기압과 타겟-기판 간 거리 등과 같은 공정 변수들이 중요하며, 이 변수들은 증착 중에 성장 표면에 입사하는 이온 에너지를 줄이기 위해 조정된다.

일반적으로 ITO는 3에서 10wt%를 가지는 소결된(sintered) 세라믹 In_2O_3 타겟으로부터 증착되고, 반면 IZO 타겟은 7~10wt%의 ZnO를 함유한다. Target의 산소 stoichiometry는 그것을 제작하는데 사용된 공정에 의존한다. 일반적으로 낮은 산소 타겟($In_2O_{3-\delta}$)은 황색을 띠는데, δ가 0에 다가감에 따라 색깔은 초록-회색-검정색으로 변한다. 250~350℃로 가열된 기판에 증착된 결정성 ITO는 현재 이용가능한 가장 낮은 비저항($1-3\times10^{-4}$cm)을 가진다. 상온에서 공정 가능한 두 가지의 c-ITO 대체물은 a-ITO 와 a-IZO이다. c-ITO와 비교해서 이 두 가지 비정질 물질은 낮은 캐리어 밀도를 가지며, 따라서 높은 비저항을 갖는다. 그럼에도 불구하고, 이러한 비정질 물질들은 일부 응용에 있어서 결정성 ITO보다 선호되는데 그것은 보다 잘 통제할 수 있는 wet-에칭 특성 때문에 보다 나은 리소그래피 선(line)형 해상도(definition)를 제공하기 때문이다. 뿐만 아니라, a-IZO는 최적 비저항이 산소가 0 혹은 거의 없는 곳에서 나타나기 때문에 스퍼터 기체에 산소를 넣을 필요가 없다는 이점이 있다. 일부 디스플레이 제조 공정에서 a-ITO는 패턴 형성 시에 패턴 후 공정 어닐링에 의해 결정화 된다. 이러한 어닐링은 상대적으로 적당한 온도(200℃ 근방)에서 수행되며 증착 그대로 상태에서의 결정성 및 비정질 상태 값의 가운데 비저항 값을 가지는 안정한 결정성 ITO를 만든다. 비정질-결정성 상전이는 또한 훨씬 낮은 온도(〈 120℃)에서도 일어나며(Paine *et al.*1999), 원리적으로 a-ITO에 대하여 저온, 장시간의 증착 후 어닐링을 실시하면 증착된 그대로의 a-ITO를 결정화할 수 있다. 그러나 이러한 반응의 느린 동역학(며칠 또는 몇 주로 측정)은 생산 공정에는 경제적으로 적용하기 곤란하다.

ITO에서의 캐리어 밀도는 화합물의 산소 stoichiometry의 정확한 조절에 결정적으로 의존한다. 이러한 이유 때문에, 종래의 직류 마그네트론 스퍼터 기술로 증착 된 결정성 및 비정질 ITO는 모두 스퍼터 기체의 산소 양에 대한 최적화가 필요하다. 저자들의 연구실에서 수행된 일에서 얻은 전형적인 산소 기체 최적화 곡선이 4가지 산화물: a-ITO, a-IO(도핑되지 않은 인듐 산화물), c-ITO 및 a-IZO에 대하여 [그림 5.2]에 나타나 있다. 두 종류의 ITO 필름은 동일한 In_2O_3 9.8wt% SnO_2 타겟으로부터 증착되었으나, a-IZO는 상온 기판에서 증착되었고 반면 c-ITO는 350℃에서 증착되었다. 두 종류의 ITO 필름의 최저 비저항이 서로 다른 산소 함유량에서 나타남을 주목하자(c-ITO의 경우 0.5vol%; a-ITO의 경우 0.2 vol%).

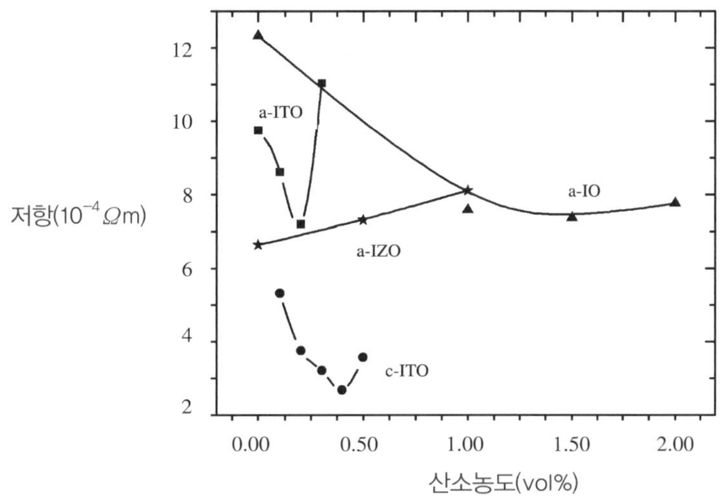

[그림 5.2] 순수 비정질 인듐 산화물(a-IO), a-ITO, c-ITO, 및 a-IZO에 대한 직류 마그네트론 스퍼터 증착 산소 최적화 곡선. 이 곡선들은 대략 동등 두께(100nm)를 가지는 필름에 대한 것이며 유사한 총 압력(mtorr) 및 power(0.25W/cm^2)에서 스퍼터링되었다.

가열하지 않은 기판에 증착한 a-IZO 필름은 0 vol% 산소에서 최소 비저항을 가진다.

[그림 5.2]에 제시된 자료를 살펴보면 비정질 상태에서의 도핑제의 유효성에 대한 통찰을 제시해 준다. 모든 비정질 샘플들(순수 인듐 산화물, Sn-doped 인듐 산화물 및 Zn-안정화 인듐 산화물)이 비슷한 비저항(6에서 $7\times10^{-4}\Omega$cm)을 가지며 이 비저항값은 동일한 반응기에서 증착한 결정성 인듐 산화물 값(2에서 $3\times10^{-4}\Omega$cm) 보다 매우 높음을 주목하자.

홀(hole) 이동 측정값이 [표 5.1]에 제시되어 있으며, 모든 최적화된 비정질 샘플들이 도핑이 되었건 되지 않았건 비슷한 자유 캐리어 밀도(1.8에서 $2\times10^{20}cm^{-3}$)를 가지는 반면 c-ITO는 훨씬 높은($6\times10^{20}cm^{-3}$) 자유 캐리어 밀도를 가진다는 것을 보여준다. 이것은 Sn(Zn 포함 물질의 경우 그 물질)가 비정질 상태에서는 활성화되지 않았고, 인듐 산화물을 효율적으로 도핑하지 않는다는 것을 의미한다. 비정질 상태에서는 대부분의 자유 캐리어들이 산소 공핍과 유사한 상태에 의해 발생한다.

[표 5.1] a-ITO, c-ITO, a-IZO 및 a-IO에 대한 100nm 두께 최적 필름들의 전기 특성치

	저 항(Ωcm)	캐리어 밀도(cm^{-3})	이동도(cm^2/V s)
c-ITO	2.24×10^{-4}	6.03×10^{20}	46.4
a-ITO	7.18×10^{-4}	2.18×10^{20}	41.4
IO	7.48×10^{-4}	1.88×10^{20}	44.5
IZO	6.66×10^{-4}	1.95×10^{20}	48.0

5.3.2 결정성 인듐 주석 산화물

결정성 인듐 주석 산화물은 InO_6 배치 군의 적층에 기반한 배열에서 Ia3 공간 군과 1nm 격자 변수를 가지는 80-원자 단위 셀로 구성된 bixbyite 구조(그림 5.3)를 가진다. 이 구조는 플루오르화 칼슘(fluorite)과 밀접하게 관련되어 있는데, 그 구조에서는 모든 사면체 틈새 위치에 음이온으로 채워진 양이온들의 면심 입방(face-centered cubic) 배열(array)이다. Bixbyite 구조는 플루오르화 칼슘의 MO_8 배치 유닛(산소가 입방체의 코너에 위치하고 금속 양이온(M)이 입방체의 가운데 부근에 위치)이 몸체 혹은 면 직교에서 산소가 없어진 유닛으로 대체된다는 점 외에는 유사하다. 금속-중심 입방체로부터 두 개의 산소 이온을 제거하여 bixbyite의 InO_6 배치 유닛을 만드는 것은 입방체 가운데로부터 양이온을 치환하도록 만든다.

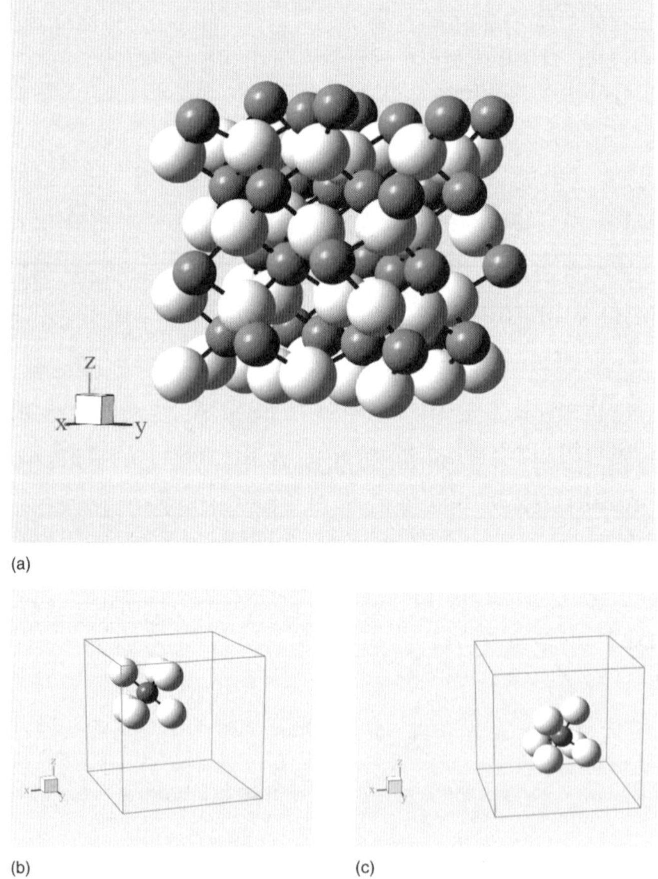

[그림 5.3] bixbyite 단위 셀 및 bixbyite의 두 개의 기본 비평형 InO_6 구조 유닛; (a) 단위 셀, (b) type 1 In–O 팔면체, (c) type 2 In–O 팔면체

이러한 방식으로, 인듐은 인듐 원자의 1/4이 삼각형으로 변형된 산소 팔면체(대각으로 O 부재)의 가운데에 위치하는 두 개의 비평형 위치에 분포한다. 인듐 원자의 나머지 3/4는 보다 변형된 팔면체의 가운데에 위치하는데 두 개의 산소 원자가 팔면체의 면으로부터 제거되어 형성된다. 이러한 두 개의 비평형 In-centered 팔면체가 [그림 5.3]의 삽입 그림으로 예시되어 있다. 이러한 MO_6 배치 유닛은 산소 이온의 1/4가 각각의 {100} 면으로부터 없어져 완전한 bixbyite 구조를 형성하도록 적층된다.

[그림 5.4] 350℃에서 직류 마그네트론 스퍼터링을 이용하여 증착한, 비저항 $1.1\times10^{-4}\Omega$cm, 투과도 90% 이상의 고품질 결정성 ITO. 학술용어로 rice field 구조로 알려진 아결정립 영역의 존재를 주목하시오.

주석(Tin)-도핑 인듐 산화물(ITO)이 최적 조건하에서 유리 기판 위에 250~350℃에서 직류 마그네트론 스퍼터링을 이용하여 증착되었을 때, 그것은 [그림 5.4]에 나타난 SEM 영상과 비슷한 rice field 구조를 나타낸다. 단면 TEM 사진은 ITO의 개별적인 그레인(grain, 결정)들이 일반적으로 필름 두께보다 훨씬 넓으며 그것들이 작은 각도의 결정 경계로 나누어짐을 나타낸다.

[그림 5.4]에 나타난 필름의 비저항은 $1.1\times10^{-4}\Omega$cm인데, 이는 ITO에서 얻을 수 있는 최소값에 가깝다는 것을 나타낸다. 이 필름에 대한 투과도 스펙트럼이 [그림 5.5]에 나타나 있는데 투과도가 90% 이상인 넓은 창을 가지고 있음을 보여 준다. Rice field 구조는 성장면이 에너지가 높은 이온과 반사 중성자들로 이온충격을 받는 고밀도 플라즈마-강화 증착 및 직류 마그네트론 스퍼터링과 같은 높은 역학 에너지 증착 공정에서 관찰된다. 기술 및 증착 공정의 상세도에 따라서 성장면에 입사하는 입자들(중성자, 아르곤 및 산소 이온, 인듐, 산소 및 두 가지의 보다 큰 분자들과 같은 박막 류들)의 운동 에너지는 10에서 400eV 범위를 가질 수 있다.

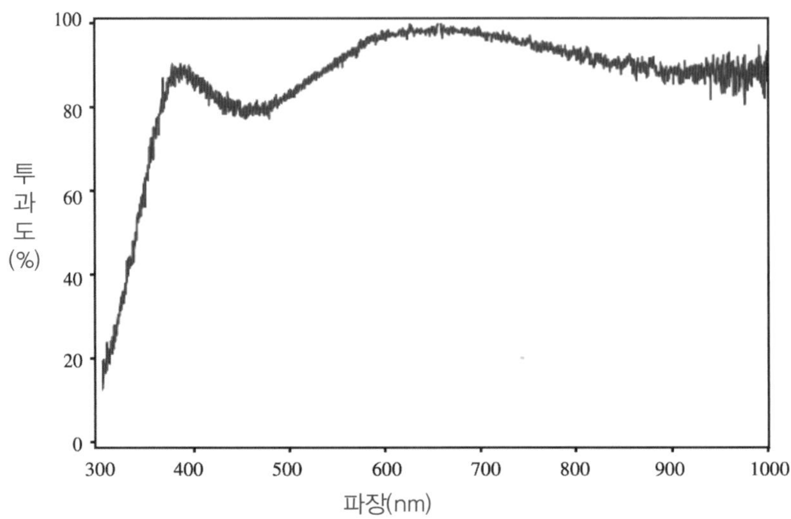

[그림 5.5] 필름 두께 110nm로 250~350℃에서 증착된 결정성 ITO에 대한 투과도 스펙트럼

Rice 굴곡의 구조는 이러한 높은 에너지를 가지는 증착 공정에서만 관찰될 뿐이며(Shigesato and Paine 1944), 증착이 가열된 기판(250~350℃)에서 이루어 질 때만 관찰된다. 이러한 표면 구조가 [그림 5.4]에 나타나며 실제로는 고온에서 낮은 운동 에너지 공정으로(Shigesato and Paine 1944) 증착된 비슷한 필름들보다 평탄하다. 따라서 소자 공정에서 고온의 높은 에너지 증착이 선호된다.

직류 마그네트론 스퍼터링된 ITO 필름의 최적화는 스퍼터 파워, 총 압력 및 가장 중요하게는 시스템에서의 산소의 부분합에 대한 조정을 필요로 한다. 일련의 전형적인 최적화 곡선들이 [그림 5.2]에 나타나 있는데, 넓은 범위의 O_2/Ar 비율에 대해 다양한 일반적으로 쓰이는 인듐 산화물 물질들에 대해서 필름 비저항이 그려져 있다. 필름들은 동일한 직류 마그네트론 스퍼터 증착 시스템을 이용하여 동일한 파워(0.25W/cm^2)와 총 Ar 압력 조건하에서 100nm 정도로 증착되었다. 홀 전송 측정은 Van der Pauw 셋업을 이용하여 측정하였으며 정확한 필름 두께는 X-ray 반사를 이용하여 결정되었다. c-ITO에 대해 대략 0.4 vol% O_2에서 명확하게 최소 비저항을 가지는 것을 주목하자. 결정성 ITO는 그림에서 표시된 다른 샘플들에 대해 가장 낮은 비저항을 가지는 것이 다르다. 불행하게도, 이렇게 낮은 비저항을 얻기 위해서는 기판은 증착 중에 대략 350℃로 가열해야 한다. 따라서 이 방법은 현재 이용 가능한 고분자 기판에는 쓸 수 없다.

증착 중에 산소 부분압이 최적화 되어야 한다는 필요 조건은 인듐 산화물에서의 기본적인 도핑 성질에 기인한다. c-ITO 도핑은 두개의 소스(source)로부터 얻어진다: bixbyite 결정에서의 3가 인륨을 대체한 4가 주석(Sn)과, 이중 하전된 산소 공핍 생성. 점 결함 도핑 매커니즘에 대한 보다 자세한 이해는 Frank and Kostlin(1982) 연구 이래로 수 십여년간 발전해 왔다. 이 일은 (i) 분해능 한계 훨씬 아래에서도 주석은 인듐 산화물 격자에 완전히 활성화되지는 않으며, (ii) In_2O_3에서의 자유 캐리어 밀도는 필름의 주석 함유량과 산소 함유량 모두에 의존한다는 관찰 사항을 설명한 최초의 연구였다. 이러한 관찰은 [그림 5.2]에 나타난 c-ITO 산소 최적화 곡선과 일치하며 최근에 Freeman *et al*. (2000)이 리뷰한 ITO 도핑에 대한 단순 결함 모델 관점에서 이해될 수 있다.

[표 5.1]은 c-ITO가 동일한 구성의 a-ITO보다 훨씬 높은 자유 캐리어 밀도(결과적으로 낮은 비저항)를 가지고 있음을 나타낸다. 이것은 대체 Sn에 의해 제공된 추가 캐리어들 때문인데, 이것들은 비정질 상태가 아니라 결정성 상태에서 활성화 된다. c-ITO 산소 최적화 곡선에서 최소는 Sn 활성화와 스퍼터 기체의 산소 부분압사이의 상호작용 관점에서 이해될 수 있다. Frank and Kostlin(1982)은 주석은 bixbyite 격자에서 중성의 침입형 associates로 존재하는 경향이 있다는 것을 제시하였다. 이러한 associates는 다음 반응을 통하여 형성된다.

$$2In_{In}^{x} + 2SnO_2 = (2Sn_{In}^{\bullet}O_i^{''})^{x} + In_2O_3 \tag{5.6}$$

여기에서 일반적인 Kroger-Vink 표기법이 사용되었는데 여기에서 화학종은 전하, 양전하(˙) 및 음전하(')를 표기하기 위해 위 첨자로 표기되었으며 아래 첨자는 그 종들이 점유하는 완전 결정에서의 위치를 표시하기 위해 사용되었다. 2Sn˙InOi'' 침입형 결함의 존재를 지원하는 실험 증거가 중성자 회절 데이터(Gonzalez *et al*. 2000)를 이용하여 최근에 얻어졌다. 중성 침입형 결함의 존재는 세 개의 도핑 프로세스를 고려함으로써 산소 부분압, 주석 농도 및 자유 캐리어 밀도를 연관시키는 자발적 일관 모델 개발을 허용한다:

- 다음 식을 통하여 대체 Sn도너로 직접 도핑

$$2In_{In}^{x} + 2SnO_2 = 2Sn_{In}^{\bullet} + 2e^{'} + In_2O_3 + \frac{1}{2}O_{2(g)} \tag{5.7}$$

  비록 이것은 자유 캐리어 생성에 대한 가장 단순한 매커니즘이지만 Sn이 중성으로 존재한다는 것과 Sn이 완전히 활성화되지는 않는다는 관찰 사항을 설명할 수 없다.

- 낮은 산소 포텐셜 하에서, 캐리어 생성은 전기적으로 비활성 중성 Sn 틈새 associates의 다음 반응식을 통한 감소에 의해 일어난다.

$$(2Sn_{In}^{\bullet}O_i^{''})^{x} = 2Sn_{In}^{\bullet} + \frac{1}{2}O_{2(g)} + 2e^{'} \tag{5.8}$$

- 또한 낮은 산소 포텐셜 하에서, 이중 하전된 산소 공핍 생성은 다음 반응을 통해 발생된다.

$$O_o^x = \frac{1}{2} O_{2(g)} + V_o^{\bullet\bullet} + 2e^{''} \tag{5.9}$$

전기적-중성 고려사항(Frank and Kostlin 1982)을 적용하는 것과 더불어 이러한 반응들의 열역학적 고려는 높은 산소 부분압에서 이중 하전된 산소 공핍과 대체 주석은 식 (5.8)과 식 (5.9)에서 주어진 반응에서 좌측으로 진행하는 것에 의해 동시에 소비된다는 것을 드러낸다. 중간 및 낮은 산소 포텐셜에서는(즉, 감소 조건) 이러한 반응들이 오른쪽으로 진행하며 자유 캐리어들이 생성된다. 조건하에서는 인듐 산화물 그 자체가 인륨 금속으로 환원하여 결과적인 격자 완전성 감소는 전도도의 가파른 감소를 가져온다.

5.3.3 비정질 인듐 주석 산화물

비정질 인듐 산화물은 물리적 증기 증착 공정 중에 성장 표면에 도달하는 산소 혹은 종(species)들로부터 발전하는 InO_x 유닛이 성장하는 필름 속으로 포함되어 임의의 방향으로 향하게 될 때 형성된다. 낮은 기판 온도에서 InO_x 클러스터(cluster)의 제한된 이동도는 다른 방향으로 정렬되고 뒤틀린 배열 유닛들이 안정화되는 것을 막는다.

비록 결정성 bixbyite 상이 큰 80-원자 단위 셀로 구성되어 있지만, 비정질 ITO의 결정화는 매우 낮은 대응(homologous) 온도(T/T_m 〈 0.19)에서 빠르게 일어나며, 150℃가 결정화가

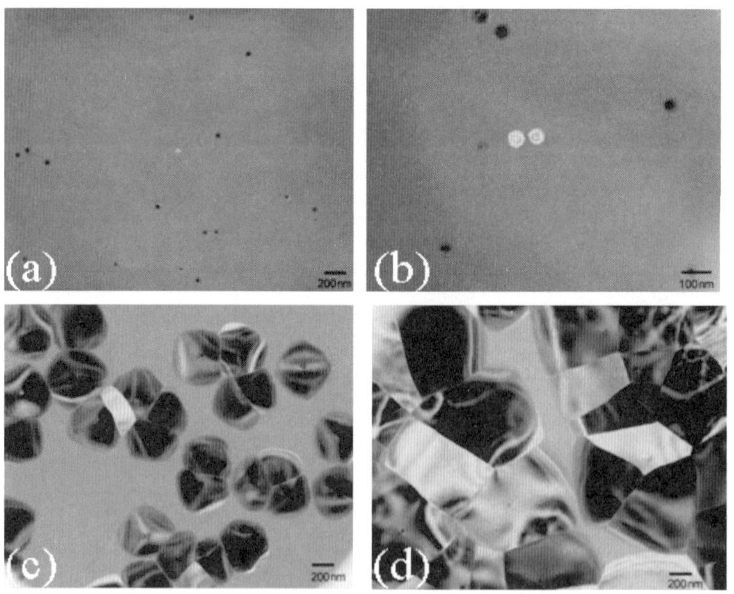

[그림 5.6] 직류 마그네트론 스퍼터 증착된 비정질 ITO가 250℃에서 어닐링 하는 동안 결정화를 보여주는 in situ TEM (a) 0, (b) 0.5, (c) 2.5 (d) 5시간

빨리 일어나는 온도로 자주 인용된다(Shigesato *et al*. 1992; Oyama, 1992). 보다 낮은 온도에서는 결정화가 진행될 수도 있으나 역학적으로 느리고 수 일 혹은 수 주의 시간을 요한다.

[그림 5.6]에 나타난 평면 TEM은 최적(가장 낮은 비저항) 스퍼터 조건에서 가열되지 않은 기판에 증착된 a-ITO의 결정화 거동을 보여준다. 이 경우에 결정화는 이미 존재하는 핵의 고정된 수에서 시작된다. 이러한 핵형성 사이트(site)들은 필름 두께보다 훨씬 멀리 위치하고 있다(그림 5.6(a)). 따라서 일단 성장하는 인듐 산화물 결정체가 필름 두께에 해당하는 직경에 이르면 성장은 [그림 5.6(b)와 (c)]에 나타난 것처럼 이차원 섬(island)의 형태를 가진다. 비정질 ITO의 결정화는 결정성 섬들의 측면 성장에 의해 진행되는데 인접한 섬이 부딪혀서 결정경계를 형성할 때까지 계속된다. 이 경우 – 결정성 상과 그것이 자라는 비정질 상의 구성이 동일할 때 – 결정화는 비정질/결정성 경계를 넘나드는 짧은 – 범위(short–range)의 원자 호핑(hopping) 비율에만 제한된다.

비정질 혹은 부분 비정질 ITO 필름을 만드는 특정 조건들은 기판 온도(Yi 1995; Vink *et al*. 1995), 전체 필름 두께(Muranaka *et al*. 1987; Muranaka, 1991), 및 산소 부분압(Song, 1998)을 포함하여 매우 다양한 공정 변수들에 의존한다. Muranaka는 반응 진공증착에 의해 150℃ 이하의 온도를 가지는 기판에 증착한 층들이 처음에는 비정질이었으나 필름 두께가 증가함에 따라 결정성이 됨을 보였다. 55nm 두께까지의 필름이 상온에서 증착되었을 때 완전히 비정질이 되는 것이 보고되었으며, 필름 두께를 증가시키거나 온도를 150℃까지 증가시킴에 따라 비정질 층 두께는 감소함을 보였다. 비슷하게, 직류 마그네트론 증착 ITO에서 몇몇 저자들은(Yi 1995; Vink *et al*. 1995) 결정화 온도(~150℃)에 근접한 기판들에 증착한 매우 얇은 필름은 오직 부분적으로만 결정성이 된다는 것을 보고하였다. 따라서 비정질/결정성 변형은 아마도 가열된 기판에 증착된 증착 상태 그대로의 필름에서 마이크로 구조를 결정하는데 역할을 할 것이다. 그것은 비가열 고분자 기판에 낮은 온도에서 증착된 ITO의 안정성 및 성능을 정의하는 데 결정적 역할을 할 것이 틀림없다.

결정성 상태에서, ITO는 3가 인듐 사이트에 위치한 대체 4가 주석에 의해 그리고 이중 하전된 산소 공핍에 의해 축퇴 도핑된다. 비정질 상태에서는 도핑 매커니즘이 잘 정립되지 않았다. 그러나 [표 5.1]의 데이터는 Sn이 비정질 상태에서는 효과적으로 활성화되지 않는다는 것을 나타낸다. 최적 산소 조건 하에서 상온에서 증착된 순수 인듐 산화물과 a-ITO는 매우 비슷한 캐리어 밀도([표 5.1]에서 $1.9\sim2\times10^{20}cm^{-3}$)와 비저항을 가진다. 따라서 Sn은 비정질 상태에서 활성화되지 않을 것이며 이러한 물질에서의 자유 캐리어는 주로 비정질 구조에서의 공핍적인 산소 결함에 의해 기여된다는 것이 명백하다. 비정질 상태에서의 Sn 활성화의 어려움은 이전에 보고되었으며(Morikawa and Fujita 2000; Bellingham *et al*. 1990), 비정질 인듐 산화물을 도핑하는 유효성을 개선하는 것은 여전히 활발한 연구 영역으로 남아있다.

비정질 상태에서의 공핍 구조는 잘 정의되지 않고 있으나, 비정질 ITO의 전자 특성은 국부적 결합 환경에 의존한다. 국부적 In-O 가장 근접한 배치는 비정질 상태와 결정성 상태에서 변하지 않을 것으로 예상된다. 이것은 비정질 ITO에서 In-O 결합 길이에 대한 동경 분포 함수(RDF) 분석에 의해 지지되었다(Yaglioglu *et al*. 2003). 이 연구에서 동일한 구성을 가지는 비정질 및 결정성 ITO에서의 평균 원자간 거리를 측정하기 위하여 전자 산란을 이용하였다. In-O 간격은 두 상의 경우에 모두 동일하다는 것이 보여졌다.

비정질 인듐 산화물에서의 전도 전자의 평균 자유 경로(mean free path)가 원자의 무질서도 스케일(scale)보다 훨씬 크다는 것을 주목할 만하다. 이것은 Fermi 전자들이 비정질 상태에서는 원자 무질서와 상호작용을 할 수 없다는 것을 의미하는데, 이는 원자 무질서가 너무 작은 스케일에 존재하기 때문이다. 이 아이디어는 위에서 언급한 RDF 분석에 의해 지지되었는데, 그 분석에서 비정질 상에서의 InO_x 구조 단위는 c-ITO에서 측정된 것과 동일한 평균 In-O 배열을 가짐을 보였다. 이러한 단위들은 1nm 단위 셀 차원의 1/4이기 때문에 무질서는 0.25nm 스케일에 존재해야만 한다. 사실 비정질 상태에서 증착 중 산소량 관점에서 최적화된 ITO는 동일한 구성의 결정성 필름이 가지는 것보다 약간 작은 특성 캐리어 이동도를 가진다(표 5.1). ITO의 비정질 형태는 아무런 구조적 불연속점(결정 경계들, 선결함 혹은 평면 결함)들을 가지지 않지만, 비정질 상태에서의 Sn은 위에서 언급한 중성 associates와 비슷하게 비활성 하전되지 않은 상태로로 존재할 수 있다.

5.3.4 비정질 인듐 아연 산화물

주석(Tin)-도핑 인듐 산화물(ITO)이 고가, 고성능의 디스플레이 응용에서 투명 전극 물질로 선택되어 왔다. ITO의 장점을 모두 이용하기 위해서는 가열된 기판에 증착 되어야만 한다. 그러나 ITO의 결정성 형태는 wet 에칭하기 어렵고, 이 물질을 dry 에칭할 수 있는 가용한 기술도 없다. 결과적으로, 세밀한 선 형성이나 공정 단순화의 경우에는 높은 비저항에도 불구하고 a-ITO를 사용하는 경향이 있어 왔다(Kaijo *et al*. 2001). 이러한 전기적 성능과 리소그래피 패터닝 사이의 trade-off관계는 Idemitsu Corp.(Kaijou 1999)에 의해 비정질 Zn-도핑 인듐 산화물을 개발하도록 만들었다. 이 물질은 현재 매우 관심을 끌고 있는데, 이는 c-ITO보다 나은 에칭 특성을 가지고 있고, a-ITO 보다 조금 낮은 비저항을 가지고 있고, 구조적으로 안정하며 비가열 기판 상에 증착 가능하기 때문이다. 따라서 이 물질은 리소그래피의 해상도(definition) 정의가 중요할 경우의 유리 기판과 열에 약한 고분자 기판에 적합하다.

도핑되었을 때, ZnO와 In_2O_3는 모두 유용한 투명 도체이다. 그러나 그것들의 원자가(2+ 대 3+)와 양이온 배치가 꽤 다르기 때문에(4 대 6) 그것들의 상호 고체 용해도는 낮다. 넓은 범위의 조성에 대해 In_2O_3-ZnO 상 다이아그램(Moriga *et al*. 1998)은 이 두 가지 산화물이 일련의 동족(homologous) 화합물(Cannard and Tilley 1988)을 형성하도록 반응한다는 것을 보여준다. 이러한 화합물들은 bixbyite-like In_2O_3 {111}면과 산재한 {0001}면 wurtzite-like ZnO 면으로 구성되어 c-축 주기성이 In과 Zn의 구성비에 의해 결정되는 rhombohedral 혹은 팔각형 결정 구조를 만든다. 이러한 동족 화합물은 두 개의 양이온(Zn와 In)에 대해 그것들의 산소와의 개별적인 사면체(wurtzite) 혹은 팔면체(bixbyite) 배치를 유지하려는 강한 경향성을 나타낸다. $Zn_kIn_2O_{k+3}$ (여기에서 k=3,4,5,6,7,9,11,13,15) 동족 화합물 중에서 많은 것이 투명 전도성 산화물 응용에 유망함을 보여준다(J. Phillips *et al*. 1995; Marcel *et al*. 2002; Minami *et al*. 2000과 거기에 나와 있는 참고문헌). 그러나, 모든 화합물들이 고온 공정을 필요로 하기 때문에 고분자 기판 응용에는 유용하지 않다.

비정질 ITO는 매우 낮은 어닐링 온도에서 결정화가 되며 150~200℃ 혹은 그 이상의 기판에 증착되었을 때 증착된 그대로의 조건에서 결정성을 나타낸다. 대조적으로, 비정질 IZO(10wt% ZnO)는 500℃ 이상까지 가열되어도 측정 가능한 비율로 결정화가 시작되지 않으며, 기판이 350℃ 이상이 아니면 비정질 조건에서 증착된다(Jung 2003). 이러한 비정질 상의 증가된 안정성의 이유는 ZnO 및 In_2O_3가 혼합되지 않으며 결정화되기 위해서는 상분리가 일어나야 하기 때문이다. Zn이 풍부한 IZO 비정질 화합물에서 분리는 마이크로 스케일에서 일어나며, 위에서 언급한 대응(homologous)-층 구조의 결과를 가져올 지도 모른다. a-IZO를 만들기 위해 사용된 7~10wt% ZnO 수준에 대해서, 상분리는 결정화 인듐 산화물 구조로부터 Zn이 제거되는 것을 필요로 한다. 상분리 역학은 느리며, 결과적으로 Zn는 비정질 구조를 안정화시키는 효과를 지닌다. IZO(10wt% ZnO)의 비정질 상의 안정화는 ZnO가 사면체로 배치(가정컨데, 비정질 상태에서 가능한)되어 남아 있을 필요성과 bixbyite In_2O_3에서의 Zn의 상대적인 비용해성(insolubility)과 밀접하게 관련되어 있다. 500℃에서 공기 중의 IZO가 결정화되는 것을 보여주는 일련의 TEM 사진들이 [그림 5.7]에 제시되어 있으며, 보다 톱니모양 같은 비정질/결정성 계면과(그림 5.6과 비교하여) 훨씬 느린 결정화(crystallization) 동역학을 나타낸다.

저온에서, 10wt% ZnO까지 도핑되어 증착된 비정질 IZO 필름은 a-ITO보다 구조적으로(Minami *et al*. 1999) 보다 안정하며 비슷하거나 낮은 비저항을 가진다. 보다 높은 Zn 농도에서(20wt%) Minami는 IZO의 비저항이 약간 증가하지만, 밴드갭은 3.8eV(순수 인듐 산화물)에서 최소 2.9eV까지 감소함을 보고하였다. [표 5.1]은 세 가지 모든 비정질 상의 캐리어 밀도가 매우 비슷(도핑제에 상관없이)함을 보여준다. 또한 비정질 IZO의 캐리어 이동도가 다른 두 가지의 비정질 상보다 높음을, 결과적으로 IZO의 비저항이 세 가지 비정질 상 중에서 가장 낮다는 것을 보여준다. 이것은 아마도 IZO의 밴드 구조에 대한 Zn의 영향 때문일 것이다.

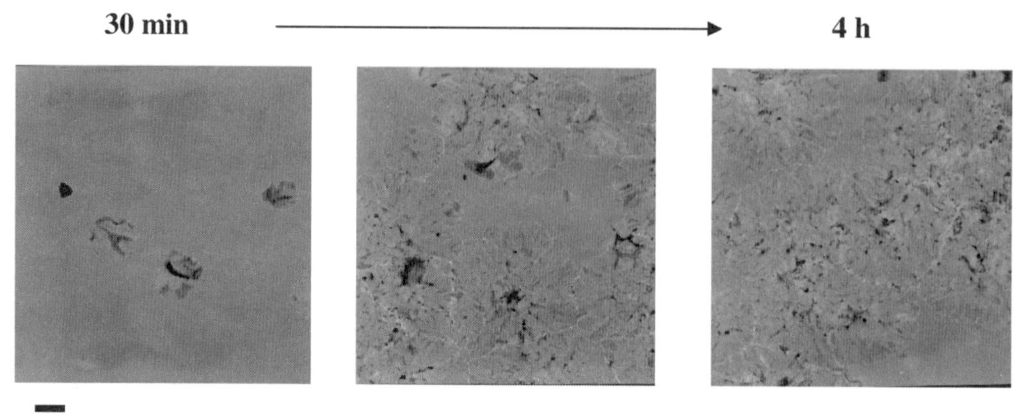

[그림 5.7] 500℃에서 공기 중에서 IZO가 비정질(a)에서 결정성(c) 전환을 나타내는 TEM 영상. 그레인 경계와 In 공핍을 의미하는 a/c 계면에서의 보다 낮은 대조를 나타내는 영역을 주목하라.

Zn는 밴드갭을 감소시킨다는 것이 보고되었으며(Minami *et al*. 1999) 또한 전도도의 바닥을 평탄화함으로써 이동도를 높이는 방식으로 밴드 형상을 변경할 가능성이 있다(Jung 2003).

5.4 투명 전도성 산화물에 대한 미래 방향

5.4.1 새로운 물질

새로운 PVD 공정 방법 및 PVD 증착 조건 최적화 개발은 In_2O_3의 비저항을 1960년대 후반 1×10^{-3}Ωcm에서 현재 1×10^{-4}Ωcm로 줄였다(Minami *et al*. 2000). Minami는 결정성 ITO 비저항에 대한 문헌 보고를 출판 연도별로 그래프를 그렸다. 이 그래프는 비저항 개선 속도가 최근에 거의 영(zero)으로 떨어진 것을 보여준다. 이것은 ITO에서 비저항을 감소시키기 위해 필요한 캐리어 밀도 및 이동도에 대한 추가적인 개선이 일어날 것 같지 않으며 개선된 TCO 성능을 위해서는 새로운 물질 시스템이 필요할 것이라는 것을 나타낸다. 뿐만 아니라, 전 세계적으로 인듐 공급이 제한되어 있으며 미래 기술, 특히 대형 저가 응용을 목표로 하는 기술들에 인듐-함유 물질을 경제적으로 사용하는 것이 허용되지 않을지도 모른다는 우려가 있다. 이러한 인식이 최근에 새로운 TCO 물질을 위한 심도 깊은 탐색을 가져왔다.

[표 5.2]에 기 확립된 이용가능한 2원소 및 단일-원소 투명 도체들 중 많은 수를 나열하였다. 비록 카드뮴(Cd)-기반 산화물이 알려진 투명 도체이지만, Cd의 독성에 대한 우려 때문에 널리 검토되고 있지 않다. 현재 ZnO-기반 물질들에 대해 관심이 대단히 많은데, 이 물질은 Zn가 풍부하다는 관점에서 매력적이나, 현재까지 이 물질들의 비저항이 상온에서 증착된 최고

[표 5.2] 몇몇(투명) 도체의 일함수 및 비저항

물질	비저항(Ωcm)	일 함수(eV)	밴드 갭(eV)
Ag	1.6×10^{-6}	5	none
TiN	2×10^{-5}	-	metalloid
in_2O_3:sn (ITO)	1×10^{-4}	4.7	3.8
ZnO:Al	1.5×10^{-4}	4.5	3.1
snO_2:F	2×10^{-4}	4.8	3.5

[표 5.3] 알려진 n-type 3가 화합물 산화물 도체의 일부 리스트

물질	비저항(Ωcm)	일 함수(eV)	밴드 갭(eV)
	1.7×10^{-2}	-	-
Zn_2SnO_4	4×10^{-3}	5.3	3.5
$ZnSnO_3$	4.3×10^{-3}	4.7	3.4
$MgIn_2O_4$	2.7×10^{-3}	5.4	3.3
$(Ga,In)_2O_3$	5.8×10^{-4}	-	-
$Zn_2In_2O_5$	2.9×10^{-4}	5	2.8
$InSn_3O_{12}$	2×10^{-4}	4.9	3.5

＊출처 : Phillps *et al.*(1995), Minami *et al.*(1997, 1998, 2000)

수준의 대체품(ITO 및 IZO)보다 높다. 가령, ZnO:Al(AZO)와 ZnO:Ga(AGO)가 반응성으로 증착되었는데 비저항이 10^{-3}에서 10^{-4}Ωcm 범위이고 90% 이상의 투과도를 가진다(Kon *et al.* 2002, 2003). 그러나 이러한 물질들의 비저항은 현재의 ITO보다 낮지 않으며 최소 비저항을 얻기 위해서는 보다 높은 기판 온도가 요구된다.

3가 금속 산화물은 잘 특성화되지 않았으나, 많은 것들이 뛰어난 전도도와 좋은 광학 투과도를 보이는 것으로 보고되었다.

[표 5.3]에 몇몇 3가 산화물의 후보 및 그것들의 특성치를 나열하였다. 예를 들면, SnO_2-In_2O_3 pseudobianry 시스템은 $In_4Sn_3O_{12}$ stoichiometry의 3가 화합물을 가지는데 좋은 전도도를 가지며 산 용액과 고온 산화(oxidizing) 분위기에서 안정하다(Minami *et al.* 1997). 합리적인 전도도를 가지는 다른 유망한 3가 화합물로는 $GaInO_3$(J. M. Phillips *et al.* 1994), $MgIn_2O_4$ (Unno *et al.* 2002) 및 $Zn_2In_2O_5$(Minami *et al.* 1995) 등을 포함한다. $Zn_2In_2O_5$와 $In_4Sn_3O_{12}$는 둘 다 3.4eV 정도의 밴드 갭과 4.8에서 5eV 정도의 일함수를 가지는 것으로 보고되고 있으며 현재 가장 유망한 3가 산화물들이다. 다른 다원소 산화물들 중 많은 수가 또한 고려 중이지만 이러한 3가 화합물의 많은 수에 대한 일함수와 밴드 갭이 아직까지 잘 특성화되지 못했다. 저온 증착 조건에서는 이러한 3가 산화물들이 좋은 성능을 내지 못할 것

으로 전망된다. 3가 산화물 화합물의 증가된 구조 복잡성은 정확한 결정성 구조를 형성하기 위해 높은 정도의 원자 운동을 요구한다. 결과적으로, 이러한 3가 화합물들은 일반적으로 대부분의 고분자 기판의 한계보다 상당히 높은 공정 온도를 요구한다.

인듐기반 시스템보다 훨씬 저렴한 많은 새로운 TCO 물질들이 개발 중에 있다. 그러나 이것들 중 대부분은 가열된 기판이 필요하거나 현재 이용가능한 물질들보다 낮은 성능을 가진다. 현재로서는, 저가 응용은 낮은 성능의 비 인듐 물질을 이용하고 고성능 응용은 계속해서 인듐 물질을 이용할 것 같다.

5.4.2 제조시 고려사항

현재, 투명 전도성 물질의 가장 큰 사용처는 가시광은 투과시키면서 적외선 방사(열)는 반사시키기 위해 spray-증착 F- 혹은 Sb-도핑 SnO_2 박막이 사용되는 주택용 유리에 대한 에너지 효율적인 코팅이다. 대기압에서의 SnO_2 spray 코팅은 매우 낮은 공정 및 물질 비용으로 적외선에서 뛰어난 반사도를 가지면서 유리에 대형으로 증착 가능하게 한다. PVD 공정을 이용한 대면적 코팅의 경제적인 이점들은 플렉시블 고분자 기판에 roll-to-roll web 코팅을 이용하는 대면적 저가 플렉시블 디스플레이 응용에 언젠가 구현될지도 모른다.

플렉시블 고분자 기판의 roll-to-roll 진공 web 코팅은 매년 전세계적으로 거의 100억 제곱 미터의 코팅된 플라스틱을 생산하는 확립된 산업이다. 이 생산량의 대부분은 축전기(capacitor)(40%) 제조와 패키징(58%)에 쓰이며(Sheats 2002; Lievens 1995), 터치 스크린용 ITO on PET와 같은 보다 복잡한 물질들의 다양한 응용으로 균형을 맞춰가고 있다. 축전기 제조에 사용되는 전형적인 roll-to-roll 코팅기는 PET 기판(1-50μm 두께)에 30nm의 Al 필름을 증착한다. PET 기판은 코팅기의 한쪽 roll에서 풀려지며 0.1에서 10m/s 범위의 속도로 PVD 소스(직류 마그네트론 스퍼터링 혹은 열 진공 증착)를 지나가며 다른 쪽에서 감긴다. Web의 폭은 2m까지 가능하며 최대 길이는 코팅기의 용량에만 의존한다.

진공 증착 및 스퍼터링 두 가지 모두 전형적인 web 코팅 동작에 이용된다. 열 진공증착은 Al 같은 합리적인 진공 압력을 가지는 금속 증착에 선호되는데, 이는 증착 속도가 web으로부터 열이 제거되는 비율에 의해서만 실질적으로 제한되기 때문이다. 2가 혹은 3가 전도성 산화물 화합물 증착을 위해서는 직류 마그네트론 스퍼터 증착 혹은 그 변형이 아마도 web-to-web 코팅에 필요한 장기 안정성을 가지는 유일한 기술이다. 가능은 하지만, 가령 산소 환경에서 금속 타겟으로부터 이러한 산화물 물질들을 반응성 스퍼터 증착을 하기 위해서는 타겟 오염이 용인할 수 없는 수준의 불균일을 가져올 것이다. 더구나, 직류 마그네트론 스퍼터링은 보다 빠른 증착 속도 때문에 RF 스퍼터링에 비해 선호된다.

Web 코팅기에 한번 통과할 때 복잡한 다층 구조를 만들기 위해 필요한 기술은 이미 이용 가능하다. 가령, 높은 증착 속도 혹은 다층 증착을 가능하게 하기 위해 열 개의 음극이 장착 가능한 상업적으로 이용 가능한 web-to-web 스퍼터 장비가 보고되었다(Kukla *et al*. 1996). 이러한 장치들은 복합 다층 구조를 이용함으로써 높은 비저항 TCO 물질들의 영향을 완화하기 위해 사용될 수 있다. 가령, 광학 비반사(antireflection) 기능과 감소한 비저항을 결합하는 Ag/ITO 다층구조가 제안되었다.

5.5 결 론

오늘날 가열되지 않은 기판에 증착하기 위해 가용한 최고의 물질은 ITO와 IZO이다. 인듐-기반 투명 전도성 산화물에 대한 저가, 고성능의 대체 물질을 찾기 위한 많은 연구실의 노력에도 불구하고 결과는 다음과 같다. 증착된 그대로의 상태에서, IZO는 350℃ 이하의 기판 온도에서 증착되었을 때 항상 비정질이며, 500℃ 이상으로 가열하지 않으면 이러한 준안정 상태로 남아 있는다. 반대로, 비가열 기판에 비정질 상태로 증착된 ITO는 상대적으로 낮은 어닐링 온도(120C까지 낮은)에서 결정화 될 수 있다. Zn나 Sn은 둘 다 비정질 인듐 산화물에 캐리어를 기여하지 못하며 결과적으로 250~350℃에서 증착된 결정성 ITO의 비저항은 a-ITO나 IZO보다 훨씬 낮다. 비록 IZO에서 Zn이 도핑제로 활동하지는 못 하지만, 캐리어 이동도는 증가시킨다. 결과적으로, IZO는 비정질 ITO보다 조금 낮은 비저항을 갖는다. 플렉시블 고분자 기판에 투명 전도성 전극 증착은 터치 스크린 응용에서 이미 상업적 성공을 거두었다. 상온에서 증착된 이러한 인듐-기반 2가 산화물 물질들의 비저항값의 추가적인 상당한 감소 효과는 얻어지기 어려울 것 같다. 따라서 온도에 민감한 고분자 기판을 사용하고자 하는 소자 설계자는 대체 TCO가 이용 가능하게 되거나 혹은 고온 공정에 견딜 수 있는 새로운 플렉시블 물질들이 이용가능하기 전까지는 a-IZO 혹은 a-ITO로부터 얻을 수 있는 5에서 $7\times10^{-4}\Omega$cm에 만족해야만 한다.

참고문헌

Baedeker, K. (1907) Uber die elektrische Leitfahigkeit und die thermoelektrische Kraft einiger Schwermetallverbindungen. *Annals of Physics* 22, 749–766.

Bellingham, J. R., Phillips, W. A., and Adkins, J. C. (1990) Electrical and optical properties of amorphous indium oxide. *Journal of Physics: Condensed Matter* 2(28), 6201.

Cannard, P. J and Tilley, R. J. D. (1988) New intergrowth phases in the ZnOIn2O3 system. *Journal of Solid State Chemistry* 73, 418–426.

Chapman, B. N. (1980) *Glow Discharge Processes*. John Wiley & Sons, Inc. New York, p. 70.

Frank, G. and Kostlin, H. (1982) Electrical and optical properties of indium oxide. *Applied Physics* A 27, 197–203.

Freeman, A. J., Poeppelmeier, K. R., Mason, T. O., Chang, R. P. H., and Marks, T. J. (2000) Chemical and thin film strategies for new transparent conducting oxide. *MRS Bulletin* 25, 4551.

Gonzalez, G., Cohen, J., Hwang, J. H., Mason, T., Hodges, J., and Jorgensen, J. (2000) Defect structures of indium tin oxide and its relationship to conductivity. In *Proceedings of the International Conference on Mass and Charge Transport in Inorganic Materials*, Vincenzini P. (ed.), Techna, Faenza, Italy.

Haacke, G. (1976) New figure of merit for transparent conductors. *Journal of Applied Physics* 47, 4086–4088.

Hiramatsu, H., Ueda, K., Ohta, H., Hirano, M., Kamiya, T. and Hosono, H. (2003) *Thin Solid Films* 445, 304–308.

Jackson, T., MRS Fall Meeting 2003, symposium X.

Jung, Y. S., Seo, J. Y., Lee, D. W. and Jeon, D. Y. (2003) Influence of DC magnetron sputtering on the properties of amorphous indium zinc oxide thin film. *Thin Solid Films* 445, 6371.

Kaijo, A., Inoue, K., Matsuzaki, S. and Shigesato, Y. (2001) Practical properties of indium zinc oxide for thin film transistor liquid crystal displays. *In Proceedings of the Fourth Pacific Rim International Conference on Advanced Materials and Processing*.

Kaijou, A., Ohyama, M., Shibata, M. and Inoue, K. (1999) Transparent electrically conductive layer, electrically conductive transparent substrate and electrically conductive material, US Patent 5,972,527.

Kon, M., Song, P. K., Shigestao,Y., Frach, P., Ohno, S. and Suzuki, K. (2002) Al–doped ZnO films deposited by reactive magnetron sputtering in mid–frequency mode with dual cathodes. *Japanese Journal of Applied Physics* 41, 814–819.

Kon, M., Song, P. K., Shigestao, Y., Frach, P., Ohno, S. and Suzuki, K. (2003) Impedence control of reactive sputtering process in mid-frequency mode with dual cathodes to deposit Al-doped ZnO films. *Japanese Journal of Applied Physics* 42, 263-269.

Kostlin, H., Jost, R. and Lems,W. (1975) Optical and electrical properties of doped In_2O_3 films. *Physica Status Solidi* (a), 29, 87-93.

Kukla, R., Ludwig, R. and Meinel, J. (1996) Overview of Modern vacuum web coating technology. *Surface Coatings Technology* 86/7, 753-761.

Lievens, H. (1995) Wide web coating of complex materials. *Surface Coatings Technology* 76/77, 744-753.

MacDiarmid, A. G. (2002) Synthetic metals: a novel role for organic polymers, *Synthetic Metals* 125, 11-22.

Marcel, C., Naghavi, N., Couturier, G., Salardenne, J. and Tarascon, J. M. (2002) Scattering mechanisms and electronic behavior in transparent conducting $Zn_xIn_2O_{x+3}$ oxide thin films. *Journal of Applied Physics* 91(7), 4291-4297.

Minami, T., Sonohara, H., Kakumu, T. and Takata, S. (1995) Highly transparent and conductive $Zn_2In_2O_5$ thin films prepared by RF magnetron sputtering. *Journal of Applied Physics* 34, L971-L974.

Minami, T., Takeda, Y., Takeda, S. and Kakumu, T. (1997) Preparation of transparent conducting $In_4Sn_3O_{12}$ thin films by DC magnetron sputtering. *Thin Solid Films* 308/9, 13-18.

Minami, T., Miyata, T. and Yamamoto, T. (1998) Work function of transparent conducting multicomponent oxide thin films prepared by magnetron sputtering. *Surface Coatings Technology* 109, 583-587.

Minami, T., Miyata, T. and Yamamoto, T. (1999) Stability of transparent conducting oxide films for use at high temperatures. *Journal of Vacuum Science and Technology A* 17, 1822-1826.

Minami, T., Yamamoto, T., Toda, Y. and Miyata, T. (2000) Transparant conducting zinc-*co*-doped ITO films prepared by magnetron sputtering. *Thin Solid Films* 373, 189-194.

Moriga, T., Edwards, D., Mason, T. O., Palmer, G. B., Poeppelmeier, K. R., Kannewurf, C. R. and Nakabayashi, I. (1998) Phase relationships and physical properties of homologous compounds in the zinc oxideindium oxide system. *Journal of the American Ceramic Society* 81(5), 1310-1316.

Morikawa, H. and Fujita, M. (2000) Crystallization and electrical property change on the annealing of amorphous indium-oxide and indium-tin-oxide thin films. *Thin Solid Films* 359, 61.

Muranaka, S. (1991) Crystallization of amorphous In_2O_3 films during film growth. *Japanese Journal of Applied Physics Part 2* 30(12A), L2062.

Muranaka, S., Bando, Y. and Takada, T. (1987) Influence of substrate temperature and film thickness on the structure of reactively evaporated In_2O_3 films. *Thin Solid Films* 151, 355–364.

Nagarajan, R., Draeseke, A. D., Sleight, A.W. and Tate, J. (2001) p–type conductivity in $CuCr_{1-x}Mg_xO_2$ films and powders, *Journal of Applied Physics* 89, 8022.

Oyama, T. (1992) Structure of deposited ITO. *Journal of Vacuum Science and Technology* A 10, 1682.

Paine, D. C., Whitson, T., Janiac, D., Beresford, R., Yang, C. O. and Lewis, B. (1999) A study of low temperature crystallization of amorphous thin film indium–tin–oxide. *Journal of Applied Physics* 85(12), 84458450.

Phillips, J., Cava, R., Thomas, G., Carter, S. A., Kwo, J., Siegrist, T., Krajewski, J. J., Marshall, J. H., Peck, W. F. and Rapkine, D. (1995) Zinc–indium–oxide: a high conductivity transparent conducting oxide. *Applied Physics Letters* 67(15), 2246–2248.

Phillips, J. M., Kwo, J., Thomas, G. A., Carter, S. A., Cava, R. J., Hou, S. Y., Krajewski, J. J. and van Dover, R. B. (1994) Transparent conducting thin–films of $GaInO_3$. *Applied Physics Letters* 65, 115–117.

Sheats, J. R. (2002) Roll–to–roll manufacturing of thin film electronics. *SPIE Proceedings* 4688.

Shigesato, Y. and Paine, D. C. (1994) A microstructural study of low resistivity tin–doped indium oxide prepared by d. c. magnetron sputtering. *Thin Solid Films* 238, 73.

Shigesato,Y., Takaki, S. and Haranoh, T. (1992) Electrical and structural properties of low resistivity tin–doped indium oxide films. *Journal of Applied Physics* 71, 3356.

Song, P. K. (1998) Study on crystallinity of tin–doped oxide films deposited by DC magnetron sputtering. *Japanese Journal of Applied Physics part 1* 37(4A), 1870–1876.

Stauber, R. E., Perkins, J. D., Parilla, P. A. and Ginley, D. S. (1999) Thin film growth of transparent p–type $CuAlO_2$. Electrochemistry *Solid State Letters* 2, 654.

Un'no, H., Hikuma, N., Omata, T., Ueda, N., Hashimoto, T. and Kawazoe, H. (2002) Carrier generation in $MgIn_2O_4$ thin films. *Philosophical Magazine B* 82, 1155.

Vink, T. J.,Walrave,W., Daams, J. L. C, Baarslag, P. C. and van der Meerakker, J. E. A. M. (1995) On the homogeneity of sputter deposited ITO films. Part 1: Stress and mictrostructure. *Thin Solid Films* 266, 145.

Yaglioglu, B., Yeom, H. Y., Chason, E. and Paine, D. C. (2003) A structural study of the amorphous to crystalline transformation in In2O3 thin films. *Material Research Society Symposium Proceedings* 747, 347–352.

Yi, C. H. (1995) Microstructure of low–resistivity tin–doped indium oxide films deposited at 150~200℃. *Japanese Journal of Applied Physics Part 2* 34(2B), 244–247.

플렉시블 디스플레이를 위한 플라스틱 기판위의 ITO 역학

Piet C. P. Bouten,[1] Peter J. Slikkerveer,[1] and Yves Letterier[2]

[1]Philips Research Laboratories and [2]EPFL Lausanne

6.1 서 론

6.1.1 얇고 깨지기 쉬운 층을 포함한 플라스틱 기판

디스플레이에서의 유연성은 그것의 외향과 느낌(look and feel)을 무겁고 비싸고 깨지기 쉬운 장치에서 다양한 새로운 환경에 사용될 수 있는 얇고 가볍고 튼튼한 장치로 바꾸어 주는 매력적인 특징이다. 게다가 유연성은 경직됨의 줄어듬을 의미하기 때문에 또한 견고함을 향상킨다. 본질적으로 얇은 디스플레이인 액정 디스플레이(LCD)나 유기 발광 다이오드(OLED)에서 유연성은 기판의 두께를 줄임으로써 얻어지는데 플라스틱 기판을 선택하면 견고함 또한 향상시킬 수 있다. 하지만 유연성의 장점에도 불구하고 고분자 중합체의 성질이 디스플레이 공정이나 용도, 또한 기계적인(예 : 긁힘 저항성), 화학적인(예 : 화학적인 저항성), 물리적인(예 : 투수성) 요구사항에 모두 맞는 것은 좀처럼 어려운 일이다. 이를 보완하기 위해 플라스틱 디스플레이 기판은 가공되어야 한다. 즉, 전체 필름의 성질을 향상시키기 위해 여러 층으로 코팅된다.

[그림 6.1]의 단면도에서 보듯이, 기반 필름은 종종 양쪽에 '하드코트(hardcoat)'(HC)로 코팅된다. 이 층은 필름의 긁힘에 대한 저항성을 키울 뿐 아니라 각종 용매(solvent)로부터의 보호막 역할도 한다. 그리고 공정에 이용되는 화학 제품과 필름 중앙의 고분자 물질과의 접촉을 막아줘서 화학적인 안정성을 높여준다. 하드코트의 가장 바깥쪽은 기체와 수분의 침투를 막는 보호막이 종종 사용되고, 하드코트의 안쪽은 indium tin oxide(ITO)와 같은 투명한 전극 물질이 코팅된다.

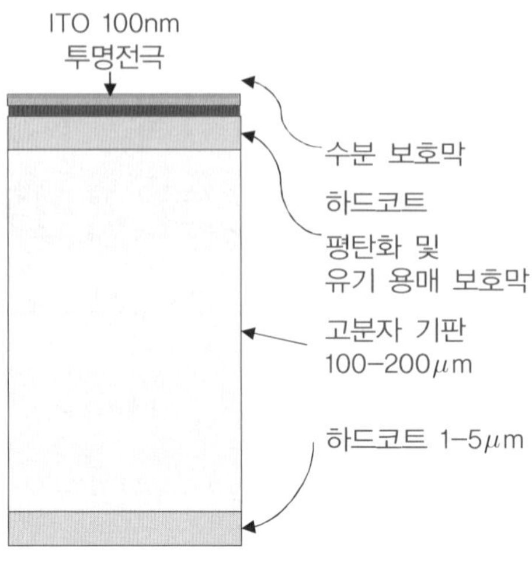

[그림 6.1] 기판 구조 단면도

고분자 기판은 종종 완전히 유기 물질로 이루어져 있지만 하드코트는 유기 물질이거나 부분적으로 무기 물질(예를 들어 실리카와 고분자의 합성물)일 수 있다. 그리고 기체로부터의 보호막과 ITO는 대부분 무기 물질이다(금속의 산화물이나 질화물). 고분자 물질은 그렇지 않다 하더라도 무기 물질은 보통 딱딱해서 잘 구부러지지 않고 깨지기 쉽기 때문에 이 장에서는 특히 ITO에 중점을 두어 고분자 기반의 필름 위쪽의 얇고 깨지기 쉬운 층의 물리적인 결함에 대해 토론할 것이다. 그리고 플렉시블 디스플레이에서 계면이 박리(delamination)되는 현상을 야기하는 중요한 결함의 상태인 장력(tensile) 결함과 압축응력(compressive) 결함에 초점을 맞출 것이다.

첫 절에서는 고분자 물질과 무기 물질로 된 깨지기 쉬운 층의 기본적인 성질과 그 결과인 주된 결함 상태에 대해 소개한다. 뒤의 두 절에서는 각각 여러 층의 혼합 물질을 조사하는 데에 사용되는 물리적인 검사를 포함한 장력하에서의 결함과 응력하에서의 결함에 대해 초점을 맞춘다. 마지막 절에서는 제조 공정과 디스플레이 소자의 이용과 관련되어 다양한 상황에서의 결함에 대해 간단하게 논의한다.

6.1.2 박막의 열가소성 성질

기판의 기반인 고분자 층과 다른 층들 사이에는 영률(Young's modulus)과 열 팽창 계수(CTE)라는 두 개의 주요한 열 역학 성질에서 상당한 차이를 보인다. 영률이 층의 강도를 나타내는데 반해, 특히 얇고 높은 탄성계수의 층에서 큰 응력을 야기하는 각 층의 CTE에서의 차이점은 매우 중요한데 이는 그 차이점이 온도 변화시에 상당한 변형을 야기할 수 있기 때문이다.

[표 6.1] 기판 각 층의 영률과 CTE값

물질	영률, E(GPa)	열팽창 계수(ppm/K)
하드코트	6.0 ± 0.5	61 ± 1
고분자 기반(e.g. Arylite)	2.9	~65
가스 보호막(e.g. siN_x)	150*	10*
ITO	119 ± 5	7.6

*E추정치

플렉시블 디스플레이에 사용되는 대표적인 물질의 두 가지 특성값이 [표 6.1]에 나타나 있다(Leterrier *et al*. 2003a). 기반 고분자 층의 영률과 CTE 값은 각각 장력 시험과 열역학적 분석에 의해 측정된다. 얇은 층의 영률인 E_c는 코팅된, 그리고 코팅되지 않은 얇은(12μm) 고분자 필름으로부터 혼합물 법칙(rule of mixture)을 사용하여 나오는 계수에서 유래되고 그 값은 유리 위에 똑같이 증착된 층에서 nanoindentation 방법을 사용하여 나온 값과 비교된다. 두 방법으로부터 얻어진 값은 좋은 일치도를 보이는데, ITO에서 E_c의 값은 장력 시험에 의해 119GPa이 나오고 nanoindentation 방법에 의해 112GPa이 나온다. 얇은 층의 CTE 값은 온도의 변화에 영향을 받기 쉬운 코팅된 박막의 곡률반경을 고전적인 열탄성 응력(stress) 분석의 방법으로 측정하여 나온다(Leterrier *et al*. 2003a).

6.1.3 물리적인 힘의 인가와 내부 응력

디스플레이 기판을 구부리는 것은 변형치를 잘 정의하는 것에서 시작된다. 주어진 곡률(curvature)반경에서 필름의 두께에 대해 변형률(strain)이 선형적으로 변화함에 따라서 디스플레이 기판의 바깥쪽은 잡아 당겨지는 반면에 필름의 안쪽은 압축된다(그림 6.2). 기판 횡단면의 주어진 위치에서는(중앙의 면) 구부림에 의하여 변형률은 변하지 않는다. 이 위치는 필름의 층 구조와 모든 층의 영률에 의존한다. 균질의 기판이라면 중앙면은 기판의 한가운데에 있을 것이다. 구부림(bending) 변형률과 장력에 의한 변형률은 외부로부터 가해진 변형의 예이다.

구부림은 응력치(stress)를 규정하는 것이 아니라 응력 변형치(strain)를 규정함에 주의해야 한다. 응력치는 특정 층에 영률을 사용하여 나온 변형률로부터 나온다. 변형률을 주된 매개변수로 둔 채로 이 장에서는 응력 결함보다는 변형률 결함에 대해 언급할 것이다.

구부림에 의해 단축으로 구부러지는 것과는 달리 온도의 변화에 의한 열적 변형과 CTE에서의 차이는 2축성을 갖는다. ITO와 같은 무기물 층에서 압축열 응력은 종종 높은 온도에서의 증착 후에 냉각되는 과정에서 발생한다.

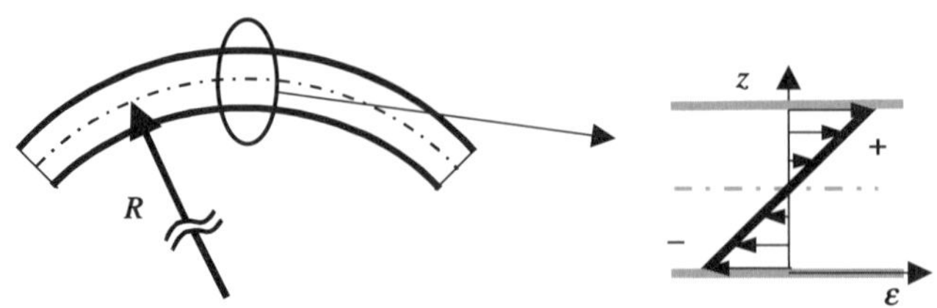

[그림 6.2] 구부러진 필름에서의 변형 응력 분배

이와는 반대로 가열 냉각과 같이 증착 때보다 높은 온도로 올릴 경우에는 응력이 압축응력에서 장력으로 변화될 것이다. 다층 구조에서의 열 변형은 구조의 굴곡을 야기한다. Townsend 등은(1987) 다층구조 기판에서의 곡률과 변형(응력) 분배, 그리고 중앙 면의 위치에 관한 식을 유도했다.

구부러진 샘플의 열 변형은 내부 변형의 한 예이다. 층층이 쌓인 구조의 내부 응력(변형)은 각 층의 열 팽창의 차이에만 기인하는 것이 아니다. 다양한 다른 메커니즘들이 내부 변형의 분배에 기여한다. 예를 들어, 각 층이나 기판에 수분이 침투함으로 인해 생기는 개개 층의 부피나 길이의 변화도 내부 변형 분배에 기여한다. 이러한 변형은 제조 과정을 통해서나 동작 기간 중에 전체 기판에 외부의 물리적인 변형이나 열적 변형을 통해 더욱 심해진다. 또한 시간의 흐름에 따른 점탄성의 변형과 고분자 기판의 변화도 내부 변형의 원인이 된다. 내부 변형은 상당히 클 수 있기 때문에 크기를 정할 때나 수명을 결정할 때 감안해야 할 사항이다. 별도로 표시하지 않는 한, 이 장에서의 응력이나 변형률은 물질에 영향을 미치는 외부로부터의 응력 변형과 내부의 응력, 변형을 모두 합한 것을 표시한다.

이제부터 σ는 응력(stress)이고 ϵ은 변형률(strain)일 때 $\sigma = \epsilon E_{eff}$의 Hooke의 법칙을 따르는 선형적인 탄성 변형에 대해 주로 이야기할 것이다. 유효 탄성계수 E_{eff}는 실제 힘이 가해지는 상황에 따라 달라진다. 단축으로 힘이 가해질 경우에는 영률인 E(면 응력)나 $E(1-v^2)$(면 변형률)과 같은 값을 갖는다. 여기서 v는 Poisson 비(ratio)이다. 2축으로 힘이 가해질 경우 $E_{eff} = E/(1-v)$이다.

두 인접한 층의 물리적인 성질 차이를 기술하기 위해 우리는 지배적인 Dundurs, 또는 탄성적인 불일치의 변수를 소개한다(Hutchinson and Suo 1992):

$$\alpha = \frac{E_{eff,1} - E_{eff,2}}{E_{eff,1} + E_{eff,2}}. \tag{6.1}$$

$E_{eff,1}$과 $E_{eff,2}$는 이웃층에 대한 유효 탄성율이다(예 : 코팅층과 기판). 같은 탄성율을 갖는다면 $\alpha = 0$이다. 매우 부드러운 기판에 딱딱한 층을 올리면 $\alpha \rightarrow 1$로 간다. 기반 고분자 층 위의 ITO는(표 6.1)에서 보듯 $\alpha = 0.95$ 값을 갖는다.

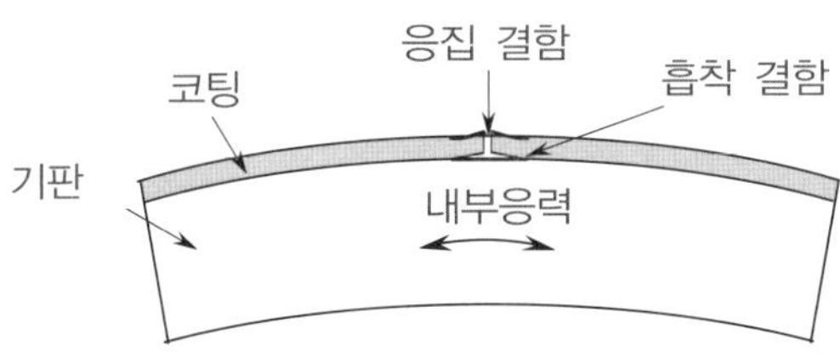

[그림 6.3] 얇은 필름과 고분자의 적층구조의 내구성은 내부 응력(코팅과 경계면 부근)과 코팅 층의 응집력에 의해 결정되며 크랙이 생기는 변형률과 코팅 층과 기판간의 접착력에 연관된다.

6.1.4 얇고 깨지기 쉬운 필름의 결함(failure) 모드(mode)

무기물과 유기물이 혼합된 다중층의 응력은 다양한 결함(failure) 메커니즘의 원인이 되는 열 또는 물리적인 힘으로부터 생긴다. 이 응력은 무기물층의 응집 결함(예 : 균열)이나 층과 기판 사이의 흡착 결함을 초래한다(그림 6.3). 기판과 코팅 층에서의 내부 응력은(예 : CTE의 차이와 공정 과정에서의 온도 변화로부터 생기는) 결함의 크기에 상당히 영향을 미칠 것이다. 기반이 되는 기판의 점탄성 성질은 결함 메커니즘에 복잡성을 더해준다.

6.2 장력 하에서 깨지기 쉬운 층의 결함(Failure)

6.2.1 물리적인 테스트 방법

이 섹션에서는 플라스틱 기판 위의 ITO 필름의 결함(failure) 메커니즘을 정확하게 조사하는 두 가지 방법인 장력 테스트와 구부림 테스트(그림 6.4)에 대해 알아보자. 장력 테스트에서는 전기적 저항의 측정을 같이하고 깨지기 쉬운 코팅 층의 손상도도 탐지할 수 있도록 현미경에 견본 필름을 올려놓고 측정한다. 코팅층의 손상도는 변형률에 대한 크랙(crack) 밀도로 기술되어진다(Leterrier *et al*. 2003).

[표 6.2] 두점 구부림과 장력 테스트 방법의 개관

테스트	목적	장점	결점
두점 구부림	임계응력과 결함정도 측정	빠르고 자동화 됨	전도성 코팅물질만 측정가능
장력 테스트	임계응력과 접착력 측정	결함과정에 대한 직접적인 관측가능	시간이 오래 걸림. 자동화되어 있지 않음,

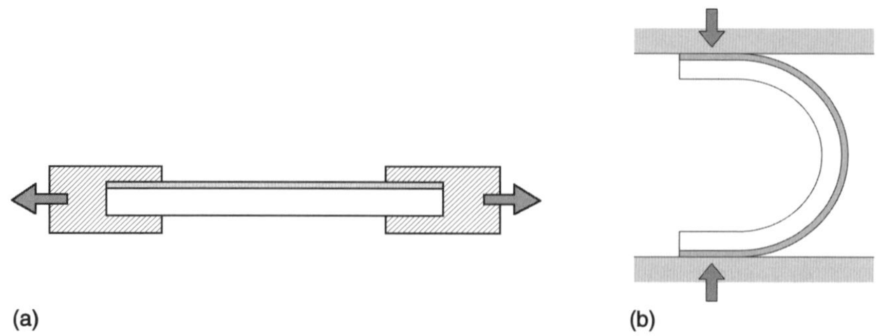

[그림 6.4] (a) 장력 테스트, (b) 두 점 구부림 테스트의 개요도

장비는 힘이 가해졌을 때의 탄력 현상을 극복하기 위해 접촉 되지 않은 영상 왜곡 측정계(extensometry)를 사용한다(Leterrier *et al*. 2004). 비록 이 방법이 시간이 걸리기는 하지만 결함 과정에 대한 자세한 관측이 가능한 것이 이 방법의 중요한 장점이다. 최근에 보고된 연구에 따르면, 2축으로의 변형하에서의 결함을 조사하기 위해서 샘플을 불룩한 셀 위에 올린다(Leterrier *et al*. 2001).

두 번째 측정법은 두개의 평행한 판 사이에 필름 견본을 넣고 구부리는 방법인 두 점 구부림 기법이다(Bouten 2002). 이 방법에서 샘플의 탄성 반응시에 구부러진 측면도가 잘 정의되고 변형률은 두개의 평행한 판 사이의 중간에서 최대치를 갖는다. 구부림시에 샘플의 바깥쪽 면은 장력이 작용하고 안쪽 면은 압축 응력이 작용한다. ITO층의 전기 저항도는 두 평행판 사이의 거리의 함수로 관측된다. 어떤 특정한 변형상태에서 저항도는 ITO층의 크랙 때문에 상당히 증가한다. 따라서 이 시험은 ITO층의 전도성 결함을 정의할 수 있다. 장력 테스트와는 달리 이 방법은 세밀한 영상 왜곡 측정계가 필요하지 않다.

두 방법의 장점과 단점은 [표 6.2]에 요약되어 있다.

6.2.2 결함 모드의 특징

[그림 6.5]는 변형률이 커짐에 따라 현미경으로 연속적으로 살펴본 단축 장력 하에서의 ITO의 전형적인 결함을 보여준다. 단단한 고분자 기판위에 ITO 층이 100nm 두께로 코팅되어 있다고 하자. 가장 처음의 크랙은 결함이 있는 부분에 지엽적인 응력의 집중의 결과로 생긴다. 더 큰 변형이 가해지면 크랙은 그 밀도가 증가해서 뚜렷하게 100cracks/mm가 넘어설 때까지 결함이 있는 부분으로부터 유한한 길이로 전달되다가 불안정해지고 샘플의 모든 부분까지 퍼진다. 그림으로부터 분명한 것은 안정된 크랙의 증가에서 불안정한 전달의 상태로의 전이가 크랙 길이가 코팅 두께의 수백 배가 될 때 발생한다는 것이다. 더 큰 변형 상태에서 HC 층은 파괴되고 ITO층에서의 크랙 밀도는 포화된다.

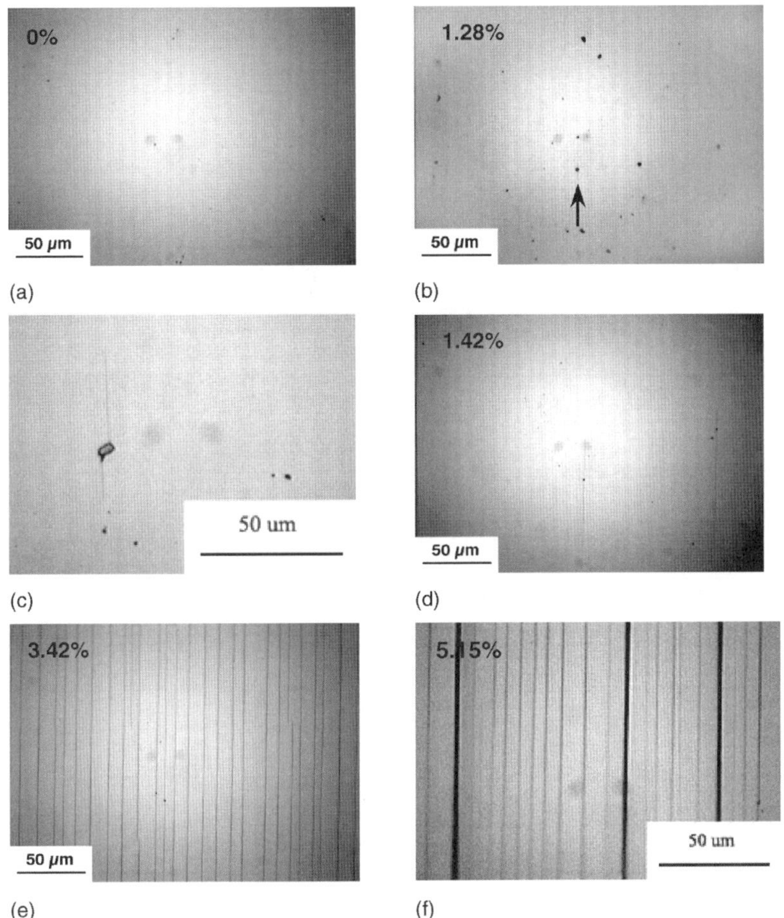

[그림 6.5] 단단한 폴리에스테르 기판위에 100nm두께로 코팅된 ITO 기판이 수평 방향으로 장력이 가해졌을 때 크랙이 진행하는 모습 ; 현미경사진의 숫자는 변형률 ; (c)와 (d)는 1.42%의 변형률. (a), (b), (d), (e)는 Elsevier 사의 허락하에 "Mechanical Integrity of Transparent Conductive Oxide Films for flexible Polymer-Based Displays", vol 460, Leterrier Y., Medico L., Demarco F., Manson J.-A. E., Bouten P., DeGoede J., Nisato G., Nairn J. A., "Thin Solid Films", pp. 156166 (2004)에서 따왔다. (c)와 (d)는 SVC 사의 허락하에 인쇄됐다.

2축 방향으로의 힘이 ITO에 가해지면 [그림 6.6]에서 보듯 결함 패턴이 현저하게 달라진다. 크랙은 여전히 작은 결함들로부터 시작되어 진행 방향을 막는 다른 크랙을 만날 때까지 곡선 궤도를 갖고 전달된다. 몇몇의 경우에 크랙은 첨단 부분에서 나뭇가지 모양으로 뻗어나간다. 2차원으로 힘이 가해졌을 때의 결함 과정의 자세한 분석은 Andersons *et al.*(2003)에서 볼 수 있다.

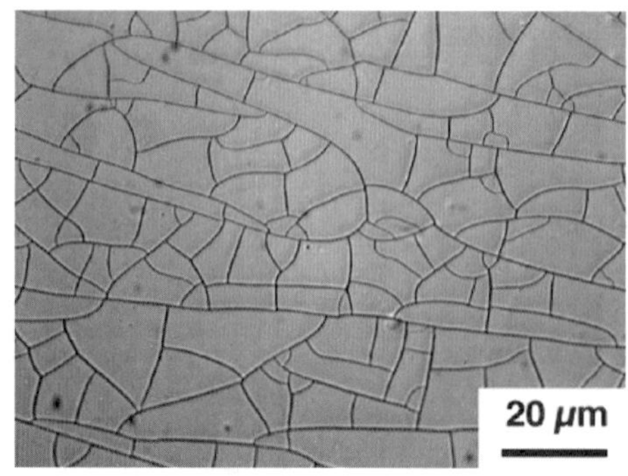

[그림 6.6] 고분자 기판 위에 코팅된 100nm 두께 ITO의 2축 방향 장력 결함

6.2.3 균질한 층들의 실험적인 분석

[그림 6.7]은 100nm 두께의 ITO 층에서 두 개의 실험 시(두 점 구부림과 장력 실험) 저항의 변화를 보여준다. 어떤 특정한 변형률까지는 저항값이 거의 일정한 상수값을 갖다가 급격하게 증가하기 시작한다. 이 장에서는 저항치의 10% 증가로 정의되는 크랙 개시 변형률(COS: crack onset strain) 의 관점에서 전도도 결함에 관해 이야기할 것이다.

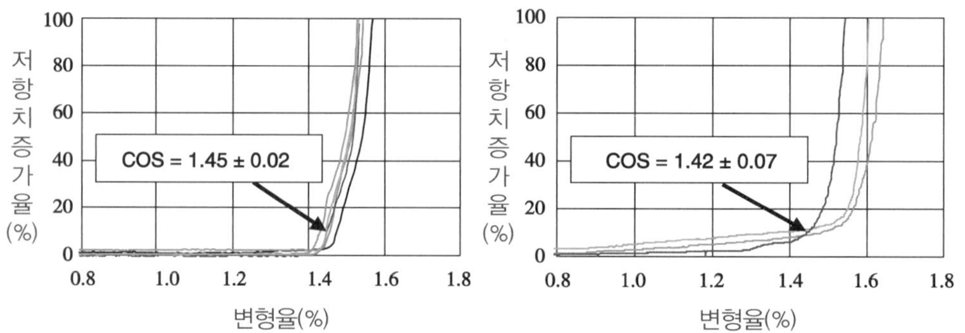

[그림 6.7] 고분자 필름위에 코팅된 100nm 두께 ITO의 결함 임계 직전의 부근에서의 구부림(좌), 장력(우) 시 표준화시킨 저항 변화치. SVC 사의 허락하에 사용

[표 6.3] ITO층에 크랙이 생기는 임계 변형률(COS)

ITO 두께(nm)	구부림 COS($\Delta R/R_0$ = 10%)	장력 COS($\Delta R/R_0$ = 10%)
50	1.77 ± 0.03	1.83 ± 0.15
100	1.45 ± 0.02	1.42 ± 0.07
200	1.56 ± 0.03	1.45 ± 0.16

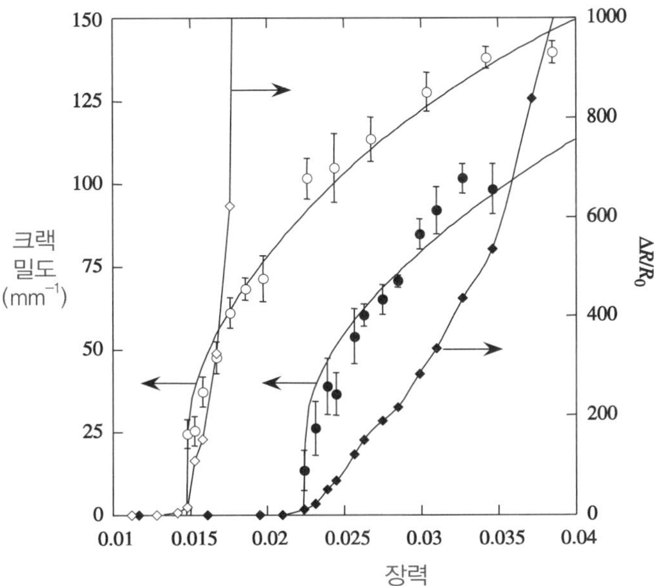

[그림 6.8] 고분자 기판위에 코팅된 ITO에 장력이 가해질 시 장력 크랙의 밀도와 표준화된 저항 변화. 검은 점은 50nm, 흰점은 100nm의 코팅 두께를 나타냄. Elsevier 사의 허락하에 "Mechanical Integrity of Transparent Conductive Oxide Films for flexible Polymer-Based Displays", vol 460, Leterrier Y., Medico L., Demarco F., Manson J.-A. E., Bouten P., DeGoede J., Nisato G., Nairn J. A., "Thin Solid Films", pp. 156166 (2004)에서 따왔다.

[그림 6.8]에서는 장력 테스트에 의해 측정된 크랙 밀도(밀리미터 당 크랙의 개수)와 가해진 변형도에 대한 상대적인 저항도의 증가를 그래프로 보여준다. 눈으로 관찰한 것과 전기적 측정치 간에 놀랄만한 연관성이 있는 것이 명확하게 보인다. COS는 첫 크랙이 샘플 전체 너비로 채워져 가는 것에 잘 대응된다.

세 개의 각각 다른 두께를 가진 ITO에서 두 가지 실험 방법으로 측정한 [표 6.3]에서 보듯이 ITO의 두께는 임계 변형률에 중요한 영향을 미친다. 크랙에 대한 ITO 두께의 영향은 6.2.5절에서 조사될 것이다.

깨지기 쉬운 층의 결함은 대개 티끌이나 작은 표면의 흠과 같은 물질에 결점(defect)의 존재에 지배를 받는 통계적인 과정중에 발생한다. [그림 6.5]에서 보듯이 얇고 깨지기 쉬운 코팅 층도 예외는 아니다. 결점은 응력의 집중을 야기하고 이 응력 집중은 결점의 크기와 모양에 의존한다. 지엽적인 응력이 어떤 한계치를 넘으면 크랙은 구조중에 약한 연결부위에서 시작된다. 크랙이 발현되는 확률적인 메커니즘은 Weibull 통계량(Lawn 1993)과 같은 가장 약한 연결 통계치를 사용함으로써 설명된다. Weibull 그래프를 그려보면 결함 변형률에 대한 누적된 결함 확률은 직선을 나타낸다.

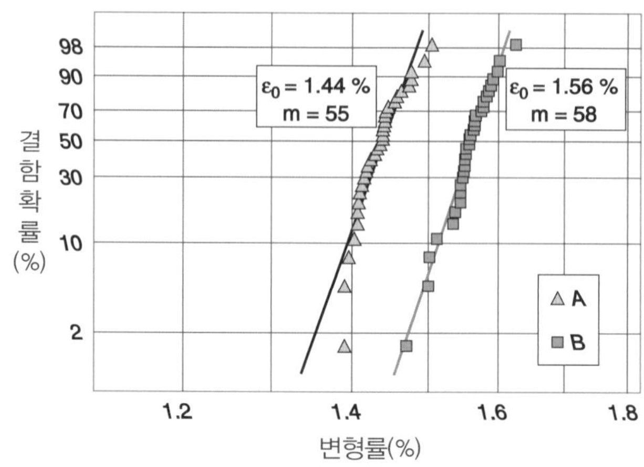

[그림 6.9] 두개의 고분자 기판 위에서의 ITO의 결함 변형률을 보여주는 Weibull 그래프

이 선의 기울기인 Weibull율 m은 결함 변형률 분포의 너비와 관련되어 있다. 대부분의 도자기와 유리와 같은 깨지기 쉬운 물질에서 m은 일반적으로 $5 \le m \le 12$의 값을 갖는다.

Weibull 통계법은 두 개의 다른 기판 A, B의 균질한 ITO층을 두 점 구부림 테스트를 했을 때의 결과 분석에 사용된다. [그림 6.9]에서 보듯이 전도성 결함(COS) 데이터는 Weibull 분포로 나타내어진다. 데이터의 선형 근사를 통해 고유 결함 변형율 ϵ_0(i.e. 63%의 결함 확률시)와 Weibull율 값 m은 A에서 ϵ_0=1.44%, m=55; B에서 ϵ_0=1.56%, m=58을 얻을 수 있다. 이 경우에 얻어진 값들(m=50~60)은 깨지기 쉬운 도자기 물질의 일반적인 값과 비교했을 때 유난히 높다. 이러한 결함 변형률의 좁은 분포는 ITO층에 가장 약한 연결 부위가 아주 잘 정의되어 있거나 아니면 결함 메커니즘이 또 다른 잘 정의된 메커니즘에 의해 지배받는다는 것을 의미한다. 이러한 결과에 대한 조사는 다음 절에서 자세히 하기로 하자.

6.2.4 패턴된 층의 실험적 분석

디스플레이에서 ITO층은 종종 좁은 선으로 패터닝되는데, 그렇게 되면 그 층의 결함 형태는 앞의 섹션에서 조사했던 균일한 층의 결함 형태와 다를지도 모른다. 앞에서 설명했던 것처럼 좋은 경계 부분 성질을 가진 보다 넓은 에칭 라인(0.3~10mm)의 결함 변형 분포는 좋지 않은 경계 부분의 성질로 특징지어지는 코팅된 호일(hoil)로부터 잘라낸 균일한 층의 결함 변형 분포와 꽤 비슷하다(Bouten 2003). 경계부분의 성질이 COS에 영향을 미치지 않는 것은 명확하다.

두 점 구부림 방법을 이용해 좁은 ITO 선을(10~300μm) 테스트하여 새로운 데이터를 얻었다. 각각의 선 너비에서 하나의 ITO 선을 가진 30개의 샘플(15mm * 75mm)을 테스트했다. 그 결과를 [그림 6.10]에서 Weibull 그래프 위에 균질한 ITO층에서 얻어진 데이터와 비교하

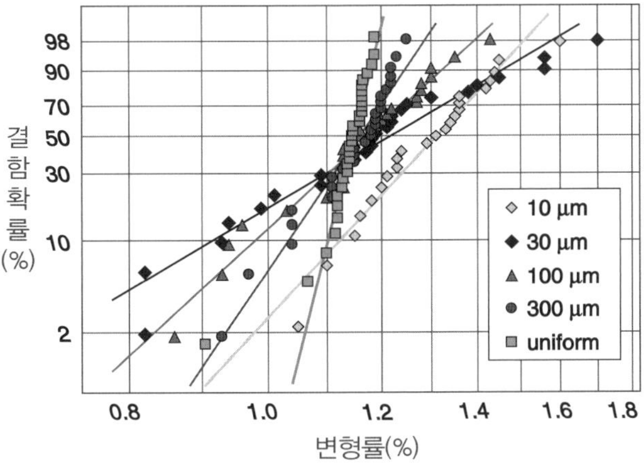

[그림 6.10] 각각 다른 폭을 지닌 ITO선의 결함 변형률을 보여주는 Weibull 그래프

여 정리했다. 실험 데이터로부터 맞춰진 Weibull 율(modulus) m과 고유 결함 변형률 ϵ_0는 [표 6.4]에 나타내었다.

[표 6.4] 각기 다른 선 폭에 대한 Weibull 값

두께(μm)	Weibull 율(m)	ϵ_0(%)
10	12.1	1.35
30	6.6	1.29
100	10.3	1.22
300	16.5	1.19
15000	45.6	1.16

결과를 통해 선의 너비가 줄어듦에 따라 고유 결함 변형치 ϵ_0 가 증가하는 것을 볼 수 있다. 주목할 만한 것은 Weibull율 m의 값이 작아지는 것이 반영된 좁은 선의 결함 변형률의 측정치가 더욱 분산된다는 것이다. 이 수치들은 결점의 크기 분포가 결함 변형률을 제어하는 대부분의 도자기들의 값($5 \leq m \leq 12$)과 비슷하다.

6.2.5 결함 메커니즘에 관한 논의

깨지기 쉬운 물질의 결함 분석시 크랙이 전체적으로 커졌을 때 크랙의 처음 생긴 부분과 전파되는(성장한) 부분 사이에 차이가 생긴다. 크랙의 시작 부분이 금새 전체로 전파되기 때문에 대부분의 깨지기 쉬운 물질의 결함은 시작 부분의 영향을 받는다. 얇고 깨지기 쉬운 필름은 그러한 대부분의 물질과 결함 형태에서 몇 가지 중요한 차이를 보이는데, 꽤 오랜 시간

동안의 안정한 크랙의 존재함과 지배적인 결함 메커니즘으로서의 크랙 전파가 그러한 점에서 논의될 수 있다는 것이다.

크랙이 전파될 때, 물질로부터 분리될 때의 탄성 에너지로 유도되는 새로운 표면 에너지로 정의되는 새로운 크랙 표면을 가정하게 된다. 분리되는 데 필요한 탄성에너지 G가 균열(fracture) 표면 에너지 Γ 보다 크게 될 때 크랙이 전달된다: $G \geq \Gamma$. 분리되는 필요한 에너지는 탄성력이 가해진 층에 저장된 탄성 변형 에너지 $G_0 = \sigma^2 h/2E_{eff}$와 연관된다($h$는 층의 두께이고 σ는 층의 응력이다). σ는 내부 응력 σ_i와 외부로부터 가해진 응력 σ_{appl}를 합한 응력이라는 것을 유의하라($\sigma = \sigma_{appl} + \sigma_i$). 기판 위의 응력이 가해진 박막에서 크랙이 성장하기 위해 가해져야 할 에너지는

$$G = 2ZG_0 \tag{6.2}$$

여기서 Z는 상수이다(Hutchinson and Suo 1992). 상수 Z의 크기는 크랙의 종류와 기판과 박막의 탄성적 불일치에 의존한다. 박막과 기판의 탄성도가 같을 경우(Dundurs 변수 $\alpha = 0$), 상수 Z=1.976이다. ITO 층은 HC 위에서($\alpha = 0.90$), 기본 polyester 위에서($\alpha = 0.95$)이고 각각 Z=8.48와 Z=13.24을 갖는다(Beuth 1992).

일정한 균열 표면 에너지를 가정하면 식 (6.2) 로부터 크랙의 성장 응력 σ_P가 $1/\sqrt{Z}$과 비례함을 알 수 있다. 이것으로부터 기반 기판($\alpha = 0.95$) 위의 ITO가 하드코트($\alpha = 0.90$) 위의 ITO보다 20% 적은 크랙 전파 응력을 보임을 알 수 있고, 이는 최근의 연구에서의 실험 결과와 일치한다(Leterrier *et al*. 2004).

식 (6.2)를 통해 임계 응력을 예측할 수 있는데(임계 변형률도) 그 값은 ITO층의 두께에 따라 $1/\sqrt{h}$로 줄어든다. 이러한 감소는 [표 6.3]의 COS 데이터를 확증하지 못하는 것으로 보인다. 하지만 그러한 샘플들은 압축 응력의 기초가 되는 필름 샘플의 곡률반경에 의해 결정되고 박막의 두께에 따라 증가하는 서로 다른 내부 응력(σ_i)을 포함하고 있다(Izumi *et al*. 2002). E_{eff}를 통해 내부 변형률(ϵ_i)를 계산할 수 있다. COS와 I의 결합으로 고유의 물질 응집도인 고유 크랙 발현 변형률 COS*를 얻을 수 있다.

$$\mathrm{COS} = \mathrm{COS}^* - \epsilon_i \tag{6.3}$$

[그림 6.11]에서 보듯이 ITO 두께에 따른 COS*의 감소는 예상처럼 $1/\sqrt{h}$ 비율을 따를 것이고 이는 전도성 ITO 결함의 전파 모델과 부합한다. 이 선은 일정한 크랙 전파 에너지를 나타낸다(식 (6.2)). ITO와 기반 기판의 결합에서 Z=13.24이고 G=21J/m^2이다. [그림 6.11]과 식 (6.3)은 코팅된 기판에 장력이 가해졌을 때 내부 응력 변형률의 이로운 영향을 분명하게 나타내고 있다.

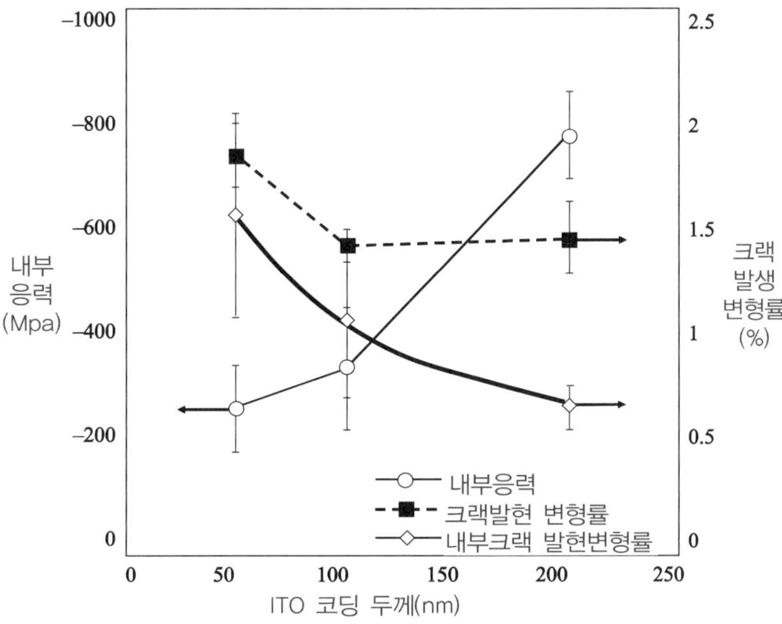

[그림 6.11] 크랙 발현 변형률(COS)과 내부 크랙 발현 변형률(COS*) 로부터 측정된 내부 응력의 코팅 두께 의존성. 두께의 연속된 값은 내부 크랙 발현 변형률 값의 거듭 제곱에 대응된다. Elsevier와 SVC사의 허락하에 개시함.

대부분의 깨지기 쉬운 물질의 시작 부분이 지배하는 결함에서, 크랙의 시작부분은 불안정하고 즉시 샘플의 전 부분으로 전파된다. 결과적으로 결함은 물질에 있는 결점의 개수와 크기에 지배된다. 그러나 얇은 ITO의 깨지기 쉬운 필름에서 결함 변형은 ITO층의 가장자리보다 큰 결함으로부터 독립적이다(Bouten 2003). 게다가 매우 큰 Weibull율(m>20, 그림 6.10) 에서 넓은 선과 균일한 층에 대한 힘의 분포 폭은 매우 작다. 그러한 높은 값은 가장 약한 지점의 크기 분포의 특징은 아니지만 크랙의 전파 한계 ϵ_p에 의해 결정된다.

최근의 수적인(unmerical) 조사(Ambrico and Begley 2002) 는 크랙 전파 한계 ϵ_p 보다 작은 변형률에서의 장시간 안정한 크랙의 존재를 예상했다. 가장 안정한 크랙 길이 a_p는 박막의 두께 h와 Dundur 변수 α의 비례로 나타내어진다. 불안정한 크랙 성장으로의 전이는 α=0이면 a_p/h가 대략 5와 같을 때 일어나고, α>0.90이면 a_p/h>40일 때 일어난다. 기판 위의 ITO에서 가장 긴 안정한 크랙은(>50μm, 그림 6.5(c)와 (d)) >0.90인 모델에서 확인된다.

마이크로 미터 영역에서의(i) 전형적인 결점(defect) 크기와(il) 길이 10~100μm인 크랙의 안정한 상태에서 불안정한 상태로의 전이는 그 너비가 크랙의 개시와 전파에 방해가 될 수 있는 좁게 터닝된 ITO 선들에서 상당한 중요성을 가질 수 있다. 넓고 좁은 ITO 선들에 따라 테스트시 다른 행태가 관측되는 것을 설명하기 위해(그림 6.10) 우리는 [그림 6.12]의 개략도를 사용한다.

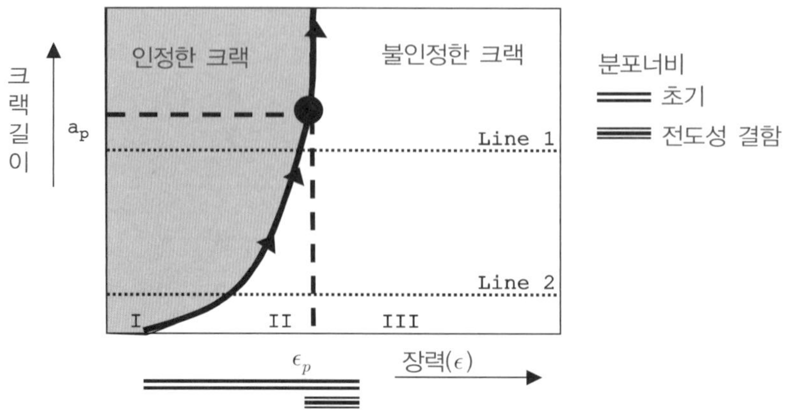

[그림 6.12] 변형률 증가에 따른 크랙 크기의 변화

장력과 크랙의 길이의 그래프에서 두 개의 영역이 구분된다. 크랙이 안정한 영역(어두운 영역)과 불안정한 영역이다. 실선은 불안정한 상태에서 안정한 상태로의 전이를 나타낸다. 안정한 상태(영역 I)에서 장력 변화를 증가시키면 크랙이 실선을 만날 때까지 크랙의 길이는 유지된다. [그림 6.12]에 나타난 것처럼 크랙은 장력 변화를 증가시키면서 안정적으로 자란다. 크랙의 길이가 최대가능한 길이 a_P를 초과하고 임계 크랙의 전달 수준이 ϵ_P이면 크랙은 불안정해지고 샘플의 전체 크기만큼 커지게 된다. 불안정 영역에서 크랙은 안정한 영역을 만날 때까지(영역 II, $\epsilon \langle \epsilon_P$) 계속 길이가 증가하거나(일정한 변형률에서) 층의 전체 너비만큼 확장된다(영역 III).

코팅에서의 결점(예를 들면, 먼지 입자) 부근에 응력이 작용하면서 크랙이 나타나기 시작한다. 크랙의 초기 변형은 결점의 크기와 종류에 의존한다. 크랙의 초기 변형 분포의 너비를 설명하기 위해서 이중선이 [그림 6.12]의 수평축 밑에 그려졌다. 초기의 변형에 따라서 크랙의 성장은 다음 세 종류가 있다.

- 작은 변형이 일어났을 때 그보다 더 큰 변형에서 안정한 크랙의 성장 곡선이 수평축에 남아있을 때 크랙은 더 성장하지 못한다.
- 중간 변형이 일어났을 때, 크랙은 안정한 크랙의 성장 곡선(실선)까지 일시적으로 자란다. 이것은 $\epsilon=\epsilon_P$가 될 때까지 계속된다.
- ϵ_P 위의 변형에서 크랙은 완전히 불안정해지고 층의 전체 너비까지 증가한다.

초기에 크랙은 안정한 크랙의 성장 곡선을 따르고 크랙의 최종적 결함(failure)은 크랙의 성장의 제한 값인 ϵ_P 근처의 값에서 일어난다. 그러므로 측정된 결함의 분포는 크랙의 초기 분포(이중선)에 비해서 상당히 좁다.

곡선이 좁은 부분에서 그 선의 너비는 안정한 크랙의 최대 길이 a_p 보다 작고 크랙의 초기 성장에 대한 영향이 증가한다. 선의 너비가 감소하면서(그림 6.12의 선1 에서 선2로) 영역 II에서 시작된 크랙의 증가는 즉각적인 결합을 일으킨다. 왜냐하면 그 선의 너비보다 더 긴 안정한 크랙의 길이가 되려는 경향이 있기 때문이다. 크랙의 성장은 ITO 선의 결합에서는 중요한 역할을 하지 않기 때문에 선의 너비가 감소하면서 결합의 분포는 초기의 우세하고 넓은 분포에 접근한다. 이 효과는 얇은 선을 가진 ITO의 표면 면적이 감소하면서 더 잘 일어난다. 이것은 선의 길이당 결점을 찾을 확률이 감소하는 것을 뜻한다. 또한 좀 더 큰 변형이 일어나기 위한 크랙의 초기 성장 확률의 일반적인 이동을 일으키기도 한다.

두 효과 모두 [그림 6.10]에서 명확하게 알 수 있다. 넓은 선은 결합을 일으키는 변형의 분포가 퍼져있지 않아서 크랙의 성장 제한 ϵ_p 에 의해서 잘 정의된다. 좁은 선은 더 넓은 분포를 보이고 이는 초기의 크랙이 전기적인 결합에 큰 영향을 미친다는 것을 뜻한다. 결점의 분포 때문에, 시험한 샘플들에서 좁은 선의 임계 크랙은 ϵ_p 보다 작은 값에서 시작되기도 하고 ϵ_p 보다 큰 값에서 나타나기도 한다.

6.3 압축 응력하에서 깨지기 쉬운 층의 결합

6.3.1 특성화된 결함상태에서의 그림들

압축(compressive)응력(stress)을 받을 때 얇고 깨지기 쉬운 코팅은 버클링(buckling: 비틀림, 좌굴(坐屈))과 박리(delamination)가 동시에 일어나는 결함을 보여준다. [그림 6.13]은 두 방향으로 압축응력이 작용했을 때 박막(100nm 고분자 기판)에서 일어나는 버클링 패턴(pattern)의 AFM 사진이다. 이 층은 기판으로부터 떨어져서 위쪽으로 휘어있다. 이 형태는 두 방향의 압축응력이 가해졌을 때 박막에서 나타나는 특징으로, 전화선구조(telephone code structure)라 불리는 평면상의 주기적인 변화를 보여준다. 장력에 의한 결함과 함께 이러한 종류의 패턴은 [그림 6.13(b)]와 같은 작은 결함에서 시작된다. 충분히 높은 압축 응력이 작용했을 때 이 패턴이 나타난다. 이 깨지기 쉬운(briltle) 형태의 크기는 코팅이 얼마나 견고한지에 의해서 결정된다(그림 6.14). 이 그림에서 고분자 기판 위에 평행한 ITO 선들이 평행한 금속 선들에 의해서 덮여있다. 일정한 길이로 잘 정렬된 버클링 패턴이 ITO에서 보여진다. 금속이 밑에 있는 ITO를 단단하게 하고 버클링 패턴을 더 거칠게 한다. 그 패턴은 기판 위에 바로 금속이 증착된 부분 아래서는 나타나지 않는다.

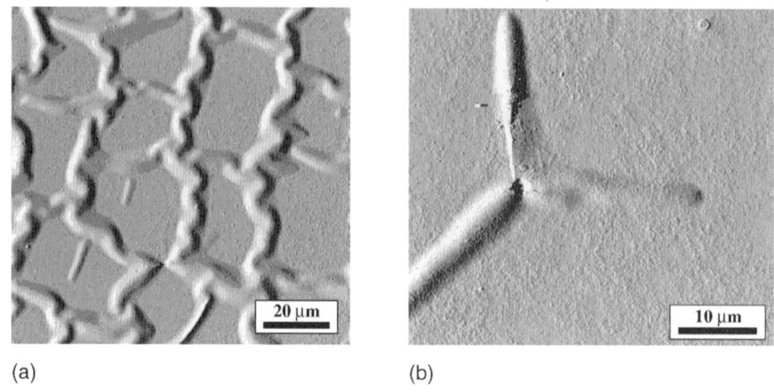

[그림 6.13] 버클링 패턴의 AFM 이미지 (a) 2축 방향의 힘이 인가된 층 (b) 초기 성장점

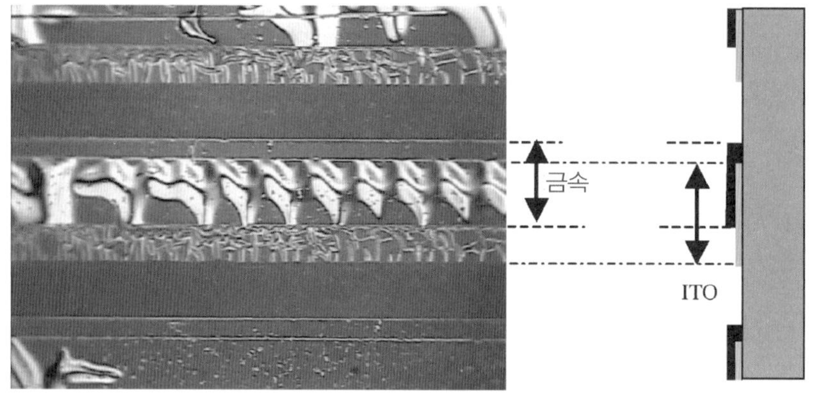

[그림 6.14] 100nm ITO의 버클링 크기와 ITO위의 600nm 금속의 버클링 크기의 차이

6.3.2 버클링 결함(failure)의 메커니즘

[그림 6.15]는 박리된 버클링의 단면도를 보여주고 있다. 이 버클링은 장력에서 층의 결함과 같은 에너지의 균형에 의해서 좌우된다. 팽팽하게 압축된 코팅상태로부터 이 버클링은 탄성 에너지를 가하게 되고 이 에너지는 기판의 표면에서 코팅을 뜯어냄으로써 새로운 표면을 만들어 내곤 한다. 이것은 또한 부분적으로 버클링이 일어난 층을 갈라지게 하기도 한다.

버클링이 탄성 에너지를 가하기 위해서는 이 에너지가 새로운 표면을 만들기 위해 필요한 에너지 보다 커야만 한다. 이것은 다음의 식과 같이 표현된다.

$$C_c(\alpha)\epsilon^2 E_c hb - C_s(\alpha)\epsilon^2 E_s h^2 \geq 2\Gamma b \tag{6.4}$$

좌변은 가해진 전체 탄성 에너지의 양을 나타낸다. 첫 항은 코팅에 의해서 가해진 탄성

에너지이다. 이 에너지는 코팅한 부피(대략 2bh)에 가해진 응력($\sigma = E_c \epsilon$)과 변형률(ϵ)의 곱을 적분함으로써 구해진다. 그러나 그 에너지는 좌굴 그 자체에 의해서만 발생한 것은 아니다. [그림 6.15]에서 나타나듯이 좌굴은 좌굴에 인접한 코팅의 응력을 감소시킨다.

이 양은 코팅과 기판의 영률의 차이에 영향을 받기 때문에 상수 C_c는 Dundurs 변수 α의 함수이다. 버클링 옆의 코팅이 그 자신의 응력을 감소시키기 때문에 그것은 [그림 6.15]에 나타난 것처럼 버클링의 끝부분 근처의 기판을 변형시킨다. 이러한 현상을 위해 요구되는 에너지는 식 (6.4)의 두 번째 항에서 설명된다. 탄성 변형 에너지가 존재하기 때문에 이 항은 기판의 변형된 부피가 버클링의 길이(b)로 비례된다는 것과 재료의 변수가 다르다는 점을 제외하면 첫 번째 항과 유사하다. 다른 항들과 이 항을 연관시키기 위해 도입한 비례상수 C_s는 Dundurs의 변수 α의 함수이다. 가해진 탄성 에너지의 합은 새롭게 만들어진 표면을 형성하는데 필요한 에너지($2b\Gamma$, $2b$: 새로운 표면의 길이, Γ : 코팅이 깨어져서 새로 생긴 표면의 에너지)를 초과해야 한다. 이러한 모델에서 우리는 코팅을 버클링으로 변형시키는데 필요한 탄성력과 버클링의 끝(tip)에서의 크랙을 무시했다. 어느 경우도 끝 주변에서의 혼합 효과를 고려하지는 않았다.

식 (6.4)의 모델은 버클링의 유효 길이로 정해질 버클링의 길이(b)의 함수로서 가해진 탄성 에너지에서 최대값을 나타낸다. 이 버클링의 길이는 Dundurs 변수 α와 코팅의 두께에 의해서 증가된다. 코팅 두께의 버클링 길이에 대한 의존성은 [그림 6.14]에서 관찰된 것(금속과 ITO가 적층된 부분의 하단이 ITO만 있는 부분의 하단에 비해서 매우 거친 것)과 일치한다. 금속이 기판에 더 잘 붙고(높은 Γ) 낮은 Dundurs 변수 α를 가질 경우 금속과 기판의 직접적인 결합에서 버클링은 나타나지 않는다.

코팅의 박리된 버클링에 대한 첫 번째 모델은 같은 탄성율을 가진 물질에서 유도되었다(Dunders 변수 α=0). 최근의 연구는 부드러운 기판 위의 단단한 박막에 관해서 진행되고 있다(Cotterell and Chen 2000; Yu and Hutchinson 2002). 부드러운 기판에 관한 이 연구는 버클링에 가해진 에너지가 단단한 박막 자체(너비 $2b$)의 에너지보다 버클링이 일어나기 전(C_c가 5에 이르기까지)에 커짐을 명백하게 보여준다.

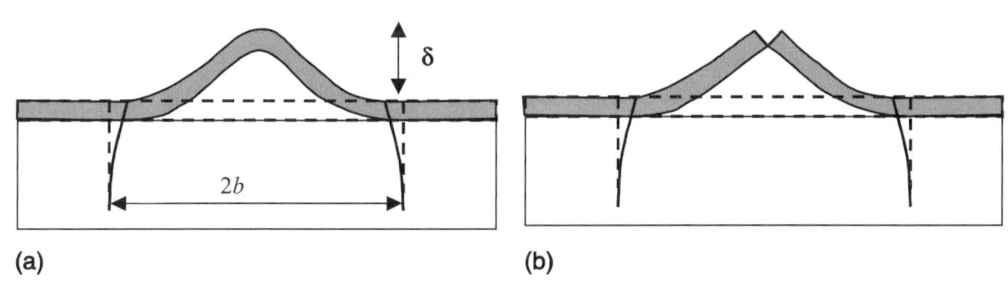

[그림 6.15] 버클링 형성의 단면도

6.3.3 버클링 변형률(strain)

앞부분에서 설명한 모델은 박리된 버클링의 메커니즘에 대한 기초적인 개념을 준다. 또한 이 모델은 실제 상황에서 버클링이 일어나는 지를 결정하는 경우에도 매우 유용하다. 버클링이 나타나는 변형률을 평가하는 여러 가지 방법이 있다. 우선 [그림 6.13]에서 버클링의 너비 $2b$와 버클링의 높이의 차이가 결정될 수 있다. 두 변수 모두 버클링의 프로파일을 분석적인 모형($\delta = \delta_0[1-\cos(\pi x/b)]/2$)에 맞춤으로써 결정된다. [그림 6.13]에서 2b=7.9±0.5μm이고, δ_0=0.68±0.06μm이다. 버클링의 길이($2b$)와 높이의 차이를 이 식 (ϵ=2.47(δ_0/2b)^2)에 대입해서 이완(relaxed) 압축률 ϵ=1.8% 이라는 값을 얻을 수 있다. [그림 6.15]에서 알 수 있듯이 버클링 주변의 코팅에서 변형률이 줄어들기 때문에 이러한 접근은 버클링 변형률을 실제 값보다 큰 값으로 계산하게 된다.

[그림 6.16]은 버클링 변형률을 결정하는 두 번째 방법을 보여준다. 이 그림은 고분자 기판이 210℃까지 가열된 후 다시 냉각시킬 때 100nm 두께의 ITO의 버클링 패턴을 보여준다. ITO의 크기는 230μm×250μm이고 고분자 벽이 둘러싸고 있다. 120℃에서 버클링의 패턴이 사라지기 시작하고, 160℃에서 대부분의 패턴이 사라지고 200℃에서는 완전히 사라진다. 냉각시에는 버클링의 패턴이 부분적으로 다시 나타난다. 고분자와 ITO코팅 사이의 열 팽창의 차이에 의해서 140K의 온도 증가시에 변형률의 차이는 $\Delta\epsilon$=0.80%가 되고, 이는 압축 변형률이 버클링을 일으키는 원인일 수 있다는 근거가 된다.

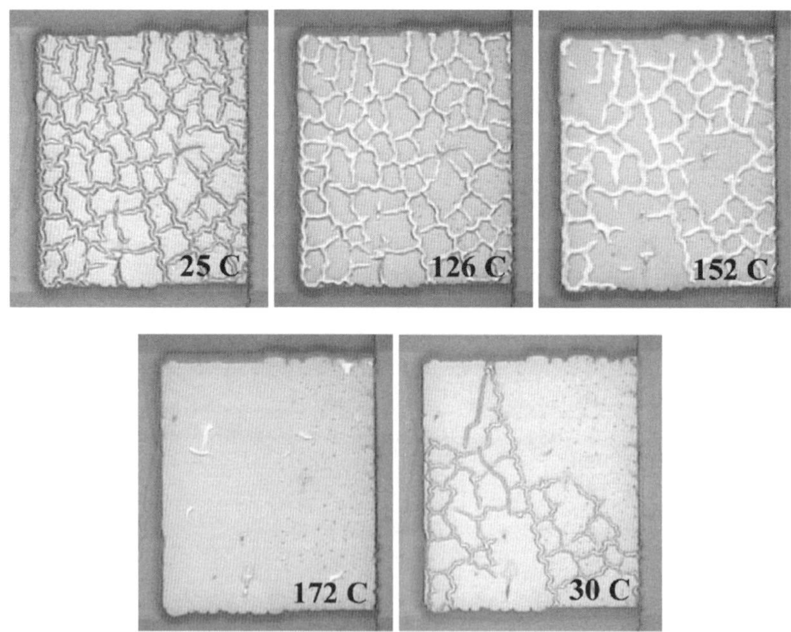

[그림 6.16] 가열하고 냉각하였을 때의 버클링 패턴의 순차적인 변화

그러나 ITO-고분자 적층에서 버클링되지 않은 부분의 굴곡을 조사하여 100nm ITO층에서의 압축 변형률을 계산하면 상온에서 약 0.3%가 얻어진다. 이것은 뜨거운 스테이지에서의 현미경 관찰 결과 및 프로파일 측정 값에 비해 현저히 줄어든 것이다.

6.3.4 토 론

버클링 변형률을 계산하는 것은 간단하지 않다. 여기에 소개된 모든 방법이 결과를 해석하는데 논의되어야 할 것이 있고, 그 중에 하나가 기판의 열 역학적 변화이다. 버클링의 프로파일을 측정하는 것은 직접적인 일이지만 버클링 주변의 코팅에서 일어나는 변형률의 감소를 고려하여 보상해야 된다. 비록 바로 사용 가능한 식은 아직 유도되지 않았지만, 부드러운 기판 위의 코팅의 버클링에 관한 연구는 이루어져 왔다(Cotterell and Chen 2000; Yu and Hutchison, 2002). 이러한 연구는 버클링에 의해서 가해진 탄성 에너지(G)의 전체 양이 코팅의 버클링된 부분에 저장된 에너지(G_0) 보다 상당히 크다는 것을 보여준다. 이 양은 단단한 코팅과 부드러운 기판 사이의 탄성적인 불일치가 커질수록 증가한다. Dundurs의 변수 α=0.95인 경우(고분자 위의 ITO, 표 6.1), G/G_0은 5정도의 값을 가진다. 이것은 가해진 에너지의 4/5가 [그림 6.15]에서 나타나듯이 버클링의 끝부분에서 미는 힘을 주는 코팅의 박리되지 않은 부분에서 왔다는 것을 의미한다. 적당히 근사해서 말하면, 버클링된(비틀린) 폭과 높이의 차이를 측정하여 제곱근을 구함으로써(탄성 에너지는 변형률의 제곱근에 비례한다)버클링의 변형율을 예측할 수 있다. 이것은 버클링 변형률이 앞 절에서 1.8%라고 계산된 값보다는 0.8%에 가까운 값을 가지게 한다.

식 (6.4)에 나타났듯이, 표면 에너지 Γ(기판과 코팅 사이 접합의 질)는 버클링을 막는데 매우 유용한 변수이다. 같은 탄성률(Dundurs 변수 α=0)의 코팅과 기판에서 Hutchinson과 Suo(1992)는 Γ와 코팅층의 두께와 버클링의 모양(높이 δ_0와 너비 2b)과 버클링이 일어나기 전의 코팅의 응력과의 간단한 관계를 제시했다. α〉0 경우, 우리는 식 (6.4)에서 Γ를 추정할 수 있다. 이를 위해서 1.8%의 변형률을 가정한다(C_c=1로 가정). 비록 버클링이 일어나기 전의 변형률을 추정하는 것은 잘못이지만 이것은 버클링에 의해서 일어나는 에너지의 적절한 값을 도출한다. 식 6.4의 두 번째 항을 무시하면 Γ는 약 1.9J/m^{2}로 추정된다.

이것은 ITO층의 나쁜 접착상태를 의미하는데 불행하게도 디스플레이의 경우에는 중요한 요소가 된다. Cotterell과 Chen(2000)의 보고와 비교해보면, PET 필름 위의 100nm ITO의 경우 Γ=32J/m^{2}를 가진다. 그들의 실험에서는 여기서 보여지는 4μm와 비교하여서 박리된 너비(b~1μm)가 상당히 작다. 이것은 비틀린 층의 크랙이 높은 Γ값을 가지는 것과 잘 맞아들어간다.

표면 에너지를 증가시키는 것은 깨지기 쉬운 코팅을 더 압축시킬 때 중요한 요소가 된다.

기판과 코팅 사이의 탄성적인 불일치를 감소시키는 것 역시 중요한 영향을 끼친다. 버클링에서 탄성 에너지가 가해질 때, 부드러운 기판은 코팅의 탄성 에너지가 집중되도록 한다. 이것은 유사한 표면 에너지에서 좀 더 부드러운 기판의 경우($\alpha \rightarrow 1$), 좀 더 낮은 임계 버클링 변형이 나타나게 한다. 이 효과는 기판과 코팅 사이에 중간 정도 되는 탄성 성질을 가진 층을 삽입함으로써 감소될 지도 모른다(예를 들면 하드 코트).

여기서 나타난 버클링 박리현상의 초기의 낮은 변형 수준은 우려할 만한 수준이다. 왜냐하면, 코팅과 기판 사이의 열 팽창의 불일치와 공정 온도의 상승이 함께 작용하여서 그런 변형들이 나타나기 때문이다. 예를 들면, 기판이 120℃로 가열되었을 경우, SiN_x층은 상온에서 0.55%의 압축 변형이 나타난다(표 6.1). 코팅에서 이 내부 압축 변형은 때때로 다층 기판에서 표면들 중 하나에서 버클링 박리가 일어나게 할 수 있을 정도로 충분히 크다. 디스플레이에서 사용되는 화학 물질들은 박리를 촉진시킬지도 모른다는 것이 알려져 있다. 예를 들면, 물은 크랙을 일으킨 끝에서 반응을 해서 결합부분(Kinloch 1987)과 유리(Lawn 1993)에 안전성을 감소시킨다. 비틀림이 화학적인 작용에 의해서 일어날 때 건조한 샘플에서보다 작은 표면 에너지 Γ가 나타날 것이다.

6.4 디스플레이에서 결함(failure) 상태

6.4.1 결함의 결과의 요약

전도도의 측정과 광학적 측정을 기초로 해서 ITO의 결함은 약 1%에서 관찰된다. 이것은 다른 비슷한 두께의 깨지기 쉬운 층에서 측정된 것과 유사한 값이다(Leterrier, 2003). 작은 변형 수준에서 제한된 길이의 이미 안정한 ITO 크랙이 관찰된다. 이 크랙은 특정한 임계 변형 수준 이상이 되어서 전기 전도선의 전체 너비 이상으로 자라나기도 한다. 좁은 ITO 선의 미세한 관찰과 저항의 측정을 통해서 이러한 안정한 ITO 크랙이 10~300μm 정도 크기가 됨을 알 수 있다. 실험의 측정치와 이론적인 연구를 통해서 장력이 가해질 시에 ITO 전도도의 손실의 다음과 같은 이유로 줄어들 수 있음을 알 수 있다.

- ITO층의 두께의 감소
- ITO를 위해서 높은 변형률을 가졌지만 깨지지 않는 언더코트(undercoat)의 사용
- ITO층에 적당하게 가해진 압축응력

전기적으로 측정된 데이터에서 100μm 두께를 가진 고분자 기판 위에 100nm 두께의 ITO

코팅 필름이 가질 수 있는 최소로 가능한 반지름은 약 3.5mm까지 내려간다. 그러나 이러한 결론은 매우 조심스럽다. 전기 전도적인 결함이 발생하기 전에 작은 크랙이 이미 형성되었고 COS는 사실상 크랙 성장 변형률(CPS: crack propagation strain)로 불려야 한다. 그런 결점들은 기체 투과 차단성과 같은 다른 기능적인 특징과 달리 ITO의 전기적인 특징을 심각하게 바꾸지는 않는다(Rossi and Nulman 1993). 그럼에도 불구하고 기판으로 사용되는 고분자에서 흔히 발생하는 지속적인 하중 아래서나 점탄성(viscoelastic)을 지닌, 시간 의존적인, 크립 변형(creep)과 같은 과정의 결과로 그런 안정된 크랙들은 자라나기 쉽다. 휘어진 디스플레이에서 적층된 기판 구조는 일정한 변형을 겪기 쉽고 크립 현상은 ITO 필름이 위에 보고된 측정치 보다 더 빨리 결함을 갖게 할 수 있다. 이러한 문제에 관해서 특별한 연구가 수행될 필요가 있다.

압축 응력을 받을 때 얇은 깨지기 쉬운 층은 박리와 버클링이 일어난다. 층과 기판 사이의 접착의 질은 버클링일어나는 변형률을 결정한다. 낮은 질의 결합에서는 외부에서 추가적으로 주는 변형의 작용이 없이도 버클링이 자주 관찰된다. 공정상에서 열 역학적인 응력만으로도 충분히 버클링 패턴이 나타난다. 비록 자료는 많지 않지만, 비틀림으로 인한 압축 결함이 장력에 의한 결함보다 비슷하거나 더 적은 수준일 가능성이 있다. 코팅이 종종 증착 과정에서 압축 응력을 견딘다는 것을 고려하면 결함 발생시 인가된 응력은 장력 결함의 힘보다 작다.

대칭적인 기판이 구부러질 때, 곡면의 바깥 면의 장력은 안쪽 면의 압축력과 같다. 그러므로 안쪽 면에서의 압축 결함이 바깥 면에서의 장력 결함 전에 일어날 수 있다. 부피 영역이 깨지기 쉬운 물질이면 장력 결함이 가장 중요한 결함 메커니즘인 반면에, 이 경우에는 압축 결함이 얇은 깨지기 쉬운 필름에서 가장 중요한 결함 메커니즘이 된다. 이 차이는 코팅의 압축 결함에 의해서 일어나는데, 이것은 물질 자체의 특징이 아니라 코팅과 기판 사이의 접착 결함에 의한 것이다.

6.4.2 좀 더 복잡한 상황의 분석

지금까지 보여진 분석은 주로 조건을 조절하기 쉬운 간단한 구조의 실험과 분석으로 제한되었다. 그것은 거의 간단한 탄성 변형으로 제한되었다. 실제 플렉시블 디스플레이에는 많은 요소가 작용하여 복잡한 상황을 만든다.

- 기판은 유기물과 무기물로 구성된 다층의 합성 구조이다. 고온 공정과 열적인 처리 때문에 긍정적이든 부정적이든 복잡한 응력의 분포가 결함에 영향을 끼칠 수 있는 구조에 나타날 수 있다.

- 적층된 고분자 물질의 시간 의존적인 성질 때문에 응력의 분포는 시간에 의존적이다. 이러한 시간 의존성의 근원은 크립 변형과 응력의 완화, 용매(물)의 흡수와 방출, 고분자 물질의 물리적인 노화에 의한 부피의 변화일 수 있다.
- 온도의 변화는 예를 들어 응력의 재배치와 완화 과정의 시 상수(time constant)의 변화를 일으킨다. 이러한 모든 과정의 결과는 임계층의 응력 상황이 시간에 따라 변화 된다는 것이다.

구부러진 디스플레이의 다층 기판에 일정한 장력을 거는 것은 고분자의 크립 변형을 일으킨다. 무기물은 크립을 일으키지 않기 때문에 깨지기 쉬운 기능성 층(예를 들면, 기체 보호막)에 작용하는 응력과 변형률은 시간에 따라서 증가 한다. 그것은 임계 제한점을 넘을 지도 모르고 특정한 인가 시간 후에 결함을 야기할지도 모른다.

비록 이 장은 깨지기 쉬운 층의 결함에 관해서만 집중했지만, 플렉시블 디스플레이의 기계적인 신뢰도에는 다른 중요한 요소들이 있다. 기판의 고분자는 일반적으로 잘 구부러지는 고분자이다. 고분자 물질에 하중이 걸리거나 너무 큰 크랙이 생기거나 느린 점탄성 크랙이 성장한 후에는 이러한 물질이 깨지기 쉬운 결함을 보인다. 이러한 크랙들은 종종 기판을 자를때 생기는 가장자리 데미지의 원인이 된다.

디스플레이나 디스플레이 필름을 구부리는 것은 바깥 기판을 늘어나게 하고 안쪽 기판을 압축시키는 것 이상의 영향을 끼친다. 이 디스플레이의 가장자리(디스플레이 샘플의 접착선)나 곡률의 변화가 있는 디스플레이의 어느 부분에서도 디스플레이나 필름의 중앙 평면에서 추가적인 층말리기 응력(shear stress)이 있다. 이것은 매우 중요할 수 있고 구부림에 의해서나 잔여 응력에 의해서 추가적인 힘이 가해질 수도 있다. 인가되는 조건에 의존해서 코팅이 떨어져 나갈 수 있을 만큼의 힘이 이 상태에서 존재할지도 모른다. 합착의 실패는 이러한 위치에서 더 자주 발생한다.

6.4.3 상품화를 위해서 그것은 무엇을 의미하는가?

구부리는 것은 플렉시블 디스플레이에 변형을 일으키기 쉽다. 비록 상당한 장력과 압축 변형이 작은 반지름(100μm 두께 기판에서 5mm 반지름으로 휠 때 1%의 표면 변형이 일어난다.)으로 휘면서 생길지라도 깨지기 쉬운 층의 변형을 감소시킬 수 있는 방법이 있다.

디스플레이의 가장 중요한 층들이 디스플레이의 중앙 부근에 위치할 수 있다. 대칭적인 구조에서 그 층들이 중립적인(meutral) 평면상에 위치하게 되고 이것은 층에 작용하는 변형을 한 차수 정도 줄여준다.

같은 크기의 장력과 압축력에 의한 변형이 일어날 때, 우리는 층들 사이의 접착이 압축 결함을 가장 중요한 결함 모드로 만드는 것을 확인하였다. 특히 이러한 현상은 접착성(seal line)이나 디스플레이 가장자리에서의 추가적인 층말리기 변형(shear line)이 있을 때 뚜렷하다. 디스플레이의 기판에서 층구조가 복잡해지고 완성된 디스플레이에서 더욱 복잡해질 때 모든 층간의 접착은 플렉시블 디스플레이의 중요한 요소가 된다.

그러나 그것이 고려되어야만 하는 유일한 박막 결함 메커니즘은 아니다. 기판의 결함 특성과 접착(adhesion) 또한 플렉시블 디스플레이의 신뢰성 측면에서 중요하다. 그리고 결함 모드를 결정하는 물질들 간의 상호작용이 자주 일어난다.

6.5 결 론

장력이 가해질 때, 저항으로 측정되는 ITO의 전기 전도 결함은 크랙의 성장에 의해서 큰 영향을 받는다. 이 결함의 변형은 약 1%로 측정되었고 협소한 결함 분포를 나타낸다.

그러나 결함은 이미 더 낮은 변형에서 시작되었고 이것은 저항 증가에 약하게 기여하는 유한한 길이의 안정된 크랙의 생성을 유도한다. 이러한 작은 크랙은 보호막의 기체 침투율 저하와 같은 기능성의 손실을 가져 온다. 게다가 변형률이 1% 미만으로 내려가기 시작할 때, 크랙 생성의 분포는 전기 전도 결함이 발생했을 경우 보다 넓어지기 때문에 추가적인 마진(margine)을 고려한 설계가 신뢰성을 유지하기 위해서 필요하다.

압축력이 작용했을 경우 단단한 코팅은 버클링 박리 현상을 보인다. 이 현상은 장력 결함이 보다 낮은 변형 수준에서 일어날 수 있다. 코팅과 기판의 열팽창 계수의 차이와 온도 변화가 이러한 변형 수준에 쉽게 도달되게 만들기 때문에 고려되어야 할 중요한 원인들이 있다.

장력 결함과 압축력에 의한 결함은 모두 ITO의 두께를 얇게 해서 줄일 수 있다. 이 때 잘 구부러지고 깨어지지 않는 언더코트를 ITO와 기판 사이에 삽입해서 외부에서 가해질 응력에 반대방향으로 내부 응력을 적절하게 조절한다. 이것은 가해질 응력을 미리 알 수 있을 때만 가능한 방법이다.

지금까지 보여진 문헌들의 주요 관점이 고분자 기판의 깨지기 쉬운 층의 장력 결함에 관한 것처럼 보일 것이다. 이 장의 분석을 통해서 압축 결함이 매우 중요한 메커니즘이고 장력 결함보다 더 많은 영향을 끼치는 것을 알 수 있다.

〈감사의 글〉

저자는 EU의 IST 프로그램에서 연구비를 지원해 준 것에 대해서 감사한다. 그리고 Ferrania Imaging Technology와 Vitex System과 Unaxis Balzers(Display Division)에 필름 샘플을 공급해 준 것에 대해서 감사한다. 또한 Giovanni Nisato의 지원과 과학적인 지식에, Leonardo Medico와 Fabio Demarco와 Judith de Goede의 실험에 관한 도움에, Niklas Jansson과 Marcel van Gils와 Peter Timmermans의 수치해석 시뮬레이션 작업에, Kees Mutsaers의 sample 준비에 관한 작업에 감사한다.

참고문헌

Ambrico, J. M. and Begley, M. R. (2002) The role of initial flaw size, elastic compliance and plasticity in channel cracking of thin films. *Thin Solid Films* 419, 144153.

Andersons, J., Leterrier, Y. and Fescenko, I. (2003) Analysis of the initial fragmentation stage of oxide coatings on polymer Substrates under biaxial tension. *Thin Solid Films* 434, 203215.

Beuth, J. L. Jr (1992) Cracking of thin bonded films in residual tension. *International Journal of Solid Structures* 29, 16571675.

Bouten, P. C. P. (2002) Failure test for brittle conductive layers on flexible display substrates. *Proceedings of Eurodisplay* 2002, Nice, pp. 313316.

Bouten, P. C. P. (2003) On integrity of flexible displays. *Proceedings of Fracture Mechanics of Ceramics* 8, Houston, forth coming.

Cotterell, B. and Chen, Z. (2000) Buckling and cracking of thin films on compliant substrates under compression. *International Journal of Fracture* 104, 16979.

Hutchinson, J. W. and Suo, Z. (1992) Mixed mode cracking in layered materials. *Advances in Applied Mechanics* 29, 63191.

Izumi, H., Adurodija, F. O., Kaneyoshi, T., Ishihara, T., Yoshioka, H. and Motoyama, M. (2002) Electrical and structural properties of indium tin oxide films prepared by pulsed laser deposition. *Journal of Applied Physics* 91, 1213.

Kinloch, A. J. (1987) *Adhesion and Adhesives*, Chapman and Hall, London.

Lawn, B. (1993) *Fracture of Brittle Solids*, 2nd edn, Cambridge University Press, Cambridge.

Leterrier, Y., Pellaton, D., Mendels, D. A., Glauser, R., Andersons, J. and Manson, J.−A. E. (2001) Biaxial fragmentation of thin silicon oxide coatings on poly(ethylene Terephthalate). *Journal of Materials Science* 36, 22132225.

Leterrier, Y., Médico, L., Bouten, P. C. P. and De Goede, J. (2003a) Layer mechanics of optimized materials, IST−2001−34215−FLEXled report D17.

Leterrier, Y. (2003) Durability of nanosized oxygen−barrier coatings on polymers. *Progress in Material Science* 48, 1−55.

Leterrier, Y., Fischer, C., Médico, L., Demarco, F., Manson, J. −A. E., Bouten, P., Goede, J. de, Nisato G. and Nairn, J. A. (2003b) Mechanical properties of transparent functional thin films for flexible displays. *Proceedings of the 46th SVC Annual Technical Conference, San Francisco, May* 38, p.169.

Leterrier, Y, Médico, L., Demarco, F., Månson, J. A. E., Escola Figuera, M., Kharrazi, Olsson, M., Betz, U. and Atamny, F. (2004) Mechanical integrity of transparent conductive oxide films for flexible polymer−based displays. *Thin Solid Films*, 460, 156166.

Rossi, G. and Nulman, M. (1993) Effect of local flaws in polymeric permeation reducing barriers. *Journal of Applied Physics* 74, 54715475.

Townsend, P. H., Barnett, D. M. and Brunner, T. A. (1987) Elastic relationships in layered composite media with approximation for the case of thin–films on a thick substrate. *Journal of Applied Physics* 62, 443844.

Yu, H. and Hutchinson, J.W. (2002) Influence of substrate compliance on buckling delamination of thin films. *International Journal of Fracture* 113, 3955.

외부변형에 대한 ITO 박막의 안정성

Jeong-In Han

Information Display Research Center, Korea Electonics Technology Institute

7.1 서 론

플렉시블 디스플레이는 작고, 기존의 유리를 이용한 디스플레이에 비해 기계적인 면에서뿐 아니라 디자인 면에서도 우수하다는 장점으로 인하여 지난 십 년간 디스플레이 산업에서 가장 중요한 연구 주제 중의 하나였다. 이러한 플렉시블 디스플레이의 연구 개발은 디스플레이 기술의 새로운 시대를 열 것으로 전망되고 있다. 앞으로는 이 기술을 이용하여 둥글게 휘어지는 디스플레이, 착용할 수 있는 디스플레이, 직사각형이 아닌 다른 형태의 플렉시블 디스플레이 등이 제품화 될 것이다.

초기 개발단계에서는 비틀린 네마틱 액정(twist nematic), 초비틀린 네마틱(super twist nematic) 또는 강유전성 액정을 이용한 수동 매트릭스(passive matrix) 방식의 액정 디스플레이가 집중적으로 연구되었다. 이러한 디스플레이는 주로 작은 크기의 휴대폰, 스마트카드, PDA등에 적용하기 위해 연구되었다(Matsumoto *et al*. 1993; Wenz and Aastuen 1993; Gardner and Wenz 1995; Park *et al*. 2000). 이러한 플렉시블 디스플레이 개발의 원동력은 브라운관(Cathode-ray tubes(CRTs)) 디스플레이의 고해상도에 비견되는 장점들로 얇고 가벼우며, 전력소모가 적다는 점이다. 그러나 고화질, 고품질, 고효율의 디스플레이에 대한 소비자들의 요구를 만족시키기 위해 최근의 연구는 주로 비정질 실리콘이나 저온 다 결정 실리콘 박막트랜지스터(low-temperature polycrystalline Si thin film transistors : LTPS)를 이용한 능동 매트릭스(active matrix) 플렉시블 디스플레이에 중점을 두고 있고, 많은 주요 평판 디스플레이 제조회사들에 의해 성공적으로 제작되었다(Utsunomiya *et al*. 2003; Asano *et al*. 2003; Inoue *et al*. 2003).

기계적으로 안정한 디스플레이를 실현하기 위해서는 우선 몇몇 문제들이 해결되어야 한다. 첫째, 현재 플렉시블 디스플레이 기술은 유리를 이용한 기존의 공정 방법과 유사한 공정을 거치므로, 적절한 공정의 수정이 선행되어야 한다. 두번째, 기존 디스플레이 기술에 사용되는 금속이나 산화물 등의 무기물은 고분자 기판과는 매우 상이한 물리적 성질을 띠기 때문에, 기존의 방법을 이용하게 되면, 제작 과정이나 동작에 있어서 깨짐(cracking)과 갈라짐이 발생할 수 있다. 일반적으로 널리 사용되는 PET(poly(ethylene terephthalate))의 영률(Young's moduli)값은 5.3GPa인 반면에, ITO와 크롬은 각각 118과 289GPa의 값을 가진다. 또한, 고분자 기판의 열 팽창 계수는 무기물 열팽창 계수보다 훨씬 크기 때문에, 증착 과정에서 열 변형을 일으킬 수 있다. 이러한 열 변형은 외부의 휨 변형과 함께 디스플레이 장치로서의 부적합함을 의미한다. 따라서 이러한 변형력을 조절하거나 최소화하는 것이 진정한 플렉시블 디스플레이의 구현에 있어 중요한 열쇠이다. ITO는 투명한 전도성의 물질로서 상대적으로 높은 광학적 투과도와 전기 전도성을 갖고 있다. 때문에 ITO는 유기 발광다이오드(OLEDs)와 액정 디스플레이 같은 디스플레이 장치에서 투명 전극으로 널리 쓰이고 있다. 그러나 ITO 필름은 외부에서 가해지는 휨 변형(bending stress)에 의해 손상되기가 쉬운 단점이 있다. 이 장에서는 외부의 변형력이 플렉시블 고분자 기판 위의 ITO 필름에, 특히 구부러진 상태에서 어떻게 영향을 미치는지 알아보기로 한다. 외부에서 힘이 가해졌을 때 얇은 필름의 기계적인 반응을 알아보고, 이러한 변형을 줄이기 위해 완충 작용을 하는 층의 효과에 대해서도 알아본다. 이중 또는 삼중층 구조하에서의 스토니 공식(Storney formula)을 이용한 수치해석을 통해 기계적 안정성에 대해 검토해보고, 기판의 휨에 따라 패턴된 ITO 부분의 전기 전도성에 어떤 변화가 있는지 알아본다. 또한 다양한 영률 값의 완충층을 갖는 필름 기판에 외부에서 휘는 힘이 가해졌을 때의 기계적인 변형력을 수치해석을 통해 분석해본다.

7.2 박막의 기계적 특성

박막-기판의 기계적 특성에 대한 연구는 Nix(Nix 1989; Mayo and Nix 1988; Weihs *et al*. 1988), Wagner(Suo *et al*. 1999; Gleskova *et al*. 1999a; Wagner *et al*. 1999), 그리고 그 외에 다수의 과학자들(Leterrier *et al*. 1999; Cairns *et al*. 2000; Yu *et al*. 2000; Song *et al*. 2001; Petersen *et al*. 1998)에 의해 연구되었다. Cairns와 그의 연구 그룹에서는 PET 기판 위에서의 ITO 박막의 깨짐(cracking) 메커니즘과 깨짐 현상의 전기적 특성과의 관련성에 대해 연구했다(Cairns *et al*. 2000). 이 연구에 따르면 ITO의 전기 저항은 깨짐의 숫자, 가해진 기계적 변형력, ITO 박막의 두께 등에 대한 함수로 나타내어질 수 있다. 또한 ITO 박막 위에 코팅된

고분자 물질이 ITO의 전기 저항에 미치는 영향에 대해서도 보고되었다. Suo 그룹은 1999년, 기판 위에서 휘어진 금속 박막의 기계적 안정성을 기판과 금속 박막의 두께 비율과 관련지어 설명하였다. Leterrier의 연구팀 1999년 PET 기판 위의 100nm 두께의 SiO_2 층의 깨짐 현상을 관찰하였다. Kelly-Tyson 접근법(Kelly and Tyson, 1965)을 이용해 얻어진 이러한 결과들은 깨짐 밀도가 변형력의 세기에 비례해서 증가하고 일정수준에서 수렴함을 보여준다. Yu 그룹은 2000년 실리콘 기판 위에 화학적 기체 증착법(chemical vapor deposition; CVD)으로 증착된 다이아몬드 박막에서의 고유응력(intrinsic stress)을 탄성 및 소성해석을 통해 연구하여 박막 두께와의 연관성에 대해 밝혀냈다. 그들은 고분자 기판 위에 계면 에너지를 통해 접해있는 금속 박막의 기계적 특성에 대해서도 조사하였다. Gleskova 그룹은 1999년 비정질 TFT에서의 외부의 휨 변형을 고유의 곡률을 고려하여 계산하였고, Hsueh (2002)는 외부의 휨 변형이 없는 상태에서 잔여응력(residual stress)으로 인해 생기는 다중층의 탄성변형 모델을 제안하였다.

이 장에서는 기계적으로 변형된 박막-기판과 유사하게 마이크로 패터닝된 ITO 박막의 전기 전도 특성에 대해서도 검토해 보기로 한다(Park *et al*. 2003). 불균일한 응력의 분배를 야기하는 가장자리 힘 효과(edge force effect)를 배제하고, 박막의 표면에 의존하는 전기적 변화를 정확히 분석하기 위해 섬 구조(island) 형태의 ITO 시편이 준비되었다.

7.2.1 휨에 의한 기계적 변형의 수치적 해석: 이중층 구조

플렉시블 소자를 제작할 때나 사용할 때 항상 겪게 되는 문제는 외부의 휨 변형에 의해 눈에 띄는 성능 저하가 야기된다는 것이다. 이러한 성능 저하는 주로 박막으로 만들어진 전극의 깨짐에 의해 전기 전도가 되지 않아 발생하게 된다. 이러한 깨짐은 한계수치 이상의 휨 변형이 외부에서 가해졌을 때 생긴다. 그러므로 유기 전자 소자의 신뢰도를 높이기 위해서는 외부의 기계적 힘에 의해 전극이 단절되는 메커니즘을 조사하는 것이 중요하다. 우선 ITO 박막과 기판의 두께를 각각 t_f, t_s라고 하고, 이에 대응하는 영률 값을 각각 E_f, E_s라고 가정하자.

외부의 힘이 기판에 가해지면 기계적인 왜곡으로 인하여 기판이 휘게 된다. 휘어지는 정도, 즉 곡률은 기판의 두께와 영률 값에 의해 결정된다. 기판은 기판이 놓여있는 평면에서 등방성을 띤다고 가정한다. 고분자 기판이 얇고 휘기 쉽다면, 박막-기판은 구형의 모자모양을 띠기보다는 원통형의 두루마리 모양으로 휘게 된다. 따라서 다음의 분석에서 포아송의(Poisson's ratio) 비를 무시할 수 있다.

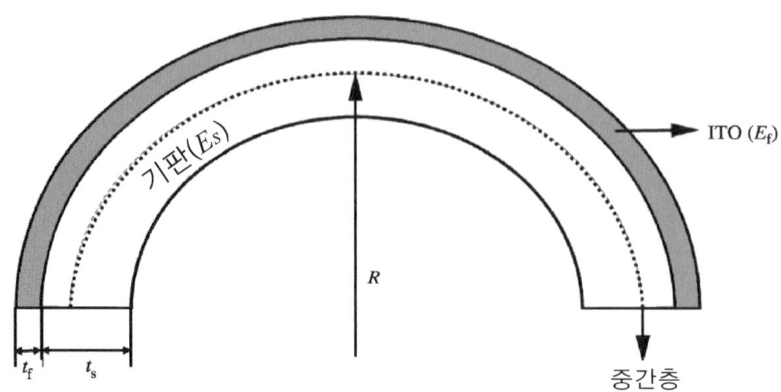

[그림 7.1] 휜 상태에서 이중층 구조의 절단면

특정한 장력이나 압력하에, 박막-기판은 일정한 곡률반경 R을 갖고 휘게 되고, 휨 모멘트(bending moment)가 작용하여 박막-기판의 상층은 늘어나고 하층은 줄어들게 된다. 늘어난 부분과 줄어든 부분 사이에는 두 응력으로부터 자유로운 중간층(neutral layer)이 Z_n의 위치에 존재하게 된다(그림 7.1).

여기서, $\epsilon_s = (d_X - d_{XO})/d_{XO}$로 정의되고, d_X, d_{XO}는 각각 변형된 상태와 초기 상태의 기판의 장축 방향으로의 미소길이를 나타낸다.

따라서 $\epsilon_s(z)$는 다음과 같이 주어진다.

$$\varepsilon_s(z) = \frac{z - z_n}{R} \tag{7.1}$$

기판에서, 국소적 응력이 $\sigma(z)$일 때, 변형도(deformation results)는 다음과 같다.

$$\sigma_s(z) = E_s \varepsilon_s(z) = E_s(\frac{z - z_n}{R}) \tag{7.2}$$

여기서 E_s는 기판의 영률 값이다. 중간층의 위치 Z_n은 박막-기판에 알짜 신장력(elongation force)이 작용하지 않는 조건으로부터 얻어진 값이다. 그러므로 다음의 식을 얻을 수 있다.

$$F_s + F_f = 0 \quad (F = \sigma t = \int_0^{t_s} \sigma(z)dz), \quad \int_0^{t_s} \frac{E_s}{R}(z - z_n)dz + \int_{t_s}^{t_s+t_f} \sigma_f dz = 0 \tag{7.3}$$

F_s는 기판에 작용하는 힘이고, F_f는 박막에 작용하는 힘이다. σ_f는 박막의 평균 응력으로 위치 z에 무관하다고 가정했을 때의 값을 나타낸다. 식 (7.3)을 Z_n에 대해 풀면,

$$z_n = \frac{t_s}{2} + \frac{R\sigma_f t_f}{E_s t_s} \tag{7.4}$$

이 된다. 박막-기판에 외부의 모멘트(토크)가 작용하지 않는다는 조건하에, 박막의 평균 응력(σ_f)은 다음의 식으로 나타낼 수 있다.

$$\begin{aligned} &M_s + M_f = 0 \quad (M = \int_0 \sigma(z) z dz), \\ &\int_0^{t_s} \frac{E_s}{R}(z - z_n)^2 + \int_{t_s}^{t_s+t_f} \sigma_f (z - z_n) dz = 0 \end{aligned} \tag{7.5}$$

여기서 M_s, M_f는 각각 기판과 박막에 작용하는 모멘트이다. 식 (7.5)를 σ_f에 대해서 풀면,

$$\sigma_f = \frac{E_s t_s^3}{6Rt_f(t_s + t_f)} \tag{7.6}$$

이 된다. 식 (7.6)에서 박막의 응력은 기판의 영률, 기판의 두께, 박막의 두께에 대한 함수인 것을 명확히 알 수 있다. 식 (7.2)와 식 (7.6)으로부터 박막의 변형(strain)(ε_f)는 다음과 같이 쓸 수 있다.

$$\varepsilon_f = \frac{t_s^2}{6Rt_f(t_s + t_f)} \left(\frac{E_s}{E_f}\right) \frac{t_s}{t_f} \tag{7.7}$$

삼중층 구조

박막과 기판 사이에 완충 작용을 하는 층인 완충층(buffer layer)이 삽입된 삼중층 구조에서도 비슷한 방식으로 생각해 볼 수 있다. 완충층의 영률 값은 각각 t_b와 E_b로 나타내기로 하자. 완충층을 포함한 시스템을 삼중층 구조로 간주해 보자(그림 7.2).

삼중층 구조의 분석에 있어서, 알짜힘은 완충층에 작용하는 힘만큼 수정되어야 하고 다음과 같은 식을 쓸 수 있다.

$$F_s + F_b + F_f = 0 \tag{7.8}$$

$$\int_0^{t_s} \frac{E_s}{R}(z - z_n) dz + \int_{t_s}^{t_s+t_b} \frac{E_b}{R}(z - z_n) dz + \int_{t_s+t_b}^{t_s+t_b+t_f} \sigma_f dz = 0 \tag{7.9}$$

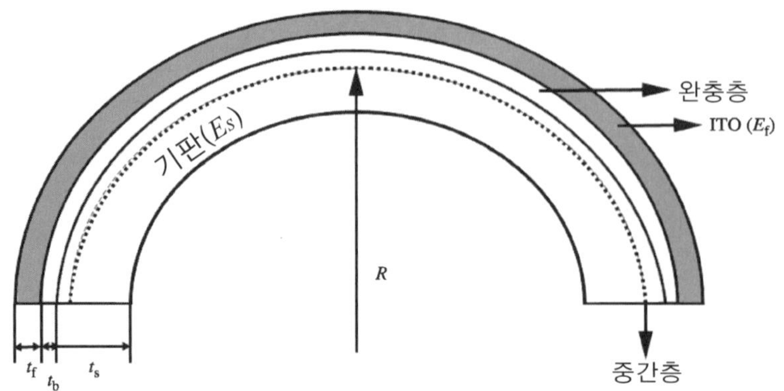

[그림 7.2] 완충층이 삽입된 삼중층 구조의 절단면

식 (7.8)과 (7.9)의 두 식에 의해 중간층의 위치는

$$z_n = \frac{E_s t_s + E_b(t_s + t_b)}{2(E_s + E_b)} + \frac{R\sigma_f t_f}{(E_s + E_b)t_s} \quad (7.10)$$

와 같이 나타낼 수 있다. $E_s = E_b$의 등식이 성립한다면, 식 (7.10)은 다음과 같이 간단히 할 수 있다.

$$z_n = \frac{t_s}{2} + \frac{t_b}{4} + \frac{R\sigma_f t_f}{2E_s t_s} \quad (7.11)$$

식 (7.11)과 (7.4)를 비교하면 알 수 있듯이, 영률 E_b 의 값을 갖는 완충층을 삽입하게 되면, 중간층의 위치가 바뀌게 된다. $E_b = E_s$이고 $t_f \ll t_s$이면, 중간층의 위치는 완충층이 없을 때보다 $t_b/4$만큼 ITO 박막 방향으로 이동하게 된다.

만약, $E_b \neq E_s$이고 $t_f \ll t_s$인 경우라면, E_b 가 작아질수록 중간층의 위치는 중앙부분에서 박막부분 쪽으로 이동하고, 박막에 가해진 응력은 점점 감소하게 된다.

식 (7.8)과 유사하게, 식 (7.5)는 완충층에 작용하는 모멘트 M_b 만큼 수정되어야 한다. 따라서

$$M_s + M_b + M_f = 0 \quad (7.12)$$

$$\int_0^{t_s} \frac{E_s}{R}(z - z_n)^2 dz + \int_{t_s}^{t_s+t_b} \frac{E_b}{R}(z - z_n)^2 dz + \int_{t_s+t_b}^{t_s+t_b+t_f} \sigma_f (z - z_n) dz = 0 \quad (7.13)$$

식 (7.13)으로부터 우리는 완충층을 포함하고 있는 박막-기판 구조의 응력 공식을 다음과 같이 구할 수 있다.

$$\sigma_f(z) = \frac{E_s t_s^3 - \beta}{12Rt_f(t_s + t_b + \frac{t_f - \alpha}{2})} \tag{7.13}$$

여기서 α와 β값은 각각 다음과 같다.

$$\alpha = \frac{E_s t_s + E_b(t_b + t_s)}{2(E_s + E_b)},$$

$$\beta = 2E_s \alpha t_s(t_s + \alpha) - E_b\left[(t_b + t_s - \alpha)^3 - (t_s - \alpha)^3\right]$$

대부분의 얇은 박막을 이용한 전자 제품에서 ITO 박막의 두께와 영률은 제품이 최적의 전기 광학적 특성을 낼 수 있도록 정해진다. 그러므로 일정한 휨 변형이 가해졌을 때 완충층을 삽입한 구조에서 ITO 박막에 가해지는 응력은 완충층과 고분자 기판의 영률과 두께에 의해서 정해진다. 완충층의 삽입과 얇은 두께와 작은 영률을 갖는 기판을 사용하는 것은 고분자 기판 위의 ITO에 가해지는 응력을 줄일 수 있게 해준다는 것을 식 (7.14)로부터 알 수 있다.

7.2.2 휨에 의해 유도된 기계적 변형의 실험 결과

여기서 우리는 면 저항(sheet resistance)의 변화가 외부에서 인가된 기계적인 힘에 의한 변형력에 대한 함수라는 것에 집중해 보도록 하자. 인가된 변형력에 대한 ITO 필름의 전기 저항의 변화를 설명하기 위한 하나의 모델을 제시하겠다. 박막-기판이 기계적 변형력에 의해 휜다고 가정하면, 기계적 변형력은 곡률반경(bending curvature)에 대한 함수로 나타낼 수 있다. 또한, ITO 박막에 가해지는 응력은 이 응력으로 인해 발생하는 갈라짐(delamination)과 깨짐에 의한 전기 저항의 증가분으로 나타낼 수 있다. 식 (7.14)에 따르면, 기판의 영률은 기계적 응력을 결정하는 요소 중의 하나이다. 그래서 우리는 작은 영률을 가지면서도 구하기 쉬운 폴리카보네이트(polycarbonate : PC) 호일을 기판으로 사용하였다. [그림 7.3]은 식 (7.14)를 이용한 시뮬레이션을 통해 얻은 ITO 박막의 응력-변형력 관계(stress-strain relation)를 보여준다. 각 층의 두께와 기판의 영률은 $t_s = 100\mu m$, $t_b = 0.5\mu m$, $t_f = 0.1\mu m$, $E_s = 5.3GPa$의 값으로 계산되었다. 시뮬레이션 결과를 통해 ITO 박막의 기계적 안정성을 향상시키기 위해서는 2.885GPa 보다 작은 영률 값을 갖는 완충층이 요구된다는 것을 알 수 있다.

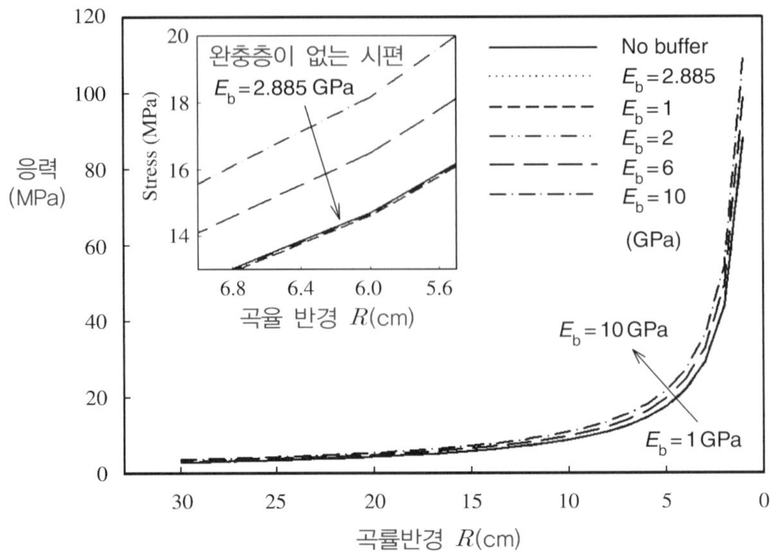

[그림 7.3] 완충층이 기계적으로 변성된 ITO-고분자 시스템의 응력에 미치는 효과: 그림의 데이터는 PC 기판 위에 ITO 가 있음을 가정하고 식 (7.14)로부터 $t_s = 100\mu m$, $t_b = 0.5\mu m$, $t_f = 0.1\mu m$, $E_s = 5.3GPa$일 때 계산된 값이다. 삽입된 그림은 응력에 따른 6.9cm에서 5.6cm까지의 휨 곡률 변화를 나타낸 것이다.

[표 7.1] 다양한 기판, 완충층, 그리고 금속막에서 나노 압흔(nanoindentation)으로 측정한 영률값

항목	소재(두께, μm)	영률(GPa)
기판	PC (100)	5.3
	PES (100)	5.7
	PET (100)	5.53
완충층	Polycarbonate (0.5)	2.1
	Polyimide (0.5)	2.5
	Acrylic resin (0.5)	3.2
	Aluminum film (0.5)	11.5
금속성 필름	ITO film (0.1)	118
	Tantalum film (0.1)	140

이는 기계적 안정성 향상을 위해 작은 영률 값을 갖는 완충층이 필요하다는 것을 보여준 위의 실험 결과와 일치하는 것이다. 완충층과 금속 박막의 영률 측정 결과가 [표 7.1]에 기록되어 있다.

[그림 7.4(a)]는 완충층의 전기 저항, 곡률반경, 영률의 관계를 보여준다. 전기 저항은 곡률반경에 대한 함수로 그려져 있다. ITO 박막의 전기 저항 값은 곡률반경이 7cm보다 작은 완충층을 사용할 때 급격하게 증가한다.

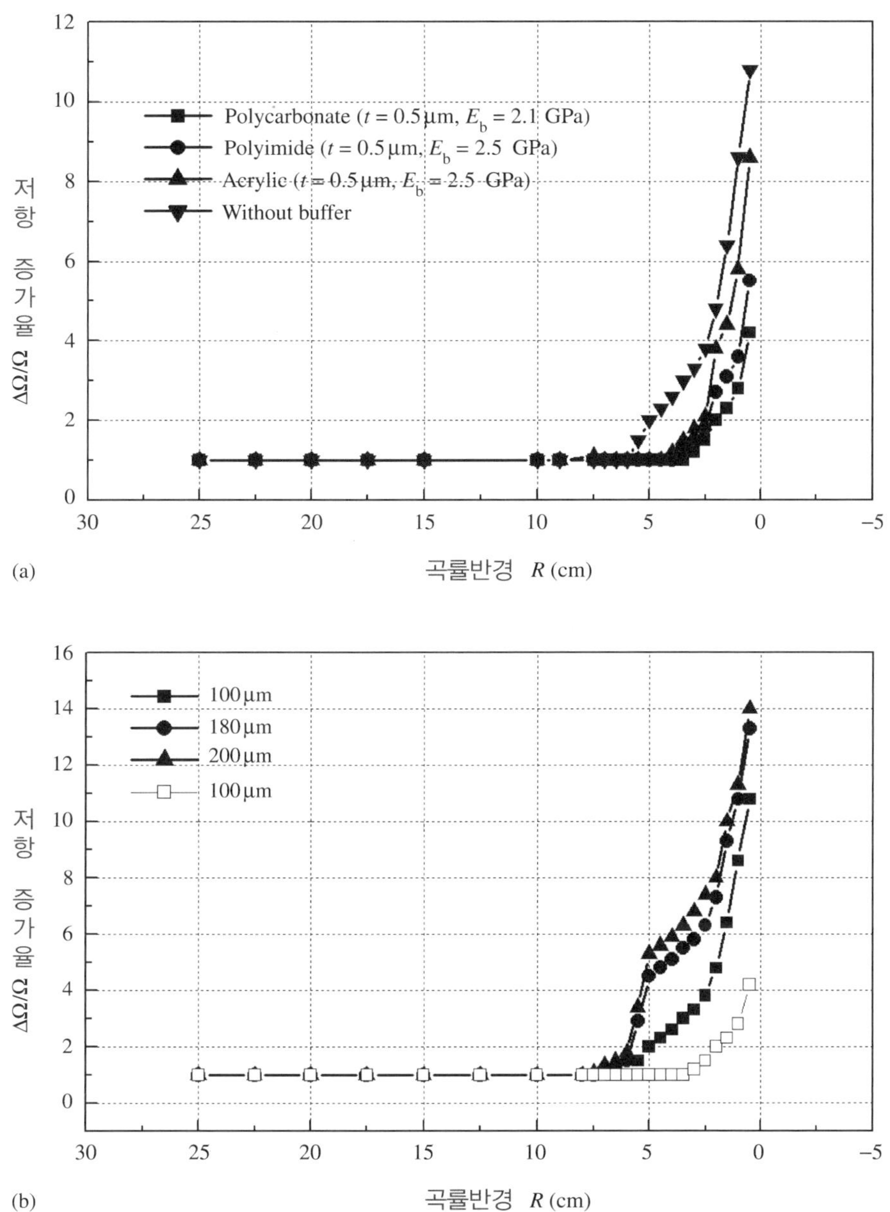

[그림 7.4] ITO 박막의 전기 저항 특성. (a) 곡률반경과 완충층 물질의 관계, (b) 곡률반경과 기판 두께의 관계. (a)에서 기판은 100μm 폴리카보네이트와 $t=0.1\mu m$인 ITO로 이루어져 있다. (b)는 $t=0.1\mu m$, $E_b=2.1GPA$인 유기물 완충층, 그리고 $t=0.1\mu m$인 ITO로 이루어져 있다.

이렇게 작은 곡률에서는 완충층으로 사용한 물질에 상관없다는 것을 알 수 있다. 완충층이 일정한 두께를 갖고, 그 위에 ITO 박막이 올려져 있다면, 박막에 가해진 응력은 식 (7.14)에서 알 수 있듯이 α값에 의존하게 된다. α값이 주로 완충층의 영률에 의해 결정되기 때문에, [그림 7.4(a)]에 나타난 다양한 저항값 변화의 특성들은 완충층의 영률에 의한 것이다.

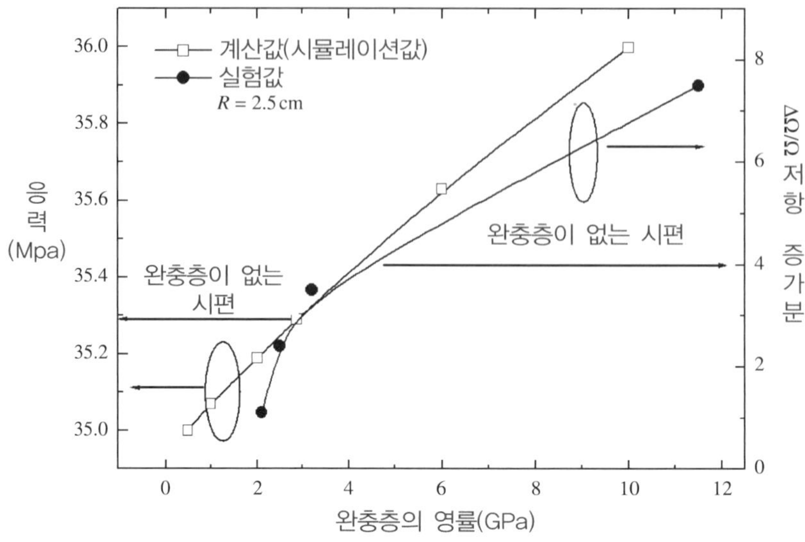

[그림 7.5] ITO 박막에서 전기 저항과 가해지는 응력이 완충층의 영률값에 의존하는 정도

[그림 7.4(a)]에 나타난 결과는 [그림 7.3]에 표현된 시뮬레이션 결과와 거의 일치함을 알 수 있다. 박막에 가해지는 응력을 감소시키는 작은 영률의 완충층이 삽입되었을 때의 ITO 박막은 완충층이 없는 경우에 비해 전기 저항의 증가가 완만함을 알 수 있다. [그림 7.4(b)]는 고분자 기판의 두께에 대한 ITO 박막의 응력-변형 관계의 의존성을 보여준다. 식 (7.9)로부터 곡률반경이 같을 경우에 얇은 기판의 ITO 필름은 더 작은 응력을 받는다는 것을 예측할 수 있다.

[그림 7.5]에서 실험 결과와 시뮬레이션 결과를 비교하였다. 유기물 완충층을 사용했을 경우, 결점(defect)으로 인한 ITO 박막의 전기 저항 변화와 가해지는 응력이 완충층의 영률값에 반비례함을 볼 수 있다. 일반적으로 기계적인 왜곡이나 휨에 의해 발생하는 응력은 고분자 기판의 박막 위에 많은 수의 깨짐을 만들어내고, ITO 박막의 전도성을 떨어뜨리는 것(ITO 박막의 저항을 증가시키므로)으로 알려져 있다. 따라서 식 (7.14)와 [그림 7.3]을 통해 기대되는 바와 같이, 완충층을 삽입함으로써 ITO 박막에 가해지는 응력을 줄이는 것은 동일한 곡률반경하에서 깨짐 발생 가능성을 줄이고 ITO 박막의 전기적 특성을 향상(ITO박막의 저항증가분을 감소시키므로)시킬 수 있다. 영률과 기계적 특성의 관계에 대한 이론과 실험 결과의 불일치는 영률의 측정에서의 몇몇 부정확성, ITO 박막과 완충층의 경계면에서의 부정합(mismatch)에 기인하는 것으로 보여진다. 기계적 안정성의 좀 더 명확한 비교를 위해서 강도가 낮은 물질인 tatalum(Ta)을 박막으로 사용하였다.

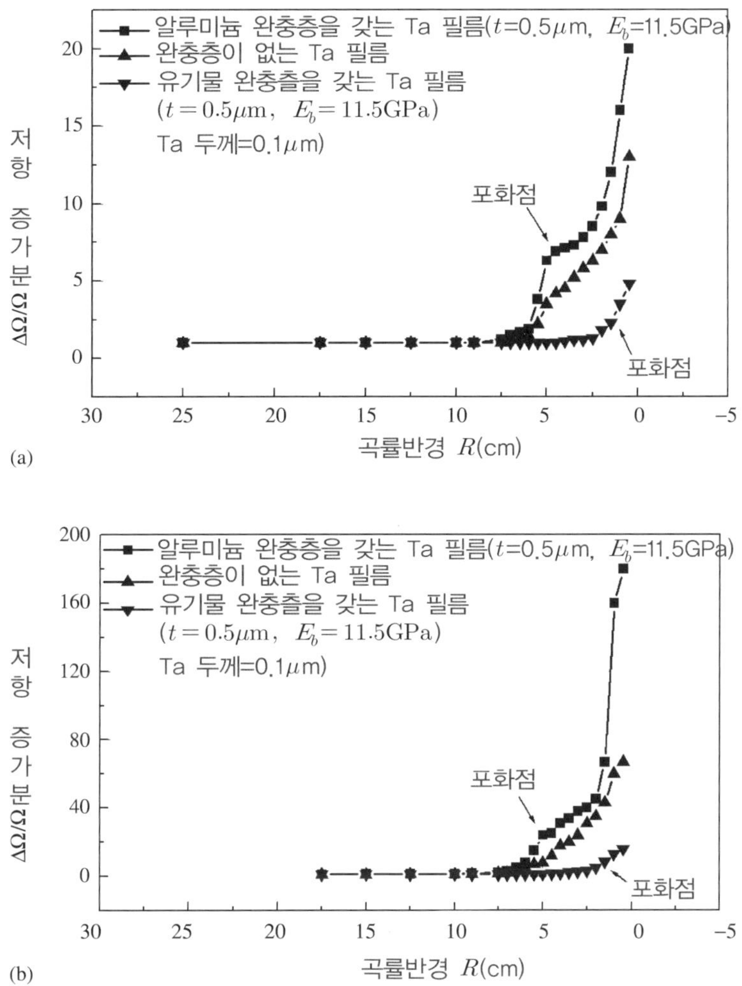

[그림 7.6] (a) 압축력이 가해진 후 완충층 위의 Ta 박막의 전기 저항 증가 의존도
(b) 장력이 가해진 후 완충층 위의 Ta 박막의 전기 저항 증가도

[그림 7.6(a)]은 Ta 필름과 고분자 기판의 응력-변형력 관계를 다양한 완충층을 이용해 실험한 결과를 보여준다. 0.5μm 두께의 폴리카보네이트, 알루미늄(Al)이 완충층으로 사용되었다. 알루미늄 완충층(영률 11.5GPa)를 삽입하였을 때 Ta 박막은 완충층이 없을 때에 비해 기계적 안정성이 더 떨어진 것이 관찰되었다. 전도성 박막에 작용하는 응력은 압축력(compression)보다 장력(tension)이 더 크다는 것이 명확한데, 이는 일반적으로 고분자 기판이 Ta 박막에 비해 높은 열 팽창성을 띠므로 증착시에 응차 변형(differential strain)과 함께 필름에 장력이 가해지게 되기 때문이다. 그 결과로, 외부의 압축력이 가해지면 장력을 감소시키는 반면에 외부의 장력이 가해졌을 때는 원래의 장력에 추가적인 힘을 가함으로써 응차 변형을 증가시키게 된다.

[그림 7.6(b)]는 외부의 장력이 가해졌을 때 Ta 박막의 전기 저항의 변화를 보여준다. [그림 7.6(a)와 (b)]를 비교해보면, 장력은 전도성 박막에 7-8배 높은 응력을 유도함이 명백해진다.

[그림 7.7]은 다양한 곡률반경하에서 고분자 기판 위 ITO 박막의 깨짐현상의 증가를 보여준다. 사진들은 응력이 없는 상태에서 광학 현미경과 CCD 카메라를 통해 찍었다. 여기서 알 수 있는 결과는 깨짐에 따른 저항의 증가설을 확실하게 뒷받침해 준다. 그림 7.7에서 보는 바와 같이 동일한 곡률반경으로 휘어졌을 때 완충층을 삽입했을 때의 ITO 필름은 그렇지 않은 경우에 비해 낮은 깨짐 밀도를 나타내고 있다. 실험에서 관찰되는 또 다른 명확한 현상은 한계 휨 모멘트 이상에서의 깨짐 밀도의 포화이다. Cairns 연구팀은 2000년 전도성 박막의 전기 저항은 어떤 한계점에 이르기 전까지 휨 모멘트의 증가에 따라 천천히 증가하고, 한계점 이후에는 깨짐의 밀도가 포화 상태에 이르렀음에도 불구하고 급격히 증가한다고 보고했다. 포화상태 이후에 ITO 박막에 작용하는 응력은 더 많은 깨짐을 일으키고, 따라서 기존 깨짐들은 더 크고 짙게 되어 심각한 전도성의 저하를 일으키는 것으로 볼 수 있다.

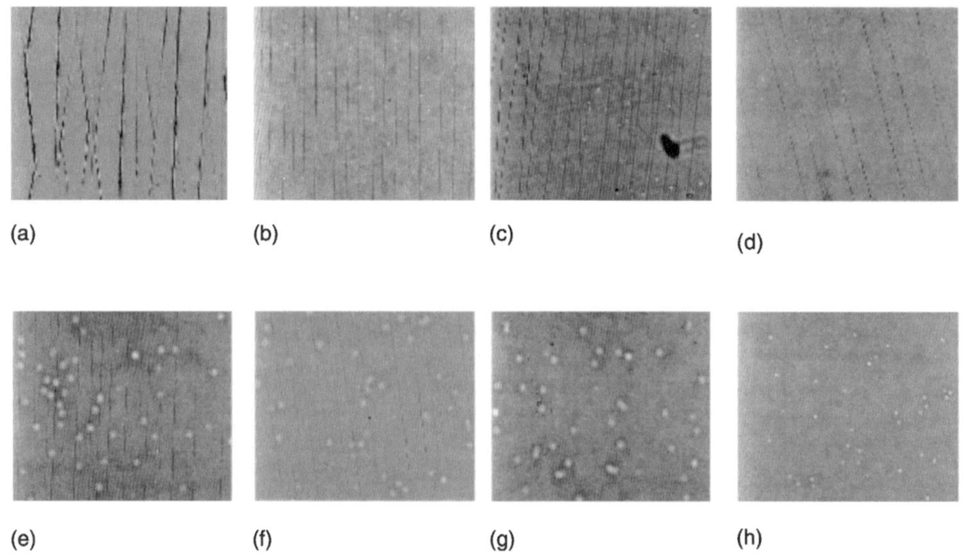

[그림 7.7] 곡률반경과 완충층에 따른 ITO 박막의 깨짐현상 사진: (a–d) 완충층이 없을 때, (e–f) 완충층 이 있을 때, (a) $R=1\text{cm}$, (b) $R=2\text{cm}$, (c) $R=4\text{cm}$, (d) $R=10\text{cm}$, (e) $R=1\text{cm}$, (f) $R=2\text{cm}$, (g) $R=4\text{cm}$, (h) $R=10\text{cm}$

7.3 결 론

지금까지 폴리카보네이트 기판 위의 ITO 박막의 기계적 안정성에 대해서 알아보았다. 첫째로, 유연한 기판 위의 변형된 ITO 박막의 기계적인 성질을 스토니 공식을 이용한 수치해석을 통해 분석해 보았고, 다음으로 완충층을 포함하는 3중층 구조에 대해 조사해 보았다. 마지막으로, 패턴된 ITO의 전도성 변화를 곡률반경에 대한 함수로 나타내어 측정해 보고, 이론적 예측과 실험결과를 비교해 보았다. 우리는 일정 값보다 낮은 영률 값을 갖는 완충층은 박막의 기계적 응력을 감소시키는 데 도움이 된다는 것을 알게 되었다. 또한, ITO 박막에 가해진 장력을 줄이기 위해서 적당한 영률 값을 갖는 추가의 층을 고분자 기판의 반대편에 쌓는 방법을 제안할 수 있을 것이다.

참고문헌

Asano, A., Kinoshita, T. and Otani, N. (2003) A Plastic 3.8-in. Low-temperature polycrystalline silicon TFT color LCD panel. *SID Digest*, 998.

Cairns, D. R., Witte, R. P. II, Sparacin, D. K., Sachsman, S. M., Paine, D. C., Crawford, G. P. and Newton, R. R. (2000) Strain-dependent electrical resistance of tin-doped indium oxide on polymer substrates. *Applied Physics Letters* 76, 1425.

Gardner, T. J. and Wenz, R. P. (1995) STN alignment on rib spaced plastic LCD substrate. *SID Digest*, 695.

Gleskova, H., Wagner, S. and Suo, Z. (1999a) Rugged a-Si:H TFTs on plastic substrates. *Materials Research Society Symposium Proceedings* 557, 653.

Gleskova, H., Wagner, S. and Suo, Z. (1999b) Stability of amorphous silicon transistors under extreme in-plane strain. *Applied Physics Letters* 75, 3011.

Hsueh, C. H. (2002) Modeling of elastic deformation of multilayers due to residual stresses and external bending. *Journal of Applied Physics* 91, 9652.

Inoue, S., Utsunomiya, S. and Shimoda, T. (2003) Transfer mechanism in surface free technology by laser annealing/ablation (SUFTLA). *SID Digest*, 984

Kelly, A. and Tyson, W. R. (1965) Tensile properties of fibre-reinforced metals : copper/ tungsten and copper/ molybdenum. *Journal of the Mechanics and Physics of Solids* 13, 329.

Leterrier, Y., Boogh, L., Andersons, J., and Mansons, J. A. E. (1999) *Journal of Polymer Science Part* B, 323, 63.

Matsumoto, F., Nagata, T., Miyabori, T., Tanakam H. and Tsushima, S. (1993) Color STN-LCD on polymer film substrates. *SID Digest*, 965.

Mayo, M. J. and Nix, W. D. (1988) *Acta Metallurgica* 26, 2183.

Nix, W. D. (1989) Mechanical properties of thin films. *Metallurgical Transitions A* 20, 2217.

Park, S. K., Han, J. I., Kim, W. K. and Kwak, M. G. (2000) Development of 2-in. plastic-film STN LCD with uniform cell gap. *SID Digest*, 514.

Park, S. K., Han, J. I., Moon, D. G. and Kim, W. K. (2003) Mechanical stability of externally deformed indium-tin-oxide films on polymer substrates. *Japanese Journal of Applied Physics* 42, 623.

Petersen, C., Heldmann, C. and Johannsmann, D. (1998) *Journal of Polymer Science Part B*, 325, 163.

Song, J. Y., Cho, S. I. and Yu, J. (2001) Estimation of the interfacial fracture energy of metal/polymer system in microelectronic packaging. *Materials Research Society Proceedings* 682E, N6.2.

·Suo, Z., Ma, E. Y., Gleskova, H. and Wagner, S. (1999) Mechanics of rollable and foldable flim–on–foil electonics. *Applied Physics Letters* 74, 1177.

Utsunomiya, S., Kamakura, T., Kasuga, M., Kimura, M., Miyazawa, W., Inoue, S. and Shimoda, T. (2003) Flexible color AM–OLED display fabricated using surface free technology by laser ablation/annealing (suftla) and ink–jet printing technology. *SID Digest*, 864.

Wagner, S., Gleskova, H., Ma, E. Y. and Suo, Z. (1999) Compliant substrates for thin–film transistor backplanes, *SPIE Proceedings* 3636, 32.

Weihs, T. P., Hong, S., Bravman, J. C. and Nix, W. D. (1988) The mechanical deflection of cantilever microbeams: a new technique for testing the mechanical properties of thin films. *Journal of Materials Research* 3, 931.

Wenz, R. P. and Aastuen, D. J. W. (1993) Plastic microstructure–spaced LCE. *SID Digest*, 961.

Yu, J., Kim, J. G., Chung, J. O. and Cho, D. H. (2000) An elastic/plastic analysis of the intrinsic stresses in chemical vapor deposited diamond films on silicon substrates. *Journal of Applied Physics* 88, 1688.

전도성 고분자

L. "Bert" Groenendaal

Agfa-Gevaert N.V.

나의 사랑하는 딸 Summer Groenendaal을 기리며.

8.1 서 론

많은 종류의 고분자들이 각각의 고유한 특성을 갖고 있지만 거의 모든 고분자가 공통적으로 갖고 있는 한가지 특징이 있는데, 그것은 전기적으로 절연체라는 것이다. 이러한 이유 때문에 PVC나 폴리이미드 같은 고분자는 예전부터 전선의 구리를 감싸거나 전기 회로에서 단락을 막기 위한 재료로 많이 사용되었으며, 앞으로도 그럴 것이다. 그러나 이러한 규칙에 예외적인 고분자가 한 가지 있는데, 그것이 바로 전도성 고분자이다(Skotheim 1998; Nalwa 1997; Feast *et al*. 1996; Stenger-Smith 1998; Kiebooms *et al*. 2001; Epstein 1997). [그림 8.1]은 몇 가지 전도성 고분자의 예를 보여준다. 다른 고분자와는 달리 전도성 고분자는 구리, 철과 같은 금속처럼 전기가 흐르는 특성이 있다.

금속으로된 전선에서는 전자가 자유롭게 움직일 수 있기 때문에 전기가 흐른다. 그렇다면 전도성 고분자에서 전기가 흐르는 원리는 어떻게 설명할 수 있을까? 고분자는 시그마(σ) 결합과 파이(π) 결합으로 이루어져 있다. σ 결합은 고정되어 있어 움직일 수 없으며 원자 사이에서 공유 결합을 형성한다. π 전자는 공액 이중 결합 구조에서 σ 전자만큼 강하게 결속되어 있지 않고 상대적으로 편재되어 있다. 분자를 따라 전류가 흐르도록 하려면 하나 이상의 전자가 제거되거나(산화) 주입되어야(환원) 한다. 그런 다음 전기장이 가해지면, 공액 이중 결합을 이루고 있는 전자는 분자 사슬을 따라 빠르게 움직일 수 있다. 다수의 고분자 사슬로 구성되어 있는 플라스틱의 전도도는, 전자가 하나의 고분자 사슬에서 다음 사슬로 점프해야 하기 때문에 제약이 따른다. 따라서 사슬은 한 방향으로 잘 밀착된 상태로 정렬되어야 한다.

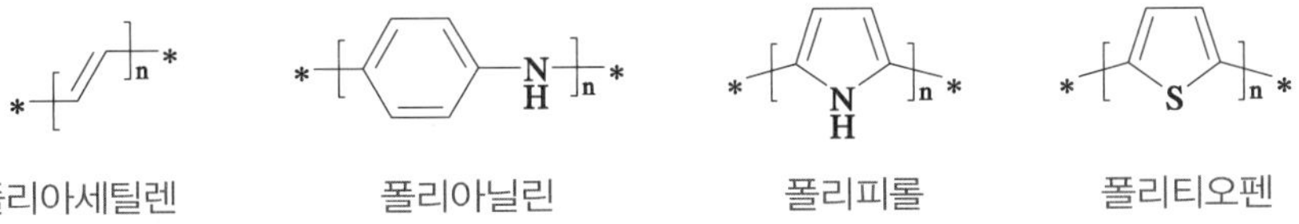

폴리아세틸렌 폴리아닐린 폴리피롤 폴리티오펜

[그림 8.1] 전도성 고분자에 속하는 고분자들

도핑(doping)에는 산화적 도핑과 환원적 도핑의 두 가지가 있다. 폴리아세틸렌(polyacetylene)에서의 반응은 아래와 같다:

- 산화(p-도핑) : $[CH]_n + \frac{3}{2}xI_2 \rightarrow [CH]_n^{x+} + xI_3^-$.
- 환원(n-도핑) : $[CH]_n + x\mathrm{Na} \rightarrow [CH]_n^{x-} + x\mathrm{Na}^+$.

도핑된 고분자는 염(salt)이다. 그러나 전류를 만들어내는 것은 요오드나 나트륨 이온이 아니라, 공액 이중 결합에서 나온 전자들이다(그림 8.2). 게다가, 적절한 세기의 전기장이 인가되면, 요오드와 나트륨 이온은 고분자 방향으로 또는 고분자에서 멀어지는 방향으로

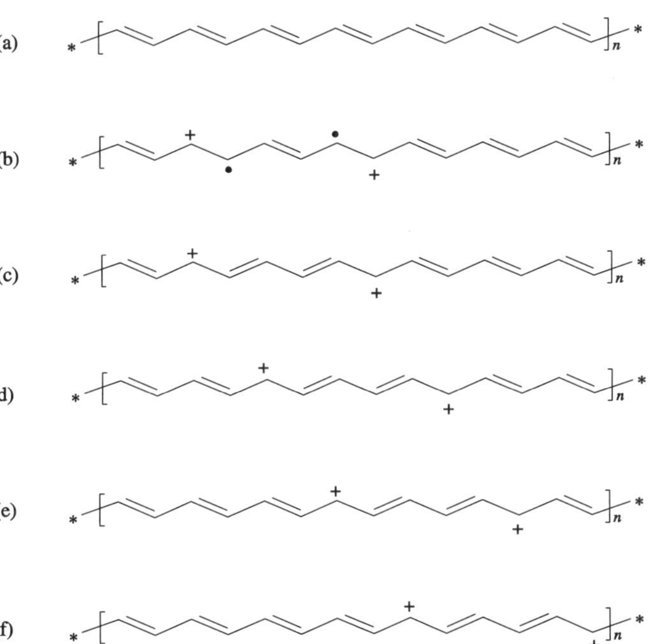

[그림 8.2] 전도성 고분자 내에서의 전하의 수송 (폴리아세틸렌의 경우): (a) 중성의 PAc, (b) 산화제에 의해 도핑된 PAc, (c) 라디칼 재결합; (d, e, f) PAc 길이 방향으로의 전하의 수송(www.nobel.se/chemistry/laureates/2000/illpres)

이동할 수 있다. 이것은 도핑 반응의 방향이 조절 가능하며 전도성 고분자가 쉽게 온/오프(on/off) 상태로 변환 가능하다는 것을 의미한다. 산화의 경우 요오드 분자가 폴리아세틸렌 사슬로부터 전자를 끌어와서 I_3^- 가 된다. 양으로 대전된 폴리아세틸렌 분자는 라디칼 양이온(radical cation) 또는 폴라론(polaron)이라고 부른다. 이중 결합으로부터 떨어져 나온 전자는 자유롭게 움직일 수 있다. 결과적으로, 이중 결합은 분자를 따라 단계적으로 이동한다. 다른 한편으로, 양이온은 쉽게 움직이지 않는 요오드 이온으로의 정전기 인력에 의해 고정된다. 폴리아세틸렌 사슬이 과도하게 산화되면, 폴라론은 짝을 지어 솔리톤(soliton)으로 응집된다. 이 솔리톤은 복잡한 방법으로 고분자 사슬을 따라 이동하는 전하의 수송에 기여한다. 전하가 고분자 사슬의 끝부분에 도달하게 되면, 전하는 인근의 고분자 사슬로 호핑(hopping)하여 계속 이동할 수 있다. 그러므로 나노 단위의 전하의 이동이 거시적인 전기 전도 특성을 만들어 내게 된다.

어떤 물질이 전기를 흐르게 하는 특성은 두 가지의 단위로 나타낼 수 있다: 전기 전도도(σ)는 지멘스/센티미터(S/cm), 표면 저항(R_s)은 옴/스퀘어(ohm/sq). 어떤 물질이 1000 ohm/sq의 표면 저항을 갖는다면, 전기 전도도는 물질의 두께 T를 고려하여 계산할 수 있다(예를 들어 $T = 200$nm)일 때:

$$R_s = 1000\text{ohm/sq} \equiv 1/T\sigma = 1/(200 \times 10^{-7} \times \sigma)$$
$$\sigma = 1/R_s T = 1/(1000 \times 200 \times 10^{-7}) = 50\text{S/cm}.$$

문헌상으로, 전도성 고분자의 전기 전도도는 [그림 8.3]과 같이 10^{-9} S/cm(정전기 방지용)에서 10^5 S/cm(금속의 전도도)에 이른다. 구리의 전기 전도도가 6×10^5 S/cm 라는 사실은 좋은 비교가 될 것이다. 고분자의 전형적인 특성인 유연성, 가공의 용이성, 저밀도 때문에, 전도성 고분자의 응용 가능성은 매우 다양하다. 응용 예로써, 사진 필름이나 TV 화면에 쓰이는 대전 방지 물질과, 축전지의 전극 물질 또는 부식 방지제 등이 있다. 이에 관해서는 8.5절에서 자세히 다룰 것이다.

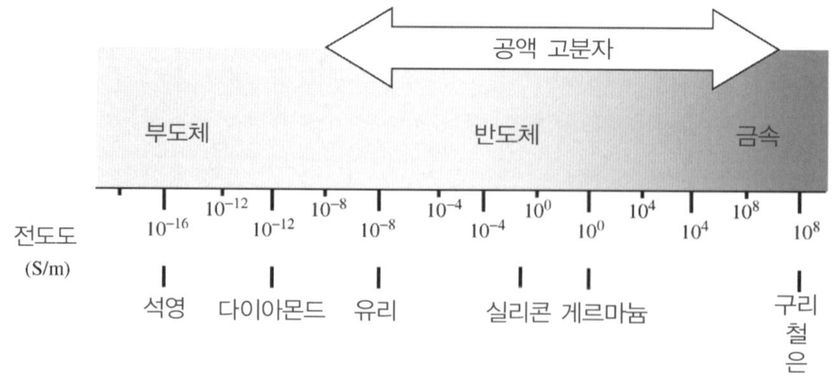

[그림 8.3] 전기 전도도 스펙트럼 내의 전도성 고분자들

[그림 8.4] 노벨상 수상자. 왼쪽부터 A. J. Heeger, A. G. MacDiarmid, H. Shirakawa

2000년도 노벨 화학상은 Alan J. Heeger, Alan. G. MacDiarmid, Hideki Shirakawa 세 명의 교수가 수상했다(그림 8.4). 1970년대에 이들은 펜실베니아 대학에서 몇 명의 대학원생과 박사후 과정생과 함께 폴리아세틸렌을 연구했다. 1976년 11월 23일, 그들은 폴리아세틸렌에 산화제(처음에는 브롬, 이후에는 요오드를 사용)를 화학적으로 도핑하면, 산화되지 않은 물질에 비해 10^9만큼 전기 전도도가 증가한다는 것을 발견했다(Shirakawa *et al.* 1977). 비록 이들이 처음으로 전도성 고분자를 제조한 것은 아니지만(Naarman *et al.* 1990), 이 사건은 현대 전도성 고분자의 시대를 연 발견이었다. 8.2절에서는 초창기부터 지금까지의 전도성 고분자의 역사적인 발전을 다룰 것이다.

8.2 역사적 개관

일반적으로 전도성 고분자는 개발된지 얼마 안된 것처럼 보이지만, 이러한 고분자를 처음 합성한 것은 19세기 초반으로 거슬러 올라간다. 당시에 화학은 콜타르(coaltar)와 동물 뼈를 분해 증류하여, 복소 고리 방향족인 벤젠(1825), 아닐린(1826), 피롤(1834), 티오펜(1882) 등을 얻는 정도였다. 이후 10년간, 최초의 우연한 중합반응이 발견되었는데, 1834년에 폴리 아닐린(polyaniline)이 화학적으로 제조되었으며(Genies *et al.* 1990), 1862년에는 전기화학적으로 제조되었다(Letheby 1862). 반면에 폴리피롤(polypyrrole)은 1916년에 와서야 처음으로 화학적으로 제조되었다(Angeli 1916).

1960년대와 1970년대에는 이 분야가 서서히 발전하기 시작하였다. 독일의 BASF와 같은 회사들이 연구를 시작하였고, 최초의 특허가 출원되어 등록되었다(예 : DE 1195497, BASF에 의해 1963년 2월 1일 출원, DE 1178529, BASF에 의해 1963년 4월 11일 출원). 이와 비슷한 시기에 최초의 무기물 전도체가 개발되었다: (SN)x(Labes *et al.* 1979).

1976년 Heeger, MacDiarmid, Shirakawa는 산화제로 도핑되면 높은 전기 전도성을 나타내는 물질인 폴리아세틸렌을 발견하였다(Shirakawa et al. 1977). 이 고분자를 이용하여 최초로 필름을 만든 인물인 Shirakawa는, 일본에서 열린 한 학회에서 MacDiarmid를 만나 이 물질에 관해 토의했다. 학회가 끝난 후, Shirakawa는 방문 연구자로서 펜실베니아 대학교로 갔고, 그곳에서 매우 짧은 기간 동안 많은 진척을 이루어냈다. 그는 결국 폴리아세틸렌의 전기 전도도를 10^9만큼 획기적으로 증가시킬 수 있었는데, 이러한 결과는 부도체에서 금속과 같은 도체로의 전이에 기인한다는 사실을 발견하였다. 고분자 화학의 발전을 촉진시킨 이 선구자적인 연구 업적으로 2000년 노벨상 화학상은 Alan J. Heeger, Alan G. MacDiarmid 그리고 Hideki Shirakawa 세 사람의 교수에게 수여되었다(www.nobel.se/chemistry/laureates/2000/index; Shirakawa *et al.* 2001).

1980년대에는 처음으로 폴리피롤, 폴리아닐린, 그리고 폴리티오펜(polythiophene)이 제조되어 전도 특성이 알려졌다. 이후 수년간, 학계와 산업계에서 이 분야의 연구를 하기 시작하였고(그림 8.5), 전도도가 크게 향상된 새로운 재료의 합성과 최초의 전도성 고분자의 상용화 등 많은 연구 성과를 이룩하였다.

필자는 가장 잘 알려져 있고 많이 연구되는 전도성 고분자에 대해 그 합성과 물성, 그리고 응용에 대해 상세하게 논의할 것이다. 그전에 전도성 고분자를 제조하는데 이용되는 중합법에 대해 간단히 짚고 넘어갈 것이다.

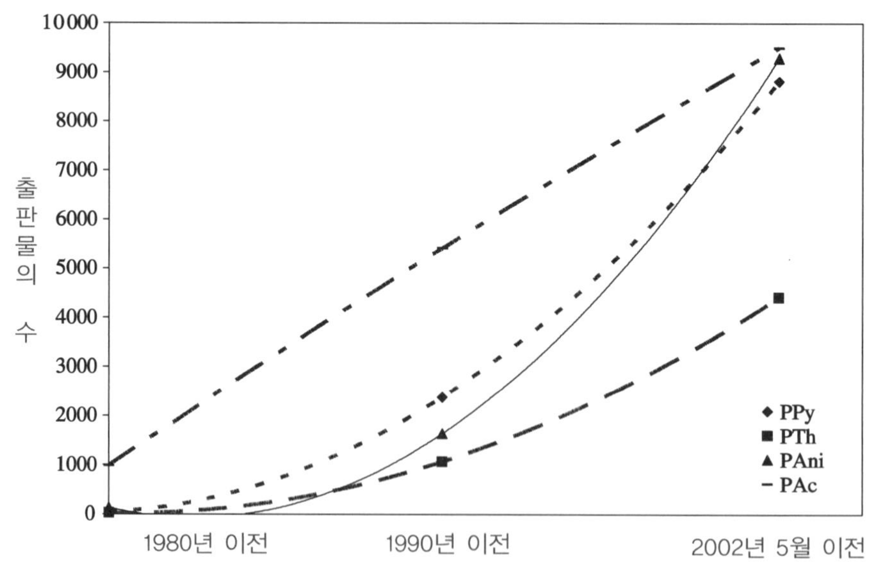

[그림 8.5] 연도에 따른 연구 업적으로 나타낸 PPy, PTh, PAni, PAc의 발전. 이 그림은 2002년 5월에 색인어로 폴리피롤, 폴리티오펜, 폴리아닐린, 폴리아세틸렌을 사용하여 Scifinder로 검색한 결과이다

8.3 전도성 고분자의 중합법

지난 수년간 전도성 고분자를 제조하기 위한 다양한 방법이 개발되었다. 이 절에서는 가장 잘 알려져 있고 자주 사용되는 중합법에 대해 개괄적으로 설명할 것이다.

8.3.1 화학적 산화중합

화학적 산화중합법(chemical oxidative polymerizations)은 전도성 고분자를 제조하기 위해 가장 많이 이용되는 방법이다(Skotheim 1998; Nalwa 1997; Feast *et al*. 1996; Stenger-Smith 1998; Kiebooms *et al*. 2001). $FeCl_3$ 또는 $Fe(OTs)_3$ 와 같은 Fe^{3+} 염을 $CHCl_3$ 에 반응시키면, 다양한 단분자를 그에 상응하는 고분자에 쉽게 중합시킬 수 있다. [도식 8.1]은 한 가지 예를 보여준다(Sugimoto *et al*. 1986). 등몰의 Fe^{3+} 염을 사용하기 때문에, 반응 후의 고분자는 정제하기 어려울 수 있는데, 소량의 철분 염이 쉽게 결합되기 때문에 원하는 특성을 얻기가 더 어려워진다.

C_6H_{13} — 4 eq. $FeCl_3$ / $CHCl_3$ → C_6H_{13} * [S]$_n$ *

[도식 8.1] 산화 중합을 통해 얻은 Poly(3-hexylthiophene)(Sugimoto et al. 1986; McCullough 1998)

8.3.2 화학적 환원중합

화학적 환원중합(chemical reductive polymerizations)은 전도성 고분자의 제조에는 그리 자주 사용되지 않는 방법이다. 산화중합과는 반대로, 환원중합은 환원된 상태의 고분자를 얻는다. Yamamoto 결합 방법은 가장 많이 이용되는 환원중합 반응이다. 이 반응은 Ni^0 착물(Ni^0L)을 이용한 아릴 이할로겐화물(aryl dihalide, X-R-X)의 합성을 포함한다(Yamamoto 1999):

$$X - R - X + Ni_0L \rightarrow -(R)_{n^-} + NiX_2 .$$

Yamamoto 등은 이 결합 반응을 다양한 복소 고리 방향족 화합물의 합성에 적용하였다. 많이 이용되는 Ni^0 착물은 $Ni(cod)_2$ (cod=1,5-cyclooctadiene)와 $Ni(PPh_3)_4$ 를 포함하는데, 후자는 $Ni(PPh_3)_2Cl_2$, PPh_3, 그리고 Zn 등으로부터 원래의 위치에(in situ) 형성된다.
Yamamoto 결합은 다단계 순환 매커니즘(multistep cyclic mechanism)을 통해 진행된다고 알려져 있다(Yamamoto 1999).

[도식 8.2] Yamamoto형 환원중합 반응의 예(Yamamoto *et al*. 2000)

[도식 8.2]는 시약으로 $Ni(0)L_m$(bis(1,5-cyclooctadiene)nickel(0)과 $Ni(cod)_2$ 그리고 2,2'-bipyridine의 혼합물)을 사용한 환원중합의 두 가지 예시를 보여주고 있다(Yamamoto *et al*. 2000).

다른 형태의 환원중합 반응은 잘 알려진 Cu가 매개하는 Ullmann 반응이다(Fanta 1964, 1974). 문헌에서 몇 가지 예를 찾을 수 있고, 그 중 하나가 [도식 8.3]에 나타나 있다(Groenendaal *et al*. 1995).

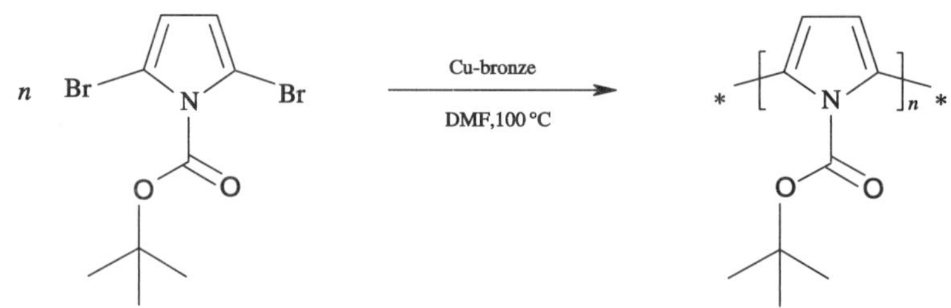

[도식 8.3] Ullmann 반응을 통한 피롤 유도체의 환원중합(Groenendaal *et al*. 1995)

8.3.3 유기 금속 교차 결합 반응을 기반으로 하는 중합

지난 30년간 수많은 유기 금속 C-C 교차 결합(cross-coupling) 반응이 개발되었는데, 예를 들면 Suzuki, Kumada, Stille, Negishi, Heck and Sonogashira 반응이 있다(Malleron 1997; Yamamoto 1997). 이 반응은 대개 Pd, Ni를 포함하는 촉매, 활성 금속인 Cu, 그리고 다양한 리간드(ligand)를 사용한다. 유기 금속 교차 결합 반응은 폴리티오펜과 폴리피롤과 같은 전도성 고분자를 제조하기 위해 많이 이용되었다. 아래에 가장 많이 이용된 결합 반응을 도식을 포함하는 예를 들어 간단히 논의하기로 한다.

Kumada 결합

Kumada 결합은 그리나르(Grignard) 시약(R−MgX)과 유기 할로겐화물(R'−X) 사이의 교차 결합 반응이다(Kalanin 1992; Kumada 1980). 다양한 리간드(L)와 착물을 형성하는 VIII족 금속(Ni, Pd)은 이 반응을 촉진시킬 수 있다. 잘 알려진 촉매로는 Ni(dppe)Cl_2, Ni(dppp)Cl_2, Pd(dppb)Cl_2, 그리고 Ni(acac)$_2$ 등이 있다(dppe, dppp, dppb은 차례대로 1,3-bis(diphenylphosphino)ethane, −propane, −butane; acac는 acetyl− acetonate; 이들 촉매 중 일부는 발암성이다).

$$R - MgX + R'{-}X \rightarrow R - R' + MgX_2 .$$

Kumada 결합은 다단계의 촉매 사이클을 통해 진행되는 기작인데, 그리나르 시약의 반응성 때문에 다양한 종류의 작용기를 사용할 수 없다는 것이 단점이다. 이러한 단점에도 불구하고, 티오펜 유도체 형태의 많은 전도성 고분자의 합성에 이용되었다. [도식 8.4]에는, 1993년에 McCullough 등에 의해 개발되어 많이 사용된 위치 규칙적인(regio regular) poly(3−alkylthiophene)의 합성에 대해 나타나 있다.

(1) LDA
(2) $MgBr_2.OEt_2$
(3) $NiCl_2$(dppp)
THF

[도식 8.4] Kumada 방법론을 이용한 위치 규칙적인 폴리티오펜의 합성(McCullough *et al*. 1993)

Suzuki 결합

Suzuki 결합은 유기붕소 시약(R−B(OR')$_2$;R=H,(cyclo)alkyl))과 불포화된 할로겐화물, 트리플레이트(triflate), 또는 설포네이트(sulfonate, R''−X) 사이의 교차 결합 반응이다(Martin and Yang 193, Miyaura and Suzuki 1995). 일반적으로 이 반응은 tetrakis(triphenyl−phosphine)palladium(0) (Pd(PPh_3)$_4$)을 촉매로 사용하며, 톨루엔과 같은 용매와 Na_2CO_3와 같은 수용성의 기본상으로 구성되는 이상계 내에서 이루어진다:

$$R - B(OR')_2 + R''{-}X \rightarrow R - R'' + X - B(OR')_2$$

Suzuki 반응 또한 다단계 촉매 기작을 통해 진행되는 것으로 알려졌으며, π−중합 고분자를 제조하기 위해 많이 이용되어 왔다. 한 예로 [도식 8.5]에 폴리페닐렌의 합성이 나타나 있다(Goodson *et al*. 1998).

Stille 결합

Stille 반응은 유기주석 화합물(R_3Sn-R')과 불포화된 할로겐화물, 트리플레이트, 설포네이트($R''-X$) 간의 전이-금속-매개 교차 결합 반응이며 DMF, 톨루엔, 또는 다이옥신과 같은 용매 내에서 $Pd^0(PPh_3)_4$ 또는 $Pd(PPh_3)_2Cl_2$ 와 같은 촉매를 사용한다(Stille 1986; Mitchell 1992):

$$R_3Sn - R' + R'' - X \rightarrow R' - R'' + R_3Sn - X\ .$$

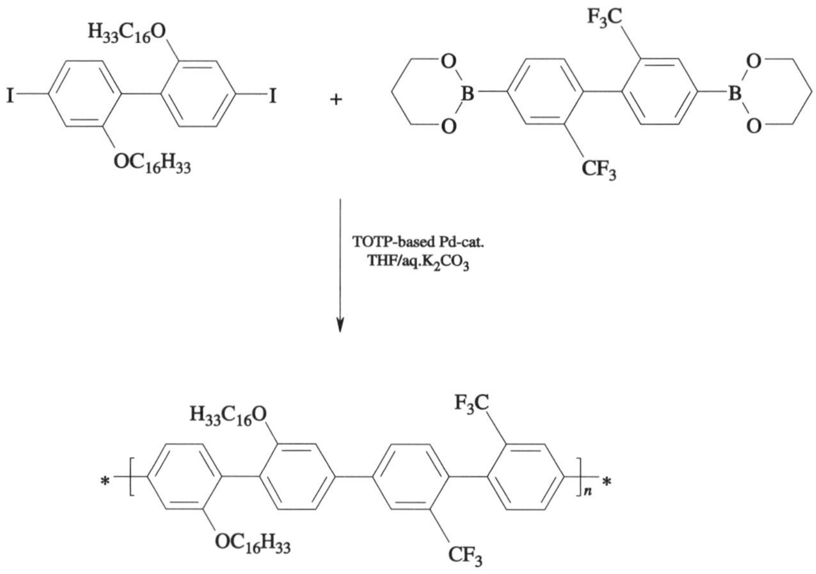

[도식 8.5] Suzuki-형 중합을 통한 폴리페닐렌의 합성(Goodson *et al*. 1998)

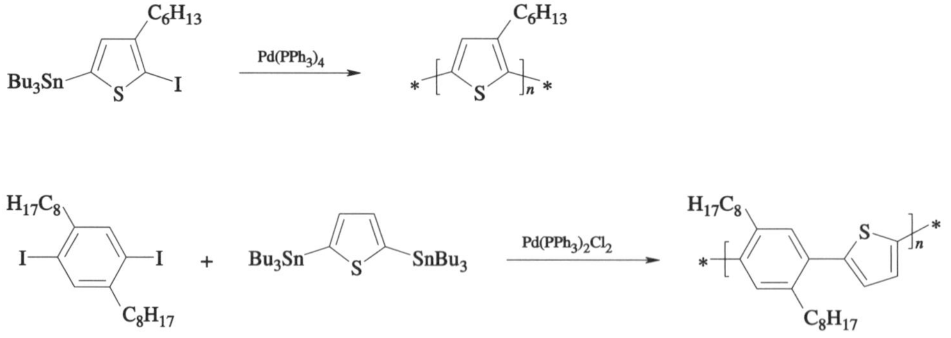

[도식 8.6] Stille 방법론을 통한 중합 반응(Iraqi and Baker 1998; Bao *et al*. 1995)

이 결합 반응은 대개 작은 분자의 합성에 사용되지만, 전도성 고분자의 합성에도 가끔 이용되기도 한다. [도식 8.6]에 두 가지 예가 나타나 있다: 하나는 위치 규칙적인 poly(3-alkylthiophene)s(Iraqi and Baker 1998)의 합성이고, 다른 하나는 Stille 반응을 이용한 페닐렌과 티에닐렌의 공중합이다(Bao *et al*. 1995).

Negishi 결합

Negishi 결합은 유기아연 중간체(R-ZnX)와 불포화 할로겐화물(R-X) 사이의 가교 결합 반응이다(Negishi 1981, 1983). 이 반응은 상온, 상압 조건에서 Pd 또는 Ni 촉매를 사용하여 이루어진다:

$$R - ZnX + R'{-}X \rightarrow R - R' + ZnX_2 .$$

π-중합 고분자를 합성하기 위해 Negishi 방법을 사용한 몇 가지 예가 문헌상에 존재한다. 가장 잘 알려진 예로는, [도식 8.7]에 나타나 있는 위치 규칙적인 poly(3-alkylthiophene)s의 합성이다(Chen *et al*. 1995)

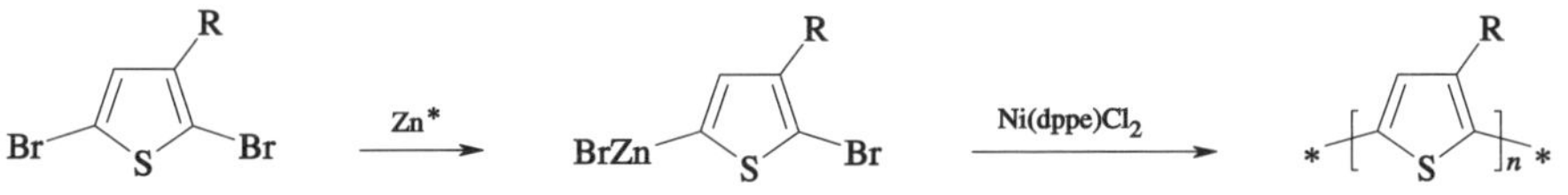

[도식 8.7] Negishi 방법을 사용한 위치 규칙적인 poly(3-alkylthiophene)s의 합성(McCullough 1998; Chen *et al*. 1995)

Heck and Sonogashira 결합

Heck and Sonogashira 반응은 아릴 할로겐화물과 알켄 또는 알킨 사이의 가교 결합 반응이다(Heck 1991). 이 반응은 대개 Pd를 촉매로 사용하여 아릴렌-에테닐렌 과 아릴렌-에티닐렌 저중합체와 고분자를 제조하기 위해 많이 사용되었다. [도식 8.8]에 Sonogashira 형 중합의 예가 나타나 있다(Takagi *et al*. 1993; Yamamoto *et al*. 1993).

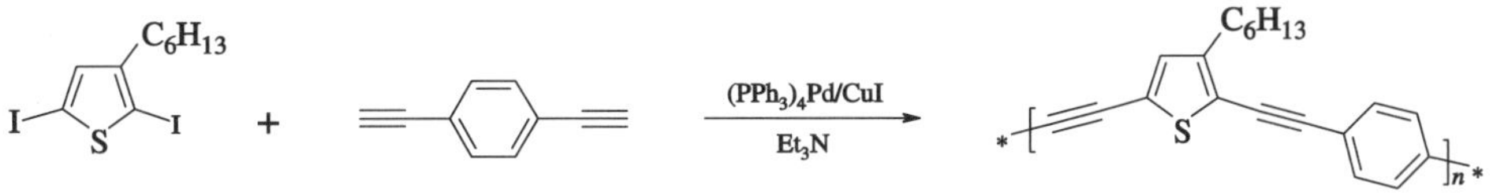

[도식 8.8] Sonogashira 방법을 통한 아릴렌-에티닐렌 공중합체의 합성

8.3.4 전기 화학적 중합

지금까지 논의된 화학적 중합 방법 이외에도, 지난 수십년간 전기 화학적 중합법 또한 널리 연구되었다(Zotti 1997). 전기 중합 반응의 조건에 따라, 수성 매질과 비수성 매질에서 폴리아닐린이나 폴리피롤과 폴리티오펜 필름을 쉽게 얻을 수 있다. [도식 8.9]에 일반적인 반응 기작이 나타나 있다.

전기 중합은 화학적 중합 기술에 비해 장점과 단점이 몇가지 존재한다. 우선 첫 번째 장점은, 전해질/단량체 용액으로부터 고분자 필름을 형성시킨 다음, 이 필름을 단량체가 없는 전해질 용액으로 옮겨 순환 전압전류법을 이용하여 바로 분석할 수 있다는 것이다. 두 번째 장점은, 소량의 단량체만 필요하다는 것이다. 이것은 새로운 단량체를 소량만 합성하여 빠르게 특성을 파악하고자 할 때 유용하다. 그러나, 합성된 고분자의 특성을 더 자세히 분석하고자 할 때에는 단점이 된다. 세 번째 장점은 인가 전압을 변경시킴으로써 분자를 환원 상태에서 산화 상태로, 또는 그 반대로 쉽게 바꿀 수 있다는 점이다.

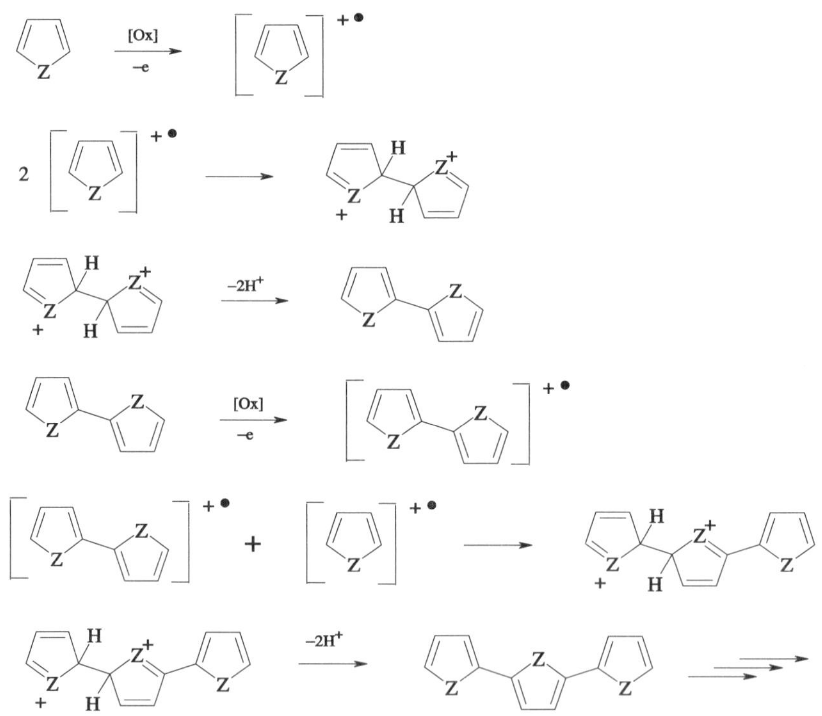

[도식 8.9] 오원고리의 복소 고리 방향족 단량체의 전기 화학적 합성 매커니즘

화학적으로 제조된 고분자에서, 고분자의 산화와 환원은 각각 하이드라진과 요오드를 사용한다. 수년간 다양한 연구가 이루어진 덕분에, 전기 화학적 중합법은 전도성 고분자의 발전에 많은 기여를 하였다. 그럼에도 불구하고, 이 방법은 전도성 고분자를 상업적으로 제조하는 데에는 이용되지 않았다.

8.4 전도성 고분자의 종류

이 절에서는 가장 많이 연구된 전도성 고분자인 폴리아세틸렌, 폴리아닐린, 폴리피롤, 그리고 폴리티오펜에 대해 자세히 알아본다.

8.4.1 폴리아세틸렌과 그 유도체

도 입

아세틸렌은 19세기에 발견된 대량 화학물질이다. 1950년대에 과학자들은 그와 유사한 고분자인 폴리아세틸렌(PAc)에 관심을 갖게 되었는데, 왜냐하면 그것이 폴리엔계의 대표적인 화합물이기 때문이었다.

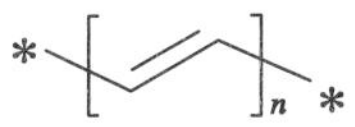

$$*\!-\!\left[\!\diagup\!\!=\!\!\diagdown\!\right]_n\!-\!*$$

폴리아세틸렌

이 물질이 처음 연구되었을 때, 고유 전도도가 낮은 광대역 반도체의 특성을 보인다는 것이 알려졌지만, Berets와 Smith는 PAc를 작은 공모양으로 압축하여 다양한 루이스 산/염기에 노출시킨 결과 전도도가 10^{-9}에서 10^{-2} S/cm까지 변화한다는 것을 밝혔다(Berets and Smith 1968).

1976년 Shirakawa, MacDiarmid, Heeger 세 사람은 폴리아세틸렌 필름을 더 강한 산화제에 노출시킴으로써 10^2 에서 10^3 S/cm의 전도도를 얻을 수 있었다(Shirakawa *et al*. 1977). 이들 연구는 현대의 전도성 고분자의 시대를 연 기폭제가 되었고, 1980년대에는 PAc 필름을 사용하여 상온에서 전도성을 갖는 (1×10^5 S/cm), 구리(6×10^5 S/cm)에 필적하는 전도도를 얻는 결과를 이끌어냈다(Naarmann and Theophilou 1987; Kaneko *et al*. 1993; Tsukamoto 1992).

합 성

PAc를 제조하는 데에는 다양한 방법이 알려져 있는데, 세 가지의 주요 합성 방법을 소개한다.

• Shirakawa 방법

Shirakawa 방법은 Natta 등에 의해 1958년에 개발된 것을 확장시킨 것이다. 중합은 −78℃의 비활성의 용매에서 개시제가 들어있는 용액의 경계면에서 이루어진다. 개시제의 농도는 Natta가 우연히 발견하여 사용했던 용액보다 매우 높다(도식 8.10)(Ito *et al*. 1974; Shirakawa and Ikeda 1980).

$$2n\ \mathrm{H{-}C{\equiv}C{-}H} \xrightarrow[\text{toluene/anisole}]{\mathrm{AlEt_3\,/\,Ti(O\text{-}n\text{-}Bu)_4}} *\!\!-\!\![\mathrm{CH{=}CH}]_n\!\!-\!\!*$$

[도식 8.10] 폴리아세틸렌을 합성하기 위한 Shirakawa 방법(Shirakawa and Ikeda 1980)

중합이 이루어지는 조건, 즉 농도와 비율 등은 제조되는 필름의 특성과 형태에 중요한 영향을 준다. 예를 들어, 조건을 달리하여 가루나 스폰지(sponge), 또는 필름의 형태로 제조할 수 있다.

치환되지 않은 PAc는 불용성이기 때문에 분석하기 어렵다. 그럼에도 불구하고, ATR−IR과 DSC 같은 기술을 이용하여, 가장 중요한 특징을 알아낼 수 있다. 예를 들면, ATR−IR을 통해 Shirakawa 방법은 주로 cis형태를 갖는 경향이 있다는 것을 알 수 있다. Al/Ti 비율을 감소시키면 거의 순수한 trans형의 PAc를 얻을 수 있다(Baker *et al*. 1986).

• 전구체(precursor) 고분자/Durham 방법

폴리아세틸렌의 본래의 불용성이라는 특징과 아세틸렌의 반응성이 여러 가지 곁가지 반응(벤젠의 형성, 고리화 첨가반응 등등)을 낳는다는 점 때문에, PAc의 형태를 제어하고, 더 편리하게 제조하기 위한 방법을 찾기 위해 많은 연구가 집중되었다. 1980년에 Durham 그룹의 Feast는 열적으로 폴리아세틸렌으로 변환 가능한 선구체(prepolymer)를 이용하는 방식을 개발했다(Edwards and Feast 1980).

7,8−bis(trifluoromethyl)tricyclo[4.2.2.02.5]deca−3,7,9−triene에서 시작하여 WCl6/SnMe4와 같은 개시제를 사용한 개환 복분해(ring opening metathesis) 형태의 중합 반응을 통해, 보통의 유기 용매에 녹으면서도 기존의 방식으로 정제와 분석이 가능한 높은 분자량을 갖는 고분자 선구체를 얻었다. 이 고분자 선구체를 가열하면, 1,2−bis(trifluoromethyl)benzene이 변형되어 PAc로 바뀌게 된다(도식 8.11). 온도, 시간, 용매의 유무와 같은 반응 조건을 조절하면, 얻어지는 물질의 형태와 특성을 조절하여 비정질의 발포체나 고밀도로 정렬된 필름의형태로 만들 수 있다. 고밀도로 정렬된 필름의 경우 Shirakawa 방법을 통해 얻어진 필름보다 높은 밀도를 가지며, 더 높은 trans 함량을 갖는다.

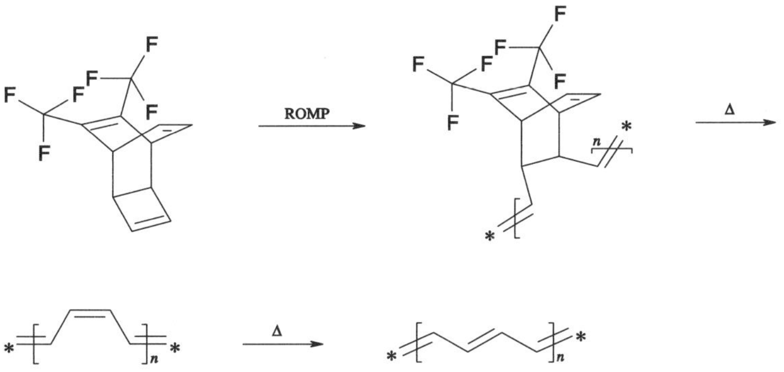

[도식 8.11] 전구체 고분자/Durham 방법을 통한 폴리아세틸렌의 합성(Edwards and Feast 1980)

비슷한 유형의 반응으로, Grubbs 등은 가용성이면서 더 중합된 특성을 갖는, 부분적으로 치환된 폴리아세틸렌을 합성할 수 있었다(Gorman *et al*. 1993).

- **Naarmann 방법**

BASF의 Naarmann 등에 의해 개발된 이 방법은, 용매로 실리콘 오일을 이용하고 촉매를 고온에서(〉120℃) 에이징(aging)하여, 소위 N-(CH)x 또는 Naarmann-형 PAc 필름을 제조한다(Haberkorn *et al*. 1988; Naarmann 1990). 이 방법은 Shirakawa 방법과 매우 비슷하지만, 매우 균일하고, 조밀하며, 명확한 경계면을 갖는 결정상의 물질을 얻을 수 있다. $N-(CH)_x$ 필름은 잡아 늘이거나 도핑을 하게 되면 10^5 S/cm의 전도도를 갖는다. 이 방법을 통해 합성할 경우 최소의 sp^3 비율과, 높은 cis 함량, 그리고 고밀도의 특성을 얻을 수 있다. 이러한 특징 때문에, 이 방법을 통해 제조된 PAc는 다른 방법을 통해 제조된 것보다 더욱 안정하다. Naarmann 그룹은 PAc를 합성하기 위해 ARA(addition of reducing agents)라는 기술도 개발하였는데, 이 역시 높은 전도도를 갖는 PAc를 제조할 수 있다(Naarmann and Theophilou 1987; Kaneko *et al*. 1993; Tsukamoto 1992).

물 성

폴리아세틸렌의 전기적, 광학적 특성은 어떠할까? PAc는 검은색을 띤다. PAc의 가장 높은 전도도인 10^5 S/cm은 촉매를 고온에서 에이징시키는 방법과 요오드를 도핑하는 방법을 통해 Naatmann과 Theophilou(1987) 그리고 Tsukamato 등(1990)에 의해 얻어졌다. 이외에도 AsF_5와 $FeCl_3$ 같은 다른 산화제를 사용할 수도 있다. 환원적 도핑을 통해 얻은 결과로는 Park 등이 칼륨을 도핑하여 5×10^3 S/cm의 전도도를 얻었다(Park *et al*. 1995). 나트륨이나 루비듐 또한 같은 범위의 전도도를 제공한다.

물질의 특성을 결정하는 가장 큰 요인은 이용하는 중합법의 종류, 반응 조건, 그리고 실험을 진행하는 사람의 숙련도이다. PAc는 높은 전도도를 갖지만, 공기에 민감하고, 불용성이며 색깔이 검다. 이 때문에 이 고분자는 산업적으로 응용되기에는 어려운 점이 많다. 이같은 이유로 PAc는 다른 전도성 고분자처럼 연구 논문이 급격히 증가하지는 않았다(그림 8.5).

8.4.2 폴리아닐린과 그 유도체

도 입

폴리아닐린(PAni)의 제조에 이용되는 단량체인 아닐린에는 흥미있는 역사가 있다(Lawrence and Marshall 1985). 이 물질은 1826년에 O. Unverdorben에 의해 인디고의 분해 증류를 통해 얻어졌고, Krystalline이라 명명되었다. 1834년에 F. Runge는 그것이 콜타르의 한 성분임을 확인하고 Kyanol이라 명명했다. 1841년 C. J. Fritzche는 인디고(indigo)를 수산화칼륨으로 가열하여 생성된 물질을 아닐린이라 명명했다. 1854년 이후로 아닐린은 처음에는 염료의 제조를 위해, 나중에는 농약에서부터 고무 화합물이나 고분자에 이르는 여러가지 제품을 제조하기 위해 상업적으로 생산되었다(그림 8.6).

[그림 8.6] 19세기 후반 베를린에 위치한 Actien-Gesellschaft für Anilin- Fabrikation 화학 공장. 이 회사가 현재의 Agfa-Gevaert이다

폴리아닐린은 아닐린 블랙이라는 이름으로도 알려져 있는데, 1834년 Runge에 의해 처음으로 제조되었다(Genies *et al*. 1990). 그 이후로, 이 물질은 수많은 연구의 주제가 되어 왔다(Trivedi 1997).

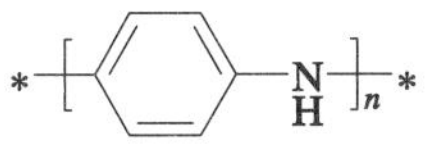

폴리아닐린

1960년대 초에 최초로 폴리아닐린의 전도도가 측정되었지만, 1980년대에 와서야 PAni의 전도 특성이 실제로 알려졌다. 그 이후 이 전도성 고분자에 대한 논문의 수가 급속도로 증가했다(그림 8.5). 아닐린은 가격이 싼데다, 전도성의 PAni는 가용성이면서 가공이 쉽기 때문에, 수년간 학계뿐 아니라 산업계에서 경쟁적으로 연구에 몰두했다. 지금은 몇몇의 회사가 특정 응용 제품을 위해 폴리아닐린 유도체를 생산한다.

합 성

폴리아닐린은 대개 아닐린의 산화 반응을 통해 얻어지며, 화학적인 방법과 전기화학적인 방법이 모두 적용 가능하다. 두 가지 접근 방법 모두를 아래에서 논의할 것이다.

• PAni의 전기 화학적 제조

전기 화학적인 방법은 1862년에 Letheby가 소량의 아닐린을 측정하기 위한 실험에서 처음으로 개발되었다(Lttheby 1862). 이 방법은 그 이후 개량되어 모든 종류의 치환된 아닐린에 적용되었고, 여기에서 얻어진 고분자들은 대개 치환되지 않은 PAni에 필적하는 전도도 값을 나타냈다.

전기 화학적인 실험을 통해 아닐린의 산화중합 반응은 0.8V(vs. SCE) 근처에서 일어남을 알 수 있다(Trivedi 1997). [도식 8.12]에서 전기중합 반응의 메커니즘을 보이고 있다.

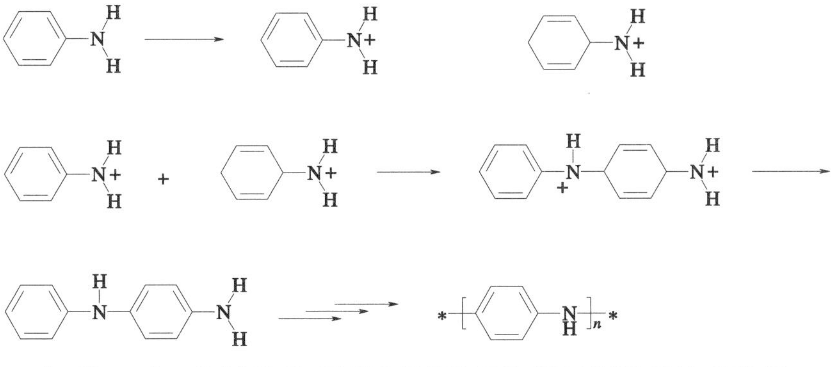

[도식 8.12] 아닐린의 전기화학적 중합을 통한 폴리아닐린 형성 메커니즘

첫 번째 단계에서, 아닐린은 공명적으로 안정화된 라디칼 양이온으로 산화된다. 두 번째 단계에서, 이들은 2차 라디칼 양이온(단량체, 중간체, 고분자)으로 짝지어진 후, 두 개의 H^+ 이온이 분리되고 더 큰 분자를 형성한다. 여기서 중요한 점은 para 짝지음(coupling)만 일어나는 것은 아니며, ortho 짝지음으로 인해 분열된 고분자가 형성될 수도 있다는 것이다. 모든 과정은 확산에 의해 조절된다. 이전의 경우와 같이, 합성된 물질의 특성은 온도나 전해질, 그리고 pH 등의 중합이 일어나는 조건에 의해 상당히 좌우된다.

• PAni의 화학적 제조

PAni를 제조할 때 가장 선호되는 방법은 과황산 암모늄을 산화제로 하여 HCl이나 H_2SO_4를 이용하는 것이다(Nalwa 1997). 이러한 산화중합은 두 개의 전자가 교환되면서 일어나므로, 단량체 1 mol 당 과산화물이 1 mol 씩 필요하다. 이렇게 하여 만들어진 도핑되지 않은 상태의 PAni는 푸른빛을 띠고 완전히 환원되어 있는데, 이로부터 다른 구조의 PAni를 얻을 수 있다. [그림 8.7]에는 PAni의 여러 가지 산화 상태가 나타나 있는데, 각각의 이름은 Green과 Woodhead에 의하여 명명되었다(Green and Woodhead 1910).

일반적으로 PAni는 합성의 방법에 상관없이 대부분의 유기용매나 물에 녹지 않는다.

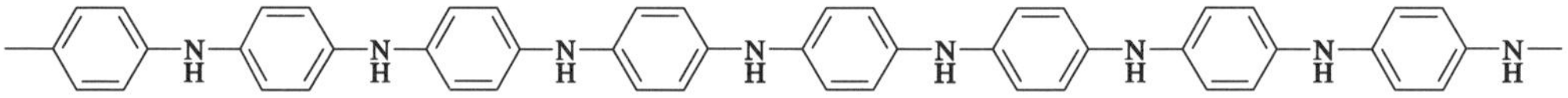

루코에메랄딘

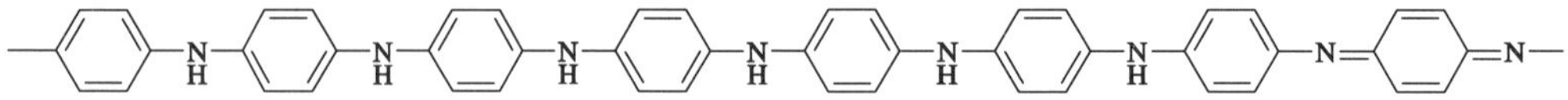

프로토에메랄딘

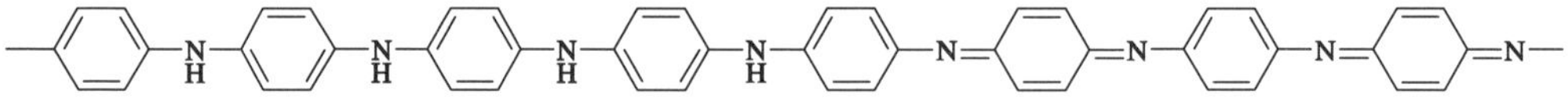

에메랄딘

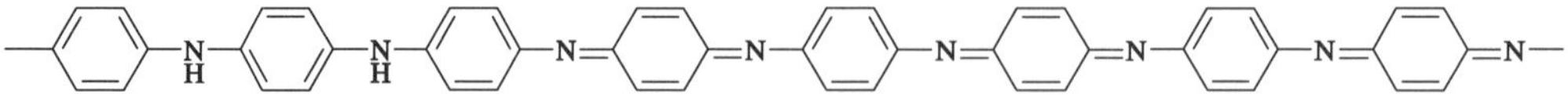

니그라아닐린

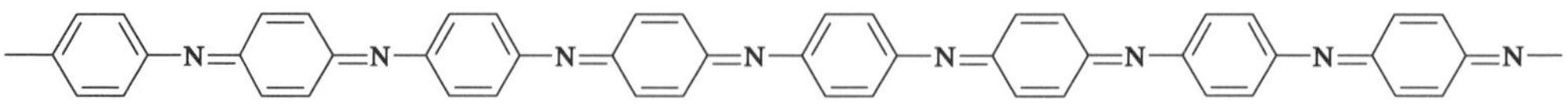

퍼니그라아닐린

[그림 8.7] 폴리아닐린의 여러 형태

그러나 중간 산화상태의 폴리아닐린의 경우에는 피리딘(Pyridine), DMF, NMP등에 녹는다는 것이 Epstein 등에 의해 밝혀졌다(Angelopoulos *et al*. 1987). 가용성 PAni의 합성은 합성 이후의 과정을 용이하게 해주기 때문에 많은 주목을 받고 있다. 가용성 고분자를 제조하는 방법에는 여러 가지가 있는데, 예를 들면 용해가 잘되는 음이온 도핑제(dopant)를 이용하여 고분자 염을 형성한다거나(즉, 양성자화된 PAni는 산성 용액에 용해된다), 반응이 시작될 단량체를 전처리하는 방법이 있다. 하지만 이러한 전처리 방법의 경우에는 전도도에 나쁜 영향을 미칠 수가 있다.

물 성

PAni는 다양하고 명확한 산화상태를 갖는다. 이러한 상태들은 프로토에머랄딘(protoemeraldine)을 통해 완전히 환원된 루코에머랄딘(leucoemeraldine)에서 부터, 에머랄딘(emeraldine)과 니그라아닐린(nigraniline), 그리고 완전히 환원된 퍼니그라아닐(pernigraniline)까지를 포괄한다(Green and Woodhead 1910). 다른 대부분의 방향족 화합물과는 달리, 완전히 산화된 PAni는 전도성을 갖지 않는다. 사실상 위의 모든 상태들이 실제로 전도성이 없다고 볼 수 있다. PAni는 특정 중간상태가 적당히 산화된 상태에서, 그것이 양자화 되어 전하 운반체가 발생하였을 때에만 전도성을 가진다. 이러한 과정은 일반적으로 "양성자산 도핑(protonic acid doping)"이라고 부르며(Chiang and MacDiarmid 1986), 이를 통해 PAni는 특이하게도 전도성을 갖게 하기 위해서 부도체에 전자를 추가하거나 제거할 필요가 없어진다. 물론 요오드 같은 산화제를 첨가하여 PAni의 다른 산화상태를 만들 수도 있지만, 이러한 방식은 전도도가 양성자산 도핑에 비하여 낮다(Wang et al. 1991).

전도 기작은 폴라론 운반자를 포함한다고 여겨지는데, 양자화된 에머랄딘은 비편재된 poly(semiquinone 라디칼 양이온)으로 구성된다(MacDiarmid 1993). 전도도는 함수비(water content)의 영향을 받는데, 예를 들어 완전히 마른 샘플의 전도도는 약간의 물을 포함하는 샘플의 전도도보다 약 5배정도 높다(Scherr *et al*. 1991).

1992년에 Heeger 등은 캠포 술폰산(camphorsulfonic acid)/에머럴딘/m-크레졸로 구성된 매우 유용한 시스템을 발표하였다(Cao *et al*. 1992). 이 세 가지 요소로 구성된 시스템은 일반적인 유기용매에 잘 녹으며 기존에 사용되던 많은 고분자에 호환이 가능하다. 이를 통해 전도(phase) 상의 함유 레벨이 낮은 전도성 고분자 혼합물을 제조할 수 있다. 캠포 술폰산으로 도핑된 PAni의 전도성은 m-크레졸에서 수백 S/cm을 가진다. Heeger 그룹은 도데실벤젠술폰산(dodecyl benzene sulfonic acid)을 이용한 유사한 시스템도 발표하였다. m-크레졸의 기능은 2차적인 도핑으로 이해할 수 있다.

8.4.3 폴리피롤과 그 유도체

도 입

1834년 5월, 독일 Oranienburg의 Chemische Produktenfabrik에서 연구하던 화학자 Friedlieb Ferdinand Runge는 콜타르가 몇 가지 흥미 있는 화합물을 함유하고 있다는 것을 발견하였다(Runge 1834). 그 중 하나는 염산에 닿았을 때 아름다운 밝은 빨간색을 띤다는 것이다. 그래서 그는 이것을 그리스어로 "불타는 붉은색의 기름"을 뜻하는 피롤(pyrrole)이라 불렀다. 하지만 여러 번의 시도에도 불구하고, Runge는 피롤을 다른 물질에서 분리해 낼 수 없었다. 1857년 Glasgow의 화학 교수로 있던 Thomas Anderson은 이 복소 고리 방향족 화합물을 분리해내었다(Anderson 1857). 1870년 Baeyer와 Emmerling은 인돌(indole)을 연구하는 과정에서 피롤의 정확한 구조를 제안하였다(Baeyer and Emmerling 1870).

피롤은 1916년 피롤 블랙이라고 알려진 비결정질의 검은색 분말을 과산화수소를 산화제로 이용하여 처음으로 화학적으로 중합되었다(Angeli and Alessandri 1916). 하지만 이 물질은 Dall'Olio 등에 의해 전기 화학적으로 제조되기 전까지는 별로 관심을 받지 못했다(1968). 그들은 백금 전극에 0.1 N의 황산을 가하여 만든 피롤 중합체를 통해 피롤 블랙의 필름을 얻어냈다. 그 이후 이러한 전도성 고분자의 전체적인 특성에 대한 많은 연구가 이루어졌다(그림 8.5).

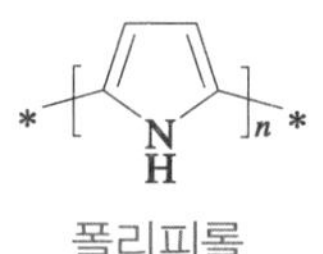

폴리피롤

합 성

• **전기화학적 중합**

폴리피롤(PPy)을 얻기 위해 가장 공통적으로 사용되는 방법은 피롤을 전기 화학적으로 중합시키는 것이다. 피롤의 산화 전위는 1.20V(vs. SCE) 정도로 낮기 때문에, 음극 위에서 수용성 용매와 유기 용매에서 쉽게 중합되어 좋은 품질의 필름을 얻을 수 있다. 이러한 중합 방식의 기작을 설명하기 위해 많은 연구가 이루어져 왔고, 그 결과가 [도식 8.9(Z = NH)]에 기술되어 있다. 반대 이온(counterion)의 종류와 농도는 전도도와 물리적인 성질에 있어 상당한 영향을 준다. 예를 들어, 반대 이온을 수산염에서 과염소산염으로 바꾸게 되면 전도도가 10배로 증가된다(Jen *et al*. 1986). 이에 대한 자세한 내용은 Rodriguez 등이 1997년에 발표한 피롤의 전기 화학적 중합에 대한 연구를 참고하면 된다.

최근에, Reynolds 등은 새로운 종류의 PPy 유도체인 poly(3,4-alkylenedioxypyrroles)를 합성하여 연구하였다(Schottland *et al*. 2000). 이 물질은 지금까지 알려진 모든 피롤 유도체 중에서 가장 낮은 산화 전위를 가지며, 전기적으로 색이 변하는, 다시 말해 산화 상태에 따라 색이 바뀌는 매우 흥미로운 특성을 나타낸다.

• **화학적 중합**

일반적으로 피롤 블랙은 H_2O_2, PbO_2, $FeCl_3$, 아질산, 퀴논, 그리고 오존을 포함하는 다양한 산화 시약들을 통해 만들어져 왔다. 산 또는 과산화수소 촉매제를 통한 화학적 합성은 대부분 부도체 물질이 만들어진다. 이는 이러한 물질에서 산소 결합이나 수소 포화에 의해 피롤 고리가 상당부분 포화되는 것과 연관 지을 수 있다. 그 결과, 피롤 고리의 방향족 특성을 보존시키는 동시에 산화에 의해 고분자를 생성시킬 수 있는, 더 발전된 방법이 개발되었다.

자주 사용되는 산화제의 종류는 Fe^{3+}이나 Cu^{2+}와 같은 산화력이 있는 전이 금속이온이다(8.3.1절). 특히 $FeCl_3$는 광범위하게 사용되어 왔다. 여기서 Fe^{3+}/피롤의 최적의 몰 비는 약 2.25:2라는 것이 알려졌는데, 양쪽의 2 몰은 모든 단량체를 중합시키기 위해 필요하며, 남은 0.25 몰은 물질을 산화시키는데 사용된다.

$\alpha-\beta$ 결합과 같은 구조 결함은 산화중합 방법에서는 항상 나타나는 것이며, 위에 설명된 방법에 의해 만들어진 물질에서는 항상 존재한다. 완벽하게 결합된 $\alpha-\alpha$ 중합체를 만들어 내기 위해서, 이러한 결함은 Stille 반응(Martina *et al.* 1992)이나 Ullmann 반응(Groehendaal *et al.* 1995)과 같은 유기금속의 결합 방법을 사용하여 극복되어 왔다.

물 성

산화된 PPy는 대기중에서 안정적이며 300℃ 이상의 고온에도 견딜 수 있는 불용성의 검정색 파우더이다. 이 물질을 ITO 유리 위에서 전기적으로 중합시킬 경우, 같은 두께의 폴리아닐린이나 폴리티오펜 필름 보다는 확실히 덜 투명하다. PPy의 중성 형태는 산소의 "냄새"를 맡자마자 산화되기 시작한다고 할 정도로 산화에 대한 민감성이 크기 때문에 제조하거나 분석하기가 매우 어렵다. PPy의 전도도는 산화제, 용매, 농도, 반응시간 등에 의해 결정되며, 다양한 연구 그룹에서 수백 S/cm에 이르는 전도도를 발표했다(Skotheim 1998; Nalwa 1997; Feast *et al.* 1996; Stenger-Smith 1998; Kiebooms *et al.* 2001; Rodriguez *et al.* 1997).

8.4.4 폴리티오펜과 그 유도체

도 입

티오펜(thiophene)은 1883년 Victor Meyer에 의해 발견되었다. 그는 실험실 시연중에, 벤젠 샘플을 이용한 인도페닌(indophenine) 반응을 시도하였으나 실패만 할 뿐이었다. Meyer는 이러한 현상의 원인을 찾던 중에, 그의 조수가 콜타르를 이용하여 전형적인 방법으로 얻은 벤젠 대신 안식향산칼슘(calsium benzoate)의 열분해를 통해 얻은 순도 높은 벤젠을 그에게 제공한 바 있었다는 사실을 상기했다. 티오펜을 콜타르에서 얻어진 벤젠으로부터 분리시킨 그는 티오펜이 인도페닌 반응을 일으키는 물질이라는 사실을 알아냈으며, 더 나아가 이 물질의 구조를 밝혀냄과 함께 오황화인(phosphorus pentasulfide)을 이용하여 숙신산(succinic acid)의 고리를 형성하는 방법으로 합성에 성공했다.

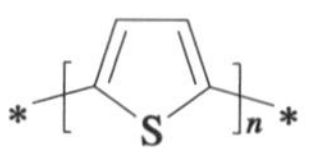

폴리티오펜

올리고티오펜과 폴리티오펜의 합성이 이미 19세기에 이루어진 바 있으나, 전도성을 가진 고분자 물질에 대한 연구가 본격적으로 시작된 때는 1980년대 무렵이라 보아야 한다. 현대에 이르러 전도성 고분자에 대한 지식의 범위가 크게 확장된 것은 당시의 수많은 학자들이 폴리티오펜을 깊이 연구한 것에 힘입은 바 크다. 현재 폴리티오펜은 PPy이나 PAni의 경우처럼 상업화되어 있다.

합 성

• 전기화학적 중합

폴리피롤의 경우에서도 볼 수 있듯이, 음극을 통한 전기 화학적 중합방법으로 폴리티오펜 필름을 매우 쉽게 합성할 수 있다. 다만 티오펜의 경우 높은 산화 전위(2.07 V vs. SCE)로 인해 피롤(1.20 V vs. SCE)에 비해 중합하기가 다소 어려운 편이다. 그러나 도식 8.9(X = S)에서 제시된 방식을 통해 합성할 경우 좋은 품질의 폴리티오펜 필름을 쉽게 얻을 수 있다. 산소의 농도와 습도를 충분히 낮게 유지한 환경에서 전기 화학적 중합을 수행할 경우 높은 전도도를 얻을 수 있다(McCullough 1998; Roncali 1992).

• 화학적 중합

티오펜 유도체의 화학적 중합법은 매우 넓은 분야로, 아마도 전도성 고분자 물질의 각종 합성 방법들 중 가장 광범위한 분야일 것이다. 이 절에서는 그 중에서 가장 중요한 세 가지 유형에 대해 알아보기로 한다.

첫 번째의 유형은 Fe^{3+} 염을 함유한 티오펜 유도체를 이용하는 방법이 있다. 3-alkylthiophenes의 경우에서처럼, 이 방식을 이용하면 기판 위에 스핀코팅(spin coating)이나 캐스팅(casting)을 할 수 있는 가용성의 poly(3-alkylthiophenes)가 생성된다. 이 반응은 30℃ 의 질소 분위기 하에서 클로로포름 내에서 진행되며, 물질의 순도를 높이기 위해 몇 단계의 과정을 거치면 약 10^3~10^5g/mol 가량의 분자량을 갖는 고분자 물질을 얻을 수 있다.

Niemi는 오직 고체 상태의 $FeCl_3$만이 3-alkylthiophenes의 중합 산화제로서 작용할 수 있다는 사실을 밝혀냈는데, 용해성의 부분은 불활성의 성질을 가진 채로 남아있게 된다(Nieme *et al*. 1992).

화학적 중합법의 두 번째의 유형으로, 유기 금속 결합 반응(organometallic couping reaction)을 통해 3-alkylthiophenes을 위치 규칙적으로 중합하는 매우 우수한 화학적 중합법이 있다. 선택적 할로겐화/리튬치환 반응에 이은 Kumada 중합법(도식 8.4)(McCullough *et al*. 1993; McCullough 1998)이나 Negishi 중합법(도식 8.7)(McCullough 1998; Chen *et al*. 1995)을 이용함으로써 높은 분자량을 가진 poly(3-alkylthiophene)s를 효과적으로 중합할 수 있다. 곁사슬(그림 8.8)의 위치 규칙성 덕분에 이러한 고분자 물질의 전기적, 광학적 성질은 위치 규칙성이 결여된 다른 고분자 물질들에 비해 우수한 편이다. 미시적 차원에서의 이러한 규칙성이 물질의 성질에 큰 영향을 준다는 점을 증명이라도 하듯, 1000 S/cm가 넘는 전기 전도도가 보고된 적도 있다. 최근 McCullough 등은 단순화된 Kumada 중합법을 우연하게 발견했는데, 이 새로운 방법은 GRIM(Grignard metathesis) 방식이라 불린다(도식 8.13)(Loewe *et al*. 2001). 1994년 Ingans 등은 $FeCl_3$를 이용하여 3-(4-octylphenyl)thiophene을 위치 선택적으로 중합할 수 있었다(Andersson *et al*. 1994). $FeCl_3$을 천천히 첨가하며 Fe^{3+}/Fe^{2+}의 비율을 낮게 유지하는 "부드러운" 중합 반응을 통해 94%의 머리-꼬리(head-to-tail) 결합을 갖는 중합체를 얻을 수 있다. 마지막 유형의 중합법으로는, 수성의 PSS(polystyrenesulfonic acid)를 통해 3,4- ethylenedioxythiophene을 중합하는 방법이 있는데, 현재 상업화되어 산업적으

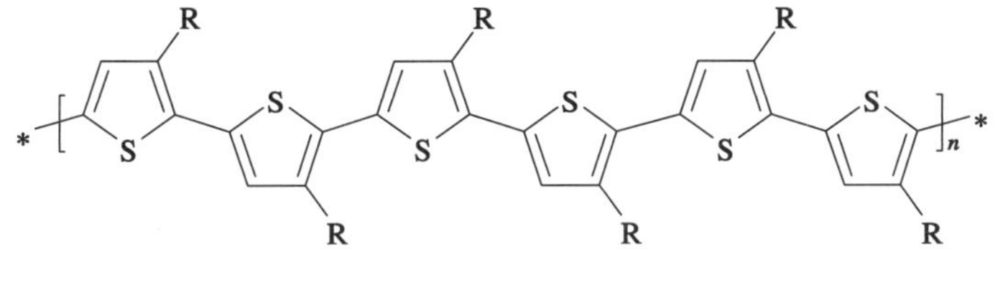

위치 규칙적(머리-꼬리)

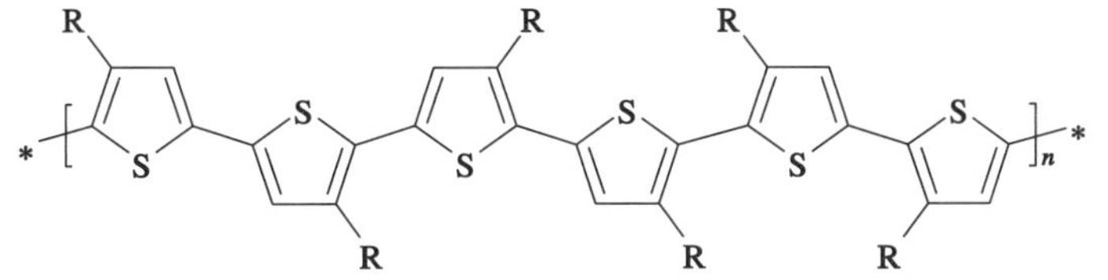

위치무작위적

[그림 8.8] poly(3-alkylthiophenes)의 위치 규칙적인 형태와 반대 형태

로 생산되고 있는 방식이다(도식 8.14)(Groenendaal *et al*. 2000). $Na_2S_2O_8/Fe_2(SO_4)_3$을 산화체/촉매제로 사용하면 진한 푸른색을 띤 수성인 PEDT/PSS가 분산되어 있는 물질을 얻을 수 있다. 이 고분자 분산 물질을 산/염기 이온교환 수지로 정제하면 기판 위에 코팅도 가능하다. PEDT/ PSS 필름의 전기 전도도는 공정 조건에 따라 절연체에 가까운 값(10^6 Ω/sq)에서부터 우수한 도체에 해당하는 값(< 1000 Ω/sq)까지의 넓은 분포를 보인다. PEDT/PSS는 높은 안정성 덕택에 여러 방면에서 산업적으로 활발히 이용되고 있다.

물 성

폴리티오펜의 중합 방법과 그 구조는 생성물의 전기적, 광학적 성질을 결정하는 중요한 요인이 된다. 제조 방법이 더 복잡해지기는 하지만, 수백 S/cm 정도의 전기 전도도를 얻는 것도 가능하다. 폴리피롤과는 반대로, 일반적으로 폴리티오펜은 투명도가 높지만 전기 전도 상태에서의 안정성은 상대적으로 떨어지는 편이다. 이러한 안정성의 차이는 폴리티오펜이

[도식 8.13] GRIM 방법을 통한 위치 규칙적인 poly(3-alkylthiophene)s의 합성(Loewe *et al*. 2001)

[도식 8.14] poly(3,4-ethylenedioxythiophene)/polystyrenesulfonic acid(PEDT/PSS)의 화학적 합성 (Groenendaal *et al*. 2000)

폴리피롤에 비해 상당히 높은 산화 전위를 갖고 있다는 사실에 기인한다. 이로 인해 중성의 폴리티오펜의 대한 많은 연구가 수행되었다. 폴리티오펜 유도체 중 하나인 poly(3,4-alkylenedioxythiophene)의 경우는 전기 전도도나 안정성에 대해 전술한 바와 상당히 다른 양상을 보이는데, 이 물질은 전기 전도도와 투과성이 모두 우수하다(Groenendaal *et al.* 2000).

Garnier 등은 물질의 형상과 전기 전도도의 관계에 대한 매우 흥미있는 연구를 수행하였다(Yassar *et al.* 1989). 그들은 전기적 중합법의 다양한 단계에서 poly(3-methylthiophene) 필름에 대한 연구를 진행했는데, 전기화학적 중합과정의 진행에 따라 형태의 불규칙성이 증가하는 것을 발견하였다. SEM 사진으로부터 1 mm 두께의 필름의 표면은 거친 반면 50nm 두께의 필름의 표면은 상당히 매끄럽다는 사실을 알아낼 수 있는데, 실제로 필름의 전기 전도도는 필름의 두께가 증가할수록 급격히 감소한다. 이러한 사실을 반대로 적용시켜 필름의 두께를 수 nm 정도로 제한하면 2×10^3S/cm 정도의 전기 전도도를 갖는 정렬된 필름을 얻을 수 있다. 흡수 스펙트럼을 통해 공액 결합의 길이가 눈에 띄게 증가했다는 사실을 알 수 있는데, 6nm 두께의 필름에서 552nm의 λ_{max}값을 갖는다.

8.4.5 그 밖의 전도성 고분자

위에서 설명한 네 가지의 전도성 고분자 물질 외에도 매우 많은 종류의 고분자 물질들이 널리 연구되고 있다. [도식 8.15]에 이러한 고분자 물질을 몇 가지 보여주고 있다.

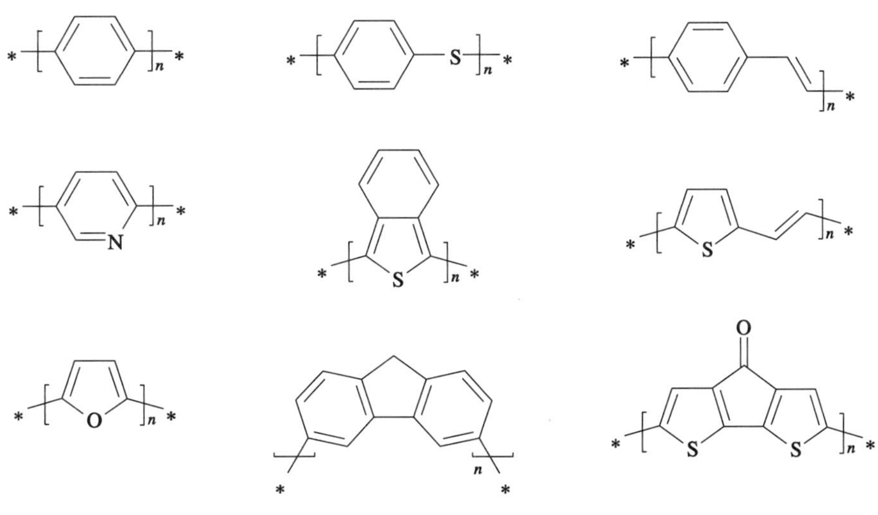

[도식 8.15] 기타 전도성 고분자들

8.5 전도성 고분자의 응용

1993년, 노벨상 수상자인 A.J. Heeger는 전도성 고분자의 전세계 시장 규모가 2000년까지 10억 달러에 이를 것이라고 전망하였다. 이는 상당히 높은 수치인 것 같지만, 분명한 점은 지난 수십 년간 구비된 다수의 전도성 고분자 일부가 상업화 단계에 이미 접어들었다는 것이다. 여기서는 폴리아닐린, 폴리피롤, 폴리티오펜의 세 가지 주요 고분자에 대해 논의했는데, 이들 모두 연구 개발, 최적화, 대형화 및 생산의 단계를 거쳤다. 아래의 응용 예시는 전도성 고분자를 기초로 하여 개발 되었거나 개발되리라 예상되는 것들이다.

- 정전기방지 코팅 재료
- 디스플레이 및 윈도우에서의 전기변색(electrochromic) 재료
- 전자파장해(EMI) 실드(shield)커버
- 바이오센서 및 액츄에이터(actuators)
- 부식방지 재료
- 무기 EL 램프의 전극재료, 커패시터, 배터리 등
- 멤브레인(membrane)
- 전기도금

아닐린은 가격이 저렴하고 대량생산이 가능한 화학 물질이기 때문에, PAni은 아마도 산업적으로 가장 많이 연구된 전도성 고분자일 것이다. 해당 전도성 고분자의 응용 범위는 부식 방지 및 정전기 방지 재료에서부터 전기변색 윈도우 및 EMI 실드커버에 이르고 있다. 폴리아닐린 유도체를 상업화하고 있는 기업들로는 Panipol Ltd.(핀란드)와 Ormecon Chemie (독일)가 있다.

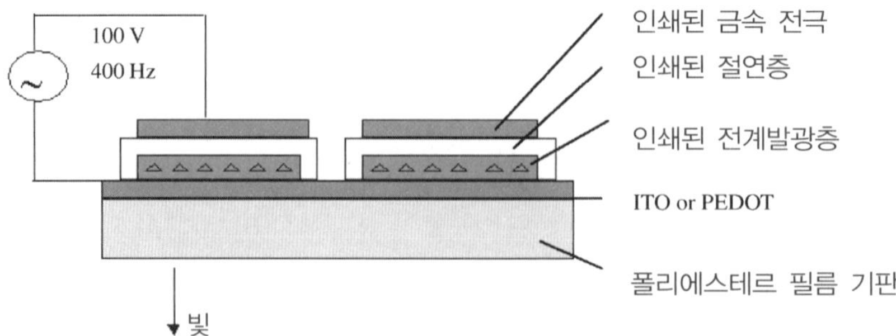

[그림 8.9] EL램프 내부의 전극 재료로서의 PEDT/PSS: 표면 저항=60–2500Ω/sq, 투명도=85%

상업화되고 있는 두 번째 전도성 고분자는 PPy이다. PPy의 응용 범위는 직물 및 섬유에서의 정전기 방지 재료에서부터 센서에 이른다. 폴리피롤 유도체를 상업화하고 있는 기업들로는 Milliken Corp.(미국) 및 DSM(네덜란드)이 있다.

시장에 진출한 세 번째 전도성 고분자는 폴리티오펜, 또는 보다 구체적으로는 poly(3,4-ethylenedioxythiophene)(약칭: PEDT 또는 PEDOT)이다. 해당 전도성 고분자의 첫 번째 응용 제품은 polystyrenesulfonic acid(PEDT/PSS) 혼합물 형태를 띄고 있는 Agfa-Gevaert의 사진 필름을 위한 정전기 방지 자재이다. 이후 다수의 기타 응용 제품들이 개발되었거나 현재 개발 중이다. 일부 사례들은 고체 전해질 커패시터에서의 전극 재료, 인쇄된 회로판의

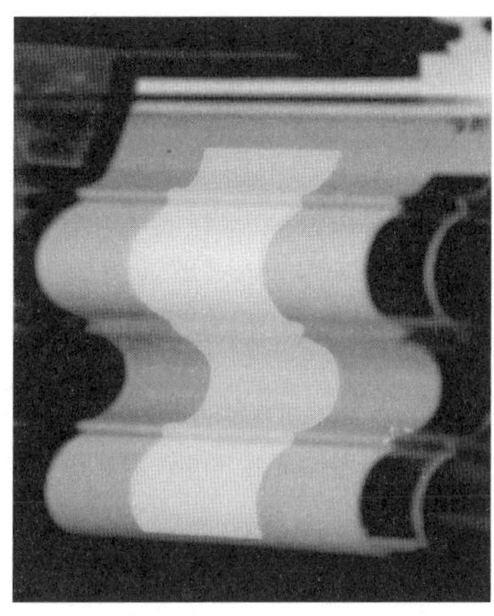

[그림 8.10] 플렉시블 무기 EL 램프. PEDOT/PSS가 투명 전극으로 사용됨

쓰루-홀(through-hole) 도금(plating), 음극선 튜브의 정전기 방지 코팅 및 비유기EL램프의 투명 전극 재료(그림 8.9 및 8.10)가 있다. 많은 기기에서 사용되고 있는 무기물 ITO는 PEDT/PSS 기반 투명 전극으로 교체될 수 있다(www.agfa.com/sfc/polymer/). PEDT/PSS를 상용화하고 있는 기업으로는 Agfa-Gevaert(벨기에) 및 HC Stark/Bayer(독일)가 있다.

상용화된 복합 고분자의 마지막 사례는 poly(phenylene vinylene)의 파생품(PPVs)으로 고분자 발광 다이오드(PLEDs)에서 응용사례를 발견할 수 있다. 이에 관해서는 이 책의 다른 장에서 다루고 있다.

8.6 전 망

1998년, J.D. Stenger-Smith는 "전도성 고분자 연구는 연구적 호기심과 상업적 가능성 사이의 중대한 시점을 맞고 있다"라고 밝혔다(Stenger-Smith 1998). 상업적으로 이용 가능한 것은 몇 가지 제품 뿐이지만, 전도성 고분자에 대한 호기심의 단계는 거의 끝났다는 그의 주장은 정확하다. 기업체와 투자가들은 수년간의 투자 기간 이후의 금전적 이득을 보고 싶어하며, 이들의 주장은 타당하다. 그러나 상업화의 단계를 밟기 위해서는 우리가 반드시 대답해야할 두가지 중요한 질문 사항이 있다. 특정 제품을 위한 시장이 존재하는가? 그리고 해당 특정 제품은 상업화하기 위해 준비되어 있는가? 이 두 질문사항에 긍정적으로 대답할 수 있을 때만 그 물질은 기회를 갖게 되는 것이다.

현재 전도성 고분자와 관련한 주요 문제점은 전도성 고분자에 대한 정의가 여전히 잘못되어 있고 이들 물성이 아직 최대로 활용되고 있지 않고 있다는 점이다. 이것은 현재의 전도성 고분자의 합성 방법 및 성능에 대한 신뢰성이 부족하고 재생이 어렵기 때문에 일부 신제품이 시장에 진출하기까지는 몇 년이 더 걸린다는 것을 의미한다. 가까운 미래에, 전도성이 1000S/cm 이상, 바람직하게는 5000~10000S/cm의 안정적이고 환경 친화적이며 제조공정이 수월하고 재생 가능한 전도성 고분자가 시장에 등장할 것이라고 보고 있다.

당면한 질문사항은 기존 재료의 최적 물성은 무엇인가에 대한 것이다. 현재까지 얻은 결과를 통해서는 낮은 전도성 값을 얻는 것은 가능하다. 그러나 이와 같은 값에 도달하는 새로운 재료를 제조해야 한다. 또한 투과 특성도 반드시 높은 전도성 값을 유지해야 한다. 궁극적으로는 ITO(제5장)에 대한 전도성과 투과도의 비교가 이루어질 것이다. 향후 몇 년간 이 분야의 과학자들에게 중요한 관점은 보다 나노-, 마이크로-, 및 거시적인 단위에서 보다 잘 정렬되어 있는 물질을 합성하는 것에 관한 것이다. 저자는 이러한 것들이 독자들의 연구 의욕을 고취시키기를 희망한다.

참고문헌

Anderson, T.(1857) *Transactions of the Royal Society of Edinburgh, Earth Sciences* XXI, 571.

Andersson, M. R., Selse, D., Berggren, M., Jarvinen, H., Hjertberg, T., Inganas, O., Wennerstrom, O. and Osterholm, J.-E.(1994) *Macromolecules* 27, 6503.

Angeli, A.(1916) *Gazzetta Chimica Italiana* 46, 279.

Angeli, A. and Alessandri, L.(1916) *Gazzetta Chimica Italiana* 46, 283.

Angelopoulos, M., Ray, A., MacDiarmid, A. G. and Epstein, A. J.(1987) *Synthetic Metals* 21, 21.

Baeyer, A. and Emmerling, H.(1870) *Bernoulli* 3, 514.

Baker, G. L., Shelburne, J. A. and Bates, F. S.(1986) *Journal of the American Chemical Society* 108, 7377.

Bao, Z., Chan, W.K. and Yu, L.(1995) *Journal of the American Chemical Society* 117, 12426.

Berets, D. J. and Smith, D. S.(1968) *Transactions of the Faraday Society* 64, 823.

Cao, Y., Smith, P. and Heeger, A. J.(1992) *Synthetic Metals* 48, 91.

Chen, T.-A., Wu, X. and Rieke, R. D.(1995) *Journal of the American Chemical Society* 117, 233.

Chiang, J.-C. and MacDiarmid, A. G.(1986) *Synthetic Metals* 13, 193.

Dall'Olio, A., Dascola, Y., Varacca, V. and Bocchi, V.(1968) *Comptes Rendus* C267, 433.

Edwards, J. H. and Feast, W. J.(1980) *Polymer* 21, 595.

Epstein, A. J.(1997) *MRS Bulletin* 22(6), 13.

Fanta, P. E.(1964) *Chemical Review* 64, 613.

Fanta, P. E.(1974) *Synthesis* 9.

Feast, W. J., Tsibouklis, J., Pouwer, K. L., Groenendaal, L. and Meijer, E. W.(1996) *Polymer* 37, 5017.

Genies, E. M., Boyle, A., Lapkowski, M. and Tsintavis, C.(1990) *Synthetic Metals* 36, 139.

Goodson, F. E., Wallow, T. I. and Novak, B. M.(1998) *Macromolecules* 31, 2047.

Gorman, C. B., Ginsberg, E. J. and Grubbs, R. H.,(1993) *Journal of the American Chemical Society* 115, 1397.

Green, A. G. and Woodhead, A. E.(1910) *Journal of the Chemical Society, Faraday Transactions* 97, 2388.

Groenendaal, L., Peerlings, H. W. I., van Dongen, J. L. J., Havinga, E. E., Vekemans, J. A. J. M. and Meijer, E. W.(1995) *Macromolecules* 28, 116.

Groenendaal, L., Jonas, F., Freitag, D., Pielartzik, H. and Reynolds, J. R.(2000) *Advanced Materials* 12, 481.

Haberkorn, H., Heckmann, W., Kohler, G., Naarmann, H., Schlag, J., Simak, P., Theophilou, N. and Voelkel, R.(1988) *European Polymer Journal* 24, 497.

Heck, R. F.(1991) *Comprehensive Organic Synthesis*(eds B. M. Trost and I. Fleming), Pergamon, New York, Vol. 4, p. 833.

Iraqi, A. and Baker, G. W.(1998) *Journal of Materials Chemistry* 8, 25.

Ito, T., Shirakawa, H. and Ikeda, S.(1974) *Journal of Polymer Science, Polymer Chemistry* 12, 11.

Jen, K.-W., Miller, G. G. and Elsenbaumer, R. L.(1968) *Journal of the Chemical Society, Chemical Communication*, 1346.

Kalanin, V. N.(1992) *Synthesis*, 413.

Kaneko, H. *et al.*(1993) *Synthetic Metals* 57, 4888.

Kiebooms, R., Menon, R. and Lee, K.(2001) Chapter 1 in *Handbook of Advanced Electronic and Photonic Materials and Devices*(ed. H. S. Nalwa), Vol. 8, Conducting Polymers, Academic Press.

Kumada, M.(1980) *Pure and Applied Chemistry* 52, 669.

Labes, M. M., Love, P. and Nichols, L. F.(1979) *Chemical Review* 79, 1.

Lawrence, F. R. and Marshall, W. J.(1985) *Ullmann's Encyclopedia of Industrial Chemistry*(ed. W. Gerhartz), VCH-Weinheim, Vol. A2, p. 303.

Letheby, H.(1862) *Journal of the Chemical Society* 161.

Loewe, R. S., Ewbank, P. C., Liu, J., Zhai, L. and McCullough, R. D.(2001) *Macromolecules* 34, 4324.

MacDiarmid, A. G.(1993) Chapter 6 in *Conjugated Polymers and Related Materials*, Oxford University Press 6.

Malleron, J.-L.(1997) *Handbook of Pd-catalyzed Organic Reaction*(eds J.-C. Fiaud and J.-Y. Legros), Academic Press, San Diego, CA.

Martin, A. R. and Yang, Y.(1993) *Acta Chemica Scandinavica* 47, 221.

Martina, S., Enkelmann, V., Wegner, G. and Schlu tter, A.-D.(1992) *Synthetic Metals* 51, 299.

McCullough, R. D.(1998) *Advanced Materials* 10, 93.

McCullough, R. D., Lowe, R. D., Jayaraman, M. and Anderson, D. L.(1993) *Journal of Organic Chemistry* 58, 904.

Meyer, V.(1883) *Chemiche Berichte* 16, 1465.

Mitchell, T. N.(1992) *Synthesis* 803.

Miyaura, N. and Suzuki, A.(1995) *Chemical Reviews* 95, 2457.

Naarmann, H.(1990) *Advanced Materials* 2, 345.

Naarmann, H. and Theophilou, N.(1987) *Synthetic Metals* 22, 1.

Nalwa, H. S.(ed.)(1997) *Handbook of Organic Conductive Molecules and Polymers*, Vols 1 to 4, John Wiley & Sons, Ltd, Chichester.

Natta, G., Mazzanti, G. and Corradini, P.(1958) *Atti della Accademia Nazionale dei Lincei Rendiconti* 25, 3.

Negishi, E.−I.(1981) *Pure and Applied Chemistry* 53, 2333.

Negishi, E.−I.(1983) *Current Trends in Organic Chemistry*(ed. H. Nozaki), Pergamon, Oxford.

Niemi, V. M., Knuuttila, P., O sterholm, J. E. and Kolvola, J.(1992) *Polymer* 33, 1559.

Park, E. B. *et al.*(1995) *Synthetic Metals* 69, 61.

Rodriguez, J., Grande, H.−J. and Otero, T. F.(1997) Chapter 10 *in Handbook of Organic Conductive Molecules and Polymers*, Vol. 2(ed. H. S. Nalwa), John Wiley & Sons, Inc., New York.

Roncali, J.(1992) *Chemical Reviews* 92, 711.

Runge, F. F.(1834) *Poggendorf Annalen* 31, 65.

Scherr, E. M., MacDiarmid, A. G., Manohar, S. K., Masters, J. G., Sun, Y., Tang, X., Druy, M. A., Glatkowsky, P. J., Cajipe, V. B., Fischer, J. E., Cromack, K. R., Jozefowitcz, M. E., Ginder, J. M., McCall, R. P. and Epstein, A. J.(1991) *Synthetic Metals* 41, 735.

Schottland, P., Zong, K., Gaupp, C., Thompson, B., Thomas, C., Giurgiu, I., Hickman, R. , Abboud, K. and Reynolds, J. R.(2000) *Macromolecules* 33, 7051.

Shirakawa, H. and Ikeda, S.(1980) *Synthetic Metals* 1, 175.

Shirakawa, H., Louis, F.J., MacDiarmid, A. G., Chiang, C. K. and Heeger, A. J.(1977) *Journal of the Chemical Society, Chemical Communication*, 578.

Shirakawa, H., MacDiarmid, A. G and Heeger, A. J.(2001) *Angewandte Chemie International Edition in English* 40, 2575.

Skotheim, T. A.(1998) *Handbook of Conducting Polymers*, 2nd edn(eds R. L. Elsenbaumer and J. R. Reynolds), Marcel Dekker, New York.

Stenger−Smith, J. D.(1998) *Progress in Polymer Science* 23, 57.

Stille, J. K.(1986) *Angewandte Chemie International Edition in Englis*h 25, 508.

Sugimoto, R., Takeda, S., Gu, H. B. and Yoshino, K.(1986) *Chemical Express* 1, 635.

Takagi, M., Kizu, K., Miyazaki, Y., Kubota, K. and Yamamoto, T.(1993) *Chemistry Letters* 913.

Trivedi, D. C.(1997) Chapter 12 in *Handbook of Organic Conductive Molecules and Polymers*, Vol. 2(ed. H. S. Nalwa), John Wiley & Sons, Inc., New York.

Tsukamoto, J.(1992) *Advanced Physics* 41, 509.

Tsukamoto, J., Takahashi, A. and Kawasaki, K.(1990) *Japanese Journal of Applied Physics* 29, 125.

Wang, L., Ling, X. and Wang, F.(1991) *Synthetic Metals* 41, 739.

Yamamoto, T.(1997) Chapter 5 in *Handbook of Organic Conductive Molecules and Polymers*, Vol. 2(ed. H. S. Nalwa), John Wiley & Sons, Inc., New York.

Yamamoto, T.(1999) *Bulletin of the Chemical Society of Japan* 72, 621.

Yamamoto, T., Takagi, M., Maruyama, T., Kubota, K., Kanbara, H., Kurihara, T. and Kaino, T.(1993) *Journal of the Chemical Society, Chemical Communication*, 797.

Yamamoto, T., Takeuchi, M. and Kubota, K.(2000) *Journal of Polymer Science, Polymer Physics* 38, 1348.

Yamamoto, T., Shiraishi, K., Abla, M., Yamaguchi, I. and Groenendaal, L.(2002) *Polymer* 43, 711.

Yassar, A., Roncali, J. and Garnier, F.(1989) *Macromolecules* 22, 804.

Zotti, G.(1997) Chapter 4 in *Handbook of Organic Conductive Molecules and Polymers*, Vol. 2(ed. H. S. Nalwa), John Wiley & Sons, Inc., New York.

말 수 있는 디스플레이 응용을 위한 전도성 고분자의 역학적 신뢰도

Darran R. Cairns

3M Touch Systems

9.1 서 론

디스플레이가 가정, 직장, 자동차 등 우리의 생활 곳곳에 스며듦에 따라 연구원들은 더 다양한 분야로 적용되기를 희망하고 있다. 차세대의 디스플레이가 가져야 할 중용한 특성들에는 대면적, 얇은 두께, 가벼운 무게, 굽히거나 휠 수 있는 능력을 가질 것 등이 포함어야 한다. 물론 이상적으로는 앞에서 언급한 특성을 가지는 디스플레이가 적절한 가격에 제작되어야 하고, 또한 높은 휘도와 명도를 가져야 하며 특히 그 성능이 영구히 지속되어야 한다.

지난 수년 동안 세계의 여러 연구 그룹들이 플렉시블 디스플레이를 다각도로 연구하였으며 현재 사용되는 모든 디스플레이 기술들을 개발하였다. 액정 기술의 경우 네마틱 액정 디스플레이(TN-LCDs)(Gardner and Wenz *et al*. 1995) 에서 콜레스테릭 LCDs(West *et al*. 1999), 그리고 고분자 분산형 액정(PDLC)(Sheraw *et al*. 2002) 디스플레이에 이르기까지의 넓은 범위에 걸쳐 다양한 기술들이 개발되었다. 발광형 디스플레이의 경우 플렉시블 유기발광 다이오드(OLEDs)(Krasnov and Lee 2002), 전계발광(EL) 디스플레이(Chwang *et al*. 2003), 전계방출 디스플레이(FEDs)(Lee and Lee 2003), 그리고 플렉시블 플라즈마 디스플레이(Wedding *et al*. 2004) 등이 개발되었다. 또한, 미래에 종이와 같은 형태의 디스플레이로 적용이 예상되는 e-ink(Drzaic *et al*. 1998)와 두 가지 색상의 구슬을 활용한 Gyricon 등 전기연동을 이용한 기술들 역시 플렉시블 디스플레이의 체제에 포함되어 유용하게 사용될 것으로 예상된다.

제작상의 어려움과 고가의 제작 단가로 인해 플렉시블 백라이트(backlight)를 반사형 디스플레이 기술로 대체하려는 노력들이 이루어져왔다. 빠른 동적 전환 알고리즘을 사용하여 높은 해상도(133 dpi)를 가지는 디스플레이를 구현한 Podogil을 포함한 많은 연구원들이 콜레스테릭(cholesteric) 디스플레이(Kim *et al.* 1999; West *et al.* 1995; Slikkerveer *et al.* 2002)에 특히 관심을 가져왔다. West와 그 동료 연구원들은 수직 적층을 통해 휘도와 해상도를 개선하여 풀 컬러 플라스틱 콜레스테릭 액정 디스플레이를 제작하였으며, 또한 기판의 복굴절이 색조층 사이에서 중요한 역할을 함을 발견하였다(West *et al.* 1999). 우수한 성능을 가지는 플렉시블 디스플레이를 개발하는데 있어서 광학적인 열화는 특히 해결해야 될 문제이다. 이와 더불어, 여러 장의 광학 필름을 정확히 적층시키는 공정 역시 많은 제작상의 어려움을 야기한다.

최근 Philips의 연구원들은 이러한 문제들에 대해 물감을 채색하는 원리와 같은 단순한 공정인 코팅 기술을 사용하여 해결책을 제시하였으며, 더 나아가 액정과 고분자 물질을 단일 기판에서 제작할 수 있는 방법을 제안하였다. 이 혁신적인 해결책을 활용하여 저렴하고, 얇으며, 손쉽게 디스플레이의 제작이 가능하게 되었으며, 설계상에 많은 자유도가 부여되었다(Penterman *et al.* 2002). Philips에서 제시한 디스플레이의 제작공정은 액정 셀(cell)을 광고분자를 사용해 밀봉하면서 동일한 기판에서 각 활성층 위에 순차적으로 다른 활성층을 코팅하는 bottom-up 공정이다.

또 다른 대안이 되는 디스플레이 제작 공정인 roll-to-roll 공정이 Eastman Kodak의 연구원들에 의해 개발되었다. Stephenson(Stephenson *et al.* 2004)과 연구원들에 의해 전사공정을 이용한 견본 디스플레이가 제작되었다. 모든 소자는 어드레싱(addressing)라인을 구성하기 위해 레이저로 ITO가 식각된 PET 기판 위에 코팅공정으로 만들어졌다. 이 공정으로 제작된 소자의 첫번째 코팅층은 콜레스테릭 고분자 분산형 액정(cPDLC)으로 이루어져 있으며, 다음 층은 어두운 상태로 쓰이는 검은 고분자 물질로 제작되었으며, 마지막으로 어드레싱 전극을 구성하기 위해 스크린 인쇄된 전도성 잉크로 구성된 두꺼운 고분자 박막이 형성되었다. 이와 같이 제작된 디스플레이는 백라이트를 필요로 하지 않는 반사형이다. 견고한 백라이트가 개발되기 전까지의 단기간 동안은 반사형 기술이 플렉시블 디스플레이 시장을 주도할 것으로 보인다. 한편, Slikkerveer 와 연구원들(2004)에 의해 실리콘 합성 고무를 사용하여 실제로 제품에 적용 가능성이 있는 백라이트가 개발되었다.

플렉시블 디스플레이의 범주에 속하는 발광형 디스플레이 물질들이 33회 SID(Society for Information Display)심포지엄(Kim and Kafaf 2002; Grove *et al.* 2002; Becker *et al.* 2002; Funamoto *et al.* 2002; Haskal *et al.* 2002; Innocenzo *et al.* 2002)에서 많이 보고되었다. 플렉시블 OLED(FOLED)의 경우 저분자 물질로 제작된 OLED(Gu *et al.* 1997)와 고분자 물질로 이루어진 OLED(Haskal *et al.* 2002) 모두 개발되고 있다. 저분자 물질을 사용한 FLOED들은 대량 생산에 유리하며 상당한 구부림에도 디스플레이의 특성이 거의 열화되지 않는 폴리에스테르 기판에 진공 증착 공정을 통해 제작 된다. 고분자 OLED(PLED)들은 잉크젯 공정을 통해 플렉시블 디스플레이로 제작되었다. 이 잉크젯 공정을 사용한 고분자 OLED의 대량생산을 위해서는 적절한 잉크 물질과 잉크젯 헤드를 개발하는데 많은 노력이 필요하다(Miyashita 2002).

플렉시블 디스플레이를 개발하는데 해결되어야 할 가장 중요한 문제들 중 하나는 디스플레이를 구부릴 수 있게 설계해야 하는 것 뿐 아니라 가스의 침투에 의한 열화를 막을 수 있게 설계하는 것이다. 이는 특히 OLED, EL 디스플레이, 플라즈마 디스플레이와 같은 발광형 디스플레이에 있어 특히 중요하다. 이러한 가스의 침투와 관련된 문제는 발광형 기술이 투과형 디스플레이의 백라이트로 쓰일 경우 역시 중요한 고려 요소가 된다. OLED와 EL 디스플레이에 사용되는 유기물 분자들은 H_2O와 O_2 분자들에 의해 쉽게 열화된다(Burrows *et al*. 1994). 또한, 낮은 일함수를 가져 우수한 OLED를 만들기 위해 양극으로 사용되는 마그네슘과 같은 금속들의 경우 역시 수분과 산소의 침투에 의해 쉽게 그 성능이 열화된다(Aziz *et al*. 1998). 낮은 밀도와 얇은 두께를 가지는 투명한 플라스틱 기판은 가스와 습기의 침투를 막기가 어렵다. 향상된 성능의 보호막 층이 개발되고 있으나, 적당한 디스플레이의 수명을 보장하기 위해 요구되는 습기에 의한 침투율은 하루 $10^{-5}g/M^2$이다. 이 침투율은 현재의 상용 시스템하에서는 측정할 수 없는 범위이기 때문에 측정장비의 개발 역시 많은 노력이 필요하다. 플라스마 디스플레이 역시 가스와 습기에 비슷한 취약성이 있다.

가스(일반적으로 Xe-rich 혼합물)를 저압상태에서 AC전계를 인가하면 이온화되어 플라즈마로 바뀌게 된다(Oversluizen *et al*. 2000). 이온화된 플라즈마를 인광 물질이 코팅된 곳에 쬐어 색을 가진 빛을 방출하는 것이 플라즈마 디스플레이의 동작 원리이다. 플라즈마 디스플레이에 가스와 습기의 침투가 발생하면 플라즈마를 생성시키기 위한 이온화가 방해를 받게 되며 인광 물질 또한 열화된다. 이러한 가스와 습기의 침투를 막기 위해 사용가능한 방법은 특정 물질을 사용하여 플라즈마 디스플레이를 차폐하는 것이다. 이런 해결 방법은 최근에 Wedding *et al*.(2004)에 의해 보고되었다. 이온화된 가스를 절연 물질로 차폐시킴에 따라 플라즈마로 이루어진 영역이 형성된다. 이 플라즈마 영역은 가스의 침투를 막는 보호막 역할을 하여 좋은 장벽 특성을 가지지 못하는 플렉시블 기판에 활용될 수 있다. 이와 비슷한 방법이 e-ink(Drzaic *et al*. 1998)와 같은 상용의 전기영동 장치에 적용되었다.

e-ink의 경우 TiO_2 입자들이 검은 잉크에 분산되어 투명한 고분자 구체(sphere)에 밀폐되어 있다. 이러한 고분자 구체들은 능동 구동 회로와 투명한 음극에 코팅되어 소자를 구성하게 된다. 이 경우 소자는 고분자 구체에 의해 가스와 습기를 막는 특성을 가지게 된다. 이 고분자 구체들은 접합제에 분산되어 쉽게 플라스틱 기판에 찍어낼 수 있다(Rogers *et al*. 2001; Kawase *et al*. 2002). 백색 람보시안 반사를 가지는 이 물질들은 종이를 대용한 제품으로 제작될 수 있다(Crawford 2000).

미래의 모든 디스플레이 종류에서 공통으로 포함되어야 할 구성 요소는 구부릴 수 있는 음극이다. 현재 두 가지의 물질이 투명 전극의 좋은 후보로 각광받고 있는데, 하나는 indum tin oxide(ITO) (Lewis and Paine 2000)이며 다른 하나는 dioxythiopene doped with polystyrene sulfonate(PEDOT:PSS)(Kim and Kafafi 2002)이다. 기판 물질로는 폴리카보네이트(polycarbonate), 폴리아크릴게이트(polyacrylate), 폴리이미드(polyimide), polyethyleneterephthalate(PET), polyestersulfone(PES), polyolefins 등이 있다. 유리의 전이 온도가 T_g=200℃ 임을 감안할 때, PET는 다른 어떠한 플라스틱 기판보다 높은 온도에서 공정이 가능하다. PET는 낮은 가격, 깨끗한 투명도의 장점을 가져 현재 가장 많이 연구되고 있는 물질이다. PET 기판의 ITO는 낮은 표면저항(〈100Ω/sqr)과 좋은 투과율(〉90%)을 가지고 있는데 반해 상대적으로 낮은 장력에서도(〈2%)(Leterrier *et al*. 2004) 쉽게 결함이 발생하는 단점을 가지고 있다. ITO에 비해 PEDOT은 10%이상의 장력에도 견딜 수 있으나 동시에 상당히 높은 표면저항(〉few×2kΩ/sqr)과 ITO에 비해 열등한 투과율(〈90%)의 특성을 가진다. 차세대 플렉시블 디스플레이에서 가장 핵심적인 요소는 구부릴 수 있는 음극 물질이 동작 도중 치명적인 열화를 일으키지 않게 하는 것이다. 본 장에서는 구부릴 수 있는 음극 물질들의 신뢰도와 관련하여 수행된 연구들에 대해 설명할 것이다.

9.2 투명 음극들의 전기 기계적 특성들

지금까지 언급한 물질 중 가장 일반적으로 사용되는 구부릴 수 있는 음극 물질은 PET기판에 코팅된 ITO이다(제5, 6, 7장). 이와 같은 시스템은 단단하고 부서지기 쉬운 물질을 점탄성 물질인 고분자 기판에 적용시킨 보기 드문 역학적인 시스템이다. 얇고 깨지기 쉬운 박막이 이러한 기판에 접착되면 장력에 영향을 받기 쉬워지며, 층의 수직 방향으로 받는 압력에 의해 다층의 크랙이 발생하게 된다(Leterrier *et al*. 2004). 크랙과 변형은 기판과 박막의 두께와 표면 전단응력에 의해 결정된다(Chen *et al*. 1999).

여러 복잡한 요소들이 있는데, 고분자-세라믹 시스템에서 영률의 차이가 크다는 점, 고분자 기판의 온도 의존도가 크다는 점, 기판의 구부림 정도가 커서 굽힘에 의한 변형이 발생하기 쉽다는 점 등이 현재 가장 먼저 고려되어야 할 사항들이다. 이러한 고분자-세라믹 시스템에서의 문제점들에 대한 연구는 거의 수행된 바가 없으나, PET기판에서의 SiO_x에 대해서는 Leterrier *et al*.(1997a, 1997b)와 Yanaka *et al*.(1999)에 의해 보고된 바가 있다. 이러한 물질들은 좋은 패키징을 위해 우선적으로 사용되었다. 플렉시블 전자 소자들의 발전을 위해 이런 물질들이 구성하는 시스템에 관한 관심은 현재 급증하고 있는 추세이다.

역학적 신뢰도의 관점에서 두 가지 중요한 요소가 존재한다. 첫 번째는 소자에 파손이 일어나기 직전까지 최대한 가해 질 수 있는 임계 변형 정도이며, 두 번째는 외부의 힘이 가해질 때 소자의 열화를 일으키지 않을 정도 까지 몇 번이나 계속해서 변형이 가해 질 수 있는가 하는 것이다. 다음 장에서는 단조롭게 증가되는 장력을 인가하며 굴대(mandrel)에 샘플을 설치하여 수행되는 반복재하 실험으로 PET에 코팅된 ITO와 PEDOT:PSS의 저항의 변화에 대해 논하도록 하겠다. 굴대에 의한 샘플의 구부림이 발생할 때 샘플의 변형은 굴대의 지름에 반비례하게 된다. 이와 더불어, 구부릴 수 있는 음극에서 저항에 대한 온도의 영향에 대해서도 논하도록 하겠다.

9.2.1 인장력이 가해질 때의 PET에 코팅된 ITO

ITO 박막은 125μm 두께의 PET(Dupont ST 504) 기판에 정밀한 상용 롤 코팅 시스템에서 DC 마그네트론 스퍼터링(sputtering) 공정으로 증착되었다. 61Ω/sqr, 70Ω/sqr, 100Ω/sqr, 300Ω/sqr, 400Ω/sqr의 표면저항을 가지는 샘플들이 준비되었다.

ITO가 코팅된 PET 샘플들의 역학적인 실험은 소형의 장력 테스트 기계(Rheometric Scientific Minimat 200)를 사용하여 일정한 crosshead 속도로 수행되었다. 샘플들은 길이 21.8mm와 폭 4.7mm의 개의 뼈와 같은 모양으로 가공되었다. ITO층과 샘플의 크랙을 방지하기 위해 세심한 주의를 기울여 잘라내었으며, 실험이 더 진행되기 전에 ITO에 심각한 피해가 입혀졌는가를 광학 현미경을 통해 살펴보았다. 동시에 long-distance 마이크로스코프(infinity Photo-Optical Company, model K2)를 통해 변형에 의한 크랙이 발생하였는가를 살펴보았다. 단축의 변형 변위에 따른 저항은 표준 네 점 측정 방법(Ohring 1992)으로 측정하였다.

최초의 크랙은 ITO층이 적재된 수직 방향으로 발생하였으며 그 변형값은 2.75%에 근사하였다. 적재 방향에 수직한 크랙의 수는 2.75%에서 3.25%의 변형값으로 급격히 증가하다 이 후에는 수렴하였다.

[그림 9.1]은 초기의 크랙이 발생한 70Ω/sqr(105nm) ITO층의 광학 현미경 사진을 나타낸다. 왼쪽에서 오른쪽으로의 사진들은 변형의 강도를 2%에서 3.3%로 증가시켰을 때의 광학 현미경 사진을 나타낸다. (i) 크랙은 2.3%의 수직 변형에서 처음으로 관측되었다.(ii) 크랙의 숫자는 이후 빠르게 2.6%의 변형까지 증가하였다.(iii) 6%의 변형에서 수평방향의 크랙이 발생하였으며, 이는 수평한 방향으로의 수축에 기인한 것이다.(iv) 10%의 변형에서는 제3의 크랙이 초기의 크랙에 수평한 방향으로 발생하였으나, 2차 크랙 이후로는 멈추었다. 변형을 증가시킴에 따라 파편의 길이는 줄어들었다. 사진에 나타난 줄들은 사진의 명암을 향상시키기 위해 크랙 위에 그어진 것이다.

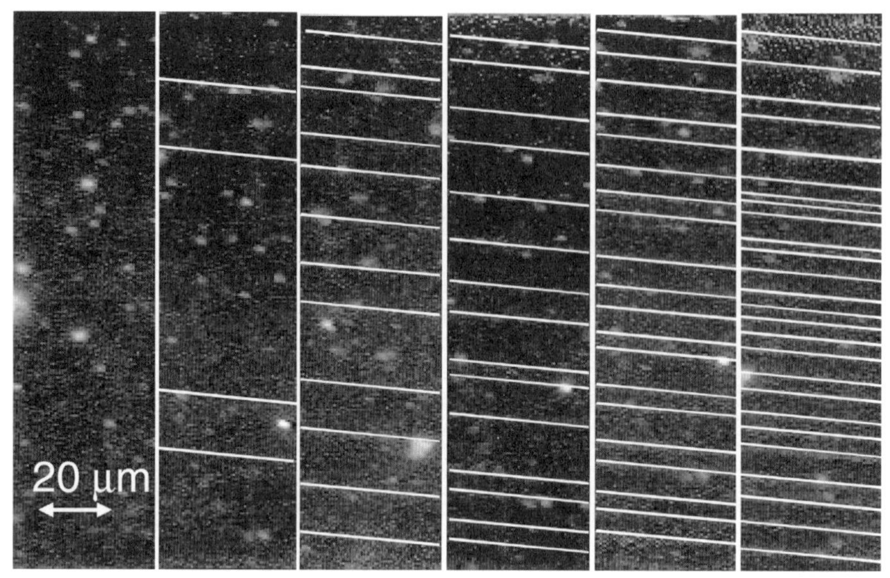

[그림 9.1] 인장력이 가해질 때 ITO층에서의 크랙의 발생을 보여주는 광학사진. 왼쪽 사진에서 오른쪽 사진으로 변형은 2%에서 3.3%로 증가됨.

[그림 9.2]는 이 샘플에서 변형 변위에 따른 파편의 길이를 누적 확률로 나타낸 것이다. 변형이 증가함에 따라 파편 길이의 분포는 좁아진다. 모든 경우에 저항은 특정 임계 변형까지 급격히 증가하며, 이는 ITO박막의 두께에 따라 달라진다. 가장 얇은 두께의 ITO 박막의

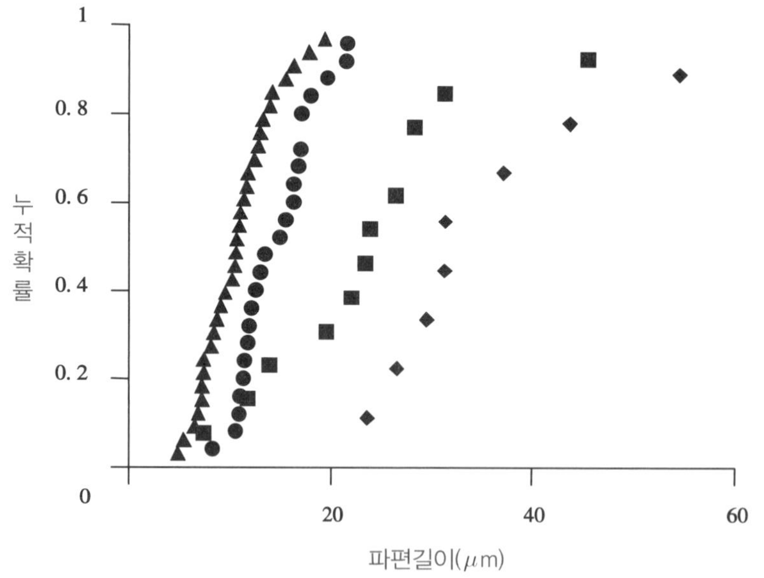

[그림 9.2] 변형이 발생할 때 ITO가 코팅된 PET에서의 파편 길이에 따른 누적 확률: 변형은 (◆) 2.4%, (■) 2.6%, (●) 3.1%, (▲) 3.7%.

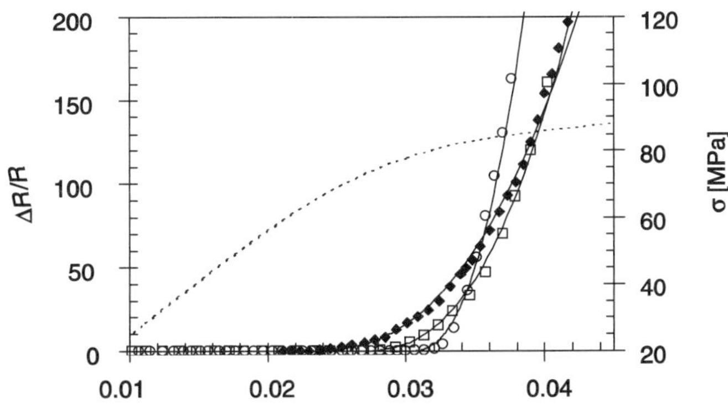

[그림 9.3] 변형에 따른 ITO의 저항 변화률 $\Delta R/R$(왼쪽 축). 3가지의 다른 두께에 따른 실험 데이터: (◆) 105nm, (□) 42nm, (○) 16.8nm; fitting 곡선은 실선으로 나타냄. ITO의 변형 곡선은 점선으로 나타냄(오른쪽 축). Reprinted, with permission, from Applied Physics Letters 76, 1425 (2000).

저항은 가장 큰 임계 변형에서 급격히 증가하기 시작하는데 비해, 가장 두꺼운 ITO 박막의 저항은 가장 작은 변형에서 증가한다. 이는 크랙이 발생하는 임계 변형이 박막의 두께에 반비례하는 유연한 기판 위의 세라믹 박막과 일치하는 결과이다(Wang *et al*. 1998). 두꺼운 박막은 그 저항이 가장 작은 변형에서 증가하기 시작하지만, 그 증가율은 얇은 박막에 비해 작다. 충분한 변형이 가해졌을 때 가장 얇은 샘플의 저항은 큰 폭으로 증가한다.

크랙에 의한 저항의 증가는 크게 놀랄만한 현상이 아니다. 그러나 저항이 샘플의 전반에 걸쳐 첫 번째 크랙이 발생함에 따라 급격히 증가하는 것이 아니라 점진적으로 이루어졌다는 것은 주목할 만하다. 이는 크랙이 발생한 이 후 이웃한 ITO 파편들 사이에 전기의 전도 통로가 있음을 의미한다. SEM과 AFM 이미지(Cairns *et al*. 2000)로 살펴 본 결과, 매우 작은 파편들이 크랙의 안쪽에 존재하여 잔존 전도 층이 그 속에 분포해 있음을 가정할 수 있다. 이전의 연구 결과에 따르면 크랙의 수에 따른 저항은 다음과 같은 수식으로 표현될 수 있다.

$$R_{increase} = \frac{\rho D^2 L_o (1+\varepsilon)\sum_{i=1}^{m}(\varepsilon - \varepsilon_{ci})^2}{V} \tag{9.1}$$

이때, ρ는 저항, D와 L_0는 길이, ϵ는 변형, ϵ_{ci}는 i번째 크랙이 발생하였을 때의 변형, m은 크랙의 총 수, V는 크랙에서의 전도 물질의 부피를 각각 나타낸다.

플렉시블 디스플레이에서 허용되는 변형이 3%임을 고려할 때, ITO가 코팅된 PET는 디스플레이에 사용하기 적합할 것으로 기대된다(Cairns *et al*. 2003). 다음과 같은 공정을 이용하면 T_g를 넘어서는 온도에서 향상된 ITO의 내구성을 활용하여 매우 작은 곡률반경을 가지는 디스플레이의 제작이 가능하다. (1) 비틀림 없이 T_g를 넘는 온도로 가열한다. (2) 가열된 디스플레이를 형판(template)에 합치시킨다. (3) 디스플레이와 형판을 1시간 동안 특정 온도에서 유지시킨다. (4) 디스플레이와 형판을 냉각시키고, (5) 디스플레이를 형판에서 떼어낸다.

9.2.2 인장력이 가해질 때의 PEDOT:PSS

[그림 9.4]는 PEDOT:PSS가 코팅된 PET(Agfa Orgacon EL 1500)를 각기 다른 온도에서 변형시킨 비율에 따른 저항을 나타낸 그래프이다. 온도를 달리했을 경우의 모든 샘플의 저항은 변형을 증가시킴에 따라 증가하나, ITO가 코팅된 PET에 비해 작은 증가 비율을 보인다. 이는 ITO가 크랙이 발생하는 깨어지기 쉬운 세라믹 물질인데 반해 PEDOT:PSS는 고분자로 코팅되었기 때문으로 추측된다. PEDOT:PSS 코팅 물질은 60%의 변형에도 계속해서 전도 특성을 보이며, 이는 3%의 ITO에 비해 크게 상회한 결과이다.

PEDOT의 전기 역학적 특성에 대한 온도의 영향은 매우 크며, 온도에 증가에 따른 전기 전도성은 감소하는 경향을 보인다. 샘플을 90℃의 온도에서 변형시켰을 경우 40%의 변형에서 저항은 두 배가 되며, 실온에서는 10배로 증가되는 것으로 관측되었다. 물질의 고유 저항은 여전히 한정되어 있으므로 열적 그리고/혹은 열역학적 PEDOT:PSS 열화를 이해하는 것이 중요하다. 열적 열화와 관련된 최초의 연구가 보고되었다(Rannou and Nechtschein 1999).

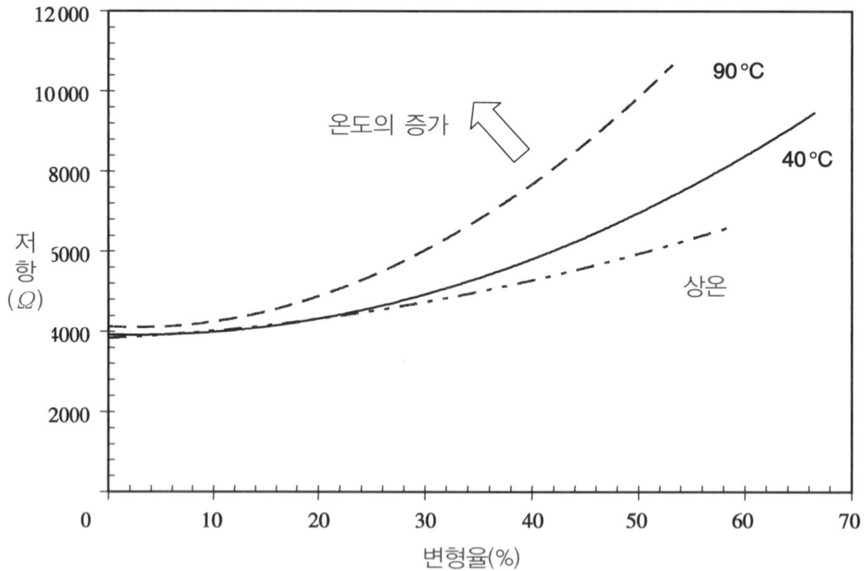

[그림 9.4] 온도는 40℃, 90℃에서 PEDOT:PSS가 코팅된 PET의 단축에 따른 변형이 발생할 때 변형에 따른 저항. 이 샘플의 변형의 증가와 온도에 따른 저항의 증가율.

9.2.3 인장력이 가해질 때의 반복재하

우리는 ITO가 코팅된 PET(Polar Vision Inc.)와 PEDOT:PSS가 코팅된 기판을 굴대에 달아 재하의 반복에 따른 저항을 측정하였다. 7.6mm, 10mm, 17.6mm, 25.4mm의 다른 지름을 가진 굴대로 실험이 진행되었다. 7mil(175 mm) PET 기판의 경우 전도층에서의 대략적인 변형은 굴대의 지름에 따라 각각 0.6%, 0.9%, 1.5%, 2%였다. 이 실험은 직접 제작한 테스트 시스템(그림 9.7)을 사용하여 동시에 진행되었다. 샘플의 길이 20cm, 폭은 5cm, 두께는 0.17mm였다. 이 실험은 압축 하에서도 수행 될 수 있다(즉, 기판 내부의 ITO 면에서).

또한, 샘플들에는 단축 방향으로 인장이 가해져 변형되게 하였으며, 저항은 네 점 저항 측정 구조를 사용하여 측정되었다. 인장 응력 실험은 0.1 mm/min의 크로스 헤드 속도를 가진 소형 장력 측정장치(Rheometric Scientific Minimat 2000)를 사용하여 수행되었다. 인장 샘플들의 길이는 7.8mm, 폭은 4.7mm, 두께는 0.17mm이다.

ITO가 코팅된 PET와 PEDOT:PSS가 코팅된 PET 샘플들은 단축의 인장 방향으로 1.5%의 변형을 가지게 반복적으로 재하되었다. 저항은 실험과 동시에 측정되었으며 PEDOT:PSS의 결과는 [그림 9.5]에 나타내었다. 저항은 재하가 진행된 주기에 따라 선형적으로 증가하였으며 재하를 멈추었을 때는 급격히 감소하였다.

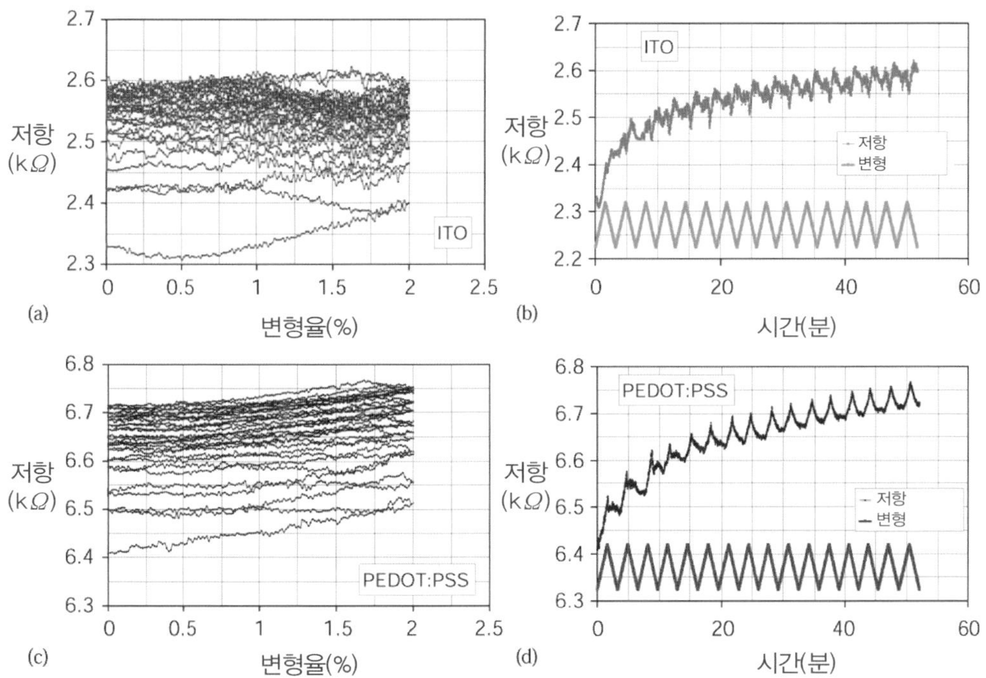

[그림 9.5] 반복 재하에 따른 깨어짐 테스트 데이터: (a, b) ITO가 코팅된 PET, (c, d) PEDOT:PSS가 코팅된 PET

이는 재하가 진행된 주기에 따른 고분자 기판의 변형 정도와 일치하는 결과이다. 고분자의 경우 변형은 선형적으로 증가되나, 재하를 멈추었을 때의 변형의 즉각적인 회복은 이루어 지지 않고 시간이 지남에 따라 서서히 회복되었다. 폭의 경우 이러한 특성은 두드러진다. 재하를 반복하는 동안(크랙이 없을 경우) 변형에 따른 저항은 인가된 변형 ε, 기판의 Poisson비 ν_s, 전도 층의 Poisson비 ν_f로 표현되는 수식으로 정량화 될 수 있다.

$$R = \frac{R_o(1+\varepsilon)}{(1-\nu_s)(1-\nu_f)}$$

재하를 멈춘 동안에 기판의 변형은 다음 재하가 시작되는 전까지 완벽히 원상태로 회복되지 않는다. 따라서 샘플의 폭은 각 재하 주기에 따라 인가된 변형과 폭의 복구 사이에 평형이 발생할 때까지 감소한다. 이는 [그림 9.5]에 나타난 것과 같이 저항이 초기에는 증가하다 약 50 주기 후부터는 수렴하게 되는 것으로 보아 명백하다.

9.3 PEDOT:PSS의 환경적인 열화

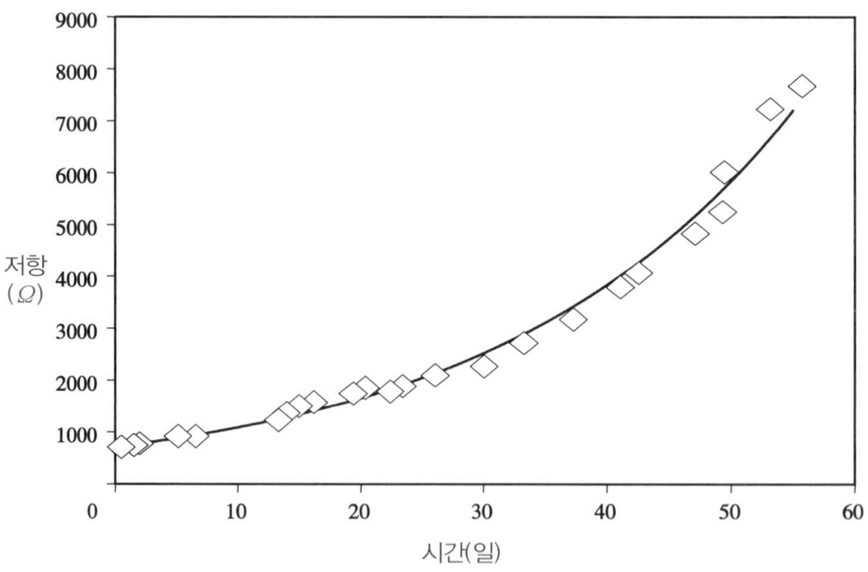

[그림 9.6] 60℃와 90%의 상대 습도에서 PEDOT:PSS가 프린트된 DuPont 5089 Silver Carbon Conductor의 시간에 따른 상대 표면저항과 접촉저항.

플렉시블 음극의 환경적인 안정성을 조사하기 위해 은으로 만든 전극(Dupont Membrane Switch Compound)을 PEDOT:PSS가 코팅된 PET기판(AGFA ORGACON EL 1500)의 표면에 스크린 프린팅 공정을 통해 형성하였다. 은이 프린트된 기판은 100℃에서 1시간 동안 은을 경화하기 위해 가열하였다. 전선을 전극에 붙이고 난 후 소자는 온도와 습도의 제어가 가능한 챔버(chamber) 안에 적재하여 60℃의 온도와 90%의 습도를 유지한 상태로 놓아두었다. 1.5인치 떨어진 두 전극(3인치×0.25인치) 사이의 저항은 디지털 멀티미터(Agilent Technologies 34401A)를 사용하여 측정하였다. [그림 9.6]은 시간에 따른 저항의 결과 그래프이다.

저항은 20일의 시간이 지남에 따라 2배씩 급격히 증가하였다. 이 결과는 Rannou *et. al.*의 실험 결과와 일치하며 PEDOT:PSS 소자를 사용한 소자를 제작할 때 중요하게 고려되어야 한다.

9.4 플렉시블 음극의 반복재하(Cycle Mandrel Loading)

변형에 의한 저항의 변화는 초기의 설계 조건을 결정할 때 중요하며, 소자가 동작할 때의 신뢰도 관점에서는 반복적인 변형이 중요한 요소이다. 변형에 의한 저항의 장기간에 걸친 변화를 조사하기 위해 반복재하를 측정할 수 있는 장치를 제작하였다.

[그림 9.7]은 제작된 기계의 중요 부품을 나타낸 모식도이다. 이 장치는 샘플을 정밀하고 제어 가능한 비율로 굴대에 정밀하게 적재, 적하할 수 있도록 설계되었다(Gorkhali *et al.* 2004). 이 장치는 외부 진동을 줄이기 위하여 무거운 광학 테이블위에 설치되었다. 현재 본 장치에 설치 가능한 샘플의 크기는 폭 3인치, 길이 10인치이다. 금속판을 굴대의 곡면을 따라 나사로 죄어 샘플의 한쪽 끝을 단단히 고정시킨다. 다른 한 쪽 끝은 한 쌍의 얇은 금속판 사이에 고정시키고 작은 인장을 가지는 스프링을 매단다. 평평한 기초판은 스프링과 샘플이 수평을 유지하게 고정시키며 느슨하게 되는 것을 방지한다.

한 쌍의 전선을 고정된 샘플의 양 끝에 연결시켰다. 얇은 구리 테이프를 사용하여 전선과 전도 표면 사이를 전기적으로 연결시킨다. 한쪽 끝과 다른 쪽 끝 사이의 저항은 Agilent 34401A 6½ 디지털 멀티미터로 측정되었다. 굴대는 테프론(Teflon)이 코팅된 한 쌍의 베어링을 연결하여 부드럽게 회전시킨다. 톱니바퀴는 한쪽 굴대의 끝에 붙여져 있으며 타이밍 벨트로 연결되어 전기 모터로 회전한다. 본 장치는 설치와 변경이 쉽게 탈착이 자유로운 고정쇠를 이용하여 광학 테이블에 설치되었다.

이 장치를 구동시키는 모터는 Intelligent Motion System의 microstepping 모터 MDrive M-17를 사용하였다.

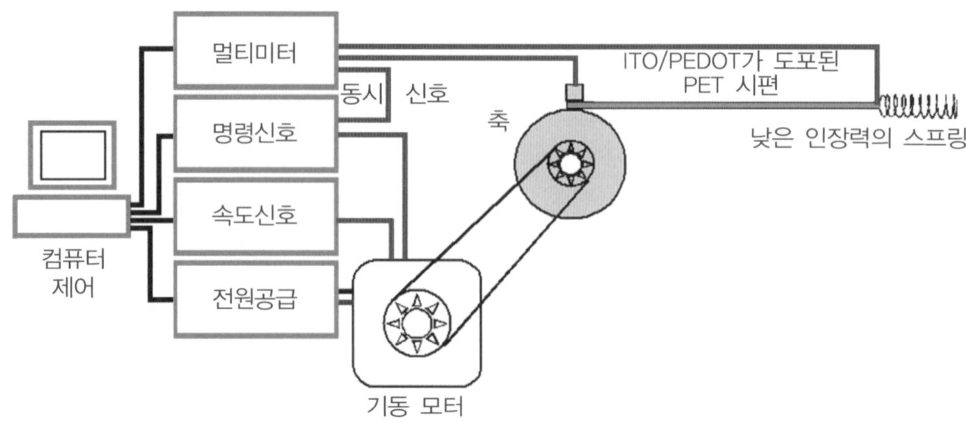

[그림 9.7] 반복적으로 굴대 구부리는 동안 저항을 조사하기 위해 주문 제작된 기계장치의 모식도

이 모터는 24V의 DC 전압으로 구동되며 3개의 5V TTL 입력 신호로 클럭, 명령, 동작/멈춤의 작동을 제어한다. 또한 이 모터에는 동작하고 멈출 때의 최대 토크를 결정하는 동작 유지 전류와 동작 전류를 제공하는 설정이 포함되어있다. 이러한 장치들은 샘플에 과도한 힘이 가해지는 것을 제한하는데 쓰인다. Microstep 해상도의 매개변수는 모터의 1회전당 동작 단계의 수를 의미하는데, 이 모터는 1회전당 최대 51,200 단계의 동작이 가능하다. 되도록 많은 동작이 가능한 모터를 사용하면 더욱 부드럽고 정확한 장치의 작동이 가능하나 고성능의 동기신호가 필요하다.

제어신호는 Hewlet-Packard(HP)의 장치로 공급된다. 기계의 작동에 필요한 클럭신호, 명령신호의 펄스는 두 개의 HP 33120 15MHz function/arbitrary 함수 발생기로 공급된다. 이 두 신호의 미세한 불일치로 인해서 모터의 회전이 시작되는 지점이 조금씩 변할 수도 있다. 이는 매우 심각한 문제인데, 특히 샘플을 앞/뒤로 회전시키며 오랜 기간 동안 실험을 진행할 경우 매우 작은 차이들이 누적되게 된다. 따라서 두 함수 발생기에서 공급되는 신호를 완벽히 동기시켰으며, burst mode가 신호 상호간의 단편적인 펄스의 누적을 피하기 위해 사용되었다. 출력 신호는 HP 54602B 150MHz 오실로스코프로 확인하였다.

ITO가 코팅된 PET와 PEDOT:PSS가 코팅된 PET 샘플들은 반복적으로 굴대에 설치하고 설치를 해제하면서 동시에 저항을 저항을 측정하였다. [그림 9.8]은 ITO가 코팅된 PET와 PEDOT:PSS의 주기에 따른 저항의 증가를 보여주는 그래프이다. 그림에 나타낸 데이터는 1.5인치의 굴대를 사용하였을 경우이다. 두 전도 물질에서 초기에 저항의 증가는 뚜렷이 나타나나, ITO의 경우는 시스템이 평형을 이룬 상태에서도 계속해서 서서히 선형적으로 저항이 증가하는 경향을 보인다. 이에 반해 PEDOT:PSS의 경우는 시스템이 평형을 이룬 후에는 저항의 증가가 나타나지 않았다.

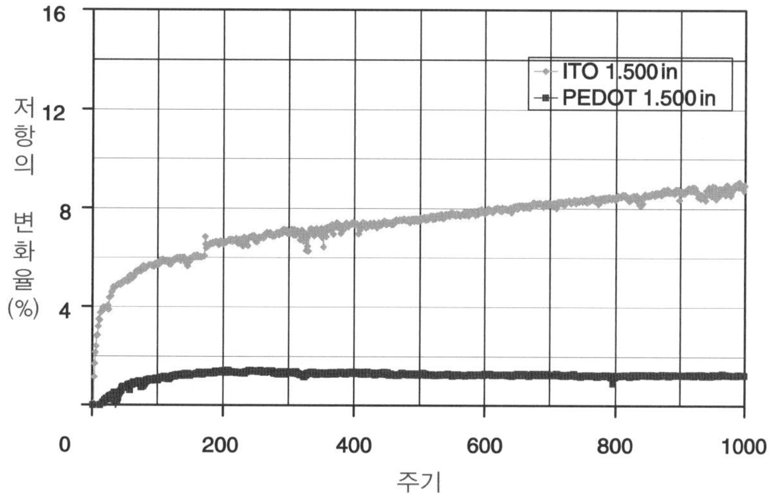

[그림 9.8] ITO (위)와 PEDOT:PSS (아래)의 주기에 따른 저항

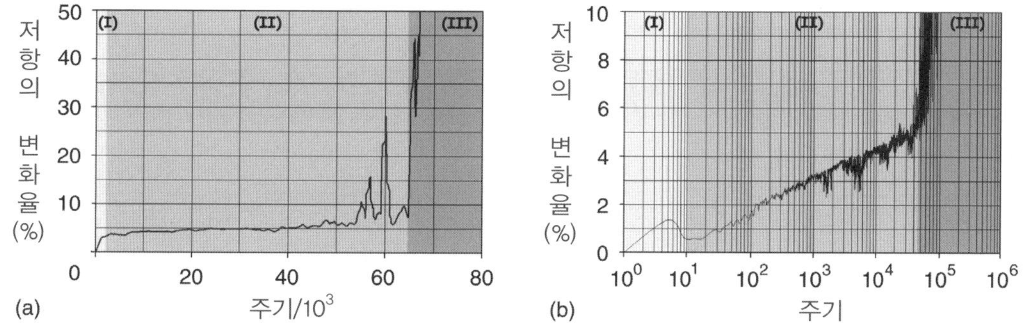

[그림 9.9] ITO 샘플의 급격한 깨어짐이 발생하기 전까지의 깨어짐 테스트: 선형 스케일 (왼쪽)과 로그 스케일 (오른쪽)

ITO가 코팅된 PET의 저항의 증가 경향은 3단계로 분류될 수 있다(그림 9.9).(Ⅰ) 평형을 이루기 전까지 샘플 폭의 길이가 변함으로 인해 저항의 증가하는 단계;(Ⅱ) ITO의 크랙으로 인해 저항이 선형적으로 증가 하는 단계(만약 샘플의 변형이 없이 크랙의 수가 증가한다면 저항은 크랙의 수에 비례한다);(Ⅲ) 심각한 크랙의 발생으로 50,000 주기 이후에 크게 저항이 변하는 단계. 최소 임계 단축 인장 허용 범위보다 낮은 이러한 저항의 큰 변동 때문에 말 수있는 디스플레이에 ITO를 적용하기에는 제약이 따른다.

크랙이 발생한 표면 현상을 분석하기 위해 ITO 파편의 표면을 SEM으로 관측하였다. [그림 9.10]에 나타낸 SEM 이미지에서 발생한 크랙을 선명히 살펴볼 수 있다. 크랙의 방향은 굴대에 설치한 수직한 방향으로 발생하였으며 샘플에 진행된 손상을 보여준다.

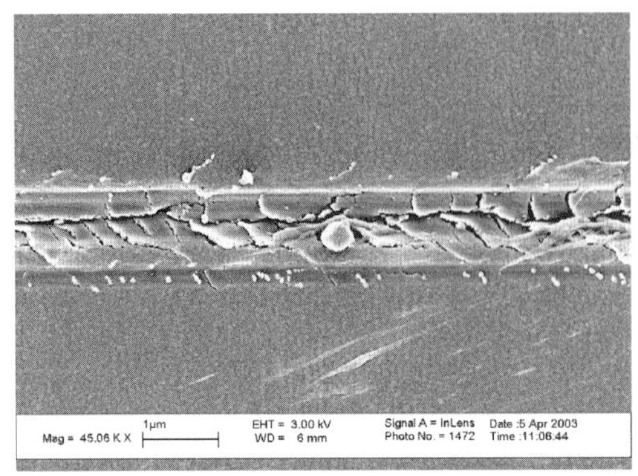

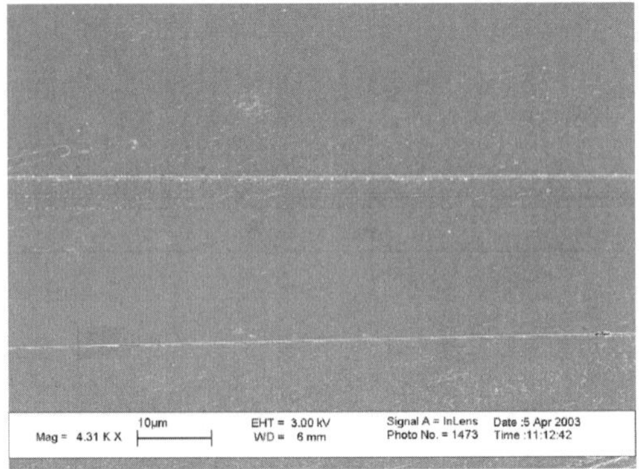

[그림 9.10] 100,000 주기의 깨어짐 테스트 이후 발생한 평행한 방향의 크랙을 보여주는 ITO가 코팅된 PET의 주사 전자 현미경사진. 해상도는 1 mm (왼쪽), 10 mm (오른쪽).

사진에 나타난 크랙은 100,000 주기 이후에 발생한 것이며 ITO 저항의 증가단계는 Ⅲ 단계에 해당한다. PEDOT:PSS의 경우는 어떠한 손상도 나타나지 않았다.

9.5 결 론

크랙이 발생하는 임계점 이하의 변형에서도 ITO의 저항은 측정 가능한 변화가 발생한다. ITO가 코팅된 PET의 반복재하 실험을 통해 저항 증가의 3단계 유형을 살펴볼 수 있다. (Ⅰ) 평형을 이루기 전까지 샘플 폭의 길이가 변함으로 인한 저항의 증가하는 단계(50~100 주기);(Ⅱ) ITO의 크랙으로 인해 저항이 선형적으로 증가하는 단계(만약 샘플의 변형이 없이 크랙의 수가 증가한다면 저항은 크랙에 수에 비례한다);(Ⅲ) 심각한 크랙의 발생으로 50,000 주기 이후에 저항이 크게 변하는 단계. 이로 인해 플렉시블한 말 수 있는 소자에 ITO를 적용하는데 제약이 따른다.

PEDOT:PSS가 코팅된 PET의 경우 인장에 의한 저항의 증가는 나타나지 않았으며 반복적인 구부림으로 인한 피해에 대한 내구성 역시 ITO에 비해 우수했다(그림 9.8). 이와 같은 이유로 PEDOT:PSS는 플렉시블 디스플레이에 적용하기에 적합한 물질로 보인다. 그러나 PEDOT:PSS의 열적 안정성과 전도성을 증가시키기 위한 계속적인 연구가 필요하다 (Greczynski *et al*. 1999).

플렉시블 디스플레이의 실현을 위해 투명 전도기판의 전도도가 열화되는 이유를 계속해서 연구해 나가는 것은 매우 중요하다. 물질과 플렉시블 디스플레이의 신뢰도와 관련된 실험 방법론을 이해하고 개발해 나가는 것은 플렉시블 디스플레이의 연구에서 핵심이 되는 분야이다. 전도 기판의 반복적인 재하에 따른 최대 허용 곡률반경을 측정함으로써(혹은 열화되는 메커니즘을 이해함으로써) 둥글게 감거나 구부릴 수 있는 디스플레이를 제작하는데 중요한 설계 요소를 얻을 수 있다. 이러한 측정값들은 급격히 발전하는 플렉시블 디스플레이의 분야에서 표준규격을 결정하는데 중요한 요소가 될 것으로 기대된다.

참고문헌

Aziz, H., Popovic, Z., Tripp, C. P., Hu, N.-X., Hor, A.-M. and Xu, G. (1998) Degradation processes at the cathode/organic interface in organic light emitting devices with Mg:Ag cathodes. *Applied Physics Letters* 72, 2642.

Becker, H., Heun, S., Treacher, K., Busing A., and Falcou, A. (2002) Materials and inks for full color PLED-displays. *SID Digest* XXXIII, 780-783.

Burrows, P. E., Bulovic, V., Forrest, S. R., Sapochak, L. S., McCarty, D. M. and Thompson M. E. (1994)

Reliability and degradation of organic light emitting devices. *Applied Physics Letters* 65, 2922-2924.

Burrows, P. E., Graff, G. L., Gross, M. E., Martin., P. M., Shi, M. K., Hall, M., Mast, E., Bonham, C., Bennett, W. and Sullivan, M. B. (2001) Ultra barrier flexible substrates for flat panel displays. *Displays* 22, 65-69.

Cairns, D. R., Witte, R. P., Sparacin, D. K., Sachsman, S. M., Paine, D. C. and Crawford, G. P. (2000)

Cairns dependent electrical resistance of ITO on polymer substrates. *Applied Physics Letters* 76, 1425-1427.

Cairns, D. R., Gorkhali, S. P., Esmailzadeh, S., Vedrine, J. and Crawford, G. P. (2003) Conformable displays based on polymer dispersed liquid crystal materials on flexible substrates. *Journal of the Society for Information Display* 11, 289.

Chen, B. F., Hwang, J., Yu, G. P. and Huang, J. H. (1999) In situ observation of the cracking behavior of TiN coating on 304 stainless steel subjected to tensile strain. *Thin Solid Films* 352, 173-178.

Chwang A. B. *et al.* (2003) Thin film encapsulated flexible organic electroluminescent displays. *Applied Physics Letters* 83, 413-415.

Crawford, G. P. (2000) A bright new page in portable displays, *IEEE Spectrum* October, 4046.

Drzaic, P., Comisket, B., Albert, J. D., Zhang, L., Loxley, A. and Feeney, R (1998) A printed and rollable bistable electronic display. *SID Digest* XXIX, 1131-1134.

Funamoto, T., Matsueda, Y., Yokoyama, O., Tsuda, A., Takeshita, H. and Miyashita, Y. (2002) A 130ppi, full-color polymer OLED display fabricated using an ink-jet process. *SID Digest* XXXIII, 899-901.

Gardner, T. J. and Wenz, R. P. (1995) STN Alignment on rib-spaced plastic LCD substrate. *SID Digest* XVI, 695-698.

Gorkhali, S. J., Cairns, D. R. and Crawford, G. P. (2004) Reliability of transparent conducting substrates for rollable displays: A cyclic loading investigation. *Journal of the Society for Information Display* 12, 4549.

Greczynski, G., Kugler, T. and Salaneck, W. R. (1999) Characterization of the PEDOT−PSS system by means of X−ray and ultravilolet photoelectron spectroscopy. *Thin Solid Films* 354, 12135.

Grove, M., Hayes, D., Antohe, B. and Cox, R. (2002) Array printheads for the ink jet fabrication of color polymer LEDs. *SID Digest* XXXIII, 627−630.

Gu, G., Burrows, P. E. and Forrest, S. R. (1997) Vacuum−deposited, nonpolymeric flexible organic lightemitting devices, US Patent 5,844,363.

Haskal, E.I., Buechel, M., Dijksman, J. F., Duineveld, P. C., Meulenkamp, E. A., Mutsaers, C. A. H. A., Sempel, A., Snijder, P., Vulto, S. I. E.. Van de Weijer, P. and de Winter, S. H. P. M. (2002) Ink jet printing of passive−matrix polymer light emitting displays. *SID Digest* XXXIII, 776−779.

Innocenzo, J. (2002) Roll to roll PLED process development. *SID Digest* XXXIII, 884−885.

Kawase, T., Newsome, C., Inoue, S., Saeki, T., Kawai, H., Kanbe, S., Shimoda, T., Sirringhaus, H., Mackenzie, D., Burns S. and Friend, R. (2002) Active−matrix operation of electrophoretic devices with inkjet−printed polymer thin film transistors. *SID Digest* XXXIII, 1017−1019.

Kim, J.−H., Vorflusev, V. and Kumar, S. (1999) Flexible displays prepared using phase−separated composite organic films of liquid crystals. *SID Digest* XXX, 880−883.

Kim,W. H. and Kafafi, Z. H. (2002) Flexible organic light emitting devices using conductive polymeric anodes. *SID Digest* XXXIII, 1090−1091.

Krasnov A. N. (2002) High−contrast organic light−emitting diodes on flexible substrates. *Applied Physics Letters* 80, 3853−3855.

Lee, O.−J. and Lee K.−H. (2003) Fabrication of flexible field emitter arrays of carbon nanotubes using self−assembly monolayers. *Applied Physics Letters* 82, 3770−3772.

Leterrier, Y., Boogh, L., Andersons, J. and Manson, J. A. E. (1997a) Adhesion of silicon oxide layers on poly(ethylene terephthalate). 1. Effect of substrate properties on coating's fragmentation process. *Journal of Polymer Science Part B* 35, 1449−1461.

Leterrier, Y., Andersons, J., Pitton, Y. and Manson, J. A. E. (1997b) Adhesion of silicon oxide layers on poly(ethylene terephthalate). 2. Effect of coating thickness on adhesive and cohesive strengths. *Journal of Polymer Science Part B* 35, 1463−1472.

Leterrier, Y., Medico L., Demarco F., Manson J. A. E., Betz U., Escola M. F., Olsson M. K. and Atamny F. (2004) Mechanical integrity of transparent conductive oxide films for flexible polymer−based displays. *Thin Solid Films* 460, 156−166.

Lewis, B. G. and Paine, D. C. (2000) Applications and processing of transparent conducting oxides. *MRS Bulletin* 25, 2227.

Miyashita, S. (2002) Printing panels. *Information Display* 18, 16–19.

Oversluizen, G., Klein, M., de Zwart, S., van Heusden, S. and Dekker, T. (2000) Discharge efficiency in plasma displays. *Applied Physics Letters* 77, 948–950.

Ohring, M. (1992) *The Materials Science of Thin Films*, Academic Press, San Diego CA.

Penterman, R., Klink, S. I., de Konig, H., Nisato, G. and Broer, D. J. (2002) Single substrate lcds produced by photo–enforced stratification. *SID Digest* XXXIII, 1020–1023.

Podojil, G. M., David, D. J., Huang, X. Y., Miller, N. and Doane, J. W. (1998) Plastic VGA reflective cholesteric LCDs with dynamic drive. *SID Digest* XXIX, 51–54.

Rannou, P. and Nechtschein, M. (1999) Ageing of poly(3,4–ethylenedioxythiophene): kinetics of conductivity decay and lifespan. *Synthetic Metals* 101, 474.

Rogers, J. A., Bao, Z, Baldwin, K., Dodabalapur, A., Crone, B., Raju, V. R., Kuck, V., Katz, H., Amundson, K., Ewing, J. and Drzaic, P. (2001) Paper–like electronic displays: large–area rubberstamped plastic sheets of electronics and microencapsulated electrophoretic inks. *Proceedings of the National Academy of Science*, 98, 4835–4840.

Sheraw, C. D., Zhou, L., Huang, J. R., Gundlack, D. J., Jackson, T. N., Kane, M. G., Hill, I. G., Hammond, M. S., Campi, J., Greening, B. K., Francl, J. and West J. W. (2002) Organic thin–film transistor–driven polymer dispersed liquid crystals. *Applied Physics Letters* 80, 1088–1090.

Sheridon, N. K. (1999) The Gyricon ball display. *Journal of the Society for Information Display* 7, 141–144.

Slikkerveer, P., Nisato, G., Kooyman, N., Cirkel P. and Bouten, P. (2002) A fully flexible, cholesteric lc matrix display. *SID Digest* XXXIII, 27–29.

Slikkerveer, P., Bouten, P., Cirkel, P., de Goede, J., Jagt, H., Kooyman, N., Nisato G., van Rijswijk, R. and Duineveld, P. (2004) A fully flexible colour display. *SID Digest* XXXV, 770–773.

Stephenson, S. W., Johnson, D. M. Kilburn, J. I. Mi, X.–D., Rankin, C. M. and Capurso, R. G. (2004) Development of a flexible electronic display using photographic technology. *SID Digest* XXXV, 774–777.

Wang, J. S., Sugimura, Y., Evans, A. G. and Tredway,W. K. (1998) The mechanical performance of DLC films on steel substrates. *Thin Solid Films* 325, 163.

Wedding, C. A., Guy, J. W., Strbik, O. M., Wedding, D. K., Wenzlaff, R. P. and Olsen, W. W. (2004) Flexible AC plasma displays using plasma–spheres. *SID Digest* XXXV, 815–818.

West, J. L., Rouberol, M., Franci, J. J., Li, Y., Doane, J. W. and Pfeiffer, M. (1995) Flexible displays utilizing bistable, reflective cholesteric/polymer dispersions and polyester substrates. *Asia Display* 1995, 55–58.

West J. L., Bodnar, V. H., Kim, Y. andWonderly, H. (1999) Multi−color, cholesteric displays using plastic substrates. *Proceedings of the International Display Workshop* 1999, 235−238.

Yanaka, M., Kato, Y., Tsukahara, Y. and Takeda, N. (1999) Effects of temperature on the multiple cracking progress of sub−micron thick glass films deposited on a polymer substrate. *Thin Solid Films* 355/6, 337−342.

플렉시블 디스플레이를 위한 광학 코팅 및 기능성 코팅 기술

Matthew E. Sousa and Gregory P. Crawford

Division of Engineering, Brown University, Providence RI

10.1 서 론

최근 플라스틱 기판, 전도성 필름, 절연막, 분리 전극, 유기 반도체, 그리고 roll-to-roll 공정과 관련한 기술들의 융합을 통하여, 우수한 성능을 가지는 플렉시블 디스플레이에 대한 연구가 활발히 진행되고 있다. 언급한 기존의 기술에서, 플렉시블 디스플레이에 필요한 광학 필름 관련 연구는 소홀히 취급되었다. 또한 이러한 광학 필름을 플렉시블 디스플레이에 적용하려면 roll-to-roll 공정으로 제작할 수 있어야 한다.

이 장에서는 플렉시블 디스플레이에 적합한, roll-to-roll 공정에 사용할 수 있는 다양한 광학 필름 기술들에 대해 살펴본다. 이 광학 필름 기술들은 플렉시블 디스플레이용으로 개발된 것은 아니지만, roll-to-roll 공정에 적합하다. 이번 장에서는 아래와 같은 광 기능성 필름 기술들에 관하여 살펴본다: 필름 형태의 편광판과 위상 지연판, 콜레스테릭 컬러 필터, 광경화성 배향막 그리고 반사 방지 코팅. 더하여 우리는 이러한 필름들의 기계적인 특성까지 살펴볼 것이다.

10.2 박막 필름 편광자

편광자는 거의 모든 액정 디스플레이(LCDs)에서 중요하게 쓰이는 구성 요소이다. 보편적으로 편광자는 한 편광성분은 통과시키고 다른 편광성분은 흡수하는 얇은 이색성 막으로 만들어진다. 대부분의 얇은 편광 필름들은 바늘모양과 같은 이색성 분자들(Yeh와 Gu 1999)을 늘여서 합성하는데, 이렇게 제작된 편광판은 80도까지 열적으로 안정하고 o-type 모드(Bobrove *et al*. 2003) 에서 동작한다. 편광 필름들은 보통 수백 마이크로미터 두께이고, 이 두께가 플렉시블 디스플레이에 적용된다면 플라스틱 기판이 구부러지거나 휘는 것이 어려워지기 때문에 박막 필름형태의 편광자를 제작하는 것이 필요하다. 이를 위해 박막 결정 필름 편광자(Ignatove *et al*. 2001, 2002a, 2002b)과 콜레스테릭 필름(Broer *et al*. 1995, 1999) 등의 박막 필름 편광자가 제안되었다.

10.2.1 박막 결정 필름 편광자

박막 결정 필름 편광자는 LCDs 용으로 Optiva Inc.,에 의해 개발되고 있다. 이러한 박막 필름은 장대 모양의 거대 분자들이 유기 술폰산 용액에 조립되어 높은 질서도의 농도 전이형(lyotropic) 액정상(LLC)을 이루면서 코팅된다. 관련 물질에는 indanthrone, dibenzimidazole, naphthalenetetracarboxylic acid가 술폰화되면서 만들어지는 파랑, 보라, 빨간 색의 유기 염료들이 있다(Gvon *et al*. 1998). 이 유기 안료들은 3에서 21 퍼센트까지의 농도로 물에 희석하여 사용한다(Demo *et al*. 2001). 이처럼 큰 분자들은 100:1 이상의 비를 가지는 긴 기둥 구조를 가지는데 이는 판 모양 분자들의 상호작용에서 비롯된다(Lazarev *et al*. 2003). 결과적으로 필름은 e-type 편광판의(Yeh and Paukshto 1999) 특징을 가지고 이것은 비틀린 네마틱 LCD의 시야각을 향상시키는 데 이용할 수 있다(Sergan and Kelly 2000).

박막 결정 필름 편광자들은 물에 녹는 polyaromatic 화합물(Bobrov *et al*. 2003)로 만들어진다. 이 물질들이 수용성 용액에 녹으면서 LLC 상이 형성된다. 형성된 상은 장대 모양의 거대 분자들로 만들어진다. 이 편평한 타원형의 분자들은, 소수성 중심 부분이 겹쳐지고 친수성 부분이 물에 드러난 모양으로 차곡차곡 쌓이게 되는데(Dembo *et al*. 2001), 이 때 정전기 상호작용으로 거대분자들의 뭉쳐짐이 방지된다. 이 LLC는 투명한 기판에 습식 필름 형태로 코팅된다. 분자들은 Meyer 막대, die slot 그리고 doctor blade(Ignatove *et al*. 2001, 2002b)와 같은 코팅 기술을 이용하여 쉽게 정렬된다. Meyer 막대 선의 두께는 전체 필름 두께를 결정하는데 대게 300에서 500 나노미터 수준이다. 미리 정렬된 LLC 필름은 물이 마르면서 방향 결정성을 가지는 건식 필름이 된다. [그림 10.1(a)]는 Meyer 막대 코팅 공정을 보여주고 [그림 10.1(b)]는 이 술폰화(disulfonate) indanthrone, 일반적인 판 모양의 염료 분자를 보여준다.

필름의 분자 정렬 변수 S는 필름 편광자의 광 투과를 측정하여 아래와 같은 수식으로 계산할 수 있다(Bahadur 1998):

$$S = (D_{\perp} - D_{11})/(D_{\perp} + 2D_{11}), \quad (10.1)$$

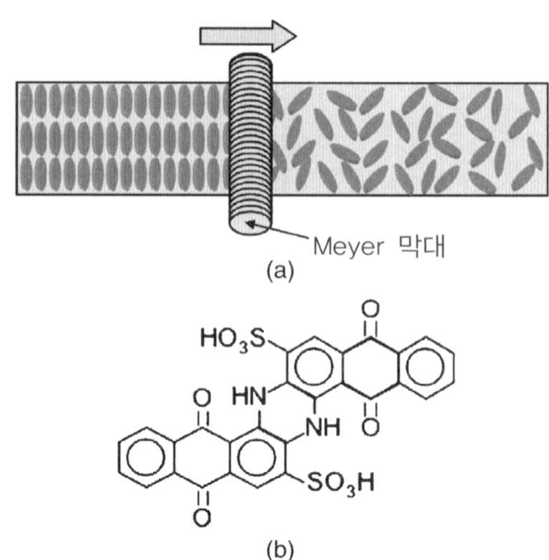

[그림 10.1] (a) 박막 결정 필름 편광자를 제작하기 위한 Meyer 막대 코팅 기술 개념도. 코팅 과정에서 유도되는 응력 방향으로 분자가 정렬된다.
(b) Indanthrone disulfonate. 박막 결정 필름 편광자 제작에 사용된 파란 판상 염료

$D_{\perp}$ 과 $D_{\parallel}$는 편광축에 수직과 수평의 흡수를 나타낸다. D는 아래와 같이 투과도 T에 상대적인 값으로 계산한다.

$$D = -\log_{10} T \tag{10.2}$$

그리고

$$T = \sqrt{(H_0^2 - H_{90}^2)/2} \tag{10.3}$$

H_0와 H_{90}는 각각 두 개의 평행 그리고 직교 편광자의 투과를 나타낸다. 코팅 물질이 결정화하는 시간이 길어지면 분자 정렬 변수는 커진다. 때로는 필름 결정화가 뚜렷해지면서 그 값이 0.65에서 0.9까지 증가한다(Ignatov 2002b).

광학 현미경의 직교 편광자로 보면 이들의 이방성이 뚜렷이 나타난다(Dembo *et al.* 2001). 이들 염료의 묽은 용액은 농도 전이형 네마틱의 schlieren 모양을 띠고, 농도가 진할수록 대칭 중간상의 결정성(grainy) 모양을 띤다(Fiske *et al.* 2002).

박막 결정 필름 편광자는 보편적으로 500 나노미터 이하의 두께이고, 플렉시블 디스플레이용으로 직접 플라스틱 기판에 쓰일 수 있다. 또한 셀 내부에도 쓰일 수 있다(Bobrov *et al.* 2002). 박막 필름 편광자를 셀 내부에 쓰거나 기판에 직접 사용하게 되면 일반적인 편광판 제작 기술로 제작된 180~300 마이크로 정도의 편광판의(Bobrove *et al.* 2003) 두께를 줄일 수 있다.

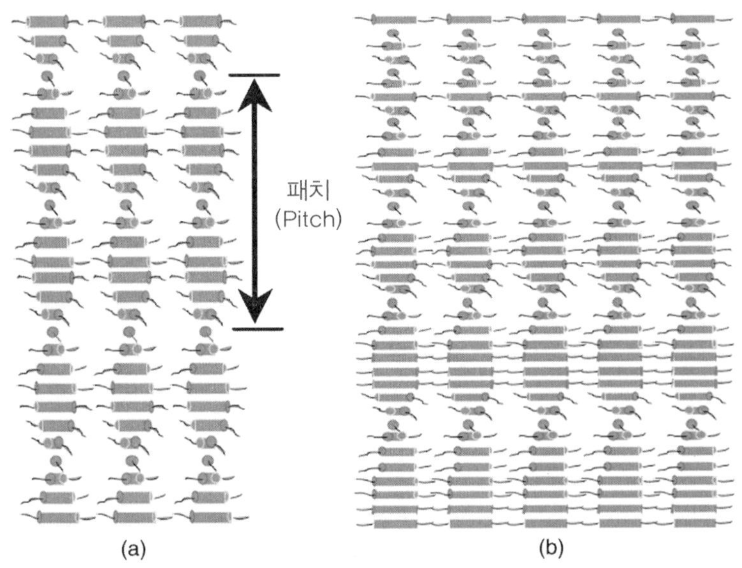

[그림 10.2] 카이랄 네마틱 액정상의 구성
(a) 카이랄 물질; 피치는 방향자가 360도 완전히 회전하는 길이로 정의된다.
(b) 피치 변화를 가지는 카이랄 물질. 〈그림 D. Broer, Philips 제공〉

10.2.2 콜레스테릭 필름 편광자

콜레스테릭과 카이랄 네마틱 액정상은 LCDs의 편광자 제작에 사용할 수 있다. 콜레스테릭 상은 카이랄 요소를 가지는 액정 분자들로 형성된다. 이러한 분자들은 평행한 방향성을 가지나, 분자의 구성 요소가 고르지 않기 때문에 비대칭성을 가지고 있다. 이는 네마틱 방향자가 회전하는 효과를 일으키고 결과적으로 [그림 10.2(a)]의 그림처럼 나선 구조를 만들어 낸다(Collings 1997). 콜레스테릭 물질의 피치(pitch)는 방향자가 360도 회전하는 길이로 정의되며, 콜레스테릭 액정상에 대한 자세한 내용은 17장에서 살펴본다.

콜레스테릭 물질을 이용하여 제작한 광학 코팅은 한 편광 성분을 반사하는 편광자로 사용할 수 있다; 그러나 이러한 코팅들은 원형 편광을 만들어내고 좁은 영역의 가시광 대역에서 동작한다(Lub *et al*. 2002). 반사된 빛의 파장 λ와 피치 p 사이의 관계는 아래와 같이 정의한다.

$$\lambda = pn \tag{10.4}$$

n은 물질의 평균 굴절율 값이고, 단일 피치를 갖는 물질의 최대 반사 영역은 아래와 같다.

$$\Delta\lambda = P\Delta n \tag{10.5}$$

Δn은 물질의 광학적 이방성을 나타낸다. 이러한 반사 영역에서, 좌선(left-handed) 원형 편광된 빛은 통과하나, 우선(right-handed) 원형 편광된 빛은 우선 나선 구조에 의해 반사된다. 보편적인 무색 물질은 0.2의 Δn 값을 가지고, 반사 영역은 75nm(Broer *et al.* 1995)에 해당한다. 가시광 영역에 사용하기 위해서는 이러한 반사 영역이 세 배 이상 증가해야 한다.

이러한 좁은 반사 영역을 넓히기 위해서는 [그림 10.2(b)]와 같이 피치가 변하는 콜레스테릭 분자를 필름으로 만드는 방법(Broer *et al.* 1995, 1999; Lub *et al.* 2002; Jiang *et al.* 2004)이 있다. 액정 고분자 상을 형성할 수 있는 액정 단분자를 사용하여 이와 같은 콜레스테릭 중간상을 만들 수 있다(Broer *et al.* 1995). 피치의 변화를 가진 물질을 사용하면 반사 영역이 $\lambda_1=p_1n_o$와 $\lambda_2=p_2n_e$ 사이에서 300nm 이상으로 넓어진다. 단일 피치를 가진 물질과 변화하는 피치를 가진 물질의 파장에 따른 광 투과도를 [그림 10.3(a)]에 나타냈다.

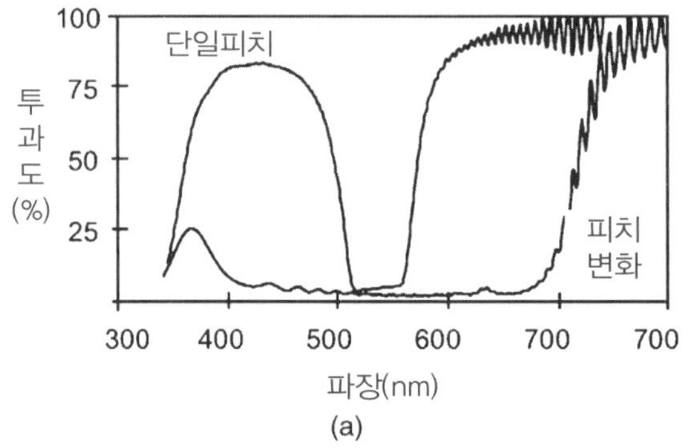

(a)

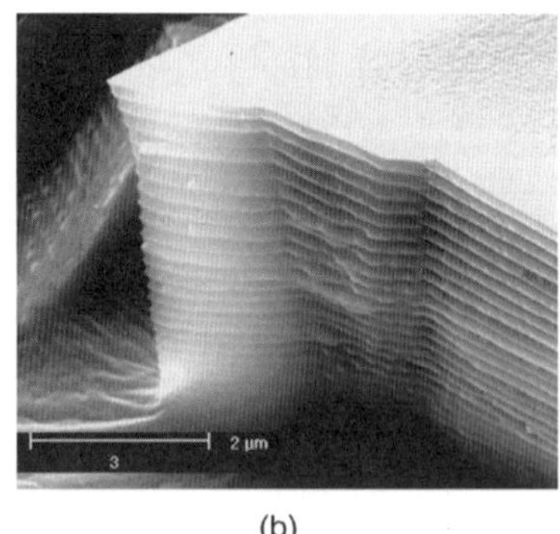

(b)

[그림 10.3] (a) 단일 피치 콜레스테릭 물질과 피치 변화를 갖는 콜레스테릭 물질에서 좌선 원형 편광된 빛의 파장에 따른 투과도 비교. 피치 변화 물질의 경우 전 과시광 영역에서 빛을 반사하는 필름을 제작할 수 있다(Broer *et al.* 1999).
(b) 피치 변화를 가지는 카이랄 구조의 전자 주사 현미경 사진. 관측된 층은 반 피치에 해당하며 위에서 아래로 갈수록 그 두께가 감소한다. 〈그림 D. Broer, Philips 제공〉

피치의 변화는 콜레스테릭 화합물, 네마틱 monoacrylate, UV 광 개시제, UV 흡수 시료를 포함하는 물질의 광 경화 반응을 조절하여 만들 수 있다. 네마틱 monoacrylate는 콜레스테릭 diacrylate의 넓은 반사대역을 가시광 대역으로 옮기는 역할을 한다. 광 반응은 카이랄 물질이 많은 필름 표면이 네마틱 monoacrylate가 많은 아래쪽 부위보다 단파장의 반사를 일으키는 것을 이용한다. 이것은 콜레스테릭 물질이 분자 하나 당 두 개의 반응기를 가지는 diacrylate로서 단일 반응기를 가지는 네마틱 monoacrylate에 비해 쉽게 고분자와 붙기 때문이다. 이 때 UV 흡수 시료는 코팅 박막의 위치에 따라 다른 UV 세기를 만들어낸다. 그 결과 필름의 윗부분에서 고분자 중합이 먼저 발생하고, 콜레스테릭 diacrylate가 빠르게 소모된다. 이것은 윗부분으로 갈수록 콜레스테릭 물질의 농도가 높아지게 한다.

그 결과 피치의 변화를 가지는 콜레스테릭 물질은 15μm 두께의 무색 필름으로서 가시광 영역에서 균일하게 50퍼센트의 빛을 반사한다. 좌선 원형 편광 성분은 400nm이상 파장대역에서 완전히 통과하지만, 우선 원형 편광 성분은 단지 2퍼센트만이 통과한다. 주사 전자 현미경으로 찍은 피치가 변화하는 콜레스테릭 물질을 [그림 10.3(b)]에 나타냈다. 이러한 물질들을 LCD에 사용하면, 잘못된 편광 성분을 재사용하여, 광효율을 40퍼센트 증가시킬 수 있다. 이 물질들은 연속 코팅 공정으로 얇게 만들어서 LCD에 사용하거나 플렉시블 디스플레이의 roll-to-roll 공정에도 적합하게 사용할 수 있다.

10.3 박막 위상 지연자(Thin film retarders)

위상 지연자는 두 개의 편광 성분에 정해진 만큼의 위상 지연을 일으켜서 조사된 빛의 편광을 바꾸는 광학 부품이다(Hecht 2002). 형성된 위상 지연은 편광 상태에 변화를 일으킨다. 보편적으로 위상 지연자는 LCD의 시야각을 향상하는데 사용한다(Yeh and Gu 1999).

10.3.1 박막 결정 필름 위상 지연자

박막 결정 필름 위상 지연자는 이색성 염료와 이미 설명한 박막 결정 필름 편광자에 사용되는 기판 코팅 방법(Lazarev and Paukshto 2000; Lazarev *et al*. 2001)을 이용하여 만들어진다. 이색성 염료, TCF R003는 Optiva에서 제작되었으며, 450~500nm 파장 대역의 빛을 흡수하고 나머지 영역은 투과한다. 이 물질로 제작된 필름은 광학적으로 매우 이방성이 크고 300nm 두께일 때 500~700nm의 광 파장 영역에서 최고 $\Delta n=0.85$의 위상 지연을 가진다(Lazarev *et al*. 2001). 이 정도의 위상 지연을 가지는 보통의 위상 지연자는 200,000nm(Ignatov *et al*. 2002a)의 두께이다.

Disodium chromoglycate(DSCG)로 만든 수용성 LLC 물질은 매우 투명한 위상 지연자로 만들 수 있다. 400~700nm의 파장 대역에서 Δn =0.1 to 0.13의 위상 지연을 가진다(Ignatov *et al*. 2002a).

박막 결정 필름 위상 지연자는 넓은 영역에서 위상 지연을 갖도록 제작될 수 있으며 다양한 기판에 코팅될 수 있다. 필름 두께는 보통의 위상 지연자보다 훨씬 얇으며 디스플레이 소자 전체의 두께를 얇게 한다.

10.3.2 반응성 메조겐의 위상 지연판(Reactive mesogen retarders)

콜레스테릭 필름 편광자를 만들기 위한 피치 변화 기술(10.2.2장)과 콜레스테릭의 변형된 나선 구조를 사용하면, 카이랄 반응성 메조겐(mesogen) 필름이 위상 지연자로 사용될 수 있다(Broer *et al*. 1999). 이 필름의 위상 지연은 콜레스테릭 편광자를 통해 나오는 원형 편광을 선형 편광으로 바꿀 수 있다(Broer *et al*. 1999).

반응성 메조겐 상의 $\lambda/4$ 위상 지연자는 카이랄 액정 diacrylate과 네마틱 monoacrylate을 60 : 40의 비율을 섞어서 만든다. 나선은 이색성 광개시자를 사용하여 변형한다. UV흡수 염료는 필름안에서 피치 변화를 일으키는데 사용한다. 선형 편광된 빛은 필름을 광경화시킨다. 그 결과 필름은 500nm 에서 최적화된 $\lambda/4$ 위상 지연자가 된다. 그 효과는 장, 단파장에서 변화한다(Broer et al. 1999).

이러한 반응성 메조겐 위상 지연자를 플렉시블 디스플레이에 구현하기 위해서는, 필름의 역학적 특성이 광학적 특성에 어떤 영향을 미치는지를 알아야 한다. Escuti *et al*.(2004)은 광중합 반응을 일으키는 반응성 메조겐 물질을 이용해서 형성된 고분자 필름의 광 역학적 연구를 수행하였다. 이 연구는 이방성과 두 유리 기판 사이에서 단일 방향으로 정렬된 필름(10μm 이하의 두께)의 분산도를 측정하는 것뿐 아니라, [그림 10.4(a)와 (b)]에서처럼 네마틱 방향자의 세 방향으로 장력을 가하면서 독립적인 필름(174μm 이하)의 이방성을 측정하였다. 이러한 필름들의 광 역학적 특성을 측정하기 위한 셋업은 [그림 10.4(c)]에 나타냈다. 이 연구는 장력이 주어졌을 때 이 필름들이 어떻게 동작하는지에 대한 것이며, 이것은 플렉시블 디스플레이의 형태와 관련하여 통찰력을 제시한다. 이 연구에 이용된 물질은 98:2로 섞인 BASF사의 액정상 diacrylate LC242와 Ciba사의 광 개시제 Darocur-1173이다. 박막 필름은 반대방향으로 러빙 처리한 폴리이미드로 코팅된 두 개의 유리 기판 사이에 준비하였다. 인장력 실험에 사용한 두꺼운 필름은 폴리이미드로 코팅한 poly(ethylene terephthalate) PET dog-bone 기판으로 제작하였다. 이 필름들은 UV로 경화하였고, 인장력 실험을 위해 PET 기판에서 탈착하였다.

필름의 투과도는 인장력에 영향을 받으며 다음과 같은 방정식으로 나타난다.

$$T = \frac{1}{2}T_0\sin^2(2\theta)\sin^2\left(\frac{\pi d_0}{\lambda}\Delta n(\varepsilon)(1-v\varepsilon)\right) \tag{10.6}$$

T_0는 첫 번째 편광자에 비추는 편광되지 않은 빛의 세기고, Θ는 편광 필름의 유효 광축과 투과 축 사이의 각이고, d_0는 원래 필름의 두께, ε는 수직 방향 장력, 그리고 v는 필름의 poisson 비이다. 파장이 다른 두 개의 레이저로 Δn과 v를 결정하였다.

상온에서 만들어진 샘플은 가장 높은 이방성 값을 가진다(Δn=0.142). 이 값은 중합 온도를 높이면서 떨어지게 되는데 이는 광 중합 반응 시에 분자 정렬 정도가 낮아지기 때문이다. 영률이 각각의 필름 방향에 대해 측정되었는데 이 값들은 장력 축에 대해 평행 방향이 0.81GPa, 수직 방향이 0.55GPa, 그리고 45도 방향이 0.68GPa 값을 갖는다. 평행 방향 필름은 ε=6~8%의 값에서 끊어지는데 이 정도까지는 이방성이 거의 변화하지 않는다. 수직방향은 ε=10~12%의 높은 값에서 끊어지고, 가해진 압력에 의해 주어진 고분자 사슬의 무질서로 인해 1%의 이방성 값의 변화가 있다. 45도 방향의 필름은 ε=10%까지 이방성의 변화가 없다.

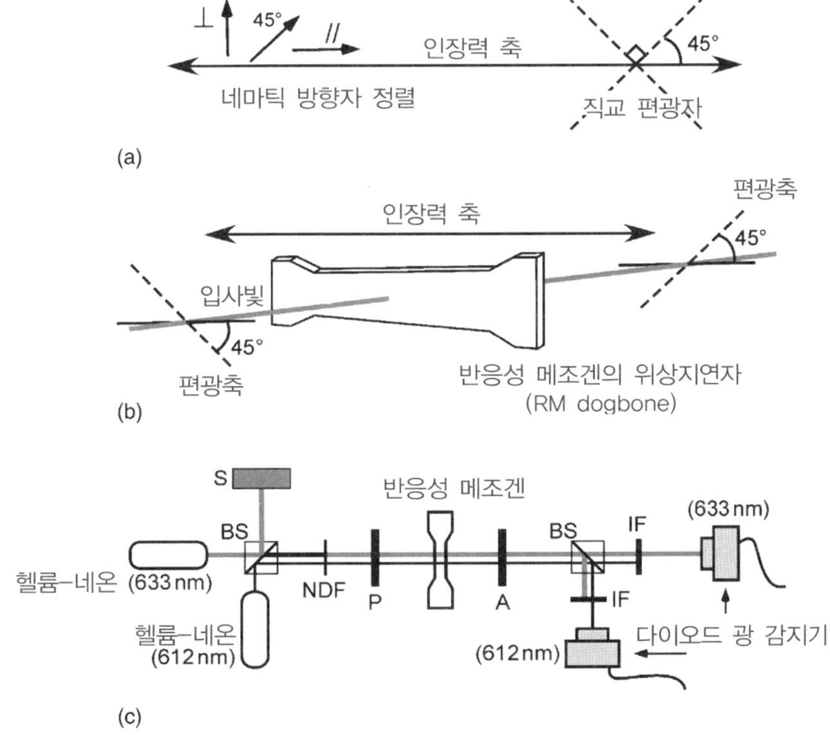

[그림 10.4] 반응성 메조겐 위상 지연 필름을 측정하기 위한 광 역학 셋업.
(a) 네마틱 방향자와 직교 편광자의 방향.
(b) 조사된 빛과 응력 방향에 따른 반응성 메조겐의 정렬.
(c) 실험 셋업: NDF=neutral density 필터, BS=beam splitter, S=beamstop, P=polarizer, A=analyzer, IF=interference 필터. American Institute of Physics 제공

이 연구는 분자 정렬 방향으로 압력이 주어졌을 때 정렬된 고분자 필름의 이방성에 거의 변화가 없다는 것을 의미하고, 수직 방향으로 힘이 가해졌을 때도 그 변화가 거의 미미하다는 것을 나타낸다.

10.4 컬러 필터

컬러 필터는 오늘날 디스플레이에서 풀 컬러 이미지를 재현하기 위해 매우 중요한 요소이다. 이러한 컬러 필터용 물질에는 많은 것들이 있지만, 컬러 잉크, 염료가 섞인 폴리이미드, 가장 흔히 쓰이는 염료가 섞인 아교 등이 있다(Yeh and Gu 1999). 천연색 이미지를 만들기 위해서는 세 가지 색상이 필요하다: 빨강, 초록, 파랑. 보통 LCD에서는 각각의 픽셀이 이 세 가지 색의 하위 픽셀로 구성된다. 광학적 에너지가 고르게 분포했다고 생각하면 각각의 하위 픽셀은 전체 광학 에너지의 1/3을 통과시킨다(Yeh and Gu 1999). 디스플레이의 효율을 증가시키기 위해 특정한 하위 픽셀에서 반사된 빛이 다시 다른 픽셀로 통과할 수 있도록 재사용한다면 이상적일 것이다.

콜레스테릭 물질은 10.2.2절에서 설명하였던 피치 변화를 이용하여 컬러 필터 제작에 활용될 수 있다(Broer *et al*. 1999; can de Witte *et al* 1999; Wegh and Broer 2004). 콜레스테릭 필터는 주로 반사형 모드에서 활용되지만 또한 투과형 모드에서도 활용될 수 있다. 이것은 반투과형(transflective) 디스플레이 제작을 가능케 하지만, 보완적인 컬러 구조는 투과형 모드에서 만들어진다(van Asslet *et al*. 2000).

빨강, 초록, 파랑의 필터를 한 필름에 만들기 위해서는 콜레스테릭 물질의 피치가 그 층 안에서 달라져야 한다.(Lub *et al*. 2002) 이것은 이성질체의 카이랄 화합물과 이 화합물이 네마틱 물질과 섞인 혼합 고분자의 조합을 통해 만들 수 있다. 카이랄 화합물은 UV를 조사하기 전에는 Z형태를 띠고 있으며 상대적으로 나선 꼬임 세기(HTP)가 강하다. 이성질체화된 E형태는 거의 0에 가까운 HTP를 갖는다. 이성질체와 혼합 고분자의 알맞은 조합은 파랑색 빛을 반사하게 된다. 반사 파장 λ는 아래와 같은 식으로 표현한다.

$$\lambda = n(\mathrm{HTP} \times c)^{-1} \tag{10.7}$$

n은 물질의 광학적 굴절율을 나타내고 c는 카이랄 화합물의 농도이다.(Lub *et al*. 2002) UV 조사시에 반사율은 나선 꼬임이 줄어들면서 점점 파랑에서 초록으로, 다시 빨강으로 변한다. 그레이 스케일(gray scale) 마스크를 사용하면, 세 가지 색깔이 단 한번의 UV조사로도 반사형 LCD의 컬러 필터로 픽셀화된다. [그림 10.5]가 그레이 스케일 마스크 조사를 나타낸다.

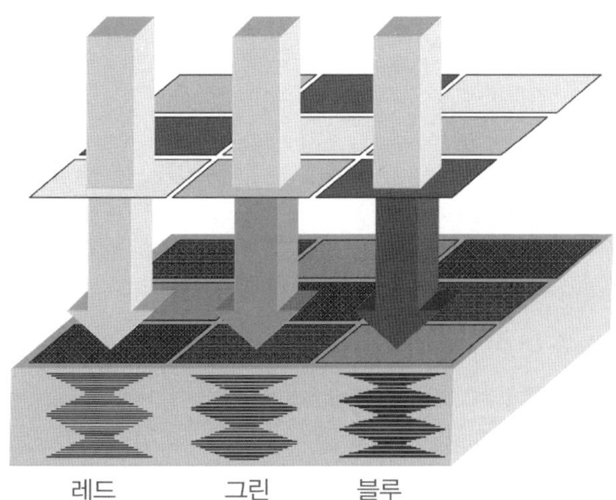

[그림 10.5] 콜레스테릭 반응성 메조겐에 단일 조사하여 제작하는 컬러 필터

컬러 필터의 안정성을 높이기 위해서 쉽게 배향되는 반응성 메조겐이 광이성질체 카이랄 화합물과 함께 사용된다. 반응성 메조겐 물질을 이용하면 UV 조사 전에 필름의 배향이 쉬워지고, 이는 고분자 컬러 필터의 광학적 불균일성을 줄인다. 높은 중합도는 컬러 필터 제작 후에 나선 꼬임의 변화를 방지하고 컬러필터의 열적 안정성을 높인다(Lub *et al*. 2002).

피치의 변화를 이용한 콜레스테릭 컬러 필터 제작은 지역적으로 콜레스테릭 물질의 피치를 조절하여 세 가지 색이 한 층에 형성될 수 있도록 한다(그림 10.6). 또한 콜레스테릭 컬러 필터는 편광 기능과(10.2.2장) 반사의 기능도 제공한다. 반면에 흡수 기반의 보통의 컬러 필터는 세 개의 기능을 하려면 각각 세 개의 분리된 층이 필요하다(van de Witte *et al*. 1999).

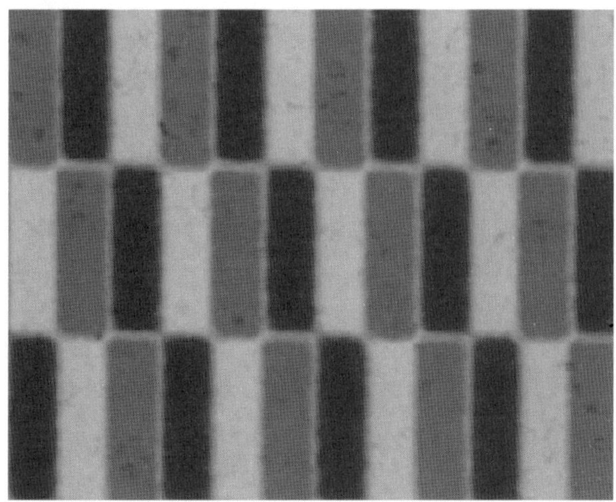

[그림 10.6] 광이성질체 콜레스테릭 고분자를 사용하여 제작된 컬러 필터. 그림 J. Lub과 D. Broer, phillips 제공

이러한 방법은 간단하면서도 단일 공정으로, 반사형 모드의 플렉시블 디스플레이의 컬러 필터 제작을 가능케 한다.

10.5 배향막

액정상은 분자의 장축이 기판에 평행(planar)하거나 수직(perpendicular)이 되도록 놓일 수 있다; Collings(1997). 배향막은 액정상과 유리 기판의 계면에 놓여 액정층에 질서를 만들어낸다. 보편적으로 비틀린 네마틱 또는 초 비틀린 네마틱의 평행 배향은 고분자 박막필름을 러빙하여(rubbing) 표면에 선형적인 홈을 만들어서 제작된다(Yeh and Gu 1999). 홈이 파인 고분자 층과 액정 분자의 표면 상호 작용은 액정 배향이 홈을 따라 배향되도록 한다. 기계적으로 고분자를 러빙하여 배향막을 형성하는 것은 몇가지 문제점이 있다. 기계적인 접촉은 고분자 조각들을 만들어내고 디스플레이에서 결점을 형성한다. 또한 한 층 안에서 서로 다른 방위각을 갖는 액정상을 배향하는 것이 어렵다.

10.5.1 선형 중합된 광반응성 고분자 배향막

선형 중합한 광반응성 고분자(LPP)배향막은 기계적인 배향으로 인해 일어나는 몇 개의 문제를 해결할 수 있다 러빙바퀴와 표면이 기계적으로 접촉하지 않기 때문에 부산물을 만들어내지 않는다. 또한 광마스크를 통해 위치적으로 서로 다른 배향이 가능하다. LPP배향막은 poly(vinyl4-methoxy-cinnamate)(PVMC) 광반응성 고분자를 2%의 무게 농도로 chlorobenzene과 methylene chloride를 50:50으로 섞은 용매에 녹여서 3000rpm에 30초로 스핀 코팅하여 사용한다. 기판은 90도에서 1시간 정도 건조된다. 건조 후에는, 편광되지 않은 320nm 파장의 UV를 $1J/cm^2$의 세기로 조사하여 필름 배향막의 안정성을 높인다. 최종 고분자 중합은 같은 파장의 선편광 UV를 $5J/cm^2$의 세기로 조사하여 완성한다(Schadt *et al*. 1992).

양 기판을 모두 LPP 배향막으로 만든 비틀린 네마틱 LCD에서는 경사각이 잘못될 수 있다. 이것은 분자의 선경사각(pretilt)이 없거나 퍼짐이 나타나기 때문이다. 이 문제는 한쪽은 LPP를 다른 한쪽은 보통의 배향막을 기계적으로 러빙하여 선경사각이 3도를 갖도록 하며 해결할 수 있다(Schadt *et al*. 1992).

10.5.2 다중배향 선형 중합 광반응성 고분자 배향막

다중배향 영역은 LCD에서 광학적 투과율의 시야각 의존도를 낮추어 디스플레이의 광시야각을 구현하는데 사용한다(Yeh and Gu 1999). LPP 배향막을 이용하면 손쉽게 2개 또는 4개의 다중 영역을 만들어낼 수 있다(Schadt *et al*. 1996; Schadt and Siberle 1997; Seiberle *et al*. 1999). 다중 영역을 만들어 내기 위해서는 분자의 선경사각을 만들고 조절할 수 있어야 한다(Scheffer and Nehring 1984); 그러나 위에서 언급한 PVMC LPP는 선경사각이 0.3도 미만이다(Schadt *et al*. 1996). 위의 LPP 공정을 수정해서, 액정 배향이 E와 k 벡터 공간에서 이루어지는 방법으로, k 조사 각을 기판에 대해 0.3도까지 바꾸면서 선경사각을 광학적으로 0~90도까지 조절할 수 있다(Schadt *et al*. 1996).

다중 배향 시스템은 하나의 기판에 배향막을 만듦으로써 쉽게 생성될 수 있다. [그림 10.7]은 이중 영역의 배향막을 만드는 방법을 묘사한다. 액정 배향을 조절하는 UV의 편광 방향을 바꾸는 광 마스크를 이용하면, 마스크의 투명한 영역이 배향 방향을 결정한다. 분자의 선경사각은 UV 조사 방향에 수직으로 기판을 돌리면서 얻을 수 있다. 두 번째 기판은 한 방향으로 광 배향을 하지만, on 상태에서 뒤집힌 비틀린 영역을 막기 위해 선경사각을 유도하지 않는다(Hoffman *et al*. 1998). 편광 홀로그래피도 주기적이고 연속적인 경계 조건을 가지는 LPP 배향막을 형성하는데 사용할 수 있다(Eakin *et al*. 2004).

LPP공정의 중합 반응은 매우 안정한 광학 필름을 만든다(Schadt *et al*. 1996). 120도에서 100시간을 가열하면 경사에 거의 변화가 없다(Schadt *et al*. 1997). 다중 배향 구조를 사용하면 러빙한 고분자 기판이나 단일 영역의 LPP 기판을 사용한 경우에 비해 LCD의 시야각이 많이 향상된다. LPP물질들은 또한 패턴된 간섭 필터, 편광자, 광 지연자(Schadt *et al*. 1996), 그리고 반사방지 코팅의(Ibn-Elhaj and Schadt 2002) 제작에 사용할 수 있다.

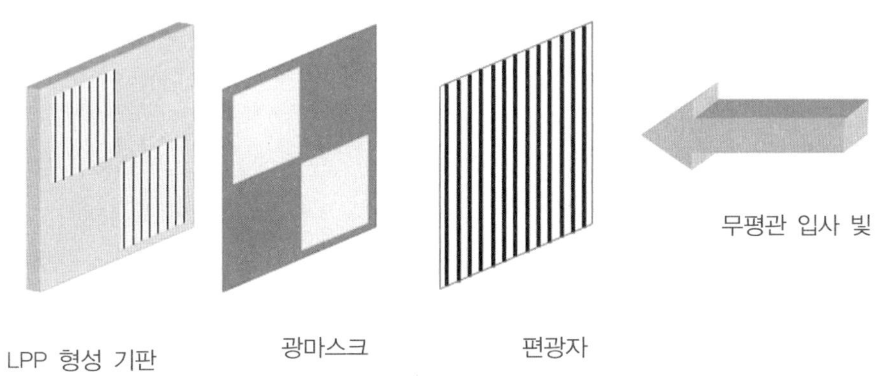

[그림 10.7] 다중배향 선형 중합 광반응성 고분자 배향막 제작 공정 개념도

10.6 반사방지 코팅

반사방지(AR; anti-reflection) 코팅은 빛의 투과를 높이고 디스플레이 기판의 번쩍거림을 줄여줌으로써, 대비비와 밝기를 높이는 역할을 한다. AR 코팅은 단층 또는 다층 영역의 필름으로 제작된다. 단층 필름은 좁은 파장 대역에서만 동작하고, 다층 필름을 사용하면 파장 대역이 넓어진다. 불행히도, 이러한 필름들은 제작하기가 매우 복잡하고 비싸다. 이러한 복잡하고 비싼 필름들을 대체하기 위해 AR 코팅의 역할을 할 수 있는 나노 구조의 표면을 사용한다(Ibn-Elhaj and Schadt 2001; Theijs *et al*. 2004).

나노 구조의 AR 필름을 만드는 방법으로 광반응성 고분자 물질을 사용하여 고해상도의 박막 필름 고분자 위상자를 제작하는 방법이 있다(Ibn-Elhaj and Schadt 2001). 단분자 주름짐(MC; Monomer corrugatuon)은 간단한 저가격의 방법으로 편평하거나 편평하지 않은 물질들에 적용할 수 있다(Ibn-Elhaj and Schadt 2002). 이러한 필름들을 제작하기 위해서, 액정상의 고분자와 액정 단분자의 혼합물을 기판에 코팅한다. 이러한 물질들은 액정상 고분자만이 광반응성 중합반응을 일으킬 수 있도록 선택된다. UV는 고분자 중합 반응을 일으키는 데 사용한다. MC 혼합물에 따라서 액정 단분자를 제거하면 나노 수준의 구멍이 생성되는데 이들은 비등방적 구조를 가지며 고형화된 고분자 박막 필름 위에 존재한다(Ibn-Elhaj and Schadt 2001). 비등방적 구멍은 MC 층 아래에 LPP(Section 10.5) 층을 사용하여 MC 혼합물의 액정상 성분을 중합반응 이전에 배향하는 방법으로 형성할 수 있다(Ibn-Elhaj and Schadt 2001).

생성된 등방의 MC 나노 구조 필름은 유리와 플라스틱 기판에서 AR 코팅막으로 사용할 수 있다. 디스플레이 기판의 양쪽에 MC 나노 구조의 poly(methyl methacyrlate)(PMMA) 필름을 붙이면 반사가 크게 줄어든다. 거의 전 가시광 영역에서 광 반사율이 MC 코팅당 0.1%의 값을 가진다(Ibn-Elhaj and Schadt 2002).

나노 구조의 AR 필름을 형성하는 또 다른 방법으로는 나노 입자의 자기 조립이나 중합반응을 이용하는 것이 있다. 반응성 나노 입자는 유기 용매의 반응성 희석액을 탄 suspension의 형태로 존재한다. 나노 입자들은 반응기를 다는 표면 처리를 통해 고분자 결합을 일으키게 된다. 용매가 증발하면, 열적 또는 광화학적 공정을 통해 나노 입자들이 중합하게 된다(Theijs *et al*. 2004).

그 결과 형성된 코팅은 100에서 200nm의 두께를 가진다. 두께는 필름의 광학적 특성과 관계한다. 투과율은 98% 이상이다. 코팅되지 않은 PET 기판은 가시광 영역에서의 반사율이 10~12%에 해당한다. 나노 입자 AR 필름이 코팅된 PET 기판은 가시광 영역에서의 반사율이 2% 미만이고, 550nm 파장에서는 0.7%로 가장 낮은 반사율을 보이는데 이는 매우 향상된 성능이다(Theijs *et al*. 2004).

10.7 결 론

이 책에서 소개된 전자 광학 구조들 중에는 이번 장에 소개한 광학 필름들을 필요로 하지 않는 것도 있지만, 대부분의 경우 이러한 광학 필름을 필요로 한다. 이중에는 플렉시블 디스플레이의 비틀린 네마틱과 초 비틀린 네마틱 구조가 있다. 이러한 구조를 플렉시블 디스플레이에 사용하기 위해서는 디스플레이의 모든 유기 박막 층이 구부러지거나 말렸을 때, 디스플레이가 망가지지거나 전체적인 화질 성능이 떨어지지 않아야 한다. 최근에 플렉시블 초 비틀린 네마틱 평면 디스플레이가 발표되었는데, 이 디스플레이는 박막 결정 필름 편광자, 액정상 고분자 위상판, 컬러 필터, 그리고 플렉시블 백라이트(Slikkerveer *et al*. 2004)를 사용한다. 플렉시블 백라이트는 딱딱한 옆 부분과 플렉시블 고분자 도파관으로 만들어지거나 플렉시블 무기물 전계 발광 패널로 만들어진다(Slikkerveer *et al*. 2004).

현재 많은 종류의 광 박막 필름 기술들이 일반 디스플레이뿐 아니라 플렉시블 디스플레이 구조에 응용되기 위해 개발되고 있다. 이러한 필름들의 기계 역학적 데이터가 부족하지만, 이번 장에서 언급한 관련 기술들은 플렉시블 디스플레이 기술에 응용될 것으로 기대된다. 게다가, 이 장에서 설명한 많은 기술들은 roll-to-roll 공정에 적합하도록 설계가 가능하다.

참고문헌

Bahadur, B. (1998) Guest-host effect. In D. Demus, J. Goodby, G. W. Gray, H.-W. Spies and V. Vill, (eds.) *Handbook of Liquid Crystals*. Weinheim: Wiley-VCH, pp. 257-302.

Bobrov, Y., Fennel, L., Ganpule, T., Lazarev, P., Ohmura, S., Bae, H., Ishibashi, Y. and Yamashita, O. (2002) *Proceedings of the International Display Workshops* 9, 405-408.

Bobrov, Y., Blinov, L., Ignatov, L., King, G., Lazarev, P., Nazarov, V., Ovchinnkova, N. and Remizov, S. (2003) Environmental and optical testing of thin crystal film polarizers. *Journal of the Society for Information Display* 11, 63-70.

Broer, D. J., Lub, J. and Mol, G. N. (1995) Wide-band reflective polarizers from cholesteric polymer networks with a pitch gradient. *Nature* 378, 467-469.

Broer, D. J, Mol, G. N., van Haaren, A. M. M. and Lub, J. (1999) Photo-induced diffusion in polymerizing chiral-nematic media. *Advanced Materials* 11, 573-578.

Collings, P. J. (1997) *Introduction to Liquid Crystals*. London: Taylor & Francis.

Dembo, A., Ionov, A., Lazarev, P., Manko, A. and Nazarov, V. (2001) Lyotropic dye-water mesophases formed by rod-like supramolecules. *Molecular Materials* 14, 275-290.

Eakin, J. N., Xie, Y., Pelcovits, R. A., Radcliffe, M. D. and Crawford, G. P. (2004) Zero voltage freedericksz transition in periodically aligned liquid crystals. *Applied Physics Letters* 85, 1671-1673.

Escuti, M. J., Cairns, D. R. and Crawford, G. P. (2004) Optical-strain characteristics of anisotropic polymer films fabricated from a liquid crystal diacrylate. *Journal of Applied Physics* 95, 2386-2390.

Fiske, T., Ignatov, L., Lazarev, P., Nazarov, V. and Paukshto, M. (2002) Molecular alignment in crystal polarizers and retarders. *Society for Information Display Digest of Technical Papers* XXXIII, 866-869.

Gvon, K. I., Bobrov, Y. A., Bykov, V. A., Ignatov, L. A., Ivanova, T. D., Popov, S. I., Shishkina, E. Y. and Vorozhtsov, G. N. (1998) Method and materials for thermostable and lightfast dichroic light polarizers, US Patent 5,739,296.

Hecht, E. (2002) Optics. Boston MA. Addison-Wesley.

Hoffman, E., Klausmann, H., Ginter, E., Knoll, P. M., Seiberle, H. and Schadt, M. (1998) Development of a dualdomain TFT-LCD by optical patterning. *Society for Information Display Digest of Technical Papers* XXIX, 734-737.

Ibn-Elhaj, M. and Schadt, M. (2001) Optical polymer thin films with isotropic and anisotropic nanocorrugated surface topologies. *Nature* 410, 796-799.

Ibn-Elhaj, M. and Schadt, M. (2002) Photo-aligned nano- and micro-corrugated novel optical thin films for LCDs. *Society for Information Display Digest of Technical Papers* XXXIII, 1046-1049.

Ignatov, L., Lazarev, P., Ovchinnikova, N. and Paukshto, M., (2001) Thin crystal film optical components. *Proceedings of SPIE* 4459, 148-154.

Ignatov, L. Y., Lazarev, P. I., Nazarov, V. V. and Ovchinnikova, N. A. (2002a) Thin crystal film polarizers and retarders. *Proceedings of SPIE* 4658, 79-90.

Ignatov, L., Lazarev, P., Nazarov, V., Ovchinnikova, N. and Paukshto, M., (2002b) Molecular alignment in nano-film crystal polarizers and retarders. *Proceedings of SPIE* 4807, 177-188.

Jiang, Y, Li, L., Hochbaun, A., Galabova, H., Wiley, R., and Faris, S. M. (2004) High-brightness color liquid crystal display panel employing light recycling there within, US Patent 6,831,720.

Lazarev, P. and Paukshto, M. (2000) Thin crystal film retarders. *Proceedings of the International Display Workshops, Materials and Components* 7, 1159-1160.

Lazarev, P., Ovchinnikova, N. and Paukshto, M. (2001) Submicron thin retardation coating. *Society for Information Display Digest of Technical Papers* XXXII, 571-573.

Lazarev, P. I., Paukshto, M. V. and Sidorenko, E. N. (2003) Self-assembly optical components. *Proceedings of the 2003 Materials Research Society* 771.

Lub, J., Broer, D. J. and van de Witte, P. (2002) Colourful photo-curable coatings for application in the electro-optical industry. *Progress in Organic Coatings* 45, 211-217.

Nazarov, V., Ignatov, L. and Kienskaya, K. (2001) Electronic spectra of aqueous solutions and films made of liquid crystal ink for thin film polarizers. *Molecular Materials* 14, 153163.

Schadt, M. and Seiberle, H. (1997) Optical patterning of multidomain liquid crystal displays. Society for *Information Display Digest of Technical Papers* XXVIII, 397-400.

Schadt, M., Schmitt, K., Kozinkov, V. and Chigrinov, V. (1992) Surface-induced parallel alignment of liquid crystals by linear polymerized photopolymers. *Japanese Journal of Applied Physics* 31, 2155-2164.

Schadt, M., Seiberle, H., Schuster, A. and Kelly, S. M. (1995) Photo-generation of linearly polymerized liquid crystal aligning layers comprising novel, integrated optically patterned retarders and color filters. *Japanese Journal of Applied Physics* 34, 3240-3249.

Schadt, M., Seiberle, H. and Schuster, A. (1996) Optical patterning of multi-domain liquid-crystal diplays with wide viewing angles. *Nature* 381, 212-215.

Scheffer, T. J. and Nehring, J. (1984) A new, highly multiplexable liquid crystal display. *Applied Physics Letters* 45 1021-1023.

Seiberle, H., Schmitt, K. and Schadt, M. (1999) Multidomain LCDs and complex retarders generated by photo-alignment. *Proceedings of Eurodisplay*.

Sergan, T. and Kelly, J. (2000) Negative uniaxial films from lyotropic liquid crystalline material for liquid crystal display. *Liquid Crystals* 27, 1481–1484.

Slikkerveer, P., Bouten, P., Cirkel, P., de Goede, J., Jagt, H., Kooyman, N., Nisato, G., van Rijswijk, R. and Duineveld, P. (2004) A fully flexible colour display. *Society for Information Display Digest of Technical Papers* XXXV, 770–773.

Theis, J., Currie, E., Meijers, G., Southwell, J. and Chander, C. (2004) High Peroformance single layer anti–reflective coatings via wet UV curing technology. *Society for Information Display Digest of Technical Papers* XXXV, 1174–1177.

Yeh, P. and Gu, C. (1999) *Optics of Liquid Crystal Displays*. New York: John Wiley & Sons, Inc.

Yeh, P. and Paukshto, M. (2001) Molecular crystalline thin–film E–polarizer. *Molecular Materials* 14, 119.

van Asslet, R., van Rooij, R. A. W. and Broer, D. J. (2000) Birefringent color reflective liquid crystal displays using broadband cholesteric reflectors. *Society for Information Display Digest of Technical Papers* XXXI, 742–745.

van de Witte, P., Brehmer, M. and Lub, J. (1999) LCD components obtained by patterning of chiral nematic polymer layers. *Journal of Material Chemistry* 9, 2087–2094.

Wegh, R. and Broer, D. J. (2004) Cholesteric color filter and method of manufacturing such, World Intellectual Property Organization, International Document Number WO 2004/044631 A1.

패터닝 기술과 플렉시블 전자 소자를 위한 반도체 물질

John A. Rogers[1] **and Graciela Blanchet**[2]

[1]*University of Illinois at Urbana-Champaign and* [2]*DuPont Central Research*

11.1 개 요

새로운 물질과 실리콘 기반 공정기술은 전자 소자의 속도와 성능을 향상시키기 위하여 지속적으로 연구되어 왔다. 최근의 연구는 기존과 다른 전자 시스템의 개발을 위한 새로운 물질과 프린팅 기술들을 개발하기 위해 진행되고 있다. 이 분야는 높은 속도, 밀도 등의 잠재력 때문이 아니라 휘어지고(flexible), 가볍고(lightweight), 내구성이 강한(durable) 소자의 구현뿐만 아니라 쉽고 빠르게 대면적에 프린트 할 수 있기 때문에 중요해지고 있다. 이 중 플라스틱 회로는 기존의 전자 시스템의 보완 형태로서 새로운 소자 – 전자 신문(electronic paper), 입는 컴퓨터 혹은 센서, 일회용 무선 인식표(ID tags) – 를 위한 기초가 될 것이다. 이 영역은 새롭고 혁신적인 물질들을 포함한다. 그 결과, 대면적, 저비용 구현을 위한 전자 물질의 새로운 형태와 패턴에 관한 방법들이 기초 과학 연구 분야에 도움이 될 것으로 예상되고 있다.

이번 장에서는 복잡한 구동회로 : 박막트랜지스터(thin film transistor; TFT)의 기초적인 요소에 초점을 맞추었다. [그림 11.1]은 기본적인 TFT의 단면을 보여주고 있다. 반도체층은 소스(source)와 드레인(drain) 전극을 전기적으로 연결하고 있고, 게이트(gate) 절연체는 게이트(gate) 전극과 반도체층을 절연시키고 있다. 상부 접촉(top-contact) TFT는 소스와 드레인 전극이 반도체층 상부에 형성된 구조이며, 하부 접촉(bottom-contact) TFT는 소스와 드레인 전극이 반도체층 하부에 형성된 구조이다. 소스와 드레인 전극 사이의 영역은

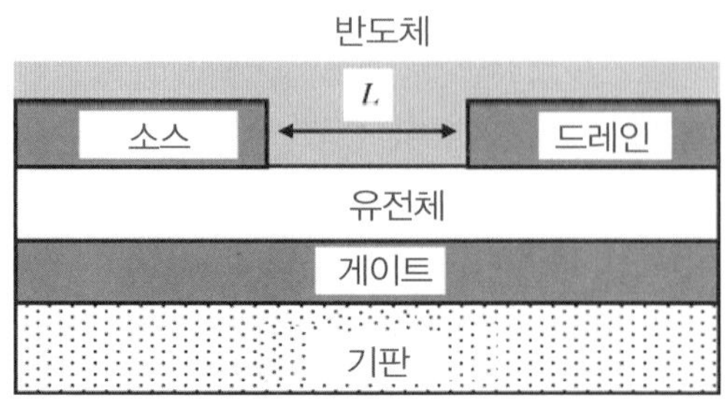

[그림 11.1] 유기 트랜지스터의 단면도. 반도체 층은 소스와 드레인 전극으로 코팅되어 있으며, 게이트 전극으로부터 전기적으로 절연되어 있다. 전극 사이의 간격은 채널 길이 L로 정의한다.

채널(channel)로 구분하고 있다. 두 전극 사이의 간격을 채널 길이 L로 정의하고, 각 전극의 길이를 채널 폭 W로 정의한다.

게이트 전극에 조절된 전압을 인가하는 것은 반도체와 게이트(gate) 절연체 계면에서의 전기적 특성 변화를 유도하여 채널 영역에 컨덕턴스(conductance)를 변화시킨다. 인가된 전압은 최대("on" 상태) 또는 최소("off" 상태)의 전도성을 조절시키고, 두 상태의 변환을 위해 필요한 시간은 회로내의 트랜지스터에 의해 결정된다. TFT의 구동이나 집적 논리회로의 스위칭을 위해 충분한 "on" 전류가 흘러야 하나 "off" 때에는 전류가 생성되지 않아야 한다. 전형적인 "on" 전류의 크기는 소스/드레인 전압의 독립적인 영역에서 측정되며, 이 때의 포화(saturation) 전류는 다음과 같이 소자의 다른 특성과 관계될 수 있다(Sze 1985):

$$I_{sd} = \frac{W}{2L} C\mu (V_g - V_T)^2 = \frac{W}{2L} \frac{k\varepsilon_0}{t} (V_g - V_T)^2, \tag{11.1}$$

μ는 반도체의 전계효과 이동도이고, k는 게이트 절연체의 절연상수이고, t는 절연체의 두께 그리고 ϵ_0는 자유공간의 유전률이다. V_g는 게이트 전압 그리고 V_t는 문턱전압을 나타낸다. 트랜지스터는 큰 "on" 전류를 갖기 위해 큰 μ, 높은 ϵ, 작은 t, 작은 L과 큰 W의 조합을 가져야 한다. 따라서 중요한 특성은 μ, t, ϵ, L의 감소이다. 이번 장은 μ와 L에 초점을 두고 있다. 작은 L의 형성과 대면적 플라스틱 기판에 적합한 고해상도 인쇄기술에 대해 기술하였다. 또한 이미 알려진 플렉시블 회로를 구현하기 위한 유기 반도체들의 종류를 재검토하였다. 단결정 샘플로 얻은 데이터는 몇몇 유기 분자의 종류로 만든 TFT의 이동도(mobility) 제한에 대해 설명하고, 높은 성능의 시스템이 가능한 유기와 무기, 마이크론과 나노물질의 새로운 형태 또한 설명한다. 이 장은 이런 기술들을 사용하여 형성된 대면적 기본 소자의 두 가지 예가 포함되어 있다.

11.2 대면적 패턴 기술

소스와 드레인 전극 사이의 채널 형성을 위한 고해상도의 패턴 방법은 출력 전류(Kagan and Andry 2003)뿐만 아니라 스위칭 속도 등의 특성에 영향을 미친다. 비록 리소그래피(lithography), 전자빔 리소그래피(electronic beam lithography)와 다른 흔한 방법들은 뛰어난 해상도를 가지고 있으나, 이런 방법들은 값비싸며 공정이 복잡하고 플라스틱 기판에 적용하기 어렵기 때문에 플렉시블 전자공학에 잘 어울리지 않는다.

잉크젯 인쇄와 스크린 인쇄는 유기 TFT를(Sirringhaus *et al.* 2000; Garnier *et al.* 1994) 제작하는데 적용 가능한 비 리소그래피(non-lithography) 기술이다. 그러나 두 방법 모두 고해상도의 패턴이 형성된 기판 위에서 접촉 면적이 ~50μm 보다 작은 단위의 액체 확산을 조절해야만 하는 어려움을 가지고 있다. 고분자 마스크는 수십 마이크로 미터의(Baude *et al.* 2003) 해상도로 패턴을 형성할 수 있는 잠재적인 기술이다. 그러나 이런 마스크의 장착과 배열은 대면적에서 문제가 될 것이다. 이 장은 마이크론 해상도의 패턴 방법과 플렉시블 회로를 생산하기 위한 방법들에 초점을 맞추고 있다. 여기서는 고해상도 도장(스탬프: stamp)기술 – 미세접촉 프린팅(microcontact printing, Kumar and Whitesides 1993; Rogers *et al.* 1999), 나노전사 프린팅(nanotransfer printing, Loo *et al.* 2002c) – 과 레이저 헤드(laser head)가 주사(scan)하여 열 이미지를 전사하는(Blanchet *et al.* 2003) 두 가지 프린팅 기술을 소개하겠다. 또한 실제 소자에서 패터닝 된 모든 층을 위해 시스템이 어떻게 조합되고 맞추어지는지 설명되어 있다.

11.2.1 고해상도 도장의 접촉 프린팅

접촉 프린팅은 기판에 물질(ink)을 전사하기 위해 도장(stamp)과 같은 요소를 사용한다. 역사적으로 이런 접근은 100μm 혹은 그 보다 큰 형태인 글이나 그림을 프린트하여 생산하는 것에서 시작되었다. 현재는 많은 연구를 통해 마이크론 혹은 나노미터 크기의 형태가 합쳐진 전자 시스템의 응용에 대해 진행되고 있다. 그 해상도는 잉크의 특성과 도장(혹은 기판)의 상호관계, 도장의 해상도 그리고 잉크의 패턴에서 프린트될 물질의 패턴 전환 상태에 의해 결정된다.

프린트 공정은 도장의 형성 공정과 표면 위에 주조된 모양을 패턴 하기 위한 도장의 사용 공정으로 나눌 수 있다(Xia *et al.* 1999). 도장은 원하는 양각의 모양을 가진 마스터 도장(master stamp)으로 알려진 구조에 대응하는 사본에 의해 생산된다. 하나의 독립된 마스터는 많은 도장을 생성할 수 있고 각각은 여러번 사용될 수 있다. 그리고 이 마스터를 생성하기 위한 기술은 빠르고 저가의 공정이 요구되지 않으며, 일반적으로 마이크로 전자공학 산업을 위해 개발된 리소그래피 방법으로 마스터를 만든다. 이 마스터 위에 빛 또는 열 경화성 고분자의 주조는 고해상도의 도장을 산출한다(그림 11.2).

이 반복 공정은 극도로 높은 신뢰도를 가질 수 있다. 최근의 실험 결과는 최적화된 물질과 주조 공정이 5nm보다(Hua *et al*. 2004) 작은 패턴을 가지는 양각 형태의 도장 형성이 가능하다는 것을 보여주었다. 1-2 m보다 큰 모양의 크기를 형성하기 위한 접촉과 근접 방법(proximity mode)의 리소그래피는 마스터를 형성하기 위한 편리한 방법이다. 직접 쓰는 전자빔 리소그래피와 투사방식(project mode) 리소그래피와 같은 기술들은 ~2μm보다 작은 패턴에 사용된다. 위에 설명된 회로의 경우 접촉 또는 투사방식 리소그래피에 의해 형성된 마이크론 크기의 마스터를 사용했다. 그리고 고해상도 도장은 전자빔 리소그래피로 만든 마스터를 사용했다.

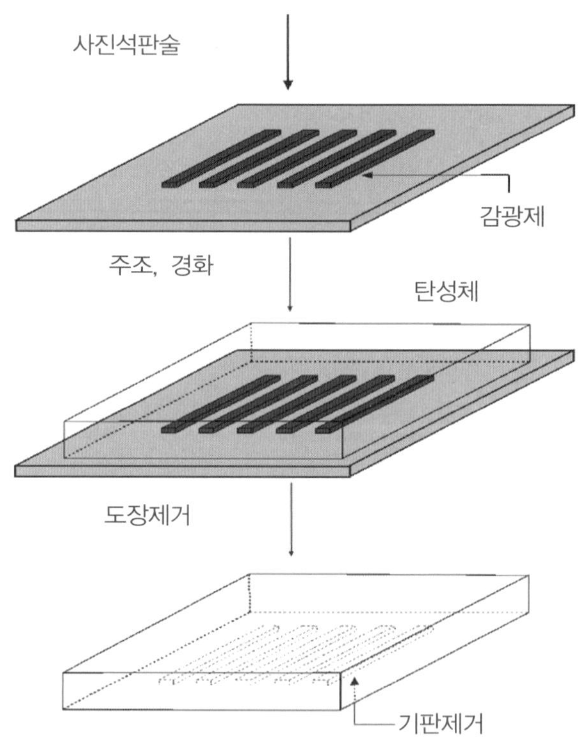

[그림 11.2] 고해상도 도장의 형성을 위한 주조와 경화 순서. 첫 과정은 마스터를 만들기 위해 평평한 기판 위에 감광제 패턴을 형성하였다. 감광제 패턴은 광 리소그래피(photolithography)와 같은 흔한 기술이 사용됐다. 주조, 경화 (열적 혹은 광학적) 이후 마스터로부터 고분자를 벗겨냄으로써 도장을 얻을 수 있다. 많은 도장은 하나의 마스터로 만들어질 수 있고 각각의 도장들은 여러 번 사용될 수 있다. 본 그림은 American Institute-Physics의 허가에 사용되었다.

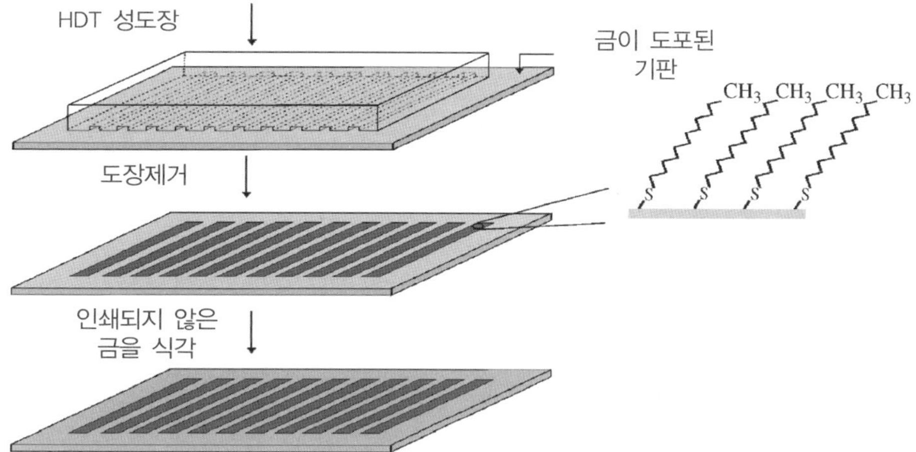

[그림 11.3] 미세접촉 프린팅(microcontact printing) 공정. 표면 위에 자기조립 단분자막(self-assembled monolayer; SAM)으로 형성 가능한 물질로 묻혀진 도장은 프린트될 것이다. 여기 설명된 경우의 잉크는 에탄올에 hexadecanethiod(HDT)이 밀리그램(mg)이 함유되어 있다. 평평한 기판 위에 얇은 금으로된 층이 구성되어있다. 수 초의 접촉후의 도장이 제거되고 금 필름 기판에 패터닝 된 HDT의 자기조립단분자막(SAMs)이 남아있다. 프린트 된 자기조립 단분자막은 금의 노출된 영역의 수성 건식 식각(aqueous wet etching)을 위한 감광제로 작용할 수 있다. 식각과 잉크의 제거후의 최종 금으로 된 패턴은 플렉시블 전사 시스템을 위한 TFT를 포함한 다양한 형태의 소자를 만들기 위해 사용될 수 있다. 본 그림은 American Institute-Physics의 허가에 사용되었다.

미세접촉 프린팅

미세접촉 프린팅(microcontact printing - μCP)는 고해상도의 poly(dimethylsiloxane)(PDMS) 고무 도장 위에 자기조립 단분자막(self-assembled monolayer; SAM)으로 형성된 잉크(alkanethiols)가 표면(얇은 금 필름)으로 프린트 되는 방법을 사용한다(Kumar and Whitesides 1993; Xia *et al*. 1999). 이 자기조립 단분자막(SAMs)은 [그림 11.3]에 묘사된 것처럼 프린트되지 않은 영역에서 식각 물질을 위한 레지스트(resists) 역할을 제공할 수 있다.

[그림 11.4]는 이 방법으로 금이나 은의 박막 패턴이 생성된 것을 보여준다. 전형적인 가장자리 해상도(edge-resolution)는 ~50-100nm이다; 200nm 보다 큰 길이의 모양은 쉽게 형성 될 수 있다. 미세접촉 프린팅(CP)의 장점중 하나는 플렉시블 플라스틱 기판 위의 단 한 번의 공정으로(Rogers *et al*. 1999, 2001) 고해상도의 대면적 패턴을 형성할 수 있는 것이다.

미세접촉 프린팅(CP)에 의해 패터닝 된 전극 위에 유기 반도체의 증착은 [그림 11.1]과 같은 형태를 가지는 트랜지스터로 높은 성능을 얻을 수 있다.(Rogers *et al*. 1999)

flexographic과 결합되거나 상업적인 인쇄 시스템과 결부될 때, 미세접촉 프린팅(CP)는 저렴한 가격으로 플렉시블 회로의 대면적 패터닝을 가능하게 한다. 문제점으로는 탄성을 갖는 도장이 프린트하는 동안 변형되는 것이다. 이 변형은 모양의

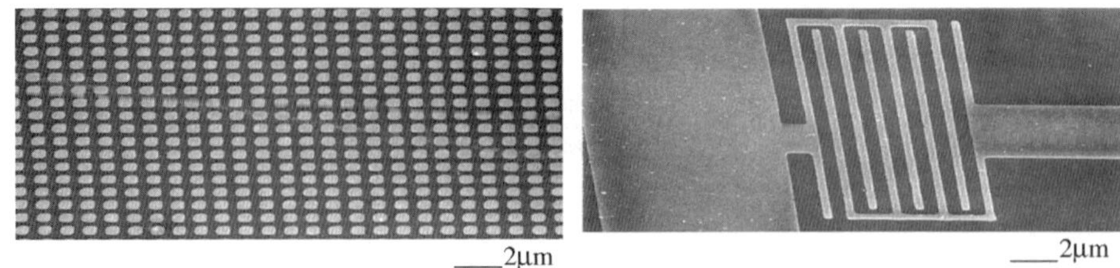

[그림 11.4] 얇은 금속 필름 위에 hexadecanethiol의 자기조립 단분자막 (SAM)을 미세접촉 프린팅에 의해 프린트되지 않은 영역을 건식 식각으로 패턴을 형성하였다. Au(왼쪽) 와 Ag(오른쪽)의 전자현미경 그림. 왼쪽 그림은 (20nm 두께, ~ 800nm직경) 금으로 된 점(dot)의 배열을 보여 주고 있다. 오른쪽 그림은 단순 인버터(inverter)를 위한 은으로 패턴된(100nm 두께) 소스와 드레인 전극 구조를 보여주고 있다. ~100nm의 가장자리 해상도(edge-resolution)는 이 기술로 달성될 수 있다. 본 그림은 American Institute-Physics의 허가에 사용되었다.

정확한 배열을 조절하기는 어렵게 만들기 때문에 이로 인해 회로를 위한 다층 형태의 장착이 어려울 수 있다. 그러나 이런 변형을 줄일 수 있는 두 가지 방법이 가능하다. (i) 프린트하는 동안 도장의 기계적 조작을 제거하거나(Rogers *et al*. 2001), (ii) 높은 계수의 접합력을 가지는 PDMS층을 사용한 도장의 선택이다(Rogers *et al*. 1998). 두 번째 접근은 프린트를 수행하기 위한 방법의 선택에서 유연성을 제공하는 이점을 가지고 있다. 예를 들어 폴리이미드 기판 위의 PDMS의 얇은 층의 도장은 왜곡을 상당히 감소시킨다(Menard *et al*. 2004a). 또한 다른 물질을 혼합한 유사 형태의 도장도 사용된다. 상대적으로 폴리이미드의 높은 수평 계수는 정확하게 전사를 할 수 있도록 변형을 감소시킨다.(Michel *et al*. 2001) 간단한 방법으로 얇은 두께의 플렉시블 도장이 가능하다. 실제로 ~50μm 두께의 폴리이미드 기판 위에(Kapton, Dupont) PDMS의 ~50μm 두께 층을 사용한 도장은 6인치×6인치(Menard *et al*. 2004a) 보다 더 큰 영역에서 4μm보다 작은 왜곡을 얻을 수 있었다. 이 값은 전자 종이(electronic paper)에서(Rogers *et al*. 2001) 단일물질 PDMS를 사용해 이전에 보고된 것 보다 10배정도 작다.

나노전사 프린팅

나노전사 프린팅(nanotransfer printing - nTP)는 좀더 최근에 개발된 고해상도 프린팅 기술이다(Loo *et al*. 2002c, 2002d; Zaumseil *et al*. 2003b). 도장 위의 양각 모양으로부터 기판으로 고체 물질의 전사를 조절하는 것은 계면의 접착과 전사 층의 표면 화학작용을 이용한다. 이 접근법은 복잡한 2차원 혹은 3차원 구조나 단층 혹은 다층의 나노미터의 해상도를 생성할 수 있다. 이런 방법은 기본적으로 Princeton 그룹(Kim *et al*. 2002) 그리고 IBM/Zurich에서(Schmid *et al*. 2003) 연구되었다. 이 방법은 미세접촉 프린팅(CP)의 탄성 도장 보다 단단하며 무기 물질을 사용할 수 있다. 도장의 양각 위에 고체 물질의 얇은 층을 도포하는 것은 잉크(inking) 단계이다. 기판에 코팅된 도장의 접촉은 코팅 물질과 표면 사이의 공유결합에 의한 표면화학 작용을 이끌어 낸다. 따라서 도장 위의 코팅 물질이 표면과 잘 접합되지 않게 처리를 했다면 도장 제거 후에 양각 모양의 원하는 패턴만 남게 된다.

나노전사 프린팅(nTP)은 자기조립 단분자막(SAMs)과 함께 사용될 수 있고 휘거나 혹은 딱딱한 표면 위에 프린트하기 위해 다른 표면 화학특성을 사용할 수 있다.

[그림 11.5]는 전형적인 공정 과정을 나타내고 있다. 이 경우, 수직적으로, 고해상도의 도장 표면 위에 코팅된 불연속적인 금(Au)의 유출(flux)을 평행하게 한다. 기판 위의 자기조립 단분자막(SAMs)이 도장 표면에 접촉했을 때 노출된 티올기(thiol-group)는 금 코팅과 접합시킨다. [그림 11.6]은 서브 마이크론과 나노미터의 해상도를 가지는 두 개의 프린트 된 패턴을 보여주고 있다. 왼쪽에 PDMS 도장으로 패턴을 형성하였고(Zaumseil *et al*. 2003b); 전자빔 리소그래피와 식각(etching)에 의해 형성된 갈륨비소(GaAs)의 단단한 도장은 오른쪽에 나타내었다(Loo *et al*. 2002d).

나노전사 프린팅(nTP)은 미세접촉 프린팅(CP) 보다 높은 해상도를 제공하고 또한 특별한 패턴이 가능하다(다층과 3차원 구조를 형성할 수 있다). 그러나 공정 크기(windows)는 미세접촉 프린팅(CP)보다 좁다. nTP을 사용하여 높은 신뢰도를 달성하기 위해 세가지 중요한 요소가 있다.(i) 물질이 증착된 PDMS도장을 사용할 때 금속 필름이 깨지거나 튀어 오르지 않게 조심스럽게 조절 돼야만 한다.(ii) PDMS도장은 금속 코팅이 손상될 수 있는 표면 무리를

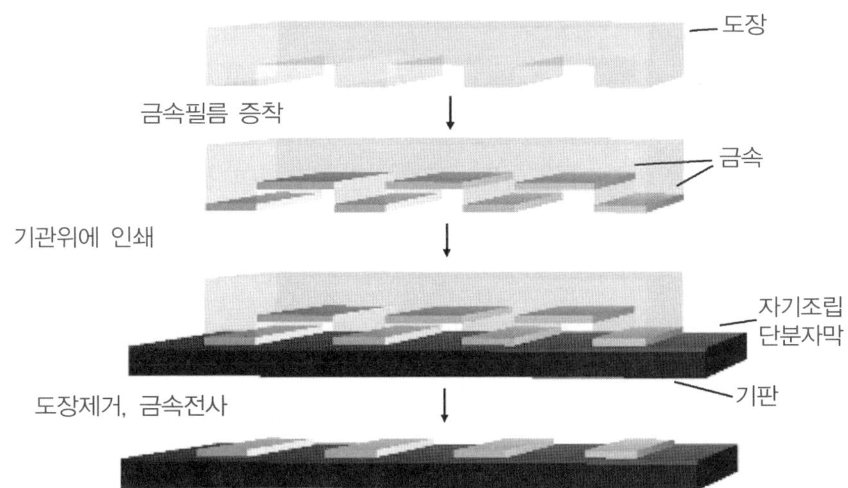

[그림 11.5] 나노전사 프린팅을 위한 공정의 개념도. 도장의 표면 위에 금속의 증착된 층은 울록볼록한 영역 위의 얇은 불연속적으로 코팅된 층을 얻는다. 알맞은 표면 화학 집단으로 구성된 기판에 코팅된 도장의 접촉은 금속과 표면 사이의 공유 결합을 이끌어 낸다. 한가지 예로, 티올기로 노출된 자기조립 단분자막(SAMs)은 갈륨비소(GaAs) 기판 위에 금 패턴을 프린트하는 것이 가능하다. 만약 금속과 도장 사이의 접합이 좋지 않다면 도장이 제거된 다음 기판 위에 양각의 모양의 구조를 가지는 패턴이 남는다. 본 그림은 American Institute-Physics의 허가에 사용되었다.

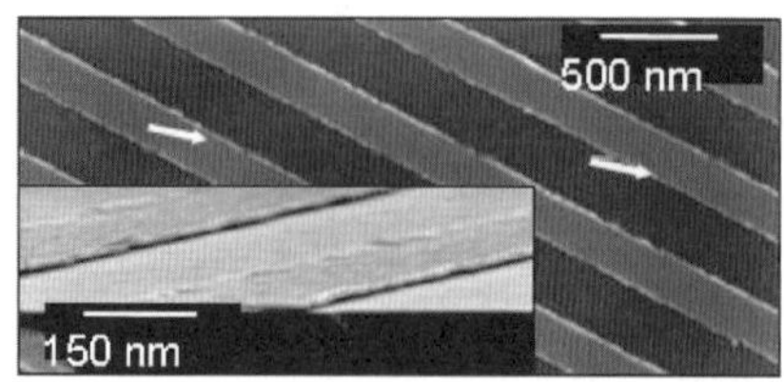

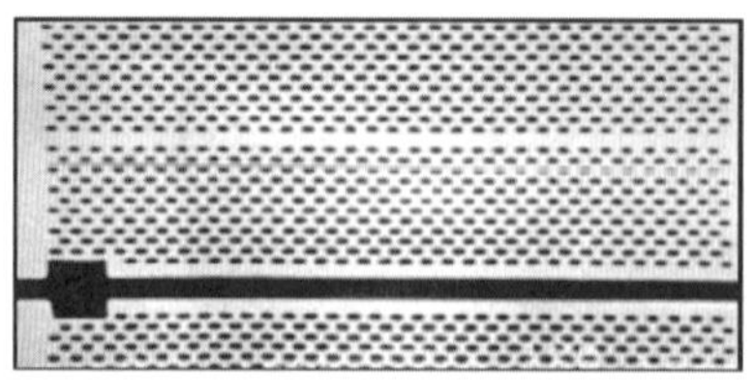

[그림 11.6] 나노전사 프린트로 형성된 패턴의 SEM 그림. 왼쪽 그림은 PDMS도장을 사용한 갈륨비소(GaAs) 웨이퍼 위에 프린트 된 300nm 선의 금(Au; 20nm 두께)을 보여준다. 그림과 같이 모양의 가장자리 위에 올라간 영역은 주조된 도장의 가장자리 형태에 기인한다. 오른쪽의 구조는 플라스틱 기판 위에 프린트 된 photonic band gap waveguide 구조에 Au(20nm)/Ti(5nm-하얀색)의 다층으로 구성되어 있다. 이 경우 전자빔 석판인쇄(electronic beam lithography)와 갈륨비소(GaAs) 웨이퍼의 식각으로 도장을 생성하였다. 이 경우 도장의 구조는 최소 크기(~70nm)와 해상도(5~10nm)를 가진다.

피하기 위해 인쇄 전과 인쇄 동안에 매우 조심스럽게 취급되어야만 한다.(iii) 표면 화학작용은 접합위치의 높은 밀도를 제공하여야만 하고 도장과 기판은 효과적인 전사가 되기 위해 일정하고 친밀한 접촉이 되어야만 한다. 첫 번째 부분은 높은 증착 비율과 도장 표면 금속의 손쉬운 접착 표면 처리가 중요하다. 두 번째의 경우 단단한 기판과 비교적 얇은 PDMS 층을 사용하는 혼합된 도장의 디자인이 유용하다. 이 도장은 또한 다층 단계의 장착을 붕괴시킬 수 있는 수평상의 왜곡을 예방한다. 세 번째 경우에는 알맞은 화학 물질과 낮은 표면 거칠기를 갖는 기판을 사용해야만 한다.

잘 조절된 공정으로 결점이나 깨짐 없는(고해상도 주사현미경 혹은 원자현미경으로 관찰되었다) 대면적의 패턴(수 cm^2)을 생성할 수 있다(Menard *et al*. 2004b). 본 책에서는 금-금 밀착, 표면의 hydroxyl 화학물, 전사를 하기 위한 티올기(thiol) 기본의 SAM을 보여주었다.(Loo *et al*. 2002a, 2002c, 2002d) 엑스레이 광전자 현미경(XPS) 분석은 PDMS도장을 사용할 때 잔존 유기물질의 매우 얇은 층이 금속 필름에서 기판으로 전사될 수 있다 사실을 증명한다. 이 층은 1~4nm 두께 정도이고 공정 조건에 의존한다. 또한 다양한 건식(dry)와 습식(wet) 식각 공정을 제거할 수 있다.(Menard *et al*. 2004b) nTP에 의해 형성된 금속 구조는 플렉시블 회로에서 다양한 방법으로 사용될 수 있다. 이 방법은 짧은 채널 길이의 소스와 드레인 전극을 형성하기 위해 널리 사용된다.

11.2.2 열전사 프린팅

나노전사 프링팅(nTP)과 미세접촉 프린팅(μCP)은 매우 매력적인 특성을 가지고 있다. 그러나 아직 상업적인 도구의 형태로 존재하지 않는다. 이에 반해, 열전사(themal transfer) 프린트는 디지털 프린트 제품을 위해 이미 잘 개발되어 확립되어 있는 기술이다.

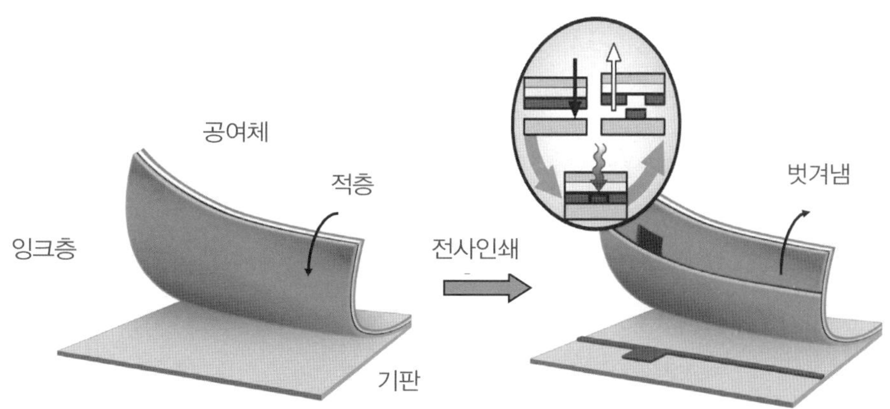

[그림 11.7] 열전사에 의한 패턴 프린트의 절차. 프린트 될 물질의 층으로 코팅된 도너(donor) 필름은 기판 위에 붙여진다. 삽입 그림은 레이저로 국소적 가열에 의해 도너에서 기판으로 물질의 일부분이 전사 되는 것을 보여준다. 접합(lamination) 공정의 반복, 레이저 전사 인쇄, 그리고 제거는 플렉시블 전자 회로를 위한 매력적인 다층 형성 방법이다. 본 그림은 American Institute-Physics의 허가에 사용되었다.

출력장치에 맞춰 상업화가 가능한 이유로 열 전사는 아마도 유기 전자소자의 빠른 상업화를 위해 알맞은 방법일 것이다(Blanchet *et al*. 2003). [그림 11.7]은 이 접근법을 묘사하고 있다. 선택적인 공정이 가능한 건식 패턴 공정은 도너(donor) 필름에서 기판으로의 고체 필름을 전사한다. 대부분의 기술에서 요구하는 솔벤트(solvent)와 식각 공정을 제거함으로써, 이 방법을 통한 다양한 물질의 사용이 가능하다. 게다가 열 인쇄는 대면적 공정에서 고속, 고해상도, 다층 정합(registration)을 수행하는 것이 가능하다.

이 공정은 패턴될 물질의 얇은 층을 가진 도너 기판을 코팅함으로써 시작된다. 그리고 회로가 프린트될 플렉시블 기판 위에 이 기판을 위치한다. 순차적으로 어드레싱 할 수 있는 스팟을 가진 250 2.7μm × 5μm의 적외선 다이오드 레이저(40W, 780nm)는 프린트될 물질이 코팅된 기판 위에 얇은 흡수 층의 도너에 포커스된다. 이런 빛에서 열로 전환되는 상호작용은 남아 있는 필름을 부드럽게 하여 근접한 유기물의 얇은 층으로 가스가 생성되어 압력을 감소시킨다. 가스 분해 물질의 확장은 전사될 필름(receiver) 위에 얇은 도체 층을 형성시킨다. 원하는 도체 패턴은 레이저 빔의 래스터(raster)에 의해 인쇄된다. 이로 인하여 기판 위의 도너 층으로부터 선택적으로 5μm × 2.7μm 픽셀의 이미지가 인쇄된다. 빔이 완벽하게 어드레스 할 수 있기 때문에 어떤 패턴도 형성시킬 수 있다. 게다가 첫 번째 층의 패턴 이후에 도너(donor) 필름을 제거할 수 있고 다른 기능을 가지는 도너 필름이 상부 층 위에서 다른 도체 층을 형성할 수 있다. 이 방법으로 다층의 전자 회로를 쉽게 만들 수 있다(Blanchet *et al*. 2003). 다양한 도체가 프린트 될 수 있음을 통해 우리는 여러 퍼센트의 여러 단일-벽 탄소 나노튜브(single-walled carbon nanotubes - SWNT)와 dinonylnaphtalene sulfonic acid doped polyaniline(DNNSA-PANI)가 섞여 구성된 PANI/SWNT로(Blanchet *et al*. 2003) 분리는 고분자 시스템과 은의 도체 접착제에 초점을 두었다(Blanchet *et al*. 2003).

[그림 11.8]에서 [그림 11.10]은 열전사방식으로 형성된 전형적인 구조를 보여준다. [그림 11.8]은 상보적(complementary) 논리 게이트의 소스/드레인 전극을 구성하는 광학 현미경 그림이다. 왼쪽 그림은 인버터(inverter)를 나타낸다; 오른쪽 그림은 집적된 소스/드레인 전극의 확대 모습을 나타낸다. 이 배치는 p-type과 n-type 반도체 사이의 이동도의 균형을 위해 디자인되었다(Lefenfeld *et al*. 2003).

[그림 11.9]는 좋은 정합특성을 가진 다른 도체 물질들의 다층 구조 프린트가 가능하다는 것을 보여주고 있다. 왼쪽의 그림은 구불구불한 패턴의 10m PANI/SWNT 선과 silver 복합의 50μm 사각형(squares)을 보여준다. 오른쪽에는 50μm의 PANI/SWNT 덧인쇄(overprint)를 나타내었다. 이 예시를 통해 설명된 것과 같이 패턴 구조는 플렉시블 기판으로의 사용이 가능함을 알 수 있다. 3μm 정도인 가장자리 해상도는 인쇄를 위해 사용된 레이저 스팟 크기에 비교될 수 있다.

PANI/SWNT는 유기 TFT의 소스와 드레인 전극을 위한 뛰어난 물질을 형성한다. [그림 11.10]은 프린트에 의해 형성된 10m 이하의 채널 길이를 보여준다. 오른쪽 그림은 프린트된 선의 가장자리에 있는 SWNT를 보여준다. 이렇게 프린트된 전극 위에 유기 반도체를 증착한 후 낮은 접촉 저항을 가지는 고성능의 트랜지스터를 얻을 수 있다(Lefenfeld *et al*. 2003).

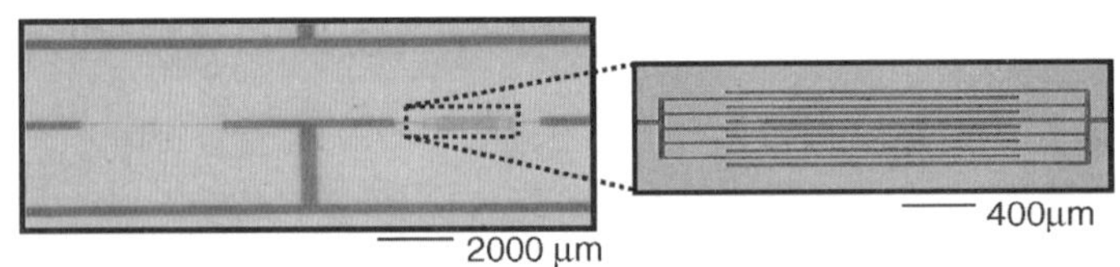

[그림 11.8] 열전사 프린팅된 도체 고분자가 첨가된 PANI/SWNT 패턴의 광학 현미경 그림. 왼쪽 그림은 인쇄된 소스와 드레인 전극과 상보적인 논리 게이트를 위한 상호연결을 나타낸다. 오른쪽 그림은 단순회로의 n-채널 트랜지스터를 위한 집적된 소스와 드레인 전극의 확대 그림을 보여주고 있다. 본 그림은 American Institute-Physics의 허가에 사용되었다.

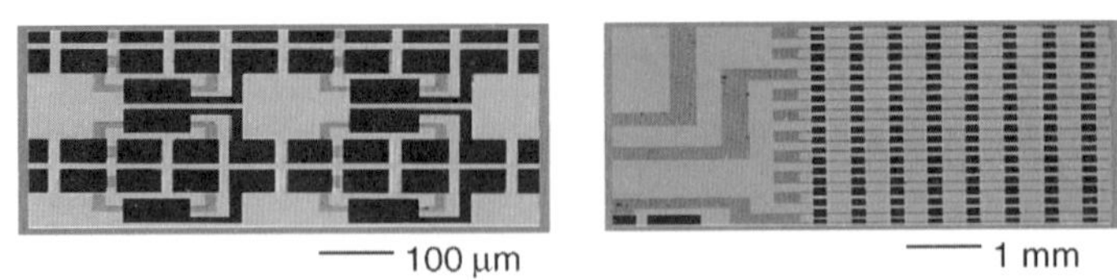

[그림 11.9] 다층 열전사 프린팅 된 도체 필름 층의 광학 현미경 패턴 그림. 이 결과는 좋은 정합특성을 가지는 프린트된 다층을 묘사한다.

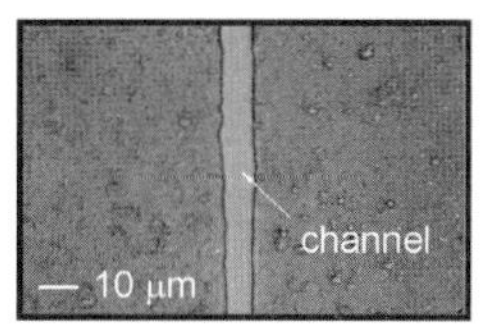

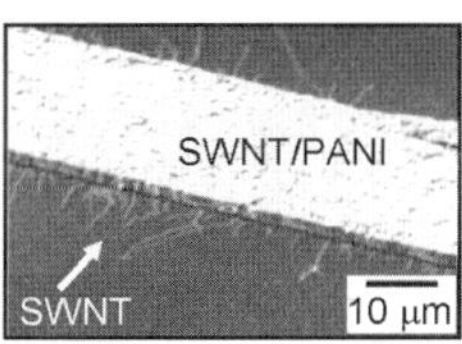

[그림 11.10] 왼쪽 그림은 열전사로 프린트 된 PANI/SWNT의 소스와 드레인 전극의 광학 현미경 그림을 보여주고 있다. 이 구조는 ~7μm의 반도체 채널 길이를 나타낸다. 오른쪽 그림은 프린트 된 선의 가장자리(edge)를 주사전자현미경(SEM)으로 보여주고 있다. 이 구조의 가장자리에서 얻어낸 SWNT를 지시한다. 이 튜브는 트랜지스터 채널 내의 반도체와 상호작용한다. 본 그림은 Elsevier의 허가에 사용되었다.

SWNT는 아마도 이 경우에 전자 주입(charge injection)을 용이하게 할 것이다. 이것으로 튜브는 기본적인 반도체 층을 형성할 수 있다는 것을 예측할 수 있다. 반도체 나노물질의 형태는 다음 절에 자세히 설명되어 있다.

11.2.3 접촉과 열전사 프린팅의 결합

미세접촉 프린팅(CP)과 나노전사 프린팅(nTP)은 공정이 단순하며 마이크론 이하의 영역 내에서 다차원 구조를(잠재적으로) 저가격으로 형성 가능하기 때문에 매력적이다. 나노전사 프린팅은 진정한 나노미터의 해상도를 가지며 복잡한 3차원과 다층 공정이 가능하다. 플라스틱 전자소자를 위해 양쪽 기술은 종래의 유기 반도체와 조화되는 공정이라는 특징 외에 고해상도의 소스와 드레인 전극을 패턴하는 중요한 장점을 가지고 있다. 이런 해상도는 유기 반도체가 낮은 이동도를 가짐에도 불구하고, 큰 "on" 전류를 갖는 충분히 작은 반도체 소자를 구현하기 위한 채널 형성을 가능하게 한다. 미세접촉 프린팅(CP)과 나노전사 프린팅(nTP)에 대조할만한 열전사 프린팅은 패턴 가능한 물질 내에서 뛰어난 유연성을 갖고 있다. 그것은 상업적 기계와 함께 빠른 속도의 좋은 정합으로 대면적에 수행할 수 있도록 한다. 열전사 프린트는 증착 또는 패턴의 핵심 물질을 위한 식각제(etchant) 또는 용해(solution) 수단이 필요하지 않는다. 비록 현재의 시스템은 5μm × 2.2μm의 화소크기를 가지고 있으나 2μm × 2μm으로 된 제한된 해상도를 가지는 시스템은 상업화 되고있는 중이다. 5μm 이하의 해상도가 요구되는 응용을 위해서는 미세접촉 또는 나노전사 프린팅(nTP)이 열전사 프린팅 방법과 혼합이 되면 가능하게 될 것이다. 미세접촉 프린팅(CP)이나 나노전사 프린팅(nTP)으로 프린트된 고해상도의 소스와 드레인 전극은 열전사 프린과 같은 다른 요소와 함께 사용될 수 있다. 다른 패턴 기술과의 조화와 결합은 플라스틱 회로를 구현하기 위해 매력적인 수단을 제공할 것이다.

11.3 프린트 가능한 반도체와 소자

앞 절에서 설명된 여러가지 인쇄 기술은 사용 가능한 회로를 만들기 위해 고효율의 전자 물질과 결합되어야 한다. 반도체는 소자의 중요하고 매력적인 구성 성분이다. 여러 물질의 분류 유기, 무기 그리고 유기/무기 하이브리드(Hybrid)는(Kagan and Andry 2003) 반도체의 문제점을 해결하기 위해 시도되었다. 기술된 인쇄 기술들은 용매로부터 프린트 및 주조할 수 있는 대면적 시스템에서 공정 잇점이 있다. 중요 연구는 1994년(Garnier *et al.* 1994) 인쇄된 플라스틱 트랜지스터의 첫 번째 시연을 시작으로 하여 집중되어 왔다. 알려진 유기 반도체 고분자와 소중합체(oligomer)는 0.1~1cm^2/Vs의(TFT 내에서 측정된)(Kagan and Andry 2003) 소자의 유효 이동도를 보여주었다. 또한(〉10^5)보다 높은 우수한 전류 점멸비(on/off current ratio)를 가지고 있다. 이러한 특성은 디스플레이와 같은 많은 응용에서 만족된다. 그러나 이러한 특성들은 고속의 신호처리 또는 계산에는 부적당하다. 따라서 물질 특성의 향상과 그들의 특성을 이해하는데 연구의 초점을 맞추어 계속 진행되고 있으며, 최근의 연구는 일반적인 단결정 실리콘 소자와 비교할 만한 능력을 가진 신소재를 만들기 위해 노력하고 있다.

11.3.1 종래의 유기 반도체

분자량 1,000 이하의 polycyclic과 매우 높은 평균 분자량을 갖는 polyheterocyles는 현실적인 디스플레이 응용을 위해 알맞은 성능을 보이는 두 종류의 유기 물질이다.

[그림 11.11]은 유기 반도체의 몇가지 화학 구조들을 보여주고 있다. TFT에서 좋은 성능을 달성하기 위해 고순도의 형태의 물질들이 필요하다. 고분자의 경우 regiochemistry와 분자량 분포 그리고 고분자의 말단 그룹(end groups)의 조절이 체인 중복(chain overlap)과 방향성(orientation)을 확보하기 위해서 필요하다. 예를 들어 나노전사 프린팅(nTP)이나 미세접촉 프린팅(CP)에 의해 프린트 된 전극 위에 이들 분자의 도포나 저온 진공증착(vacuum evaporation)하여 TFT를 얻을 수 있다. 분리된 기판위에 전극 구조를 프린트하거나 반도체층에 대하여 적층(lamination) 함으로서 TFT를 구현할 수 있으며 두 처리방법 모두에서 좋은 성과를 얻을 수 있다.

[그림 11.12]는 PDMS(~20m)의 기판 위에 나노전사 프린팅(nTP)으로 패턴된 Au/Ti 구조의 소스/드레인 전극을 통합한 트랜지스터의 전류-전압 특성과 광학현미경 그림(삽입그림)을 보여주고 있다(Loo *et al.* 2002c). 유기 반도체, 게이트 절연체 그리고 게이트 전극(ITO)으로 구성된 기판에 전극 구조를 인쇄하여 TFT를 생성한다.

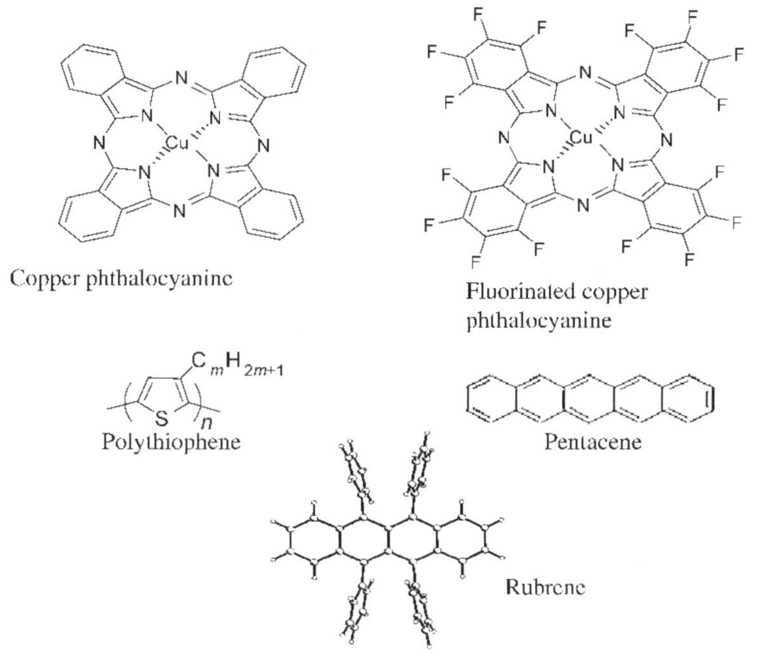

[그림 11.11] 몇몇의 유기 반도체의 화학구조. n-type의 특성을 보이는 위쪽 오른쪽의 합성물을 제외하고 p-type으로 작동한다.

이 소자는 n-type의 cooper hexadecaflouorophtha-locyanine(FCuPc)를 유기 반도체로 사용하였다. [그림 11.12]의 오른쪽 그림은 상보적 논리 게이트의 전사 특성을 보여주고 있고, 전극과 연결선은 nTP에 의해 생성하였다. 이 회로의 p-채널 트랜지스터는 펜타센(pentacene)을 사용하였다(Loo *et al*. 2002c). 이들 반도체 소자의 전계 효과 이동도와 인버터로서의 특성은 금속 물질을 shadow 마스크를 통해 증착한 소자의 특성과 유사하다. 또한 펜타센 소자는 $1cm^2/Vs$보다 높은 이동도를 보여준다.

채널 길이의 감소는 전류의 출력과 스위칭 속도를 향상시킬 수 있다. nTP의 고해상도는 마이크론 이하 범위의 채널 형성을 가능하게 한다. 그 예로 [그림 11.13]은 전자 투사현미경(SEM) 이미지와 L=150nm 트랜지스터의 전류-전압 특성을 보여준다. 이 소자에서 금이 코팅된 도장은 단순하게 상부-접촉 방식의 소자로 형성하기 위해 반도체 위에 접촉하게 된다(Zaumseil *et al*. 2003c).

제작된 소자의 유효 이동도는 마이크론 크기의 채널 길이를 가지는 TFT에서 측정된 값보다 매우 낮다. 출력 전류와 채널 길이의 상관성에 대한 연구는 금속-반도체 접촉 한계 장벽인 수 마이크론보다 작은 채널 길이를 제안한다. 그 결과 접촉 특성의 개선은 짧은 채널 길이 소자의 성능을 증가시키기 위해 필요하다.

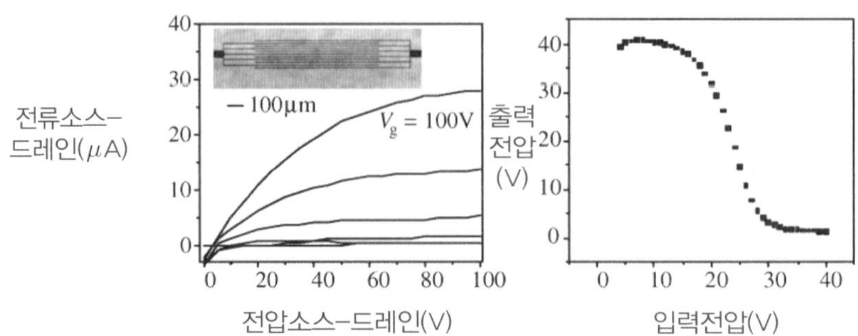

[그림 11.12] 왼쪽그림은 나노전사 인쇄로 패턴 된 n-채널 트랜지스터 전극의 전류-전압 특성을 보여준다. 유기 반도체(FCuPc), gate 절연체 그리고 gate로 지지된 기판(PET)위에 이 전극을 형성함으로서 소자를 완성했다. 삽입된 그림은 집적된 전극의 광학 현미경 그림이다. 오른쪽 그림은 이 소자를 사용한 상보논리 회로의 유사한 p-채널(pentacene) 트랜지스터의 전사 특성을 보여주고 있다.

이 시스템의 접촉 공학은 아직 초기단계이다. 실험적으로 증명할 수 있는 것은 상부 접촉 모양으로 직접 증착되어 형성된 것보다 낮은 저항을 보여준다는 것이다(Loo *et al*. 2002b; Zaumseil *et al*. 2003a). 하부-접촉(bottom contact) 배치에서 PANI/SWNT의 열전사에 의해 인쇄된 전극은 금으로 된 전극보다 매우 낮은 저항을 갖는 것을 보여준다(Lefenfeld *et al*. 2003).

[그림 11.14]는 PANI/SWNT의 패턴 된 전극 위에 펜타센을 증착하여 얻어진 TFT의 전류-전압 특성을 나타내고 있다(Lefenfeld *et al*. 2003). 삽입된 그림은 소스/드레인이 게이트 전압보다 매우 낮은 영역에서 매우 선형적으로 증가하는 것을 보여준다. 소자 특성의 예상되는 1/L 값은 낮은 저항 접촉과 일치된다. 이 접촉의 우수한 전기적 특성의 근본적인 원인은 현재 연구 중이다.

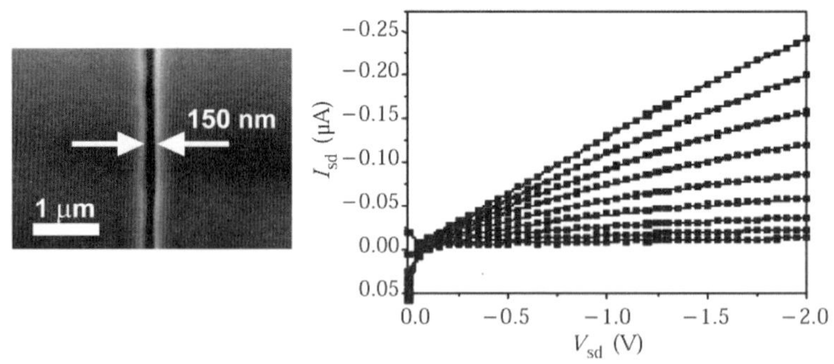

[그림 11.13] 유기 반도체 팬타센의 접촉은 필름에 대응되는 금속 코팅된 도장의 접촉에 의해 형성된 나노 크기의 유기 트랜지스터로 얻은 전류-전압 특성. 게이트 전압은 0.4V의 단위로 +1.0V에서 −2.2V로 인가되었다. 채널의 길이는 ~150nm이다. 왼쪽 그림은 도장 위의 소스와 드레인 전극 사이의 간격을 주사 전자현미경으로 보여주고 있다.

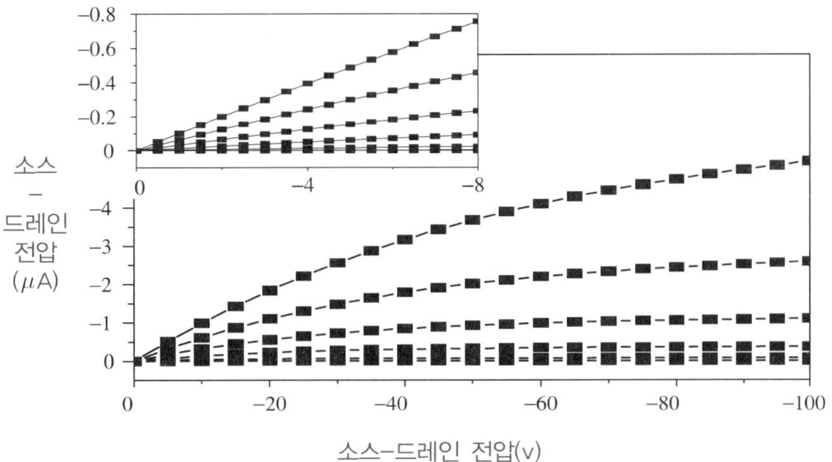

[그림 11.14] PANI/SWNT의 소스와 드레인 전극을 열 전사로 인쇄하여 사용된 유기 반도체의 전류–전압 특성. 전극 위에 (25nm)의 얇은 두께로 증착된 펜타센을 사용한 반도체이다. 게이트 전압은 −20V의 단위로 0에서 −100V까지 인가 되였다. 채널의 길이는 15μm이고 채널 폭은 0.5μm이다. 삽입 그림은 작은 소스–드레인 전압에서 소자의 선형적 행동을 보여준다. 본 그림은 American Institute–Physics의 허가에 사용되었다.

게다가 이 유기 시스템에서 채널 길이와 금속–반도체 상호작용, 수송(transport)은 소자의 성능에 매우 치명적으로 영향을 미친다. 비록 펜타센의 이동도의 최대 한계점과 유기물의 종류에 대한 관계를 예견하기는 어렵지만, 고순도 단결정 연구를 통해 얻어질 수 있다.

[그림 11.15]는 유기 반도체 rubrene의 단결정으로 형성된 트랜지스터의 특성을 나타내고 있다(Sundar *et al*. 2004). 이 소자는 소스와 드레인 전극, 게이트 절연체, 그리고 게이트 전극을 제공하는 탄성적인 요소에 대응하여 고체의 물리적 접합에 의한 완벽한 비침습성(noninvasive) 방식으로 만들어졌다. 이 시스템 내에서 20cm^2/Vs보다 높은 이동도(mobility)의 소자(device)는 상온에서 관찰되었다. 이 값은 최고의 유기 TFT에서 관찰된 값보다 10~100배 높다. 따라서 실질적 성능의 향상 면에서 이 데이터는 얇은 필름의 최적화된 상태에 의해 얻어진 것이다. 그럼에도 불구하고 20cm^2/Vs 값을 가지는 단결정과 비교적 동일하다. 그것은 단결정 실리콘의 이동도보다 10배 낮고 SWNT의 이동도보다 100~1,000배 낮다. 이 반응으로 이상적인 행동과 거의 영(0)에 가까운 문턱전압과 게이트 전압에 의존하는 이동도를 보인다. 이 결과는 다음 절에서 부각될 전형적인 유기물의 이동성 제한이 실리콘과 단일 격벽이 있는 탄소 나노튜브와 같은 재료의 종류와 관계있음을 나타낸다.

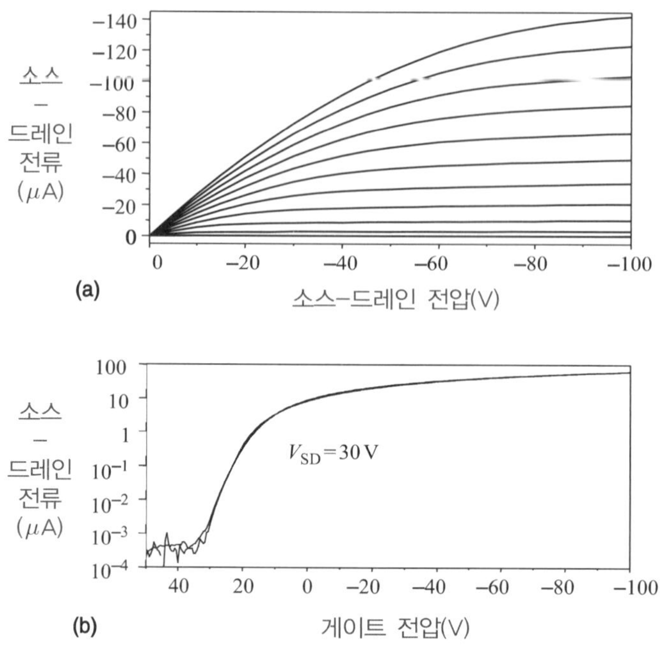

[그림 11.15] 유기 반도체 rubrene의 단결정이 사용된 트랜지스터의 전류−전압 특성. (a) 여러 gate 전압에서 다양한 소스−드레인 전류. 전형적으로 p−type의 잘 분해된 선형과 포화 전류 영역에서 관찰되었다. 채널은 일반적으로 'off' 상태이고 점차적으로 음의 게이트 전압에서 켜진다(+20∼−100V). (b) 스위칭 특성은 V_{sd} = 30V에서 측정되었다. On/off 비는 10^5 정도이고, 이동도는 $20cm^2/Vs$ 보다 높다.

11.3.2 플렉시블 회로를 위한 새로운 인쇄 가능한 반도체

반도체 단일 격벽의 탄소 나노튜브는(SWNT) 주목할만한 물질이다. 예를 들어 튜브의 이동도는 상온의 단일−튜브 내에서 $80000cm^2/Vs$ 보다 높은 값에 근접된 것이 관찰 되었다.(Durkop *et al*. 2003; McEuen *et al*. 2002; Avouris 2002) 이러한 특성은 소스와 드레인 전극의 짧은 채널 거리에 SWNT의 대규모 수평배열을 통해 기존의 유기반도체가 달성할 수 있는 것보다 더 큰 크기의 성능(속도, 전류, 출력, 전력효율 등)을 가지는 트랜지스터 구현이 가능함을 나타낸다.

튜브는 다양한 솔벤트에 섞을 수 있기 때문에 그것은 실온에서 플라스틱을 포함한 여러 종류의 기판 위에 직접 형성이 가능하다. 이 SWNT의 주조된 서브 마이크론필름 위에 전극을 인쇄하는 것은 좋은 성능을 가지는 SWNT 배열을 가지는 트랜지스터를 구현할 수 있게 한다. 최적화된 배향, 패킹 밀도와 용해−주조 SWNT로 얻은 고유의 튜브 이동도의 높은 달성은 약간의 문제점을 가지고 있다. 게다가 금속 튜브는 높은 on/off 비를 달성하기 위해 채널에서 제거되어야만 한다. 가장 단순한 접근은 금속 튜브를 태워 버리기 위해 강하게 게이트 전압이 반도체를 off 시킬 때 소스/드레인에 높은 전압을 인가하는 것이다. 분리시키기 위한 화학적, 유전적 영동(dielectrophoretic) 방식들은 여러 연구실에서 활발히 연구되어 융합되고 있다(Strano *et al*. 2003; Zheng *et al*. 2003; Krupke *et al*. 2003). 그 결과 TFT에서의 SWNT 배열 문제는 심각하게 나타나지 않는다.

[그림 11.16]은 SWNT 배열 소자의 원자 현미경(atomic micrograph) 그림을 보여주고 있고 그것으로부터 전사 특성을 얻을 수 있었다(Meitl *et al*. 2004; Zhou *et al*. 2004). 이 소자는 잘 알려진 고압의 일산화탄소 기술을 사용한 용해 주조 튜브를 합성하여 사용하였다(Bronikowski *et al*. 2000; Alvarez *et al*. 2001). 그것을 태워버린 후, 0.1~1cm^2/Vs의 이동도와 ~105의 on/off 비를 가지는 p-type의 TFT와 유사한 동작 특성을 얻을 수 있었다. 비록 이 값은 기존의 유기물에서 얻어진 값과 크게 비교 되지는 않지만, 차후 꾸준한 연구를 통해 이에 대한 물리적 이해와 우수한 특성 구현이 가능할 것이다.

실리콘의 우수한 성능과 잘 이해된 특성은 플렉시블 공학을 위한 다른 잠재적이고 매력적인 물질을 만들어 낼 수 있다. 대부분 비정질 보다 결정성 실리콘의 형성은 고온의 증착과 공정이 요구된다. 따라서 그들은 플라스틱 기판에 알맞지 않다. 유기 나노 입자와 나노 와이어(nanowires)의 반도체의 용해-증착 필름은 비록 1~3cm^2/Vs 범위의 유효 이동도를 나타내고 있으나 이에 대한 가망성을 나타낸다(Ridley *et al*. 1999; Duan *et al*. 2003).

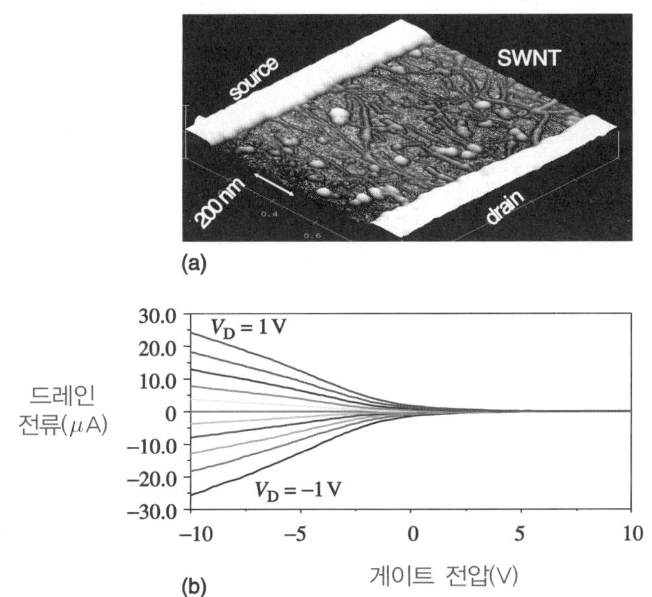

[그림 11.16] (a) 반도체에서 SWNT의 배열을 사용한 TFT의 채널 영역의 원자 현미경 그림
(b) 같은 소자의 전사 특성

우리는 최근 넓은 범위에 우수한 특성의 단결정 실리콘을 생산 할 수 있는 top-down 고정 기술을 보여 주었다(Menard *et al*. 2004b). 우리가 미세구조 실리콘(μs-Si)이라고 부르는 물질의 구성 형태는 우수한 전기적 특성을 가지는 플렉시블 TFT 형성을 위해 사용될 수 있다(Ridley *et al*. 1999).

[그림 11.17]은 에탄올에서 실리콘 리본의 확장을 보여주고 있다. 매우 부드러운 표면은 고해상도의 전자주사현미경(SEM)으로 관찰되었다. 이 리본의 측면 거리와 다른 물질의 nTP나 다른 소프트 리소그래피(soft lithography)의 접근으로 형성하여 식각(etching)을 적용하면 50nm보다 작은 패턴을 형성할 수 있다.

용액 도포는 플라스틱을 포함한 모든 기판에 미세구조 실리콘(s-Si)을 적용할 수 있다. 건식전사(dry transfer) 프린팅은 이 물질의 패턴을 위해 다른 방법을 제공한다.

[그림 11.18]은 실리콘 와이어와 리본(ribbon)이 고해상도로 전사된 이미지를 보여주고 있다. [그림 11.19]는 SiO_2/Si의 표면 위에 단일 리본의 용액 도포를 사용해 제작한 TFT의 전기적 특성을 보여준다. 전자 특성의 기울기 분석은(오른쪽 그림) ~200cm^2/Vs의 이동도를 보여주고 있다. 문턱 전압과 접촉 특성은 s-Si 공정을 위한 기술과 소자 전사 특성에 매우 민감하다. 그러나 기본적인 기술은 이전 장에서 묘사된 인쇄 기술과 조화될 수 있다.

[그림 11.17] 전사된 실리콘 와이어와 리본의 고해상도 그림

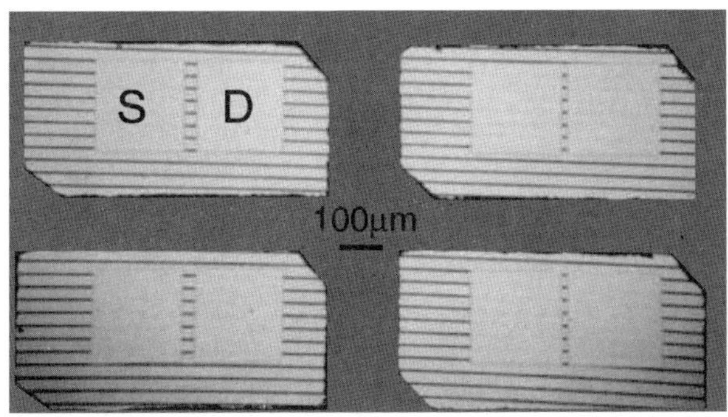

[그림 11.18] 단결정 실리콘 리본(single crystal silicon ribbon)의 정렬된 배열을 가지는 플라스틱 기판 위에 형성된 TFT의 광학 현미경 그림

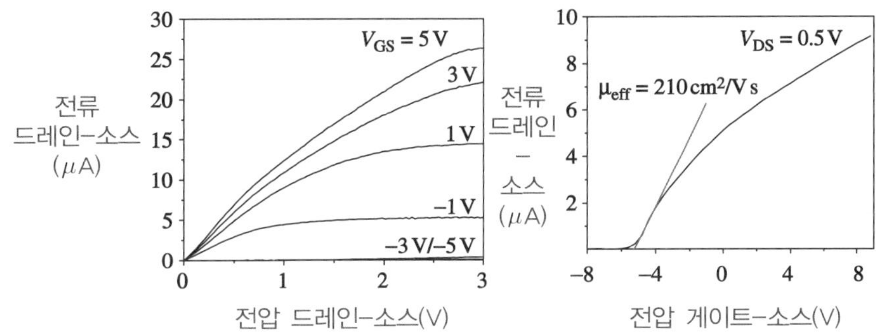

[그림 11.19] SiO_2/Si 표면 위의 단일 실리콘 리본을 주조해 형성한 TFT의 전기적 특성

Top-down 마이크론 기술은 플렉시블 공학 시스템에 높은 해상도를 제공하는 매력적인 방법이다.

11.4 시제품 회로 & 시스템

프린팅 기술과 반도체 물질은 우수한 특성을 가지는 고유의 반도체 소자를 구현할 수 있도록 할 뿐만 아니라 충분한 성능으로 대면적 회로 시스템에 사용될 수 있다. [그림 11.20]은 이전 장에 묘사된 물질과 공정(Rogers *et al*. 2001)을 사용한 미세접촉 프린팅에 의해 형성된 6인치×6인치 플라스틱 능동 매트릭스기판의 그림을 보여주고 있다. 이 경우 펜타센(pentacene)이 반도체로 사용되었다. ~1μm의 두께로 코팅된 유기 합성 수지 필름은 게이트 절연체로 사용되었다.(Bao *et al*. 2002) 기판은 게이트를 위한 ITO가 코팅된 poly(ethylene terephthalate)(PET) 가 250μm 두께로 구성되어 있다. 구동 트랜지스터를 위한 채널 길이는 ~15μm 이다;

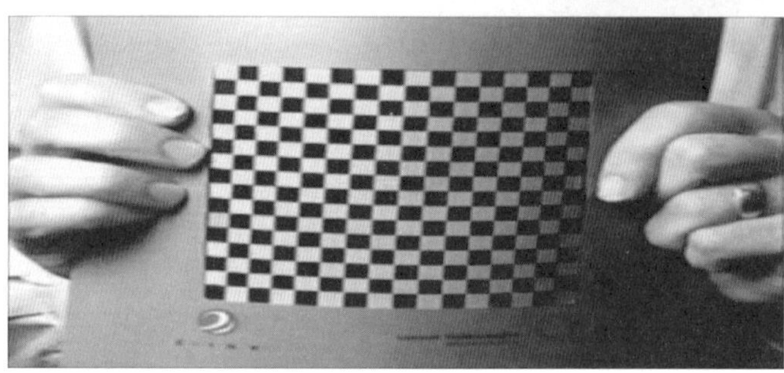

[그림 11.20] 전자 신문과 같은 디스플레이를 위한 기계적으로 플렉시블 플라스틱 능동매트릭스. 미세접촉 프린팅은 이 회로의 트랜지스터에서 특징을 나타낸다.

소스와 드레인 전극을 연결하고 행과 화소(pixel)를 연결하는 선의 혹은 ~15μm이다. [그림 11.21] 전자 잉크(electronic ink)로서 패턴되지 않은 기판에 위에 붙여진(laminating) 회로에 의해 만들어졌다.

CP의 고해상도는 제품을 위해 필요한 성능(트랜지스터의 전류 출력과 스위칭 속도)을 달성하기 위해 중요하다. 이 소자의 세부사항은 다른 곳에서 찾아 볼 수 있다(Rogers *et al*. 2001). 비록 화소의 수와 크기는 실제 제품에 맞지는 않으나 인쇄 기술에서 많은 화소와 고해상도의 한계는 없다.

[그림 11.21]은 유사한 배치를 가지는 백플레인(backplane)을 보여주고 있다. 그러나 크기는 매우 크지 않다. 이 회로는 열 전사 인쇄와 [그림 11.4]에서 보여준 펜타센 증착에 의해 형성된 회로의 모든 층을 적층하여 형성되었다(Blanchet *et al*. 2003). 첫째로 PANI/SWNT 도너와 플렉시블 리시버는 진공에 의해 위치되고 접촉된다. 게이트 전극은 이전에 묘사한 것과 같이 플렉시블 리시버 위에 도너 필름으로부터 PANI/SWNT가 선택적으로 전사되어 프린트된다. 리시버는 1m methacrylate 공중합체 층이 매우 큰 영역에서 접합을 위해 제거되고 소스와 드레인 층을 인쇄하기 위해 재배치된다. 백플레인은 shadow 마스크를 통해 펜타센이 증착되어 완성된다.

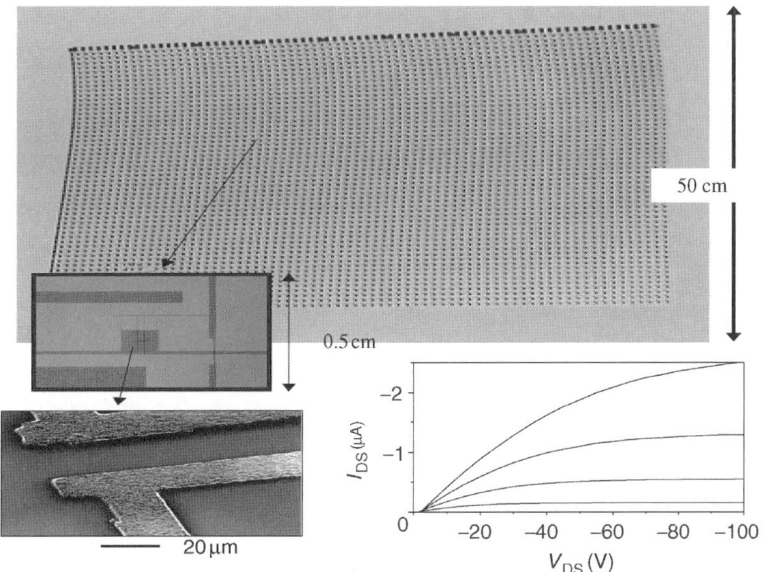

[그림 11.21] 열전사로 형성된 능동 매트릭스 기판 회로. 위 그림은 50cm×75cm의 인쇄된 채널의 사진을 보여준다. 중간 왼쪽의 미세 그림은 회로의 단위 셀(cell)을 묘사한다. 아래 왼쪽의 주사전자현미경(SEM) 그림은 고해상도의 소스와 드레인 전극과 채널 영역을 나타낸다. 아래 오른쪽 도표는 대면적에 인쇄된 패널의 트랜지스터 하나의 전기적 특성을 보여주며, gate 전압은 −20V 단위로 0에서 −100V까지 인가되었다.

비록 인쇄 시스템은 리시버 위에 연속적인 층의 전사를 통해 이미지 될 때 인쇄 시스템은 2~5μm 정합을 유지하기는 하지만 일단 리시버가 제거되면 정합이 부족하게 된다, 이 접근 방법은 4,000cm2 영역보다 넓은 지역에서 200μm보다 작은 정합 오차를 가능하게 한다. 이 회로는 50cm × 80cm 플렉시블 기판 위에 인쇄된 20μm 채널을 가지는 5,000개의 트랜지스터를 담고 있다. 전형적인 트랜지스터의 현미경 사진은 아래 왼쪽 구석에 보여주고 있다. 패널에서 전형적인 트랜지스터의 출력 특성은 아래 오른쪽에 보여주고 있다.

11.5 결 론

이 장은 플렉시블 회로를 위한 반도체 물질과 인쇄 기술 분야에 대한 최근의 성과를 제시하였다. 연구되는 TFT, 단순 논리 게이트, 대면적 회로와 플렉시블 디스플레이 기술의 가능성을 보여 주었다. 물론, 이 분야의 대해 포괄적이지 않다. 예를 들어 인쇄분야에서(Behl *et al.* 2002) 잉크젯 프린팅(Sirringhaus *et al.* 2000), 정확한 shadow 마스크(Baude *et al.* 2003)와 플라스틱 기판 위에 논리 회로 패턴을(Talghader *et al.* 1995) 위해 많은 우수한 방법들이 존재한다. 게다가 비정질 실리콘을 사용하는 플렉시블 회로의 구현 기술도 존재한다. 그러나 관심 가질 부분은 제한적이긴 하나 실리콘 웨이퍼에서 플렉시블 기판으로의 회로의 완전한 전사와 마찬가지로 플라스틱 위에 미리 형성된 실리콘 회로요소의 유체 조립(fluidic assembly)은 플렉시블 회로를 위한 다양한 대체 기술을 나타낸다는 것이다(Talghader *et al*. 1995; Jacobs *et al*. 2002). 차후 요구 성능이나 최종 제품의 소요 비용은 궁극적으로 기술 선택에 의해 결정될 것이다(Lee *et al*. 2003). 접근 방법의 다양성과 각 기술이 포함하는 흥미로운 과학적 이슈는 이 영역을 연구하는 것을 아주 신나게 만들것이다.

참고문헌

Alvarez W. E., Kitiyanan B., Borgna A. and Resasco D. E. (2001) Synergism of Co and Mo in the catalytic production of single-wall carbon nanotubes by decomposition of CO. *Carbon* 39, 547-58

Avouris P. (2002) Molecular electronics with carbon nanotubes. *Account of Chemical Research* 35, 1026-34.

Bao Z., Kuck V., Rogers J. A. and Paczkowski M. A. (2002) Silsesquioxane resins as high performance solution processable dielectric materials for organic transistor applications. *Advanced Functional Materials* 12, 526-31

Baude P. F., Ender D. A., Haase M. A., Kelley T. W., Muyres D. V. and Theiss S. D. (2003) Pentacene-base radio-frequency identification circuitry. *Applied Physics Letters* 82, 3964-66.

Behl M., Seekamp J., Zankovych S., Torres C. M. S., Zentel R. and Ahopelto J. (2002) Towards plastic electronics: patterning semiconducting polymers by nanoimprint lithography. *Advanced Materials* 14, 588-91.

Blanchet G., Loo Y. L., Rogers J. A., Gao F. and Fincher C. (2003) Large area dry printing of organic transistors and circuits. *Applied Physics Letters* 82, 463-65.

Bronikowski M. J., Bradley R. K., Nikolaev P., Willis P. A., Colbert D. T., Smith K. A. and Smalley R. E. (2000) Gas-phase method for large-scale production of single-walled carbon nanotubes. *Abstracts of Papers of the American Chemical Society* 219, 421

Duan X. F., Niu C. M., Sahi V., Chen J., Parce J. W., Empedocles S. and Goldman J. L. (2003) High-performance thin film transistors using semiconductor nanowires and nanoribbons. *Nature* 425, 274-78.

Durkop T., Getty S. A., Cobas E. and Fuhrer M. S. (2004) Extraordinary mobility in semiconducting carbon nanotubes. *Nano Letters* 4, 35-9.

Garnier F., Hajlaouir R., Yassar A. and Srivastava P. (1994) All-polymer field-effect transistor realized by printing techniques. *Science* 265, 1684-86

Hua F., Sun Y., Guar A., Meitl M. A., Bilhaut, L., Rotkina L., Wang J., Geil P., Shim M., Rogers J. A. and Shim A. (2004) Polymer imprint lithography with molecular-scale resolution. *Nano letters* 4, 2467-2471.

Jacobs H. O., Tao A. R., Schwartz A., Gracias D. H. and Whitesides G. M. (2002) Fabrication of a cylindrical display by patterned assembly. *Science* 296, 323-25

Kagan, C. R., and Andry, P. (2003) *Thin Film Transistors*, *Marcel Dekker*.

Kim C., Shtein M. and Forrest S. R. (2002) Nanolithography based on patterned metal transfer and its application to organic electronic devices. *Applied Physics Letters* 80, 4051–53.

Krupke R., Hennrich F., von Lohneysen H. and Kappes M. M. (2003) Separation of metallic from semiconducting single-walled carbon nanotuves. *Science* 301, 344–47.

Kumar A. and Whitesides G. M. (1993) Features of gold having micrometer to centimeter can be formed through a combination of stamping with and elastomeric stamp and an alkanethiol ink followed by chemical etching. *Applied Physics Letters* 63, 2002–4.

Lee Y., Li H. D. and Fonash S. J. (2003) High-performance poly-Si TIFTs on plastic substrates using a nano-structured separation layer approach. *IEEE Electron Device Letters* 24, 19–21

Lefenfeld M., Blanchet G. and Rogers J. A. (2003) High performance contacts in plastic transistors and logic gates that use printed electrodes of DNNSA-PANI doped with single-walled carbon nanotubes. *Advanced Materials* 15, 1188–91

Loo Y. L., Hsu J. W. P., Willett R. L., Baldwin K. W., West K. W. and Rogers J. A. (2002a) High-resolution transfer printing on GaAs surfaces using alkane dithiol self-assembled monolayers. *Journal of Vacuum Science and Technology B* 20, 2853–56.

Loo Y. L., Someya T., Baldwin K. W., Ho P., Bao Z., Dodabalapur A., Katz H. E. and rogers J. A. (2002b) Soft, conformable electrical contacts for organic transistors : high resolution circuits by lamination. *Proceedings of the National Academic Science USA* 99, 10252–56.

Loo Y. L., Willett R. W., Baldwin K. and Rogers J. A. (2002c) Additive, nanoscale patterning of metal films with a stamp and a surface chemistry mediated transfer process: application in plastic electronics. *Applied Physics Letters* 81, 562–64

Loo Y. L., Willett R. W., Bladwin K. and Rogers J. A. (2002d) Interfacial chemistries for nanoscale transfer printing, *Journal of the American Chemistry Society* 124, 7654–55.

McEuen P. L., Fuhrer M. S. and Park H. K. (2002) Single-walled carbon nanotuve electronics. *IEEE Transitions on Nanotechnology* 1, 78–85.

Meitl, M. A., Zhou, Y. X. Gaur, A., Jeon, S., Usrey, M. L., Strano M. S. and Rogers, J. A (2004) *Nano Letters* 4, 1643.

Menard E., Bilhaut L., Zamseil J. and Rogers J. A. (2004) Improved chemistries, thin film deposition techniques and stam design for nontransfer printing. *Langmuir* 20, 6871–6878.

Menard E., Lee K., Young D. Y., Nuzzo R. and Rogers J. A. (2004b) A printable form of silicon for high performance flexible thin film transistors. *Applied Physics Letters*, submitted.

Michel B., Bernard A., Bietsch A., Deamarche E., Geissler M., Junker D., Kind H., Renault J. P., Rothuizen H., Schmid H., Schmidt-Winkel P., Stutz R. and Wolf H. (2001) Printing meets lithography: soft approaches to high-resolution printing. *IBM Journal of Research and Development* 45, 697–719.

Mirkin C. A. and Rogers J. A. (2001) Emerging methods for micro- and nanofabrication. MRS *Bulletin* 26, 506-07.

Ridley B. A., Nivi B. and Jacobson J. M. (1999) All-inroganic field ettect transistors fabricated by printing. *Science* 286. 746-49.

Rogers J. A., Paul K. E. and Whitesides G. M.(1998) Quantifying distortions in soft lithography. *Journal of Vacuum Science and Technology B* 16, 88-97.

Rogers J. A., Bao Z. and Makhija A., (1999) Non-photolithographic fabrication sequence suitable for reel-to-reel production of high performance organic transistors and circuits that incorporate them. *Advanced Materials* 11, 741-45.

Rogers J. A., Bao Z. and Makhija A., Crone B., Raju V. R., Kuck V., Katz H. E., AMundson K., Ewing J. and Drazic P.(2001) Paper-like electronic displays; large area, rubber stamped plastic sheets of electronics and electrophoretic inks. *Proceedings of the National Academy of Science* USA 98, 4835-40.

Schmid H., Wolf H., Allenspach R., Riel H., Karg S., Michel B. and Delamarche E. (2003) Preparation of metallic films on elastomeric stamps and their application for contact processing and contact printing. *Advanced Functional Materials* 13, 145-53.

Sirringhaus H., Kawase T., Frend R. H., Shimoda T., Inbasekaran M., W. M. and Woo E. P. (2000) High-resolution inkjet printing of all-polymer transistor circuits. *Science* 290, 2123-26.

Strano M. S., Dyke C. A., Usrey M. L., Barone P. W., Allen M. J., Shan H. W., Kittrell C., Hauge R. H., Tour J. M. and Smalley R. E. (2003) Electronic structure control of single-walled carbon nanotbe functionalization. *Science* 301, 1519-22.

Sundar V. C., Zaumseil J., Podzorov V., Someya T., Gershenson M. and Rogers J. A. (2004) Elastomeric transistor stamps for reversible probing of charge transport in molecular crystals. *Science* 303, 1644-46

Sze S. (1985) *Semiconductor Devices: Physics and Technology*, John Wiley & Sons, Inc., New York.

Talghader J. J., Tu. J. K. and Smith J. S. (1995) Integration of fluidically self-assembled optoelectronic devices using a silicon-based process. *IEEE Photon Technology* 7, 1321-23.

Xia Y., Rogers J. A., Paul K. E. and Whitesides G. M. (1999) Unconventional methods for fabricating and patterning nanostructures, *Chemical Reviews* 99, 1823-48.

Zaumseil J., Baldwin K. and Rogers J. A. (2003a) Electrical characteristics of organic transistors formed by soft contact lamination. *Journal of Applied Physics* 93, 6117-24.

Zaumseil J., Meitl M. A., Hsu J. W. P., Acharya B., Baldwin K. W., Loo Y. L. and Rogers J. A. (2003b) Three-dimensional and multilayer nanostructures formed by nanotransfer printing. *Nano Letters* 3, 1223-27.

Zaumseil J., Someya T., Baldwin K., Bao Z., Loo Y. L. and Rogers J. A. (2003c) Nanoscale organic transistors formed by soft contact lamination and source/drain electrodes supported by hugh resolution rubber stamps. *Applied Physics Letters* 82, 793−95.

Zheng M., Jagota A., Semke E. D., Diner B. A., McLean R. S., Lustig S. R., Richardson R. E. and Tassi N. G. (2003) DNA−assisted dispersion and separation of carbon nanotubes. *Nature Materials* 2, 338−42.

Zhou, Y., Gaur, A., Hur, S. H., Kocabas, C., Meitl, M., Shim, M. and Rogers, J. A. (2004) *Nano Letters* 4, 2031.

프린트 가능한 유기 전자소자

Raj B. Apte,[1] Robbert A. Street,[1] Ana Claudia Arias,[1] Alberto Salleo,[1] Michael Chabinyc,[1] William S. Wong,[1] Beng S. Ong,[2] Yiliang Wu,[2] Ping Liu,[2] and Sandra Gardner[2]

[1]*Electronic Materials Laboratory, Palo Alto Research Center and* [2]*Xerox Research Centre of Canada*

12.1 서 론

최근 몇 년간 a-Si 박막트랜지스터를 대체할 저가격의 소자로 유기 박막트랜지스터(OTFT)가 전자제품 응용을 위해 많은 관심을 받고 있다(Dimitrakopoulos and Malenfont 2002, Katz *et al*. 2001). OTFT 기반의 회로는 특히 빠른 스위칭 속도를 필요치 않는 능동 매트릭스 디스플레이와 같은 대면적 소자에 적합하다. 또한 OTFT 기반 회로는 고가의 집적된 실리콘 회로를 사용하기 힘든 라디오 주파수 식별 태그(RFID)와 같은 저 가격의 마이크로 전자 소자에 적합하다. 회로 공정 중에 많은 부분의 비용은 포토 리소그래피에서 발생한다. 그 이유는, 장비자체가 고가이고 증착, 베이킹(bake), 노광 등의 많은 공정이 있기 때문이다. 저렴하게 OTFT를 생산하기 위해서는 기존의 epitaxial 웨이퍼, 포토리소그래피, 진공증착 등의 무기반도체 공정에서 roll to roll 공정, 프린트 패터닝, 용액공정 등의 새로운 생산방법으로 옮겨가야 한다.

프린트 기법은 중국에서 처음으로 시작되었고 1200년 뒤인 19세기 초반에 프린트에 필요한 기판의 크기가 커지기 시작했다. 프린터의 압반(platen)이 평평한 형태에서 실린더 형으로 변하였다. 프린터 형태가 변화되어 미치는 효과는 단일 프레스로 출력했던 신문의 양보다 5배정도 효율이 증가한 것으로 나타났다(Smith 1979, Steinberg 1956). 평면 패널을 사용하는 산업에서도 마찬가지로 꾸준히 유리 기판의 크기를 늘려왔다.(6세대 라인의 유리 기판 사이즈는 1.5×1.8m^2이다.) 하지만 진공 장비의 가격은 기판의 크기에 따라 증가하게 된다. 플렉시블 기판은 기존 기판에 비해 훨씬 큰 크기로 제작하는 것이 가능하다. 하지만 플렉시블 기판은 여러 가지 문제점을 안고 있는데, 그 중 플라스틱 기판은 높은 온도에서 안정성을 확보하기 위해 많은 비용이 든다는 점과 두 번째로 공정시 가스가 발생한다는 문제점을 가지고 있다. 플라스틱 기판의 표면과 내부에서 가스가 발생하고 이는 높은 진공을 요하는 공정을 방해한다. 또 다른 문제점은 포토 리소그래피에서 플렉시블한 기판의 낮은 안정성 문제이다.

잉크젯 프린팅은 넓은 영역에 직접 인쇄 할 수 있어 높은 수율을 갖는다. 플렉시블 기판에 패턴된 박막을 간단하고 저렴하게 형성할 수 있다. 트랜지스터를 만들기 위해 모든 박막에 용액(solution)공정이 필요한 것은 아니지만, 용액 공정을 사용하면 더 낮은 가격으로 트랜지스터를 생산할 수 있다. 트랜지스터를 만들 때, 반도체 채널은 가장 중요한 물질이다. 펜타센과 같은 높은 성능을 갖는 일부 유기 반도체 물질은 진공 증착을 한다. 많은 사람들이 펜타센을 용액 공정으로 이용하는 방법을 연구했다. 그 결과 용액 공정이 가능한 펜타센 전구체(precursor)를 합성하였고, 그 후 반도체 필름으로 변환이 가능해졌다(Afzali *et al* 2002). 하지만 이 방법은 높은 온도를 요구하고 물질의 가격이 비싸다는 단점이 있다. 용액 도포가 가능한 반도체 물질이 반도체에 요구되는 성능을 만족한다면 저가의 OTFT제작이 가능하다. 유기 반도체 물질의 구조적 모양이나 분자 정렬에 관한 더 자세한 논의는 우리가 테스트한 고분자를 통해 다뤄질 것이다.

이 장에서는 프린트된 유기 전자소자의 전기적 요구사항과 성능 특징, polyldiakylquater thiophene(PQT)의 성능과 발전에 대해 논의하고, 128×128 화소, 75dip의 해상도를 갖는 능동 소자 배열을 보여 줄 것이다.

12.2 시스템 요구사항

이 장은 능동 매트릭스 디스플레이를 중심으로 유기 박막트랜지스터의 물질과 소자의 동작, 제작에 초점을 맞추어 설명한다. 이 절에서는 논의를 전개하기 위해 능동 매트릭스 디스플레이의 동작 요구사항을 제시할 것이다. 유기 발광 다이오드(OLEDs)와 같은 능동 소자를 갖는 발광 장치는 일반적으로 화소마다 몇 개의 트랜지스터를 필요로 한다.

이런 조건에서 각각의 트랜지스터는 매우 다른 동작 요구사항을 갖는다. 상호 컨덕턴스가 큰 트랜지스터는 높은 전자 이동도와 큰 폭과 길이를 필요로 하고 제어 트랜지스터는 낮은 누설(leakage) 값을 필요로 한다.

유기 박막트랜지스터는 현재 유기 발광 다이오드를 구동할 만큼 충분한 상호 컨덕턴스를 갖고 있지 못하다. 따라서 비발광형 디스플레이도 우리의 관심의 대상이다. 낮은 이동도의 고분자는 많은 전류를 필요치 않는 LCD, 전기영동 디스플레이와 같은 비발광형 디스플레이에

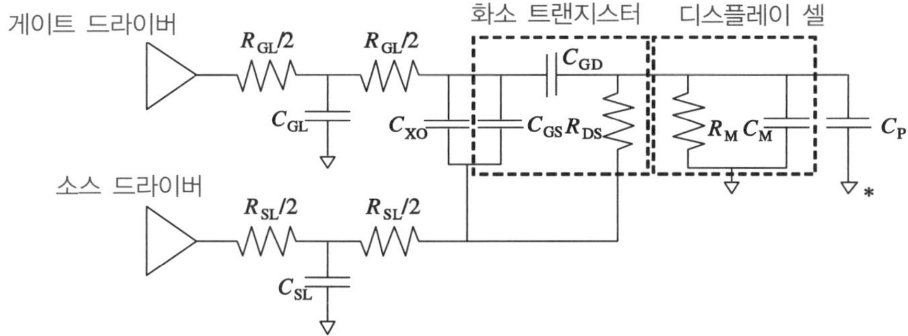

[그림 12.1] m×n(게이트 라인×소스 라인) 능동매트릭스 비발광형 디스플레이 셀의 등가회로. 게이트 드라이버는 두가지 상태를 제어한다(on/off). 소스 드라이버는 소스 라인의 256 혹은 그 이상의 레벨을 제어한다. R_{GL}은 게이트 라인의 저항이다.C_{GC}는 n개의 게이트와 그 길이에 분포되어 있는 중첩된 커패시턴스를 포함하는 게이트 라인 커패시턴스이다. R_{SL}은 소스 라인의 저항이다. C_{SC}는 m개의 게이트-소스와 그 길이에 분포되어 있는 중첩된 커패시턴스를 포함하는 소스 라인 커패시턴스이다. C_{XO}는 단일 화소의 중첩된 커패시턴스이다. 트랜지스터는 게이트-드레인 커패시턴스인 C_{GD}로 모델링 되어졌다; C_{GS}, 게이트-소스 커패시턴스; R_{DS}, 드레인-소스 저항. 디스플레이 셀은 매질 저항 R_m과 매질 커패시턴스 C_m으로 나타낸다. 마지막으로 인접한 게이트 드라이버에 인접한 픽셀의 커패시턴스는 C_P로 나타내어진다. (*)게이트 드라이버와 연결, 가상 접지로 대체됨.

적합하다. 0.5cm^2/V 정도의 이동도를 갖는 비결정질 실리콘은 매우 큰 면적의 비디오 전송 속도에 맞게 능동 소자 액정 디스플레이(AMLCDs)를 구동할 수 있다. 가장 좋은 고분자의 전자 이동도는 비결정질 실리콘의 이동도에 근접한다. 더 중요한 것은 10^6 이상의 on 전류와 off전류 비율인데 고분자 반도체도 이를 만족시킬 수 있다.

[그림 12.1]은 능동 매트릭스 어레이의 회로 모델을 보여주고 있다. 어레이(array)는 각각의 드라이버에 연결된 m개의 게이트 라인과 n개의 소스 라인으로 이루어져 있다. 화소는 게이트-소스 커패시터 C_{GS}, 게이트-드레인 커패시터 C_{GD}, 드레인-소스 저항 R_DS로 나타내진다. 게이트 드라이버는 두가지 상태로 동작한다. 따라서 R_{DS}는 게이트 드라이버가 켜져있을 때 저항 R_{on}으로, 꺼져 있을 때는 저항 R_{off}의 두가지 값을 갖는다. 디스플레이 매질은 화소 누설저항 R_M과 커패시턴스 C_M으로 나타내진다. 왜냐하면 라인 커패시턴스는 많은 다른 화소의 집합이기 때문에 아래와 같이 근사화 될 수 있다.

$$C_{GL} = n(C_{GS} + C_{GD} + C_{XO}),$$
$$C_{SL} = m(C_{GS} + C_{XO}) \tag{12.1}$$

C_{GS}는 일반적으로 C_GD와 같기 때문에 C_{GL}은 C_{SL}의 두배 이하이다. 주어진 OTFT 소자의 변수인 디스플레이 타이밍은 상승(rise) 시간과 충전(charging) 시간에 의해 제한되어진다.

일반적인 디스플레이의 경우 프레임타임 T는 16ms이고 라인타임은 T/m이 된다. 이 시간 동안 1% 내의 오차를 갖으며 디스플레이 셀을 충전시키기 위해, 아래와 같은 조건을 만족해야 한다.

$$(R_{SL} + R_{ON})(C_P + C_M) \le \frac{T}{5m} \tag{12.2}$$

프레임 타임 동안의 충전상태 유지는 두 번째 제약조건이 된다. 이 경우 전하의 누설은 다음과 같은 조건을 필요로 한다.

$$\frac{R_{OFF}R_M}{R_{OFF} + R_M}(C_P + C_M) \ge 5T \tag{12.3}$$

위의 두 가지 제약조건은 게이트와 소스라인에 흐르는 신호의 상승 시간에 관계가 있다.

$$\begin{aligned} R_{GL}C_{GL} &< \frac{T}{5m} \\ R_{SL}C_{SL} &< \frac{T}{5m} \end{aligned} \tag{12.4}$$

마지막으로, 대부분의 전기 광학 물질은 게이트 절연막 보다 대략 100배 정도 두껍다. 이 경우 게이트-드레인 커패시턴스 C_{GD}는 매질 커패시턴스 C_M보다 매우 크게 되며 또한 균일하지도 않다. 게이트 스위치가 꺼졌을 때 화소 전하의 손실을 나타내는 feedthrough 전하는 소스-드레인으로 부터 만들어지는 화소 전하의 범위를 이동시킨다. 이 문제를 극복하기 위해서 추가적인 화소 커패시턴스 C_B가 이전 게이트 라인에 중첩 확대된 화소 전극에 달리게 된다. feedthrough 전하가 신호 전하보다 10배 이상 작게 하기 위해 아래와 같은 조건이 필요하다.

$$10\Delta V_G C_{GD} \le \Delta V_S (C_M + C_P) \tag{12.5}$$

C_{GD}를 작게 하는 것은 채널 저항을 증가시킬 수 있고 트랜지스터의 동작을 못하게 할 수 있다(만약 게이트와 드레인이 중첩되지 않았다면). 따라서 전도층의 정합(registration) 균일성은 feedthrough를 제한하는데 필수적이다. 중첩이 20μm 이하일 때 수 마이크론의 정합 오류는 이미지에 영향을 미치는 정도의 feedthrough 전하의 불균일성을 만들어 낼 수 있다. Ron이 충분히 작고 화소내 공간이 충분하다면 C_P를 증가시키는 것은 어려운 일이 아니다.

시스템의 오더가 m, n=1000이고 게이트와 소스 화소 간격이 400μm 정도를 갖는다면 상승 시간은 3μs 이하가 된다. 라인 커패시턴스가 피코(pico)패럿정도 되기 때문에 라인 저항은 1MΩ 이하가 되어야만 한다. 10^5 스퀘어(□)가 있기 때문에 최소한 라인 전극에 1Ω/□가 필요하다. C_{GD}가 1 피코패럿에 가까워지면 일반적으로 C_M은 대부분 피코패럿 이하이다. 세심한 설계를 통하여 feedthrough의 변화(shift)를 막기에 충분하도록 C_P가 C_{GD}의 다섯배나 그 이상이 되도록 하는 것이 가능하다. μ= 0.1cm^2/Vs를 갖는 트랜지스터에서 "on" 저항은 1~5MΩ이 될 것이며 드레인의 총 커패시턴스는 수 피코패럿이 된다. 만약 게이트-드레인의 중첩이 가정했던 20μm보다 줄여질 수 없다면 이 전자 이동도는 단지 시스템을 동영상 구현 수준에서 동작시킬 수 있을 뿐이다. 프린트된 트랜지스터의 경우, 0.1cm^2/Vs는 필수적인 전자이동도로 여겨진다. 마지막으로, "off" 저항의 누설전류는 매질을 통하는 것이고 10μm 셀 간격이라는 가정하에 반드시 0.1에서 1TΩcm의 저항을 가져야 한다. 이와 같이 층과 층 간의 정합을 조절하는 것이 채널 길이를 짧게 만드는 것 보다 더 중요하다.

12.3 트랜지스터의 요구 조건

기본적인 OTFT의 동작은 다른 전계효과 트랜지스터와 유사하다. 여러가지의 다른 해석이 가능하지만(Muller and Kamins 1986), 일반적으로 점진적 채널 근사를 적용하는 가정과 드레인 주변에 형성되는 공핍 영역보다 채널이 길다는 통상의 가정을 이용한다. 채널내에서 전류 I_D는 전위 V(x)에 연관이 있다.

$$I_D = WC_G\mu(V_G - V_T - V(x))\frac{dV}{dx} \tag{12.6}$$

C_G는 총 게이트 커패시턴스 $C_G = C_{GD} + C_{GS}$이고, V_T는 문턱 전압이다. μ는 전자 이동도이고 W는 폭의 길이이다. $V_G - V_T$ 〉 V_{DS} 에서 TFT에 관련된 선형 영역을 만들어 낸다.

$$I_D = \mu C_G \frac{W}{L}(V_G - V_T)V_{DS} \tag{12.7}$$

$V_G - V_T$ 〉 V_{DS} 에서 트랜지스터는 포화상태가 되고 전류는 최대값에 이른다.

$$I_D = \mu C_G \frac{W}{2L}(V_G - V_T)^2 \tag{12.8}$$

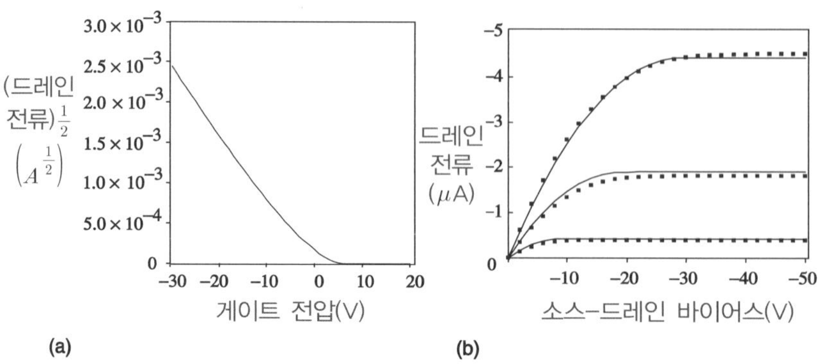

[그림 12.2] W=200μm, L=50μm인 PQT-12를 사용하는 유리기판을 사용한 OTFT의 전압-전류 특성
(a) V_{DS}=-30V인 포화영역에서 μ =0.07cm^2/Vs, V_T=-1V를 얻을 수 있다.
(b) V_G=-10V, -20V, -30V에서 출력 특성(점)과 계산결과 이와 같은 긴 트랜지스터는 높은 V_{DS}에서 전류 변화에 의한 변동이 발생할 수 있다는 것을 알아야 한다.

[그림 12.2]는 OTFT의 전류-전압(I-V)특성을 보여준다. 이 경우에서는 모든 데이터 영역에서 TFT 모델에 잘 들어 맞는다. 그리고 신뢰성있는 파라미터를 추출할 수 있다. 대부분의 경우에서는 모델 피팅(fitting)이 좋지 않거나 많은 복잡한 효과를 반영하게 된다. 접촉 저항, 단채널 효과, 전기장에 의존하는 전자 이동도 등을 그 예로 들 수 있다. 게다가 바이어스 스트레스(bias stress)나 화학적 성능저하에 의한 전하의 시간 의존성 때문에 I-V 데이터를 분석하기 더욱 어렵다.

이런 모든 효과에 대한 믿을 만한 모델 없이는 능동 매트릭스 드라이버의 파형을 명확히 하기 매우 어렵거나 불가능하다. 낮은 OFET의 누설전류는 능동 매트릭스 어레이에서 매우 중요하다. 왜냐하면 어드레싱 프레임 사이의 이미지 센싱이나 디스플레이하는 화소내에 홀드 전하가 중요하기 때문이다. 고분자 반도체는 일반적으로 양의 V_G-V_T에서 p형이며, n형의 채널 전도는 나타내지 않는다. 이는 이들 물질의 낮은 n형 전자이동도 때문에 부분적으로 나타난다. 그리고 낮은 저항의 p형 접촉을 위해 사용하는 높은 일함수를 갖는 금속이 전자를 막기 때문에 부분적으로 나타난다. 결함과 재결합(recombination)센터 때문에 고분자 OTFT는 자주 축적(accumulation)모드에서 동작한다.

OTFT의 turn-on은 문턱 전압 근처의 I-V특성의 기울기를 측정한 subthreshold 기울기로 나타난다. 느린 turn-on은 막 내의 구조적 혼란에서 발생하는 고분자 반도체 내의 지역화된(localized) 상태의 넓은 분포가 원인이 된다. 이런 지역화 상태는 전자 이동도를 떨어뜨리는 경향이 있다. 아직까지 OTFT내의 전하 이동을 설명하는 결정된 이론적 모델은 없고 호핑(hopping)과 다수의 트래핑이 적용된다. 이 두가지 접근은 전자 이동도와 밴드 테일(band tail)내의 지역화 된 상태(localized state)를 부여한 상태분포의 밀도와 관련시킨다.

PQT에 대한 다중 트래핑 모델의 적용은 전자 이동도의 온도 의존성에 구조적 정렬의 정도의 기울기를 갖고 30~50 meV인 지수적 밴드테일과 모순없이 잘 들어맞는다.

신뢰성 있는 스위치 트랜지스터와 논리 회로를 만들기 위해서는 정확한 OTFT 작동의 모델이 필요하다. 접촉저항, 단채널, 벌크 전도성, 바이어스 스트레스, 에이징(aging) 등의 효과는 시스템 설계 시 반드시 염두에 두어야 한다. 지금부터 이런 효과에 대해 살펴보겠다.

12.3.1 제조 방법

트랜지스터의 I-V 특성을 테스트하기 위해 3가지의 다른 제조 방법을 사용했다. 정확한 물질 특성을 알기 위한 기초 소자는 n형으로 도핑된 실리콘 웨이퍼에 SiO_2 절연층이 100nm 두께로 올린 것을 사용하였다. 이때 절연층 SiO_2의 표면은 octyltrichlorosilane(OTS)를 처리하여 자기조립 단일층(SAM)을 형성하고 있다(Salleo *et al*. 2002; Ong 2004a, 2004b). 스태거(stagger)소자와 공면(coplanar)소자가 제조된다. 스태거소자를 위해 반도체층(~20~50nm)을 OTS 처리된 SiO_2막 위에 고분자 용액을 스핀 코팅한 뒤, 진공 건조하여 만들었다. 그 뒤에 shadow 마스크를 통해 진공증착으로 소스와 드레인을 금으로 만들었다. 공면소자는 기판 위에 금으로 전극을 패턴한 뒤 OTS 처리된 표면에 고분자 잉크를 코팅했다.

테스트 소자의 단채널 효과와 환경적 안정성 특성을 보기 위해 전형적인 리소그래피 기술과 OTS 처리를 한 유리 표면위에 고분자 잉크를 스핀 코팅했다. 접촉은 금으로, 절연은 PECVD oxynitride로 했다. PECVD는 향상된 플라즈마 화학적 증기 증착법이다. 테스트한 배열 소자에서는 유리기판과 플렉시블한 플라스틱 호일을 모두 사용했다. 금속 게이트 물질은 진공 증착 후 프린트하여 패턴하였다. 절연층은 PECVD로 증착하였다. 그 뒤 소스와 드레인을 증착하고 프린트하여 패턴하였다. 마지막으로 반도체성 잉크를 채널에 프린트하였다. 상세한 내용은 12.5절에서 설명한다.

12.3.2 접촉저항

접촉저항은 어떤 FET에서도 발생할 수 있다. 하지만 특히 OTFT에서 두드러지는데 이는 아직 도핑된 고분자 접촉을 증착할 수 없기 때문이다. 그대신 접촉은 메탈(metal)로 만들어지는데 그 이유는 보통 전하의 흐름을 방해하는 schottky 장벽 형태의 경향을 보이기 쉽기 때문이다. 높은 일함수를 갖는 메탈은 장벽를 줄이는 것이 필요한데 OTFT에 금이나 ITO를 주로 쓰는 이유가 이 때문이다. 접촉저항이 ohmic일 경우 채널 길이의 함수로써 OTFT를 측정할 수 있다. 하지만 금속 접촉은 대부분 다이오드 같은 저항이다. Ohmic이 아닌 경우 접촉 저항은 원래에 가까운 특성 곡선을 보여준다.

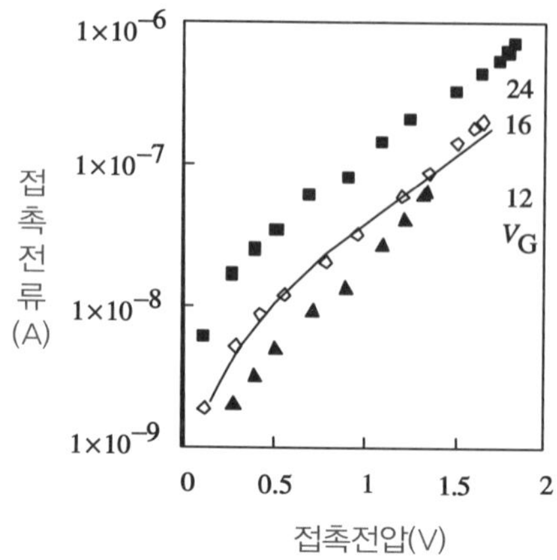

[그림 12.3] F8T2 coplanar OTFT에서 얻은 것과 결과 특성을 유추해서 얻은 접촉전압에 따른 드레인 전류의 의존성

접촉 I-V특성은 전형적인 FET 모델로부터 아래 결과에서 주어지는 가정된 길이 d의 접촉 영역을 제외한 채널 부근의 식 (12.6)을 적분함으로써 해석할 수 있다.(Street and Salleo, 2002)

$$I_D = C_G \mu \frac{W}{L-d}[(V_G - V_T)V_D - V_D^2/2 - \{(V_G - V_T)V_C - V_C^2/2\}] \tag{12.9}$$

V_c는 소스 접촉(contact)과 전압강하에 걸리는 전압이고 간단히 하기 위해 드레인은 무시한다. 접촉 전압에 드레인 전류의 의존성은 결과특성에 맞는 함수 $I_b(V_c)$를 얻음으로써 알아낼 수 있다. Poly(9,9'-dioctyl-fluorene-co-bithiophene)으로 만들어진 OFET의 접촉특성의 예를 [그림 12.3]에서 나타낸다. $I_b(V_c)$는 근사화된 다이오드 관계를 따른다.

$$I_D = I_O(e^{V_C/V_O} - 1) \tag{12.10}$$

$I_o=6\times10^{-9}$A이고 $V_o=0.5$V이다. 일반적으로, 스태거 TFT 형태는 공면 TFT 형태보다 높은 접촉저항에 대해 덜 친화적이다. 왜냐하면 게이트와 소스/드레인 접촉의 중첩이 없을 때 효과적인 접촉면적이 커지기 때문이다. 하지만 접촉 주위의 고분자 필름의 구조가 두 경우 다른 것 또한 가능하다.

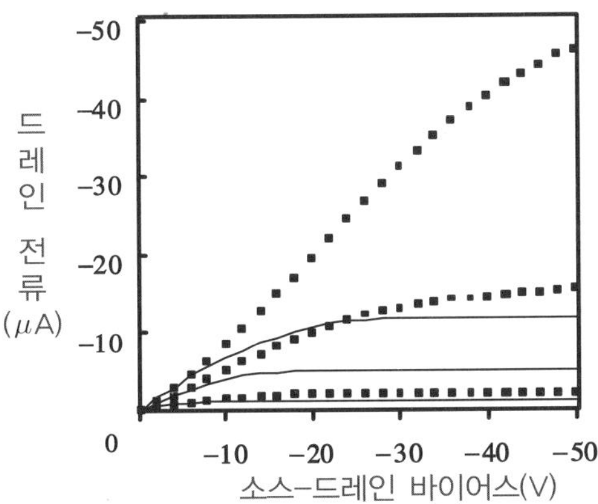

[그림 12.4] L=3μm인 PQT로 만든 OTFT소자 특성. 트랜지스터 모델(실선)과 측정값(점선)에 따른 VG=−10, −20, −30에서의 결과 특성을 보여준다.

12.3.3 단 채널 효과(Short Channel Effect)

OTFT의 특성은 채널의 길이가 10μm보다 짧으면 간단한 FET 모델에서 벗어나는 경향이 있다. 이 효과에 대한 설명은 채널 길이에 의존적인 전자이동도(Wang 2003), 접촉저항의 증가효과(Meijer *et al* 2003)와 자체 가열(Chabinyc *et al* 2003)을 포함한다. [그림 12.4]는 단 채널 PQT 소자의 결과특성을 보여주며 선형영역에서의 전자 이동도는 포화영역의 전자 이동도보다 훨씬 작았다; 사실상 포화는 관측되지 않았다.

포화영역에서의 이탈은 종래의 FET 모델을 따르지 않는다. 그리고 전자 이동도와 같은 파라미터도 확실하게 알아낼 수 없다. 서로 다른 소자와 물질을 비교할 때 선형과 포화 이동도가 일관성이 있을 때만 전자 이동도를 언급하거나 완전한 특성을 보여주는 것이 중요하다.

[그림 12.4]의 PQT 데이터에서, 단채널 OTFT에서의 포화 부족에 대한 설명은 채널과 벌크(bulk) 전류의 상호작용으로 가능하다. OTFT가 포화될 때 축적층은 드레인 근처에서 극소수의 캐리어를 갖는다. 그리고 채널과 드레인 접촉사이의 큰 전압강하가 벌크 전류가 흐르도록 해준다. 전하는 드레인으로부터 일정거리의 채널로부터 분리되고 효과적인 채널 길이는 감소한다. Chabinyc *et al*(2003)은 막 내의 전류 흐름에 제한되는 공간 전하의 모델이 결과 특성을 측정할 때 늘 일정하다는 것을 보여줬다.

12.3.4 바이어스 스트레스(Bias stress)와 화학적 안정성

바이어스 스트레스는 게이트 바이어스의 오랜 이용의 결과로 트랜지스터의 특성 변화를 말하고, 이는 무질서한 물질에서 공통적으로 나타난다. 이 효과는 대부분의 고분자에서 관측되었다.(Street *et al* 2003; Salleo and street 2003). [그림 12.5]는 일정한 바이어스를 주면서 시간에 따른 드레인 전류를 측정한 것이다. 결과는 PQT-12와 F8T2에 관한 것이다.

전류의 감쇄는 더 높은 게이트 전압에서 더 발생하고 PQT보다 F8T2에서 크게 발생한다. 채널로부터 캐리어가 제거된다는 가설은 [그림 12.6]에서 보여주는 전하 이동특성의 큰 이동이 뒷받침해준다. 이런 준정적인(quasistatic) 측정에서 게이트 전압은 0V로부터 올라가다 마지막 V_G값에 다다르면 게이트는 두 번째 스윕(sweep)을 위해 다시 0으로 돌아간다. F8T2의 특성에서의 이동은 전하의 상당량이 채널 내에서 갇힌다는 것을 보여준다. 비록 PQT는 TFT특성에서 어떤 현상도 보여주지 않았지만 [그림 12.5]에서 나타난 전류감쇄는 물질 내에서 바이어스 스트레스가 발생한다는 것을 잘 보여준다.

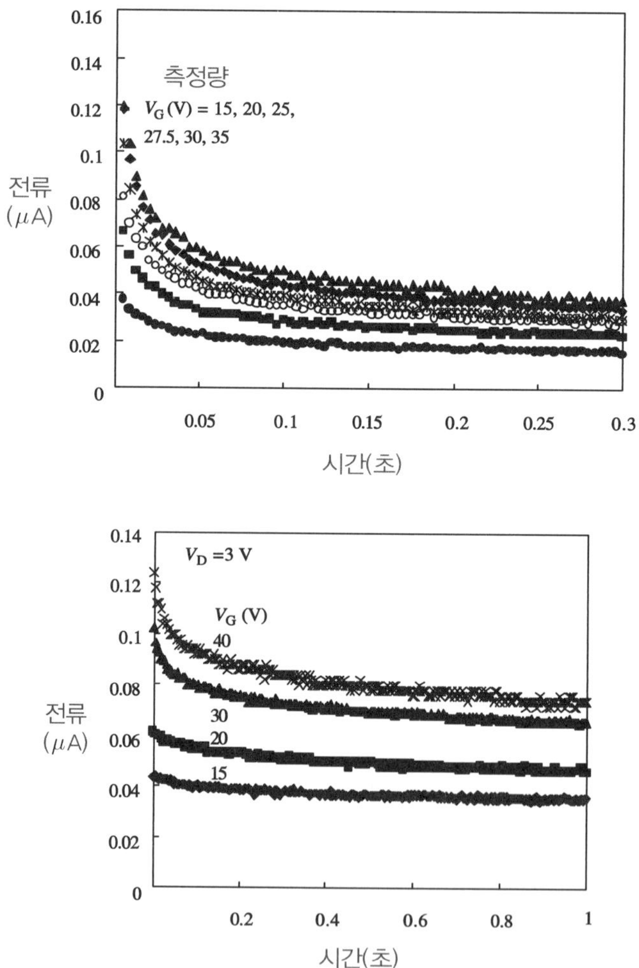

[그림 12.5] 두 가지 고분자 TFT의 바이어스 스트레스. 안정화될 때까지 트랜지스터에 V_G=0V를 걸고 V_D를 일정하게 잡아둔다. I_D를 관찰하면서 V_G를 급속도로 증가시킨다. (a) F8T2, (b) PQT 두 가지 반도체가 비교되었다. 본 그래프는 미국 물리학회의 양해하에 기재한다.

전하 트래핑은 고분자 반도체나 게이트 절연체에서 모두 발생할 수 있다. 절연체 물질의 독립성 때문에 고분자 내에서 이 효과는 크고 두 물질에서의 근거는 매우 다르다.

[그림 12.7]은 dN_H/dt와 N^2_H의 선형적 관계를 보여준다. N_H는 채널에서의 홀의 농도이다. 이 관계는 홀 쌍(holes pairs)이 갇힌다는 것(trap)을 보여주고 우리는 이것들이 바이폴라론 쌍(bipolaron pairs)이라 제안했다. 홀 쌍의 느린 포획은 그들의 포획 단면적을 줄이는 홀 간의 쿨롱 반발에 기인한다. F8T2와 PQT의 스트레스 효과의 차이는 바이폴라론의 결합 에너지로 설명할 수 있다. PQT에서의 갇힌 바이폴라론들은 작은 결합에너지를 갖고 있어 게이트 바이어스가 없으면 수 초내에 풀려난다. 빠른 전도는 이 물질의 전송특성에서의 오랜 문턱전압 이동의 부족을 설명한다. F8T2의 바이폴라론은 쌍의 안정성을 증가시키고 더 큰 문턱전압 이동의 원인이 되는 더 큰 결합에너지를 갖고 있다. 바이폴라론의 형성은 구조상의 배열에 의존한다.

비록 민감도는 물질에 따라 다르지만 고분자는 산소와 수분에 의해 성능이 저하한다고 알려져 있기 때문에 OTFT의 화학적 안정성은 큰 관심사이다. [그림 12.10(b)]는 P3HT 소자의 노출 정도에 따른 전송특성을 보이고 이는 다른 물질들의 전형적인 특성이다. 전자 이동도는 증가하지만 더 큰 효과가 문턱전압 이하의 영역에서 일어난다. 문턱전압 이하의 기울기가 감소하고 누설전류가 증가한다. 세 효과 모두 지역화된 상태의 분포를 변화시키지만 정확한 메카미즘은 알려져 있지 않다. 다음 논의에서는 장기간 안정성을 갖는 물질 설계에 초점을 맞출 것이다.

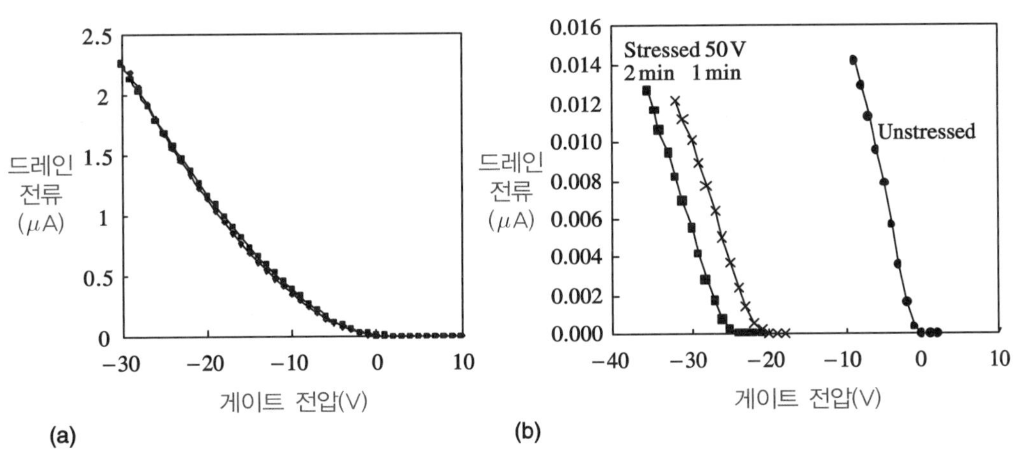

[그림 12.6] 두 고분자 TFT에서의 바이어스 스트레스
(a) PQT에서 연속적으로 두번 측정한 소자전송특성
(b) F8T2에서 세번 측정한 소자전송특성

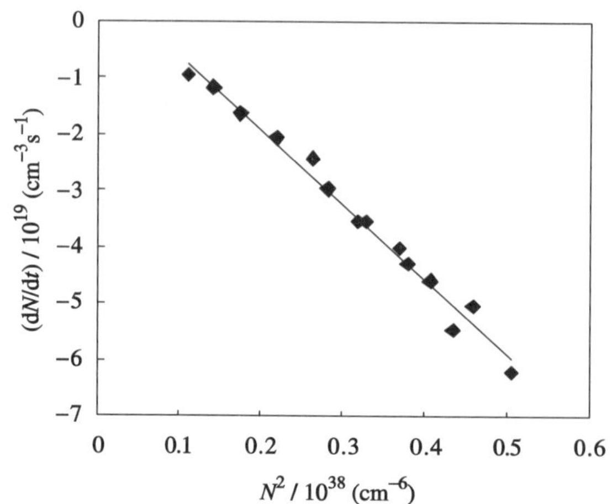

[그림 12.7] PQT의 채널 캐리어 농도에 따른 바이어스 스트레스 데이터. 그래프의 선형성은 더 이상 채널 전도내의 참여가 없고 움직이지 않는 쌍의 홀에 대한 강력한 증거이다. dN/dT는 고정된 시간에 측정되었다. K=1.3 x$10^{-18}$$cm^2$/s. 미국 물리학회의 양해하에 나타내었다.

12.4 유기 반도체

유기 물질의 전계 효과 특성은 1960년대(Heilmeier and Zanoui 1964)에 처음 알려진 이래에, 몇가지 유기 반도체 물질이 OTFT용으로 사용된 이후 20년동안 거의 진전이 없었다(Ebisawa *et al* 1983; Tsumura *et al* 1986; Horowitz el at 1989). 그 이후 OTFT용으로 반도체 물질 개발에 큰 진척을 보였는데 가장 높게 측정된 OTFT의 전자 이동도는 수소 처리된 비결정질 실리콘 보다 높았다(Kelley *et al*. 2003).

[표 12.1]은 다양한 물질로 만들어진 OTFT의 기본 성능을 간추려 놓았다. 높은 전자 이동도 특성은 대부분 진공 증착하는 구조적 정렬도가 높은 물질에서 얻어진다. 특히, 대기중에서 만들어지는 용액공정 반도체의 FET특성은 일반적으로 좋지 않다. 이 결과는 반도체 분자의 배열이 FET의 성능에 중요한 영향을 끼친다는 것을 보여준다. 용액공정으로 만든 OTFT의 다른 문제점은 대기 속의 산소와 수분에 민감하다는 것이다. 예외는 용액공정을 하는 pentacene precursor이다(Afzali *et al* 2002). 하지만 보고된 전류-전압특성은 좋은 포화상태를 보여주지 못하고, 문턱전압이 높으며 문턱전압 이하의 스윙(subthreshold swing)이 관측되었다. 더 이전에 Diels-Alder 펜타센 부가물을 사용하여 훨씬 더 낮은 전자 이동도를 만들어냈다(Brown *et al* 1995,1996). 이 결과들은 OTFT용 반도체 물질들이 직면한 과제와 복잡성을 보여준다.

[표 12.1] OTFT용 p-채널 유기 반도체

반도체	이동도 (cm^2/Vs)	증착방법	I_{on}/I_{off}	참고
Copper phthalocynine, CuPC	0.02	Vacuum	10^5	Bao et al.(1997)
Pentacene	3.3	Vacuum	10^6	Kelley et al.(2003)
α-Sexithiophene	0.03	Vacuum	10^6	Dodabalapur et al. (1995)
α, ω-Dialkylsexihiophene	1.1	Vacuum	10^4	Halik et al. (2003)
α, ω-Dialkylsexihiophene	0.01	solution	10^4	Katz et al.(1998) Garnier et al.(1998)
Poly(3,3'''`-dialkylquaterthiophene), PQT	0.14	solution	10^7	Wu et al.(2004c)
Regiorandom poly(3-alkylthiophene), P3AT	0.046	solution	-	J. Wang and Gonsalves(1998)
Pentacene, from soluble precursor	0.42	solution	10^6	Afzali et al. (2002)
Poly(thienylene-vinylene) from soluble precursor, PTV	0.0015	solution	10^4	Huitema et al. (2001)
Poly(9,9'-dioctylfluorene-*co*-bithiophene), F8T2	0.02	solution	10^6	Sirringhaus et al. (2000)

용액공정을 한 유기 반도체 시스템에서의 전하 수송 전달은 지역화(localized)된 상태에 의해 지배된다(Horowitz 1998). 따라서 반도체 내의 적절한 구조적 정렬의 존재는 높은 전자 이동도를 얻기 위해 필수적이다(Sirringhaus *et al*, 1999). 대기중에서 기능적으로 유용한 OTFT의 제조를 가능하게 하기 위해서 반도체 물질은 캡슐화하기 까지 FET 특성을 유지할 수 있도록 충분한 공기에 대한 안정성을 가져야 한다. 따라서 반도체 물질은 두 개의 중요한 요구사항을 필요로 한다. (i) 전하 수송을 위해 최적화된 구조적 정렬을 하는 것. (ii) 유해한 환경에 대한 충분한 안정성, 특히 대기 산소에 의해 p-도핑된 것에 대한 안정성이 필요하다. 대부분의 현재 용액공정이 가능한 유기 반도체 화합물은 동시의 두 가지 모든 요구를 만족시키지 못하고 있다. 유기 반도체 물질은 저분자와 고분자 두 종류가 존재한다. 저분자 물질은 반도체 물질을 대기의 구성성분에 노출로부터 보호하는 높은 결정성으로 대기의 성능 저하 효과에 보다 나은 안정성을 갖는다. 하지만 펜타센과 같은 높은 성능의 저분자 반도체는 대부분 낮은 안정성 때문에 용액 기술을 사용한 공정을 하지 못하고 진공 증착을 필요로 한다. 짧은 체인의 alkyl-substituted oligothiophenes와 같은 일부 올리고머 중합체의 저분자는 녹일 수 있지만 이들을 녹여서 만든 OTFT는 좋지 않은 특성을 보인다.(Ketz *et al*, 2001) 이는 용액 도포로 적절히 배열된 채널층을 얻는 것이 어렵다는 것을 보여준다. 이와 유사하게, 녹일 수 있는 반도체 고분자도 효과적인 전하 수송을 위한 구조화된 도메인을 만

들기 힘들다. 용액에서 높은 구조적 도메인을 형성한 고분자들은 효율적인 전하 수송을 보이지만, 산화 도핑에 민감한 경향을 보인다. 고분자 OTFT는 높은 전자 이동도를 얻기 위해 불활성 기체 중에서 작업되어진다.

가역적이나 비가역적 화학효과는 유기 반도체의 성능을 저하시킨다. 성능 저하의 정도를 정량화 하는 것은 캡슐화 과제를 이해하는데 필수적이다. 예를 들어, 많은 유기 발광다이오드는 충분한 수명을 확보하기 위해 소자의 위와 아래에 유리로 캡슐화는 것이 필요하다. 빛으로부터 보호하고 캡슐화하는 것이 모든 OTFT에 필요하다. 하지만 산소(어려움)와 수분(쉬움)으로부터 보호하는 것이 필요하고 소자가 환경적으로 안정적이라면 어느 정도인지 결정하는 것이 필요하다.

불활성 공기 중에서 뛰어난 OTFT 성능을 보여주는 용액 공정 반도체 고분자중 하나는 regioregular hcad to tail poly(3-hexylthiophene)이나 HT-P3HT의 전자 이동도와 on/off 비율는 각각 0.1cm^2/Vs와 10^{6}이다(Sirringhaus *et al* 1999). 하지만 HT-P3HT를 대기 중에서 만들 경우 낮은 전자 이동도와 매우 낮은 on/off 비율을 갖는다(Bao *et al* 1996). FET의 특성을 공기에 노출되었을 때 빠르게 나빠진다. 성능저하의 원인은 HT-P3HT 고체상태에서 판상으로 되어 있는 구조적 배열 내에서 공면상의 형태가 비편재화 되었다고 가정되기 때문이다. HT-P3HT의 주사슬 사이에 모든 thinylene 부분들이 분자간의 곁가지 정렬에 의해 같은 평면에 잡혀있다(McCullough *et al* 1993)(Yamaoto ea al 1998). 이 형태의 판상형태가 호핑(hopping)에 의해 효과적으로 전하가 수송될 때, 공면의 형태에서 HT-P3HT의 매우 비지역화된 π 결합 시스템은 가장 높은 분자궤도 에너지 레벨(HOMO)로 올라가게 유도되고 산화 도핑되는 경향을 갖는다. 그럼에도 불구하고, HT-P3HT는 불활성 공기 내에서 높은 전자이동도와 on/off 비율을 나타낼 수 있다는 사실은 훌륭한 regioregular polythiophene 시스템의 자기조립특성과 전하수송 능력을 증명한다.

이 결과들은 적절한 구조적 모양이 대기중의 안정성과 FET의 특성을 얻기 위해 결합된 고분자 시스템의 π 결합을 짧게 합성할 수 있다면 낮은 가격과 높은 성능의 OTFT가 가능하다는 것을 보여준다. 지금까지 OTFT 반도체의 구조-특성 원리를 증명하기 위해 regioregular polythiophene 시스템에 대한 우리의 구조적 연구에 대해서 제시했다. 우리의 연구는 일반 환경에서 높은 성능의 OTFT 회로를 만들 수 있는 잉크젯 프린팅이 가능한 polythiophene 시스템을 설계하는 성과를 거뒀다.

12.4.1 고성능 polythiophene 설계

본 연구는 일반 환경에서 용액 공정이 가능한 유용한 반도체 물질을 만드는 것을 목표로 진행되었다. 대기중의 산소를 제한할 필요가 없는 환경에서 가능한 용액 공정은 낮은 가격의 OTFT라는 경제적 이점을 살리는데 중요하다. 이것은 아래의 구조 설계 이론을 적절히 배열함으로써 이룰 수 있다고 믿어진다(Ong 2003,2004a,2004b): (i) 용액 공정이 가능하게 하기 위한 충분히 긴 알킬 사이드체인. (ii) 고체 상태에서 분자의 구조화(결정화)를 촉진시키기 위한 구조적 규칙성. (iii) 전자이동도와 공기 안정성의 균형을 맞추는 효과적인 결합길이를 이루기 위해 polythiophene 시스템의 확장된 π 결합에서의 적절한 제어. 이 설계 이론에서 FET 특성을 줄이지 않고 녹일 수 있는 반도체 구조의 산화 도핑에 대한 안정성 조건이 필요하다. 결합된 고분자의 산화 도핑은 효과적인 π결합 길이에 의존하는 그들의 이온화 포텐셜(Ips) 즉, 진공상에서의 HOMO 레벨에 의존한다. polythiophene에서 낮은 IP의 고분자 체인 사이의 thienylene 일부분의 공면성은 π 결합의 확장을 유도하고 더 크게 대기 산소에 의해 산화 도핑되는 경향을 보인다. 공면성에서의 이탈은 유효 파이 결합길이를 짧게 하고, IP를 높게 하여, 산화 도핑에 대한 높은 저항력을 갖는다. 하지만 과도하게 짧은 π결합 길이는 전하의 효율적인 이동을 방해하고 낮은 전자 이동도를 갖게 한다. 구조적 연구를 통해서 같은 평면에서 간단히 비틀린 구조는 polythiophene의 π 결합 시스템에서 산화 안정성과 전자 이동도 간의 최적화된 균형을 맞추기 위해 사용될 수 있다는 것을 알게 되었다.

12.4.2 Poly(dialkylterthiophene)

Regioregular poly(dialkylterthiophene)(PTT)화합물은 산화 도핑 안정성, 자기조립, FET 기능성을 연구하는데 흥미로운 모델로 구성되어 있다. 이는 dialkylterthiophene 반응의 FeCl-mediated 산화 고분자화를 통해 빠르게 만들 수 있다(Pomevantz *et al* 1991, Niemi *et al*, 1992). 또는 dihalodialkylterthiophene의 비할로겐화 결합 상호반응에 의해서도 만들 수 있다(chen *et al* 1995). 비록 초점은 PQT에 맞춰져 있지만 이전의 PPT의 개발을 다시 살펴보는 것은 고분자 반도체 성능에서 분자 정렬의 중요성을 보여준다.

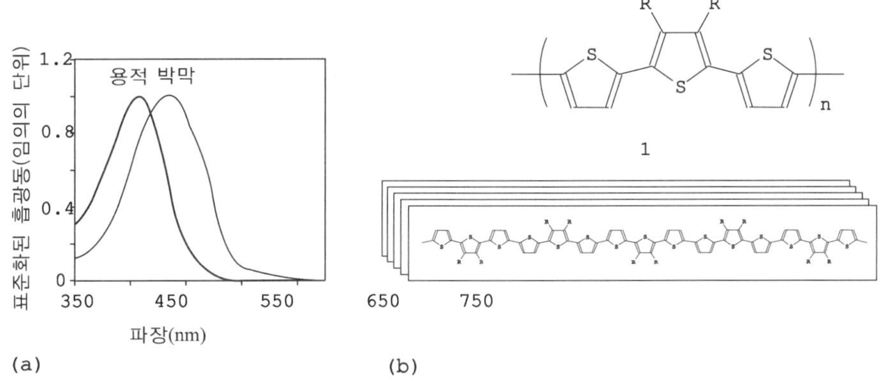

[그림 12.8] (a) 1a(1,R=n-$C_{10}H_{23}$)의 용액과 박막 UV-Vis 스펙트럼 (b) 1의 마주보는 π-π 적층 정렬

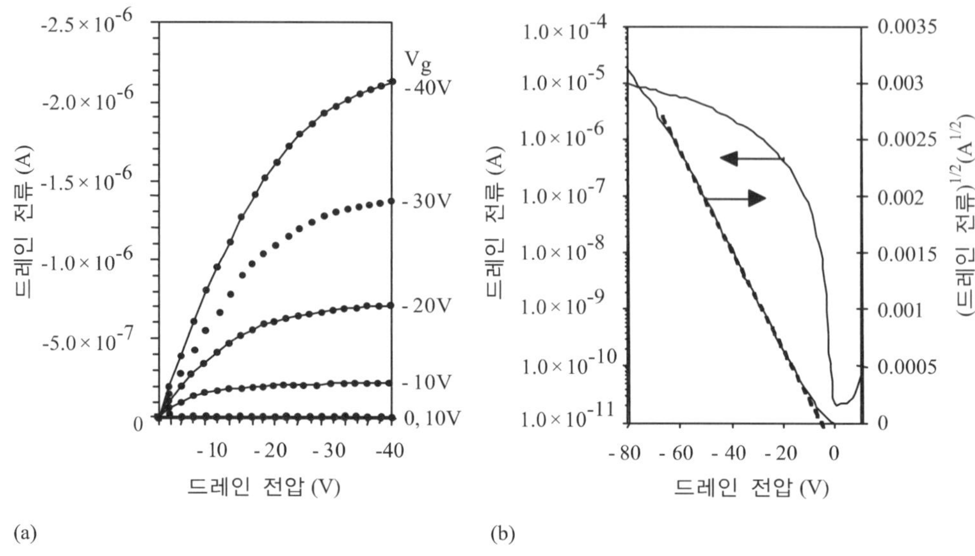

[그림 12.9] 채널 길이(L)=165μm이고 채널너비(W)=5000μm인 1a-OTFT의 전형적인 IV 특성
(a) 다른 게이트 전압에 따른 출력 곡선
(b) V_D=−80V에서의 전송 곡선

Poly(3'-4'-alkylterthiophene) 또는 화합물 1은, $FeCl_3$-를 이용하여 산화 커플링으로 고분자화 시켰다(Wang *et al* 1994). 긴 알킬 체인이 있는 1a(1, R=n-$C_{10}H_{21}$)와 같은 화합물은 고체상태 보다 용액 상태의 UV-Vis 흡수 스펙트럼이 장파장쪽으로 이동함을 볼 수 있다(그림 12.8(a)).

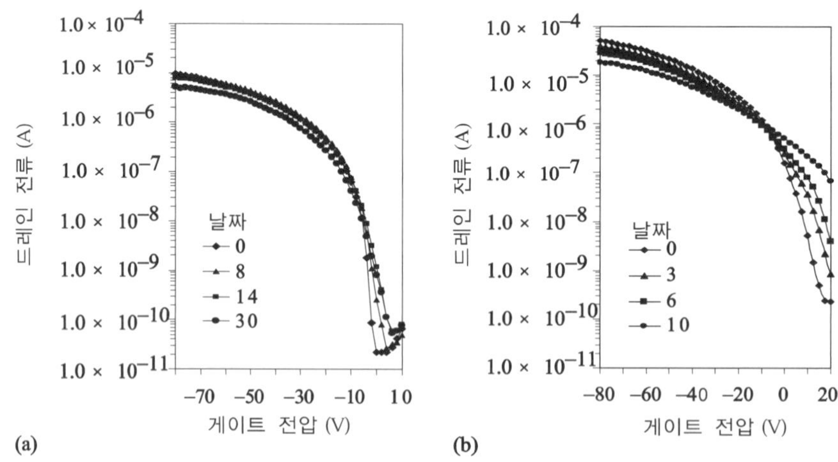

[그림 12.10] 시간에 따른 OTFT의 포화영역에서의 전송특성(L=165μm; W=5000μm; V_D=−80):
(a) 1a OTFT
(b) HT-P3HT-OTFT. 이 소자는 어두운 대기중에 30%의 습도에서 보관 되었으며, 환경 조건에서 측정되었고 측정전에 어닐링(annealing)과정을 거쳤다.

이런 현상은 화합물 1의 용매인 Methylene chlovide에 녹아있을 때 비용매인 메칸올이 첨가하였을 때 생기는 응집체에서 관찰되어 진다. 화합물 1의 박막내 구조적 정렬을 [그림 12.8(b)]에서 가상하여 보여주었다. 화합물 1인 분자내 π-π 스태킹을 하고 있으며 face to face 형태로 정렬하고 있을 것으로 예상한다. X선 회절 연구를 통해 보면 자연상에서 HT-P3HT와 같은 판상 구조 배열은 없다.

공기 중에서 좋은 FET 특성을 보이는 유기 반도체 1a를 갖는 OTFT를 만들었다(그림 12.9). 포화영역에서 얻은 전자 이동도는 $0.01cm^2/Vs$와 on/off 비율 10^5을 얻었다(Ong 2004a). 이 결과는 공기 중에서 만들어진 HT-P3HT 소자와 비슷한 결과를 보였고 1a를 사용한 OTFT는 공기상에서 뛰어난 안정성을 보여준다. [그림 12.10(a)]는 어두운 대기중에 30일 동안 보관한 1a 트랜지스터의 특성을 보여준다. [그림 12.10(b)]는 10일 동안 보관한 HT-P3HT 트랜지스터의 I-V특성을 보여준다. HT-P3HT 소자의 성능저하는 비가역적이다. 1a의 전자이동도는 HT-P3HT와 같은 확장된 판상 π적층 구조를 만들지 못해서 제한되는 부분에 있다. 3차원 판상 π적층 배열은 반도체 채널층의 완전히 확장된 구조 도메인 정렬내의 2차원 π-π 적층 구조(그림 12.8(b))보다 더욱 효과적이다.

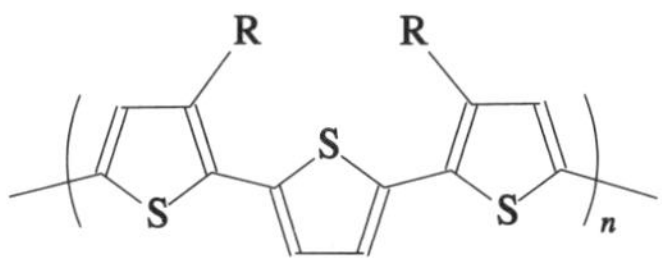

2

Poly(3,3''-alkylterthiophene), 2는 알킬 사이드체인의 위치만 다른 1의 위치 이성질체이다. 하지만 주사슬을 따라서 spaced out한 알킬 사이드체인의 분포는 2에게 보다 개선된 자기 조립성을 부여한다. 1이 고체상태에서 마주보는 π-π 적층을 형성할 동안 2a(2,R=n-C_8H_{17})는 즉시 3차원 구조로 결정화 된다. 용액에서 캐스트 될 때, 확장된 곁사슬의 상호작용의 결과는 space-out된 치환 모양에 의해 가능해진다. 2a이 높은 분자량을 갖게 하기 위해 저분자에서 chloroform(Gallazzi *et al*.1993) 대신 chlorobenzene(Wu *et al*, 2005))에 $FeCl_3$-mediated 고분자화를 통해 만들어졌다.

2a의 용액 흡수 스펙트럼은 비틀린 polythiophene 형태의 전형적인 λmax~470nm에서 넓은 영역에서 흡수를 보여준다(그림 12.11). 하지만 박막에서는 흡수가 빨간색 쪽으로 상당히 이동하고 λmax~550(shoulder), 540nm 그리고 583nm에서 vibronic splitting의 모양이 나타난다. 2a 박막의 XRD모양은 2Θ=5.8°(100), 11.8°(200) 그리고 17.8°(300)에서 15.1Å의 층간 간격에 해당하는 회절 피크를 보여준다. 독립한 2a 박막의 투과전자(transmission electron) 회절모양은 마주보는 π-π 적층거리에 해당하는 ~3.9Å에서 피크를 보인다.

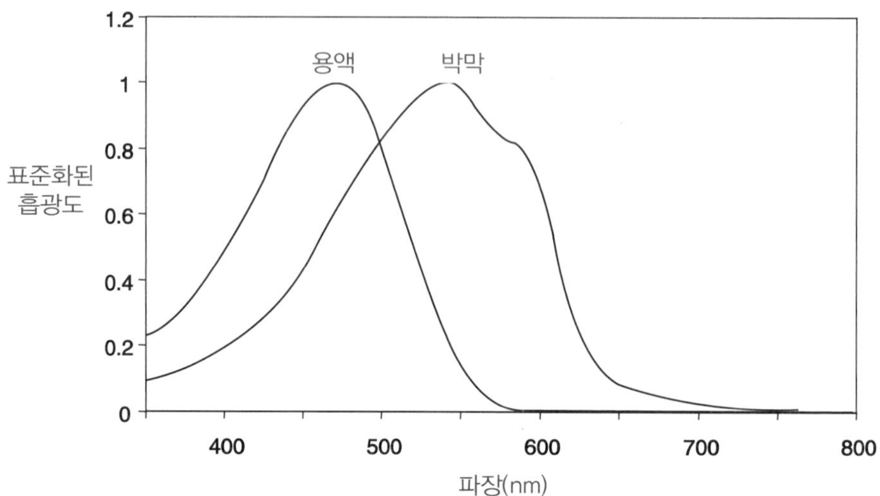

[그림 12.11] 2a의 흡수 스펙트럼(R=n-C_8H_{10}), dichlorobenzene 용액은 λ_{max}=~470에서 흡수를 모이고 박막은 λ_{max}=~510(shoulder), 540nm, 583nm(shoulder)에서 vibronic splitting과 넓은 영역의 흡수를 보여준다.

일반적인 π-π 적층거리인 3.9Å 보다 넓은 것은 2a의 같은 반복 단위에 두 octyl 사이드체인 사이의 입체적 간섭에서 오는 느슨한 판상 파이(π) 적층의 반사 때문이다.

2a를 채널 반도체로 사용해 만든 OTFT는 포화영역에서 평균 전자 이동도가 0.019cm^2/Vs이고 on/off 비율이 10^5 이상으로 1과 비슷한 대기 중 안정성과 더 나은 FET특성을 나타낸다. PTT의 분자정열의 연구를 PQT연구에 연계하였다. 우리는 단단하게 패킹된 판상 π적층 구조가 높은 전자 이동도를 갖게 한다고 생각한다.

12.4.3 poly(dialkylquaterthiophene)

Regioregular polythiophene〈poly(3,3'''-dialkyl-quaterthiophene)〉 3은 일반 환경조건에서 높은 전자 이동도를 갖게 하는 용액 공정이 가능한 반도체이다.

R S S S S R n

3

PQT의 알킬 사이드체인은 15.5Å의 반복길이를 두고 regioregular하게 주사슬을 따라 위치한다.

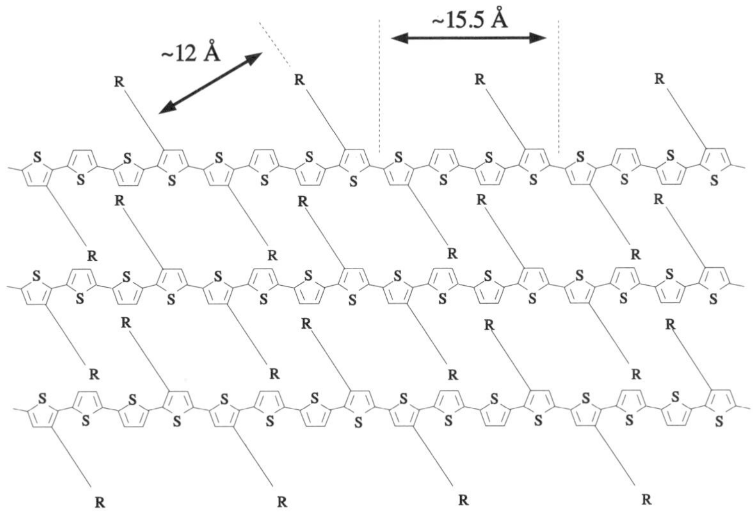

[그림 12.12] PQT-3의 판상 구조의 개념도

곁사슬이 주사슬로부터 50°정도 기울어져 있기 때문에 확장된 공면의 형태에서 같은 방향에 위치해있는 알킬 사이드체인의 d 거리는 대략 12Å정도이다. 이 12Å의 긴 알킬(R〉=C_6)사이의 거리는 분자 내부의 교대의 곁사슬이 더 강하게 층상구조를 유도하는 깍지를 낀 것과 같은 효과(그림 12.12)를 통해 2보다 3이 더욱 효과적으로 조직되게 해준다.

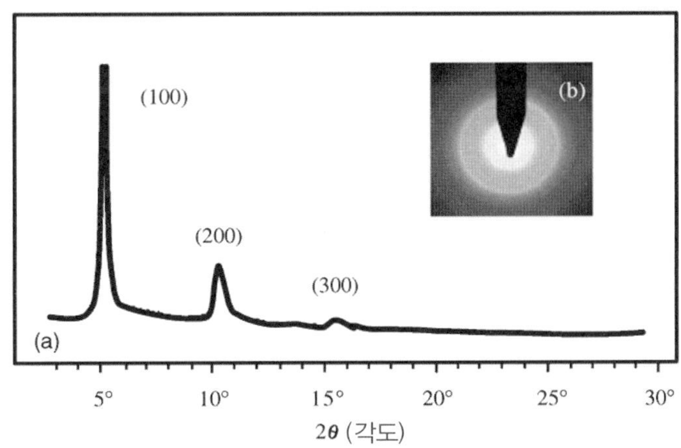

[그림 12.13] (a) 어닐링과정을 거친 PQT의 XRD는 2θ = 5.1°(100), 10.3°(200),15.4°(300)에서 회절 피크를 보여준다.
(b) 탄소 격자위의 PQT-12의 독립된 막의 투과전자 회절패턴은 3.7Å에서 회절을 보인다.

이 형태의 층상구조는 3의 중합체 모양에서 관측된다(Buerle *et al*, 1995). 약간의 회전 자유를 주고 공면상에서 벗어나게 할 수 있는 두 PQT의 반복단위에서의 thienylene 부분은 공기 안정성에 필요한 π결합을 줄어들게 한다. 3은 $FeCl_3$-mediated 산화 결합 고분자화를 통해 만들어졌고, 추출에 의해 정제되었다(Oug, 2004b). 3의 이온화 포텐셜은 HT-P3HT보다 높은 0.1eV이고 이는 높은 산화 도핑 안정성을 갖게 한다. PQT-12,3a(3, R=n-$C_{12}H_{25}$)의 시차주사열량계(differential scanning calorimetry)는 120℃와 140℃에서의 고체에서 액정상으로, 액정상에서 등방상으로 상변이가 일어나는 두 흡열현상을 보이며 액정상의 특성을 보인다.

PQT-12의 어닐링된 박막(145℃)의 XRD는 2Θ=5.1°(100), 10.3°(200), 15.4°(300)에서 회절 피크를 보이고(그림 12.13(a)) 이는 우선적으로 그들의 판상축이 기판에 보통으로 위치하는 판상 π 적층구조의 명백한 구조를 보여준다. 투과전자 회절분석은 3.7Å의 π-π 적층을 보여준다(그림 12.13(b)). PQT12는 SAM이나 블러싱(brushing), 정렬층을 통해 기판과의 위치를 조절할 수 있는 높은 판상 π-π 적층 구조로 구조화되어진다. 이것은 regioregular poly(3-alkylthiophene)에 보여지는 자가조립을 연상시키게 한다(Mccullough *et al*, 1993;chen *et al*, 1995;siringhaus *et al* 1999).

PQT-12로 만든 OTFT는 dichlorobenzene에 PQT-12를 녹인 고온의 용액을 공기 중에서 스핀코팅 한 뒤 120~145℃로 어닐링하여 만들어졌고 훌륭한 FET 특성을 보여주었다. 출력특성은 주목할만한 접촉저항이나 실제 포화를 보여주지 않았다. 이 소자는 0V에서 스위칭되고 1.5V/decade의 문턱전압 이하의 스윙을 가진다(그림 12.14).

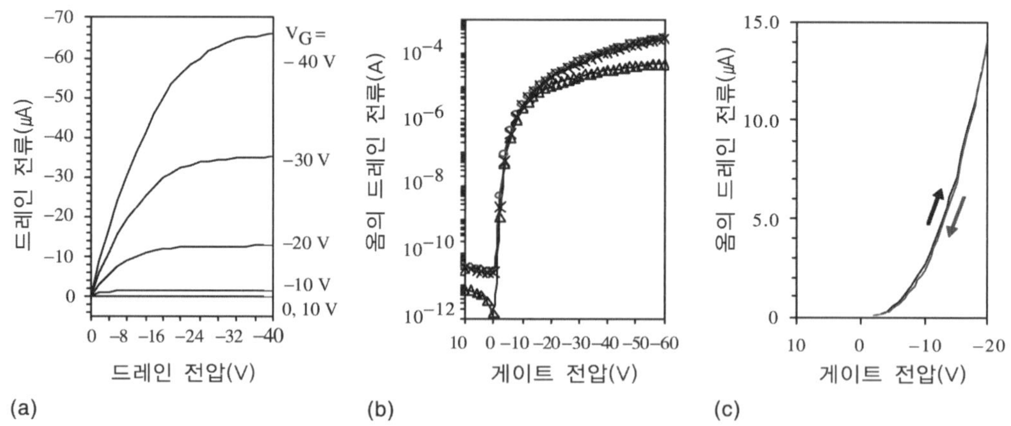

[그림 12.14] 90μm의 채널 길이와 5000μm의 채널 너비를 갖는 PQT-12 OTFT의 전형적인 I-V특성
(a) 다른 게이트 전압에 따른 출력
(b) 양과 음의 게이트 전압(o와 x, V_D=-60V)에 따른 포화영역에서의 전송특성과 선형영역(세모, V_D=-6V)에서의 전송특성
(c) +10V와 -20V사이에서 다른 방향으로 스캔하면서 측정한 특성곡선

전자 이동도는 최대 0.14cm^2/Vs, 평균 0.10cm^2/Vs 그리고 on/off 비율은 10^7을 얻었다. 공기중에서의 높은 전자 이동도와 높은 on/off 비율은 PQT-12의 좋은 환경 안정성을 증명해준다. 게다가, 포화영역과 선형영역에서의 전자 이동도 값이 같고, top-contact다. bottom-contact 소자의 성능이 비슷했다. 이 소자에서 상온 이상의 온도에서 이력현상이나 바이어스 스트레스는 관측되지 않았다.

12.5 디지털 리소그래피

OTFT의 제조는 반드시 저렴한 공정과 기판, 대량생산을 통해 원가 절감을 해야 한다. 디스플레이와 라디오 주파수 태그 시장은 가격에 매우 민감하다. 낮은 가격의 플렉시블 기판은 사이즈의 불안정성의 문제를 갖고 있다. 불안정한 기판에 회로를 만드는 것은 정합시킬 수 있는 능력과 기판의 변화에 대응하기 위한 프린트 패턴을 수정할 수 있는 능력이 게다가 고분자 응용의 전형적인 방법, 즉 스핀 코팅이나 라미네이션(lamination)은 매우 많은 양의 재료 낭비와 처리의 문제를 갖는다. 잉크젯 프린트는 높은 수율과 적은 양의 재료를 낭비하는 플렉시블 기판에서 정합(registration) 정정이 가능한 OTFT 패턴 공정이다.

12.5.1 서브트랙티브 프린팅(Subtractive Printing)

잉크젯 프린팅은 레지스트 물질을 도포할 때 TFT 공정의 감광액을 대체하여 사용할 수 있다(Wong *et al*, 2002, 2003). 첫째로 대상물질(예를 들어 금이나 SiO_2)를 모든 위치에 도포한다. 하지만 감광액을 고르게 코팅하고 마스크를 통해 노출시키는 것 대신에 대상 층위에 직접 마스크를 프린팅한다. 대상물질은 식각하고 마스크를 벗겨낸다. [그림 12.15]에서 보이는 것과 같이 이 공정은 공정과정을 4~6개 정도 줄인다. 이 목적을 위해 Wong은 고온의 프린트 헤더에서 물질이 나올 때 상변이가 일어나는 왁스를 기반으로 한 잉크를 사용했다. 고체화되기 전에 발생한 역류하는 왁스의 양은 기판의 온도를 조절함으로써 조절할 수 있다. 한번 도포된 상변이 잉크는 다양한 화학 식각액의 마스크로 동작한다. 금속성 전도체, 유리 같은 절연체 그리고 넓은 영역의 반도체(비정질 실리콘을 포함)가 패턴될 수 있다. 산업적으로 생산된 프린트 헤드를 통해 20~40μm의 방울크기를 만들 수 있다. 우리가 사용하는 헤드는 큰 방향성을 보이기 때문에 구멍을 통해 생산되는 모양은 5μm까지 생산 가능하다. Wong과 Bokor(2004)는 진공상에서 10μm 이하의 라인을 프린팅할 수 있는 헤드를 만들었다.

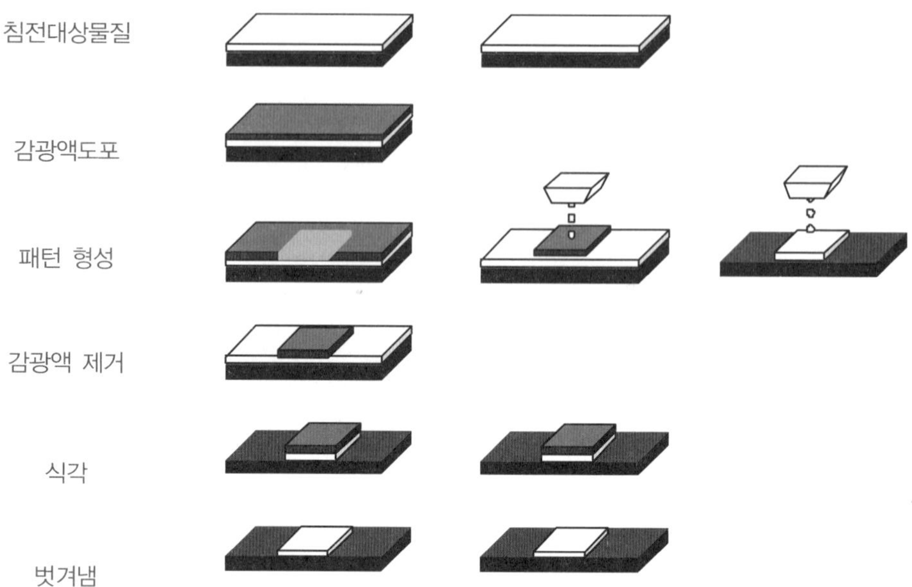

[그림 12.15] 프린팅이 가능한 유기 전자소자의 장점. 첫번째 줄은 일반적인 리소그래피 공정을 나타낸다. 대상 물질이 기판 위에 도포되고 감광액이 도포되고 조사되고 현상된다. 대상물질은 식각되고 감광액을 벗겨낸다. 두번째 줄은 서브트랙티브 프린팅 공정을 나타낸다. 대상물질이 기판위에 도포되고 마스크가 프린트 되고 대상물질이 식각되고 레지스트를 벗겨낸다. 세번째 줄은 필요한 부분에만 대상물질을 잉크형태로 도포하는 애디티브 프린팅 공정을 나타낸다.

12.5.2 애디티브 프린팅(additive printing)

[그림 12.15]에서 보듯, 서브트랙티브 프린팅보다 훨씬 간단한 방법이 애디티브 프린팅 방법이다. 대상물질은 잉크형태로 원하는 위치에만 뿌려지게 된다. 이 경우 세 가지 문제점이 있다. 첫째, 대상물질의 용액 형태나 전구체가 합성되어야 한다. 둘째, 형성된 물질의 최적화된 성능을 얻기 위해서는 후처리가 필요하다. 후처리는 간단한 건조나 어닐링 또는 UV 조사등이다. 마지막으로, 용액이나 후처리가 아래층에 피해를 주지 않아야 한다.

모두 프린트한 PQT를 반도체로 이용한 OTFT 128x128 화소 어레이가 소개되었다(Arias *et al*. 2004). 이 어레이에서 반도체는 용액이나 분산방식으로 프린트되었다. 최적화를 통해 프린트된 트랜지스터는 실리콘에 스핀코팅이나 유리에 전통적 방법으로 공정을 한 것처럼 잘 작동하였다. 절연층과 금속 같은 다른 층은 왁스(wax) 레지스트를 프린팅하는 방법으로 애디티브 프린팅 방법이 사용되었다. 관측 시스템은 fiducials 프린트를 이용한 layer to layer 정합법을 사용했다.

애디티브 방법으로 반도체를 프린트하는 것과 왁스 레지스트를 프린트하는 두 가지 프린트 시스템이 사용되었다. 예를 들어 첫 번째 공정은 서브트랙티브 프린팅으로 게이트 금속을 프린트하는 것이다. 이 공정은 진공에서 금속을 증착하고 왁스 마스크를 프린트한 뒤 식각하고, 레지스트를 벗겨내는 과정을 포함한다. 전도체를 애디티브 프린팅 방법으로 만드는 방법이 몇 개 있다. PEDOT이 접촉금속으로 쓰일 수 있으나 이는 게이트나 소스라인으로 쓰기에 충분한 전도성을 보이지 못한다. 나노입자잉크가 소개되었지만(Huang *et al*,2003) 이는 너무 거칠다. 진공 증착된 금속은 적절하고 현재 대부분의 정전기적 제어 응용에 사용된다.

두 번째 공정은 절연체를 프린트하는 것이다. 반도체의 좋은 분자정렬을 얻기 위해 표면은 반드시 부드럽고 규칙적이어야 한다. 많은 물질들이 제안되고 사용되었다. 하지만 반도체 물질과의 호환성은 계속 문제점으로 남아있다. 일반적으로 애디티브 프린팅에서 다음 층에 사용되는 잉크는 이미 도포된 층을 팽창시키거나 내부확산 될 수 있는 용매는 절대 포함해서는 안 된다. 적절한 점도와 호환성을 갖는 잉크를 만드는 것은 모든 공정을 프린팅한 트랜지스터를 만드는데 가장 큰 과제이다.

Oxynitride와 같은 PECVD 물질은 도포는 비싸지만 매우 뛰어난 전기적 특성을 갖는다. 마지막으로 소스/드레인 금속을 증착한 뒤 패턴한다.

우리의 시제품 프린터는 비록 더 작은 영역에서는 더 좋은 성능을 보이지만 100mm의 기판에 어레이를 생성하기 위한 5μm 정합 기술을 갖는 40μm 방울크기가 가능하다.

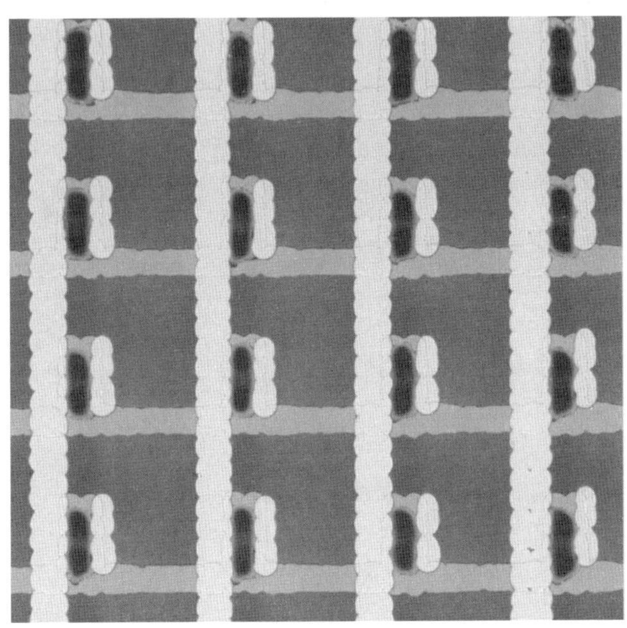

[그림 12.16] 128×128 화소의 모두 프린트된 어레이의 일부. 75dpi의 해상도를 갖고 340μm의 간격을 갖는다. 위 그림에서 수평한 라인이 게이트 라인이고 수직한 라인이 소스라인이다. 반도체인 나노 PQT는 금으로 소스와 드레인이 프린트 패턴된 채널로 프린트 되었다. 화소전극이나 화소 커패시터는 보이지 않는다. 절연층은 PECVD로 증착하였다.

[그림 12.16]은 128x128 화소 어레이를 75dpi, 340μm 간격으로 프린트한 일부분을 보여준다. I-V 특성은 어레이를 접촉하여 측정하였다(그림 12.17). 이 어레이는 유리기판에 완전하게 프린팅을 이용하여 패턴했다. 65%정도 되는 개구율은 투과나 반사형 디스플레이 매체에서 중요하다.

12.6 향후 전망

19세기에 프린팅은 한장씩 인쇄하던 것에서 롤 공정으로의 변화로 큰 혁명을 일으켰다. 핵심 기술들의 몇몇 요소들은 대형 일렉트로닉스 영역에서 비슷한 혁명을 일으킬 수 있다. 전자 패턴 기술은 큰 사이즈와 높은 수율을 얻을 수 있다. 반도체 잉크는 트랜지스터 채널에 사용 가능하지만 아직 많은 과제가 남아있다. 특히 생산 가능하게 대기된 tool의 제조, 부드러운 완벽한 물질, 금속의 전도성을 갖는 프린트 가능한 전도체 기술, 반도체가 올라가 정렬된 표면을 갖는 프린트 가능한 절연체, 더 나아가 PQT의 에이징과 캡슐화에 대한 연구 그리고 디스플레이 매체와 집적화 등이 남아있는 과제라 할 수 있다.

〈감사의 글〉

저자는 Rene Lujan과 Palo alto Research Center의 Steve Ready에게 프린트된 유기 어레이 분야의 값진 기여에 감사드리며, McMaster University의 Ni Zhao에게 투과전자 회절 데이터를 제공받은 것에 감사를 표한다.

참고문헌

Afzali, A,. Dimitrakopoulos, C. D. and Breen, T. L. (2002) High-performance, solution-processed organic thin film transistors from a novel pentacene precursor. *Journal of the American Chemical Society* 124, 8812-8813

Arias, A. C., Ready, S. E., Lujan, R., Wong, W. S., Paul, K. E., Salleo, A., Chabinyc, M. L., Apte, R. B., Wu, Y., Liu, P., Ong, B. and Street R. A. (2004) all jet-printed polymer thin film transistor active matrix backplanes. *Applied Physic Letters* 96, 2063-2070

Bao, Z., Dodabalapur, A. and Lovinger, A. (1996) Soluble and processable regioregular poly-(3-hexythiophene) for thin film field-effect transistor applications with high mobility. *Applied Physics Letters* 69, 4108-4110

Bao, Z., Lovinger, A. J. and Dodabalpur, A. (1997) Highly ordered Vacuum-deposited thin films of metallophthalocyanines and their applications as field-effect transistors. *Advanced Materials* 9, 42.

Bäuerle, P., Fischer, T., Bidlingmeier, B., Stabel, A. and Rabe, J. P.(1995) Synthesis, characterization, and scanning tunneling microscopy images of homogogues, isomerically pure oligo(alkylthiophenes), *Angewandte Chemie International Edition in English* 34, 303-307

Brown, A. R., Pomp, A., Hart, C. M., and de Leeuw, D. M.(1995) Logic gates made from polymer transistors and their use in ring oscillators. *Science* 270, 972-974.

Brown, A. R.,Pomp, A., de Leeuw, D.M., Klaasen, D. B. M., Havinga, E.E.,Herwig, P. and Mu"llen, K.(1996) Precursor route pentacene metal-insulator-semiconductor field-effect transistors. *Journal of Applied Physics* 79, 2136-2138

Chabinyc, M.L., Lu, J.-P., Street,R.A., Wu, Y., Liu, P. and Ong, B. S.(2003) Shor channel effects in regioregular poly(thiophene) thin film transistors. *Journal of applied Physics* 96, 2063-2070.

Chen, T., Wu, X and Rieke, R. D.(1995) Regiocontrolled synthesis of poly(3-alkylthiophenes)mediated by Rieke zinc: their characterization and solid-state properties. *Journal of the American Chemical Society* 117, 233-244.

Dimitrakopoulos, C. D. and Malenfant, P. R. L.(2002) Organic thin film transistors for large area electronics. *Advanced Materials* 14, 99-177.

Dodabalapur, A., Tousi, L. and Katz, H. E.(1995) Organic transistors: two-dimensional transport and improved electrical characteristics. *Science* 268,270-271

Ebisawa, F., Kurokawa, T. and Nara, S. (1983) Electrical properties of olyacetylene/polysiloxane interface. *Journal of Applied Physics* 54,3255-3259.

Gallazzi, M. C., Castellani, L., Martin, R. A. and Zerbi, G. (1993) Regiodefined substituted poly(2,5-thienylene)s. *Journal of Polymer Science Part* A 31, 3339-3349.

Garnier, F., Hajlaoui, R., El Kassmi, A., Horowitz, G., Laigre, L. Porzio, W., Armanini, M. and Provasoli, F.(1998)dihexylquaterhiophene, a two-dimensional liquid crystal-like organic semiconductor whit high transport properties, *Chemistry of Materials* 11,3334-3339.

Halik, M., Klauk, H., Zschieschang, U., Schmid, G. Ponomarenko, S., Kirchemeyer, S. and Weber, W.(2003) Relationship between molecular structure and electrical performance of oligothiophene organic thin film transistors. *Advanced Materials* 15, 917-922.

Heilmeier, G.H and Zanoni, L. A.(1964) Surface studies of alpha-copper phthalocyanine films. Journal of Physics and Chemistry of Solids 25, 603-611

Horowitz, G. (1998) Organic field-effct transistors. *Advanced Materials* 10, 365-377.

Horowitz, G., Fichou, D., Peng, X., Xu, Z and Garnier, F. (1989) Alpha-sexithinyl: a p- and n-type dopable molecular semiconductor. *Solid State Communications* 72, 385-388.

Huang, D., Liao, F., Molesa, S., Redniger, D. and Subramanian, V. (2003) Plastic-compatible low resistance printable gold nano particle conductors for flexible electronics. *Journal of the Electron Society* 150(7), G412-G417.

Huitema, H. E. A., Gelinck, G. H., van der Putten, J. B. P. H, Kuijk, K. E, Hart, C. M, Cantatore, E, Herwig, P. T, van Breemen, A. J. J. M and de Leeuw, D. M. (2001). *Nature* 414,599.

Katz, H. E, Laquindanum, J. G. and Lovinger, A.J(1998) Synthesis, solubility, and field-effect mobility of elongated and oxa-substituted dialkyl thiophene oligomers. Extension of polar intermediate synthetic strategy and solution deposition on transistor substrates. *Chemistry of Materials* 10, 633-638

Katz, H. E., Bao, Z. and Gilant, S. L. (2001) Synthetic chemistry for ultrapure, processable, and high mobility organic transistor semiconductors. *Accounts of Chemical Research* 34, 359-369.

Kelley, T. W., Boardman, L. D., Dunbar, T. D., Muyres, D. V., Pellerite, M. J. and Smith, T. P.(2003) High-performance OTFTs using surface-modified alumina dielectrics. *Journal of physics and Chemistry B* 107, 5877-5881.

McCullough, R. D., Tristram-Nagle, S., Williams, S. P., Lowe, R. D. and Jayaraman, M. (1993) Self orienting head-to-tail poly(3-alkylthiophenes): new insights on structure-property relationships in conducting polymers. *Journal of American Chemistry Society* 115, 4910-4911.

Meijer, E. J, Gelinck, G. H., van veenendaal, E., Huisman, B.-H., de Leeuw, D.M. and Klapwijk, M.(2003) Scaling behavior and parasitic series resistance in disordered organic field effect transistors. *Applied Physics Letters* 82, 4576.

Muller, R. S. and Kamins, T. I., (1986) Device Electronics for Intergrated Circuits, 2nd edn John Wiley & Sons, Inc., New York.

Niemi, V. M., Knuuttila, P., O"sterholm, J. E. and Korvola, J. (1992)Polymerization of 3-alkylthiophenes with FeCl3. *Polymer* 33, 1559-1562

Ong, B. S. Wu, Y., Liu, P. and Gardner, S. (2003) Towards printed organic electronics: semiconductor materials design for plastic transistors. *Polymer Preproceedings* 44, 321-322

Ong, B. S., Wu, Y., Jiang, L., Liu, P. and Murti, K. (2004a) Polythiophene-based field-effect transistors with enhanced air stability. *Synthetic Metals*, 142, 49-52.

Ong, B. S., Wu, Y., Liu. P. and Gardner, S. (2004b) High-performance semiconduction polythiophenes for organic thin-film transistors. *Journal of the American Chemical Society* 126, 3378-3379.

Paul, K. E., Wong, W. S., Ready, S. E. and Street, R. A. (2003) Additive jet printing of polymer thin-film transistors. *Applied Physics Letters* 83, 2070

Pomerantz, M., Tseng, J. J., Zhu, H., Sproull, S. J., Reynolds, J. R., Uitz, R., Arnott, H. J. andHaider, M. I.(1991) Processable polymers and copolymers of 3-alkylthiophenes and their blends. *Synthetic Metals* 41, 825-830

Sallero, A., Chabiny, M. L., Yang, M. S. and Street, R. A. (2002) Polymer thin-film transistors. with chemically modified dielectrics. *Applied Physics Letters* 81. 4383.

Salleo, A. and Street, R. A. (2003) Light-induced bias stress reversal in polyfluorene thin-film transistors. *Journal of Applied Physics* 94, 471.

Salleo, A., Chen, T. W., Volkel, A. R., Wu, Y., Liu, P. Ong, B.S. and Street, R.A. (2004) Intrinsuc hole mobility and trapping in a regioregular poly(thiophene). *Physical Review B* 70, 115311.

Sirringhaus, H., Brown, P. J., Friend, R. H., Nielen, M. M., Bechgaard, K., Langeveld-Voss, B. M. W., Spiering, A. J. H., Janssen, R. A. J., Meijer, E. W., herwig, P. and de Leeuw, D. M. (1999) Two-dimensional charge transport in self-organized, high-mobility conjugated polymers. *Nature* 401, 685-688

Sirringhaus, H., Wilson, R. J., Friend, R. H., Inbasekaran, M., Wu, W., Woo, E. P., Grell, M. and Bradley, D. D. C.(2000) Mobility enhancement in conjugated polymer field-effect transistors through chain alignment in a liquid-crystalline phase. Applied Physics Letter 77, 406.

Smith, A. (1979) The Newspaper: *An International History*, Thames and Hudson, London.

Steinberg, S. H.(1956) *Five Hundred Years of Printing*, 3rd edn, Viking Press, England.

Street, R. A., and Salleo, A. (2002) Contact effects in polymer transistors. *Applied Physics Letters* 81, 2887.

Street, R. A., and Salleo, A. and Chabinyc, M. L.(2003) Bipolaron mechanism for bias-stress effects in organic transistors, *Physical Review B* 68, 085316.

Tsumura, A.,Koezuka, H. and Ando, T.(1986) Macromolecular electronics devices:field effects transistor with a polythiophene thin film. *Applied Physics Letters* 49, 1210–1212

Wang, C., Benz, M. E., LeGoff, E., Schindler, J. L., Allbritton–Thomas, J., Kannewurf, C. R. and Kanatzidis, M. G. (1994) Studies on conjugated polymers: preparation, spectroscopic, and charge transfer properties of a new soluble polythiophene derivative: poly(3'4'–dibutyl–2,2':5'2"–terthiophene), *Chemistry of Materials* 6, 401.

Wang, G., Swensen, J., Moses, D. and Heeger, A. J.(2003) Increased mobility from regioregular poly(3–hexylthiophene) field–effect transistors. *Journal of Applied Physics* 93, 6137.

Wang, J. and Gonsalves, K. E. (1998) Synthesis of poly(p–ethyl phenol–co–4–hydroxythiophenol) /cds nanocomposites and their dispersion in polycarbonate. *MRS Fall Meeting Digest*, 372.

Wang, Y. and Bokor, J.(2004) Maskless lithography using drop–on–demand inkjet printing method. SPIE Microlithography, Santa Clara, CA, February 2004.

Wong, W. S., Ready, S., Matusiak, R., White, S. D., Lu, J.–P., Ho, J.and Street, R. A.(2002) Amorphous silicon thin–film transistors and arrays fabricated by jet printing. *Applied Physics Letters* 80, 610.

Wong, W. S., Ready, S. E., Lu, J.–P. and Street, R. A.(2003) Hydrogenated amorphous silicon thin–film transistor arrays fabricated by digital lithography. *IEEE Electron Device Letters* 24, 577–579.

Wu Y., Liu P., Gardner S. and Ong B.S.(2005) Poly(3,3"–dialkylterthiophene)s:Room–temperature, solution–processed, high–mobility semiconductors for organic thin–film transistors. *Chemistry of Materials* 17, 221–223.

Yamamoto, T., Komarudin, D., Arai, M., Lee, B.–L., Suganuma, H., Asakawa, N., Inoue, Y., Kubota, K.,Sasaki, S., Fukuda, T. and Matsuda, H.(1998) Extensive studies on Stacking of poly(3–alkylthiophene–2,5–diyl)s and poly(4–alkylthiazole–2,5–diyl)s by optical spectro-scopy. NMR analysis, light scattering analysis, and X–ray crystallography. *Journal of the American Chemical Society* 120,2047–2058

유기전자소자를 이용한 구부릴 수 있는 능동 매트릭스 디스플레이

Edzer Huitema, Gerwin Gelinck, Erik van Veenendaal, Fred Touwslager, and Pieter van Lieshout

Philips Research Laboratories

13.1 서 론

플렉시블 디스플레이는 최근 사용되는 종이를 대신할 수 있는 잠재력을 가지고 있어서, 현재 디스플레이 연구자들의 주목을 받고있다. 딱딱한 것에 비해 플렉시블 디스플레이가 가지는 장점은 가볍고, 견고하며, 결국에는 완전히 구부릴 수도 있게 된다는 것이다. 이는 휴대용 전자소자에 있어 중요한 특징이다. 이번 장에서는 유기전자소자를 이용한 구부릴 수 있는 고성능의 능동 매트릭스(active matrix) 디스플레이에 대해 설명한다. 이것은 능동 매트릭스 디스플레이의 상업화를 위해 Polymer Vision이 현재 진행하고 있는 노력의 일부분이다. Polymer Vision은 2003년 이래로 Philips Technology Incubator 내에서 하고 있는 신규 개발 사업이다.

13.2절에서는 플렉시블 디스플레이 분야에서 현재 이루어지는 연구와 개발에 대한 개략적인 이야기를 한다. 13.3절에서는 유기전자소자 기술에 대한 언급을 한다. 디스플레이에 대한 디자인과 진행 사항을 13.4절에서 소개하며, 13.5절에서는 유기 픽셀 스위칭에 대해 요구되는 사항 그리고, 그리고 유기 트랜지스터의 현재 성능에 대해서 13.6절에 설명한다. 2-bit 흑백 이미지를 가능하게 하는 플렉시블 QVGA 디스플레이에 대한 설명을 13.7절에서 한다. 픽셀의 스위칭 속도가 충분히 빨라 매우 짧은 주기의 펄스 폭 변조(pulse width modulation)가 가능하기 때문에 계조 표현이 가능하다. 13.8절에서는 구부릴 수 있는 (rollable) 능동 매트릭스 디스플레이를 위한 집적 구동 회로(dirver)의 현재 상황과 최근 연구결과를 설명하고자 한다. 열(row)로 집적된 구동회로의 이점은 디스플레이의 필요한 공간

을 줄이며, 드라이버 집적회로를 제거하여 가격을 떨어뜨리면서 디스플레이에서부터 하드웨어에까지 연결되는 부품의 수를 감소시킨다. 이러한 새로운 기술은 전자회로 뿐만 아니라, 능동형 매트릭스 백플레인(backplane)을 동일한 유기전자 기술을 사용해 제작할 수 있지만, 급속한 공정기술의 발전으로 부터 기인하였다(Gelinck *et al*. 2004).

13.2 플렉시블 디스플레이의 개관

플렉시블 플라스틱 기판을 사용하는 디스플레이는 이미 개발되었지만 이들은 주로 직접 구동 방식의 수동형 매트릭스 액정 디스플레이(Park *et al*. 2000; Lueder 1999), 고분자 발광 다이오드(Gustafsson *et al*. 1992) 그리고 전기 영동 잉크(Liang *et al*. 2003)등 이다. 직접 구동방식(direct drive) 디스플레이는 표시판, 가격 태그 혹은 스마트 카드 등과 같은 간단한 응용분야에서 사용될 수 있다. 수동 매트릭스 디스플레이는 그래픽과 문자를 디스플레이 할 수 있는 추가적인 특성을 가진다. 그러나 수동 매트릭스 디스플레이는 최대 해상도의 한계, 특정한 디스플레이 효과(가령 전기 영동)와 결합되어 사용될 때의 긴 이미지 업데이트 시간, 누화(crosstalk)으로 인한 이미지의 낮은 질 등의 한계를 가진다.

능동 매트릭스 디스플레이는 각각의 픽셀(pixel)에 편입한 스위치를 가지는(Tsukada 2000) 앞에서 언급한 디스플레이와는 다르다. 이것은 수동 매트릭스 디스플레이에서 발생되는 한계를 제거하는 것이지만, 좀더 복잡한 구성 요소들을 필요로 한다. 주된 픽셀 스위치 기술로는 유리 위에, 비록 다른 기술들이 또한 사용되지만(Brody 1996; Kuijk 1991), 주로 비정질 실리콘 박막트랜지스터(TFT)에 대한 것이다(Tsukada 2000). 현재 유리 위에 단단한 능동 매트릭스 디스플레이는 이미 널리 보급되었다. 그러나 플라스틱 기판 위에 플렉시블 능동 매트릭스 디스플레이는 여전히 연구 중이며 개발 중에 있다. 플라스틱 능동 매트릭스 기본 구조는 비정질 실리콘에서(Gleskova *et al*. 1999, Sandoe 1998, Polach *et al*. 2000), 반도체로서 다결정 실리콘에서(Young *et al*. 1997) 만들어져 왔다. 또한 완전한 플라스틱 능동 매트릭스 액정 디스플레이(LCDs)는 비정질 실리콘 다이오드(Young *et al*. 1997), 비정질 실리콘 박막트랜지스터(Okamoto *et al*. 2002) 그리고 기판의 전사 공정을 사용한 다결정 실리콘 TFTs(Inoue *et al*. 2002)를 사용해서 개발되었다. 대신에 비정질 실리콘 공정은 유연한 강철 호일(steel foil)에서 수행되며, 결과적으로 유연한 전기 영동 디스플레이를 가능하게 한다(Chen *et al*. 2003).

90년대에 반도체 물질로 유기물을 사용하는 유기전자 공학이 대면적의 집적화된 회로에 대한 강력한 박막 기술로 등장하였다(Voss 2000). 유기물질의 사용은 비정질 실리콘과 같은 무기 물질을 주로 사용하는 기존의 기술에 비해 중요한 여러 가지 장점을 가진다. 200도 보다 낮은 공정온도(Gelinck *et al*. 2000)는 유리를 대신한 플라스틱 기판의 사용 가능성을 보여준다. 게다가, 유기 물질의 물리적인 특징은 플라스틱 기판과 친화적인 성격을 가진다는 것이다. 그러므로 이러한 기술은 완전히 구부릴 수 있는 플라스틱 디스플레이로 가는 길을 열었다고 할 수 있다.

최근에, 비정질 실리콘과 비교될 만큼의 값을 가지는 유기 반도체를 사용한 전계 효과 이동도가 보고되었다(Dimitrakopoulos and Malenfant 2002). 주된 목표 중의 하나는 이러한 유기 트랜지스터를 전자 회로에 집적화하는 것이다. 링 발진기(oscillator)와 같은 간단한 연산 블록(block)(Brown *et al*. 1995)과 코드 생성기와 같은 좀 더 복잡한 회로(Drury *et al*. 1998)가 만들어졌다.

유기 반도체를 사용한 최초의 능동 매트릭스 디스플레이는 2000년에 보고되었다(Philips 2000). [그림 13.1]에 보인 그림은(Huitema *et al*. 2001) 4096개의 픽셀을 가지는 용액공정을 사용한 반도체가 유리 기판 위에서 만들어졌으며, 흑백 이미지를 보여주고 있다. 플라스틱 기판 위에 유기 반도체를 제작한 최초의 능동 매트릭스 디스플레이가 빠르게 뒤이어 개발되었다(Mach *et al*. 2001; Sheraw *et al*. 2002; Fujisaki *et al*. 2003; Gelinck *et al*. 2004). 최근에 유기 반도체를 사용한 플렉시블 QVGA(quarter VGA) 능동 매트릭스가 보고되었다(Huitema *et al*. 2003). 이것은 76,800개의 픽셀을 가지면서 현재까지 유기 반도체를 사용한 가장 큰 플렉시블 디스플레이이다.

[그림 13.1] 반도체로써 용액 공정의 PTV를 사용하는 4096개의 고분자 박막트랜지스터에 의해 유리 기판 위에서 구동되는 64X64 디스플레이 이미지. 256의 계조 수준의 이미지이며, 디스플레이는 50Hz에서 재생되고 있다.

13.3 유기전자 기술

유기 반도체에는 진공 증착과 용액 공정, 두가지의 기본적으로 다른 방법이 적용될 수 있다. 진공 증착된 유기 반도체는 일반적으로 보다 높은 박막트랜지스터 소자 성능을 보인다. 그러나 용액 공정의 장점은 더 넓은 면적, 저렴한 공정이다. 가령 스핀코팅과 같은 녹일 수 있는 유기 반도체 물질의 박막 형성은 특히 대면적에 있어 전형적인 진공 증착에 비해 디스플레이 생산공정을 간단화 시킨다. 증착의 다음으로, 용액 공정은 프린팅(Blanchet and Rogers 2003; Huebler *et al*. 2002), 스탬핑(stamping)(Park *et al*. 2002), 선택적인 디웨팅(dewetting)(Chabinyc *et al*. 2002), 잉크젯 프린팅(Sirringhaus *et al*. 2000)과 같은 새로운 패터닝 기술을 가져온다. 여기서 궁극적인 목표는 저렴한 룰투롤(roll to roll) 용액 기반의 공정이다. 그러나 기확립된 능동 매트릭스 액정 디스플레이(AMLCD) 산업에서 충분히 발달된 생산 장비를 완벽하게 개발하기 위해서는 박막의 패터닝 기술로서 전형적인 사진 식각(photolithography) 공정 기술을 사용하는 것이 가장 좋다. 이것은 잘 발달된 기술을 바탕으로 빠르고 완벽하게 산업화 공정으로 적용될 수 있게 해 준다.

우리의 박막트랜지스터 기술은 게이트 전극이 기판에 위치하고 있는 구조를 기본으로 하고 있다(그림 13.2). 이 구조는 비정질 실리콘 박막트랜지스터에 주로 이용되는(Tsukada 2000) 반대로 전극을 쌓는 구조와 같은 종류이다. 박막트랜지스터는 지름이 150mm, 제거 가능한 구조물 위에 얇은 층으로 되어 있는 polyethylene naphthalate(PEN) 25μm의 두께를 가지는 기판 위에 제작된다. 유기 반도체와 게이트 절연막은 용액 공정으로 이루어 진다. 디스플레이에서 세로 행과 가로 열 라인의 판의 전도도의 주어진 내역을 바탕으로 전극이 구성된다(Huitema *et al*. 2003). 게이트 전극과 첫번째 레벨의 상호연결 라인은 사진 식각공정 기술을 사용하여 금을 패터닝함으로서 만들어진다. 게이트 절연막은 350nm의 두께의 빛에 반응하는 고분자(polyvinylphenol)를 스핀 코팅하여 제작하고 연속적으로 접촉할 부분을 마련하기 위해 자외선 빛을 조사한다. 소스와 드레인 전극, 픽셀 패드(pad)와 두번째 상호 연결 라인은 두 번째 금 박막 층으로 구성된다.

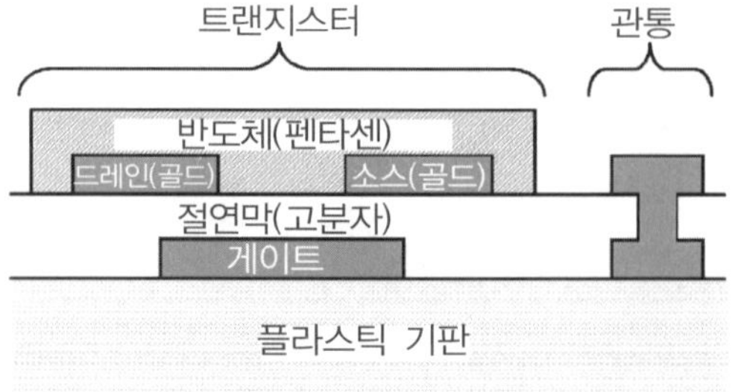

[그림 13.2] 박막트랜지스터와 수직의 연결부분의 단면도.

이러한 층의 가장 바깥쪽 표면에 100nm 두께의 전구체 펜타센을 스핀 코팅한다. 이 전구체의 합성과 펜타센의 변형은 다른 곳에서 잘 설명해 주고 있다(Herwig and Mllen 1999). 다음으로 반도체 층을 사진 식각공정을 통해 패턴한다(Kymissis *et al*. 2002). 이 과정을 통해 박막 트랜지스터 기본 구조와 가로방향 시프트 레지스터의 구성을 마무리한다.

이 기술의 중요한 특징은 첫번째로 박막의 구부릴 수 있는 호일이 단단한 지지대위에 붙여지고, 그 다음으로 기능성 박막 층이 만들어지고, 마지막으로 그 미세 전자소자를 포함하는 호일이 소자를 훼손시키지 않고 그 지지대로부터 분리된다는 점이다. 단단한 지지대는 재활용될 수 있다. 이것은 기본적인 패터닝과 증착 장비에 충분히 적용이 가능하다. 일반적으로, 4개의 마스크 공정을 통해 150mm의 웨이퍼 위에 2.5μm 미만의 정합(registration) 얻을 수 있다. 대면적에서의 트랜지스터 집적화는 5μm 정도의 중첩에서는 가능하다. 이것은 능동형 매트릭스 디스플레이와 구동회로에 대한 작은 기생 커패시턴스를 충분히 낮게 한 트랜지스터를 생산할 수 있게 해 준다.

13.4 디스플레이 디자인과 공정

디스플레이는 240개의 열과 320개의 행을 가지고 있다. [그림 13.3]에 설계 레이아웃(layout)이 나타나 있다. 픽셀의 크기는 300μm×300μm 이고 이것은 결국 4.7인치의 디스플레이를 나타낸다. 박막 트랜지스터의 채널 길이(L)와 너비(W)는 각각 5μm, 140μm이다. 디스플레이에서 열(row)은 게이트 금속으로 구성되며, 행(column)과 픽셀의 패드는 소스와 드레인으로 구성된다. 이것은 반사형 능동 매트릭스 디스플레이에서 나타나며 광학적인 구경비(aperture ratio)는 79%이다.

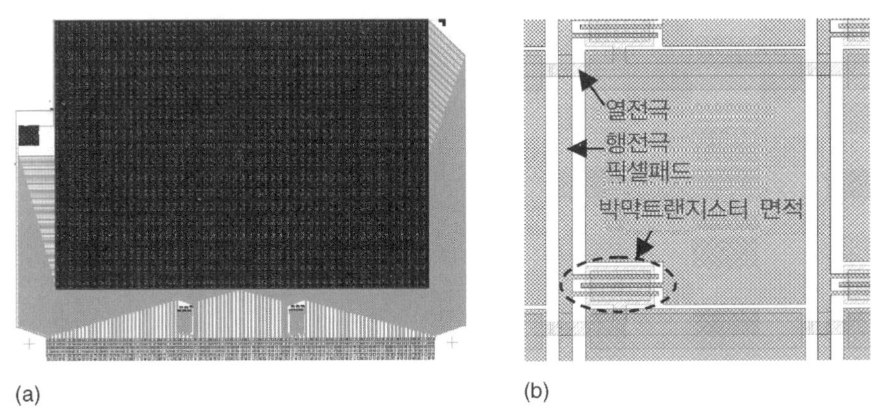

[그림 13.3] (a) QVGA 디스플레이의 전반적인 배치도 (b) 픽셀의 배치도에 대한 확대도

픽셀 패드는 열의 게이트 라인과 겹치므로, 저장 역할을 하는 커패시터는 일반적인 방법으로 구성이 된다.

기본 구조를 구성한 후에 전기적 잉크 박막이 박막트랜지스터 기본 구조 위에 만들어 진다(Comiskey *et al*. 1998). 고분자 접합체에서 전기 영동 미세캡슐로 구성된 박막을 polyester/ITO 위에 코팅한다. 광학적인 명암은 미세캡슐내에 투명한 유동체 내에 정반대의 전하를 가진 마이크론보다 작은 검고 흰 입자의 움직임에 의해서 얻어진다. 보는 사람에게 어떠한 입자가 가까이 있지에 따라 빛이 되산란 되던지(밝은 상태) 혹은 흡수된다(어두운 상태). 이러한 전기 영동 현상은 미세 캡슐을 스위칭 상태로 유지시키는 전기장 없이도 쌍안정 상태를 갖는다. 이것은 디스플레이의 전력소비를 크게 줄여준다.

13.5 트랜지스터 요구조건

하나의 픽셀의 등가적인 회로가 [그림 13.4]에 나타나 있다. 가로 열 라인에 의해 구동된다. 한번의 프레임 동안에 모든 가로 열은 순차적으로 전류가 흐르지 않는 상태(양의 전압)에서부터 전류가 통하는 상태(음의 전압)로 박막트랜지스터를 스위치 시키는 전압을 인가함에 따라 선택된다.

가로 열이 선택되는 주기 동안, 선택된 가로 열의 픽셀 커패시터는 세로행의 전극에 공급되는 전압에 의해 충전이 된다. 픽셀 커패시턴스는 [그림 13.4]에 나타나 있는 박막트랜지스터의 드레인 쪽의 커패시터의 합으로 구성된다. 프레임을 유지하는 시간동안(즉 hold time) 다른 가로열들은 읽힌다. 박막트랜지스터는 전류가 통하지 않는 상태에 있게 되고 픽셀 커패시터에 있는 전하는 유지됨에 틀림없다.

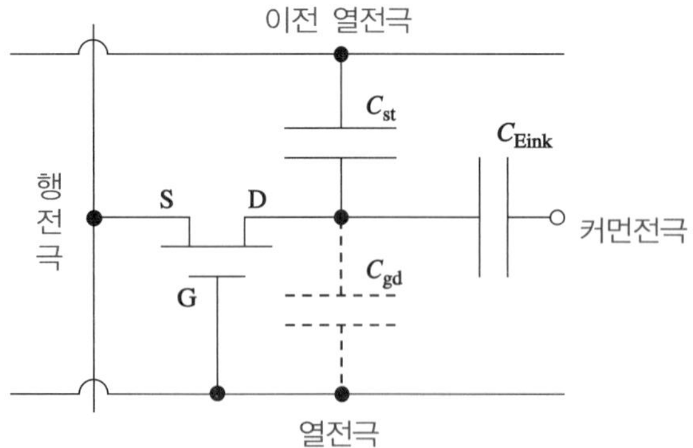

[그림 13.4] 한 개의 픽셀에 대한 등가회로. 박막트랜지스터의 소스, 드레인, 그리고 게이트 전극은 S, D, 그리고 G 라고 표시하였다. 저장 커패시터는 C_{st}, 픽셀 커패시터는 C_{Eink} 그리고 게이트-드레인 전극간 기생 커패시터는 C_{gd} 라고 명시하였다.

게이트 라인에 사용되는 일반적인 전압은 가로 열이 선택되는 동안 -25V이고, 유지 시간동안에는 +25V이다. 일반적인 세로 행의 전압은 -15V, 0V 그리고 +15V이다.

어두운 상태에서 밝은 상태로 픽셀을 변화시키기 위해서 픽셀에 인가되는 -15V의 전압은 약 600ms 동안 인가되어야 한다. 반대의 동작에서는 +15V의 픽셀에 인가되는 전압이 동일한 기간동안 가해져야 한다. 그러므로 50Hz의 프레임 비율은 우리의 디스플레이를 구동하기 위해서 사용되어지며, 결국 픽셀에 가해지는 최소의 펄스 주기는 20ms가 되는 것이다. 50Hz의 프레임 비율은 최소의 전계 효과 이동도에 제한을 주게 되고 또한 박막트랜지스터의 최대 차단 전류에도 영향을 주게 되는데, 이는 다음에 언급하도록 한다.

우리의 디스플레이에 트랜지스터의 요구조건을 평가하기 위해서 우리는 게이트 전압에 의존하는 전계 효과 이동도를 포함하는 트랜지스터 모델을 사용한다(Detcheverry and Matters 2000).

$$\mu_{FE} = \mu_0\left(-V_{gs} + V_T\right)^{\gamma} \tag{13.1}$$

V_T는 문턱전압이다. 파라미터 γ는 유기 반도체에 대해서는 1에 가까운 값을 가지며, μ_0는 $-V_{gs}+V_T=1\,V$에서의 이동도와 동일한 값이다. MOS 트랜지스터에서 드레인 전류에 대한 고전적인 분석표현인 Schockley 표현을 수식 (13.1)에 적용하면, 선형영역에서 드레인 전류에 대한 다음과 같은 수식이 유도된다.

$$I_d = \frac{W}{L}\frac{\mu_0 C_i}{(\gamma+2)}\left[\left(-V_{gs}+V_T\right)^{\gamma+2} - \left(-V_{gs}+V_T+V_{ds}\right)^{\gamma+2}\right] \tag{13.2}$$

C_i는 단위면적당 게이트 절연막의 커패시턴스이다.

13.5.1 전계 효과 이동도 영향

요구되는 전계 효과 이동도는 [그림 13.4]에 보여진 μ_0는 수치 해석에 따라 변한다. 최종 이동도는 $V_{gs}=-20\,V$에서 수식 (13.1)의 γ의 값과 함께 결정된다. 수치 해석된 트랜지스터의 전달 곡선은 [그림 13.5(a)]에 나타내고 있다. 채널이 도통되었을 때의 전류는 전계 효과 이동도가 증가함에 따라 증가한다. 채널이 차단되었을 때의 전류는 유지 시간 동안에 전하를 99% 이상 유지하기 위해서 충분히 작아야 한다. 픽셀의 결과적인 전하의 특성은 [그림 13.5(b)]에 나타나 있다. 세로 축은 한 프레임 동안 픽셀의 평균적인 전압을 의미하며, 가로축은 프레임의 수를 의미한다. 이동도의 모든 값은 -15V에서 픽셀에 충전되는 첫번째 수치 해석이 10 프레임 동안 수행되고 뒤이어 10 프레임 동안 +15V의 픽셀 충전의 수치 해석이 수행된다.

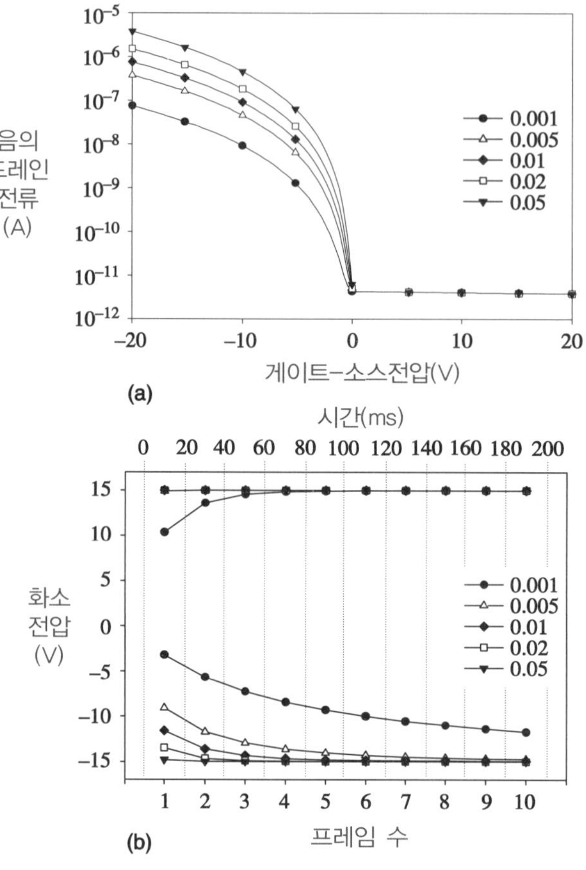

[그림 13.5] (a) V_{sd}를 20V 인가하면서, 수식 (13.1)에 있는 μ_0에 대해 5개의 각각의 값에 대해 수치 해석된 전달곡선. $V_{sg}-V_T$가 25V에서 전계효과 이동도를 보이고 있으며, 파라미터, γ는 1.1이다. 누설전류는 3pA이다.

(b) 이동도에 대한 동일 5개의 값에 대해 한 개의 픽셀의 수치 해석 된 결과. 수직축은 픽셀에 인가된 전압, 가로축은 프레임의 수를 의미한다. 수치 해석된 프레임의 비율은 50Hz이다.

게이트 전압은 라인이 선택되는 시간 동안은 −25V이고, 유지 시간 동안은 +25V이다. −15V로 충전되는 시간은 소스와 게이트 간 전압의 낮은 전압에 의해 +15V로 충전되는 시간에 비해 느리다. 이동도의 값이 0.001cm^2/Vs에서 첫번째 3개의 프레임 동안 +15V로 충전되는 동안 불완전한데 반해 −15V로 충전되는 것은 10 프레임이상 동안 불완전하다. 픽셀의 불완전한 충전은 적어도 두가지 다른 방법으로 디스플레이의 광학적 특성을 낮게 한다. 첫번째 픽셀의 전압을 떨어뜨리면서 전기 영동 입자의 속도가 감소하게 됨에 따라 스위칭 속도가 떨어지게 된다. 두번째는 픽셀이 불완전하게 충전될 때 이동도에서 픽셀의 전압에 대한 민감도의 증가가 서로 다르게 변화하는 것처럼 픽셀간 서로 고르지 못한 점이다.

이동도의 값이 $0.01cm^2/Vs$에서 +15V로 충전되는 것은 완전하지만 −15V로 충전되는 것은 첫번째 프레임동안 −12V의 픽셀 전압을 가져오고 그 5 프레임 이후에는 −14.8V를 가져오게 된다. 첫번째 5 프레임 동안 평균적인 픽셀 전압은 −14V이고 이것은 93% 충전되는 것을 의미한다. 픽셀에 가장 최소의 펄스를 인가하는 것은 5 프레임 혹은 그 이상 50Hz의 리프레시 비율에 있어 4개의 계조 레벨로 이미지를 생성할 때, 첫번째 프레임 동안 불완전한 충전효과는 작아지게 된다. 스위칭 곡선(여기선 보이지 않음)의 평균적인 픽셀 전압을 비교함으로써, 이동도가 $0.01cm^2/Vs$일 때에는 적어도 충분히 고른 4개의 계조 레벨을 만들 수 있음을 알 수 있다.

13.5.2 누설전류 영향

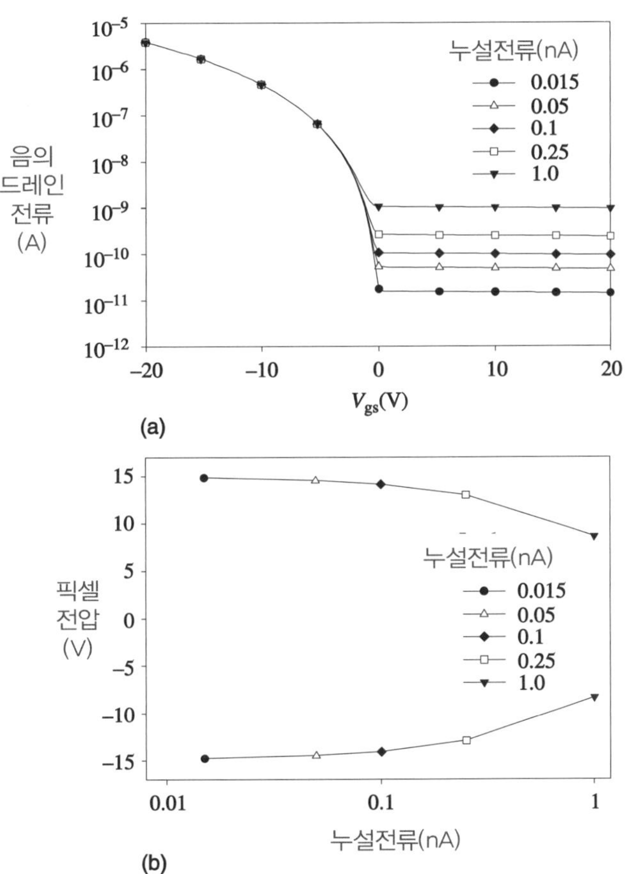

[그림 13.6] 5개의 누설전류 값에 대해 Vsd가 20V 인가되었을 때의 수치 해석된 전달곡선. 전계효과 이동도는 $0.05cm^2/Vs$. 동일 5개의 누설전류 값에 대해 픽셀의 수치 해석된 변화. 수직축은 픽셀에 인가된 전압, 가로축은 누설전류. 수치 해석된 프레임의 비율은 50Hz이다.

[그림 13.6(a)]에 서로 다른 누설 전류를 가지는 트랜지스터의 전달곡선을 나타내었다. 전계효과 이동도는 0.05cm^2/Vs로 하였으며, 이는 [그림 13.6]에서 가장 높은 값을 사용한 것이다. 이것은 이 수치 해석에서 픽셀의 충전이 완료되었음을 의미한다. 세로 행의 전압은 홀드시간 동안에는 0V로, 라인이 선택되는 구간에서는 +15V, −15V로 하였다. [그림 13.6(b)]에서는 픽셀의 전압을 보이고 있다. 세로축은 한 프레임 동안의 평균적인 픽셀 전압을 나타내고, 가로축은 누설전류를 의미한다.

1nA의 누설전류값에서 평균적인 픽셀의 전압은 세로 행 전극에서 공급되는 전압의 60% 정도에 지나지 않는다. 광학적으로 이렇게 큰 누설전류는 전기 영동 입자의 스위칭 속도에 나쁜 영향을 미치게 되고, 수직 혼선, 다시 말해 유지 시간 동안에 세로 행 전극와 픽셀 사이의 누설전류 때문에 이미지가 균일하지 못하게 된다. 누설전류가 50pA 보다도 늦게 되었을 때는 유지 시간 동안에 픽셀에 유지되는 전하가 97% 이상이 된다. 이것은 0.5V 보다 낮은 전압강하를 가져온다. 15V에서의 스위칭 스피드와 14.5V에서의 스위칭 스피드(여기선 보이지 않음)를 비교함으로써 누설전류 값이 50pA에서 충분히 고른 적어도 4개의 계조 레벨을 가질 수 있음을 알 수 있다. 심지어 더 낮은 누설전류는 전압강하를 더 줄일 수 있고, 좀 더 많은 계조 레벨을 가능하게 한다.

13.6 트랜지스터 특성

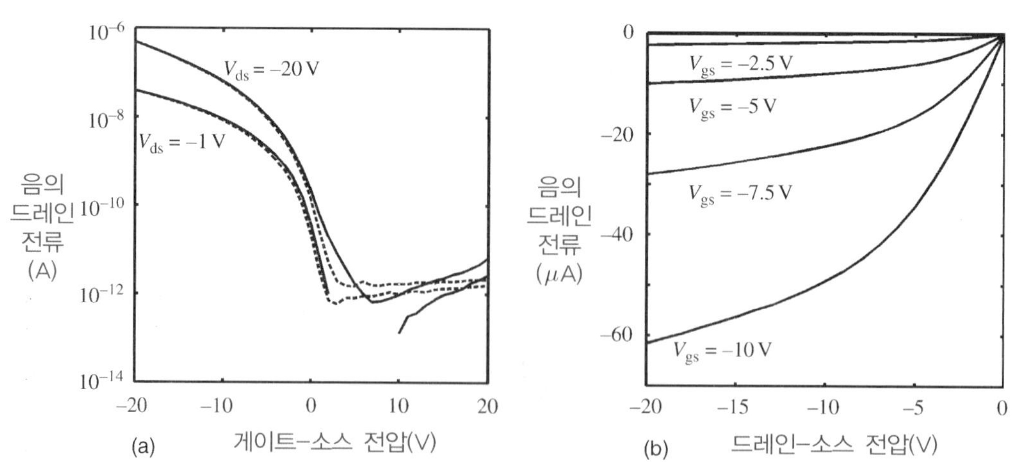

[그림 13.7] 전형적인 이동도를 0.01cm^2/Vs을 가진 픽셀 박막트랜지스터의 특성
(a) 전달곡선
(b) 출력곡선

QVGA 능동 매트릭스 기본 구조에서의 픽셀 박막트랜지스터의 성능을 알아본다. 임의의 세로 행의 숫자에서 총 380개의 소자를 측정하였다. [그림 13.7]에서 전형적인 유기 픽셀 박막트랜지스터의 전달특성과 출력특성을 나타내었다.

전계 효과 이동도는 0.010cm^2/Vs(V_{gs} =− 20V, V_{ds} =− 1V 에서 전달곡선에서부터 얻은 선형영역의 이동도) 인데 반해 누설 전류는 수 pA이다. 요구조건과 비교하여 볼 때 트랜지스터는 QVGA 디스플레이가 50Hz로 구동하기 위한 충분한 도통 전류(on-current)값을 가지고 우수한 차단 전류(off-current)값을 갖는다.

능동 매트릭스 기본 구조의 균일한 정도의 결과가 [그림 13.8]에 나타나 있다. [그림 13.8(a)]는 픽셀 박막트랜지스터의 이동도의 분포를 보이고 있다.

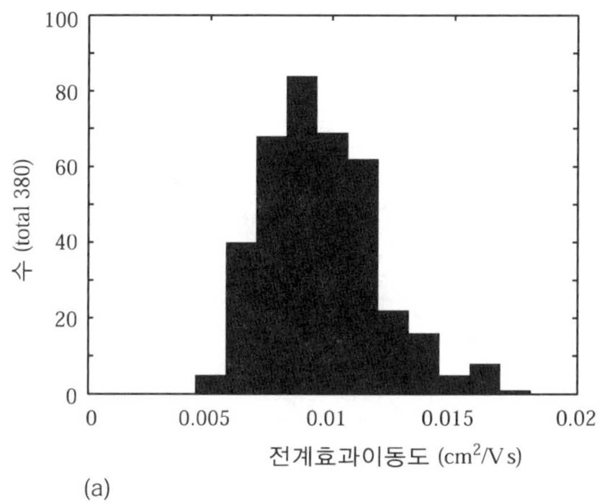

(a)

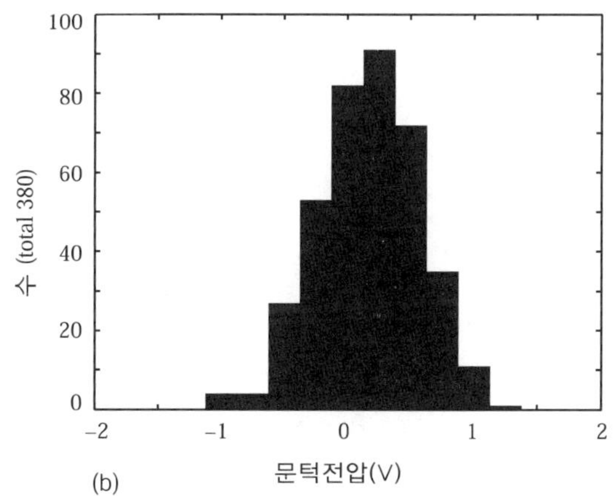

(b)

[그림 13.8] 380개의 픽셀 박막트랜지스터의 측정에 바탕을 둔 QVGQ 능동 매트릭스의 균일성
(a) V_{gs}는 −20V, V_{ds}는 −1V에 대해 전달곡선에서 추출된 이동도의 분포
(b) V_{ds}를 −1V에서 전달곡선에 대해 수식 (13.1)에서 얻어진 문턱전압의 분포

평균적인 전계 효과 이동도의 값은 $0.010cm^2/Vs$인데 표준편차는 $0.0024cm^2/Vs$이다. 평균적인 도통전류는 $V_{gs}=-25V$, $V_{ds}=-15V$(-15V로 충전되는 일반적임)에서 $-1.0\mu A$이다(+15V 로 충전되는 픽셀의 일반적인 값)에서 측정된 평균적인 차단 전류의 값은 -5.7pA이다. 그러므로 우리의 픽셀 박막트랜지스터는 10^5을 초과하는 도통 전류/차단 전류 비율을 가진다.

[그림 13.8(b)]에서는 픽셀 박막트랜지스터의 문턱전압 분포를 보이고 있다. 박막트랜지스터의 문턱전압은 $V_{ds}=-1V$의 전달곡선에서 수식 (13.1)에서부터 얻어진다. 문턱전압은 0.2V 근처에서 가우시안 분포를 보이며, 표준편차는 0.4V이다. 같은 방법으로 얻은 파리미터 γ의 평균적인 값은 같은 식에서부터 1.1로 얻어지며, 표준편차는 0.1이다.

13.7 기능성 디스플레이

[그림 13.9] (a) 50 HZ 에서 동작하는 유기 박막트랜지스터로 구동되는 구부릴 수 있는 QVGA 능동 매트릭스 디스플레이 사진. 이미지는 4개의 계조 수준을 가진다.
(b) 구부린 상태에서의 동일 이미지

[표 13.1] 구부릴 수 있는 QVGA 디스플레이의 구체적인 값

파라미터	수치
패널크기	4.7 in(72mm×96mm)
해상도	302×240(85dpi)
픽셀 수	76 800
픽셀 크기	300μm×300μm
디스플레이 형태	Electrophoretic(E Ink)
계조 수준의 수	4
프레임 비율	50Hz
이미지 업데이트 시간	600ms
구경비	79%
디스플레이 두께	300μm
디스플레이 무게	7g
휘는 정도	A bending radius of ~ 2cm
박막트랜지스터 채널길이	5μm
박막트랜지스터 채널너비	140μm
이동도	0.01cm2/Vs
On-전류측정	1.0μA
Off-전류측정	6pA
문턱전압	0.2V

[그림 13.9]에 기능성 디스플레이의 그림을 보이고 있다. 세로 행 전극은 −15V에서 +15V 사이로 구동되는 반면에 가로 열 전극은 라인이 선택되는 시간 동안은 −25V로, 유지 시간 동안에는 25V로 구동된다. 디스플레이의 프레임 비율은 50Hz이다. 4개의 계조 레벨을 포함하는 이미지를 나타낼 수 있다. 스위칭 시간은 600ms이다. [표 13.1]은 이 디스플레이 구체적인 사항을 요약해 놓고 있다.

수명에 대한 3가지가 수행되어 졌다. 여기서 디스플레이에 어떠한 추가적인 층을 집어넣지 않았다. 먼저 디스플레이를 반경이 2cm 정도로 100회 구부려 졌다. 디스플레이는 듀티싸이클 10% 이하에서 100시간 이상의 수명이 보장되어야 한다. 두 가지 테스트 결과 광학적 명암비의 저하가 없었으며, 어떠한 추가적인 라인과 픽셀의 결함도 없었다. 대기압에서 2달 동안의 수명 테스트에 있어서 전계 효과 이동도는 30% 정도 감소하였다. TFT의 전류가 수식 (13.2)에서 살펴본 것처럼 이동도에 선형적으로 비례함에 따라 TFT의 전류는 분명히 30% 정도 감소할 것이다. 픽셀은 30%의 여분의 라인 선택 시간에 동일한 전압으로 충전될 것이다. 이것은 정확하게 30% 낮은 프레임 비율(50Hz 대신에 38Hz)에서 동일한 명암비에 대응된다. 이러한 트레이드 오프 차단 전류가 낮게된 프레임 비율에서도 충분히 낮기 때문에 가능한 것이다.

13.8 드라이버 집적화

[그림 13.10(a)]는 모든 연결이 호일의 한면에 있는 QVGA 디스플레이가 말아올리는(roll-up) 공정이 가능함을 보이고 있다. 각각의 가로 열과 세로 행에 있어서 외부의 연결된 하드웨어와 연결되어 있는 결과 전체 QVGA 디스플레이에 있어 거의 600개의 접촉이 있다. 이 접촉들의 피치는 작아도 175μm 정도이고 결과적으로 말 수 있는 디스플레이에 접촉 문제를 야기한다. 게다가 접촉 부분에서 능동 매트릭스의 가로 열과 세로 행에 이르기 까지 상호 연결되는 통로가 필요하다. 이것은 디스플레이의 공간에 대하여 단점으로 작용한다.

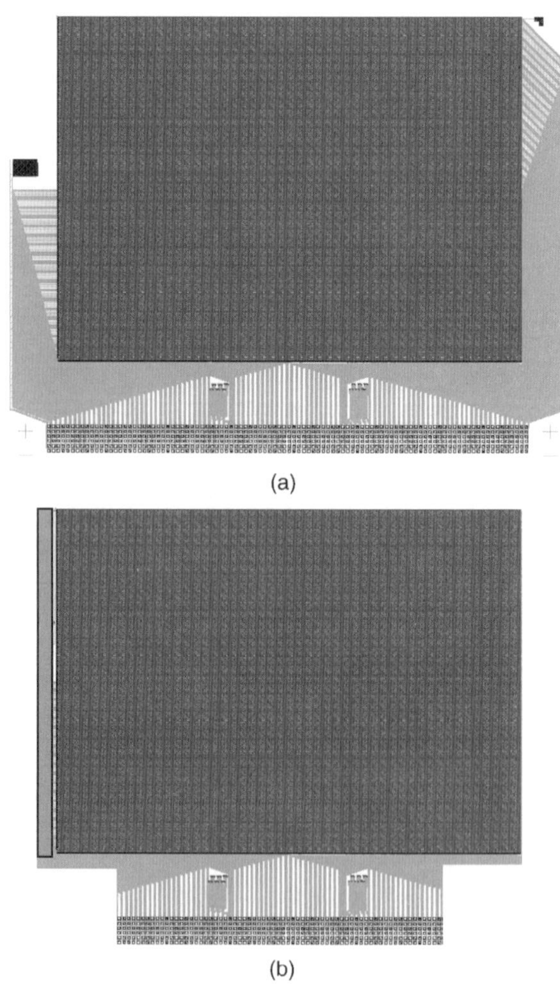

[그림 13.10] (a) 집적된 드라이버 없는 디스플레이의 배치
(b) 집적된 가로열 드라이버를 가진 디스플레이의 인쇄본

가로 열의 드라이버로 사용되어 질 수 있는 시프트 레지스터는 클럭(clock)과 데이터 신호화 공급선만을 필요로 한다. 시프트 레지스터와 외부 연결 하드웨어 간의 연결 수는 전체적으로 약 10in 정도이다. 완전한 QVGA 디스플레이 위해서 접촉의 수는 적어도 400일 것이고 결과적으로 높은 접촉 신뢰성을 가진다. 회로의 너비가 오직 수 mm임에 따라 디스플레이의 공간은 점점 작아질 것이다. [그림 13.19(b)]는 시프트 레지스터와 결합된 QVGA 매드릭스의 적절한 디자인을 보여준다. 줄어든 접촉의 수와 감소된 공간은 이 그림으로부터 분명해진다.

또 다른 드라이버 집적화의 장점은 디스플레이를 구동시키기 위해 필요한 외부 드라이버의 수를 감소시키는 데 있다. 또한, 내부 드라이버로 가는 신호의 수는 디스플레이에서 가로 열의 실제 수에서부터 분리된다. 이것은 외부 구동회로의 디자인을 간단화시키고, 드라이버의 기반의 유연성을 증가시킨다.

선택된 전기 영동 디스플레이 영향이 쌍안정함에 따라 가로 열 드라이버는 오직 이미지가 업데이트되는 동안에만 구동된다. 이것은 보편화되어 사용되는, 디스플레이 동안에 연속적으로 구동되는 것을 필요로 하는 기존의 액정디스플레이 효과와 다른 것이다. 이것은 유기 전자소자에서 가로열 드라이버의 집적화에 있어 전기 영동 디스플레이 효과를 이상적으로 만드는 것이다.

시프트 레지스터에 있어서 선택된 펄스는 하나의 단계에서 다음 단계로 매 클럭 펄스에서 옮겨진다. 프레임 비율과 가로열의 수는 클럭의 주파수를 결정하게 된다. 이미지 업데이트 시간이 600ms임에 따라, 약 10Hz의 프레임 비율은 흑, 백 이미지에 충분하다. 이것은 전자 독서(e-reading)으로의 응용도 가능하게 한다. 시프트 레지스터의 최소 클럭 주파수는 2.4kHz이다. 계조 레벨을 정확하게 표현하기 위해서는, 프레임 비율, 가로 열 레지스터의 클럭 주파수가 높아져야만 한다.

13.8.1 32-스테이지 시프트 레지스터

정적인 32-스테이지 시프트 레지스터의 결과는 최근에 발표되었다(Gelinck *et al*. 2004). [그림 13.11]에서는 각 단계마다 18개의 박막트랜지스터를 포함하는 32-스테이지 시프트 레지스터 변형 중의 하나뿐 아니라, 디스플레이에 포함되는 호일의 사진을 보이고 있다.

완전한 32-스테이지 시프트 레지스터는 576개의 박막트랜지스터를 포함하고 있다. 각 단계의 면적은 0.45mm^{2}이다. 32-스테이지 시프트 레지스터는 QVGA 디스플레이에 대해 최대 20Hz의 프레임 비율에 상응하는 5kHz의 클록 주파수에 의해 동작을 한다. 시프트 레지스터의 약 80%는 32개의 단계에 이르기까지 완전히 기능화된다. 측정은 클록의 주파수가 2.8kHz 그리고 20V 의 공급전압에서 4시간을 초과하는 수명을 보이고 있다(그림 13.12).

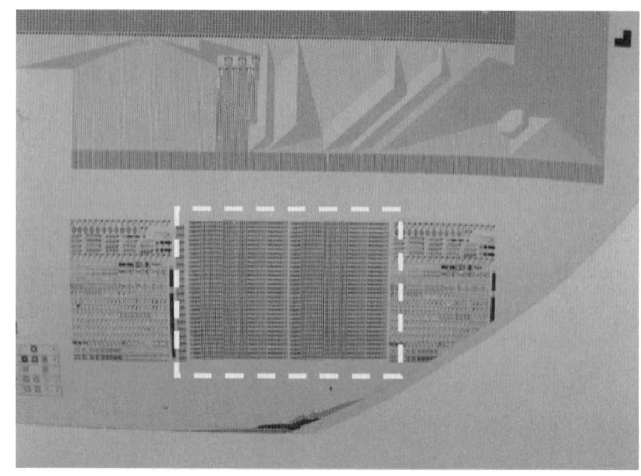

[그림 13.11] QVGA 디스플레이와 시프트 레지스터를 포함한 구부릴 수 있는 호일의 사진(사진 내부에 점선으로 표시된 사각형)

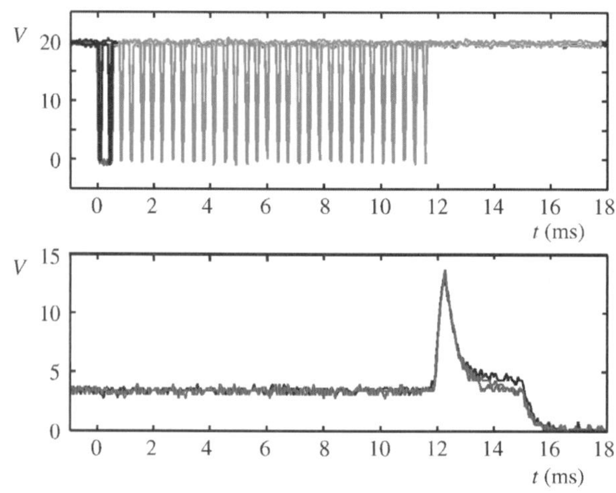

[그림 13.12] 32-스테이지 시프트 레지스터의 측정결과 : 위에 위치한 그래프는 클락펄스와 시작 펄스를 나타내고 있고, 아래에 위치한 그래프는 0, 2, 그리고 4 시간 이후의 32-스테이지의 출력 펄스를 나타내고 있다.

디스플레이와 시프트 레지스터가 같은 기술로 제작되는 것으로부터 수명의 테스트의 결과와 휘어지는 정도의 테스트는 시프트 레지스터에도 유효하다.

13.8.2 120-스테이지 시프트 레지스터

최근에, 시프트 레지스터는 QVGA 디스플레이의 가로 열 수의 반인 120-스테이지로 만들어진다. 120-스테이지 시프트 레지스터의 위상은 32-스테이지 버전의 위상과 비슷하다.

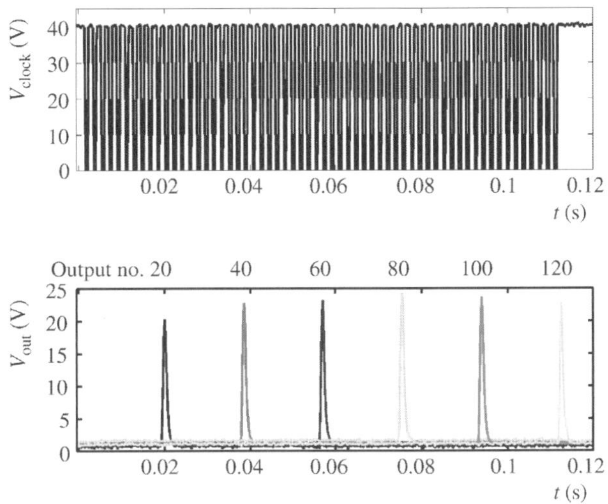

[그림 13.13] 클락펄스와 매 20번째 스테이지에 대한 출력펄스를 보이고 있는 120-스테이지 시프트 레지스터에 대한 측정결과

[그림 13.13]에서는 새로운 시프트 레지스터의 결과를 측정한 것을 보여준다. 위에 표시된 그래프는 클록 시그널을 나타내고 있으며, 아래에 표시된 그래프는 매 20번째 출력의 출력파형을 나타내고 있다. 클록 주파수가 2kHz에서 시프트 레지스터는 기능화 되고, 이것은 QVGA 디스플레이에서 8Hz의 프레임 비율에 상응하는 것이다.

완전히 기능화된 120-스테이지 시프트 레지스터에 대한 수율은 약 30%이며, 이것은 32-스테이지 시프트 레지스터와 비교할 때 면적이 증가했음을 의미한다. 광범위한 동작 수명 테스트는 가까운 미래에 수행될 것이다. 총 2130개의 박막트랜지스터를 가지는 이 회로는 최근까지 보고된 유기 전자소자 회로에서 가장 큰 회로라고 할 수 있다.

[표 13.2] 120-스테이지 시프트 레지스터의 구체적인 값

파라미터	수치
스테이지 당 사이즈($w \times h$)	1800μm×300μm
스테이지 당 면적	0.54mm^2
전체면적	65mm^2
최대 클록 주파수	2kHz
최대 QVGA 프레임 비율	8Hz
스테이지 수	120
박막트랜지스터의 총 수	18
회로수율	2130
최대 공급전압	30%
스테이지당 박막트랜지스터	40V
	5μm

[표 13.2]는 120-트랜지스터 시프트 레지스터의 몇몇의 중요한 요소를 요약한 것이다. 시프트 레지스터의 수직적인 셀 정점은 가까운 미래에 쉽게 집적화되는 것에 대한 QVGA 디스플레이의 가로 열 정점과 동일하게 될 것이다.

〈감사의 글〉

저자는 Polymer Vision 팀의 구성원들에게 이 장에서 설명된 현실적인 결과에 대한 도움에 감사드린다. Dago de Leeuw와 Eugenio Cantatore에게는 결과를 내는데 사용된 고분자 공학 기술에 대해 감사드린다. Mark Hage에게는 디스플레이 측정에 대한 조언에 대해 감사드리고, Siebe-Jan van der Hoef와 Albert Geven에게는 디스플레이 어드레싱 하드웨어와 소프트웨어에 대해 감사드린다. 플라스틱 기판의 제공에 대해 DuPont Teijin Films에 감사드리고, 전기 영동 물질 제공에 대해 E ink Corporation에 감사드린다.

참고문헌

Blanchet, G. and Rogers, J. A.(2003) Printing techniques for plastic electronics. *Journal of Information Science and Technology* 47, 296–303.

Brody, T. P.(1996) The birth and early childhood of active-matrix-a personal memoir. *Journal of the SID* 4, 113–7.

Brown, A. R., Pomp, A., Hart, C. M. and de Leeuw, D. M.(1995) Logic gates made from polymer transistors and their use in ring oscillators. *Science* 270, 972–4.

Chabinyc, M. L., Wong, W. S., Salleo, A., Paul, K. E. and Street, R. A.(2002) Organic polymeric thin film transistors fabricated by selectrive dewetting. *Applied Physics Letters* 81, 4260–2.

Chen, Y., Kazla, J. A P., Ritenour, A., Gates, H. and McCreary, M.(2003) Flexible active-matirix electronic ink display. *Nature* 423, 136.

Comiskey, B., Albert, J. D., Yoshizawa, H. and Jacobson, J.(1998) An electrophoretic ink for all-printed reflective electronic display. *Nature* 394, 253–5.

Detcheberry, C. and Matters, M.(2000) Device simulation of all-polymer thin film transistors. *Proceedings of ESSDERC*, 328–31.

Dimitrakopoulos, C. D. and Malenfant, P. R. L.(2002) Organic thin film transistors for large area electronics. *Advanced Materials* 14, 99–117.

Drury, C. J., Mutsaers, C. M. J., Hart, C. M., Matters, M. and de Leeuw, D. M.(1998) Low-cost all-polymer integrated circuits. *Applied Physics Letters* 73, 108–10.

Fujisaki, Y., Inoue, Y., Sato, H., Kurita, T., Tokiti, S. and Fujikate, H.(2003) Organic TFT-driven liquid crystal cell with anodic-oxidised gate insulator and double protection layer. *IDW Digest*, 291–4.

Gelinck, G. H., Geuns, T. C. T. and de Leeww, D. M.(200) High-performance all-polymer integrated circuits. *Applied Physics Letters* 77, 1487–9.

Gelinck, G. H., Huitema, H. E. A., van Veenendaal, E., Cantatore, E., Schrijnemakers, L., van der Putten G. B. P. H., Geuns, T. C. T., Beenhakkers, M., Giesbers, B., Huisman, B-H., Mena Benito, E., Touwslager, F. J., Marsman, A., van Rens, B. and de Leeuw, D. M.(2004) Flexible active-matrix displays and shift registers based on solution-processed organic transistors. *Nature Materials* 3, 106–10.

Gleskova, H., Wagner, S. and Suo, Z.(1999) Failure resistance of amorphous silicon transistors under extreme iin-plane strain. *Applied Physics Letters* 75, 3011–3.

Gustafsson, G., Cao, Y., Treacy, G. M. Klavetter, F., Colaneri, N. and Heeger, A. J.(1992) Flexible light-emitting diodes made from soluble conduction polymers. *Nature* 357, 477–9.

Herwig, P. T and Mllen, K. A(1999) A soluble pentacene precursor : synthesis, solid-state conversion into pentacene and application in a field-effect transistor. *Advanced Materials* 11, 480-3.

Huebler, A., Hahn, U., Beier, W., Lasch, N. and Fischer, T.(2002) High volume printing technologies for the production of polymer electronic structures. *IEEE Polytronic Conference*, 172-6.

Huitema, E., Gelinck, G., van der Putten, B., Cantatore, E., van Veenendaal, E., Schrijnemakers, L., Huisman, B.-H. and de Leeuw, D.(2003) Plastic transistors in active-matrix displays. *ISSCC Digest*, 380-1.

Huitema, H. E. A., Gelinck, G. H., van der Puttern, J. B. P. H., Kuijk, K. E., Hart, C. M., Cantatore, E., Herwig, P. T., van Breemen, A. J. J. M. and de Leeuw, D. M.(2001) Plastic transistors in active-matrix displays. *Nature* 414, 599.

Huitema, H. E. A., Gelinck, G. H., van Veenendall, E., Cantatore, E., Touwslager, F. J., Schrijnematers, L. P. R., van der Putten, J. B. P. H., Geuns, T. C. T., Beenhakkers, M. J., van Lieshout, P. J. G., Lieshout, P. J. G., Lafarre, R. W., de Leeuw, D. M. and van Rns, B. J. E.(2003) A flexible QVGA display with organic transistors. *IDW Digest*, 1663-4.

Inoue, S., Utsunomiya, S., Saeki, T. and Shimoda, T.(2002) Surface-free technology by laser annealing(SUFTLA) and its application to poly-Si TFT LCDs on plastic film with integrated drivers. *IEEE Transactions on Electron Devices* 49, 1353-60.

Kuijk, K. E.(1991) A novel diode matrix for LC-TV displays. *SID Digest*, 401-8.

Kymissis, I., Dimtrakopolous, C. D. and Purushothaman, S.(2002) Patternig pentacene organic thin film transistors. *Journal of Vacuum Science and Technology B* 20, 956.

Liang, R. C., Hou, J., Zang, H. M. and Chung, J.(2003) Passive matrix microcup electrophoretic displays. *IMIC Digest*, 351-4.

Lueder, E.(1999) Passive and MIM driven LCDs with plastic substrates. *IDW Digest*, 215-8.

Mach, P., Rodriquez, S. J., Nortrup, R., Wiltzius, P. and Rogers, J. A.(2001) Monolithically integrated flexible display of polymer-dispersed liquid crystal driven by rubber-stamped organic thin-film transistors. *Applied Physics Letters* 78, 3592-4.

Okamoto, M., Okada, Y., Ban, A., Oka, W., Matsuda, T. and Shibahara, S.(2002) Development of a color reflective TFT-LCD using plastic substrates. *IDW Digest*, 315-8.

Park, S. K., Han, J. I., W. K. and Kwak, M. K.(2002) Development of 2-inch plastic film STN-LCD with uniform cell gap. *SID Digest*, 514-7.

Park, S. H., Kim, Y. H., Han J. J., Moon, D. G. and Kim, W. K.(2002) High performance polymer TFTs printed on a plastic substrate. *IEEE Transactions on Electron Devices* 49, 2008-15.

Philips(2000) Philips Research develops the world's first displays using polymeric semiconductors as pixel dirvers, press release, September 2000, www.polymervision.com/.

Polach, S., Randler, M., Bahnmueller, F and Lueder, E.(2000) A transmissive TN display addressed by a−Si:H TFTs on a plastic substrate. *IDW Digest*, 203−6

Sandoe, J. N.(1998) AMLCD on plastic substrates. *SID Digest*, 293−6.

Sheraw, C. D. Zhou, L., Juang, J. R. Gundlach, D. J., Jackson, T. N., Kane, M. G., Hill, I. G., Hammond, M. S., Campi, J., Jung, J. R., Greening B. K., Francl, J. and West, J.(2002) Organic thin−film transistor−driven polymer dispersed liquid crystal displays on flexible polymeric substrates. *Applied Physics Letters* 80, 1088−90.

Sirringhaus, H., Kawase, T., Friend, T. H., Shimoda, T., Binbasekaran, M., Wu, W. and Woo, E. P.(2000) High−resolution inkjet printing of all−polymer transistor circuits. *Science* 290, 2123−6.

Tsukada, T.(2000)Active−matrix liquid crystal displays. In Technology and Applications of Amorphous Silicon, R. A. Street(ed), Springer, New York, pp. 7−93.

Voss, D.(2000) Cheap and cheerful circuits. *Nature* 407, 442−4.

Young, N. D., Bunn, R. M., Wilks, R. W., McCulloch, D. J., Deane, S. C., Edwards, M. J. Harkin, G. and Pearson, A. D.(1997) Thin−film−transistor− and diode−addressed AMLCDs on polymer substrates. *Journal of the SID* 5, 275−81.

유연한 기판에서의 TFT 메커니즘

Sigurd Wagner,[1] Helena Gleskova,[1] I-Chun Cheng,[1] James C. Sturm,[1] and Z. Suo[2]

[1]*Department ofElectrical Engineering, Princeton University and*
[2]*Division of Engineeriong and Applied Sciences, Harvard University*

14.1 개 요

1980년대 중반, 비정질 실리콘 박막트랜지스터(a-Si TFTs) 에 가해지는 기계적인 스트레스와 물질에 대한 연구가 시작되었다(Jones 1985; Spear and Heintze 1986). 플렉시블 기판에 적용되는 박막트랜지스터에 대한 연구는 1967년으로 거슬러 올라가며(Brody 1996), 1990년대 중반, 유리(Gleskova *et al.*1995), 금속(Theiss and Wagner 1996) 그리고 유기 고분자(Constant *et al*. 1994; Burns *et al*. 1997; Gleskova *et al*. 1998; Parsons *et al*. 1998; Sandoe 1998; Lueder *et al*. 1998; Bonse *et al*. 1998; Theiss *et al*. 1998)로 만들어진 플렉시블 기판에 상업적으로 중요한 비정질 실리콘 박막트랜지스터가 만들어 지면서 다시 활발해지기 시작했다. 플렉시블 박막트랜지스터 backplane은 현재 산업용으로 개발 중에 있다(Young *et al*. 2003). 궁극적으로 플렉시블 박막트랜지스터는 roll-to-roll 공정에 의해 만들어지게 될 것이다(Wagner *et al*. 2000). 플렉시블 박막트랜지스터 backplane에 대한 연구는 박막트랜지스터의 기계적인 변형에 의한 영향에 대한 연구를 수반하여 진행되고 있다. 현재 개발된 플렉시블 박막트랜지스터 backplane의 사용과 생산을 위한 기초적인 실험과 이론적인 지식이 요구되고 있다. 우리는 이러한 내용을 유기 고분자로 이루어진 유연한 기판 위에 만들어진 견고한 비정질 실리콘 TFT에 중점을 두어 살펴볼 것이다.

14.2 TFT 기판(backplane)의 변형

TFT backplane은 내부적으로 가해진 힘에 의해 변형될 수 있다. 이러한 힘은 막의 성장과 서로 다른 열적 팽창과 수축 그리고 습기의 흡수와 방출에 의한 스트레스를 포함한다. 또한 backplane은 구부림, 특정한 모양의 형성, 혹은 탄력적으로 늘리고 느슨하게 하는 등의 외부의 힘에 의해 변형될 수 있다. 우리는 기계적인 스트레스가 박막트랜지스터에서 어떻게 작용할 것이며, 어떠한 현상을 보일 것인지에 대하여 조사할 것이다.

14.2.1 형상화 과정에서 발생되는 기계적 스트레스

박막트랜지스터 backplane은 평면 반도체 제작을 위해 개발된 장비에 사용하기 편하도록 편평하게 만들어진다. 그 후 backplane은 다양한 형태를 제작하기 위해 변형된다. [그림 14.1]에 "플렉시블"의 개념적 규칙이 적용된 세 가지 유형의 소자 표면을 나타내었다. 휨, 구부림, 접음은 [그림 14.1(a)]와 같은 원통형을 만든다. 능동 소자에 가해진 변형은 적을 것이며, 특히 소자가 중성 면에 위치할 경우 더욱 미세할 것이다. 소자 [그림 14.1(b)]는 평면적이지 않은 변형에 의해 만들어진 구형을 나타낸다. 이러한 변형은 크고, 플라스틱 flow에 의해 영구적으로 표면을 변형시키거나, 표면에 걸쳐 균일하지 않을 수 있다. 이렇게 형성된 표면들을 변형(deformed), 조형(conformal), 조형적 형태(conformally shaped), 혹은 유연(compliant)하다고 부른다. 세 번째 유형의 소자 표면은 센서 장갑과 같은 것으로 같은 방법으로 모양이 만들어지지만 탄성적이라는 요소가 추가되며 [그림 14.1(c)]에 그 개념이 나타나있다. 현재 산업 발전은 플렉시블 박막트랜지스터 backplane의 구부림에 집중되어있다.

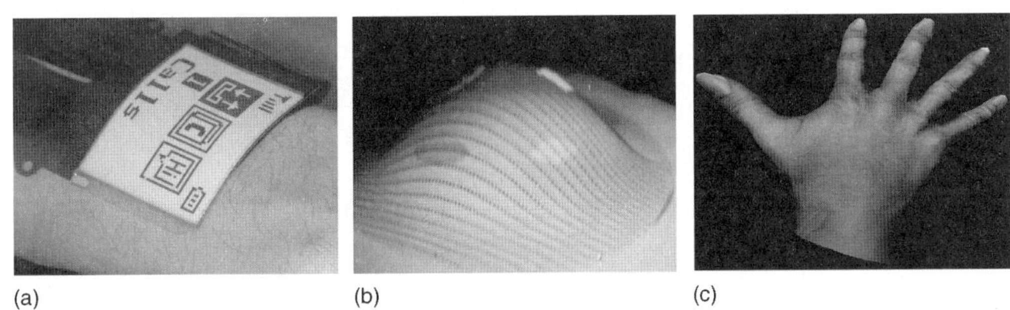

(a) (b) (c)

[그림 14.1] 전기적 표면에서의 변형의 유형
(a) 한번 또는 반복적인 탄성 휨, 팔찌형 디스플레이 (Chen, 2001)
(b) 1차례의 조형적 형태, plastic 변형(Hsu 2000)
(c) 넓은 영역의 반복적인 변형, 탄성 전기 표면, 반복적인 변형(Lumelsky *et al*. 2001)
(b)와 (c)의 소자들은 변형이 가능한 기판에 집적된 휘어지지 않는 섬 구조(island)로 본다.

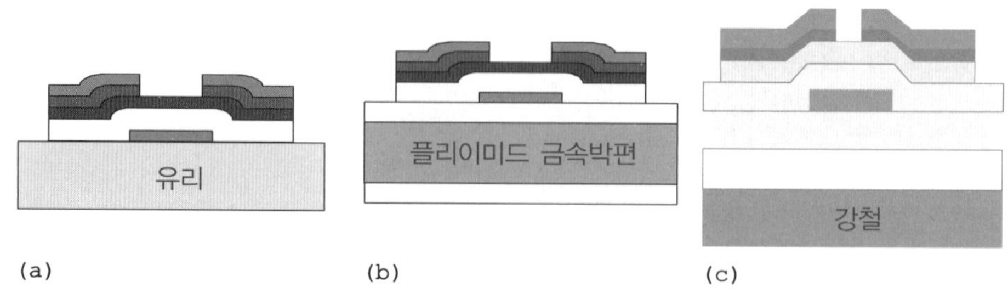

[그림 14.2] 다양한 표면에 형성된 back 채널 커팅 a-Si TFT의 단면도
(a) 유리(Gleskova *et al*. 1996)
(b) silicon nitride에 양쪽으로 보호된 polyimide
(c) 유리 위에 강철을 스핀코팅을 이용하여 평탄화 시킨 후 silicon nitride로 덮음(Ma *et al*. 1997)

탄성 변형을 견딜 수 있는 능동 소자 표면은 이제 연구의 시작 단계이다(Lacour *et al*.2003; Gray *et al*. 2004; Wagner *et al*. 2004). 이 단원에서는 구부러짐과 조형적 형태의 표면에 대해 알아보겠다.

14.2.2 제조 시 발생되는 기계적 stress

TFT는 기판에 층별로 생성된다. Back 채널 커팅 a-Si TFT 구조의 기판 평탄화와 보호막(passivation)을 포함한 전형적인 층 생성 순서는 [그림 14.2]에 나타내었다. 플렉시블 기판의 표준 두께 범위는 유리의 경우 50~80μm, 유기 고분자의 경우 50~200μm, 강철(steel)의 경우 25 ~125μm이다. 평탄화 막과 보호막(passivation)층은 0.2에서 1μm 두께이고, TFT는 1μm보다 약간 얇은 두께이다.

TFT backplane이 평탄하게 설계되었다 하더라도 이것은 생산되고 사용되는 동안 여러 차례에 걸쳐 스트레스를 받는다. 내재된 스트레스는 평형 상태에서 벗어나 제자리의 낮은 에너지 상태로 이동하려는 원자들과 함께 성장한 필름 내에서 비롯된다. 열과 습기에 의한 스트레스들은 필름과 기판 사이 또는 필름 사이에서 열 팽창과 습도 계수의 차이에 의해 야기된다.

TFT backplane 기술은 소자와 보호막 층이 기판을 완전히 덮는 하나의 동일한 필름에 가까울 때 가장 쉽게 이해된다. 분석과 모델링을 간단하게 하는 이 접근은 층이 있고 패턴 된 소자를 바르게 평가할 순 없지만 세부적인 정보가 부족한 경우에는 유용하게 쓰인다. 일정 영역에 가해지는 힘인 스트레스 σ는 팽창 계수 ε와 관계된다.

$$\sigma = Y\varepsilon \tag{14.1}$$

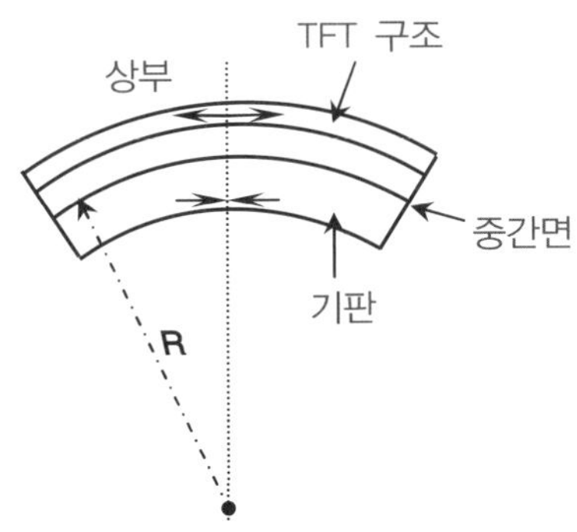

[그림 14.3] Foil 위에 필름이 있는 구조를 원통형으로 구부린 상태. TFT backplane의 두께 d는 반지름 r로 굴렸을 때, 박막은 잘 정의된 변형에 적용된다. 필름이 roll의 바깥부분에 있을 때 늘어나고, 필름이 안쪽에 있을 때 압축된다.

[표 14.1] 탄성 계수에 의해 분류된 필름과 기판의 조합

두꺼운 기판(두꺼운 두께 d_s)	박막(얇은 두께 d_f)	
	딱딱한(높은 탄성계수 Y_f)	유연한(낮은 탄성계수 Y_f)
딱딱한(높은 탄성계수 Y_s)	Si TFT/glass	OLED/steel
유연한(낮은 탄성계수 Y_s)	ITO/polyment	LTFT/polyment

Y는 탄성 계수이다. σ 와 Y는 압력에 대한 차원을 가지고 있고 단위는 GPa이다. ε은 차원이 없고, 단위는 퍼센트가 많이 사용된다.

압력이 가해진 상태에서 기판 위에 필름이 있는 구조의 동작은 기판의 탄성 계수와 두께인 Y_s, d_s와 필름의 탄성 계수와 두께인 Y_f, d_f에 강하게 의존한다. [표 14.1]에 다른 세 가지의 비교되는 경우가 나타나있다. $Y_f d_f \ll Y_s d_s$일 때, TFT가 plate 유리 기판에서 그러하듯이 또는 강철 위의 OLED처럼 기판이 지배적이고 필름은 그것에 따른다. 필름이 많은 스트레스를 받을 때 조차, 기판에서의 압력은 작고, 필름과 기판 조합체는 아주 조금 휜다. $Y_f d_f \gg Y_s d_s$일 때는 필름이 지배적이다. 이러한 상태는 디스플레이에서 발생하지는 않지만 소자 표면에서는 발생한다. 유기 고분자 foil위의 a-Si TFT와 같이 딱딱한 필름과 유연한 기판은 탄성계수와 두께의 비슷한 결과를 가질 수 있다($Y_f d_f \approx Y_s d_s$). 필름과 기판의 같은 강도는 복잡한 기계적 상태를 야기할 수 있다. 높은 탄성 계수를 갖는 물질은 딱딱하다고 하고, 낮은 탄성 계수를 갖는 물질은 유연하다고 한다. Y의 범위가 50GPa에서 200GPa 사이인 TFT backplane, 실리콘 반도체, 절연체와 금속 그리고 유리와 강철 기판의 경우 딱딱하다고 한다. Y 〈 5GPa인 유기 고분자 기판과 유기 반도체는 유연하다.

유기 고분자 기판 위의 실리콘 TFT필름의 구조는 회로 제작 과정을 통해 자신의 곡률을

변화시킨다. 이러한 곡률의 변화는 제조 공정에 있는 제품의 크기 변화에 기인한다. 예를 들어, 비자가 정렬(non-self aligned) TFT에서 게이트 레벨과 소스/드레이의 접촉 레벨 같은 Mask 레벨 사이에서의 크기의 변화는 게이트와 소스/드레이 사이에서 잘못된 정렬을 야기한다. 이러한 잘못된 정렬을 방지하기 위해서 유기 고분자("플라스틱") 기판은 유리 혹은, 산화된 실리콘 웨이퍼와 같이 딱딱한 캐리어에 접착될 수 있다. 접착을 위해 사용된 접착제는 반드시 TFT 공정 온도와 화학 작용에 견딜 수 있어야 한다. 만약 열가소성의 접착제가 사용되면, 그것의 유리 전이온도(glass temperature)는 반드시 플라스틱 기판의 유리 온도보다 낮아야 한다. 이러한 접착제의 사용은 기판 자체가 견딜 수 있는 값에서 최대 공정 온도를 떨어뜨린다. 캐리어로부터 완성된 backplane을 벗겨내는 것은 여전히 TFT를 파괴할 수도 있는 힘을 필요로 한다. 저자의 연구실에서는 오직 광식각법 만을 위해 임시로 붙여놓은 그 자체의 독립 구조로 서있는(free standing) 기판으로 연구를 하고 있다.

유연한 기판 위에 동종의 딱딱한 필름에 대한 역학적, 양적인 이해를 위해서 아래에 공정이나 외부의 힘에 의해 가해진 압력, 긴장과 곡률의 이론적 기술을 요약하였다(Gleskova *et al*. 1998; Suo *et al*. 1999).

14.3 스트레스, 변형 그리고 필름과 기판의 조합 곡률

필름에서의 내재된 스트레스 σ_0 은 필름을 늘이는 힘을 가했을 때, 부정합(mismatched) 변형 ε_0로부터 나타난다. ε_0는 물질 체계의 함수와 증착 조건에 의해 실험적으로 결정된다. 열적 팽창에 의한 부정합 ε_{th}은 온도 변화 ΔT와 필름과 기판의 열 팽창 계수, α_f와 α_s의 차이에 의해 발생한다. 총 부정합 변형은 두 요소의 합과 같다.:

$$\varepsilon_M = \varepsilon_0 + (\alpha_f - \alpha_s)\Delta T \tag{14.2}$$

우리는 이러한 변형이 필름이나 기판의 플라스틱 변형과 같이 어떠한 비탄성적인 공정에 의해 완화되지 않는다고 가정하였다. 이제 딱딱한 기판 위 필름의 기계적 동작과 유연한 기판 위 필름의 기계적 동작을 비교할 것이다(Suo *et al*. 1999).

14.3.1 견고한 기판

기판이 딱딱하기 때문에, 필름은 기판의 형태에 따를 수 밖에 없다. 이축성(biaxial)의 변형, σ_f는 필름 평면 위에서 나타나며 다음과 같은 부정합 변형과 관련된다.

$$\sigma_f = \varepsilon_M Y_f^* \tag{14.3}$$

여기서 $Y_f^* = Y_f/(1-\nu_f)$은 필름의 이축성 탄성 계수를 나타낸다. Y_f는 영률, ν_f는 Poisson의 비율이다. 기판에서의 스트레스는 필름에서보다 매우 작다. 부정합 변형은 기판의 구부러짐을 야기시킨다. 곡률 반지름 R은 이미 잘 알려진 Stoney 공식에 의해 얻어진다(Timoshenko and Goodier 1970):

$$R = \frac{Y_s^* d_s^2}{6\sigma_f d_f} \tag{14.4}$$

d_f는 필름의 두께, d_s는 기판의 두께이고, Y_s^*는 기판의 이축성 탄성 계수를 나타낸다. 기판이 견고하기 때문에 곡률반경은 매우 크다. 이 곡률반경의 측정을 통한 필름에서의 스트레스를 확인하는 과정은 정형화된 절차이다.

14.3.2 유연한 기판

필름을 얇고 평평한 기판에 증착할 때, 기판 또한 상당부분이 변형된다. 결과적으로 필름의 스트레스도 줄어든다. 또한, 곡률반경 R도 매우 작게 된다. 증착 과정 동안 단단한 프레임이 기판을 잡고 있는데, 그렇기 때문에 기판이 평평하며 필름에 가해진 스트레스는

$$\sigma_f = \frac{\varepsilon_M \mathrm{Y}_f^*}{1 + \mathrm{Y}_f^* d_f / \mathrm{Y}_s^* d_s} \tag{14.5}$$

로 주어진다.

단단한 소자의 필름은 플라스틱 기판보다 훨씬 더 큰 탄성률을 갖는다. 따라서 $Y_f^* d_f$와 $Y_s^* d_s$는 크기 면에서 비교가 가능하다. 결과적으로 얇고 유연한 기판에 증착된 필름의 스트레스는, 단단한 기판상의 필름과 비교했을 때 2정도 작은 요소로 줄일 수가 있다. 필름의 스트레스는 더 이상 단단한 기판에 의해 결정되지 않고, 기판의 두께와 탄성률에 의해 정해진다. 기판의 스트레스는

$$\sigma_s = -\sigma_f d_f / d_s \tag{14.6}$$

로 주어진다. 이 스트레스는 두께비율이 $d_f / d_s = 1/50$인 필름의 스트레스에 비해 여전히 매우 작다(e.g., 50μm두께의 기판 위에 1μm두께의 필름).

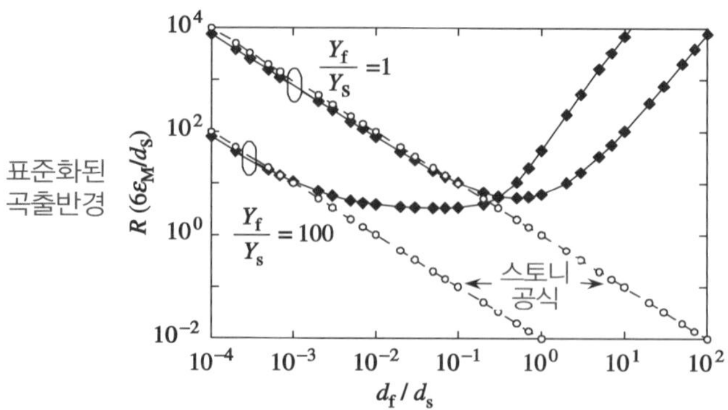

[그림 14.4] 필름/기판 두께 비율에 따른 곡률반경 표준화 함수. 두 다른 기판 타입이 나타나 있다: 유리와 철 ($Y_f/Y_s \cong 1$) 그리고 유기 고분자($Y_f/Y_s \cong 100$). $\nu_f = \nu_s$라고 가정한다. 전체 선은 식 (14.7)의 정확한 해를 나타낸다; 끊어진 선은 식 (14.4)를 근사한 것으로 두껍고 딱딱한 기판을 나타낸다(Gleskova *et al*. 1998).

기판은 곡률반경

$$R = \frac{(\overline{Y}_s d_s^2 - \overline{Y}_f d_f^2)^2 + 4\overline{Y}_f \overline{Y}_s d_f d_s (d_f + d_s)^2}{6\varepsilon_{(1+\nu)} \overline{Y}_s d_f d_s (d_f + d_s)} \tag{14.7}$$

기판을 평평하게 하는 한가지 기법은 [그림 14.2(b)]에서 보는 것처럼 양면에다 필름을 같은 두께로 증착하는 것이다. 위의 식은 여전히 적용할 수가 있으며, d_f는 두 필름 두께의 합이 된다. 필름이 프레임에 고정된 유연한 기판 위에 증착되고, 구조물이 프레임에서 떨어지면 기판은 대체로 구부러질 수가 있다. 기판과 필름의 스트레스는 이축성(biaxial)을 가지며 을 따라서 roll형태로 구부러진다. 여기서 $\overline{Y} = Y/(1-\nu^2)$은 평면 변형의 탄성률이다(Timoshenko and Goodier 1970). 예를 들어, 실험적으로 결정된 곡률반경으로부터 부정합 변형의 계산 때에 유연한 기판에서 식 (14.7)은 Stoney 공식(식 (14.4))대신에 쓰여야 한다. [그림 14.4]는 곡률반경의 표준화를 보여주는데 식 (14.4)와 (14.7)을 사용하여 계산한 필름과 기판의 두께 비율간의 함수로 그렸다. 유리 기판 위의 무기물 반도체와 금속은 $Y_f/Y_s \cong 1$이고 Stoney 공식은 $d_f/d_s \le 1$이면 근사가 잘 된다. 유기 고분자 기판에서는 $Y_f/Y_s \cong 100$이고 Stoney 공식은 $d_f/d_s \le 0.001$인 경우에만 잘 맞는다. 플라스틱 기판의 전형적인 두께인 50~200μm에서, $d_f/d_s \cong 0.01$이고 식 (14.7)이 꼭 쓰여야 한다. [그림 14.4]의 다른 중요한 결론은 유연한 기판일지라도, 이론적으로 필름/기판 쌍이 평평할 때, 즉 R→∞ 두 가지 형태가 있다: (1) 필름이 기판보다 훨씬 얇아서 기판이 필름을 따를 때와 (2) 필름이 기판보다 훨씬 두꺼워서 기판이 필름을 따라갈 때이다.

14.3.3 외부 모멘트에 의한 휘어짐

철이나 유리같이 단단한 foil 기판 위에 덮여진 필름의 변형을 해석해보자. 공정과정과 외부에서 주는 휘어짐 모멘트 둘 다 필름의 변형을 일으킨다. 외부 휘어짐 모멘트를 먼저 고려하자. [그림 14.3]은 원통 반경 R에 대한 면 휘어짐을 묘사한다. 필름과 기판은 d_f과 d_s의 두께를 가지며 Y_f과 Y_s의 영률을 갖는다. 면이 휘어질 때, 상부 표면은 늘어나고 하부 표면은 압축된다. 중립 표면이라고 알려진 면 내부의 한 표면은 변형이 없다. 상부 표면의 변형 ε_{top} 은 중립 표면을 R로 나눈 거리와 같다. 전형적인 실리콘 TFT 물질과 철이나 유리는 거의 같은 영률을 갖는다. 결론적으로, 중립 표면은 면의 중앙 표면부 이고 상부 표면의 변형은

$$\varepsilon_{top} = (d_f + d_s)/2R \tag{14.8}$$

로 주어진다. 허용 가능한 최소의 곡률반경은 트랜지스터가 임계 변형값에 도달할 때 트랜지스터가 깨짐을 가정할 경우, 전체 두께를 따라 선형적으로 키울 수가 있다. 이제 플라스틱 같은 유연한 기판 위에 TFT 필름을 보자. 필름과 기판은 다른 탄성률($Y_f > Y_s$)을 갖기 때문에 중립 표면은 중앙 표면으로부터 필름 쪽으로 움직이게 된다. 결론적으로 상부 기판의 변형은 다음의 식에 의해 줄어든다.

$$\varepsilon_{top} = (\frac{d_f + d_s}{2R})\frac{1+2\eta+\chi\eta^2}{(1+\eta)(1+\chi\eta)} \tag{14.9}$$

이 때 $\eta = d_f/d_s$이고 $\chi = Y_f + Y_s$이다. [그림 14.5]는 d_f / d_s에 대한 필름 변형의 표준화를 그린 것이다. 두 종류의 기판을 비교한다: 철($Y_f/Y_s \cong 1$)과 플라스틱($Y_f/Y_s \cong 100$)이다. 주어진 R과 d_f / d_s에 대해 유연한 기판은 팩터 5정도의 크기로 변형을 줄일 수 있다.

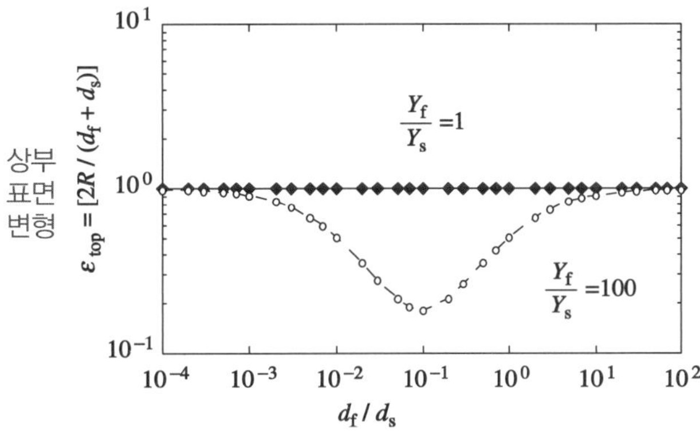

[그림 14.5] 필름/기판 두께의 비율의 함수에 대해 평준화된 필름의 변형. 두 종류의 기판이 나타나있다: 유리와 철($Y_f/Y_s \cong 1$)과 유기 고분자($Y_f/Y_s \cong 100$) (Suo *et al.* 1999)3

회로에서의 변형은 기판과 영률 Y_e과 두께 d_e을 만족하는 캡슐화 된 층 사이에 중립 표면이 있다면 더욱 줄어든다. 회로 고유의 단단함이 무시될 수 있다면, 회로는 다음의 조건을 만족할 때 중립표면에 놓이게 된다.

$$Y_s d_s^2 = Y_e d_e^2 \tag{14.10}$$

이 경우에 구부러짐은 회로의 변형에 전혀 더해지지 않는다. 결과적으로, 휘어지는 곡선은 트랜지스터 물질의 변형 깨짐에 제한되지 않고 기판과 캡슐화에 의해 제한된다. 기판과 캡슐화는 낮은 계수와 얇은 두께를 가지며 전체 구조는 아주 작은 반경을 가지며 휘어질 수 있다. a-Si TFT가 3μm 두께의 기판 위에 만들어져 있기 때문에(Ma and Wagner 1999), 구부러지는 TFT 밑 기판이 가능한 것이다. 휘어짐과 늘이는 실험에서 주어진 변형율 ε의 데이터를 비교해 보면 다음의 방정식을 사용하여 셀에서 측정된 늘이는 힘 F으로부터 변형율 ε을 계산해 볼 수 있다.

$$\varepsilon = \frac{F}{Y_f A_f + Y_s A_s} \tag{14.11}$$

여기서 A_f와 A_s는 필름과 기판의 교차되는 면적이다. 힘과 변형(탄성 복원), 사이에 선형적 관계가 가정되는데, 일반적인 경험 상 고분자화 된 기판 위에서의 a-Si TFT에 대해 타당한 가정이다.

14.4 a-Si TFT상에서 기계적 변형 현상

a-Si TFT는 깨짐에 의한 탄성 복원력의 변형이 증가하는 것에 반응한다(Ma *et al*. 1997; Gleskova *et al*. 1999). 유기 고분자 기판 TFT를 측정할 때, TFT가 작동하지 않는 부분에서는 변형이 일어나지만 전기적 기능은 변형이 줄었을 때 복구가 된다(Gleskova 2002). 실험을 할 때 혼란을 가져오는 이 현상은 TFT 채널에서 균열의 열림과 닫힘에 의한 결과라고 알려져 있다. 실험적으로 찾아낸 탄성 복원력의 안정한 형태와 일시적이거나 완전한 깨짐의 형태는 [그림 14.6]에서 보여준다.

TFT의 전이 특성은 깨짐에 따른 탄성 복원에 역으로 변화한다(Gleskova *et al*. 1999; Gleskova 2003). 전자 이동도는 [그림 14.7]에서 보는 것처럼 압축 변형에 반비례하고 장력에 의해 증가한다. 이러한 전자 이동도의 변화는 a-Si의 전도영역 끝이 넓어지거나 좁아지는 것과 관련된다(Gleskova *et al*. 2002).

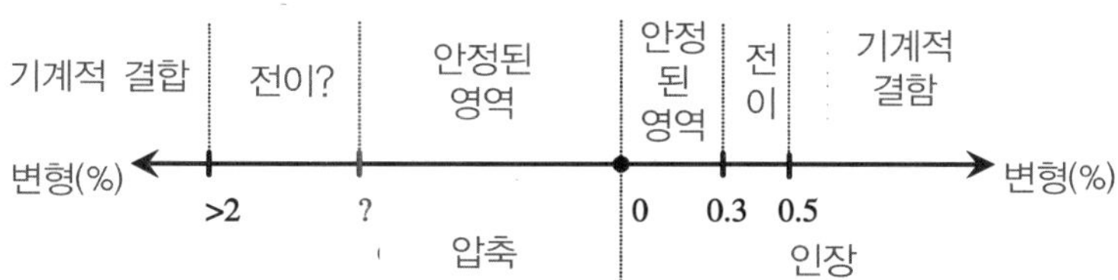

[그림 14.6] a-Si TFT의 기계적 인장에 의한 반응 정도

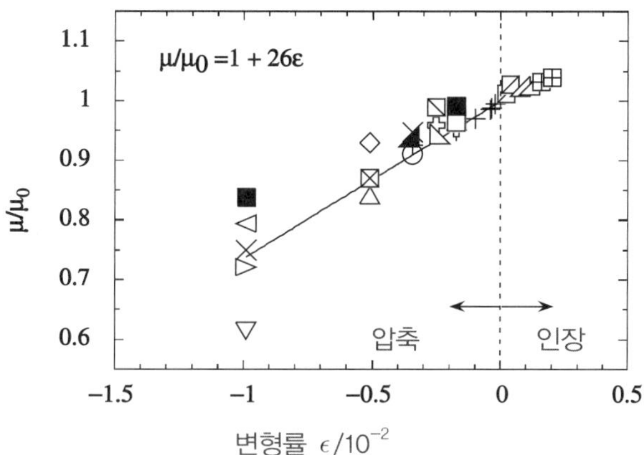

[그림 14.7] 인장 함수에 따른 a-Si TFT에서 전자 이동도의 도식. 각 기호는 각각의 TFT를 나타낸다. 하얗거나 까만 기호는 TFT의 휘는 방향이 소스-드레인 전류 경로와 평행하거나 수직인 경우를 나타낸다. 선형적 근사화는 TFT의 휘는 방향이 소스-드레인 전류 경로와 평행함을 나타낸다(Gleskova *et al*. 2002).

a-Si TFT는 장력보다 압축에 더 변형이 잘된다. 박막 기판상의 박막 필름의 구조에 대한 이론에서는 이 장력과 압축이 미치는 심각한 구조적 변형의 차이에 대해서 설명한다(Suo 2001). 장력에 대해 TFT는 이전에 존재했던 결함으로 인한 균열의 진행으로 깨지게 된다. 압축에 대해서는 구부러짐과 깨짐에 의한 적층 해체로 인해 깨짐이 발생한다. 잡아당기는 힘에 의한 깨짐의 그림이 [그림 14.8(a)]에 나타나 있는데 균열의 진행은 이전에 생겼던 금에 의한 것이다. 식 (14.11)은 균열 형성의 조건을 나타낸다.

무차원 상수 χ는 필름 막과 기판의 탄성 상수에 따른다. ; 이것은 평평한 기판 위의 단단한 필름 막에 매우 크게 작용한다. Γ는 균열에서의 독특한 표면 에너지이다. 하지만 식 (14.11)은 오직 정성적인 상태만 보여주는데, 실험에 의해서 수식에서 예상되는 것 보다 더 크게 결정적인 힘에 의해서 유리 성질의 물질은 균열이 진행된다는 것을 보여주기 때문이다. 필름의 균열은 필름 막의 두께가 높아질수록 더 쉽게 생긴다는 관찰결과를 정성적으로 알 수 있다.

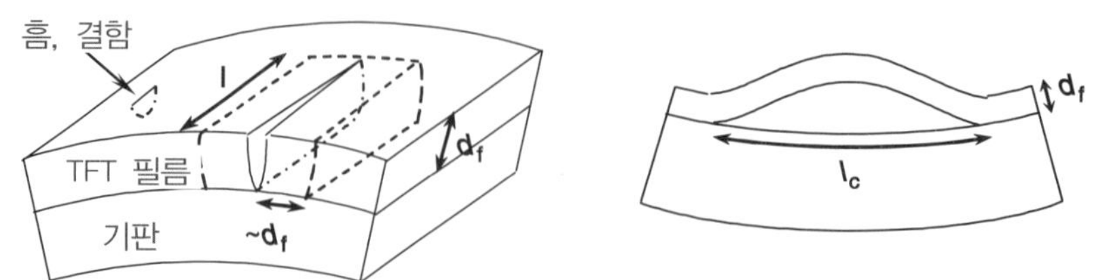

[그림 14.8] a-Si TFT 층이 깨지는 원리 (a) 늘림, (b) 압축 (Suo *et al*. 1999)

$$2\chi\frac{(1-\nu_f)\sigma_f^2 d_f^2 l}{Y_f} > 2\Gamma l d_f \tag{14.12}$$

압축력에서의 깨짐은 [그림 14.8(b)]에 나타나 있는데, 이 상태는 기판에서 필름이 떨어져질 때 나타난다. 떨어지는 면적이 충분히 크다면 필름은 휘어지고 그러면 깨지게 된다. 휘어지게 되는 임계 박리 길이는 다음과 같이 주어진다.

$$l_c = \frac{\pi d_f}{\sqrt{3(1-\nu_f^2)}}\sqrt{\frac{Y_f}{\sigma_f}} \tag{14.13}$$

Kapton 폴리이미드 상에서 a-Si TFT의 임계 박리 길이를 측정한 결과 $Y_{film}/\sigma_{film} = 0.02$일 때 $l_c = 10d_{film}$이다. 필름의 두께가 $d_{film} = 1\,\mu m$라 가정할 때, 임계 박리 길이는 $l_c = 10\,\mu m$이다. 청정실에서 제조된 구조에서는 이 값은 현저하게 큰 결함이다. 따라서 TFT/기판 구조에서는 압축상태를 견디게 한다. 압축상태의 TFT는 경험상 나타난 장력에 의한 기판 바로 하부의 첫 번째가 파열되면 깨짐이 관찰된다(Suo 2001; Kattamis 2004). 고분자 기판상 디바이스 층의 균열은 필름을 절단하여 순수한 기판이 노출되는 것을 막아서 억제 시킬 수가 있다. TFT의 backplane이 일정한 표면을 형성하려 한다면, TFT는 반드시 딱딱하게 디바이스가 고정되는 곳(islands)에 놓아야 한다.

14.5 플라스틱 변형에 의한 TFT기판의 모양

얇은 표면부터 등각 표면까지 TFT 기판의 변형은 크고, 유연한 플라스틱 변형이 필요하다. [그림 14.9]와 같이 얇은 판의 한 면을 가스 압축을 응용하여 돔 형태로 만들 수 있다(Hsu *et al*. 2000; Hsu *et al*. 2002b, Hsu *et al*. 2004).

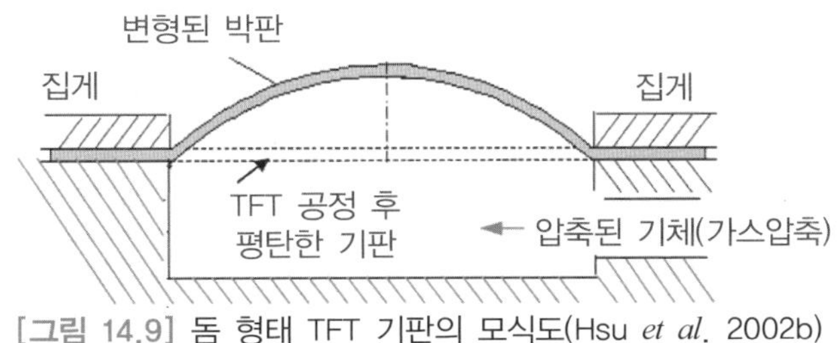

[그림 14.9] 돔 형태 TFT 기판의 모식도(Hsu *et al*. 2002b)

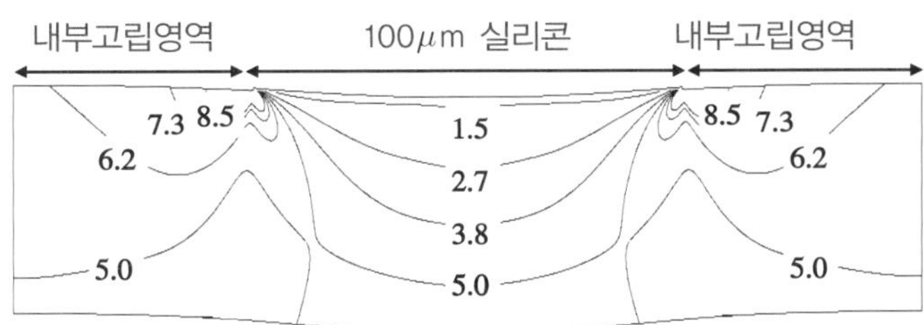

[그림 14.10] 풀림이 일어난 후 실리콘 구조물 주변과 함께 폴리이미드 기판 안의 반경 변형의 등고선. 자세한 건 본문을 보자(Hsu 2003).

[그림 14.6]에서 보듯이 변형은 0.3%-0.5% a-Si TFTs 의 심각한 파손을 일으키기 때문에 TFT는 단단한 고립된 판 위에 놓여야 한다(Hsu *et al*. 2002[2002a]). 이러한 구조물 열은 [그림 14.1(b)]에서 볼 수 있다. 돔의 주어진 반경에 대한 변화를 견딜 수 있는 구조물의 크기와 두께는 실험으로서 정의 된다. 이 구조물 크기는 기판 두께 정도이다.

[그림 14.10]의 등고선 그림은 한 단단한 구조물 주변의 유기 중합체 기판에 직경 변형 분포를 보여준다. 유한 구조 모델링을 통한 계산으로 100μm 직경을 가지는 0.5μm 두께 실리콘 구조물은 50μm 두께 Kapton E 폴리이미드 기판의 200μm 직경 판의 중앙에 놓인다(Hsu 2003). 그 기판은 원주에서 평균 6% 이등방적인 충격에서 늘어난다. 구조물은 오직 0.5μm 두께이기 때문에 [그림 14.10]에서 보듯이 그 교점이 너무 얇다. 구조물의 변형은 구조물/기판 표면에서 다 같다. 기판아래 구조물에서 변형은 구조물의 높은 탄성률에 의해 낮은 값이 표시된다. 구조물 깊은 곳에서는 변형이 증가하고 노출된 기판 표면에서는 더 크다.

구조물이 파손 변형 이하 수준을 유지하고 있는 한 구조물과 장치는 손상되지 않은 체 있다. 그러나 구조물과 장치는 부가적인 영향에 노출되고 우리는 두 가지에 대해 논의할 것이다: 구조물 모서리의 모양과 구조물의 압축적인 조임이다. 기판 모서리에서 중합체 기판의 변형 집중 도는 기판 위의 구조물 모서리에서의 미끄러짐을 일으킬 수 있다. 이러한 미끄러짐으로 인해 새로 노출되는 기판은 Kapton E 폴리이미드 기판 위에 SiN_x 구조물의 모서리에서 보여지는 이미지는 [그림 14.11]에서 SEM으로 보여진다(Bhattacharya 2003).

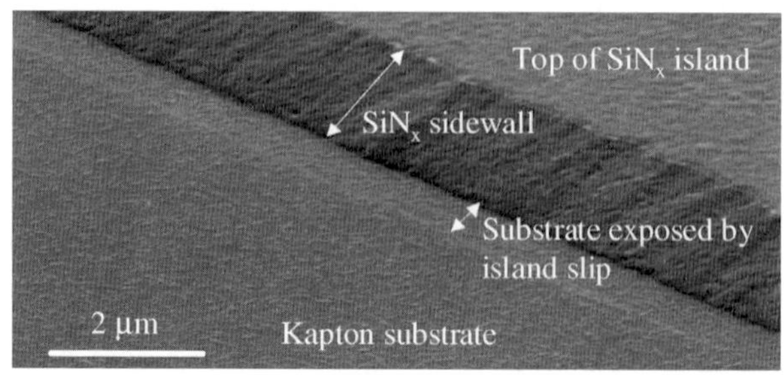

[그림 14.11] 금속 막을 돔 형태로 변형 후 폴리이미드 막 위에 구조물 모서리의 SEM 사진. 구조물의 미끄러짐에 의해 노출된 기판은 구조물의 모서리에 보인다(Bhattacharya 2003).

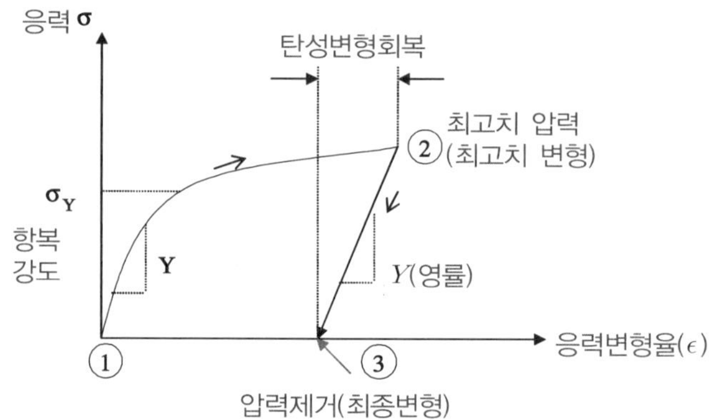

[그림 14.12] 탄성 변형에 의해 흐르는 (2에서 3으로) 중합체 기판의 유연한 모양(1에서 2로)의 스트레스-변형 그래프

그 미끄러짐은 구조물의 지역적 얇은 조각 층에서 동반된다. 미끄러짐과 얇은 조각은 구조물의 전기적으로 연속적인 상호 연결에 대한 설명을 제시한다.

기판을 돔으로 변형시키는 힘(압력)이 없어질 때 돔은 탄성력으로 인해 지역적으로 완화된다. 이 완화도는 [그림 14.12]에서 점 2에서 점 3으로의 과정으로 보여진다. 이것은 압축으로 단단한 구조물에 놓인 것이다. 다음으로 구조물의 조임은 광학 현미경 검사와 AFM 검사로 보여지고(Bhattacharya 2003) 압축 변형은 구조물에 제작된 a-Si TFTs의 줄어든 전자 이동도로서 명백하다.

[그림 14.8(a)]에 나타난 것처럼, TFT는 부서지기 쉬운 변형에 취약하다. 이 변형은 핵 주변의 결함을 보안함으로써 줄일 수 있다. 유기물의 추가 층에 의해 TFT는 보호될 수 있다는 몇몇 증거가 제시되었다. 이러한 보호막에 대한 증거는 최근 ITO와 깨지기 쉬운 재료 구조물에 대한 연구로부터 왔다. 그림 14.13]은 PET의 175μm 두께 기판 위에 150nm 두께의 ITO의 사각 구조를 보여준다. 그 구조물들은 기판의 44%를 덮고 있다.

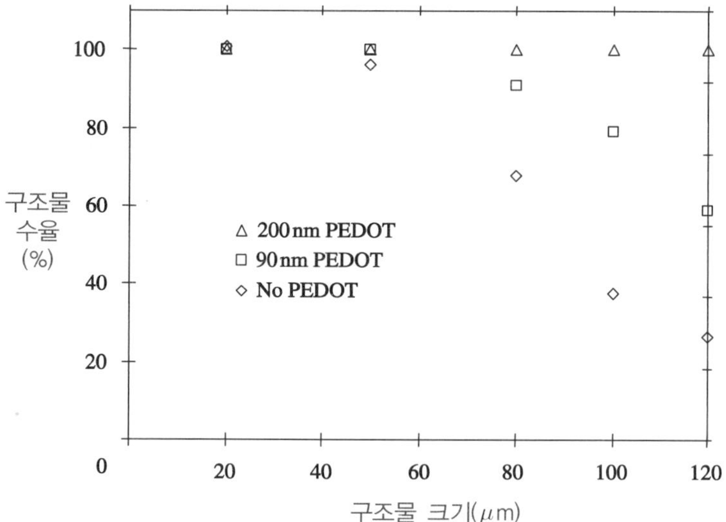

[그림 14.13] PEDOT 덮개가 없고 PEDOT 덮개의 두께가 다른 두 가지의 구조물 크기에 대한 PET위의 결점없는 ITO 구조물의 수율 그래프

[구조물로 덮여있는 6cm 기판은 10cm 반지름 곡률을 가지는 돔으로 변형된다. 이는 평균 1.6%의 변형으로 인해 일어난다. 결점없는 ITO 구조물의 수율은 구조물 크기가 증가할수록 감소된다. 그 수율은 기판전체가 유기물의 추가 층으로 덮여있거나 이 추가 유기물 층이 두껍게 만들어 질 때 올라간다. 몇몇 경우 추가 증착하는 유기물은 poly-3,4-ethylenedioxy-thiophene(PEDOT)이다. 그러나 그러한 효과는 다른 유기물을 추가 증착하는 경우에 더 잘 나타난다(Bhattacharya *et al*. 2004)

14.6 유기 중합체 기판 위의 단단한 TFT 필름의 경우에 대한 연구

우리는 기판 위의 단단한 장치 필름의 원리를 나타내는 세가지 예를 이용한다. (1)장치 필름 안에 생성 스트레스의 계산 (2)이 생성 스트레스의 조절에 의한 마스크 정렬의 조절 (3) 곡률반경을 점차적으로 구부린 후 TFT의 전기적 결점의 정의

14.6.1 장치필름 안에서의 생성 스트레스 계산

필름 스트레스는 단단한 샘플에서 (14.4) 대신 (14.7)을 이용해 곡률 R의 반지름으로부터 계산한다. 충분히 단단한 샘플에서의 R은 기판 모양에서 측정된다. 작은 기계적인 힘을 인가한 후 샘플에서의 레이저 반사 기술을 이용한다.

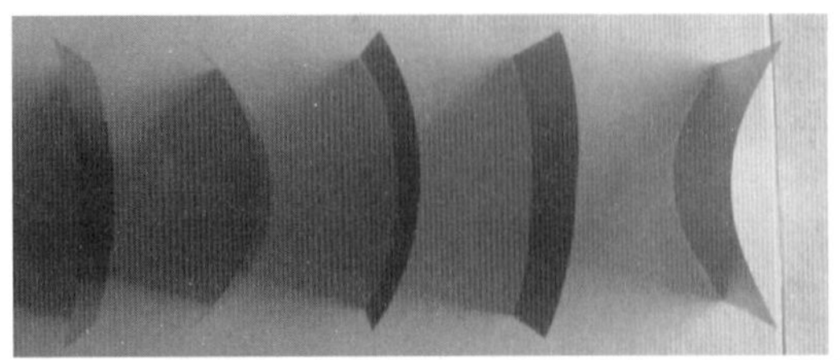

[그림 14.14] 스트레스가 인가된 곡률 (a) 여러 증착 힘 정도에서의 SiN_x필름 증착에 의한, (b) 51μm 두께의 Kapton E 폴리이미드 기판 위의 Cr과 a-Si 필름에 의한. 150℃에서 증착된 두께 300~500nm SiN_x과 250nm의 a-Si; 열적 증착된 Cr 필름은 80nm 두께이다. SiN_x 필름에서 그 생성 스트레스는 증착 힘에 의해 맞춰질 수 있다. Cr와 a-Si:H 필름의 생성 스트레스는 상대적으로 유연하고 압축적이다. 이 필름은 왼쪽 편에 있는 그림이다.(Cheng 2004)

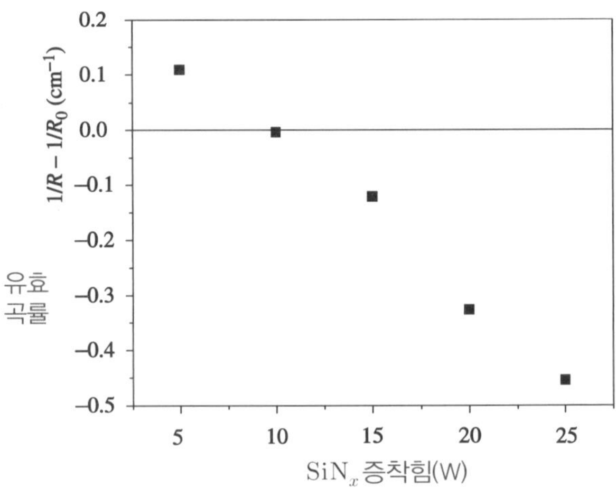

[그림 14.15] 150℃에서 51μm 두께의 Kapton E 폴리이미드 기판 위에 300nm 두께의 SiN_x를 PECVD로 증착함으로 인해 생성된 효과적 곡률. 기판들은 진공에서 50분간 선 가열되었다. 반지름은 진공에서 30분간 식힌 후 상온과 RH=29%에서 측정되었다(Cheng 2004).

작은 힘을 받는 샘플은 그들 자신의 무게 아래서 휘어진다. 그리고 샘플이 [그림 14.14]처럼 끝에 서있을 때 R이 측정될 수 있다(Cheng 2004b). 만약 R이 균등하지 않으면 평균은 반드시 추정되어야 한다.

[그림 14.14]의 샘플처럼 K=1/R인 조건에서 발생되는 전체 곡률은 과정과 기판 곡률에 의해 발생되는 효과적인 곡률의 합이다(롤에서 잘라진 중합체 시트는 보통 휘어져있다). [그림 14.15] Kapton E 폴리이미드 위에 PECVD(plasma ehnaced chemical vapor deposition) 처리된 SiN_x 필름 된 샘플의 효과적인 곡률 $1/R-1/R_o$ 그래프 값을 나타낸다.

곡률 R의 반지름의 부호는 필름이 밖을 향할 때(볼록) 필름이 압축되기 때문에 즉 $\varepsilon_0 < 0$

이므로 음수로서 정의된다. 필름 표면이 안쪽을 향할 때(오목) 필름이 풀리기 때문에 즉 ε_f〉0이므로 R은 양수가 된다. 이 부호의 정의는 외부 힘에 의한 구부러짐과는 반대 관계가 된다. 우리는 지금 내부적으로 발생되는 필름 스트레스, 곡률을 다루고 있기 때문이다.

총 부적당 변형 ε_M은

$$\varepsilon_M = \varepsilon_{th} + \varepsilon_{ch} + \varepsilon_0 \tag{14.14}$$

으로 주어진다.

열적 부적당 변형 ε_{th}는

$$\varepsilon_{th} = (\alpha_f - \alpha_s) \times (T_{dep} - T_{room}) \tag{14.15}$$

로 주어지고 진공 공정 전에 완전히 건조시킨 후 R을 측정하기 위해 공기 중으로 노출시킨 샘플에서 수분 흡수도 ε_{ch}에 의해 야기되는 부적당 변형은

$$\varepsilon_{ch} = -(\beta_f - \beta_s) \times \%RH \tag{14.16}$$

으로 주어진다.

우리는 부호 β를 습기 팽창 상수(humidity expansion)로서 사용하고 %RH는 상대적 습도 확률로 나타낸다. [표 14.2]는 Kapton E foil 기판 위의 SiN_x 필름 안에 생성스트레스의 추출에 사용된 데이터를 보여 준다.

이제 우리는 측정된 곡률 R의 반경과 표의 재료 성질 Y, V, 두께 D를 이용하여 총 부적당 변형 ε_M을 추정할 수 있다.

$$\varepsilon_M = \frac{(T_s d_s^2 - Y_f d_f^2)^2 + 4 Y_f Y_s d_f d_s (d_f + d_s)^2}{6_{(1+\nu)} Y_s d_f d_s (d_f + d_s)} \left(\frac{1}{R} - \frac{1}{R_0}\right) \tag{14.17}$$

[표 14.2] Kapton E foil 기판 위의 SiN_x 필름 안에 생성 스트레스를 추출하기 위해 사용된 데이터

	Kapton E	150℃에서 SiN_x 증착 ($T_{dep} - T_{room}$=125℃)
영률(GPa)	$Y_s = 53$	$Y_f = 210$
프아종 비	$\nu_s = 0.32$	$\nu_f = 0.25$
2측의 응력계수(GPs)	$Y_s^* = 7.8$	$Y_f^* = 280$
평면 변형률(GPa)	$\overline{Y_s} = 5.9$	$\overline{Y_f} = 224$
열팽창 계수(ppm/%K)	$\alpha_s = 16$	$\alpha_f = 2.7$
습도팽창계수(ppm/%RH)	$\beta_s = 8$	β_f **= 0**
기판의 곡율 반지름(cm)	$R_0 = 14.3$	**n/a**

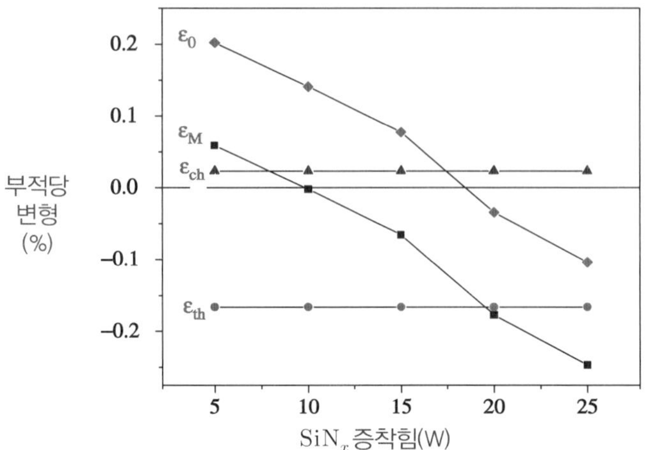

[그림 14.16] 그림 14.15 샘플을 위해 계산되고 추출된 부적당 변형 요소. 수평선은 변형영점을 나타낸다. 필름은 양수 변형에서의 풀림 상태와 음수부호 변형에서의 압축상태이다.

식 (14.17)은 우리가 필름 증착 전에 기판의 반경 R_0를 생각하는 경우를 제외하고는 식 (14.7)과 동일하다.

우리는 ε_M에서 열적 부적당 변형 ε_{th}와 습기 팽창 변형 ε_{ch}를 뺏다(14.14). [그림 14.16]에서 보이듯이 왼쪽은 필름의 성장에 의해 발생되는 생성 변형 ε_o이다.

다음으로 우리는 샘플이 프레임에 계속 고정되어 있으면서 증착이 다 끝난 후 필름 안의 생성 스트레스를 계산한다.

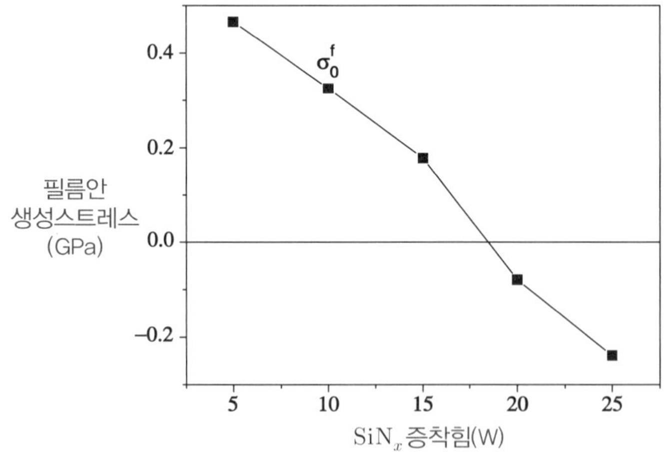

[그림 14.17] 샘플이 프레임에 고정되어 있을 때 필름 안의 생성 스트레스. 스트레스는 그림 14.15의 샘플로부터 계산되거나 추출된다. 수평선은 스트레스 영점을 나타낸다. 양의 스트레스 는 필름을 풀리게 하고 음의 스트레스는 필름을 압축한다.

생성 변형 ε_o는 프레임으로부터 분리 후 식히는 동안 변하지 않는다고 가정하면 필름 안의 생성 스트레스 α_{f0}는(14.18)에 의해서 표현 가능할 수 있고 그 예는 [그림 14.17]에서 보여진다.

$$\sigma_o^f = \frac{Y_f^* Y_s^* d_s}{Y_f^* d_f + Y_s^* d_s} = \epsilon_0 \tag{14.18}$$

14.6.2 적당한 고유의 스트레스에 의한 마스크 정렬

곡률의 변화는 평평한 샘플의 크기변화와 같다. 뒤 판 공정 과정 중에 변화하는 스트레스가 인가된 곡률은 덮어씌울 때 정렬을 어긋나게 한다. 이러한 단점을 장치 표면의 스트레스 조종을 통하여 향상 시킬 수 있다(Cheng 2004a).

TFT는 자가 배열되지 않고 제조된다. 뒤의 채널은 그림 14.2(b)에서처럼 두께 2mil(5μm), 70mm×70mm 크기의 정사각형 Kapton E Polyimide 표면 위에서 식각 한다. 샘플은 물의 표면장력으로 잠시 동안 유리판과 결합되는 포토리소그래피 공정을 제외하면 대부분 독립적인 구조를 가지는 필름처럼 다룬다(그림 14.16은 폴리이미드에 의한 물의 흡수와 방출이 생성, 열 스트레스와 비교하여 2차적인 영향을 가진다는 것을 보여준다). 첫 번째 포토리소그래피와 두 번째 간의 어긋난 배열 각, 즉 바닥 게이트와 소스/드레인 간의 각을 조사해 보자. 그들간의 배열은 소스/게이트, 게이트/드레인 간의 겹치는 부분을 결정하는데 매우 중요하다. 같은 높이에서 표면 가운데에 있는 점에 맞추어 정렬하고 52mm×52mm 의 정사각형의 꼭지점에 있는 네 점의 어긋난 정렬을 측정한다.

두 포토리소그래피 과정 사이에 (i) 300nm SiN_x 게이트 유전체 (ii) 200nm I a-Si 채널 (iii) 50nm n+ a-Si 소스/드레인 (iv) Cr 소스/드레인으로 구성된 실리콘 스택을 150℃에서 증착 시킨다. 의도적으로 SiNx 게이트층의 압축 팽창을 통한 생성스트레스를 변화시키는 것 이외에 나머지 층들은 스트레스 보상양을 결정하기 위하여 동등하게 한다. 증착력을 5W, 12W, 25W(22, 53, 111mW/cm^2)처럼 점차 증가시킴을 통하여 그림 14.14처럼 큰 장력을 가지는 것부터 약한 압축력을 가지는 필름 적층에서의 효율 스트레스를 알 수 있다. 그림 14.18은 덮어씌울 때 어긋나는 정렬을 나타내고 있다. 샘플은 5W Sin_x 게이트에서 대체로 오그라들었고 12W에서는 약간 오그라들었으며 25W에서는 약간 팽창하였다. 그림 14.19의 TFT 특성곡선은 증착력의 변화는 전기적 특성에 약간의 효과만 가진다는 것을 보여준다. V_g = 25V에서의 I_{on}은 장력스트레스가 줄어들수록 약간 떨어지고 그에 따라 이동도도 그림 14.7에서처럼 변한다. 따라서 SiN_x 층에서 스트레스를 조정하는 것은 조절 가능한 표면 위의 a-Si TFT회로에 덮어씌우는 정렬을 조절하기 위한 현실적인 기술이다. 그림 14.17의 TFT의 전달 특성 (a) 5W SiN_x (b) 12WSiN_x (c) 25W SiN_x. TFT 게이트는 80um 넓고 10um 길다.

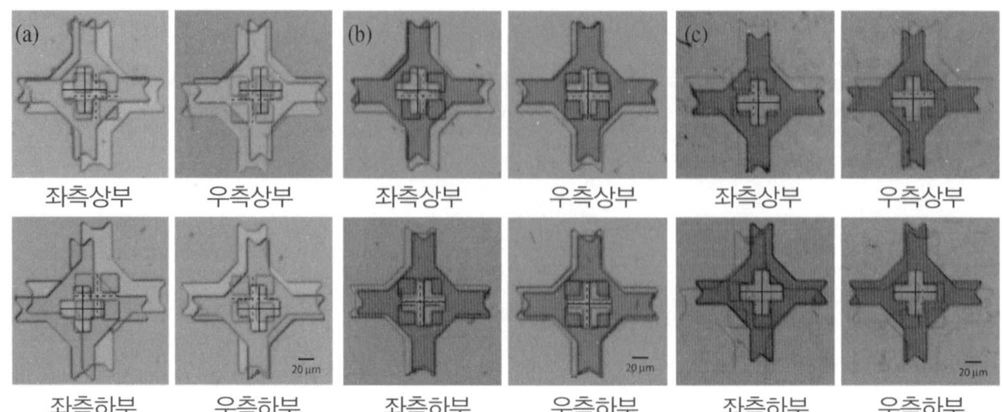

[그림 14.18] 처음 생성한 게이트와 두 번째로 생성되는 드레인/소스 사이의 포토리소그라피 공정에서 (a) 5W 게이트 (b) 12W 게이트 (c) 25W 게이트 SiN_x의 정렬이 이루어지지 않았다. 틀들은 70mm의 사각 기판의 각들과 52mm정도가 맞지 않았다. 게이트 마스크의 중앙에 있는 십자가 표시와 소스/드레인 마스크의 네모 표시가 있다. 5W에서 12W 그리고 25W로 갈수록 그 차이가 줄어든다.

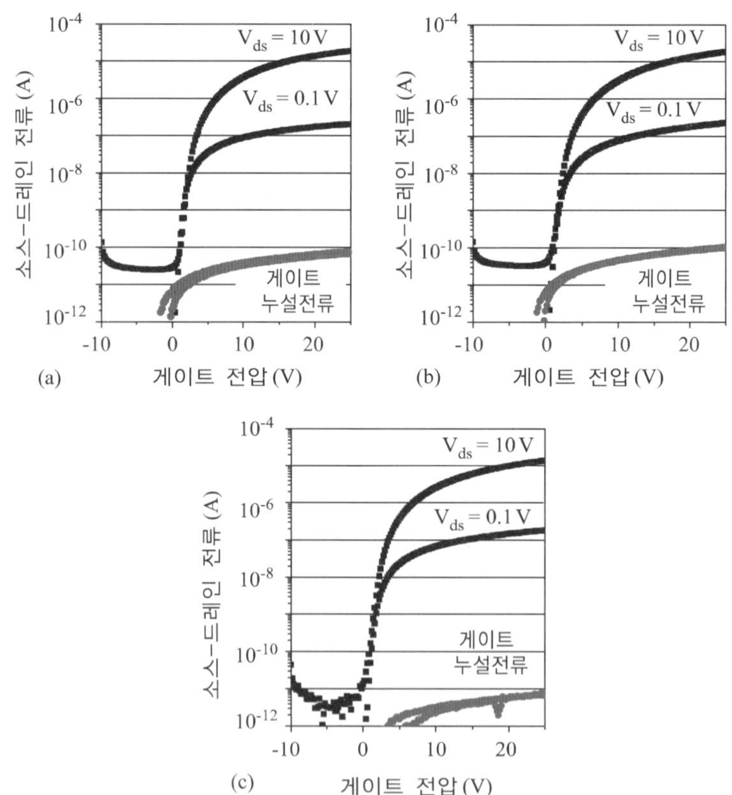

[그림 14.19] 그림 14.17의 TFT 전달 곡선; (a) 5W SiN_x (b) 12W SiN_x (c) 25W SiN_x. W/L = 80/10μm

14.6.3 구부린 후의 a-Si TFT의 전기적 실패 결정

탄성적인 변형은 a-Si TFT의 전기적 성능에 작고 가역적인 영향을 미치기 때문에 TFT가 부러지는 임계 점을 알아 내는 것이 필요하다. 기계적으로 유일한 테스트방법은 뒤 판을 날카롭게 꺾고 평평한 표면일 때의 TFT특성과 비교하는 것이다(Gleskova *et al.* 1999).

Kapton 표면의 TFT를 바깥쪽으로, 즉 그림 14.3(b) 처럼 위의 표면과 아래표면이 되도록 휜다. 단일 TFT는 $R=4$mm부터 시작하여 $R=0.5$mm까지 감소시키는 방향으로 휜다. TFT는 1분간 각기 정해진 휨 반지름으로 스트레스를 주고 다시 놓은 후 평평해진 뒤 특성을 재측정을 하였다. 그림 14.20은 안쪽으로 휘었을 때와 바깥쪽으로 휘었을 때의 TFT의 동작을 나타낸다. 위의 그래프는 On 전류인 Ion, Off 전류인 I_{off}, 게이트 누설 전류 I_{leak}를 곡률반지름의 함수로 나타내었다. 아래의 그래프는 문턱전압 V_T와 포화 전자 이동도 un를 소스-드레인 전압 V_{ds}=10V일 때 전달특성을 통하여 계산한 것이다. "초기" 특성간의 차이는 as-fabricated TFT간의 퍼짐을 나타낸다.

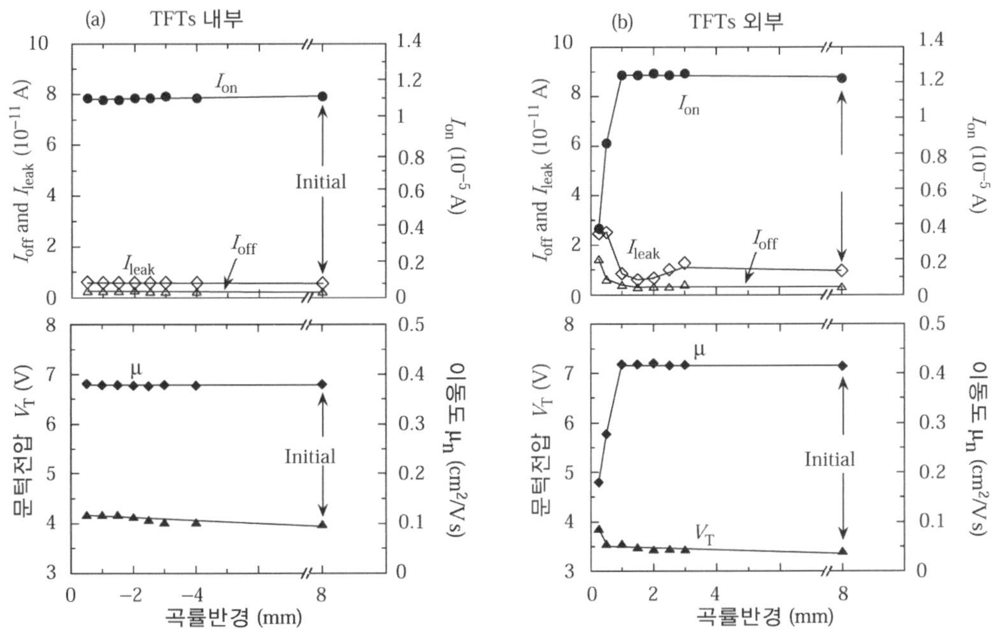

[그림 14.20] On전류, 소스/드레인 누설전류, Off전류, 전자 이동도, 포화상태에서 문턱전압을 휨 반지름 의 함수로 나타낸 것. I_{off}는 $V_{ds}=10$에서 가장 작은 소스/드레인 전류, I_{on}은 $V_{ds}=10$V, $V_{gs}=20$V 에서의 소스/드레인 전류, 그리고 I_{leak}는 $V_{ds}=10$V, $V_{gs}=20$V일 때 소스/게이트 전류를 나타낸다. 외곽 휨 반지름 R은 양수이고 내부 휨 반지름은 음수이다. 휘기 전 반지름은 8mm이다. "초기"특성의 차이는 휘기 전 TFT사이의 퍼짐을 나타낸다.

안쪽으로 $R=0.5\,\text{mm}$ 만큼 휘면 그림 14.19의 왼쪽에 나타나듯이 TFT는 2% 정도 실패하지 않고 압축 된다. 그림 14.19에서 볼 수 있듯이 바깥쪽으로 휜 상태에서는 $R=1\text{mm}$(0.5%strain)까지는 실질적인 변화가 일어나지 않는다. 분리가 되는 반지름 이상으로 휠 경우에는 TFT는 망가지게 된다. 전기적인 실패는 휘는 방향에 수직이 되는 방향으로 일어나는 규칙적인 TFT의 금이 간 것에 의함이다.

14.7 요약 및 전망

플렉시블 TFT backplane의 연구는 backplane 제작과정과 재료에 집중되고 있다. 그 모양과 휨의 한계에 대한 초기 연구는 TFT backplane을 좀더 휘거나 심지어는 접히도록 해주었다. 최근 backplane 기술에 대한 연구는 제조 공정 동안 재료의 디자인, 무결점 필름 공정, 표면 수치 조절 등으로 옮겨왔다. 정확한 표면 치수 조절을 위한 기판 제작 시 일시적인 캐리어 주입과 Roll-to-Roll은 중요한 목표가 되었다. 각 층과 패턴 된 구조에 대한 기술에 대한 세부적인 실험과 이론들은 안정적인 필름과 치수를 디자인하는데 도움이 될 것이다. 게다가 TFT backplane을 층층이 쌓아 올려서 제품을 완성시키는 일은 backplane 기술이 닥친 것과 비슷한 기술적인 이슈로 떠오르고 있다. 정각의 모양과 탄성을 가진 TFT backplane은 앞으로 실험과 이론적인 많은 과제를 제공할 것이고, 분석도구들이 정확해 지게 되면 더욱 이론적인 기술이 필요해질 것이다. 유기 전자에 대한 점차적인 소개는 TFT backplane의 기술적인 범위를 넓힐 것이고 연구자들에게 새로운 과제를 제공할 것이다.

전자 표면 기술에 대한 많은 징후들이 중요해 질것이고 오랫동안 기다려왔던 평판 디스플레이 산업의 빠른 발전, 저렴한 공정과정을 통한 전자박막 제조 공정 기술, 새로운 디스플레이, 센서, 넓게 펴지는 큰 스크린, 깨지지 않고 있을 수 있는 전자 직물, 전자 스킨 등을 실현 가능하게 할 것이다.

참고문헌

Bhattacharya, R. (2003) Princeton University, unpublished work.

Bhattacharya, R., Wagner, S., Tung, Y.-J., Esler, J. and Hack, M. (2004) In *Conference Record of the 2004 IEEE international Electron Devices Meeting*. San Francisco, 13-50 December 2004, in press.

Bonse, M., Huang, I. R., Wronski, C. R. and Jackson, T. N. (1998) *IEDM Technical Digest*, pp. 253-256.

Burns, S. G., Shanks, H., Constant, A., Gruber, C., Schmidt, D., Landin, A. and Olympie, F. (1997) *Proceedings of the Electrochemical Society* 96(23), 382-390

Cheng, I.-C. (2004) Princeton University, unpublished work.

Constant, A., Burns, S. G., Shanks, H., Gruber, C., Landin, A., Schmidt, D., Thielen, C., Olympie, F., Schumacher, T. and Cobbs, J. (1994) *proceedings of the Electrochemical Society* 94(35), 392-400

Gleskova, H. (2003) Princeton University, unpublished work.

Gleskova, H., Wagner, S. and Shen, D. S. (1995) *IEEE Electron Device Letters* 16, 418-420

Gleskova, H., Ma, E. Y., Wagner, S. and Shen, D. S. (1996) In *Digest of Technical Papers for the 1996 Display Manufacturing Technical Conference*, SID, Santa Ana CA, San Jose CA, pp. 97-98

Gleskova, H., Wagner, S. and Suo, Z. (1998) *Materials Research Society Symposium Proceedings* 508, 73-78.

Gleskova, H., Wagner, S. and Suo, Z. (1999) *Applied Physics Letters* 75, 3011-3013.

Gleskova, H., Wagner, S., Soboyejo, W. and Suo, Z. (2002) *Journal of Applied Physics* 92. 6224-6229.

Gray, D. S., Tien, J and Chen, C. S. (2004) *Advanced Materials*, 16, 393-397.

Hsu, P.-H. I. (2003) Electrical Engineering, Princeton University, Ph.D. Thesis.

Hsu, P.-H. I., Huang, M., Wagner, S., Suo, Z. and Sturm, J. C. (2000) *Materials Research Society Symposium Proceedings* 621, Q8.6.1-Q8.6.6

Hsu, P.-H. I., Bhattacharya, R., Gleskova, H., Huang, M., Xi, Z., Suo, Z., Wagner, D. and Stuem, J. C. (2002a) *Applied Physics Letter* 81. 1723-1725

Hsu, P.-H. I., Gleskova, H., Bhattacharya, R., Xi, Z., Suo, Z., Wagner, S. and Stuem, J. C. (2002b) Paper G1. 8 presented at the materials Research Society Spring 2002 Meeting, San Francisco CA.

Hsu, P.-H. I., Huang, M., Gleskova, H., Huang, M., Xi, Z., Suo, Z., Wagner, S. and Stuem, J. C. (2004) *IEEE Transactions on Electron Devices* 51. 371-377.

Jones, B. L. (1985) *Journal of Non-Crystalline Solids* 77/78, 1405-14087

Kattamis, A. (2004) Princeton University, unpublished work.

Lacour, S. P., Wabner, S., Huang, Z. and Suo, Z. (2003) *Applied Physics Letter* 82, 2404-2406.

Lueder, E., Muecke, M. and Polach, S. (1998) In *Proceedings of the 18th SID International Display Research Conference, Asia Display* '98. pp. 173-177.

Lumelsky, V., Shur, M. and Wagner, S. (2001) *IEEE Sensors Journal* 1. 41-51.

Ma. E. Y. and Wagner, S. (1999) *Applied Physics Letters* 74. 2661-2662.

Ma. E. Y., Theiss, S. D., Lu, M. H., C. C., Sturm, J. C. and Wagner, S. (1997) *IEDM Technicasl Digst*, pp. 535-538.

MacDonald, B. A., Rollins, K., Eveson, R., Rakos, K., Rustin, B. A., and Handa M. (2003) *Materials Research Society Symposium Proceedings* 769, H9.3.1-H9.3.8.

Parsons, G. N., Yang, C. S., Arthur, C. B., Klein, T. M. and Smith, L. (1998) *Materials Research Society Symposium Proceedings* 508, 19-24

Salomon, A. (2003) Electrical Engineering Princeyon University, M. Eng. Thesis.

Sandoe, J. N. (1998) *Society for Information Display 1998 International Symposium Digest of Technical Papers*, SID, Santa Ana, CA, 29, 293-296.

Spear, W. E. and Heintze, M. (1986) *Phiosophical Magazine* B 54, 343-358.

Suo, Z. (2001) In *Encyclopedia of Materials: Science and Techology* 2nd Ed. London: Elsevier, pp. 3290-3296.

Suo, Z., Ma, E. Y., Gleskova, H. and Wagner, S. (1999) *Applied Physics Letters* 74, 1177-1179.

Theiss, S. D. and Wanger, S. (1996) *IEEE Electron Device Letters* 17, 578-580.

Theiss, S. D., Carey, P. G., Smith, P. M., Wickboldt, P., Sigmon, T. W., Tung, T.-J. (1998) In *Technical Digest of the IEEE 1998 International Electron Devices Meeting*, pp. 257-260.

Timoshenko, S. P. and Goodier, J. N. (1970) *Theory of Elasticity*: New York: McGraw-Hill

Wanger, S., Gleskova, H., Sturm, J. C. and Suo, Z. (2000) In *Technology and Applications of Hydrogenated Amorphous Silicon* (ed. R.A. Street). Berlin: Springer, pp. 222-251.

Wanger, S., Lacour, S. P., Jones, J., Hsu, P.-H. I., Sturm, J. C., Li, T. and Suo, Z. (2004) *Physica E* 25, 326-334

Young, N. D., Trainor M. J., Yoon, S.-Y., McCulloch, D. J., Wilks, R. W., Pearson, A., Godfrey, S., Green, P. W., Rosendall, S. and Hallworth, E. (2003) *Materials Research Society Symposium Proceedings* 769, H2.1.1-H2.2.12.

플라스틱 OLED 디스플레이

Mark L. Hildner

DuPont Displays

15.1 서 론

유기발광 다이오드(Organic Light Emitting Diode, OLED) 기술은 약 15년 전 유기물에서의 발광 현상이 발견된 이후 많은 관심과 지속적인 발전을 하고 있다. 그 결과 이제는 유리 기판 위에서의 상품적 가치를 가지는 OLED 디스플레이가 가능하며, 관련 산업체들은 약 5-10년 후의 적용될 기술개발에 직면해 있다. OLED에 대한 지대한 관심은 액정 디스플레이(Liquid Crystal Display, LCD)를 포함한 다른 평판 디스플레이(Flat Panel Display, FPD)에 비해 성능에 있어서의 여러 이점들에 기인한다. 이러한 알려진 이점에는 LCD와는 다른 광 시야각을 제공하는 준 Lambertian 발광, 능동 매트릭스 응용에 있어서의 계조 표현 및 화상구현을 가능케 하는 고속 응답시간, 그리고 저원가와 얇고 가벼움을 주는 저전압 구동 등이 있다. 거기에 더해서 고효율 OLED 재료는 OLED가 발광형 평판 디스플레이 중 가장 낮은 전력소모를 가능케 하고 백라이트를 사용하는 LCD 보다 더욱 낮은 전력소모를 갖는 디스플레이가 될 수 있는 잠재력을 갖게 한다.

OLED 기술에 박차를 가하게 하는 또 하나의 요인은, 성능이 갖는 이점에서 기인할 수 있는데 OLED는 플렉시블 디스플레이구현에 대한 자연스러운 선택이 된다는 것이다. 매우 얇은 구조(active 층은 1μm 보다 작다), 고체상태의 구조물 형성(LCD와 같은 셀 갭의 존재가 필요치 않다), 그리고 OLED를 구성하는 액티브 물질들은 유연성(flexibility)이라는 개념에 매우 적합하다. 이러한 성격들은 디스플레이 소자로서의 특성과 결합하여 OLED가 고성능 풀 컬러 플렉시블 디스플레이 구현에 이르는 기술이라고 많은 사람들이 생각하게 만든다.

OLED에는 저분자 및 여러 고분자가 결합된 고분자의 두 가지 형태로 나뉜다. 저분자 OLEDs(Small Molecule OLEDs, SMOLEDs)는 Tang과 VanSlyke(1987)에 의해 최초로 보고되었으며 전형적으로 열 증착 방법을 이용한다. 고분자 OLED(Polymer LEDs, PLEDs)로부터의 빛의 방출은 Burroughes *et al.*(1990)에 의해 처음 보고되었으며, 이 경우 용액상태에서 공정 진행 가능한 선행 고분자를 스핀 코팅 방법으로 층을 형성한 후 고온(≥250℃) 에서 열적으로 변환된다. Braun과 Heeger(1991)은 복합된 상태에서 서로 용해되어있어서 고온 공정이 필요치 않은 고분자로부터 빛을 방출하는 디바이스를 만들 수 있었다. 저온에서의 용액상태로 공정이 진행된다는 것은 디스플레이 제조방법에 있어서 가히 혁명적이라 할 수 있다. 왜냐하면 그러한 방법은 대단히 많은 공정방법(스핀 코팅, 잉크젯 프린팅, dipping, spraying 등)이 가능해짐으로써 진공에서의 증착 방법보다 저원가이다. 그래서 오늘날의 FPD 제조에 있어서의 많은 진공공정을 대체할 수 있으며 대면적에 대해서도 가능하며 roll-to-roll 제조방식에 매우 적합함으로 인해 현재의 공정 방식보다 더욱 원가 절감을 실현할 수 있게 한다. 이러한 이유로 이 장에서는 고분자 OLED에 집중하려 한다.

OLED 기판용으로 많은 플렉시블 재료들이 현재 개발되고 있다. 최초의 플렉시블 OLED 디스플레이는 투명한 플라스틱 기판에서 구현되었다(Gustafsson *et al.* 1992). 플라스틱의 투명성은 종래의 유리 기판을 사용한 많은 OLED 구조를 가능하게 함으로써 합당하다. 플라스틱은 일반 유리보다 튼튼한 재료로서, 레이저를 이용하여 정교하게 절단을 할 수 있으며, 절단 위치에서만 약간 색이 변하는 비정규적인 형태를 가질 수 있음으로써 그 자체의 제조와 현재의 응용에 있어서 이미 roll-to-roll 공정 기술에 적용되고 있다.

유연성은 플라스틱에서 OLED 디스플레이의 궁극적 목표지만, 휘거나 여러 번 말 수 있는 디스플레이보다 기술적으로 덜 요구 되는 것에 대해서도 의미가 있다. 평평한 플라스틱 OLED 디스플레이는 얇고, 가볍고 그리고 튼튼하다. 이러한 것들은 휴대용 제품에의 응용에 있어서 중요한 이점이 된다. 플라스틱 디스플레이는 다양한 직사각형이 아닌 형태로 쉽게 절단 가능하다. 그리고 곡면을 가지고 휠 수 있지만 단단한 형태가 될 수 있다. 이러한 성질들은 제품 디자인에 있어서 훨씬 더 큰 자유도를 부여할 수 있다. 이러한 비유연성의 디스플레이 역시, 시장에서 플라스틱 OLED 디스플레이는 주요한 개발도전 과제다.

이 장에서는 PLED 디스플레이가 어떻게 작동하는지 간단히 소개한 후 개발되어야 할 두 개의 주요한 기술에 대한 도전에 대해 기술 할 것이다. 처음에는 공정에 잘 견디며 그래서 신뢰성과 장수명을 갖는 장치를 가능케 하는 플라스틱 재료를 얻는 것에 대해 기술할 것이다. 두번째는 플라스틱 기판을 사용하는 것과 관련된 제조과정에서 발생하는 이슈에 대한 이해를 돕고 이러한 이해를 바탕으로 디바이스공정에 적용하는 것이다. 그리고 수동 매트릭스(Passive Matrix, PM) OLED와 관련된 주요 사항에 대해 서술할 것이며 마지막으로 플라스틱 능동 매트릭스(Active Matrix, AM) 기판에 적합한 박막트랜지스터(Thin Film Transistor, TFT) 기술에 대한 정리를 할 것이다.

15.2 고분자 OLED(PLED) 기초

15.2.1 공액 고분자

공액(conjugated) 고분자는 교대로 반복되는 단일결합과 이중결합 또는 단일결합과 삼중결합(Heeger 2001)에 의해 특징이 나뉘어진다. 고분자 backbone 을 따라 이중 또는 삼중결합으로부터의 p_z 궤도의 겹침은 분산된 π-결합을 형성한다. 이것은 무기반도체의 경우와 유사한 에너지 밴드를 발생한다. 점유된 π-결합은 가전자 밴드와 유사하여 홀-수송 상태를 구성하며 highest occupied molecular orbital(HOMO)는 밸런스(valence) 밴드 외곽과 유사하다. 점유되지 않은 π*-밴드는 전도 밴드와 유사하여 전자 수송층을 구성하며 lowest unoccupied molecular orbital(LUMO)는 전도 밴드 외곽과 유사하다. 이러한 유사성에도 불구하고, 공액 고분자에서의 전하 수송은 무기반도체의 경우와는 여러 가지로 다르다(Patel *et al*. 2002). 내부 및 외부요인의 전하 수송자들은 일반적으로 무시할 만한 수준이며 전도는 주입된 전하 수송자 즉, 캐리어에 의해 주로 이루어진다. 전하 수송자 주위의 고분자 체인은 변형되어 대전됨에 따라 여기 되는 폴라론(전하 + 변형)에 의해 가장 잘 기술된다. 그리고 에너지 밴드는 고분자의 비정질 구조에 의해 불균일하게 넓어지게 되며 결국 전하 수송은 고분자 체인을 따라 혹은 체인간의 호핑(hopping)을 통해 이루어진다.

15.2.2 발광 다이오드

공액 고분자는 에너지 갭을 가지기 때문에 빛을 방출할 수 있다. [그림 15.1]은 통상적인 발광고분자들로서 poly(p-phenylenevinylene) 또는 PPV, poly[2-methoxy, 5-(2'-ethyl-hexyloxy)-p-phenylenevinylene] 또는 MEH-PPV 그리고 polyfluorine의 3가지를 보여주고 있다. 기초적인 고분자 발광소자(다이오드)는 광학적으로 투명한 anode와 금속의 cathode 사이에 약 ~100nm 두께의 발광 고분자(light-emitting polymer : LEP)로 구성되어 있다. Anode는 광학적으로 우수한 유리나 플라스틱 기판 위에 형성되는 ITO를 사용한다. Cathode는 낮은 일함수를 갖는 Ca 또는 Mg을 사용하는데 비해 ITO는 높은 일함수를 가진다.

바이어스 전압이 [그림 15.2(a)]의 밴드 다이어그램으로 기술한 것과 같이 anode와 cathode 사이의 일함수(내부 전압)의 차보다 크게 걸릴 때, 전자들은 π*-밴드로 cathode 전

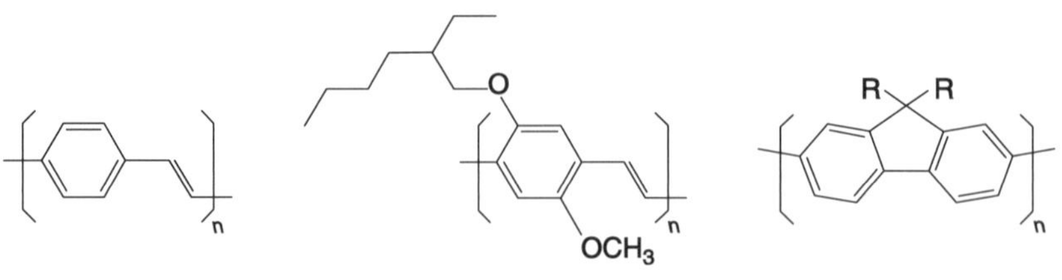

PPV MEH-PPV Polyfluorene

[그림 15.1] 발광 고분자들의 예

극을 통해 주입되며 정공은 anode 전극을 통해 π-밴드로 주입된다. 주입된 전하들(전자와 정공 type의 폴라론)은 속박된 폴라론-엑시톤을 형성하게 됨으로 쿨롱 상호작용에 의해 속박되는 전기적으로 중성인 bipolaron이 되고 변형을 같이 공유한다(Heeger 2001). 전자발광(electroluminesece : EL)은 이러한 엑시톤들의 반사적 감쇠(전자-홀 재결합)로부터 나타나게 된다. 이 소자는 역 바이어스가 걸리면 전하 흐름이 금지되므로 다이오드이다. 이 경우에는 빛의 방출이 없다. 에너지 갭과 그에 따른 다이오드의 발광색은 고분자의 길이를 변화시키거나 고분자 반복 유닛을 바꾸거나 공중합체(copolymer)를 만들거나 또는 고분자 혼합(Braun *et al*. 1992; Berggren *et al*. 1994; Akcelrud 2003)에 의해 조절할 수 있다.

이러한 EL 공정에는 많은 요인이 영향을 미친다(Patel *et al*. 2002). 전하주입의 장벽은 각각 anode 전극 일함수와 HOMO 레벨 그리고 cathode 전극일함수와 LUMO 레벨간의 불일치로부터 기인한다. 이것은 anode 전극의 높은 일함수와 cathode 전극의 낮은 일함수를 필요로 한다. 엑시톤 결합 에너지가 높지만 모든 엑시톤들이 방사적인 감쇠를 하지는 않는다. 엑시톤들은 스핀 통계학에 따른 singlet 상태 또는 triplet 상태 중 하나에 있을 수 있다. 스핀 보존은 singlet 상태로부터만 방사적인 감쇠가 허용되도록 한다(형광). 방사적인 감쇠는 만일 전자-정공 쌍의 여러 스핀 상태 중 하나가 불순물과 결합 등을 통해 바뀌게 되면 triplet 상태에서도 발생할 수 있다(인광). 그러나 일반적으로 인광에 의한 방출은 형광 방출보다 그 크기가 상당히 작다. 만일 엑시톤 형성이 스핀에 무관하다면, 3개의 triplet 상태에 1개의 singlet 상태가 존재하게 되어 최대 얻을 수 있는 효율은 25%이다. 그러나 엑시톤 형성이 스핀에 의존하는 고분자계도 있어서 singlet 비율이 60%까지 이르기도 한다(Wilson *et al*. 2001). 효율은 형광 염료를 첨가함으로써 triplet 상태에서의 스핀 플립 과정을 크게 향상시키게 되어 매우 증가시킬 수 있다. 이것은 SMOLED 에 있어서 성공적인 예이다(Guo *et al*. 2000; Forrest *et al*. 2002). 모든 singlet 상태가 방사적 감쇠를 하지 않는다. 일부는 경쟁적인 비방사적 과정을 통해 감쇠되며 그 비율은 고분자와 그 순도에 의존한다.

발광효율에 영향을 미치는 두 가지 요인은 두 전하 수송자 중 어느 한쪽이 더 많이 주입되는 것과 정공과 전자 이동도의 차이이다.

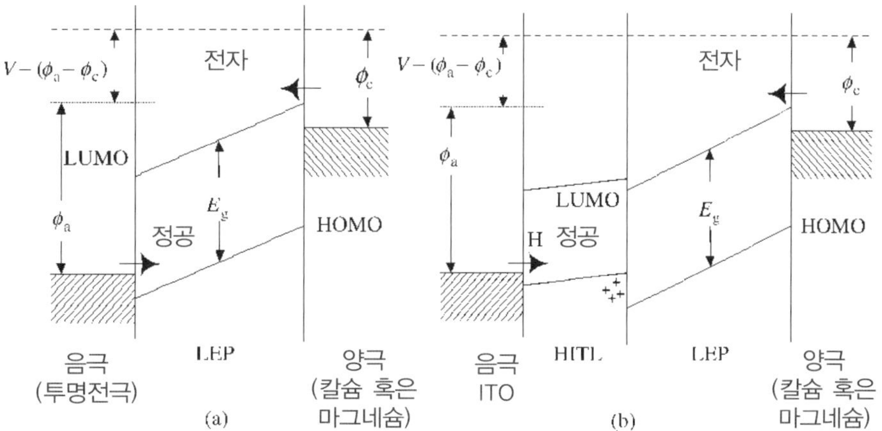

[그림 15.2] 에너지 갭이 E_g인 발광층, cathode 일함수 ϕ_c 그리고 anode 일함수 ϕ_a일 경우에 대해 바이어스 전압 V가 걸렸을 경우
(a) 단일층
(b) 다층막 구조의 PLED 다이오드의 밴드다이어그램

정공 이동도는 일반적으로 전자 이동도보다 훨씬 크다. 그래서 단일층을 가지는 소자구조에서는 엑시톤들이 cathode 진극 근처에서 주로 형성 되는 있는데, 이 경우 전극 근처이기 때문에 image 상호작용 힘이 발생하여 비방사적 감쇠가 일어나게 된다. 이러한 것을 막기 위해 anode 전극과 LEP사이에 [그림 15.2(b)]의 밴드다이어그램에서 보듯이 hole injection and transport layer(HITL)을 삽입하는 것이 일반적이다(Yang and Heeger 1994). HITL층은 다음과 같은 여러 가지 목적을 충족시킨다. (1) 소자의 active 층에 있는 정공들은 막고 국소화함으로서 HOMO와 LUMO의 적절한 선택에 의해 LEP 내에서의 재결합을 촉진하도록 한다. (2) anode 전극에서의 장벽을 낮춤으로서 정공 주입을 증가시킨다. (3) 그리고 누설전류를 감소시키며 거친 ITO 표면을 평탄화하는 영향을 준다(Brown *et al*. 1992; Heeger *et al*. 1994; Sheats *et al*. 1996; Patel *et al*. 2002). HITL은 보통 다음 두가지 고분자 Polyethylene dioxythiophene/polystyrenesulfonate (PEDOT:PSS)와 polyaniline(PANI)을 주로 사용한다.

15.2.3 OLED 디스플레이 종류

수동 매트릭스 OLED 디스플레이(PMOLED)의 화소는 anode 전극을 세로로 그리고 cathode 전극을 가로로 패터닝하여 만들어진다. 빛은 가로와 세로의 전극이 교차 대응하는 개개의 화소에서 방출된다. 영상정보를 만들기 위해서는 각각의 라인은 순차적으로 구동되어 잠시 빛을 방출한다(Sempel and Buchel, 2002). 전반적으로 원하는 밝기를 갖는 디스플레이를 얻기 위해서는 조도는 충분히 밝아야 하며 디스플레이의 라인의 수에 따라 증가한다

(요구되는 최대 밝기는 라인수와 평균 밝기의 곱에 비례한다). 이것은 높은 전류와 전압이 필요한 것이며 다음과 같은 결론을 유도한다. (1) 투명한 anode 전극(ITO) 라인은 전극 라인에 있어서의 전력손실을 충분히 줄이기 위해 금속으로 이루어진 버스라인이 필요하다. (2) 디스플레이에 있어서의 다른 풀 컬러 감쇄 요인을 완화시켜 주기 위한 고효율의 고분자 재료가 필요하다. 이것은 풀 컬러 디스플레이에 있어서 더욱더 중요해지게 된다. 왜냐하면 단색 디스플레이의 픽셀에 비해 full-color 의 경우 1/3 영역의 서브픽셀에 1/3 시간 동안 구동되어야 하기 때문이다. (3) 고해상도 대면적의 PM 디스플레이는 실질적이지 못하다. 왜냐하면 전력 소모가 지나치게 커지면서 고분자 발광층은 요구되는 최대 전류가 증가함으로 인해 빠르게 변성되어 간다. 유리기판을 이용하는 디스플레이와 비교하면, 플라스틱 디스플레이에서의 전력 문제는 더욱 치명적이다. 저항에 의한 손실은 anode 라인의 큰 저항에 의해 일반적으로 훨씬 크며 플라스틱 기판은 유리기판에 비해 joule 발열에 훨씬 취약하다. 이러한 이유로 플라스틱 기판에서의 PMOLED 디스플레이는 그 크기가 대략 1.5인치에 국한된다(Innocenzo, 2002).

능동 매트릭스 OLED 디스플레이(AMOLED)는 박막트랜지스터(TFT) 회로가 각각의 화소에 있는 구조로서 PMOLED에서 나타난 많은 문제점들을 해결할 수 있다. TFT 회로는 각각의 화소가 연속적으로 발광하도록 저장장치가 있는 조절 할 수 있는 전류 소스를 제공한다. 이것은 peak 전류를 크게 감소시킴으로써 전력 소모를 크게 줄여줄 뿐만 아니라 고분자 발광체에 요구되는 효율과 수명도 줄여준다. 전류 조절은 PMOLED에서는 어려운 정확한 계조 표시도 할 수 있도록 해준다.

15.3 OLED용 플라스틱 기판

15.3.1 기판 요구 사항

OLED 디스플레이에 적당한 플라스틱 기판은 다음과 같이 많은 요구사항을 충족해야 한다. 적은 결함과 가시영역의 빛이 통과할 경우의 높은 투과율(〉85%)인 높은 광학적 품질이 필요하며 나노미터 범위에서의 기판 평탄도를 가져야 여러 장벽과 소자층들 내부로의 돌출부를 막고 연속적인 고품질의 박막을 적층할 수 있는 표면을 제공한다. 적어도 150℃로 예상되는 공정온도 및 가능한 능동구동 디스플레이 제조를 위한 가능한 300℃ 가량의 온도를 견딜 수 있어 한다. 그리고 내습성과 산화에 강해야 하고 공정에 사용되는 화학약품에 대해 높은 저항을 보이며 낮은 수분 흡수성질을 가짐으로써 지속적인 크기 변화를 최소화하며 소자의 습기에 대한 노출을 최소화 해야 한다.

위의 열거한 모든 조건을 다 만족하거나 거의 만족시켜주는 플라스틱 필름은 없기 때문에 그러한 조건을 충족시켜줄 다층구조의 기판을 얻는데 많은 개발이 집중되고 있다. 그러한 접근은 우선 주요한 디스플레이 사양을 만족시키는 광학적 품질을 가지는 필름으로부터 시작 되어서(고투과율, 고내열 그리고 크기 변형이 안정화) 표면을 평탄하게 하는 처리, 긁힘 등에 영향을 받지 않도록 하는 코팅 그리 필요하다면 내화학성을 가지게 하며 그리고 장벽을 이루는 층을 형성한다.

15.3.2 플라스틱 기반 필름

기반 필름조차 통상적으로 얻을 수 있는 필름들은 적당하지 않고 표면 평탄도를 개선한다거나, 작동 온도를 증가시킨다거나 광학 투과율을 안정화시키기 위한 프로세스 또는 제조시의 공정방법 변경을 필요로 한다. [표 15.1]은 플라스틱 OLED 디스플레이 제조에 관련된 물성을 가지고 있고 잠재적으로 가장 적용 가능한 플라스틱 필름을 열거하였다. 유리전이온도, T_g는 사이즈 변경없이 견딜 수 있는 최고 온도로서 사용된다(이온도 이상에서는 고분자 내의 분자)들이 움직이기 시작하며 가장 낮은 에너지가 되도록 재배열하기 시작한다. 왜냐하면 대부분의 분자들은 T_g 아래 온도에서는 평형상태에 있지 않기 때문이다).

Polyethylene terephthalate(PET)를 예를 들면 T_g는 78℃인데, 이 경우 AMOLED 적용측면에서는 좋지 않다. 그렇지만 PET가 가진 다른 많은 특성들(투명성, 낮은 열팽창 계수, 내화학성 그리고 낮은 수분 흡착성)과 가장 쉽게 구할 수 있고 경제성 있는 필름이라는 것 때문에 많은 연구에 있어서 사용되어 왔다. 필름의 결함과 통상적으로 구매할 수 있는 필름의 표면 거칠기가 받아들일 수 있는 수준이었다면 PET는 PMOLED 의 주요한 후보가 될 수도 있을 것이다.

[표 15.1] 사용 가능한 플라스틱 필름의 물성

고분자 기반	PET	PEN	PC	PES	PAR	PCO	PI
A 명칭	Melinex	Teonex	Lexan	Sumalite	Arylite	Appear	Kapton
T_g(전이온도)	78	120	150	220	340	330	355
투과도(400nm-800nm)(%)	>85	85	>90	90	90	91.6	orange
CTE(ppm/℃)	15	13	60~70	54	53	74	30~60
CHE(ppm/% RH)		100					10
수분흡착성(%)	0.14	0.14	0.4	1.4	0.4	0.03	1.8
영률(GPa)	5.3	6.1	1.7	2.2	2.9	1.9	2.5
인장강도(MPa)	225	275		83	100	50	231
WVTR(g/m^3 per day)	40	1.8		62	84	220	54
OTR(cc/m^2 per day)	160	5.5		100	1500	583	388
내화학성	good	good	issues	issues	issues	issues	good

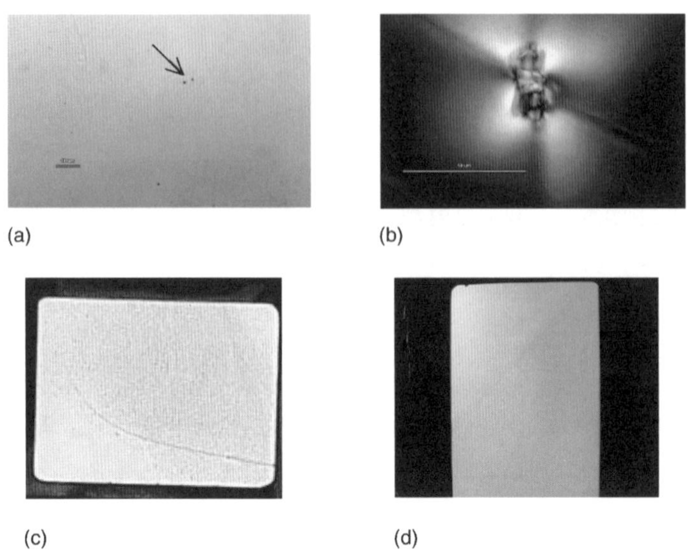

[삽화 15.1] (a) 통상적인 PET 기판의 결함들
(b) 결함을 확대한 사진
(c) 표면 성질이 좋지 않은 PET 기판으로 제조된 디스플레이는 낮은 밝기, 회색 빛이 보이며 그리고 라인 형태의 defect 도 보여준다.
(d) 향상된 표면 특성을 가지는 PET 기판을 사용하여 제조된 디스플레이는 향상된 특성을 보여준다.

[삽화 15.1]은 통상적 수준의 PET에서 관찰되는 결함과 단일 다이오드소자위에 있을 경우의 결과를 보여준다. 표면의 거칠기는 소자가 쇼트를 유발할 수 있는 위험성을 주며 이에 더하여 화면 품위가 안좋게 될 수 있다. 이것은 광학적 특성은 다른 플라스틱 필름 요구사항보다 더 얻기 쉽지 않음을 보여주다. 이외의 물성들의 중요성은 다음 절에서 설명한다.

15.3.3 보호층(Barrier)

OLED 소자는 습기와 산소에 매우 민감하다. 유기발광 물질은 수분에 노출되면 발광은 쉽게 멈추게 되고 매우 반응성이 좋은 낮은 일함수의 cathode는 습기의 산소에 의해 쉽게 부식된다. 이러한 사실들은 기판이 이러한 물질들로부터 소자 내로의 침투를 막아야 함을 의미한다. 유리기판은 기본적으로 습기나 산소가 투과할 수 없지만 플라스틱 필름은 차단기능이 떨어진다. 이를 위해 장벽층 구조를 기본 필름 위에 쌓아줘야 한다. 현재는 OLED에 요구되는 매우 낮은 투과를 측정할 장비가 없지만 수증기 투과율(water vapor transmission rate : WVTR)에 대한 대략적 근사값은 반응성 cathode를 산화하는데 필요한 수분의 양을 계산함으로써 얻을 수 있다(Burrows *et al*. 2001). 약 10000시간 이상의 작동수명을 얻기 위해서 장벽층 구조는 WVTR 값을 하루에 10^{-6}g/m^2 정도로 제한해야 한다. 비슷한 수명에 대해 산소 투과율(oxygen transmission rate : OTR) 요구치는 하루에 10^{-3}에서 $10^{-5}cc/m^2$ 사이 값으로 계산된다. 이러한 투과율은 플라스틱 기판상의 OLED 디스플레이 제조에 있어서 장벽층 구조 개발이 가장 큰 개발 이슈 사항 중 하나가 되도록 하였다. 왜냐하면 어떤 처리도 하지 않은 플라스틱 필름의 경우 투과율은 위의 값들보다 10^6 배 또는 그 이상이 된다. 장벽층 구조로는 기껏해야 10^2에서 10^3배 정도 향상을 해 주며 나머지는 주로 패키징 산업에서 요구된다(Chatham 1996).

현재 WVTR과 OTR을 측정하는 통상적으로 구입할 수 있는 장비 중 가장 감도가 좋은 장비의 측정한도는 각각 하루에 $5\times10^{-3}g/m^2$와 $5\times10^{-3}cc/m^2$이다. 이러한 사실은 더욱더 감도가 좋은 장비를 개발해야 함을 보여준다. 보통 사용하는 방법은 Ca 테스트이다(Nisato *et al.* 2001). 이 테스트 방법에는 다소 변수가 있지만 금속층이 산화되어 감에 따른 광학적 변화까지 모두 포함한다. 이 테스트를 정량화하기 위한 노력이 계속 이루어졌으며 장벽막에 대한 WVTR은 이 기술을 이용하여 일일 $4\times10^{-7}g/m^2$ 정도의 낮은 값도 측정되었다고 보고되었다. 그러나 Ca 테스트는 습도와 산소의 투과를 구별하지 못한다. 이 구분을 할 수 있도록 하고 정량화를 할 수 있는 기술이 현재 개발되고 있으며 만일 성공한다면 장벽층 구조의 이해와 개발을 앞당기게 될 것이다(Dunkel 2005; Vogt 2004). 이와 반대로 Ca 테스트는 벌크(bulk) 투과와 결함을 통한 투과를 구분할 수 있다는 장점이 있는데 이것은 Ca 필름의 점들로부터 명확히 알 수 있다. 이것은 중요한 점으로서 패키징 산업에서 개발된 보호필름(보통 단일 산화박막)의 경우 핀홀, 그레인 바운더리 그리고 미세 크랙 등과 같은 결함부분을 통한 수송으로 제한됨으로써 투과가 감소된다는 것이 밝혀졌기 때문이다(Chatham 1996). 이러한 이유로 현재 보호층에 대한 개발은 결함이 없는 필름을 만들거나(Pakbaz 2004; Snow 2004) 또는 다층박막을 형성하여 결함 위치들이 중첩되지 않도록 하고 확산하는 물질들이 계속 돌 수 있는 회로 같은 경로를 만들어 주도록 한다(Burrows *et al.* 2001; Rutherford 2004; Yan 2004).

15.3.4 기판 복합체

마지막으로 적절한 코팅 처리된 기판 필름과 보호구조는 기계적으로 안정된 기판 복합체로 집적되어야 한다. 유연성은 기계적 집적에 대해 궁극적으로 요청되지만 기판이 휘어진 디스플레이에 사용되지 않더라도 요구되는 사항은 여전히 크다. 이것은 기판이 소자 공정 진행시나 소자로서의 역할을 하는 동안 온도, 습도, 화학약품 그리고 공정조건에도 견뎌야 하기 때문이다. 여러 층들의 접착성은 특별히 고려해야 하며 각각의 층들은 대기 또는 관련된 노출조건들을 유사하게 만족시키는 가속 조건에서 테스트되어야 한다(O'Regan 2003).

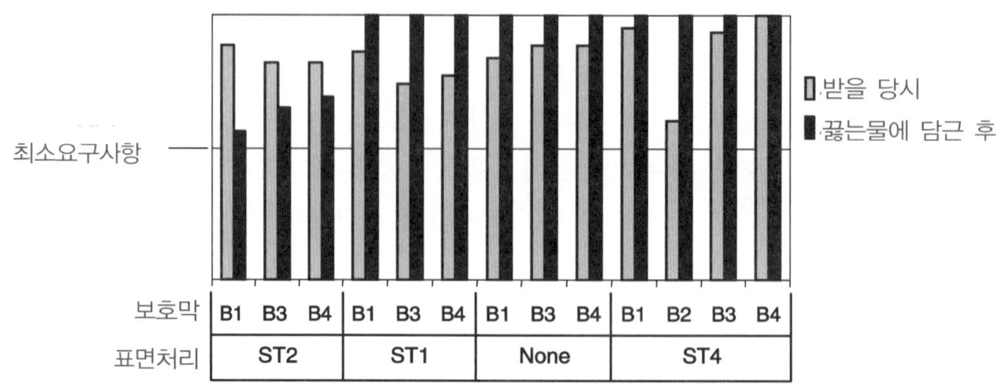

[그림 15.3] Teonex Q65 기판에 여러가지 표면처리를 했을 경우의 보호막의 밀착특성; 테스트는 받았을 당시 와 끓는 물에 담근 후에 진행되었다.

막의 접착 또는 벗겨짐에 대한 테스트는 일반적인 장력 테스터를 이용하여 행해진다. 최소한의 접착성 또는 결합 세기에 관한 사양은 공정 조건과 제품 사용시 기판의 예상되는 노출되는 환경에 대한 이해를 바탕으로 만들어질 수 있다. 샘플 테스트는 제조 중이나, 주기적으로 고온과 저온상태로 처리한 후 또는 고온/고습처리 후 또는 진공상태에 기체를 제거 후 실시한다. 끓는 물에 담그는 것은 습도에서 견디는 것을 테스트하는 실질적인 가속 테스트여서 빠르게 수명을 측정할 수 있도록 해준다. [그림 15.3]은 일련의 Teonex Q65 PEN 기판 위에 실시한 표면처리가운데 보호층이 접착되기 좋은 표면을 제공하는 것이 어떤 것인지 결정하는 90° 벗겨냄 테스트를 보여준다(Hildner 2004). 테스트는 제조된(받은) 샘플이거나 끓는 물에 2시간 동안 담근 후의 샘플에 대해 실시한 것이다. 각각의 샘플은 2.5in×4in 라인 형태로 절단된 것이다. 2조각의 4.5in×0.5in 크기의 테스트용 테이프(3M 4905/Foil)을 샘플 가운데에 붙이고 테이프의 남는 부분은 접어서 탭을 만들었다. 이 과정에서 주의할 점은 테이프를 붙이는데 있어서 주름이 접히지 않고 공기가 내부에 없도록 해야 한다. 그리고 샘플은 건조한 필름으로 된 가열된 롤러(75℃)를 통과하여 샘플내의 남은 공기들을 제거하고 테이프가 샘플에 부착되도록 한다. 샘플의 반대면은 1 인치 양면 테이프(Anderson Distribution사의 1인치 Permacel 양면 테이프)가 부착된 Instron사의 peel tester가 장착된 German사의 회전판 위의 장착할 수 있는 고정물 위에 놓여 있으며 테이프 탭은 Instron 사의 90° 각도로 된 벗겨짐 테스트를 할 수 있는 고정물에 물려지게 된다. 그리고 테이프는 분당 2인치의 속도로 최소길이 1.5인치만큼 벗겨지게 되고 테이프를 떼어내는데 필요한 힘은 Instron사의 load weighting 시스템에 의해 모니터링 된다. 이 테스트가 의미가 있기 위해서는, 테이프와 샘플 표면 사이의 결합세기, S_{ts}가 최소 사양보다 커야 한다. 이러한 기준이 충족되면, 부하가 S_{ts} 보다 크거나 또는 그 이전에 S_{ts} 보다 약한 결합세기를 가지고 있는 샘플내의 박막이 코팅 층이 있을 경우 테이프는 떨어지게 될 것이다. 테이프 표면의 검사는 어떤 코팅 층이 벗겨진 것인지 보기 위해 필요하다. 그리고 접착 실패는 막의 벗겨짐이 관찰되어야만 알 수 있게 되며 그것은 사양보다 낮은 부하가 걸릴 시 발생했다. [그림 15.3]의 결과는 연구자가 어떤 특성을 얻기 위해 행한 표면 처리가 필요한 접착 특성을 얻은 것을 보여주고 있다. 흥미로운 것은, 어떤 샘플은 끓는 물에 담그고 난 후 더 증가한 부하를 걸 수 있는 것을 보여주고 있다. 이것은 샘플의 표면 특성에 변화가 생긴 것으로 볼 수 있으며 결과적으로 테이프의 접착특성이 S_{ts}를 증가시키는 방향으로 변화된 것이다.

접착 특성은 기판이 휘거나 구부러질 때 기계적인 집적에 있어서 고려할 점으로 남는다. 기판의 휨에 있어서 추가적으로 고려해야 할 사항은 코팅 층의 크랙 특히 습기와 산소의 투과가 증가되는 보호층의 크랙이 발생 및 확장되는 것이다. 이러한 불량에 기인하는 것은 여러 층 구조에서의 내부 스트레스 문제인데 이것은 여러 물질들(다른 열적 기계적 특성을 지니는)이 같이 공정이 진행되기 때문에 나타나는 것이다. 이러한 기판 복합체를 개발하는데 있어서의 목적 중 하나는 이러한 스트레스들을 조절하는 것일 것이다. 각 층의 임계 변형(필름이 크랙을 형성할 수 있는 이상의 변형)은 다른 변수로서 기판 복합체의 기계적 신뢰성을 결정하거나 휘어질 수 있는 한도를 결정해 줄 것이다. 이러한 주요 사항에 대한 이해를 위해 많은 노력이 테스트 방법을 개발하는 방향으로 진행되고 있다(Nisato 2004; Bouten 2002; Gorkhali *et al*. 2003).

15.4 기판 공정 이슈

15.4.1 공정 이슈

우리에서의 PM과 AM OLED의 많은 층들의 패턴은 일반적으로 광식각 방법이 사용된다. 이 방법은 플라스틱에도 마찬가지로 사용할 수 있지만 유리 위에서의 공정이 바로 플라스틱으로 전환될 수 없다. 증착되는 박막들에는 내부 스트레스가 존재하는데 그러한 것들은 유리 위에서와는 다른 성격을 가진다. 왜냐하면 증착이 진행되는 동안 보통 고온에서 진행하는데 플라스틱의 경우 심하게 크기가 변한다. 이러한 스트레스는 플라스틱 기판의 편평도에 크게 영향을 미치게 되어 필름 접착 이슈사항이 발생하게 된다. 더욱이 포토리소그래피의 여러 공정들(코팅, 베이킹, 광노출, 현상 그리고 포토 레지스트의 제거)에 있어서 열과 용매 등에 기판이 노출되게 되며 이러한 것들은 기판의 편평도 와 크기 안정성에 크게 영향을 미치게 된다. 또 다른 간과할 수 없는 사항은 현재의 평판 디스플레이를 다루는 방법은 유리기판에 적합하도록 설계되어 있어서 휘는 기판을 다루는 장비가 아직 없다는 것이다.

15.4.2 필름 스트레스

증착된 막에는 다음과 같이 두 가지 요인에 기인한 스트레스가 존재한다. 하나는 기판과 증착막 사이의 열 팽창계수 차이 때문이고(열적 스트레스), 또 다른 요인은 증착된 박막의 미세구조에 기인한다(intrinsic stress)(Thornton and Hoffman 1977; Leterrier 2003). 온도가 상승된 상태에서 증착이 진행되었을 경우, 박막의 열팽창 계수(CTE)와 기판의 열팽창 계수의 차이로 인해 온도를 떨어뜨리는 동안 발생하는 수축되는 크기가 달라지게 되며 이로 인해 박막은 압축 또는 장력을 받게 된다. 플라스틱 기판은 대부분의 사용되는 필름보다 높은 열 팽창계수를 가지고 있어서 위와 같은 열적 스트레스는 보통 압축성을 띠게 된다. 이와는 달리 자체(intrinsic) 스트레스는 증착 공정에 의해 결정되는 것으로 기판 형태나 박막 두께에는 크게 영향을 받지 않는다. Physical 및 chemical vapor deposition은 보통 많이 쓰이는 증착 방법인데 자연상에서 비평형상태이며 박막은 급랭된 무질서 상태에 있게 되며 자체 스트테스가 수반되는데 그 형태는 장력적일 수 있고(나노 크기의 void들 간의 인력작용으로부터 기인) 압축성일 수도 있다(원자들이 조밀하게 모였을 경우).

내부 스트레스(열적인 것과 내부적인 것(intrinsic)을 모두 포함하는)는 기판의 휘어짐을 유발하는데 이러한 현상은 매우 많이 모델링 되어서 연구되어왔다. Stoney(1909)의 고전적인 1차원적인 모델에 따르면, 코팅된 필름의 곡률반경 R은 다음과 같이 내부 스트레스 σ_i와 관련하여 표현할 수 있다.

$$R = -\frac{E_S h_S^2}{6\sigma_i h_f} \tag{15.1}$$

여기서 E_s는 기판의 영률이고 h_s와 h_f는 각각 기판과 박막의 두께이다. 위의 곡률은 내부 스트레스가 충분히 커질 경우(압축성 스트레스의 경우 박막은 휘어진 기판의 볼록한 측면에 놓이게 된다) 두드러지게 된다(매우 작은 R). 디스플레이 기판에 있어서 그러한 휘어짐은 이 이후의 공정진행을 불가능하지는 않겠지만 매우 어렵게 만든다. 이것은 어느 정도 낮은 열팽 계수와 높은 영률 값을 가지는 기판을 선택해야 함을 보여준다. 열적인 스트레스도 휘어지는 정도에 영향을 미치는데 낮은 열팽창 계수의 기판에 대해 더 적어진다. 왜냐하면 대체적으로 기판과 박막 사이의 열팽창 계수의 차이에 비례해서 스트레스가 증가하기 때문이다(Leterrier 2003). 또한 내부 스트레스로부터 기안하는 곡률반경은 기판의 영률이 커지게 되면 더욱 작아지게 된다. 그러나 일단 기판이 선택되면 휘어짐에 의한 곡률반경을 감소할 수 있는 요소는 박막 증착 조건을 조정하여 자체 스트레스를 조절하는 방법이 유일하다.

내부 스트레스는 박막의 밀착도와 코팅 강도를 조절하는 데 있어서도 역할을 한다. 코팅 강도는 디스플레이가 휘어지는 경우 특별히 관심을 가져야 하는 것으로 박막성장의 이질성(heterogeneity)과 표면 결함에 의존하며 기판의 표면 형태(morphology)에 관련되어 나타난다.

유리기판과는 다른 방식으로 내부 스트레스가 도입되는 것에 덧붙여, 플라스틱 기판은 박막 증착 시의 가열로부터 outgas가 발생한다. 이것은 해결되거나 조절해야 하는 것으로 그렇지 않을 경우 박막의 화학적 특성에 영향을 받고 요구되는 특성에 못 미치게 된다.

15.4.3 치수 안정성(Dimensional Stability)

기판의 치수 안정성는 계속적인 포토리소그래피 공정을 통하여 매우 관심을 가져야 하는 사항이다. 왜냐하면 크기에 있어서 변화가 생기면 차후로 이어지는 층의 패턴형성을 위한 정렬 과정에 있어서 영향을 주게 되며 또한 증착되는 층들의 기계적 집적도에도 영향을 주기 때문이다. 고온과 저온을 순환하는 동안에 기판은 다음과 같은 두 가지 이유로 크기에 변화가 발생한다. (1) 온도 상승에 수반된 분자간의 이완 그리고 (2) 온도가 T_g로 접근함에 따른 고분자 체인의 이동성 변화(MacDonald 2004)가 그것이다. 첫번째 요인은 기판의 열 팽창계수에 반영된 것으로 충분히 낮지 않게 되면 계속적으로 반복되는 열처리 과정 도중에 받게 되는 반복되는 스트레스로 인해 증착되는 박막은 크랙이 발생할 수도 있다. 두번째 요인에 있어서는 기판 내에 존재하는 어떤 종류의 스트레스도 이완될 수 있는 기회가 주게 되며 상온으로 온도가 돌아왔을 때 다른 크기가 될 수 있다. 이러한 기판의 축소(또는 확장)은 제조과정 동안의 다양한 열적 순환을 통해 복합적인 효과를 가지게 되며 기판이 공정에 투입되기 전 기판의 스트레스가 충분히 제거 않으면 매우 커지게 된다. 15.3.2절에서 언급한 열적 안정화 공정은 이러한 스트레스들을 제거하는데 사용되며 기판의 축소(shrinkage)가 충분히 낮아지도록 개발되고 있다.

플라스틱 기판은 습기에 노출되게 되면 역시 크기에 변화가 생긴다(O'Regan 2003). 기판 크기의 변화는 포토리소그래피 공정시의 화학약품에 노출됨으로써 발생할 뿐만 아니라 청정실의 상대습도의 변화 그리고 오븐에서 열처리후의 점차적인 수분을 흡수하게 되면서 나타난다. 이러한 변화에 대해 첫번째 대응은 낮은 수분 흡수도 와 상대습도의 함수로 표현할 수 있는 필름 팽창 정도를 기술하는 hydroscopic 팽창계수(CHE) 값이 낮은 기판을 선택하는 것이다.

적절한 기판의 선택과 열안정 기술은 충분히 크기의 변화를 줄일 수 있지만 완전히 제거할 수 는 없다. 기판의 움직임은 제거가 불가능하다면 적절히 조절 되어야 한다. 일단 조절이 되고 반복적일 수 있으면 기판의 움직임이 충분히 작을 경우 기술적으로 보상할 수 있는 조절방법이 사용된다. 그러한 방법에는 청정실의 습도와 온도를 안정화시킨다거나 기판이 공정과 공정 사이에 평형상태에 도달할 수 있는 기판 핸들링 절차가 포함된다.

[그림 15.4] 열안정 단계와 크기변화에 대한 조절 없이 PET 기판에 ITO 패터닝(어두운 사각형)후에 보면 메탈층 포토마스크(밝은 사각형)가 소자의 왼쪽대비 오른쪽의 어긋남 정도가 ~5μm 가량 됨을 보여준다.

이러한 것들은 기판이 공정을 통해서 크기 등이 어떻게 변화하는지에 대한 세세한 이해를 필요로 한다. 여러 단계의 공정들이 기판 크기에 미치는 영향을 평가하는 방법 중 하나는 overlay 정합을 측정하고 추적해 가는 것이다. Overlay 정합은 하나의 패턴된 층이 다른 패턴층에 의해 정렬될 때의 정밀도이고 보통 box-in-box 형태의 overlay 타겟을 현미경을 통해 관찰함으로써 평가한다. [그림 15.4]는 PMOLED에 있어서 ITO 라인의 패터닝을 통해 나타나는 부정렬 의 크기를 보여준다. 이것들은 메탈 증착전 패턴된 ITO 기판의 포토 얼라이너(photo-aligner) 로부터 보여지는 상들인데 이어지는 메탈 버스층의 메탈 마스크를 통해 본 것이다. 메탈 마스크 타켓(밝은 사각형) 은 소자의 왼쪽 ITO 패턴된 타겟(어두운 사각형)과 정렬되어 있고, overlay offset 은 소자의 오른쪽 측면에서 부정렬 된 양을 측정함으로써 얻어진다. 이러한 상들은 열적 안정화를 하지 않은 PET 기판에 대한 것으로 소자의 한쪽부분과 다른 부분의 overlay 부정렬이 ~5μm 임을 보여준다. 이것은 기판이 ITO 패터닝 후에 기판이 축소되었음을 의미한다. 같은 기판 위에 메탈층을 증착하고 패터닝을 하게 되면 overlay offset 은 더욱 커진다. [그림 15.5]는 이러한 공정 후에 메탈 증착 동안에 더욱 커진 수축으로 인해 상의 수평방향의 offset이 ~25μm이 된 것을 보여준다.

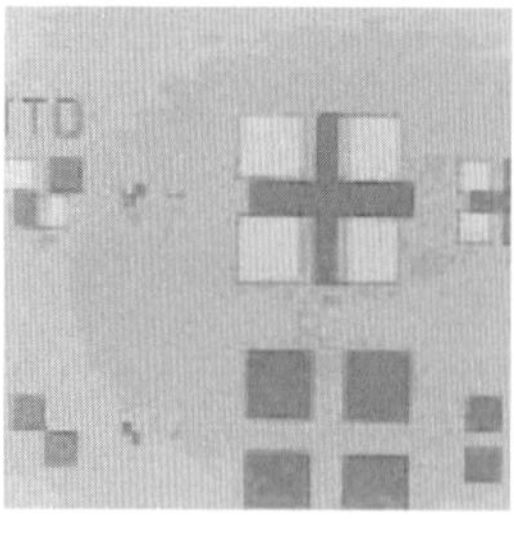

[그림 15.5] 그림 15.4와 같은 기판에서 메탈 증착과 패터닝으로 인해 어긋남이 ~25μm까지 증가한 것을 보여준다.

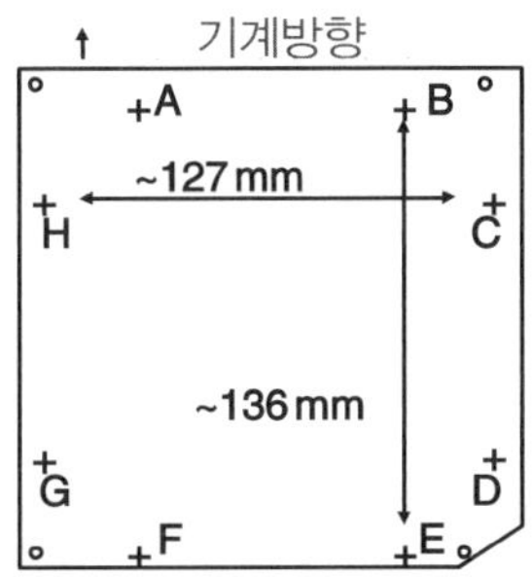

[그림 15.6] 6인치 기판의 크기 변화를 평가하기 위한 8-포인트 측정법

치수 안정성를 평가하는 또 다른 방법은 기판 재료의 크기를 정밀하게 측정하고 상대습도, 온도 순환, 그리고 평균 기후 등의 공정 환경조건을 유사하게 흉내 내어 처리한 후 얼마나 변하였는지 관찰하는 것이다. [그림 15.6]은 Dupont Displays에서 기계 내에서 그리고 횡방향으로의 고분자 필름의 크기변화 즉 수축 또는 팽창을 추적하기 위해 사용하는 8포인트 측정방법을 보여준다. [그림 15.7]은 포토레지스트 하드 베이킹 처리와 같은 조건에 두고 일반적인 주변 조건에서 평형상태에 이르도록 한 이축성 고분자 필름 샘플에 대한 앞의 측정 결과의 그래프이다. 필름은 열처리가 필름내의 상당량의 습기를 방출하노록 하기 때문에 열처리 후 더욱 작아진다. 필름이 주변 조건과 평형상태에 이르면 습기를 흡수하고 팽창하게 된다. 보호층이 있다면 치수 안정성을 보다 촉진할 수 있다는 것은 명백하다. 기판에 있어서 보호층이 없을 경우 초기의 수축은 시작할 당시 충분히 많은 양의 습기를 흡수한 상태이기 때문에 더욱 더 커지게 된다. 필름이 이축성이기 때문에 치수 안정성은 기계 및 이의 횡방향이 다르다. 필름은 기계의 방향으로 더 움직이게 된다.

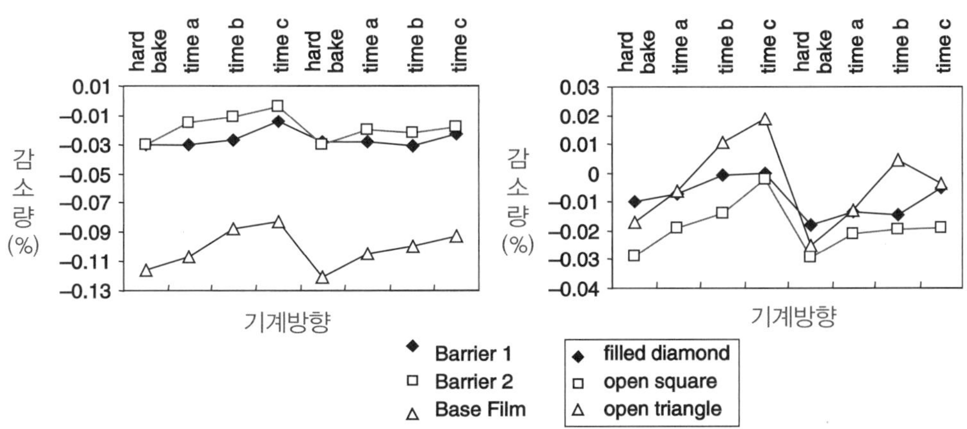

[그림 15.7] 공정 시뮬레이션을 진행하는 동안의 기판 크기의 변화

왼쪽 마스크 타켓

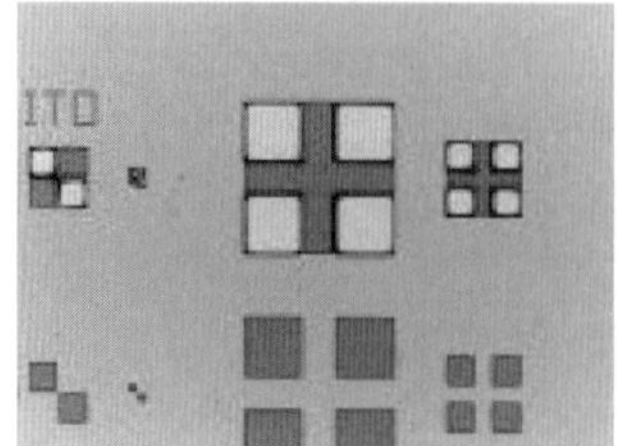

오른쪽 마스크 타켓

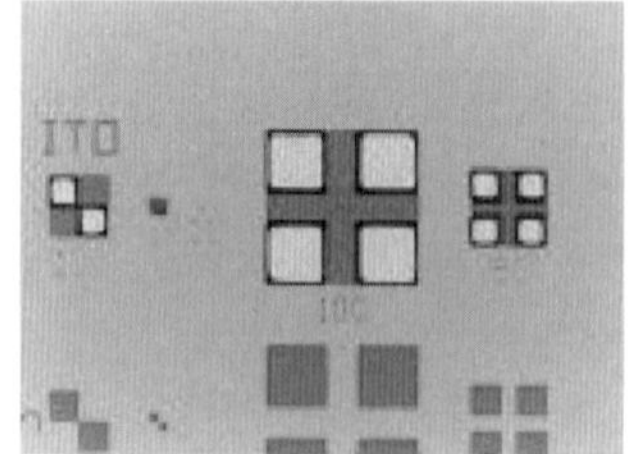

[그림 15.8] 보상기술을 통해 얻어진 메탈층의 정렬 상태

만일 공정 중 기판의 움직이는 양이 충분히 작고 예측될 수 있다면 보상하는 기술이 사용될 수 있다. 이러한 접근방식은 인쇄회로기판 산업에서 통상적으로 쓰이는 것으로 여러 층에 대한 마스크들은 기판의 변화를 미리 고려하여 설계되어 있다. 이러한 기술의 효율성이 [그림 15.8]에 묘사되어 있는데 메탈마스크의 경우 25μm의 offset을 포함하거나 마스크의 한쪽측면에서 다른 쪽으로의 runout을 함으로써 [그림 15.5]에서 사용된 것과 같은 PET 기판 위에 잘 정렬된 메탈 층을 형성하였다.

15.4.4 기판 고정

초기의 디스플레이는 고분자 또는 복합체 필름을 절단하여 batch 공정 방식으로 제조될 가능성이 많다(시작부터 끝까지 roll-to-roll 방식의 제조는 몇 년 후가 되어야 가능). Batch 공정 진행은 현재 유리기판을 사용하는 디스플레이에 사용되고 있는데 제조 장비의 기판 핸들링은 견고한 기판을 위해 설계되어 있다. 이것은 박막 증착과 포토리소그래피 단계에 있어서 특히 더 그러하다. 물론 디스플레이 공장에서 새로운 형태의 옵션을 개발할 수도 있지만 가장 통상적으로 추구하고 있는 접근방법은 어떤 형태로든 기판을 견고하게 하는 것이다. 이러한 방법의 한 예로는 플라스틱 기판을 carrier처럼 역할을 하는 유리기판 위에 플라스틱 기판을 붙이는 것이다(Lemmi 2004). 이러한 공정진행에 있어서 많은 시도가 있었다. 첫째로 접착제는 wet 공정을 포함하는 모든 공정과정에서 견뎌야 하고 공정 후에 기판에 어떠한 손상도 없이 쉽게 제거할 수 있도록 해야 한다. 이 과정에서 기판은 평평한 상태로 유지 되어야 하는데 이는 많은 열처리 공정을 진행하기 때문에 이슈사항이 되고 있다. 그럼에도 불구하고 기판은 공정 중 지지대 없이 서있을 경우가 공정 중에 여러 번 있게 되며 기판이 어느 정도 충분한 견고성을 갖지 않으면 다루기 매우 어려워진다. 디스플레이에 있어서 유연성을 제조에 있어서 필요한 견고성과 다소 타협하는 것도 장점이 될 수 있다. 이러한 견고성은 보다 두꺼운 필름이나 상대적으로 큰 영률 값을 가지는 필름을 사용함으로써 얻을 수 있다.

15.5 Passive Matrix 디스플레이 제조

15.5.1 PMOLED 구조

플라스틱에 적용할 적절한 PMOLED에 대해 많은 구조가 제시되었다. 그리고 발광층(LEP) 위에 공정이 진행되는 cathode 패터닝 단계는 많은 변동요소가 있다. 통상적인 포토리소그래피 기술은 유기 박막의 습기, 산소 그리고 용매에 대한 민감성 때문에 매우 제한적이다(Lidzey *et al*. 1996). 그런데 통상적인 포토레지트와 메탈 드라이 에칭을 사용하는 포토리소그래피기술이 개발되었다(Pschenitzka *et al*. 2001). 더 간단한 방법은 cathode 전극을 새도우(Shadow) 마스크를 통해 증착하는 것이지만 이것은 고해상도 디스플레이에는 적용하기 힘들다. 이러한 이슈사항을 다루기 위해 새도우 마스크를 디스플레이 architecture 내부에 집적하는 방법이 제시되었다. 이 방법은 유기물질이 증착되기 전 기판에 일련의 cathode 전극 separator(pillar, mushrooms, 그리고 ribs 라고 불리어진다)를 배치하는 함으로서 새도우 마스크 역할을 하게 하는 것이다(Hosokawa *et al*. 1997; Chang *et al*. 2001). 그래서 이러한 구조에서는 돌출부분이 있게 되어서 cathode 층의 연속성을 깨게 되어 각각의 행들로 분리시킨다. 구조물들은 보통 포토레지트로 만들어지며 통상적인 포티리소그래피 방법으로 패턴닝을 한다. 다른 대안으로서 PECVD 절연막 공정이 제안되기도 하였지만(Py *et al*. 2000) 휘어지는 디스플레이에 있어서는 그다지 실용적이지 못한 단점이 있다.

부가적인 포토레지스트 구조는 종종 풀 컬러 디스플레이에도 사용된다. 단색 OLED에 있어서의 Active 물질의 증착은 상대적으로 수월한데 그것은 단지 OLED 물질을 덮는 blanket 증착만 요구하기 때문이다. 풀 컬러 디스플레이를 개개의 red, green 그리고 blue OLED 물질 위에 덮어서 코팅하여 제조하는 것은 비록 가능하기는 할 지 라도 실용적이지 못하다(Wu *et al*. 1996). 단일 발광층이blanket 증착이 되어서 컬러 분리는 컬러 필터를 사용한다는 방법이 고안되었지만 재료 소모와 파워 효율의 감소 때문에 크게 관심을 받지는 못했다. 최근에 관심을 끄는 방식은 개개의 red, green 그리고 blue OLED 물질이 각각의 서브 픽셀에 놓이는 국소 패터닝 기술을 이용하는 것이다(Duineveld *et al*. 2002). 이 기술의 경우 다른 고분자들이 이웃하는 서브 픽셀에 쌓여있게 됨으로써 다른 고분자들이 섞이지 않도록 포토레지스트 뱅크나 제한할 수 있는 구조가 필요하다.

소자의 습기와 산소에 대한 민감성 역시 최종적인 구조에 다양하게 반영되는데 그것은 소자가 제조 후 밀봉(encapsulation) 되어야 하기 때문이다. 그리고 이와 같은 것을 할 수 있는 구조적인 방법들은 여러 가지가 있다.

복합적인 플라스틱 보호 기판 위에 OLED를 제조하는 것은 크게 3가지로 나뉠 수 있다.

첫번째는 기판 패터닝으로 다음과 같은 단계를 포함한다.

- 투명 anode 전극 증착과 패터닝
- 메탈 버스 라인 증착과 패터닝
- 컬러 제한 또는 cathode 분리 구조를 위한 증착과 패터닝

고분자 또는 active 물질들은 다음과 같이 증착된다.

- HITL 물질을 적용
- LEP 물질 적용

소자는 아래의 단계를 통해 완성된다.

- 증착 그리고 필요한 경우 cathode 패턴
- 소자를 밀봉(encapsulation)

15.5.2 기판 패터닝

Anode 증착, 패터닝 그리고 조건

ITO는 디스플레이산업을 통해 투명한 anode 전극으로서 사용되어 왔다(유리 기판상에서 LCD와 OLED). ITO 박막은 OLED 디스플레이에 적합해서 플라스틱기판 위에 증착할 수 있지만 충분한 크기의 bending이나 반복적인 휨이 요구될 때 ITO의 결함이 쉽게 발생하는 심각한 이슈사항이 떠오른다. 이의 대안으로 더욱더 유연한 anode 전극 개발을 통해 이러한 이슈들을 극복하려고 하지만(Arthur 2004) 현재 이러한 물질들은 전기적 성능이 보다 안좋은 측면이 있어서 위와 같은 bending 조건이 가해지지 않을 디스플레이 응용제품이 보다 많아질 것이라는 예상을 할 수 있다. 그래서 ITO 여전히 플라스틱 OLED 제조에 있어서 매우 유용하다.

ITO를 증착하는 전형적인 방법은 magnetron sputtering 방법이 쓰이는데 증착조건이 높은 투명성, 낮은 저항의 박막을 제조할 수 있도록 최적화 되어 있다. 저온에서 성장된 박막은 그 성격상 매우 비정질화 되는데 이것은 유리기판상에서는 400℃ 이상의 고온에서 증착 후 보다 더 높은 온도에서 어닐링 을 함으로써 대개 $\sim 1-3\times10^{-4}$ Ωcm 정도의 낮은 저항이 얻어짐을 의미한다(Vink *et al*. 1995). 이러한 공정은 플라스틱 기판에 대해서는 명백하게 적합하지 않다. ITO는 여러 종류의 플라스틱 기판에 증착되어 왔지만 저온공정 때문에 박막은 비정질적한 특성과 높은 저항($>5\times10^{-4}$ Ωcm)값을 가지게 된다. 보다 더 낮은 저항값은 유리기판을 사용한 PMOLED 보다 더욱 큰 저항손실을 유도하지만 대부분의 AM 응용제품과 마찬가지로 소형의 PM 디스플레이에는 적합할 것이다. 보다 더 낮은 저항을 주기

위한 여러 가지 공정들이 개발되고 있다. 이러한 것들로는 postdeposition laser annealing(Chung *et al*. 2002), pulsed laser deposition(Izumi *et al*. 2002), reactive evaporation(Ma *et al*. 1997), DC arc discharge ion plating(Niino *et al*. 2002), 그리고 sol-gel sysnthesis(Asakuma *et al*. 2003)와 같은 방법들이 있다.

플라스틱 기판은 roll-to-roll 공정에서는 DC magnetron sputtering 방법에 의해 주로 증착되어지며 그와 같은 공정은 보호막 개발자들에 의해 주로 채택되어서 디스플레이 시장에 ITO 코팅된 보호막이 있는 복합기판이 roll의 형태로 공급되고 있다(Rutherford 2004). 필름은 대개 레이저를 이용하여 절단되어 sheet 형태로 된다. 그 후에 기판은 유리기판에서 사용되는 세정공정을 거치게 되는데 이 과정을 통해 기판의 스크래치를 막거나 보호막 구조가 손상되는 것을 줄이게 된다. 다음 공정으로 포토레지스트를 도포하여 열처리, 자외선 노출 그리고 현상단계를 거쳐 패터닝 함으로써 에칭 공정 후에 남을 ITO 라인들을 보호한다.

Wet 에칭은 LCD 산업과 유리기판을 사용하는 OLED 디스플레이에서 가장 일반적으로 사용된다(Lan *et al*. 1996). 표준적인 ITO etchant는 acidic 계열인데 예를 들면 HCl, HCl:HNO_2와 HBr이 있다. Wet 에칭에 있어서 비정질 ITO와 결정성 ITO는 매우 다른 etch rate을 가질 수 있다. 그 결과 플라스틱 위의 ITO는 유리기판 위의 ITO와 다른 etch ratc 가질 수 있을 뿐만 아니라(비교하자면 전적으로 결정성인경우에 비교했을 때) 샘플을 가로지르는 방향으로도 etch rate에 변화를 보이게 된다. 이것은 전반적으로 비정질 한 상태에서 일부분 결정성을 보이고 표면을 따라서 결정성의 정도가 다르기 때문이다. 이러한 성질 때문에 제거되어야 할 ITO 부분을 완전히 식각해서 제거하기 어렵다. 남아있는 ITO는 매우 작은 양이고 전도도 측정에 의해 검출되기에는 매우 불연속적이어서 종종 발견하기 매우 어렵기도 하지만 ITO와 메탈라인의 쇼트를 유발할 수 있기 때문에 반드시 모두 제거되어야 한다. 균일하지 않은 etch rate은 또한 ITO 라인에 있어서 가장자리 부분이 거칠어지는 것을 유발하는데 이로 인해 픽셀 모양이나 픽셀 크기가 불균일해 질 수 있다. 남아있는 것과 불균일한 패터닝 이슈사항은 etch chemistry, 시간 그리고 온도를 적절히 최적화함으로써 성공적으로 해결될 수 있다.

Dry 에칭은 또 다른 방법이다. Wet 에칭이 등방적인 반면 dry 에칭은 비등방적이다(Takabatake *et al*. 1995). 또한 비정질 및 결정성 ITO에 있어서 etch rate이 dry etching의 경우에는 같다. 이것은 LCD 디스플레이가 고해상도 및 대면적 기판 패널로 제조됨에 따라 더욱 더 주목을 받게 되는 중요한 특징이다(Kuo 1998). 비등방 etching 과 매우 평평한 edge는 미세한 패터닝에 필요한 것인데 남아있는 잔존물은 보다 더 미세한 라인간격과 대면적 패널에서는 수율 측면에서 매우 큰 이슈사항이다. 이러한 것들은 PMOLED에 있어서는 이슈가 될 사항이 아닌 듯 하지만 AMOLED 산업이 성숙되는 시점에서는 충분히 고려해야 할 부분이다. ITO의 dry 에칭은 다음과 같은 2단계 과정으로 되어 있는데 indium 과 tin oxide를 감소시킨 후 In과 Sn을 제거하는 것이다. 두 번째 단계에서의 움직임의 제한 때문에 현상과정이 느린 etch rate 인해 천천히 진행된다. 그런데 원하는 선택비의 높은 etch rate를 얻을 수 있는데 그 방법은 고온상태(250℃ 정도)에서 HCl, Cl_2 또는 HBr을 사용하는 것이지만 이것은 플라스틱 기판에서의 dry etch 공정 개발의 또 하나의 어려움을 준다는 것을 보여주는 것이다.

제조에 따른 ITO 표면이 디스플레이 성능에 최적화 되어 있지 않다는 것은 잘 알려져 있다(Wu *et al*. 1997). 오염물질은 소자불량의 잠재적 원인이 될 뿐만 아니라 ITO 일함수의 불균일을 유도하며 결국 디스플레이 표면을 통한 불균일한 휘도로 이어진다. 오염물질은 보통 탄소를 포함하는데 수용액이나 유기 용매 내에서 초음파 세척과 같은 간단한 세정 공정으로는 충분히 제거되지 않는다. 거기에 더하여 제조진행중인 ITO는 공정 방법과 증착 조건에 심하게 의존하여 최적화된 일함수 보다 낮은 일함수 값을 가진다. 평탄하고 카본이 없고 그리고 균일하게 높은 일함수를 가지는 표면을 얻기 위한 목적으로 유리기판상의 ITO에 대해 다양한 방법의 표면처리방법이 시도되었다(J. S. Kim *et al*. 1998). 가장 효과적이었던 것은 산소 플라즈마, 자외선 오존 처리 그리고 산소분위기에서 가열하는 방법 등이 포함되어 있다. 이러한 조건하에서 산소의 제거와 높은 일함수 값을 얻을 수 있었다. 산소는 탄소와 반응하여 제거하는데 도움이 될 뿐 아니라 O/In 비율을 유지하거나 향상시켜주기도 한 것이다. 탄소제거와 산소농도의 증가가 높은 일함수 값을 갖게 한다는 것은 명백히 증명되어 있다(Sugiyama *et al*. 2000). 산소 플라즈마와 자외선 오존 처리는 플라스틱 기판 또는 기판 복합체에 사용될 수 있지만 유리기판에 최적화된 공정을 직접적으로 옮길 수는 없다. 플라즈마 내에서 높은 반응성을 띤 라디칼들은 유기막 표면을 바꿀 수 있어서 만일 플라즈마 처리가 사용되면 유전층을 형성하여 유기막 표면을 확실히 보호하는 것이 가장 좋다. 보호막 구조를 가지는 모든 구조의 상부 층은 유전체이기 때문에 그러한 층은 복합적인 필름에 대부분 존재한다. 또한 자외선 오존 처리에 있어서도 반드시 주의가 필요한데 그 이유는 자외선 조사의 에너지와 세기가 기판 복합체내의 유기박막들 내에 있는 결합을 충분히 깰 수 있기 때문이다(플라스틱 기반 박막이나 또는 보호막이 있는 어떤 종류의 유기박막을 모두 포함한다).

메탈 버스 증착과 패터닝

메탈 버스라인은 ITO 라인보다 낮은 sheet 저항을 가져야 하며 주변환경하에서 안정적이어야 하고 기판에 잘 밀착해야 하며 그리고 etch 공정 진행 시 다른 물질들과 비슷한 etch 선택비를 가져야 한다. 앞서와 마찬가지로 유리기판상에서 사용되는 증착과 패터닝의 조건이나 공정들에 적합한 물질들은 플라스틱에서는 적절하지 못할 것이다. 플라스틱기판으로의 전이에 있어서 etch 선택비에 주의해야 하는데 이는 버스라인이 접촉하게 되는 ITO 층이 다른 성격을 가지고 있기 때문이다. 기판에의 밀착성은 기판과 메탈층 사이의 CTE 차이의 증가에 의해 이슈로 떠오른다. 디스플레이가 휘어지려고 하면 재료의 유연성은 또다른 고려사항이 된다(Hur *et al*. 2002). 이러한 난관을 극복하기 위한 도전은 원하는 특성(저항, 유연성 그리고 etch 선택비)을 갖는 재료를 개발하고 적절한 증착 기술을 확보하고 박막 밀착성, 전도도, etch rate 그리고 박막 스트레스에 대한 증착과 에칭 화학를 최적화 하는 것이다.

메탈층은 역적 증착이나 스퍼터링 방법으로 증착할 수 있다. 증착된 박막의 스트레스는 보통 그다지 심각하지 않다. 그러나 기판의 온도를 올리는 것이 이슈사항이 될 수 있는 것이다. 스퍼터링 방식의 증착에 있어서 열을 가하는 것은 그다지 심각하지 않아서 박막의 스트레스가 클 수도 있지만 스퍼터링 조건을 조정을 통해 조절할 수 있다(Thornton and Hoffman 1977). 스퍼터링 된 원자의 초기에너지(sputtering power), 타겟과 기판 사이의 거리 그리고 sputtering 기체압력은 박막스트레스에 강하게 영향을 미친다. 이러한 것들은 박막의 구조적인 성질과 전기적인 성질을 변화시킬 수 있다.

모든 기계적 전기적 특성을 만족하는 단일 메탈층은 불가능하다(Baeuerle *et al*. 1999). 그래서 특정한 특성을 조절하기 위해 다층막을 쌓아올리거나 alloy를 형성하는 방법이 사용된다. 다층막을 쌓는 것은 에칭 공정에 있어서 복잡성을 더해준다. 다른 메탈은 다른 종류의 etchant를 요구하게 되어 에칭 공정은 메탈층의 박리를 유발하는 가장자리의 깍아냄을 피하기 위해 최적화되어야 한다.

Resist Structure Patterning

컬러를 제한하는 구조 또는 cathode 를 분리하는 구조가 사용된다면 아마도 포토레지스트로 만들어질 가능성이 매우 크다. 여기서의 치수 안정성에 고려는 anode 전극과 메탈층에 대한 포토레지스트 단계와 동일하다. 기판의 동작온도는 열처리 단계를 위해 반드시 고려해야 하며 모든 단계를 거치면서 나타나는 크기의 변화가 이해되어야 하고 그리고 공정은 크기의 변화를 감안하여 조절함으로써 진행되어야 한다.

15.5.3 Active 재료 응용

Monochrome 디스플레이

단색 PMOLED에 있어서 HITL층과 LEP층은 보통 연속적인 스핀 코팅 공정이 적용된다. 이때 두번째 층이 쌓일 때 첫번째 층이 재분해 되지 않기 위해서 두 층에 대한 화학적 성격을 명확히 알아야 한다. HITL은 보통 전도성 고분자가 수용액에 분산되어 있고 LEP는 유기용매에 녹아있다. 각각의 스핀 코팅 과정에 있어서 고분자 용액방울을 기판의 중심 위에 떨구고 높은 속도로 회전시킴으로써 기판전체에 퍼지게 하는 것이다. 얇은 박막은 표면 장력에 의해 표면 위에 남아 있게 되며 따라서 박막의 두께는 스핀 속도, 용액의 농도 그리고 분자량에 따라 달라진다. 그 후 박막은 열처리를 통해 용매를 제거하게 된다. 박막의 균일함은 디스플레이의 시각적 특성에 크게 영향을 미친다. 두 가지 주요한 사항을 고려해야 하는데 첫째는 기판표면의 청정도이고 둘째는 코팅물질의 표면에 대한 젖음 특성이다. 젖음성은 기판 위에 보호구조가 되어있을 경우 특히 중요해 지는데 이 그 이유는 코팅은 어떤 종류의 굴곡이 있는 구조에도 쉽게 흐를 수 있어야 하기 때문이다. 그래서 스핀 코팅 과정에서 기판의 청정성과 기판의 젖음성을 향상시키기 위해 산소 플라즈마나 자외선 오존과 같은 표면처리가 자주 사용된다. 그러한 것들은 응용에 있어서 항상 사용될 수 있는 것이지만 플라스틱 복합 기판에 적합하도록 조절되어야 한다.

풀 컬러 디스플레이

Full-color 디스플레이에 적용할 수 있는 프린팅 기술은 스크린 프린팅, flexographic 그리고 미세접촉과 같은 다양한 기술이 있다. 가장 촉망 받는 기술은 잉크젯 프린팅방식(Ink-Jet Printing, IJP)이다. 이 공정에서는 고분자용액방울이 piezoelectric 성질의 프린트 헤드의 노즐로부터 분사되어 대상이 되는 서브 픽셀 위에 직접 떨어지게 되어 있다. 방울의 부피, 위치 그리고 퍼짐은 균일한 휘도, 컬러 분리 그리고 효율적인 디스플레이를 제조하기 위해 극히 중요한 요소다(Haskal *et al*. 2002; MacPherson *et al*. 2003a, 2003b). 고분자 용액은 주어진 용매 부피에 대해 불과 수 퍼센트의 고체를 포함하기 때문에 수십 마이크로 직경의 방울 크기는 다소 좀 더 넓은 서브 픽셀 내에 보통 쌓이게 된다. 현재의 잉크젯 프린터의 방울 위치정밀도는 대략 10^{-15}μm인데 이것은 80~130ppi(pixels per inch) 해상도의 디스플레이가 될 수 있음을 의미한다. 이 정도 수준의 정밀도로서도 어떤 방울들은 서브 픽셀의 가장자리에 위치하게 되어서 인근의 발광물질과 분리하기 위해 사용하는 bank 구조의 필요성을 부분적으로 보여주고 있다. 그러나 bank 구조에도 문제점은 있다. 용액이 bank의 측면에도 부착됨으로 인해 서브 픽셀 내부에서 불균일한 두께의 층이 형성되어 발광층의 불균일한 전기장을 야기함으로써 subpixel 내에서의 불균일한 빛의 방출로 이어진다. 이러한 점은 예를 들어 CF_4 플라즈마 처리(Kobayashi *et al*. 2000)를 함으로서 bank 표면이 비젖음성을 갖도록 하는 표면처리방법 이 종종 이용되었으나 이 방법을 사용시 동시에 표면은 젖음성을 그대로 가져야 한다는 것이다. IJP OLED의 공정은 아직 완전히 개발된 것이 아니며 많은 이슈에 대한 사항들이 유리 기판 위에서 진행되고 있다. 그러나 플라스틱기판에서의 개발은 이제 막 진행되고 있다(Hildner 2004; Nisato 2004). 방울 위치의 정밀도의 정도와 중요성은 플라스틱 기판의 크기의 변화를 조절할 수 있고 이해해야 하는 점을 다시 한 번 보여준다. 이것은 플라스틱 기판에서 IJP 가 성공할 수 있는 유일한 길이다. 또한 공정 과정에 있어서의 어떤 종류의 표면처리도 플라스틱 기판에 대해 최적화 되어야 한다.

15.5.4 Cathode 전극과 밀봉(Encapsulation)

Cathode 증착과 패터닝

Cathode 전극은 새도우 마스크를 통한 진공 열증착 방식에 의해 증착된다. Cathode 분리벽이 없을 경우 새도우 마스크는 cathode 라인을 패턴하는데 사용되고 기판크기의 조절은 적절한 정렬에 의해 얻어질 수 있다. 그러나 cathode 분리벽은 inch의 제곱 정도 크기의 마스크를 통해 증착하여서 크기의 콘트롤은 보다 덜 중요한 사항이다.

낮은 일함수의 메탈은 반응성이 높기 때문에 대기에 노출될 경우 공기와 수분이 침투하여 cathode와 고분자 경계를 공격하게 된다. 이러한 영역은 불활성이 되어서 소자가 구동될 경우 흑점으로 나타나기 때문에 소자를 건조하고 산소가 없는 환경에 두는 것이 매우 중요하다. 그래서 증착 챔버는 보통 glove box에 붙어있어서 소자가 곧바로 밀봉될 수 있도록 한다. 덧붙여서 Al과 같은 보다 안정한 물질로 두껍게 씌움으로써 보다 더 튼튼하게 보호하도록 한다.

Encapsulation(밀봉)

현재 유리기판상의 PMOLED에 대해 사용되는 밀봉 방법은 active 영역주변을 epoxy로 밀봉하여 뚜껑을 부착함으로써 캔과 같은 구조를 만드는 것이다. 밀봉 과정은 주변환경이 조절되는 glove box에서 진행되며 건조제가 뚜껑 또는 캔의 밀봉부위에 붙여져서 일단 디스플레이가 대기상태에 노출되면 캔 내부로 통하는 곳의 습기와 산소를 잡아놓게 한다. 뚜껑은 유리나 메탈과 같은 단단한 재질이고 can은 플라스틱 OLED 의 2배에서 3배 가량의 두께를 가지게 된다. 통상적으로 플라스틱 OLED의 두께는 밀봉하지 않았을 경우 0.3mm 이하이다. 메탈 뚜껑은 견고하기 때문에 몇몇 응용 제품에서는 유용할 수 가 있다. 그러나 대부분의 플라스틱 디스플레이 응용에 있어서는 뚜껑이 보다 더 얇은 밀봉 구조이거나 유연성있는 재질을 요구한다. 가능성 있는 방법중의 하나는 플라스틱 보호뚜껑을 소자의 뒷면에 부착하는 것이다. 이 방법은 건조제를 사용하지 않기 때문에 습기와 산소를 충분히 막을 수 있는 epoxy를 개발하는 것이 관건이다.

궁극적인 목표는 뚜껑을 붙이는 것보다 더 유연성을 제공할 수 있는 박막밀봉(thin film encapsulation : TFE)를 사용하는 것이다. TFE는 구조가 단순하고 보다 낮은 제조원가를 이유로 유리기판을 사용하는 디스플레이에서도 개발 중이다. 현재 진행되는 연구는 보호층 개발과 유사하며 보다 밀하고 결함이 없는 무기필름을 얻거나 무기-유기 다층막 구조를 얻

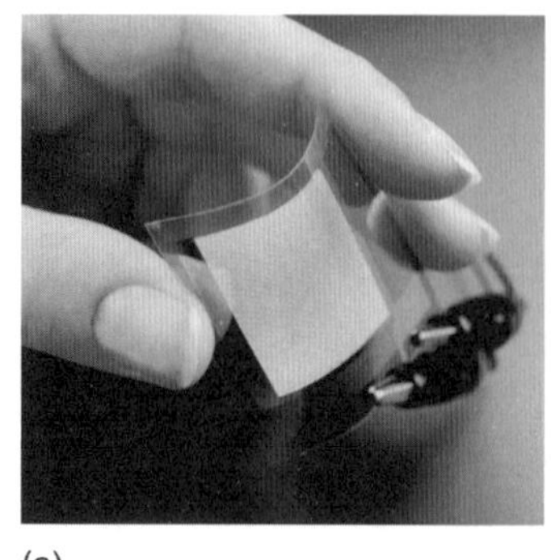

(a)

(b)

[삽화 15.2] DuPont Displays 사에서 제작된 6000 화소 이상의 플라스틱 PMOLED 디스플레이

는데 중점을 두고 있다(Chwang *et al*. 2003; Pakbaz 2004; H. Kim *et al*. 2003). TFE 층의 기계적 집적성은 디스플레이가 휘어지지 않더라도 이슈 사항이다. 그리고 또 다시 밀착성이 이슈가 되는데 그 이유는 단일 소자에 집적되는 다른 종류의 물질들로 구성되는 다층막 구조로부터 기인하는 내부 스트레스가 발생하기 때문이다. 코팅에 있어서 conformality는 특히 cathode 분리벽을 이용하는 PMOLED에 있어서 이슈사항이 된다. 유연성은 현재의 개발 진행에 있어서 어느 정도 고려되고 있지만, 유리 기판상의 디스플레이에서 충분한 보호특성을 주는 TFE 구조에 있어서는 아직도 증명되어야 할 사항으로 남아있다. 일단 누군가 개발하면 평평한 플라스틱 디스플레이에 쉽게 적용할 수 있지만 휘어지는 것을 가능케 해주는 TFE 체계를 개발하는 것은 여전히 도전 과제로 남아있게 될 것이다.

15.5.5 소자 구동

삽화 15.2(a)는 DuPont Displays사에서 제조된 밀봉 공정이 끝난 후의 PMOLED를 보여준다. 횡과 열의 패터닝은 각각이 모두 소자의 active 영역 밖에까지 연장되어 있어서 하나의 접촉 패드나 쇼팅바로 연결된다. 디스플레이는 두개의 쇼팅바를 가로질러 연결된 DC 전력 공급기에 의해 빛이 방출되게 된다. 최종적인 디스플레이의 모습은 삽화 15.2(b)에서 볼 수 있다. 쇼팅바들은 잘려져서 유연성 있는 cable이 붙여져 있고 디스플레이는 IC 칩에 의해 구동된다.

15.6 플라스틱 기판상의 OLED 용 Active Matrix

15.6.1 구 조

플라스틱 AMOLED에 있어서 AM 어레이는 투명한 플라스틱 기판상에서 제조되며 AM어레이는 패턴된 ITO와 TFT 회로로 구성된다. Active 물질은 PMOLED에서와 같은 방법으로 도포된다. 그 위에 cathode 증착이 되는데 가능한 소자 밀봉 방법은 PMOLED 경우와 동일하다. TFT 기술은 플라스틱상에서 AMOLED와 PMOLED의 주요차이다.

15.6.2 TFT 요구사항

TFT 회로의 목표는 프레임 주기 동안 OLED 픽셀을 연속적으로 구동하여, 주어진 signal level에 대해 디스플레이 전체에 걸쳐 균일한 빛의 방출을 이끄는 것이다. 연속적인 동작을 위해서는 최소한 2 TFT 가 필요하며 모든 픽셀 에 균일한 전류 level을 공급하는 것이 디스플레이의 균일성에 필요하다. 기본적인 n-채널과 p-채널의 2 TFT 회로가 [그림 15.9(a)와 (b)]에 나타나 있다(Gu and Forrest 1998; Sarma *et al*. 2003). 구성요소는 선택 트랜지스터와 구동 트랜지스터인데 전류 소스와 storage capacitor로 작동한다. Row selection을 하면 select 트랜지스터 T_1을 켜고 column 전극으로부터 구동 트랜지스터 T_2의 게이트로 data 전압을 인가한다. T_1이 꺼지면 T_2의 data 전압은 프레임 주기의 남은 시간 동안 유지되고 storage capacitor C_s는 T_2 게이트 전압이 방전되는 것을 막아준다. 그 결과 프레임 주기 동안 픽셀로부터 연속으로 방전이 일어나게 된다. T_2가 saturation 되도록 함으로써 다음과 같이 주어지는 전류 I_D를 공급하는 일정한 전류 소스처럼 동작하는 것이 목표이다.

$$I_D = \mu_{FET} C_d \frac{W}{2L} (V_{GS} - V_t)^2 \ , \tag{15.2}$$

여기서 μ_{FET}는 이동도(mobility)이고, c_d는 게이트 유전체의 커패시턴스, W는 채널 폭, L 은 채널 길이, V_{GS}는 게이트-소스간 전압 그리고 V_t는 문턱 전압이다. 이 방정식은 디스플레이 전체에 걸쳐 나타나는 휘도가 만일 픽셀과 픽셀간 μ_{FET}나 V_t값의 변화가 생기면 균일하지 않음을 보여주고 있다.

불균일성에 대해서 고려해야 할 것이 다음과 같이 또 있다. [그림 15.9(a)와 (b)]의 n-채널과 p-채널회로는 OLED를 TFT의 드레인 측에 두었기 때문에 주어진 구동 신호 또는 게이트 전압에 대해 V_{GS}는 OLED 전압 강하 V_{OLED}에 무관한 이상적인 경우다. 그러나 OLED cathode 전극은 n-채널 회로의 TFT와 연결되어 있으며 이는 OLED의 역방향으로 걸림을

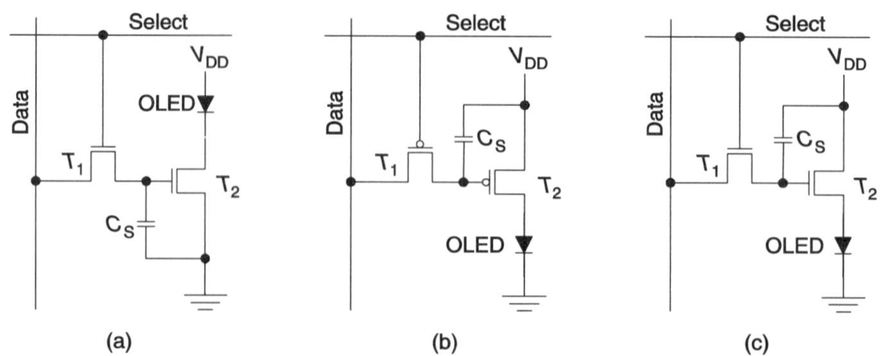

[그림 15.9] AMOLED에 사용되는 기본적인 2-TFT 회로구조: OLED가 TFT의 드레인 쪽에 있을 경우 (a) n-채널 그리고 (b) p-채널 회로; (c) TFT의 소스 측에 OLED가 있을 경우의 n-채널 TFT, 그러나 이 경우 TFT는 (a)와 같이 OLED의 cathode 전극이 아니라 anode 전극과 접촉한다.

의미한다. 플라스틱에 있어서는 순방향방식을 사용하는데 OLED는 [그림 15.9(c)]에서와 같이 TFT의 소스 측에 위치해야 한다. 여기서의 문제는 주어진 데이터 또는 게이트 전압에 대해 V_{GS}는 V_{OLED}에 의해 변하며 회로는 OLED의 I-V 특성이 변할 경우 디스플레이전체에 걸쳐 균일한 전류를 공급할 수 없게 된다. 이것은 플라스틱 위에서 OLED를 적용하기 위해서는 n-채널 보다 p-채널 TFT기술을 더 선호하게 만들다.

여러 가지 불균일성에 대한 이슈사항들 때문에 실제 사용되는 TFT 회로는 2 TFT보다 많아지게 되며 다양한 설계방식이 제안되고 있다(Hong *et al*. 2002; He *et al*. 2001; Akimoto *et al*. 2002; Stryahilev *et al*. 2002). 이러한 회로들은 TFT 와 OLED 값의 변동을 보상하기 위해 필수적으로 전류 프로그램 방식을 사용한다. 이 방식의 설계에서는 데이터 입력 값은 전압대신 주어진 전류이며 회로는 주어진 전류 level에서 OLED 를 구동하도록 작동한다.

디스플레이 밝기에 대해서는 식 (15.2)에 나타나 있다. TFT는 픽셀의 일정부분을 차지하게 되는데 채널 폭을 증가시켜서 원하는 전류 I_D를 얻는 것에는 제한이 있다. Short-채널 효과는 채널 길이가 작아지는 것에 대해 제한을 주며 $V_{GS} - V_t$ 의 증가는 소모전력의 증가를 가져온다. 따라서 효율적인 디스플레이 밝기는 고이동도(high mobility) μ_{FET}를 통해 얻어질 수 있다.

이동도에는 요구되는 최소한의 값(>1cm^2/Vs)이 있는데 이러한 것은 select 트랜지스터 T_1에 주어지는 것으로 구동 주기 동안에 storage capacitor CS 를 완전히 충전해야 한다. T_1은 각각의 프레임 refresh 사이 동안에 storage capacitor의 전압강하가 어느 이하로 떨어지지 않아서 pixel의 밝기가 변하지 않도록 충분히 높은 on/off 비(또는 낮은 누설 전류)를 가져야 한다. 또한 위의 요구사항은 디스플레이의 그레이스케일 depth 에 의해 결정되고 대략 10^6 정도의 값이 된다(Gu and Forrest 1998).

플라스틱상에서의 AMOLED에 대한 디스플레이에 적합한 요구조건을 만족시켜 주는 여러 종류의 TFT 기술이 있다. 비정질 실리콘(a-Si)과 저온 polysilicon(LTPS)은 LCD 산업에서 확립되고 있다. 그들의 동작특성은 AMOLED 디스플레이에 적합하다. 이러한 것들은 대개 플라스틱 기판에 대해서는 지나치게 높은 온도에서 공정진행이 되지만 충분히 낮은 공정 온도에서도 진행할 수 있도록 많은 진전이 이루어지고 있다. 유기 TFT는 낮은 온도에서 만들어지고 높은 동작성능이 검증되기는 하지만 아직 공정기술측면에서 아직 양산에는 적용하기 힘들다.

비정질 실리콘은 AMLCD에서 가장 많이 사용되는 TFT로서 유리기판을 사용하는 AMOLED에 적용되고 있다. 이동도는 상대적으로 낮아서 TFT폭은 비교적 넓은 편이고 이러한 것은 a-Si 디스플레이의 해상도를 제한한다. a-Si TFT는 n-채널 만이 사용되고 있는데 낮은 이동도와 결부시켜 생각하면 TFT 회로에 디바이스 드라이버를 집적할 수 없도록 한다. a-Si의 증착 공정은 균일한 초기 V_t 값이 되는 경향이 있어서 대면적 기판에 적당한 기술이 되도록 한다. 그러나 a-Si의 경우 오랫동안 사용 후에는 V_t shift가 생기는데 이 문제점은 높은 동작 전압이 요구되는 경우에 가장 심각한 영향을 준다. 그래서 낮은 동작 전압을 가지는 발광체를 개발하는 노력이 계속 이루어지며 개발이 될 경우 이 문제를 해결 수 있을 것이다.

통상적으로 a-Si은 300~500℃에서 공정이 진행되는데 게이트 유전막 증착 온도는 낮은 누설전류를 얻을 수 있어야 한다. 그런데 고품질의 게이트 유전막층이 150℃에서 얻어짐으로써(Gleskova *et al*. 2001) 이 방법을 이용하여 폴리이미드 기판에서 제조된 TFT는 통상적으로 유리기판상에서 제조된 TFT와 같은 동작 특성을 보인다(Forbes *et al*. 2002). 150℃라는 온도는 열적 안정화된 PEN에 있어서 충분히 적합한 온도이며 PEN 기판상이에서의 이 공정의 가능성은 [삽화 15.3]에 보이는 소자로서 검증되었다. 이것은 64×64, 80ppi의 단색 디스플레이로 픽셀 피치는 300μm이다(Sarma *et al*. 2003).

저온 polysilicon(Low Temperature Polysilicon, LTPS) 기술은 a-Si에 비해 몇 가지 커다란 성능성의 이 있지만 결점도 있다(Tam *et al*. 1999). LTPS TFT 는 높은 이동도를 가짐으로써 보다 밝고 저소비전력의 디스플레이를 가능케 하고 픽셀 영역에서 보다 적은 부분을 차지하기 때문에 고 해상도 디스플레이 제조에 사용될 수 있다. 고이동도와 n-, p-채널 TFT가 가능하기 때문에 LTPS를 사용함으로써 디스플레이 구동 집적이 가능하다. 그러나 장시간 V_t의 안정성은 좋지만 pixel-to-pixel 균일함이 이슈사항이다.

LCD 산업에서 LTPS의 공정온도는 보통 450~600℃(Ohkura *et al*. 2002)인데 비정질 실리콘을 증착한 후 엑시머 레이저를 이용하여 재결정화시킨다. 공정온도를 150℃까지 낮추기 위해 보다 더 낮은 저온 polysilicon(ultra low temperature polysilicon : ULTPS) 공법이 개발되고 있다(Thesis *et al*. 1998; Gosain *et al*. 2004).

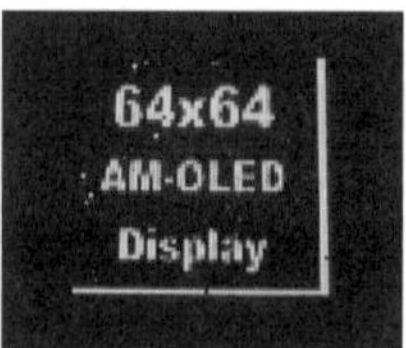

[삽화 15.3] 플라스틱 AMOLED 디스플레이: 단색, 열적 안정과정을 거친 Teonex Q65 PEN 기판상에서 150℃ a-Si TFT이며 64×64, 84dpi의 해상도이다.

N-채널과 p-채널 TFT 모두 고이동도이고 적절한 문턱 전압을 가지는 ULTPS 가 유리기판상에서 만들어지고 있으며 플라스틱기판에서는 근소하게 낮은 값이지만 적당 이동도를 가지고 있다. 그러나 on/off 비가 10^5 정도 값이다(Wickbildt *et al*. 2003; Lemmi 2004).

최근까지 가장 좋은 특성을 보이는 유기 TFT(Organic TFT, OTFT)는 pentacene을 이용하여 제조한 것이다. 이동도는 $3cm^2/V$ s 이상이고 거의 0에 가까운 V_t 값 그리고 on/off 비가 10^8 이상이라는 것이 진공증착 펜타센에 대해 검증된바 있다(Jackson 2003). OTFT 의 또 다른 관심사항은 용액상태에서 공정진행이 가능하여 용액 공정 PLED와 관련 지어보면 전공정을 인쇄방식을 이용해 제조하는 디스플레이의 시대를 열 수 있다는 것이다. 액상 공정에 의한 OTFT는 $0.2cm^2/V$ s 값까지 이동도를 보인다(Jackson 2003). 그런데 donor sheet를 포함하고 열적으로 기판에 전달된 active 물질의 박막을 사용하는 방식인 dry 패터닝 기술에 의해 제조된 펜타센 TFT는 $0.9cm^2/V$ s의 이동도, 14.9V의 문턱전압 그리고 on/off비가 3.6×10^7의 값을 보여준다(Firester 2004). 위에서 보듯이 OTFT의 동작특성은 통상적인 a-Si이 보여주는 값들에 근접하거나 일부는 더 좋은 특성을 보여준다. 그러나 여전히 안정성에 대한 문제는 남아있으며 OTFT를 양산적용가능하기 위해서는 보다 더 많은 기술개발이 필요하다.

적합한 TFT 기술에 대한 연구는 a-Si, LTPS 그리고 OTFT를 넘어서 계속된다. 충분히 저온 공정이 가능한 무기 TFT에 대한 대안 역시 마찬가지로 연구되고 있다(Carcia *et al*. 2003). 여기에 더하여 고온공정을 견딜 수 있는 기판에서 제조된 TFT를 플라스틱 기판으로 옮기는 기술은 Si 공정의 고온에 대한 이슈사항을 피할 수 있는 또 다른 방법을 제공하고 있다. 이 방법은 기존의 LTPS 기술뿐만 아니라(Asano and Kinoshita 2002; Utsunomiya *et al*. 2003), 더 큰 이동도를 가지는 단결정 실리콘(Shi *et al*. 2002) 에도 적용할 수 있는 것이다.

15.7 결 론

여러 부분기술들에 초점을 맞추고 기술개발을 함으로써 플라스틱 OLED 디스플레이의 많은 발전이 있었다. 단색 PMOLED는 이미 검증되었는데 만일 플라스틱 필름 개발이 미리 없었더라면 PMOLED에 적당한 기판을 제공할 수 없었을 것이다. 그러나 보호막 특성은 이러한 소자의 수명을 결정하는 것으로 상품가치가 있는 제품이 되기 위해서 넘어야 할 가장 큰 장애이다. 단색 AMOLED가 개발되었지만 응용제품은 아마 풀 컬러 제품이 될 가능성이 크며 풀 컬러 증착 공정은 여전히 유리기판상에서 개발이 진행되고 있다. 그러나 TFT 기술은 플라스틱 AMOLED 응용에 있어서 가장 큰 장애가 된다. TFT 기술 개발은 TFT 공정 온도를 낮추는 방향과 보다 넓은 동작 온도를 가지는 많은 플라스틱 필름개발을 통해 이루어지고 있다. 그러나 간과해서는 안될 최종적인 도전은 모든 공정이 양산 가능하도록 하는 것이다. 플라스틱은 양산에 있어서 패러다임의 이동을 의미하며 이에 적응함은 시장 진입에 있어서 가장 큰 장애를 넘는 것이다.

참고문헌

Akcelrud, L. (2003) Electroluminescent polymers, *Progress in Polymer Science* 28, 875–962

Akimoto, H., Kageyama, H., Shmizu, Y., Awakura, H., Nishitani, S. and Sato, T. (2002) An innovative puxel–driving scheme for 64–level gray–scale full color active matrix OLED displays. *SID International Syposium Digest of Technical Papers, Society for Information Display*, 21 May, Boston MA, pp 972–5

Arthur, D. (2004) Transparent electrodes and circuits from carbon nanotubes. *USDC's 3rd Annual Flexible Displays and Microelectronics Conference*, 10–12 Feb. Phoenix AZ.

Asakuma, N., Fukui, T., Toki, M. and Imai, H. (2003) Low–temperature synthesis of ITO thin films using an ultraviolet laser for conductive coating on organic polymer substrates. *Journal of Sol-Gel Science and Technology* 27, 91–5.

Asano, A. and Kinoshita, T. (2002) Low– temperature polyctystalline–silicon TFT color LCD panel made of plastic substrates. *SID international Symposium Digest of Technical Papers, Society for Information Display*, 21 May, Boston MA, pp 1196–9

Baeuerle, R., Baumbach, J., Leuser, E. and Siegordner, J. (1999) A MIM driven display with colour filters on 2 diagonal plastic substrates. *SID international Symposium Digest of Technical Papers, Society for Information Display*, 18–20 May, San Jose CA. pp. 14–7

Berggren, M., Iganas, O., Gustafsson, C., Rasmusson, J., Anderson, M. R., Hjertberg, T. and Wennerstrom, O. (1994) Light–emitting diodes with vaiable colours from polymer blends. *Nature* 372, 444–6

Bouten, P. C. P. (2002) Failure test for brittle conductive layers on flexible display substrates. *SID Proceedings of the International Display Research Conference, Society for Information Display*, 2–4 Oct. nice, France, pp. 316–6.

Braun, D. and heeger, A. J. 91991) Visible–light emission from semiconducting polymer diodes. *Applied physics Letters* 58, 1982–4.

Braun. D., Gustafsson, G., McBranch, D. and Heeger, A. J. (1992) Electroluminescence and electrical transport in poly(3–octylthiophene) diodes. *Journal of Applied Physics* 72, 564–8.

Brown, A. R., Bradley, D. C., Burroughes, J. H., Friend, R. J., Greenham, N. C.,Burn. P. L., Holmes, A. B. and Kraft, A. (1992) poly(p–phenylenevinylene) light–emitting diodes: enhanced electroluminescent efficiency through charge carrier confinement. *Applied Physics Letters* 61, 2793–5.

Burroughes, J. H., Bradley,D. D. C., Brown, A. R., Marks, R. N., Mackay, K., Friend, R. H.,burns,P. L. and Holmes A. B. (1990) Light–emitting diodes based on conjugated polymers. *Nature* 347, 539–541.

Burrows, P. E., Graff, G. L., Gross, M. E., martin, P. M., Shi, M. K., Hall, M., Mast, E., Bonham, C., Bennett, W. and Sulivan, M. B. (2001) Ultra barrier flexible substrates for flat panel displays. *Displays* 22, 65−9.

Carcia, P. F., McLean, R. S., Reilly, M. H.and Nunes, G. Jr (2003) Transparent ZnO thin−film transistor fabricated by rf magnetron sputtering. *Applied Physics Letters* 82, 1117−9.

Chang, Y., Wei, M. K., Kuo, C. M., Sheih, S. J., Lee, J. H. and Chen, C. C. (2001) manufacturing of passive matrix OLED−organic light emitting display. *SID International Symposium Digest of Technical Papers. Society for Information Display*, 5−7 Jun, San Jose CA, pp. 1040−3.

Chatham, H. (1996) Oxygen diffusion barrier properties of transparent oxide coatings on polymeric substrates. *Surface & Coatings Technology* 78, 1−9.

Chung, W., Thomson, M. O.,Wckboldt, P., Toet, D. and Carey, P. G. (2002) Crystallization of ultra−low temperature ITO by XeCl excimer laser annealing. *SID international Digest of Technical papers, Society for Information Display*, 21 May, Boston MA, pp. 57−61.

Chwang, A. B., Rothman, M. A., Mao, S. Y., Hewitt, R. H., Weaver, M. S., Silvernail, J. A., Rajan, K., Hack, M., Brown, J.J., Xi, C., Moro, L., Krajewski, T. and Rutherford, N. (2003) Thin film encapsulated flexible organic electroluminescent displays. *Applied Physics Letters* 83, 413−5.

Duineveld, P. C., de Kok, M. M., Buechel, M., Sempel, A. H., Mutsaers, K. A. H., van de Weijer, P., Camps, I. G. J., van den Biggelaar, T. J. M., Rubingh, J. E. and Haskai, E. I. (2002) Ink−jet printing of polymer light−emitting devices. *Proceedings of SPIE* 4464, 59−67.

Dunkel, R. (2004) Method of measuring ultra−low WV permeation. *USDC's 3rd Annual Flexible Displays and Microelectronics Conference*, 10−12 Feb, Phoenix AZ.

Firester, A. H. (2004) Printed organic transistors on plastic for electronic displays and circuits. *USDC's 3rd Annual Flexible Displays and Microelectronics Conference*, 10−12 Feb, Phoenix AZ.

Forbes, C. E., Gelbman, A., Turner, C., Gleskova, H. and Wagner, S. (2002) A rugged conformable backplane fabricated with an a−Si:H TFT array on a polyimide substrate. *SID International Symposium Digest of Technical Papers, Society for Information Display*, 21 May, Boston MA, pp. 1357−60.

Forrest, S. R., baldo, M. A., D Andrade, B., Kawamura, Y.,Brown, J. J., Kwong, R., Yanagida, S. and Thomson, M. E. (2002) Electrophosphorescent organic light emitting devices. *SID International Symposium Digest of Technical Papers, Society for Information Display*, 21 May, Boston MA, pp. 1357−60.

Gleskova, H., Wagner, S., Gasparik,V. and Kovac, P. 92001) Low−temperature silicon nitride for thin−film electronics on polyimide foil substrates. *Applied Surface science* 175, 12−16.

Gorkhali, S., Cairns, D. R. and Crawford, G. P. (2003) Reliability of transparent conducting substrates for rollable displays: a cyclic loading investigation. *SID International Symposium Digest of Technical Papers, Society for Information Display*, 20–22 May, Baltimore MD, pp. 1332–6.

Gosain, D. P., Noguchi, T. and Usui, S. (2000) High mobility thin film transistors fabricated on a plastic substrate at a processing temperature of 11 degrees C. *Japanese Journal of Applied Physics*, Part II 39, L179–81.

Gu, G. and Forrest, S. R. (1998) Design of flat-panel displays based on organic light-emitting devices. *Selected Topics in Quantum Electronics, IEEE Journal* 4, 83–99.

Guo, T.-F., Chang, S.-C., Yang, Y. C., Kwong, R. and Thomson, M. (2000) highly efficient electrophosphorescent polymer liqght-emitting devices. *Organic Electronics* 1, 15–20.

Gustafsson, G., Cao, Y., Treacy, G. M., Klavetter, F., Colaneri, N. and Heeger, A. J. (1992) Flexible light-emitting diodes made from soluble conducting polymers. *Nature* 357, 477–9.

Haskal, E. I., Buechel, M., Dijksman, J. F., Duineveld, P. C., Meulenkamp, E. A., Mutsaers, C. A. H. A., Sempel, A., Snijder, p., Vulto, S. I. E. and van de Weijer, P. (2002) Ink jet printing of passive-matrix polymer light emitting displays. *SID International Symposium Digest of Technical Papers, Society for Information Display*, 21 May, Boston MA, pp. 776–9.

He, Y., Hattori, R. and Kanicki, J. (2001) Improved a-Si:H TFT pixel electrode circuits for active-matrix organic light emitting displays. *IEEE Transactions on Elctron Devices* 48, 1322–5.

Heeger, A. J. (2001) Semiconducting and metallic polymers: the fourth generation of polymeric materials. *Synthetic Metals* 125, 23–42.

Heeger, A. J., Parker, I. D. and Yang, Y. (1994) Carrier injection into semiconducting polymers: Fowler-Nordheim field-emission tunneling. *Synthetic Metals* 67, 23–9.

Hildner, M. L. (2004) Plastic display program at DuPont Displays. *USDC's 3rd Annual Flexible Displays and Microelectronics Conference*, 10–12 Feb, Phoenix AZ.

Hong, Y., Kanicki, J. and Hattori, R. (2002) P-103: Novel poly-Si TFT pixel electrode circuits and current programmed active-matrix driving methods for AM-OLEDs. *SID International Symposium Digest of Technical Papers, Society for Information Display*, 21 May, Boston MA, pp. 618–21.

Hosokawa, C., Eida, M., matsuura, M., Fukuoka, K., Nakamura, H. and Kusumoto, T. (1997) Organic multi-color electroluminescence display with fine pexels. *Synthetic Metals* 91, 3–7.

Hur, J. H., Lee, C. B., Won, S. H. and Jang, J. (2002) A 2 inch a-Si:H TFT-LCD on plastic. *SID International Symposium Digest of Technical Papers, Society for Information Display*, 21 May, Boston MA, pp. 802–5.

Innocenzo, J. (2002) Roll to roll PLED process development. *SID International Symposium Digest of Technical Papers, Society for Information Display*, 21 May, Boston MA, pp. 884–5.

Izumi, H., Ishihara, T., yoshioka, H. and Motoyama, M. (2002) Electrical properties of crystalline ITO films prepared at room temperature by pulsed laser deposition on plastic substrates. *Thin Solid Films* 411, 32–5.

Jackson, T. N. (2003) Organic thin film transistors for flat panel display applications. *SID International Symposium Digest of Technical Papers, Society for Information Display*, 16–18 Sep, Phoenix AZ, pp. 58–60.

Kim, H., Kim, K. H., Koo, H. M., Kim, J. K., Ju, B. K., Do, L. M.,Oh, M. H. and Jang, J. (2003) Passivation properties of inorganic films for flexible OLEDs (F–OLED). *SID International Symposium Digest of Technical Papers, Society for Information Display*, 20–22 May, Baltimore MD, pp. 554–8.

Kim, J. S., Granstrom, M., Friend, R. H., Hohansson, N., Salaneck, W. R., Daik, R. Feast, W. J. and Cacialli, F. (1998) Indium tin oxide treatments for single– and double–layer polymeric light–emitting diodes: the relation between the anode physical, chemical, and morphological properties and the device performance. *Journal of Applied Physics* 84, 6859–70.

Kobayashi, H., Kanbe, S., Seki, S., Kigchi, H., Kimura, M., Yudasaka, I., Miyashita, S., Shimoda, T., Towns, C. R., Burroughes, J. H. and Friend, R. H. (2000) A novel RGB multicolor light–emitting polymer display. *Synthetic Metals* 111/2, 125–18.

Kuo, Y. (1998) Reactive ion etching of indium tin oxide by $SiCl_4$–based plasmas–substrate temperature effect. *Vacuum* 51, 777–9.

Lan, J.H., Kanicki, J., Catalano, A., keane, J., den Boer, W. and Gu, T. (1996) Patterning of transparent conducting oxide thin films by wet etching for a–Si:H TFT–LCDs. *Journal of Electronic Materials* 25, 1806–17.

Lee, Y. J., Bae, J. W., Han, H. R. Kim, J. S. and Yeom, G. Y. (2001) Fry etching characteristics of ITO thin films deposited on plastic substrates. *Thin Solid Films* 383, 281–3.

Lemmi, F. (2004) A manufacturable process for poly–Si TFT and active matrix displays on plastic substrates. *USDC's 3rd Annual Flexible Displays and Microelectronics Conference*, 10–12 Feb, Phoenix AZ.

Leterrier, Y. 92003) Durability of nanosized oxygen–barrier coatings on polymers internal stresses. *Progress in Materials Science* 48, 1–55.

Lidzey, D. G., Weaver, M. S., Bradley, D. D. C., Pate, M. A. and Fisher, T. A. (1996) Photoprocessed and micropatterned conjugated polymer LEDs. *Synthetic Metals* 82, 141–8.

Ma, J., Li, S., Zhao, J. and Ma, H. (1997) Preparation and properties of indium tin oxide films deposited on polyester substrates by reactive evaporation. *Thin Solid Films* 307, 200–2.

MacDonald, W. A. (2004) Engineered films for display technologies. *Journal of materials Chemistry* 14, 4–10.

MacPherson, C., Anzlowar, M., Innocenzo, J., Kolosov, D., Lehr, W., O'Regan, M., Sant, P., Stainer, M., Sysavat, S. and Venkatesh, S. (2003a) Development of full color passive PLED displays by inkjet printing. *SID International Symposium Digest of Technical Papers, Society for Information Display*, 20–22 May, Baltimore MD, pp. 1191–5.

MacPherson, C., Stainer, M., Yu, G. and O'Regan, M. (2003b) Fabricating full–color OLED displays using ink–jet printing. *Information Display* 19, 16–20.

Niino, F., Hirasawa, H. and Kondo, K. (2002) Deposition of low–resistivity ITO on plastic substrates by DC arc–discharge ion plating. *Thin Solid Films* 411, 28–31.

Nisato, G. (2004) Technologies for flexible PLED displays. *USDC's 3rd Annual Flexible Displays and Microelectronics Conference*, 10–12 Feb, Phoenix AZ.

Nisato, G.., Bouten, P. C. P., Slikkerveer, P. J., Bennett, W. D., Graff, G. L., Rutherford, N. and Wiese, L. (2001) Evaluating high performance diffusion barriers: the calcium test. *SID International Symposium Digest of Technical Papers, Society for Information Display*, 16–19 Oct, Magoya, Japan, pp. 1435–8.

Ohkura, M., Shimomura, S., Miyazawa, T., Itoga, T. and Shiba, T. (2002) 450℃ low–temperature poly–Si TFT fabrication process applicable to the display manufacturing using 730×920mm^2 glass substrates. *Society for Information Display*, May 2002, Boston MA, pp. 146–149.

O'Regan, M. (2003) Plastic display program at DuPont Displays. *USDC's 2rd Annual Flexible Displays and Microelectronics Conference*, Phoenix AZ.

Pakbaz,H. (2004) Symmorphix. *USDC's 3rt Annual Flexible Displays and Microelectronics Conference*, 10–12 Feb, Phoenix AZ.

Patel, N. K., Cina, S. and Burroughes, J. K. (2002) High–efficiency organic light–emitting diodes. *Selected Topics in Quantum Electronics, IEEE Journal* 8, 346–61.

Pschenitzka, F., Lu, M. H. and Sturm, J. C. (2001) P–48 patterning of OLED cathodes by metal dry etching. *SID International Symposium Digest of Technical Papers, Society for Information Display*, 5–7 Jun, San Jose CA, pp. 731–3.

Py, C., D'Iorio, M., Tao, Y., Stapledon, J. and Marshall, P. (2000) A passive matrix addressed organic electroluminescent display using a stack of insulators as row separators. *Synthetic Metals* 113, 155–9.

Rutherford, N. (2004) Barix(tm) & Flexible Glass(tm). *USDC's 3rd Annual Flexible Displays and Microelectronics Conference*, 10–12 Feb, Phoenix AZ.

Sarma, K. R., Chanley, C., Dodd, S., Roush, J., Schmidt, J., Srdanov, G., Stevenson, M., Wessel, R., Innocenzo, J., Yu, G., O'Regan, M., MacDonald, W. A., Eveson, R., Long, K., Gleskova, H. *et al*. (2003) Active matrix OLED using 150 degree C a–Si TFT backplane built on flexible plastic substrate. *Proceedings of SPIE* 5080, 180–91.

Sempel, A. and Buchel, M. (2002) Design aspects of low power polymer/OLED passive–matrix displays. *Organic Electronics* 3, 89–92.

Sheats, J. R., Antoniadis, H., Hueschen, M., Leonard, W., Miller, J., Moon, R., Roitman, D. and stocking, A. (1996) Organic electroluminescent devices. *Science* 273, 884–8.

Shi, Y., Bernkopf, J., Herrmann, S., Hemanns, A. and Choquette, D. (2002) Polymer light–emitting diode displays driven by integrated nanoblock IC drivers. *SID International Symposium Digest of Technical Papers, Society for Information Display*, 21 May, Boston MA, pp. 1092–5.

Snow, S. A. (2004) Silicon–carbon alloy films as protective barriers for OLED display applications. *USDC's 3rd Annual Flexible Displays and Microelectronics Conference*, 10–12 Feb, Phoenix AZ.

Stoney, G. G. (1909) The tension of metallic films deposited by electrolysis. *Proceedings of the Royal Society of London* 82, 72.

Stryahilev, D., Sazonov, A. and Nathan,A. (2002) Amorphous silicon nitride deposited at 120 degree C for organic light emitting display–thin film transistor arrays on plastic substrates. *Journal of Vacuum Science and Technology* 20, 1087–90.

Sugiyama, K., Ishii, H., Ouchi, Y. and Seki, K. (2000) Dependence of indium tin oxide work function on surface cleaning method as studied by ultraviolet and x–ray photoemission spectroscopies. *Journal of Applied Physics* 87, 295–8.

Takabatake, M., Wakui, Y. and Konishi, N. (1995) Indium tin oxide dry–etching using HBr gas for thin–film transistor liquid–crystal displays. *Journal of Electrochemical Society* 142, 2470–3.

Tam, S. W. B., Matsueda, Y., Maeda, H., Kimura, M., shimoda, T. and Migliorato, P. (1999) Polysilicon TFT drivers for light emitting polymer displays. *SID International Display Workshops, Society for Information Display*, 1–3 Dec, Sendai, Japan, pp. 175–8.

Tang, C. W. and VanSlyke, S. A. (1987)Organic electroluminescent diodes. *Applied Physics Letters* 51, 913–5.

Thesis, S. D., Carey, P. G., Smith, P. M., Wickboldt, P., Sigmon, T. W., Tung, Y. J. and King, T. J. (1998) Polysilicon thin film transistors fabricated at 100 degree C on a flexible plastic substrate. *Technical Digest of the International Electron Devices Meeting* 1998, 6–9 Dec, San Francisco CA, pp. 257–60.

Thornton, J. A. and Hoffman, D. W. (1977) Internal stresses in titanium, nickel, molybdenum, and tantalum films deposited by cylindrical magnetron sputtering. *Journal of Vacuum Science and Technology* 14, 164–8.

Utsunomiya, S., Kamakura, T., Kasuga, M., Kimura, M., Miyazawa, W., Inoue, S. and Shimoda, T. (2003) Flexible color AM-OLED display fabricated using surface free technology by laser ablation/annealing (SUFTLA). *SID International Symposium Digest of Technical Papers*, *Society for Information Display*, 20-22 May, Baltimore MD, pp. 864-7.

Vink, T. J., Walrave, W., Daams, J. L. C., Baarslag, P. C. and van den Meerakker, J. E. A. M. (1995) On the homogeneity of sputter-deposited ITO films. PartI: Stress and microstructure. *Thin Solid Films* 266, 145-51.

Vogt, B. D. (2004) A reflective-based metrology to quantify moisture transport through barrier layers for OLED applications. *USDC's 3rd Annual Flexible Displays and Microelectronics Conference*, 10-12 Feb, Phoenix AZ.

Wickboldt, P., Smith, P., Lemmi, F., Sasagawa, T. and Lin, S. (2003) Progress on ultra-low temperature polysilicon (ULTPS) fabrication. *USDC's 2rd Annual Flexible Displays and Microelectronics Conference*, Phoenix AZ.

Wilson, J. S., Dhoot, A. S., Seeley, A. J. A. B., Khan, M. S., Kohler, A. and Friend, R. H. (2001) Spin-dependent exciton formation in conjugated compounds. *Nature* 413, 828-31.

Wu, C. C., Sturm, J. C., Register, R. A. and Thomson, M. E. (1996) Integrated three-color organic light-emitting devices. *Applied Physics Letters* 69, 3117-9.

Wu, C. C., Wu, C. I., Sturm, J. C. and Kahn, A. (1997) Surface modification of indium tin oxide by plasma treatment: an effective method to improve the efficiency, brightness, and reliability of organic light emitting devices. *Applied Physics Letters* 70, 1348-50.

Yan, M. (2004) Lexan(r) film substrates for flexible flat panel devices. USDC's 3rd Annual Flexible Displays and Microelectronics Conference, 10-12 Feb, *Phoenix* AZ.

Yang, Y. and Heeger, A. J. (1994) Polyaniline as a transparent electrode for polymer light-emitting diodes: lower operating voltage and higher efficiency. *Applied Physics Letters* 64, 1245-7.

플렉시블 디스플레이 적용을 위한 캡슐화된 액정 물질

Gregory P. Crawford

Division of Engineering, Brown University, Providence RI

16.1 개 요

낮은 분자량의 액정과 많게는 80%에서 적게는 2%까지의 농도를 갖는 고분자의 분산은 적용 방법과 고분자의 유형에 따라 여러 형태로 분류된다. 그 중 가장 잘 알려진 유형은 고분자의 농도를 30~50%까지 사용하고, 액정을 고분자의 결합에 의해 방울(droplet)이나 도메인(domain)을 임의의 방향으로 분포하게 하는 방법이다(Drzaic 1995; Crawford *et al*. 1996). 이러한 유형을 고분자 분산 액정(PDLC)이라 부르며, 스위칭이 가능한 창문, 고해상도 프로젝션 시스템, 대형 평판 디스플레이, 광신호 처리를 위한 셔터 등의 다양한 전기-광학적 응용에 사용되었다(Doane; Drzaic 1995). 고분자의 농도가 낮은 경우, 액정 내에서 고분자는 분산된 네트워크 형태를 갖는다(Hikmet. 1991; Crawford and Zumer 1996). 하나의 예로, 분산된 고분자에 콜레스테릭 액정이 갇혀있는 특별한 구조는 쌍안정성 칼라 반사형 디스플레이에 유용하다. 이러한 액정의 쌍안정성 특성은 저 소비전력 소자에 특히 중요하다고 알려진 후 많은 연구가 진행되었다(Yang and Crooker 1991). 고분자의 양은 [그림 16.1]에 보이는 것처럼 고분자 구조 특성에 큰 영향을 미친다. 고분자의 비율이 적을 경우 고분자 네트워크 형태가 되고, 비율이 증가하면 도메인 또는 작은 방울의 형태가 된다. 또한 사용된 고분자의 종류와 고분자의 구조는 디스플레이의 전기-광학적 특성에 큰 영향을 준다(Serbutoviez *et al*. 1996; Amundson *et al*. 1997; Muncha 2003; Yang *et al*. 2004).

구부릴 수 있는 디스플레이에 응용하기 위해서는 전기-광학 소재를 캡슐로 보호하는 것이 우선적으로 필요하다. 캡슐로 보호하는 것은 OLED(제15장), 콜레스테릭 액정(제17장),

[그림 16.1] 고분자 비율에 따른 고분자 형태 변화 모식도

Paintable 액정(제18장), Electrophoretics(제19장), Gyricon Materials(제20장) 등에서 특히 중요하다. 본 장에서는 캡슐에 의해 보호된 네마틱 액정에 대해 설명하고, 제17장에서 캡슐에 의해 보호된 카이랄 액정을 광범위하게 다루었다.

16.2 캡슐화 된 액정의 변천사

평탄하지 않은 기하학적인 구조에서 액정을 캡슐로 보호하는 아이디어는 최근 디스플레이 기술의 파생물이 아니라 이미 1900년대 초에 제기되었다. 비록 이 장에서 이 넓은 영역을 모두 다루는 것은 불가능 하지만, 캡슐로 보호된 액정에 대한 이해를 위해서 지난 100년에서 중요한 부분에 대해 본 장에서 재검토하는 것은 가치 있는 일이다.

Lehmann은 등방적인 액체 내에 원형의 형태로 현탁 되어있는(suspended) 액정을 발견하였다. 이 때 액정 분자는 캡슐로 보호된 경계부분에 고정되어 있는 각도에 따라 특별한 배치를 갖는다(Lehmann 1904). Lehmann은 정렬되어 있는 구조의 관찰 방법처럼 광학적으로 편광되어 있는 현미경을 이용하여 복굴절 상태에 대한 연구를 하였다. Lehmann은 작은 방울이 두 개의 평행한 유리기판에 들어갈 때 작은 방울의 중심에서 두 지점의 결함이 발생하고, 한쪽 방향으로 정렬되어 있는 상태에서 부피 결함이 발생할 가능성에 대해 논하였다. 그는 응용 부분 보다는 자기장을 이용하여 이 특별한 결함의 기초적인 역학에 대해 연구하였다.

1960년대 말이 되어서야 과학자들은 캡슐로 보호된 액정에 대해 다시 관심을 가지기 시작했다. Chandrasekhar는 액정에서 작은 입자의 안정된 형태를 찾는 문제에 대한 연구를 하였다(Chandrasekhar 1966). Dubois-Violette와 Parodi는 유체상태에 현탁된 액정 방울들에 탄성이론을 적용하여 네마틱 액정 방향자의 안정한 배열을 예측하였다(Dubois-Violette and Parodi 1969). 표면에너지가 비등방적이라고 가정하면, 표면 경계에서 액정 분자가 수직으로 형성되는지 또는 수평으로 형성되는지에 따라서 Radial과 Bipolar 구조의 두 가지 안정한 상태가 존재할 수 있다. 또한 작은 방울 내에서 탄성에너지가 갈라지는 현상에 의해 발생하는 점 결함에 대해 다루었다. 이 이론적 연구는 가장 먼저 다양한 등방유체에 분산된 액정을 서로 수직하게 놓여진 편광판 사이에 놓고 점 결함을 관찰한 Meyer의 실험에 의해 더 활발히 진행 되었다(Meyer 1969). Meyer는 자세한 연구를 위해 점 결함의 연구와 실험적인 준비에까지 그의 연구를 확장시켰다(Meyer 1973). Candau와 그의 연구진들은 등방적인 유체 내에서의 작은 원형의 방울로 현탁된 콜레스테릭 액정에 대한 연구를 하였다(Candau *et al*. 1973). 콜레스테릭 방울의 반경이 원래의 콜레스테릭 물질의 피치 보다 매우 크면 1969년 네마틱 액정에 대해 Meyer에 의해 보고된 것과 다르게 새로운 나선 구조를 가지게 된다. Press와 Arrott는 수직한 배향 조건을 갖는 네마틱 액정 방울에 탄성이론을 적용하였다. 이들은 서로 수직한 상태로 편광판을 조절한 광학현미경에서 특별하게 보여지는 작은 방울의 중심에 꼬여있는 별 모양에 대해서 설명하기 위해 수치적인 해답을 유도하였다(Press and Arrott 1974).

또한 1970년대에는, 원통형 구조에 제한된 네마틱 액정의 배열 특성에 대하여 유사한 문제가 제기되었다(Capillary tube). 수직한 표면 경계조건을 가지는 원통형 모세관에 있는 액정 방향자의 배열은 원통형 축을 따라 선 결함을 보이는 방사형 구조가 된다는 이론적 예측이 가능하다(Dzyaloshinksii 1970). Cladis와 Kleman은 탄성이론을 이용하여 원통형 방향으로 3차원의 선 결함이 사라지는 직경이 0.1μm 보다 큰 원통형의 튜브에 대해 다른 구조가 안정하다는 것을 증명하였다. Escaped-Ridial Configuration이라고 명명된 이 구조는 연속적이고 점 결함이나 선 결함을 갖지 않는다(Cladis and Kleman 1972). Williams(1972), Meyer (1973), Saupe(1973)의 광학적 관찰로 escaped-ridial configuration이 실제 존재함이 확인되었다. Cladis는 스멕틱 A 상을 가지고있는 물질을 이용하여 모세관에 의해 제한된 액정에 대한 연구를 진행하였다. 스멕틱 A 상에 접근할수록 밴드(Bend) 탄성계수(K_{33})는 커지게 되고, escaped-radial 구조는 planar-radial 구조로 변화된다(Cladis 1974). 표면에서 동심에 평행하게 배열이 이루어질 때 Cladis와 Kleman에 의해 이미 예견되어진 Escaped-Twisted 구조의 증명을 위해 모세관에 속박된 액정에 대한 연구가 시도되었다(1972). 더 나아가 Cladis와 연구진은 모세관에 의해 콜레스테릭-스멕틱 A 상전이 근처에서 발생하는 결함 구조에 대해 연구하였다. 이들은 콜레스테릭 상은 스멕틱 A 상으로부터 나선형 선 결함을 거쳐서 전이한다고 제안하였다(Cladis *et al*. 1979).

1980년대 초에 표면 경계 조건의 변화 방법이 증명되자, 기본적인 관심은 제한된 액정에서 작은 액정방울로 회귀되었다(Volovik and Lavrentovich 1983). Volovik와 Lavrentovich는 닫힌 계에서 위상학적인 이론에 따라 위상결함의 생성, 소멸, 변화의 역학에 대해 증명을 하였다.

결함에 대한 연구는 콜레스테릭 액정 방울에서 발생하는 선 결함의 조사에 의해서 확장되었다(Kurik and Lavrentovich 1982).

1980년대에는 작은 부피에 캡슐화 된 액정은 기초 과학적인 측면으로부터 더욱 호기심이 생기게 되었다. 캡슐화 된 액정은 Hilsum(1976)에 의해 먼저 소개된 두 개의 전도성 기판 사이에 형성된 양의 유전이방성을 갖는 네마틱 액정을 주입한 미세모공 필터(Microporous filter)와 같은 컨셉을 바탕으로 빛을 조절할 수 있는 소자로 큰 기대를 받게 된다(Craighead 1982). 다양한 굴절률을 갖는 물질에 외부에서 전기장을 인가함으로써 액정의 방향성을 조절한다. 미세모공 필터(Micorporous filter)의 굴절률이 액정의 굴절률과 맞아떨어질 때 빛은 투과하게 된다. 그러나 미세모공 필터(Micorporous Filter)와 액정의 굴절률이 맞아떨어지지 않을 때는 산란이 발생한다. 전기장에 의해 조절되는 matching/mismatching 기능은 액정에 등방적인 입자를 분산시킨 Hilsum의 굴절률 matching과 유사하다. 두 소자의 대비비와 응답 시간은 강한 인상을 주지 못했고 이 소자의 개념은 상업적인 디스플레이 적용에 사용되지 못하였다.

그 후 Hilsum(1976)과 Craighead와 그의 연구진(1982)의 노력으로 액정과 고분자의 캡슐화 된 두가지 새로운 타입이 1980년대 중반에 발명되었다. Doane와 그의 연구진(1986)은 단단한 고분자 접합체 내부에 액정 방울의 분산을 위한 상분리 방법을 개발하였다. 이 시스템을 이용해 고분자 분산형 액정(Polymer-Dispersed Liquid Crystal)이 만들어졌다. 상분리 기술을 이용한 PDLC를 광 셔터로 사용하기 위해서는 방울 크기의 조절과 분산의 정도가 최적화 되어야한다. PDLC는 두 개의 전도성 유리기판 사이에, 쉽게 제작 할 수 있다. 두 기판 사이의 간격은 10~25μm 사이의 스페이서를 이용하여 조절한다. 고분자 분산형 액정은 전기장을 인가하지 않은 상태에서 빛을 강하게 산란시킨다. 전압을 인가하여 빛이 투과되는 상태로 변화시킬 수 있다. 다시 말하면 방울 내에 액정의 굴절률(n_o)이 고분자의 굴절률(n_p)과 맞아떨어지도록 충분히 강한 전기장을 인가하였을 때 투과 조건이 발생하고, 그 결과 방울의 산란 정도는 줄어들게 된다(그림 16.2).

또한 인가한 전압을 제거하면, 작은 방울은 그들이 지니고 있던 원래의 산란 상태로 돌아간다. Fergason(1985)은 딱딱한 고분자 접합제에 마이크로 사이즈의 액정 캡슐을 만드는 새로운 방법에 대해 연구 보고하였다. 재료는 물을 기반으로하는 유탁액을 사용하였고, 오래된 문헌에서 곡선의 배향상태를 갖는 네마틱 상으로 알려져 있었다(NCAP)(Drzaic 1986). 전기장이 충분히 강할 때, 대부분의 연구원들은 작은 방울 형태의 캡슐로 보호된 액정을 표현하기 위해 PDLC라는 약어를 주로 사용한다. PDLC를 기반으로 한 빛 조절 및 반사 소자는 다른 액정 기술에 비해 배향막이나 편광판이 필요 없고, 대형 디스플레이 소자를 제작하는데 용이하며 단순하게 제작 할 수 있는 장점을 가지고 있다.

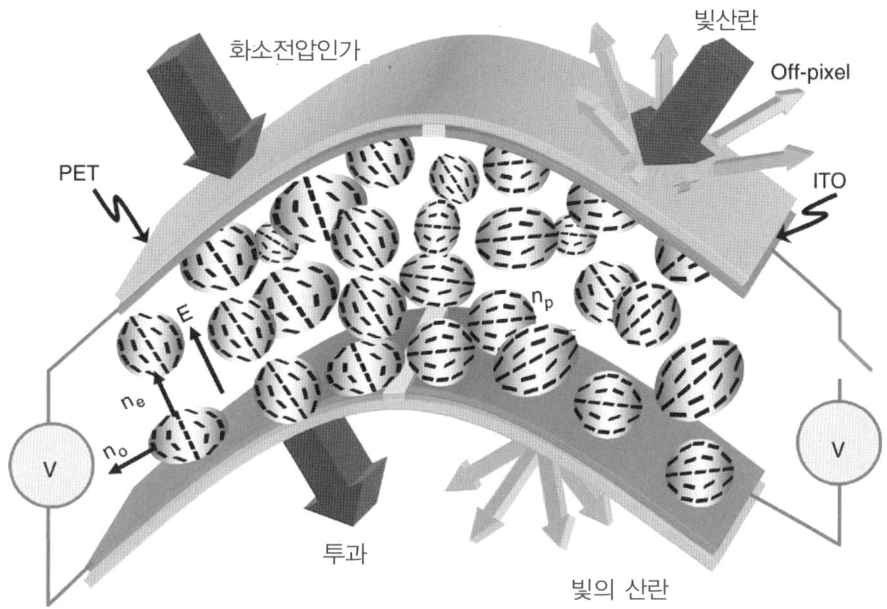

[그림 16.2] 왼쪽 화소는 전압 차에 의해 빛이 통과하는 상태를 나타내고, 오른쪽 화소는 전압이 인가되지 않는 상태에서 빛이 산란되는 것을 보여준다. 투과상태에서는 화소에 전압이 인가되면 방울안의 액정이 배열하게 되고 액정의 굴절률(n_o)와 고분자의 굴절률(n_p)의 index matching이 나타난다. 산란상태에서는 방울의 대칭축이 임의의 방향으로 향하게 되고 방울 안의 액정의 굴절률과 고분자의 굴절률의 index matching이 되지 않게 된다.

이런 장점들 때문에 구형으로 제한된 액정의 물리적 이해를 위한 많은 논문들이 발간되었다.(Golemme *et al.* 1988a, 1988b ; Erdmann *et al.* 1990 ; Ondris-Crawford *et al.* 1991 ; Ambrozic *et al.* 1997 ; Amndson and Srivasarao 1998 ; Amundson 1998)

Margerum과 동료들은 PDLC를 형성할 수 있는 새 방법을 고안했다(Margerum *et al.* 1990). 그들은 간섭 모양이나 마스크기술을 이용한 빛의 모양을 이용하여 빛에 의한 고분자화 과정을 사용하였다. 또한 이들은 전기적으로 신호를 인가할 수 있는 회절과 반사를 이용한 소자를 만드는데 고분자 필름에 액정방울을 패턴할 수 있다는 것을 증명하였다. 다른 연구원들은 문헌에서 홀로그래픽 방법을 이용한 패턴된 PDLC를 보고하였다(Sutherland *et al.* 1993; Tanaka *et al.* 1994). 이 연구는 더욱 연구되어 후에 홀로그래픽 PDLC 또는 HPDLC로 알려지게 되었다. 반사형 모드로 작동되는 홀로그래픽 PDLC는 뛰어난 bragg 반사와 상대적으로 좁은 반사대역을 갖기때문에 반사형 칼라 디스플레이로의 활용이 용이하다(Date 1995; Crawford *et al.* 1996).

변형이 쉽고 단순한 방법으로 제작 가능한 PDLC의 특성 때문에 연구원 들은 콜레스테릭 액정이나 강유전성 액정을 사용한 나선형 또는 원형의 방울 구조를 갖는 PDLC에 대한 연구를 진행하였다. Crooker과 Yang(1990)은 처음으로 콜레스테릭 액정을 이용하여 색 구현이 가능한 전기광학적 소자를 만들 수 있음을 증명하였다. 이들이 사용한 물질은 충분히 짧은 피치 길이를 갖고 음의 유전이방성(< ε < 0)을 갖는 액정을 사용하였기 때문에 전기장을 인가하면 밝은 선택 반사를 일으키게 된다. Kitzerow와 그의 연구진은(1992) 방울 내의 강유전성 액정과 반강유전성 액정의 배향을 고분자화 과정 동안 역학적으로 제거함으로써 조절할 수 있음을 밝혀냈으며, 표면안정화 강유전성 액정(Clark and Lagerwall 1980)과 같이 쌍안정성(Molsen and Kitzerow 1994) 을 갖는 것을 증명하였다. 그들은 전기장에 수직한 표면에서 약 100μs의 스위칭 타임을 가지는 광축의 회전을 이끄는 나선풀림을 증명하였다. Zyryanov와 그의 연구진은(1993) 강유전성 PDLC에서의 전기/광학적 특성에 대해 보고하였다. Lee와 그의 연구진은(1994) 강유전성 PDLC에서 전기/광학적 스위칭을 이해하기 위한 모델을 제시하였다. Mang과 그의 연구진은(1992) X-Ray 회절을 이용하여 유리 모세관에서 강유전성 액정의 층 구조에 대한 연구를 하였다. 그리고, Aliev와 Kelly는(1994) 다공성 유리 구조에서 강유전성 액정의 동역학과 구조와 상전이에 대한 연구를 하였다.

1980년대 말부터 1990년대 초에 걸쳐 PDLC 물질에 대해 많은 연구 그룹이 연구함으로서, 새로운 연구 분야가 생겨났다. 고분자 속에 액정 방울이나 도메인을 만드는 것 보다 고분자의 농도가 매우 적게 사용되는 고분자 네트워크의 분산에 대한 연구가 시작되었다. Marianl와 그의 연구진은(1986) 액정이 고분자 네트워크에 대해 배향할 수 있다는 것을 보였다. 실질적으로 편광된 빛을 위해 수평 배향된 네마틱 액정에 적당한 단분자를 녹이고 그 후에 중합시켜서 광 셔터를 만든 Hikmet에 의해 낮은 농도의 고분자 분산 디스플레이 응용을 보고되었다.

합성재료는 일반적인 PDLC와 비교하여 전압이 가해지지 않은 상태에서 투과하고 전압을 가하면 산란이 발생하는 편광에 민감한 reverse-모드이다. Yang과 동료들은 콜레스테릭 액정 재료의 안정화와 최적화를 위해 고분자 네트워크 배열에 대한 대안으로 두가지 방법을 개발했다.(Yang *et al*. 1992). (1) 비편광 빛을 위한 haze-free 광셔터와, (2) 쌍안정성 반사형 모드 디스플레이가 그것이다. 콜레스테릭 액정을 이용하여 그들은 일반적인 PDLC(normal mode)와 선택적 분극이 되지 않는 reverse 모드를 증명하였다. 더욱이 콜레스테릭 액정을 이용하여 선명한 반사를 일으키는 쌍안정성 디스플레이를 구현하였다(Yang *et al*. 1996). 디스플레이 적용에 대한 고분자 네트워크의 가능성은 bulk 영역의 액정에서 발생하지 않는 전기/광학 효과를 발생시키는 고분자 교차결합의 깨지기 쉬운 네트워크를 더 이해하기 위한 연구가 수행되었다(Hikmet and Zwerver 1991; Stannarius *et al*. 1991; Jakli *et al*. 1992, 1994; Crawford and Zumer 1996).

전기/광학 효과의 적용을 위한 캡슐화 된 액정에 대한 관심은 제한된 액정 영역에 대한 책임이 있다. 고립된 액정의 기초 분야를 연구한 많은 기초 논문들은 종종 동기 부여를 위해 서론에서 PDLC논문을 거론한다. 미리 제작된 기반에 가득 채운 액정 시스템에서 많은 기초 연구가 있었다. 그것은 고분자 기반의 초미세 원통형 구멍(Crawford *et al*. 1991, 1992), 알루미늄 기반의 초미세 원통형 채널(Crawford *et al*. 1993, 1996; Jin *et al*. 2003), Aerogel 기반(Bellini *et al*. 1992; Wu *et al*. 1992; Clark *et al*. 1993; Kralj *et al*. 1993; Maritan *et al*. 1994; Rappaport *et al*. 1996), 침투성 유리 재료(Aliev and Breganov 1989; Iannacchione *et al*. 1993, 1996), Aerosil 기반(Kreuzer and Eidenschink 1996, Ramazanoglu *et al*. 2004; Jin and Finotello 2004; Anoardo *et al*. 2004) 등이다.

지난 25년간 캡슐화 된 액정의 분야가 성장하였다. 다행히 설명을 도울 수 있는 많은 물리와 화학적 기초 과학 연구가 있었지만 불행히도 여러 가지 이유로 캡슐화 된 액정 모드는 여러 가지 소자에 상업적으로 성공하지는 못하였다. 상업 시장에 침투하는데 가장 큰 문제점의 하나는 기존의 액정소자에 비해 구동전압이 높다는 것이다. 이것은 액정의 캡슐화로 표면과 체적의 비율이 높아지기 때문이다. 그러나 플렉시블 디스플레이 개발을 위한 새로운 기대로 들어섬에 따라 캡슐화는 중요하다. 예를 들어 캡슐화는 OLED(제15장), 전기 영동 장치(제16장), 콜레스테릭 액정(제17장), Paintable 디스플레이(제18장), Gyricon(제20장) 등에 사용된다. 여러가지 이유로 인해 끝났던 캡슐화가 플렉시블 디스플레이 응용을 위해 다시 논의되면서 플렉시블 디스플레이 응용을 위해 개발되는 디스플레이 재료의 기초 주제가 되었다.

16.3 캡슐화 기술

[그림 16.3]은 액정과 고분자를 분산시키는 주요한 방법에 대해 보여준다. 액정과 고분자를 분산시키는 방법에는 상분리(West 1988), 에멀전(emulsion) 과정(Fergason 1985; DrIC 1995; Amimore *et al*. 2003), 침투(permeation)시키는 방법(Craighead 1982; Liang and Tseng 2003)이 있다. 상분리 방법은 West에 의해 잘 설명되었다(1988). 가장 일반적인 구현 방법은 액정과 광반응하는 단분자를 섞고 UV를 조사하여 고분자화시킨다(Serbutoviez *et al* 1996). 고분자화 과정에서 액정은 도메인을 형성하며 고분자와 분리된다. 도메인의 크기와 모양은 고분자화 과정에 의해서 결정된다. 이 방법과 더불어 PDLC 물질을 경화시키는 방법으로 전자 빔(electron beam) 기술 또한 흥미롭다. 에멀전 과정을 사용한 방법에서는 액정과 고분자는 물과 같은 주변 환경에서 분산된다. 이 때, 고분자는 전형적으로 물에 잘 녹는 것을 사용한다(예 : polyvinyl alcohol).

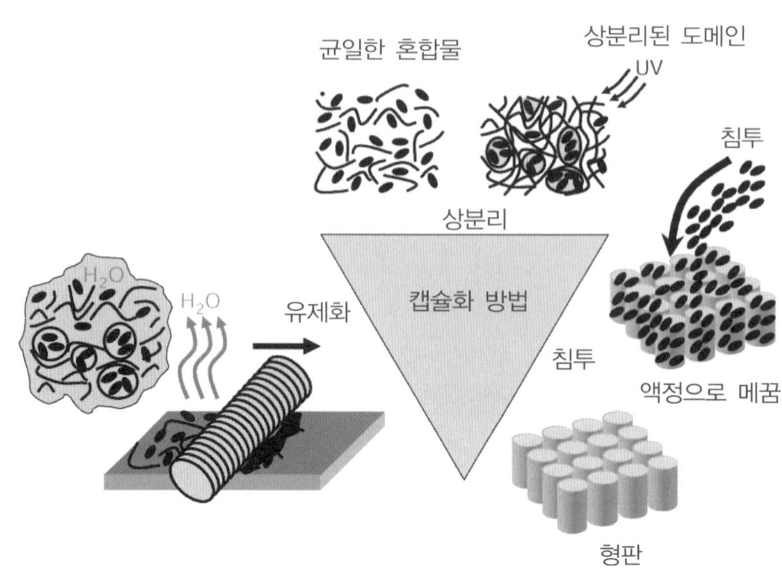

[그림 16.3] 플렉시블 디스플레이 적용을 위한 액정을 캡슐로 가두는 여러 가지 방법의 모식도

에멀전은 Meyer 바(bar)나 면도날을 이용하여 기판에 코팅할 수 있다(Amimori *et al*. 2003). 얇은 층으로부터 물이 증발함에 따라 액정이 캡슐화 되어 얇은 고분자 막을 형성한다. 마지막으로 침투시키는 기술에 대해 보면 다음과 같다. 미리 만들어진 모체 또는 주형(형판)에 액정을 스며들게 한다. 이 방법은 Craighead(1982)에 의해 처음으로 시행되었으며, 그 후, 미리 제작된 형판에 제한된 액정에 대한 많은 기초적인 물리연구가 있었다(Crawford *et al*. 1992). 최근에 새로이 미리 제작되어진 고분자 형판에 대해 발표하였다(Liand and Tseng 2003). 마이크로 컵(cup)과 다공성 기판을 이용한 미리 제작된 형판은 roll-to-roll 과정을 이용하여 제작된다(Liand *et al*, 2003).

16.4 변형시킨 고분자 분산 액정

본 장에서는 [그림 16.2]의 예와 같은 형태의 소자를 만든 후 영구적으로 변형시킨 디스플레이 소자를 만들기 위해 변형된 고분자 분산형 액정(C-PDLC)에 대해 소개한다. PDLC의 필름은 ITO가 코팅된 폴리에스테르(PET) 기판 위에 제작되고, 변형과정에서 스트레스를 줄이기 위해 유리 전이온도 이상에서 변형시킨다.

상분리 과정을 이용하여 변형된 PDLC를 만들기 위해서 반응성 단분자(PN393)와 액정(TL205)을 혼합하여 전기/광학적 매체를 제작하였다(from EM Industries).

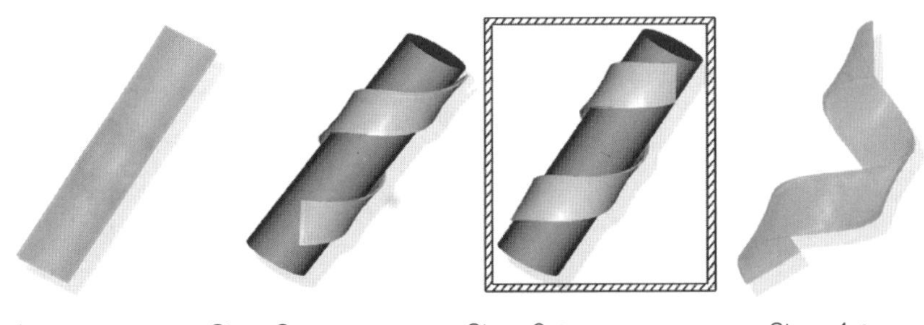

Step 1 :	Step 2 :	Step 3 :	Step 4 :
디스플레이 제조	형판에 형성함	1시간동안 PET의 전이 온도이상으로 가열	상온으로 서냉후 주형제거

[그림 16.4] 변형된 PDLC 제작 방법. Step 3의 박스는 오븐을 나타낸다.
본 자료는 Society for Information Display의 허가 하에 사용되었다.

이 혼합물은 10μm 스페이서를 사용하여 1인치×5인치의 PET/ITO 기판을 진공 압축한 후 자외선을 조사하여 고분자화하였다(PET/ITO 기판은 Southwall 제품을 사용하였다). PDLC 디스플레이는 표준화된 기술 과정을 통해 제작되었고, 제조 후, [그림 16.4]에서 보이는 것과 같이 나선 또는 사인파와 같은 변형을 주기 위해 PDLC 샘플로 속이 빈 1인치 파이프를 감쌌다. 모체의 형태로 모양을 변화시키기 위해서 샘플을 90℃(PET 기판의 유리 전이온도(T_g) 보다 높은 온도)의 오븐에 1시간 동안 방치한다. 오븐은 [그림 16.4]에서 박스로 나타내었다.

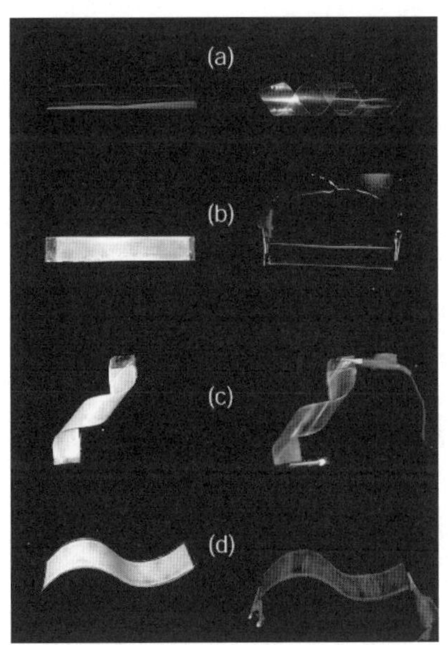

[그림 16.5] 형태를 변형시킨 실제 PDLC 샘플. 왼쪽은 ON 상태(투과)이고, 오른쪽은 OFF 상태(산란)이다. (a)는 ITO/PET 기판, (b)는 변형 이전의 PDLC(c, d)는 꼬인 모양과 파동 모양으로 변형된 PDLC 샘플이다.
본 자료는 Society for Information Display의 허가 하에 사용되었다.

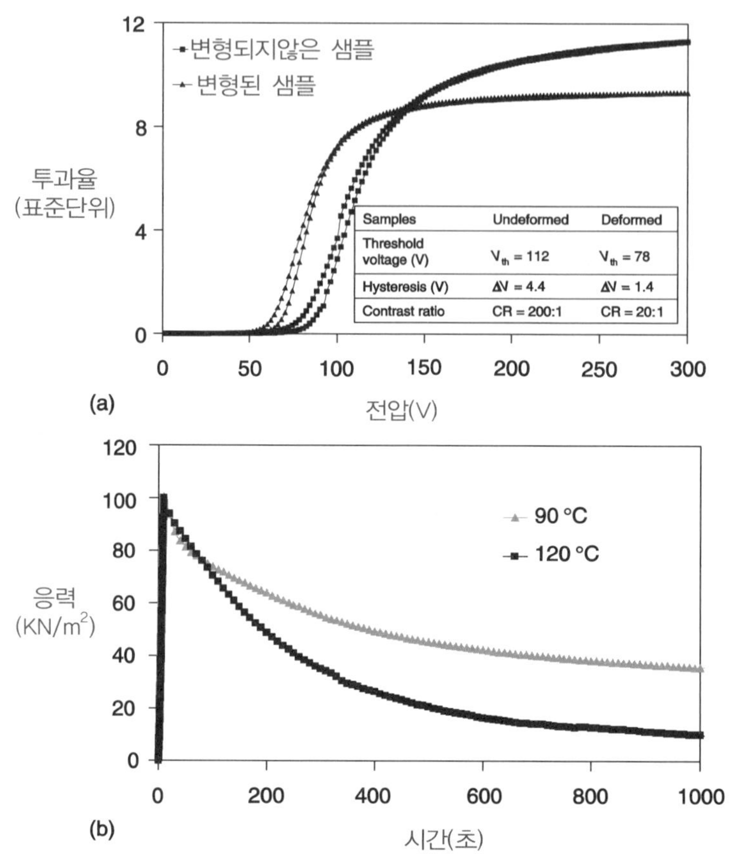

[그림 16.6] (a) 변형된 PDLC의 전압-투과도 곡선, (b) PET/ITO 기판의 stress relaxtion 곡선. 본 자료는 Society for Information Display의 허가 하에 사용되었다.

천천히 상온으로 온도를 낮추고 주형(파이프)를 제거하면 PDLC는 영구적으로 주형의 형태를 유지하게 된다.

[그림 16.5]는 실제로 변형된 PDLC의 사진이다. 모든 샘플들은 90℃에서 1시간 동안 방치된 후, 상온으로 서서히 떨어뜨려 변형시킨 것이다. [그림 16.5(a)]는 PET/ITO 하나의 시트로 아무런 디스플레이 매체가 없는 상태이고, [그림 16.5(b)]는 모양의 변형을 하지 않은 샘플에서의 켜진 상태(왼쪽)와 꺼진 상태(오른쪽)를 보여준다. [그림 16.5(c)와 (d)]는 꼬이거나 파동모형으로 형태가 변형된 샘플에서의 켜진 상태와 꺼진 상태를 보여준다. [그림 16.5]에서와 같이 변형된 디스플레이는 영구적으로 형태를 유지하고, 또한 변형된 상태에서도 PDLC는 여전히 켜고 끄는 것이 가능하다는 것을 확인할 수 있다.

우리는 변형과정 전과 후의 전기/광학 특성을 상온에서 평가하였다. ITO/PET를 이용한 샘플의 전압에 대한 투과도 곡선은 [그림 16.6]에 나타내었고, 변형과정에 사용된 파이프의 지름은 2인치이다. 그 결과는 여러 가지 이유에서 매우 흥미로우며, [그림 16.6]을 보면 몇 가지 뚜렷한 특성이 쉽게 관찰된다. (1) 변형된 디스플레이의 경우 더 낮은 문턱 전압을 갖는다; (2) 변형되지 않은 샘플에 비해 작은 이력곡선을 갖는다; (3) 변형된 샘플은 낮은 대비비를 갖는다. 첫째로, 변형된 샘플의 문턱전압 ~60V는 변형되지 않은 샘플의 문턱전압 ~75V에 비해 낮은 값을 갖는다.

[그림 16.5(a)]는 같은 샘플에서 열처리와 변형의 전후에 측정한 것을 나타낸다. 둘째로, 50% 투과 지점에서 이력곡선은 변형되어지지 않은 샘플의 4.4V에 비해 변형된 샘플에서 1.4V로 매우 낮다. 변형된 샘플에서의 대비비는 감소하게 된다. He-Ne 레이저와 PDLC 샘플로부터 10cm 거리에 실리콘 감자기(지름 1cm)를 장치하고 측정한 결과, 변형되어지지 않은 샘플은 ~300:1 의 대비비를 갖고, 변형되어진 샘플은 ~20:1의 대비비를 갖는다. 변형에 의해 팽팽히 잡아당겨 지는 것이 방울 방향의 배열을 한쪽 방향으로 치우치게 할 수 있고, 낮은 전압 구동은 이력현상이 줄어든 것을 설명할 수 있으며, 대비비가 떨어지는 특성을 설명할 수 있다. 원칙적으로, PDLC는 안정한 형태이지만 열처리 과정에서 확실하게 분포를 바꿀 수 있다.

성공적으로 변형과정 통해 구동할 수 있는 디스플레이를 위해서 PET/ITO 기판은 중요한 요소이다. 스트레스 이완(relaxtion)의 개념을 설명하기 위해 PET 기판에 8%의 변형이 있을 때와, [그림 16.6(b)]에서와 같이 유리 전이온도(T_g) 이상에서의 실험이 수행되었다. [그림 16.6(b)]에서 기판에 스트레스는 시간이 지날수록 주목할 정도로 줄어든다. 이것은 변형과정 동안 스트레스가 줄어든다는 것을 증명한다(Gorkhali *et al*. 2003).

16.5 홀로그래픽 고분자 분산 액정

홀로그래픽(Holographic) PDLC(H-PDLC)는 일반적인 PDLC의 변화된 형태이다(Crawford and Zumer 1996). 전면적으로 UV를 조사하는 대신 부분적으로 조사한 PDLC는 두 개의 평면판의 간섭 패턴에 영향을 받으면서 고분자화 된다(Sutherland *et al*. 1994). H-PDLC를 만드는데 이용될 수 있는 많은 물질적인 공식화가 있다(Sutherland *et al*. 1993; De Sarkar *et al*. 2002; Natarajan *et al*. 2003). UV가 조사되는 동안 확산과 수렴을 통해, [그림 16.7]에서 보이는 것과 같이 간섭 패턴이 영구적으로 기록되어지고 고분자가 많은 지역과 액정이 많은 지역이 주기적인 구조로 구성된다(Bowley and Crawford 2000). H-PDLC의 주기적인 구조는 전기장에 의해서 on/off가 가능한 독특한 Bragg 반사 특성을 보인다.

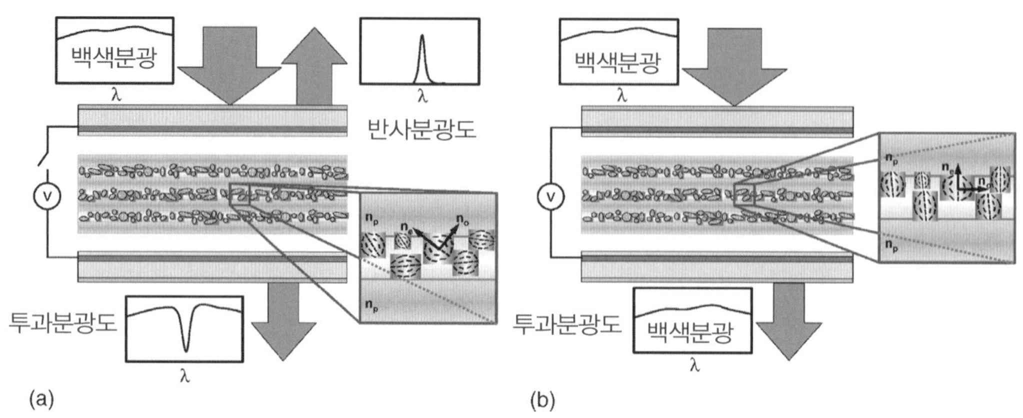

[그림 16.7] H-PDLC 디스플레이 모식도; (a) 반사 상태, (b) 투과 상태.

H-PDLC는 다양한 응용에 고려되어 왔지만(Crawford 2003; Pogue *et al*. 2000), 이 장에서 반사형 디스플레이에 적용에 대해서만 설명하겠다(Tanaka *et al*. 1995; 1999; Date et al. 1995; 1998; Crawford *et al*. 1996).

Tanaka와 그의 동료들은 반사형 디스플레이 적용에 있어서 H-PDLC의 가능성을 처음으로 인지하였고, 홀로그래피 형성된 반사모드의 Bragg 격자를 보고하였다(Tanaka *et al*. 1995). 만약 격자의 피치가 150~220nm 영역이면, H-PDLC로부터 매우 좁은 영역의 가시광선 영역(~20~30nm)을 선택적으로 반사할 수 있다. 이것은 [그림 16.7(a)]에서 볼 수 있듯이 액정이 많은 지역과 고분자가 많은 지역 사이의 굴절률이 맞지 않기 때문에 일어난다. [그림 16.2]의 PDLC와 같이 [그림 16.7(b)]에서와 같이 H-PDLC Bragg 격자는 외부 전기장에 의해 끌 수 있다. H-PDLC로 빨강, 초록 또는 파랑의 반사를 만들 수 있는데 이것은 피치의 따라 결정되는 조사 조건에 의존한다.

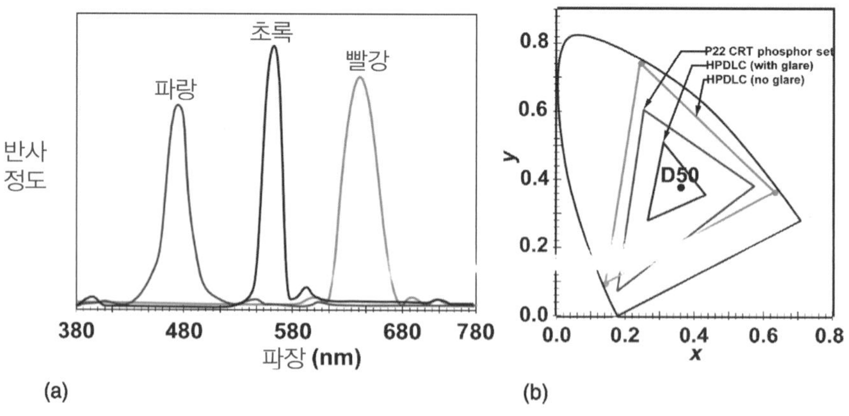

[그림 16.8] (a) RGB 세 개의 H-PDLC를 쌓은 경우 반사 스펙트럼, (b) 기존의 CRT와 비교한 색 좌표도. 본 자료는 Society for Information Display의 허가 하에 사용되었다.

H-PDLC의 높은 색 순도와 형성의 용이성 때문에 풀 컬러 반사형 디스플레이 응용에 제안되었다(Crawford *et al*. 1996). 스펙트럼의 세기 분포함수 사이에 작은 오버랩 때문에 [그림 16.8(a)]에서 보이는 것과 같이 넓은 색 좌표가 가능하다.

세 가지 기본색인 빨강, 초록, 파랑은 다른 파장의 레이저를 사용하여 제작할 수도 있고(Tanaka *et al*. 1995), 하나의 레이저로도 제작할 수 있다(Date *et al*. 1995). [그림 16.8(a)]는 세 개의 H-PDLC 필터의 반사 스펙트럼을 보여주고, [그림 16.8(b)]는 그것에 해당하는 색 좌표를 보여준다. [그림 16.8(b)]에서 보여지는 것과 같이 만약 빛이 존재한다면 H-PDLC는 억제된 색 좌표를 가지게 된다. 이것은 상판으로부터 오는 빛과 홀로그래픽 평면에서의 빛이 동시에 반사되기 때문이다. 이런 문제를 해결하고 [그림 16.8(b)]에서 보여지는 것처럼 큰 색 좌표를 얻기 위해서는 홀로그래픽 평면을 기판을 평행하지 않게 각도를 조금 변화시킴으로 빛을 제어할 수 있다(Yuan *et al*. 1999).

H-PDLC를 반사형 디스플레이로 적용하는데 있어서 해결되지 않은 두 가지의 이슈가 있다. 첫째로, 방울이 매우 작기 때문에 H-PDLC의 구동전압은 종종 100V를 넘는다.

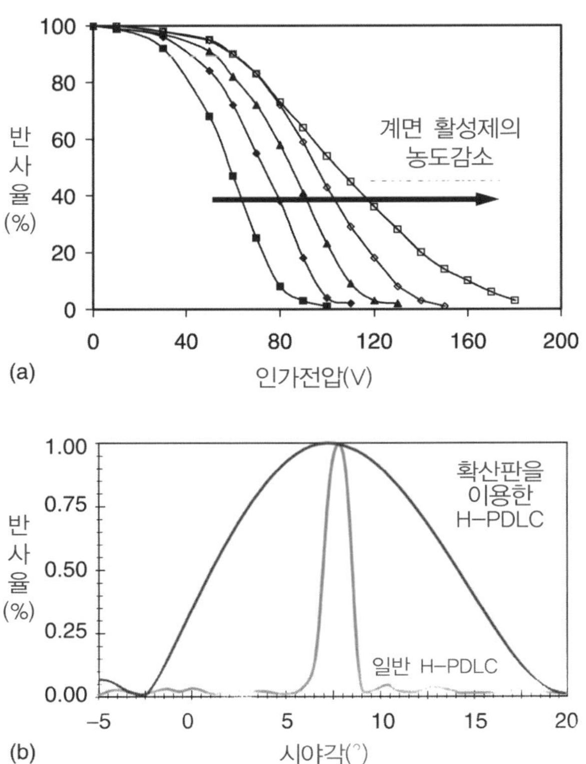

[그림 16.9] (a) H-PDLC의 전압에 따른 반사도로 계면 활성제 농도에 따라 구동전압이 떨어진다.
(b) 일반 H-PDLC와 조사시 확산판을 이용한 H-PDLC의 시야각을 비교하였다.
본 자료는 Society for Information Display의 허가 하에 사용되었다.

작은 방울은 Bragg 평면에 속박되어 있기 때문에, 만약 가시광선 영역의 반사를 보기 위해서는 방울 크기가 150μm 보다 작아야 한다. 둘째로, H-PDLC는 Bragg 반사판이기 때문에 시야각이 매우 좁다. 이러한 이슈를 개선하기 위해 몇가지 진전이 있었다. H-PDLC 혼합물에 긴 탄화수소 체인의 계면 활성제를 넣어서(Yuan *et al*. 1999), [그림 16.9(a)]에 보이는 것과 같이 구동전압을 100V 이하로 낮출 수 있었다. 이는 액정과 고분자 방울벽 사이의 표면 앵커링 에너지를 계면 활성제가 낮춘다고 가정하면, 이것에 의해서 구동전압은 감소한다. 넓은 시야각을 얻기 위해서 조사해 주는 동안 레이저 광선 중의 하나 앞에 확산 필름을 끼우는 것이다. 홀로그래픽 평면에서의 이 결과는 "조각난 상태(fractured)"이다. 이 방법을 이용하면, [그림 16.9(b)]와 같이 큰 시야각에서 반사를 일으킨다.(Escuti *et al*. 2000) 더욱이 다차원의 간섭패턴을 사용하여 방울을 형성함으로써(Escuti *et al*. 2002), 더 많은 다양한 라인을 형성할 수 있고 전압에 대한 반사도 곡선은 가파르게 된다(Alt and Pleshlo 1974). H-PDLC에서 구동전압과 시야각을 더욱 보완하면 플렉시블 디스플레이와 풀 컬러 반사형 디스플레이에서 유망한 후보가 될 것이다.

16.6 미리 제작된 형판에 액정을 채우는 방법

미리 만들어진 형판(template)에 액정을 채우는 방법은 1980년대 초기로 거슬러 올라간다(Craig-head, 1982).

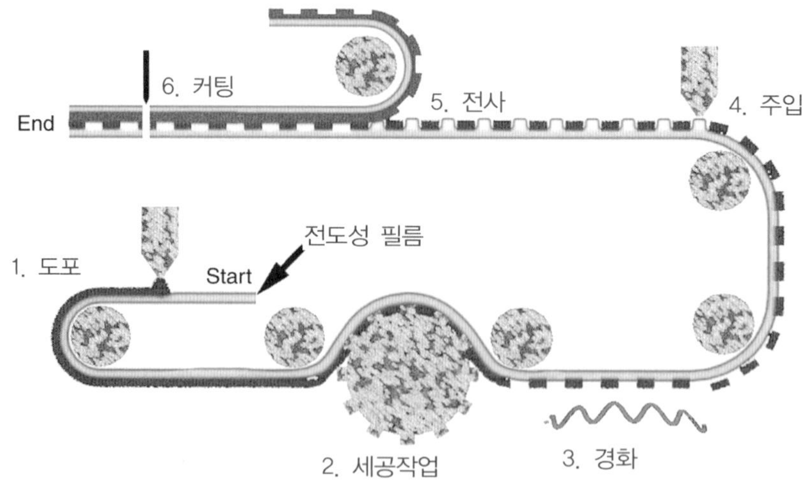

[그림 16.10] 마이크로 컵 LCD를 제작하는 roll-to-roll 과정. 고분자를 이용하여 액정을 주입하기 전에 미리 형판를 만든다. Adapted From Liang and Tseng(2000)

이 방법이 상업적으로 사용되지 못한 주된 이유는 이 방법의 효율성 때문이었다. 그러나 근본적으로 사용된 원리는 여전히 제안되고 있다. 현재 마이크로 컵이라는 새로운 형식의 형판이 제안되었다(Liang and Tseng 2003). [그림 16.10]에서 볼 수 있듯이 원통형의 작은 구멍은 고분자로 형성할 수 있고, roll-to-roll 과정을 이용하여 형성한다.

[그림 16.10]에서 볼 수 있듯이 마이크로 컵 기판을 이용한 공정은 전도성의 기판(예 : ITO/PET)에 UV 경화 고분자를 코팅한 후 도드라지게 하고 경화시키는 과정을 포함한다. PDLC를 이용할 때처럼 마이크로 컵에 맞는 굴절률의 액정을 주입한다. 주입한 후 마이크로 컵은 두번째 전도성 필름에 의해 봉합한다. 마이크로컵을 이용한 액정모드는 약 3V가 문턱전압, 약 10V에서 포화 된다고 보고되었다(Liang and Tseng 2003).

16.7 결 론

본 장에서는 일반적인 PDLC와 H-PDLC에서 고분자로 형판을 미리 만드는 방법에 이르기까지 다양한 네마틱 액정과 고분자 분산을 이용한 유형을 제시하였다.

플렉시블 디스플레이에 이용되기 위해서 액정은 어떤 형태로든 제한되거나 안정화되어야 한다. 고분자에 의해 캡슐화되면 PDLC는 플렉시블 디스플레이 적용을 위해 고온 공정에서 제작되거나 변형될 수 있다. H-PDLC는 풀 컬러 디스플레이 적용에 여러 가지 장점을 가지고 있으나, 상대적으로 여전히 높은 구동전압이 필요하다. Roll-to-roll 과정은 이미 확립되어있기 때문에 고분자를 이용해 형판을 미리 만들어 액정을 채우는 방법은 플렉시블 디스플레이 적용에 있어 매우 매력적이다.

참고문헌

Aliev, F. M. and Breganov, M. N. (1989) Electric polarization and dynamics of molecular motion of polar liquid crystals in micropores and macropores. *Zhurnal Ekspermentalnoi I Teoreticheskoi Fiziki* 95, 125−138 (*Sovier Physics JETP* 68, 70−79).

Aliev, F. M. and Kelly, J. (1994) Dynamics, structure, and phase transitions in ferroelectric liquid crystal confined in a porous matrix. *Ferroelectrics* 151, 263−268.

Alt, P. M. and Pleshko,P.(1974) Scanning limitations of liquid crystal displays. *IEEE Transactions on Electron Devices* ED−21, 146−155.

Ambrozic, M., Formoso, P., Golemme, A. and Zumer, S. (1997) Anchoring and droplet deformation in polymer dispersed liquid crystals: NMR study in an electric field. *Physical Review E* 56, 1825−1832.

Amimori, I., Priezjev, N. V., Pelcovits, R. A. and Crawford, G. P. (2003) Optomechanical properties of stretched polymer dispersed liquid crystal films for scattering polarizer applications. *Journal of Applied Physics* 93, 3248−3252.

Amundson, K. R. (1998) Imprinting of nematic order at surfaces created by polymerization-induced phase separation. *Physical Review E* 58, 3273−3279.

Amundson, K. R. and Srinivasarao, M. (1998) Liquid−crystal−anchoring transitions at surfaces created by polarization−induced phase separation. *Physical Review E* 58(2), R1211−R1214.

Amundson, K., van Blaaderen, A. and Wiltzius, P. (1997) Morophology and electro−optic properties of polymer−dispersed liquid−crystal films. *Physical Review E* 55, 1646−1654

Anoardo, E, Grinberg, F., Vilfan, M. and Kimmmich, R. (2004)Proton spin−lattice relaxation in a liquid crystal−aerosil complex above the bulk isotropization temperature. *Chemical Physics* 297, 99−110.

Bellini, T., Clark, N. A., Muzny, C. D., Wu, L., Garland, C. W., Schaefer, D. W. and Oliver, B. J. (1992) Phase behavior of the liquid crystal 8CB in silica aerogel. *Physical Review Letters* 69, 788−791.

Bowley, C. C. and Crawford, G. P(2000) Diffusion kinetics of formation of holographic polymer−dispersed liquid crystal display materials. *Applied Physics Letters* 76, 2235−2237.

Candau, S., LeRoy, P. and Debeauvais, F. (1973) Magnetic field effects in nematic and cholesteric droplets suspended in an isotropic liquid. *Molecular Crystals and Liquid Crystals* 23, 283−297.

Chndrasekhar, S. (1996) Surface tension of liquid crystals. *Molecular Crystals* 2, 71−80

Cladis, P. E. (1974) Study of the nematic and smectic A phase of an N−p−cyanobenzylidene−p−n−octyloxyaniline in tubes. *Philosophical Magazine* 29, 641−663.

Cladis, P. E. and Kleman, M. (1972) Nonsingular disclinations of strength S= +1 in nematic. *Journal de Physique* 33, 59−598.

Cladis, P. E. White, A. E. and Brinkman, W. F. (1979) Non−singular defect structures near the smectic A transition. *Journal de Physique* 40, 325−335.

Clark, N. A., and Lagerwall, S. T. (1980) Submicrosecond bistable electro−optic switching in liquid crystals. *Applied Physics Letter* 36, 899−901.

Clark, N. A., Bellini, T., Malzbender, R. M., Thomas, B. N, Rappaport, A. G., Muzny, C. D., Schaefer, D. W. and Hrubesh, L. (1993) X−ray scattering study of smectic ordering in a silica aerogel. *Physical Review Letters* 71, 3505−3508.

Craighead, H. G., Cheng, J. and Hackwood, S. (1982) New display based on electrically induced index matching in an inhomogeneous medium. *Applied Physics Letters*, 40, 22−24

Crawford, G. P., (2003)Electrically switchable Bragg gratings. *Optics and Photonics News* 14, 54−59.

Crawford, G. P., Zumer, S. (eds) (1996) *Liquid Crystals in Complex Geometries Formed by Polymer and Porous Networks*, Taylor & Francis, London.

Crawford, G. P., Vilfan, M., Doane, J. W. and Vilfan, I. (1991) Escaped−radial nematic configurations in submicrometer−size cylindrical cavities−deuterium NMR study. *Physical Review A* 43, 835−842.

Crawford, G. P., Allender, D. W. and Doane, J. W. (1992) Surface elastic and molecular anchoring properties of nematic liquid crystals. *Physical Review A* 45, 8693−8708.

Crawford, G. P., Ondris−Crawford, R. J., Zumer, S. and Doane, J. W. (1993) Anchoring and ordientational wetting transitions of confined liquid crystals. *Physical Review Letters* 70, 1838−1841.

Crawford, G. P., Polak, R. D., Scharkowski, A., Chien, L.−C, Zumer, S. and Doane, J. W. (1994) Nematic director−fields captured in polymer networks confined to spherical droplets. *Journal of applied Physics* 75, 1968−1971.

Crawford, G. P., Scharkowski, A., Fung, Y. K., Zumer, S. and Doane, J. W. (1995) Internal surface orientational order and distribution of a polymer network in a liquid crystal. *Physical Review E* 52, R1273−R1276.

Crawford, G. P., Fiske T. G. and Silverstein, L. D. (1996) Reflective color LCDs based on H−PDLC and PSCT technologies. *SID Digest of Technical Papers* XXVII, 99−102.

Crooker, P.P. and Yang, D. K. (1990) Polymer−dispersed chiral liquid crystal color display. *Applied Physics Letters* 57, 2529−2531.

Date, M., Naito, N., Tanaka, K., Kato, K. and Sakai, K. (1995) Three−primary−color holographic polymer dispersed liquid crystal (HPDLC) for reflective displays. *Proceedings of the 15th International Display Research Conference* 15, 603−606.

Date, M., Takeuchi, Y., Tanaka, K. and Kato, K. (1998) Reflectivity improvement in holographic polymer dispersed liquid crystal (HPDLC) reflective display devices by controlling alignment. *IEICE Transactions on Electronics* E81C, 1685–1690.

De Sarkar, M., Qi, J. and Crawford, G. P. (2002) Influence of partial matrix fluorination on morphology and performance of HPDLC transmission gratings. *Polymer*, 43, 7335–7344.

De Sarkar, M., Gill, N. L., Whitehead, J. B. and Crawford, G. P. (2003) Effect of monomer functionality on the morphology and performance of the holographic transmission gratings recorded on polymer dispersed liquid crystals. *Macromolecules* 36, 630–638.

Doane, J. W. (1991) Polymer–dispersed liquid crystals : boojums at work. *MRS Bulletin* 16, 22–28.

Doane, J. W., Vaz, N. A., Wu, B. G. And Zumer, S. (1986) Field controlled light scattering form nematic microdroplets. *Applied Physics Letters* 48, 269–271.

Drzaic, P. (1995) *Liquid crystal dispersions*, World Scientific, River Edge NJ.

Drzaic, P. S. (1986) Polymer–dispersed nematic liquid crystal for large area displays and light valves. *Journal of Applied Physics* 60, 2142–2148.

Dubois–Violette, E. and Parodi, O. (1969) Emulsions nematiques : effects de champ magnetiques et effects piezo–electriques. *Journal de Physique Colloque* 30, C4–57 to C4–64.

Dzyaloshinskii, E. (1970) Theory of disclinations in liquid crystals. Zhurnal Eksperomentalnio I Teoreticheskoi Fiziki 58, 1443–1452 (*Soviet Physics JETP* 31, 773–777).

Erdmann, J. H., Zumber, S. and Doane, J. W. (1990) Configuration transition in nematic liquid crystals confined to a small spherical cavity. *Physical Review Letters* 64, 1907–1910.

Escuit, M. J., Kossyrev, P., Crawford, G. P., Fiske, T. G., Colegrove, J. and Silnerstein, L. D. (2000) Expanded viewing–angle reflection from diffuse holographic–polymer dispersed liquid crystal films. *Applied Physics Letters* 77, 4262–6264.

Escuti, M. J. and Crawford, G. P. (2002) Tailoring morphology in holographic–polymer dispersed liquid crystals for reflective display applications. *SID Digest of Technical Papers* XXXIII, 550–553.

Fergason, J. L. (1985) Polymer encapsulated nematic liquid crystals for display and light control applications. *SID Digest of Technical Paper* XVI, 68–71.

Golemme, A., Zumer, S., Doane, J. W. and Neubert, M. E. (1988a) Deuterium NMR of polymer–dispersed liquid crystals. *Physical Review* A 37, 559–569.

Golemme. A,. Zumer. S., Allender, D. W. and Doane, J. W. (1988b) Continuoes nematic–isotropic transition in sub–micrometer–size liquid crystal droplets. *Physical Review Letters* 61, 2937–2940.

Gorkhali. S., Cairns, D. R. and Crawford, G. P. (2003) Reliability of transparent conducting substrates for rollable displays : a cyclic loading investigation. *SID Digest of Technical Papers* XXXIV, 1332–1335.

Hikmet, R. A. M. (1990) Electrically induced light scattering light scattering form anisotropic gels. *Journal of Applied Physics* 68, 4406–4412.

Hikmet, R. A. M. (1991) Anisotropic gels and plasticized networks formed by liquid crystal molecules. *Liquid Crystals* 9, 405–416.

Hikmet, R. A. M. and Zwerver, B. H. (1991) Dielectric relaxation of liquid crystal molecules in anisotropic confinements. *Liquid Crystals* 10, 835–847.

Hilsum, C. (1976) Electrooptic device, UK Patent 1,442,360.

Iannacchione, G. S., Crawford, G. P., Zumer, S., Doane, J. W. and Finotello, D. (1993) Randomly constrained orientational order in porous glass. *Physical Review Letters* 71, 2595–2598.

Iannacchione, G. S., Crawford, G. P., Qian, S. and Doane, J. W. (1996) Nematic ordering in highly restrictive Vycor glass. *Physical Review E* 53, 2420–2411.

Jakli, A., Kim, D. R., Chien, L. -C. and Saupe, A. (1992) Effect of a polymer network on the alignment and rotational viscosity of a nematic liquid crystal. *Journal of Applied Physics* 72, 3161–3164.

Jakli, A., Data, L., Fodor–Csorba, K., Rosta, L. And Noirez, L. (1994) Structure of polymer networks dispersed in liquid Crystals : small angle neutron scattering study. *Liquid Crystals* 17, 227–234.

Jin, T. And Finorello, D. (2004) Controlling disorder in liquid crystal aerosol dispersions. *Physical Review E* 69(4), article 041704.

Jin, R., Crawford, G. P. , Crawford, R. J., Zumber, S. And Finorello, D. (2003) Surface ordering transirions ar a liquid crystal–solid intergace about the isotropic smectic–A transition. *Physical Review Letters* 90, 015504–1 to 015504–4.

Kitzerow, H. ?S., Molsen, H. And Heppke, G. (1992) Linear electro–optic effects in polymer–dispersed ferroelectric liquid crystal. *Applied Physics Letters* 60, 3093–3095.

Kralj, S., Lahajar, G., Zidansek, A., Vrbancic–Kopac, N., Vilfan, M., Blinc, R. And Kosec, M. (1993) Deuterium NMR of a 5CB liquid Crystal confined in silica aerogel matrix. *Physical Review* E. 48, 340–349.

Kreuzer, M. And Eidenschink, R. (1996) Filled nematics. In *Liquid Crystals in Complex Geometries Formed by Polymer and Porous Networks*. Crawford, G. P. Zumer, S. (eds), Raylor & Francis, London.

Kurik, M. V. And Lavrentovich, O. D. (1982) Negative–positive monopole transitions in chlesteric liquid crystals. *Pis'ma Zhurnal Eksperimenralnoi I Teoreticheskoi Fiziki* 35, 362–365 (soviet Physics JETP Lett. 35, 444–447).

Lee, K. P. Suh, S. -W. And Lee, S. -D. (1994) Fast linear electro–optical switching properties of polymer–dispersed ferroelectric liquid crystals. *Applied Physics Letters* 64, 718–720.

Lehmann, O. (1904) die Hauptstatze der Lehre von den Flussigen Kristallen. In *Flussige Kristalle*, Engelmann, Leipzig.

Liang, R. C. And Tsseng, S. (2003) Microcup LCD: a new type of dispersed LCD by a roll-to-roll manufacturing process. *Proceedings of the International Display Manufacturing Conference* 3, 351-354.

Liang, R. C., Hou. J., Chung, J., Wang, X., Pereira, C. And Chen, Y. (2003) Microcup active and passive matrix electrophoretic displays by a roll-to-roll manufacturing processes, *SID Digest of Technical Papers* XXXIV, 838-841.

Mang, J. T., Sakamoto, K. And Dumar, S. (1992) Smetic layer orientation in confined geometries. *Molecular Crystals and Liquid Crystals* 223, 133-142.

Margerum, J. D., Lackner, A. M., Ramos, E., Smith, G. W., Vaz, N. A., Kohler, J. L. And Allison, C. R. (1990) Polymer dispersed liquid crystal film devices, and a method of forming the same. US Patent 4,938,568.

Mariani, P., Samori, B., Angeloni, A. S. and Ferruti, P. (1986) Polymerizations of bisacrylic monomers within a liquid crystalline smectic B solvent. *Liquid Crystals* 1, 327.

Maritan, A., Cieplak, M., Bellini, T. and Banavar, J. R. (1994) Nematic-isotropic transition in porous media. *Physical Review Letters* 72, 4113-4116.

Maschke, U., Coqueret, X., Vendamme, R., Pakula, T. And Benmiuna, M. (2004) Properties of electron beam cured reverse mode PDLC films. *Molecular Crystals and Liquid Crystals* 413, 2157-2163.

Melzer, D. and Nabarro, F.R.N. (1977) Optical studies of a nematic liquid crystal with circumferential surface orientation in a capillary, *Philosophical Magazine* 35, 901-906.

Meyer, R. B. (1969) Piezoelectric effects in liquid crystals. *Physical Review Letters* 22, 918-921.

Meyer, R. B. (1973) On the existence of even-indexed disclination *s* in nematic crystals. *Philosophical Magazine* 27, 405-424.

Molsen, H. and Kitzerow, H. S. (1994) Bistability in polymer-dispersed ferroelectric liquid-crystals. *Journal of Applied Physics* 75(2), 710-716.

Muncha, M. (2003) Polymer as an important component of blends and composites with liquid crystals. *Progress in Polymer Science* 28, 837-873.

Natarajan, L. V., Shepherd, C. K., Brandelik, D. M., Sutherland, R. L., Chandra, S., Tondiglia, V. p., Eomlin, D. and Bunning, T. J. (2003) Switchable holographic polymer-dispersed liquid crystal reflection gratings based on thiol-ene photopolymerization. *Chemistry of Materials* 15, 2477-2484.

Ondris-Crawford, R. J., Boyko, E. P., Wagner, B. G., Erdmann, J. H., Zumer, S. and Doane, J. W. (1991) Microscope textures of nematic droplets in polymer-dispersed liquid crystals. *Journal of Applied Physics* 69, 6380-6386.

Pogue, R. T., Sutherland, R. L., Schmitt, M. G., natarajan L. V. Siwecki, S. A., Tondiglia, V. P. and Bunning, T. J. (2000) Electrically switchable Bragg gratings form liquid crystal/polymer composites. *Applied Spectroscopy* 54(1), 12A−28A.

Press, M. J. and Arrott, A. S. (1974) Theory and experiment on confogigurations with cylindrical symmetry in liquid crystal droplets. *Physical Review Letters* 33, 403−406.

Rappaport, A. G., Clark, N. A., Thomas, B. N. and Bellini, T. (1996) X−ray scattering as a probe of smectic a liquid crystal ordering in silica aerogels. In *Liquid Crystals in Complex Geometries Formed by Polymer and Porous Networks*, Crawford, G. P. and Zumer, S. (eds), Taylor & Francis, London.

Saupe, A. (1973) Disclinations and properties of the directorfield in nematic and cholestreic liquid crystals. *Molecular Crystals and Liquid Crystals* 21, 211−238.

Serbutovies, C., Klooster, j. G., Boots, H. M. J. and Touwslager, F. J. (1996) Nematic director orientation−induced phase separation 2. Morphology of Polymer−dispersed liquid crystal thin films. *Macromolecules* 29, 7690−7698.

Stannarius, R., Crawford, G. P., Chien, L. ?C. and Doane, J. W. (1991) Nematic director orientation in a liquid crystal dispersed polymer : a DNMR approach. *Journal of Applied Physics* 70 135−143.

Sutherland, R. L., Natarajan, L. V., Tondiglia, V. P. and Bunning, T. j. (1993) Bragg gratings in an actylate polymer consisting of periodic polymer−dispersed liquid−crystal planes. *Chemistry of Materials* 5, 1533−1538.

Sutherland, R. L., Tondiglia, V. P., Natarajan, L. V., Bunning, T. J. and Adams. W. W. (1994) Electrically switchable volume gratings in polymer−dispersed liquid crystals. *Applied Physics Letters* 64, 1074−1076.

Tanaka, K., Kato, K., Date, M. and Sakai, S. (1995) Optimization of holographic PDLC for reflective color display applications. *SID Digest of Technical Papers* XXVI, 267−270.

Tanaka, K., Kato, K. Tsuru, S. and Sakai,S. (1994) Holographically formed liquid−crystal/ polymer device for reflective color display. *SID Journal* 2, 37−41.

Tanaka, K., Kato, K. and Date, M. (1999) Fabrication of holographic polymer dispersed liquid crystal(HPDLC) with high reflection efficiency. Japanese *Journal of Applied Physics* 38, L277−L278.

Volovik, G. E. and Lavrentovich, O. D. (1983) Topological dynamics of defects : boojums in nematic droplets,. *Zhurnal Eksperimentalnoi I Teoreticheskoi Fiziki* 85, 1997−2010 (*Soviet Physics JETP* 58, 1159−1166).

West, J. L. (1988) Phase separation of liquid crystals in polymers. *Molecular Crystals and Liquid Crystals* 157, 427−441.

Williams, C. E., Pieranski, P. and Cladis, P. E. (1972) Nonsigular S=+1 screw disclination lines in nematics. *Physical Review Letters* 29, 90–92.

Wu, X., Goldburg, W. I., Liu, M. X. and Xue, J. Z. (1992) Slow dynamics of isotropic–nematic phase transition in silica gels. *Physical Review Letters* 69, 470–473.

Yang, D. K. and Crooker, P. P.(1991) Field–induced textures of polymer–dispersed chiral liquid crystal microdroplets. *Liquid Crystals* 9, 245–251.

Yang, D. K., Chine, L. –C. and Doane, J. W. (1992) Cholesteric liquid crystal/polymer dispersions for haze–free light shutters. *Applied Physics Letters* 60, 3102–3104.

Yang, D. K., Fung, Y. K., and Chine, L. C. (1996) Polymer stabilized textures : materials and applications, chapter 5 in *Liquid Crystals in Complex Geometries*, Gregory P. Crawford and Slobodan Zumer (eds), Taylor & Francis, London.

Yang, D. K., Lin, J. P., Li, T., Lin, S. L. and Tian, X. H. (2004) Effect of external electrical field on phase behavior and morphology development of polymer dispersed liquid crystal. *European Polymer Journal* 40, 1823–1832.

Yuan, H., Hu, G., Fiske, T., Lewis, A., Gunther, J. E., Silverstein, L. D., Bowley, C., Crawford, G. P., Chien, L. –C. and Kelly, J. R. (1998) High efficiency color reflective displays with extended viewing angle. *Proceedings of the 18th Internal Display Research Conference, Asia Display*, 1136–1138.

Yuan, H., Colegrove, J. J., hu, G., Fiske, T. G., Lewis, A., Gunther, J. E., Silverstein, L. D., Bowley, C. C., Crawford, G. P., Chien, L. –C. and Kelly J. R. (1999) HPDLC color reflective displays, *Proceedings of SPIE* 3690, 196–206.

Zyryanov, V. Y., Smorgon, S. L. and Shabanov, V. F. (1993) Electrooptics of polymer–dispersed ferroelectrics. *Ferroelectrics* 143, 271.

콜레스테릭 액정을 이용한 플렉시블 디스플레이 기술

J. William Doane and Asad Khan

Kent Displays, Inc.

17.1 개 요

이번 장에서 기술하는 쌍안정성 콜레스테릭 반사형 디스플레이는 1991년(Yang *et al*. 1991)에 처음 개발되었다. 그 후, 구동 방식, 풀 컬러 구현, 흑백 구현을 위한 기술 개발(Huang and Doane 2002)뿐만 아니라 플라스틱 기판(Hashimoto *et al*. 1998; Podojil *et al*. 1998) 위에서 구현하기 위한 많은 연구 개발들이 이루어져 왔다. 이 디스플레이는 현재 존재하는 LCD 생산 라인과 구동 칩으로도 생산이 가능하여, 상업적 제품이 곧 시장에 소개될 것이다(Khan *et al*. 2004b). [그림 17.1(a)]에 이 중 몇 가지를 나타내었다.

유리 기판 위에서 개발된 제품들은 지속적으로 개발되고, 시판되고 있다. 가장 흥미로운 제품 중의 하나는 최근에 Panasonic에서 발표한 E-Book(Electronic-Book) 인 Sigma Book 이다(그림 17.1(b)). 쌍안정 기술을 사용하여 저 소비전력, 넓은 시야각, 태양 빛 혹은 어두운 방 안 조명에서의 가독성을 확보할 수 있어 E-Book 같은 휴대형 제품으로 개발되었다.

새로 개발되는 모든 디스플레이들이 직면하게 되는 문제는 이미 STN, TN 그리고 능동형 매트릭스 TN 디스플레이가 시장의 대부분을 차지하고 있다는 것이다. 사실, 오늘날 시장에서 볼 수 있는 대부분의 휴대형 제품들에 이 기술들이 적용되고 있다. 거의 대다수의 사람들이 LCD가 없었다면 불가능했을 각종 휴대형 제품들(휴대폰, PDA, 각종 휴대형 기기 또는 게임 등)을 지니고 있다. 그렇다면 저가격을 유지하면서 이들 제품들과 경쟁하기 위해서는 어떤 성능을 향상시켜야 하는가? 먼저, 배터리의 수명 문제는 거의 모든 휴대형 장치들에서 핵심 이슈이다.

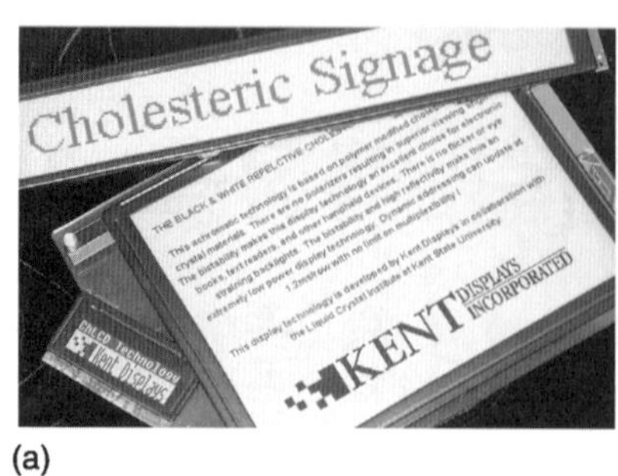

(a) (b)

[그림 17.1] (a) 단단한 유리 기판을 사용한 다양한 반사형 콜레스테릭 디스플레이 제품들: Kent Display, Inc.의 와이드 12.1 인치 sign 타입 디스플레이(blue/white), 대형 9.4 인치 E-Book 타입 디스플레이 와 소형 2.3 인치 장치형 디스플레이(green/black).
(b) Matsushita/Panasonic 사의 두 가지 콜레스테릭 반사형 디스플레이를 적용한 E-Book, Sigma Book.
(b)는 Panasonic의 허가 하에 기재되었다.

TN/STN 장치에서 전력 소비의 상당 부분은 화면에 표시한 이미지를 유지하기 위해 갱신(refreshing)해주는 전력 소모가 차지한다. 만약 이미지를 30Hz로 갱신한다고 하면, 이는 대부분의 휴대형 제품에서 이미지가 수 초, 분, 혹은 시간 동안 고정되어 변하지 않는 경우가 많음을 고려하면 상당한 전력을 소모하는 결과가 될 것이다. 또 다른 이슈는 반사 휘도와 대비비이다. 대부분의 휴대형 제품은 햇빛이나 실내 조명에서 사용되게 된다. 현재의 기술들은 백라이트가 없거나 밝은 태양빛에서의 가독성에 한계가 있다. 편광판, 컬러 필터, 그리고 다른 요소들의 제약 때문에 TN/STN 장치는 빛의 손실로 인한 반사도 감소가 상당히 심하다. 또한 오늘날 디스플레이 시장에서 분명한 기술 부재의 영역은 플렉시블 기판 위에서의 디스플레이 기술이다. 이 책의 서두에서 언급하였다시피, 플렉시블 디스플레이의 필요성은 늘어나고 있다. 게다가 이러한 플렉시블 제품들은 웹(web) 생산 라인에서 비교적 낮은 가격으로 생산할 수 있는 잠재성도 가지고 있다.

이러한 이유들이 플렉시블 쌍안정 콜레스테릭 반사형 디스플레이의 개발을 추진하는 주요한 동력이다. 플렉시블 콜레스테릭 디스플레이에서의 핵심 이슈는 코팅(coating) 혹은 프린팅(printing)이 가능한 콜레스테릭, 전극 그리고 다른 디스플레이 물질들의 개발이다. 콜레스테릭 물질의 경우, 프린팅 또는 코팅을 위한 유력한 해결책은 분산된 방울(분산된 방울 구조)을 개발하는 것이다. 액정의 분산된 방울은 새로운 기술이 아니다; 그러나 쌍안정성을 보이면서 적절한 스위칭이 가능하고 만족할 만한 반사 휘도와 대비비를 얻을 수 있는 방울 기술은 아직 개발 중이다. 게다가 개발될 새로운 물질과 공정들은 현재 이미 각종 디스플레이 기술들을 위해 개발된 구동 및 전자 공학 기술들의 장점을 유지하면서 현존하는 코팅 및 프린팅 기술을 사용할 수 있어야 한다. 이 장에서는 이러한 이슈들에 대한 몇몇 접근법에 대해 다루도록 한다.

17.2 콜레스테릭 디스플레이의 기본 특성

기본적으로 콜레스테릭 액정은 미리 선택된 파장과 대역폭(bandwidth)에서 빛의 브래그(Bragg) 반사를 유도하도록 맞춰진다(Crawford 2000; Huang and Doane 2002). 이러한 현상은 이 물질이 액정 방향자(director)가 나선 축에 대해 꼬이는 나선(helical) 구조를 가지기 때문에 생겨나는 것이다. 방향자가 360도 돌아간 거리를 피치(pitch)라 부르고 P로 표기한다. 콜레스테릭 액정의 반사 대역은 파장 $\lambda_0 = 0.5(n_e + n_o)$를 기준으로 $\Delta\lambda = (n_e - n_o)P$ (대략 약 80nm)의 폭을 가진다. 여기서, n_e와 n_o는 각각 액정의 이상(extraordinary) 굴절률과 상(ordinary) 굴절률을 나타낸다(Doane *et al*. 1994). 나선축이 이상적으로 정렬되어 있는 콜레스테릭 액정을 가정하면, 반사된 빛은 액정의 나선 구조와 같은 선성(handedness)을 갖는 원 편광된 빛이 된다.

디스플레이 시편의 제한 구조에 따라, 콜레스테릭 물질은 두 개의 안정된 상태인 planar 구조 또는 focal conic 구조로 전기적인 스위칭이 가능하다(그림 17.2). Planar 구조에서 나선 축은 디스플레이 기판에 대해 수직으로 향해 있고, 선택된 파장 대역에서 브래그 반사가 일어난다.

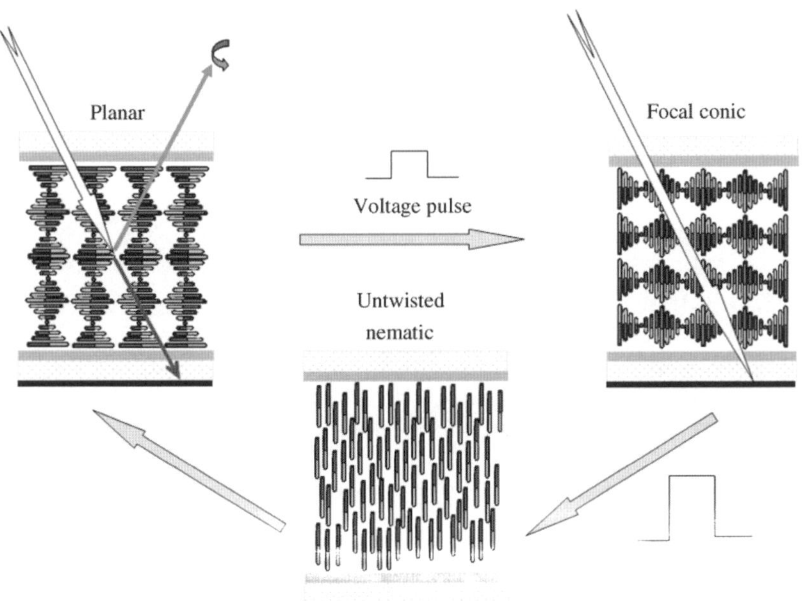

[그림 17.2] 디스플레이 셀(cell) 내 쌍안정 콜레스테릭 물질의 texture. 낮은 전압의 펄스는 빛을 투과시키는 안정한 focal conic 구조를 유도하고, 높은 전압의 펄스는 불안정한 수직(homeotropic) 구조로 변화시키며, 전계를 제거 하면 안정된 구조인 컬러 반사 planar 구조로 돌아간다.

편광되지 않은 입사빛이 들어오면 반대의 선성을 갖는 두 개의 원 편광된 빛으로 분해할 수 있다. 이중 하나는 반사되고, 다른 하나는 투과한다. 양(positive)의 유전상수를 가진 콜레스테릭 물질에 낮은 전압의 펄스(pulse)를 기판 위 전극을 통해 인가해주면, 액정의 나선축이 기판에 평행하게 배열되어 focal conic 구조를 가지게 된다. 이 구조에서는 [그림 17.2]에 나타내지는 않았지만 일반적으로 많은 결점(defect)들이 생기게 된다(Wu and Yang 2001). Focal conic 구조는 매우 안정되게 할 수 있으며, 모든 파장대의 빛을 투과시킨다. 이 구조에서의 결점은 약하게 빛을 산란시킨다. 따라서 결점을 최소화시켜 산란 효과를 최소화한 focal conic 구조를 형성하는 것이 바람직하다.

높은 전압의 펄스를 인가하면, 콜레스테릭 물질은 나선축이 풀리면서 준안정(metastable)한 수직(homeotropic) 구조를 형성하고, 펄스를 제거하면 즉시 안정된 planar 구조로 돌아간다.

17.2.1 콜레스테릭 도메인

플렉시블 콜레스테릭 디스플레이를 구현하기 위해서는 planar와 focal conic 상의 도메인(domain) 구조가 중요하다(Doane *et al*. 1994). 도메인의 크기는 콜레스테릭 물질의 제한구조에 따라 마이크론 미만에서 수 마이크론까지 변할 수 있다. 일반적인 단단한 기판을 사용한 디스플레이 셀(cell)에서 도메인 크기는 기판 표면의 처리 상태와 기판 사이의 간격에 영향을 받는다(St John *et al*. 1995). 플렉시블 기판에서 분산된 콜레스테릭 방울의 경우, 도메인 구조는 방울의 크기와 형태 그리고, 콜레스테릭 액정과 캡슐로 둘러싸는 물질의 구성비에 영향을 받는다.

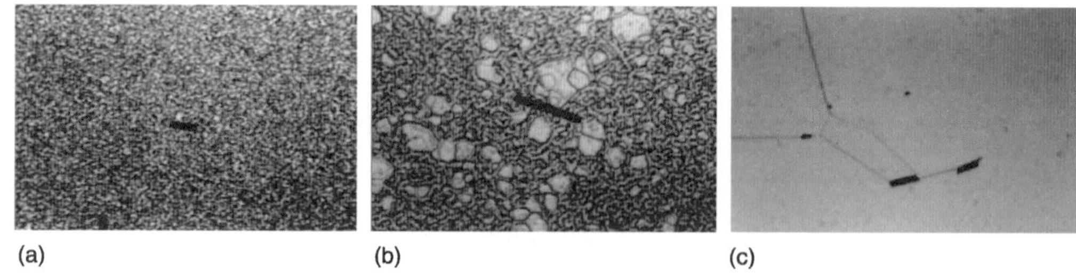

[그림 17.3] 다른 도메인 크기를 얻기 위해 다양한 표면 처리를 한 기판에서의 planar 구조 현미경 사진 (각각 사진의 스페이서(spacer)는 5μm)
(a) 직경 5μm 미만의 작은 도메인
(b) 5이하~50μm까지의 도메인이 섞인 구조
(c) ~100μm 혹은 그 이상의 도메인
SID의 허가에 의해 기재됨.

캡슐화(encapsulation) 시키는 물질의 특성에 대해 논하기에 앞서, 보다 제어가 쉬운 환경인 단단한 두 기판 사이에서의 콜레스테릭 액정의 도메인 형성과 전기광학적 응답 특성을 이해하는 것이 유용하다고 할 수 있다. [그림 17.3]은 다양한 표면 처리조건(Khan *et al.* 2001)에서 얻어진 도메인 구조의 현미경 사진이다. 세 사진은 첫 번째 사진의 약 1μm 에서 마지막 사진의 100μm 까지 도메인 크기가 변화함을 보여준다.

도메인의 근원은 그 자체로 흥미로운 주제이다. 이는 콜레스테릭 액정이 반사형 구조로 스위칭 될 때, 형성된다(Wu and Yang 2001); 그러나 기판의 표면 처리 기술이나 미세한 캡슐에 싸인 콜레스테릭 방울 구조를 사용하여 안정화 시키지 않으면, 이러한 도메인들은 짧은 시간 안에 사라진다. 이러한 특성은 최근 들어 Kent State 대학의 Bos 교수와 학생들의 모델링에 의해 해석되기 시작하였다(Anderson *et al.* 2001). 그들은 texture 전이의 복잡한 순서(sequence)가 이러한 독특한 효과를 만드는 것을 찾아내었다. 단단한 기판의 경우, 최종의 안정된 도메인 구조는 표면 배향막의 순수도(homogeneity) 조절에 따라 제어할 수 있다. 분산된 방울 구조 내에서의 도메인 형태는 방울, 크기와 모양, 분포 형태, 그리고 캡슐 물질에 따라 달라진다(이후 내용 참조).

17.2.2 디스플레이의 휘도와 시야각

일반적인 조명 조건에서는 도메인의 밀도가 증가함에 따라 디스플레이의 시야각도 증가한다. 각각의 도메인은 서로 약간 다른 나선축을 가지고 입사빛에 대해 다른 브래그 반사각을 가진다. 결과적으로, 도메인들이 모이면 나선축 방향의 고른 분포를 얻을 수 있고, 브래그 각의 분산된 분포가 시야각을 향상시키게 된다. 콜레스테릭 구조에서 도메인 texture와 이에 따른 결점은 빛의 산란 효과를 강화시키고, 도메인 밀도를 증가시킨다. 이에 따른 알짜 효과는 인쇄된 종이와 유사하게 산란 및 nearly Lambertian 반사가 가능하게 되는 것이다. 이는 E-Book 같은 장치에 매우 적합한 특성이다.

그러므로 우수한 시야각을 보장하면서 휘도를 증가시키기 위해서는 나선축의 분포와 결점 구조를 조절하여야만 한다. 도메인 크기, 밀도, 그리고 분포의 균형이 이루어져야 한다. [그림 17.4]는 두 가지 다른 도메인 크기를 갖는 planar texture에서의 파장에 따른 휘도 변화를 나타낸 것이다. 높은 밀도의 작은 도메인이 형성된 경우, 반사가 더욱 완만하고 피크는 보다 낮아짐을 알 수 있다.

도메인 크기를 증가시켜 휘도를 증가시키는 것은 시야각 특성에 큰 영향을 미칠 수 있다. 완벽한 planar 구조는 입사 빛에 대해 50%를 반사할 수 있다. 그러나 이것의 반사특성은 완전한 정반사이며 마치 거울과 같다. 따라서 주변광이 완전히 산란되지 않는 한 시야각 특성이 나빠지게 된다.

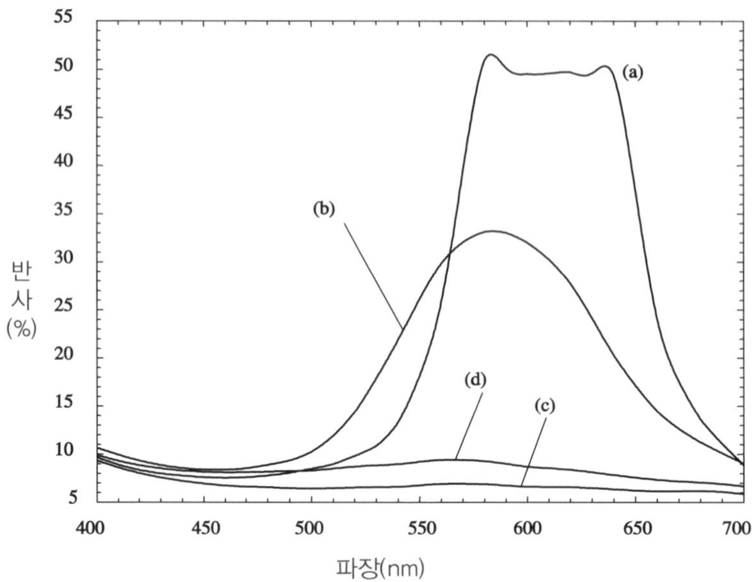

[그림 17.4] 반사 스펙트럼
(a) 그림 17.3(c)와 같은 큰 도메인, 거의 완벽한 planar 구조
(b) 그림 17.3(a)와 같은 작고 높은 밀도의 도메인 구조
(c, d) 각각 큰 도메인과 작은 도메인의 focal conic 구조

그러나 이런 경우는 거의 드물다(Khan *et al*. 2000). 반면에 작은 도메인들을 갖는 디스플레이는 훌륭한 확산형 반사판이 되고 매우 넓은 시야각을 제공한다(그림17.5). 그러므로 목표는 높은 휘도, 넓은 시야각, 높은 대비비를 제공하는 최적화된 도메인 구조를 얻는 것이다. 콜레스테릭 디스플레이의 브래그 반사가 컬러 shift가 매우 작아 무시할만한 수준이라는 것은 매우 놀라운 특성이다.

17.2.3 원 편광의 정도(degree)와 휘도

Planar 콜레스테릭 상태는 좁은 스펙트럼 대역폭 내에서 한가지 선성을 갖는 원 편광된 빛만 브래그 반사시킨다. 이에 반사된 빛은 완벽한 단일 도메인 planar 구조에 의해 협소한 반사 대역폭 내에서 완전하게 원 편광된 빛이다. 그러나 이러한 특성은 많은 도메인과 결점을 가지는 안정된 planar 구조의 경우에는 다르다. 결점들로부터 야기되는 산란과 분산은 콜레스테릭 구조로부터 반사되는 원 편광의 정도(degree)를 감소시킨다.

빛의 원 편광된 정도를 측정하는 방법은 S_3, 즉 3번째 Stokes 파라미터를 사용하는 것이다. 이 파라미터는 Poincare 구(sphere) 표현에서 수직 축으로 구성된다. 파라미터의 범위는 $-1 \leq S_3 \leq +1$이다.

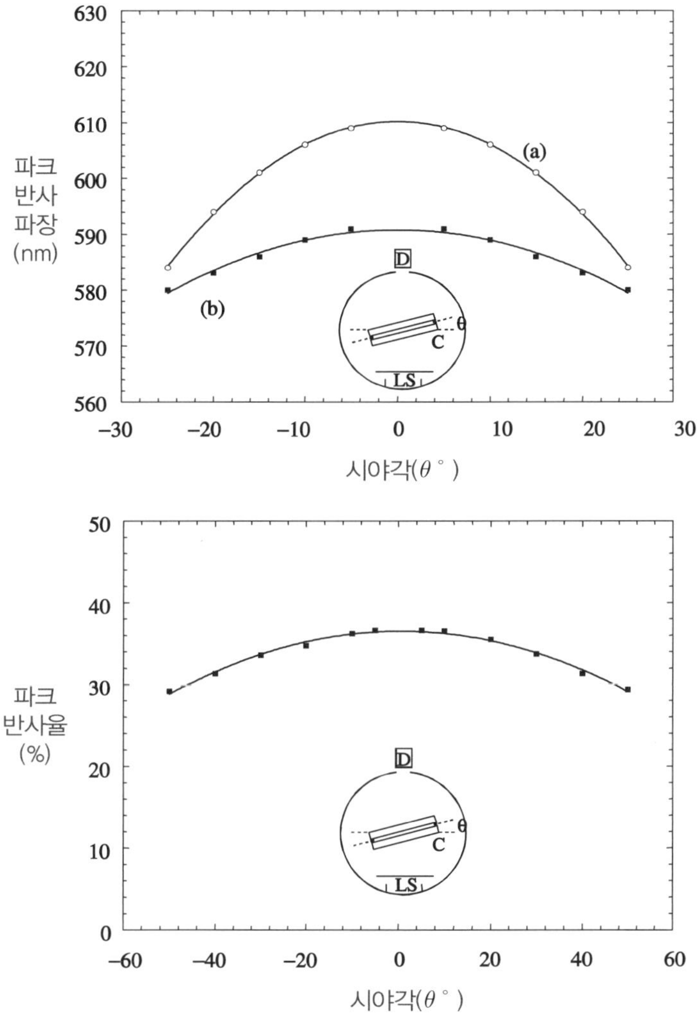

[그림 17.5] 위 그림에서 (a)는 큰 도메인 구조에서 (b)는 작은 도메인 구조에서 시야각에 따른 피크(peak) 파장의 변화를 보여준다. 아래 그림은 시야각에 따른 반사도를 보여준다. 확산된 빛의 조명에서 측정되었음.

+1과 −1의 값은 각각 완전하게 우선(right-handed)과 좌선(left-handed) 원 편광된 빛을 가리킨다. [그림 17.6]은 큰 도메인과 작은 도메인으로부터 반사된 빛의 S_3 값을 파장에 따라 나타낸 것이다. 큰 도메인 구조에서는 거의 모든 반사된 빛이 원 편광되어 있는 반면, 작은 도메인 구조에서 S3의 값은 매우 감소되어 오직 반사된 빛의 약 20%만 원 편광되어 있다.

입사 빛의 50% 이상, 최대 80%가 반사되는 디스플레이는 좌선과 우선으로 꼬인(twist) 디스플레이 셀을 적층하여 만들어 진다(Khan *et al*. 2001). 밝은 휘도와 넓은 시야각을 동시에 구현하기 위해 위의 셀과 아래의 셀은 서로 다른 크기의 도메인 구조를 가진다.

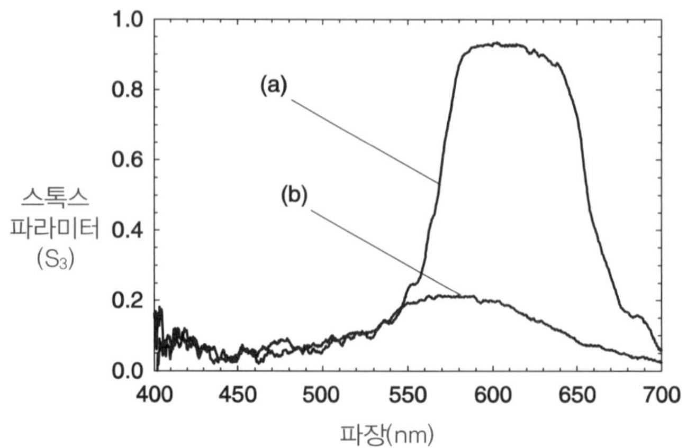

[그림 17.6] (a)는 그림 17.3(c)의 큰 도메인 구조에서 (b)는 그림 17.3(a)의 작고, 높은 밀도의 도메인 구조에서 대한 파장에 따른 원편광도, S3). SID의 허가 하에 기재됨.

[그림 17.7]은 우선 꼬임 구조의 콜레스테릭 층 위에 좌선 꼬임 구조를 갖는 콜레스테릭 층의 반사도를 나타낸다. 이 층들의 도메인 크기를 선택함에 의해 반사도와 시야각을 조절할 수 있다. 큰 도메인(그림 17.3(c))으로 구성된 하부 층과 혼합된 도메인 크기(그림 17.3(b))를 갖는 상부 층 구조를 통해 75%의 반사도를 갖는 우수한 휘도 특성을 얻을 수 있었다. 상부 층의 혼합된 크기의 도메인 구조는 넓은 시야각을 제공한다. 그러나 만약 상하층 셀이 작은 도메인을 가졌다면 양 셀에서의 S_3 값이 작게 되고, 이로 인해 적층된 좌선/우선 꼬임 시스템의 휘도는 두드러지게 개선되지 못한다(그림 17.6(b)).

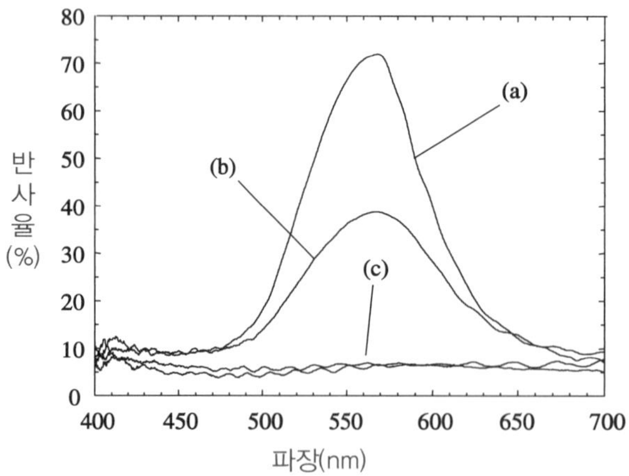

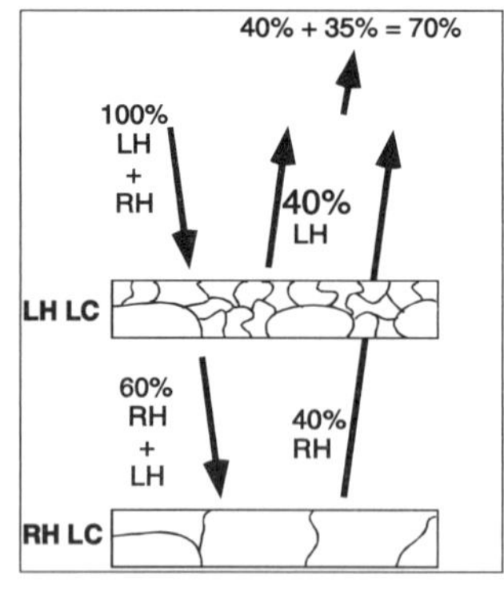

[그림 17.7] 반대 방향으로 틀어진 층을 가진 적층형(stacked) 디스플레이 셀의 반사도 비교
(a) 오른쪽 그림에 표현되었듯이 높은 S_3의 값을 갖도록 하는 큰 도메인 구조가 있을 때 높은 휘도를 얻을 수 있다.
(b) 두 층 모두 작은 S_3의 값을 가지는 작은 도메인 구조를 가진 경우
(c) Focal conic 구조를 갖는 적층된 셀에서의 반사도

17.2.4 셀의 두께 효과: 휘도 대 대비

디스플레이 셀은 모든 입사 빛을 반사시키기 위해 충분히 두꺼워야 한다. 그러나 너무 두꺼운 두께의 콜레스테릭 셀은 focal conic 구조에서 야기되는 빛의 산란효과에 의해 대비(contrast)가 감소되게 된다. 그러므로 디스플레이 성능의 극대화를 위해 최적의 조건을 찾아야 한다. [그림 17.8(a)]는 큰 도메인 구조에서 두께에 따른 반사도를 이론적으로 계산한 것이다(Doane *et al*. 1994).

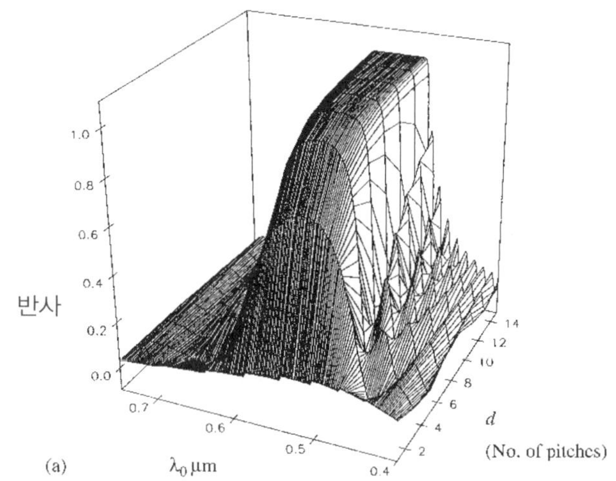

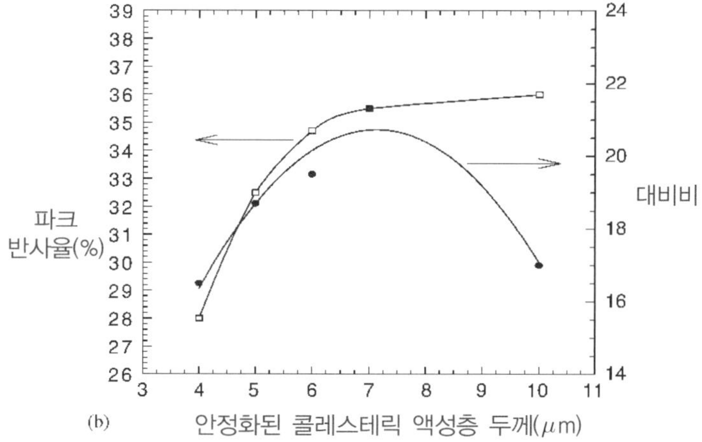

[그림 17.8] (a) 셀 갭(d)에 따라 계산된 반사 스펙트럼, 이 때 단위당 피치(p_0)는 $np_0=0.54$를 만족한다. Δn=0.23, n=1.63

(b) 마이크로 미터 크기의 작은 도메인이 형성된 셀에서 셀 갭에 따른 반사와 대비 특성의 실험 곡선(콜레스테릭 액정: Δn=0.26, $\Delta\epsilon$=+16.8). 측정은 100ms 폭의 250Hz 펄스로 상온에서 측정.

(a)는 SID의 허가 하에 기재됨.

작은 크기의 도메인 구조에서는 최적화된 셀 갭이 보다 커져야 할 것이다. 일반적인 셀 갭은 5μm이다.

디스플레이의 대비 특성은 우선적으로 focal conic texture에 의한 빛의 산란 정도에 의해 결정되는 focal conic 상의 투명도에 의해 주로 조절된다. 결점의 밀도를 감소시키거나 focal conic texture의 크기를 증가시키는 것은 빛의 산란을 최소화 시킬 것이다. Focal conic 구조에 의한 빛의 산란은 셀 갭이 커질수록 증가한다. 만약 셀 갭이 너무 두꺼워 진다면, 빛의 산란은 감소되기 시작한다(그림 17.8). 단단한 유리 기판의 디스플레이 셀에서, 기판 위 배향막 처리는 focal conic texture에 의한 빛의 산란을 감소시키고 대비를 증가시키기 위한 기본 공정이다. 캡슐화된 콜레스테릭 물질에서의 빛의 산란 및 대비 특성은 방울의 크기와 모양에 뿐만 아니라 캡슐화 시키는 물질의 배향 특성에 따라 조절된다(이후 참조). 이 구조의 디스플레이에서 대비 특성은 검정색의 빛을 흡수하는 backplane을 얼마나 콜레스테릭 물질에 가깝게 위치시키도록 디자인하느냐에 따라 개선될 수 있다. 단일 층 디스플레이에서 20:1의 대비비를 쉽게 얻을 수 있었다. 멀티 컬러 디스플레이를 위해 추가되는 층들은, 특히 백플레인과 접해있지 않으면, extra haze를 발생시켜 검은 배경에서도 디스플레이의 대비비를 감쇄시키게 된다.

17.2.5 문턱 전압과 멀티플렉싱

콜레스테릭 디스플레이의 중요한 특징 중 하나는 문턱(threshold) 전압을 갖고 구동되는 쌍안정성(bistability)이다. 문턱 전압의 존재는 각각의 화소에 트랜지스터 스위치가 요구되는 능동 매트릭스방식을 피할 수 있으므로 중요하다(Yuan 1996). 문턱 전압이 디스플레이를 어드레싱하는데 저가의 멀티플렉싱 구동 방식을 적용할 수 있게 함으로써 간단한 수동 매트릭스 방식으로 무제한의 해상도를 갖는 반사형 디스플레이를 구현할 수 있다. [그림 17.9]에 전압에 대한 특성 곡선을 나타내었다. 전압 펄스는 콜레스테릭 물질을 planar와 focal conic 구조로 구동시킨다. 만약 콜레스테릭 물질이 초기에 planar 상이였다면, 낮은 전압 펄스가 문턱 값 V_1보다 커지면 planar 상에서 focal conic 상으로 바뀌게 된다.

인가된 전압이 V_1 이상이 되면, 디스플레이 셀의 반사도는 감소하기 시작하고 계조 영역이 된다. 이는 디스플레이 셀의 일부 도메인 또는 화소가 다른 것에 비해 먼저 focal conic 상으로 전이되기 때문이다. 특정 전압에 이르면, 화소 내의 모든 도메인들은 focal conic 상으로 전이된다. 콜레스테릭 물질의 도메인 texture는 콜레스테릭 디스플레이의 계조 표시를 가능하게 하고, 이 계조는 재현성이 있고 안정적으로 동작함을 참고하여야 한다. 계조 이미지는 계조가 없는 것과 비교하였을 때 동등하게 안정적이다. 이러한 계조 특성은 풀 컬러 반사형 디스플레이를 가능하게 한다.

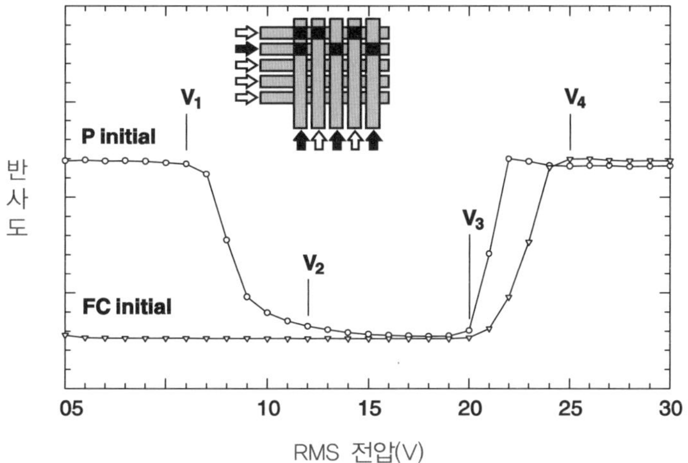

[그림 17.9] 전압 펄스(250Hz, 펄스폭 : 100ms)에 의해 구동된 콜레스테릭 디스플레이의 전기광학 응답 곡선(셀 갭 : 5μm). 콜레스테릭 물질은 노란색을 반사하고, Δn=0.22, $\Delta\epsilon$=+31.4를 가지는 네마틱 액정으로 제조되었다. V_1, V_3 그리고 V_4는 그림에 삽입된 고해상도 수동 매트릭스 디스플레이의 멀티플렉싱을 위해 중요한 문턱전압이다.

V_4보다 높은 펄스의 전압은 물질을 focal conic 상에서 planar 상으로 전이되게 한다.

기본적으로 두 개의 구동전압인, V_p와 V_{FC}는 콜레스테릭 물질을 각각 planar 상 혹은 focal conic 상으로 구동하기 위해 필요하다. $V_p \geq V_4$를 만족하는 전압 V_p가 인가되면 선택된 열(row)에서 밝은 화소로 바뀌고, $V_{FC} \leq V_3$를 만족하는 전압 V_{FC}가 인가되면 선택된 열이 어두운 화소로 바뀐다. V_3와 V_4가 각각 어두운 반사와 밝은 반사를 구현하기 위해 적절히 선택되는 지를 확인해야 한다. 선택되지 않은 열에 걸리는 전압인 V_{NS}°는 $V_{NS} \leq V_1$ 조건을 만족한다. 만약 $V_{NS}=(V_p - V_{FC})/2$인 구동 방식을 취한다면, $(V_4 - V_3)/2 \leq V_1$의 조건을 만족하는 한, 무한한 수의 열을 누화 현상 없이 멀티플렉싱 할 수 있을 것이다. V_1에서 V_4까지의 값은 동일하지 않은 셀 갭, 균일하지 않은 셀, ITO의 저항과 셀 정전용량에 의한 구동 파형의 변화 그리고 디스플레이에서의 온도 분포(gradient)에 의해 영향을 받는다. 이미지의 퀄리티를 유지하면서도 V_3와 V_4의 변화량에 대응할 수 있는 능력을 제공할 수 있는 전압의 동적인 범위라는 것이 존재한다(Khan *et al*. 2004a).

17.3 구동 방식, 칩, 회로

콜레스테릭 물질에 의한 브래그 반사 및 빛의 산란 현상은 매우 안정적이며, 특히 전압에 대한 반응 곡선을 보면 한 texture에서 다른 texture로의 전환이 문턱 전압을 갖는 전압 펄스 구동이 가능함을 알 수 있다. 이는 고해상도의 매트릭스 구동이 가능하다는 점에서 매우 중요한 특징이다. 수동 매트릭스를 사용하여 몇 가지 구동 방식이 수년간 개발되어 왔다 (Rybalochka *et al*. 2000; Roosendaal, *et al*. 2001; Huang *et al*. 1998a). 가장 간단한 기본 구동 방식도 소개되었다(Yuan 1996). 빠른 페이지 넘김을 위한 동적인 구동 또한 소개되었다(Huang *et al*. 1995); 소형 디스플레이에서의 동영상 구현을 위한 누적(cumulative) 구동 (Huang *et al*. 2000) 방식 또한 소개되었다.

17.3.1 기본 구동 방식

기본 구동 방식(Yuan 1996)은 현재 가장 많은 제품에 사용되고 있다. 이 방식은 크기나 해상도의 제한이 없으나, 40V STN 칩을 사용할 경우 상온에서의 어드레싱 속도가 라인당 약 5ms 이다. 저가격의 STN 구동 칩에 대한 적용성 및 호환성은 초기에 시장에서 콜레스테릭 디스플레이 제품의 진입을 가능하게 하였다. 그러나 이 칩들은 쌍안정 디스플레이의 구동을 위해 최적화된 것이 아니며, 가격 또한 필요 이상으로 비싸다. 또한 칩의 각 행과 열의 출력들이 종종 사용되지 않거나, 사이즈에 민감하다. 게다가 콜레스테릭 디스플레이에 사용될 드라이버는 열 구동과 행 구동의 기능을 동시에 할 수 있어야 한다. 따라서 콜레스테릭 디스플레이를 위한 새로운 디자인은 기본 구동 방식과, 동적(dynamic) 방식, 누적 방식의 세 가지 특성을 모두 수용하여야 한다. 새롭게 디자인될 칩이 사용가능하기 전까지는 STN 칩이 몇몇 디스플레이에 적용되고 있다.

17.3.2 동적 구동 방식

동적(dynamic) 구동 방식(Huang *et al*. 1995; 1996; Miller *et al*. 2003)은 대체적으로 빠르고 낮은 온도에서는 특히 빠르다(그림 17.10). 콜레스테릭 texture 특유의 빠른 변환 특성을 이용하면 행의 선택시간을 50μs까지 작게 할 수 있다.

구동 방식을 선택하는 것은 요구되는 디스플레이의 해상도나 예상되는 응용분야에 따라 달라진다. 서로 다른 온도에서 각각의 구동을 최적화하기 위해서는 한 가지 시스템 내에서 하나 이상의 구동방식을 적용하는 것도 가능하다. 한 예로, 상온이나 추울 때에는 동적 구동 방식을 사용하고, 온도가 높을 때는 기본 구동 방식을 사용하는 방법이 있다.

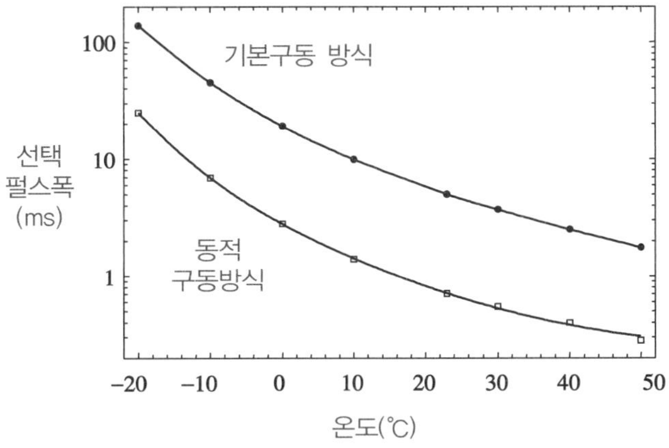

[그림 17.10] 기본 구동 방식과 동적 구동 방식의 선택(select) 펄스 폭에 따른 업데이트 률. 낮은 온도에서의 차이는 매우 크다. SID의 허가 하에 기재됨.

비록 STN 칩이 이러한 구동 방식을 채용(Ruth *et al*. 1997)하였지만, STN 칩은 실제 제품에는 사용되지 않는다. Kent사에서는 이 구동 방식을 위해 특별한 저가격의 칩을 개발하였다. 이 칩은 또한 누적 구동 방식에도 적용할 수 있다; 그러나 수동 매트릭스 구동에서 누적 방식은 16 행 보다 작은 디스플레이에 사용된다. 보다 큰 디스플레이의 동영상 구현에는 능동 매트릭스가 필요하다(Nahm *et al*. 1998).

17.3.3 누적(Cumulative) 구동 방식

누적 방식은 작거나 저해상도의 디스플레이에서 동영상 구현을 위해 개발되었으나, 동적 구동 혹은 기본 구동 방식을 사용하는 대형, 고해상도 디스플레이에서 지우는 과정이나 paging appearance(black line)를 제거하는데 유용하게 사용될 수 있다(Huang *et al*. 2000). 이 방식은 planar 상 또는 focal conic 상의 화소를 부분적으로 구동할 때 구동 펄스가 누적된 효과를 가지는 것에 의해 작동한다. 전압 펄스들은 화소의 더 많은 도메인을 원하는 상으로 가게 하기 위하여 각각의 크기를 가지고 반복적으로 화소에 인가된다.

17.3.4 능동 매트릭스 구동

수동 매트릭스 구동 방법의 문제점은 전력의 대다수가 데이터 전압에 의해 선택되지 않은 열에서 소비된다는 것이다. 소비 전력을 줄이기 위해, "Update when changed"(변화가 있을 때만 업데이트하는) 기술이 적용된 능동 매트릭스 구동이 필요하다. 이 방법은 또한 응답속도를 현저히 개선시킬 수 있고, 노트북과 PDA 같은 주요 응용제품에서 스캔 라인을 제거할 수도 있다.

17.4 전력 소모

쌍안정 콜레스테릭 디스플레이의 가장 매력적인 특징의 하나는 매우 낮은 전력 소모이다. 계조표시가 가능한 쌍안정 메모리 특성이란, 이미지를 바꿀 때까지 디스플레이의 전력 소모가 없고, 적절한 회로를 통해 이미지가 변화되는 부분들에만 전력을 공급하면 된다는 것을 의미한다. 대부분의 응용 제품에서, 이러한 특성은 백라이트를 제거한 것 보다 더욱 많이 전력을 아낄 수 있다.

전력 소모의 주요 원인은 구동전압이 인가되었을 때 화소 전극을 충전 시키는 것이다. 상대적으로 콜레스테릭 texture의 상 혹은 구조를 바꾸기 위해 필요한 전력은 대단히 작다. 콜레스테릭 디스플레이를 새롭게 갱신하기 위한 평균 전력은 선택된 행과 선택되지 않은 행의 전력을 합산함으로써 계산할 수 있다. 일반적인 디스플레이 시편에서 행을 선택하기 위해 요구되는 전력은 ~2mW/cm^{2}이다. 선택되지 않은 행에서의 전력 소모는 구동 방식에 따라 다르다. Unipolar 구동에서 선택되지 않은 행에서 소모되는 전력은 고해상도 디스플레이에서 행을 선택할 때 소모되는 전력과 유사하다. 그러나 이는 bipolar 구동 방식을 적용하여 크게 줄일 수 있고, 능동 매트릭스를 사용하면 0으로 감소시킬 수 있다.

다양한 디스플레이 기술과 구동 방식에서의 전력 소모를 배터리의 수명으로 표현되는 에너지 절약량으로 비교하는 것은 매우 유용하다. 단지 전력 소모만을 고려해보면, 발광형(emissive)과 백라이트(backlit)형 디스플레이는 전력 소모가 큰 편으로, 가장 큰 배터리와 가장 빈번한 충전 간격이 필요하다. 우리가 흔히 보는 디스플레이인 노트북과 많은 장치들이 이런 방식이다. E-Book 크기의 디스플레이라도 빛을 내기 위해 필요한 최소의 전력 소모는 적어도 1000mW 이상이다. 이 값은 EL과 OLED 등과 유사한 정도이다. 따라서 E-Book에 의한 전력 소모를 계산하려면, 대략 1500mW 정도의 값을 추가하여야만 한다. 이는 수 시간의 배터리 사용 가능 시간과 대응되며, 따라서 E-Book의 편리한 사용을 위한 배터리를 재충전 시간으로 적합하지 않다.

추가로 백라이트 문제를 거론하면, 오늘날의 시장의 대부분 평판 디스플레이는 백라이트에 의한 것보다 리프레쉬에 의해 훨씬 더 많이 지속적으로 전력을 소모한다. [표 17.1]에 6.3 인치 VGA 해상도의 디스플레이를 위한 특정 배터리의 수명에 대해 정리하여 놓았다.

E-book에 의한 에너지 절약을 더 쉽게 이해하기 위한 예를 들면, 우리는 평균적으로 한 페이지를 읽는데 1분이 소모된다. 따라서 E-book을 사용하면 책을 하루에 12시간씩 한 달을 읽은 후에 배터리를 재충전하면 된다. 이것이 E-Book이 필요한 이유이다.

[표 17.1] 재충전이 필요하기 전의 배터리 구동 시간을 통해 살펴본 다양한 디스플레이 기술의 E-book에서 에너지 소비 비교. 구동 시간은 무게 2.0 lb, 6.3인치의 E-book에 사용되는 5.4Wh의 배터리 기준임.

	재충전을 위한 시간(시)		
	1min	2min	3min
Blacklit STN	2	2	2
반사형 STN	18	18	18
반사형을 레스테릭	270	540	1350
능동구동	640	1280	3200

17.5 풀 컬러 구현

풀 컬러(full-color) 콜레스테릭 반사형 디스플레이를 구현하기 위한 두 가지 방법이 있다: 셀 적층(stacking) 방식(Hashimoto *et al*. 1998; Huang *et al*. 1998b)과 화소의 컬러 패터닝 방식(Chien *et al*. 1995)이 그것이다. 적층된 디스플레이에서 R(석색), G(녹색), B(청색) 반사 디스플레이 셀은 서로서로 적층되어 있다. 각각의 디스플레이 셀로부터 반사되는 색을 가산(additive) 혼합하여 원하는 컬러 구현이 가능하다. 각각의 색은 계조를 가지고 있어서, 풀 컬러 디스플레이가 가능하다. 반사형 디스플레이에서 셀 적층 방식은 밝기를 3배로 높일 수 있어 매우 바람직하다. 왜냐하면 디스플레이의 전 영역이 모든 컬러의 빛을 반사하기 때문이다. 이러한 효과는 각각의 화소가 RGB 패턴으로 나뉜 디스플레이 셀에서는 적용되지 않는다. 패터닝 방식에서는 셀 영역의 오직 3분의 1만이 특정 색을 반사하고, 따라서 밝기가 3분의 1이 된다.

17.5.1 적층 컬러 디스플레이

RGB 적층된 풀 컬러 반사형 콜레스테릭 디스플레이는 유리 기판(Huang *et al*. 1998b)과 플라스틱 기판(Okada *et al*. 1997; Khan *et al*. 2004b)에서 만들어졌다. 현재까지 가장 큰 적층 콜레스테릭 디스플레이는 Minolta(Hashimoto *et al*. 1998)에 의해 만들어졌고, A4 용지 크기, 2048×1440 화소, 180dpi, 풀 컬러를 구현하였다(그림 17.11). 이 디스플레이는 PES (polyethersulfone)기판을 사용하여 제작되었다. 레진(resin)에 의한 지지구조([그림 17.11]에서 내부의 검은 지지층)를 고온에서 녹는 물질과 스크린 프린팅 방법을 사용하여 플라스틱 기판에 규칙적으로 형성하였다(Hashimoto *et al*. 1998).

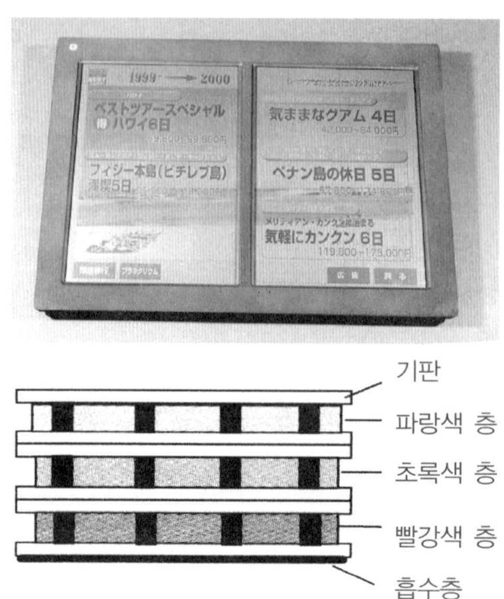

[그림 17.11] Minolta에서 개발한 A4 용지 2장 크기, 2048×1440화소, 180dpi 반사형 콜레스테릭 디스플레이. 풀 컬러 구동을 위해 적층된 RGB 구조를 적용함. 사진은 Minolta의 허가에 의해 기재. 그림은 SID의 허가에 의해 기재.

스페이서(spacer)를 사용하여 셀 갭을 조절하였다. 열과 압력이 가해지면 지지구조가 기판을 합착시켜 안정된 셀 갭을 유지하고 압력이나 휨 변형에 견고한 소자를 만든다. 현재까지 저자들이 알고 있는 바에 의하면, 이것이 플렉시블 기판 위에서 만들어진 최대 크기, 고해상도, 컬러 반사형 디스플레이이다. Kent Display사에서도 플라스틱 기판에서 풀 컬러 디스플레이를 만들었으나, 이는 대각선 6.3인치, VGA 해상도와 4096 컬러 구현이 가능한 제품이다(Khan *et al*. 2004b).

17.5.2 컬러 패터닝 방식

풀 컬러 콜레스테릭 반사형 디스플레이는 단일 기판에서 패터닝된 RGB 반사 화소를 통해서도 구현이 가능하다. 비록 휘도가 적층된 RGB 셀보다 3분의 1밖에 되지 않지만, 공정이 간단하고, 오직 두 장의 기판만 필요하며, 전기적 배선이 적다는 장점이 있다. 능동 매트릭스 디스플레이를 구동할 경우에 아마도 풀 컬러 반사형 디스플레이를 구현할 수 있는 유일한 방법이 될 것이다.

콜레스테릭 물질을 패터닝하기 위한 방법의 하나는 UV 조사에 의해 물질의 카이랄리티가 광화학적으로 변화하는 조절형(tunable)카이랄 물질을 사용하는 것이다(Chien *et al*.1995). 컬러 패턴은 포토 리소그래피를 통해 얻어진다. 비록 몇 가지 패터닝 방법이 보고되었으나, 디스플레이를 제작한 경우는 아직 보고된 바 없다.

17.5.3 흑백 구현

콜레스테릭 디스플레이의 반사 대역폭(Δλ)은 약 100nm 정도인 액정의 복굴절 값에 의해 제한된다. 따라서 콜레스테릭 물질을 오직 단일 층으로 사용한다면, 이는 백색광을 반사하기에 충분하지 않다. 도메인 방향의 분포에 의한 브래그 반사각의 분포가 대역 폭을 넓힐 수 있다. 그러나 단단한 기판의 디스플레이에서 표면 처리는 도메인 분포를 충분히 넓히는데 부족함을 알 수 있었다. 대신 고분자 네트워크가 효과적인 것으로 나타났다(Khan *et al*. 2002; Miller *et al*. 2003). 마찬가지로, 구형 방울을 포함하는 분산된 방울구조도 넓은 도메인 분포를 형성하는 것으로 나타났다.

17.6 플렉시블 디스플레이를 위한 분산된 방울구조

플렉시블 콜레스테릭 반사형 디스플레이의 핵심은 분산된 방울구조를 형성하는 것이다. 첫째, 방울에 의해 제한된 콜레스테릭 물질은 구부렸을 때에도 쌍안정 상태를 유지해야 한다. 이러한 제한 구조는 focal conic 상이 지워지거나 흐르는 것으로부터 콜레스테릭 물질을 보호한다. 분산된 방울구조는 매우 견고한 특성이 있어서 디스플레이의 이미지가 기판이 압력을 받거나 구부려져도 변하지 않는다. 분산된 방울구조가 중요한 두 번째 이유는 물질들이 기판에 코팅 또는 프린트 될 수 있다는 것이다. Web 공정을 이용한 플렉시블 디스플레이 제조에서 이 특징은 반드시 필요하다. 분산된 방울구조가 필요한 세 번째 이유는 self-sealing을 하기 때문이다. 콜레스테릭 액정은 방울에 의해 갇히고, 셀 밖으로 흐르지 않는다. 따라서 일반적인 대부분의 액정 디스플레이에서처럼 디스플레이 셀 주위에 봉합을 하는 것이 필요없다.

콜레스테릭 액정의 분산된 방울구조를 만드는 방법은 매우 많다. 사실 콜레스테릭 액정 디스플레이 이전에 콜레스테릭 액정은 온도 센서로 사용되었고, 마이크로 캡슐을 사용한 방법이 방울구조를 만들기 위해 개발되었다(Sage 1991). 이 방법은 액정상을 갖는 물질과 물에 뜨는(waterborne) 물질을 섞을 때 발생하는 에멀전을 이용한 것이다(Drzaic 1995). 이와 유사한 방법들이 디스플레이 개발을 위해 연구되고 있다. 더욱 최근에는 상분리 방법으로 고분자 분산형 액정(PDLC)이 개발되었고, 또한 콜레스테릭 물질을 사용하기도 했다(Doane 1990). 쌍안정 디스플레이를 위한 콜레스테릭 방울은 일반적으로 빛의 산란모드를 이용한 PDLC 디스플레이에서의 액정 방울보다 더욱 큰 것이 필요하다. 상분리와 에멀전 기술은 방울이 형성되는 방식과 공정 면에서 다르다. 상분리 방법은 물질이 코팅 또는 프린트 된 후에 방울을 형성하고, 에멀전 방법은 코팅 또는 프린트하기 전에 방울이 형성된다.

17.6.1 에멀전화

에멀전 방법으로 방울을 형성하는 방법은 몇 가지 장점을 가진다.

- 에멀전으로부터 형성된 분산된 방울구조는 높은 비율의 콜레스테릭 물질을 포함하고 있다. 이는 고분자의 농도가 겨우 12~15%이고 액정이 80% 이상일 때에도 고분자 벽이 매우 견고해지는 경향이 있기 때문이다.
- 에멀전 방법은 planar 상의 높은 반사특성과 focal conic 상의 작은 산란효과를 얻기 위한 편원(oblate) 모양의 방울을 쉽게 형성할 수 있다. 방울은 코팅 후의 증발 공정 동안 편원 구조를 만들기 위해 납작해진다. 이는 박막이 건조될 때 일어나고, 박막에 수직된 방향으로 줄어든다.
- 콜레스테릭 방울을 균일한 사이즈로 만드는 것은 이미 시연되었다. 균일한 방울을 만들기 위해 첨가제(additive)를 에멀전에 추가하였다(Stephenson *et al*. 2000). Extrusion 공정을 통해, monodisperse 에멀전 또한 선보인바 있다(Umbanhowar *et al*. 2000).

일반적인 에멀전화 공정들은 액정이 물에 녹는 binder를 갖는 수용성의 bath에 분산되는 경우이다. Binder는 latex, PVA(polyvinyl alcohol), 이온이 제거된 gelatin 등이다. 물은 용매 역할을 하고, 점성이 있는 용액을 형성하기 위해 고분자를 녹인다. 이 수용액은 액정을 용해시키지는 못하고, 상분리를 한다. 이 시스템이 충분히 높은 속도로 교반기에 의해 섞이면, 마이크로 단위의 액정 방울이 형성된다. 더 높은 속도로 교반되면 더욱 작은 액정 방울이 형성된다(Drzaic 1995). 물에 녹는 고분자의 분자 무게 또한 방울 크기에 영향을 주는 요소이다. 큰 방울은 작은 분자량을 갖는 고분자에 의해 형성된다(Drzaic 1990). 방울이 형성된 후, 에멀전은 기판에 코팅되고, 수분은 증발하게 된다. 고분자와 액정, 또는 고분자와 공기와의 상호관계 사이에 표면 장력을 줄이기 위해 소량의 계면 활성제를 첨가할 수 있다. 크로스-링킹이 되는 첨가제는 분산된 고분자 벽을 더욱 단단하게 할 수 있다. 여러 가지 다른 에멀전화 방법도 있다(Sage 1991).

17.6.2 방울 구조

콜레스테릭 방울 구조에 대해 일반적으로 알려진 것들이 몇 가지 있다. 크기에 관해서는, 지름이 2~3μm 보다 더 커야하고, 평탄해진 후에는 두 가지 이유로 30~50μm까지 커져야 한다.

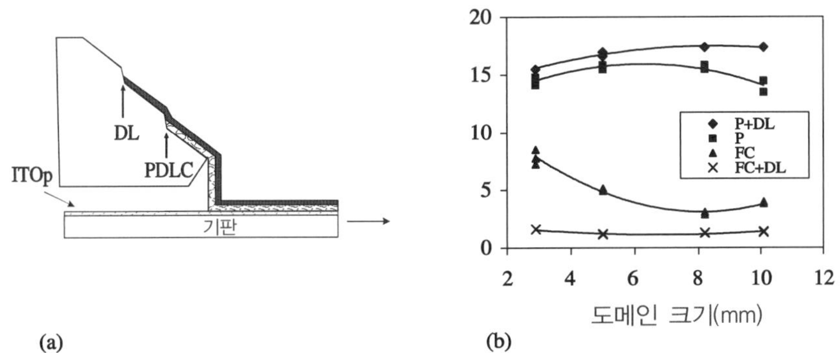

[그림 17.12] (a) 콜레스테릭 분산된 방울구조 위에 dark coat, DL(dark layer)의 다중 코팅을 위한 Kodak photographic 코팅 공정 그림.
(b) 방울 크기에 따른 DL을 보호막으로 가지거나/가지지 않는 Kodak 에멀전 코팅의 반사도

첫째로 너무 작은 방울은 많은 빛을 산란시키는 경향이 있다. 빛의 산란은 방울간 혹은 방울과 캡슐 물질의 굴절률의 비일치로 생겨난다. 방울의 크기가 빛의 파장과 유사해지면, 빛의 산란은 더욱 두드러질 것이다. 두 번째, 더욱 중요한 이유는 너무 작은 방울의 경우, 특히 방울이 구형이면 더욱, planar texture를 불안정하게 만든다. 방울의 모양은 반사 휘도와 대비뿐만 아니라 쌍안정성을 위한 중요한 요소다. 구형이 아닌 평탄한 구조는 planar texture를 안정화시키고, 큰 S_3 값과 더욱 밝은 반사도를 제공한다.

방울 크기의 균일성 또한 이슈이다. 보통의 에멀전화 방법은 방울 크기의 분포가 넓다. 최근에 Kodak에서(Stephenson *et al*. 2000; Stephenson 2004) 특수한 coalescence 물질과 특수한 공정을 사용하여 거의 단일한 크기의(near-monodisperse) 방울 분산법을 개발하였다. 이 기술을 사용하여, 그들은 방울 크기에 따른 광학적 특성 변화를 연구하였다. 그들은 산란 효과를 줄이기 위해 에멀전 근처에 직접적으로 어두운 층을 코팅했다. 사진 공정을 통해 DL(dark layer)와 에멀전을 동시에 코팅하였다(그림 17.12). 분산된 방울구조가 코팅 되었고, 방울 크기에 따른 광학적 특성을 측정한 결과가 [그림 17.12]에 나타나 있다. 산란 효과를 줄이는데 있어, 방울 크기 분포가 결정적으로 작용 하지는 않음에 주목하라. 또한 에멀전과 직접 접촉한 DL이 focal conic texture를 어둡게 하여 대비비가 크게 증가함을 알 수 있다.

17.6.3 상분리

상분리는 prepolymer와 콜레스테릭 액정의 혼합 및 이를 적절한 조건아래 고분자화하여 방울을 형성하는 것을 의미한다. 그러므로 방울 형성을 위한 고분자화는 혼합된 물질이 코팅된

후 이루어진다. 고분자(또는 단분자) 에 의존하여 사용되는 고분자화 기술의 기본적인 세가지 형태가 있다(Doane 1990): (1) 열적으로 유도된(Thermally induced) 상분리(TIPS); (2) 고분자화로 유도된(Polymerization-induced) 상분리(PIPS); (3) 용액으로 유도된(Solvent-induced) 상분리(SIPS)

보통 선호되는 방법은 보통 상온에서 액정과 prepolymer의 혼합체를 이용하는 PIPS 이다. 단분자가 고분자화 될 때, 단분자의 가능한 구조 개수가 줄어들게 되고, 따라서 혼합 엔트로피도 감소된다. 고분자화의 정도가 임계값에 이르면 고분자로부터 액정이 상분리된다. 고분자화는 열적으로 유도되거나 또는 빛에 의해 유도(photoinitiation)될 수 있다; 광 개사유도(Photoinitiation)는 방울 크기를 조절하기 가장 쉽다. 광 개시 에서 꼬리에 acrylate 또는 methyacrylate가 달린 단분자들이 자주 사용된다. 약간의 광 개시제(photoinitiator)가 필요하고, 종종 크로스-링킹 물질이 추가된다. 광자를 흡수하면, 광 개시제는 프리-라디칼이 되고, acrylate 그룹과 반응하여 opened 이중 결합(double bond)이 생성된다. Opened 이중 결합은 다른 acrylate 그룹과 반응한다. 이러한 연쇄 반응은 opened 이중 결합이 다른 opened 이중 결합 또는 다른 프리-라디칼과 반응을 할 때까지 전파되고, 그리고 나서 고분자화가 멈추게 된다. 준비된 샘플에서, 혼합물은 프린트 또는 코팅 시킨 후, UV에 의해 경화된다. UV 세기가 더욱 크게 되면 더욱 작은 방울이 형성된다; 그러나 방울 크기는 첨가제의 양에 의해 결정되는 시스템의 기능성에 의해 가장 잘 조절된다.

TIPS는 액정과 열가소성 물질(고분자)의 혼합체를 이용한다. 온도가 낮아지게 되면, 혼합 엔트로피는 작아지게 되고, 액정 상은 총 자유 에너지가 감소하도록 분리되어 방울을 형성한다. 방울 크기는 냉각 비율에 의해 조정할 수 있고, 냉각 비율을 빨리하면 더욱 작은 방울이 형성된다. TIPS는 방울 크기를 조절하는데 이점이 있다. 냉각 비율이 쉽게 조정이 가능하기 때문이다. 이 공정을 이용할 수 있는 열가소성 고분자가 많이 있는데, 예를 들어, PMMA(polymethyl methacrylate)는 경계에서 액정을 평행하게 고정(anchoring)시키고, PIMB (polyisobutyl methacrylate)는 경계에서 액정을 수직하게 고정시킨다.

SIPS 방법에서 초기 물질은 흔한 용매에 녹아있는 열가소성(thermoplastic) 물질과 액정의 혼합물이다. 용액이 증발되면, 혼합 상호작용 에너지는 증가한다. 용매의 농도가 충분히 낮아지면, 이 시스템의 혼합 상호작용 에너지를 감소시키기 위해 상분리가 일어난다. 액정 방울의 크기는 용액의 증발 속도에 의존하고, 증발 속도가 빨라지면 더욱 작은 방울이 형성된다. 그러나 실제로 SIPS 방법은 거의 사용하지 않는다. 용액의 증발 속도를 조절하기가 어렵기 때문이다.

상분리에 의해 형성되는 콜레스테릭의 분산된 방울구조가 [그림 17.13]에 현미경 사진으로 표시되어 있다(Lu 1995; Yang *et al*. 2003). 20%의 열가소성 물질, poly(vinyl butyral),

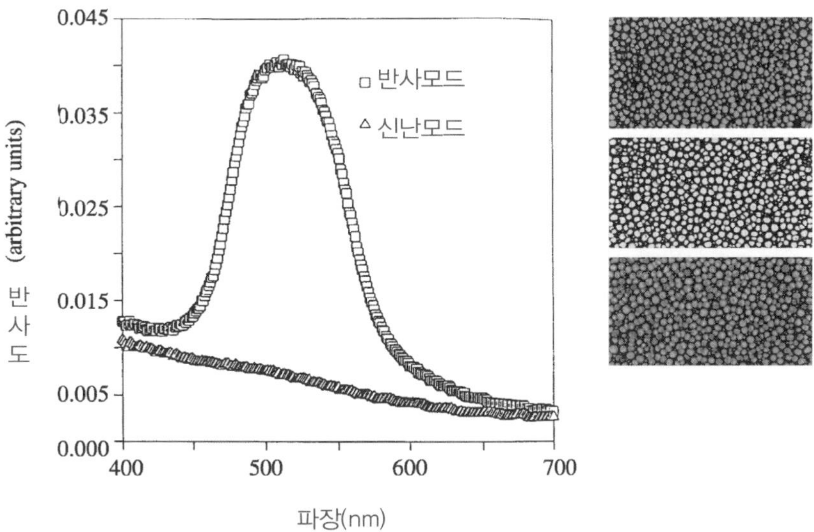

[그림 17.13] 세 가지 다른 브래그 반사 색의 콜레스테릭 분산 방울 구조의 현미경 사진과 planar 반사 구조 및 비반사 focal conic 구조의 노란 방울에서의 반사 스펙트럼.

그리고 80%의 콜레스테릭 액정으로 구성된 혼합물로 만들어졌으며, 높은 온도에서 코팅한 후, 일정한 비율로 조정하여 냉각시켰다. Planar 구조와 focal conic 구조로부터의 반사도를 [그림 17.13]에 나타냈다. 이 물질의 반사도는 매우 뛰어날 뿐만 아니라 focal conic 구조에서의 산란도 거의 없어서 우수한 대비비를 얻을 수 있었다. 이 물질 또한 압력과 기판의 구부림에 대해 매우 견고한 것으로 나타났다.

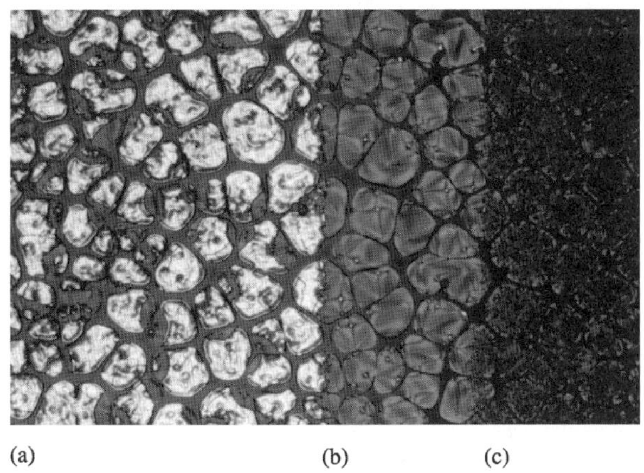

[그림 17.14] 두 개의 화소와 경계 영역을 보여주는 콜레스테릭 방울의 도메인 texture 사진; 왼쪽의 화소는 planar 구조로 전기적으로 스위칭 되었고, 반면에 가장 오른쪽에 있는 화소는 focal conic 구조로 스위칭되었다. 셀 사이 영역은 전극이 없고, 전기적으로 스위칭 되지 않는다; 그러나 그 부분은 focal conic 상으로 열적 냉각과정을 거친다. 전극 가장자리에 있는 방울은 양 조직을 모두 가짐에 주목해야 한다.

TIPS 공정에 의해 형성된 방울은 상당히 균일한 크기를 가지는 것을 주목해야 한다(이 경우는 지름이 ~40μm 정도이며 셀 갭보다 더 커서 방울이 디스크 모양으로 눌리도록 한다). 이러한 납작해지거나 타원형의 방울 구조는 원하는 도메인 구조를 만드는데 중요하다. TIPS 공정에 의해 만들어진 분산 시스템에서의 planar 및 focal conic 구조의 콜레스테릭 방울 도메인 texture를 [그림 17.14]에 나타냈다. 전기적으로 스위칭된 구조(방울 내의 작은 도메인)와 열적으로 냉각되어 얻어진 구조(방울 내의 큰 도메인)의 서로 다른 두 가지 focal conic texture를 얻을 수 있었다. 하나하나의 방울의 현미경 사진에서 planar 상과 focal conic 상으로 나누어지는 것을 확인할 수 있다. 이 특징은 또한 계조 표현을 하는데 있어서 중요하다.

17.7 플렉시블 디스플레이를 위하여

분산된 방울구조는 코팅과 프린팅 공정을 사용하는 플렉시블 디스플레이 에서 매우 중요하다. 그러나 아직 생산을 위해 풀어야 할 많은 다음과 같은 이슈들이 있다: 프린팅 할 수 있거나 web 공정에 의해 쉽게 패터닝을 할 수 있는 플렉시블 투명 전도체의 이용성; 튼튼하고 단단한 구동 전자 회로를 위한 배선 기술의 개발; 전극, 절연층, 평탄화층, 하드코팅, 기타 디스플레이를 구성하는 다양한 물질을 처리할 수 있는 web 공정의 개발

17.7.1 에멀전을 이용한 디스플레이

플렉시블 콜레스테릭 디스플레이의 제작 기술이 가장 발전된 곳은 Kodak이다(Stephenson 2004). 사진 산업에서 사용되는 프린팅 방법과 코팅 방법을 사용하여 인상적인 디스플레이를 발표하였다. 패터닝된 ITO 투명 전극을 포함한 플라스틱 기판 위에, 건조된 gelatin(gel washed)으로 만들어진 250nm 두께의 절연층, 분산된 방울구조 및 DL(dark layer)가 차례로 코팅된다. 이후 불투명한 도체 전극은 마이크로 전자 공학에서 사용되는 두꺼운 고분자 필름 잉크를 사용하여 스크린 프린팅 된다. [그림 17.15]는 사진 코팅 및 프린팅 방법을 사용하여 만들어진 디스플레이 필름을 보여준다. Kodak은 100mm 코팅 공정을 통해 제작된 1.0mm 피치의 가로 64행 세로 96열을 가진 수동 매트릭스를 포함하여 다양한 플렉시블 디스플레이를 선보였다. [그림 17.15]는 7 세그먼트 디스플레이와 이를 부착한 일반 신용카드를 보여주고 있다.

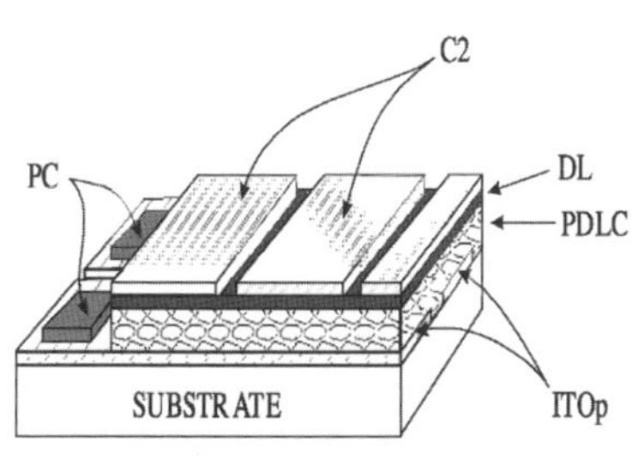

[그림 17.15] (왼쪽) 백플레인 전도체(C2), DL, 분산된 방울구조(PDLC)를 사진 공정을 사용하여 프린팅 한 플렉시블 콜레스테릭 디스플레이의 모식도(KODAK)
(오른쪽) 7 세그먼트 디스플레이의 신용카드 적용. SID의 허가에 의해 기재

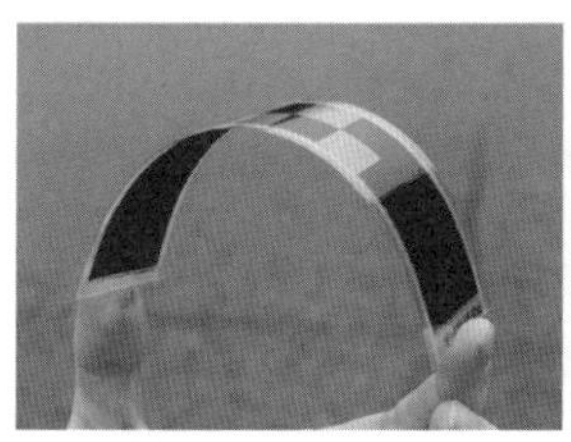
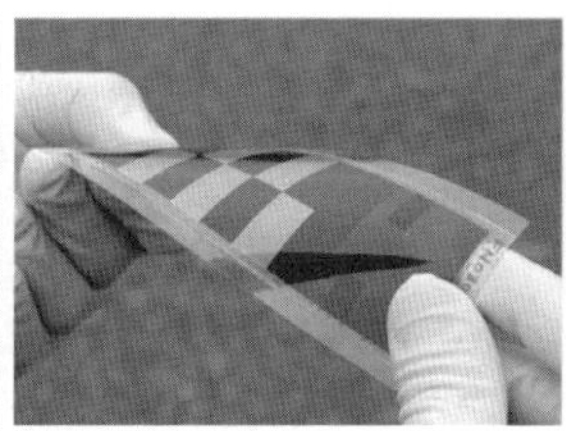
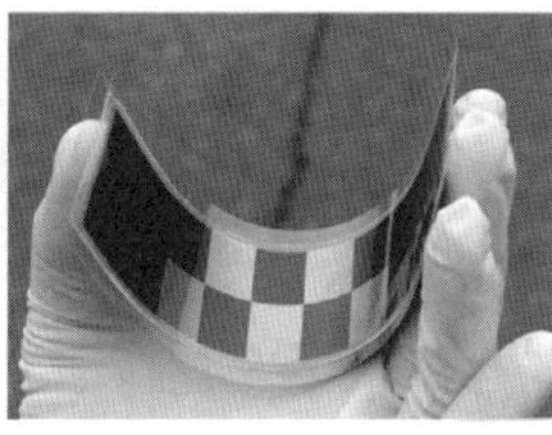

[그림 17.16] 태양 빛에서 본 PIPS 공정에 의해 만들어진 분산된 방울구조 기반 polycarbonate 기판을 사용한 플렉시블 쌍안정성 콜레스테릭 반사형 디스 플레이의 사진

17.7.2 PIPS 공정을 사용한 디스플레이

Kent Displays, 사는 기판 위에 고분자 솔루션을 코팅한 후, 방울이 기판에 형성된 곳에서 상분리 제조법을 이용해 만들어진 분산된 방울구조를 사용한 플렉시블 콜레스테릭 디스플레이 모델을 제작하는데 성공했다.

[그림 17.16]은 패터닝된 ITO 전극을 가진 플렉시블 polycarbonate 기판 위의 12 화소 콜레스테릭 디스플레이를 보여준다(Schneider *et al*. 2005). 이것은 단분자와 콜레스테릭 액정이 20/80의 무게비로 섞인 혼합물로 제조되었다. 여기에 크로스 링킹을 위한 물질과 스페이서를 첨가하였다. 상판이 laminating되고, UV 조사에 의해 혼합물이 고분자화 된다. [그림 17.16]에 보여진 바와 같이 우수한 대비, 휘도, 시야각 특성을 얻을 수 있었으며, 압력이 가해져 휘어져도 특성은 무관하다.

17.7.3 전도성 고분자 전극

플렉시블 디스플레이를 위한 물질 개발에서 중요한 것은 투명 전극이다. 가장 장래성 있는 것은 전도성 고분자(conducting polymer) 같은 물질(Fritz *et al*. 1999) 또는 탄소 나노 튜

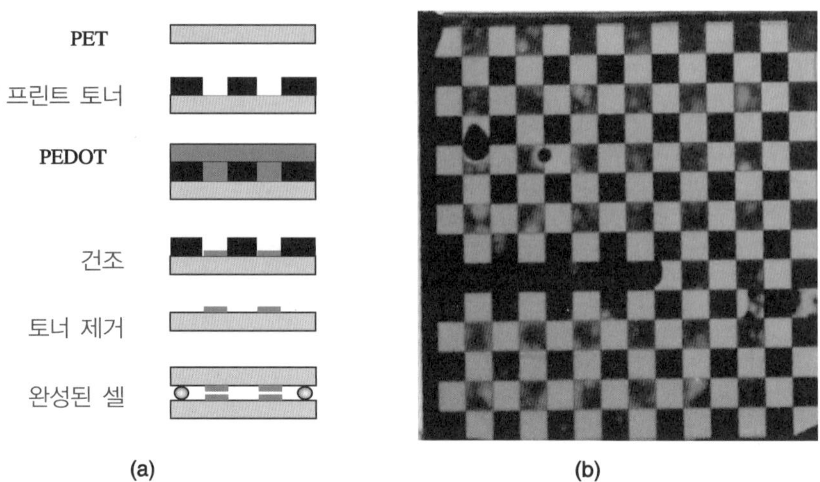

[그림 17.17] (a) 일반 사무용 프린터를 사용한 전극, PEDOT, 전도성 고분자 의 패터닝 과정
(b) 이 방법을 사용하여 전도성 고분자전극을 가지고 제작한 수동 매트릭스 콜레스테릭 반사형 디스플레이

브이다(Arthur 2004). 콜레스테릭 디스플레이를 위한 전도성 고분자는 이미 개발되었다. 벨기에의 Agfa 연구원들은 좋은 전도성-대-투명성 특성을 가진 물질을 개발했고, 다양한 물질 위의 코팅 기법을 개발하였다. 전도성 고분자가 좋은 점은 프린트 할 수 있는 것뿐만 아니라 또한 많은 방법으로 패터닝시킬 수도 있다는 것이다.

Kent Displays사와 펜실베니아 대학 교수인 MacDiarmid는 일반적인 사무용 프린터를 가지고 행과 열로 패턴된 콜레스테릭 디스플레이를 만들었다. 이 방법에서 플라스틱 PET 시트 는 레이저 프린터의 포토 복사기에 로딩되어 원하는 이미지의 반대형상(negative)이 PET 위에 사진 전사 되었다. 그 이후, 전도성 고분자 PEDOT가 프린트 토너가 없는 장소에 코팅 및 부착된다. PEDOT가 건조된 후, 토너는 제거되고, 기판은 패터닝된 전극을 갖게 된다. 전극 사이에 끼인 콜레스테릭 물질은 체스(chess) 기판의 형태로 화소가 전기적으로 구동되는 간단한 디스플레이를 구현하였다(그림 17.17).

17.8 결 론

콜레스테릭 물질은 낮은 비용의 플렉시블 디스플레이가 요구하는 모든 특성들을 가졌다. 기판 또는 외부의 보호 코팅은 가스나 투습 보호막의 필요 없이도 저렴한 복굴절 물질이 될 수 있다. 또한 높은 해상도의 디스플레이를 위한 능동 백플레인을 필요로 하지 않는다. 플렉시블 디스플레이 기술이 다양하게 쓰이려면, 특히 휴대형 기기의 경우, 긴 배터리 수명이 필요 불가결하다. 쌍안정성과 콜레스테릭 물질의 반사 특성은 제품의 소비전력을 최소화시키기에 매우 유리한 특성이다. 콜레스테릭 물질은 또한 넓은 온도 범위에서 풀 컬러 반사 디스플레이를 개발하는데 사용되었다. 풀 컬러, 고 해상도의 플렉시블 콜레스테릭 디스플레이는 1998년에 처음 선보였으나, 아직 생산수준에서 코팅과 프린팅 기술을 손쉽게 사용할 수 있을 때까지 시장의 확보는 쉽지 않을 전망이다.

참고문헌

Anderson, J. E., Watson,P.and Bos,P.J.(2001) Study of the relaxation in cholesteric liquid crystal After reduction of an electric field. *Liquid Crystals* 28, 945

Arthur,D.J. (2004) Transparent electrodes and circuits from carbon nanotubes. *Proceedings of the USDC Displays and Microelectronics Conference* 2004, Phoenix AZ.

Chien, L, −C., Muller, U.,Nabor ,N.−F. and Doane,J.W.(1995) Multi−color reflective cholesteric Displays. *SID Digest* 1998, 169−71

Crawford, G.. (2000) A bright new page in portable displays. *IEEE Spectrum* 40

Doane, J. W. (1990) Chapter 14 *in Liquid Crystals : Applications and Uses* (ed. B. Bahadur), World Scientific, Singapore.

Doane, J. W.,St John, W.D.,Lu,Z.J. and Yang,D.−K.(1994) Stabilized and modified cholesteric Liquid crystals for reflective displays. *Proceedings of IDRC* 1994, Monterey CA,pp.65−8.

Drzaic, P. (1990) *Proceedings of the SPIE Liquid Crystals Displays and Applications* 1257, 29−36

Drzaic, P.(1995) *Liquid Crystal Dispersions*, World Scientific, Singapore.

Fritz, W., Wonderly, H., Smith., S., Kim. Y Chonko, J., Doane, J. W., Shashidhar, R., O'Ferrall, C. E. And Cuttiono, D. (1999) Advances in ChLCD devices using plastic substrates with conducting polymer, *Proceedings of the SPIE Liquid crystal Displays and Applications* 3635, 114−9

Hashimoto, K., Okada, M., Nishiguchi, K., Masazumi, N., Yamakawa, E. and Taniguchi ,T. (1998) Reflective color display using cholesteric liquid crystals. *SID Digest* 1998, 897−900

Huang, X. Y and Doane, J. W. (2002) Recent advantages in cholesteric displays, *Information Displays* 18/2, 14−17

Huang, X. Y., Yang, D. −K., Bos, P. and Doane, J. W. (1995) Dynamic drive for bistable reflective cholesteric displays : A rapid addressing scheme. *Journal of the SID* 3/4 165−8

Huang, X. Y., Stefanov, M., Yang, D. −K. and Doane, J. W. (1996) High−performance dynamic Drive scheme for bistable reflective cholesteric displays. *SID Digest* 1996 ,359−62

Huang, X. Y., Miller, N., Khan, A., Davis, D., Doane, J. W. and Yang, D. K. (1998a) Gray scale of bistable reflective cholesteric displays. *SID Digest* 1998, 810−3

Huang, X. Y., Khan, A., Davis, D., Jones, C., Miller, N. and Doane, J. W(1998b) Full color reflective cholesteric liquid crystal display. *Proceedings of Asia Display* 98, 883−6

Huang, X. Y., Khan, A., Miller, N., Jones, C. and Doane, J. W. (2000) Cumulative drive for bistable reflective cholesteric displays. *SID Digest* 2000, 30−3.

Khan, A., Huang, X. −Y., Miller, N., Jones, C. and Doane, J. W. (2000) Color in stacked Reflective cholesteric displays. *Proceedings of the 20th International Display Research Conference*, Palm Beach , 245−8

Khan, A., Huang, X. Y., Armbruster, R., Nicholson , F., Miller, N., Wall, B. and Doane, J. W. (2001) Super high brightness reflective cholesteric display. *SID Digest* 2001, 460−3.

Khan, A., Miller, N., Nicholson, F., Armbruster, R., Doane, J. W., Wang, D. and Yang, D.−K. (2002) Dynamically driven polymer stabilized blank and white cholesteric liquid crystal display. *Proceedings of the IDW* 2002, Hiroshima, pp. 1349−52

Khan, A., Miller, N., Ernst, T., Marhefka, D., Huang, X. Y. and Doane, J.W. (2004a) Novel drive Techniques and temperature compensation mechanisms in reflective cholesteric displays. *SID Digest* 2004, forthcoming.

Khan, A., Huang, X. Y. and Doane, J. W. (2004b) Low power cholesteric LCD and electronic Book. *Proceedings of the SPIE Defence and Securities Symposium*, Orlando FL, forthcoming

Lu, Z. −J.(1995) *Reflective Cholesteric Liquid crystal displays*, PhD dissertation, Kent State University.

Miller, N., Huang, X. Y., Armbruster, R., Nicholson, F., Pfeifer, J., Ernst, T, Khan, A., Haga, S., Kamata, T., Fukada, K. and Takami, M. (2003) Ultra low power black and white cholesteric Display with COG and solar array. *SID Digest* 2003, 1446−9

Nahm, J. Y., Goda, T., Min , B. H., Chou, T. K., Kanicki, J., Huang, X. Y., Miller, N., Sergan, V., Bos, P. and Doane, J. W. (1998) Amphorphous silicon thin film transistor active matrix reflective Cholesteric liquid crystal display. *Asia Display* 98, 979−82

Okada, M., Hatano, T. and Hashimoto, K. (1997) Reflective multicolor display using cholesteric Liquid crystals. *SID Digest* 1997, 1019−22

Podojil, G. M., Davis, D. J., Huang, X. Y., Miller, N. and Doane, J. W. (1998) Plastic VGA reflective cholesteric LCD's with dynamic drive. *SID Digest* 1998 , 51−4

Roosendaal, S. J., Hage, L. M., Kuijk, D. E., Schlangen, L. J. M. and van Haaren, J. A. M. M. (2001) Fast addressing of cholesteric texture liquid crystal display. *SID Digest* 2001, 1268−71

Ruth, J., Hewitt, R. and Bos, P. (1997) Low cost dynamic drive scheme for reflective bistable Cholesteric liquid crystal displays. *Proceedings of Flat Panel Displays* 1997, Detroit MI, pp. 89−93

Rybalochka, A., Sorokin, V., Valyukh, S., Sorokin, A. and Nazarenko, V. (2000) Dynamic drive Scheme for fast addressing of cholesteric displays. *SID Digest* 2000, 818−21

Sage, I. (1991) Chapter 20 in *Liquid Crystals : Applications and Uses 3* (ed. B. Bahadur), World Scientific, Singapore.

Schneider, T., Nicholson, F., Chien, L. C. and Khan, A. (2005) forthcoming.

St John, W. D., Lu, Z. J. and Doane, J. W. (1995) Characterization of reflective cholesteric Liquid Crystal displays. *Journal of Applied Physics* 78, 5253−5

Stephenson, S. (2004) Development of flexible displays using photographic technology. *SID Digest* 2004, 774−7

Stephenson, S., Boettcher, J. and Giachero, D. (2000) US patent 6,423,368 B1.

Umbanhowar, P. B., Prasad, V. and Weitz, D. A. (2000) Monodisperse emulsion generation via Drop break off in a coflowing stream. *Langmuir* 16, 347−51

Wu, S. T. and Yang, D. −K. (2001) *Reflective Liquid Crystal Displays*, John Wiley & Son Inc., New York.

Yang, D. −K., Chien, L. C. and Doane, J. W. (1991) Cholesteric liquid crystal/polymer gel dispersion bistable at zero field, *Proceedings of the 1991 International Display Research Conference*, 49−52

Yang, D. −K., Lu, Z. J., Chien, L. C. and Doane, J. W. (2003) Bistable polymer dispersed cholesteric reflective displays. *SID Digest* 2003, 959−61

Yuan, H. (1996) Bistable reflective cholesteric displays, Chapter 12 in *Liquid Crystals in Complex Geometries*, G. P. Crawford and S. Zumer (eds), Taylor & Francis, London.

Paintable LCD: 광 유도 성층화 과정을 통한 단일기판

Roel Penterman, Stephen I. Klink, Joost P. A. Vogels, Edzer A. Huitema, Henk de Koning, and Dirk J. Broer

Philips Research Laboratories

18.1 개 요

오늘날 LCD는 시계와 휴대용 계산기 같은 비교적 간단한 제품부터 휴대폰, PDA, 컴퓨터 모니터, 텔레비전 그리고 자동차 네비게이션 등과 같은 복잡한 전자 제품들까지 디스플레이가 도입된 제품에 전반적으로 사용되고 있다. LCD는 얇은 두께, 저 소비전력 등의 장점을 가지며 또한 전기 광학 특성이 간단하고도 잘 이해되어 있기 때문에 디스플레이 분야에서 널리 사용되고 있다. 그러나 LCD에서는 유리 기판을 사용하기 때문에 디스플레이에 새로운 시도를 감행할 때 설계, 제조하는데 제약을 받거나 공정 방법과 공정 과정상 기판을 다루기 쉽게 하기 위해 디스플레이가 직사각형 형태로 제한된다는 제약이 있다. 현재 LCD는 투명 전극이 형성되어 있는 두 장의 유리 기판과 유리 기판 위에 액정 배향막과 컬러 필터, 편광판, 블랙 매트릭스와 같은 다수의 층을 형성하고(Morozumi 1990), 스페이서(spacer)를 사용하여 액정 시편의 셀 갭(cell gap)을 수 마이크로미터의 거리로 일정하게 유지시킨 상태로 두 장의 기판을 고정시킨다. 이 후, 진공 상태에서 앞선 과정을 통해 형성된 셀 안에 액정을 주입하여 액정 셀을 완성한다. 셀은 scribe-brake 방법을 사용하여 여러 장의 작은 셀들로 나누어진다. 이 방법은 공정상 매우 효과적인 방법이지만, 최종 셀들의 형태는 직사각형 형태로 제한될 수밖에 없다. 이 밖에 one-drop filling 기술을 적용함으로써 작업 시간을 상당히 절감할 수 있게 되었다(Kamiya *et al.* 2001). 이 기술을 적용할 때에는 액정 방울들의 적정량은 기판 한 장당을 기준으로 분배되며, 이 후 진공 상태에서 정확하게 두 장의 기판을 합착함으로써 소자를 완성하게 된다. 앞에서 소개되었던 셀 제작과 액정 주입을 위한

batchwise 공정은 힘들고, 시간 소모가 크고 따라서 많은 비용이 든다. 더군다나, 두 장의 기판을 사용함은 기판 소모 비용과 디스플레이의 최종 두께 측면에서도 상당히 불리한 위치에 있다.

이번 장에서 설명하고자 하는 Paintable(페인팅이 가능한) LCD는 연속적인 코팅 과정을 통해 층층이 유기물 층을 쌓고 UV 조사 과정을 통해 LCD 소자를 완성시키는 새로운 LCD 제조 기술을 말한다. 이 공정법의 핵심 기술은 얇은 고분자 커버 필름이 형성된 액정층을 형성하는 기술이며, 우리는 이를 PES(photoenforced stratification)라 칭한다. 이 기술은 액정과 고분자가 섞인 혼합물을 두 단계의 걸친 UV 조사에 의한 상분리 과정을 통해 각기 다른 역할을 하는 두 개의 층으로 분리하는 기술이다. 이러한 Paintable LCD 기술은 연속적이고도 간단한 도포 공정에 기반하기 때문에 제조 공정이 간단하고 빠르게 진행시킬 수 있다. 또한 폴리에스테르 혹은 폴리카보네이트와 같은 플렉시블 기판을 사용할 수 있을 뿐 아니라 기존의 유리 기판에서의 적용도 가능하다. 이 기술을 통해 완성된 최종 디스플레이 소자의 전체 두께는 기존의 두 장의 기판 사용을 대신해 한 장의 기판만을 사용하기 때문에 굉장히 얇고, 본질적으로 플렉시블 디스플레이소자 구현에 적합한 기술이라 말할 수 있다.

18.2 광 유도 성층화(Photoenforced Stratification)

이 기술을 간단히 소개하자면 액정과 고분자 형성 물질과의 혼합물의 고분자화를 유도하는 상분리 방법이라 말할 수 있다. 고분자 분산형 LCD(Vaz. *et al*. 1987; Doane *et al*. 1986; Hirai *et al*. 1990)와 고분자 네트워크가 형성된 액정 셀(Hikmet 1999)을 구현하기 위해 고분자화 유도를 위한 상분리 방법에 대한 많은 연구 결과가 소개되었다. 상분리 조절하는 기술은 액정 셀 갭을 임의로 조절할 수 있을 뿐만 아니라(Vorflusev and Kumar 1999), 홀로그래픽 격자(Bowley *et al*. 1999)와 다른 광학용 셔터 장비 제조에도 적용된다(Yamada *et al*. 1995). 일반적으로 이러한 공정 기술은 단단한 유리 기판 뿐만 아니라 유연성을 가진 플라스틱 기판도 적용시킬 수 있다(Vorflusev and Kumar 1999). 고분자화를 유도하는 상 분리 현상은 고분자화가 진행되는 동안 혼합물을 구성하고 있는 각 물질들의 분자 크기 증가율, 단분자와 액정간, 고분자와 액정간의 Flory-Huggins 상호작용 변수의 차이, 고분자 네트워크의 탄성율 등에 영향을 받는다.

우리는 단일 기판 위에 코팅된 얇은 필름(액정과 단분자 혼합물)(10 마이크론 대)의 UV 광경화 과정을 통해 상 분리된 액정 층과 고분자 층을 얻을 수 있었다.

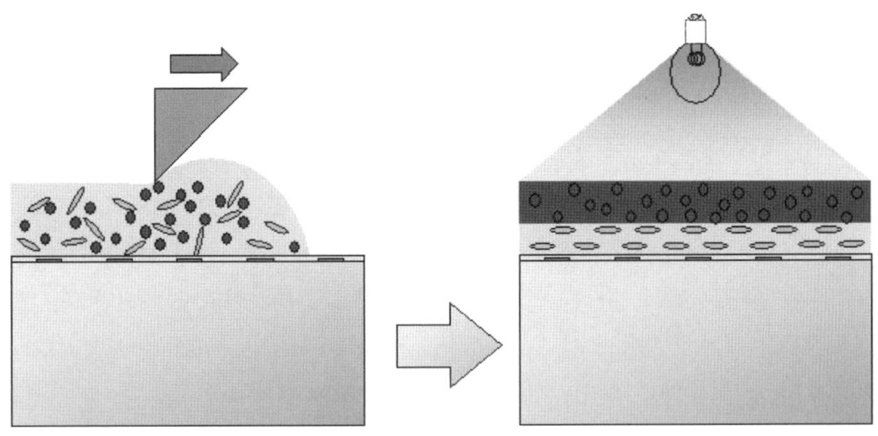

[그림 18.1] 성층화 과정에 대한 모식도. 도포된 필름의 수직적 상 분리에 의한 분리된 두 개의 층 형성. 하부에 형성된 액정은 in-plane 전계에 의해 동작하며, 고분자 커버 필름 위에 필요한 광학 층을 형성할 수 있다.

UV 광경화 과정에 의한 물질들의 확산 작용은 측 단면, 즉 z축 방향으로의 UV 세기 분포변화(gradients)를 갖게 하는 흡수제가 첨가된 화합물을 도핑 함으로써 이루어진다(Broer *et al*. 1995; Qian *et al*. 2000). 이 흡수제는 고분자화 과정과 상 분리 과정이 진행 될 때 액정 층에 잔존하지 않고 상 분리 후 고분자 층에만 존재하게 된다. 공정 과정이 [그림 18.1]에 첨부 되어있다. 닥터 블레이드 공정 기술과 같은 필름 형성 기술은 경화가 되지 않은(액체 상태) 상태의 물질을 표면 위에 필름 형태로 형성하는데 효과적인 방법이다. 그렇기 때문에, 본 연구에서는 이 방법을 사용하였고, 약 25μm 두께의 혼합물로 이루어진 필름을 형성할 수 있었다. 닥터 블레이드 공정 후, 액체 상태의 필름은 연속적으로 질소 대기 조건에서 UV 광을 조사받게 된다.

UV 파장 대에 흡수되는 혼합물은 일정 두께를 가진 필름 형태로 존재한다. 여기에 UV광을 조사하게 되면, 표면과 수직방향으로 지역에 따라 UV 세기 분포 변화를 갖게 된다. 결국, 고분자화 과정은 UV 세기가 가장 높은 지역, 즉 UV 광원과 가장 가까이 직면하는 필름 표면에서 두드러지게 나타난다. UV 조사 시 필름 안의 단분자들은 하부에서 직접 UV가 조사되는 필름 표면 쪽으로 확산되고, 액정 분자들은 이와는 반대 방향으로의 확산이 동시에 수반된다. 상 분리가 진행되는 순간, 순수한 액정 방울들은 필름의 하부에서 성장하기 시작한다. 고분자화를 위한 최적의 조건(온도, UV 세기)은 하부에 액정 방울들의 유착화와 상부의 고분자 커버 필름의 경화되는 정도를 기준으로 선택된다. 이러한 계층화된 구조를 형성하기 위한 상 분리 과정을 우리는 성층화 공정(stratification)이라 말하고 있다.

18.3 실험 과정

실험은 E7(Merck) 액정과 methacrylate 기반의 고분자 형성 물질을 50wt%대 50wt%의 비율로 섞은 혼합물을 사용하여 진행하였다. 화합물의 화학적 구조는 [그림 18.2]와 같다.

Isobornylmethacrylate(Aldrich)와 stilbene dimethacrylate(: 자체 제조)의 methacrylate 혼합물은 단분자 형태로 액정 분자들 안에 용해되어 있고 고분자화가 진행되면 즉, UV 조사시 이 단분자 물질들은 액정 분자들과 상 분리 된다. Isobornyl methacrylate는 고분자화 과정 이전에 높은 용해도와 낮은 점성을 가지고 고분자화 과정 중에는 높은 확산 능력과 상 분리를 조절할 수 있고 고분자화 과정 이후에는 단단하게 경화되는 물질로 선택된다. 순정의 poly의 전이 온도는 225℃이다. Stilbene dimethacrylate 화합물은 두 가지의 특징을 갖는다. 첫번째로, 광개시자 Irgacure 651(그림 18.3(a))의 흡수 스펙트럼과 UV 스펙트럼은 넓은 범위에서 겹치며 이 영역에서 흡수 밴드를 갖는다. 그래서 흡수제와 광개시자(Photoinitiator)는 우리의 목적에 부합되어 이상적으로 결합되어 있다. 두 번째로, 고분자화를 유도하는 상분리 과정을 활성화하기 위한 poly(isobornyl methascrylate) 체인들 사이는 크로스 링킹 되어 있다(Boots *et al*. 1996).

좀더 면밀히 혼합물을 분석하자면, 본 소자 제작에 사용된 혼합물은 50wt%의 E7 액정과 5wt%의 stilbene dimethacrylate, 44.5wt%의 isobornyl methacrylate 그리고, 0.5wt%의 광개시자 Irgacure 651(Ciba Specialty Chemicals)로 이루어져 있다. 디스플레이 소자는 다양한 기판 위에 구현되어 왔다.

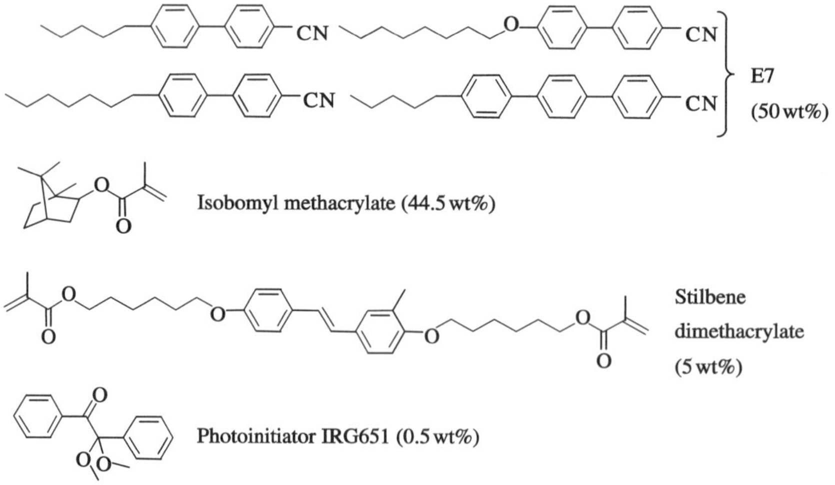

CN CN CN CN
E7 (50 wt%)
Isobomyl methacrylate (44.5 wt%)
Stilbene dimethacrylate (5 wt%)
Photoinitiator IRG651 (0.5 wt%)

[그림 18.2] E7 액정과 단분자 isobornylmethacrylate, dimethacrylate 그리고 광개시자 Irgacure 651의 화학적 구조. 혼합물을 이루는 각 물질의 비율

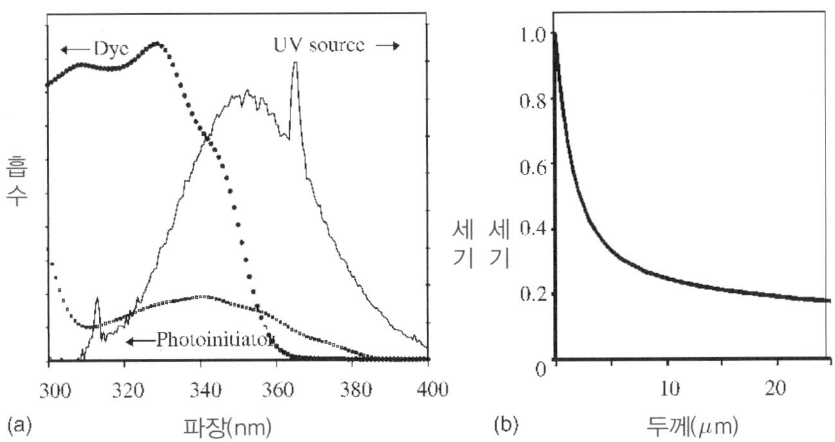

[그림 18.3] (a) 실험상의 UV 광원의 스펙트럼과 silbene dimethacrylate 화합물과 광개시자(photo-initiator)의 흡수 spectra. Acetonitrile 안에 첨가된 stilbene dimethacrylate 화합물의 extinction coefficient는 340nm에서 250000$M^{-1}cm^{-1}$이다. 370nm 보다 높은 파장대의 빛은 stilbene dimethacrylate에 의해 흡수되지 않는다. 그래서 UV 변화의 일부 영역이 전체 층을 통과할 수 있다.
(b) 25μm 두께의 필름에 조사되는 전형적인 UV 세기 분포 변화

일반적으로 리소그래피 공정을 통해 형성된 interdigitated 전주 구조의 ITO가 형성되어 있는 폴리카보네이트 포일(Polycarbonate foil) 혹은 유리 기판을 사용했다. 상 분리 후 액정 배향을 위해 우리는 벨벳 천을 사용하여 일정 방향으로 러빙한 polyimide 박막을 기판 위에 형성하였고, 닥터 블레이드 기술을 사용하여 E7액정과 반응성 좋은 단분자 물질과의 혼합물을 필름형태로 기판 위에 도포하였다. 이 도포된 혼합물의 두께는 25μm이다. 산소 대기 상태에서는 methacrylate의 고분자화 과정을 억제 하기 때문에 질소 대기 상태에서 고분자화 과정을 진행 하였다. UV 조사의 세기 정도는 UV 광원의 방출 스펙트럼을 기초로 추정할 수 있으며(그림 18.3(a)), 이는 수치적으로 계산 가능하다(그림 18.3(b)).

18.4 단일 UV 조사과정

여러 상황에 공정상의 제한을 받지 않는 액정과 고분자간 성층화 과정을 연구하기 위해 E7 액정과 반응성 단분자 물질의 혼합물을 도포하여 형성된 약 25μm 두께의 필름을 폴리이미드가 코팅된 유리 기판 위에 형성하고 연속적으로 UV 광을 조사 하였다. 상 분리 되는 순간 순정의 액정 방울들은 필름 하부에 배향막 위에서 성장하기 시작한다. 배향막 위에 복굴절을 가지는 액정 방울들의 형성 과정을 편광 현미경을 통해 살펴보았다.

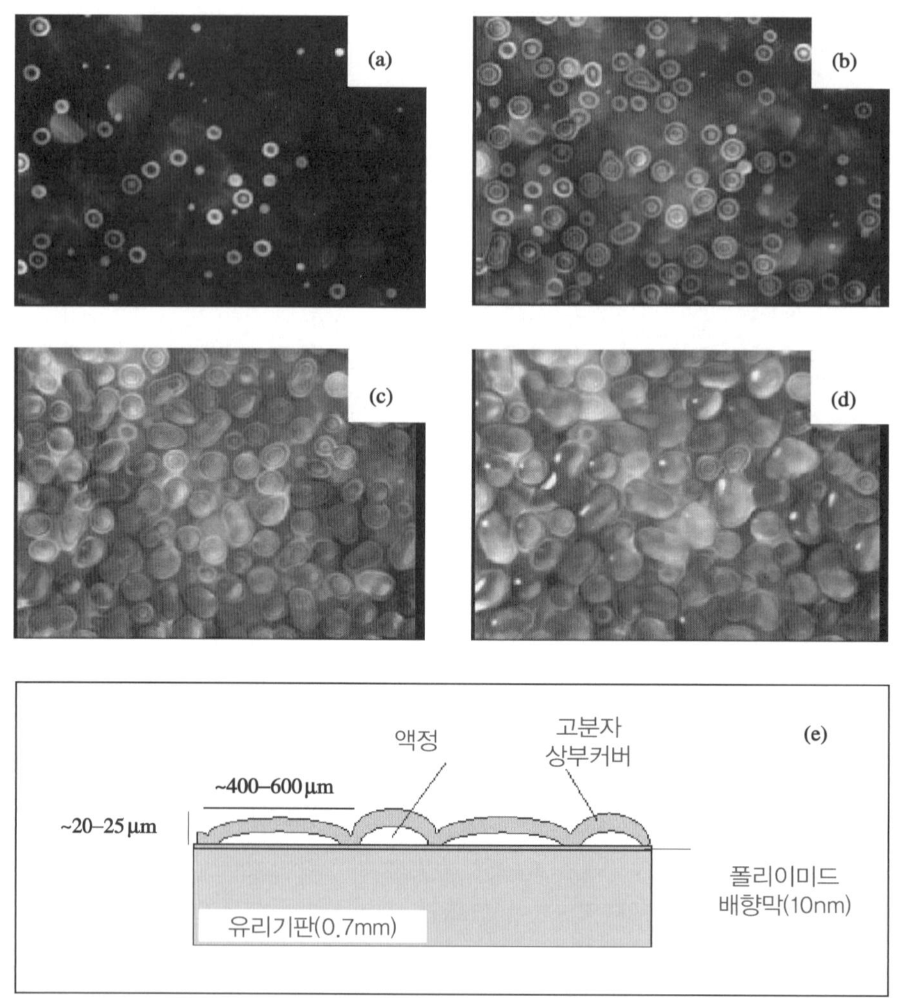

[그림 18.4] (a)–(d) E7 액정과 단분자 필름의 4단계 성층화 과정
(e) 성층화된 층의 단면도. 방울들은 평평하고 연속적인 액정 층을 형태로 유착되지 않는다.

[그림 18.4]의(a)부터(d)까지 액정 방울들의 성장 과정에 대한 4가지 스냅 사진이 기재되어 있다. 상 분리가 진행되는 순간, 작은 크기의 순수 액정 방울들은 필름의 하부에서 성장하기 시작한다(그림 18.4(a)). 이러한 액정 방울들은 성장하기 시작하고(그림 18.4(b)와 (c)), 많은 수의 액정 방울들이 좀 더 큰 방울 형태로 유착된다. 추가적인 고분자화 과정을 통해 액정을 덮고 있는 고분자 커버는 점차 딱딱해진다. 이는 층 안에서 액정 방울들이 무제한적, 연속적으로 유착화되는 현상을 제지하는 역할을 한다(그림 18.4(d)와 (e)). 하지만, 고분자화를 향상시키기 위한 조건(온도와 UV 조사 강도)의 변화를 주어도 액정 방울들로 이루어진 액정 층을 균일화시키는 데는 한계가 있다.

18.5 이 단계 UV 조사

우리가 제안한 Paintable LCD의 우수한 광학적 특성을 위해 최종 액정 층을 좀더 균일하게 형성하는 것이 필요하다. 이런 조건을 만족하기 위해 작은 박스 형태의 픽셀안에서 액정 방울들의 유착과 성장을 제한함으로써 균일성을 도모했다. 이는 두 단계로 나눠진 UV 조사 과정을 통해 성층화를 유도함으로써 실현 시켰다. 첫 번째 단계로, E7액정과 단분자의 혼합물을 도포하여 형성된 필름을 360nm보다 큰 파장의 고강도 UV 광을 마스크를 통해 조사 시켜 주었다. 이 파장은 stilbene dimethacrylate의 흡수 영역 바깥영역이지만, 광 해리(photodissociation)를 위해 충분한 양의 광 개시제을 흡수시킬 수 있는 파장대이다. 그래서 UV 광을 하부까지 통과될 수 있으며 이로 인해 고분자화 과정은 선택된 영역의 층 전체 두께에서 이루어질 수 있다.

이로써 마스크를 통해 UV가 조사된 지역에 500μm×500μm의 격자 형태의 고분자 벽들이 형성된다(그림 18.5(a)). 고분자 벽들이 형성된 후에 필름 표면 특성을 시각화하였다(그림 18.5(b)). 조사된 지역 안에서 단분자 물질의 확산 때문에 고분자 벽들은 다른 영역에 남아있는 혼합물보다 수 마이크론 높게 형성된다.

연속적으로 다음 공정에서, 조사되지 않은 영역에 두 번째 UV 광원을 통해 전체적으로 조사시키고 남은 단분자들을 필름 형태로 경화시켰다. 이 UV 램프의 방출 스펙트럼은 [그림 18.3(a)]와 같다.

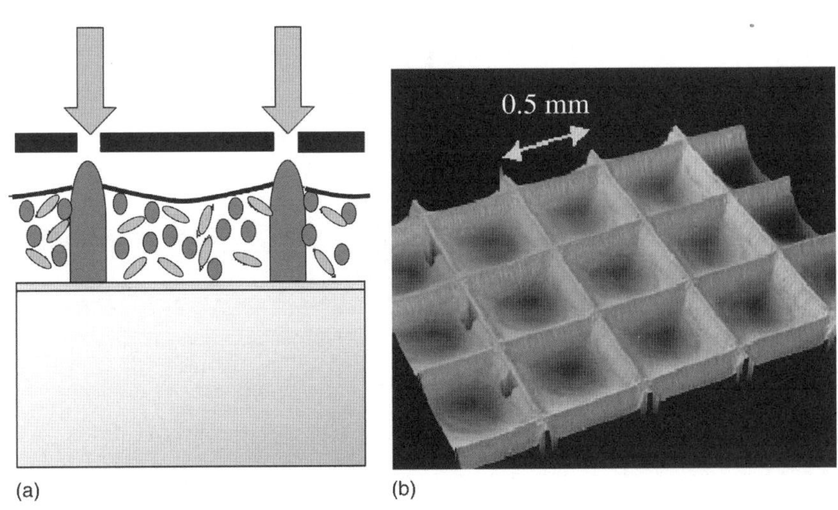

[그림 18.5] Paintable LCDs 구현을 위한 두 단계의 UV 조사
(a) 고분자 벽들의 형성. 선택적으로 UV 조사되는 영역에 단분자 확산에 의해 형성된다.
(b) interferometric 마이크로 스코프 사진

Stilbene dimethacrylate의 흡수 스펙트럼은 필름 표면에 직교 방향으로 유효 세기 증감도를 유발하는 램프의 방출 스펙트럼과 일정부분 겹친다. 두 번째 UV 조사 광원의 세기는 빠른 고분자화를 유도하는 것이 아닌, 고분자화가 진행되는 동안 충분한 단분자 확산을 이끌 수 있는 조건을 갖추어야 한다.

두 번째 조사 단계에서(상하 성층화 단계), 박스 형태의 연속적인 도메인 안의 액정 방울들은 첫 번째 UV 조사 단계에서 형성된 고분자 벽들에 의해 갇혀 있게 된다(그림 18.6(a)~(d)). 전체 공정 과정을 진행 한 후 얇은 고분자 덮개와 박스 형태의 고분자 벽들 안에 순수 액정 물질로 가득 찬 구조를 형성하게 된다.

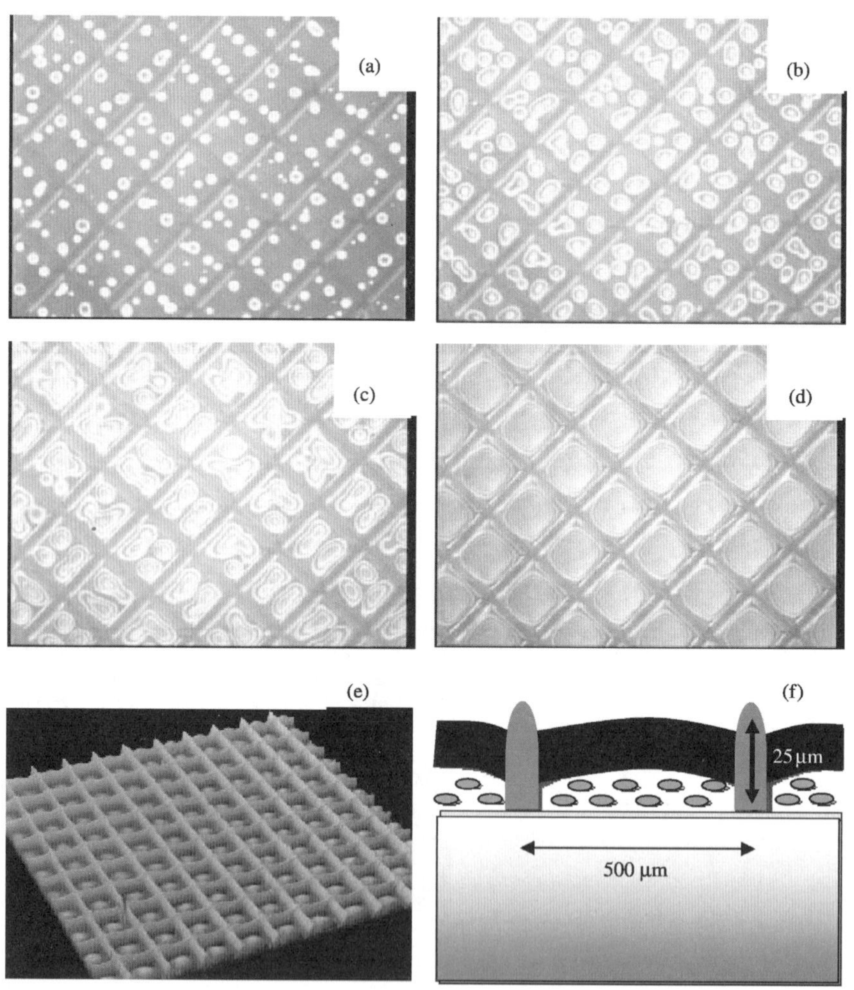

[그림 18.6] (a-d) 고분자 벽들의 형성에 의해 박스 공간 안에 국한된 성층화 과정의 4단계: (a) 상분리 시작 (b,c) 액정 방울들의 유착, (d) 각각의 박스 안에 액정 층이 연속적으로 형성되어 있다. (e) interferometric 마이크로 스코프 사진, (f) 예상되는 단면 모식도

고분자 벽들은 액정 방울들의 성장을 제한하는 역할 이외에도 다른 목적을 이행한다. 기판과 고분자 상부 커버 필름은 고분자 벽들을 사이에 두고 물리적으로 결합 되어 있기 때문에 우리는 측면에서 전달되는 외부 힘에 저항 할 수 있는 안정된 디바이스를 획득할 수 있다. [그림 18.6(a), (b)]에서 보다시피 각각의 박스들은 0.5mm×0.5mm의 크기로 15μm의 높이와 100μm의 두께로 형성되어있다. 또한 고분자 커버 필름(polymer cover film)은 약 10μm의 두께를 유지하고 있다. 성층화 과정이 끝난 후의 고분자 커버 필름의 표면상태는 [그림 18.6(e)]와 같다. 고분자 벽들 사이의 고분자 커버는 둥근 천장 형태로 형성된다. 액정 분자들은 하부기판 위에 도포된 배향막에 의해 평면(수평) 배향되어 있다. 액정은 평면(수평)배향되어 있기 때문에 결과적으로 액정 도메인의 두께의 다양성과 고분자화가 진행되는 동안 액정 방울들의 두께를 조절할 수 있다. [그림 18.6(d)와 (e)]의 분석을 통해 [그림 18.6(f)]에서 보여지는 것처럼 측 단면 모습을 추정할 수 있다.

18.6 Paintable 디스플레이들

Paintable LCD는 폴리이미드 배향막 아래에 interdigitated 전극이 형성된 기판을 사용한다. 전극은 9μm간격의 거리를 두고 있고, 전극 폭은 18μm으로 형성되어 있다. 각각의 개별적인 박스 형태의 공간에 형성된 액정층은 in-plane 전기장에 의해 동작한다. 기판에 형성된 interdigitated 전극 위에 전기장이 형성될 때 액정 분자들은 평면상에서의 동작 특성을 보인다(Kiefer *et al*. 1992; Oh-e *et al*. 1995). 수평 전극 스위칭 액정 소자는 많은 디스플레이 응용분야에 적용시킬 수 있는 충분한 휘도(1:20)와 빠른 응답속도(τ_{on} = 5ms and τ_{off} = 40ms)를 가지고 있다. 전압 대비 투과도 곡선과 응답속도 그래프가 [그림 18.7(a)와 (b)]에 보여지고 있다. [그림 18.7(c)]는 전압 on 상태에서의 픽셀 내부를 확대하여 관찰한 것이다.

고분자 벽 형성 과정(그림 18.6(e)) 이 후 측면상에 평탄하지 않은 상부 고분자 필름 표면에 평탄화 막을 코팅하여 표면을 균일화하였다. 게다가 20μm의 tripropylene glycol diacrylate를 닥터 블레이드(dotor-blade) 방법을 써서 상부 표면 위에 쌓아 올렸고 연속적으로 광고분자화 과정을 진행하였다. 우리는 몇 가지의 특성을 고려하여 상부 코팅 물질을 선택하였다. 첫 번째로 단분자들의 팽창 혹은 확산에 의해 성층화된 고분자 층에 영향을 미치지 말아야 하고, 두 번째로 추가 공정이 진행되는 동안에도 기계적, 화학적으로 안정해야 한다. 최종적으로 편광판을 부착시킨다. 우리는 TCF라 불리는 편광판을 평탄화막 위에 형성하였다. 이 역시 닥터 블레이드 기술을 사용하여 편광판 형성 물질을 도포하였으며 물 기반의 용액 상태이다.

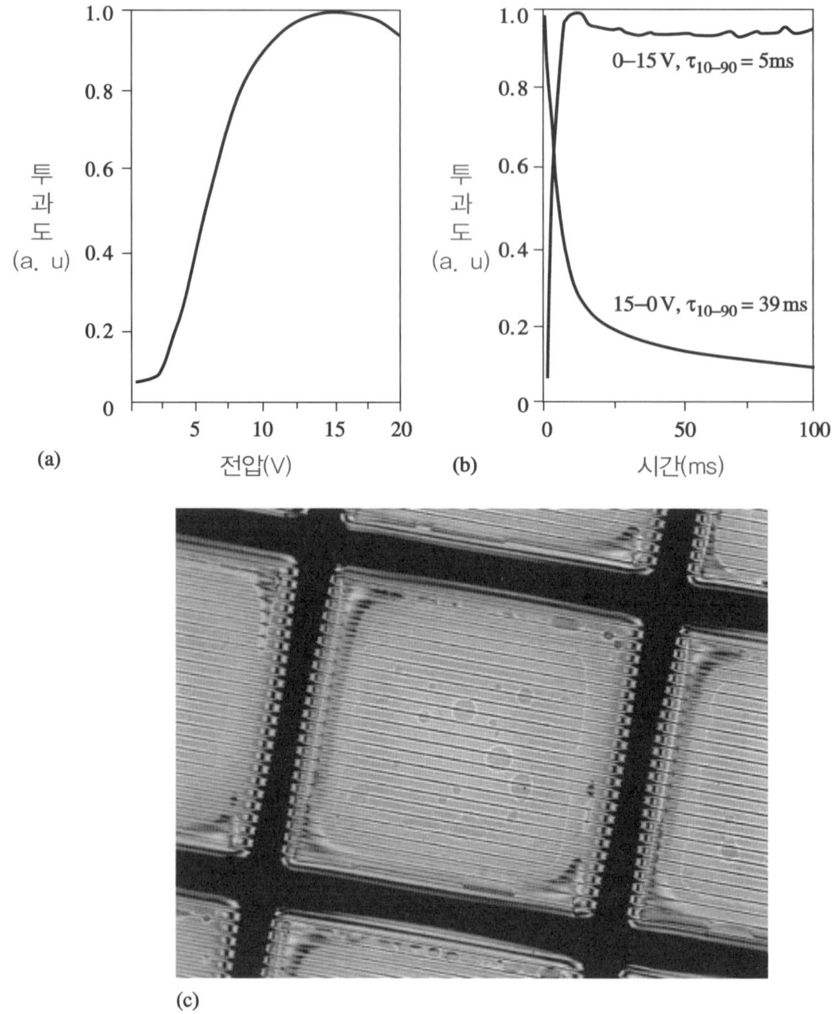

[그림 18.7] 직교 편광자 아래에서의 Paintable LCD의 전기광학적 특성
(a) 투과곡선
(b) 스위칭 곡선. 액정(E7)은 in-plane switching에 의해 동작한다. Interdigitated 정극은는 18μm의 주기로 형성되어 있으며, 간격은 9μm이다.
(c) 전압이 인가된 상태에서의 액정은 부분적으로 동작된다. 전극들 위의 액정 분자들은 여전히 dark 상태이다. 또한 등방상의 고분자 벽이 형성된 영역 역시 dark 상태이다.

물 성분을 증발시키고 나면, 600nm 두께의 편광판이 형성된다. [그림 18.8]은 두 번의 성층화 과정과 추가적인 도포 공정에 의해 완성된 디스플레이의 사진이다. 백라이트/편광판 조합을 거친 편광된 빛은 전계에 의해 동작되는 액정 층을 투과하게 된다.

[그림 18.8] PES 공정에 의해 생산된 LCD 사진
Paintable LCD는 도포 가능한 편광판이 부착되어 있다. 백라이트/편광판 조합을 사용하여 투과형 모드로 동작된다. Philips 로고는 직접 구동방식에 의해 동작된다.

18.7 Paintable LCD 기술의 개선

이 기술은 상대적으로 단단한 기판을 사용하였을 경우 상당히 안정적인 디스플레이를 구현할 수 있다. 그러나 저 비용 디스플레이 실현을 위해 플라스틱 기판을 사용하여 이 기술을 적용할 시 몇 가지 약점이 발생하게 된다. 플라스틱 기판을 바탕으로 형성된 Paintable 디스플레이는 20mm 혹은 그보다 더 작은 값의 곡률반경으로 휘었을 경우 디스플레이 소자가 받는 응력은 크게 증가하게 되고, 하부 플라스틱 기판으로부터 고분자 벽들의 국부적인 분리 현상이 발생하게 된다. 게다가 두 단계에 걸친 UV 조사 과정은 reel-to-reel 공정과 같은 high-volume 대량생산 공정 기술에 결합시키는데 큰 어려움이 있다. 이러한 문제점을 해결 하고 Paintable LCD 기술의 산업화를 촉진시키기 위해 첫 번째 노광 과정 즉 고분자 벽을 형성하기 위한 노광 과정을 대체할 수 있는 offset 프린팅 기술이 소개 되었다. 이 기술을 통해 Paintable LCD 소자 공정의 핵심인 액정이 들어있는 캡슐들을 형성하기 위한 UV 노광 공정 단계를 기존의 두 단계에서 한 단계로 줄일 수 있다. 기판에 수직 방향으로의 상분리 과정은 혼합물에 포함되어 있는 UV 흡수제에 의해 확보된다. 이와 달리, 기판에 평행한 방향 즉 측면 방향으로의 상분리는 배향막의 공간상 변형을 주어 조절할 수 있다. Offset 프린팅 단계를 통해 배향막 위에 주기적으로 점착력 촉진제(adhesion promoter)를 프린팅한다. 이러한 프린팅 작업은 선택된 영역만 표면상에 변형을 줄 뿐 선택되지 않은 배향막 영역을 변형시키거나 손상 시키지 않는다. 점착력 촉진제는 고분자화가 진행되는 동안 형성되는 고분자와 반응 할 수 있는 요소들이 포함되어 있다.

액정과 prepolymer 혼합물을 점착력 촉진자가 프린팅 되어 있는 배향막 위에 코팅한 후(그림 18.9(c)), [그림 18.9(d)]에 묘사된 것처럼 단일 UV 조사를 시행한다. 별도의 표면 처리를 위한 공정없이 간단히 소자를 제작할 수 있으며, 디스플레이 소자의 강성 또한 우수하다. 실제로, 120μm의 고분자 호일을 기판으로 사용되었을 때 고분자 벽들의 박리없이 10mm보다 작은 곡률반경까지도 휠 수 있다.

위에 기술을 사용하여 제작한 유연성과 단단함을 가지는 Paintable LCD에 대해 소개하고자 한다. Interdigitated 전극을 가지는 120μm의 두께로 가공된 폴리카보네이트 포일 위에 배향막을 형성하고 위에서 묘사된 offset 프린팅 과정을 거친다. 액정/고분자 혼합물을 도포하고 고분자 상부 층 형성을 위한 단일 UV 조사 공정 후, 추가적으로 평탄화 막으로 사용되는 UV 경화성 아크릴 산염을 코팅한다. 최종적으로 편광판을 부착함으로써 디스플레이 소자가 완성된다(그림 18.10(a)).

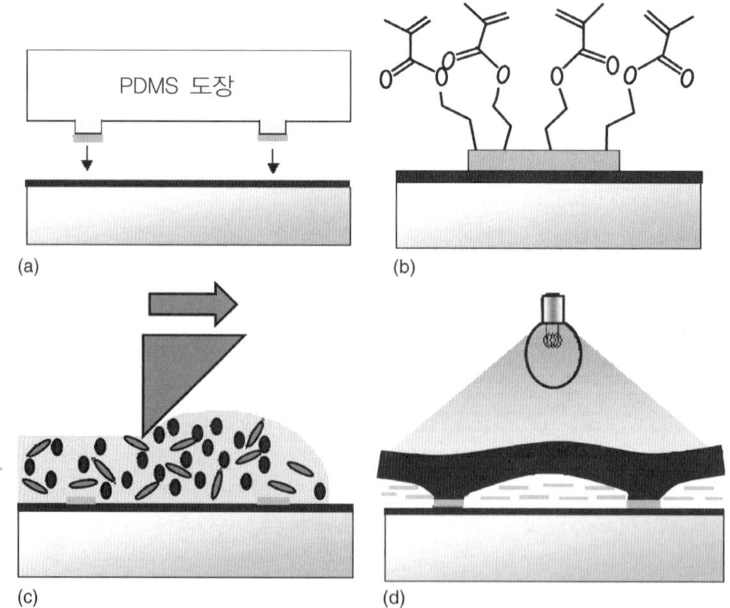

[그림 18.9] Offset 프린팅
(a) 배향막은 점착력 촉진제를 선택적으로 프린팅함으로 국한된 영역에서 변형된다.
(b) 점착력 촉진제는 고분자화가 진행되는 동안 고분자 형성에 반응할 수 있는 요소들을 포함한다.
(c) 액정/고분자 혼합물을 변형된 배향막 위에 코팅한 후, 단일 UV 조사 과정을 거친다.
(d) UV 조사 과정을 통해 박스 형태의 공간 안에 액정이 채워져 있는 구조를 형성하게 된다.

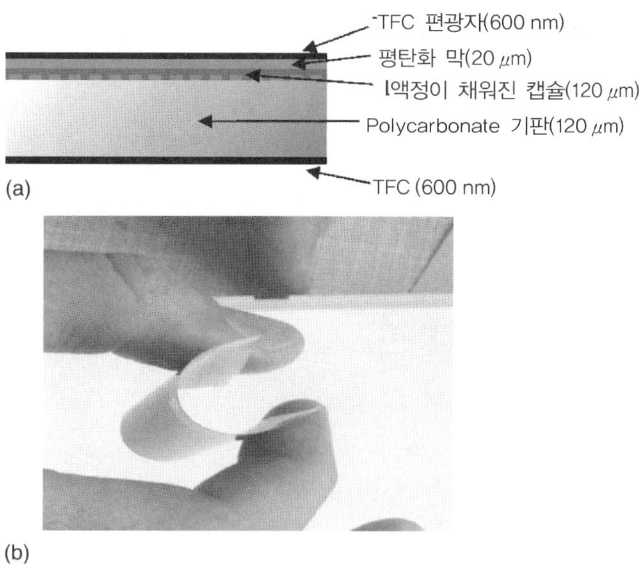

[그림 18.10] (a) TCF 편광판이 부착된 완성된 소자의 전체 층들의 단면도
(b) 1cm 보다 작은 곡률반경으로 휨 변형된 Paintable LCD 사진. 본 LCD의 전체 두께는 170μm보다 얇다.

이 디스플레이 소자에 적용된 도포 가능한 TCF 편광판의 사용은 매우 얇은 플렉시블 디스플레이 구현을 용이하게 한다. [그림 18.10(b)]는 두 장의 코팅된 편광판을 사용한 Paintable LCD를 보여준다. 이 소자는 전체 두께가 170μm 보다 얇으며 10mm의 곡률반경에 해당하는 휨 변형에도 견딜 수 있다. 코팅된 편광판을 사용하는 것이 아닌 [그림 18.11]에서처럼 Paintable LCD 위에 박판 형태의 편광판을 laminating하여 소자를 완성하는 방법도 있다.

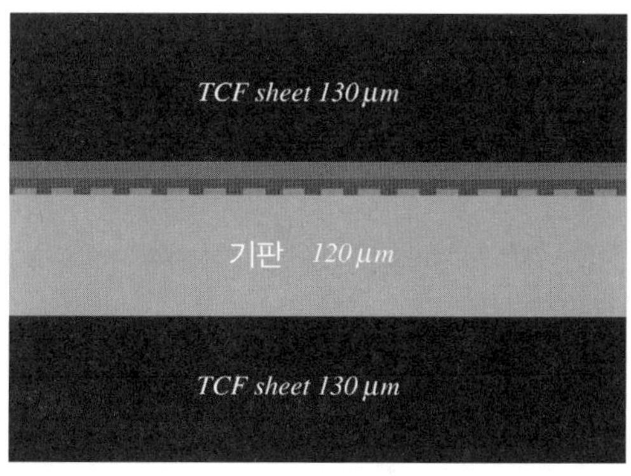

[그림 18.11] 두 개의 TCF 시트가 포함된 층의 겹쳐있는 단면도

[그림 18.12] 구동 시킨 Paintable LCD의 사진. 필립스 로고는 In-plane 스위칭 전극에 의해 구동된다. 두 장의 TCF 시트를 사용한 Paintable LCD의 전체 두께는 약 430μm이다.

이러한 방식을 적용한 소자의 장점은 디스플레이 두께 감소, 유연성과 더불어 대비비가 향상된다는데 주안점을 둘 수 있다. 하지만 비용 측면에서 상대적으로 불리한 단점을 가지고 있다. 그렇기 때문에 앞선 방법은 전적으로 필요한 수요가 있을 시 사용될 것이다. [그림 18.12]는 각각 130μm의 두께를 가지는 두 장의 박판형 편광판을 사용한 Paintable LCD를 보여준다. 이는 전체 430μm의 두께를 가지고 여전히 단단하면서 유연한 한 특성을 가지고 있다.

18.8 결 론

이번 장에서는 Paintable LCD를 제조하기 위한 새로운 UV 광 경화 상분리 기술을 소개하였다. 디스플레이와 shutter 장비 등에 적용가능한 픽셀 크기와 광학적인 스위칭 특성을 가지는 소자를 이 기술을 사용하여 완성시킬 수 있다. 이 외에 Paintable LCD 기술의 산업화의 촉진을 위해 크게 기여할 수 있는 offset 프린팅 공정을 소개하였다. 이 기술은 기계적 안정성이 확보된 소자의 제작을 가능하게 하였고, 빠른 속도의 reel-to-reel 생산 과정에 적용됨과 동시에 다양한 기판소자를 사용하여 설계가 좀더 자유로운 display 소자의 구현을 가능하게 해주는 새로운 플렉시블 LCD 제조기술이라 말할 수 있다.

〈감사의 글〉

본 저자는 Stilbene dimethacrylate 화합물의 합성에 관한 J. Lub박사(Philips Reserch Laboratories, Eindhoven, Netherlands)의 조언을 얻었다.

참고문헌

Bobrov, Y. A., Cobb, C., Lazarev, P., Bos, P., Bryant, D. And Wonderly, H. (2000) Lyotropic thin film polarizers. *SID 2000 International Symposium Digest of Technical Papers*, 1102–5.

Boots, H. M. J., Kloosterboer, J. G., Serbutoviez, C. And Touwslager, F. J. (1996) Polymerization-induced phase separation I. Conversion-phase diagrams. *Macromolecules* 29, 7683–89.

Bowley, C. C., Yuan, H. and Crawford, G. P. (1999) Morphology of holographically-formed polymer dispersed liquid crystals (H-PDLC), *Molecular Crystals and Liquid Crystals Technology Section A* 331, 2069–76.

Broer, D. J., Lub, J. and Mol, G. N. (1995) Wide-band reflective polarizers from cholesteric polymer networks with a pitch gradient. *Nature* 378, 467–69.

Doane, J. W., Vaz, N. A., Wu, B. G. And Zumer, S. (1986) Field controlled light scattering from Nematic microdroplets. *Applied Physics Letters* 48, 269–71.

Hikmet, R. A. M. (1999) Anisotropic networks and gels formed by photopolymerisation in the ferroelectric state. *Journal of Materials Chemistry* 9, 1921–32.

Hirai, Y., Niama, S., Kumain, H. and Gunjima, T. (1990) Phase diagram and phase separation in LC/prepolymer mixture. *Proceedings of SPIE* 1257, 2–8.

Kamiya, H., Tajima, K., Toriumi, K., Terada, K., Inoue, H., Yokoue, Y., Shimizu, N., Kobahashi, T., Odahara, S., hougham, S., Cai, C., Glownia, J. H., von Gutfiel, R. J., John, R. and Lien, S. C. A. (2001) Development of one drop fill technology for AM-LCDs. *SID 2001 International Symposium Digest of Technical Papers*, 1354–57.

Kiefer, R., Weber, B., Windscheid, F. and Baur, G. (1992) In-plane switching of nematic liquid crystals. Proceedings of 12th IDRC, *Japan Display* 1992, pp. 547–50.

Morozumi, S. (1990) Materials and assembling process of LCDs. In *Liquid Crystals : Applications and Uses*, Vol. 1 (ed. B. Bahadur), World Scientific, London, pp. 181–94.

Oh-e, M., Ohta, M., Aratani, S. and Kondo, K. (1995) Principles and characteristics of electro-optical behaviour with in-plane switching mode. *Proceedings of Asia Display* 1995, pp. 577–80.

Qian, T., Kim, J. H., Kumar, S. and Taylor, P. L. (2000) Phase-separated composite films: experiment and theory. *Physical Review E* 61, 4007–10.

Vaz, N. A., Smith, G. W. and Montgomery, G. P. (1987) A light control film composed of liquid crystal droplets in a UV-curable polymer. *Molecular Crystals and Liquid Crystals* 146, 1–15.

Vorflusev, V. and Kumar, S. (1999) Phase-separated composite films for liquid crystal displays. *Science* 283, 1903–5.

Yamada, N., Kohzaki, S., Funada, F. And Awane, K. (1995) Axially symmetric aligned microcell (ASM) mode: electro–optical characteristics or new display mode with execellent wide viewing angle. *Journal of Society Information Display* 3, 155–58.

전자 종이 디스플레이를 위한 전기영동 영상 필름

Karl Amundson

E Ink Corporation

19.1 소 개

역사적으로 종이에 인쇄된 잉크는 매우 성공적인 디스플레이 매체였다. 잉크가 인쇄된 종이는 높은 명암 대비비로 인하여 선명하고 읽기 쉬우며, 얇고 휘어지는 특성으로 인해 보관 저장 및 휴대하기 용이하다. 또한 이것은 장기간 정보 저장을 위해 여전히 가장 중요하게 사용되고 있는 매체이다. 전자 종이 디스플레이는 정보를 전기적으로 갱신 가능한 디스플레이로 우수한 시야각과 밝기, 박형과 휘어짐 그리고 저소비전력 등의 특징들을 통합시키기 위해 노력하고 있다. 이러한 디스플레이는 특히 긴 배터리 수명과 다양한 조명 조건에서 읽기 용이함을 요구하는 휴대용 전자 소자에 쓰이기 적합하다.

디스플레이의 백플레인과 전기적 구동을 위해 사용되는 구조뿐만 아니라 영상 필름, 기판 물질 등의 구성 요소들은 디스플레이의 최종 성능을 결정하는데 결정적인 역할을 한다. 이 장에서는 전기영동(electrophoretic) 영상 필름과 평판 디스플레이의 적용에 초점을 두어 살펴본다. 먼저 전자 종이 디스플레이를 구현하기 위한 전기영동 영상 필름의 장점을 알아볼 것이며 제품 출시를 위해 개발되고 있는 몇몇 전기영동 영상 필름에 대해 검토할 것이다. 전기영동 영상 필름을 적용한 시제품의 플렉시블 디스플레이 또한 논의할 것이다.

디스플레이는 광원(lighting source)에 따라 크게 발광형(emissive)과 비발광형(non-emissive)의 두 종류로 나뉘어진다. 발광형 디스플레이는 CRT, 백릿 액정(backlit liquid crystal), 플라즈마, 전기발광(electroluminescent) 및 LED(light emitting diode)와 같이 빛을 직접 방출한다. 이러한 디스플레이들은 어두운 곳에서 매우 선명하게 보이지만 직사광선 아래서나 주위의 반사되는 빛의 세기가 디스플레이에서 방출되는 빛의 세기와 비슷하거나 초과하게 되는 매우 밝은 환경에서는 색이 바래지는 경향을 나타낸다. 비발광형 디스플레이에서 영상 층은 광 밸브 역할을 하며 필름의 반사율 또는 전도성은 전기적으로 조절 가능하다. 백릿이 없는(nonbacklit) 액정 필름, 전기크롬 필름과 대부분의 입자 필름들과 교차(crossover) 필름들이 이에 포함된다. 반투과형 액정 디스플레이는 발광 또는 비발광(반사) 모드를 동시에 동작시킬 수 있다. 휴대용 소자로서는 어두운 환경에서 읽기 쉽도록 전면에서 빛을 조사시켜 넓은 시야각을 갖고 선명하게 정보를 볼 수 있는 수동형 디스플레이가 매력적이다.

휴대용 소자에서 저소비전력은 긴 배터리 수명을 위해 매우 중요한 요소이다. 비발광형 디스플레이는 스스로 빛을 생성시키기 위해 상당한 전력을 요구하는 발광형 디스플레이보다 적은 전력을 소비한다는 점에서 매력적이다. 더욱이 다중 안정성을 가진 비발광형 디스플레이는 영상을 유지할 때는 전력소비가 없고 영상을 바꿀 때만 전력을 소비하기 때문에 추가적으로 전력을 절약할 수 있다. 특히 영상이 가끔 변하는 전자 책 같은 경우에서, 이러한 전력 절약 효과는 매우 유용하다. 이러한 이유로, 휴대용 디스플레이 적용을 위하여 넓은 시야각 특성, 반사형, 다중 안정성을 지닌 영상 디스플레이 필름을 개발하고자 상당한 관심이 모아지고 있다.

TN과 STN 디스플레이는 현재 가장 널리 쓰이고 있는 평판 디스플레이 기술이다. 발광형 디스플레이가 높은 휘도를 갖는 반면 비발광체인 TN과 STN 디스플레이는 높은 휘도를 갖지 못하는데, 이는 TN과 STN은 입사광의 약 2/3을 흡수하는 편광판들을 사용하기 때문이다. 따라서 고효율의 반사판이 TN 디스플레이의 제한된 시야각 내에서 높은 휘도를 얻기 위해 사용되어왔다. 그러나 조도각(illumination angle)과 시야각(viewing angle)이 달라지면 명암 대비비와 휘도가 현저히 감소하는 문제점이 있다. 이러한 디스플레이들은 단안정성(monostable)을 가지기 때문에, 영상을 유지하기 위해 지속적으로 전력을 공급해야 한다.

스위칭이 가능한 산란(scattering) 모드나 특히 쌍안정성(bistable) 영상 필름들은 밝고 저전력을 요구하는 디스플레이의 매력적인 후보들이다. 산란과 회절 필름들은 편광판들을 필요로 하지 않아서 다양한 밝기의 주위환경에서 고휘도와 고시인성의 잠재력을 가지고 있으며, 쌍안정성은 저소비전력을 유도할 수 있다.

19.2 디스플레이 적용을 위한 산란 영상 필름

산란 및 회절 효과를 이용하는 평판 디스플레이는 어두운 상태와 밝은 상태를 구현하는데 편광판을 필요로 하지 않기 때문에 TN 모드보다 더 높은 고휘도를 제공할 수 있다. 액정이나 액정/고분자의 복합 물질을 이용하여 만들어진 전기적으로 스위칭 가능한 산란형 필름들의 몇몇 예들이 14, 15장에서 언급되었다. 미소입자(particle-based) 필름으로는 20장에서 언급될 자이리콘(Gyricon) 디스플레이와 이 장에서 설명할 전기영동 필름 등이 있다. 입자에 의한 산란형 디스플레이의 시각적인 강점은 빛을 강하게 후방 산란(backscatter) 시켜 종이 위의 잉크처럼 선명한 영상 표시가 가능하다는 점이다. 따라서 강한 산란을 야기시키는 요인에 대한 연구를 통해 보다 나은 이해를 위한 기초를 수립할 수 있을 것이다.

이질적(heterogeneous)이고 비흡수적인 물질에서 광 산란에 대한 표현을 알아보자. 단일 산란에서 산란된 빛의 세기, A_{sc}를 첫번째 Born 근사를 통해 간단히 나타낼 수 있다.(Born and Wolf 1980; Jackson 1999):

$$A_{sc}(\boldsymbol{k}') = \frac{k^2}{4\pi}\frac{1}{r}\int d\bar{r}\,\frac{\delta\varepsilon(\bar{\boldsymbol{r}})}{\langle\varepsilon\rangle}\boldsymbol{D}_0\exp(i\boldsymbol{k}-\boldsymbol{k}'\cdot\bar{\boldsymbol{r}}) \tag{19.1}$$

$\boldsymbol{k}$와 $\boldsymbol{k}'$은 각각 입사 빛과 산란된 빛의 파동 벡터이며, D_0는 입사광의 전기변위 벡터, r은 산란원으로부터의 거리이고 $\bar{r}$은 위치 벡터이다. $<\epsilon>$은 평균 유전 상수 값이며 $\delta\epsilon(\bar{r})$은 산란을 야기시키는 굴절률이 공간적으로 변하는 부분이다. 여기의 유전상수는 빛의 파장에서의 값이며 좀 더 일반적으로는 유전상수의 제곱근인 굴절률로 표현된다. 적분은 산란 필름의 전체 부피에 대해 행해지며, 산란된 빛의 세기는 진폭의 제곱이다. 이는 주어진 굴절률 변화 구조에 대하여, 산란의 세기는 유전 상수 변화량의 제곱에 비례하며 미소 변화량의 경우 굴절률 변화량의 제곱으로서 매우 비례한다.

$$I_{sc} \propto (\delta n(\boldsymbol{r}))^2 \tag{19.2}$$

이러한 공식들은 굴절률 변화량이 작고 단일 산란(single scattering)일 때 유효하다. 따라서 이들은 큰 굴절률 변화를 보이거나 다중 산란이 중요한 디스플레이 필름에는 적용할 수 없다. 그러나 이것은 산란된 빛의 세기가 단일 산란을 발생시키는 굴절률 변화에 선형적 비례 이상으로 의존한다는(이 경우는 2차 비례) 것을 보여준다. 이는 높은 반사율을 얻기 위해 다중 산란을 사용하는 필름의 후면 산란 경우에 적용이 가능하다. 또한 식 (19.1)은 강한 산란을 일으키려면 굴절률의 변화량이 입사되는 빛의 파장과 유사한 오더가 되어야 함을 나타낸다.

이러한 고려들로부터 어떻게 미소입자 영상 필름들이 매우 밝은 반사형 디스플레이를 가능하게 하는 지 알 수 있다. 액정을 사용하는 산란 필름에서 스위칭이 가능한 산란 영역은 액정의 복굴절에 의해 제한되며 복굴절은 주로 ~0.2에서 최대 ~0.3 정도를 갖는다. 미소입자 필름에서는 산란이 입자들과 입자들의 주변 매개물들 사이에서의 굴절률의 차이로부터 일어난다. 순 기름 안의 티탄 입자들에 대해, 굴절률의 차이는 1.2 정도이다. 이것이 의미하는 바는 유사한 산란 대상의 크기와 구조에 대해 미소입자 필름들은 유사한 구조를 지닌 액정 필름보다 10~40배 강한 후면 산란을 얻을 수 있다는 점이다. 그러한 입자들은 강한 산란을 위한 두 번째 선행조건인 빛 파장 크기와 유사하게 만들어질 수 있다.

콜레스테릭 영상 필름이 어느 유한 파장 영역 대에서 매우 큰 구조적 요인을 주는 주기적 패턴을 형성함으로써 콜레스테릭 액정의 복굴절에 의한 후면산란의 한계를 면할 수 있다는 것은 주목할 만하다(15장). 이러한 경우에 빛은 산란 대신에 회절을 통해 보는 자에게 후면에 밝은 무지개 색을 제공한다.

미소입자 필름의 강한 후면 산란 능력과 이로 인해 생긴 Ink-on-paper의 출현은 1970년대와 1980년대에 전기영동 필름을 발전시키기 위한 노력의 계기가 되었다. 비록 이 기간 동안 상업적으로 실현 가능한 결과들이 개발되지는 않았지만, 현재 다양한 조명 조건에서도 읽기 쉬운 디스플레이를 요구하는 휴대용 장치들의 필요가 확대되고 있는 것은 전기영동 필름이 우수한 디스플레이 장치의 하나가 될 수 있어 이에 상당한 관심이 모아지고 있다. 다음 장에서는 전기영동 필름의 초기 발전에 대해 논의하고 현재 발전되고 있는 다양한 전기영동 필름에 주목할 것이며 플렉시블 전기영동 디스플레이들의 예들을 검토할 것이다.

19.3 전기영동법과 전기영동 영상

전기영동법은 유체 안에서 전기장에 반응하는 전하를 띤 물체들의 이동 효과를 사용한다. 전기영동법을 사용한 영상 표시의 첫 번째 예는 Metcalfe와 Wright(1956)에 의해 보고되었다. 초기의 형태에서는 원하는 영상 이미지의 전하를 지닌 판이 반대 전하의 부유 콜로이드를 지닌 유체에 담겼다. 반대 전하를 띤 콜로이드는 전기적인 인력으로 판 쪽으로 이동하며 이 때 눈에 보이는 영상을 형성하기 위해 콜로이드는 화학적으로 판에 고정된다. 가역적 영상들을 생성하기 위해 전기영동법을 사용하는 초기 예들은 Evans *et al*(1971)과 Ota *et al*(1973)에 의해 보고되었고 Dalisa(1977)에 의해 재검토 되었다.

전형적인 전기영동 디스플레이 필름은 전면의 전극과 후면의 직렬 화소 전극, 이 사이의 얇은 필름으로 구성된다. 필름은 전하를 띤 색소 입자들을 포함하는 현탁액으로 구성되어 있다(그림 19.1). 일반적으로 수십에서 수백 볼트 전압으로 구동이 된다.

광학적 명암 대비비는 필름의 앞, 뒤 표면으로 전하를 띤 색소들을 끌어당김으로써 얻어진다. 색소의 전하와 부호가 일치하는 전압을 후면에 가함에 의해 색소 입자는 정전기적으로 디스플레이 전면에 유도된다.

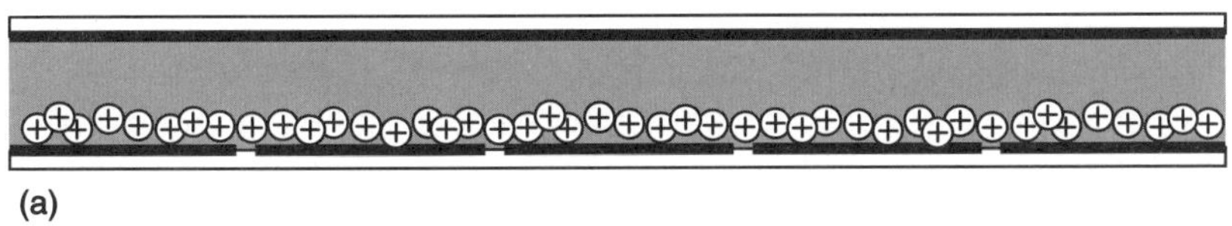

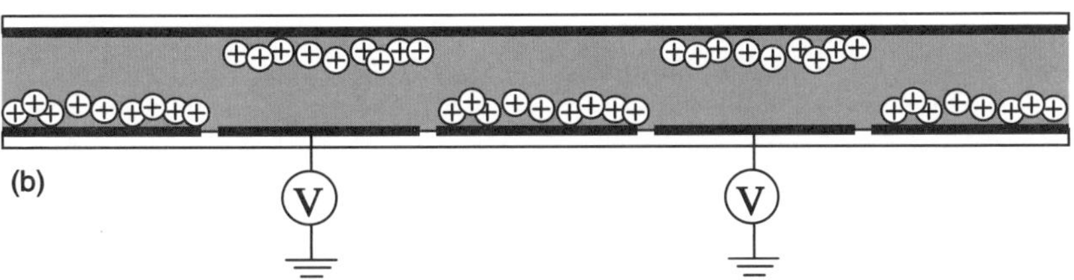

[그림 19.1] 염료 유체에서 백색 산란 색소 입자를 지닌 얇은 전기영동 필름의 측면도.
(a) 색소가 염료 유체 뒤에 있어 디스플레이는 어둡거나 색이 나타나 보인다(관찰자는 디스플레이 위에서 본다).
(b) 전압이 두 화소에 가해지면 디스플레이 정면으로 색소를 유도한다. 이러한 화소들은 색소가 염료 유체 정면에 있기 때문에 밝게 보인다.

그 때 디스플레이의 영역은 밝게 나타나며 이는 빛이 많은 염료액을 통과하기 전에 색소가 빛을 뒤에서 산란시키기 때문이다. 후면 전극에 반대 전압을 가하면 입자들은 관측자로부터 멀어진다. 이 경우 빛은 색소에 의해 산란되기 전에 먼저 염료액을 통과하며, 가시광 전체 혹은 일부가 흡수되어 어둡거나 색 표시가 되는 상태가 된다. 밝은(화이트) 상태에서 뭉쳐진 입자들 혹은 얇은 층은 거의 모든 시야각과 조도각에서 Lambertian 산란을 일으켜 밝은 상태를 나타낸다. 밝은 상태와 컬러 혹은 어두운 상태의 스위칭은 어떠한 제약도 받지 않는다. 색소와 염료 색의 적절한 선택에 의해 임의의 두 가지 색 사이에서 스위칭이 가능하다.

19.3.1 전기영동의 스위칭 속도

이러한 종류의 전기영동 필름의 스위칭 속도는 몇몇 기초적인 가정으로부터 근사적으로 이해될 수 있다. 전기장에서 유체 내 대전된 입자가 인가된 장 E에 의해 주변 유체에 대해 상대 속도 v로 반응하며 움직인다고 하자. 비례상수 μ는 전기영동의 이동도(mobility)라 하자.

$$v = \mu E. \tag{19.3}$$

전기영동 현상에 대한 이해를 위해 Morrison과 Ross(2002) 및 Probstein(1994)의 결과를 참조하자. Smoluchowski는 최초로 전기영동 이동도를 다음과 같이 표시하였다.

$$\mu = \frac{\zeta\varepsilon}{\eta} \tag{19.4}$$

ε와 μ는 각각 유전상수와 주변 유체의 점도이며 제타 전위라 불리는 ζ는 입자 주변의 전단면(shear plane)에서의 정전기 전위이다. 제타 전위는 대략 다음과 같이 표현된다.

$$\zeta = \frac{q\lambda_D}{\varepsilon} \tag{19.5}$$

q는 입자의 전하이며 λ_D는 Debye 길이이다. 스위칭 시간은 셀 두께인 h를 전기영동 입자 속도 v로 나눈 것으로 근사할 수 있다.

$$t_{switch} \approx \frac{h}{v} = \frac{h}{\mu E} = \frac{h^2}{\mu V} \tag{19.6}$$

여기서 V는 구동전압이다. 이러한 식들은 입자와 유체 특성들이 빠른 스위칭을 위해 얼마나 중요한 영향을 미치는지 보여준다. 예를 들어 높은 입자 전하와 낮은 유체 점도는 높은 전기영동 이동도를 유도하여 빠른 스위칭을 가능하게 한다. 입자와 유체 특성 외에도 스위칭 속도에 셀 두께와 전압도 중요함을 알 수 있다. 한편, 대부분 실제 적용 사례에서의 구동전압은 이용 가능한 전자 회로와 가격에 의해 영향을 받게 된다. 스위칭 속도가 셀 두께의 제곱에 따라 변한다는 것은 셀 두께의 감소가 스위칭 속도를 증가시키는 데 매우 중요함을 의미한다. 전기영동 필름의 셀 두께는 10~100μm 범위이며 스위칭 속도는 수십에서 수천 ms와 5~100V의 구동전압을 갖는다. 이 장의 뒤에서 언급될 in-plane형 전기영동 필름에서의 스위칭 속도 식은 분리된 전극 구조로 인해 위의 식과 전혀 다르다.

19.3.2 영상 안정성과 구동 파형

안정적인 영상(그로써 영상이 변할 때를 제외하고 전원을 공급할 필요가 없는)을 보이는 전기영동 필름을 개발하기 위해 많은 연구들이 실행되어 왔다. [그림 19.2]는 (a) TN 필름과 (b) 두 가지 광학 상태 사이에서 안정적인 영상을 보이는 전기영동 필름을 위한 구동 파형의 예들을 보여준다. TN 필름은 연속적인 어드레싱이 필요하다. 광학 상태를 바꾸기 위해 교류 신호 전압의 진폭은 변한다. 안정된 영상의 전기영동 필름에서 영상이 유지되는 동안은 인가 전압은 0이다. [그림 19.2(a)]의 예에서 (+)전압은 화소의 회색조를 변화시키기 위해 제한된 시간 동안 인가된다. 그리고 나중에 반대 부호의 전압 펄스는 회색조를 원래 색으로 바꾸기 위해 인가된다.

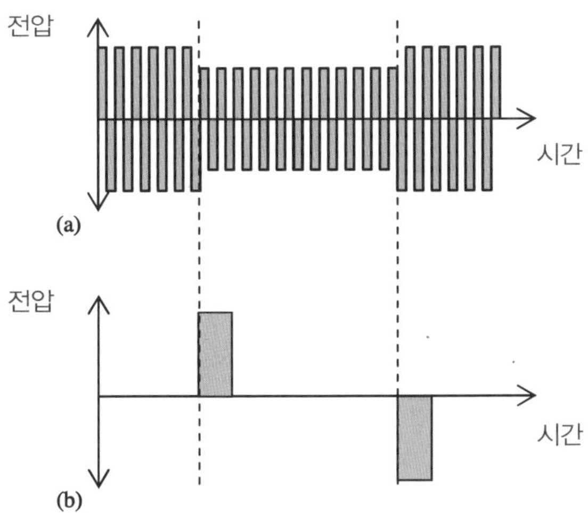

[그림 19.2] 광학 상태에서 시작하고 다른 광학 상태로 이동한 후 원래 광학 상태로 돌아가는 영상 연속성을 보이기 위한 구동전압 표시.
(a) TN 디스플레이에서의 견본 파형과 (b) 안정적인 영상을 얻기 위한 전기영동 디스플레이 구동 파형

영상의 변화가 간간이 이루어져도 되는 디스플레이에서는 쌍안정 영상 필름을 사용하여 전력 소모를 현저히 줄일 수 있다.

19.3.3 디스플레이를 위한 필름의 집적기술

1970년대에 전기영동 필름을 구동하기 위해 여러 방법들이 소개되었다. 이중 직접 구동(direct drive) 어드레싱은 간단한 개념을 사용한다. 직접 구동 어드레싱에서는 화소 전극으로 덮인 백플레인을 사용한다. 이 화소 전극은 직접적으로 디스플레이 제어기(controller)에 전도성 납을 통하여 결합된다. 제어기는 각 화소의 광학 상태를 변화시키기 위해 적절한 전압을 인가한다. 직접 구동 디스플레이는 화소들이 상대적으로 작을 때, 실용적이고 경제적이다. 그러나 다량의 정보 처리를 위해서는 화소의 직접 연결은 공간적으로도 비실용적이며 또한 비싸다. 따라서 적당한 매트릭스(matrix) 어드레싱이 필요하다.

제어 격자(control grid)를 사용한 매트릭스 어드레싱 개념을 [그림 19.3]에 표시하였다. 제어 격자 설계는 세 번째 "열" 전극이 백플레인 위의 "행" 전극으로부터 앞으로 향하도록 공간적으로 배치한다. 색소는 열과 행 전극 사이의 적절한 전압을 유지함에 의해 "열" 전극 뒤에 고립시켜 위치할 수 있다. "행" 전극을 고려하여 "열" 전극 전압을 변화시키면 색소들의 고립상태를 풀어주게 되고, 전면 전압에 상대적인 적절한 "행" 전극 전압을 갖는 전면 부로 이동할 수 있다(Singer and Dalisa 1977; Murau 1984).

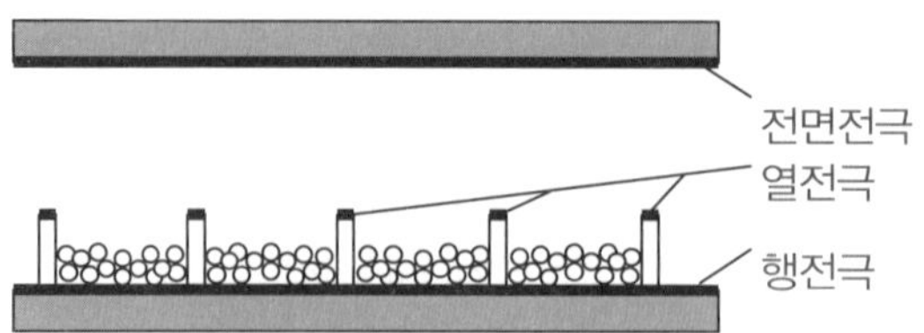

[그림 19.3] 전기영동 필름을 구동하기 위한 제어 격자 구조. 색소는 열과 행 전극 사이의 전압 차이 때문에 전위 우물들에 갇혀있다.

결론적으로, 열 전극을 어드레싱 하는 것과 "열"에 대해 적절한 "행" 전극들을 고르는 것에 의해 전체 디스플레이의 어드레싱이 가능하다.

문턱 전압을 갖는 전기영동 필름은 개념상 무한히 많은 "열"을 가지고도 수동 어드레싱이 가능하다. [그림 19.4]에 도해되어 있는 것처럼 수동형 어드레싱에서 한 화소는 뒷면에서의 열 전극과 앞면에서의 행 전극의 교차에 의해 정의된다. 수동 어드레싱은 능동 디스플레이에 비해 디스플레이 뒷면이 매우 간단한 전기 구조로 되어 있다. 화소를 어드레스 하기 위해 적절한 어드레싱 전압이 상응하는 열 전극에 인가되고 상보적인 전압이 해당되는 행 전극에 인가된다. 구동되지 않는 다른 열과 행은 오로지 적절한 어드레싱 전압만 인가된다. 만일 이러한 어드레싱 전압이 문턱 전압보다 낮다면 영상이 사라질 것이다.

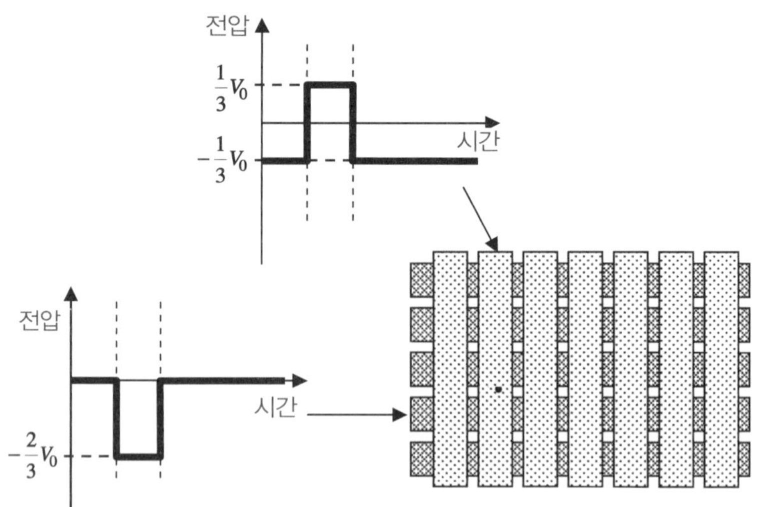

[그림 19.4] 수동 구동 어드레싱 도면. 한 기판 위의 열 전극들과 열 전극에 수직 방향인 다른 기판들에서 구동하는 행 전극들에 의해 정의된 화소들. 전압 V_0와 별표에 의해 표시된 화소를 어드레스하기 위해 사용된 예제 전압 곡선들 또한 나타내었다. 이 도면에서 디스플레이의 다른 화소들은 어드레싱 전압의 1/3 만큼 누화 전압을 느낀다.

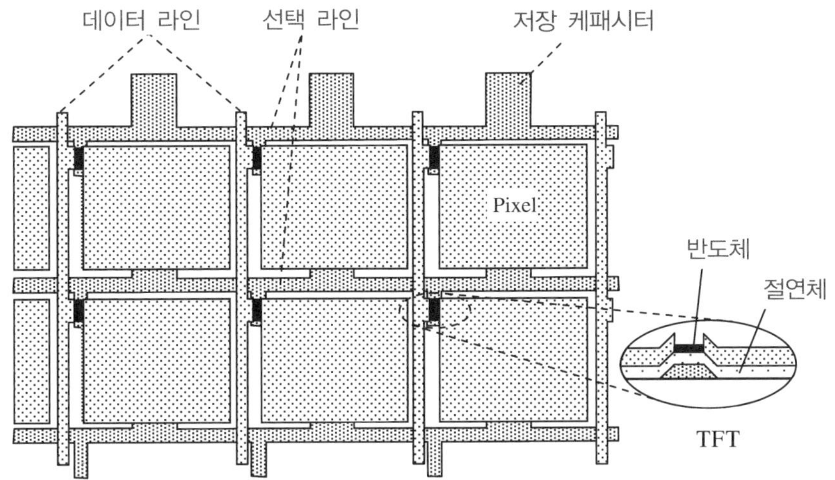

[그림 19.5] 능동형 백플레인의 한 종류. 수직 방향(열) 선들은 TFT가 소모(절연)할지 축적(전도)할지를 조절한다. 데이터 라인들은 수직하게 작동하며 화소 전극들에 전압을 가져다준다. 이 예에서 저장 커패시터는 화소 전극들 밑의 이전 열로부터의 선택 선을 늘리면서 형성된다. 다른 구조에서는 각각의 수직 전도체 선들이 저장 커패시터를 형성한다.

제어 격자와 수동 매트릭스 구동을 위해서 라인들은 동시에 어드레싱 된다. 이때 이미지를 갱신하기 위해 걸리는 시간은 단일 화소를 어드레싱 하는 시간에 "열" 의 개수를 곱한 것이다(Ota *et al*. 1977, 1975; Lewis *et al*. 1977). 100ms의 응답 시간을 갖는 영상 필름에서 200열의 디스플레이는 20s의 갱신 시간이 요구된다. 이러한 디스플레이들은 준고정(quasistatic) signage처럼 영상 갱신 시간이 중요하지 않은 제품에서 유용하다. 충분히 빠른 갱신 시간이 필요한 경우는 다중 구동되는 매우 빠른 전기영동 필름이 필요하다. 대안으로는 모든 화소들이 동시에 갱신되는 능동 매트릭스 구동이 가능할 것이다.

능동 매트릭스 디스플레이는 뒷면의 박막트랜지스터 공정을 위한 비용이 드는 대신 단일 화소가 최대한 빠른 영상 갱신 속도를 가질 수 있다. 능동형 매트릭스 백플레인에서의 낮은 누화(crosstalk) 전압은 문턱 전압이 아예 없거나 낮은 전기영동 필름을 사용할 수 있게 만든다. 능동형 백플레인은 [그림 19.5]에 도식적으로 나타내어져 있다. 각 화소에서 TFT는 row-by-row 어드레싱을 가능하게 만드는 비선형 요소로 동작한다. 열 전극은 그 열에 있는 TFT를 도통(conduction)시켜 데이터 라인의 전압을 그 열의 화소에 인가시키는 동작을 한다. 각 열에 이러한 과정을 반복하여 전체 디스플레이를 어드레싱 시킨다. 다양한 능동 매트릭스 전기영동 디스플레이들이 개발되어 왔으며 이중 일부가 이 장에서 논의될 것이다. 다른 새로운 어드레싱 방식들로는 mechanical ionic writing head나 바늘(stylus)을 사용하여 직접 색소가 어드레싱 되고자 하는 지역의 전기영동 필름에 전하를 유도하는 방식이나, 광 전도성 층을 사용하는 광 어드레싱 방식 등이 있다.

19.3.4 실패한 모드들과 교훈

1970년대부터 발전되어 온 전기영동 디스플레이는 평판 디스플레이 적용에서 TN 디스플레이와 경쟁했었다. 그러나 TN 디스플레이가 우위를 점하였다. 몇 가지 실패 요인들이 전기영동 디스플레이의 상업적인 성공을 저해하였다.

- 입자들끼리 및 전극 표면에 점착되는 문제점
- 염료의 변색
- 전극 모서리로의 입자 이동
- 입자들의 부유 또는 침전

점착 문제는 예를 들어 입자 표면에 이식(grafting) 고분자를 입힘으로 해결될 수 있다. 입자 표면의 고분자 코로나는 반데르 발스(van der Waals) 인력을 통한 입자들의 접촉과 점착에 대응하기 위한 충분한 정전기적 척력을 가져야 한다. 염료 안정성은 가시광선의 노출에 안정한 염료 사용과 자외선 차단 전면 시트를 사용함으로써 개선될 수 있다. 염료 불안전성의 문제는 깨끗한 유체 또는 수평 스위칭 설계에서 쌍-입자(dual-particle)를 사용함으로써 해결할 수 있다.

남아있는 주요한 실패 요인은 색소의 측면 이동으로 인해 일어난다. 스위칭이 일어날 때, 전하를 띤 색소 입자들은 한 전극에서 다른 전극으로 움직인다. 이러한 운동은 입자의 역방향으로 이동해야 하는 대체 유체를 필요로 한다. 이런 역방향 유동은 roll 셀 흐름(flow)를 유도하며, 이는 두 기판 사이의 유체에 아래에서부터 가열할 때 발생하는 Rayleigh-Bernard roll cell 불안정성과 매우 유사하다. 이 현상에서 밑에 있는 뜨거운 유체와 차가운 윗층들은 위치를 바꾸기 위한 부력에 의해 움직인다. 이러한 roll 셀들은 필름 두께 정도의 오더를 갖는 수평 방향 확장성을 가진다. 전기영동 필름의 경우, 유체의 흐름에 의해 전면 부(front surface)에서 필름 두께 정도의 오더를 가지는 불균일한 색소 분포가 나타나게 된다.

측면 이동현상과 연관되어 추가적을 알려진 실패 요인들이 있다. 입자들은 전기영동 힘에 의해 전극의 모서리 쪽으로 이동한다. 색소 입자의 전기 유도 쌍극자는 전극 모서리와 같이 전기장이 강하게 모여 있는 높은 장(field) 영역 쪽으로 끌린다. 결국 디스플레이가 측면 부분을 가질 수 밖에 없고, 입자들의 부력 효과를 제외하고 생각한다면, 입자들이 한 측면으로만 모이게 되어 디스플레이가 제 기능을 할 수 없다.

이러한 세 가지 실패 요인들은 측면 이동 효과의 확장을 subcritical 길이 정도로 제한함으로써 제거되거나 감소시킬 수 있다. 초기 연구에서(Hopper and Novotny 1979; Blazo, 1982) 전기영동 물질을 분리하고 측면 이동을 막기 위해 감광제 층의 광 패턴을 사용한 주기적인 늑골(rib) 구조를 개발하였다(그림 19.6).

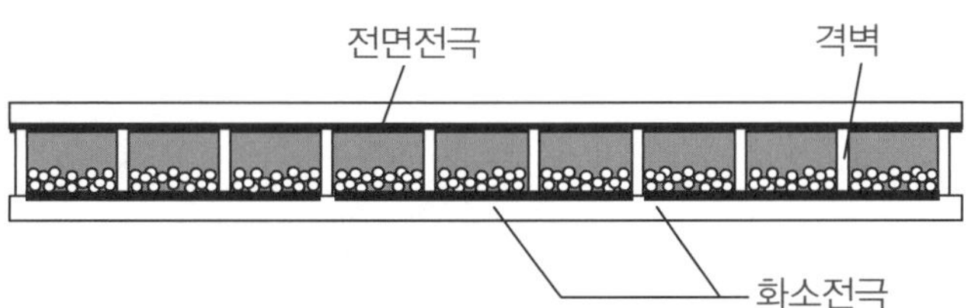

[그림 19.6] 디스플레이를 가로지르는 연속적인 늑골들 색소의 측면 이동을 제한한다.

현재 다양한 전기영동 디스플레이들이 개발되고 있으며 이들 모두는 전기영동 유체를 공간적으로 분리하였다. 이러한 디스플레이들은 어떻게 측면이동이 제한되는지에 따라 구별될 수 있다. 이러한 몇몇 연구들을 다음 절에서 검토할 것이다.

19.4 현재의 전기영동 디스플레이 개발 기술들

최근 전자 디스플레이와 함께 휴대용 전자 소자들의 확산은 저전력과 다양한 빛 조건에서의 쉽게 읽히고, 얇고 가벼우며 튼튼한 디스플레이에 대한 새로운 호기심을 불러 일으켰다. 일부 초기 제품들은 이런 요구들과 그 밖에 다른 응용을 위해 전기영동 기술을 사용하려 해왔다. 이 장은 이러한 여러 노력들을 소개한다.

19.4.1 미소 캡슐 전기영동 디스플레이

미소캡슐 전기영동 디스플레이 필름들은 E Ink 사(Comiskey *et al.*1998) 와 독립적으로 연구중인 NOK 회사, 그리고 Seiko-Epson(Kawai and Kanae 1999)에 의해 계속 연구되어져 왔다. 이미 존재하는 미소 세포 구조에 전기영동 유체를 채우는 대신 전기영동 유체가 미소 캡슐화 되며 이 미소 캡슐은 앞 전극 위에 중합 접착제와 코팅된다. 미소 캡슐은 색소 입자들의 측면 이동을 제한한다. 점착력있는 층이 뒷면의 부착을 용이하게 하기 위해 미소 캡슐 층 위에 코팅된다. 캡슐 벽의 역학적 특성과 두께를 조절함에 의해 미소 구(microsphere)들이 단지 단단한 구의 연속이 아닌 변형된 개별 미소 구들이 꽉 차여진 배열 형태로 분포하게 함으로써 충분한 캡슐의 유연성(malleability)을 부여할 수 있다. 단지 단단한 구들이 단층 코팅된다면, 구의 특성상 빈틈이 생겨 전기 광학적 스위칭에 관여하지 않는 영역이 생기게 된다. 그러나 변형된 개별 구들의 단단한 압축 형태는 대부분 능동 스위칭 영역(그림 19.7)을 완벽하게 커버할 수 있으며, 이는 광학적인 동적 범위를 증가시킨다. E Ink사에 의해 출시된 초기 미소 캡슐 전기영동 필름은 수백 V에서 구동될 때 1초 정도의 응답 시간을

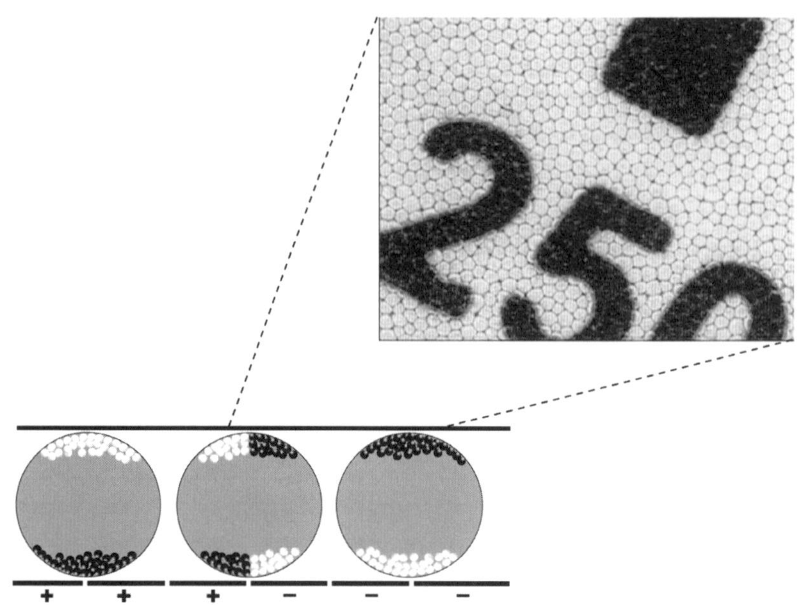

[그림 19.7] E Ink 사의 미소 캡슐화된 전기영동 디스플레이. 측면 도면은 디스플레이 필름의 현미경 사진을 따라 보여진다.

가졌다. 전기영동 이동도의 개선과 특히 필름 두께의 감소는 쌍-입자 형성에 의해 가능하게 되었으며, 저전압에서 빠른 반응을 나타내었다. 현재 개선된 E Ink사의 연구 결과는 15V 구동전압에서 black-to-white가 50ms 이하의 응답시간을 갖는 전기영동 필름을 선보였다(whitesides at al. 2004). 어두운 상태의 반사율은 2~4% 범위이며 상업용 필름에서 밝은 상태의 반사율은 35~40% 범위이고, 연구용 필름은 50%가 넘는다.

입자-염료 그리고 쌍-입자 전기영동 디스플레이 필름

E Ink사의 최초의 미소캡슐 전기영동 디스플레이는 입자-염료 방식을 사용하여 얻어졌다. 이 방식에서 밝은 상태는 백색의 분산 입자에 의해, 어두운 상태는 유체 안의 염료에서 얻어진다. 반면 쌍-입자 방식은 어둡고 밝은 상태가 염료의 사용에 의해서가 아니라 최종적으로 흡착한 입자에 의해 이루어진다(그림 19.8). 쌍-입자 방식은 다소 제조하기 어려운 반면 대비비 면에서 우수하여 최근의 E Ink사의 전기영동 디스플레이에 적용되고 있다.

입자-염료 방식은 밝은 상태를 얻기 위해 다수의 색소 입자에서 빛이 산란되게 되는데 이 때 일부의 빛이 틈 사이의 염료를 지나가게 된다. 이 결과 전체적으로 어두워지거나 백색 상태가 엷게 염료의 색을 띠게 되는 현상이 일어날 수 있는데(그림 19.8(a)) 이러한 현상은 염료 농도의 감소를 통해 해결할 수 있다. 그러나 이 또한 어두운 상태가 나빠지는 부작용을 가지고 있으며 시편 간격을 증가시켜 어두운 상태를 개선할 경우, 디스플레이의 반응속도가

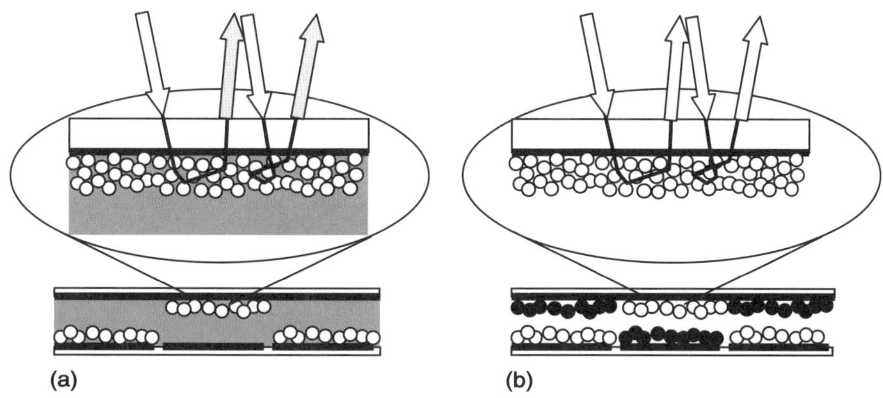

[그림 19.8] (a) 입자 - 염료에서 빛의 반사율
(b) 쌍-입자 전기영동 필름의 빛 반사율
입자 - 염료 방식에서의 빈틈의 염료는 반사된 빛을 오염시킨다.

느려지는 단점을 가진다. 따라서 입자-염료 방식의 경우, 밝은 상태와 어두운 상태, 그리고 반응 속도 간에 상호 trade-off를 가지는 단점이 있다.

반면, 쌍-입자 방식은 그림과 같이 다른 색을 지닌 색소 입자가 기판의 아래쪽에 구속되어 깨끗한 백색 상태를 구현할 수 있다. 따라서 쌍-입자 방식을 사용하면 앞서 언급된 상호간 trade-off문제를 해결할 수 있다.

E Ink사의 영상 필름에서 회색조는 일반적으로 전기영동 디스플레이에서 사용되는 블랙/화이트의 부분 구동에 의해 얻어진다. 얻어진 회색조는 지속적이어서 이미지를 변화시킬 필요가 있을 때에만 어드레싱이 필요하다. 계조 표시가 가능한 몇몇 디스플레이 시제품들이 선보인 바 있다. 능동 매트릭스와 미소 캡슐화된 전기영동 필름을 사용한 E Ink사의 최초 모델이 2001년에 소개되었다(Kazlas *et al* 2001; Ritter 2001).

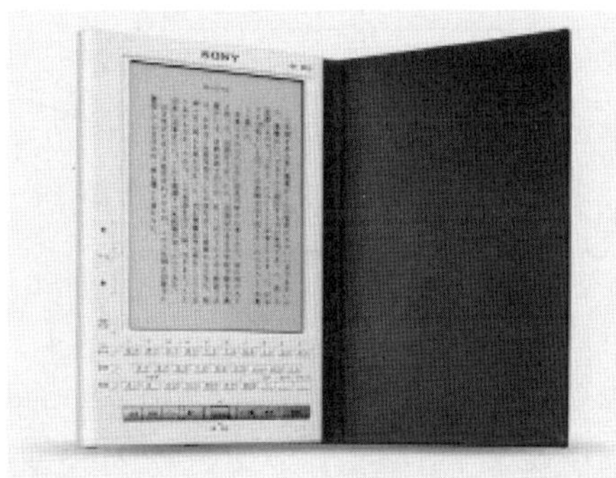

[그림 19.9] Royal Philips Electronics에서 만든 디스플레이 모듈에서 E Ink사의 미소 캡슐화된 전기영동 영상 필름을 이용한 Sony사의 LIBRIe 전자 책

2004년 4월에는 [그림 19.9]에서 보여지듯이 일본의 Sony사에서 E Ink사의 전기영동 디스플레이를 적용한 고해상도 전자책이 상용화되었다. 이 디스플레이는 167ppi 해상도의 a-Si 능동형 매트릭스와 투명 ITO전극이 형성된 유리 기판 위에 미소 캡슐화된 전기영동 필름을 플라스틱 시트에 라미네이팅(laminating)하는 방식으로 형성되었다. 전면 부의 보호 필름이 소자를 물리적으로 보호한다. 이 디스플레이는 2비트 계조를 가지며, 이미지를 바꿀 필요가 있을 때만 어드레싱된다.

컬러 미소 캡슐 전기영동 디스플레이

전기영동 디스플레이는 적절한 색소나 염료를 선택하여 두 컬러를 스위칭 할 수 있다. 예를 들어, 노란 색소 알갱이(pigment)를 푸른 염료 유체나 반대 전하를 갖는 푸른 색소 알갱이와 함께 사용하면 노란색과 파란색의 두 가지 광학 상태의 스위칭이 가능하다.

풀 컬러를 구현하기 위해서 몇몇 방식들이 제안되어 왔다. 그 중 하나는 두 가지 색의 전기영동 유체를 서브-화소에 사용하여 최소한 세 가지 이상의 조합을 만들어 R, G, B를 구현하는 것이다. 이러한 방식을 위해서는 다양한 색의 혼합을 위해 서브-화소의 패터닝이 필수적이다. 풀 컬러를 표현하기 위한 가장 간단한 방법은 흑백 전기영동 필름에 외부 컬러 필터를 조합하는 것이다. Toppan Printing Company에서 제작된 컬러 필터를 적용한 이러한 방식의 E Ink사의 컬러 전기영동 디스플레이의 시제품이 선보인 바 있다(Duthaler *et al.* 2001, 2002). Stripe 형태의 R,G,B 컬러 필터가 순차적으로 패터닝된 서브-화소 구조를 적용하였다. 예를 들어 적색을 표현하고자 할 때, [그림 19.10]에 나타낸 바와 같이 적색 서브-화소 밑의 하얀 색소 알갱이가 전면으로 올라오고 녹색과 노란색의 서브-화소 밑에는 검정 색소 알갱이가 배치된다.

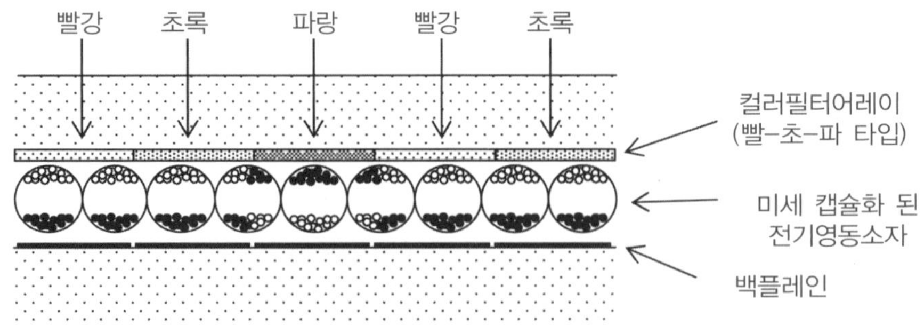

[그림 19.10] 미소 캡슐화된 풀 컬러 전기영동 필름의 도해. 앞 시트 위에 빨강, 녹색, 청 줄로 된 색 필터가 뒷 부분의 화소에 맞추어 배열되어 있다. 세 서브-화소는 하나의 풀 컬러 화소를 구성한다. 왼쪽의 세 서브-화소들이 하나의 화소를 형성하며 이 화소는 노란 색을 띤다. 이는 빛이 적색과 녹색 화소에서는 반사되고 청색 화소에서는 흡수되기 때문이다.

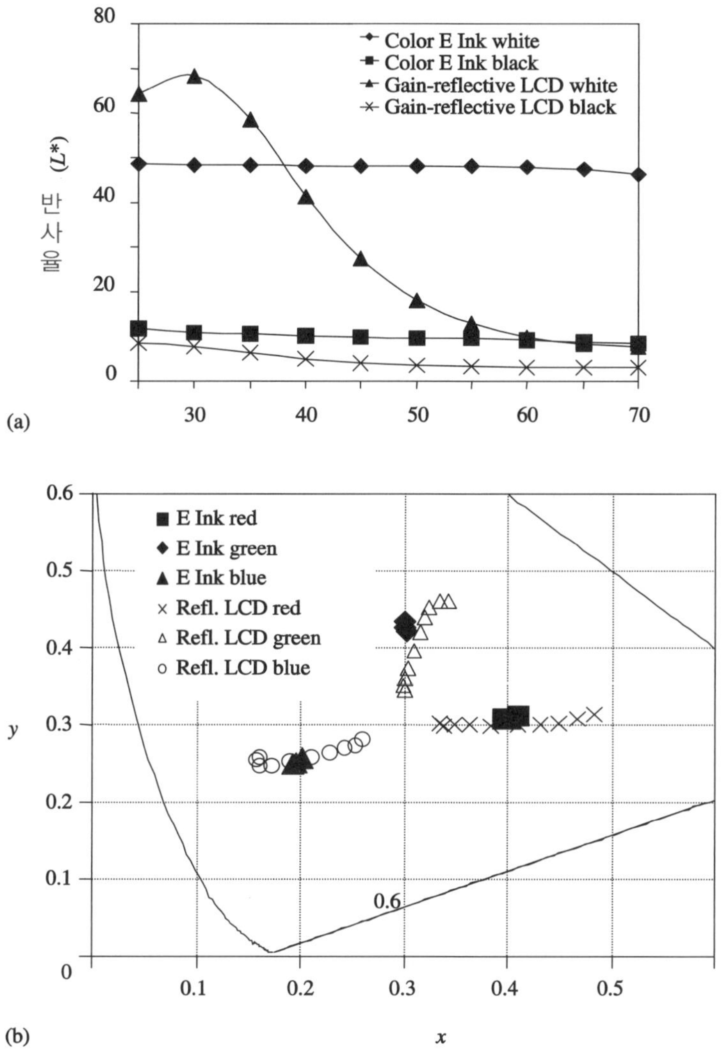

[그림 19.11] 조도각 함수로서의 반사 E Ink사의 전기영동 색 디스플레이와 상업적인 반사 색 TN 디스플레이의 (a) 반사율과 (b) 색 좌표. E Ink 디스플레이의 밝고 어두운 상태들은 시야각에 따라 색의 변화없이 일정함을 보여준다.

[그림 19.11]에 직접 구동 방식의 3bit 컬러 디스플레이의 조도각에 따른 반사도 및 색 변화표(color coordinate)를 나타내었다. 초기의 3bit 컬러 모델(Duthaler *et al*. 2002)과 이후의 12bit 컬러 80ppi(서브-화소 기준 240ppi) 능동 매트릭스 디스플레이가 구동회로와 함께 Royal Philips Electronics에서 개발되었다.

[그림 19.11]의 각각의 그림에서 비교 대상은 특정 시야각에서 성능이 최적화된 고효율 반사판을 사용한 최상급 TN 디스플레이이다. [그림 19.10]과 [그림 19.11]에서 보여지는 것

처럼 전기영동 디스플레이 시제품에서 반사율의 최대값은 적절한 조도각에서 액정디스플레이보다 높지 않다. 그러나 전기영동 디스플레이의 반사율은 시야각에 의존하지 않고 거의 일정하다. 반면 액정 디스플레이의 경우 디스플레이 특성이 최적화된 각도를 벗어나면 급격히 감소한다.

또 다른 풀 컬러 구현 방법으로 세 종류의 필름을 쌓는 방식이 제안되었다. 이는 19.4.3장에서 소개될 in-plane 스위칭 방식 전기영동 디스플레이가 투명한 상태를 얻을 수 있는 특성에 의해 구현이 가능하다.

미소 세포 전기영동 디스플레이 필름

입자의 측면 이동 효과를 제한하기 위해 감광제(photoresist) 및 광 고정방식(photodefining)을 사용한 사각형의 늑골 격자 구조의 미소 격벽(microcellular) 전기영동 방식이 1970년대 후반과 1980년대 초반에 제안되었다(Hopper and Novotny 1979; Blazo 1982). 최근 SiPix사에서는 백플레인 전자기술에서 매우 흥미로울 수 있는 roll-to-roll 제조 공정을 이용한 미소 격벽 전기영동 필름(Liang *et al*. 2002,2003) 발표하였다. 이 방법에서 미소컵 구조는 형성, 필링(filling), 실링(sealing)이 단일한 연속적인 공정으로 이루어진다. UV에 의해 경화되는 고분자를 투명 전극 기판 위에 코팅한 후 늑골(rib) 형태의 패턴을 가지는 도장(stamp)으로 누른 뒤 경화시키면 [그림 19.12]와 같이 격자 형태의 패턴이 형성된다. 이 셀들은 색소 입자와 염료를 포함한 전기영동 유체로 채워진 뒤, 추가의 보호필름(overcoat)을 형성하여 봉합된다. 보호필름은 전기영동 유체에 단분자를 용해시킨 뒤 UV등의 조사를 통해 고분자화 시켜 얻어지거나 직접 고분자 필름을 코팅하여 얻어질 수 있다. 이 보호필름은 직접적인 접착 층으로 작용하거나, 백플레인에 라미네이팅(laminating)하기 위해 추가적인 접착 층을 더해주어야 한다.

SiPix 사에서는 직접 구동 방식, 수동 매트릭스, 능동 매트릭스를 사용한 시제품을 선보였다. 19.3장에서 설명하였듯이 수동 매트릭스 방식의 구동은 문턱 전압을 필요로 한다. SiPix사는 5~50V의 문턱전압을 갖는 전기영동 필름을 수동 매트릭스 구동을 위해 선보였다(Liang *et al*. 2003). 수동 구동 방식은 특별한 능동 소자를 백플레인에 필요로 하지 않아 제작 가격이 싸고 상대적으로 플렉시블 기판에 구현하기에도 유리하다. 그러나 열 별로 한꺼번에 구동해야 하므로, 이미지 갱신 시간이 기본 갱신 시간과 디스플레이의 열 개수의 곱으로 얻어지는 단점이 있다.

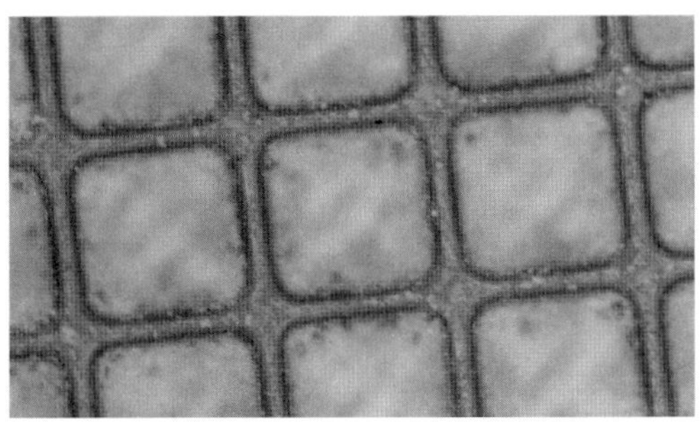

[그림 19.12] 미소컵 전기영동 필름은 양각인 늑골 패턴 구조로 되어있으며 셀들은 전기영동 유체로 채워져 있으며 코팅함으로써 봉해졌다. Courtesy of SiPix

19.4.2 미소 세포의 Air-Gap 전기영동 디스플레이

Bridgestone 회사와 일본 Kyushu 대학 전기 공학부와의 협동 연구는 미소 세포 air-gap 전기영동 디스플레이를 생산했다(Hattori *et al*. 2003). 전기영동 매체의 유체를 공기로 대체함으로써 반응시간이 상당히 향상되었다. 대략 얘기하자면 전기영동 디스플레이의 속력은 색소 입자의 전기영동적 이동도에 비례하며 이동도는 [그림 19.4]에서 나타났듯이 입자 운동을 통한 유체의 점도에 반비례한다. 공기의 점도는 대략 0.02cP이며 전형적인 유체의 점도는 전형적으로 1cP 정도 수치를 갖는 사실에 주목한다면 같은 조건의 색소 전하, 필름 결합 구조와 전압에서 100배 빠른 속도 수치를 예상할 수 있다.

공기를 기반으로 하는 전기영동 필름을 생산하는 것은 액체를 기반으로 한 전기영동 필름 이상으로 새로운 도전을 의미한다. 유체 속의 입자를 대전시키는 것은 다양한 단계로 이해될 수 있다. 표면의 이온화로 인한 물 같은 매질에서의 대전은 개발되어 실행되고 있다. 물이 아닌 물질에서의 전하는 좀 더 복잡하다. 이온들을 해리시키는 micellization을 통해 이루어진다. 공기에서 이러한 액체 역학은 유용하지 않다. 두 번째 도전은 입자들 서로 간에 또는 표면 위에 입자들이 붙는 것을 피하는 것이다. Van der Waals와 영상 전하 힘은 액체 매질에서보다 공기 매질에서 더 강하다. 이것은 고체물질과 기체 사이의 강한 대조와 매질 주변의 낮은 유전 상수 때문이다. Bridgestone과 Kyushu 대학의 공동 연구원들은 이러한 입자들이 달라붙는 현상을 줄이기 위해서 "액정 분말"이라 부르는 것을 만들었다. [그림 19.13]은 액체분말 사진을 보여준다. 관에서 접시 위로 쏟아지는 분말은 더미를 이루며, 특징적으로 쌓이는 각은 결합하는 입자들 경향의 척도가 된다(그림 19.13(b)). 같은 방법으로 쏟아지는 액체 분말의(그림 19.13(a)) 쌓이는 각이 거의 0에 가까우면 결합하려는 입자들의 경향이 매우 감소됨을 알려준다.

(a)

(b)

[그림 19.13] (a) Bridgestone이 만든 액정 분말과 (b) 정상적인 분말이 평평한 바닥. 액체분말은 쌓이지 않으며 정상적인 분말은 산처럼 쌓인다.

a)

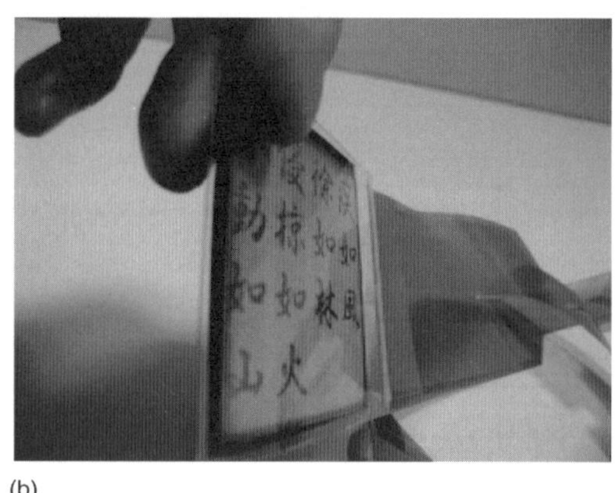

(b)

[그림 19.14]
(a) 기판 위 늑골 구조의 미소컵(cup) 영상은 공기-간격 전기영동 필름을 만드는데 사용한다.
(b) Bridgestone과 Kyushu 대학의 플라스틱 기판 위에 만들어진 160 X 160 수동형 디스플레이
(a)는 SID 허락으로 재현했다.

흑과 백의 액체 분말 색소 혼합물은 아래 기판 위의 미소 셀들에 떨어진다. 이 아래 기판은 [그림 19.14(a)]에서 보듯이 적절한 전기구동회로와 미소 셀들을 형성하는 늑골 구조를 갖는다. 투명 전도체(전극)이 있는 윗 기판은 전기영동 셀을 형성하기 위해 미소 셀 판(아래 기판)에 붙여진다. 이 그룹에 의해 연구된 첫 번째 원형 디스플레이들은 70~100V에서 다중 어드레스 되는 높은 문턱전압을 가진다. 필름의 반응은 매우 빠르며 70V 구동에서 약 0.2ms 전환시간을 갖는다(표준 디스플레이 구동회로에 사용하기 위해 이러한 전압들은 현저히 감소되어야만 한다.). 이러한 빠른 전환 속도에 의해 비록 수 백개 열들의 다중 어드레스 디스플레이일지라도 상대적으로 빠르게 어드레스 될 수 있다.

[그림 19.14(b)]의 160×160 픽셀인 다중 어드레스 디스플레이 프로토 타입은 67ms의 갱신 시간을 갖는다. 부분 어드레싱에 의한 이런 디스플레이들의 계조 표현 어드레싱 또한 보

고되어왔다(Hattori *et al*. 2003).

19.4.3 In-plane형 전기영동 디스플레이

전기영동 물질들은 평면상의 전기장에서도 어드레싱 될 수 있다(Swanson *et al*. 2000). Canon사에서 개발한 전기영동 디스플레이 필름은 광학 대비비가 수집시키는 컬렉팅(collecting) 전극으로부터 가까워지거나 멀어지는 색소의 측면 즉 "평면상" 움직임에 의해 나타나기 때문에 이 장에서 언급된 광학 대비비가 앞면으로부터 가까워지거나 멀어지는 색소의 수직 움직임에 의해 결정되는 다른 모든 전기영동 필름들과는 구분된다. 영상 층에는 흰색 분산 색소가 없는 대신에 백색 상태는 전기영동 필름 뒤의 고정된 흰색 분산자에 의해 나타나며 어두운 상태는 빛을 흡수하는 색소가 흰색의 분산자를 덮음으로써 나타난다. 각 픽셀은 픽셀 영역의 작은 부분을 덮는 전기영동 유체와 컬렉팅 전극 아래에 "표시를 위한 디스플레이(displaying) 전극"을 가진다. 컬렉팅 전극을 0볼트로 고정시킴으로써, 디스플레이 전극에는 반대 부호 전압을 가하여 화소를 가로질러 확산되는 입자들을 생성시킬 색소입자 위의 전하로 인해 어두운 상태와 컬러 상태를 구현할 수 있다. 디스플레이 전극의 부호를 바꾸는 것은 색소들을 뒷 흰색 반사판을 노출시키는 컬렉팅 전극들 근처로 모이게 한다(그림 19.15).

초기 구조는 디스플레이 전극 위를 지나가는 줄무늬 모양의 컬렉팅 전극을 사용하였다(Kishi *et al*. 2000). 주기적인 일정한 간격으로 된 컬렉팅 전극들은 빠른 반응을 위해 보다 강한 전기장을 갖고 있으나 낮은 개구율(컬렉팅 전극에 의해 덮어지지 않는 픽셀 영역의 일부)을 보인다. 예를 들어 200ppi 디스플레이에서 Canon사는 줄무늬 전극 설계를 사용하면 72% 개구율을 갖는다고 보고했다. [그림 19.15]에서 보여주듯이 전극들 사이의 스페이서 안에 컬렉팅 전극을 두는 것은 개구율을 향상시킨다. 예를 들어 이 설계로 200ppi 디스플레이는 92% 개구율을 갖는다. 전극들 사이의 스페이서 안에 컬렉팅 전극을 두는 것은 픽셀 간의 누화를 감소시킨다(Matsuda *et al*. 2002; Ukigaya *et al*. 2003). 픽셀간의 누화 현상은 잔류 영상을 유도하는 이웃 픽셀의 전압에 의해 한 픽셀 안에 색소 분포가 변조됨으로써 그것의 존재를 분명히 한다. 컬렉팅 전극의 높이를 0.05μm에서 10μm로 증가시키면 픽셀 누화를 많이 감소시키며 픽셀을 가로지르는 전기장 분포를 향상시킨다(Ukigaya *et al*.2003).

다른 전기영동 필름처럼 계조 표시는 화이트 상태를 구현하기 위해 인가하는 전압보다 짧고 작은 펄스를 인가하는 방식인 부분 구동 방법으로 구현하였다. 화소의 가장자리에 있는 입자들은 화소 가장자리에서의 강한 전기장으로 인해 컬렉팅 전극 주위로 급속히 모이게 된다. 화소 가운데에서는 전기장이 약하므로, 이 주변의 입자들은 컬렉팅 전극방향으로 보다 천천히 이동한다.

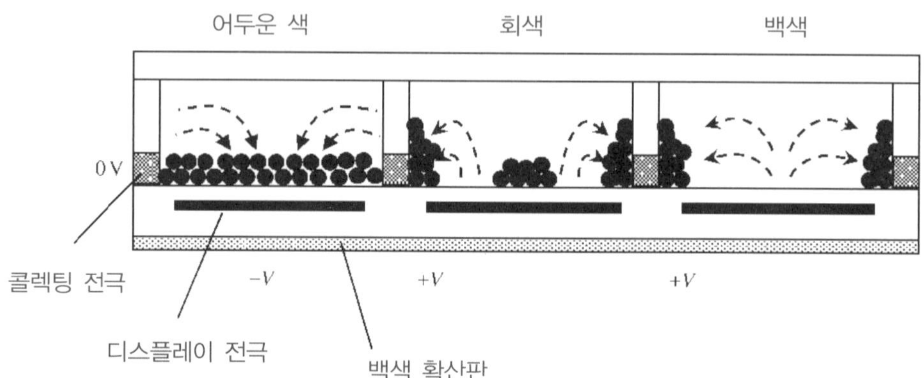

[그림 19.15] Canon의 In-plane 전기영동 필름의 측면도. 화소들은 수직 격벽에 의해 분리되었으며 컬렉팅 전극이 격벽 하부에 형성되어 0V로 고정되어 있다. 모든 화소아래의 디스플레이 전극은 검정 입자를 디스플레이 표면에 배열하여 화소를 어두운 상태로 구현하거나(그림 왼쪽), 컬렉팅 전극을 향해 구동하여 백색을 얻어낸다(그림 오른쪽). 중간 상태는 회색을 구현하게 된다(그림 가운데).

부분 구동 방법에서는 [그림 19.15]에서와 같이 이 입자들을 남겨놓아 후방 산란 효과를 일부 감소시켜 계조를 표시하게 된다. [그림 19.16]에 Cannon Inc. 에 의해 개발된 능동 매트릭스 전기영동 디스플레이 시제품을 나타내었다(Ukigaya *et al*. 2003). 이 제품은 260ppi 해상도와 5.32×5.32cm의 크기를 가진다. 10μm 높이의 컬렉팅 전극을 통해 고해상도를 구현할 수 있었다. Cannon이 발표한 갱신 시간은 5V 구동에서 1초 이하이며, 전압이 인가되지 않아도 안정된 영상을 얻을 수 있었다.

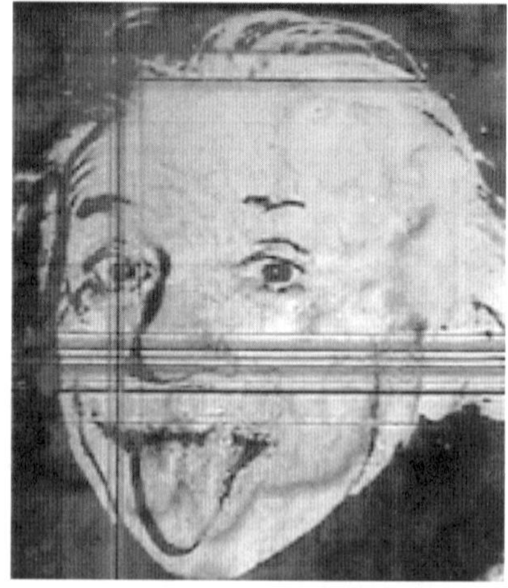

[그림 19.16] Canon의 in-plane형 전기영동 필름을 사용한 능동형, 260ppi, 5.32cm X 5.32cm 회색조 디스플레이 시제품. SID 허락으로 재현했다.

In-plane 스위칭 방식의 전기영동 영상 층은 백색의 후방 산란 층 위에 세 개의 디스플레이 층을 쌓고, 하나의 색만 흡수하고 나머지는 투과시키는 색소 입자를 사용하여 풀 컬러 영상을 구현할 수 있도록 한다. 풀 컬러 화소는 개개의 서브-화소가 R, G, B로 나뉘어져 있는 일반적인 경우에 비해 훨씬 밝은 장점을 가진다. 예를 들어 적색을 구현하기 위해서 기존 방식은 녹색과 청색의 화소를 꺼야하는 반면, 풀 컬러 화소는 적색 입자를 전면에 배치하는 방식으로 구동하여 이론상 3배의 휘도를 얻을 수 있다. 그러나 3층 적층 방식의 디스플레이는 제조 원가가 단일 층을 사용하는 방식에 비해 매우 비싸질 것이 분명하다. 또한 세 개의 층이 수직 방향으로 정밀하게 정렬하여야 하므로 parallax가 생길 수 있는 잠재적 문제점이 존재한다.

19.5 플렉시블 EPID 디스플레이

전기영동 필름들은 플렉시블 디스플레이로써 매력적인 후보로 최근 많은 관심을 받고 있다. 전기영동 필름이 거의 모든 시야각 방향에서 보여주는 높은 명암 대비비는 다양한 시야각에서 보여지는 자연스러움에 의해 플렉시블 디스플레이에서 중요한 속성이다. 대부분 전기영동 필름 구조들은 투명한 후위 기판을 필요로 하지 않는다. 따라서 그들은 metal foil같은 구조의 불투명한 뒷면들을 사용할 수 있다. 광학적 명암 대비비가 빛의 편광에 기초하지 않기 때문에 전면 기판은 복굴절에 얽매이지 않아서 중합된 전면 시트 구조들의 적용이 가능하다. 또한 전면과 후면 기판들 사이의 단단한 고체 구조는 디스플레이 변형이 일어나는 동안 시편 간격을 유지한다.

직접 구동으로 동작하는 플렉시블 전기영동 디스플레이들은 1998년 초기에 보고되었으며(Comiskey *et al* 1998) Mylar 플라스틱 기판에서의 미소 캡슐화된 전기영동 디스플레이들은 2001년 E Ink사 초기에 상용화 되었었다. 다른 그룹들 또한 직접 구동에 의한 휘어지는 전기영동 디스플레이들을 개발해왔다(Kishi *et al*. 2000; Liang *et al*. 2002). E Ink사의 미소 캡슐화된 전기영동 필름들을 사용하는 능동형 플렉시블 디스플레이 시제품들이 개발되어왔다. 이들 중 최초는 2001년에 Lucent Technologies와 Bell Laboratories 그리고 E Ink 사의 공동 연구로부터 나왔으며 여러 새로운 기술들이 접목되었다: 고무 스탬프에 의한 단층 레지스트 패터닝과 유기 반도체에 기초한 TFT, 그리고 미소 캡슐화시킨 전기영동 잉크 등이 적용된 것으로 세계 최초의 휘어지는 전자 종이 디스플레이라고 할 수 있다(Amundson *et al*. 2001). 백플레인의 구조는 10장에서 언급되었다. 미소 캡슐 전기영동 잉크는 ITO가 코팅된 100~200μm 두께의 고분자 플렉시블 시트 위에 코팅된다.

(a) (b)

[그림 19.17] Passivated 강철 호일위에 제조된 얇고 휘어지는 a-Si 능동 매트릭스 구동 E Ink 전기영동 필름. (a) 300μm 두께가 보이며 (b) 휘어진 디스플레이 상태. SID 허락으로 재현했다.

디스플레이 영상은 [그림 10.20]에 나와 있다. 실험실 차원에서의 높은 생산률을 위하여 간단한 16×16 화소 구조가 선택되었다. 선, 공간 및 백플레인 설계 및 TFT 설계 룰을 적용하면, 이 시제품의 제작 기술로 수 백의 열을 지닌 디스플레이를 구현할 수 있다.

E Ink사는 2001, 2002년에 강철 호일위에 능동형 디스플레이를 생산했다(Chin *et al* 2001; Kazlas *et al*. 2002; Au *et al*. 2002). a-Si 능동형 백플레인 제조를 위한 표준 포토리소그래피 공정이 보호막이 입혀진 강철 호일에서 그대로 적용 가능하다. 이때 실리콘 공정에 필요한 고온에서도 안정성이 그대로 유지된다. 화소 트랜지스터는 bottom-gate 구조와 8μm 채널 길이를 갖는다. 다양한 디스플레이들이 생성되었는데 이중 가장 뛰어난 것은 96ppi의, 240 X 160 화소, 대각 3.1인치의 특성을 갖는다. 이들은 250μm 두께의 강철 호일을 사용하여 만들어졌다. 이 디스플레이들은 반복적인 테스트에서 특별한 성능 변화 없이 곡률반경 ~1.5cm까지 구부려진다(그림 19.17(b))(Kazlas *et al*. 2002).

최근 E Ink사의 미소 캡슐 전기영동 영상 필름은 고해상도 플렉시블 디스플레이로 나아가기 위해 플렉시블 플라스틱, 능동형 백플레인들과 함께 집적화 되어왔다. 이중 하나로, Royal Philips Electronics에 의해 만들어진 능동형 백플레인을 이용해 집적된 바 있다. 백플레인은 플라스틱 기판들과 유기 반도체를 사용하여 이루어졌다. 이 결과, 다기능의 5인치급의 플렉시블 QVGA(240×320pixel) 능동형 디스플레이 시제품이 만들어졌다. 이 결과는 16장에 좀 더 자세히 언급되어있다.

E Ink사의 미소 캡슐 전기영동 필름 또한 Plastic Logic Limited에 의해 만들어진 능동형 백플레인을 이용해 집적되었다. 백플레인은 통액 공정을 이용한 플라스틱 기판과 프린팅을 이용한 direct write 기술 및 유기 반도체를 사용하여 얻어졌다.

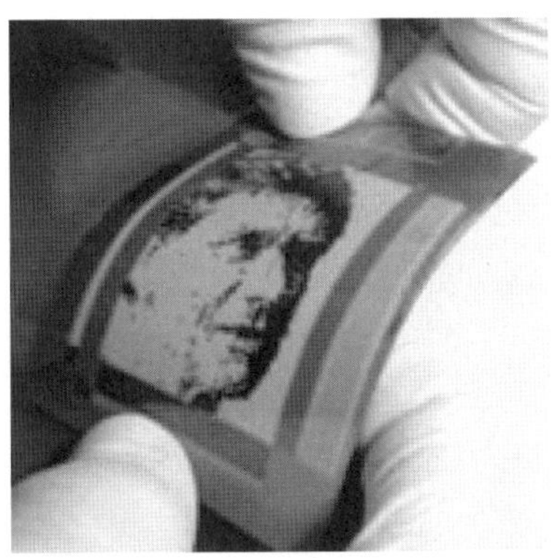

[그림 19.18] E Ink사에서 제조된 미소 캡슐화된 전기영동 영상필름과 Plastic Logic에서 만든 능동형 백플레인을 사용하여 만든 플라스틱 디스플레이 시제품. Courtesy of Plastic Logic Limited.

전 유기 공정의 예로 플렉시블 디스플레이의 시제품이 [그림 19.18]에 나타나있다. 이 제품은 성능 저하 없이 2cm 이하인 곡률반경으로 휘어질 수 있다.

이러한 몇 가지 시제품들은 플렉시블 디스플레이 기술을 위한 새로운 기술적인 컨버전스(convergence)를 보여준다. 이런 초기 시제품들을 통해 기본적 집적 이슈에 대한 경험을 쌓을 수 있으며, 상업적인 플렉시블 디스플레이의 성공 가능성을 보여준다고 할 수 있다. 안정성과 디스플레이 구성 요소의 수명, 디스플레이 셀을 캡슐화시키는 방법, 플렉시블 디스플레이를 위한 구동 기술과 배선 기술, 생산에서의 재연성 그리고 비용등과 같은 중요한 기술적 이슈들이 상업화 되기 전에 해결되어야 할 것이다. 완벽하게 휘어지는 능동형 디스플레이를 실현시키기는 것은 그 자체가 도전이긴 하나, 전기영동 영상 필름들은 그것을 실현하도록 하는데 큰 희망 보여준다.

참고문헌

Amundson, K., Ewing, J., Kazlas, P., McCarthy, R., Albert, J. D., Zehner, R., Drazaic, P., Rogers, J., Bao, Z. and Baldwin, L.(2001) Flexible, active–matrix display constructed using a microencapsulated material and an organic–semiconductor–based backplane, *SID Digest* 2001, 160–163

Au, J., Chen, Y., Ritenour, A., Kazlas, P. and Gates, H.(2002) Ultra–thin 3.1–in. active–matrix electronic ink display for mobile devices. *IDW Proceedings* 2002, 223–226

Blazo, S. F.(1982) High resolution electrophoretic display with photoconductor addressing. *SID Digest* 1982, 92–93

Born, M. and Wolf, E.(1980) *Principle of Optics*, 6th edn, Pergamon press, New York, Ch. 8.

Chen, Y., Denis, K., Kazlas, P. and Drzaic, P.(2001) A confurmable electronic ink display using a foil– based a–Si TFT array. *SID Digest* 2001, 157–159.

Chiang, A., Curry, D. and Zarzycki, M.(1979) A stylus writable electrophoretic display devices. *SID Digest* 1979, 44–45.

Comiskey, B., Albert, J. D., Yoshizqwa, H. and Hacobson, J.(1998) AN electrophoretic ink for all–printed reflective electronic displays. Nature 394, 253–255

Dalisa, A. L.(1997) Electrophoretic display technology. *Transactions on Electron Devices* 24(7), 827–834.

Duthaler, G., Davis, M., Pratt, E., Gray, C. and Suzuki, K.(2001) Paper–like color displays using electrophoretic ink and color filters. *IDW Proceedings* 2001, 473–476.

Duthaler, G., Au, J., Davis, M., Gates, H., Hone, B., Knaian, A., Pratt, E., Suzuki, K., Yoshida, S. and Ueda, M.(2002) Active–matrix color displays using electrophoretic ink and color filters. *SID Digest* 2002, 1374–1377

Evans, P.F., Lees, H., Maltz, M. and Dailey, J.(1971) Color display devices, U. S. Patent 3,612,758.

Hattori, R., Yamada, S., Masuda, Y. and Nihei, N.(2003) Novel type of bistable reflective display using quick response liquid powder. *SID Digest* 2003, 846–849.

Hopper, M. A. and Novotny, V.(1979) An electrophretic display, its properties, model, and addressing, *IEEE Transactions on Electron Devices* 26(8), 1148–1151.

Jackson, J. D.(1999) *Classical Electrodynamics*, 3rd edn, Jhon Wiley & Sons, Inc., New York, Ch. 10.

Kawai, H. and Kanae, N.(1999) Microencapsulated electrophoretic rewritable sheet. *SID Digest* 1999, 1102–1105.

Kazlas, P., Au, J., Geramita, K., Gates, H., Steiner, M., Honeyman, C., Drzaic, P., Schleupen,

K., Wisnieff, B., Horton, R. and John, R.(2001) 12.1 "SVGA microencapsulated electrophoretic active matrix display for information appliances. *SID Digest* 2001, 152–155.

Kazlas, P., Ritenour, A., Au, J., Chen, Y., Goodman, J., Paolini, R. and Gates, H.(2002) Card–size active matrix electronic ink display. *Proceedings of Euro Display*, pp. 259–262.

Kishi, E., Matsuda, Y., Uno, Y., Ogawa, A., Goden, T., Ukigaya, N., Nakanishi, M., Ikeda, T., Matsuda, H. and Eguchi, K.(2000) Development of in–plane EPD. *SID Digest* 2000, 24–27.

Lewis, J. C., Garner, G. M., Blunt, R. T. and Carter, F(1997). Gravitational, inter–particle and particle–전극 forces in the electrophoretic display. *Proceedings of SID* 18(3/4), 234–242.

Liang, R. C., Hou, J. and Zang, H.(2002) Microcup electrophoreitc displays by roll–to–roll manufacturing processes, *IDW Proceedings* 2002, 1337–1340.

Liang, R. C., Hou, H., Zang, H., Chung, J. and Tseng, S.(2003) Microcup displays: electronic paper by roll–to–roll manufacturing processes. *Journal of the Society for Information Display* 11(4), 621–628.

Matsuda, Y., Kishi, E., Goden, T., Ogawa, A., Ukigaya, N., Uno, T., Ishige, K., Ikeda, T. and Matsuda, H.(2002) Newly designed, high resolution, active–matrix addressing in–plane EPD. *International Display Workshop Proceedings*, pp. 1341–1344.

Metcalfe, K. A. and Wrignt, R. J.(1956) Fine grain development in xerography. *Journal of Scientific Instruments* 33, 194–195.

Morrison, I. and Ross, S.(2002) *Colloidal Dispersions: Suspensions, Emulsions, and Foams*, John Wiley & Sons, Inc., New York.

Murau, P.(1984) Characteristics of an X–Y addressed electrophoretic image display(EPID). *SID Digest* 1984, 141.

Ota, I., Ohnishi, J. and Yoshiyama, M.(1973) Electrophoretic image display(EPID) panel. *Proceedings of IEEE* 61, 832–836.

Ota, I., Sato, T., Tanka, S., Yamagami, T. and Takeda, H.(1975) Electrophoretic Display Devices. *Laser 75 Optoelectronics conference Proceedings*, pp. 145–148.

Ota, I., Tsukamoto, M. and htsuka, T.(1977) Developments in electrophoretic displays. *Proceedings of the society for information Display* 18(3/4). 243–254.

Probstein, R. F.(1994) *Physicochemical Hydrodynamics: An Introduction*, 2nd edn, John Wiley & Sons, Inc., New Work.

Ritter, J.(2001) Active–matrix electrophoretic displays. *Proceedings of the 21st International Display Research Conference*, pp. 343–346.

Rogers, J., Bao, Z., Baldwin, K., Dodabalapur, A., Corne, B., Raju, V. R., Kuck, V., Katz, H., Amundson, K., Ewing, H. and Drzaic, P.(2001) Paper–like electronic displays: large–area rubber–stamped plastic sheets of electronic and microencapsulated electrophoretic inks. *Proceedings of the Natural Academy of Science*, 4835–4840.

Singer, B. and Dalisa, A. L.(1977) An X−Y addressable electrophoretic display. *Proceedings of the Society for Information Display* 18(3/4), 255−266.

Shiwa, S. and Hoshino, Y.(1988) Electrophoretic display method using ionographic technology. *SID Digest* 1988, 61−62.

Swanson. S.A., Hart, M.W., and Gordon, J.G.(2000) High performance electrophoretic displays. *Proceedings of the Society for Information Display* 31. 29−32.

Ukigaya, N., Endo, T., Matsuda, H., Goden, T., Ishige, K., Takagi, S. Nakanishi, N., Kishi, E., Ikeda, T. and Matsuda, H.(2003) Active matrix addressing in−plane EPD with a collecting electrode embedded in a spacer. *International Display Research Conference Proceedings*, pp. 107−110.

Yamaguchi, M., Matsuoka, H. and Matsuzawa, J.(1991) Equivalent circuit of ion projection−driven electrohporetic display. *IEICE Transactions E* 74(12), 4152−4156.

Whitesides, T., Wall, M., Paolini, R., Sohn, S., Gates, H., McCreary, M. and Jacobson, J.(2004) *SID Digest* 2004, 133−135.

플렉시블 디스플레이를 위한 Gyricon 물질

Nicholas Sheridon

Gyricon, LLC

20.1 서 론

Gyricon(Sheridon and Berkovitz 1977; Sheridon *et al*. 1977)은 플렉시블한 고무 박막의 형태를 가진다. 신문을 읽을 때 처럼 Gyricon 디스플레이도 반사되는 주변광을 이용하여 영상을 나타낸다. Gyricon 디스플레이로 만들어진 이미지들은 넓은 시야각 특성과 지속적인 전력 소모없이 장시간 영상을 저장할 수 있다.

Gyricon을 이용하여 제작된 디스플레이는 한 쌍의 전극이 형성된 기판사이에 고무박막이 위치하는 형태를 가진다. 유리기판 전체에 전압이 인가될 때, 고무박막은 하얀색으로 변하게 된다. 앞서 인가된 전압과 반대 극성 전압이 인가될 경우 검정색(또는 다른색)으로 전환된다. 전압이 인가되지 않을 경우에도 기존 영상은 사라지지는 않는다. 주변광을 이용하기 때문에 백라이트(Backlight)는 필요 없고, 새로운 이미지를 나타낼 때만 전력이 필요하기 때문에 소비되는 전력의 양은 매우 적다.

0.4 mm의 두께를 가지는 Gyricon 고무 박막은 견고하고 휨 변형특성이 매우 뛰어나다. Gyricon 물질 두께의 균일도는 중요하지 않기 때문에, 대형 사이즈 제작 시에도 비용이 적게 든다. 플라스틱 기판 위에 휨 변형이 가능한 회로 시스템을 장착하여 Gyricon 디스플레이를 제작할 경우, 두루마리 형태로 제작할 수 있어서 휴대성과 저장성이 향상된다.

[그림 20.1]에서처럼, Gyricon 디스플레이 내부에는 투명한 고무 기판 안에 상반되는 색으로 반반씩 채워진 구형의 구슬들이 있다. 각 구슬들 사이의 구형의 빈 공간 주위에는 오일(oil)이 채워져 있으며, 이 오일은 인가되는 전기장에 반응하여 회전할 수 있도록 해준다.

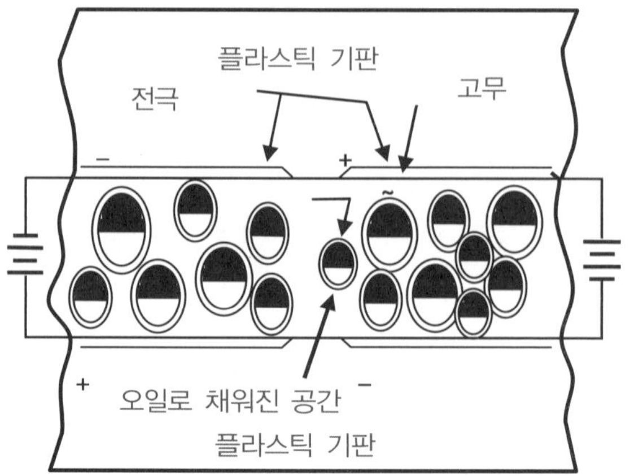

[그림 20.1] Gyricon 디스플레이는 투명한 고무 박막에 대비비를 나타낼 수 있는 구형의 구슬로 만들어 진다. 각 구슬 주위의 구형의 빈 공간 안에는 오일이 채워져 있다.

인가되는 전압의 극성에 따라 구슬이 회전하기 때문에 밝고 어두운 것을 표현할 수 있다. 전압이 더 이상 인가되지 않더라도 구슬의 방향은 이전 상태를 그대로 유지하려고 하기 때문에 오랜 시간 동안 영상을 저장할 수 있다.

Gyricon 디스플레이에 사용되는 구슬은 100 μm의 지름을 가지고 있으며, 구슬 내부에 안료를 주입하여 색을 나타나게 한다. 2.54 cm^2당 약 25만개의 구슬들이 존재한다. Gyricon 디스플레이에 입사되는 빛들은 Lambertian 분포를 가지면서 산란이 일어나기 때문에 마치 신문을 읽을 때와 같은 특성을 보이게 된다.

Gyricon 기술의 첫 번째 상업 응용기능 분야는 소매상점의 가격표와 게시판으로 사용가능하다. 또한 정지 영상 이미지가 요구되는 전자 신문, 전자 책, 그리고 대형 간판 등에 이용될 수 있다.

20.2 전기광학 응답 특성

Gyricon 구슬들은 고무 박막 필름 내부에 구형의 빈 공간을 가진다. 빈 공간의 지름은 구슬의 지름보다 약 25% 정도 더 크다. 빈 공간을 채우는 오일은 투명한 유전체이다. [그림 20.2]는 Gyricon 내부의 단면을 실제 촬영한 것이다. 각 구슬은 2가지 색상을 가지기 때문에 이색성(Bichromal)이라 한다. 각 구슬 안에는 크기가 서로 다른 전하 또는 극성이 존재한다. 각각의 구슬은 두개의 반구 사이에서 발생한 전하 차이로 쌍극자 모멘트(Dipole Moment)를 가지고, 단극자 모멘트(Monopole Moment)는 구슬의 알짜 전하(Net Charge)에

[그림 20.2] 그림 20.1에서 보여준 단면도를 실제 Gyricon 박막을 절단하여 촬영한 이미지

해당하는 비율만큼 발생한다. 이러한 특성들은 구슬의 전기 광학적 특성 구현에 중요한 역할을 한다.

[그림 20.3]은 빈 공간 안에 들어있는 하나의 Gyricon 구슬을 나타내고 있다. 우선, Gyricon 구슬은 하얀색 면이 빈 공간의 바닥 부분에 놓여져 있다. 전압이 인가됨에 따라 구슬 내부에서는 단극자 모멘트와 쌍극자 모멘트가 발생하게 된다. 구슬의 회전은 초기에 구슬이 빈 공간의 벽에 붙어있기 때문에 쉽게 일어나지 않는다. 그러나 인가된 전압에 의해 발생된 전기장은 단극자 모멘트에 영향을 주게 되어 빈 공간 바닥 면에 붙어있던 구슬이 끌어당겨진다. 이러한 현상이 발생하게 될 때, 타원형의 빈 공간 내부에서 구슬의 쌍극자 모멘트는 회전하는 힘을 주게 된다. 만약 구슬이 빈 공간을 가로 질러 180°회전하게 되면 최대 대비비 특성을 가지게 된다. 계조 표시 특성은 180°보다 적게 회전할 때 얻을 수 있다. 오일과 구슬 시스템은 임계 제동(Critical Damping) 특성을 가지기 때문에 180°이상 회전할 수 없으며, 운동량은 보존되지 않는다.

Gyricon 디스플레이 표면에서 반사되는 총 빛의 양을 측정하기 위해서 Integrating Sphere Photometer를 사용하였으며, 측정된 값은 [그림 20.4]에 나타내었다.

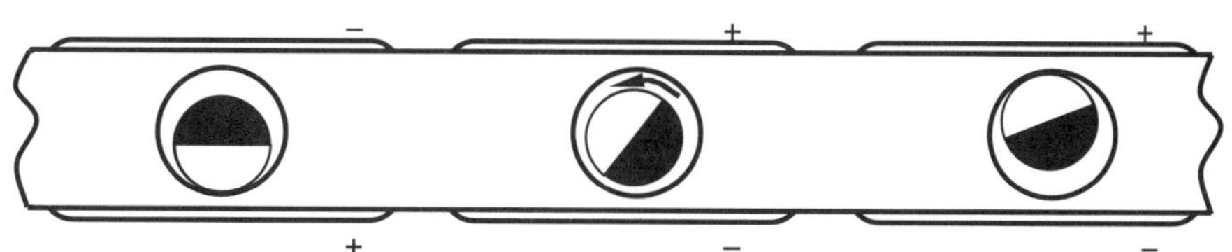

[그림 20.3] Gyricon 구슬은 쌍극자와 단극자가 연관되어있다. 전기장 인가 시, 빈 공간 내부에서 회전하며 한쪽 벽에 정지한다.

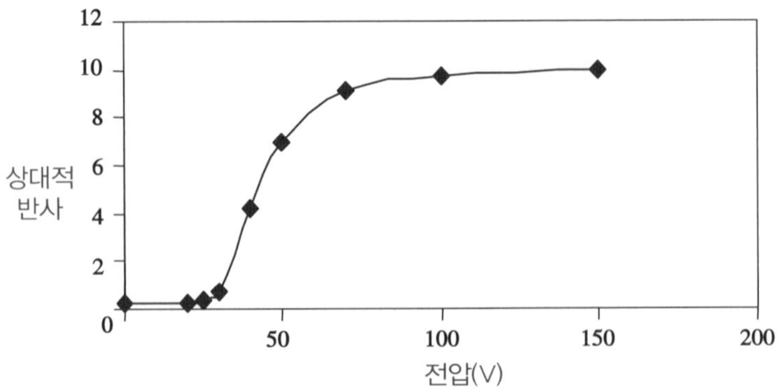

[그림 20.4] 인가되는 전압에 따른 Gyricon 디스플레이의 산란 반사되는 빛 측정 그래프

Gyricon 디스플레이 표면에서의 상대적인 반사율은 고무 박막에 인가되는 전압의 비로 나타난다. 흑백 구슬로 만들어진 Gyricon 디스플레이의 초기 상태는 검정색이 표시 창 위로 위치하게 제작된다. 일정수준의 전압이 인가될 때까지 상당수의 많은 구슬들이 공간내부의 벽에서 움직이지 않기 때문에 디스플레이에는 어떠한 변화도 일어나지 않는다. [그림 20.4]의 그래프에서 기울기는 구슬과 관련된 단극자 전하들의 통계학적 분포 때문에 발생한다. 작은 단극자 전하를 가지는 구슬들은 빈 공간 벽에 붙어 있는 힘을 깨기 위해서는 더 많은 전압이 인가 되어야 한다. 따라서 더 많은 전압이 인가되면 구슬은 회전하게 된다. 구슬의 회전은 낮은 전기장에서는 발생하지 않지만 전기장이 증가함에 따라 180°까지 회전하게 되며 반사율이 최대가 된다.

빈 공간 내부에서 구슬의 움직임과 밀접한 관계를 가지는 점성력(Viscous Drag)은 Gyricon 디스플레이의 응답속도와 관련 있다. 인가되는 전압, 구슬의 화학적 성질, 및 크기는 Gyricon 디스플레이의 응답속도를 결정한다. 일반적인 스위칭 시간은 0.5 Hz이다.

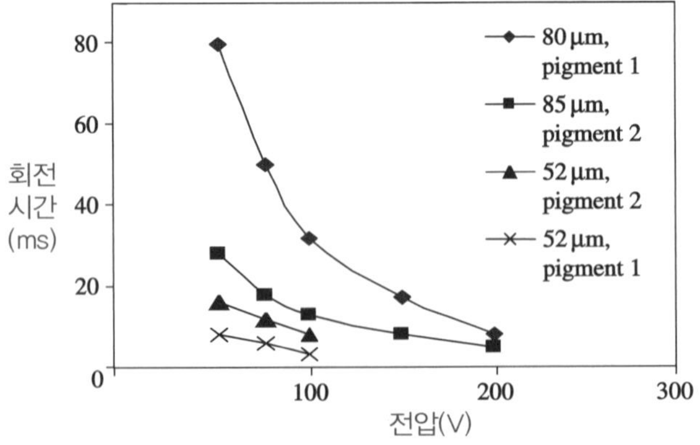

[그림 20.5] Gyricon 구슬 물질에 따른 응답속도 특성

그러나 이것이 Gyricon 디스플레이의 근본적인 한계는 아니며, [그림 20.5]에서 보이는 것처럼, 서로 다른 3가지 크기를 가지는 구슬과 2가지 다른 안료를 사용하여 회전 속도를 측정하였다. 위와 같이 했을 경우에, 구슬의 회전 속도는 100 V 이하에서도 3 ms 이하의 특성을 얻을 수 있다.

20.3 영상 저장

Gyricon 디스플레이의 영상 저장 특성은 플렉시블 디스플레이 제품 제작에 유용한 이점을 제공한다(Pham *et al.*2002). 점성력은 영상을 오랫동안 유지하게 해주며 이미지 전환을 쉽게 해준다. 따라서 Gyricon 디스플레이로 구현된 영상들은 일반적인 디스플레이처럼 쉽게 쓰고 지울 수 있으며, 전자신문이나 전자책처럼 오랫동안 영상을 지속시킬 수 있다.

영상은 빈 공간 안에 구슬을 붙이는 정도로 조절된다. 영상을 표시하는 일련의 과정은 구슬이 전기장의 극성에 따라 동작을 달리 함으로써 나타난다.

일반적으로, 구슬은 양의 단극지를 기지며, 구슬의 검정색 부분은 양이고 하안색 부분은 음이다. Gyricon 박막을 가로로 놓고, 검정색의 영상을 하얀색의 영상으로 전환할 때 구슬의 검정색 부분이 빈 공간의 바닥을 향해서 움직이기 시작하여 구슬의 하얀색 부분이 빈 공간의 윗부분으로 오도록 한다. 이 상황에서 Gyricon 디스플레이에 추가적인 전압이 인가되지 않으면, 구슬은 더 이상 움직이지 않는다. 만약 우리가 하얀색 이미지를 검정색 이미지로 다시 전환하고 싶다면 앞서 인가한 전압의 반대 전압을 인가하면, 구슬의 검정색 부분이 위로 오고 하얀색 부분이 아래로 내려가게 된다.

구슬은 빈 공간을 채우고 있는 오일보다 정확하게 25 % 더 무겁다. 전압의 인가가 끝나게 되면 구슬은 빈 공간의 윗 부분에 머물다가 빈 공간의 아랫 부분으로 떨어지게 된다. 빈 공간의 윗 부분에서 아랫 부분으로 떨어질 때 구슬은 회전을 거의 하지 않기 때문에 대비비의 변화가 발생하지 않는다. 구슬들이 빈 공간의 바닥 면에 도달하였을 때, 구슬은 중력에 의해 바닥 아래 부분으로 끌어당겨지게 되고 빈 공간의 벽에 붙어있게 된다.

만약 이 디스플레이가 수직 방향으로 구동된다면, 이 구슬들은 공간의 바닥 부분을 향해서 아래로 미끄러지듯이 동작하게 되며, 이때에도 구슬은 거의 회전하지 않기 때문에 대비비의 변화는 거의 없게 된다.

빈 공간 벽 바닥부분에서 구슬이 움직이지 못하는 원인은 다음과 같다. 작은 물체가 다른 물체에 붙게 하는 원인이 되는 Van der Waals 힘을를 우선적으로 생각할 수 있으며, 다른 힘들과 비교하면 매우 작은 것이다.

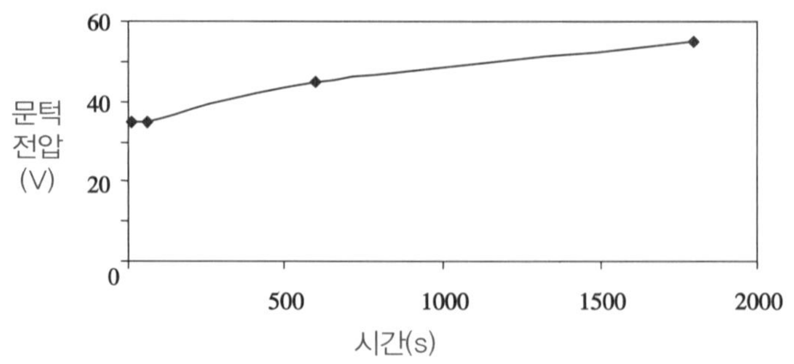

[그림 20.6] 문턱전압과 안착화되는 시간 사이의 그래프

더 중요한 것은 유압 트랩(Hydraulic Trap)이 부드러운 타원형 빈 공간 안에서 타원형 구슬이 안정화될 수 있게 한다. 구슬이 중력이나 전기장에 의해서 빈 공간의 바닥 벽으로 당겨질 때, 구슬과 벽 사이의 오일은 강제적으로 밀려나게 된다. 이러한 결과는 구슬과 탄성체 표면 사이의 접촉각 보다 더 중요하다. 왜냐하면 오일은 부드럽고 끈적이기 때문에, 구슬 표면은 고무벽 내부에서 매우 적은 면적만이 붙어있다. 접촉면에서의 지속적인 힘은 오일을 지속적으로 밀어낸다. 결과적으로, 구슬과 고무 벽 사이에 생긴 매우 작은 공간에 오일이 들어오기 때문에 빈 공간의 벽에서부터 구슬은 움직이게 된다. 이러한 과정은 시간이 걸리고 지속적인 힘이 요구된다. 장시간 영상을 저장하기 위해서는 공간 내부의 구슬들이 바닥에 모두 안정화 되어야 하며, 중력에 의해 구슬들은 빈 공간의 바닥에 붙어 있을 수 있다

가장 중요하다고 여겨지는 구슬에 가해지는 3번째 힘은 이색성 구슬과 공간 내부의 오일 사이의 경계면에서 발생하는 전기장이다. Colloid 화학에서 말하듯 이러한 이중층은 구슬의 표면에 고정된 전하로 구성된다. 모든 유전체 표면은 유전체 오일 안에 담겨졌을 때 이러한 이중층이 만들어진다. 이색성 구슬은 부드러운 고무로 되어있는 빈 공간과 오일 안에 자리잡고 있기 때문에, 대전된 구슬들은 부분적으로 차폐되어 있지 않다. 이 전하는 구동 전극들 안에서 영상 전하에 끌리게 되어, 빈 공간의 벽에 단단하게 구슬을 접촉시키게 한다. 이 힘은 반대로 대전된 이온들이 탄성체를 통하여 구슬 전하를 차폐시킬 때까지 존재한다. 이 힘은 짧은 순간 발생하는 힘이며 빈 공간의 벽에 구슬을 붙게 하는 초기 힘에 해당된다.

이러한 모델들은 주어진 시간동안 벽에 붙어 있는 구슬들을 움직이게 해주는 힘의 크기와 고정된 상태를 유지할 수 있는 시간을 가늠할 수 있게 해준다. 그리고 이것은 실질적으로 적용할 수 있는 모델이 된다. 사실상 문턱전압을 증가시키는 원인이기도 한다. [그림 20.6]은 공간의 벽에 접촉되어 있는 구슬을 시간의 함수로 공간의 벽의 바닥에 접촉되어 있는 구슬들을 움직이기 위해서 요구되는 문턱 전압을 측정한 값의 그래프이다. 중요한 것은 높은 접촉력은 동작 시간을 증가시킨다.

20.4 밝기와 대비비

반사되는 빛으로 보여지는 디스플레이 표면의 백색은 매우 작은 크기의 투명한 입자, 섬유 조각과 이 물질들이 담겨져 있는 매질의 굴절률 차이에 의해서 발생한다.

Gyricon 디스플레이 표면에 비쳐지는 주변 광은 종이 표면으로부터 빛이 반사되는 방식으로 산란된다. Gyricon 구슬의 하얀색 반구 부분은 Titanium Dioxide 안료가 고 밀집된 상태이다. 이 물질의 굴절률은 2.7이며 구슬들이 퍼져있는 Polyethylene의 굴절률은 1.51이다. 두 물질 사이의 굴절률 차이는 1.19이다. 이러한 안료 입자는 지름이 0.3 mm 크기이며, 이 사이즈는 높은 산란 효과를 획득할 수 있어서 화면에 백색을 보여줄 수 있다. 종이의 하얀색과 비교하면 공기 중에서 종이 제작에 사용된 Cellulose 섬유와 공기의 굴절률 차이 값은 0.53이다. 이러한 비교로부터 알 수 있듯이, 일반적인 종이보다 Polyethylene내부에 퍼져있는 Titanium Dioxide로 만들어진 Gyricon 디스플레이가 더 밝고 선명하다.

종이 위에 수직하게 입사되는 백색 광원 또는 표면에서 반사되는 것 같은 산란 강도는 종이 표면에 수직각의 코사인 형태로 선형적으로 감소한다(Lambert의 법칙)(Born and Wolf 1970). [그림 20.7]의 그래프는 백색으로 표현되는 Gyricon 디스플레이의 산란되는 빛의 강도를 나타내고 있다. 이 그래프에 알 수 있듯이, Gyricon 디스플레이는 매우 뛰어난 Lambertian 산란효과를 가진다. 따라서 Gyricon 디스플레이는 종이와 같이 넓은 시야각 특성을 가지게 된다.

Gyricon 디스플레이는 종이에서 정의한 방식으로 밝기(Brightness)를 정의할 수 있으며 Integrating Photometer를 이용하여 측정하였다. 디스플레이 창과 접한 구슬들이 하얀색 구슬 면으로 재배열되었을 때, Gyricon 박막의 표면으로부터 입사되는 빛에 대하여 반사되는 빛의 비율로 밝기를 정의할 수 있다. 대비비는 Gyricon 디스플레이의 어두운 상태와 밝은 상태의 강도의 비를 나타낸다.

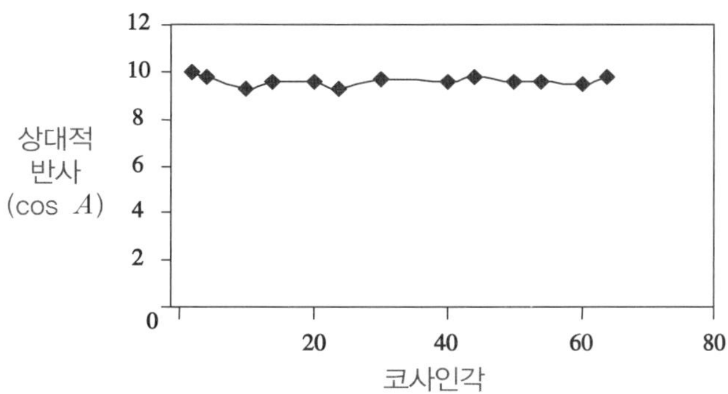

[그림 20.7] 코사인각에 대한 산란각 반사비율은 전체적으로 선형을 이룬다. 이것은 Lambertian 산란을 한다고 할 수 있다.

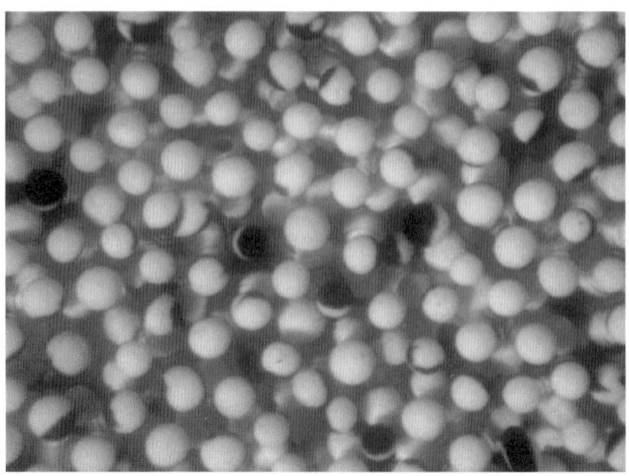

[그림 20.8] 비스듬하게 비춰지는 Gyricon 박막의 사진. 구슬들 사이의 어두운 공간은 조도를 낮추는 낮은 수위의 구슬들이다.

[그림 20.8]은 구슬들이 하얀색 상태로 배열 되어있는 Gyricon 박막의 사진이다. 층 안에서 구슬들은 상당히 밝은 것을 확인할 수 있다. 각 구슬 사이의 공간은 상대적으로 회색으로 보인다. 회색 영역을 좀더 자세히 들여다 보면 첫 번째 층 밑에 존재하는 두번째 세번째 층으로 구성됨을 알 수 있다. 첫번째 층이 가지는 밝기에도 불구하고, 밑에 존재하는 구슬들이 밝기를 떨어뜨리는 역할을 하게 된다. [그림 20.8]은 실질적인 사용에 있어서 디스플레이를 보는 상태와 동일하게 하기 위해서 비스듬하게 빛을 입사시켜 측정한 것이다.

두 가지 요인 때문에 구슬 아래층들의 밝기 분포 상태가 중요하다. 구슬의 아래층들은 최상부의 구슬층 그림자 밑에 존재한다. 그래서 하부에 도달하는 빛이 줄어들고, 하부층 구슬들은 더 적은 빛을 관찰자에게 반사한다. 이러한 효과를 더욱 상승시키는 것은 첫번째 층 구슬의 검은색 반구 부분이 두번째 층 하얀색 반구 위에 정확하게 놓였을 때 두번째 층 구슬의 표면으로부터 반사되는 빛이 충분히 흡수되고 다른 구슬의 흰색 표면 위에 조사되지 않게 된다. 이 결과로 인해 매우 작은 양의 빛이 두번째 세번째 층의 구슬들로부터 발생하여 매우 작은 양의 빛이 관찰에게 보이게 되고 따라서 첫번째 층 구슬들 사이의 공간은 어둡게 보인다. 관찰자는 모든 구슬로부터 반사되어 나오는 합쳐진 빛을 인지 때문에, 첫번째층 구슬들 사이의 공간은 Gyricon 디스플레이의 밝기를 크게 떨어뜨리게 한다.

다시 말해서, 더 높은 밝기를 얻기 위해서는 첫번째 층 안의 구슬들이 고밀도로 응집되어야한다. 이것은 실험적으로 확인되었다.

Gyricon 디스플레이의 가장 바깥쪽 층안의 구슬들의 밀집도를 제한하는 것은 빈 공간을 형성하는 과정에서 발생하는 탄성체의 팽창(swelling)이다. 이 팽창은 최소화되게 설계 되어야 한다. 이것은 가소성의 액체와 탄성체의 적절한 선택에 의해 결정된다.

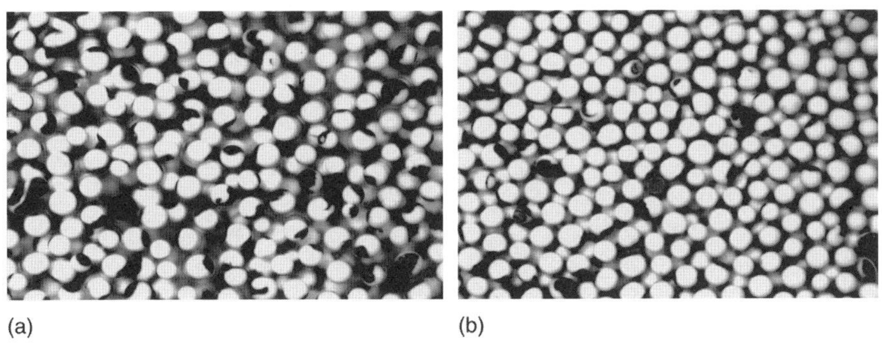

[그림 20.9] 두 개의 Gyricon 박막 사진들: (a) 일반적인 Gyricon 박막 그리고 (b) 패킹되고 25%보다 19% 팽창되는 탄성체로 만들어진 Gyricon 박막

두개층 안으로 구슬들을 단단히 밀집시키는 과정을 개발하였고 그 결과 Gyricon 디스플레이의 밝기를 향상시킬 수 있었다. [그림 20.9]는 팽창이 적게되는 탄성체를 조합하여 구슬의 밀집력을 향상시킨 Gyricon 디스플레이의 표면 사진이다. 이것은 패킹(packing)이 없고 낮은 팽창 탄성체를 사용하지 않은 Gyricon 디스플레이의 표면상태와 비교가 된다. 구슬의 첫 번째 층이 상당히 넓은 부분에 걸쳐서 차지하고 있음을 주목할 만하다. 이 결과는 [그림 20.10]에 보이는 것처럼 패킹이 덜된 것 보다 잘 된 것이 더 높은 밝기 특성을 보여준다. 따라서 디스플레이의 대비비가 더 높아짐을 [그림 20.11]에서 알 수 있다. 일반적인 과정으로 제작된 경우에 22%의 밝기와 9%의 대비비 효과를 보이지만 구슬들을 패킹시키고 낮은 팽창 탄성체를 이용할 결우 26%의 밝기와 11%의 대비비를 얻을 수 있다. Gyricon 디스플레이에서 밝기와 대비비를 결정하는 또 다른 요소는 구슬의 품질과 회전 정도 그리고 회전된 구슬들의 분포이다.

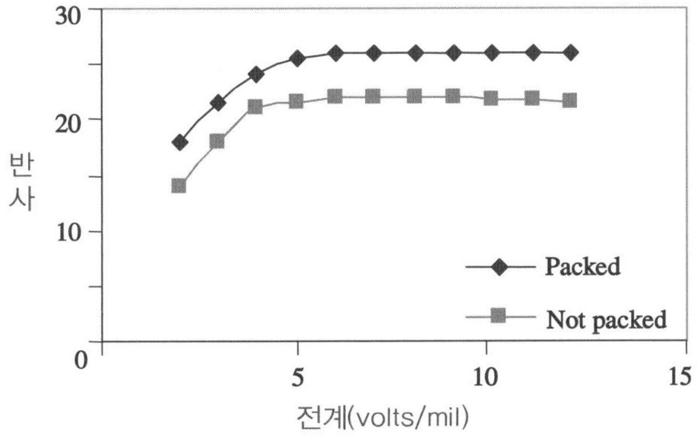

[그림 20.10] 최상층에서 고밀도로 패킹된 구슬은 Gyricon 디스플레이의 밝기를 향상시킨다.

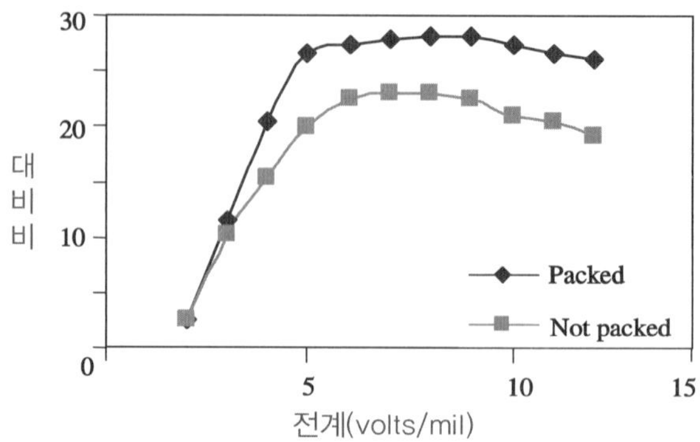

[그림 20.11] 첫번째 층으로 패킹되어 고밀도를 이루는 구슬들은 대비비를 향상시킨다.

회전각은 이색성 구슬과 연관된 단극자와 쌍각자의 관계에 의해 결정된다. 쌍극자는 회전을 완벽하게 하기 위해서 충분히 강하여야 하며, 단극자는 빈 공간을 가로질러 구슬을 당기게 한다. 높은 품질의 디스플레이를 만들기 위해서는 99% 이상의 구슬들이 180° 회전하여야 한다.

20.5 동작 방법

Gyricon 디스플레이 구동에 사용되는 일반적인 방식은 능동 매트릭스 구동방식이다. Gyricon 디스플레이는 매우 높은 저항을 가지는 소자이고 동작하는 동안 전류는 소자의 전기용량(capacitance)과 관련하여 제약이 따른다. 따라서 Gyricon 디스플레이를 동작하기 위해서는 80 V라는 높은 전압이 요구된다. 이러한 높은 저항 특성때문에 몇 가지 독특한 형태의 구동법이 개발되었다.

Gyricon 구슬들이 가지고 있는 문턱전압과 쌍안정성 특성들은 수동 매트릭스 구동법에 적합하지 않다. 다시 말해서, 각각의 구슬들은 고유의 문턱전압을 가지고 있어서 각각의 구슬과 연관된 전하분포 때문에 구슬들의 집합 전체로 보면 문턱 전압이 동일하지 않다.

Gyricon 디스플레이의 능동 매트릭스 구동을 위해 회로 기판 뒤쪽 편에 탑재된 고전압 직접회로 드라이버가 장착되었다(Preas *et al*. 1998).

Plastic Logic Ltd와 공동연구를 기반으로 유기 트랜지스터를 사용한 능동 매트릭스 구동방식의 Gyricon 디스플레이가 2003년 보스턴에서 개최된 SID (Society for Information Display)에서 소개되었다. 유기 트랜지스터는 Gyricon 디스플레이의 저가격화와 플렉시블 디스플레이 제작을 용이하게 한다.

20.5.1 프린트된 회로로 지정된 고정 이미지 구현법

낮은 제작 비용과 고 해상도 특성을 가지는 Gyricon 디스플레이는 Preas와 Davis에 의해 연구되었다(2002). 그들은 해상도가 200 ppi에 해당하는 즉 5760000 픽셀을 가지는 12 in×12 in Gyricon 디스플레이를 능동 매트릭스 구동법을 이용하여 제작하였다. 만약 디스플레이에 전시 가능한 독립적이고 고해상도의 이미지 수를 제한하고자 한다면, 이 수는 충분히 줄여 질 수 있다.

Preas는 각각의 적당한 크기와 형태를 가지는 n개의 이미지 중 어떠한 한 개를 형성하는데 사용되는 구동 전극의 2차원적 배열에 대해 설명하였다.

그는 이미지의 복잡성과 해상도가 무엇이든 간에 n개의 전체 프레임 이미지에 독립적으로 한개씩 필요한 구동 드라이버의 최대 수는 2^n개라고 설명 하였다.

이러한 종류의 전극들은 플렉시블 인쇄 회로 보드 위에 쉽게 만들 수 있다. Mulitfixed Image라고 불리는 이러한 접근 방식은 전달 하고자 하는 정보의 양이 극히 적은 소매상점의 가격표 등에 이용하기에 매우 적합하다.

다중 층 프린팅 회로 기판은 Gyricon 물질의 대형 사이즈 구동을 가능하게 한다. 이 기판들은 단단하게도 플렉시블하게도 제작이 가능하다. Gyricon LLC의 싱크로 사인 메시지 보드는 위 방식으로 제작된 한가지 예이다(그림 20.12). 이것은 무선으로 194개의 글자 전송이 가능하며 8줄로 표현이 되는 15 in×16.7 in로 제작된 것이다. 각각의 글자는 특정 구역으로 나누어져 있는 전극으로 만들어지며 숫자와 기호의 조합도 가능하다.

[그림 20.12] 어드레싱을 위한 전극으로 프린팅된 회로 기판을 사용한 메시지 보드 · Gyricon LLC의 허가하에 기재됨

Gyricon 디스플레이는 두께 변화에 둔감하기 때문에 싱크로 사인 메시지 보드 같은 대형 사이즈 디스플레이 제작이 가능하다. 영상을 지속적으로 보이기 위해서 지속적인 전력이소모되지 않고 단지 영상을 바꿀 때에만 전력 소비가 발생한다. [그림 20.4]에 보이는 것처럼 특정 전압 이상에서는 반사율이 포화되기 때문에, 특정 전압 이상에서는 균일한 응답 속도를 얻을 수 있고, 따라서 충분한 전압이 걸린 상태에서는 두께 변화에 덜 민감하게 된다.

20.5.2 선형 전극 배열 구동

저렴한 가격으로 플렉시블 디스플레이를 구동을 위한 방식은 Stylus Wand Scanning(선형 전극 배열식)이다(Sheridon 1995; Howard *et al*. 1998). 픽셀 크기에 해당하는 선형 배열된 전극은 플렉시블 Gyricon 디스플레이 표면을 가로질러 놓이게 된다. Gyricon 디스플레이의 화면 바깥쪽 표면 위에는 서브픽셀 크기의 투명하고, 전도성이 있는 Island들이 2차원 배열형태로 놓이게 된다. 2차원 전하 패턴이 Gyricon 디스플레이를 구동하는 방식이다.

[그림 20.13]은 2차원 서브픽셀 Island 배열 위에 Image-Wise 전하가 놓이는 방식이 사용된 Stylus Wand 선형 전극 어레이의 단면도를 보여준다. Stylus Wand 방식은 Gyricon 디스플레이의 고립된 표면 위를 가로질러 주사하기 때문에 Stylus Wand의 개별적인 전극은 Island 들과 접촉 된다. 전하의 Image-Wise 배열은 Gyricon의 Image-Wise 응답의 원인이 된다. Stylus Wand에 있어서, 인접한 전극들 사이의 간격은 인접한 Stylus 배열 전극들 사이의 쇼트(short)를 막기 위해 Island들의 크기보다 커야 한다. Stylus배열 전극의 넓이는 부드러운 선을 얻기 위해서 몇 개의 Island들을 포함할 수 있는 크기가 되어야 한다.

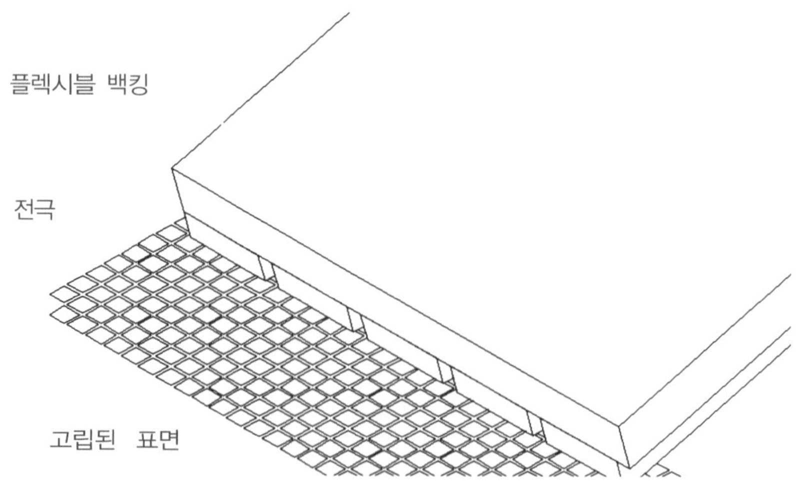

[그림 20.13] Gyricon 디스플레이의 고립된 표면 위에 Image-Wise 전하가 놓여진 Stylus Wand 선형 전극의 단면도

[그림 20.14] 플라스틱 표면의 전자종이 위에 Image-Wise 전하가 놓여진 포켓용 Stylus Wand 프린터.

이러한 구동 형태는 Gyricon 디스플레이의 높은 저항 특성과 쌍안정성에 매우 적합하기 때문에 잘 동작 한다. 각 Island들 위에 놓여진 전하는 매우 낮은 수준의 표면 전기적 전도성을 잃기 전에 이색성 구슬을 재배열하기에 충분히 길게 유지된다. 재배열된 구슬들은 빈 공간의 벽에 붙게 되어 영상을 보여준다. 영상을 지우기 위해서는 디스플레이 표면 전체에 균일한 전압의 분포가 인가되면 된다.

Stylus Wand는 [그림 20.14]에 보이는 실물 크기 모형처럼 포켓용 기기로 만들 수 있다. 이것은 [그림 20.15]에 보이는 것처럼 개인용 문서 판독기로서 사용될 수 있다. Gyricon 전자종이는 스프링 매커니즘을 이용하여 창문의 차양을 마는 것처럼 튜브 안쪽으로 말 수 있다.

종이는 튜브 밖으로 나오기 때문에 종이 표면 위에 형성된 투명한 Island들 위에 Image-Wise 전하가 놓여진 선형 전극 배열에 의해 접촉되어 있다. 튜브를 안쪽으로 말려들게 하는 것은 전극 배열이 마지막 영상으로부터 Image-Wise 전하를 제거할 수 있게 한다. 다시 튜브 바깥으로 나오게 되면 다음 페이지의 영상 정보가 쓰여지게 된다.

튜브 형성에 있어서 중요한 것은 백플레인에 유기박막트랜지스터가 결합되어 있어야 한다. 이러한 간단한 유저 인터페이스를 가지는 문서 판독기는 휴대폰이나 위성 네트워크를 이용하여 이메일이나 다른 문서를 다운로딩 받을 수 있다.

[그림 20.15] 개인 문서 판독기. 전자종이는 원통형 테두리 사이에서 나오며 선형 전극 배열이 영상을 나타내준다.

20.6 제작 방법

Gyricon 구슬들은 안료가 염색된 폴리에틸렌(polyethylene)으로 만들어진다. 구슬을 반구 형태로 나누었을 때 서로 다른 색깔을 가지기 때문에 이색성이라고 부른다. 어떤 종류의 색도 Gyricon 구슬로 만들수 있으며, 현재 6가지 종류의 색을 가지는 Gyricon 구슬이 개발 완료되었다. 현재 개발된 구슬의 크기는 40~106 μm 정도의 지름을 가지며, 작은 사이즈의 구슬들은 고정세가 요구되는 디스플레이 제작에 사용된다. 일반적으로 100 μm 지름을 가지는 구슬들은 약 100 dpi(dots per inch) 정도의 해상도를 가지는 디스플레이를 제작할 수 있다. 또한 50 μm 크기의 구슬들은 200 dpi의 해상도를 가지는 디스플레이를 제작할 수 있다. 한 개의 픽셀은 약 4개의 Gyricon 구슬로 만들어진다.

Gyricon 구슬들은 Spinning 디스크 방식을 이용하여 만들어진다. 다시 말해서, 한가지 색 안료가 녹여져 있는 폴리에틸렌이 디스크의 한쪽 면 위에서 나오고, 반대색을 가지는 폴레에틸렌은 디스크의 반대쪽 면에서 나와서 합쳐진다. 이 액체들은 디스크 표면을 적시고 원심력으로 인해 디스크의 가장자리로 흐르게 된다. 디스크 가장자리에서 두 개의 서로 다른 색을 가진 액체는 결합하게 된다. 점도와 유량의 비율에 따라, 디스크 가장자리의 인치당 약 32개의 사출 노즐을 가진다. 한쪽 면이 젖어있는 Spinning 디스크 방식은 미세한 입자를 제작하기 위해 오랫동안 사용되어진 방법이다(Fraser and Esenklan 1956).

Spinning 디스크방식으로 제작 된 이색성 구슬은 흰색과 검은색의 단면을 가지는 반원형의 결합으로 제작되는 방식으로 이색 원통 사출방식으로 제작된다. 이러한 Spinning 디스크 방식은 서로 엉겨 붙지 않는 상태로 많은 수의 사출 노즐을 통해 만들어진다.

[그림 20.16]은 구슬이 만들어지는 동안에 Spinning 디스크의 가장자리 부분의 사진이다. 이 사진은 비디오 카메라와 LED 광원을 사용하여 촬영하였다. 디스크는 약 3000 rpm 속도로 돌고 있다. 사출노즐은 매우 안정적이며 디스크의 한쪽 편 가장자리에서 공급되고 다른 쪽 가장자리에서 이색성으로 나누어지는 방식이다. 사출 노즐부에서 매우 짧은 시간 동안 흰색 검은색의 액체가 혼합되어진다. 사출 노즐의 지름은 약 50 μm이다.

사출방식으로 만들어진 이색 구슬은 녹아있는 폴리에틸렌의 높은 표면 장력 때문에 원형의 모양을 가진다. 이 구슬은 공기 중으로 날아가면서 땅에 닿기 전에 급격하게 온도가 내려가면서 만들어진다.

이 구슬들은 크기로 나뉘어지고 액체 상태의 탄성 Precursor로 분포한다. Precursor는 얇은 박막으로 압출 성형되며, 두께는 약 325 μm이며 열을 가해서 탄성 특성을 가지는 고체로 경화된다. 이렇게 경화된 탄성체는 합성수지 형태의 오일에 담긴다. 그 오일은 탄성체의 내부로 흡수되어 약 25% 크기가 늘어나게 된다.

[그림 20.16] Taylor instability로 보여지는 Spinning 디스크의 비디오 영상. Taylor instability는 Gyricon 구슬을 생산하는 장비에서 이색성 구슬을 만드는 사출구를 만든다.

이것은 구슬이 작아져서 발생하는 것이 아니기 때문에, 조그마한 빈 공간이 구슬 주변에 발생하게 된다. 몇 분후 빈 공간은 오일로 채워지게 된다. 이것은 안정한 상태이며 오일이 증발하지 않는 이상 역행 할 수 없는 변화이다.

가소제 선택은 디스플레이 동작 특성 선택에 따라 결정된다. 낮은 점도의 오일은 구슬의 동작을 빠르게 하고 동영상 구현을 가능케 한다. 낮은 점도의 오일은 높은 증발 압력을 가진다. 그래서 Gyricon 박막은 매우 조심스럽게 밀봉 되어야 한다. 또한 가소제 오일은 좋은 유전체 특성을 가져야 한다.

실리콘 탄성체는 일반적으로 Gyricon 박막을 만들 때 사용된다. 이러한 탄성체는 높은 투명성과 뛰어난 내 열화성 과 내 자외선 그리고 좋은 전기적 특성을 보여준다. 구슬 주위에 빈 공간을 만들기 위해서 가소제가 사용된다.

20.7 결 론

Gyricon은 플렉시블 디스플레이에 가장 적합한 시스템이다. 고무라는 특성 때문에, 플렉시블 디스플레이로써 매우 뛰어난 특성을 가진다. 두께 변화 영향을 많이 받지 않아서 Gyricon 디스플레이는 두루마리 형태의 디스플레이로 제작이 가능하다. 영상을 형성할 때 매우 적은 전력이 소비되며, 주변광을 이용하여 형성된 이미지를 읽을 수 있으며, 추가적인 전력 소비 없이 이미지를 저장할 수 있다.

Gyricon의 높은 저항 특성은 플렉시블 디스플레이에서 Stylus Wand 구동을 가능하게 한다. 제조 단가가 저렴하며 휨 변형이 가능한 유기 트랜지스터 회로를 가지는 Gyricon 디스플레이가 구현되었다.

Gyricon 디스플레이의 광학적 특성은 종이와 유사하고, 전자책 또는 전자종이 같은 플렉시블 디스플레이 제품으로 매우 각광 받고 있다.

참고문헌

Born, M. and Wolf, E.(1970) *Principle of Optics*, 4th edn, Pergamon Press.

Fraser, R. P. and Eisenklam, P.(1956) Liquid atomisation and the drop size of srays. *Transactions of the institution of Chemical Engineers* 34, 294–319.

Howard, M. E., Richley, E. A., Sprague, R. And Sheridon, N. K.(1998) Gyricon electric paper. *Journal of the Society for Information Display* 6(4), 215–217.

Pham, T, Sheridon, N. K. And Spargue, R.(2002) Electro–optical characteristics of the Gyricon display. *Society for Information Display 2002 International Symposium, Digest of Technical Papers* 33(1), 119–121.

Preas, B. And Davis, H.(2002) Low cost, low power displays for retail signs. *Society for Information Display 2002 International Symposium, Digest of Technical Papers* 33, no.1.

Preas, B, Vest, F., Richley, E. A. And Sheridon, N. K.(1998) A large area, tilted gyricon display. *Society for Information Display 1998 International Symposium, Digest of Technical Papers* 29, 211–214.

Sheridon, N. K.(1995) Writing system including paper–like digitally addressed media and addressing device therefore, US Patent 5,389,945, February 14, 1995.

Sheridon; N. K. And Berkovitz, M. A.(1997) The gyricon, a rotating ball display. *Proceedings of the Society for Information Display* 18.

Sheridon, N. K., Richley, E. A., Mikkelsen, J. C., Tsuda, D., Crowley, J. M., Oraha, K. A., Howard, M. E., Rodkin, M. A., Swidler, R. and Sprague, R.(1997) The Gyricon, a rotating ball display. *Conference Record of the 1997 IDRC, Society for Information Display.*

Taylor, G.(1950) The instability of liquid surfaces when accelerated in a direction perpendicular to their planes. *Proceeding of the Royal Society A* 201, 192–196.

플렉시블(flexible) 디스플레이의 Roll-to-Roll 제조법

Abbie Gregg, Lara York, and Mark Strnad

Abbie Gregg, Inc.

21.1 배경 지식

현재의 디스플레이 패널 공정법은 회로 기판과 다른 전기 소자들을 일괄 공정(batch process)한다. 마이크로 전기소자의 roll-to-roll 제조는 공정 능력에 있어서 혁신적으로 발달을 가져온다. 이 공정 방법론이 발전하면 아래의 것들을 가능하게 한다.

- 막질이 좋은 박막 소자들의 연속적인 생산;
- 자본비용을 크게 감소;
- 소자 가격을 대폭 감소;
- 가볍고 얇으며 영속적인 응용성;
- 맞춤형 소자이기 때문에 공급 체인의 요소가 필요 없음;

이러한 전기소자들을 만들기 위해서는 반드시 막들이 패터닝 되어야 한다. 때로는 이러한 공정이 신문과 같이 원하는 패턴으로 프린팅함으로써 이루어진다. 오늘날 대부분의 반도체들은 막을 형성하고 이 막에 패턴을 형성하기 위해 적절한 리소그래피법이 필요하다.

일상적으로 실리콘 기판이나 유리 기판에 집적회로를 만들 때 사용된 이 공정은 중합체 증착에 적합하다(그림 21.1). 결과적으로 공정비용이 싸고 생산된 제품이 가볍고 얇으며 견고하고 플렉시블 하다(특성들은 실리콘이나 유리로 대체되었을 때 나타나지 않음).

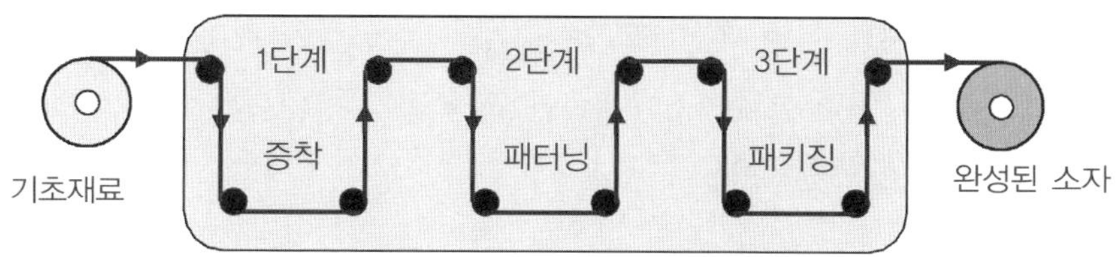

[그림 21.1] Roll-to-roll 제조법

이 결과 플라스틱 기판을 사용한 디스플레이 소자들의 공정법이 크게 발전하여 얇고 가벼우며 플렉시블하고 내구성 있는 디스플레이가 가능하게 되었다. 플렉시블한 플라스틱 기판을 사용하면서 얻어지는 중요한 한가지는 디스플레이 제조업에 경제적 이익을 발생한다는 것이다. 이 공정 웹을 사용하여 플라스틱 디스플레이 백플레인(backplanes)를 제작한다면 장기적으로 보아 투자자금이 절감될 뿐만 아니라 제조 비용이 감소한다. OLED와 PLED 진보와 같은 최근에 나타나는 디스플레이 기술들이 발전됨에 따라 플라스틱 기판 위에 디스플레이 소자들이 생성되는 것이 가능해지고 이와 같은 공정에 roll-to-roll 제조 공정법이 매우 적합하다 할 수 있다.

Roll-to-roll 공정으로 플라스틱 기판에 디스플레이를 제조하는 것은 하나의 도전이다. 근본적으로 어려운 점은 전자 소자들을 플라스틱 기판 위에 제작할 때 정밀성, 정확성, 그리고 높은 양품률을 가지면서 디스플레이 백플레인을 제조해야 하기 때문이다. 능동형 백플레인 제작 시 기판 위에 반도체 공정인 박막트랜지스터의 제작이 필요하다.

현재 실행되고 있는 것은 일괄 처리법으로 유리판 위에 백플레인을 제조하는 것이다. 유리 기판을 이용한 이 공정에서 공정 웹 구축을 통한 공정법으로의 변화는 무수한 도전이 필요하다. 유리 위에 백플레인을 제조하고라도 roll-to-roll 공정 웹(web)으로 소자들을 이동시키는 것은 현재 연구 중이다. 공정 방법들이 선택되었을지라도 디스플레이의 roll-to-roll 공정은 기계 디자인, 공정 방법, 시스템 통합의 주요 혁신이 요구된다.

21.1.1 여러 도전들

- **주문제작 장비들** : 이 새로운 기술은 하나의 제조 라인을 주문 제작할 수 있는 장비들을 공급하기 위한 것이다. 그러므로 적은 표준과 디스플레이 산업에서 규격품을 주문하기에 적합한 roll-to-roll 방법들을 보인다. 웹에서 재료조절 장비는 결점 수준, 정렬 그리고 재료의 안정성이 요구되는 만큼 완전히 개발되지 못하였다.
- **결점 정밀 검사** : 정밀 검사 장비들은 최근에 플라스틱 roll-to-roll 공정에서 나타났다. 그러나 이 방법들은 비교적 큰 결점들을 갖는 산업을 위해 만들어졌고 전형적인 디스플레이 제조에서 요구 되는 청결 정도를 제공하지 않는다.

- **열 공정**: 웹에서의 재료 이를 테면 PET는 극심한 열 공정을 견디지 못한다.
- **해결과 표시**: roll-to-roll 포토리소그래피와 식각 공정 장비들은 최근 나타나고 있지만 이것들은 2μm 공정이 한계이다.

21.2 목 표

이 장에서는 플렉시블한 마이크로 전기소자와 명확한 디스플레이의 roll-to-roll 공정을 위해 현재의 기술적인 성능을 적합화하는 것을 전한다. roll-to-roll 공정을 한 단계위로 향상 발전시키고 가격을 내리기 위해 현실적인 목표를 고려한다. 기술적인 성능은 백플레인 개요와 후처리 적용 개요를 위해 공정, 장비, 설비 그리고 가격을 고려해야 한다.

- 공정 타입과 소자 크기, 온도 조건, 작업처리율 그리고 마스크 층간 표시를 조합시키는 가능성;
- Roll-to-roll 방법과 공정, 생산 조건에 맞게 특성을 조절;
- 적합하게 확립된 플렉시블한 기판과 roll-to-roll 가능성 그리고 그것의 견적 가격에 알맞은 장비와 설비 타입;
- Roll-to-roll 공정을 이용하여 플렉시블한 기판 공정을 하기 위해 현실 가능한 공장 설계와 장비 그룹;
- 청정 등급의 조건 내에서 청정라인 설립과 공정을 위한 공간의 소형화 환경이 요구;
- 위에서 말한 바와 같은 요소들을 갖는 플렉시블 디스플레이를 위한 roll-to-roll 공장 건립에 드는 견적 비용;
- Roll-to-roll 제조법으로 생산된 제품의 각 평방 피트당의 견적 비용;
- Roll-to-roll 공정에서의 풀리지 않은 기술적 이슈, 작동상의 문제 그리고 다른 장애물들을 토론;

21.3 소자 개요

본 장에서는 3.25in×3.25in(82.55mm×82.55mm) 크기의 PDA 디스플레이를 한 예로써 보겠다.

일반적으로 제품 설계 연구는 제품 크기, 제품 생산가격 목표, 최소 피쳐(feature) 크기, 층을 이룬 기판 또는 단일 기판에 막들을 추가한 것과 같이 같은 공정으로 생산된 소자의 양이 포함되어 있다.

최소 피쳐의 크기는 해상도와 디스플레이에서 요구되는 색에 의해서 조절된다. 장비는 마스크와 제품 타입에 따른 다른 기계적 아이템의 의해 이루어진다.

요소들을 알고 있는 기본 기판 재료를(예로 강화한 PET와 제작된 PDA 타입의 3.25in× 3.25in 디스플레이 크기) 이용함으로써 가격과 가능한 모델이 아래의 결정으로 발전한다.

- 평방 피트당 각각의 제품 가격
- 공장 가격 견적
- 장비 비용
- 노동 비용
- 청정 등급에 의해 요구되는 청정실 공간/비용

제품 설계는 roll-to-roll 제조 라인과 모델의 가격을 반드시 확인하고 고려해야 한다.

1. 공정 순서를 결정
2. 어떠한 가설도 기록
3. 조사와 가능한 장비를 확인
4. 요구된 다양한 개요들을 실행.
5. 공간 조건 계산.
6. Roll-to-roll 공장 설립 비용 결정.
7. 제품의 평방 피트당 가격 계산과 이를 시장 조건과 비교.
8. 해결되지 않은 기술적 이슈들을 토론.
9. 가격 조절 공정을 계산하고 가격을 내리기 위한 계획 세움.

21.4 제품 설계

소자 설계 시엔 공정 단계를 확인해야 한다. 샘플 흐름은 지금까지 연구되어왔으며 더 자세한 정보는 www.flexics.com을 참조한다.

[표 21.1] 능동형 공정(샘플 부분)

	동작	도구	도구 기능
100	Staging area	Stage	Stage
130	Web punch and clean	Clean, aqueous web	Unwind, punch, aqueous web cleaner, unpatterned inspect, wind
140	Vacuum dep dielectric barrier layer and cure	PECVD, microwave	Unwind, microwave PECVD, rewind
150	Sputter dep gate 1 metal	Sputter, DC magnetron	Unwind, DC magnetron sputter, rewind
160	Clean, coat and Cure	Roll coat	Unwind, dip. spray rinse, dry, roll coat, heat, dry, rewind
170	Align and expose	Ecposure, step and repeat	Unwind, step and repeat exposure rewind
180	Develop, etch (gate metal), strip the photoresist then dry with air knives with extra clean rinse	Develop, etch, strip line	Unwind, conveyorized DES system + extra clean rinse, dry system for reel-to-reel transport, inspect, wind
190	Silicon nitride, amorphous polysilicon, N+ dopant	PECVD deposit	Unwind, PXCVD deposit, rewind
200	Poly-Si anneal	Laser	Unwind, rewind
205	Clean, coat and cure	Roll coat	Unwind, dip, spray rinse, dry, roll coat, heat, dry, rewind
210	Align and expose	Exposure, step and repeat	Unwind, step and repeat exposure, rewind
215	Develop, rinse and dry with air knives	Develop	Unwind, conveyorized develop system + rinse, dry system for reel to reel transport, inspect, rewind

21.4.1 공정과 장비 목록

다음 항목을 확인하기 위한 공정과 알맞게 구성된 장비 목록은 [표 21.1]이다.

단 계

모델에서 사용되는 것으로 단계의 수는 작업 공정도와 설계에 연관된다. 모델 공정 순서도를 이용한 동작은 공정에서 일어나는 일의 작도이다.

장 비

생략된 장비 이름은 이미 모델(공정 순서도와 방법)과 설계를 통하여 이미 알고 있기 때문이다. 대부분의 장비들은 펴는 단계를 위한 roll 운반에서 시작되고 공정이 끝난 후에 roll 백업을 감는 단계로 끝난다. 경우에 따라 기본 장비는 펴는 단계 없이 다른 기본 장비와 연결된다.

장비 동작

장비 동작은 장비, 여기 포함된 와인드(wind), 정밀 검사 그리고 청결과 다른 단계들에 의해 설명된다. 본 장에서는 각 단계에서 장비가 무엇을 하는지에 대해 다룰 것이다. 또한 작업 처리율, 공정 환경, 장비들의 차이 등 때문에 생기는 연속적인 공정 웹에서의 단계들이 끝났을 때를 나타낼 것이다.

21.5 장비들

공정들과 조건들을 보면 roll-to-roll 공정 장비들을 알 수 있다. 진공 코팅 웹을 위한 The Association of Industrial Metallizers, Coaters and Laminators(AIMCAL) 학회는 모든 제품들의 roll-to-roll 공정법을 연구하는 최고의 학회 중 하나이다. 연속적인 공정 웹 장비로 다양한 공정들의 주문 또는 직접 제작 완성할 수 있고 재료 포장, 터치 스크린 제조법과 글레어(glare) 감소 스크린 제조법에서 이루어진다. 경우에 따라 기계 통합은 기본 웹의 장비 속에서 각각의 다른 공정들이 그룹을 이루는 중추적인 역할을 한다. 추가적으로 장비의 작동은 제공된 장비의 실제 크기, 작업처리량 그리고 처리 환경에 따라 그룹화 된다. 온도, 청정구역, 습도, 옐로우 등 그리고 청정도는 roll-to-roll 장비를 그룹화하기 위해 고려되는 요소들이다. 예 목록은 [표 21.2]가 있다.

21.5.1 Roll-to-roll 공정을 위한 장비들

여기서는 2001~2004 동안의 roll-to-roll 공정 장비들을 소개한다.

Cleaner, aqueous web

ECD Ovonic 1-73은 ECD(Energy Conversion Devices of Troy, MI)가 태양전지를 위한 스테인리스와 플라스틱 공정 웹용 연속 세척 웹을 위해 만들었다. 이 웹은 수년 동안 ECD에 의해 태양전지에 사용되면서 이 부분들과 모델들에 사용할 수 있는 것이 증명되었다. 이 장비는 크고 고가이다.

[표 21.2] 장비, 회사 그리고 모델 번호 목록

장비	동작 방식	장비 역할	제조회사	모델 번호
Clean corona	Mechanical ans UV ozone clean	Unwind, tacky roller, corona treating system, wind	Enercon Teknek Norhfield (integrator)	TL Max Series
Clean, plasma	Plasma clean	Unwind, plasma clean, wind	ECD APS Applied Films	Ovonic 4-24
Clean, Ultrasonic	Ultrasonic clean	Unwind, Conveyerized ultrasonic clean + rinse and dry system, inspect, wind	Schmid Dalux Norhfield Automation (integrator) Dark filed (inspection)	1270 Series CF Series
Clean, aqueous web	Web puched, and clean	Unwind, puch, aqueous web cleaner, unpatterned inspect, wind	ECD Schnid Dalux Northfield Automation (integrator) Dark Field (inspection)	Ovonic 1-73 1270 Series D:CF Series SC300HR
Develop, etch strip line	Develop, etch strip the photoresist then dry with air knives with extra clean	Unwind, Conveyerized DES system + extra clean rinse, dry system for reel-to reel transport, inspect, wind	Schmid Dalux Norhfield Automation (integrator) Dark filed (inspection)	1270 Series D:CF Series SC300HR
Die punch 1	Free contacts	Die punch top sheet, pull off excess	Plastimatch	RP28-2
Die punch 2	Cut sheets Into individual devices	Die punch devices out of bottom sheet	Plastimatch	RP28-2
Die punch 3	Cut shorting bars	Die punch cut of shorting bars	Plastimatch	RP28-2
Evaporatet cathode	Thermal evap cathode	Thermal evap, receive interface, reorient roll, evaporate cathode, interface with encapsulation	ULVAC Von Ardenne Unaxis, CHA, Tokki	ECH Series
Exposure, poximity	Align and expose	Unwind, proximity ecposure, wind	Perkin Elmer Automatech	Proforma 3000
Exposure, step and repeat	Align and expose	Unwind, step and repeat exposure, wind	Ushio Azores	UX-5040SC

정렬을 위한 기계적인 구멍을 뚫는 펀치는 실제 세척을 하기 전 이 클리너 안에 짜 넣어져야 한다. 이 구멍은 많은 공정 웹의 장비들이 기계적으로 사전 정렬할 수 있도록 할 것이다. 만약 필요하다면 사전 정렬은 리소그래피 패턴을 위해 명확한 시각적 정렬에 의해 이루어질 수 있다.

Clean, corona

The Enercon Treater Station Model TL Max 11PV-100은 플라스틱 공정 웹 산업에서 잘 알려진 세척 장비이다. 이 장비는 플렉시블한 기판 장비의 다양한 타입의 장비가 더해졌다. 이를테면 스크린 프린터와 라미네이터이다.

Plasma, Clean, Reactive Ion Etch, 그리고 PECVD

The Ovonic 4-24는 스테인리스와 중합체 기판 위에 태양전지를 만들기 위해 제작된 ECD에서 매우 긴 공정 웹 장비 중 하나이다. ECD의 30년 연구는 스테인리스와 플라스틱의 연속적인 웹들이 속해 있다. 이것은 플라즈마 식각뿐만 아니라 PECVD(산화물, 질화물, 비정질 실리콘 등)에도 적용된다. 샘플 시스템은 물론 유도 결합 플라즈마와 정밀한 reactive ion etch(RIE) 시스템도 제공한다. 증착률이나 식삭률을 향상시키기 위한 RF와 극초단파 플라즈마도 이용할 수 있다. 장비들은 다양한 3ft 웹에서 2,000ft 넘는 길이를 갖는 매우 긴 시스템이다. 플라즈마 Plasma Equipment Vendors March Instruments와 Advanced Plasma Systems는 2002년 10월에 합병했다. 그들은 인쇄 회로 기판을 위한 플라즈마 세척 시스템을 공급했고 큰 기판을 경험하였으며 다른 응용 분야에 세척 웹을 공급하였다. 이 장비는 캡슐에 넣기 전에 간단한 플라즈마 세척 공정을 하는 것보다 비용이 적게 든다. 그러나 그들은 정밀한 건식 식각이나 RIE는 할 수 없었다. 적용된 막들도 이 증착 시스템 속에 결합된 플라즈마 세척 모델을 갖는다.

21.5.2 Develop, Etch, Strip

Dalux D: CF series

이 장비는 명확한 선간 거리가 유지되며 고밀도로 연결해야 하는 인쇄 회로 기판 산업에서 사용되는 장비이다. Dalux은 확실한 선 거리와 플렉시블한 기판을 위해 제작된 장비로 되어있다. 이것은 또한 직렬의 연속적인 공정법으로 높은 작업 처리량을 보인다. 큰 디스플레이 제품을 위해 매우 완벽한 Develop Etch and Strip 시스템을 설립하고 청정실 장비가 유명하다. 대등한 작업 처리량과 변형되는 현상 길이, 온도, 스프레이 패턴 그리고 화학적 작용이 있는 대부분의 습식 공정에서의 좋은 균일성은 훌륭한 장점이다. 세척과 액상에서의 필터 기술 그리고 공기 드라이기의 사용 또한 매우 좋은 눈에 띄는 장점이다. 이 기업은 대만, 중국과 제휴하는 미국기업이다. 이 장비는 roll-to-roll 공정 특징을 추가하고 마지막 세척 후 정밀 검사를 위한 모델을 추가하기 위해 통합을 요구한다.

Schmid

Schmid는 인쇄 회로 기판 공정을 하는 독일 회사이고 선명한 선의 플렉시블한 회로와 플렉시블 디스플레이 산업과 관계 있다. 이 장비들은 Dalux의 청정라인과 비슷하며 컨베이어 타입의 움직임을 사용하는 동안 소자 옆에 최소의 웹 접촉을 갖는 좋은 기술적 특징이 있다. Northfield Automation과 같이 roll-to-roll 통합자들과 작동한다. 이 장비는 또한 공정 끝에서 정밀 검사 모델을 요구한다.

이 장비들은 다양한 굽힘 회로와 터치 스크린 제조에 쓰이고 있다. 또한 이 장비의 직접 제작(home-built)법들과 다른 인쇄 회로 기판 습식공장 장비 공급자가 있다. 만약 에천트의 선택력이 충분하면 대부분 처리 결과들은 선폭과 결점 조절을 초과한다.

21.6 소자 정밀검사

기본 웹에서 고해상도의 패턴과 패턴이 없는 정밀검사 시스템을 공급하는 몇몇 정밀검사 회사들이 있다. 이중 세 회사는 Darkfield Technologies, Integral Vision 그리고 V Technology이다.

21.6.1 Darkfield Technologies

기술적 협력과 발전 기술들은 독일의 Jenoptik가 공급하였다. Dark Field Technologies는 복합적인 패턴과 패턴 없는 정밀검사 시스템에 자부심이 강하다. 300개가 넘는 roll-to-roll 플라스틱 막 정밀검사 시스템들이 설치되었다. 이 시스템은 레이저 스캐너와 수신기 그리고 카메라로 구성되어 있는 광학적인 원격 시스템을 사용하였다. 패턴이 없는 웹을 위한 출하대기 시스템에 모델 SC750이 속해있다.

정률 증가(scale-up)를 위해서는 초당 4000 스캔이(2.4m/min) 가능한 스캐너가 요구된다. 또한 추가적인 하드웨어와 소프트웨어 발전은 데이터 속도 제공이 요구된다.

대체 공급자들인 Integral Vision(SharpEy tool) of Michigan과 V Technology(Flex Scan tool) of Ontario은 roll-to-roll 공정을 위한 정밀검사 장비들 또한 만든다. 속도는 웹 크기, 정밀검사 지점의 수 그리고 정밀검사를 위해 요구되는 해상도에 따라 변한다.

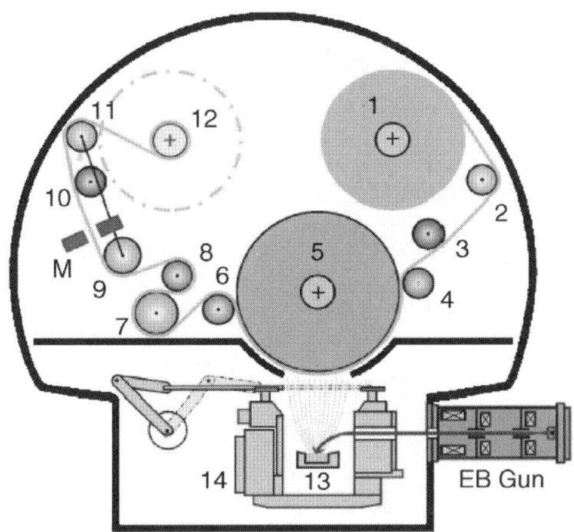

[그림 21.2] Roll-to-roll공정의 장비들 : (1) 펴는 장치 (2, 9, 11) 가이드 roll들 (3, 10) 살포하는 롤러들 (5) 코팅 통 (4, 6, 8) 장력 측정 롤러들 (6, 8) 측정 롤러 (7) 장력 차단 롤러 (12) 감는거 (13) 도가니 (14) 자성의 사출장치 (M) 광학적 측정기

V Technology와 Integral Vision은 움직이는 기판 위에 패턴을 위해 표준(CAD) 패턴의 비교가 가능하다. 또한, 둘 다 데이터 수집이나 분석을 위해 해상력을 미리 조절하여 결점을 분류한다. [그림 21.2]는 roll-to-roll 공정의 장비들을 보여준다. 만약 전체의 정밀검사와 정확한 패턴의 결점들을 원하면 복합식 카메라 크기나 타입이 요구된다. 공급자가 10μm 보다 작은 결점을 찾을 수 없으나 아마도 향상될 수 있는 충분한 능력을 갖고 있을 것이다. 그들은 데이터를 읽기 위해 카메라를 사용하고 복합식 카메라들도 사용될 수 있다. ITO을 측정하고 볼 능력은 이 장비들을 위해 증명되어야 한다. 데이터 수집과 분석은 모든 장비들에 있어서 새로운 것이다. 만약 장비가 공정 웹 속도를 맞추도록 설치된다면 공정이 제품 수준에 도달할 때 정밀검사의 작업 처리량은 문제되지 않는다.

21.6.2 EB 증착을 위한 웹 묶음 코팅기

CHA 산업은 다층으로 공정 가능하게 동작되는 roll-to-roll 시스템을 갖는다. 시스템의 버전들(the Mark 50Web/Roll coater)은 웹안에서 스포터링과 증착을 실행한다. 증착 공정 동안 마스크를 사용하는 것은 OLED 증착을 위해 필요로 한 추가적인 특징이다.

21.7 정렬과 표시를 위한 금형 펀치

Plastimach 금형 펀치는 Northfield Automation과 같이 펀치 단계를 위해 정렬 조절과 감는 장치, 펴는 장치 그리고 장력 조절이 가능한 통합자들에 의해 완성된다. 정렬은 광학적으로나 PET에 미리 뚫어둔 구멍을 통해 기계적으로 할 수 있다. 이 기술은 큰 부피, 겉면 포장을 위한 높은 속도의 웹 제조법 그리고 진공 성형산업으로 잘 발달되었다.

21.8 증착기: LEP 소자를 위한 열 캐소드

U1vac은 설계, 제조와 장비시장 그리고 진공 기술의 산업적 응용을 위한 재료들의 국제 단체이다. 이 단체는 평면 패널 디스플레이 산업에서 증착 시스템에 있어서 방대한 경험 있고 Light-Emitting Polymer(LEP) 캐소드 증착에 명확한 경험이 있다. 증착 장비들을 위한 다른 공급자는 Von Ardenne Anlagentechnik GmbH이다. 이는 큰 크기를 위해 큰 크기의 증착기를 사용하지 않고 높은 작업 처리량의 웹 코팅기를 사용하였다.

21.9 증착기: OLED

코닥, 산요 그리고 U1vac는 증가된 기판 크기와 roll-to-roll 공정을 쉽게 하도록 이용된 선형의 소스 증착 장비를 발전시키기 위해 합작하였다. 이로 인해 코닥은 한쪽 방향으로 넓은 선형 증착 소스 사용하여 막의 불균일도가 300mm×400mm 기판에서 5% 미만인 것을 증명하여 찾은 것이 발표되었다. 소스가 기판에서 먼 지점에서의 증착률이 확립되고 기판 밑에서 소스가 스캔되는 것으로 작동된 것이다. x축의 균일성은 소스가 스캔되는 것에 따라 소스 방출양과 조절된 스캔율이 유지되어 성취된 것이다. 유기재료(Alq3)는 석영 보트에 놓이고 바이어스(바닥)에 의해 열이 가해지고 주요한 위 발열기가 된다. U1vac은 차세대 기판(550mm×670mm)을 위한 선형 소스 장비를 개발 중이다.

U1vac은 불연속적인 기판 공정에 최고이고 반도체, 디스크 드라이브 그리고 FPDs에 강력하게 진출하였다. 또한 다른 응용 분야를 위해 진공 웹 시스템을 생산한다. 이것은 수년 동안 재료 제조와 함께 OLED, PLED의 개발 참여에 깊게 관계된다. 이를 통해 캡슐에 넣는 시스템의 계년은 물로 OLED 증착 조절 그리고 정밀한 패턴을 위한 쉐도우 마스크 제작 기

술 등의 전문가적 기술을 갖게 되었다. Satella 제품은 이 시장을 위해 준비되었다. Ulvac 또한 roll-to-roll과 OLED를 위한 플렉시블한 기판 공정에 대해 연구한다. 이는 일렬과 공정 웹을 위한 여러 챔버 증착 시스템을 생산하는 것에 자부심을 갖는다.

21.10 노출: 근접

Perkin Elmer Performa 3000는 고밀도 연결과 플렉시블 인쇄 회로 기판 산업에서 사용되었다. 롤아웃, 위치, 정렬, 노출, 색인 그리고 간지(interleaf)와 함께 감는 것과 같이 매우 명확한 장비이다. 이것은 근접 프린터이고 플렉시블 또는 유리 마스크를 갖는다. 장비는 100가지 종류 또는 보다 좋은 내부 환경을 갖는다. 해상도는 적절한 저항 조건과 함께 25mm에서 12mm로 작아지며 연속적으로 발전하고 있다. 층층이 겹치는 표시 또는 정렬의 정확도는 CCD 카메라, 초음파 가이드, 자동 클램프(clamp) 그리고 풀히치(pull-hitched) 조립을 이용해 2mm 정도로 좋다.
이것은 표준 장비를 이용하여 기판이 21in×27in(535mm×685mm)로 크게 하였다.
그러나 램프 균일성은 20in×24in(510mm×610mm)가 더 좋다. Perkin Elmer는 자체가 감는 것과 펴는 능력 그리고 모든 웹을 조절하기 위해 색인 모듈을 개발하였으나, 재료 조절의 다른 공급자들도 연구할 것이다. 박막 그룹들에서 이미지의 색인을 하는 것과 예민한 환경이 필요한 이 장비는 온도, 습도 그리고 청정구역이 필요하기 때문에 일반적으로 코팅 또는 현상 시스템이 결합되지 않는다. 코팅은 빠르고 오염된다; 현상은 많은 수분이 필요하고 청정하지 않다.

대체 장비는 roll-to-roll 기판이 해상도가 9mm 선이고 공간 그리고 자동 정렬이 2mm까지 되는 UX 3000SR를 위한 Ushio 접근 노출 시스템이다. 이 장비에서 요구되는 최소 웹크기는 약 250mm이다.

다른 대체 장비는 해상도는 최소 선이나 공간이 21-35mm로 더 좋지는 않지만 the Perkin Elmer와 비슷한 the Automatech Proximity Exposure system이다. 표시는 이 장비에서 많이 힘들지 않다.

21.11 노출: 단계와 반복

Ushio UX-5258의 단계와 반복 노출 기계는 roll-to-roll 공정을 위해 변형될 것이다. Ushio는 이미 고밀도 연결 시장에서 roll-to-roll 공정을 위한 장비들을 제공하고 있다. 그러나 현재의 roll-to-roll 단계기나 근접 장비들은 웹의 폭에 따라 약 5~12μm에 이르는 가지각색의 해상도를 갖고 있다. 24in 웹 폭의 최상의 해상도는 2002년도에 액상 포지티브 포토레지스터를 사용하기 위해 6mm였다. PET의 수축과 팽창 움직임으로 오버레이(overlay) 정밀도는 5μm로 기대된다. 만약 공급자가 5μm의 오버레이만 갖고 있다면 능동형 공정과 소자에 필요한 6μm선 제작에 불충분하다. 표시는 패턴들의 일치를 위해 가장 작은 선의 약 1/4 안에 있어야 한다. 6μm선에서는 약 1.5μm 정도여야 하고 2μm선에선 약 0.5μm 정도의 표시가 요구된다. Ushio는 고밀도 연결응용 분야인 큰 기판을 위한 선과 평평하지 않은 기판을 연구하지만 생산 장비에 접목시키는 것은 신중히 하고 있다.

Ushio는 최고 해상도와 롤 코팅을 이용한 1~3μm의 포토레지스터 두께의 표시가 성취되는데 문제가 없을 것이라고 믿는다. UX-5258의 렌즈는 직경 200mm이다. 141mm×141mm 노출 지역은 PDA 소자를 만드는 것에 있어서도 문제이다. PDA 소자 크기와 레티클(reticle) 위에 있는 141mm×141mm 범위의 크기(사각 노출 지역)를 비교해 보자. 이것은 소자 크기에 정확히 맞지 않고 2×2 배열(165mm×165mm)에도 맞지 않다. 그래서 쉽지 않지만 소자를 함께 되도록 하는 것이 요구된다. 그러므로 장비는 PDA 소자를 위해 170mm×170mm 범위의 크기를 갖거나 작업 처리량이 매우 늦어지게 변화할 것이다: 한번 노출당 4개의 소자를 처리하는 방식보다 오히려 소자당 한번 노출하는 방식이다. 만약 장비의 움직이는 범위 크기가 170mm×170mm이면 18in×12in 또는 35개의 디스플레이의 장당 한번 또는 12번 노출되는 4개의 소자가 요구된다.

능동형 소자는 2~4μm 해상도와 1μm 표시가 필요하다.

Azores와 다른 곳들은 플렉시블한 디스플레이 노출을 위해 묶음타입(stitcher-type) 장비를 연구한다.

종류에 따라 묶음타입 장비는 필요하나 노트북 스크린과 같은 큰 소자 제작 시 느리다. 캐논 또는 니콘은 roll-to-roll 장비 발전을 위해 연구하여 이것의 응용과 웹 조절 통합기를 만들 수 있다.

21.12 잉크젯 증착

Seiko-Epson, MicroFab 그리고 Litrex는 잉크젯 컬러 증착 시스템과 공정을 연구한다.

21.12.1 Litrex 140L 잉크젯 시스템

Literx 잉크젯 프린팅 시스템은 현재 개발 중이며 잉크젯 프린팅을 위해 적당한 기계와 공정이 연구되는 US Display Consortium(USDC)에 속해 있다.

현재 잉크젯 시스템은 roll-to-roll 공정에 적용할 수 없다.

웹 조절과 잉크젯 프린트로 만든 PLED 또는 유기 TFT을 경화하기 위해 경화 오븐과 집성(통합)이 필요하다. OLED 재료의 경화 시간은 현재 1 시간이나 연구가 될수록 분단위로 줄게 될 것이다. 모두 컬러들은 반드시 경화되기 전에 비활성 환경에서 증착된다. 버퍼 층은 꼭 증착되어야 하고 우선 경화한다. Gruenberg과 Systronic은 플렉시블한 기판 경화와 낮은 온도 경화 동안 웹 조절을 연구하였다.

멀티헤드 잉크젯 증착 장비(9 up)는 roll-to-roll 작업 처리 속도를 올리는데 사용될 수 있다.

21.13 적층 구조물

21.13.1 Preco 2430 P

미국에 기반을 둔 Preco는 좋은 적층 제품들을 생산한다. 이곳의 장비는 크고 아주 청정하지 않는 경향을 갖는다. 디스플레이 산업의 응용을 위한 적층이 있고 청정한 장비를 만든다. Preco는 작업 종료 후에 기판으로부터 기본 틀의 제거와 펴는 것을 연구하였다. 이 시스템 타입은 소자를 캡슐로 쌀 때 쓰는 마스크를 대기 위해 사용됐다. Preco의 롤 조절 경험은 매우 오래되었으며 무거운 롤을 38in(965mm) 폭으로 향상시켰다.

21.13.2 Schmid CSL 4000

The Schmid CSL 4000은 얇고 좋은 적층을 갖는 인쇄 회로 기판 산업을 위한 표준 적층기이다. 이 장비는 적당한 청정과 현장에서 수 백회 제작을 통해 증명되었다. Schmid는 예민한 재료들을 위한 청정구역에서 CSL 4000을 이용하여 두개의 PET층으로 적층하는 연구를 하였고 실험 테스트를 통하여 증명하였다. 만약 roll-to-roll 조절의 통합이 필요하게 되면 Schmid는 Northfield Automation과 다른 곳들과 일할 것이다.

21.14 레이저 공정

레이저 마스크는 웹 조절 통합기와 작동하고 레이저와 이것의 조절을 제공한다. 비슷한 시스템은 레이저. 광학 테이블이 등급 단계별로 움직이는 조정, roll-to-roll 조절 그리고 작은 환경을 통합시킨 미네소타에 있는 회사와 캐나다에 있는 Creo이다. 레이저는 아마도 박막 어릴링 또는 자르는 것 또는 중합체 기판을 분리하는 것에 사용될 것이다. 레이저 공정은 낮은 작업 처리량을 가져 다중의 헤드(head) 레이저를 필요로 한다.

21.15 롤 코팅기 : 포토레지스트

21.15.1 Toray Model 1-2

Model 1-2는 롤러 포토레지스트 막과 일본 공급자 Toray로부터 나온 경화 시스템이다. Toray는 고밀도 연결이 가능하고 디스플레이 또는 플렉시블한 기판 패턴을 확대할 수 있는 TAB 테이프를 위한 포토리소그라피 공정이 가능한 장비들을 생산하고 있다. TAB는 자동화 결합 테이프이다. 장비의 롤러는 액체 포토레지스트를 2m/min(6ft/min)의 비율로 2~5μm 두께를 칠할 수 있다. 아마도 레지스트를 코팅하기 전에 사전 처리로 건식 또는 습식 세척을 하고 건조를 한다. 건조는 고효율 미립자 공기(HEPA) 필터와 적외선으로 이루어진다. 적어도 냉각장치와 함께 5~6곳의 조절장치가 요구된다. 레지스트 펌프는 원격과 자동이다. 코팅 롤러는 단단한 크롬도금의 스테인레스이다. 다양한 감기/펴기 조절장치는 웹에서 장력을 조절하여 움직인다.

21.15.2 Systronic RC 4000

RC 4000은 롤러 포토레지스트 코팅이고 경화 시스템은 독일계 맥각자(vendor)인 Systronic이다. Systronic은 플렉시블한 회로와 인쇄 기판 산업을 위한 액상 레지스트 응용과 경화 시스템에서 좋은 성과를 거두었다. 이 오븐은 매우 좋은 냉각 조절기와 함께 조절되는 것으로 잘 알려져있다. Systronic은 자기 자신만의 조절 시스템을 갖고 있거나 Northfield Automation

또는 ECD와 같은 통합 공급자와 함께 일할 것이다.

둘 다 포토레지스트 롤 코팅 시스템에서 레지스트 코팅 롤을 보호하기 위한 얇은 층 재료를 제거하고 삽입하기 위해 자동화 간지 펴고 감기가 함께 사용된다. 포토레지스트는 불순물과 긁힘에 매우 약하다. 간지 옵션은 또한 정렬/노출 장비에서도 가능하다. 롤러 코팅은 빠른 roll-to-roll 공정 중 하나이다. 정렬과 노출에 의해 느린 공정으로도 변할 수 있다.

21.16 스크린 프린터

21.16.1 Preco

Preco는 와인드, 스크린 프린터, UV 경화 그리고 와인드 시스템을 가지고 있다. 웹에서의 스크린 프린팅은 왜곡 조절이 필요하기 때문에 까다롭다. 스크린은 고무 롤러의 압력이 반영되어 이미지 왜곡 현상이 일어나는 경향을 보인다. Preco는 왜곡 이슈를 다룬 AutoCentric 이미지 정렬 시스템을 자랑한다. Preco는 웹 폭 또는 이미지 길이를 고려하지 않아도 AutoCentric 시스템은 스크린과 웹을 방해하는 것을 따라 적당한 배치를 확인한다. 이 기술은 디스플레이 제조를 위한 접촉 스크린 패턴과 에폭시 수지 봉인 코팅에 적용하여 성공적으로 사용되었다. Dorn은 다른 스크린 프린터 공급자이다.

스크린 프린팅 장비로 만들 수 있는 최소 구조들은 위치 허용오차가 약 250μm(10mil)이내이며 2~3mm 라인과 공간으로 되어있다. 박막으로 밀봉하기 위해 프린트를 이용하여 에폭시 실런트를 할 수 있다.

21.17 낮은 온도 경화를 위한 오븐

21.17.1 Gruenberg Model 4/MM6H100.83M

운반형(conveyor) 오븐은 경화 공정에서 사용할 수 있다. 코팅 후에 최초 부분 경화는 즉각적으로 적외선 광에 의해 이루어지고 최초 열 경화는 기계적 안정성을 갖게 한다. 불활성 기체로 이루어진 환경이 주어지고 1000 청정실 등급에서 작업(unload end)이 이루어진다.

Systronic은 운반형 청정 경화 오븐을 위한 대체 공급자이다.

21.18 스퍼터링

ECD, Arcotronics, Von Ardene 그리고 Applied Films은 지난 30여년간 태양전지 산업을 위한 매우 긴 공정 웹 장비를 만들어 왔다. 이 경험은 스테인리스와 플라스틱의 연속 공정 웹을 포함한다. 이들은 금속과 전도성 산화막의 반응적 그리고 비반응적인 스퍼터링은 물론 세척작업까지해 왔다. 그 장비들은 크고 비싸다. ECD에 의해 개발된 독점적인 특징은 순환 타깃과 다양한 웹이 동시에 공정되는 것이다(한 장비에 3개이상의 웹이 존재).

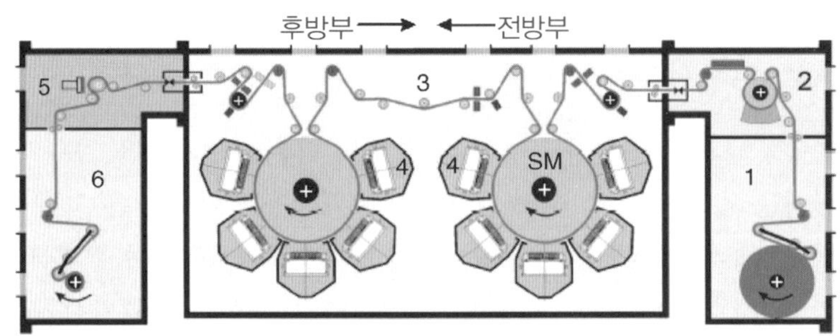

[그림 21.3] 웹으로 이루어진 코팅기 (1) 펴는 챔버 (2) 사전 처리 챔버 (3) 중간 챔버 (4) 스퍼터 챔버 (5) 표시 챔버 (6) 감는 챔버 (●) 와인더가 포함된 7개의 조절 롤러 (●) 6개의 장력 조절 롤러 (●) 9개의 살포 롤러, speed master(SM). Courtesy of Von Ardenne Anlagentechnik GmbH

[그림 21.4] DC 마그네트론 기판 사전 처리 시스템. Reproduced, with permission, from a conference presentation at AIMCAL, March 2, 2001

Arcotronics과 Von Ardene는 크고 웹으로된 진공 코팅기에서 두각을 나타낸다(그림 21.3). 두 회사 모두 청정 장비를 만드는 것이 가능하다. 적용된 박막들은 디스플레이를 위한 금속들과 ITO를 만들기 위한 것들이었다. 이 장비들은 공정 중에 드럼의 과열로 PET 웹이 손상되는 것을 막기 위해 드럼을 식힌다. [그림 21.4]는 기판 사전 처리 시스템을 보인다.

21.19 재료 토론

플렉시블 디스플레이를 위한 재료 연구는 중요해질 것이다. 유리 디스플레이보다 상당한 비용의 감소가 기대된다. 오늘날의 플렉시블한 기판은 roll-to-roll 디스플레이 공정, 온도 민감도, 기계적 찌그러짐 그리고 투과성을 위한 이상적인 상태를 방해하는 물리적 성질을 갖는다. 스테인레스나 다른 플렉시블한 기판은 투명도의 부족을 보인다.

21.19.1 PET 기판

PET 재료는 128℃까지 견뎌야 한다. 이것은 몇몇 증착 단계에서 도전과도 같은 것이다. 증발 증착과 스퍼터링 장비 제조사들은 짧게 열을 노출 시키는 동안 웹을 냉각시켜 드럼의 온도 조절을 통해 열 제한을 해결했다. 장비 제조사들은 이 공정은 재료를 보호하는데 성공적이나 재료 개발이 필요하다고 설명한다. PET 부적합한 재료라는 것은 잘 알려져 있다.

21.20 플라스틱 기판을 위한 열 공급

능동형 디스플레이에서 플라스틱 기판을 사용하는데 있어 특별한 문제점이 야기된다. 기존의 비정질 실리콘이나 다결정질 실리콘을 이용한 TFT 제조 기술은 대부분의 중합체가 견디는 온도가 필요하다. 또한, 플라스틱의 열팽창 계수는 실리콘보다 훨씬 높아서 열을 가할 때 기계적 응력을 고려해야 한다. 이 문제점은 고성능 OLED를 구현하기 위한 poly-Si TFT에서 확실히 어렵다. TFT 기판 위에 있는 드라이버는 다른 공정에서 복잡성의 정도, 열 공급 그리고 소자 모델을 합친 것이다. 그러나 이것은 공정에서 드라이버와 종류에 따라 디스플레이 가격의 반을 차지하는 TAB 가격을 감소시키는 결과를 갖고 있다.

21.21 간지(interleaf 또는 Slip Sheet)

간지는 다시 감는 과정에서 공정 롤이 유지되기 위해 공정 웹에서 사용된다. 이것은 이를테면 롤러 레지스트 코팅, 정렬과 노출 그리고 현상(만약 습식 식각에 의해 즉각적으로 없어지지 않는다면)에서 중요한 역할을 한다. 간지는 여러 결점들을 제거한다. 이것은 일회용이나 재사용할 수 있는 박막 또는 시트이다. Ripco에서 공급한다.

21.22 재료 목록

[표 21.3] 재료, 왼쪽에서 오른쪽으로 알파벳순으로 목록을 표시

7 mil PET	Evap electron source	Masks
Aluminum target	Evap green LE source	Oxide etch gas
Blades	Evap red LE source	Oxigen
Buffer solution	Flat red LE source	PECVD source gas
Cathode evap Ca source	Flex with barrier	photoresist
Cathode evap Li source	Free contacts die	PLED ink
Developer	Hole source	Shadow masks
Die blades	Inkjet head	Silicon etch gas
Epoxy and screens	Innercommect target	Staging slip sheets
Etchant	ITO	Srripper
Evap blue LE source	Mask sheet	Tacky rollers

21.23 공정 이슈

21.23.1 습기 그리고 산화 방지

활성 유기 물질의 산소와 물에 대한 민감도는 TFT와 OLED 제조에서 세척 또는 헹굼이 필요되는데, 길고 아직 정의되지 않은 건조 순환에 의해서 물의 흔적이 제거되어야 한다.

그러나 습기와 산화 방지 코팅은 능동형과 수동형 기판을 위해 공정이 시작되면서 증착된다. 습기와 산화 방지용 보호막 처리가 된 PET나 다른 중합체는 가까운 미래에 얻어질 것으로 기대된다.

OLED나 PLED 소자를 위한 다른 밀폐 공정은 소자 위에 직접 증착하는 방식이다. 이 공정은 일본과 미국의 몇몇 큰 회사가 연구 중이지만 아직 개발 중이고 증명되지 못했다.

21.23.2 청정과 미립자

OLED 층들의 매우 얇은 두께는 미립자 조절이 완벽해야 한다는 것을 나타낸다.

21.23.3 결점과 양산률

정밀 검사 지점은 공정간의 기판의 정보와 소자에 따라 정해지나 양산률 감소는 post-singulation공정 단계 전까지는 알 수 없다. 이것은 공정 중에 나쁜 소자를 기판에서 없앨 수 없는 것이다. 그러나 결점으로 이미 알고 있는 소자 패턴을 건너뛰기(skip) 위해 정렬/노출 소자를 프로그램으로 만드는 것은 가능하다. 그 동안 축적된 정밀검사 자료는 새로운 소자 생성시 추가되는 결정을 막기 위해 한 단계 올라가는 밑거름이다.

현상과 스트립(strip) 속도를 위한 식각속도를 정확히 맞추는 교환 조건은 현상, 식각, 스트립(DES) 장비가 일관된 비율에로 기판의 움직임을 유지하는 것이 필요하다. 식각 속도 교환 조건은 온도; 에천트의 농도, 스프레이 또는 용액; 그리고 에천트 스프레이 치수나 탱크의 길이를 포함한다.

Roll-to-roll 공정은 큰 부피의 제품에 적절하다. 플렉시블 디스플레이와 마이크로 전자소자의 roll-to-roll 공정과 연관된 산업적 설계 요소들은 공정 개발의 정도와 가격인하를 위한 roll-to-roll 기술을 현실적으로 선도하기 위한 목적으로 만들어졌다. 아래의 것들을 위해 샘플 소자 개요와 roll-to-roll 제조법들은 만들어졌다.

- 능동형 메트릭스와(또는) 수동형 메트릭스,
- 저분자 OLED(OLED)와(또는) 고분자 OLED(PLED),
- 박막 캡슐화와(또는) 마스크와 증착을 이용한 캡슐화.

저온화 다결정질 TFT 전이 공정의 설계는 아직 발견되지 않았으나 플라스틱에서 전이 공정 중 제조의 흐름을 얻은 비슷한 평가를 따른다.

21.24 Roll-to-roll 공정에서의 재료 제어

Roll-to-roll 공정에서의 재료 제어는 시트 공정에 비해 다르고 결정적이다. 긴 롤로 된 플렉시블 기판을 다루는 능력은 태양전지, 식료품 랩, 접착 라벨 공업에 의해 완벽히 정립되어 있다. Tape Automated Bonding(TAB) 과 High Density Interconnect(HDI)기판들은 비록 좁은 영역이긴 하지만 roll-to-roll 전자소자들이 제공되고 있다. 이러한 산업들은정밀 라인 패턴 공정에서는 반도체나 FPD수준의 노광 장비를 혼합해야 하긴 하지만 장비 타입에 맞는 프린트 되는 회로 보드 산업에 적용되고 있다. 큰 두루마리는 이미 TV, CRT, 평판 디스플레이에 플렉시블 눈부심 방지 필름이나 터치 스크린 덮게 층으로 사용 되고 있다. [그림 21.5에서 21.8]은 두루마리 제어 장비의 예를 보여 주고 있다.

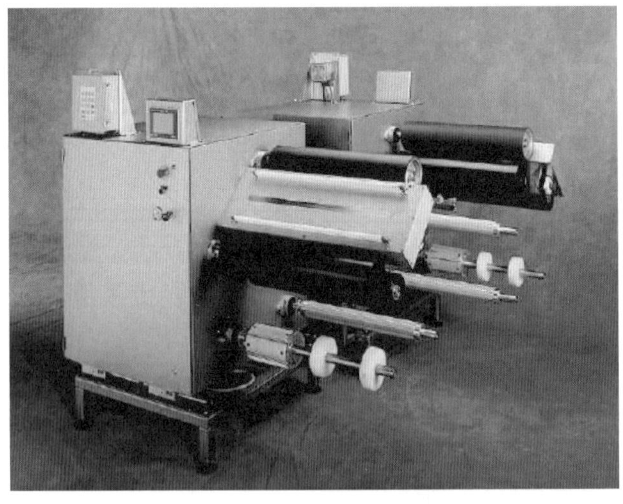

[그림 21.5] 두루마리 제어: Northfield Atomation 사의 자동 팽창 제어와 함께 연속적 풀림, 감김 기계

21.24.1 리프트 장비

A-frame 선반으로 구성되어 있는 PET 롤을 위한 작업 선반에는 독립적인 지지 막대 위에 세 개의 롤을 저장할 수 있도록 되어 있다. 작업 선반은 어떠한 PET 롤들을 수동으로 올리는 작업 없이 각각의 롤을 올릴 수 있도록 되어 있다. 예를 들어 롤러 코팅 공정에는 두 개의 리프트 장비가 있고 그 중 하나는 공장 마지막에 배치되어 있다. 그 리프트 장비는 오퍼레이터가 PET 롤을 풀림 장비로 옮길 수 있도록 되어 있고 또한 감김 장치로부터 분리가 쉽도록 되어 있다.

[그림 21.6] 두루마리 제어: Northfield Automation사의 현상, 식각, 스트립을 위한 풀림/감김 장치

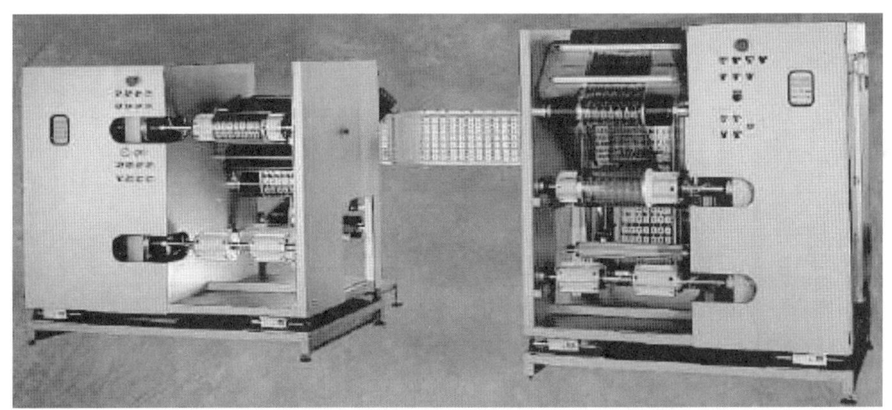

[그림 21.7] 두루마리 제어: Northfield Automation사의 축적 팽창제어와 함께 풀림/감김수직 제어 장치

21.24.2 선도 재료

각 공정은 세정 공정에서 이용될 선도 재료를 가지고 있다. 이 재료는 풀림 시스템으로부터 장비, 그리고 감김 시스템까지 전체적으로 이용된다. 이 선도 재료의 롤은 재활용 공정을 유지하고, 생산 재료의 높은 수율을 허용한다. 오퍼레이터(operator)는 마지막 생산 롤이 운행될 때도 선도 재료의 롤을 갈 수 있다. 이 같은 재료는 재활용이 가능하다.

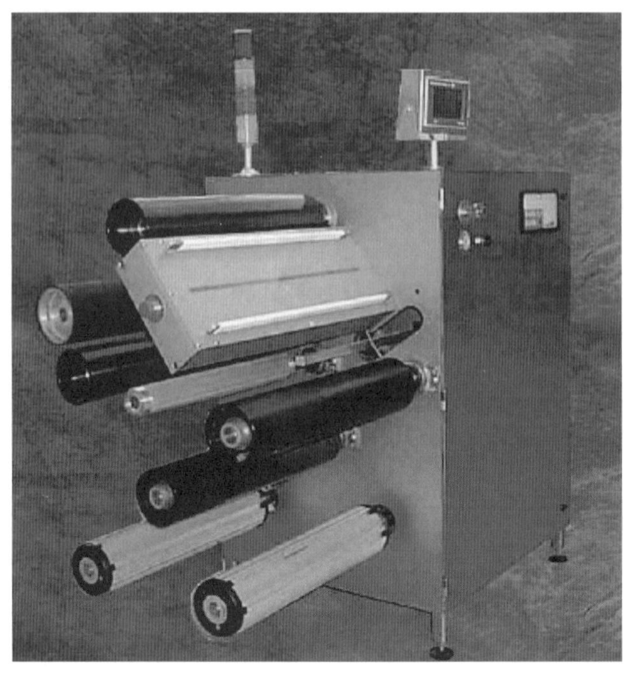

[그림 21.8] 두루마리 제어: Northfield Automation사는 이중재료 선반, 이중 간지, 축적과 같은 옵션을 제공한다.

21.24.3 새 재료 롤의 장착

여기에 새 재료 롤의 장착을 위한 순서가 있다.

1. PET 롤은 리프트 장비로 풀림 시스템이 장비 선반에 장착될 것이다.
2. 오퍼레이터는 재료 선반에 롤을 장착시킨 다음 롤의 안정성을 위해 공기 손잡이를 작동시킬 것이다.
3. PET롤의 끝이 이음 선반에 장착될 것이다.
4. 오퍼레이터는 이음 선반이 붙여질 때까지 조임 기구를 작동시킬 것이다.
5. PET 재료의 끝은 이미 공정 라인에 장착된 선두 재료의 끝에 이어질 것이다.
6. 조임이 풀리고 공정이 시작된다.

풀림/조임 시스템은 두개의 재료 선반과 저장 선반을 가진다. 이는 연속적 재료 공급과 롤이 교체되는 동안 연속적인 공정이 허용 되도록 한다. 풀림 시스템은 재료를 코팅기로 이끌고 감김 시스템은 재료를 최적 롤 감김을 위한 재료 선반을 감김에 연관이 있다. 그 풀림 시스템은 비 접촉 두루마리 세척기, 코로나 처리 시스템 그리고 두 진공 롤러를 포함 할 수 있다. 진공 롤러는 코팅 롤러가 열릴 때 롤러에 손상 없이 이음을 위해 두루마리를 조절 한다. 감김 시스템은 간지를 기판 롤 사이에 간지를 끼우는 옵션이 포함된다.

21.24.4 저항 코팅기

코팅 공정은 연속이고 새 롤이 장착 될 때도 멈추지 않는다. 코팅기는 청정 공정이 필요로 하기 때문에 멈출 수 없다. 롤러 코팅기를 멈추기 위해서는 기계의 완벽한 세척이 필요하다. 이 공정에서 정확한 이음은 매우 중요하다. 이는 오븐에서 두루마리를 지지하기 위해 공기 칼이 필요하다.

21.24.5 포토공정에서의 두루마리 경계

확실한 저항을 위한 추정 경계에서는 제어와 장비 청정도를 유지하기 위한 기능에 영향을 미친다. 찢기, 가능한 경계의 변화, 울트라 소닉 경계 센서의 출력 능력, 그리고 가능한 최소 저항 출력으로 인한 두루마리 경계에서 변수들이 일어 날 때 각 경계면은 1mm 경계 정확도를 허용한다.

21.24.6 청 결

수평 흐름과 함께 추가적인 HEPA 필터는 감김 장치가 1000 클래스의 청정도에 있을 때 반드시 고려되어야 한다. 1000 클래스 청정도는 대부분의 공정 공간에서 필요로 하다.

21.24.7 제어 장비의 작업 처리량

작업 처리량 제한은 제어에 의해 부과되지 않는다. 제어장치는 6ft/min의 작업 처리량을 제공 할 수 있다. 중간 공정 값은 각 공정의 작업처리량 제한이다.

21.24.8 팽창 제어

PET는 패턴의 뒤틀림과 부정확도의 위험성 때문에 노광 동안(그림 21.9) 너무 많은 팽창이 일어나면 안 된다. 기판은 최소 반복 팽창 아래 조건 하에 있어야 한다. 팽창 분리 구역은 진공 롤러와 노광이 이루어지는 장소에서 만들어 진다(그림 21.10). 공정자는 제어된 팽창 정도를 유지시키면서 제조 재료의 시작 배열을 최적화 시켜야 한다.

공정 제어자는 만약 롤의 끝부분을 손실하거나 롤의 처음 진행을 최적화를 할 때는 재료 제어의 손실을 얻을 것이다. 지휘자는 따라서 라인을 깨끗이 하면서 빠른 셋업과 전체 재료 이용을 위해서 연속 공정을 유지해야 한다. 기판의 붙임은 현재 수동 공정이다.

[그림 21.9] 17mil 스테인리스 폭을 가진 Perkin Elmer사의 노광기

[그림 21.10] Olec 노광기가 장착된 두루마리 장치

21.24.9 간헐적인 공정과 정렬

만약 공정이 갑자기 중단 된다면 풀림과 감김 시스템은 오직 하나의 재료 샤프트를 가진다. 이런 경우(노광과 배열과 같은) 두 시스템은 노광의 빠른 진행을 위한 수평 저장 선반을 가진다. 제작자는 시작-멈춤 상황 하에서 두루마리가 일정한 팽창을 가지도록 매우 낮은 마

찰과 관성을 가지도록 디자인 한다. 낮은 관성 디자인은 공정의 처리량을 높이기 위한 최소하를 위한 시간을 허용한다. 풀림/감김 장비는 초음파 재료 경계의 능력 안내를 할 수 있다. 풀림 시스템은 장비 배열에 관련된 재료를 관리하고 감김 시스템은 최적화 롤 감김을 위한 재료 시프트에 관련된 재료를 관리한다. 자동 제어 진공 롤러는 아래로 흐르는 이미지의 정합을 위해서 장비의(노광기 같은) 간헐적 멈춤 동안 정밀하게 재료를 진행 시키고 배열 동안 이미지를 위해 위치된 사각 구멍을 허용한다.

두루마리의 정합 구멍은 중요하지 않은 내림 공정에서 이미지의 등록 시스템을 위한 필요를 제거한다. 조금 더 중요한 배열 단계들은 포토 공정 동안 광학 배열 표시를 위한 배열에 대한 광학 시스템을 이용한다. 이는 다른 응용분야 에서도 마찬가지이고 내림 공정을 위한 내림 공정 접근방식이다. [그림 21.11]은 ESI 레이저 드릴을 위한 풀림/감김을 보이고 있고 [그림 21.12]는 인라인 슬릿기능을 가진 이중 감김을 보여준다.

21.24.10 Punch

라인 punch는 장비 진행 장비에 연관되어 장착 되어 있다. 이것은 진행에 기반을 둔 고정된 단일 punch이다. 선반 punch 공정은 나수의 구멍 이용을 허용하고 있다. punch된 구멍은 재료방향에 대해 0.004의 정확도를 가지고 있다. punch된 구멍은 영사, 인쇄, 적층 같은 단계를 위한 이미지의 선두 경계 선별에 이용 된다. 가시 등록 시스템은 노광뿐만 아니라 재료의 경계의 영사 등록과 인쇄에서 사용 될 수 있다. 이는 무언가 다른 것을 등록 할 때 허용오차의 축적을 제거한다. punch는 두루마리 경계근처에 위치되어 있다. 음각 커팅 punch 장비는 진공에서 사용되는 음각 세트의 바닥에서 금속덩어리를 끄집어 낼 수 있도록 디자인 되어 있다. 이 음각 구조물은 ITO 표면에 최소한의 접촉을 허용하기 위해 표면 위에 보급 될 것이다. 그 재료는 미립자의 제거와 PET를 감기 위한 감김 시스템 전에 두루마리 세정을 통해 진행 될 것이다.

21.24.11 Roll-to-roll 광학 정렬

물질의 테두리 가이드 시스템은 장비의 앞에 위치될 것이다. 이것은 테이블에 정확한 웹 테두리를 정렬하기 위함이다. 장비는 사각형 펀치에 의해 생긴 구멍(타공)의 감지를 위한 광섬유 센서를 포함해야 한다. 능동적인 테두리 정렬과 관련해서 광섬유의 행간잡기 테두리 감지는 장비 내에 영상의 적절한 기입을 위해 고려해 넣어야 할 것이다. y축에서의 정렬 정확도는(횡 혹은 교차-웹 방향) ±0.006인치이다. x축에서 정렬 정확도는(물질 혹은 웹-진로 방향)은 2003년처럼 광학 정렬인 경우 ±0.006인치이다.

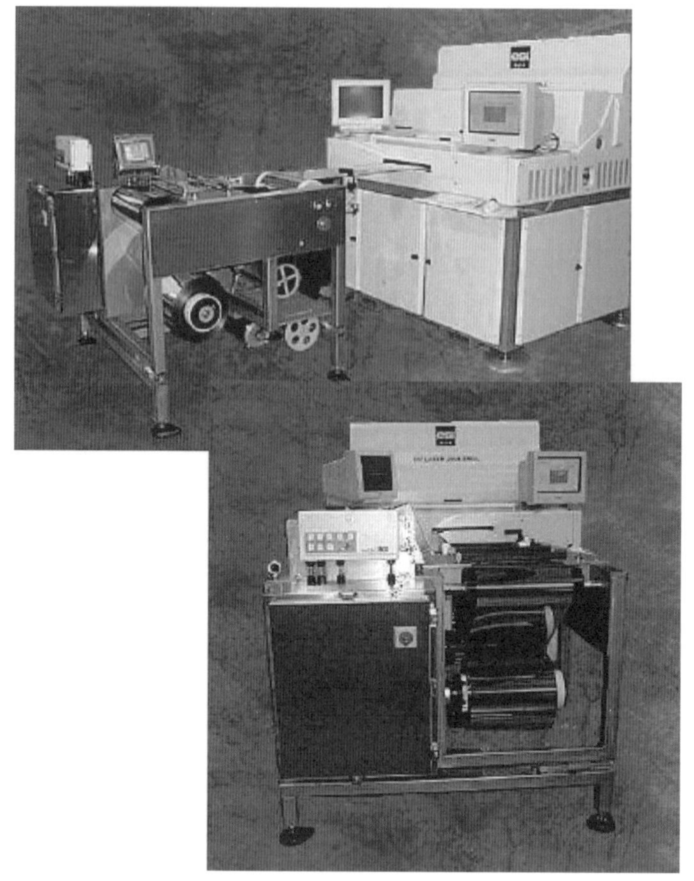

[그림 21.11] ESI 레이져 드릴을 위한 풀고/감음 장치, g의 웹 가속으로 설계됨

웹 테두리 정렬은 기술된 y축 상태에서테이블에 물질을 나타내는 초음파 테두리 가이드 시스템으로 수행된다. 광섬유센서는 센서가 물질에 타공을 감지할 때 진행을 멈추게 하는데 사용된다. 그 방식의 대부분은 웹에서의 타공의 앞선 테두리를 광섬유가 감지하기 위한 검색모드가 되는 마지막 부분과 관련해 빠른 진행을 얻을 수 있다. 만약 필요로 한다면, CCD 카메라 시스템은 정교한 정렬을 실행하기 위해 패턴 된 정렬 표시로 사용될 수 있다.

21.24.12 간지 처리의 가격

푸는 시스템과 감는 시스템은 간지 처리의 선택을 갖는다(프린트 시기에 이것은 전형적인 가격에서 추가적으로 7,000달러가 든다).

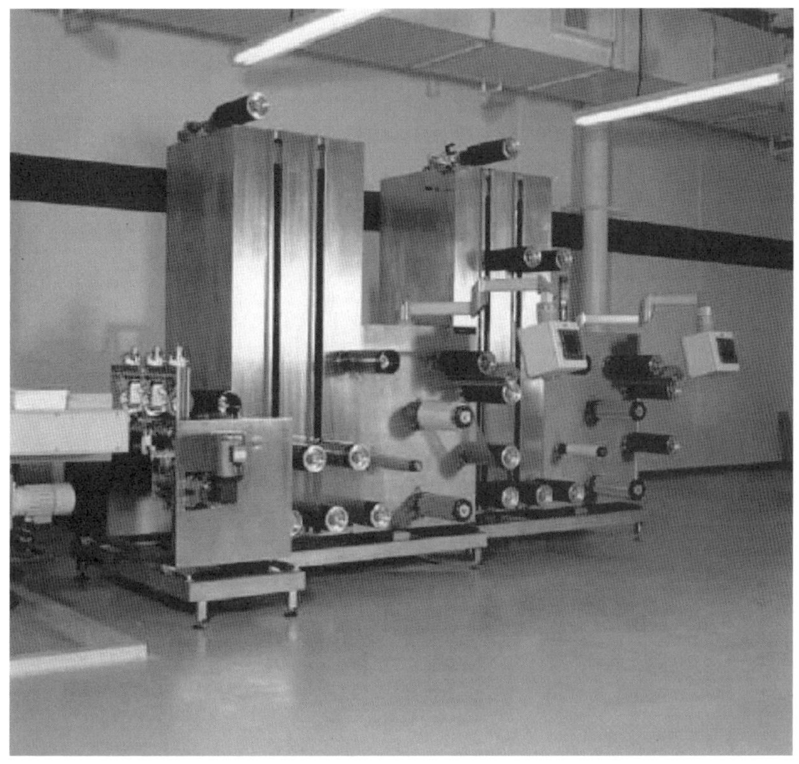

[그림 21.12] 인라인 슬릿과 관련된 듀얼 감기

21.24.13 부식 방지: 수분 공정

시스템 그 자체로는 부식에 대비 보호하기 위하여 파우더가 코팅되어야 한다. 그리고 롤러는 산화처리 된 알루미늄을 하드 코팅한다. 배기는 수분공정과 첨가된 물질 처리 시스템을 통해서 추천된다. 우리는 약화된 수분 공정 roll-to-roll 시스템을 약간 세심히 보았다.

21.24.14 미리 펀치된 윈도우와 관련된 적층

적층은 미리 펀치된 윈도우들과 관련 웹들을 적층시킬 수 있을 것이다. Northgield Automation, Preco & others는 빈 윈도우를 갖는 얇은 기판 웹 처리와 관련해 폭넓은 경험을 갖는다. 그들은 회로를 펀치하는 것과 관련해 물질 처리된 롤을 갖는다. 그리고 또한 음식의 패키징과 레이블링 공정으로부터 윈도우와 관련하여 PET도 비슷하다.

21.24.15 정렬을 위한 시각 시스템의 완성

시각 등록 시스템은 웹 혹은 다른 다양한 단계에서 스크린 인쇄 접착 혹은 윈도우 정렬을 위해 사용된다. 시각 등록 시스템은 물질 테두리와 펀치 위치를 보통의 노미날로부터의 위치를 결정하기 위해서 적절한 위치를 위해서 조절하기 위한 도구를 위해 이 피드백을 보내는 것을 명확하게 한다. 웹은 영상을 위치시키기 위해 노출에 사용됨으로써 동일 테두리를 사용하여 테두리를 정렬하게 할 것이다. 선도 테두리 감지를 위해 사각 펀치를 따라 시스템은 연속된 패턴의 적절한 등록을 위해서 따라올 것이다.

센서는 고정된 점을 연속적으로 모니터링하고 웹 테두리에 반응한다. 이것은 하나의 테두리를 위해서 비교 선을 창조한다. 웹의 조절과 관련해서, 단지 하나의 타공 구멍은 앞선 테두리 감지를 위해 필요로 한다.

감고/푸는 장치는 여분들 기타 등등의 일반화를 위해서 표준화 되어야 한다. 만일 가능하다면 하나의 자판기는 공장에서 모든 장치를 위해서 특별화 되어야 한다. 이것은 표준 기계 인터페이스(SMIF) 개념과 유사하며 반도체 웨이퍼의 개념에서도 쓰인다.

수직 혹은 수평 흐름과 관련된 미세환경들과 혹은 비활성 환경(장갑 박스의 형성)은 ECD &VAC처럼 표준 감음/푸는 장치를 따라 제공될 수 있다. [그림 21.13]은 ECD의 Vin Cannella 의해 제공된다.

[그림 21.13] Roll-to-roll 수분 세척을 위한 미세 환경 웹 분배 스테이션

21.24.16 미세환경 동봉

분배 및 감아 올리는 스테이션은 HEPA 필터와 관련 수직 적층 공기흐름과 일반적으로 구르지 않는 것과 구르는 플라스틱 웹에서의 정적인 문제를 재거하기 위한 이온화 막대와 관련해100 클래스가(혹은 더 나음) 된다. 동봉(울타리)들은 주변 환경으로부터의 공기를 차단하는(가정된 경우 10,000 혹은 그 이상) 것과 동일 환경에 공기를 복귀시킨다.

21.24.17 웹 처리

프린트, 코팅 그리고 적층 산업은 하나의 공통된 주제를 갖는다. 웹 처리

웹 처리 규칙1

웹 문제를 고정하기 위해서 채용할 수 있는 하나의 가장 중요한 단계는 첫 위치에서 그들을 피하는 것이다. 물질 특성을 명확히 하고 공급자를 정해라. 보통의 롤과 웹의 변화는 다음이 원인이 된다.

- 측정기 변화
- 탄성계수
- 챔버
- 장력에 의한 타격
- 측면 벽질

웹 처리규칙2

가장 저가의 물질은 드물게 최고의 가치를 갖는다. 낮은 질의 물질로부터는 버리거나 지연으로 생산가가 급격히 증가될 수 있다. 주요한 웹 처리 구성성분은 다음과 같다.

- 감아지지 않는 시스템
- 장력의 시스템
- 웹 이동 시스템
- 웹 가이딩 시스템

감아지지 않는 시스템은 이러한 주된 기능들을 갖는다.

- 바깥 직경에서 중심부까지 물질의 롤을 감는다
- 드라이버 웹 플렛. 주름지거나 접히지 않은

[그림 21.14] 고 속력 roll-to-roll 공정라인

• 요구된 장력 한계에서 웹을 유지하라

감기 위해, 롤러를 놓아라, 거기서 롤을 넣기 전에 공기를 "다림질 하다" 할 수 있다. 중심 감는 기계 위에 허용된 감는 장력은 더 아래여야 한다.

날아가는 슬라이스 시스템들은 다양한 장비인 roll-to-roll 공정에서 길어야 할 필요가 있다. 꼬임은 그것의 완전한 기계 속력에서 웹 러닝이 일어난다. 주요 특성은 범프 앤 컷 변화 과 접착 오버랩 접착 그리고 속력 매치를 포함하고 있다.

Zero-speed 시스템은 완충장치이다. 그것은 롤 전부 접착되는 시간에 멈추게 된다. 여러 개 고임 타입은 점착 오버랩 접착, 탭 벗 접착, 열 씰 오버랩 접착 그리고 열 씰 벗 꼬임으로서 사용될 수 있다.

접착은 생산 효율성에 중요하다. 실제 예로는 세 개 접착기와 관련된 여러 웹 적층고속 roll-to-roll 공정 라인에서 접착 중이다(그림 21.14). 그것은 완전히 24시간 동안 동작한다. 주당 7일, 년간 52주 95%시간과 시간당 동작 비용은 1,500달러이다. 물질의 이러한 롤은 1시간 지속된다. 과연 년간 얼마나 접착하는 것인가?

접착 수 = 3접착자 × 시간당 1접착자 × 24시간 × 7일 × 52주 × 95% 동작율 = 24,897

21.24.18 장력 조절 시스템

장력 조절 시스템은 장력 변환기와 댄서 시스템의 구성을 갖는다: 여기서 장력 변환기 대하여 몇 가지 포인트가 있다.

• 민감하고 정확한 장력
• 실제로 웹 저장이 없다

- 정확성은 닫혀진 조절 시스템에서의 주파수 응답의 함수이다.
- 그들은 둥근 롤로 적합하지 않다.
- 그들은 특정한 물질 특성에 조정될 필요가 있다.
- 구동과 멈춤은 위급하다.

그리고 여기에 댄서 시스템에 몇 가지 포인트가 있다.

- 장력은 가하고 유지한다.
- 웹 자극 조절을 제공한다.
- 정확도는 의존한다.
- 관성 관계
- 마찰
- 형상
- 기체의 이력현상

공정에서 최적의 장력은 무엇일까? 그것은 당신의 물질 주름이나 접힘 없는 공정을 통해서 직진할 흔적일 적이다.

21.24.19 웹 이동 시스템

웹 이동 시스템은 빈 롤러와 조정 가이드 시스템을 포함한다(그림 21.15).
여기서 빈 롤러에 대해 몇가지 관찰결과가 있다.

- 관성은 속력 변화 동안만 중요하다.
- 베어링 마찰은 장력과 웹 이동에 매우 중요한 효과를 미친다.
- 롤러 측면도는 주름을 제거하기 위한 핵심이다.
- 정렬은 핵심이다.

그리고 여기서 실제 조정 가이드 시스템에 대한 몇가지 관찰결과가 있다.

- 웹 가이드 운동은 들어오는 웹의 중심선에 대해 고정해야 한다.
- 도입 그리고 거리는 물질 탄성계수에 기초한다.
- 도입과 유출은 평행이다.
- 범위는 보정을 결정한다.

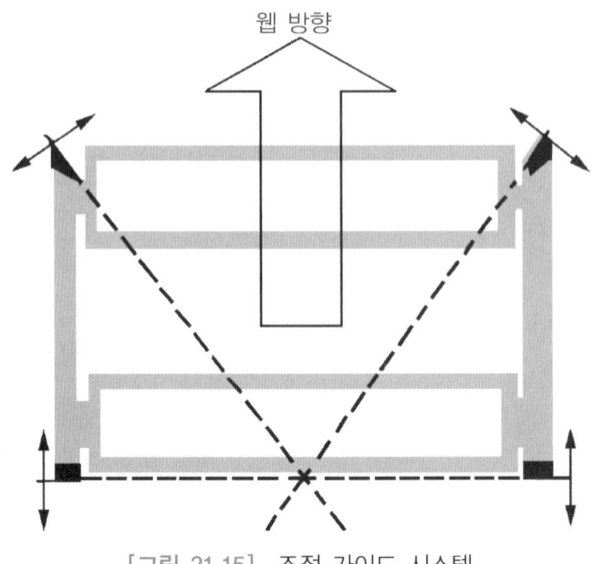

[그림 21.15] 조정 가이드 시스템

21.24.20 향상된 roll-to-roll 공정

향상된 roll-to-roll 물질 처리 도구(그림 21.16)의 자판기는 이러한 목적을 위해서 작동하고 있는 중이다.

- 자동 접착은 높은 신뢰성과 일정한 장력을 동작해야 한다.
- 기판은 균일하고 평면이어야 한다.
- 접착은 당신이 고객에게 팔 수 있을 정도로 충분히 좋아야 한다
- 접착은 가능한 중심에 근접해야 하며 가능한 롤에 물질의 많이 묻어야 한다.
- 웹 경로 회전은 쉽고 형성 시 주름을 멈춘다
- 웹 가이드 구동은 테두리 변형 없이 중심에서 웹을 구동한다.

21.25 비용 모델에서의 결과

저자는 Abbie Gregg, Inc를 사용하였다. Jupiter 비용은 디스플레이에서 3.25in × 3.25in를 만들기 위해 다른 흐름을 이용한 효과를 조사하기 위해 만들었다. 고려된 공정 장비들은 산업 규격과 개발적인 장비의 결합이다.

[그림 21.16] 소모를 줄이고 생산성을 증가: '영 속력' 접착을 위한 웹 자극기

21.25.1 만든 용어의 용어집

- **평방피트당 비용** : 제품 비용 모델의 전형적인 생산. 상환 자본과 매년 웹 생산의 좋은 평방피트에 의해 나누어진 연간비용 부분을 합한 것이다.
- **임시 비용** : 장비를 설치하는 것, 연결하여 실행하는 것 그리고 검정 등과 관련된 비용. 임시 비용은 각 장비를 위한 주요 장비 비용의 비율로 만들어진다.

- **조작상의 이용 요소** : 이 요소는 생산 시간처럼 가능한 생산 시간이 현실적으로 얼마나 이용되는 가하는 추정이다.
- **공정 수율** : 전체 공정의 전체 수율이다. 여기에서 모델을 위한 자세한 사항은 21.25.2에 있다.
- **공정 단계 수율** : 수율은 공정에서 각 단계와 관계 있다. 보통 이 수율들은 장비마다 그리고 장비에서 주어진 공정마다 여러 가지로 될 것이다. 우리가 연속적인 공정 웹을 연구하면서 각각의 소자 속에 롤들이 싱귤레이티드(singulated) 된 후로 모든 수율의 손실이 마지막 테스트 단계에서 얻어졌다.
- **작업처리량** : 장비의 생산능력은 일 회분(웹의 2000ft^2) 공정을 위한 시간(분)으로 측정한다. 2000ft^{2}는 1000ft 롤(1000ft × 2ft) 하나이다. 작업처리 시간은 설치, 작업량, 공정 그리고 unload 시간이 포함되어 있다.
- **장비 가동시간** : 장비 시간의 비율은 공정을 위해 쓸모가 있다(즉, 장비가 멈추고 고장 나고 또는 예방적인 정비를 하지 않는다).

비용 모델은 맞춤 공장을 만들기 위해 많은 입력을 사용자에게 공급한다. 여기에 주요 입력과 이 모델을 위해 선택된 가치들이 있다.

- **소자 크기** : 각각의 소자는 3.25in × 3.25in이다.
- **기판 크기** : 18in × 24in
- **부피** : 주간 생산을 위한 훌륭한 웹의 평방피트
- **1회분 크기** : 2,000ft^2(1000ft × 2in롤 = 2,000ft^2); 한 롤/회분은 666.66기판과 같고 23,334개의 소자가 있다.
- **시프트(shift) 구조** : 4시프트, 일주일은 7일, 하루는 24시간
- **비용** : 등급별로 청정실의 평방피트당 계산한다.
- **급료** : 등급별 직위에 의해
- **가격 저하 비율** : 5년 이상된 장비, 20년 이상된 설비
- **흐름** : 21.25.3에 설명되어있다.
- **장비** : 가격, 크기, 작업처리량 그리고 사용시간에 의해 정의
- **로봇** : 웹에서 감거나 펴는 작업 시 필요

[표 21.4] 양산률 표

Start-up		Mature product	
Used for < 5000ft^2/wk		Used for > 5000ft^2/wk	
Yield assumptions		Yield assumptions	
Inspection	97.0%	Inspection	99.4%
Test, TFT	85.0%	Test, TFT	97.0%
Test, passive	90.0%	Test, Passive	98.0%
Test, active	90.0%	Test, Active	97.0%
InJet dep	95.0%	Ink Jet Dep	98.5%
OLED evap	95.0%	OLED Evap	98.5%
Resulting product		Resulting product yield	
Active	70.8%	Passive	93.4%
Passive	82.1%	PLED	96.2%
PLED	95.0%	OLED	98.5%
OLED	95.0%	Lam	98.5%
Lam	87.3%	Dep	96.4%
Dep	87.3%		96.4%
Cumulative yields		Cumulative yields	
Passive start-up	68.1%	Passive mature	91.4%
Active start-up	58.7%	Active mature	88.9%

21.25.2 양산률

우리가 연속적인 공정웹을 연구하면서 수율 손실은 각각의 소자들속에서 롤들이 싱귤레이티드(singulated) 된 후에 마지막 테스트 단계에서 생겼다(표 21.4).

[표 21.5] 평방피트당 USDC 비용(달러)

Square feet per week				2000	6000	14 000	20 000	40 000	70 000	100 000
Devices per week			23	332	69 660	163 324	466 320	466 640	816 620	1166 600
Active	PLED	Lam								62.26
Active	OLED	Lam								74.94
Active	PLED	Dep								62.39
Active	OLED	Dep		155.84	113.26	101.31	88.40	80.83	75.29	75.04
Passive	PLED	Lam		90.79	61.11	48.65	40.31	36.47	35.47	34.23
Passive	OLED	Lam								46.44
Passive	PLED	Dep								34.32
Passive	OLED	Dep								46.56

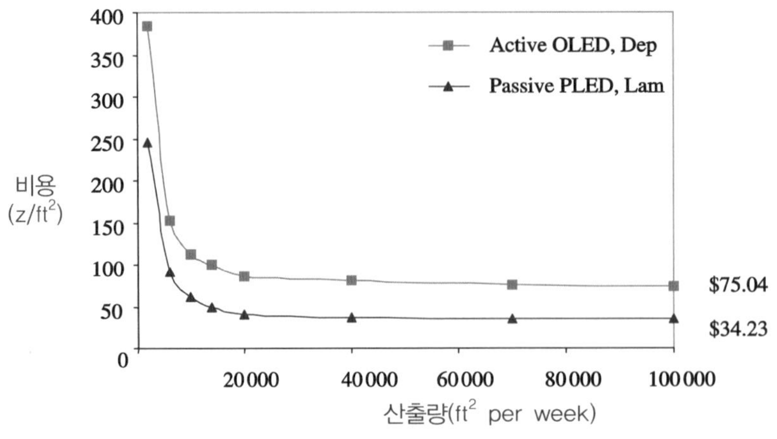

[그림 21.17] USDC 결과

비용 모델은 입력에 의해 생기는 요금들을 사용자가 빨리 분석하게 설계된다. 모델의 주요 결과물은 평방피트당 비용, 장비, 재료, 설비, 인력, 오버헤드(overhead), 인원수 그리고 설비 크기를 포함하고 있다.

21.25.3 비용 결과

평방피트당 비용은 최소 부피(주당 한 롤)로부터 주당 100,000ft^{2}의 최고까지 보인다. [표 21.5]에서 보여지는 세목의 두 흐름은 평방피트당 최소 그리고 최고 비용의 결과로 선택되었다. [그림 21.17]에서 보여준다.

21.25.4 비용 구성요소

[표 21.6]은 주당 100,000ft^{2}의 작업 비율에서 비용 구성요소의 분석을 보인다.

유리 기판을 사용한 TFT(능동형 백플레인)의 생산 비용은 평방피트당 $77.92이다. 본 연구에서 roll-to-roll 백플레인은 아까와 $35.57가 감소한 $45.35이다. 복잡한 흐름이 있어도 roll-to-roll 플라스틱 기판 공정을 이용하며 비용은 감소한다.

[표 21.6] 평방피트당 가격

구성요소	비용($)			
	Flow 4		Flow 5	
Backplane	Active	45.49	Passive	18.19
LED	OLED	25.31	PLED	12.45
Encapsulate	Dep	3.79	Lam	3.59
	합 계	75.04	합 계	34.23

[표 21.7] 부분 가격(전체 비용에서의 비율)

부문	Active, OLED, Dep	Passive, PLED, Lam
재료	55.5%	43.3%
장비	25.9%	31.6%
가공	8.5%	11.9%
노동	6.1%	7.0%
시설	4.0%	6.2%

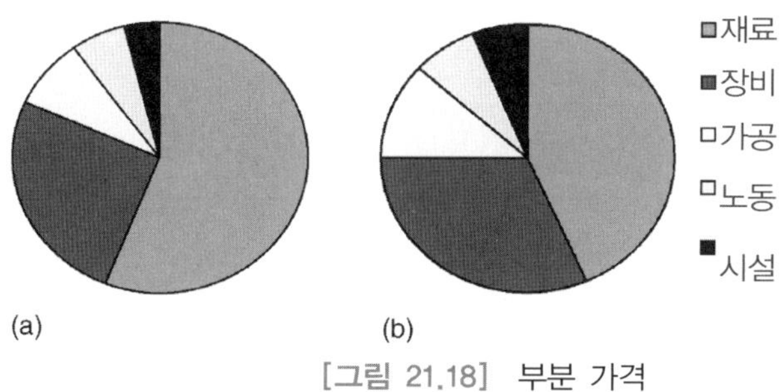

[그림 21.18] 부분 가격

21.25.5 부분 가격

[표 21.7]은 모델에서 재료와 장비는 두 가지 비용 요소를 보인다. 이 특징은 [그림 21.18]에서 나타냈다.

21.25.6 공장 크기 이슈

공장 도처에 롤 이동이 요구되는 구역(고가의 청정 구역에서 모든 위치)은 어떻게 장비들끼리 인접할 수 있느냐에 따라 제한된다.

21.25.7 장비 공간 제한

전형적인 반도체 장비는 1.3의 공장 구역 공간을 갖는다. 대표적인 장비는 100ft^{2}의 공간이 필요하다. 이 의미는 장비와 필요한 공간이 130ft^{2}이 요구된다는 것이다. 이 장비들은 매우 가깝고 통로가 6ft나 그보다 작게 위치한다. 이것은 작동자의 적절한 공간과 제품의 이동할 수 있는 공간보다 작다. 연속적인 공정웹 장비는 1.75의 공간이 필요하다. 전형적인 장비가 784ft^{2}인 것에 비하면 이 장비는 훨씬 크다. 장비 주변에 요구된 통로 구역은 또한 매우 크다. 올리는 카트(cart)의 기동은 장비간 간격이 11ft와 15ft 폭의 통로가 필요하다. 이 뜻은 장비와 필요한 공간이 1372ft^{2}이 요구된다는 것이다. 이 요구된 공간은 올리는 카트에서 향상되면 줄일 수 있다.

[표 21.8] Active, OLED, Dep의 최소 투자 비용

산출량(ft^2 per week)	10 000
시설비용($)	63 268 230
장비비용($)	115 906 874
시설 및 장비 총비용($)	179 175 104

[표 21.9] Passive, PLED, Lam의 최소 투자 비용

산출량(ft^2 per week)	14 000
시설비용($)	49 672 018
장비비용($)	68 319 832
시설 및 장비 총비용($)	117 991 850

21.25.8 최소의 실질적인 자본 투자

[표 21.8과 21.9]를 보자. Passive, PLED, Lam 제품 개요는 기본적은 자본투자 비용이 약 $100,000,000(100million)이 들기 때문에 매력적이다. 오늘날의 LCD 펩(fab)보다 훨씬 적은 액수이다. 이 투자 비용으로 일년에 대략 850만개의 PDA 소자를 생산할 수 있다.

21.25.9 결과 요약

AGI Jupiter 비용 모델은 플렉시블 디스플레이의 연속적 공정웹을 위한 개요에서 사용되었다. 찾은 것들의 간단한 요약은 아래와 같다.

- Active, OLED, Dep 결합은 가장 고가의 8가지 흐름이 존재한다. 이 비용은 주당 100,000ft^{2}에 $75.04가 들어간다.
- Passive, PLED, Lam 흐름은 가장 저가이다. 이 비용은 주당 100,000ft^{2}에 $34.23가 들어간다.
- 대량 생산에서 PET 위에 TFT(능동형 백플레인)의 가격은 $45.93가 될 것이다. 유리기판에 소량 생산하면 약 $77.92이다.
- 기본적인 Passive, PLED, Lam 공장은 $117,000,000의 자본투자 비용이면 설립할 수 있고 매년 8,500,000개의 PDA 소자를 생산할 수 있다.
- 재료와 장비는 제품 가격의 75%를 포함한다.
- OLED 증착은 장비와 재료에서 주요 비용 요소이다.
- 정렬과 식각 공정은 작업처리량과 양산률 증가를 위한 기회가 많이 제공된다.

- 장비 사이에 롤들이 움직일 수 있도록 사용되는 올리는 카트는 설계에서 중요한 충돌을 일으킨다. 기동할 수 있는 공간을 줄이는 것이 필요하다.
- 양산률은 즉각적인 집중과 비용에 큰 영향을 미친다.
- 임금은 전체적은 제품 가격에 적은 영향을 미친다.

21.25.10 장애물, 기술적 이슈 그리고 관심

- **신기술** : 디스플레이를 위한 공정웹은 신기술이다. 가격, 수용력, 공간 요구 그리고 작업 처리량은 끊임없이 바뀐다.
- **높은 재료 가격** : 공정 웹은 새로운 기술이다. 높은 재료 가격과 잠재력 낭비는 분석이 필요하다. 이것은 많은 기회가 주어질 수 있는 구역이다. OLED 재료는 모델 내에서 특히 두드러진 가격이다.
- **장비** : 몇몇 장비는 매우 크고 매우 비싸다. 요소들은 완성된 산업처럼 의미심장하게 완전히 변한다. Roll-to-roll 공정 지식과 세척을 합해 만든 명확한 라인 패턴은 시작에 불과하다. 플렉시블 마이크로 전자와 디스플레이 공정에서 약간의 성취를 보였지만 비슷한 산업에서 활동하는 회사들은 신기술을 제공하기 위해 모두 성취해야 한다.
- **양산률** : 빠른 습득 곡선은 기술 경쟁을 하기 위해 요구된다. 재능 있는 기술자를 고용하는 것이 우선적으로 필요할 것이다. 정밀검사 자료를 잘 모으고 사용하는 것 또한 중요하다.
- **포토리소그라피와 식각** : 이것은 중요한 공정이다. 비용효율이 높은 것의 발전은 롤 형태의 플렉시블한 기판 위에 능동형 공정을 위해 필요하다. 안정한 건식 식각 공정의 발전은 구조를 줄임에 따라 요구된다.
- **코어(core) LED 공정** : 잉크젯 방식으로 OLED 증착과 PLED 응용은 제조 역량의 초기 단계이다. 둘 다 큰 기판과 플렉시블한 기판 조작 공정의 기본적인 작업처리량이 장비 공급자가 현재 없어서 도전할 만하겠다.

참고문헌

Carmody, M. (2003) *Flexible Microelectronics & Roll to Roll Processing Study*, USDC. FlexICs Website PolySilcon: TFT on plastic technology; polysilcon thin film transistors fabricated at 100 degrees C on a flexible plastic substrate.

FPD Technology Development Report (Q3, 2002) Ink Jet Printing, para 3.3.

FPD Technology Development Report (Q3, 2002) Liner Evaporation Tool.

Hough, S. (2003) *flexible electronics & Roll to Roll Processing Study*, USDC.

Innocenzo, J. (2003) *flexible electronics & Roll to Roll Processing Study*, USDC.

Lang, C. (2003) *flexible electronics & Roll to Roll Processing Study*, USDC.

Mahon, J. (2003) *flexible electronics & Roll to Roll Processing Study*, USDC.

Pinnel, P. (2003) *flexible electronics & Roll to Roll Processing Study*, USDC.

Praino, R. Jr (2003) *flexible electronics & Roll to Roll Processing Study*, USDC.

Slikkeveer, P. (2003) *flexible electronics & Roll to Roll Processing Study*, USDC.

Thompson, M. (2003) *flexible electronics & Roll to Roll Processing Study*, USDC.

Walker, K. (2003) *flexible electronics & Roll to Roll Processing Study*, USDC.

Wickboldt, P. (2003) *flexible electronics & Roll to Roll Processing Study*, USDC.

비정질 실리콘을 이용한 고정세 풀컬러 플렉시블 TFT LCD

Jin Jang,[1] Sung Hwan Won[1], Bo Sung Kim,[2] Mun Pyo Hong,[2] and Kyu Ha Chung[2]

1정보 디스플레이 학과, 경희대 그리고 삼성전자 Co., Ltd

22.1 서 론

수소화된 비정질실리콘(a-Si:H)을 이용한 박막트렌지스터는 AMLCD, imager, X-ray 디텍터등 다양한 분야의 스위칭 소자로 많이 사용되고 있다. 최근 들어 휴대용 통신장비에 관한 많은 연구가 진행됨에 따라 유연성, 내구성, 경량 및 종이처럼 말아서 휴대할 수 있는 특성을 지닌 플라스틱 기판을 이용한 디스플레이에 대한 관심 또한 증대되고 있다. 그러나 플라스틱 기판을 이용한 소자의 제작 시 기판이 휘어지거나 그로 인해 증착된 무기물 박막이 떨어져 나가는 등의 문제점이 야기된다. 이는 기판과 그 위에 형성된 무기물 박막간의 열팽창 계수(coefficient of thermal expansion; CTE)의 차이에 의해 야기된다.

[표 22.1]은 플라스틱 기판을 사용한 디스플레이 소자의 제작 시 사용되는 다양한 물질들에 대한 열 평창계수를 나타낸 표이다. PES(polyethersulfone)나 BCB(benzocyclobutene)와 같은 유기물은 SiN_x나 유리와 같은 무기물에 비하여 약 10배 이상 큰 CTE 값을 가지고 있다. 이러한 CTE 값의 차이로 인해 플라스틱 기판을 이용한 소자의 제작은 저온에서 공정이 이루어져야 한다. 그러나 저온공정을 통한 TFT 제작을 위해 증착된 a-Si:H나 SiN_x 필름의 경우 유리 기판을 이용한 일반적 공정온도(~250-300℃)에서 제작된 소자에 비해 특성저하의 문제점을 가지고 있다. 이러한 저온공정(〈150℃)에 의한 특성 저하를 개선하기 위해 He이나 H_2 희석가스가 사용된다 [He *et al*. 2000]. 하지만 여전히 이러한 가스 주입 공정 시 플라스틱 기판의

[표 22.1] 플라스틱 기판을 이용한 디스플레이 소자의 제작 시 사용되는 여러 물질들의 열 팽창계수 (coefficients of thermal expantion, CTE)

물질	열팽창 계수/10^{-6}(℃)	참고문헌
Glass	4	www.dilatometer.co.kr
PES	53	www.matweb.co.kr
BCB	43	www.matweb.co.kr
siN_X	1.5	Retajczyk and Sinha(1980)
si	3.4	http://microsensor.kyungpook.ac.kr
Cr	6.5	Murarka(1993)
Au	14	Murarka(1993)
Mo	5	Murarka(1993)
Al	24	Murarka(1993)

수축, 이완에 따른 문제점이 남아 있다 [Benmalek *et al*. 1995]. [표 22.2]는 상용적으로 이용되는 다양한 플라스틱 기판의 특성을 나타낸다.

표에서 볼 수 있듯, 여러가지의 플라스틱 기판 중 PI(폴리이미드)가 가장 높은 기판온도(T_s)와 가장 낮은 CTE를 가지고 있으므로 반사형 디스플레이나 상부 발광형(top-emission) 유기 발광 디스플레이의 기판으로서 가장 적합한 특성을 나타낸다. 하지만 PI기판의 경우 유색의 특성을 나타낸다는 단점을 가지고 있다. 투명한 기판중에서는 PES가 200℃ 이상의 T_s를 가지고 있으므로 투과형 디스플레이의 TFT 제작을 위한 기판으로 사용되어지고 있다. 그 이외의 기판 중 polyarylate의 경우 높은 T_s 특성을 보이지만 PI에 비해 큰 CTE 값을 가지고 있다.

[표 22.2] 다양한 플라스틱 기판의 특성

	UTS (MPa)	E (Gpa)	T_s (℃)	CTE (ppm/K)	ε	ρ (Ω cm)	Color	Chemical resistance	
								Acetone	Acid
PET	55	2.5~3.0	76.5	79.2	3	2×10^{15}	Transparent	×	○
PC	52~72	2.1~2.4	150	70.2	3	7.3×10^{16}	Transparent	×	○
PES	83~100	2.4~8.6	228	49.1	3.8	2.9×10^{16}	Transparent	×	○
PEN	275	6.1	200	23		2×10^{17}	Transparent	×	○
PI	221	2.8	385	20	3.5	1.5×10^{17}	Colored	×	○
Polyarylate	100	2.9	330	50	2.6	1.0×10^{16}	Transparent	×	○
	-	73	620	5	5.7		Transparent	○	○

Notes : UTS = Ultimate tensile strength. E = Young'moduls, CTE = coefficient thermal expansion(열팽창 계수), ε = dielectric constant(유전 상수), X = dad, O = good.

* The glass is Corning 1737.

플라스틱 기판은 TFT제작을 위해 기판을 고온의 공정온도로 상승시킨 후 다시 상온으로 온도를 내려야 하는 과정을 거친다. 이러한 이유에서 기판의 CTE 값은 소자 제작 시 매우 중요한 사항이다.

PES의 경우 기판 양쪽에 가스 침투 방지 층(gas barrier)이 형성 되어 있어 외부로부터 기판 내부로의 가스 침투를 막아준다. 또한 TFT제작 공정 시 사용되는 화공약품으로부터의 화학적 안성도 비교적 우수한 특성을 지니고 있다. 외부로부터의 가스 침투 방지 효과를 개선하기 위하여 여러가지 물질들이 사용 되고 있으며 그 중 실리콘 nitride나 실리콘 oxynitiride와 같은 무기물이 유기물에 비하여 우수한 특성을 나타낸다. 따라서 실리콘 nitride의 경우 플라스틱 TFT LCD 제작 시 가스 침투 방지 층 물질로 많이 사용된다 [Gleskova *et al*. 2001b]. 그 외에 Ta_2O_5 또한 가스 침투 방지 층 형성을 위한 적합한 물질로 알려져 있다 [Polach *et al*. 1999]. 이러한 외부로 부터의 가스 침투율은 TFT LCD(〈10^{-2}g/m^2 per day)에 비하여 유기발광소자(〈10^{-6}g/m^2 per day)의 경우 더욱 작은 값이 요구 되어진다 [Burrows *et al*. 2000].

일반적으로 플라스틱 기판을 이용한 TFT의 제작 시 TFT를 구성하는 각 층은 비교적 고온에서 증착 된다. 따라서 공정이 완료된 후 기판이 상온에 노출될 때 기판의 구부러짐과 같은 현상이 발생하게 된다. 이러한 이유로 일반적으로 유기기판을 이용한 TFT 제작 시 적용되는 사진식각공정(photolithography)을 그대로 적용하는데 많은 문제점이 발생한다. 따라서 플라스틱 기판의 구부러짐을 방지할 수 있는 island 형성 방법이 제안되어있다 [Hur *et al*. 2002].

유기기판을 이용한 LCD의 수소화된 비정질 박막트랜지스터(a-Si:H TFT)의 경우 a-Si:H와 Si nitride가 최상의 특성을 나타낼 수 있도록 약 300℃의 고온에서 공정이 이루어진다. 하지만 플라스틱 기판을 이용하기 위해서는 가능한 저온공정을 적용해야 하기 때문에 a-Si:H와 Si nitride의 증착이 매우 중요한 사항이다. 따라서 앞서 설명하였듯 저온 공정을 적용한 TFT소자의 제작 시 특성 향상을 위하여 박막 증착공정에서 He이나 H_2 희석 가스를 이용하게 된다 [Parsons *et al*. 2000]. 그 외 유입 가스 압력(gas pressure), 고주파 파워(RF power), 가스 유입량(gas flow rate) 등도 소작 제작 시 고려해야 할 중요한 사항들이다.

[표 22.3]은 다양한 종류의 플라스틱 기판위에 형성된 수소화된 비정질 박막트랜지스터(a-Si:H TFT)의 공정온도에 따른 소자의 성능을 간략화 한 표이다. Sazonov 연구 그룹에서는(2002년) PI기판에 etch stopper(ES) 방식을 적용하여 120℃에서 a-Si:H TFT 소자를 제작하였다. 여기서 주목할 만한 점은 대부분 LCD의 TFT제작 시 back-channel etched (BCE) 방식을 사용한다는 것이다. 이는 TFT제작 시 ES 방식에 비해 BCE 방식이 사용되는 마스크의 수가 적기 때문이다.

[표 22.3] 플라스틱 기판을 이용한 a-Si:H TFT의 특성

제조자	종류	공정온도 (℃)	TFT 형태	성능	참고문헌
Waterloo University	PI	120	ES	μm = 0.7−0.8cm^2/V s V_{th} = 4−5 V SS = 0.5 V/dec	Sazonve *et al.* (2002)
Princeton University	PI	150	BCE	μ=0.45cm^2/V s V_{th} = 3 V SS = 0.5 V/dec	Gleskova *et al.* (2001)
Kyung Hee University	PES	150	BCE	μ=0.4cm^2/V s V_{th} = 0.7 V SS = 0.82 V/dec	Won *et al.* (2004)
Sharp corp	PI	220	BCE	μ=0.3cm^2/V s V_{th} = 2 V	Okada *et al.* (2002)

표에서 확인할 수 있듯, Sozoonv 연구 그룹이 발표한 소자의 전계 효과 이동도(field-effect mobility), subthreshold slope, 문턱 전압은 각각 0.7~0.8 cm^2/Vs, 0.5V/decade, 4V의 특성을 나타낸다. 동일한 PI기판을 사용하여 TFT 소자를 제작한 그룹으로는 Gleskova 연구그룹이(2001년) 있다. 본 그룹에서는 BCE방식을 적용하여 공정온도를 150℃에서 진행하였으며 전계 효과 이동도, 문턱 전압은 각각 0.45cm^2/Vs, 3V의 특성을 나타내었다. 반면 PI기판에 BCE 방식을 적용하며 공정온도를 220℃에서 진행한 Okada 연구그룹은 전계 효과 이동도와 문턱 전압 각각 0.3cm^2/Vs, 3V의 특성을 나타내었다.

22.2 SiN_x 증착시 He 희석 가스의 영향

저온공정에 의한 TFT 소자가 최적의 특성을 나타내기 위해서는 TFT 소자를 구성하는 SiN_x, a-Si:H, n$^+$ a-Si:H 층(n type 도핑된 비정질 수소화된 실리콘)의 증착조건이 최적화 되어야 한다. 그러나 flow rate, gas pressure, RF 파워와 같은 다양한 증착조건이 있기 때문에 다양한 층에 대한 최적화 공정조건을 찾는 것은 매우 어렵다. 따라서 보다 개선된 증착 조건을 만들기 위하여 [표 22.5]에서 볼 수 있듯 a-Si:H나 n$^+$ a-Si:H 증착 시 He이 사용된다. 본 표에 주어진 RF 파워 역시 최적화 조건을 맞추기 위해 제안된 값이다. [표 22.5]에서 보듯 RF 파워, SiH_4 flow rate, NH_3 flow rate를 고정시킨 후 a-Si:H TFT 제작을 위한 SiNx 증착 시 He flow rate를 변화시켜 보았다.

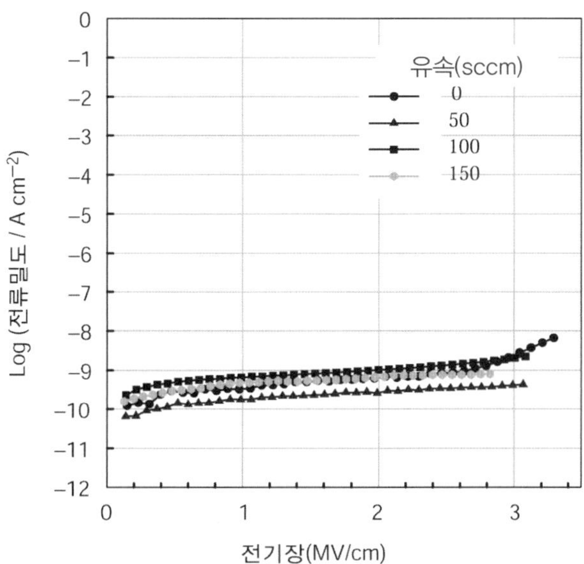

[그림 22.1] 150℃에서 He flow rate 값의 변화시키며 증착된 SiN_x층에 따른 소자의 I-V 특성

이때 기판은 유리기판이 사용되었으며 공정온도는 150℃이다. 그러나 본 실험에서 제시된 최적화 조건은 플라스틱 기판이 아닌 유리기판에서의 최적화 조건이라는 점에서 한계를 가지고 있다. 본 실험에서는 BCE 방식을 적용하여 TFT 소자를 제작 하였다 [Yang *et al*. 2000]. 일반적으로 SiN_x는 a-Si:H TFT의 게이트 절연체(gate insulator)로 많이 사용되어 진다. 이러한 SiN_x 층은 높은 breakdown 전압과 낮은 결합밀도(defect density)가 요구된다. 통상적으로 저온공정을 통한 SiN_x 증착 시 전기적 특성을 향상시키기 위하여 He이나 H_2 희석가스(dilution)가 많이 사용된다. 따라서 본 실험에서는 He 희석가스를 사용하였다.

[그림 22.1]은 He flow rate와 공정온도를 각각 50~200sccm(standard cubic centimeter per minute), 150℃로 유지시키며 SIN_x를 증착한 소자의 I-V 특성을 나타내는 그래프이다.

그림에서 볼 수 있듯 본 조사의 breakdown 전기장을 3MV/cm 이상이며 누설 전류는 $10^{-9}A/cm^2$ 이하의 특성을 나타낸다. 이러한 특성은 TFT 소자의 게이트 절연체로써 적합한 특성을 만족하는 값이다. 또한 아래 그림의 결과에서 볼 수 있듯 공정온도를 150℃로 유지하며 He flow rate를 0부터 150까지 변화시킨 특성의 관찰결과 SIN_x의 특성은 큰 변화를 보이지 않은 것을 확일 할 수 있다.

[그림 22.2]는 He flow rate를 변화시키며 증착 된 SiN_x 층이 a-Si:H TFT 소자의 문턱전압에 미치는 영향에 대한 실험결과이다. He flow rate가 100sccm을 넘어서면서 부터는 문턱전압이 역시 증가하는 경향을 관찰할 수 있다. 이러한 현상은 flow rate가 150 또는 200sccm을 넘어서면서 He 이온이 SiN_x 표면을 손상시키기 때문이다. 이러한 표면손상은 a-Si:H 계면과 SiN_x 계면 사이에 계면 상태밀도(interface state density)를 증가시킨다.

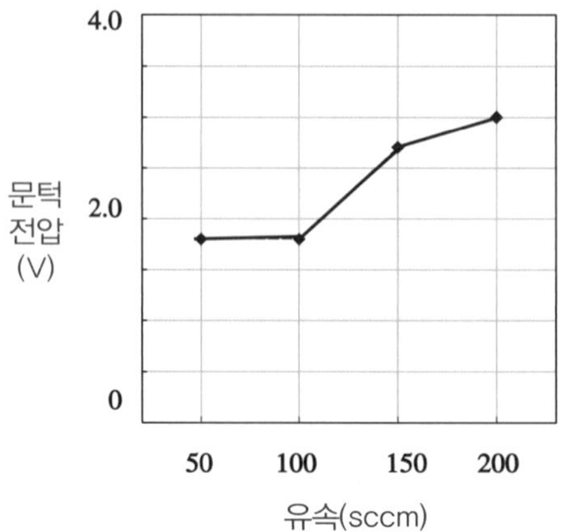

[그림 22.2] He flow rate의 변화에 따라 유리기판 위에 증착된 SiN_x 층의 a–Si:H TFT 소자의 문턱 전압 특성

[그림 22.3]은 He flow rate 변화에 따른 a–Si:H TFT의 전계 효과 이동도 특성을 나타낸다. 아래의 결과에서 볼 수 있은 flow rate가 150과 200sccm일 때 문턱 전압는 증가하는 현상을 보이지만 전계 효과 이동도의 변화량은 매우 적은 것을 알 수 있다.

[그림 22.4]는 He flow rate가 200sccm인 상태에서 유리기판 위에 SiN_x를 증착한 a–Si:H TFT 소자의 transfer 특성을 나타내는 결과이다. 이 때 소자의 on/off ratio(점멸비)는 10^7 이상의 특성을 나타내며 누설전류와 게이트 절연체를 통한 게이트 누설전류는 1pA 이하의 특성을 나타내었다. 이러한 소자의 특성은 TFT LCD에 사용함에 있어 적합하다.

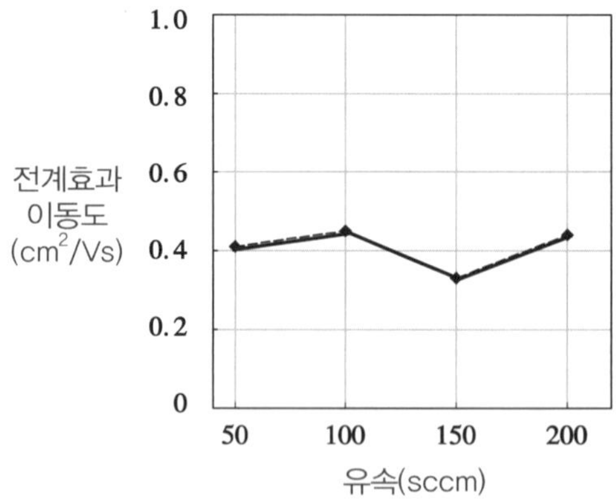

[그림 22.3] He flow rate 변화에 따라 SiN_x를 증착한 a–SI:H TFT소자의 전계 효과 이동도 특성

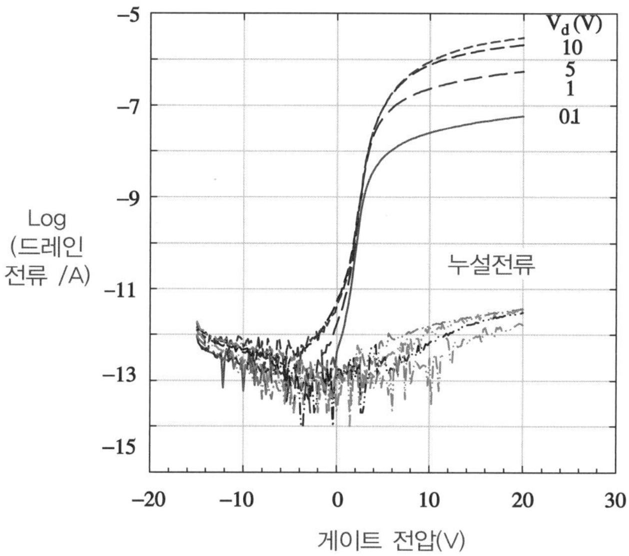

[그림 22.4] 그림 22.4 200sccm He flow rate에서 SiN_x를 증착한 a-Si:H TFT 소자의 transfer 특성

22.3 플라스틱 기판 위에 유기 절연막이 적용된 a-Si:H TFT의 특성

플라스틱 기판을 이용한 TFT 소자의 제작 시 기판의 휘어짐과 그로 인한 증착 된 박막의 박리현상은 해결되어야 할 매우 중요한 문제 중 하나이다. 일반적으로 a-Si:H 이나 SiN_x 는 비교적 고온에서 증착 되므로 공정 후 플라스틱 기판의 휘어짐 현상으로 인해 TFT 어레이 소자를 만드는 것은 매우 어렵다. 따라서 플라스틱 기판의 휘어짐을 방지하기 위하여 비교적 두꺼운 두 SiN_x 박막을 기판의 양쪽에 증착시키는 방법이 있다. 이러한 공정 방법은 플라스틱 기판과 SiN_x 층간의 CTE(열팽창 계수) 차이로 인한 SiN_x 층의 박리 현상을 예방할 수 있게 한다.

그 외 플라스틱 기판의 휘어짐을 방지하며 TFT 어레이를 제작할 수 있는 방법에 대하여 알아보자. 일반적으로 화소 디자인 시 TFT 소자가 차지하는 면적 비율은 매우 작으며 무기물층인 n^+ a-Si:H/a-Si:H/SiN_x은 화소전체가 아닌 TFT 영역에만 존재한다. 따라서 무기물층이 TFT 영역에 존재하기 위해서는 한 화소당 한 개의 무기물 영역이 필요하다. 또한, 플라스틱 기판을 이용하며 일반적인 사진공정을 적용 하기 위해서는 TFT에 형성된 많은 무기물 층이 평탄도가 좋아야 한다.

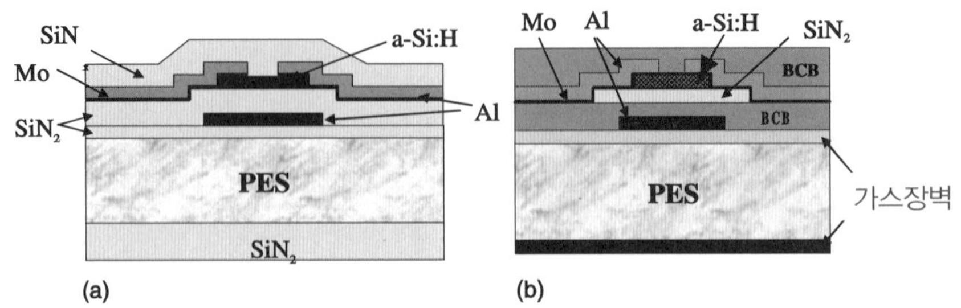

[그림 22.5] (a) SiN_x가 게이트 절연막으로 사용된 a-Si:H TFT와 (b) SiN_x/BCB가 게이트 절연막으로 사용된 a-Si:H TFT의 단면도

[그림 22.5(a)]는 일반적인 a-Si:H TFT 소자의 단면도를 나타낸다. 이때, a-Si:H TFT 공정에 앞서 PES 기판의 양면에는 500nm 두께의 SiN_x 층이 증착된다. 이러한 SiN_x층의 증착은 플라스틱 기판의 열에 의한 변형이나 수분침투 현상을 방지하기 위해 사용되어지며 공정 시에는 PES 기판의 수증기를 제거하기 위하여 180℃에서 2일간 열 공정을 거친 후 150℃ 에서 증착한다. 이렇게 증착 된 SiN_x층은 외부로부터 PES 기판으로 침투되는 가스를 막을 수 있는 보호막으로써의 기능을 가지게 되는 것이다.

[그림 22.5(b)]는 inverted staggered BCB a-Si:H TFT소자의 단면도이다. 여기서 BCB는 플라스틱 기판을 이용한 능동소자 디스플레이의 제 1 게이트 절연막의 역할을 한다. 이 구조의 TFT 소자에서 채널 두께(W)와 길이(L)는 16μm / 4μm의 비율로 형성되어 있으며, 버스 라인으로는 Al(알루미늄)이 사용되었다[Jang and Lim 1999; Polach *et al*. 1999].

BCB 층은 스핀 코팅공정으로 형성되며 180℃의 N_2(질소)에서 1차 열 경화를 거친 후 180℃ 진공오븐에서 2차 열 경화 공정을 거치게 된다. SiN_x(50nm), a-Si:H(200nm), n^+ a-Si:H(50nm)로 구성된 세 층은 150℃에서 PECVD 공정을 이용하여 BCB위에 연속으로 증착되어진다. 그 후 습식 식각 공정을 이용하여 무기물 층 패터닝 공정이 이루어진다. 이러한 공정은 인장된 기판을 원래의 형태로 되돌리는 역할을 한다. 그 후, 습식 식각 공정을 통하여 능동 영역이 만들어진다. Mo(50nm)와 Al(300nm) 층은 마크네트론 RF 스퍼터링 공정을 통하여 연속적으로 증착되어진 후 소스/드레인 으로 패턴된다. 그러고 난 후 n^+ a-Si:H 층이 식각된다. 그리고 최종적으로 BCB 층은 a-Si:H TFT의 보호를 위해 증착된다. 이러한 구조의 소자에서 SiN_x 박막은 a-Si:H 층과 게이트 절연막 사이의 계면 상태 밀도를 줄이기 위한 역할을 하게 되며, Mo 층은 기판과의 점착력을 증가시키는 역할을 한다.

그러나 플라스틱 기판이 적용된 a-Si:H TFT의 게이트 절연막으로써 SiN_x 단일 층은 무기물 층의 미세한 균열을 야기하는 단점을 가지고 있다. 왜냐하면 양면에 두꺼운 무기물 층이 형성되어진 플라스틱 기판은 강한 내부 스트레스를 가지고 있기 때문이다. 따라서 플라스틱 기판과 무기물 층간의 전반적인 스트레스를 감소시키기 위하여 다른 방법의 무기물층 패터닝 기술이 사용되어 진다. 이러한 공정 방법은 추가적인 사진공정이 요구되어지는 단점을 지니고 있으나, TFT 소자의 전반적인 스트레스 감소와 스트레스가 없는 능동 층을 형성할 수 있는 장점을 지니고 있다. 더불어 박막의 박리현상과 같은 문제점은 무기물층 영역을 형성함으로써 해결될 수 있다(Hur *et al*. 2002).

[그림 22.6]은 PES 기판위에 형성된 a-Si:H TFT 소자의 transfer 특성을 나타낸 그림이다. 이 때 SiN_x 층이 단일 게이트 절연막으로 사용되었다. 그림에서 보듯 off- state 전류와 게이트 누설전류의 값이 약 10^{-12}A의 값을 가지고 있다. 이러한 값은 일반적으로 유리기판위에 형성된 TFT 소자의 경우보다(10^{-13}A)큰 전류 값을 가짐을 알 수 있다. 이러한 특성은 SiN_x 층과 PES 기판 사이의 열적 변형으로 인해 야기된 a-si:H 층과 SiN_x 층간의 내부 변형에 의해 나타난다. PES 기판의 경우 150℃에서의 증착과 상온으로 열적 변화에 의해 기판의 인장과 수축으로 야기되며 이로 인한 SiN_x 층과의 열적 변형이 발생된다. 따라서 이러한 열적 변형은 SiN_x 층의 미세한 균열 야기시키게 되면 이로 인해 게이트 누설전류는 일반적으로 유리기판 위에 제작된 TFT 소자에 비하여 불안정하며 큰 값을 가지게 된다. 유리기판에 형성된 TFT 소자의 특성은 [그림 22.2와 22.4]에서 볼 수 있다.

[그림 22.7]을 활성층이 형성된 PES 기판의 모습을 나타내는 사진이다. 상온에서의 변형률은 PES 기판위에 n+ a-Si:H, a-Si:H, SiN_x가 형성된 샘플과 150℃에서 BCB/PES 위에 n+ a-Si:H, a-Si:H, SiN_x가 형성된 두 샘플의 변형을 통해 계산 되어졌다. 두 경우 모두 PES 기판위에 게이트 패턴이 형성되어 있다. 단일 SiN_x 게이트 절연막의 경우 변형률은 0.0018(0.18%)이고 이중 게이트 절연막의 경우 0.000949(0.0949%)의 변형률을 나타냈다. 200μm 두께의 PES 기판위에 형성된 최상층(a-Si:H)의 변형률은 식 (22.1)로 주어진다.

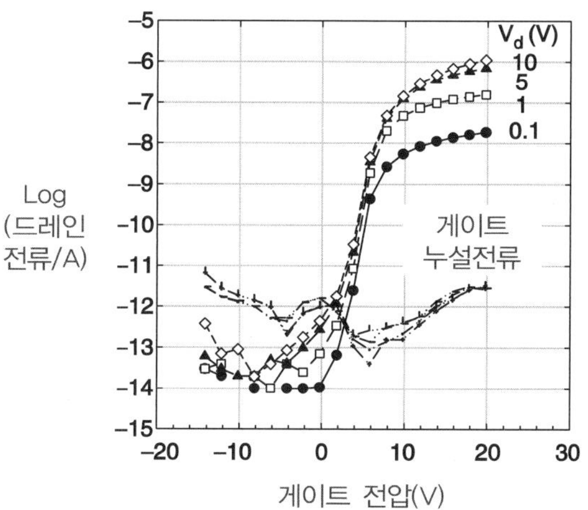

[그림 22.6] PES기판에 SiN_x가 게이트 절연막으로 사용된 a-Si:H TFT의 전달(transfer) 특성

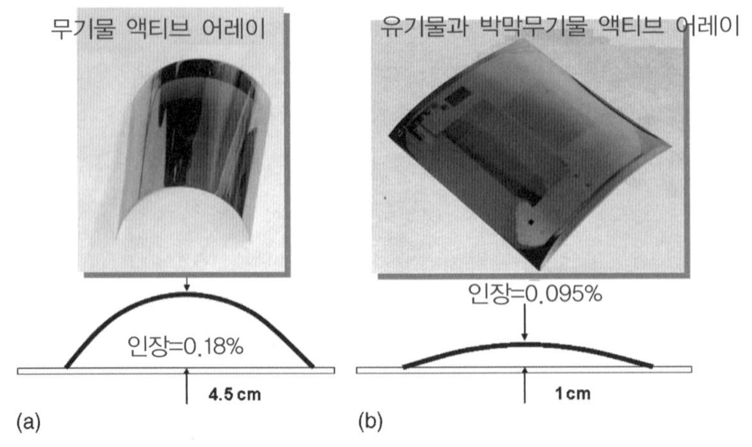

[그림 22.7] TFT 어레이가 형성된 PES 기판

$$\varepsilon_{top}=\left(\frac{d_f+d_s}{2R}\right)\frac{1+2\eta+x\eta^2}{(1+\eta)(1+x\eta)}\quad \text{with } \eta=d_f/d_s \text{ and } x=Y_f/Y_s \tag{22.1}$$

여기서, d_f, d_s, Y_f, Y_s는 막의 두께, 기판의 두께, 막과 기판의 영률을 각각 나타낸다.

내부적 변형은 SiN_x막의 두께를 감소시킴으로써 줄일 수 있다. 이러한 방법은 BCB의 유기물 게이트 절연층을 사용함으로써 변형률을 획기적으로 줄일 수 있는 것이다. 이때, BCB의 열팽창 계수(CTE)는 $43\times10^{-6}℃^{-1}$로 $SiN_x(1.5\times10^{-6}℃^{-1})$ 보다 PES($53\times10^{-6}℃^{-1}$)와 비슷한 값을 가진다. [그림 22.8]은 BCB층이 제 1 게이트 절연막으로 사용된 플라스틱 기판위의 a-Si:H TFT의 transfer 특성을 나타낸다. 이때의 점멸비(on/off ratio)는 10^7 이상이며 게이트 절연막을 통한 누설 전류값은 10^{-13}A 이하이다. 이러한 특성은 이중 게이트 절연막과 게이트 절연막의 평탄화 특성에 의하여 나타난다. 이때 BCB 층이 게이트 절연막으로써 작용하므로 50nm의 SiN_x 박막이 내부 변형을 감소시키기 위해 사용되었다. 이러한 얇은 SiNx 박막은 a-Si:H와 게이트 절연막 사이의 계면특성을 향상시키는 역할을 담당한다. 여기서 주목할 사항은 SiN_x와 a-Si:H 사이의 계면은 낮은 계면 상태 밀도를 가지므로 a-Si:H TFT 어레이 제작 시 사용되어 진다. BCB 층과 얇은 SiN_x 박막 절연층이 가지는 낮은 열적, 내부적 변형은 누설전류를 감소시킬 수 있는 특성을 지니고 있다. BCB 층의 유전상수는 2.7로 SiN_x에 비해 작은 값을 가진다[Mills *et al*. 1997]. 하지만 이러한 작은 유전율 값에도 불구하고 BCB 층은 높은 저항값을 가지므로 게이트 절연막으로써 우수한 특성을 지니고 있다.[Mills *et al*. 1997]. 이러한 특성은 TFT 소자의 낮은 문턱전압과 작은 게이트 누설전류 특성을 나타내게 한다. 이때의 off-state 누설전류값은 10^{-13}A이다.

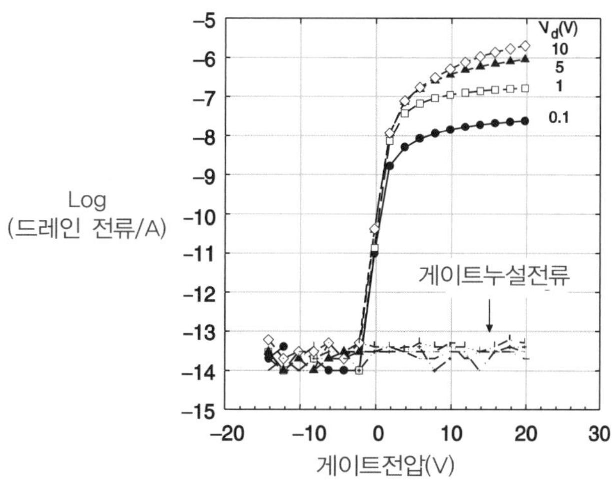

[그림 22.8] PES 기판에 SiN_x/BCB가 게이트 절연막으로 사용된 a-Si:H TFT의 전달 특성

[그림 22.9]는 플라스틱 기판위에 형성된 a-Si:H TFT소자의 게이트 인가 전압(V_g)에 따른 드레인 전류(I_d)의 특성을 나타낸다. 이때 포화영역의 전계 효과 이동도(전계유도 이동도, μ)와 문턱전압, V_0의 측성을 위해 세이트와 드레인 전극은 서로 연결시켰다.

$$I_d = \frac{CW\mu}{2L}(V_g - V_0)^2, \tag{22.2}$$

위의 식에서 C는 게이트 절연막의 전기 용량이며, BCB의 유전상수는 2.7이다[Kagan and Andry 2003].

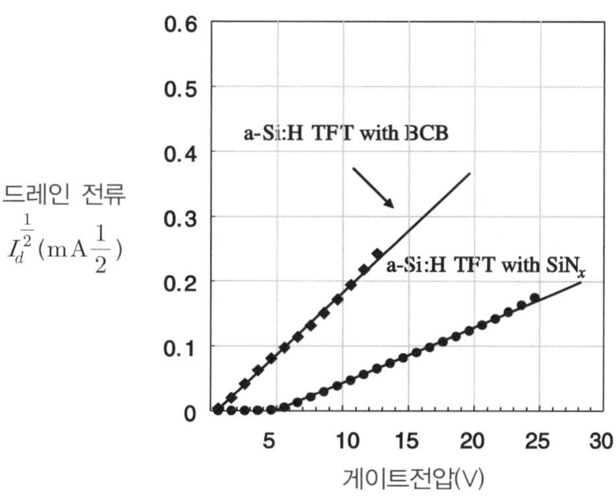

[그림 22.9] a-Si:H TFT소자의 게이트 인가 전압(V_g)에 따른 드레인 전류(I_d)의 특성

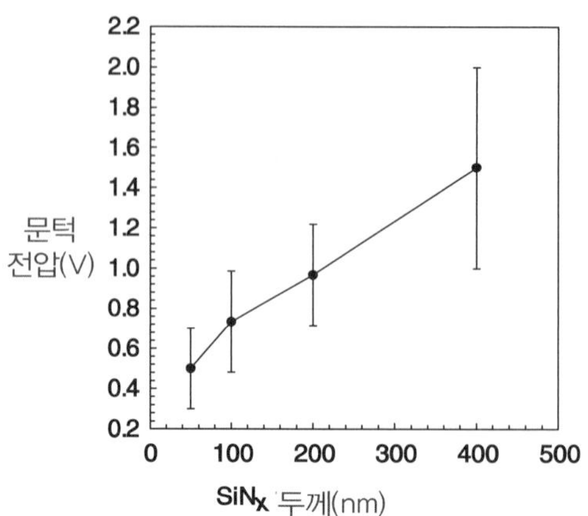

[그림 22.10] SiN_x 층의 두께 변화에 따른 PES 기판의 a-Si:H TFT 소자의 문턱전압 특성

SIN_x가 게이트 절연막으로 사용된 TFT 소자의 전계유도이동도와 문턱전압은 0.3cm^2/V, 5V의 값을 나타내었다. 반면, BCB 층이 게이트 절연막으로 사용된 TFT소자의 경우 0.4cm^2/V, 0.7V의 보다 우수한 전계유도이동도와 낮은 문턱전압 특성을 보였다. 이러한 특성은 SiN_x 게이트 절연막이 유기물 층과 무기물 층이 가지는 CTE 값의 차이에 의해 나타나는 것으로 알려져 있다[Glescova and Wagner 1999].

[그림 22.10]은 SiN_x 층의 두께 변화에 따른 PES 기판의 a-Si:H TFT 소자의 문턱전압 특성을 나타낸다. 그림에서 보듯 SiN_x 층의 두께가 400nm에서 50nm로 줄어듬에 따라 문턱전압역시 1.5V에서 0.3V로 감소함을 알 수 있다. 이러한 특성은 SiN_x 층의 전하 유착(charge trap)특성과 관계가 있다. 따라서 SiN_x 층의 두께 감소는 a-Si:H TFT의 문턱전압 저하 특성을 나타내게 한다.

22.4 플라스틱 기판위에 a-Si:H TFT 어레이 소자 제작

일반적인 유기물질의 열팽창 계수(CTE)는 금속에 비하여 약 5배의 값을 가지므로 금속으로 이루어진 버스 라인은 150℃의 PECVD와 같은 공정에 노출되면서 심한 변형을 받게 된다. 따라서 버스 라인과 같은 금속물질의 연성은 플라스틱 기판을 이용한 전자소자의 제작 시 중요한 고려사항이다. 이러한 이유로 인하여 소자의 제작 시 버스 라인으로 이용될 금속의 선택 시 영률에 의해 분류되는 연성 값이 매우 중요하다. 일반적으로 Al과 같은 금속물질은 낮은 계수를 가지는 대표적인 물질로서 플라스틱 기판을 이용한 디스플레이 소자의 제작 시 많이 사용되는 금속물질이다.

[표 22.4] 여러 가지 금속 물질들의 영률와 임계 값(Yield point)

금 속	영률(kN/mm^2)	임계 값(kN/mm^2)
Al	70	13~22
Ti	107	137
Ta	180	
Cr	248	422
Mo	334	

[표 22.4]는 여러 가지 금속 물질들의 영률과 임계 값(Yield point)을 정리한 표이다. 임계 값(yield point)은 물질이 원상태로 복원 될 수 있는 한계 값을 의미한다. [표 22.4]에서 볼 수 있듯 Al이 가장 적합한 금속 물질임을 알 수 있다(Polach *et al*. 1999).

[그림 22.11]은 제 1 게이트 절연막으로 유기물이 사용된 플라스틱 TFT LCD의 inverted staggered BCB a-Si:H TFT 어레이 소자의 제작 과정을 나타낸 그림이다. 본 제작 과정에서는 PES기판이 공정 중 박막 증착에 의한 기판의 복원능력 상실과 챔버의 오염을 막기 위하여 180℃에서 2일간 열 공정을 거치게 된다. 게이트 라인으로 사용될 Al은 magnetron RF 스퍼터링 방식으로 증착 된 후 게이트 라인과 저장 캐퍼시터 전극으로 사용되기 위하여 패터닝되었다(1st 마스크 공정, [그림 22.11]의 2번 공정).

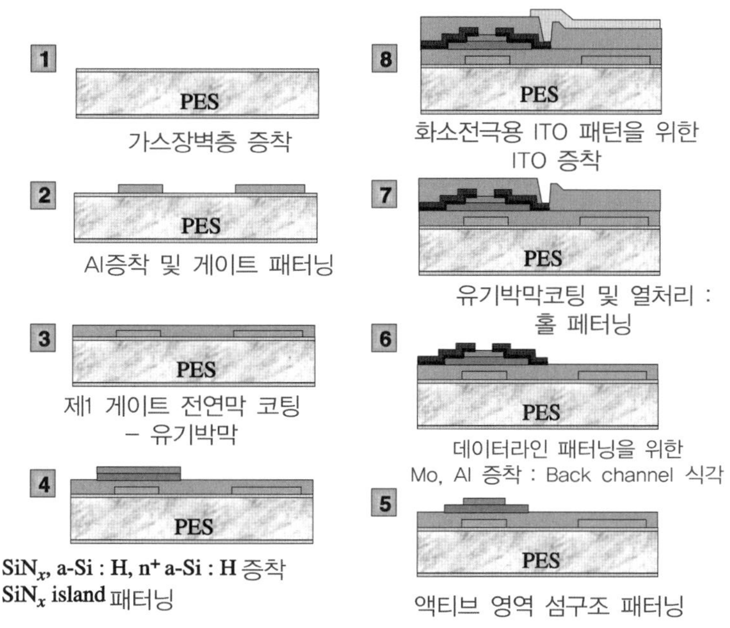

[그림 22.11] 제 1게이트 절연막으로 유기물이 사용된 플라스틱 TFT LCD의 inverted staggered BCB a–Si:H TFT 어레이 소자의 제작 과정

그 후 BCB 층이 증착된 후 180℃의 경화 과정을 거친다. 다시 150℃의 PECVD 공정을 통하여 SiN_x(50nm), a-Si:H(200nm), n^+ a-Si:H(50nm)의 세 층이 연속적으로 증착된다. 그리고 이러한 무기물 층은 습식 식각 공정을 통하여 패터닝 된다(2nd 마스크 공정, [그림 22.11]의 4번 공정). 이 공정 과정은 인장된 기판을 원래의 상태로 복원 시킨다. 그 후 활성 영역(active island)이 습식 식각 과정을 통해 패터닝된다(3rd 마스크 공정, [그림 22.11]의 5번 공정). 마그네트론 RF 스퍼터링공정으로 금속 층이 연속적으로 증착된 후 데이터 라인과 TFT의 소스와 드레인 전극으로 패터닝된다. Back channel의 n^+ a-Si:H 층은 습식 식각 공정으로 식각된다(4th 마스크 공정, [그림 22.11]의 6번 공정). 이 공정에서 a-Si:H TFT 어레이 소자의 보호막으로는 유기물 층이 사용 되었다. 이러한 유기물 보호막으로는 아크릴(Acryl)이나 BCB가 사용되어 진다. 컨택 홀은 플라즈마 에칭 방법으로 형성된다(5th 마스크 공정, [그림 22.11]의 7번 공정). 그 후 화소 전극으로 사용될 IZO 층이 마그네트론 RF 스퍼터링 방법으로 형성된 후 화소 전극의 모양에 맞도록 패터닝 된다(6th 마스크 공정. [그림 22.11]의 8번 공정). 이 때 ITO 대신 IZO가 사용 된 이유는 TCO와 Al 간의 상호작용을 줄이기 위해서이다.

플라스틱 기판을 적용한 TFT 어레이의 제작 시 발생되는 어려움 중의 하나는 TFT 제작 과정 중 발생되는 공간 전하(dimensional charge)이다. 이와 같은 공간전하는 열 적 변형이나 기판을 통한 기체의 outgasing에 의해 형성된다. [그림 22.12]는 PES 기판이 180℃와 200℃의 열 공정 시 시간에 따른 기판의 수축 정도를 나타낸 그래프이다. 그림에서 보듯 기판의 수축은 초반부의 짧은 시간에 나타나며 일정 시간이 지나면서 안정화 되는 것을 확인할 수 있다. 최초의 기판 수축 현상은 수분이나 다른 기체의 배출에서 기인되며, 이러한 결과는 PES 기판이 가지고 있는 휘발성이 강한 기체의 배출로 인한 것이다.

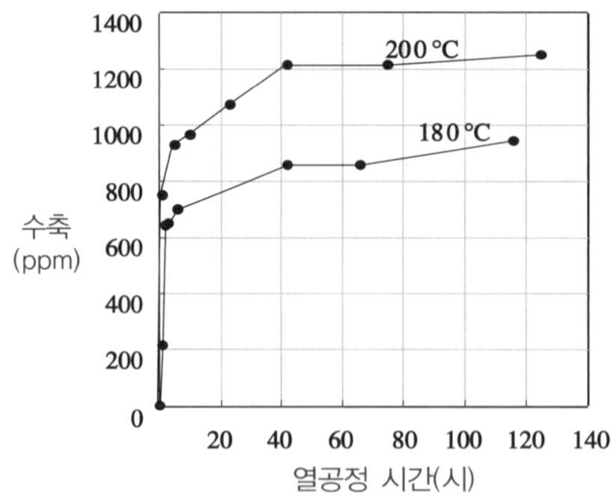

[그림 22.12] PES 기판이 180℃와 200℃의 열 공정 시 시간에 따른 기판의 수축 정도

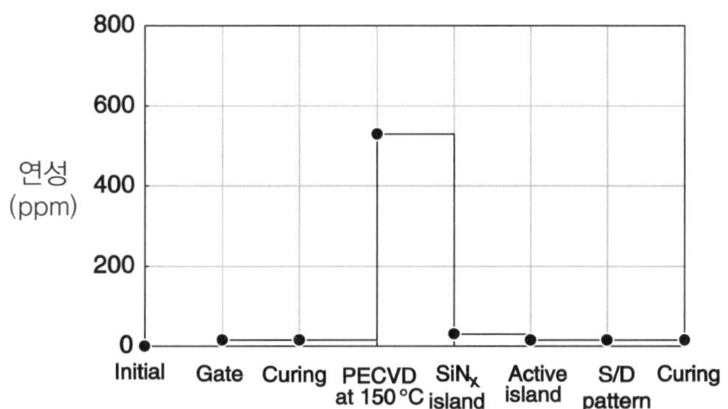

[그림 22.13] PES 기판을 사용하며 BCB가 제 1 게이트 절연막으로 사용된 a-Si:H TFT 소자의 각 공정 별 기판의 인장변화

PES 기판의 수축현상은 약 1000ppm이다. 따라서 차후의 공정 중 추가적인 기판의 수축현상을 막기 위하여, 일반적으로 PECVD 공정을 통한 a-Si:H나 SiN_x 증착 온도보다 높은 180℃에서 50시간가량 PES 기판의 선 열공정이 이루어진다.

[그림 22.13]은 PES 기판을 사용하며 BCB가 제 1 게이트 절연막으로 사용된 a-Si:H TFT 소자의 각 공정 별 기판의 인장변화를 나타낸 그래프이다. 그림에서 보듯 PECVD 공정을 제외한 대부분의 공정에서는 기판의 변형이 거의 일어나지 않음을 알 수 있다. 그러나 PECVD 공정 중 발생된 기판의 변형은 SiN_x island 공정을 거치면서 원래의 상태로 돌아오게 된다. 따라서 이러한 island 제작 공정 시 열에 의한 변형을 고려하여 설계한다. 하지만, 위의 공정이 연속적으로 진행 되지 않을 경우에는 기판의 변형이 다시 발생되는 문제점을 가지고 있다. 이때, 모든 공정이 진공 상태에서 진행된다면 위와 같은 현상은 발생되지 않는다. 왜냐하면, 기판의 변형은 대기 중에 존재하는 기체의 흡수 현상에 의해 발생되기 때문에 진공 상태에서는 이러한 문제점이 발생되지 않는 것이다[Polach *et al*. 1999]. 따라서 공정이 일시적으로 중단될 경우, 공정 샘플은 반드시 진공이나 질소 환경에서 보관되어야 한다.

22.5 플라스틱 기판을 이용한 a-Si:H TFT LCD

플라스틱 기판이 적용된 a-Si:H TFT를 이용한 컬러 TFT 액정 디스플레이에 관한 연구는 Sharp 사와 경희대학교 연구팀에서 진행 되고 있다. 일반적으로 시편 제작 공정은 200℃ 이상의 온도에서 공정이 이루어진다. 하지만 플라스틱 기판을 이용할 경우 150℃ 이하에서 공정이 이루어 져야 하므로, 기존의 시편 제작 및 컬러 필터의 공정 또한 저온에서 이루어 져야 한다.

[표 22.5] a-Si:H TFT를 적용한 플라스틱 컬러 TFT 액정 디스플레이의 특성

제조사	디스플레이 형태		특성
Sharp		4 in plastic TFT LCD (based on a-Si)	디스플레이 형태 : 반사형 해상도 : 204 × 204(85ppi) 화소 수 : 172 800 화소 크기 : 100μm × 300μm 개구율 : 92%
KHU		2.2 in plastic TFT LCD (based on a-Si)	디스플레이 형태 : 투과형 해상도 : 128 × 160(93ppi) 화소 수 : 61 440 화소 크기 : 276 × 92 개구율 : 48%

[표 22.5]는 현재 개발된 a-Si:H TFT를 적용한 플라스틱 컬러 TFT 액정 디스플레이의 특성을 정리한 표이다. 샤프에서는 PI 기판을 이용하여 반사형 컬러 a-Si:TFT 액정디스플레이를 개발하였으며, 92%의 개구율로 일반적인 유리기판이 적용된 반사형 액정디스플레이와 비슷한 특성을 보인다. 반면, 경희대학교 연구팀은 PES 기판을 이용하여 컬러 a-Si:TFT 액정 디스플레이를 개발 하였다. 이때 사용된 기판의 두께는 0.2mm 이며, 유리기판용 TFT 액정 패널에 비하여 20%의 무게를 가지고 있다.

22.5.1 플라스틱 기판 위의 컬러 필터

[그림 22.14]는 컬러 필터(C/F)의 구조도를 나타낸다. PES기판 위에 100nm의 두께로 코팅된 블랙 매트릭스(black matrix, BM)는 빛 샘과 TFT를 강한 빛으로부터 보호하는 역할을 담당한다. 일반적으로 사용되는 B/M 물질인 Cr/CrO_x는 플라스틱 기판에 적용될 때 심한 변형이 발생하여 사용 할 수 없다. 따라서 이러한 문제점을 해결하기 위하여 Al이 사용되었다.

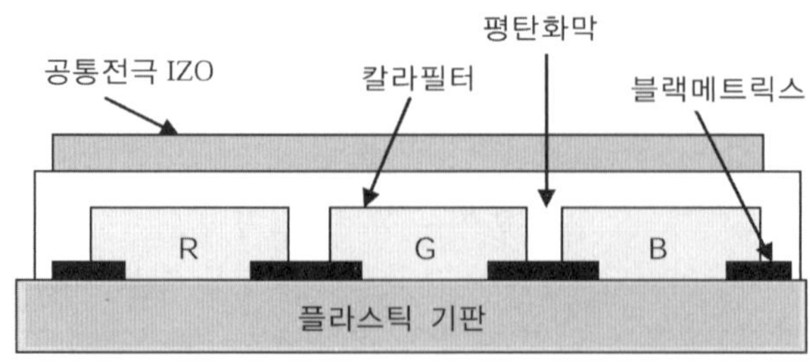

[그림 22.14] 컬러 필터(color filter, C/F)의 구조도

삼색(빨강, 파랑, 녹색, RGB) 컬러 물질은 Al BM 사이에 코팅하였다. 빨강색 물질은 약 1.2m 두께로 코팅되어 180℃의 열 경화 후 패터닝하였다. 파랑과 녹색 물질 역시 위와 동일한 방법으로 패터닝하였다. 그 후 보호막은 컬러 필터와 블랙 매트릭스가 패터닝된 부분을 평탄화 할 수 있도록 코팅 하였다. 마지막으로, 공통 전극으로 IZO를 증착하였다. 이렇게 제작된 컬러 필터는 백색광에 대하여 약 25%의 투과율을 보였다.

22.5.2 액정 시편

스페이서

일반적으로, TFT LCD 제작 공정에 사용되는 스페이서는 대표적으로 유리를 이용한 파이버형태나 볼 형태 두 가지가 있으며 그 외에는 합성수지를 이용한 스페이서들도 있다. 또 다른 형태의 스페이서로는 소프트 볼타입으로 가해지는 압력의 크기에 따라 형태나 두께의 변형이 가능하므로 플라스틱 기판을 이용할 경우 기판에 손상이 가지 않도록 하기 위하여 사용된다. 일반적으로 스페이서의 단위 면적당 개수 즉 분포 밀도가 증가할 경우 균일한 셀 갭 확보에 유리하지만, 대비비와 같은 디스플레이의 특성이 저하되는 단점을 가지고 있다. 보통의 경우 스페이서의 분포 밀도는 유리기판의 경우 $70/mm^2$ 이며, PES와 같은 플라스틱 기판이 사용된 경우는 약 $100/mm^2$이다.

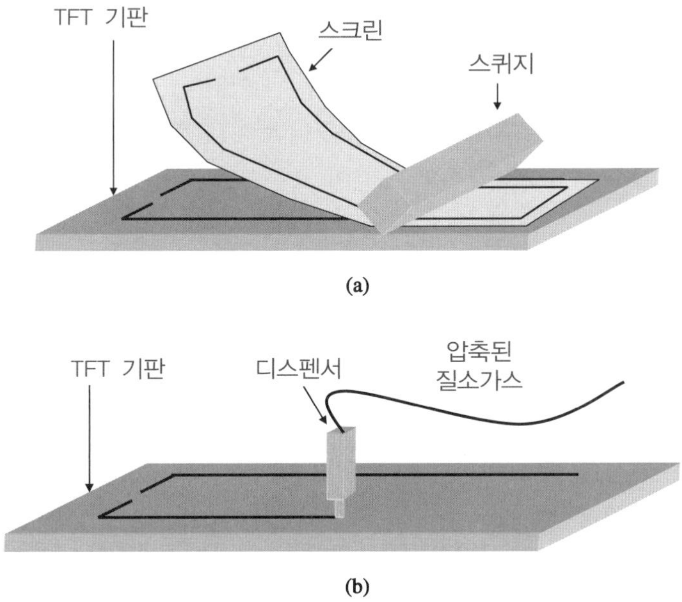

[그림 22.15] Seal 형성 방법 (a) 스크린 프린팅 (b) dispensing

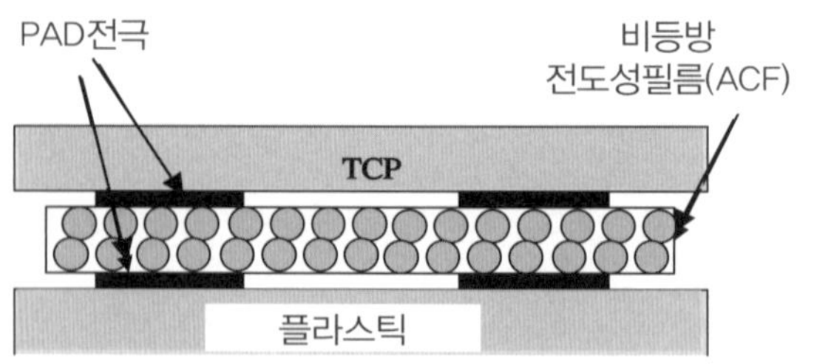

[그림 22.16] ACF를 이용한 TCP 연결

대부분 사각 형태의 모양을 한 봉합제(sealant)의 경우, [그림 22.15]에서 보듯 스크린 프린팅이나 dispenser 그리기 방법이 사용된다. 스크린 프린팅 방법의 경우 실크 스크린 프린팅을 이용한 단일 공정으로 진행되므로 양산 측면에서 유리하나 실크 스크린이 기판과 직접 적으로 접촉하므로 오염이나 기판의 손상과 같은 문제점을 발생 시킬 수 있는 단점을 가지고 있다. 따라서 스크린 프린팅 방법의 경우 오염도 제어를 위한 정밀도가 요구된다. Dispenser 방식의 경우 스크린 프린팅 방법에 비하여 기판의 오염이나 손상의 문제점이 해결될 수 있지만 양산속도가 느리며 절삭(cutting) 가공이 요구되는 단점을 가지고 있다.

22.5.3 구동회로의 결합 및 구동

[그림 22.16]은 비등방 전도성 필름(anisotropic conducting film, ACF)을 이용하여 기판과 tape carrier package(TAP)의 접착 방법을 나타낸 그림이다[Yamazaki *et al*. 1996]. 이 경우, 압력이 가해진 부분만 전도성의 특성이 나타내어진다. 그러나 향후 휴대전화나 PDA와 같은 모바일 분야로 플라스틱 LCD의 적용을 위해서는 위와 같은 구동회로의 접합 공정이 없는 Chip-on-plastic(COP) 기술의 개발이 요구된다.

참고문헌

Benmalek, M. and Dunlop, H. M. (1995) Inorganic coating on polymers, *Surface and Coating Technology* 76/77, 821−826.

Burrows, P. E., Graff, G. L., Gross, M. E., Martin, P. M., Hall, M., Mast, E., Bonham, C., Bennett, W., Michalskib, L., Weaverb, M., Brownb, J. J., Fogarty, co and Sapochakc, L. S. (2000) Gas permeation and lifetime tests on polymer−based barrier coatings. *SPIE Annual Meeting*, San Diego CA, pp. 1−9.

Glescova, H. and Wanger, S. (1999) Amorphous silicon this−film transistors on complaint polyimide foil substrates. *IEEE Electron Device Letters* 20, 473−475

Glescova, H. and Wanger, S. (2001a) Low−temperature silicon nitride for thin−film electronics on polyimide foil substrates. *Applied Surface Science* 175/176, 12−16.

Glescova, H. and Wanger, S. (2001b) a−Si:H TFTs on polyimide foil: electrical performance under mechanical strain. *IDW* 2001, 331−334.

Glescova, H., Wanger, S. and Suo, Z. (2000) a−Si:H thin film transistors after very high strain. *Journal of Non−Crystalline Solids* 266/269, 1320−1324.

He, S., Nishiki, H., Hartzell, J. and Nakata, Y. (2000) Low temperature PECVD a−Si:H TFT for plastic substrate. *SID Digest* 2000, 278−281

Hur, J. H., Lee, C. B., Won, S. H. and Jang J. (2002) A 2 inch a−Si:H TFT−LCD on plastic substrate. *SID Digest* 2002, 802−805.

Jang, J. and Lim, B. C.(1999) a−Si:H TFTs with planarized gate insulator. *SID Digest* 1999, 728−731.

Kagan, C. R. and Andry, P.(2003) Thin−Film Transistors, Marcel Dekker, New York, pp. 38−43.

Mills, M. E., Townsend, P., Castillo, D., Martin, S. and Achen, A. (1997) Benzocyclobutene (DVS−BCB) polymer as an interlayer dielectric(ILD) material, *Microelectronic Engineering* 33, 327−334.

Murarka, S. P.(1993) *Metallization*, Butterworth Heinemann.

Okada, Y., Ban, A., Okamoto, M., Oka, W., Matsuda, Y. and Shibahara, S.(2002) A 4−inch reflective color TFT−LCD using a plastic substrate. *SID Digest* 2002, 1204−1207.

Parsons, G. N. (2000) Surface reactions in very low temperature(<150 C) hydrogenated amorphous silicon deposition and applications to thin film transistors. *Journal of Non−Crystalline Solids* 266/269, 23−30.

Polach, S., Hrst, D., Maier, G., Kallfass, T. and Lueder, E. (1999) Matrix of light sensors addressed by a−Si:H TFTs on a flexible plastic substrate. *SPIE Proceedings* 3649, 31−39.

Retajczyk, T. F. Jr and Sinha, A. K. (1980) Elastic stiffness and thermal expansion coefficients of various refractory silicides and silicon nitride films. *Thin Solid Films* 70, 241–247.

Sazonov, A., Nayhan, A., Striakhilev, D. (2000) Materials optimization for thin film transistors fabricated at low temperature on plastic substrate. *Journal of Non–Crystalline Solids* 266/269, 1329–1334.

Sazonov, A., Striakhilev, D. and Nathan, A. (2002) Low temperature a–Si:H TFT on plastic film : materials and fabrication aspects, *International Conference on Microelectronics*, pp. 525–528.

Suo, Z., Ma, E. Y., Gleskova, H. and Wanger, S. (1999) Mechanics of rollable and foldable film–on–foil electronics, *Applied Physics Letters* 75, 1177–1179.

Won, S. H., Lee, C. B., Nam, H. C., Chung, J. K., Jang, J., Hong, M. P., Kim, B. S., Lee, Y. U., Yang, S. H., Huh, J. M. and Chung, K. H. (2003) A high–resolution full color TFT–LCD on transparent plastic. *SID Digest* 2003, 992–995.

Won, S. H., Hur, J. H., Lee, C. B., Nam, H. C., Chung, J. K. and Jang, J.(2004) Hydrogenated amorphous silicon thin–film transistor on plastic with an organic gate insulator. *IEEE Electron Device Letters* 25, 132–134.

Yamazaki, T., Kawakami, H. and Hori, H.(1996) Color TFT liquid crystal display, SEMI Standard FPD Technology Group, California, pp. 245–250.

Yang, C. S., Read, W. W., Arthur, C., Srinivasan, E. and Parsons, G. N.(1998) Self–aligned gate and source drain contacts in inverted–staggered a–Si:H thin–film transistors fabricated using selected area silicon PECVD. *IEEE Electron Device Letters* 19, 180–182.

저온 폴리실리콘을 이용한 플라스틱 컬러 TFT LCDs

Akihiko Asano

Sony 사

23.1 서 론

저온 폴리 실리콘(LTPS) 박막트랜지스터(TFT)는 게이트 구동 회로나 D/A 컨버터와 같은 회로를 LCD 패널 안에 집적시킬 수 있기 때문에 모바일 기기에 적용할 수 있는 장점을 갖고 있다. 이는 LCD 패널에 부착되는 input/output 터미널의 수를 줄이는 것으로 이어진다. 또한, LTPS TFT는 비정질 실리콘(a-Si) TFT에 비해 드라이빙 성능이 좋기 때문에 40μm 정도의 미세한 화소를 구현할 수 있다.

이러한 장점들은 LTPS의 다음과 같은 특징에 기인한다.

- LTPS의 전자 이동도가 a-Si 보다 100배 정도 높다; 각 픽셀에 있는 스위칭 TFT의 채널 크기가 대체로 수십 제곱 마이크론 정도이다.
- P-와 n-채널 TFT의 on-current의 차이가 2배 이내이기 때문에 CMOS 회로 설계가 가능하다.

다른 한편으로, 플라스틱 재료는 기기의 두께와 무게를 상당부분 줄일 수 있기 때문에, 플라스틱 기판(Smith *et al*. 1997; Gosain *et al*. 2000; Utsunomiya *et al*. 2000, 2001; Asano and Kinoshita 2002, 2003; Okada *et al*. 2002; Kim *et al*. 2003)은 PDA나 핸드폰과 같은 모바일 기기에 적합하다. 플라스틱의 상대 밀도는 대체로 유리의 절반 정도이다. 예를 들어, 0.4mm 두께의 플라스틱 패널(0.2mm 두께의 두 플라스틱 기판의 전체 두께)의 무게는 1.0mm 두께의 유리 패널의 10분의 1정도 밖에 안된다. 게다가 플라스틱 패널은 0.2mm이내의 두께에서도 쉽게 깨지지 않으므로 외부의 충격에 대해 더 안정하다.

플라스틱 LTPS TFT LCD가 모바일 기기와 관련하여 최고의 해결책이 될 수 있기 때문에, 플라스틱 기판 위에 LTPS 기반의 TFT(Smith *et al.* 1997; Gosain *et al.* 2000)와 회로(Utsunomiya *et al.* 2000), 그리고 플라스틱 LCD 패널(Utsunomiya *et al.* 2001; Asano and Kinoshita 2002)을 구현하기 위한 많은 연구가 진행되어 왔다. 가장 큰 문제점은 플라스틱이 유리보다 열에 대한 안정성이 훨씬 낮다는 것이다. PC(polycarbonate)나 PES(polyeth-elsulfone)과 같은 투명 비결정성 엔지니어링 플라스틱은 200℃에서 300℃ 사이의 한계 온도를 갖는다. 열 팽창 계수가 대체로 50ppm/K 이상이기 때문에 한계 온도 아래라 하더라도 100℃의 온도 상승은 0.5% 이상의 열 팽창으로 이어진다. 게다가 일반적으로 열순환 도중 팽창과 수축의 이력 현상(hysteresis)이 발생할 수 있다. 이러한 변형은 열 팽창 계수가 더 작은 물질로 만들어진 패턴과의 어긋남이나 크랙을 발생시킨다.

[그림 23.1]에서 보이는 바와 같이, 플라스틱 TFT LCD제작에는 두가지의 접근 방법이 있다. 가장 직접적인 접근 방법은 유리 기판을 플라스틱으로 대체하고 최고 공정 온도를 100~ 150℃로 낮추는 것이다. 이 방법은 직접 공정(direct approach)이라 불린다. 그러나 회로의 동작이 아직 걸림돌로 남아있다. 가장 어려운 문제는 MOS 트랜지스터를 위한 게이트 절연막의 증착과 플라스틱이 견딜만한 낮은 온도에서의 다결정 층으로의 수소 확산이다. 또한 플라스틱 기판 위에서 미세한 패턴을 광식각 하는 것은 플라스틱 기판이 열 순환과 화학 처리와 같은 LTPS 공정을 거치면서 불균일하게 팽창하거나 수축하기 때문에 일반적으로 어렵다.

다른 접근 방법은 유리 기판 위에 일반적인 LTPS 공정을 통해 박막을 만든 다음, 플라스틱 기판 위로 전사시키는 방법이 있다. 이 방법은 전사 공정(transfer approach)이라 불린다. 이 방법에는 3가지 장점이 있다:

- TFT가 공정 온도 저하 없이 제작되기 때문에 TFT의 성능에 변화가 없다. 이로 인해 회로와 기기의 설계를 변경할 필요가 없다.

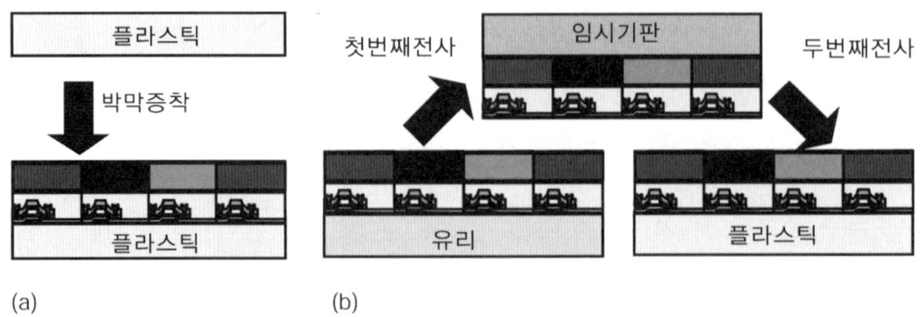

[그림 23.1] 플라스틱 기판 위에 LTPS TFT의 준비 과정: (a) 직접 공정과 (b) 전사 공정

- 플라스틱 재료의 특성과 품질에 대한 요구사항이 적다.
- 전사 공정이 현재의 LTPS 대량 생산 공정에 적용될 수 있다.

그러나 내부 응력과 마이크로 패턴을 가진 수 마이크론 두께의 박막을 TFT 층의 손상 없이 유리 기판으로 전달하는 과정에는 어려움이 따른다.

우리는 기존의 350mm × 300mm 크기의 유리 기판에서 제작된 TFT 박막을 같은 크기의 플라스틱 기판에 손상 없이 전달할 수 있는 기술을 개발했다. 이 장에서는 유리 기판 위에서의 LTPS TFT 공정뿐만 아니라 우리가 개발한 전사 공정을 다룬다. 또한 기판의 구부림에 따라 LTPS TFT의 성능이 어떻게 변하는지도 알아본다. 마지막으로 평평한 상태와 휘어진 상태에서의 디스플레이의 성능에 대하여 알아본다.

23.2 공정 개괄

23.2.1 TFT 소자 공정

Bottom-게이트 구조의 TFT 소자 층이 0.7mm 두께의 유리 기판 위에 LTPS 공정을 통해 아래에 묘사된 방법으로 제작되었다. 플라스틱 컬러 LCD를 만들기 위해 컬러 필터가 TFT 측면에 형성되는 새로운 구조의 온-패널 컬러 필터가 개발되었다. 균일한 스페이서 분포를 위해 유리기판 기반의 LCD에 비해 높은 밀도로 포스트 스페이서(post spacer)가 사용되었다.

Bottom-게이트 LTPS TFT 공정은 다음과 같다:

(A1) 게이트 패턴이 메탈 스퍼터링(sputtering), 광식각(photolithography), 반응성 이온 에칭(reactive ion etching) 순의 공정으로 형성된다.

(A2) 게이트 절연막과 a-Si 층이 PECVD(plasma-enhnaced chemical vapor deposition) 공정을 사용하여 증착된다.

(A3) ELA(eximer laser annealing)를 통해 a-Si 층을 결정화시킨다.

(A4) TFT 채널 영역이 이온 주입 과정에서 열화되는 것을 방지하기 위해 방지용 SiO_2 층이 PECVD를 통해 증착되어 패턴된다.

(A5) TFT 소스, 드레인, 그리고 다른 저항 영역에 이온 도핑 또는 주입을 한다.

(A6) 광식각과 에칭을 통해 컨택-홀(contact-hole)을 천공한 후, PECVD를 통해 인터레이어(interlayer)를 증착한다.

투과형 LCD에 대해서는 A9 공정을 생략한다.

(A7) 각 픽셀에 대해 광식각 이후의 열 역류 공정(thermal reflow process)을 통해 포토레지스트(photoresist)로 광 산란(light-scattering) 마이크로 패턴을 만든다.

(A8) 은이나 알루미늄과 같은 반사형 금속을 스퍼터링 하여 광식각과 에칭을 통해 픽셀 크기로 패턴한다.

(A9) 광식각을 통해 컨택홀이 있는 RGB 컬러 필터를 형성한다.

(A10) 투과형 LCD를 위해, 포토레지스트를 이용하여 평탄화 층을 형성한다. 그 다음 광식각을 통해 컨택 홀을 형성시킨다.

(A11) 투명 픽셀 전극을 스퍼터링, 광식각, 그리고 에칭의 과정을 거쳐 형성한다.

(A12) 포토레지스트를 코팅하여 광식각 과정을 거쳐 포스트 스페이서를 형성한다.

23.2.2 전사 공정

전사 공정(Asano and Kinoshita 2002)이 [그림 23.2]에 요약되어 있다.

(B1) 유리 기판 위에 HF(hydrofluoric acid) 에칭에 대한 방지층(stopper layer)을 증착한다.

(B2) B1 공정의 방지층을 위해 에칭 용액과 불순물에 대한 경계층(barrier layer)을 증착한다. 두께는 1μm 이하도 가능하다.

(B3) 다음으로, 위에 묘사된 것처럼 bottom-게이트 LTPS 공정으로 소자층이 형성된다.

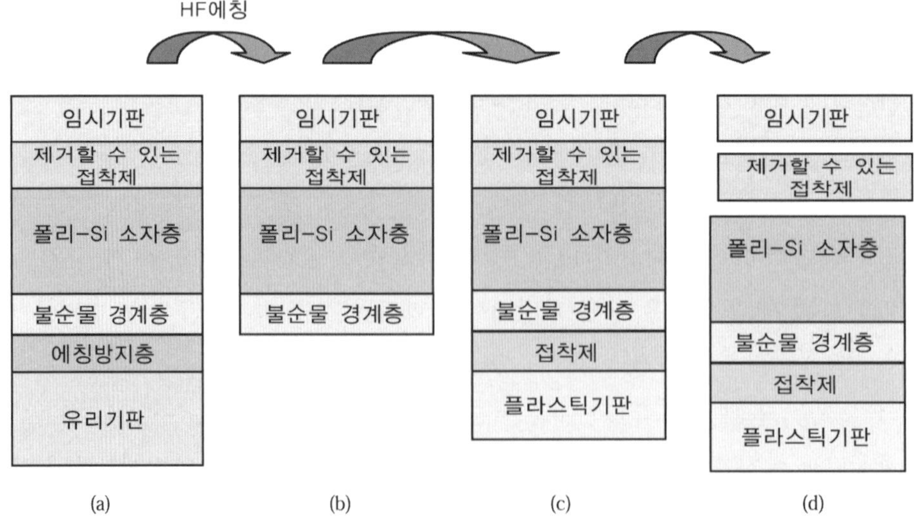

[그림 23.2] 유리 기판으로부터 플라스틱 기판으로 박막을 전사하기 위한 전사 공정의 흐름도

(B4) 제거 가능하고 물에 녹지 않는 접착제를 사용하여 임시의 두번째 기판에 접착시킨다(a). 이 접착제는 유리 기판을 에칭으로 제거한 후에도(B5 공정) 박막 소자층을 유지시켜야 한다. 그렇지 않으면 박막은 HF 에칭 이후에 깨어짐이 발생하여 떨어져 나간다.

(B5) 상온에서 HF를 이용하여 유리 기판을 에칭한다(b). 이 과정은 두 시간에서 세 시간 가량이 소요된다. 이후 에칭 방지막(stopper)이 다른 에칭 용액에 의해 제거된다. 이 단계에서, 박막은 TFT 층의 아랫면이 바깥쪽을 향하도록 하여 임시의 두 번째 기판으로 전사된다.

(B6) 영구적이고 투명한 접착제를 사용하여 소자 층의 뒷면에 투명 플라스틱 기판을 접착시킨다(c).

(B7) 임시의 두 번째 기판을 떼어낸다(d). 전사 공정의 개발에 있어서 가장 어려웠던 점은 B4 공정에서 좋은 접착력을 갖는 동시에 이 공정에서는 잘 분리되도록 하는 일이었다. 특이할 점은 원래의 박막 표면이 바깥쪽을 향하는 상태로 공정이 완료된다는 점이다.

이 전사 방법은 아래의 TFT와 디스플레이 성능에서 보이는 것과 같이 소자 층에 심각한 손상을 전혀 남기지 않는다. 직접 공정과 비교하면, 접착층이 기판과 소자 층 사이의 완충층의 역할을 하기 때문에 플라스틱 기판 표면의 평탄함에 훨씬 적게 영향을 받는다. 우리는 전사 공정이 a-Si TFT 어레이, 컬러 필터, 그리고 유리 기판 위에서 제작된 것이면 어떤 것이든지 적용 가능하다고 생각한다.

23.2.3 셀 제조 공정(Cell Process)

액정 셀은 350mm × 300mm 크기의 기판 위에 제조된다. 셀 제조 공정에서 패널이 휘는 것을 방지하기 위해 동일한 주변 온도와 습도 상태에서, TFT 기판과 반대편의 기판은 모두 동일한 플라스틱 기판이 사용되어야 한다.

우선, 반대편 기판은 다음 과정에 따라 제조된다. ITO(indium tin oxide) 층이 스퍼터링에 의해 증착된다. 다음으로 PI(polyimide) 층이 코팅, 베이킹, 그리고 액정을 배향시키기 위한 러빙의 과정을 거쳐 형성된다. TFT 기판의 정렬을 위한 마커(marker)도 형성될 수 있다.

TFT 기판이나 반대편 기판 중 하나의 기판에 액체 상태의 레진(resin)으로 봉지 패턴(seal pattern)을 그리거나 프린트한다. 다음으로 두 기판이 정렬된 상태에서 서로 합착된다. UV 조사에 의해 봉지가 이루어진 후, 레이저나 블레이드(blade)를 이용하여 패널의 크기대로 기판을 절단한다.

셀 안에 액정을 주입하는 것은 기존의 유리 기반의 공정과 비슷한 방법으로 진행된다. 유연한 기판의 특성상 진공 챔버 안에서 팽창이 일어나지 않도록 해야 한다. 만약에 셀이 부풀어 오르게 되면, 셀 안에 남아있는 공기의 압력이 챔버 안의 기압과 평형을 맞추기 위해 감소하여 셀 안의 공기의 배출이 매우 느려지기 때문에 충분한 공기의 배출이 일어나지 않을 수도 있다. 마지막으로, 액정 주입구를 액체 레진으로 채우고 UV를 조사하여 경화시킨다.

23.3 전사공정의 결과

23.3.1 전사된 소자 패턴

[그림 23.3]은 투과형 LCD의 화소 영역과 드라이버 영역에서 전사된 소자의 광학 현미경 사진을 나타낸다. 다결정 실리콘, 절연막, 금속 배선, ITO 전극 등의 어떤 부분에서도 끊어지거나 갈라진 부분은 나타나지 않는다. 전사된 소자의 패턴이나 두께 등은 기존의 유리 기판에 제작된 소자와 정확히 같은 크기로 제작되었다. 여기에서 소개된 공정을 이용하면 300mm × 350mm의 플라스틱 기판 위에 수 마이크론 두께의 얇은 막을 프린팅 하듯이 전사할 수 있다. [그림 23.4]는 9개의 3.8인치 LCD 제작을 위해 두께 0.2mm, 크기 300mm × 350mm의 플라스틱 기판 위에 제작된 플렉시블 LTPS TFT를 나타낸다. 컬러 필터와 스페이서는 TFT 기판 위에 제작하였다.

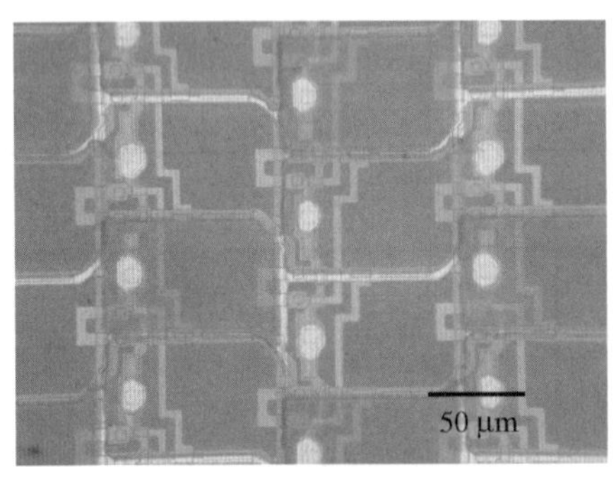

(a)

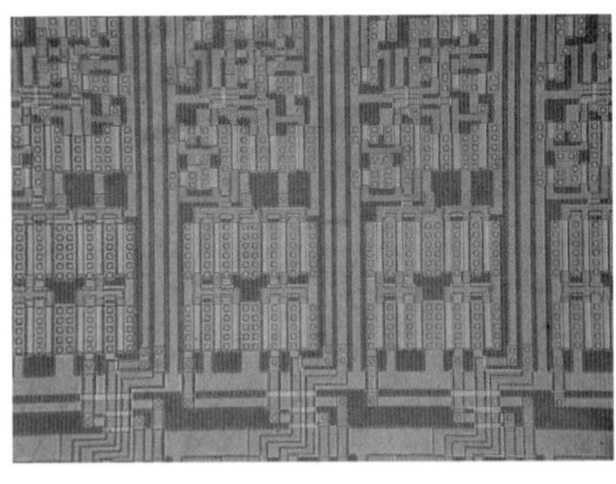
(b)

[그림 23.3] 플라스틱 기판위에 전달된 소자 층 패턴의 광학 현미경 사진: (a) 픽셀 영역 (b) 드라이버 영역

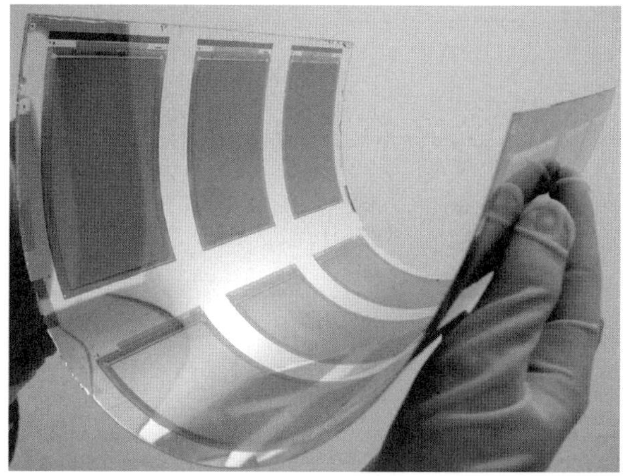

[그림 23.4] 300mm × 350mm 넓이에 0.2mm의 두께를 갖는 플라스틱 기판 위에 9개의 3.8인치 LCD용 다이로 제조된 플렉시블 LTPS TFT. 곡률 반지름은 약 75mm이다. 그림은 SID의 허락 하에 수정되었다.

23.3.2 TFT의 특성에 미치는 영향

[그림 23.5]는 전사 공정 전(유리 기판)과 후(플라스틱 기판)의 TFT 구동 특성을 보여준다. 제작된 소자의 채널은 20 μm의 폭과 7 μm의 길이를 가진다. 두 소자의 특성은 큰 차이를 보이지 않으며, 이는 전사 공정으로 인해 치명적인 발생하지 않았음을 보여준다.

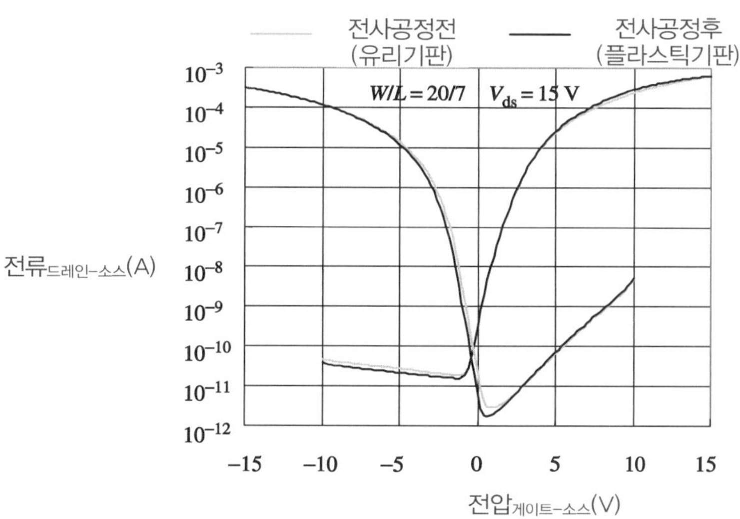

[그림 23.5] TFT의 일반적인 전송특성 그래프: 회색 선은 전달 공정 전 (유리 위)이고, 검정색 선은 전달 공정 후 (플라스틱 위)를 나타낸다. 그림은 SID의 허락 하에 수정되었다. 초기 (유리 위), 전달 후 (플라스틱 위)

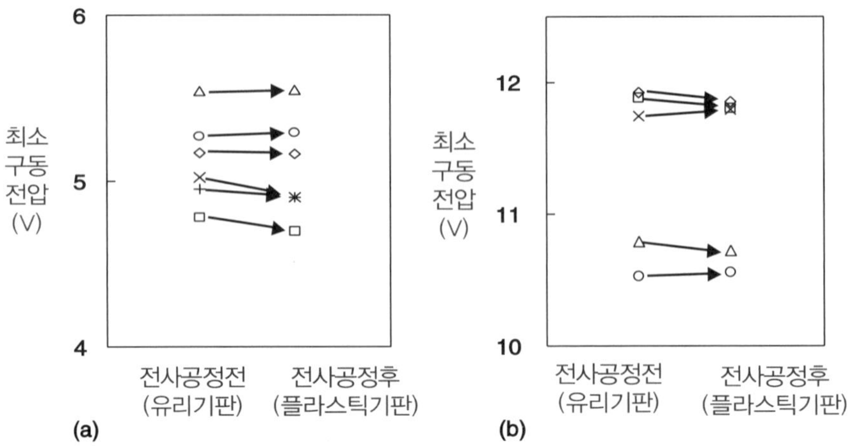

[그림 23.6] 전달 공정 전과 후에 대한 1.5인치 투과형 LCD의 최소 동작 전압의 변화 (a) 스캐닝 드라이버 (b) 데이터 드라이버

다음으로 스캐닝 드라이버와 데이터 드라이버에서 최소 구동전압의 변화에 대해 알아 보도록 하자. 드라이버를 구동하기 위해 필요한 최소한의 드레인 전압으로 정의되는 최소 구동전압의 변화를 [그림 23.6]에서 볼 수 있다. 이 회로는 23.5.1장에 보여지는 1.5 인치 투과형 LCD에 사용된다. 데이터 드라이버와 스캐닝 드라이버는 각각 1.5 Mhz와 8.3 kHz에서 구동되었다. 수평 데이터 드라이버 구동을 위한 구동 주파수가 수직의 스캐닝 드라이버 구동 주파수에 비해 매우 높기 때문에 데이터 드라이버의 최소 구동전압이 더 높게 나타난다. 하지만 전사 공정으로 인한 주목할 만한 차이점은 나타나지 않는다.

23.4 기판의 구부림에 의한 TFT 특성의 변화

디스플레이 특성에 대해 살펴보기 전에, 플렉시블한 기판 위에 제작된 LTPS TFT의 기본적인 특성에 대해 살펴보도록 하자; TFT의 특성은 플라스틱 기판 위에 제작된 소자를 이용하여 기판을 구부린 상태에서 측정되었다.

이 실험을 위해 188μm 두께의 PET(poly ethylene terephthalate) 기판 위에 전사 공정을 이용하여 TFT 샘플을 제작하였다. TFT의 채널은 앞의 경우와 동일하게 20μm의 폭과 7μm의 길이로 제작되었다. 제작된 TFT는 전극에 가느다란 전선을 이용하여 연결할 경우, 접촉을 확실히 하기 위하여 2mm × 3mm의 터미널 패드를 가진다.

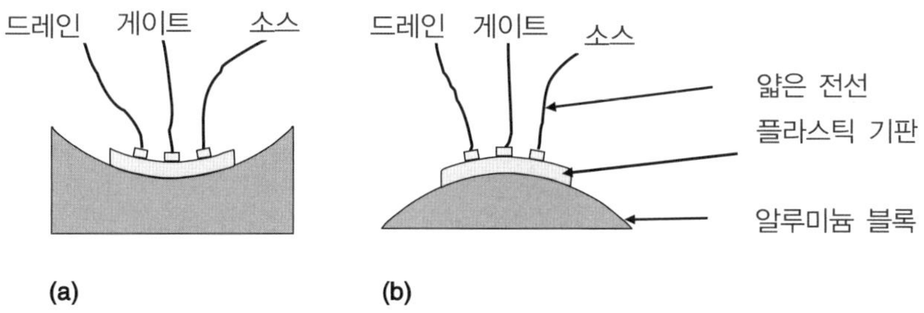

[그림 23.7] 휜 상태에서 TFT의 특성을 측정하기 위한 방법의 예시: (a) 압축된 상태 (b) 늘어난 상태

[그림 23.7]은 기판을 구부린 상태에서 TFT의 특성을 측정하기 위한 소자의 형태를 보여준다. 그림에서 볼 수 있는 바와 같이, 다양한 곡률을 가지는 알루미늄 블록을 이용하여 샘플을 구부렸으며, TFT의 특성은 가느다란 프로브 와이어(probing wire)를 이용하여 측정하였다. [그림 23.7]과 같이, 드레인-소스 전류의 방향으로 기판을 구부렸으며, 채널 영역이 매우 작기 때문에 구부러진 기판은 다결정 실리콘 막에 한 방향의 압축응력, 또는 인장응력을 가하게 된다.

기판이 구부러지게 되면, 다결정 실리콘 박막은 곡률반경에 비례하여 변형이 일어난다. 변형 정도는 박막과 기판의 곡률반경, 두께, 그리고 영률(Young's modulus)의 함수로 나타낼 수 있으며 아래와 같은 식으로 나타난다(Suo *et al*. 1999).

$$\varepsilon_{top} = \frac{d_f + d_s}{2R}\left[\frac{1+2\eta+\chi\eta^2}{(1+\eta)(1+\chi\eta)}\right]$$

이 때, $\chi = Y_f/Y_s$, $\eta = d_f/d_s$의 관계를 가지며, ϵ_{top}은 다결정 실리콘의 변형정도, R은 곡률반경을 나타낸다. d_s, d_f, Y_s, Y_f은 각각 기판과 박막의 두께와 영률을 의미한다.

예를 들어, 15mm의 곡률반경은 0.75%의 변형을 일으킨다.

[그림 23.8]은 다양한 곡률에서의 p-채널 TFT의 $I_{DS}-V_{GS}$ 곡선을 보여준다. 수직 축은 구부림에 따른 I_{DS}의 변화를 나타내기 위해 선형의 비율로 표시되었다.

[그림 23.9]는 곡률반경을 0mm, 125mm, 75mm, 30mm, 0mm 의 순서로 변화시켜 가며 기판을 구부려 측정한 드레인 전류의 변화를 나타낸다. 드레인 전류는 인장응력에 의해 감소하지만 다시 폈을 경우 초기의 특성을 그대로 유지할 수 있다.

[그림 23.10]은 플라스틱 기판에 제작된 몇몇 TFT 소자를 구부렸을 때의 특성을 요약하고 있으며, 드레인 전류의 변화를 다결정 실리콘 막의 변형 정도와 곡률반경의 함수로 나타내고 있다. 양수로 표시된 변형은 인장 변형이며, 음수로 표시된 변형은 압축 변형을 의미한다. 또 수직 축은 평평한 상태에서의 값을 기준으로 드레인 전류의 변화 정도를 나타낸다.

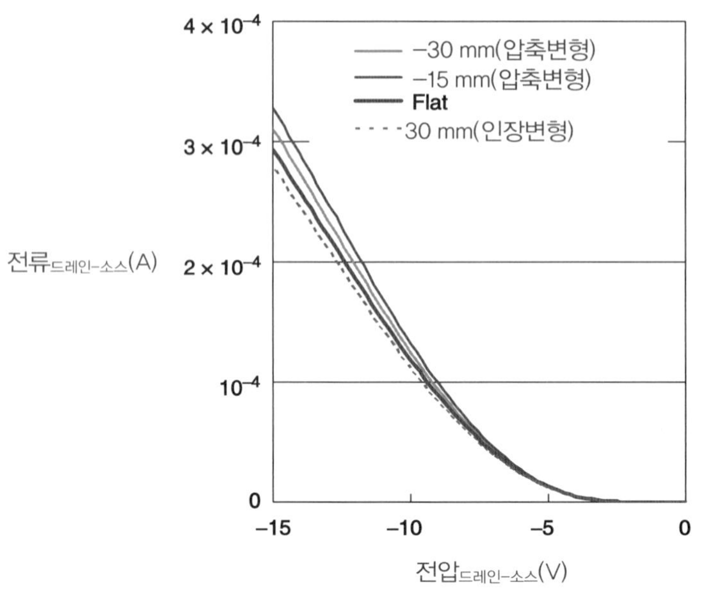

[그림 23.8] 다양한 곡률반경에 대한 p-채널 TFT의 성능 그래프(I_{DS} vs. V_{GS})

드레인 전류의 변화는 변형의 정도에 비례하여 변화한다; p-채널 TFT의 드레인 전류는 0.75%의 압축 응력에서 12% 증가하였다. 또한 n-채널과 p-채널 TFT에서 서로 반대의 경향을 관찰할 수 있다; 압축 변형에 의해 p-채널 소자의 드레인 전류가 증가하는 반면, n-채널 소자의 드레인 전류는 인장 변형에 의해 증가하는 경향을 보인다. 이는 CMOS 회로에서 p-채널과 n-채널의 균형을 변화시킬 수 있으며, 플렉시블 소자를 제작할 때 이를 고려한 여지를 둘 필요가 있다.

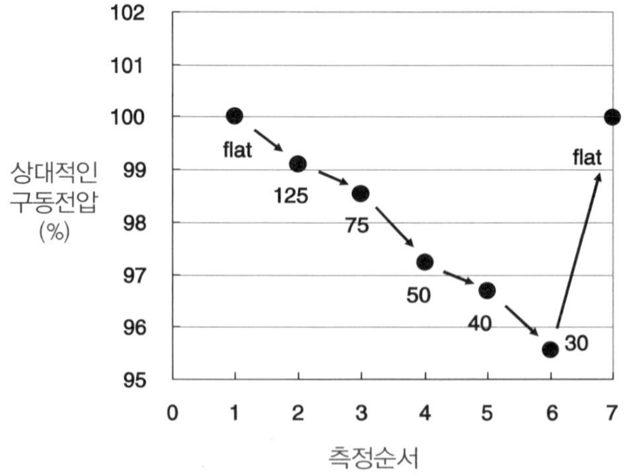

[그림 23.9] 구부림에 따른 p-채널 TFT의 구동 전류의 변화. 곡률 반지름이 mm 단위로 나타나 있다.

변형에 의한 드레인 전류의 변화는 전하의 이동도 변화에 기인한다. [그림 23.11]의 그래프는 다결정 실리콘 막에서의 전자와 정공의 이동도를 변형 정도의 함수로 나타내고 있다. 이 때 드레인 전압은 1V이다.

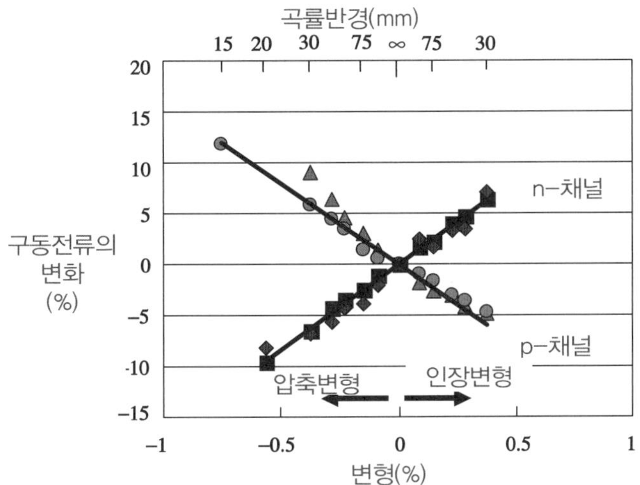

[그림 23.10] 다결정 실리콘 층에서의 변형과 곡률 반지름에 대한 구동 전류의 변화. 그림은 SID의 허락 하에 수정되었다.

이동도는 변형 정도에 비례하려 변화한다; 0.75%의 압축 변형 상태에서 p-채널 TFT 소자의 이동도는 약 16% 증가하였다. 또한, n-채널과 p-채널에서 서로 반대의 변화가 관찰된다. 이 변화는 이동도의 변화가 드레인 전류의 변화의 주요인으로 작용함을 말해준다. 이동도 변화의 원인은 단 결정 실리콘에서와 동일하다고 추측된다.

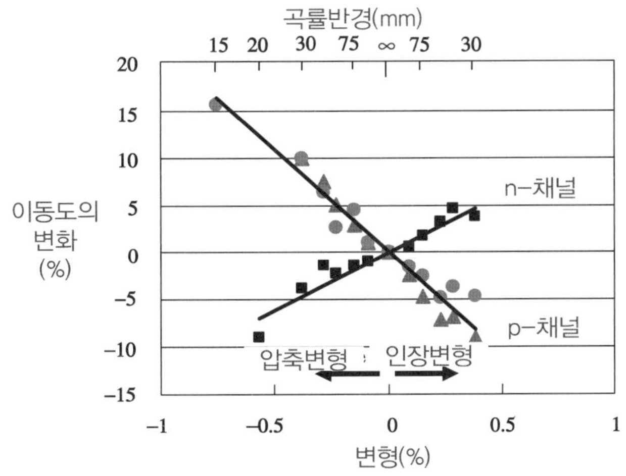

[그림 23.11] 다결정 실리콘 층에서의 변형에 대한 전자와 정공 이동도의 변화. 그림은 SID의 허락 하에 수정되었다.

23.5 플라스틱 LCDs의 표시 특성

23.5.1 세부내역과 구조

플라스틱 기판을 기반으로 하는 두 가지 형태의 LCDs(투과형과 반사형)이 개발되었다. 각 플라스틱 기판의 두께는 0.2mm이다. 패널의 두께는 단지 0.4mm이다.

디지털 스틸 카메라의 패널로 사용이 가능한 투과형 LCD의 세부내역은 다음과 같다. 대각의 길이가 1.5인치이며, 화면 표시 영역 내의 도트의 수는 490(수평) × 240(수직)의 총 117,600이다. 1.5MHz의 클럭 주파수와 12V의 동작 전압으로 full-color dot-sequential 방식으로 구동되는 스캐닝, 데이타 드라이버(scanning, data, driver)와 레벨 쉬프터(level shifter)가 패널에 집적되어 있다.

PDA 패널로 사용이 가능한 반사형 LCD의 세부내역은 다음과 같다. 대각의 길이가 3.8인치이며, 320 × RGB(H) × 240(V)의 총 230,400 도트가 패널에 집적되어 있는 스캐닝, 데이타 드라이버, 그리고 4-bit의 디지털-아날로그 변환기 등과 같은 주변회로 소자와 함께 수직 줄무늬 형태로 배열되어 있다. 플라스틱 패널은 유리 패널과 같은 9V 동작 전압으로 구동된다.

[그림 23.12]와 [그림 23.13]은 패널의 구조를 나타낸다. 두 구조에서 주목하여야 할 부분은 컬러필터를 TFT기판 위에 위치하게 한 점이다. [그림 23.12]에 나타낸 투과형 LCD의 경우 컬러필터가 평탄층 아래에 위치하게 하였다. 반사형 LCD의 경우는 컬러필터가 반사용 금속 전극과 투명한 화소 전극 사이에 위치하게 하였다.

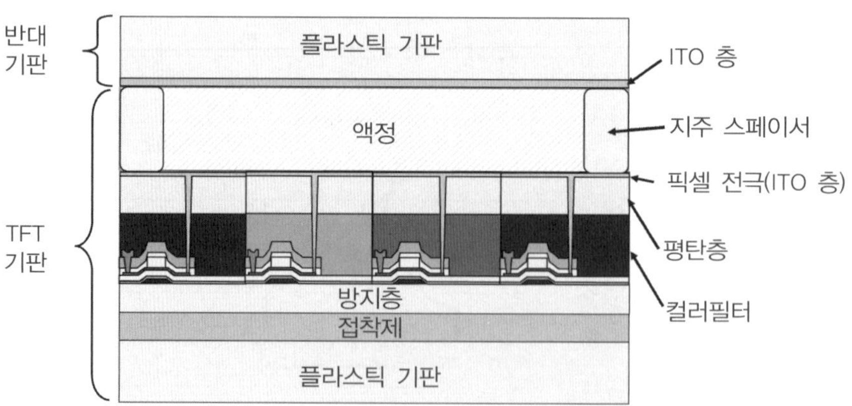

[그림 23.12] 투과형 플라스틱 컬러 LCD의 구조. Polyimid 층은 생략됨.

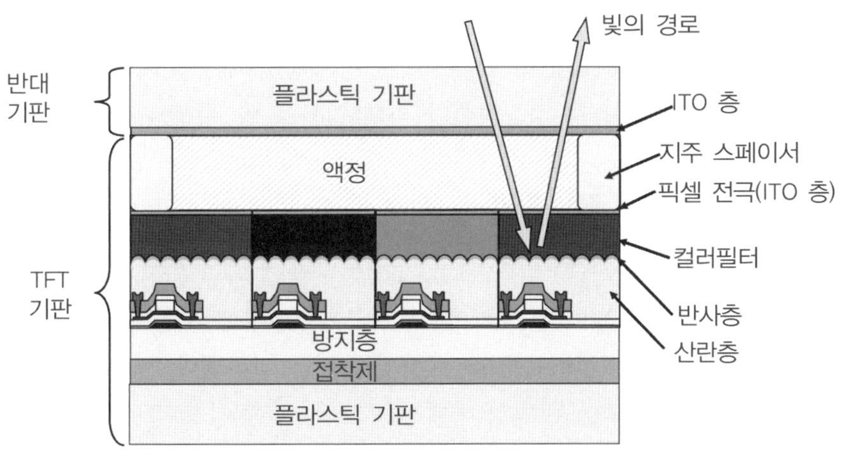

[그림 23.13] 반사형 플라스틱 컬러 LCD의 구조. Polyimid 층과 전극은 생략됨.

만약 컬러필터를 반대 기판에 제작하게 되면 각 기판의 팽창과 수축의 정도가 달라지게 되어 TFT기판의 픽셀과 반대 기판의 컬러필터를 정확히 정렬시키기 어렵게 된다. 따라서 그림과 같이 컬러필터를 반대 기판에 제작하지 않고 TFT 기판 위에 제작하였을 경우 픽셀과 컬러필터의 정렬 정확도가 향상된다. 또한, 컬러필터를 플라스틱 기판 위에 제작하는데 발생하는 어려움 역시 피할 수 있다. 반대기판은 전사공정으로 제작 될 필요가 없는데, 이는 반대 기판에 위치하는 ITO와 polyimide를 기판위에서 직접 형성시킬 수 있기 때문이다.

23.5.2 표시 성능

반사형 플라스틱 칼라 TFT LCD에 표시된 이미지가 [그림 23.14]에 나타나 있다. 이 1.5 인치의 대각 길이를 가지는 패널의 무게는 단지 0.5g이다.

[그림 23.14] 플라스틱 투과형 컬러 LTPS TFT LCD에 표시된 이미지. 대각의 길이는 1.5in.이며, 무게는 0.5g이다.

[그림 23.14]에서 볼 수 있듯이 화면의 표시 결함이 매우 적은 것을 통해 전사공정에서 발생하는 손상이 극히 작음을 확인 할 수 있다. 물론, 동영상이 재생될 때 역시 플라스틱 LCD와 기존의 유리 LCD 사이의 표시 성능차이가 거의 없음을 알 수 있다.

23.5.3 곡면 LCD에서의 표시 화면

[그림 23.15]는 반사형 플라스틱 컬러 TFT LCD에 나타난 화면을 보여준다. LCD의 대각길이는 3.8인치이며, 무게는 3g이다. 3.8 인치의 패널 전면부에는 편광판이 부착되어있다.

[그림 23.16]은 이 LCD를 구부렸을 경우 표시된 화면을 나타낸다. 구부러진 곡면의 반경은 약 75mm이다. 이는 우리가 아는 범위 내에서 보고된 것 중 가장 작은 반경이다. 저온 폴리 TFT의 전기 배선은 패널의 한 면에만 있으며, 그 수가 비정질 실리콘 TFT에 비해 적기 때문에 플라스틱 저온 폴리 TFT LCD는 비정질 실리콘 LCD에 비해 휘기 쉬운 특징을 가지고 있다. 움직이지 않는 지주 스페이서를 광식각 공정으로 제작하여 패널을 구부렸을 경우에도 셀갭을 전 패널에 걸쳐 일정하게 유지 되도록 하였다. 또한, 위쪽이 평평한 형태의 지주 스페이서를 사용함으로써 반대 기판에 있는 ITO층에 가해지는 크랙을 발생시키는 힘을 감소시키는 장점을 가진다.

[그림 23.15] 3.8in. 플라스틱 반사형 LTPS TFT LCD에 표시된 이미지. 이 패널의 무게는 3g

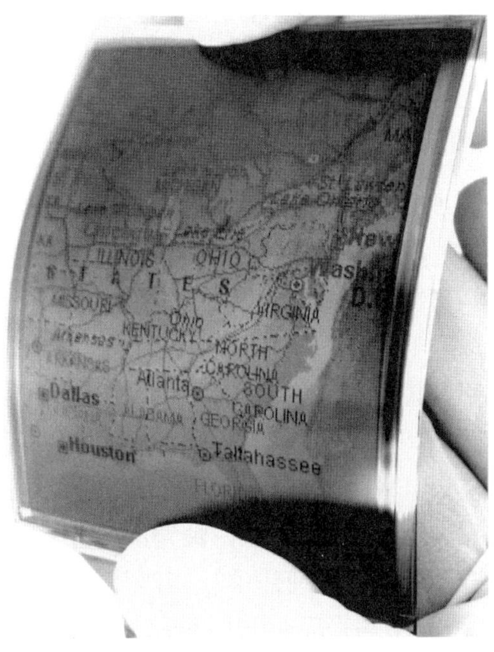

[그림 23.16] 구부러진 반사형 컬러 TFT LCD에 표시된 이미지. 곡률반경은 약 75mm

23.6 풀어야 할 문제점들

본 장에 설명되어 있는 전사공정은 플라스틱 기판의 까다로운 열적 특성에 기인한 필수적인 고려 사항들을 줄여주지만, 여전히 기판과 소자층 사이의 열 팽창계수의 차이에 의해 발생하는 문제점들을 가지고 있다. 플라스틱 기판의 열팽창 계수가 50~ 70ppm/K일 경우 플라스틱 LCD의 상한 온도는 60~80℃이다. 현실적으로 사용될 수 있는 플라스틱 TFT LCD의 실현을 위해서는 낮은 열팽창 계수를 가지는 플라스틱 물질의 개발이 필수적이다. 플라스틱의 열팽창 계수는 100~120℃의 LCD 상한 동작점 이하에서 10~15ppm/K까지 감소되어야 할 것으로 추론된다.

다음으로 신뢰성이 확립되어야 한다. 큰 문제점 중 하나는 공기중의 수증기가 액정에 확산될 경우 픽셀의 구동전압이 감소하는 문제이다. 가까운 미래에 플라스틱 기판에 쓰일 적당한 성능을 가지는 수증기에 대한 완충막이 개발될 것으로 예상된다.

23.7 요약 및 앞으로의 전망

본 장에서는 전사공정을 통해 제작된 투과형과 반사형 플라스틱 저온폴리 TFT 컬러 LCD를 설명하였다. 단지 3g 무게를 가지는 반사형 LCD는 평평한 경우와 구부렸을 경우 모두 320×240 픽셀 사이즈의 화면을 표시 할 수 있었다. 얇은 두께, 가벼운 무게, 내구성의 장점과 함께 기존의 유리 LCD와 호환되는 소자의 설계, 제작이 가능하다는 점들을 고려할 때 플라스틱 LCD가 모바일 디스플레이에 적용이 되기 시작하면 유리 기판에서 제작된 LCD를 빠르게 뛰어 넘을 것으로 예상된다.

덧 붙여 말하자면, 플라스틱 LCD는 2개의 기판을 서로 1mm 간격으로 봉하여 붙였기 때문에 플라스틱 본연의 구부리기 쉬운 장점이 퇴색된다. 이러한 구조에서는 패널의 구부림 정도를 제한하여야 하는데, 이는 구부렸을 경우 발생하는 변형이 패널과 봉해진 부분에 집중되어 결국에는 기판이 떨어지게 되기 때문이다. 미래에 본 장에서 설명한 전사 공정이 한 장의 기판으로 제작되는 초 박막 디스플레이인 플라스틱 OLEDs에 적용되기를 기대한다.

참고문헌

Asano, A. and Kinoshita, T.(2002) Low-temperature polycrystalline-silicon TFT color LCD panel made of plastic substrate. *SID Digest* 2002, 1196-1199.

Asano, A. and Kinoshita, T.(2003) A plastic 3.8-in. low-temperature polyctrystalline silicon TFT color LCD panel. *SID Digest* 2003, 988-991.

Gosain, D. P., Noguchi, T. and Usui, S.(2000) High mobility thin film transistors fabricated on a plastic substrate at a processing temperature of 110℃. *Japanese Journal of Applied Physics* 39, L179-L181.

Kim, Y. H., Park, S. K., Moon, D. G., Han, J. I., Kim, I. H. and Jang. J.(2003) Fabrication of polycrystalline silicon thin films on plastic substrate for flexible active-matrix displays. *Proceedings of Asia Display*. IDW 2003, 395-398.

Okada. Y., Ban, A., Okamoto, M., Oka, W., Matsuda, Y. and Shibahara, S.(2002) A 4-inch reflective color TFT-LCD using a plastic substrate. *SID Digest* 2002, 1204-1207.

Smith, P. M., Carey, P. G. and Simon, T. W.(1997) Excimer laser crystallization and doping of silicon films on plastic substrates. *Applied Physics Letters* 70, 342-344.

Suo, Z., Ma, E. Y., Gleskova, H. and Wagner, S.(1999) Mechanics of rollable and foldable film-on-foil electronics, *Applied Physics Letters* 74, 1177-1179

Utunomiya, S., Inoue, S. and Shimoda, T.(2000) Low temperature poly-Si TFTs on plastic substrate using surface free technology by laser ablation/annealing. *SID Digest* 2000, 916-919.

Utunomiya, S., Saeki, T., Inoue, S. and Shimoda, T(2001) Low temperature poly-Si TFT LCD transferred onto plastic substrate using surface free technology by laser ablation/annealing. *Proceedings of Asia Display/IDW* 2001, 339-342.

TFT 전사 기술

Sumio Utsunomiay, Satoshi Inoue, and Tatsuya Shimoda

세이코 엡슨 사

24.1 서 론

플렉시블 디스플레이는 평판 디스플레이의 범주에 속한다. 유리 기판을 대신하여 일반적으로 플라스틱 필름과 같은 플렉시블한 박막 기판이 플렉시블 디스플레이를 만드는데 사용된다. 최근에 액정 디스플레이(LCDs, Okada *et al*. 2002; Slikkerveer *et al*. 2002), 전기영동 디스플레이(EPDs, Ritter 2001) 그리고 유기발광 디스플레이(OLED, Sugimoto 2001)등과 같이 다양한 플렉시블 디스플레이들이 연구, 개발되고 있다.

이런 평판 디스플레이는 크게 이미지 디스플레이와 이미지 디스플레이를 구동하는 회로 장치의 두 성분으로 구성된다. 평판 디스플레이의 역사에서 디스플레이의 회로소자 기술 향상이 가장 중요한 역할을 해왔다. 초기 수동 구동회로는 이미지의 혼선 및 표시 화면의 흔들림이 문제였다. 하지만 이러한 문제점들은 각각의 화소에 박막트랜지스터(thin film transistor, TFT)와 MIM 박막 진공관(metal-insulator-metal thin film diode, MIM TFD)를 가지는 능동 구동회로의 출현으로 완벽하게 제거 되었다. 오늘날 LCDs의 우수한 이미지는 능동 구동회로 소자에 의해서 가능해졌다. 유기발광 디스플레이에서는 균일하고 밝은 이미지를 얻기 위해서 유기발광 화소에 각각의 TFT가 필수적이다.(Dawson *et al*. 1998; Goh *et al*. 2001, 2003; Wang *et al*. 2001; Kimura *et al*. 2000; Mizukami *et al*. 2000; Sasaoka *et al*. 2001; Tsujimura *et al*. 2003).

디스플레이의 뒷면에 능동회로 소자를 형성하는데 다결정성 실리콘 TFTs의 개발로 또 다른 이점을 가질 수 있게 되었다. 다결정성 실리콘 TFT의 전하 이동도가 비결정성 실리콘 TFT 보다 더 빠르기 때문에, 다결정성 실리콘 TFT를 이용하여 상보형 금속산화막 반도체(CMOS)를 만드는 것이 가능하다. 결과적으로 CMOS TFT로 구성되어진 디스플레이 구동회로는 디스플레이 영역 주위에 집적되었다. 구동회로 집적화는 디스플레이 소자와 주변 구동 집적회로 사이의 연결 회선의 수를 줄이는데 성공하였다. 이는 플렉시블 디스플레이에서는 매우 중요한데, 디스플레이 주변에 매우 많은 연결회선을 가짐으로 그 뒷면 기판 자체가 충분히 잘 휠 수 있음에도 불구하고 디스플레이의 유연성을 방해한다. 다결정성 실리콘 TFT와 같은 TFT 회로는 높은 질을 가지는 완전한 플렉시블 디스플레이를 실현하기 위하여 필수적이다.

MIM TFD, 비결정성 실리콘 TFT 그리고 다결정성 실리콘 TFT(Young *et al*. 1997; Baeuerle *et al*.1999; Serikawa *et al*. 1989; McCormick *et al*. 1997; Sandoe *et al*. 1998, Klauk *et al*. 1999, Gosain *et al*. 2000)와 같은 능동 소자의 제조법이 연구되어 왔다. 대부분의 연구에서 플라스틱 필름 위에 직접적으로 능동 소자를 형성하는 것이 중점이었다. 플라스틱 필름의 내열성이 기존의 유리 기판에서 보다 매우 낮기 때문에 공정의 최고 온도가 일반적으로 150℃ 이하로 급격히 감소되어야 한다. 낮은 온도에서 제조된 능동 소자가 높은 온도에서 만들어진 소자에 비해서 낮은 성능을 나타내는데 이는 높은 온도가 때때로 결점 없는 순수한 재료를 수행하기 위해 필수적이기 때문이다. 직접적인 제조 방법의 또 다른 어려움은 플라스틱 필름이 온도 변화와 습도에 따라 쉽게 늘어나거나 줄어들기 때문에 공간적인 치수의 불안정성을 가진다. [그림 24.1]은 100mm의 길이를 가지는 전형적인 플라스틱 물질에 대한 열 및 수분 팽창에 대하여 그래프를 그린 것이다. 온도 1℃ 변화와 1%의 습도 변화에 따라 수 마이크로미터의 길이 변화를 보인다. 그래서 전통적인 포화 리소그래피 공정 동안 정밀한 마스크 정렬이 아주 어려운 점이다(예를 들면, 2μm의 간격으로 그래프에 나타낸다.).

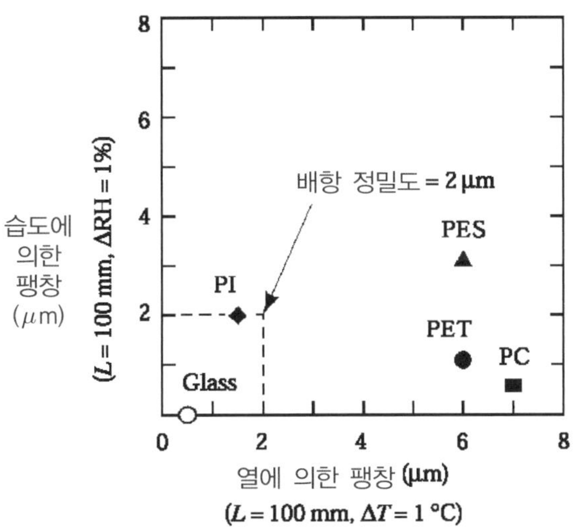

[그림 24.1] 일반적인 플라스틱 물질들의 공간 불안정성

플라스틱 물질의 본성 때문에 가지는 어려움을 앞지르기 위하여 전이 공정이 개발되어졌다(Shimoda and Inoue 1999; Utsunomiya 2002; Utsunomiya *et al*. 2000, 2001, 2002a, 2002b, 2003; Inoue *et al*. 2003). 이 공정 방법에서 높은 성능과 정교하게 패터닝된 TFT 소자가 기존의 낮은 온도의 다결정성 TFT(LTPS TFT) 공정을 이용하여 석영 또는 유리 기판 위에 형성된다. 원본 유리 기판에서 TFT 소자를 뜯어낸 후 플라스틱 기판 위에 옮겨 붙였다. 결과적으로 전통적인 LTPS TFT의 훌륭한 TFT 성능이 전이공정 동안 TFT의 특성이 격하되지 않으면서 플라스틱 필름에서도 잘 기능할 것으로 기대된다. 이런 전이 공정은 높은 공정 처리량의 혜택을 가지기 위해 특별히 레이저 조사에 의존적이다. 이러한 기술을 surface free technology by laser ablation/annealing(SUFTLA)라고 명명한다.

24.2 TFT 전이 공정 순서

TFT 전이 공정은 일반적으로 두 공정을 가진다. TFT층은 첫 전이 공정 중에 원본 기판에서 임시 기판으로 전사되었다. 그 다음 전이 공정 중에 임시 기판에서 최종 기판으로 전사된다. 이러한 공정 순서는 전사 후에 TFT 층의 노출된 표면이 전사되기 전의 노출되어진 표면과 동일함을 볼 수 있다. 결과적으로 단지 기판이 원본 유리 기판에서 최종 플라스틱 기판으로 바뀐것 뿐이다.

[그림 24.2]는 TFT 전이 공정 순서에 대한 모식도이다. 시작에서 100nm 두께의 a-Si 박막 필름이 원본 유리 기판 위에 chemical vapor deposition(CVD)를 이용해 증착되었다(그림 24.2(a)). 이 a-Si 박막 필름은 첫 번째 전이공정 중에 전기 방식용 박막의 역할을 한다. 그런 후에 CMOS 다결정 실리콘 TFT 소자는 a-Si의 전이될 박막 위에 최대 425℃ 이하의 온도에서 전통적인 저온 다결정 실리콘(LTPS) TFT 공정을 통하여 형성된다(그림 24.2(b)). TFT 형성 공정이 단단한 유리 기판 위에서 이루어지므로, 전통적인 LTPS TFT 공정의 뛰어난 회로 설계 법칙들이 가능케 될 것이다.

다음으로 TFT 소자의 표면에 수용성의 접착제를 이용하여 유리 기판 위에 밀착시켰다. 그 후에 UV를 조사하여 경화시킨다(그림 24.2(c)). 전기 방식용 a-Si 박막은 원본 유리 기판을 통하여 엑시머 레이저를 조사하였다. 그리고 a-Si 층은 용해되었다가 레이저의 에너지를 흡수하여 급격한 열이 가해져서 재결정화 된다. 엑시머 레이저를 조사하는 동안 CVD 증착된 a-Si 층에 수소 원자가 반응하여 TFT 층과 전기 방식용 a-Si층 사이의 계면에서 떼어낼 것이다. [그림 24.2(d)]에서 보듯이, 이러한 현상은 이 계면에서의 흡착력을 감소시킨다. 그리고 결과적으로 이 계면에서 원본 기판으로부터 TFT 소자를 쉽게 분리해낼 수 있다.

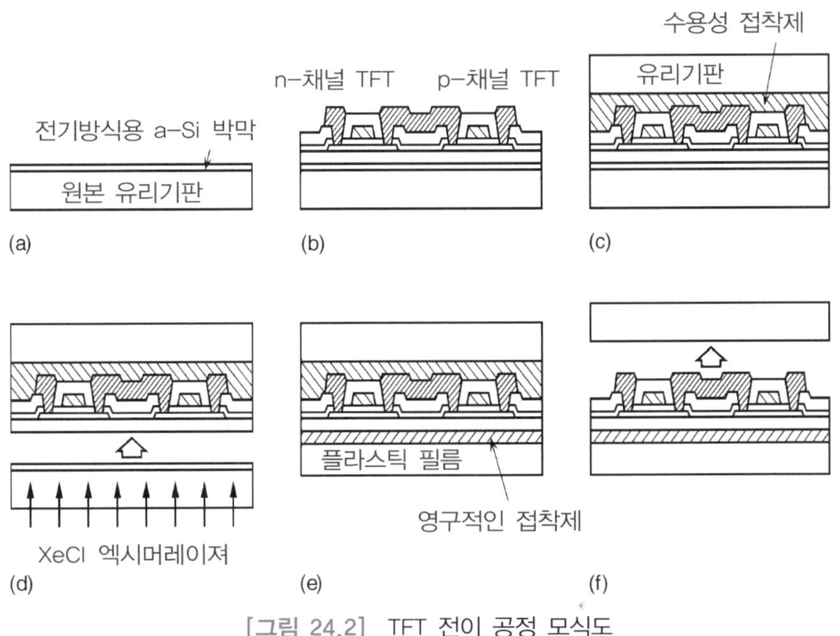

[그림 24.2] TFT 전이 공정 모식도

원본 기판 위에 남아 있는 전이 층은 CF_4/O_2 플라즈마의 조사에 의하여 된다. 그리고 원본 기판은 다시 사용할 수 있다. 레이저 조사 공정 중에, TFT 소자는 입사된 레이저가 전기 방식용 a-Si 층에 의해서 완전하게 흡수된 이유로 입사된 엑시머 레이저에 의한 직접적인 손상은 없을 것이다. [그림 24.3]에서는 입사되는 빛의 파장에 대한 함수로써 실리콘 박막의 빛의 흡수 계수를 보여준다.

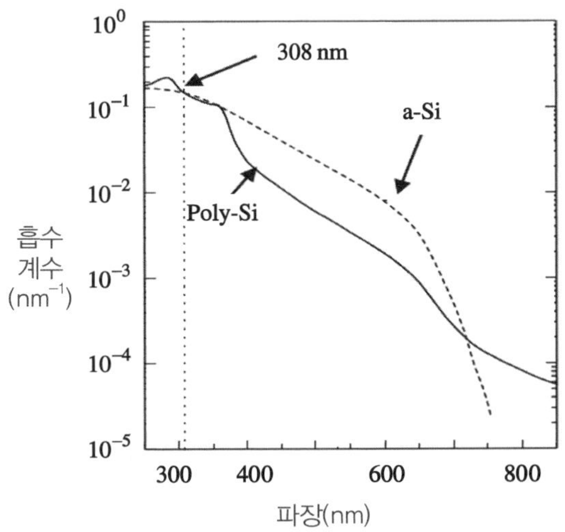

[그림 24.3] 입사광 파장에 대한 실리콘 필름의 빛 흡수 계수

308nm 파장의 빛에 의한 실리콘 박막 필름의 빛의 흡수 계수는 $1.8\times10^{-1}nm^{-1}$로써 이는 입사된 XeCl 엑시머 레이저가 단지 5.6nm 두께의 실리콘 박막 필름에서 완전하게 흡수되었음을 나타낸다.

TFT 소자가 임시 기판 위에 전이된 후에, 그 TFT 소자의 뒷면에 영구 접착제를 이용하여 최종 기판 위에 접착한다(그림 24.2(e)). 플렉시블 플라스틱 필름이 일반적으로 최종 기판으로 이용된다. 그래서 그 샘플은 임의의 접착제를 녹이기 위하여 물속에 담근다. 그리고 임시 기판은 자발적으로 플렉시블한 최종 기판 위에 붙어있는 TFT 소자에서 제거되었다.

24.3 전이 메커니즘

TFT 전이 메커니즘은 대개 엑시머 레이저를 조사하는 동안 전이된 a-Si 층에 내포된 수소 원자의 분리에 의한 것이다(Sameshima 1996). 수소는 CVD에 의해 증착된 실리콘 박막 필름을 재료로 한 monosilane(SiH_4) 또는 disilane(Si_2H_6) 가스로부터 생성되어졌다. 이 장에서는 이러한 이론을 뒷받침하는 실험 결과를 보여줄 것이다.

전이 메커니즘을 설명하기 위하여 단순화된 시험 샘플을 준비한다(그림 24.4). 100nm 두께의 SiO_2 박막 필름, 100nm 두께의 a-Si 박막 필름 그리고 500nm 두께의 SiO_2 박막 필름이 전이 공정 순서에 따라서 쿼츠 기판위에 증착 되어졌다. SiO_2 박막 필름과 a-Si 박막 필름은 electron cyclotron resonance CVD(ECR CVD)와 plasma-enhanced CVD(PECVD)에 의해서 각각 증착 된다. 박막 필름 증착 후에 샘플은 LTPS TFT 제조 공정 중에 열에 대한 이력을 계산하기 위해서 450℃에서 1시간 동안 열을 가한다. 이를 위해 XeCl 엑시머 레이저를 $300mJcm^{-2}$의 에너지 밀도를 가지고 쿼츠 기판의 뒷면에 조사한다. 이렇게 만들어진 실리콘 층의 특성은 레이저 조사한 샘플과 조사하지 않은 샘플을 비교함으로 계산하게 된다.

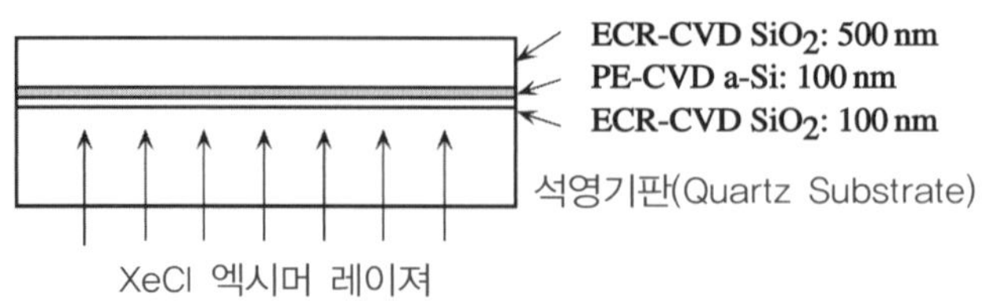

[그림 24.4] 테스트 샘플의 측면 구조도

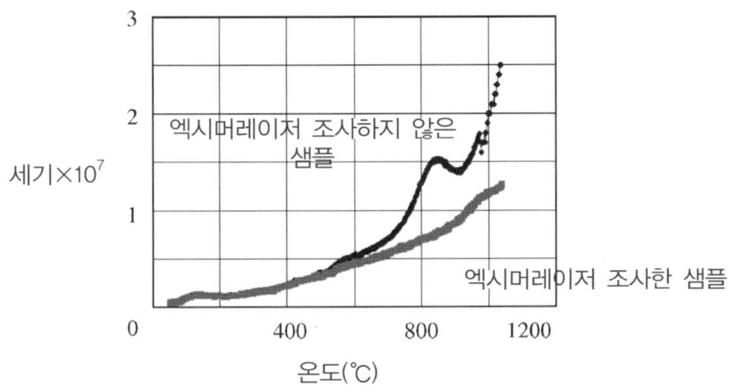

[그림 24.5] 전기 방식용 실리콘 층의 수소분자 함유에 대한 TDS 분석

[그림 24.5]는 높은 온도에서 전기 방식용 실리콘 층으로부터 떨어져 나올 수 있도록 충분한 수소가스를 공급하여 thermal desorption spectroscopy(TDS) 분석한 결과를 보여준다. 상판의 SiO_2층은 TDS 분석 이전에 제거된다. 레이저 조사의 유무에서의 차이는 850℃ 최고치를 나타내는 것을 알 수 있다. 반면에 500℃ 이하의 수소 세기의 레벨은 레이저 조사의 유무에 대하여 기의 동일하다. LTPS TFT 제조 공정 동안 열에 대한 이력 후에 전기 방식용 실리콘 층에 수소 층이 존재한다. 이렇게 남아있는 수소 층이 레이저 조사에 의한 용해와 재결정화 되는 동안 전기 방식용 실리콘 층으로부터 떨어져 나간다.

[그림 24.6]은 레이저 조사 유무에 대한 샘플을 electron spin resonance(ESR)로 측정한 자료이다. 그것은 레이저 조사에 의해 거의 두 배에 가까운 회전 밀도를 가진다. 게다가 관찰된 g값은 2.005이고 이는 실리콘 층에서 떨어진 결점을 나타내는 것이다. 레이저 조사 이전에 실리콘 원자와 결합되는 것은 수소원자로 예측할 수 있는데 이는 전기 방식용 실리콘 층과 매달려져 있는 결합으로부터 떨어져 나올 것으로 예측되는 수소원자로 실리콘 층에서 형성된 것이다.

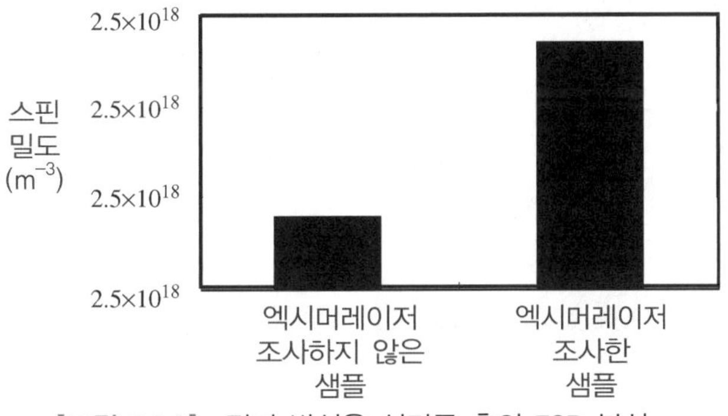

[그림 24.6] 전기 방식용 실리콘 층의 ESR 분석

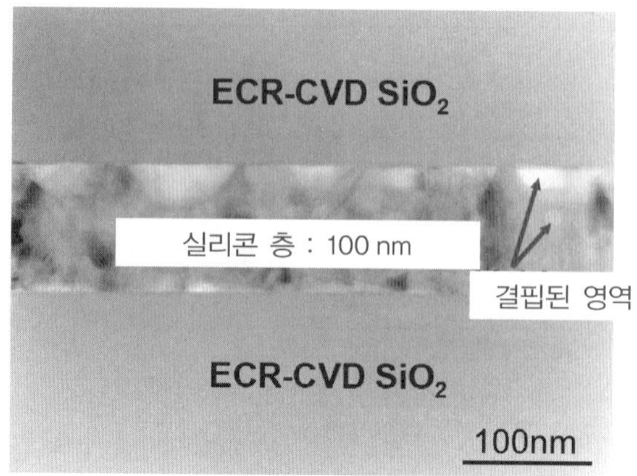

[그림 24.7] 레이저 조사 후의 전기 방식용 실리콘 층의 TEM 이미지

이러한 결과는 전기 방식용 실리콘 층에 포함된 수소는 엑시머 레이저 조사에 의해서 떨어져 나간다. 전기 방식용 실리콘 층이 원본 기판과 TFT 층 사이에 넣어주기 때문에 방출된 수소가 계면에 응축된다. 일부 현미경 관찰은 레이저 조사에 의한 계면의 형태학적인 변이를 관찰할 수 있다. [그림 24.7]은 레이저 조사 후에 전기 방식용 실리콘 층의 TEM 이미지를 나타낸다. 결핍된 영역이 SiO_2층과 실리콘 층 사이의 계면에서 많이 관찰되고 [그림 24.8]에서는 이 층과 원본 기판으로부터 분리된 TFT 소자의 표면 형태는 AFM을 이용하여 관찰할

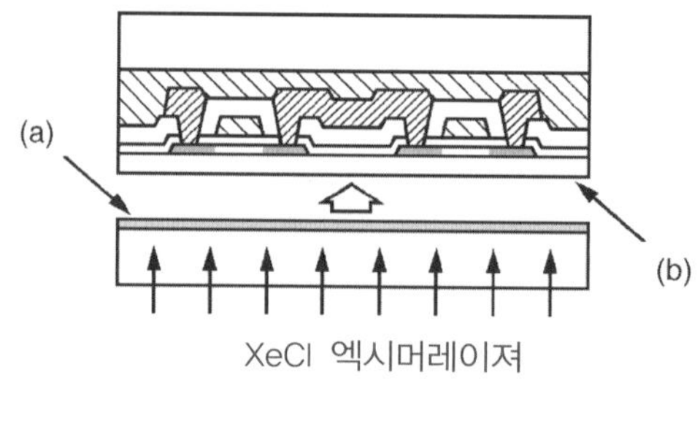

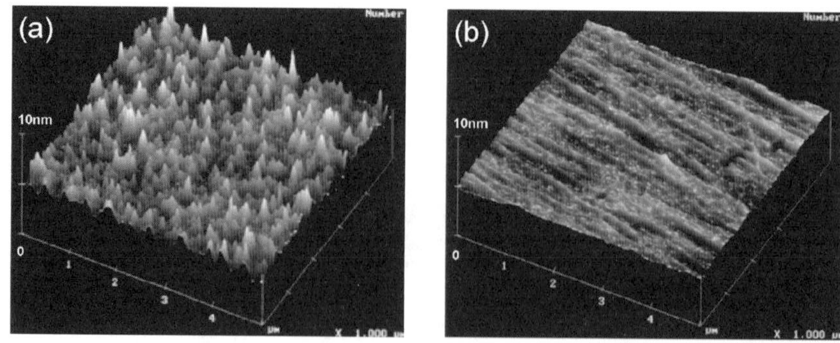

[그림 24.8] 전이 공정 후의 (a) 전기 방식용 실리콘 층과 (b) SiO_2의 TFT 아래층의 표면 AFM 이미지

수 있으며 [그림 24.8(a)]에서의 전기 방식용 실리콘 층의 평균 표면 거칠기(Ra)는 0.56nm이고 이는 [그림 24.7]에서 관찰됐던 결핍된 영역에 의해 유발된 것이다. 한편 전이된 이후에 TFT 뒷면의 표면 거칠기는 0.27nm로 다소 평탄해졌다.

실험 결과를 요약해 보면, SUFLA 공정의 전이 메커니즘은 질적으로 다음과 같이 설명된다. 전기 방식용 실리콘 층은 레이저 조사에 따라서 용해되고 다시 결정화 된다. 그리고 전기 방식용 실리콘 층에 수소 층이 처리되어 분리된다. 수분 증발의 압력은 실리콘 층과 TFT 뒷면의 SiO_2층 사이의 화학적 결합을 깨뜨린다. 그리고 그 계면에서의 결핍된 영역이 나타난다. 결핍된 영역은 결합된 영역을 줄이는데 이는 계면에서의 흡착력을 감소시킨다.

24.4 TFT 성능

SUFLA 기술의 주안점은 플렉시블 플라스틱 필름 위에 전이된 TFT 소자가 유리 기판 위에 제조된 전형적인 LTPS TFT와 같은 우수한 성능을 나타낸다는 것이다. [그림 24.9]는 전이되기 전 유리 기판 위와 전이된 후에 polyethersulfone(PES) 필름 위에 형성된 TFT의 전이 성능을 보여준다. 이러한 전이 공정에 의한 성능의 감소는 전혀 없다. 일부 성능 값들은 ±8V의 소스-드레인 전압에서 PES 필름 위에서 측정된 값으로부터 계산된다. N-채널 TFT에서 포화 이동도(sat)는 $124cm^2V^{-1}S^{-1}$, 문턱 전압(V_{th})은 3.85V 그리고 0.27V/decade의 문턱 밑 스윙을 가진다.

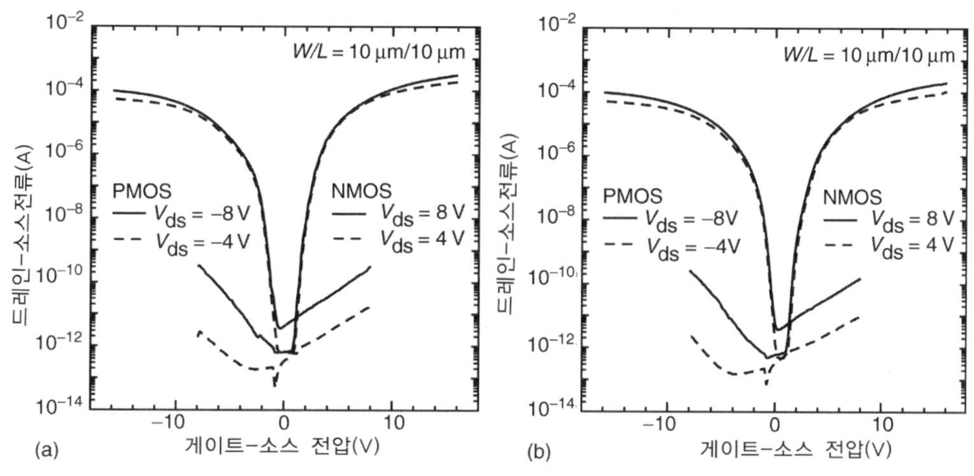

[그림 24.9] (a) 전이공정 전과
(b) 전이공정 후에 측정된 TFT의 전이 특성 곡선

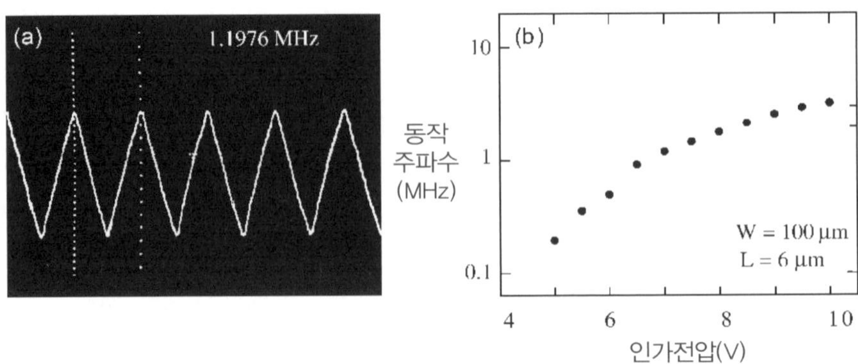

[그림 24.10] PES 필름에 전이된 후에 측정된 15 단계의 링 진동자의 동작
(a) 출력 파형
(b) 전기 인가시의 최고 동작주파수

P-채널 TFT에서는 포화 이동도는 63cm^2/V · S, 문턱 전압은 −2.36V 그리고 0.27V/decade의 문턱 밑 스윙을 가진다. 이러한 결과는 유리 기판 상에 형성된 전형적인 LTPS TFT의 성능과 마찬가지로 SUFTLA 기술에 의한 플라스틱 필름 위에 제조되어진 TFT의 성능도 우수하다는 것을 나타낸다.

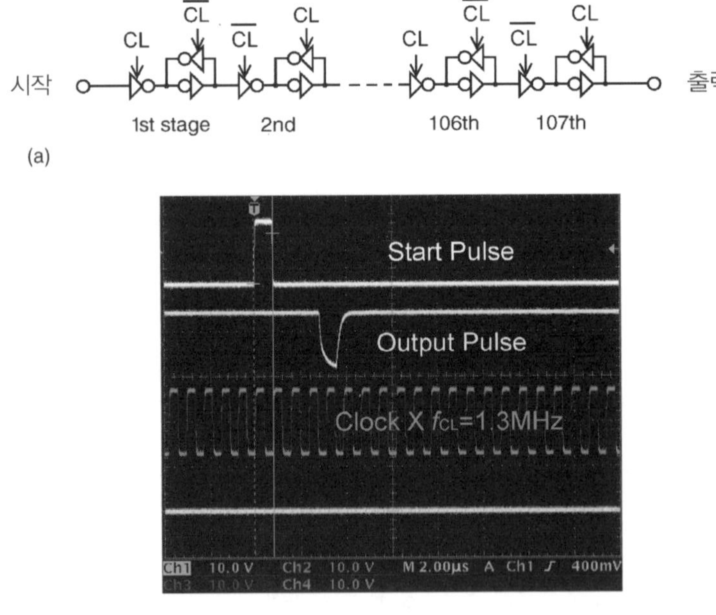

[그림 24.11] PES 필름 위에 전이된 107 단계의 shift register의 동작
(a) 회로 모식도
(b) 동작 동안의 파형들

플라스틱 기판에 만들어진 TFT의 성능을 알아보기 위해서 기본 회로의 작동원리에 대해서 설명한다. [그림 24.10(a)]는 PES 기판 위에 전이된 15단계의 링 진동자를 관찰한 것이다. 그리고 [그림 24.10(b)]는 구동전압 인가에 따른 최고 동작 주파수를 보여준다. 이는 7V의 구동전압에서 출력 진동주파수가 1.2MHz이고 각 단계마다 27ns의 지연시간에 해당된다. 3MHz 이상의 진동주파수는 10V의 구동 전압 인가시에 나타났다. 좀더 실제적인 회로의 동작에 대해서 살펴보자면, [그림 24.11]은 107 단계의 고정 shift resister의 동작에 관하여 보여주는데 이는 전이된 이후의 소자에 대한 측정치이다. 고정 shift resister는 연속적인 동작에서 데이터 라인이나 스캐닝 라인을 선택이 필요한 능동회로를 이용한 디스플레이에 적용되는 집적 회로에 광범위하게 사용되고 있다. 시작 신호는 첫 단계에서 입력이 되어지면 그 신호는 클럭 주파수에 해당하는 지연시간을 가지면서 resister 배열을 통해서 전달된다. [그림 24.11(b)]에서 출력 신호는 클럭 주파수가 1.3MHz이고 7V의 구동전압 조건에서 마지막 resister 단계에서 성공적으로 측정된다. 이는 플라스틱 필름에 전이된 이후에도 shift resister로 구성된 모든 트랜지스터가 동작했다는 것을 의미한다.

내용을 종합하여 보면 SUFLA TFT 소자가 실제적인 전기전자소자에 적용될 수 있는 충분한 가능성을 가지고 있다는 것이 실험적으로 증명된 결과이다.

24.5 응 용

24.5.1 SUFTLA TFT LCD

실험을 통해서 SUFTLA 기술의 유용성에 대하여 설명하였다. 이제 이를 이용하여 플라스틱 기판상에 실제 디스플레이를 구현해 보고자 한다. 첫 번째 시도는 0.4인치의 TFT LCD에 적용되었다(Utsunomiya *et al*. 2001).

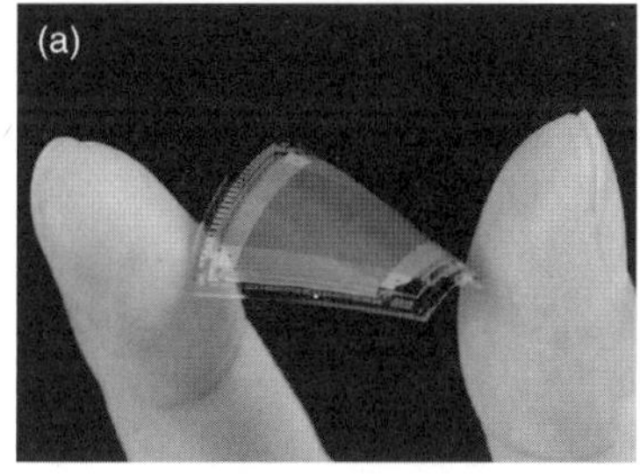

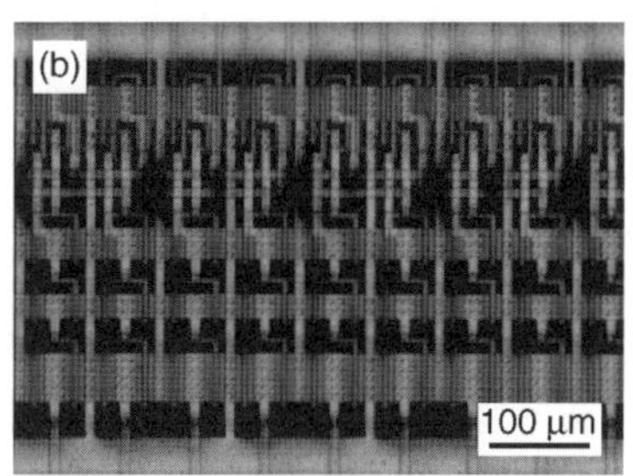

[그림 24.12] 플라스틱 필름 위에 전이된 TFT LCD 회로의 (a) 외형과 (b) 마이크로 이미지

[표 24.1] SUFTLA TFT LCD 디스플레이의 특성

화면 길이	0.7 in
화소 수	428 × 238
화소 주기	34μm × 46μm
구동 타입	아날로그, 한 번에 한 점씩
주파수	60Hz
구동전압	12 v
데이터 드라이버	
10구 딜계의 고정 shift register	
클럭 주파수	1.3 MHz
스캐닝 드라이버	
(199딜계의 고정 shift register + 238 NAND 게이트) × 2 시리즈	
클럭 주파수	4 kHz

[그림 24.12(a)]는 플라스틱 필름 위에 전이된 SUFTLA TFT LCD 회로를 나타내고, [그림 24.12(b)]는 구동 회로의 마이크로 이미지를 나타낸 것이다. 칩사이즈가 25mm×21mm 이하임에도 불구하고 디스플레이 회로는 어떤 손실도 없이 플라스틱 기판위로 성공적으로 전이됐다.

[표 24.1]에 SUFTLA TFT LCD의 상세 내역을 요약하였다. 그것은 428×238 화소를 가지는 0.7인치 디스플레이이다. 그것의 데이터 및 스캐닝 구동회로는 디스플레이 주위에 집적되었다. 데이터 구동회로는 107 단계의 고정 shift register를 가진다. 이는 일반적으로 1.3MHz의 클럭 주파수와 12V의 구동전압을 가진다. 스캐닝 구동회로는 119 단계의 고정 shift register와 238개의 NAND gate로 이루어졌다. 이 두 가지의 구동회로는 CMOS LTPS TFT를 이용한 집적회로로서 매우 기본적이며 간단한 구조를 가지고 있다.

LCD 어셈블리는 [그림 24.13]에서 보여지는 것과 같이 TFT 회로가 플라스틱 기판상에 전이된 후에 전형적인 방법으로 만들어진다. 스퍼터링 증착에 의해 ITO 전극을 가지는 플라스틱 필름은 한쪽의 기판으로 사용될 것이다. 폴리이미드에 의한 액정 배향은 한쪽 기판과 TFT 회로 기판 위에 형성된다. 셀 갭을 위한 스페이서가 한쪽 기판위에 분산되어지고 두 기판의 코팅되어진 박막은 각각에 존재한다. 그런 후 액정을 주입하고 UV에 경화되는 접착제를 이용하여 셀을 봉인한다. 마지막으로 인쇄된 플렉시블한 회로(FPC)가 이방성 전동성 필름(ACF)를 가지고 회로 기판위에 붙게 된다.

[그림 24.14]는 플라스틱 기판 TFT-LCD의 이미지 샘플을 보여준다. 표시된 이미지가 선명하지는 않으나 SUFTLA 공정으로 전사된 TFT회로 및 집적된 CMOS 구동회로가 잘 동작함을 보여준다.

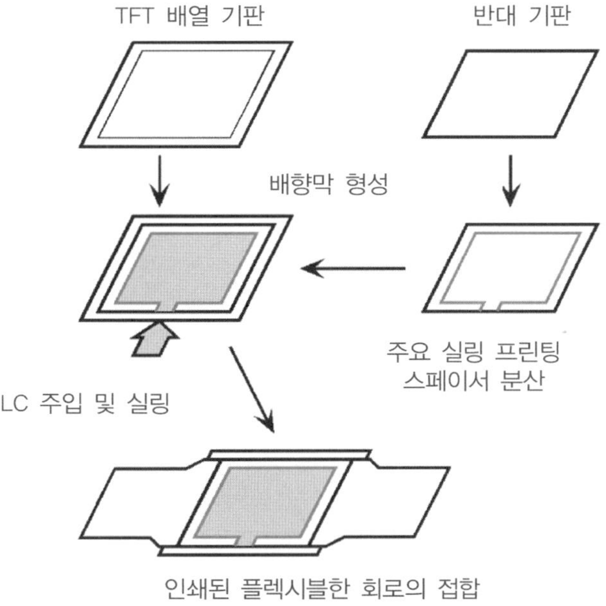

[그림 24.13] TFT LCD 조립 공정

[그림 24.14] 플라스틱 기판 SUFTLA TFT LCD의 디스플레이 이미지 샘플

24.5.2 SUFTLA TFT OLED

24.5.1에서 LCD에 SUFTLA 기술에 의하여 실험을 통해서 SUFTLA 기술의 유용성과 가능성에 대하여 설명하였다. 편광필름, 컬러 필터, 그리고 백라이트와 같은 기판들은 완벽한 디스플레이 모듈을 만들기 위해 필수적이다. 그 모듈은 전체적으로 두껍고 구부리기에는 너무 단단하다. Asano *et al*.(2002, 2003)에 의해서 개발되어진 TFT 구조 위에 컬러 필터를 가지는 반사형 LCD가 플렉시블 LCD를 구현하는 적당한 예가 될 수 있다. 왜냐면 백라이트나 뒷면의 편광 필름은 투과형 LCD에서는 필수적이지 않기 때문이다.

[표 24.2] SUFTLA TFT OLED 디스플레이의 특성

화면 크기	5.3 cm (2.1 in)	
화소 수	200 × 150	
화소 주기	211.5μm (120 ppi)	
하위화소주기	70.5μm	
구동방식	디지털, 한 번에 한 줄씩	
기본 구동 상태		
클럭 주파수	신호드라이버	333 kHz
	스캐닝드라이버	5 kHz
구동전압	신호드라이버	6.0－8.0 V
	스캐닝드라이버	6.0－8.0 V
	유기발광소자	5.0－8.0 V

반면에 OLED 디스플레이는 플렉시블 디스플레이로서 이상적인 시스템의 하나일 것이다. 왜냐하면 모든 디스플레이 부품은 얇은 필름이고 그들은 단일 박막 기판 위에 결합될 수 있다. 그리고 OLED 디스플레이는 깨끗한 동영상을 재생산해낼 수 있다는 장점이 있다. 따라서 SUFTLA 기술을 이용하여 플라스틱 기판 위에 OLED 디스플레이를 형성하는 것은 적당한 방법이다.

[표 24.2]에 TFT OLED 디스플레이 소자의 상세 내역을 요약하였다. 그것은 200×150 화소를 가지는 5.3cm 디스플레이이다. 그 TFT 회로는 주변 집적 구동회로가 디스플레이 주변에 포함된다. 이 구동회로는 시간 모드에 따라 면적 비율, 회색 단계, 디지털 라인에서의 화소를 구동한다.

5kHz의 클럭 주파수에서 동작하도록 설계된 스캐닝 구동회로는 150 단계의 고정 shift register를 포함한다. 스캐닝 라인은 스캐닝 구동회로에 의하여 선택된다. 그리고 이러한 신호 구동회로는 선택된 스캐닝 라인에 연결된 화소 회로에 디지털 신호를 전달하게 된다. 이러한 신호 드라이버는 50 단계의 고정 shift register를 포함하는 것으로 이는 333 kHz의 클럭 주파수에서 동작하도록 설계되었다. 신호 드라이버는 또한 다음 스캐닝 라인에 입력된 신호 자료를 저장하기 위해서 두 세트의 latch 회로들을 가진다. [그림 24.15]는 블록 다이어그램을 보여준다. [그림 24.16]은 화소 회로 레이아웃을 보여준다. 각각의 화소는 9개의 하위 화소들로 구성된다. 그 하위 화소들은 전압을 인가한 상태 또는 전압을 인가하지 않은 상태에서 완전하게 제어된다. 3개의 하위 화소들이 각각 하나의 근원색(적, 녹, 청)에 할당되어진다. 그래서 전압 인가 상태에서 하위 화소들의 수를 제어함으로써 64 컬러들이 재생성될 수 있는 것이다. SUFTLA 공정에 의하여 플라스틱 필름 위에 TFT 소자를 전이시킨 후에 OLED 디스플레이 어셈블리 공정이 수행되었다.

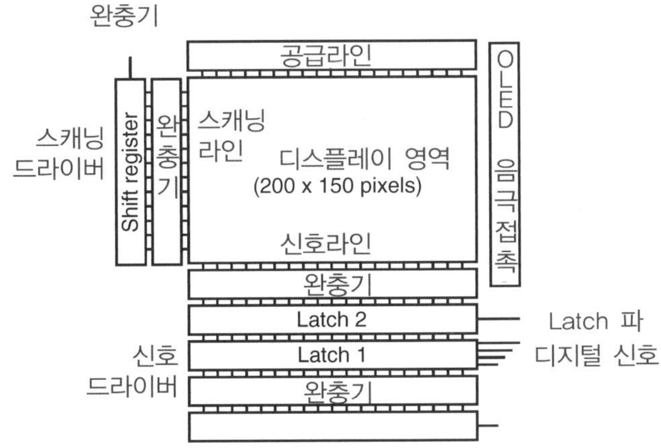

[그림 24.15] TFT OLED 디스플레이 회로의 블록 다이어그램

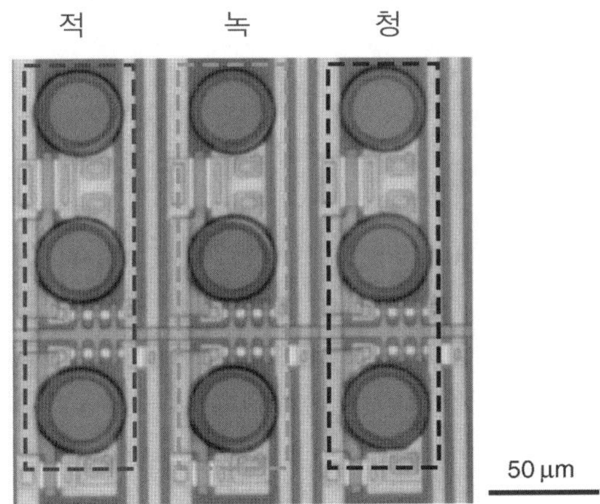

[그림 24.16] TFT OLED 디스플레이 회로의 화소 회로 레이아웃

OLED 물질들은 잉크젯 프린팅 기술을 이용하여 패턴된다(Shimoda et al. 1999). [그림 24.17]은 화소 회로의 십자 구획을 나타낸다. 그 화소 구조물은 ITO 애노드 전극과 화소-개방 창과 화소 분리기로 구성된다. 정공 주입층으로 기능하는 PEDOT-PSS와 OLED 물질들은 소자 표면위의 적당한 위치에 잉크젯 프린팅 된 것이다. 패터닝 이전에 화소 분리기의 표면은 처리가 되어졌는데 이는 잉크 방울이 흡착되어지지 않고 표면에 반발하게 될 것이다. 그래서 친수성 표면이 화소-개방 창 내부에 그 영역을 형성하게 될 것이다. 결과적으로 각각의 잉크 방울은 화소에 떨어진 후 정확한 위치로 자발적으로 움직이게 되는 것이다. 이러한 과정이 플라스틱 필름 위에 TFT 회로의 일그러짐 또는 잉크 방울이 떨어질 위치에 대한 중대한 위치 에러가 있더라도 OLED 물질을 정밀하게 패터닝이 가능하다.

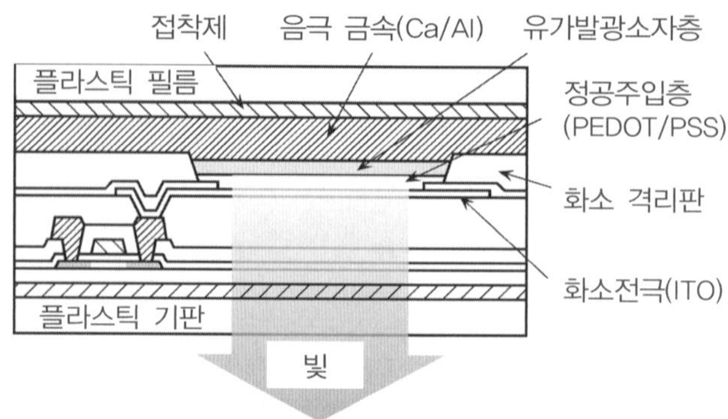

[그림 24.17] TFT OLED 디스플레이 회로의 화소 회로의 측면도

[그림 24.18] 플라스틱 필름 위에 전이된 TFT OLED 회로의 외형

OLED 층이 형성된 후, 칼슘/알루미늄 이중층 구조를 가지는 캐소드 전극이 진공 침전법에 의하여 증착되어졌다. 이 캐소드 전극은 OLED층을 수분 침투로부터 내구성이 좋은 접착제를 이용하여 플라스틱 필름을 고착시키므로 캡슐화하였다. [그림 24.17]에서 보여지는 것과 같이, OLED에 전류가 흐를 때, 발광되어진 빛이 캐소드 전극에 의해서 반사되었다. 그리고 플라스틱 필름을 통해서 밖으로 나가게 된다. OLED디스플레이의 이러한 타입을 하부 발광 디스플레이(bottom emission display)라 일컫는다. 결과적으로 FPC는 액정 디스플레이에서처럼 ACF를 이용하여 디스플레이의 한쪽 면에 붙어있다.

[그림 24.18]은 플라스틱 필름 위에 SUFTLA TFT OLED 뒷판의 모습을 나타내는 것이다. 그리고 [그림 24.19]는 그것이 만들어내는 실제 디스플레이의 이미지를 보여준다.

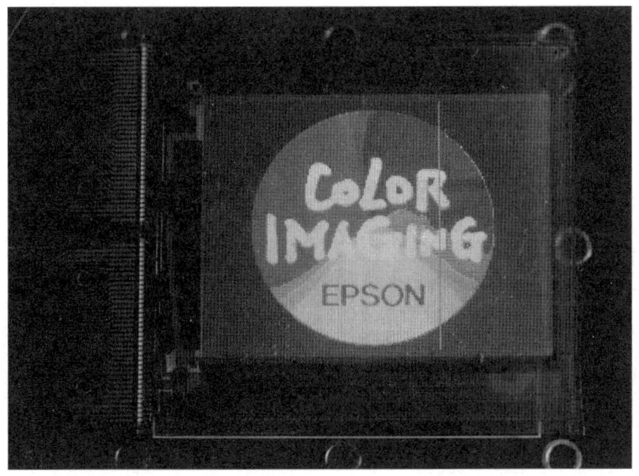

[그림 24.19] 전-플라스틱 기판 SUFTLA TFT OLED 디스플레이의 이미지 샘플

그 두께는 0.7 mm이고 무게는 3.2 g이다. 뚜렷한 이미지는 플라스틱 기판 능동 회로의 OLED 디스플레이 위에 표시되어진다. 이것은 SUFTLA 공정을 통해서 TFT 소자가 손상되거나 퇴화되지 않았다는 것을 확인할 수 있는 것이다. 결과적으로 SUFTLA 기술은 플렉시블 디스플레이를 만들 수 있는 높은 가능성을 가지고 있다.

24.6 결 론

SUFTLA라는 명칭의 TFT 전이 기술은 엑시머 레이저의 박리/단련을 기초로 한다. 쿼츠 또는 유리 기판상에 그리고 후에 전기방식용 a-Si 박막 필름 위에 형성된 높은 성능과 정밀한 패터닝의 LTPS TFT 소자는 원본 유리기판으로부터 플렉시블한 플라스틱 기판으로 SUFTLA 기술을 통해 성공적으로 전이될 것이다. 전이 공정 메커니즘은 전기 방식용 실리콘층에 내포되어있는 수소의 방출과 전기 방식용 실리콘 층과 TFT 층 사이의 계면에서의 수소가스에 의한 결핍된 영역에 의존한다.

TFT 소자의 성능은 소자가 플라스틱 위에 전이된 후에 설명된다. 플라스틱 필름 위에 전이되어진 TFT 소자는 유리 기판 위에 제조된 전통적인 LTPS TFT와 같이 우수한 성능을 보인다. 이런 TFT 액정 디스플레이와 TFT 유기발광 디스플레이는 SUFTLA 기술의 특성을 설명하기 위하여 디스플레이 시제품을 만들었다. 이 전-플라스틱 필름 디스플레이 위에 완벽한 이미지를 구현해냈다. 이러한 결과는 SUFTLA 기술이 박막, 경량 그리고 플렉시블한 디스플레이 소자를 구현하는데 대단한 가능성을 가지고 있음을 증명하는 것이다.

참고문헌

Asano, A. *et al.* (2002) Low-temperature polycrystalline-silicon TFT color LCD panel made of plastic substrate. *SID International Symposium Digest of Technical Papers* 33, 1196.

Asano, A. *et al.* (2003) A plastic 3.8-in. low-temperature polycrystalline silicon TFT color LCD panel. *SID International Symposium Digest of Technical Papers* 34, 988.

Baeuerle, R. *et al.* (1999) A MIM-driven transmissive display with color filters on 2-in. -diagonal plastic substrates. *SID International Symposium Digest of Technical Papers* 30, 14.

Dawson, R. M. A. *et al.* (1998) Design of an improved pixel for a polysilicon active-matrix organic LED emitting diode display. *SID International Symposium Digest of Technical Papers* 29, 11.

Goh, J.-C. *et al.* (2001) A new poly-si TFT pixel circuit scheme for an active-matrix organic light emitting diode display. *Proceedings of Asia Display/IDW* 2001, 319.

Goh, J.-C. *et al.* (2003) A new a-Si:H thin-film transistor pixel circuit for active-matrix organic light emitting diodes. *IEEE Electronic Device Letters* 24, 583.

Gosain, D. P. *et al.* (2000) High mobility thin film transistors fabricated on a plastic substrate at a processing temperature of 110C. *Japanese Journal of Applied Physics* Part 2 39, 179.

Inoue, S. *et al.* (2003) Transfer mechanism in surface free technology by laser annealing/ablation(SUFTLA). *SID International Symposium Digest of Technical Papers* 34, 984.

Kimura, M. *et al.* (2000) An area-ratio gray-scale method to achieve image uniformity in TFT-LEPDs. *SID Journal* 8(2), 93.

Klauk, H. *et al.* (1999) Fast organic thin-film transistor circuits. *IEEE Electron Device Letters* 20, 289.

McCormick, C. S. *et al.* (1997) An amorphous silicon thin film transistor fabricated at 125C by de reactive magnetron sputtering. *Applied Physics Letters* 70, 226.

Mizukami, M. *et al.* (2006) 6-Bit VGA OLED. *SID International Symposium Digest of Technical Papers* 31, 912.

Okada, Y. *et al.* (2002) A 4-inch reflective color TFT-LCD using a plastic substrate. *SID International Symposium Digest of Technical Papers* 33, 1204.

Ritter, J. (2001) Active-matrix electrophoretic displays. *Proceedings of Asia Displays/IDW* 2001, 343.

Sameshima, T. (1996) Laser beam application to thin film transistors. *Applications of Surface Science* 96-98, 352.

Sandoe J. N. (1998) AMLCD on plastic substrates. *SID International Symposium Digest of Technical Papers* 29, 293.

Sasaka, T. *et al.* (2001) A 13-inch AM-OLED display with top emitting structure and adaptive current mode programmed pixel circuit (TAC). *SID International Symposium Digest of Technical Papers* 32, 384.

Serikawa, T. *et al.* (1998) Low-temperature fabrication of high-mobility poly-Si TFT's for large-area LCD's. *IEEE D International Symposium Digest of Technical Papers* 30, 14.

Shimoda, T. and Inoue, S. (1999) Surface free technology by laser annealing (SUFTLA). *IEDM 99 Technical Digest*, 289.

Slikkerveer, P. *et al.* (2002) A fully flexible, cholesteric LC matrix display. *SID International Symposium Digest of Technical Papers* 33, 27.

Sugimoto, M. (2001) Multi media and display in the 21st century. *Proceeding of Asia Display /IDW* 2001, 3.

Tsujimura, T. *et al.* (2003) A 20-inch OLED display driven by super-amorphous-silicon technology. *SID International Symposium Digest of Technical Papers* 34, 6.

Utsunomiya, S. *et al.* (2002) SUFTLA (surface free technology by laser ablation/annealing). *AM-LCD 02 Digest of Technical Papers*, 37.

Utsunomiya, S. *et al.* (2000) Low-temperature poly-Si TFTs on plastic substrate using surface free technology by laser ablation/annealing (SUFTLA). *SID International Symposium Digest of Technical Papers* 31, 916.

Utsunomiya, S. *et al.* (2001) Low temperature poly-Si TFT-LCD transferred onto plastic substrate using surface free technology by laser ablation/annealing (SUFTLA). *Proceedings of Asia Display/IDW* 2001, 339.

Utsunomiya, S. *et al.* (2002a) Flexible TFT-LEPD transferred onto plastic substrate using surface free technology by laser ablation/annealing (SUFTLA). *Eurodisplay 2002 Conference Proceeding*, 79.

Utsunomiya, S. *et al.* (2002b) Low-temperature poly-Si TFT-LCD transferred onto plastic substrate using surface free technology by laser ablation/annealing (SUFTLA). *SID Journal* 10(3), 69.

Utsunomiya, S. *et al.* (2003) Flexible color AM-OLED display fabricated using surface free technology by laser ablation/annealing (SUFTLA) and ink-jet printing technology. *SID International Symposium Digest of Technical Papers* 34, 864.

Wang, Y. W. *et al.* (2001) A new pixel design for improving the uniformity on active OLED. *Proceeding of Asia Display/IDW* 2001, 323.

Young, N. D. *et al.* (1997) Thin-film-transistor-and diode-addressed AMLCDs on polymer substrates. *SID Journal* 5(3), 275.

플렉시블 디스플레이의 응용 분야 및 시장 전망

Kimberly Allen

iSuppli Corp

25.1 서론

플렉시블 디스플레이에 대한 연구가 시작된 것은 길게 잡아도 50년에 불과하며 집중적인 연구가 시작된 것은 불과 20년 밖에 되지 않는다. 이는 디스플레이를 플렉시블하게 제작하는데 필요한 요소 기술의 개발이 최근에서야 차츰 이루어지고 있기 때문이다. 플렉시블 디스플레이란 표현 아래, 다양한 형태의 제품 개발이 시도되고 있으며 이는 개략적으로 다음과 같이 분류할 수 있다.

- 디스플레이 표면이 평평하지 않고 휘거나 다양한 형태로 변형되어 있으나 사용시에는 그 모양이 재변형되지 않는 디스플레이,
- 사용시 약간의 변형은 가능하나, 말 수 있는 정도의 큰 변형은 가하지 않는 디스플레이
- 현재의 종이나 천과 같이 자유로운 변형이 가능한 디스플레이.

현재 플라스틱 기판 상에 구현되어 상용화되어 있는 소자들의 경우, dynamic signage와 같이 특수한 시장 영역을 개척한 경우도 있지만, 소자의 경량성 및 물리적 내충격성 등에 초점이 맞추어 제품이 나오고 있는 실정이다. 이러한 디스플레이 소자들의 경우 휴대폰용 표시 소자 등에 이미 널리 적용되어 있다.

진정한 의미의 플렉시블 디스플레이로서 시장에 상품화 되어 있는 경우로는 상점에서 dynamic sign을 표시하기 위한 부분에 쓰이고 있는 전기영동 방식(electrophoretic) 디스플레이와 스포츠 시계 등에 쓰이는 표면이 굽은 형태의 단색 LCD 소자 등이 있다.

2010년 경에야 전자태그, 차량용 디스플레이, 스마트 카드와 같은 특화된 영역에서의 응용 가능성이 부각될 것으로 보이며, 이러한 1 세대 플렉시블 디스플레이의 등장은 기존 상품의 활용 범위는 물론 플렉시블 디스플레이 자체의 응용 영역을 현재 상상하는 것 이상으로 넓혀 줄 것으로 기대되고 있다.

그러나, 당분간은 새로운 표시 소자 형태인 플렉시블 디스플레이의 활용 범위를 탐색하는 수준에 머무를 것으로 보이며 기판과 같은 기본적인 재료의 개발은 물론 패키징에 이르는 모든 제작 공정 단계에서의 획기적인 기술적 발전이 뒤따를 경우 진정한 의미의 플렉시블 디스플레이의 등장을 보게 될 것이다. 현재 세계 각국의 연구소 및 기업체에서는 차세대 디스플레이로서 기대를 모으고 있는 플렉시블 디스플레이 시장에서의 기술 선점을 위하여 각축을 벌이고 있다. 본 장에서는 각 개별 기술들이 지니는 특징들을 비교, 분석하여 플렉시블 디스플레이 산업의 기술적인, 제작 공정상의, 그리고 시장적인 관점에서의 각 이슈를 다루고자 한다.

25.2 왜 플렉시블 디스플레이로 가야 하는가?

플렉시블 디스플레이가 기존의 딱딱한 기판 형태의 디스플레이에 비해 가지는 이점 및 그렇게 나아가야 하는 당위성은 다음과 같이 정리할 수 있겠다.

- 초경량 디스플레이를 만들 수 있다(유리기판 대비 플라스틱 기판이 가지는 적은 무게에 초점을 둔 것으로서 이 경우 모양의 변형이 가능한 것은 크게 염두에 두지 않는다.).
- 휴대성을 극대화할 수 있다(이동시 접거나 구부릴 수 있다.).
- 다양한 형태의 표면 형태를 가지는 디스플레이를 제작할 수 있다. 즉, 소자 제작시 선택할 수 있는 디자인의 폭이 매우 넓다.
- 진정한 의미에서의 플렉시블 디스플레이 단계라고 할 수 있는 반복적으로 휨변형이 가능하거나 말 수 있는 디스플레이를 제작할 수 있다.
- 공정 측면에서 제작 단가가 낮은 Roll-to-Roll 공정이 적용 가능하다.

상기 인자들은 서로 밀접한 관계를 이루고 있어서, 예를 들면 유리 기판을 플라스틱 기판으로 대체하는 것만으로도 복합적인 이점을 얻어낼 수 있다. 하지만, 현재 연구되어지고 있는 플렉시블 디스플레이 기술들은 각기 매우 상이한 기반 기술을 토대로 상기 목표를 향하여 연구 개발이 진행되어 지고 있으며, 기반 기술 성격에 따라 상기 목표를 달성하기에 가지는 장점 및 단점들이 분명히 존재한다. 따라서, 개별 기술들은 타 기술에 비해 자신이 가지는 장단점을 확실히 파악하여 상대적으로 우위에 점할 수 있는 활용할 수 있는 분야에 매진하는 것이 합리적일 것이며, 본 장에서는 그러한 부분들에 대하여 얘기하고자 한다.

25.2.1 초경량 디스플레이

휴대형 정보 기기 소자의 무게를 줄일 경우 가지는 이점에 대해서는 말할 필요도 없을 것이다. 사용자에게 시각 정보를 전달하는 디스플레이의 경우 충분한 정보 전달을 위해서는 일정 이상의 부피를 반드시 차지해야 하므로 현재 정보 기기에서 디스플레이 부분의 무게를 절감할 경우 전체 시스템에서 무게가 감소할 수 있는 효과는 매우 크다. 실제로 기존의 유리 기판을 플라스틱 기판으로 대체할 경우 휴대 정보 기기 소자의 형태에 따라 다소 차이는 있겠지만 전체 무게는 작게는 20%에서 크게는 50%까지 무게를 줄일 수 있는 것으로 보인다.

25.2.2 물리적 내구성이 향상된 디스플레이

휴대폰이나 PDA, 그리고 노트북에 쓰이는 디스플레이의 경우 과거에 비해 두께나 무게 면에서 얇고 가벼운 방향으로 개발되어 휴대성 측면에서는 향상된 모습을 보이고 있으나 반대로 물리적 내구성을 위하여 프레임이나 케이스에서의 중요성은 상대적으로 커진 측면이 있다. 전자책이나 전자종이와 같은 미래형 디스플레이를 구현하기 위해서는 이러한 외부 보강재에 의존할 수 없으며 현재의 종이처럼 아예 모양 자체가 자유로운 변형이 가능하도록 하여 물리적 내구성이 향상될 수 있는 방향으로 나아가야 하며 플렉시블 디스플레이가 이를 수용해줄 수 있을 것으로 기대되고 있다.

25.2.3 곡면 디스플레이

여기서 말하는 곡면이란 제작 당시부터 형성된 것으로 사용시엔 그 형태가 고정된 것을 말한다. 곡면 디스플레이가 적용될 수 있는 가장 전형적인 예로서는 계기판 등에 적용될 수 있는 차량용 디스플레이를 들 수 있다. 기존의 평면형 디스플레이를 곡면형 디스플레이로 대체할 경우 외부 무반사 필름 없이도 외부광 반사 효과를 상당량 제거해 줄 수 있으며 기계적 내구성 또한 향상시킬 수 있다. 물론, 디스플레이를 곡면 형태로 채택할 경우 기대되는 미학적인 효과 또한 무시할 수 없으며, 사실 이러한 미학적인 관점에서 곡면 디스플레이의 활용 범위는 무궁무진할 것으로 기대되고 있다.

[그림 25.1] Universal Display Co. 사에서 제안한 OLED를 이용한 두루마리형 디스플레이의 예.

25.2.4 말 수 있는 디스플레이(일명 두루마리 디스플레이)

천연색/동화상/고화질 디스플레이를 구현할 수 있는 두루마리형 디스플레이가 언제쯤 상용화될 수 있는지 현 기술 시점에서 말하기는 쉽지 않으나, 이러한 형태의 디스플레이야말로 진정한 의미에서의 플렉시블 디스플레이며 꿈의 디스플레이라 할 수 있겠다.

25.2.5 Roll-to-Roll 제작 공정

저가격으로 비교적 대면적의 공정이 가능한 roll-to-roll 공정법이야말로 많은 연구진들이 플렉시블 디스플레이의 장점으로 꼽는 가장 큰 이유 중의 하나이다. 하지만, 현재로서는 현 반도체 공정을 연속적인 roll-to-roll 공정을 대체하고자 하는 수요가 그리 크지 않으며 기반 기술 또한 충분히 성숙되어 있지 않은 상태이다.

25.3 플렉시블 디스플레이를 위한 요소 기술

25.3.1 기판 재료

얇은 유리

50~200μm 정도의 얇은 유리는 휘어질 수 있으므로 플렉시블 디스플레이에 적용 가능한 소재이다. 또한, 유리는 광학적으로 투명하며, 표면이 매우 평탄하고, 외부 수분이나 산소가 투과되지 않는다는 장점을 지니고 있다. 현재 플라스틱 기판 대비 단가도 낮다. 하지만, 표면

에 보조 수지등이 코팅되어질 경우 쉽게 깨어지며, 플렉시블 디스플레이의 궁극적 목표점인 말 수 있는 두루마리형 디스플레이로는 적합하지 않다는 단점을 가지고 있다. 하지만, 플렉시블 디스플레이의 다양한 활용 범위 중에서 자동차 계기판과 같이 강도가 요구되지 않는 분야에서의 활용 가능성은 충분히 보이며 더욱 다양한 응용 분야가 모색될 것으로 여겨진다.

금속 박막

금속 박막의 경우 유리 기판과 같은 수분이나 외부 기체에 대한 내투과성을 지니고 있으면서도 외부 충격에 대한 내구성을 지니고 있다는 장점을 지닌다. 물론, 금속 박막을 이용하는 경우 한 쪽 기판은 불투명해도 상관없는 경우에 한하여 응용 범위가 한정된다. 일반적으로 부식을 피하기 위하여 스테인리스 소재를 이용하며 박막 위에 소자 회로를 올리기 위해서 절연막을 코팅한 후 사용된다. 금속의 경우 휘어지기는 하지만 연성이 점점 떨어진다는 특징을 지니고 있으므로 모양 변형의 정도 및 횟수에서 제약을 지닌다. UDC사와 E-Ink 사에서 금속 박막을 기판 소재로 하여 OLED 및 전기영동방식 디스플레이를 선보인 적이 있으나 아직까지 상용화된 플렉시블 디스플레이에 적용된 사례는 없다.

플라스틱

플라스틱의 경우, 합성에 따라서 기계적/광학적/열적 특성이 다양한 소재를 만들어 낼 수 있으므로 궁극적으로 보았을 때 플렉시블 디스플레이의 기판 재료로 가장 바람직한 물질로 기대되고 있다. 이 때, 플렉시블 디스플레이에 적용되기 위해 플라스틱 기판이 갖추어야할 특징으로는 다음과 같은 것들이 있다.

- 열팽창 계수가 낮아야 하며, 기판 표면에 적층될 소재와 기교했을 때 그 열팽창 계수는 크게 다르지 않아야 균열이 생기지 않는다. 또한, 어느 정도의 내열성을 가지고 있어서 부가 공정을 견딜 수 있어야 한다.
- 투과형 디스플레이에 적용되기 위해서는 90~95% 이상의 광학적 투과도를 보여주어야 한다.
- 박막 표면에 증착될 물질과 계면 특성이 좋아야 한다.
- 소자 제작시 사용될 유기 용제나 에칭액에 대하여 내화학성을 가지고 있어야 한다.
- LCD에 적용되기 위해서는 낮은 복굴절을 지니고 있어야 한다.

현재 가장 널리 연구되고 있는 기판용 플라스틱 소재로는 polycarbonate(PC), polyethylene terephthalate(PET), polyethersulfone(PES), polyetheretherketone(PEEK), 그리고 polyethylenenaphthalate(PEN) 등이 있으며, 이 이외에도 다양한 물질들이 연구/개발 되고 있다.

25.3.2 반도체 물질

동화상이 구현되는 플렉시블 디스플레이를 위해서는 기판에 TFT와 같은 스위치 소자가 반드시 필요하며, 이 때 기존의 실리콘 트랜지스터의 경우 휨변형 시 전자이동도나 on/off 전류비 등의 소자 특성이 심하게 변하므로 이러한 반도체 소자들을 유기 물질로 대체하고자 하는 연구가 활발히 진행되고 있다. 이 때, 현재의 실리콘을 유기 반도체가 대체하기 위해서는 다음과 같은 요건들을 갖추어야 할 것으로 보인다.

- 향상된 전자이동도
- 저가격 공정이 가능해야 할 것
- 안정된 수율을 보일 수 있는 공정법이 제안되어야 하며, 이는 재현성이 있어야 할 것
- 스위칭 소자로 제작했을 때, 좋은 특성을 보일 수 있어야 할 것
- 다른 물질과 계면 특성이 좋아야 할 것

유기 반도체 물질의 전자 이동도는 최소한 0.5~1.0 cm2/Vs 정도는 되어야 LCD의 Active Matrix에 적용 가능하며 채널 간격 및 스위칭 속도 또한 충분한 제어가 가능해야 한다. 전류 구동 방식인 OLED에 적용하기 현재 AMOLED나 일부 AMLCD에 적용되는 수준인 100~300 cm2/Vs 정도의 전자 이동도가 필요할 것으로 보인다. Single crystal 실리콘의 경우에는 1000 cm2/Vs의 수준까지 가능하다.

유기 반도체 물질 중에서 공정적인 면이나 전자이동도 측면에서 현재 가장 좋은 특성을 보이는 것들로는 pentacene, DH6T(dihexylheaithiophene), DHADT(dihexylanthradithiop-hene), P3HT(poly(3-hexythiophene) regioregular), copper hexadecafluorophthaloc-yanine, 그리고 F8T2(poly-9, 9-dioctyfluorene-co-bithiophene) 등이 있다. 하지만, 아직까지는 연구실 수준에 머무르고 있으며 대량 생산에 적용하기에는 아직 공정 기술 측면에서 부족한 점이 많다. 유기 반도체가 상용화된 제품에 적용되기 위해서는 이 부분에 대한 빠른 해결이 절실히 요구되고 있다.

현재 pentacene 과 같은 저분자 물질은 증착법을 고분자 물질은 솔루션 공정을 적용하여 공정한다. Pentacene을 이용하여 증착한 소자의 경우 높은 전자이동도를 보이지만 진공 공정이 요구된다는 단점을 지니고 있으며, 솔루션 공정의 경우 저가격 공정을 가능하다는 장점이 있지만 현재로서는 pentacene 만큼의 전자이동도를 보여주지 못하고 있다.

유기 반도체가 해결해야할 또 다른 난제로서는 CMOS 제작을 위해서는 p형 반도체는 물론 n형 반도체도 필요한데 현재 좋은 전자 이동도를 보이고 있는 물질들이 대부분 p형 반도체이며 n형 반도체의 경우 그만한 특성을 보여주는 물질이 전무하다는 점이다. 현재 a-Si 소자에서도 문제시되고 있는 문턱 전압이 불균일한 특성 또한 반드시 해결해야 할 과제이다.

상기 특성들로 인하여 유기 반도체을 이용한 TFT의 경우 전류형 소자가 적용되는 OLED나 LED에 비해 전압형 소자가 적용되는 LCD나 전기영동방식 디스플레이에 적합한 것으로 보인다. 현재로서는 전유기 디스플레이를 당장 구현하기는 힘들 것을 보이며 이를 위해서는 상당한 시일이 요구될 것으로 보인다.

25.3.3 플라스틱 기판 위에 트랜지스터 소자를 형성하는 방법

공정 온도가 낮은 "low-temperature" polysilicon(LTPS) 공정 조차도 약 300℃ 정도의 열이 가해지는 것을 감안하면 플라스틱 기판 위에 능동 소자를 형성하기란 쉬운 일이 아님을 알 수 있다. 이를 구현하기 위한 접근법들로는 첫째는 기존의 LTPS 기술의 공정 온도를 낮추자는 관점이 있으며 둘째로는 상온에서 액체 상태의 물질을 inkjet과 같은 기술을 이용하여 프린팅하자는 접근법, 셋째로는 donor sheet을 이용하여 고체 상태로 전사하자는 방법, 그리고 마지막으로는 유리 기판에 모든 회로를 먼저 구성한 후 이를 플라스틱 기판에 전사하자는 방법 등이 있다. 표 25.1은 각각의 기술을 이용하여 연구/개발하고 있는 회사들이다. 본 장에서는 이러한 각 개별 기술들에 대하여 간략히 짚고 넘어 가고자 한다.

Low-temperature direct process

LTPS 기술을 플라스틱 기판에 적용하기 위해서 전자이동도는 다소 낮아지더라도 공정 온도를 낮추기 위한 다양한 연구가 진행되고 있으며, FlexICs의 경우 poly-Si 공정 온도를 115oC까지 낮추는데 성공하였으며, 삼성전자의 경우 PES 기판을 이용하여 150oC 이하의 온도에서 0.4 cm2/Vs의 전자이동도를 보이는 a-Si 소자를 형성하는 결과를 보여 주었다. Rolltronics 사의 경우 inorganic 물질을 이용하여 roll-to-roll 공정이 간으한 공정법에 대하여 연구하고 있으며 Xerox Palo Alto Research Center에서는 기존의 photolithography를 대체하기 위한 기술로서 wax 마스크를 inkjet 프린팅으로 형성하여 a-Si, poly-Si, 혹은 플라스틱 기판 위에 소자를 형성하는 공정법에 대하여 연구 발표하고 있다.

[표 25.1] 플라스틱 기판위에 능동 소자를 형성하기 위한 업체별 접근법

저온공정	유기물을 이용한 상온에서의 소자형성기술	레이저조사를 통한 전사공정	플라스틱 전이온도 이상에서의 공정
FlexICs	Plastic Logic	Sarnoff/DuPont	Seiko-Epson
Rolltronics	Nanolayers	Samsung SDI	Sony
Samsung Electronics	Nanosys		
Xerox			

Liquid process

앞서 설명한 기술들은 실리콘을 이용하여 소자를 형성하는 방법들에 것들인 반면, liquid process를 이용한 기술들의 경우는 유기물을 이용하여 상온에서 소자를 형성하기 위한 방법들이다. 그 대표적인 기술이 inkjet 기술을 이용한 프린팅법이다. OLED 및 플렉시블 회로소자를 위해 연구되고 있는 inkjet 프린팅 기술의 경우, 재료에서부터 시작하여 프린트헤드, 프린트되어지는 기판 특성, 프린트 후 드라이 조건에 이르기까지 모든 요인 들을 복합적으로 고려해야 한다는 특징을 가지고 있다. 현재 well이나 barrier없이 inkjet 프린팅 기술만으로 대면적에 빠른 속도로 공정 가능한 기술을 연구 중에 있으며, 기존의 증착 공정의 경우 재료 손실이 90 %가 넘는 것에 반해 10 % 미만의 재료 손실만으로 공정 가능한 inkjet 프린팅 기술은 플렉시블 디스플레이가 궁극적으로 채택해야 할 기술로 기대를 모으고 있다.

Inkjet 프린팅 기술에서 잉크 방울의 크기는 구현할 수 있는 최대 해상도와 직결되며, Epson 사의 경우 프린트 헤드를 다층으로 설계하여 잉크 방울 크기를 2 pl까지 줄일 수 있는 기술을 발표하였다(통상 7~10 pl의 방울 크기로 130 dpi의 컬러 디스플레이를 구현할 수 있다고 본다). 수율의 경우, 현재 기술로는 14 in×14 in의 기판을 처리하는데 4분 정도의 시간이 소요되나 조반간 2 분내로 향상할 수 있을 것으로 기대된다. Inkjet에 의해 형성되는 방울의 위치에 대한 정확도도 매우 중요한 요인인데, 이는 프린트 헤드 및 속도 그리고 공기역학 등 복합적인 것들이 고려되어야 할 요소이지만 400 mm×500 mm, 더 나아가 550 mm×650 mm 기판 크기에 대하여 130 dpi 이상은 조만간 달성할 수 있을 것으로 보인다. 기판 특성에 큰 영향을 받는 기술 속성상 상용화하는데 다소 시간이 걸릴 것으로 보이지만 궁극적으로는 많은 업체들이 injet 기술을 채택할 것으로 예상된다.

Liquid process에 속하는 혁신적인 기술로는 Nanolayers 사나 NanoSys 사등에서 연구하고 있는 molecular layer epitaxy 기술을 이용한 공정법이 있다. 초기 성과로 분자들간의 self-assembly를 이용하여 200~300℃ 이하의 온도에서 수백 cm^2/Vs 정도의 연구 결과를 보고한 바 있다.

그 외에도 screen 프린팅, offset 프린팅, transfer pad 프린팅과 같은 기술들이 있으나 프린팅 정확도가 상대적으로 낮으며, 물질적인 측면에서 해결해야 할 문제점들이 아직 많이 남아 있다.

Solid process

"Carbon-paper" solid process는 donor 기판으로부터 레이저를 조사함으로써 플라스틱 기판으로 원하는 물질 및 형상을 전사함으로써 소자를 구현하는 방법으로써, Sarnoff 사나 삼성 SDI 등에서 연구되고 있으며 DuPont에서는 OLED를 제작 발표하기도 하였다. 컬러 필터 등을 제작하는데 유사한 방법이 이미 적용된 바 있는 검증된 기술이지만, 플렉시블 회로를 구현함에 있어서는 점착성이 있는 유기 반도체 물질에 대한 연구, 그리고 휨 시 유발되는 크랙에 대한 보완이 해결해야할 과제로 지적받고 있다.

Transfer process

플라스틱 기판의 유리 전이 온도 이상에서 사용되는 공정을 그대로 이용하기 위해 제안된 것이 transfer process이다. TFT 소자는 유리 기판 위에 형성되며, 이를 플라스틱 기판 위에 전사함으로써 플라스틱 회로가 형성된다. 이 때, 유리 기판 위에 형성된 소자를 분리하는 것이 핵심 기술인데 Seiko-Epson 사의 경우 Xe:Cl 엑시머 레이저를 조사하여 a-Si의 수소 결합력을 낮추는 방법으로, Sony 사의 경우 에칭액에 대하여 내화학성이 있는 층을 사이에 형성한 후 유리 기판을 hydrofluoric acid 용액으로 용해함으로써 구현한다.

25.3.4 플렉시블 디스플레이 제작 공정

현재 반도체 공정 및 디스플레이 공정 상에서 널리 채택되고 있는 것은 sheet-fed 방식이나 batch processing이다. 이에 반해 플렉시블 디스플레이에서 미래 기술로 자주 언급되고 있는 것이 플라스틱 기판의 플렉시블 특징을 최대한 활용한 roll-to-roll (혹은 reel-to-reel 공정)이다. 궁극적으로는 원하는 디스플레이를 제작된 roll로부터 다양한 크기나 모양으로 잘라냄으로써 손쉽게 구현하는 것을 목표로 한다. 하지만, 이러한 RTR(roll-to-roll) 기술이 기존의 공정법에 비해 경제적인 이점을 가지기 위해서는 모든 공정들이 할당된 시간 내에 처리 가능해야 하며, 대형 디스플레이가 요구되어야 하고, inline 공정만으로 모든 공정이 가능해야한다. 이 세가지 요건을 모두 갖추지 않고서는 기존의 batch processing에 비해 이점을 가질 수 없으며, 이것이 당분간은 RTR 공정이 구현 가능하더라도 계속 존재하리라는 관측에 대한 근거이다. 이는 대형화된 플렉시블 디스플레이를 필요로 하는 시장의 요구 시점과도 연관이 있다.

25.4 플렉시블 디스플레이 기술

본 장에서는 플렉시블 디스플레이를 구현하기 위해 제안된 각 개별 기술들을 소개하고 각각의 장단점을 비교/분석하고자 한다.

25.4.1 액정 디스플레이

플렉시블 액정 디스플레이는 휨 시에도 화소 표현을 하기 위해서 일반적으로 반사 모드를 이용한다. 투과 모드를 이용할 경우에는 라이트 자체가 휠 수 있는 것을 이용하거나 측면 라이트를 이용하여 광원으로 사용하여야 한다. 액정을 이용하여 플렉시블 디스플레이를 구현함에 있어서 가장 문제시 되는 것은 휨 시 유발되는 기판 간극의 변화이다. 이는 액정의 복굴절 값의 변화에 따른 화질의 치명적인 왜곡을 유발하게 된다. 때론, 휨 변형시 액정의 유체적 특성은 배향 자체의 변화를 유발하기도 하는데 이 경우 휨변형을 제거하여도 초기 배향 상태로 일반적으로는 회복되지 않으므로 시편 간극을 유지하고 액정의 유체적 특성을 제한하기 위하여 시편 사이에 간극 유지용 기둥이나 다양한 형태의 구조물들을 형성하는 등의 연구들이 제안되고 있다. 하지만, 공정적인 측면에서 경제적이면서도 효과적인 방법은 아직 요원한 실정이다. 유리 기판 기반의 액정 디스플레이에서 중요한 관건 중의 하나이었던 시야각 특성 또한 플렉시블 액정 디스플레이에서 중요한 해결 과제 중의 하나인데, 휨 시 컬러 필터와 화소 간의 위치 정합의 문제라던지 복굴절 값 변화에 따른 광량 변화라던지 하는 부분은 플라스틱 기판위에 액정 디스플레이를 구현할 경우 그 문제성이 더욱 심각할 것이다. 하지만, 응용 분야 중에서 휨변형이 제작 시에만 형성되고 추후에는 그 모양이 유지되는 자동차 계기판용 디스플레이와 같은 경우에는 현재의 기술로도 충분히 구현 가능하며 플렉시블 디스플레이의 응용 분야 중에서 많은 부분을 차지할 수 있을 것으로 보인다. 또한, ZBD 사의 "zenithal bistable" 기술이나 Nemoptics 사의 Binem기술, 그리고 Kent Displays 사의 콜레스테릭 액정을 이용한 액정의 이중 안정 모드를 이용한 메모리 소자의 구현은 E-book과 같은 초저전력 디스플레이로서의 활용 가능성을 열보게 하는 대목으로서 액정을 이용한 플렉시블 디스플레이로서의 시장 가능성을 짐작할 수 있다.

25.4.2 유기발광 다이오드 디스플레이

유기 발광 디스플레이는 람바시안 광원이 자체적으로 발광되며 시편 간극이 일정하게 유지되어야할 필요가 없고, 솔루션을 이용한 프린팅 공정이 가능하다는 면에서 원리적으로 플렉시블 디스플레이에 매우 적합하다. 하지만, 수분이나 산소의 내투과 특성이 나쁜 플라스틱 기판 상에 구현하였을 경우 발광 특성의 저하가 심하게 나타난다는 점과 아직까지는 안정된 제조 공정이 확립되지 못했다는 점, 수율이 나쁘다는 점, 그리고 전류 구동 방식에 따른 전력 소모 등은 주로 모바일 디스플레이에 초점이 맞추어져 있는 플렉시블 디스플레이를 구현함에 있어서 해결해야 할 과제로 지적받고 있다. 특히, 전류 구동 방식을 사용하는 OLED는 160 라인 이상의 디스플레이를 구현할 경우 능동형 소자가 반드시 요구되는데 앞서 살펴 보았듯이 플라스틱 기판상에서 플렉시블한 회로를 구현하는 것이 현재로서는 매우 힘드므로 당분간은 OLED를 이용한 디스플레이의 응용 영역은 소형 디스플레이에 국한될 수 밖에 없을 것으로 보인다.

25.4.3 전기영동 방식 디스플레이

전기영동 방식 디스플레이란, 인가된 전압/전계에 따라서 입자들의 직접적인 이동을 이용한 것들로서 구체적인 동작 원리는 각 업체 별로 다음과 같은 다양한 방식을 채택하고 있다.

- E-Ink 사 : 마이크로 캡슐에 의해 분산된 각각 다른 전하를 띈 두 종류의 입자들을 이용한다.
- Gyricon 사 : 두 개의 다른 색상과 전하를 띈 마이크로 구를 이용하여 이 구를 회전시킴으로써 디스플레이를 구현한다.
- SiPix 사 : 빛이 투과되지 않는 유체 내에 섞인 흰 색의 마이크로 입자의 이동을 이용하여 디스플레이를 구현한다.
- Bridgestone 사 : 캡슐화되지 않은 두 종류의 입자들의 이동을 이용한다.
- Cannon 사 : 한 종류의 입자의 수평 이동을 이용하여 디스플레이를 구현한다.

전기영동 방식 디스플레이의 경우, 구현 원리 상 반사형 및 이중 안정성 디스플레이에 적합하며, 따라서 E-book이나 E-Paper로서의 응용에 매우 적합하다. 또한, OLED와 같은 외부 수분이나 산소 등에 의한 화질 저하가 두드러지지 않게 나타나지는 않는다는 점에서 상용화에 다소 앞서 있다고 할 수 있다. 현재, E-Ink 사나 Gyricon 사 등에서 dynamic signage나 E-book, 그리고 E-paper 등의 용도로서 시제품을 제작/발표한 바 있으며 대형화된 플렉시블 디스플레이로서는 전기영동 방식을 이용한 제품이 유일하다. 하지만, (SiPix 사의 기술을 제외한) 전기영동 방식 디스플레이의 경우 입자의 이동에 있어서 문턱 전압이 존재하지 않으므로 디스플레이 구현에 있어서 반드시 능동 회로가 요구되며, 이를 플라스틱 기판 위에 구현함에 있어서 유발되는 문제는 앞서 설명한 바와 같다. 또한, 최소한 수백 ms에 이르는 느린 응답 속도 특성은 전기영동 방식 디스플레이로서 동영상을 구현함에 있어서 상당한 제약이 뒤따르게 된다.

25.4.4 그 외의 기술들

이 이외에도 플렉시블 디스플레이를 구현하기 위해 시도되는 기술들은 다양하게 존재하고 있으며, 그 중에서 관심을 끌고 있는 것이 산화/환원 반응에 따라서 색상이 변하는 electrochromic 디스플레이다. 현재까지는 산과 같은 액체 속에서의 산화/환원 반응을 이용하는 것들이 대부분이었으나, 최근에는 플렉시블 디스플레이에 더욱 적합한 고체 상태에서 산화/환원 반응을 유도하는 방법들이 소개되고 있다.

플렉시블 디스플레이는 새로운 디스플레이 영역으로서 기존에 정립된 기술들 이외에도 다양한 접근이 가능하며 실제로 많은 접근 기술들이 발표되고 있다. 다만, LCD나 OLED의 경우 기존의 설비를 활용할 수 있다는 측면에서 우위에 있다고 볼 수 있겠다.

25.5 플렉시블 디스플레이 시장 전망

플렉시블 디스플레이는 그 자체로 최종 상품이 될 수도 있지만, 어떤 한 기기의 부품으로 쓰일 수도 있다. 후자의 경우, 플렉시블 디스플레이 시장 규모는 그 기기의 시장 성장세와도 밀접한 관련이 있기 마련이다. 본 장에서는 iSuppli사와 Stanford Resources에서 예측한 자료를 바탕으로 하여 플렉시블 디스플레이의 미래 시장을 기술별/응용 분야별로 예측해 보고자 한다. 그림 25.2~25.4에서 볼 수 있듯이, 2005년까지 45,000대에 $311,000에 불과한 플렉시블 디스플레이 시장은 2010년 경에는 25,500,000 대에 $17,800,000에 달하는 시장 규모로 성장할 것으로 예측된다. 물론, smart card와 같은 저가격 디스플레이 시장이 상대적으로 빨리 성장함에 따라 당분간은 수량 증가에 비해 가격 시장 규모는 상대적으로 더디게 성장할 것으로 보인다. 연차별로 보면 2005년과 2007/8년의 증가세가 두드러질 것으로 예상되는데, 이 시점들은 각각 기술적으로 플렉시블 디스플레이가 본격적으로 제품화되기 시작하는 시점과 dynamic signage가 본격적으로 활성화될 것으로 예상하는 시점과 일치한다.

25.5.1 디스플레이 기술에 따른 시장 전망

플렉시블 LCD의 경우 기구축된 생산 설비를 그대로 활용할 수 있다는 측면에서 가장 빠른 시일 내에 제품화되어 선보일 것으로 예상된다. 하지만, 앞서 설명한 바와 같이 플렉시블 디스플레이로 활용하기에는 기술적으로 근본적인 결함을 지니고 있으므로 천역색이 자체적으로 구현 가능한 OLED나 생산이 용이한 전기영동 방식 디스플레이에 그 자리를 점점 내주게 될 것으로 보이며 2010년 경에는 전체 시장의 약 19% 정도를 점유할 수 있을 것으로 보인다.

[표 25.2] 플렉시블 디스플레이 응용 분야의 예

응용분야	사용 실례
가전제품 및 소비형 전자제품	가정용 가전제품, 가정용 전자제품, 휴대용 음악장치, 시계, 운동기기
자동차 부품	신호표시기 계기용자치 네비게이션 real-seat 엔터테인먼트 장치
휴대폰	휴대용 송수화기
동적 신호기	표시 통신기능을 갖춘 디지털 표시장치
전자책	전압구동의 전자표시장치
전자종이	전압이 필요없는 표시장치
PDAs와 휴대용 컴퓨터	휴대용 개인정보단말기 및 휴대용 컴퓨터
스마트카드	유연한 구동장치와 디스플레이를 장착한 카드.
기타	맞수있는 디스플레이 및 미재응용제품

OLED 디스플레이의 경우, 컬러 구현 가능성, 응답 속도, 시야각 등의 특성에서 분명히 상대 기술들에 비해 우위에 있다. 하지만, 우리 기판 기반의 OLED 소자가 이제 막 대량 생산에 접어드는 시점에서 플렉시블 디스플레이로 확장을 하기에는 아직 이른 감이 있다. 플렉시블 시장에서의 시장 점유율은 더디게 성장할 것으로 예상되며 2010년 경에 이르러서야 12 % 정도의 시장 점유율을 보일 수 있을 것으로 보인다.

플렉시블 디스플레이에 매우 적합하다고 여겨지는 전기영동 방식 디스플레이는 이중 안정성 특징을 활용하여 저소비전력형 dynamic signage나 smart card 분야에서 주로 활용될 것으로 보인다. 다만, 당분간은 단색 디스플레이/정지화상 디스플레이에 그 응용 범위가 한정될 것으로 보인다. 하지만, dynamic signage와 smart card 시장의 성장세와 맞물려 2010년 경에는 전체 플렉시블 시장의 68 % 정도를 점유할 것으로 기대된다.

25.5.2 응용 분야에 다른 시장 전망

Smart cards

Smart card란 응용 범주에는 신분증, 보안 카드, 신용 카드와 같은 전자 회로가 내재되어 있는 모든 형태의 소형 디스플레이를 모두 아우르고 있다. Smart card에 디스플레이가 구현되려면 이중 안정성이 있어야 하며, 내충격성이 있어야 하며, 어느 정도의 휨에 대한 안정성이 있어야 한다. 이러한 특성을 가지는 플렉시블 디스플레이로서는 액정 디스플레이를 이용한 방법과 전기영동 방식을 이용한 방식이 적합한 것으로 보인다. 이 응용 분야가 확대되기 위해서는 제품 단가를 1/10 달러 미만으로 낮아져야 한다. 따라서, 2010년 경에는 금액 규모로 전체 플렉시블 디스플레이 시장의 97 % 정도, 그리고 대수 규모로는 13 % 정도를 차지할 것으로 보인다.

Dynamic signage

Dynamic sign만을 위해서는 현재 쓰이고 있는 유리 기판 대응 LCD나 PDP에서 볼 수 있듯이 굳이 디스플레이가 플렉시블해야 할 이유는 없다. 플렉시블 디스플레이를 이용한 dynamic signage 분야는 소형 매장 내에서 사용되는 단순 가격 표시형 디스플레이 시장까지를 모두 아우르는 것이다.

[표 25.3] 플렉시블 디스플레이의 응용 분야에 따른 특성

응용분야	기판	형태	사선 길이(in) 대각선 길이(in)
가전제품/소비형전자제품	플라스틱	굽은	< 1 to3
자동차 부품	유리 ,금속	굽은	Up to ~ 7
휴대폰	플라스틱	굽고, 유연성을 갖춘	< 1 to 2
동적신호기	플라스틱	유연성을 가짐과 동시에 말 수 있음	~ 7 to > 20
전자책	금속, 플라스틱	유연성을 가진	5 ~ 8
전자종이	플라스틱	말 수 있는	12 ~ 15
개인정보기와 휴대용 컴퓨터	플라스틱	굽은	2 ~ 4
스마트 카드	플라스틱	유연성을 갖춘	< 1

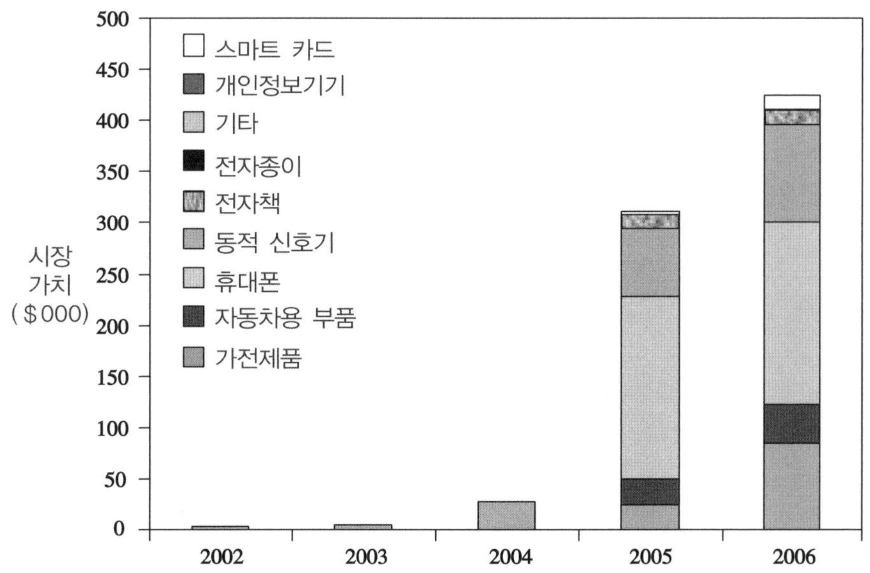

[그림 25.2] 2002년에서 2006년까지의 플렉시블 디스플레이 시장 전망.

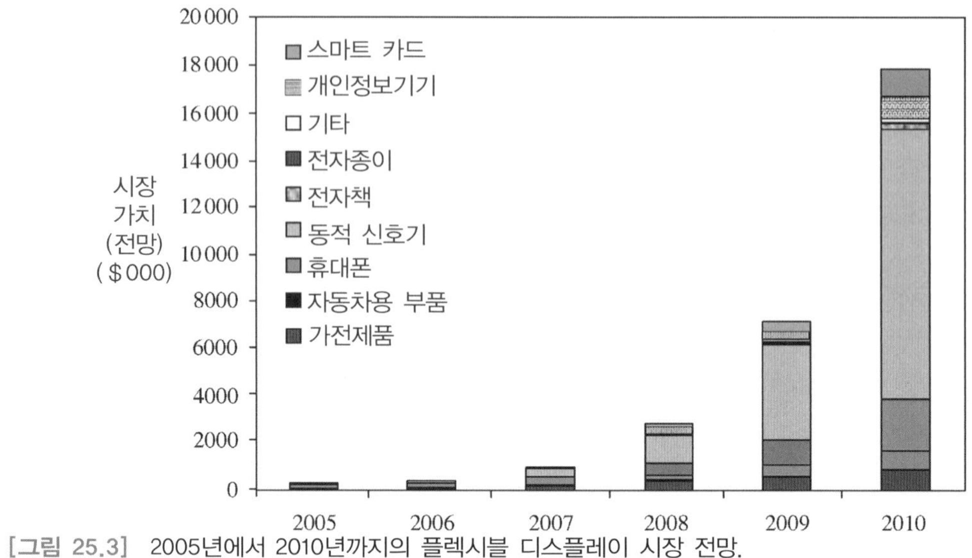

[그림 25.3] 2005년에서 2010년까지의 플렉시블 디스플레이 시장 전망.

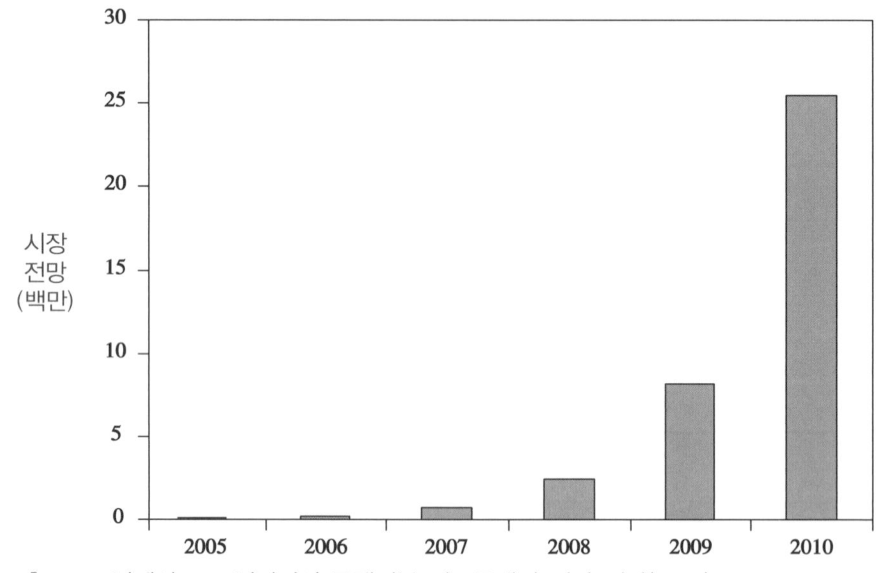

[그림 25.4] 2005년에서 2010년까지의 플렉시블 디스플레이 시장 전망(units).

따라서, 저가격화가 반드시 요구되며, 이 때 메모리형 표시가 가능한 전기영동 방식 디스플레이가 가장 적합할 것으로 기대된다. LCD의 경우는 소형에만 국한될 것으로 보이며 OLED의 경우는 대형화를 통한 가격 하락이 뒤받침될 경우 적용될 수 있을 것으로 보인다. E-Ink 사와 Gyricon 사가 전기영동 방식을 이용하여 초기 모델을 상품화하고 있으며, Dai Nippon 사는 Cambridge Display Technology 사로부터 기술 라이선스 협약을 맺으며 polymer OLED 기술을 이용하여 일본 시장 내에 상품화를 기획하고 있다.

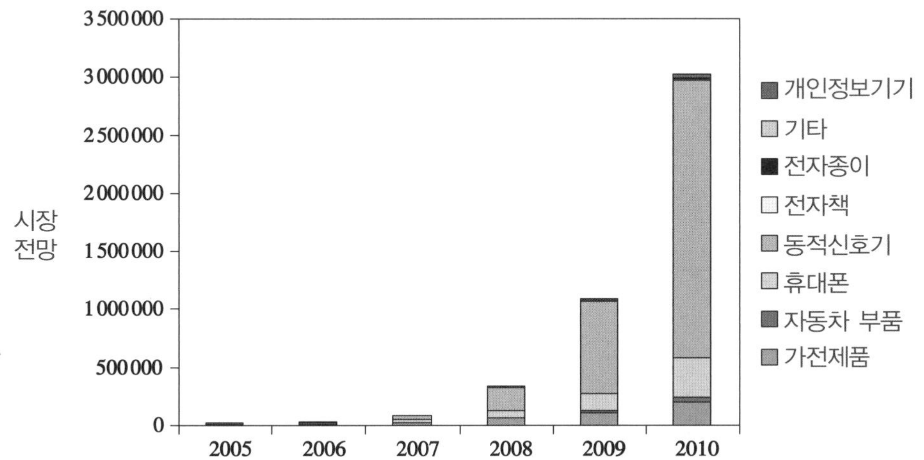

[그림 25.5] 2005년에서 2010년까지의 응용 분야별 플렉시블 디스플레이 시장 전망(units).

당분간은 단순 정보 전달용 단색 디스플레이에 그 활용이 국한될 것으로 보이며, 2010년경에 2,400,000 대에 $11,000,000의 시장 규모를 이룰 것으로 예측된다.

휴대폰

휴대폰에 적용될 플렉시블 디스플레이는 당분간은 주기능 디스플레이를 보조하는 역할을 담당하는 것에 그칠 것으로 보인다. 휴대폰용 디스플레이에 플렉시블한 역할은 아직까지 요구되지 않고 있으며, 다만 디스플레이 자체의 무게를 낮추고 휴대 편이성을 높일 수 있다는 측면에서 플라스틱 기판이나 금속 박막을 이용한 디스플레이의 경우 그 활용 가치가 높아 보인다. 오히려, 동영상 구현 가능성이나 해상도와 같은 화질 특성이 중요하므로 전기영동 방식 디스플레이보다는 LCD나 OLED를 이용한 방법이 주로 쓰일 것으로 보인다. 물론 Smart card와 연계하여 쓰고 버리는 개념의 휴대폰이 널리 쓰이게 된다면 그 시장은 더욱 확대될 것으로 보인다. 다만, 이 경우에도 앞서 살펴본 바와 같이 제품 단가의 최소화가 절대적으로 요구되는 바이다.

전자 종이(Electronic paper)

전자 종이 디스플레이말로 궁극적인 플렉시블 디스플레이라고 할 수 있겠다. 컴퓨터와 연결하여 자료를 디스플레이할 수 있고 자체적으로 반복하여 쓰거나 지울 수 있는 디스플레이야말로 우리 삶의 획기적인 변화를 이끌어 낼 수 있는 차세대 정보 통신 기기이다. 하지만, 이러한 특성을 지니기 위해서 전자 종이가 갖추어야 할 특성은 간단치가 않다. 디스플레이 표면에 볼펜으로 쓰거나 아니면 구겨지더라도 내구성이 있을 수 있어야 하며, 컬러 구현 가능성 및 높은 해상도 또한 뒤따라야 한다. 메모리형 디스플레이는 반드시 갖추어야 할 특성 중의 하나로 여겨진다. 내구성 측면이나 메모리 구동 가능성 측면에서 보았을 때, LCD나 OLED 보다는 전기영동 방식이 바람직해 보인다. 하지만, 화질 개선이 반드시 뒤따라야 할 것이다. 전자 종이 분야로의 응용 확대를 위해서는 제조 단가 문제가 더욱 중요한 걸림돌로 지적된다. 따라서, 그 시장 성장세는 당분간 매우 더딜 것으로 보이며, 2010년 경에야 시장 진입에 성공할 수 있는 시제품이 출시될 것으로 보인다.

자동차 계기판

곡면 디스플레이를 이용하여 자동차 내부 디자인을 개선하고자 하는 자동차 업계의 수요는 매우 클 것으로 보이며, 자동차 업계 특성상 시장 곡면 디스플레이가 반영된 자동차 시장의 규모는 2010년 경까지는 느리게 증가하다가 그 이후 폭발적인 증가세를 보일 것으로 예상된다. 이 때, 디스플레이의 화질 특성은 매우 중요시 될 것이며, 따라서 LCD나 OLED를 이용한 플렉시블 디스플레이가 주로 채택되리라 기대된다.

25.6 무엇을 취할 것인가?

플렉시블 디스플레이 전망의 주요 전략은 기술적 측면, 시장 조사 그리고 산업현장의 기초적 요구사항들에 대한 다른 사업의 정보 등을 갖추는 방향으로 이루어져야 한다.

- 새로운 기판 재료,
- Full-color 공정,
- ‘챔피언’이 이끄는 충분한 힘,
- 다양한 응용,
- 저가 공정.

이 문제들은 플렉시블 디스플레이 시장의 서막을 열기 위해 반드시 해결되어야만 하는 과제이다.

25.6.1 새로운 기판 재료

플렉시블 디스플레이를 위한 여러 기판 재료들이 개발 되었음에도 불구하고 아직까지 유리 기판이 가지고 있는 기능성, 가격경쟁력 그리고 신뢰성을 확보하지 못하고 있다. 이상적인 플렉시블 기판 재료는 투명성, 유연성, 저가격화, 용매와 산에 화학적으로 반응하지 않는 성질, 250℃ 또는 그 이상의 온도에서 열적안정성 확보, 그리고 고유한 경계 특성이 있어야 한다. 최근에 요구특성 중 일부 특성을 갖춘 고분자 물질들이 발견되고 있으나 모든 요구 특성을 만족시키는 재료는 아직 발견되지 않았다. 유리와 금속 포일의 기판재료 또한 특성 확보에 한계를 보인다.

최근에는 기판 재료를 선택함에 있어 비용 추가 또는 성능한계를 저울질해야 한다. 예로 polyimide막은 높은 온도에서 열적 안정성을 갖지만 이 재료의 진한 오렌지 색은 LCD 백라이트의 성능을 저하시키기 때문에 기판으로 적용을 어렵게 만든다. 또한 비용 추가는 경계층 형성에 든다. OLED와 LCD의 안정성 확보를 위해 기능성 재료가 산소와 수분에 반응하지 않도록 확실한 경계층을 만들어야 한다. 만약 이 경계층이 기판에 끼워 넣어진다면 두 필름시트의 적층으로도 충분할 것이다.

25.6.2 Full-color 공정

CRT, LCD, 그리고 플라즈마 디스플레이 기술의 시장 가치는 대화면, full-color 디스플레이가 가능하기 전까지는 주목 받지 못하였다. 이 현상은 현재 OLED 디스플레이 시장에서 반복되고 있고, 플렉시블 디스플레이 시장에서도 도래할 것으로 예상된다. 시장 가격은 경쟁적 공급량과 소형 디스플레이에서 1in^{2}당 약 $10, 대형 디스플레이에서 1in2당 약 $2정도까지의 범위에서 결정된다. 단색 디스플레이의 가격은 삼색 디스플레이의 가격보다 낮다. Full-color 경쟁은 수억 달러의 플렉시블 디스플레이 시장 가치를 갖기 위해 요구된다.

잉크젯 프린팅은full-color 디스플레이 구현을 위한 저가 공정 중 현재 최고의 가능성을 갖고 있다. 그러나, OLED에서 잉크젯 방법으로 증착된 파란 발광체는 아직 부족하다. 결과적으로 디스플레이 산업 발전을 위해 잉크젯 프린팅 기술은 더욱 발전해야 한다. 장차 어떤 두드러진 역할로 진행될지 기대된다. Laser-induced thermal imaging(LITI)는 조정 또는 생산으로 진보하기 전에 더 나은 재료의 안정성이 필요하다. 그러나 이것은 full-color 구현을 위해 너무 많은 기술발전을 요구한다.

25.6.3 '챔피언'이 이끈 충분한 힘

현재의 플렉시블 디스플레이 산업은 올림픽 크기의 수영장에서 선수들이 정렬하고 있는 것을 수영장 밖에서 보고 있는 것과 같다.

시장은 그들이 시장 경계를 넘을 수 있는 충분한 추진력을 갖고 있는 튼튼한 공급 망에 의해 지원받을 때(이것을 충분한 힘으로 부름) 크게 성장한다. 미숙한 단계에서 산업 진보의 일보는 잠재 파트너와 고객들의 관심을 유발 시키는 것 또는 '챔피언'이 요구되며 이 산업의 잠재 경쟁자들이 사라지는 것에 대한 두려움을 막아야 한다.

조사 단계에서 이 챔피언은 정부 기관 또는 대학 단체 이어야 한다. 더욱이 챔피언은 중요한 재정 원천을 확보하고 국제화 단계에서 인지하기 쉬운 이름을 갖고 있어야 한다. 플렉시블 디스플레이 산업은 아직 챔피언을 가지고 있지 않고, 충분한 힘을 달성하기엔 시기 상조이다. 공장을 짓기 위해 큰 합을 투자하는 행동과 같은 합계가 나타날 때까지 시장이 형성될 것 같지도 않다. 누가 과감히 뛰어들 것인가?

25.6.4 다양한 응용

아마도 크고 번영한 플렉시블 디스플레이 시장을 이루기 위한 최대 장애는 실제적으로 매력적인 사업자/소비자 수요층의 부재이라고 할 수 있다. 성공한 모든 디스플레이 응용 분야는 산업, 군대 또는 의학 분야에서 보다 사업자/소비자의 채택에 의해 궁극적으로 이루어졌다. 이는 많은 고객들이 새 제품의 가치를 판단하고 그것을 구입하기 위해 돈을 지불한다는 뜻이다. 지금까지의 플렉시블 디스플레이 패널은 기존의 고정 디스플레이를 대신하기 위해 공급하는 모습이었다.

수년 후에 플렉시블 디스플레이만의 수백만 달러 시장을 열기 위해 기존 제품의 대체가 아닌 새로운 제품 응용을 위해 무엇이 필요한가? PDA, 캠코더, 디지털 카메라, CD 플레이어 등의 플렉시블한 제품을 그려보자. 결정적으로 새로운 응용은 중용한 변화를 요하지 않는다. 이것은 최상에 디스플레이의 넓은 상품화에 하나의 장애물이다. 소비자들은 어떤 일반적인 용도를 위해 디스플레이 상품들을 선택하는 동안 매일 습관적으로 형성된 버릇들을 변화시키려고 한다. 수백만 소비자들에 의한 이러한 변화는 매우 드문 일로 이러한 성향이 요구되는 응용제품은 결국 시장 결과에서 실망을 안겨준다.

그러나 참신한 응용은 정해진 시작점은 없을 것이다. 근본적으로 새로운 응용은 아마 샘플과 처음 제작된 시제품이 소개된 이후에 나타날 것이다. 이 현상은 공통적인 것이다. 카메라기능이 있는 휴대전화기, USB 메모리 바 그리고 차의 내부장치가 그 예이다. 현재 상상되는 플렉시블 디스플레이의 새로운 응용들은 개인 또는 사업적인 사용을 위한 전자 종이의 여러 종류, 말아 다닐 수 있는 디스플레이 그리고 휴대용 전자 제품을 위한 초 경량 디스플레이가 있다.

사람들이 가까운 미래에 플렉시블 디스플레이가 상용화 되는 것을 기대함에도 불구하고 모든 새로운 응용이 수년 내에 시장에 도달할 수 없다는 것은 현재의 플렉시블 디스플레이 성능에서 기인한다. 이것이 상용화된다 하여도 시장 발전에는 많은 시간이 걸릴 것이다.

25.6.5 초저가 상품

플렉시블을 위한 다양한 응용분야를 찾았다 하더라도 시장의 성장은 아마 지금보다 높은 제품가격에 의해 지연될 것이다. 거대 시장으로 발전하기 위한 가장 확실한 경로는 기술의 우수성을 갖춘 상품의 저가격화에 의한 것이다. 이것은 LCD와 플라즈마 디스플레이 시장을 크게 성장시킨 열쇠이다. 플렉시블 디스플레이는 가격과 비용 절감이 아직 이루어지진 않았지만 약 5년 내에 이룰 수 있는 잠재력을 갖고 있다.

초저가 가격비용이 성립 된다면 수 많은 응용제품을 완성 시킬 수 있을 것이다. 전자 인사장, 책 표지 또는 포장지와 같은 자유로이 쓸 수 있는 상품도 포함된다. 이러한 것들이 현실화되었을 때 기술과 상품이 모두 필수품이 되고 제조 비용과 비슷한 가격으로 많은 경쟁 업체들에 의해 팔릴 것이다. 이러한 단계를 이루는데 10~15년 이상이 필요하진 않을 것이다. 이것은 제조업자들에게 항상 환영 받는 것은 아니지만 만약 이러한 큰 시장이 방해 받는다면 나쁜 현실로 나타날 것이다.

25.7 결 론

플렉시블 디스플레이가 상용화되기 위해서는 지금까지 우리가 찾은 해법보다 더 많은 난제들이 우리 앞에 남아 있다. 하지만, 플렉시블 디스플레이는 이제 막 시장에 첫 발을 내딛는 단계이며 진정한 의미의 "1세대 플렉시블 디스플레이"라고 부를 수 있는 제품조차 아직 나와있지는 않은 상황이다. 상상 속의 기술들이 현실화되는 데에는 50년이 걸린다고 한다. 플렉시블 디스플레이를 우리 앞에 구체화하기까지 앞으로 십수년간 수많은 새로운 기술들이 등장할 것이다. 하지만, 그 모든 것들은 플렉시블 디스플레이의 완성을 향해 내딛는 지금 첫걸음을 토대로 분명 이루어질 것이다.

참 고 문 헌

[1] Howard, W. E. (2004) Better displays with organic Films. *Scientific American* 290, 76-81.

[2] Slikkerveer, P. J. (2003) Bending the rules. *Information Display* 3, 20-24.

찾 아 보 기

A

a-Si TFT / 31, 243, 295, 300, 301, 302, 311, 342, 525
a-Si 능동형 백플레인 / 438
a-Si:H TFT / 506, 508, 509, 511, 512, 515, 516
AFM / 304, 544
aluminoborosilicates / 39
AM(Active Matrix) 어레이 / 339
AMLCD / 501
AMOLED(Active Matrix OLED) / 321, 333, 339, 341, 343

B

BCB(benzocyclobutene) / 501
borosilicate / 39
bottom-contact / 263
bottom-gate / 438

C

chemical vapor deposition / 326, 540
CMOS / 59, 539, 548, 561
CRT / 480
CTE(Coefficient of Thermal Expansion) / 111, 335, 501, 502, 503, 507, 512
CVD(Chemical Vapor Deposition) / 542

D

DC magnetron sputtering / 333
Disodium chromoglycate(DSCG) / 206
downdraw(DD) / 43, 44, 47, 48
Dry 에칭 / 333, 334

E

e-paper / 26
EL(electroluminiscence) / 386
ELA(eximer laser annealing) / 523
electrochromic 디스플레이 / 567
electron cyclotron resonance CVD (ECR CVD) / 542
electron spin resonance(ESR) / 543
Electrophoretics / 352

F

Float 기술 / 43, 44, 45, 47, 375, 383, 389, 394
focal conic texture / 375, 376, 381, 382, 383, 389, 390, 393, 394

G

Gyricon / 443, 444, 445, 446, 447, 449, 450, 451, 452, 453, 454, 455, 456, 457

H

Hardcoat / 28
hole injection and transport layer(HITL) / 319, 335
Hooke의 법칙 / 112
hydroscopic 팽창계수(CHE) / 327

I

Integrating Photometer / 449
ITO(Indium Tin Oxide) / 92, 100, 102, 105, 110, 111, 112, 113, 114, 115, 118, 121, 129, 131, 136, 136, 137, 137, 140, 141, 141, 141, 142, 143, 144, 146, 147, 147, 184, 185, 185, 186, 187, 188, 189, 192, 193, 194, 235, 249, 304, 305, 319, 328, 332, 334, 339, 360, 383, 394, 395, 405, 437, 469, 477, 485, 526, 534
ITO/PET / 365
IZO / 514, 517

L

laminating / 413
LCD(Liquid Crystal Display) / 24, 32, 45, 47, 55, 205, 244, 315, 332, 333, 341, 401, 498, 503, 521, 522, 526, 532, 549, 567, 569, 570, 571, 573, 575
Light-Emitting Polymer(LEP) / 335, 470
low-temperature polysilicon(LTPS) / 31, 342, 524, 562
LTPS TFT / 30, 523, 526, 528, 542, 543, 545, 546, 553

M

magnetron RF 스퍼터링 / 513
MEMS / 57
MIM TFD / 539

N

n^+ a-Si:H TFT / 514
nTP(Nanotransfer Printing) / 234

O

octyltrichlorosilane(OTS) / 249
OLED / 16, 24, 25, 26, 31, 32, 33, 57, 61, 63, 64, 65, 66, 67, 78, 295, 316, 319, 322, 323, 325, 332, 333, 340, 351, 357, 386, 461, 469, 470, 471, 473, 477, 478, 479, 479, 498, 499, 499, 551, 563, 566, 567, 568, 571, 573
on/off 전류비 / 561
one-drop filling(ODF) / 401
OTFT / 247, 248, 249, 251, 253, 254, 255, 256, 257, 263, 263, 264, 342
Overlay 정합 / 328

P

paylene / 64
PC(Polycarbonate) / 13, 395, 560, 522
PDLC / 355, 356, 358, 359, 360, 365
PDP / 569
PE / 185, 512, 516
PECVD / 64, 249, 265, 306, 331, 467, 508, 512, 514, 515, 523
PEDOT / 265, 396, 551
PEN(polyethylene naphthalate) / 12
pentacene TFT / 32
PES(polyethersulfone) / 502, 503, 508, 509, 510, 513, 514, 515, 517, 547, 562
PES(photoenforced stratification) / 402
PET(polyethylene terephthlate) / 74, 136, 184, 187, 188, 189, 192, 193, 194,

212, 304, 322, 328, 359, 360, 396, 462, 470, 473, 477, 480, 482, 483, 485, 487
photolithography / 562
PI(polyimide) / 502, 525, 533, 13, 18, 20, 31, 33, 405, 573
PIMB (polyisobutyl methacrylate) / 392
PIPS / 392
planar / 383, 394
planar 구조 / 375, 376, 378, 382, 390, 393
plasma-enhanced CVD(PECVD) / 542
PLED / 461, 470, 473, 479, 479, 498, 499
PMMA(polymethyl methacrylate) / 392
PMOLED / 320, 331, 332, 335, 337, 338, 339, 343
PMOS 공정 / 31, 32
poisson비율 / 26, 28, 190
poly-3,4-ethylenedioxythiophene (PEDOT) / 305
poly-Si TFT / 477
Polyanylate / 13, 24
polycyclic olefin / 24, 228
polyester / 29
polyetheretherketone(PEEK) / 12, 560
polyethylene naphthalate(PEN) / 16, 17, 18, 19, 20, 21, 26, 28, 29, 31
polyethylene naphthalate(PEN) / 274
Polyethylene terephthalate / 16, 18, 20, 21, 21, 26, 29, 30, 184, 321, 560
polyheterocyles / 228
polynorbonene / 32
polyslicon-on-glass TFT 공정 / 30
PVC / 150
PVD / 102, 104

R

reactive ion etch(RIE) / 467
reel-to-reel / 411, 414
poly(dialkylterthiophene)(PTT) / 257

S

SiO_2 / 32
SIPS / 392
Spinning 디스크방식 / 456
Stylus Wand Scanning(선형 전극 배열식) / 454
SUFTLA(Surface Free Technology by Laser Annealing Lablation) / 546, 549, 553
SUFTLA TFT LCD / 548
SUFTLA TFT OLED / 552
SWNT(Single-walled Carbon Nanotubes) / 227, 231, 233, 236

T

tape carrier package(TAP) / 518
TEM / 544
TFT / 25, 30, 30, 45, 57, 218, 228, 230, 233, 248, 250, 283, 293, 294, 296, 299, 301, 304, 305, 309, 339, 340, 341, 343, 437, 438, 477, 478, 501, 503, 504, 505, 507, 509, 512, 522, 523,

525, 527, 528, 529, 529, 533, 540, 541, 542, 544, 545, 546, 551, 561
TFT LCD / 503, 506, 517, 535, 553
TFT 유기발광 디스플레이 / 553
thermal desorption spectroscopy(TDS) / 543
TIPS / 392
Titanium Dioxide / 449
top-contact / 263

U

ULTPS(ultra low temperature polysilicon) / 30
UV 경화 / 475

W

Wet 에칭 / 333
WVTR(Water Vapor Permeation Rate) / 80

X

XeCl 엑시머 레이저 / 542, 564

ㄱ

건식전사(dry transfer) / 234
게이트 누설 전류 / 311
계면 상태밀도(interface state density) / 505
계면 활성제 / 364, 390
고분자 OLED(PLED) / 182, 316
고분자 네트워크 / 356, 389, 402
고분자 발광 다이오드(PLEDs) / 175, 272
고분자 분산 액정(PDLC; Polymer Dispersed Liquid Crystal) / 8, 181, 351, 389, 402,
고분자 중합 반응 / 212
고유 전도도 / 161
고주파 파워(RF power) / 503
고해상도 도장(스탬프: stamp)기술-미세접촉 프린팅(microcontact printing) / 219
고효율 미립자 공기(HEPA) / 474
곡률반경 / 298, 299, 326, 412, 413, 529
공간 전하(dimensional charge) / 514
공액 이중 결합 / 150
공액(conjugated) 고분자 / 87, 317
공중합체(copolymer) / 318
광 개시제 / 206
광 식각 / 42
광 중합 반응 / 207
광반응성 고분자(LPP)배향막 / 210
광식각(photolithography) / 523, 524
광학적 굴절율 / 208
광학적 이방성 / 204
구동전압 / 422, 528, 547
구동회로 / 521, 539, 548
구동회로 집적화 / 539
규산염(aluminosilicates) / 39, 44
기생 커패시턴스 / 275
전기영동 디스플레이 / 430

ㄴ

나노전사 프린팅(nanotransfer printing) / 219, 222, 223, 224, 227, 228

저온 polysilicon(ultra low temperature polysilicon : ULTPS) / 341
내부 스트레스 / 326
비틀린 네마틱 액정 디스플레이(TN-LCDs) / 181
농도 전이형 네마틱 / 202
누설전류 / 280, 281, 340, 341, 505, 506, 510
누적(cumulative) 구동 / 384, 385
능동 매트릭스 / 235, 244, 245, 281, 284, 385, 429, 432
능동 매트릭스 OLED 디스플레이(AMOLED) / 320
능동 매트릭스 디스플레이 / 388, 431
능동 매트릭스 액정 디스플레이(AMLCD) / 274
능동 매트릭스 전기영동 디스플레이 / 436

ㄷ

다결정 실리콘 / 526, 529, 531
다결정(polycrystalline) 실리콘 TFTs / 32, 538, 539
다층 박막 보호막 / 77, 78
단극자 모멘트(Monopole Moment) / 444
단일 격벽의 탄소 나노튜브는(SWNT) / 232
단일 박막 보호층 / 70
데실벤젠술폰산(dodecyl benzene sulfonic acid / 167
도메인 / 376, 377, 378, 380, 389, 394, 408
동적(dynamic) 방식 / 384
두 점 구부림 기법 / 114
드라이버 / 272, 477
드라이버 집적화 / 285
디바이스 드라이버 / 341

ㄹ

라미네이션(lamination) / 263, 467
라미네이팅(laminating) / 430, 432
레진(resin) / 525
루코에머랄딘(leucoemeraldine) / 167
리소그래피 / 220, 467, 539

ㅁ

마그네트론 RF 스퍼터링공정 / 514
마이크로 컵 / 365
마크네트론 RF 스퍼터링 / 508
무기물 전도체 / 153
문턱 전압 / 234, 361, 424, 425, 432, 448, 504, 546, 561
물리적 증기 증착 공정 / 98
물리적 진공 증착(PVD) / 86, 91
미세접촉 프린팅(microcontact printing-(μCP) / 221, 223, 224, 227, 228
미소캡슐 전기영동 디스플레이 / 428, 429, 437, 438

ㅂ

박막 결정 필름 편광자 / 201
박막 유기 전자 소자 / 63
박막 증기 보호막(thin film vapor barrier) / 62

박막밀봉(thin film encapsulation : TFE) / 337
박막트랜지스터(TFT) / 217, 274, 287, 320, 461, 501, 538
반응성 메조겐 / 209
발광층(LEP) / 331
배리어 층(barrier layers) / 3
버클링 변형률 / 126, 127
단일벽 탄소 나노튜브(single-walled carbon nanotubes-SWNT) / 225
변형률(strain) / 112
복굴절 / 15
붕규산염 / 41, 43, 57
브라운관(Cathode-ray tubes(CRTs)) 디스플레이 / 135
브래그 반사 / 375, 378, 384
비결정성 실리콘 TFT / 9, 135, 272, 292, 341, 521, 534, 538, 539
비등방 전도성 필름(anisotropic conducting film, ACF) / 518
비정질 인듐 산화물 / 98, 99, 105

ㅅ

산소 투과율(oxygen transmission rate : OTR) / 323
산화 알루미늄(AlOx) 보호층 / 72
상(ordinary) 굴절률 / 375
상부 접촉(top-contact) TFT / 217
상분리 / 358, 390, 402, 414
석회 유리 / 57
미소 격벽(microcellular) 전기영동 방식 / 432
소프트 리소그래피(soft lithography) / 234
수동 매트릭스 / 384, 394, 432, 479
수동형 매트릭스 액정 디스플레이(PMLCD) / 272
수분 공정 / 487
수분 팽창 / 539
수소화된 비정질 박막트랜지스터(a-Si:H TFT) / 503
수증기 투과율 실험 / 74
수증기 투과율(water vapor transmission rate : WVTR) / 79, 322
스크린 인쇄 접착 / 475, 488
스트레스 σ / 294
습기 팽창 상수(humidity expansion) / 307
습식 식각 공정 / 508
실크 스크린 / 518
쌍극자 모멘트(Dipole Moment) / 444, 445
쌍안정성 / 452

ㅇ

아릴 이할로겐화물(aryl dihalide, X-R-X) / 155
아크릴화된 평탄화 층 / 72
알루미노 규산염 / 41, 43, 57
압축력(compression) / 123, 145
압축응력(compressive) 결함 / 110
액상 포지티브 포토레지스터 / 472
액정 디스플레이(LCD) / 11, 136, 200, 285, 389, 538, 565

어드레싱 전압 / 424
에머랄딘(emeraldine) / 167
엑시머 레이저 / 31, 540, 541, 544
연신 비율 / 18
열 팽창 / 522
열적 부적당 변형 / 308
열적 안정성 / 194, 209, 573
열전사(themal transfer) 프린트 / 224, 226
열처리 공정 / 330
열팽창계수(coefficient of thermal expansion; CTE) / 15, 18, 326, 501, 510, 535, 560
영률(Young's modulus) / 14, 26, 55, 111, 136, 137, 138, 139, 140, 141, 141, 143, 144, 147, 184, 299, 300, 326, 510, 513, 529
위상 지연자 / 205, 206
유기 금속 교차 결합 반응 / 156
유기 박막트랜지스터(OTFT) / 243, 244, 271, 281, 341, 342, 455, 473
유기 발광 다이오드(OLED) / 7, 11, 61, 136, 181, 315, 538, 565
유기물 보호막 / 514
유리 전이온도(T_g) / 15, 16, 296
유효 이동도 / 229
응력 / 111, 112, 123
이상(extraordinary) 굴절률 / 375
이완 작용 / 15
이축성 탄성 계수 / 297
인듐 산화물 / 97, 98
인쇄 회로 기판 / 473
인장력 실험 / 206
일괄 공정(batch process) / 460
잉크젯 프린팅방식(Ink-Jet Printing, IJP) / 336

ㅈ

자기조립 단분자막(SAMs) / 221, 223, 249
장력(tensile) 결함 / 110
저온 다 결정 실리콘 박막트랜지스터 (low-temperature polycrystalline Si thin film transistors : LTPS) / 135
저온 진공증착(vacuum evaporation) / 228
저장 캐퍼시터 / 513
저장 탄성율 / 29
적층(lamination) / 228
전계 효과 이동도 / 277, 282, 283, 504, 506, 506, 511
전계방출 디스플레이(FEDs) / 181
전계유도이동도 / 512
전기 비저항 / 85
전기 영동 미세캡슐 / 276
전기 영동 입자 / 8, 278, 426, 435, 417, 420, 437, 556, 560
전기 유도 쌍극자 / 426
전기 전도도 / 154, 172
전기영동 디스플레이 / 244, 427, 429, 435, 437, 538, 566, 567, 568, 570
전도성 고분자 / 7, 87, 150, 152, 153, 153, 154, 155, 156, 157, 161, 164, 167, 168, 170, 174, 175, 176, 335, 395, 396

전도성 산화막 / 476
전류 구동 방식 / 566
전류 점멸비(on/off current ratio) / 228
전사 공정(transfer approach) / 522, 524, 527
전이 온도 / 184
전자 잉크(electronic ink) / 236
전자빔 리소그래피(electronic beam lithography) / 219, 220
전자주사현미경(SEM) / 234
절연상수 / 218
점멸비(on/off ratio) / 510
점착력 촉진제(adhesion promoter) / 412
정상 상태 수증기 투과율 F_{ss} / 77
증기 보호층 / 72
직접 구동 디스플레이 / 423
직접 구동방식 / 272, 431, 432, 437
집적 구동회로 / 271, 460, 550

ㅊ

축 변형률 / 126
층말리기 변형(shear line) / 131
층말리기 응력(shear stress) / 130

ㅋ

카이랄 반응성 메조겐(mesogen) / 206
콜레스테릭 LCDs / 181, 351, 356, 373, 374, 376, 388
콜레스테릭 고분자 분산형 액정(cPDLC) / 182
크랙 밀도 / 117

ㅌ

탄성 계수 / 295
태양전지 / 86, 465, 476, 480
터치 스크린 / 465, 468
투과율(permeability) / 68
투명 전극 물질 / 100, 104, 105
투사방식(project mode) 리소그래피 / 220

ㅍ

팽창 계수 ε / 294
퍼니그라아닐(pernigraniline) / 167
포아송의(Poisson' s ratio) 비 / 137
포토레지스트 / 472, 474, 524
포토리소그래피 / 244, 309, 325, 330, 331, 388, 438, 462, 499
폴리아닐린 / 154, 160, 165
폴리아세틸렌 / 153, 162, 163
폴리아크릴게이트(polyacrylate) / 184
폴리에스테르(PET) / 62, 67, 358
폴리에틸렌(polyethylene) / 456
폴리이미드 / 150, 184, 206, 222, 409
폴리카보네이트 포일 / 141, 184, 405, 412
폴리티오펜 / 156, 154, 160, 172
폴리페닐렌 / 157
폴리프로필렌(OPP) / 62, 64
폴리피롤 / 154, 156, 160
표면 강도 σ / 53
표면 거칠기 / 69
표면 장력 / 336
표면 처리 / 80
프로토에머랄딘(protoemeraldine) / 167
플렉시블 OLED(FOLED) / 182

플렉시블 플라즈마 디스플레이 / 181

ㅎ

하드 코팅 / 20, 109, 120, 487

하부 접촉(bottom-contact) TFT / 217, 230

화학적 기체 증착법(chemical vapor deposition: CVD) / 137

화학적 산화중합법 / 155

화학적 환원중합 (reductive pilymerizations) / 155, 156

저자 소개

이신두

- 2006.07 ~ 2008.07 : 국제액정학회 조직위원장 및 대회장
- 2004.07 ~ 2005.08 : 국제정보디스플레이학회(IMID) 프로그램위원장
- 2001.06 ~ 2004.01 : 서울대학교 디스플레이연구센터장
- 2000.03 ~ 2001.02 : 한국과학기술평가원(KISTEP) 정보전자 총괄 전문위원
- 1999.09 ~ 2003.12 : 한국정보디스플레이학회(KIDS), 국제 이사
- 1988.10 ~ 1991.12 : 미국 벨통신연구소(Bellcore) 선임연구원
- 1998.01 ~ 현재 : 미국정보디스플레이학회(SID) 프로그램 위원
- 1997.09 ~ 현재 : 서울대학교 전기공학부 교수
- 1992.03 ~ 1997.08 : 서강대학교 물리학과 교수
- 1991.01 ~ 1992.01 : 미국 Optron System. Inc 수석연구원(전자광학실장)
- 학력

  1983.09 ~ 1988.05 : 미국 브랜다이스(Brandeis)대학교 물리학과, 박사

  1980.03 ~ 1982.02 : 서울대학교 물리학과, 석사

  1976.03 ~ 1980.02 : 서울대학교 물리학과, 학사

김재훈

- 2004.09 ~ 현재 : 한양대학교 정보디스플레이공학과 주임교수
- 2004.03 ~ 현재 : 한양대학교 전자통신컴퓨터공학과 부교수
- 2000.09 ~ 2004.02 : 한림대학교 물리학과 조교수
- 1999.12 ~ 2000.08 : 삼성전자 AMLCD사업부 책임연구원
- 1998.01 ~ 1999.10 : Kent State Univ. 액정연구소 Research Associate
- 1996.09 ~ 1997.12 : Kent Stage Univ. 액정연구소 Post-Doc.
- 학력

  1993.03 ~ 1996.08 : 서강대학교 액정물리학, 박사

  1988.01 ~ 1989.06 : University of Oregon , 석사

  1983.03 ~ 1987.02 : 서강대학교 물리학과, 학사

최병덕

- 2007.09 ~ 현재 : 한양대학교 전자통신컴퓨터공학부, 조교수
- 2006.02 ~ 2007.08 : University of Illinos at Urbana-Champaign, 재료공학부 Post-Doc.
- 2005.09 ~ 2006.02 : 서울대학교 반도체 공동연구소, 디스플레이 연구센터 특별연구원
- 2005.09 ~ 2005.12 : 한양대학교 전자통신컴퓨터 공학부, 강사
- 2005.03 ~ 2005.12 : 세종대학교 물리학교, 강사
- 학력

  1998.03 ~ 2005.08 : 서울대학교 전자컴퓨터통신공학, 박사

  1996.03 ~ 1998.02 : 서강대학교 물리학과, 석사

  1992.03 ~ 1996.02 : 서강대학교 물리학과, 학사

Flexible Flat Panel Displays

플렉시블 평판디스플레이

2008년 7월 15일 1판 1쇄 인쇄
2008년 7월 25일 1판 1쇄 발행

저 자 Gregory P. Crawford
공 역 이신두 · 김재훈 · 최병덕
발행인 연 규 산
발행처 청범출판사
등 록 1991년 8월 13일 No. 5-282
주 소 서울시 노원구 공릉1동 598-7
전 화 02-971-5385
팩 스 02-977-8967
ISBN 978-89-88247-42-6 93560

가격 32,000원